WPS Office 应用大全

Excel Home◎著

内 容 提 要

本书全面系统地介绍了WPS Office的技术特点和使用方法，帮助读者学习掌握WPS Office应用技术，应对日常工作中在图文编写与排版、数据处理与数据分析、设计制作与演示等方面的需求和挑战。

图书结构清晰、内容丰富，采用循序渐进的方式，由易到难地介绍各个知识点。除了原理和基础性的讲解，还配以大量的典型示例帮助读者加深理解，甚至可以在自己的实际工作中直接借鉴。

本书共3篇33章，文字篇主要包括文字模板的使用、文档格式整理、长文档排版技巧、文档中的表格工具、图文混排技术、邮件合并功能的使用、查找与替换技巧和文档的保护与打印。表格篇主要包括数据输入、数据采集与整理、常用函数公式的使用、使用数据透视表进行统计汇总、使用图表和条件格式呈现数据、打印输出及数据安全与协同办公。演示篇主要包括基础操作、主题与模板的使用、结构设计与文字设计、图片美化与排版、形状的使用、借助表格与图表展示数据、音视频素材的添加、多元素排版技巧、动画与放映及演示文稿设计中的常见问题及解决方法。

全书内容可操作性强且便于查阅，既可作为高校计算机应用等专业的教材，也适合广大WPS Office爱好者和企事业单位办公人员阅读学习。

图书在版编目(CIP)数据

WPS Office 应用大全 / Excel Home著. — 北京 :北京大学出版社, 2023.3
ISBN 978-7-301-33662-5

Ⅰ. ①W… Ⅱ. ①E… Ⅲ. ①办公自动化 – 应用软件 – 教材 Ⅳ. ①TP317.1

中国国家版本馆CIP数据核字（2023）第006185号

书　　名　WPS Office应用大全
WPS Office YINGYONG DAQUAN

著作责任者　Excel Home　著
责 任 编 辑　王继伟　杨　爽
标 准 书 号　ISBN 978-7-301-33662-5
出 版 发 行　北京大学出版社
地　　址　北京市海淀区成府路205号　100871
网　　址　http://www.pup.cn　　新浪微博：@北京大学出版社
电 子 信 箱　pup7@pup.cn
电　　话　邮购部 010-62752015　发行部 010-62750672　编辑部 010-62570390
印 刷 者　北京市科星印刷有限责任公司
经 销 者　新华书店
787毫米×1092毫米　16开本　38.75印张　933千字
2023年3月第1版　2023年3月第1次印刷
印　　数　1-4000册
定　　价　128.00元

推荐序

现在是一个离不开屏幕的时代，人和屏幕交互的时间，或许已经超过了人与人之间直接的交流时间。而人与屏幕的交互，需要工具作为媒介，对于办公和泛职场的人员来说，WPS Office就是具备生产力的交互工具之一。

作为一款历史悠久且在国内及海外均拥有海量用户的办公软件，WPS Office亲历并且直接推动了中文从纸质书写向数字化载体跨越的全程。30 年前，WPS Office心心念念的是怎样解决国人把汉字敲进计算机里的问题；20 年前，WPS Office努力在盗版浪潮中稳住船舵，与强大的外来对手抗衡；10 年前，WPS Office嗅到移动互联网时代大潮的气息，率先冲进如今几乎人手一部的智能手机的时代；到了今天，WPS Office借助“以云服务为基础，多屏、内容为辅助，AI赋能所有产品”的全新办公形态，实现从单一办公工具软件到办公多场景服务的转型。

回首这 32 年，我们有幸以WPS Office版本不断更新的方式，见证了亿万人在办公室、在出差旅途、在深夜书桌前、在生产线旁、在课堂讲台，一次次凝结着智慧和汗水的记录和创作。现在的WPS Office，早已从单纯的办公工具演化为服务型平台，曾经冰冷的交互工具，成了温暖感性的交互社区。用户在我们提供的内容和服务中找到灵感，个人的创意在这里得到共享和释放。未来的WPS Office，正在新一代金山办公研发人的孵化中成型。万物智慧互联的新时代已经启动，以AI为代表的信息化技术已经开始推动人类个体的思维方式、生活方式乃至社会协作方式向更深层次变革，让AI为用户服务，WPS Office已经开始实现了。

2020 年年初，所有人的生活都被打乱了节奏。新冠肺炎疫情让我们措手不及，也给我们带来了一些深远的影响，比如远程办公开始流行起来，人们开始认真思考线上协作代替现场办公的可能性。我们的线上协作产品金山文档，助力了这种办公方式的转型，并得到了用户的广泛好评。得益于我们统一的开发规范，读者在这本书里学到的内容，都可以迁移到未来线上协作的办公产品中去。

时间和经验告诉我们，“变化”是必须面对的永恒挑战。对于在工作和生活中经常需要处理数据、表格、信息等的人来说，掌握一个“生产力”工具的使用技巧，用这种不变的技能来应对万变的时代非常重要。关于WPS Office，本书提供了“专业、翔实、深入浅出”的实战操作技巧，既适合普通用户“快速进阶”，亦适合资深玩家“解锁大招”。本书讲述的技巧贴近日常实际工作需要，并以问题+场景的方式进行描述，便于读者理解。

最后，衷心感谢您选择本书，希望WPS Office可以陪伴您实现自己成长道路上的每一个目标。WPS Office也会倾听您的声音，将您的反馈写进下一行代码之中，用我们不断刷新的代码，为您提供更贴心的服务。

金山办公软件高级副总裁　庄湧

前 言

WPS Office是一款优秀的国产办公软件，包括文字、表格、演示等主要组件。具有内存占用低、运行速度快、体积小巧、强大插件平台支持、免费在线存储空间及海量文档模板等特点。不但提供了多项令人眼前一亮的新功能，同时也更适应当下“大数据”和“云”特点下的数据处理工作。

随着国家对国产软件扶持力度的不断加大，有越来越多的机关和企业用户选择使用WPS Office。为了让广大用户尽快了解和掌握WPS Office，我们组织了多位来自Excel Home的专家，从数百万技术交流帖中挖掘出网友们最关注或迫切想要掌握的WPS Office应用技能，打造出这部全新的《WPS Office应用大全》。

本书秉承了Excel Home“大全”系列图书简明、实用和高效的特点，以及“授人以渔”式的分享风格。本书提供大量的实例，并在内容编排上尽量细致和人性化，在配图上采用Excel Home图书特色的“动画式演绎”，让读者能方便、愉快地学习。

读者对象

本书面向的读者是WPS Office的所有用户及IT技术人员，希望读者在阅读本书之前具备Windows 7及更高版本的使用经验，了解键盘与鼠标在WPS表格中的使用方法，掌握WPS表格的基本功能和菜单命令的操作方法。

声明

本书中所使用的数据均为虚拟数据，如有雷同，纯属巧合，请勿对号入座。

软件版本

本书的写作基础是安装于Windows 10专业版操作系统上的WPS 2019企业版。WPS Office的版本更新频率较高，不同版本中的功能及菜单位置会有少许差异，但对于学习本书内容不会有太大影响。

写作团队

本书由周庆麟组织策划，由祝洪忠、郑志泽、宋鹰和张建军共同编写，最后由周庆麟和祝洪忠完成统稿。

感谢

衷心感谢Excel Home论坛的五百万会员，是他们多年来不断的支持与分享，才营造出热火朝天的学习氛围，并成就了今天的Excel Home系列图书。

衷心感谢Excel Home微博的所有粉丝和Excel Home微信的所有好友，你们的“赞”和“转”是我们不断前进的动力。

后续服务

在本书的编写过程中，尽管每一位团队成员都未敢稍有疏虞，但纰缪和不足之处仍在所难免。敬请读者能够提出宝贵的意见和建议，您的反馈将是我们继续努力的动力，本书的后继版本也会日臻完善。

我们在Excel Home论坛开设了专门的版块用于本书的讨论与交流，您也可以发送电子邮件到book@excelhome.net，我们将竭诚为您服务。

欢迎您关注我们的官方微博和微信公众号，这里会经常发布有关图书的更多消息，以及大量的相关学习资料。

新浪微博：@ExcelHome

微信公众号：Excel之家ExcelHome

最后祝广大读者在阅读本书后，能学有所成！

Excel Home

《WPS Office应用大全》配套学习资源获取说明

第一步 微信扫描下面的二维码，关注 Excel Home 官方微信公众号或“博雅读书社”微信公众号。

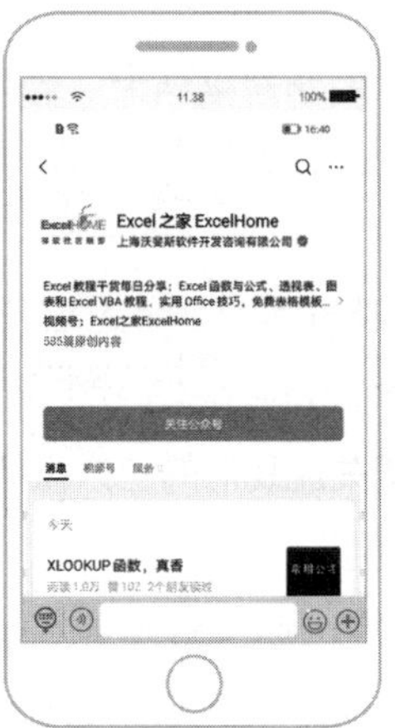

第二步 进入公众号以后，输入关键词“33662”，单击“发送”按钮。

第三步 根据公众号返回的提示，即可获得本书配套视频、示例文件以及其他赠送资源。

目　录

第一篇　WPS文字

第二篇 WPS表格

第三篇 WPS演示

附录

示例目录

第一篇

WPS文字

作为WPS Office核心组件之一，WPS文字被广泛应用于日常办公中的文档处理与编辑工作，受到广大用户的关注和喜爱。

本篇主要介绍如何通过WPS文字快速创建、编辑各种制式文档，如何快速整理文档的格式，如何利用样式等高级功能对长文档进行排版，如何使用表格、图片工具满足特殊排版需求，以及如何利用邮件合并完成批量文档的相关操作，提升办公效率。

第 1 章　从制作一份通知文档开始

本章将通过介绍一份简单的通知文档的制作过程，来讲解WPS文字的基本操作技巧。

本章学习要点

（1）WPS文档的新建、保存与备份

（2）对文档页面进行布局设置

（3）常用的文字录入技巧

（4）文字、段落、编号、制表位等格式设置

1.1　创建新文档

1.1.1　创建一个新文档

对于通知、申请等字符较少、页面设置简单的临时性文档，可以通过创建新文档、页面设置、录入内容、布局排版、保存打印等步骤快速完成文档的制作。

启动WPS文字后，可以通过以下 3 种方式创建一个新文档，如图 1-1 所示。

❖ 在WPS文字程序菜单中单击【新建】命令

❖ 在WPS文字程序顶部的工具栏中单击【新建】标签

❖ 使用<Ctrl + N>组合键

通过上述任意一种方法，WPS文字就会以“文档标签”形式打开新文档工作界面，同时以“文字文稿n”的形式显示临时命名文档。WPS文字的工作界面如图 1-2 所示。

图 1-1　创建新文档

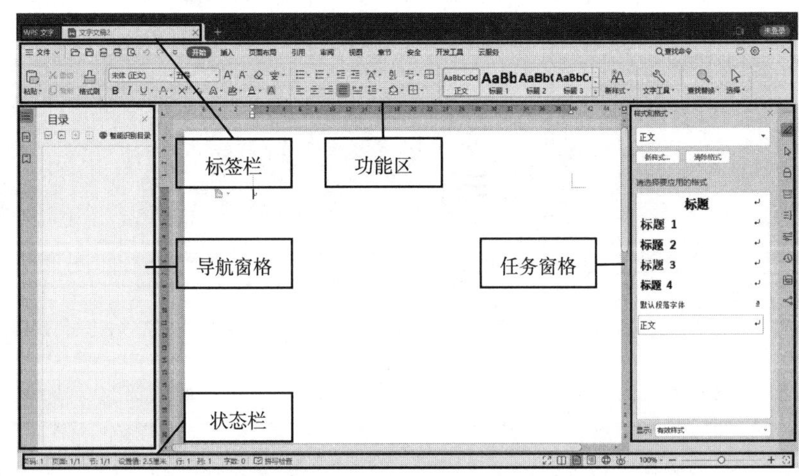

图 1-2　WPS文字的工作界面

如需创建对页面布局、标题格式等有固定格式要求的文档，如公文、通知、公告、员工信息登

记表、合同、标书等，通常使用模板来创建，以实现高效排版。关于模板的使用方法，请参阅第 2 章。

1.1.2　为文档页面设置默认值

每次新建文档后都重新设置页面是非常烦琐的，用户可以将常用的文档页面格式设置为默认值，这样再次创建新文档后则无须重复设置页面格式。具体操作步骤如下。

步骤① 单击【页面布局】选项卡中的【页面设置】对话框启动按钮，然后在【页面设置】对话框中完成文档页面的各项格式设置，如图 1-3 所示。

步骤② 单击图 1-3 中的【默认】按钮，WPS 文字会打开一个提示对话框，提示用户“是否更改页面的默认设置？此更改将影响所有基于 Normal 模板的新文档”，单击【确定】按钮即可完成设置，如图 1-4 所示。

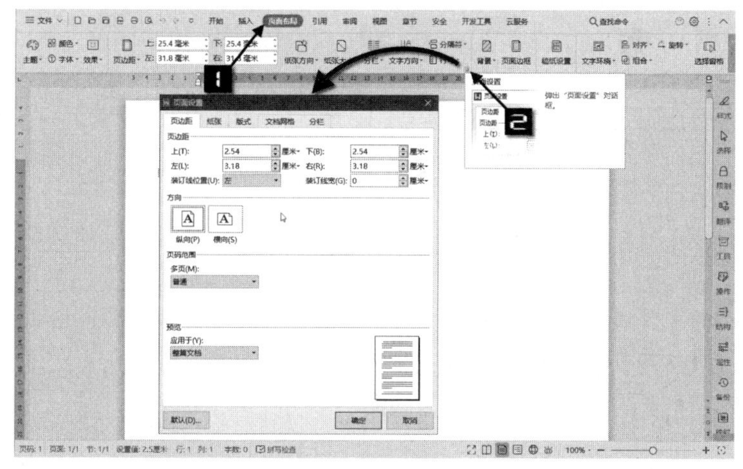

图 1-3　页面设置

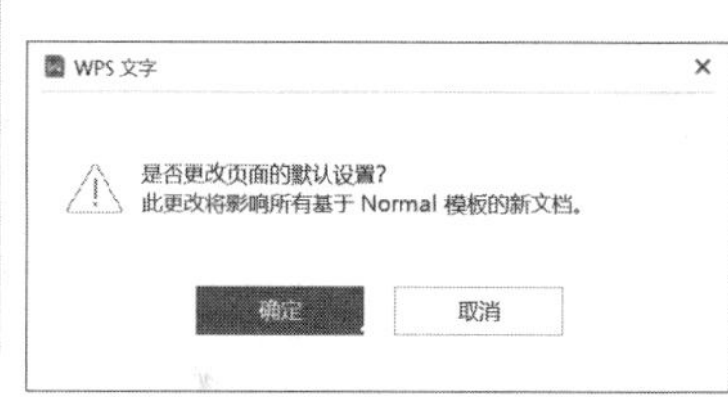

图 1-4　更改页面的默认设置

如果要重置新建文档的默认值，可以通过删除 Normal 模板的方法来实现，相关内容请参阅 2.1 节。

1.2　文档的保存与备份

只有对文档进行了保存操作，在编辑文档的过程中所录入的内容、设置的各种格式才会保存到文档中。很多用户创建新文档后习惯直接输入内容，而忽略了对文档的保存与备份。如果在编辑文档的过程中出现计算机因断电意外关机等情况，未作保存的内容就有可能丢失，给工作造成意外损失。因此，创建新文档后应该首先对文档进行保存，然后再开始输入和编辑内容。

1.2.1　保存新文档

如果要将新建的文档进行保存，可以单击【快速访问工具栏】中的保存按钮或按 <Ctrl + S> 组合键，会打开【另存为】对话框，如图 1-5 所示。

在【另存为】对话框中，先在左侧的保存位置列表中选择保存位置，如【我的文档】，然后在【文件名】输入框中输入文档的名称，再单击【保存】按钮即可完成对新文档的保存操作。

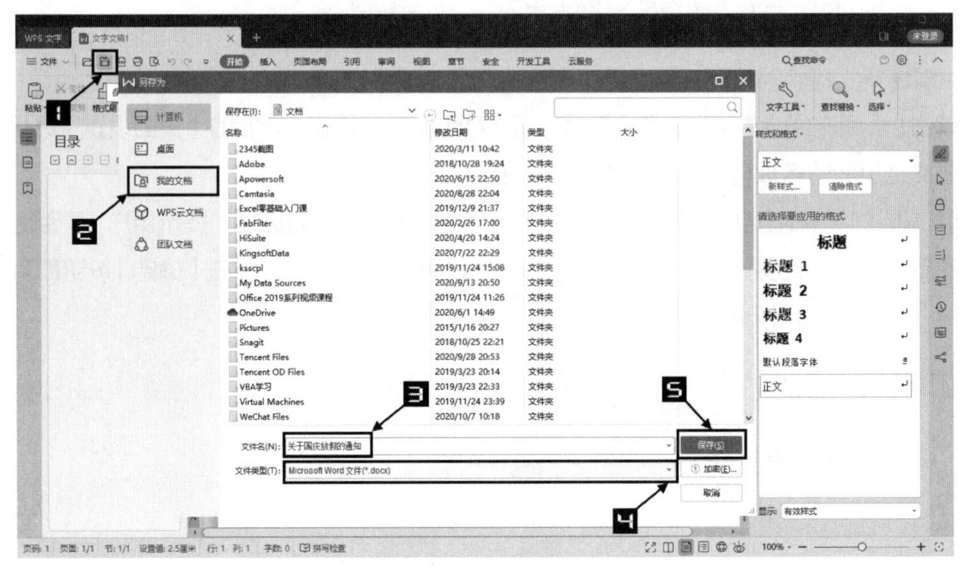

图 1-5　保存新文档

WPS 文字默认保存的文件类型为“*.docx”格式，如果要将文档保存为其他格式（如*.wps格式），可以在【另存为】对话框中单击【文件类型】下拉列表框，然后选择对应的文件类型即可，如图 1-6 所示。

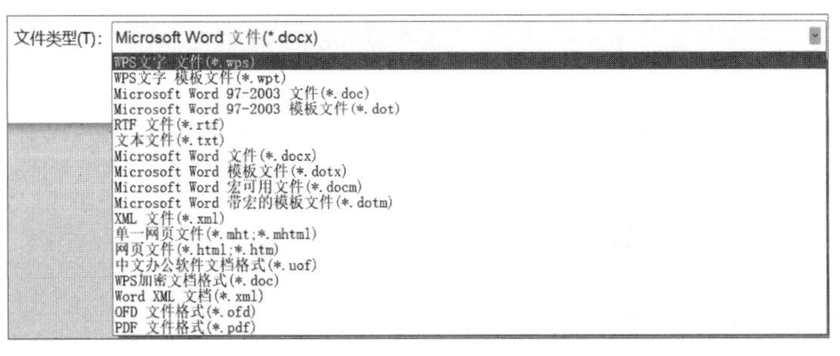

图 1-6　WPS 文字可保存的文件类型

1.2.2　文档的备份

在进行重要的编辑前，或者完成某些确认过的操作后，都需要手动保存文档，但是用户可能会忘记及时保存。为了避免意外，WPS文字提供了两种备份设置供用户选择。依次单击【文件】→【选项】命令，在打开的【选项】对话框中单击【备份设置】选项卡，根据需求可以选择使用【智能备份】或【定时备份】，如图 1-7 所示。

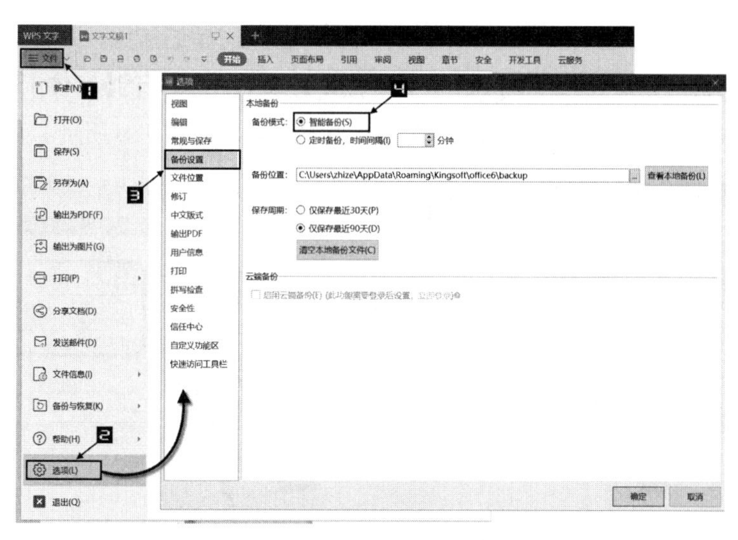

图 1-7　文档的备份

- ❖【智能备份】可在编辑文档过程中智能地为用户进行自动备份，在操作系统或WPS文字崩溃后，重新打开WPS文字后可以找回文件。单击【查看本地备份】按钮可以打开保存智能备份文件的文件夹，WPS文字自动备份文档默认保存为*.wps格式
- ❖【定时备份】是WPS文字对正在进行编辑的文档定时进行备份，每次备份时都会将文档在指定文件夹中保存一个*.wps格式的副本文档，定时备份时间间隔最小可以设置为 1 分钟

1.3　文档的页面设置

1.3.1　以标准公文为例设置页面格式

通常，在开始编辑文档之前，首先要对文档的纸张大小、纸张方向、页边距等页面格式按照要求进行设置，然后再编辑文档。比如我们要创建的XX公司《关于 2021 年春节放假的通知》文件，对文档的页面要求如下。

- ❖ 纸张为A4 纸型，方向为纵向
- ❖ 页边距为上边距为 3.7 厘米，下边距为 3.5 厘米，左边距为 2.8 厘米，右边距为 2.6 厘米
- ❖ 每页排列 22 行，每行排列 28 个字符
- ❖ 中文字体为仿宋_GB2312，西文字体为Times New Roman，字号为三号

要按上述要求调整页面，可以按如下步骤操作。

步骤① 在【页面布局】选项卡中单击【页面设置】对话框启动按钮，在打开的【页面设置】对话框中，按要求修改上、下、左、右页边距的数值，如图 1-8 所示。

提示

> 由于WPS文字文档默认纸型为A4 纸型，方向为纵向，因此本例可以不用更改纸型和纸张方向，直接修改页边距即可。

步骤② 切换到【文档网格】选项卡，选中【指定行和字符网格】单选按钮，并将每行字符数设置为28，将每页行数设置为22，再单击【字体设置】按钮，在打开的【字体】对话框中设置指定的字体、字号，最后单击【确定】按钮退出对话框即可，如图1-9所示。

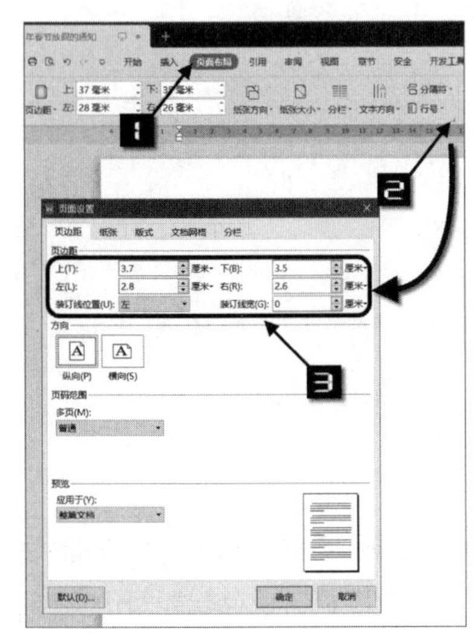

图 1-8　更改页边距数值

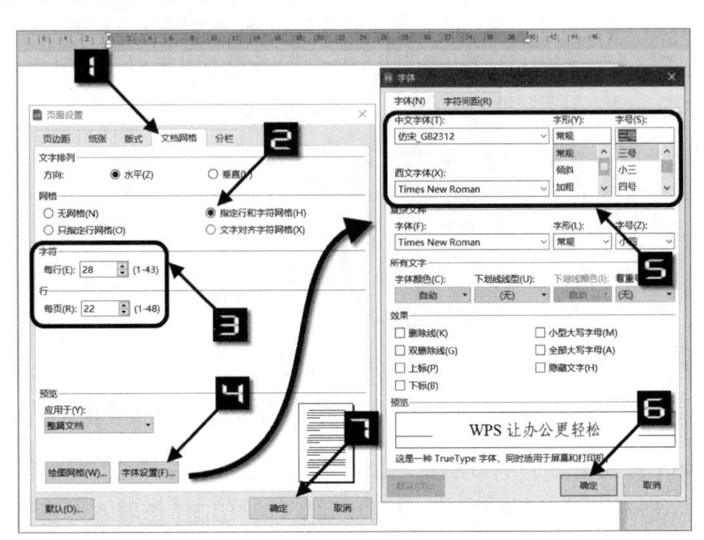

图 1-9　文档网格设置

1.3.2　更改页边距

如果仅需要更改页边距设置，可以在【页面布局】选项卡中的【页边距】按钮右侧的上、下、左、右四个文本框中直接输入想要设置的数值即可，默认单位为厘米。

WPS文字预置了普通、窄、适中和宽等4种常用的页边距设置，可以通过单击【页边距】下拉按钮，在打开的下拉列表中直接选择，对页面快速设置指定的页边距。单击【自定义页边距】命令，如图1-10所示，可以打开【页面设置】对话框，对文档页面进行进一步的设置。

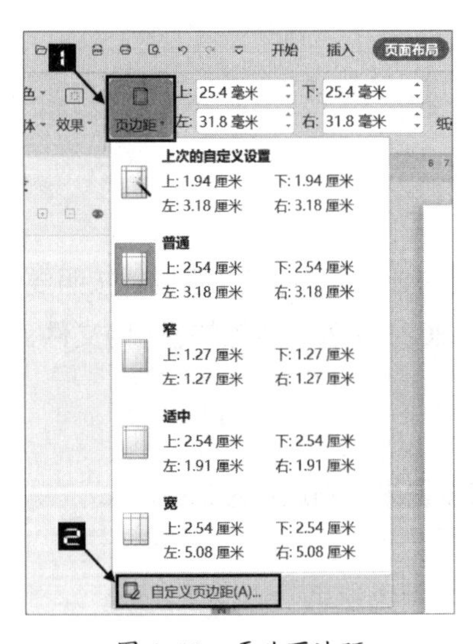

图 1-10　更改页边距

1.3.3　更改纸张大小

如果需要更改纸张大小，可以在【页面布局】选项卡单击【纸张大小】按钮，在打开的下拉列表中选择相应的纸型即可。

如果要自定义纸张大小，可以单击【纸张大小】列表中的【其他页面大小】命令，在打开的【页面设置】对话框中，切换到【纸张】选项卡，输入自定义纸张的宽度和高度，最后单击【确定】按钮，如图1-11所示。

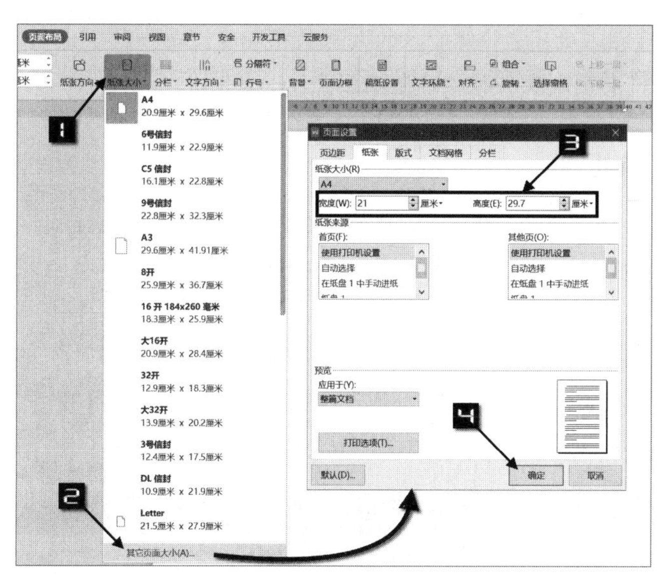

图 1-11　更改纸张大小

1.4　快速输入技巧

文档编辑的主要工作是输入内容，本节将介绍几种快速输入文字的操作技巧。

1.4.1　快速插入中文大写数字和人民币大写

根据国内办公应用场景，WPS文字提供了快速插入中文大写数字、人民币大写等特色功能，插入中文大写数字和大写金额非常方便。先将光标定位到要输入大写数字的位置，然后在【插入】选项卡中单击【插入数字】按钮，弹出【数字】对话框。在【数字】文本框中输入数字，然后选择一种大写数字类型，再单击【确定】按钮即可完成输入，如图 1-12 所示。

常用的大写数字类型有大写（繁）、大写（简）和人民币大写，其输入效果如图 1-13 所示。

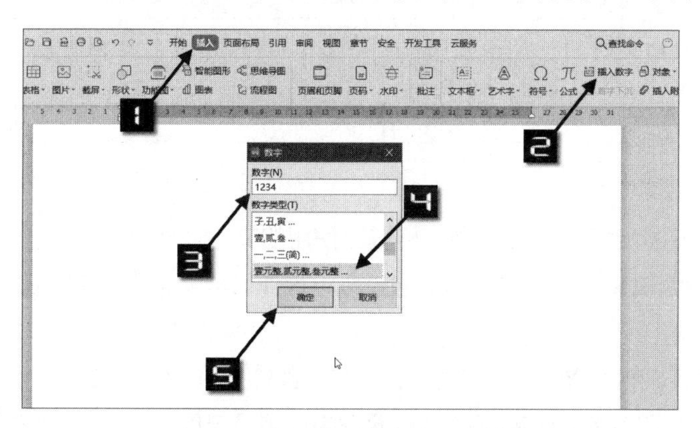

图 1-12　插入大写数字和人民币大写

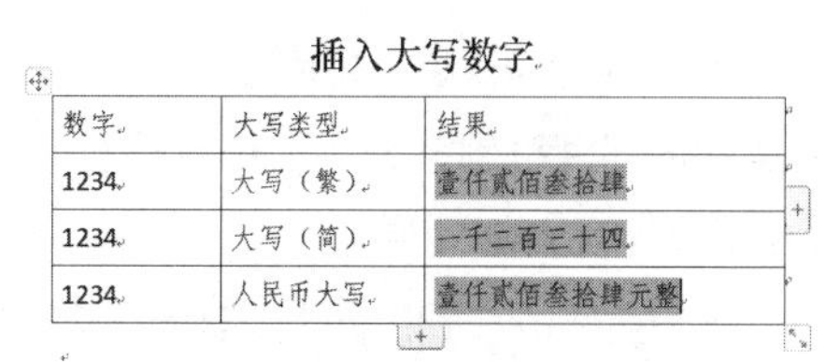

插入大写数字

数字	大写类型	结果
1234	大写（繁）	壹仟贰佰叁拾肆
1234	大写（简）	一千二百三十四
1234	人民币大写	壹仟贰佰叁拾肆元整

图 1-13　常用大写数字示例

提示

> 通过【插入数字】功能输入的大写数字实质上是一种域代码，默认是以灰色底纹突出显示，灰色底纹在打印时并不会被打印出来。

1.4.2 快速输入当前日期

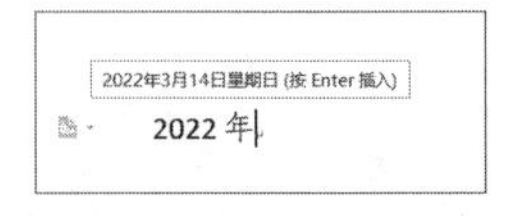

图 1-14 快速输入当前日期

要在文档中输入当前的日期，可以直接输入当前的年份如“2022年”，当输入完上述字符时，WPS文字会出现“2022年XX月XX日星期X（按Enter插入）”的提示。此时只需按下<Enter>键即可将字符“2022年XX月XX日星期X”输入文档中，如图1-14所示。

如果要输入其他格式的当前日期，可以依次单击【插入】→【日期】按钮，在打开的【日期和时间】对话框中选择合适的日期格式，最后单击【确定】按钮即可，如图1-15所示。

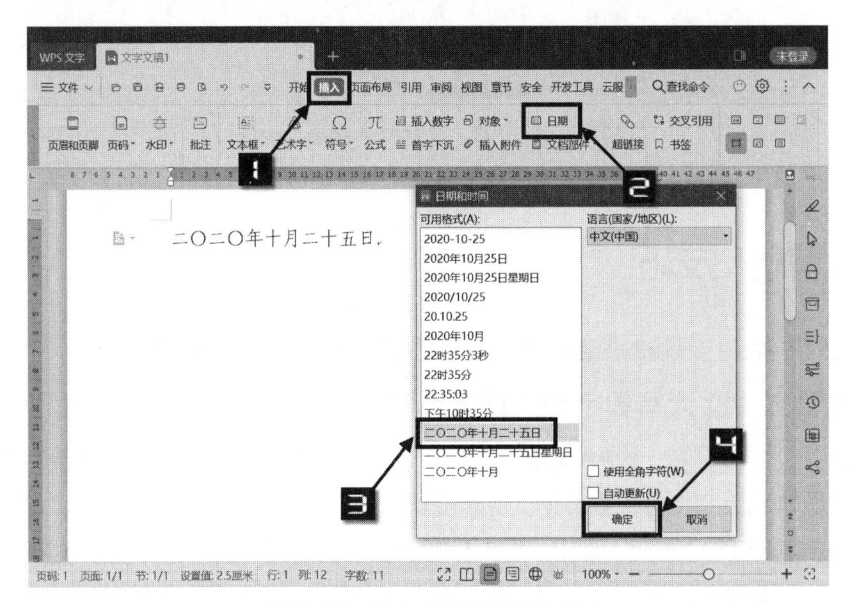

图 1-15 输入多种格式的日期

注意

> 如果要在文档中输入可自动更新的日期和时间，可在【日期和时间】对话框中选中【自动更新】复选框。

1.4.3 自动图文集的妙用

WPS文字可以将通用的合同条款、公司全称等一些需要经常重复使用的文字或图形以自动图文集的形式保存到系统中，供用户在以后编辑文档时快速调用。通过以下操作可以将指定的文本段落保存到自动图文集中。

选中需要添加到自动图文集的文本段落，然后依次单击【插入】→【文档部件】→【自动图文集】→【将所选内容保存到自动图文集库】，在打开的【新建构建基块】对话框中设置好该图文集的名称等信息后，单击【确定】按钮，即可完成该条自动图文集的创建，如图1-16所示。

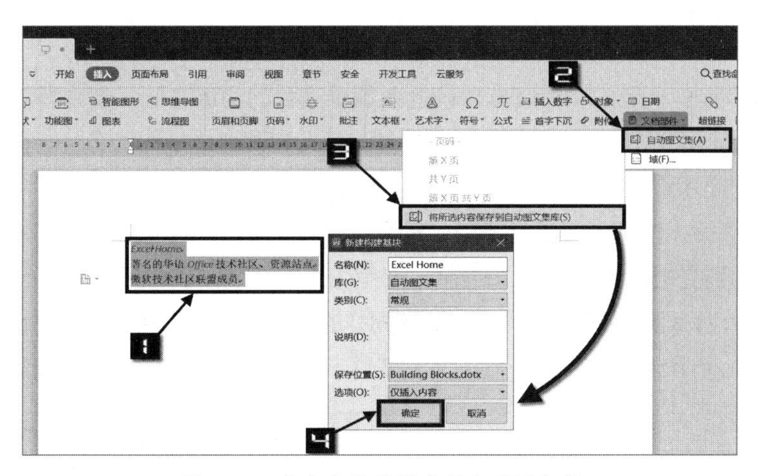

图 1-16　将文本段落保存到自动图文集

要将指定的自动图文集添加到文档中，可以将活动光标定位到插入点后，依次单击【插入】选项卡中的【文档部件】→【自动图文集】，单击其中的自动图文集词条，即可将指定内容添加到文档中。如图 1-17 所示，单击其中的“Excel Home”词条，即可将前面创建的自动图文集内容添加到文档中。

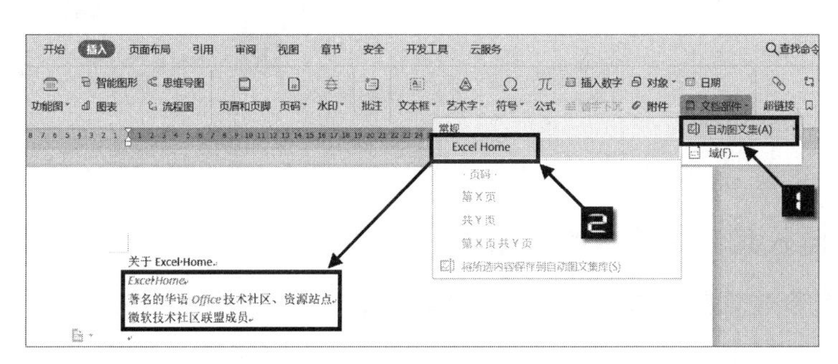

图 1-17　通过自动图文集插入文字

注意

【自动图文集】下拉列表中的“-页码-”“第X页”“共Y页”“第X页共Y页”等词条在常规页面编辑状态下是灰色不可用状态，需要进入页眉和页脚编辑状态才可直接调用。

1.4.4　输入数学公式

WPS文字提供了强大的公式编辑工具，可以输入复杂的数学公式，具体操作步骤可观看数学公式输入技巧视频。

根据本书前言的提示，可观看数学公式输入技巧的视频讲解。

1.4.5 输入可以直接打钩的方框

使用WPS文字制作问卷时，可在选项前插入便于交互的勾选方框，被调查者在文档中可以直接用鼠标单击选项前面的方框做出选择，被单击的方框会自动变成打钩状态，如图 1-18 所示。

将光标定位到插入点后，依次单击【插入】→【符号】→【其他符号】，打开【符号】对话框。在【子集】类别下拉列表中选择【几何图形符】，然后在符号列表中选择方框符号，单击【插入】按钮，即可将该符号添加到文档中，如图 1-19 所示。或者在【字体】下拉列表中选择【Webdings】字体，该字体符号列表中也有类似的方框符号，可达到同样的效果。另外，除【Webdings】字体外，还有【Wingdings】【Wingdings 2】和【Wingdings 3】3 种字体也提供了丰富的符号供用户使用。

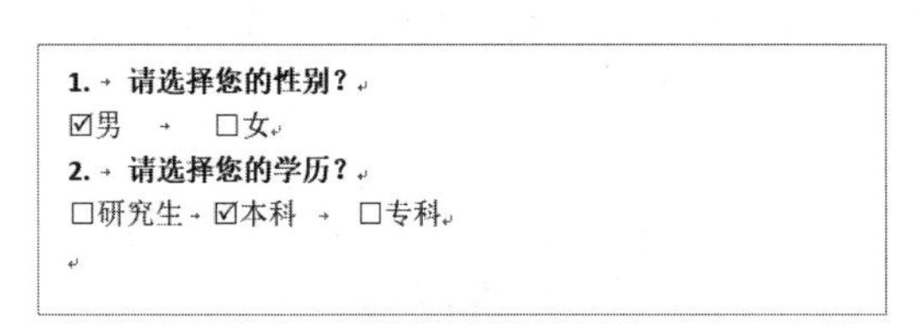

1. 请选择您的性别？
☑男 □女
2. 请选择您的学历？
□研究生 ☑本科 □专科

图 1-18 调查问卷中的打钩方框

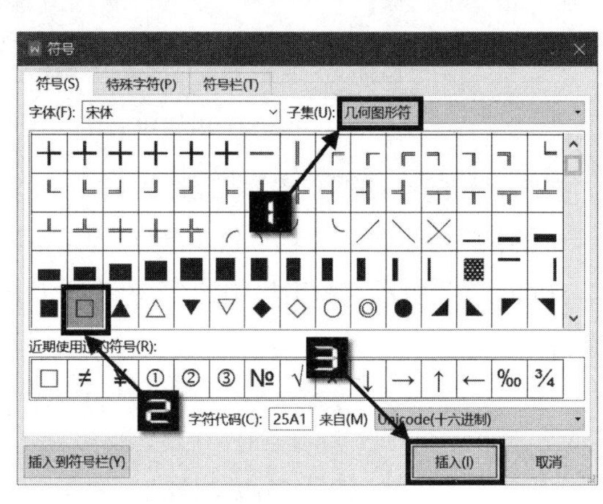

图 1-19 【符号】对话框

1.4.6 一次性插入其他文档中的文字

在编辑文档时，如果需要将其他文档的全部内容插入当前文档，可以直接单击【插入】→【对象】→【文件中的文字】按钮，在打开的【插入文件】对话框中，选中要插入的文档，再单击【打开】按钮，即可将该文档中的文字全部添加到当前文档，如图 1-20 所示。

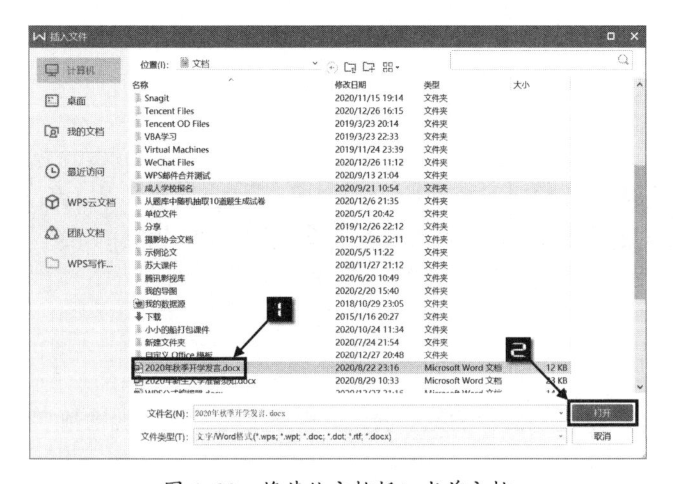

图 1-20 将其他文档插入当前文档

本方法适用于批量插入*.wps、*.wpt、*.doc、*.dot、*.rtf、*.docx 等类型文档的内容。

1.4.7　快速分页

通常，当图文内容填满一页时，WPS 文字会自动开始新的一页。如果图文内容尚不满一页就需要开始新的一页，即需要在页面中间手动分页时，很多用户习惯连续按<Enter>键将光标换到新页。其实，此时直接使用<Ctrl+Enter>组合键即可实现快速分页。该组合键的作用是在当前位置插入【分页符】，从而实现快速分页，如图 1-21 所示。

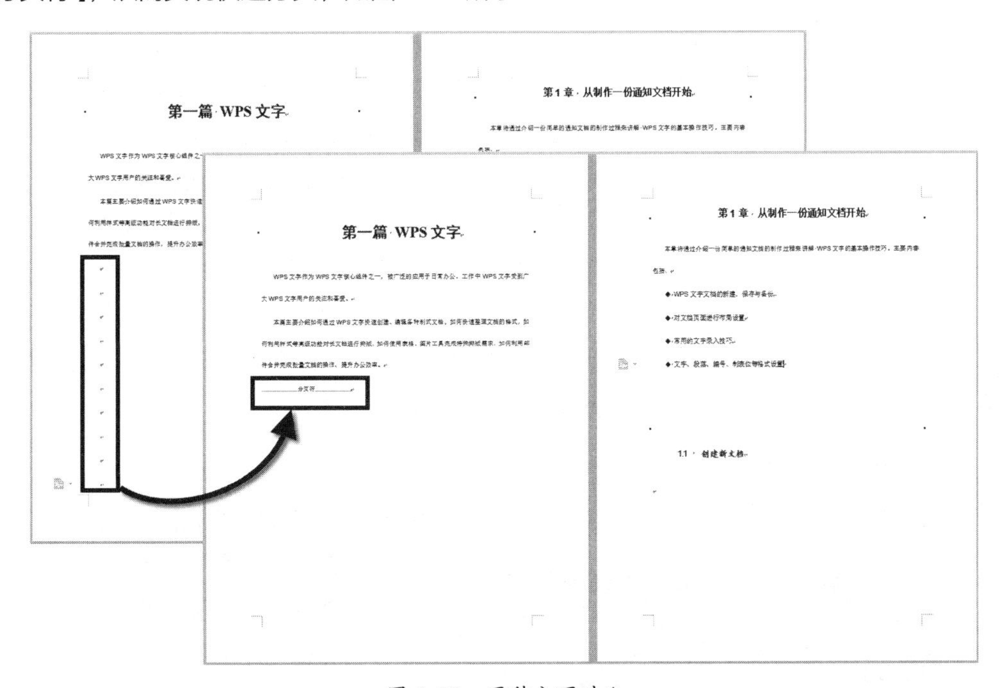

图 1-21　两种分页对比

单击【页面布局】→【分隔符】→【分页符】命令或单击【插入】→【分页】命令也可以插入【分页符】。

1.4.8　快速添加空白页面

在编辑文档时，如果需要在纵向排版的文档中添加一页横向页面以放置一张横向的表格，可以将光标定位到当前页面的末尾，单击【插入】→【空白页】→【横向】按钮，即可在当前页后添加一个横向空白页面（如图 1-22 所示），并在当前页光标处添加一个分隔符——【下一页分节符】。

如果需要插入一个纵向空白页，只需要在【空白页】下拉列表中选择【竖向】即可。

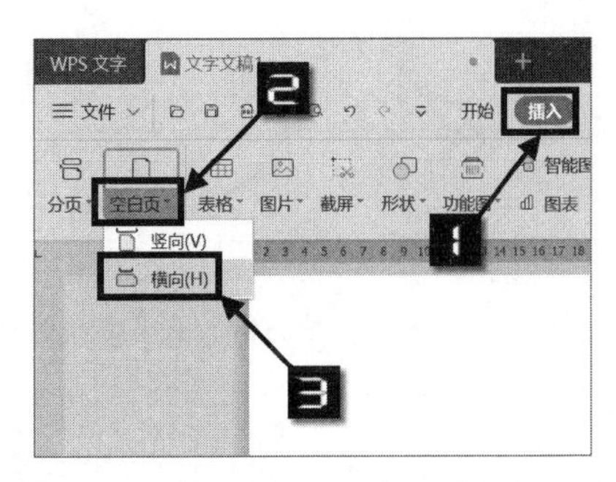

图 1-22　在纵向页面后插入横向空白页

1.5 设置字体格式

对文档中的字符设置合适的格式，可以让文档层次更清晰，页面布局更美观。字体格式主要从字体、字号、字形、颜色等几个方面进行设置。通过【开始】选项卡中的【字体】命令组能完成大部分的字体格式设置。

1.5.1 设置文档正文字体格式

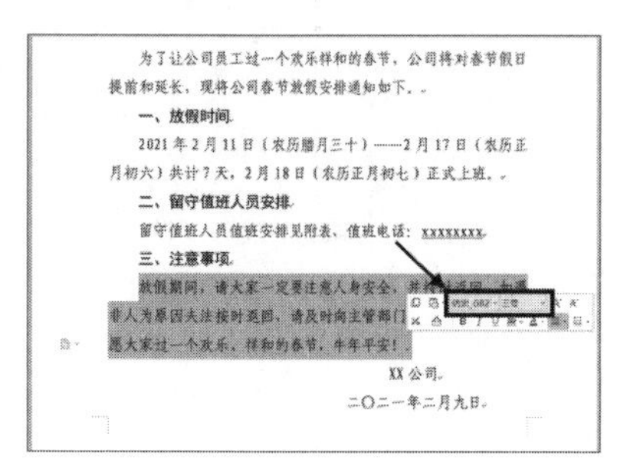

图 1-23　通过浮动工具栏设置字体格式

如果要在文档中将正文的中文字体设置为仿宋_GB2312、西文字体设置为Times New Roman，字号为三号，可以先选中除文档标题以外的所有段落文字，然后在打开的【浮动工具栏】可以直接设置字体格式，如图 1-23 所示。也可以在【开始】选项卡下设置字体格式。

使用合适的字体格式可以让文档层次更加清晰，便于阅读。比如图 1-23 中正文使用仿宋_GB2312 三号字，标题使用黑体三号字。

1.5.2 设置默认字体格式

为了避免每次新建文档都要重新设置字体格式，可以将常用的字体格式设置为默认格式。比如，要将默认字号设置为三号，中文字体设置为仿宋_GB2312，西文字体设置为Times New Roman，设置方法如下。

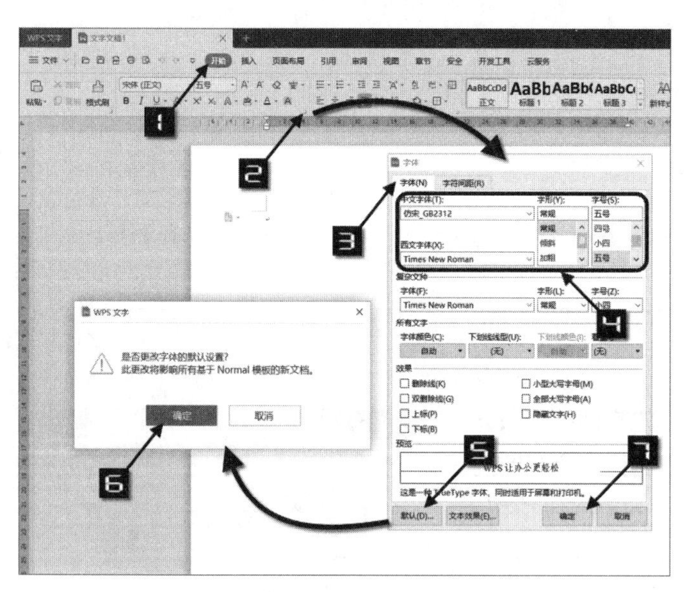

图 1-24　设置默认字体格式

在【开始】选项卡单击【字体】对话框启动按钮，打开【字体】对话框。切换到【字体】选项卡下，将中文字体设置为仿宋_GB2312，西文字体设置为Times New Roman，字形为常规，字号为三号。然后单击【默认】按钮，在打开的提示对话框中单击【确定】按钮，再次单击【确定】按钮退出【字体】对话框即可。如图 1-24 所示。

1.5.3　调整英文字符的大小写

如果要调整中英文混排或纯英文文档中的英文字符大小写，可以使用【更改大小写】工具进行批量调整。

选中要调整大小写的文本，然后在【开始】选项卡中单击【拼音指南】下拉按钮，选择【更改大小写】命令后，会打开【更改大小写】对话框，选择需要的调整形式后，单击【确定】按钮即可，如图 1-25 所示。

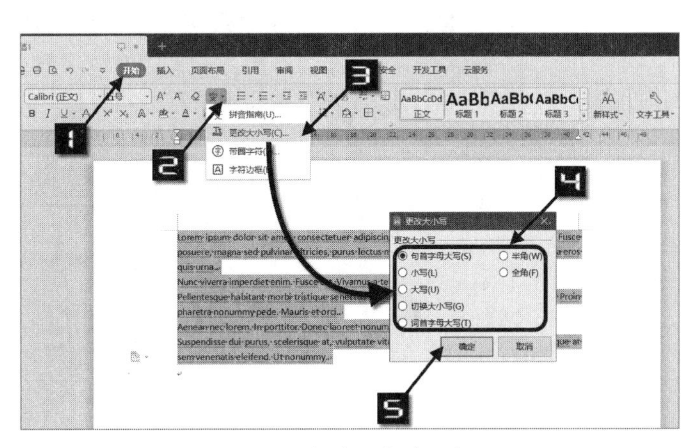

图 1-25　调整英文字符的大小写

1.5.4　安装新字体

在【开始】选项卡中单击【字体】框下拉按钮，在下拉列表中可以看到当前可以使用的所有字体。该列表分为最近使用字体、主题字体和所有字体三个部分。如果在这个字体列表中没有想要使用的字体，则需要用户在操作系统中先安装要使用的字体。

以 Windows 10 操作系统为例，系统默认的字体安装目录是“C:\Windows\Fonts”。可以将准备好的新字体文件直接复制到 Fonts 文件夹中，也可以直接右击新字体文件，在弹出的快捷菜单中选择【安装】命令，如图 1-26 所示。

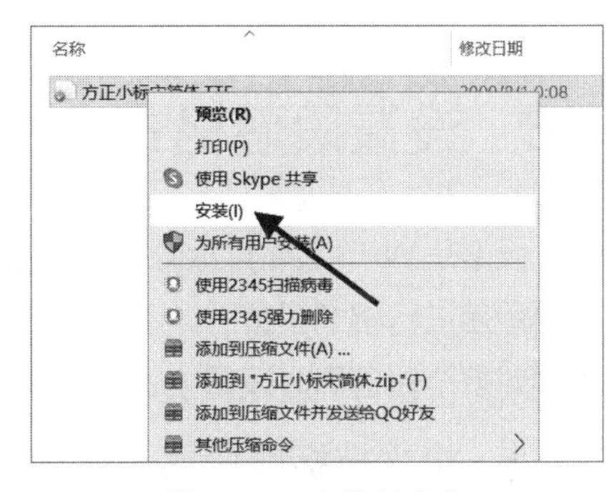

图 1-26　安装新字体

如果文档最终用于商业用途，安装使用的字体务必取得授权。

1.5.5　将字体嵌入文档中

如果在文档中使用了比较个性化的字体，该文档在其他计算机中打开时，可能会无法正常显示。为了保证文档正常显示，可以将文档中用到的字体嵌入文档中。依次单击【文件】→【选项】命令，在打开的【选项】对话框中切换到【常规与保存】选项，然后选中【将字体嵌入文件】【仅嵌入文档中所用的字符（适于减小文件大小）】和【不嵌入常用系统字体】三个复选框，如图 1-27 所示。单击【确定】按钮，退出该对话框后保存文档即可。

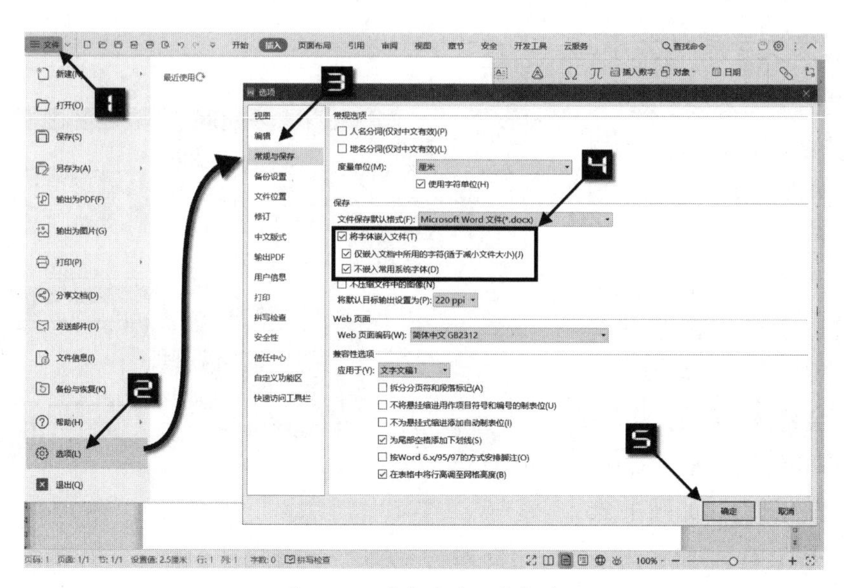

图 1-27 将字体嵌入文档中

1.6 设置段落格式

段落是WPS文字排版的基础单位，段落格式影响的范围是整个段落。因此，通过【段落】对话框对段落进行格式设置时，不必选中整个段落，只需要将光标定位到该段落中的任意位置即可。如果要对多个段落同时设置格式，则需要将这些段落同时选中。

1.6.1 将文档标题段落设置为居中对齐

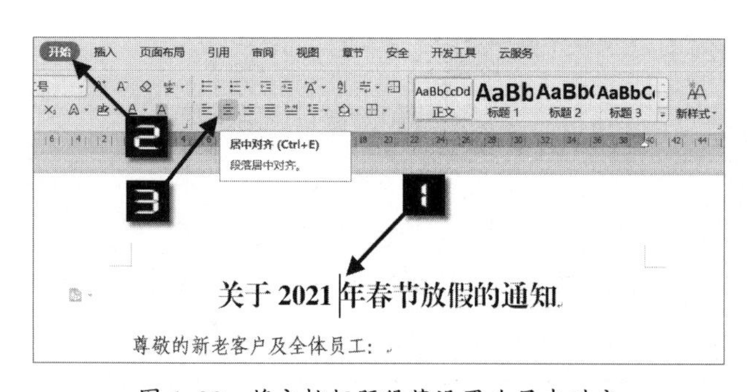

图 1-28 将文档标题段落设置为居中对齐

在WPS文字中，段落的默认对齐方式为两端对齐，要将文档中的标题设置为居中对齐，可以将光标定位在标题段落中任意位置，然后在【开始】选项卡单击【居中对齐】按钮或按<Ctrl+E>组合键，如图 1-28 所示。

1.6.2 段落的 5 种对齐方式

段落可以在水平方向设置对齐方式，不同的对齐方式决定了段落边缘的外观与方向。在【开始】选项卡下，有 5 种水平对齐方式设置按钮，从左至右分别是左对齐、居中对齐、右对齐、两端对齐和分散对齐，其中两端对齐是段落默认的对齐方式。另外，单击【段落】对话框启动按钮会打开【段落】对话框，在其中也可以设置段落的对齐方式，如图 1-29 所示。

在段落上右击打开快捷菜单，单击快捷菜单中的【段落】命令也可以打开【段落】对话框。

在【段落】对话框中切换到【缩进和间距】选项卡，单击【对齐方式】下拉按钮，在打开的下拉列表中选择要设置的对齐方式即可，如图 1-30 所示。

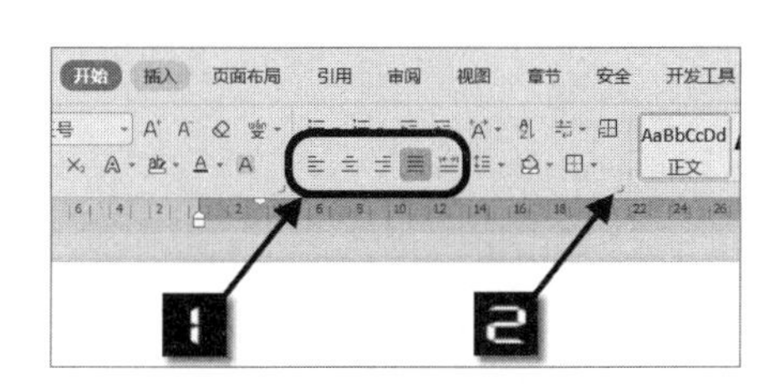

图 1-29　段落的五种对齐方式

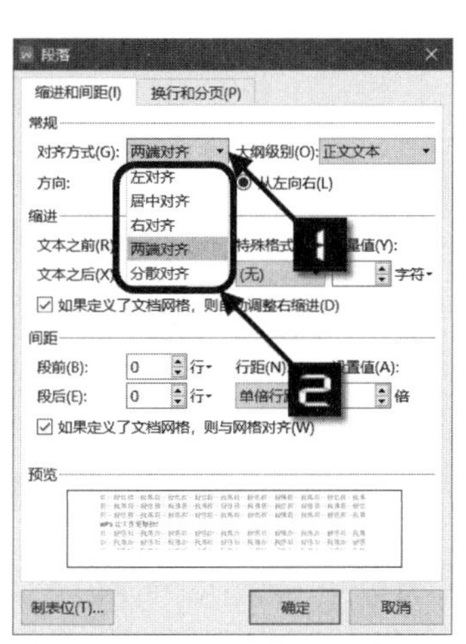

图 1-30　通过【段落】对话框设置对齐方式

WPS 文字还提供了对应的快捷键，方便用户对段落快速设置对齐方式，如表 1-1 所示。

表 1-1　WPS 文字的对齐快捷键

序号	对齐方式	对应图标	快捷键
1	左对齐		<Ctrl+L>
2	居中对齐		<Ctrl+E>
3	右对齐		<Ctrl+R>
4	两端对齐		<Ctrl+J>
5	分散对齐		<Ctrl+Shift+J>

1.6.3　为正文段落设置首行缩进 2 字符

要为所有正文段落设置首行缩进 2 字符，可以选中所有正文段落后，在【开始】选项卡单击【段落】对话框启动按钮，打开【段落】对话框，切换到【缩进和间距】选项卡，单击【特殊格式】下拉按钮，在下拉菜单中选择【首行缩进】（默认为 2 字符）后，单击【确定】按钮即可，如图 1-31 所示。

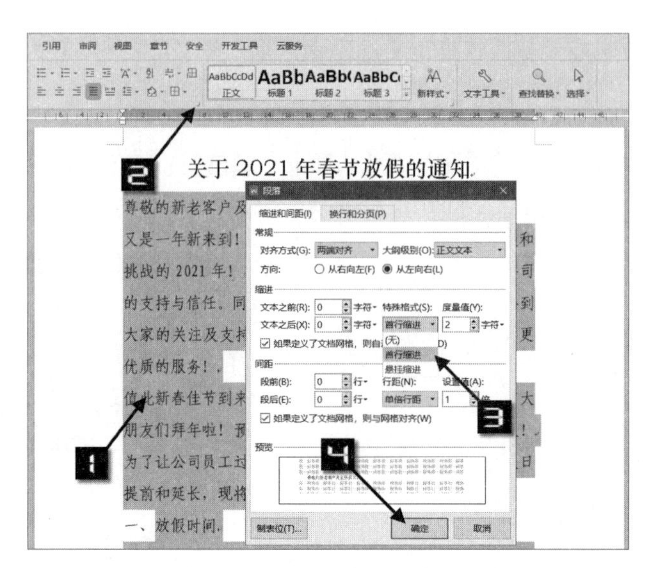

图 1-31　为正文段落设置首行缩进

1.6.4　段落的 4 种缩进方式

除首行缩进外，段落还有悬挂缩进、文本之前缩进和文本之后缩进 3 种缩进方式，效果对比如表 1-2 所示。

表 1-2　段落缩进效果对比

序号	缩进方式	缩进效果
1	首行缩进	首行缩进首行缩进首行缩进首行缩进首行缩进首行缩进首 行缩进首行缩进首行缩进首行缩进首行缩进首行缩进首行缩进 首行缩进首行缩进
2	悬挂缩进	悬挂缩进悬挂缩进悬挂缩进悬挂缩进悬挂缩进悬挂缩进悬挂缩 进悬挂缩进悬挂缩进悬挂缩进悬挂缩进悬挂缩进悬挂缩进 悬挂缩进悬挂缩进
3	文本之前缩进	文本之前文本之前文本之前文本之前文本之 前文本之前文本之前文本之前文本之前文本之前 文本之前文本之前文本之前文本之前文本之前文
4	文本之后缩进	文本之后文本之后文本之后文本之后文本之 后文本之后文本之后文本之后文本之后文本之后 文本之后文本之后文本之后文本之后文本之后文

- ❖ 首行缩进：指段落中的第一行从左向右缩进一定的距离，除首行外其他行都保持不变。中文文档中的段落一般设置首行缩进 2 字符
- ❖ 悬挂缩进：指段落中除第一行外其他的行均从左向右缩进一定的距离，首行保持不变。悬挂缩进常用于使用了项目符号或编号列表的段落中
- ❖ 文本之前缩进：指整个段落的左端从页面左侧向右侧缩进一定的距离
- ❖ 文本之后缩进：指整个段落的右端从页面右侧向左侧缩进一定的距离

要改变段落缩进的度量单位，可以在【段落】对话框中单击度量值文本框右侧的单位下拉按钮，

选择指定的度量单位，如图 1-32 所示。

另外，如果对文本的缩进量没有精确的要求，还可以通过拖动水平标尺上的【缩进】滑块来调整段落缩进。若 WPS 文字未显示标尺，可以在【视图】选项卡中选中【标尺】复选框，如图 1-33 所示。

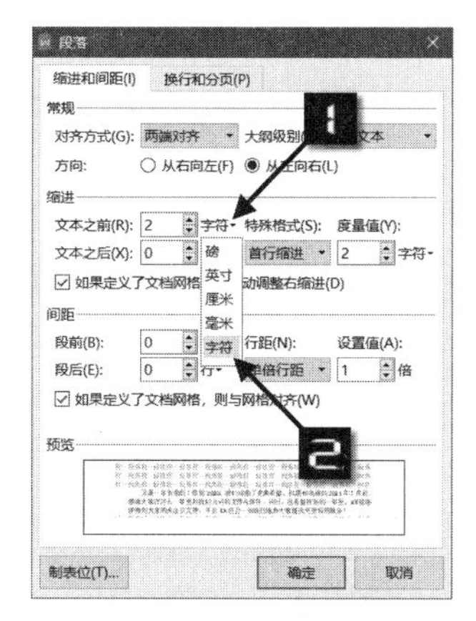

图 1-32　调整段落缩进的度量单位

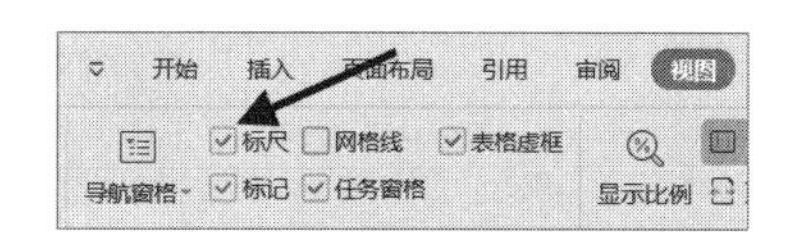

图 1-33　显示【标尺】

在水平标尺中有 4 个缩进滑块，分别对应段落的 4 种缩进方式，如图 1-34 所示：①首行缩进，②悬挂缩进，③左缩进，④右缩进。要为某一段落设置缩进，可以将光标定位到该段落中，然后直接用鼠标拖动水平标尺上的缩进滑块调整缩进位置即可。

图 1-34　水平标尺中的缩进滑块

1.6.5　段落的行距与段间距控制

行距是段落中行与行之间的距离，WPS 文字默认的段落行距为单倍行距，其高度是由字号大小决定的，字号不同行距也不同。常用的倍数行距有 1.5 倍行距、2 倍行距和多倍行距。

要将文档的正文段落行距设置为 1.5 倍行距，操作步骤如下。首先选中所有正文段落，然后在【开始】选项卡的【段落】命令组中，单击【行距】下拉箭头，在下拉列表中选择 1.5 倍行距即可，如图 1-35 所示。

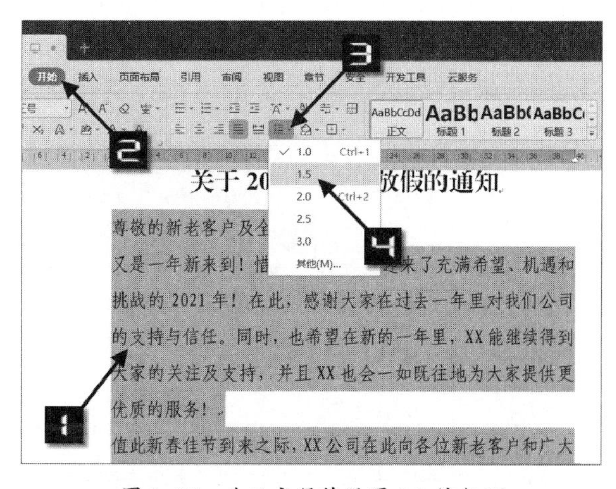

图 1-35　为正文段落设置 1.5 倍行距

如果要更加精确地设置行距，比如要指定段落的行距为固定值 22 磅，可以选中要设置的段落后，在【开始】选项卡中单击【段落】对话框启动按钮，打开【段落】对话框，在【缩进和间距】选项卡下的【行距】下拉列表中选择【固定值】，然后在【设置值】文本框中输入“22”，单击【确定】按钮即可，如图 1-36 所示。

除了设置段落内的行距外，还可以通过设置【段前】与【段后】间距控制段落之间的距离，让文档的段落层次更加清晰。图 1-37 展示了将标题段落的段前距设置为 1 行、段后距为 0 行后的段落布局效果。

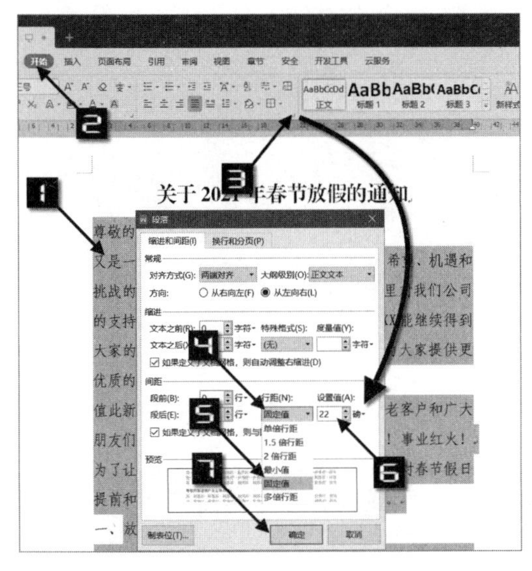

图 1-36　将段落行距设置为固定值

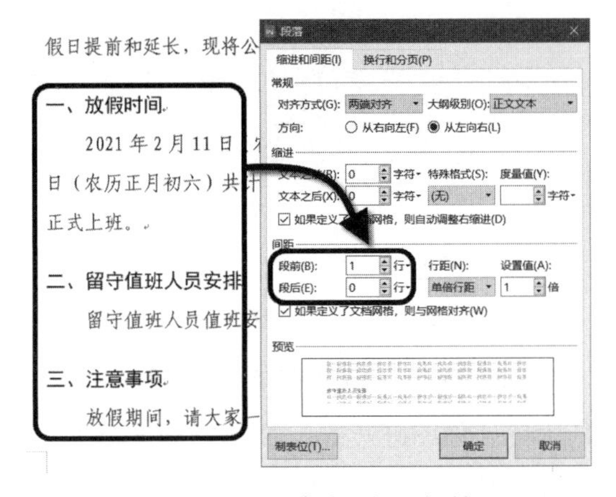

图 1-37　段落的段间距控制

1.6.6　便捷的段落布局功能

当光标位于某个段落内时，在段落的左侧会出现【段落布局】按钮。如果没有显示该按钮，可以在【开始】选项卡中单击【显示/隐藏编辑标记】下拉按钮，在弹出的菜单中选择【显示/隐藏段落布局按钮】命令，如图 1-38 所示。单击该按钮可激活WPS文字的段落布局功能，可以通过鼠标拖动操作来直接设置段落的缩进和行距，并且支持多段落同时操作，让段落布局更加便捷。

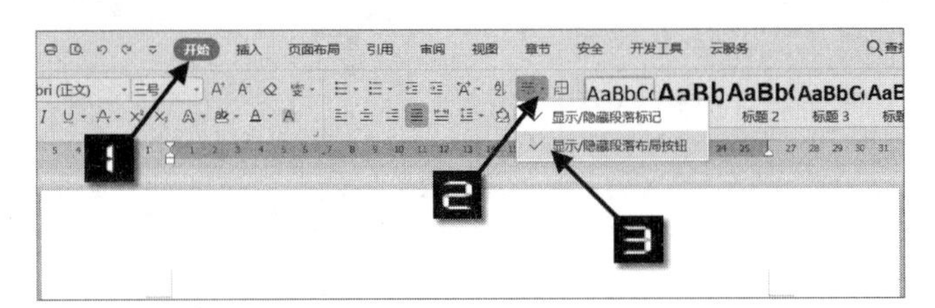

图 1 38　显示【段落布局】按钮

在【段落布局】模式下，段落四周会出现 7 个小图标，如图 1-39 所示，图标①～⑥分别为：①首行缩进；②悬挂缩进；③左缩进；④段后间距；⑤右缩进；⑥段前间距。在图标上单击并按住鼠标左键不放可看到文字提示，直接拖动即可调整对应的格式。单击图标⑦可退出【段落布局】模式。

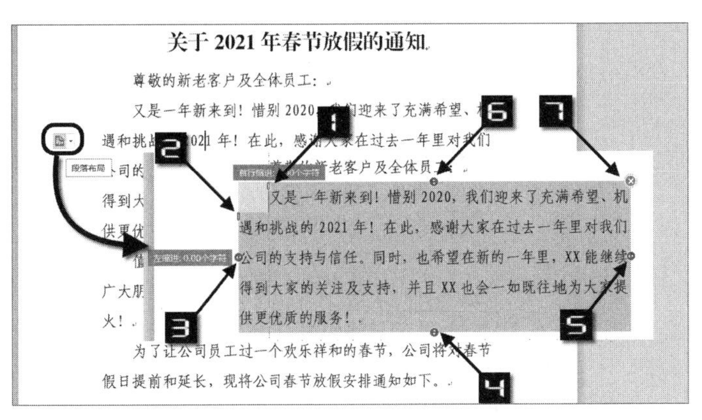

图 1-39　便捷的段落布局功能

在页面空白处直接双击或按<Esc>键也可以退出【段落布局】模式。

1.6.7　段落的分页控制

在文档排版过程中，可能会出现某一个标题处在上一页的最后一行，而该标题下的正文段落则处在下一页中，影响阅读体验，如图 1-40 所示。

为了保证标题段落和其所属的正文段落在同一页，可以为标题段落设置【与下段同页】，设置方法：将光标定位到标题段落中，打开【段落】对话框，切换到【换行和分页】选项卡，选中【分页】选项中的【与下段同页】复选框，单击【确定】按钮即可，如图 1-41 所示。

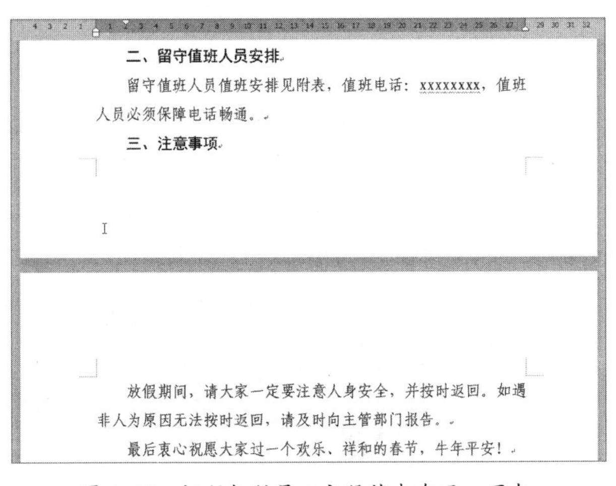

图 1-40　标题与所属正文段落未在同一页中

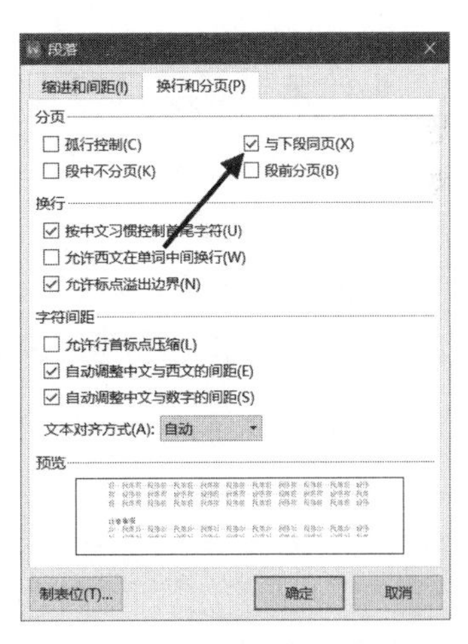

图 1-41　设置标题与正文同页

除此之外，如果不想让段落的第一行出现在页尾，或是最后一行出现在页首，特别是只有几个字符的情况，可以选中【孤行控制】复选框。如果不想让文档中的段落在页面中分页显示，每一段都完整显示在某一页中，可以选中【段中不分页】复选框，WPS 文字会根据分页选项自动调整段落。

使用前面章节所讲的知识点，就可以完成一份简单的通知文档排版了，排版效果如图 1-42 所示。

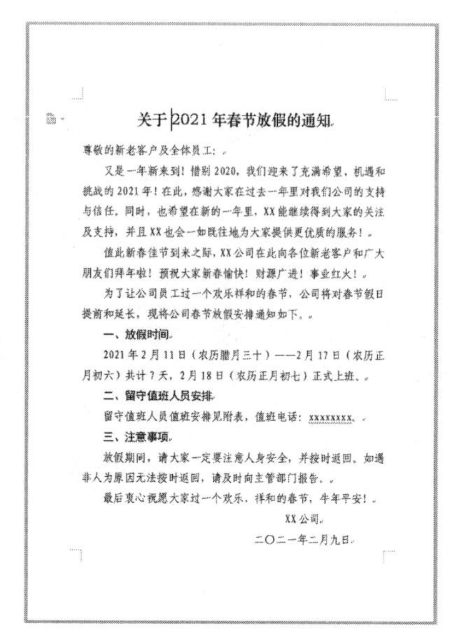

关于2021年春节放假的通知

尊敬的新老客户及全体员工：

又是一年新来到！惜别2020，我们迎来了充满希望、机遇和挑战的2021年！在此，感谢大家在过去一年里对我们公司的支持与信任。同时，也希望在新的一年里，XX能继续得到大家的关注及支持，并且XX也会一如既往地为大家提供更优质的服务！

值此新春佳节到来之际，XX公司在此向各位新老客户和广大朋友们拜年啦！预祝大家新春愉快！财源广进！事业红火！

为了让公司员工过一个欢乐祥和的春节，公司将对春节假日提前和延长，现将公司春节放假安排通知如下。

一、放假时间

2021年2月11日（农历腊月三十）——2月17日（农历正月初六）共计7天，2月18日（农历正月初七）正式上班。

二、留守值班人员安排

留守值班人员值班安排见附表，值班电话：xxxxxxxx。

三、注意事项

放假期间，请大家一定要注意人身安全，并按时返回。如遇非人为原因无法按时返回，请及时向主管部门报告。

最后衷心祝愿大家过一个欢乐、祥和的春节，牛年平安！

XX公司

二〇二一年二月九日

图 1-42　通知文档排版效果

1.7　设置项目符号与编号

使用项目符号与编号排版组织段落，可以让文档内容层次更分明、条理更清晰，如规章制度的条款等，通常需要设置项目符号。

1.7.1　为段落设置项目符号

如果文字的内容是并列关系，可以在这些段落文本前添加强调效果的项目符号，让列举的条目清晰美观。如图 1-43 所示，右侧使用了项目符号的列表比左侧列表看上去更具表现力。

将光标置于需要设置编号的段落，或者选取多个段落，然后在【开始】选项卡单击【项目符号】下拉按钮，在弹出的项目符号列表中选择一种合适的符号即可，如图 1-44 所示。

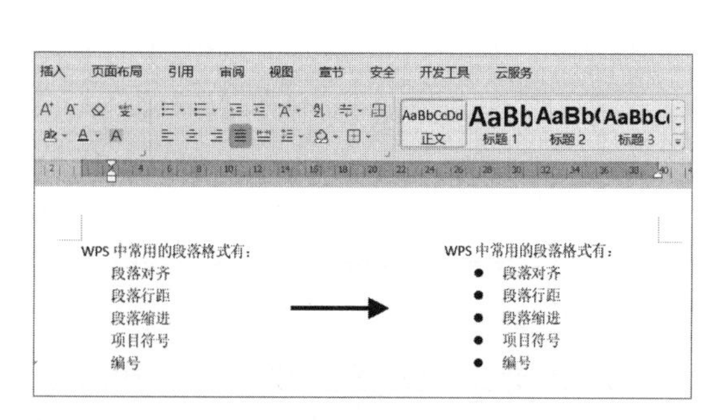

图 1-43　使用项目符号效果对比

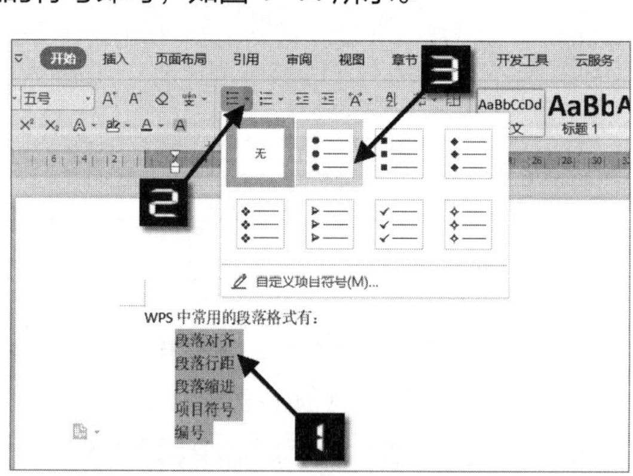

图 1-44　为段落设置项目符号

如果直接单击【项目符号】按钮，WPS文字会直接对段落应用第一种项目符号效果，即带填充效果的大圆形项目符号。如果要取消项目符号效果，只需选中段落后单击【项目符号】按钮或单击如图1-44所示的项目符号列表中的【无】按钮即可。

WPS文字还提供了自定义项目符号功能，让排版有了更大的自由发挥空间。比如，要将项目符号设置为红色的五角星符号，可以选中要自定义项目符号的段落，然后在【项目符号】列表中单击【自定义项目符号】按钮。在弹出的【项目符号和编号】对话框中，任选一个项目符号，然后单击【自定义】按钮，会弹出【自定义项目符号列表】对话框，如图1-45所示。

在【自定义项目符号列表】对话框中单击【字符】按钮，弹出【符号】对话框。在【字体】列表中选择【Wingdings】字体，然后在字符列表中选择“五角星”符号，单击【插入】按钮后，回到【自定义项目符号列表】对话框，如图1-46所示。单击【自定义项目符号列表】对话框中的【字体】按钮，可以对自定义的项目符号的格式进行设置，这里直接设置字体颜色为红色即可。

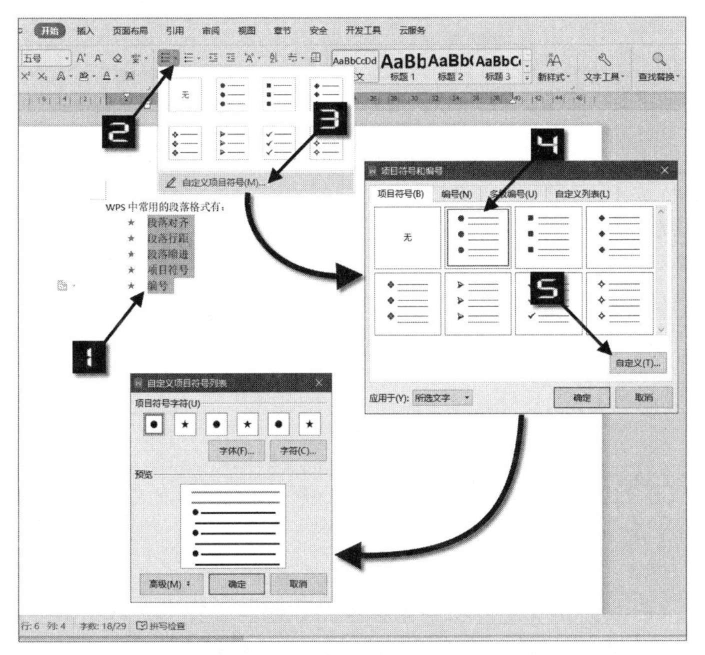

图1-45　自定义项目符号列表

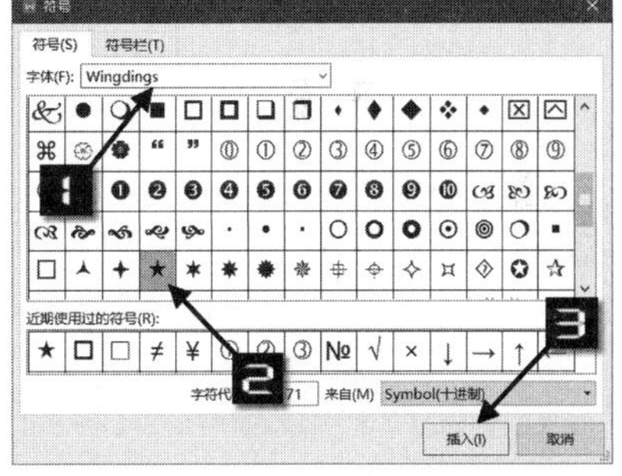

图1-46　自定义项目符号

提示

在Webdings、Wingdings、Wingdings 2和Wingdings 3四种字体中，每一个字符（区分大小写）分别对应一种符号。在【符号】对话框中选择其中一种字体，在符号列表中即可看到该字体中所包含的符号。

1.7.2　为段落添加编号

在公司规章制度、合同条款等文档中，对于列举的条目、条款一般会使用数字编号来修饰，这样可使内容层次更加分明。WPS 文字提供了多种编号列表和编号格式，如：“①”“1）”“第一节”等。比如，要为《请销假管理制度》文档中的条款段落添加“（1）”形式的编号，可以先选中要添加编号的所有段落，在【开始】选项卡中单击【编号】下拉按钮，在弹出的【编号】列表中单击“（1）”形式的编号即可，如图 1-47 所示。

图 1-47 为多个段落添加编号

提示

为段落添加编号后，段落的缩进会发生变化。要调整编号列表段落的缩进，可在添加编号后借助【段落布局】模式来调整。

在设置了编号或符号的段落末尾按<Enter>键，编号和符号会在新段落自动延续，编号数字将自动加 1。如不需要延续编号，可以在新段落刚开始时按< Backspace >键删除。

1.7.3 自定义编号列表

如果【编号】列表中没有合适的编号形式，可单击【编号】下拉列表中的【自定义编号】，在弹出的【项目符号和编号】对话框中来自定义新编号。

单击【自定义编号】按钮后，在【项目符号和编号】对话框的【编号】选项卡中单击任意一个编号，然后单击【自定义】按钮。在弹出的【自定义编号列表】对话框中，将【编号样式】设置为“一,二,三,…”样式，在【编号格式】文本框中的“①”前后分别输入“第”和“节”（注意不要删除“①”），最后单击【确定】按钮即可完成设置，如图 1-48 所示。

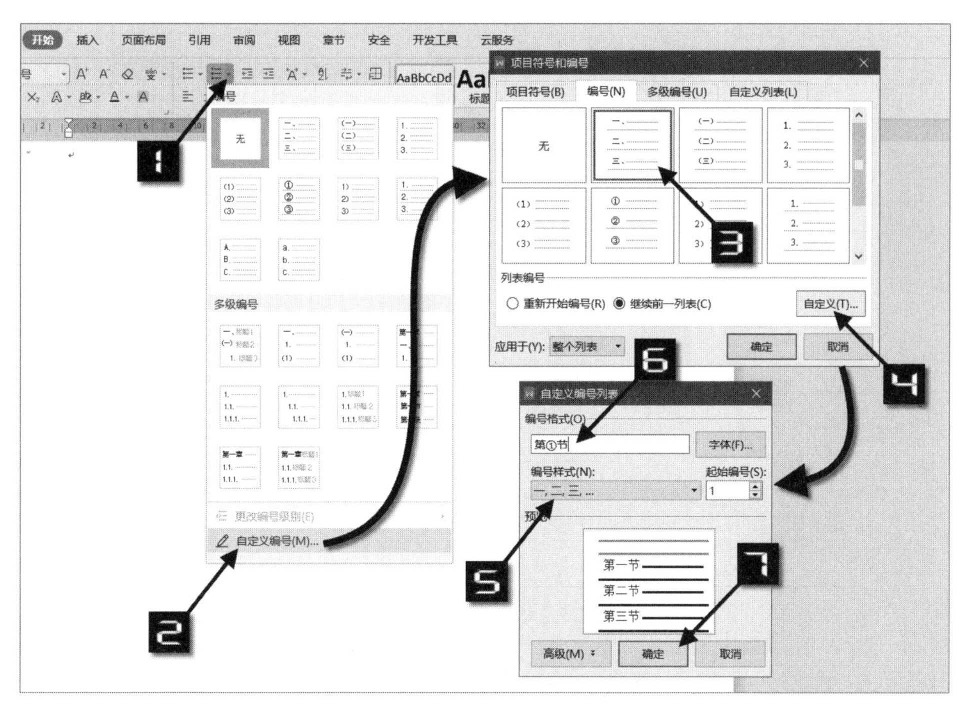

图 1-48　自定义“第一节”形式编号

另外，在段落开始处输入符合序数规则的内容，如“一”“1.”，再输入一段文字后按下<Enter>键另起新段落时，WPS文字会自动为段落应用编号列表，并在新段落产生下一个编号。比如，在新段落中输入“第一条　内容……”后，按下<Enter>键，WPS文字会在下一段落中自动添加“第二条”编号，同时会将这种编号形式添加到【自定义列表】中，如图 1-49 所示。

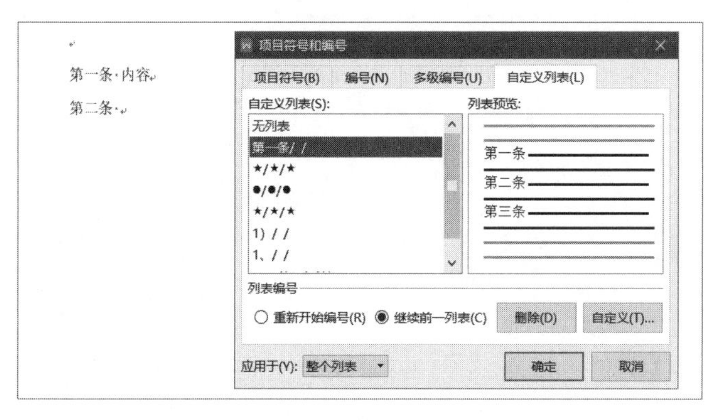

图 1-49　自定义列表

如不想让当前输入的内容自动转换为编号列表形式，可以在产生自动编号后，直接按<Ctrl+Z>组合键撤销该操作。要让所有输入的内容都不转换为编号形式，可以依次单击【文件】→【选项】按钮，打开【选项】对话框，切换到【编辑】标签，取消选中【键入时自动应用自动编号列表】复选框，单击【确定】按钮即可，如图 1-50 所示。

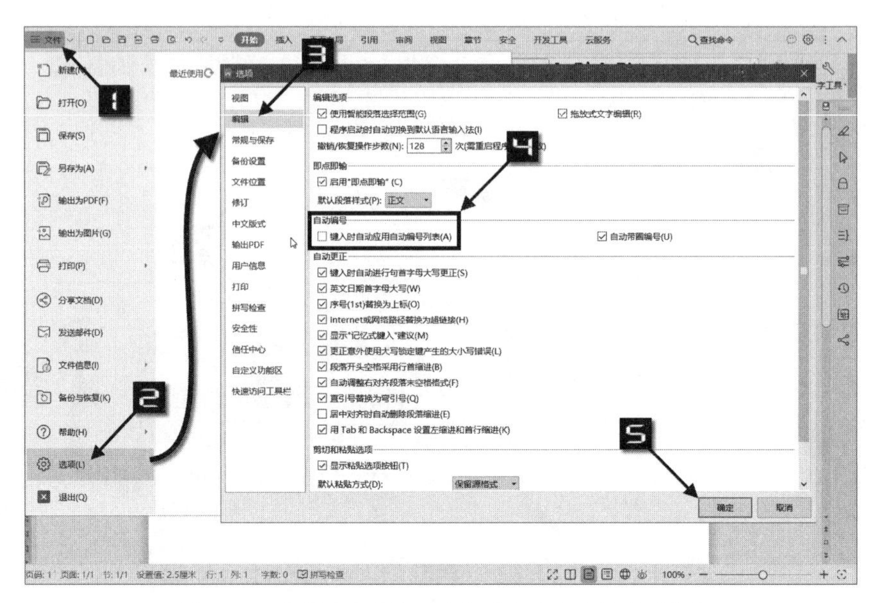

图 1-50　取消选中【键入时自动应用自动编号列表】

1.7.4　编号与文本之间的距离太大怎么办？

对段落设置了编号之后，在编号与文本之间有一个灰色小箭头符号（制表符），如果直接按 < Backspace >删除就会将编号直接删除。此时，只要在任意编号上右击，在弹出的快捷菜单中单击【调整列表缩进】，在弹出的对话框中，将【编号之后】设置为【无特别提示】，单击【确定】按钮即可，如图 1-51 所示。

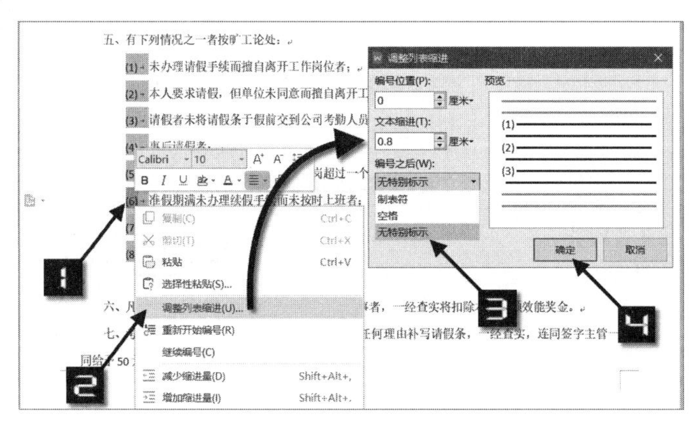

图 1-51　调整列表缩进

根据本书前言的提示，可观看项目符号与编号的设置技巧的视频讲解。

1.8　制表位与制表符

1.8.1　姓名列表的对齐

在编辑文档时，经常会遇到姓名列表的对齐问题。尽管使用空格能够完成简单的文本位置对齐，但是效率较低，而且不够精准。

正确高效的做法是输入完一个姓名后按一下<Tab>键，然后继续输入姓名，WPS 文字会自动调整姓名的对齐位置，如图 1-52 所示。

在文档中每按一次<Tab>键，就会在当前位置添加一个制表符，该制表符会根据设置好的制表位进行缩进对齐。WPS 文字默认每按一次<Tab>键，光标会向右移动 2 字符。

如果按<Tab>键后看不到制表符号，可以依次单击【开始】→【显示/隐藏段落标记】下拉按钮，在弹出的下拉列表中选中【显示/隐藏段落标记】，如图 1-53 所示。

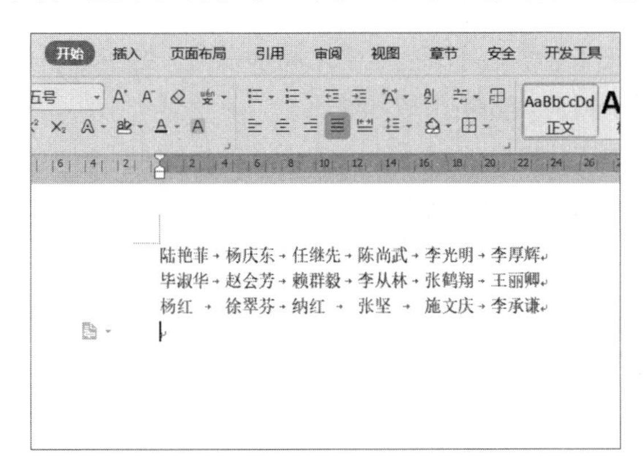

图 1-52　使用制表位对齐姓名列表

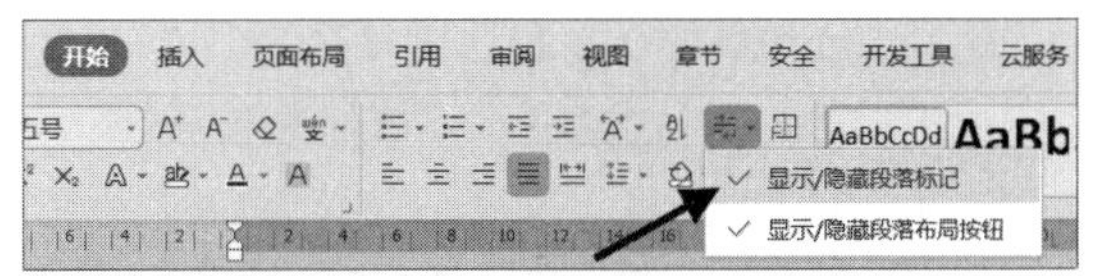

图 1-53　显示/隐藏段落标记

设置【显示/隐藏段落标记】后，不仅可以看到段落标记，还会显示制表符、半角空格、全角空格、换行符等编辑符号。这些符号是编辑文档时的有利辅助工具，在打印时不会被打印出来。

1.8.2　使用鼠标单击快速设置制表位

当文字字号较大（比如三号字）时，使用默认的制表位，因为空间不足，仍然会出现姓名无法对齐的现象，如图 1-54 所示。此时就需要手动设置制表位。

选中上图中需要调整对齐位置的所有姓名段落，然后在水平标尺上的适当位置单击，每单击一次，就可以在水平标尺上设置一个制表符号，该符号所在的位置就是一个制表位。重复上述操作，可以设置多个制表位，如图 1-55 所示。

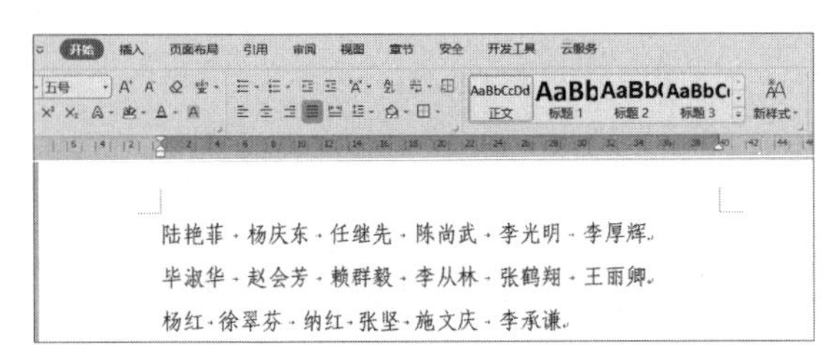

图 1-54　默认制表位无法对齐姓名

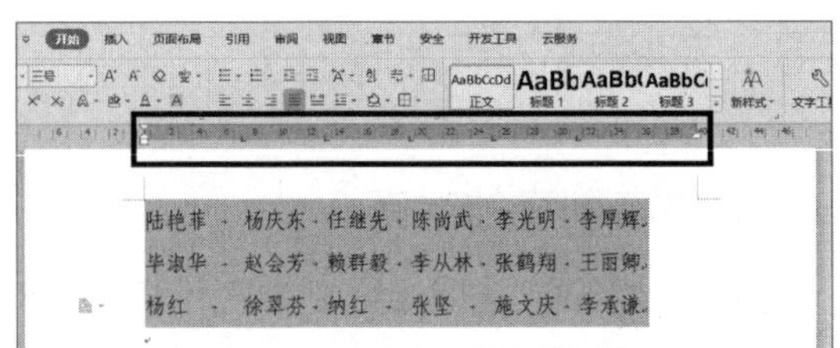

图 1-55　通过鼠标单击设置制表位

提示　如果未显示水平标尺，可在【视图】选项卡中选中【标尺】复选框。

在水平标尺上单击选中对应的制表符号不放，在水平方向上左右拖动，可以调整制表位的位置。选中对应的制表符号后将其拖离标尺，则可以删除该制表位。

1.8.3　精确设置制表位

如果希望精确设置姓名列表的对齐位置，可以在【制表位】对话框中来精确设置。选中姓名列表段落，打开【段落】对话框后单击【制表位】按钮，打开【制表位】对话框。

在【制表位】对话框中先单击【全部清除】按钮将手动设置的制表位清除，然后在【制表位位置】文本框中输入数字“6”，单击【设置】按钮，就会在【制表位位置】文本框下方的列表框中显示一个“6 字符”制表位。

重复上述操作依次设置“12 字符”“18 字符”“24 字符”“30 字符”制表位，完成后单击【确定】按钮退出【制表位】对话框，完成制表位设置，如图 1-56 所示。

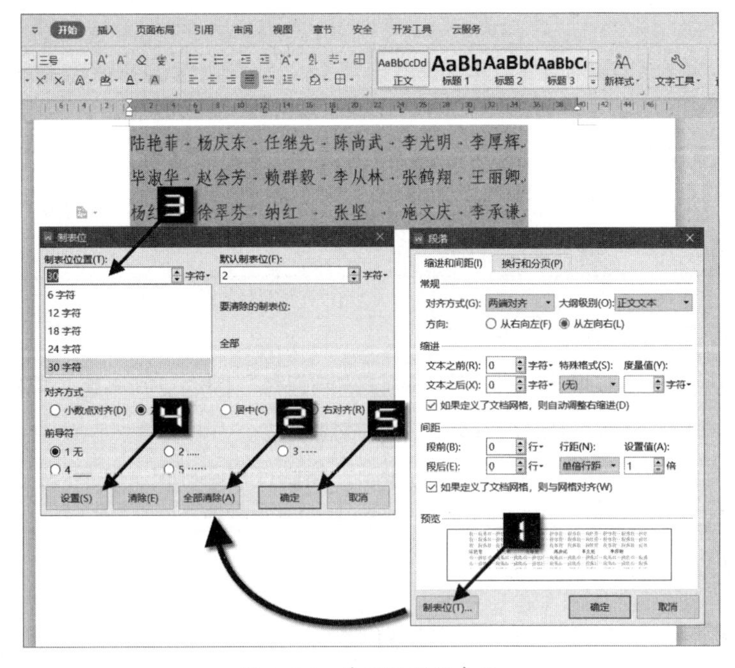

图 1-56　精确设置制表位

1.8.4　以小数点为基准对齐数据

WPS 文字可以对表格中的数据以小数点为基准进行对齐，让数据更加方便对比阅读。未设置以小数点对齐的数据如图 1-57 所示。

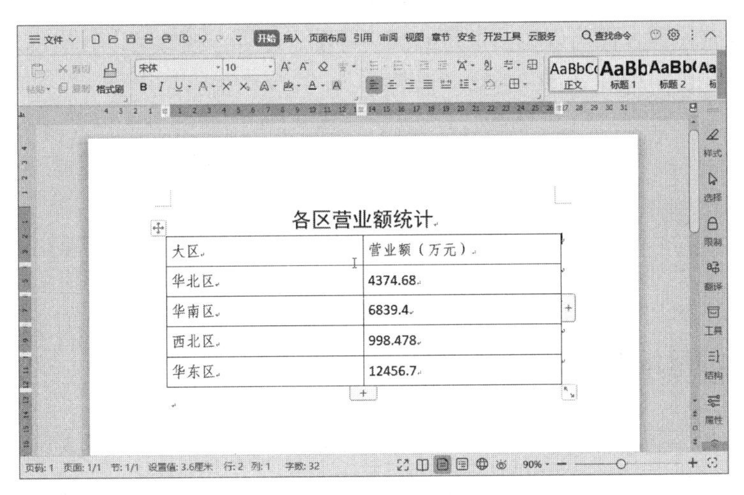

图 1-57　未设置以小数点对齐的数据

选中表格中的数据，然后单击文档左侧的垂直标尺上方的【制表位】按钮，在弹出的制表位菜单中选择【小数点对齐式制表位】，然后在水平标尺的合适位置单击鼠标左键，即可对选中的单元格中的数据以小数点为基准进行对齐，如图 1-58 所示。在水平标尺上用鼠标左右拖动制表符号可以移动数据对齐位置。

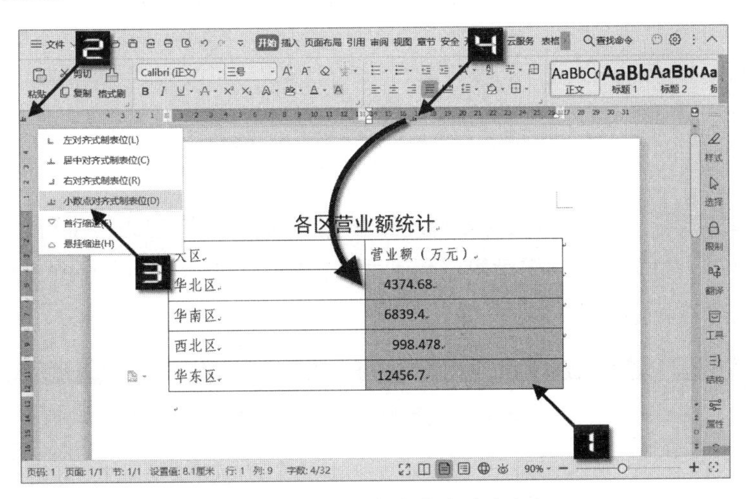

图 1-58　以小数点为基准对齐数据

根据本书前言的提示，可观看制表符排版技巧的视频讲解。

第 2 章　使用模板快速创建格式化文档

模板是WPS文字高效排版的得力助手。模板中可以包括页面设置、字体、段落、多级编号等在内的多种样式格式设置，还可以包含指定的文字等信息。通过模板可以轻松创建多个具有固定格式内容的文档，比如具有相同制式的公文、合同等。

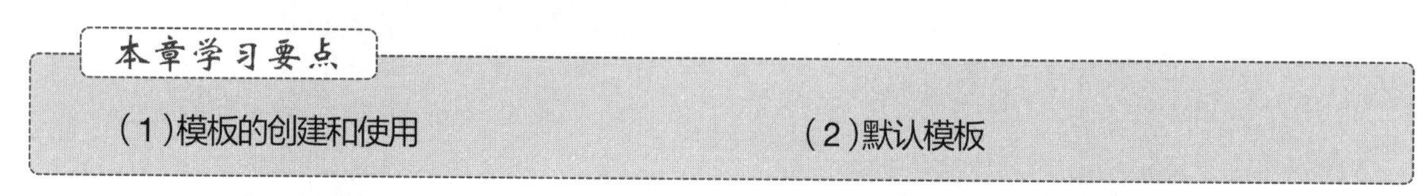

2.1　什么是模板?

在WPS文字中，新建的空白文档都是基于预置的模板创建的，在任意文档中单击【文件】→【选项】命令，在打开的【选项】对话框中切换到【文件位置】选项，就可以看到【用户模板】的保存位置，如图 2-1 所示。

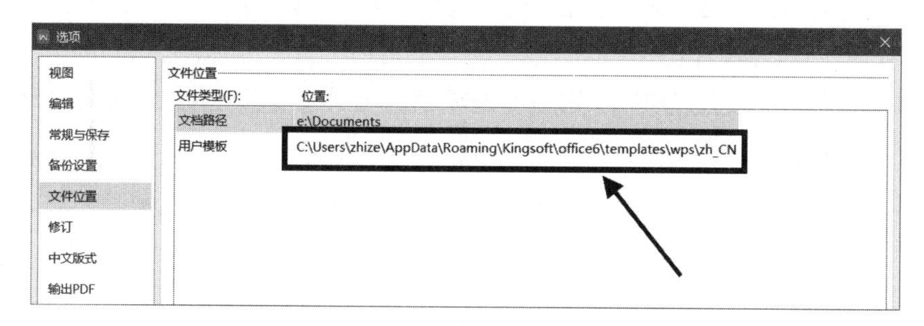

图 2-1　WPS文档用户模板保存位置

按<Win+E>组合键打开文件资源管理器，在地址栏中输入上图中的【用户模板】文件保存位置路径并按<Enter>键，打开该文件夹后可以看到两个文件，其中Normal.dotm文件就是WPS文字的默认模板，如图 2-2 所示。

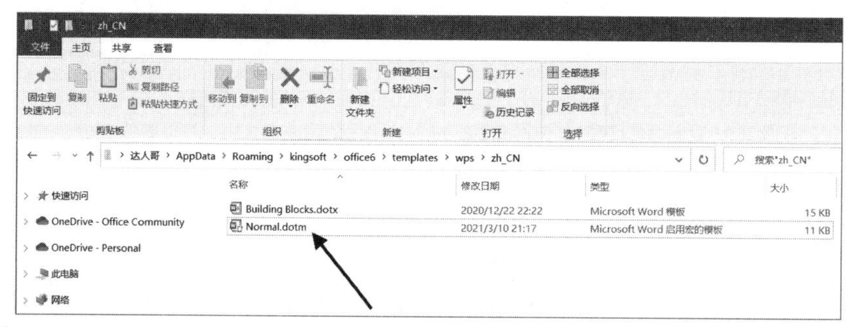

图 2-2　Normal.dotm模板文档

新建的空白文档中所具有的所有格式、样式都是基于Normal.dotm这个模板的设置来创建的，在Normal.dotm中保存的各种设置都会影响到创建的新文档。因此用户可以将常用字体格式和页面格式等设置为默认值，即更改Normal.dotm模板的格式设置，省去每次新建文档后的重复设置操作。

用户自行设置的默认值，其实是保存到了Normal.dotm模板文档中，如果想要恢复初始设置，只需要将Normal.dotm模板文档删除，重新启动WPS文字即可。

2.2　使用模板快速创建文档

2.2.1　借助本地模板创建新文档

WPS文字提供了丰富实用的模板，通过直接套用模板来创建新文档，可以节省很多时间和精力，提高工作效率。比如要编写一份新的劳动合同文档，不必从零开始，借助模板就能够快速完成。

启动WPS文字，在主导航中单击【从模板中新建】，转到【新建】标签，在【本地模板】列表中可以看到有公文范本、合同协议、计划报告等模板分类，在下方有模板效果预览。单击“合同协议”分类标签，再单击“劳动合同”模板即可创建一个具有通用劳动合同条款的新文档，如图 2-3 所示。

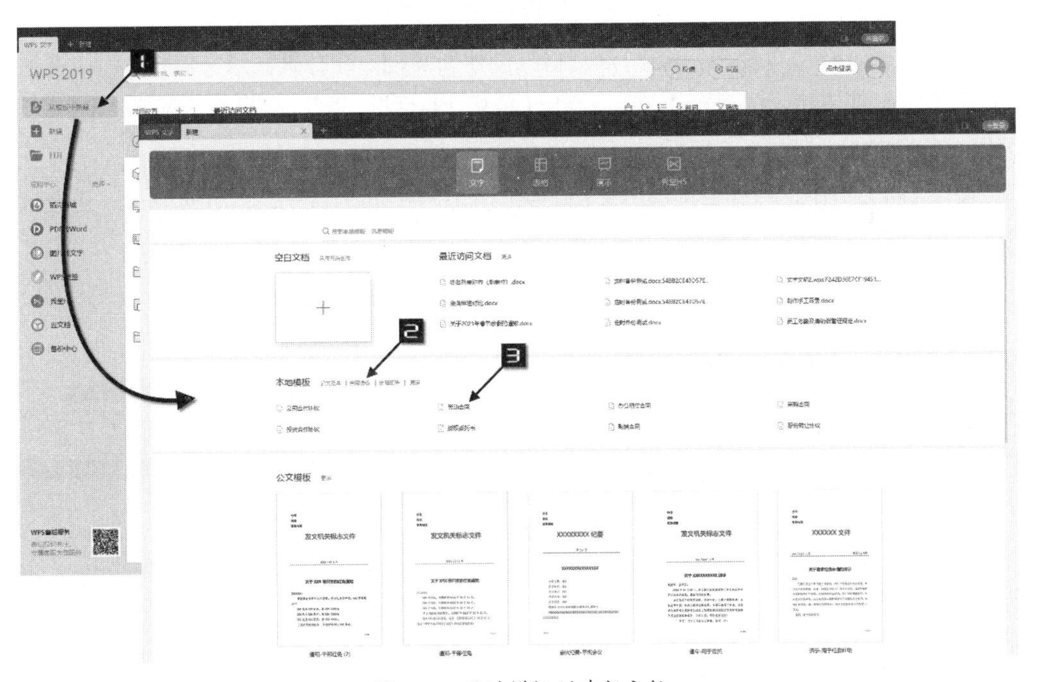

图 2-3　通过模板创建新文档

可根据实际情况对新文档的内容或格式做出修改以满足工作需要，如图 2-4 所示。

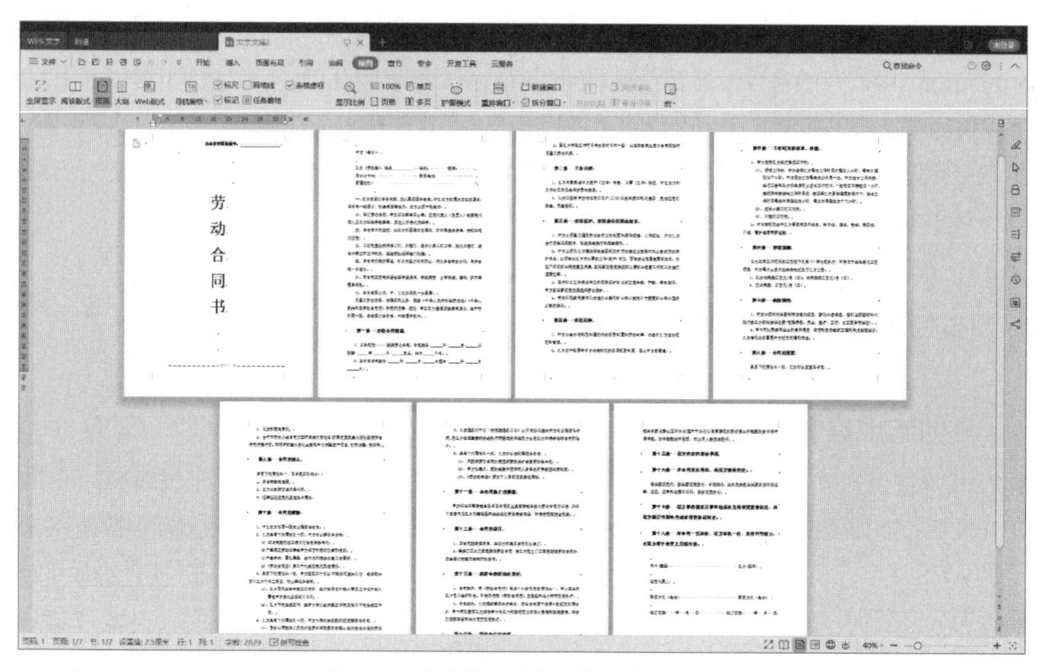

图 2-4　通过模板创建的劳动合同文档

除上述方法外，还可以使用【模板】对话框来创建新文档。在打开任意文档时，可以通过单击【文件】→【新建】→【本机上的模板】按钮，弹出【模板】对话框。默认情况下，直接单击【确定】按钮会创建一个空文档，如图 2-5 所示。

在【模板】对话框中，根据要创建的文档的类型，切换到相应类别的模板选项卡，再选择合适的模板创建文档即可，如图 2-6 所示。

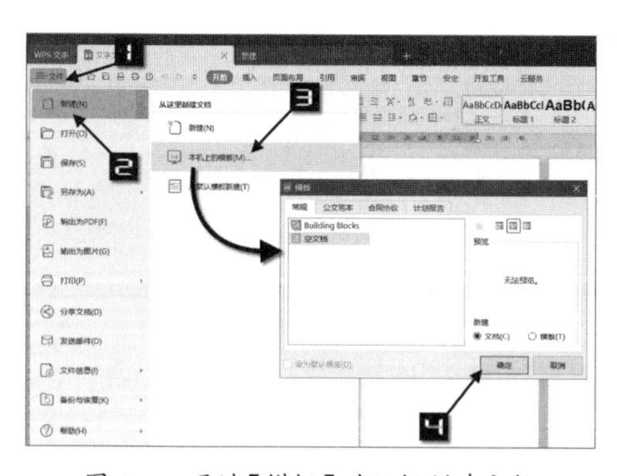

图 2-5　通过【模板】对话框创建文档

图 2-6　丰富实用的本地模板

2.2.2　下载在线模板

WPS 文字支持从网上下载模板，使用网站上的模板资源。单击【WPS 文字】→【稻壳商城】即可进入模板网站页面，稻壳商城（Docer）是金山办公旗下专注办公领域内容服务的平台，拥有海量优质的原创Office素材模板。

提示　稻壳商城的部分服务需要另行付费。

根据本书前言的提示，可观看使用模板快速创建文档的视频讲解。

2.3　创建自定义文档模板

如果WPS文字自带的本地模板和稻壳商城中的模板都无法满足工作需要，用户还可以将工作中常用的文字内容、文档格式保存为自定义文档模板。比如要将某公司的公文示例文档保存为自定义文档模板，可以按以下步骤操作。

步骤① 打开并修改现有文档，保留必要的提示文字和格式，如图 2-7 所示。

步骤② 依次单击【文件】→【另存为】→【WPS文字模板文件(*.wpt)】，弹出的【另存为】对话框会自动定位到用户模板保存文件夹，修改新模板文件名后，单击【保存】按钮即可完成自定义模板的操作，如图 2-8 所示。

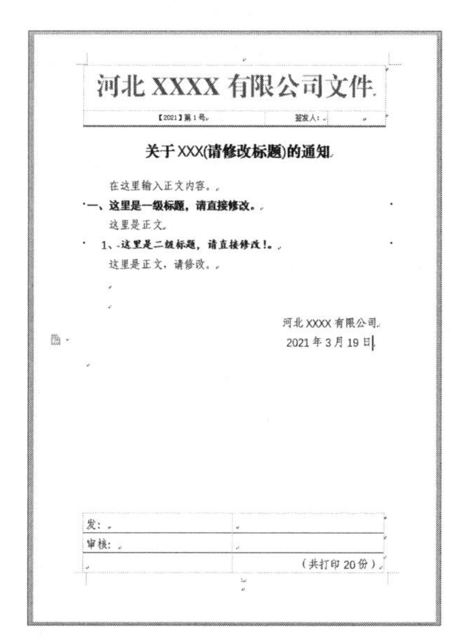

河北 XXXX 有限公司文件

【2021】第1号　　签发人：

关于XXX(请修改标题)的通知

在这里输入正文内容。

一、这里是一级标题，请直接修改。

这里是正文。

1、这里是二级标题，请直接修改！

这里是正文，请修改。

河北 XXXX 有限公司

2021 年 3 月 19 日

发：	
审核：	
	（共打印 20 份）

图 2-7　编辑自定义文档模板内容

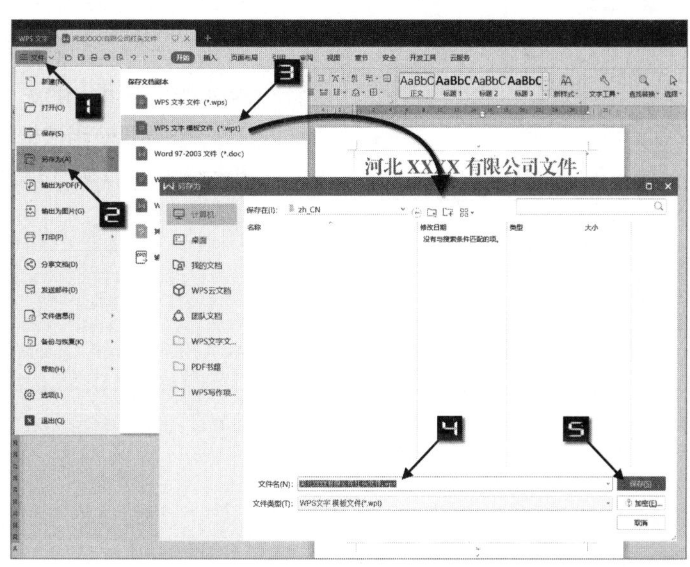

图 2-8　保存WPS文字模板文件

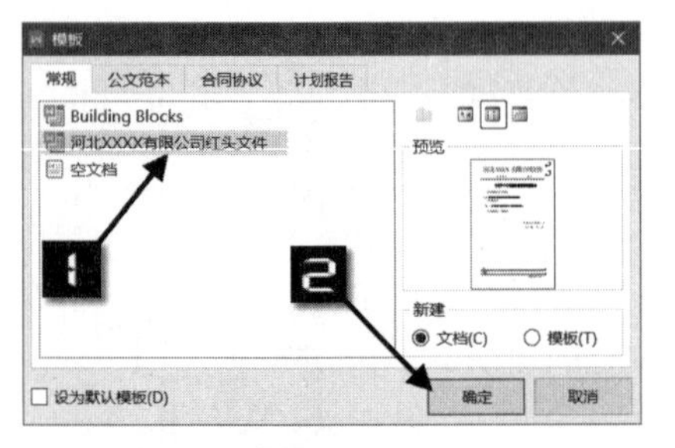

图 2-9　使用自定义模板创建新文档

当需要创建该类型的文档时，单击【文件】→【新建】→【本机上的模板】按钮，在【模板】对话框的【常规】选项卡中，选中刚才创建的模板后单击【确定】按钮，即可创建一个基于该模板的新文档，如图 2-9 所示。

只有保存在“用户模板”文件夹下的模板，才可以在模板对话框中显示。

根据本书前言的提示，可观看如何创建自定义模板的视频讲解。

2.4　设置默认本地模板

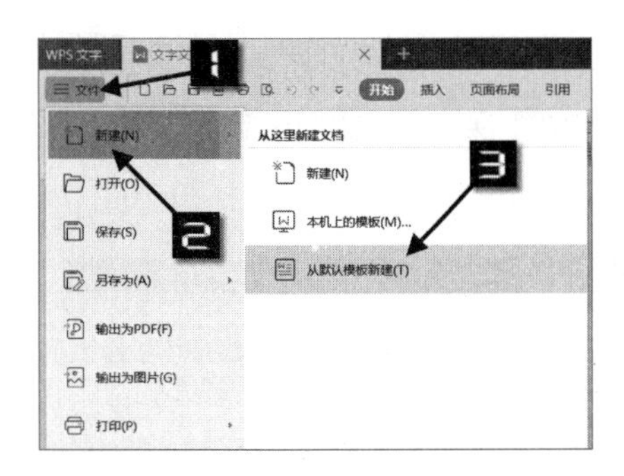

图 2-10　从默认模板新建文档

为了提高工作效率，还可以将自己制作的模板或WPS文字自带的本地模板设置为默认模板，以便下次新建文档时直接调用。比如要将 2.3 节中创建的“河北XXXX有限公司红头文件”模板设置为默认模板，可以在图 2-9 中的【常规】选项卡中选中该模板，选中“设为默认模板”复选框，单击【确定】按钮完成默认模板的制作。

当需要使用该模板创建新文档时，依次单击【文件】→【新建】→【从默认模板新建】按钮即可，如图 2-10 所示。

第 3 章　快速整理文档格式

在日常工作中，常常需要对他人的文档或互联网上得到的文档进行排版编辑。将格式五花八门的文档整理成具有统一格式的文档，是让很多人头疼的问题。熟练掌握本章所讲的文档格式整理技巧，可以大大提高文档编辑整理的工作效率。

本章学习要点

（1）选择性粘贴
（2）插入文档中的文字
（3）文字工具与智能格式整理
（4）智能识别文档目录

3.1　选择性粘贴

3.1.1　常用粘贴方式

在编辑文档时，复制粘贴是使用频率较高的操作。用户既可以在同一文档或不同文档间对指定的文字、图形对象等进行复制粘贴操作，还可以将其他程序或网页中的文字、图片等对象复制粘贴到文档中。单击【开始】→【复制】按钮或按<Ctrl+C>组合键可以复制内容，复制后单击【粘贴】按钮或使用<Ctrl+V>组合键，即可粘贴到当前光标所在位置。

在复制后单击【粘贴】下拉按钮，可以选择【带格式粘贴】【匹配当前格式】【只粘贴文本】三种常用粘贴方式，如图 3-1 所示。

图 3-1　常用粘贴方式

使用【带格式粘贴】粘贴的文本会保留其原有的格式；使用【匹配当前格式】粘贴的内容会自动匹配当前位置的格式；使用【只粘贴文本】，可将粘贴的内容中的所有格式去掉，粘贴内容将与当前上下文格式保持完全一致。

注意　使用【只粘贴文本】，粘贴内容中所包含的图片、表格等对象会被忽略。

3.1.2　选择性粘贴

如果要对文本或图形等对象进行更多效果的粘贴操作，可以单击图 3-1 中的【选择性粘贴】选项，在【选择性粘贴】对话框中对粘贴内容的格式进行选择，如图 3-2 所示。根据复制对象的不同，【选择性粘贴】对话框中的粘贴选项列表也会有所不同。

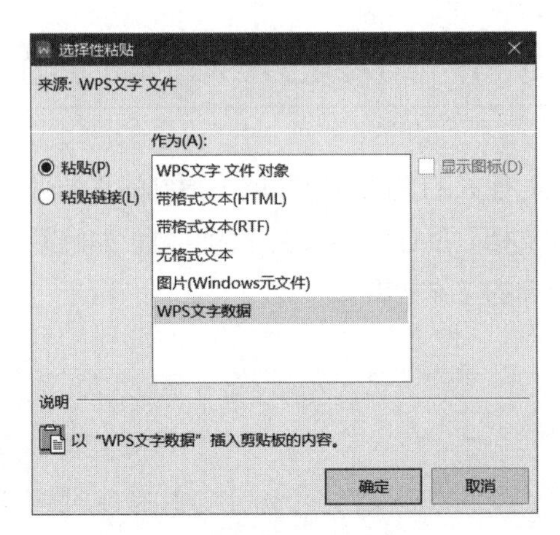

图 3-2 【选择性粘贴】对话框

【选择性粘贴】对话框中的一些术语解释如表 3-1 所示。

表 3-1 【选择性粘贴】对话框中的术语解释

术语	解释
来源	显示复制内容的源文档和源文档的保存位置等
粘贴	将复制内容以【作为】列表中的某种形式粘贴到当前文档中
粘贴链接	将复制内容以【作为】列表中的某种形式粘贴到当前文档中，同时建立与源文档的超级链接，当源文档中相关内容被修改后，重新打开当前文档或按<F9>键刷新当前文档时，粘贴内容会同步更新
【作为】列表	选择将复制的内容对象以何种形式粘贴到当前文档中
说明	在【作为】列表中选择某一选项时会有相关说明文字

3.1.3 粘贴链接应用 —— 引用表格中的汇总数据

如果要在文档某一段落中引用另一段落或表格中的内容，并让两处内容做到同步变化，可以使用粘贴链接的方法实现。这里以《某销售月报》为例演示操作过程。

步骤① 选择待复制文本，单击【开始】→【复制】按钮或按<Ctrl+C>组合键。

步骤② 将鼠标移动到目标位置，然后右击，在弹出的快捷菜单中单击【选择性粘贴】按钮。

步骤③ 在弹出的【选择性粘贴】对话框中，选中【粘贴链接】单选按钮，在【作为】列表中选择【无格式文本】，最后单击【确定】按钮，如图 3-3 所示。

注意

> 当再次打开包含粘贴链接的文档时，WPS 文字会出现“此文档包含的链接可能引用了其他文件。是否用链接文件中的数据更新此文档？”的提示。如果不需要更新，在对话框中直接单击【否】按钮即可，图 3-4 所示。

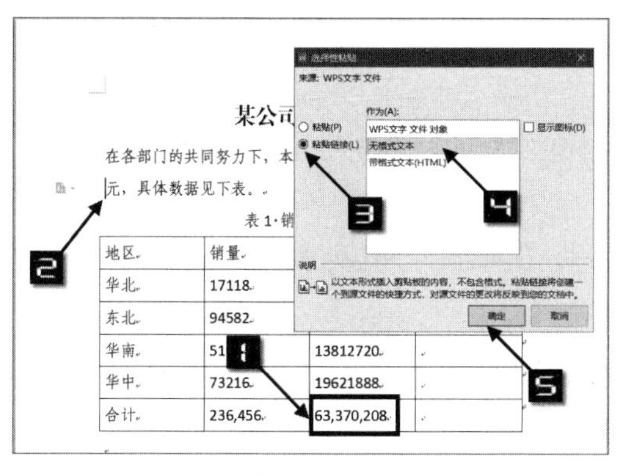

图 3-3 选择性粘贴之粘贴链接

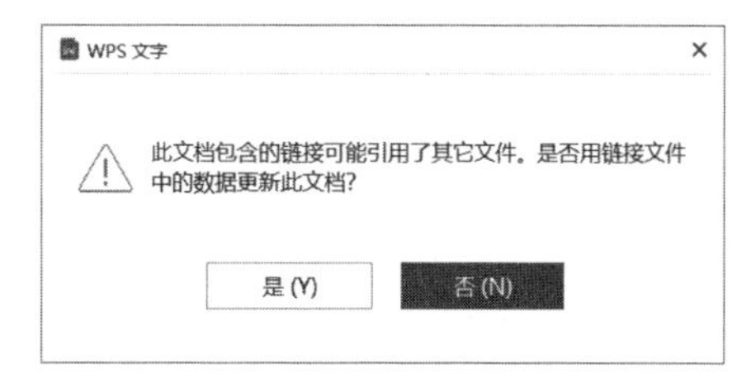

图 3-4 是否更新文档提示

3.1.4 设置默认粘贴方式

在WPS文字中，直接单击【粘贴】按钮或按<Ctrl+V>组合键时，默认的粘贴方式为“保留源格式”，图片的默认粘贴方式为“嵌入型”。如果用户经常需要在文档中进行复制粘贴操作，为了确保使用最佳的粘贴方式，WPS文字允许用户自定义默认粘贴方式。比如，将默认粘贴方式设置为“无格式文本”，操作步骤如下。

步骤① 在【开始】选项卡中依次单击【粘贴】→【设置默认粘贴】按钮，弹出【选项】对话框并自动定位到【编辑】选项。

步骤② 在【编辑】选项中的【剪切和粘贴选项】组中，单击【默认粘贴方式】右侧的下拉按钮，在下拉列表中选择【无格式文本】，单击【确定】按钮即可完成设置，如图 3-5 所示。

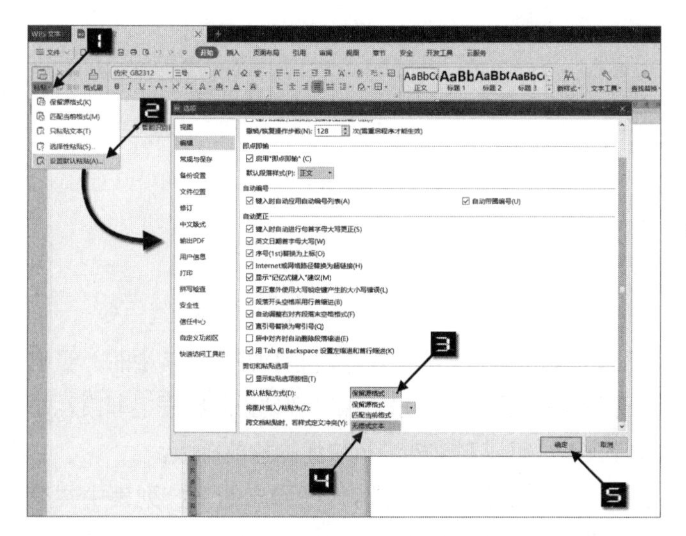

图 3-5 设置默认粘贴方式

提示

对于图片的粘贴方式和跨文档粘贴时样式定义冲突时的默认处理，可以参照上述方法修改。关于图片的环绕方式，请参阅7.4节；关于样式，请参阅第4章。

根据本书前言的提示，可观看选择性粘贴操作技巧的视频讲解。

3.2 快速插入整篇文档的内容

当用户需要将某一文档中的所有内容全部添加到当前文档时，可先将光标定位到目标位置，然后按以下步骤操作。

步骤① 在【插入】选项卡中单击【对象】右侧的下拉按钮，在弹出的下拉列表中单击【文件中的文字】按钮。

步骤② 在弹出的【插入文件】对话框中，找到并选中要插入的文档，然后单击【打开】按钮，即可将该文档中的所有内容添加到当前文档中，如图 3-6 所示。

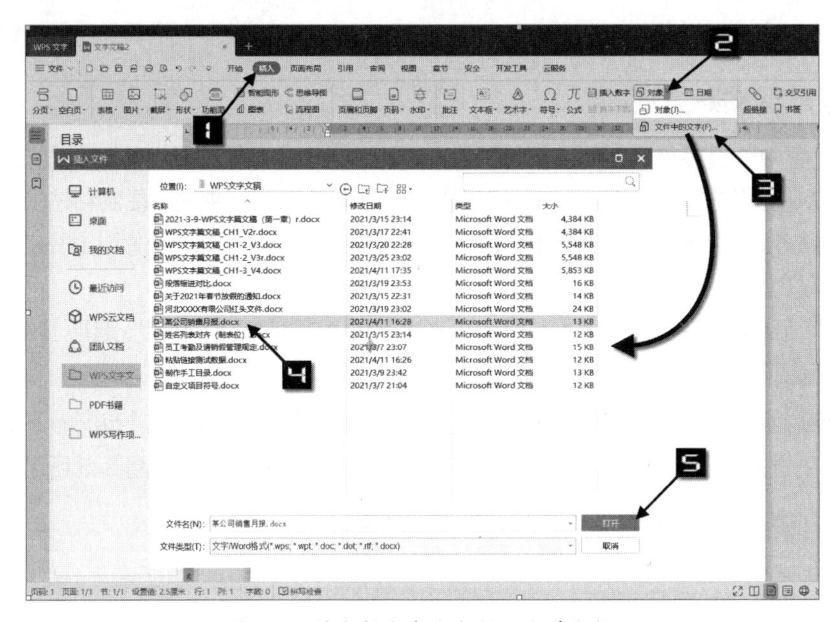

图 3-6 将文档内容全部插入当前文档

3.3 文字格式智能整理工具

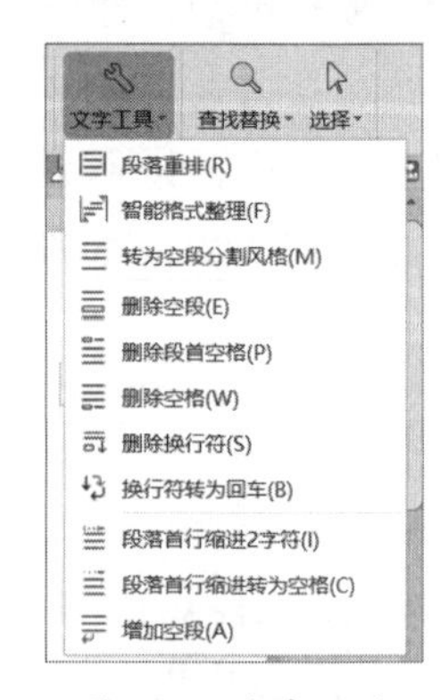

图 3-7 文字工具

当用户将网页或是其他程序中的内容复制到WPS文字中时，经常会产生空格、换行符等多余的格式符号，如果手动重新整理会非常耗时费力，而使用【文字工具】可以对文档进行快速的智能排版。

在【开始】选项卡中单击【文字工具】，在弹出的下拉列表中共有 11 项功能，如图 3-7 所示。

用户可以根据需要灵活选择上述命令对文档内容进行批量操作，各项命令的作用如表 3-2 所示。

表 3-2　文字工具命令介绍

序号	命令	介绍
1	段落重排	将选中的连续段落合并为一个段落，方便用户对段落内容重新分段排版。不选择任何段落则对文档中所有的连续段落进行合并
2	智能格式整理	将删除所有的空白段落，并为段落设置首行缩进 2 字符，但是不会删除换行符、空格等符号
3	转为空段分割风格	将在每个段落后添加一个空段以增加段落间的距离，同时将段落的特殊缩进格式设置为无缩进
4	删除空段	删除所有空白段落
5	删除段首空格	删除段落首行开头位置的空格
6	删除空格	删除段落中的空格，该操作会删除英文句子中多余的空格，但会保留一个空格用于分隔单词
7	删除换行符	批量删除文档中的换行符
8	换行符转为回车	批量将换行符转为回车（段落标记）符
9	段落首行缩进 2 字符	可以批量为段落设置首行缩进 2 字符
10	段落首行缩进转为空格	将段落的首行缩进转成全角空格
11	增加空段	批量对段落增加空段，不改变段落格式

根据本书前言的提示，可观看文字格式智能整理工具的视频讲解。

3.4　智能识别文档目录

很多用户不习惯使用样式功能排版，通篇使用正文样式的文档会给后期生成文档目录带来很多不便。WPS 文字的【智能识别目录】功能可以自动识别正文的段落结构，将标题段落提取到导航窗格，从而节省手动设置目录的时间。

要对一篇没有使用样式功能排版的文档提取目录，可以按照以下步骤操作。

单击【章节】选项卡中的【章节导航】按钮，在【章节导航】窗格中切换到【目录】标签，单击【智能识别目录】按钮，在弹出的提示对话框中单击【确定】按钮，WPS 文字就会智能识别文档中的目录标题，如图 3-8 所示。

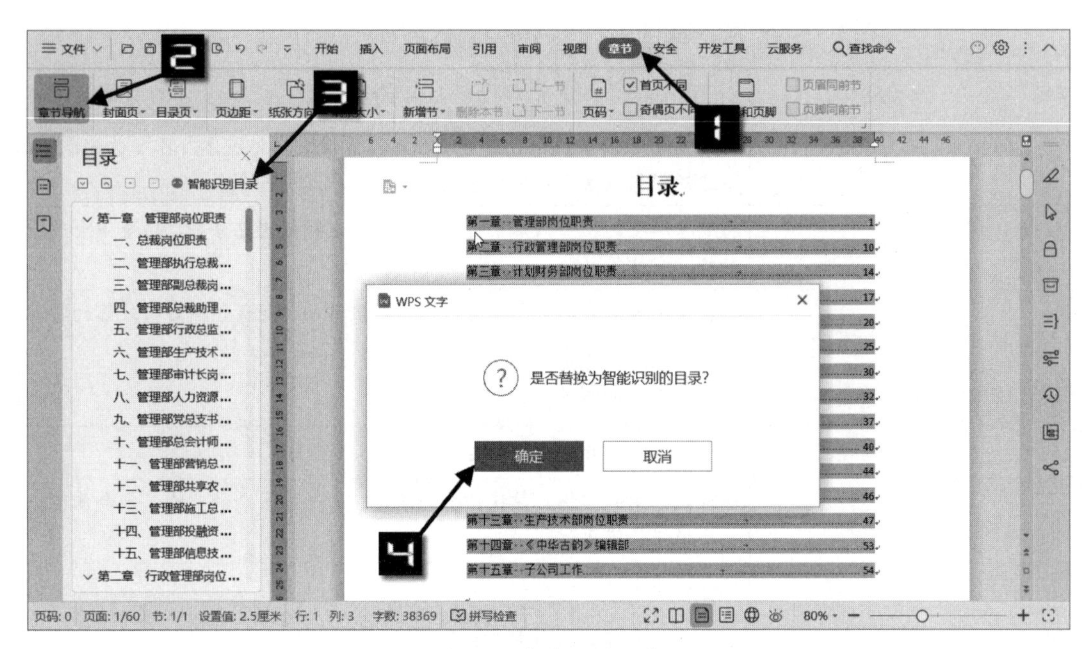

图 3-8　智能识别目录

智能识别目录后，可能会有多余的段落被识别到导航窗格，此时可以在多余的目录标题上右击，在弹出的快捷菜单中单击【取消目录设置】，将该标题从目录中删除，如图 3-9 所示。

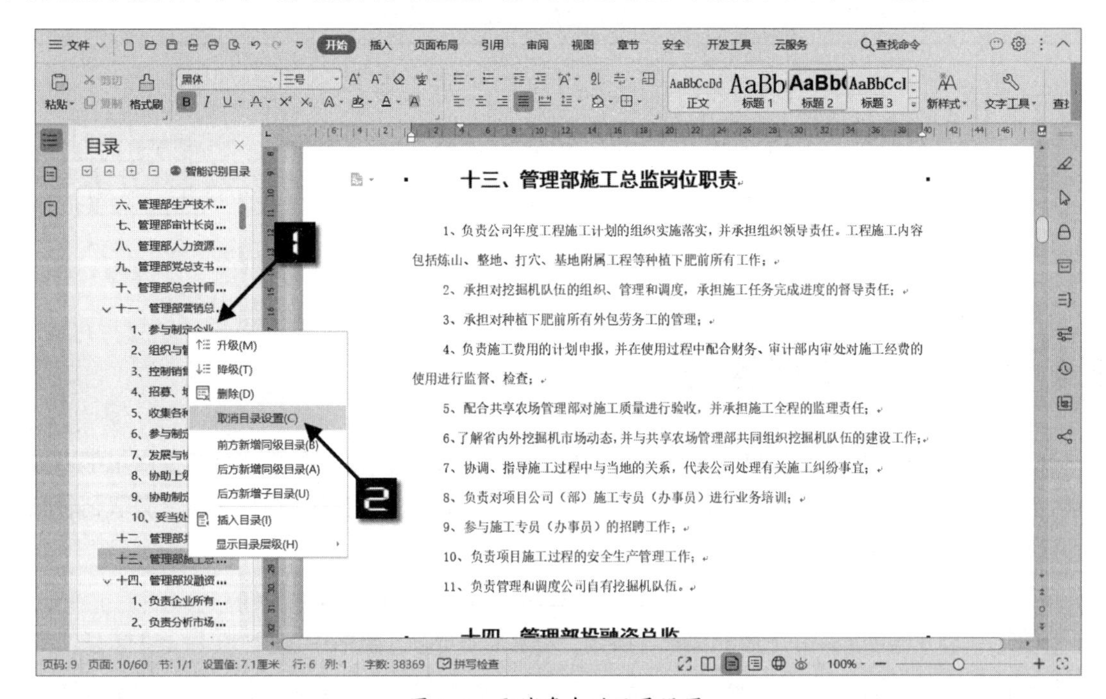

图 3-9　取消多余的目录设置

最后，将光标定位到文档中需要添加目录的位置，然后在智能识别的标题上右击，在弹出的快捷菜单中单击【插入目录】命令，即可添加目录，如图 3-10 所示。

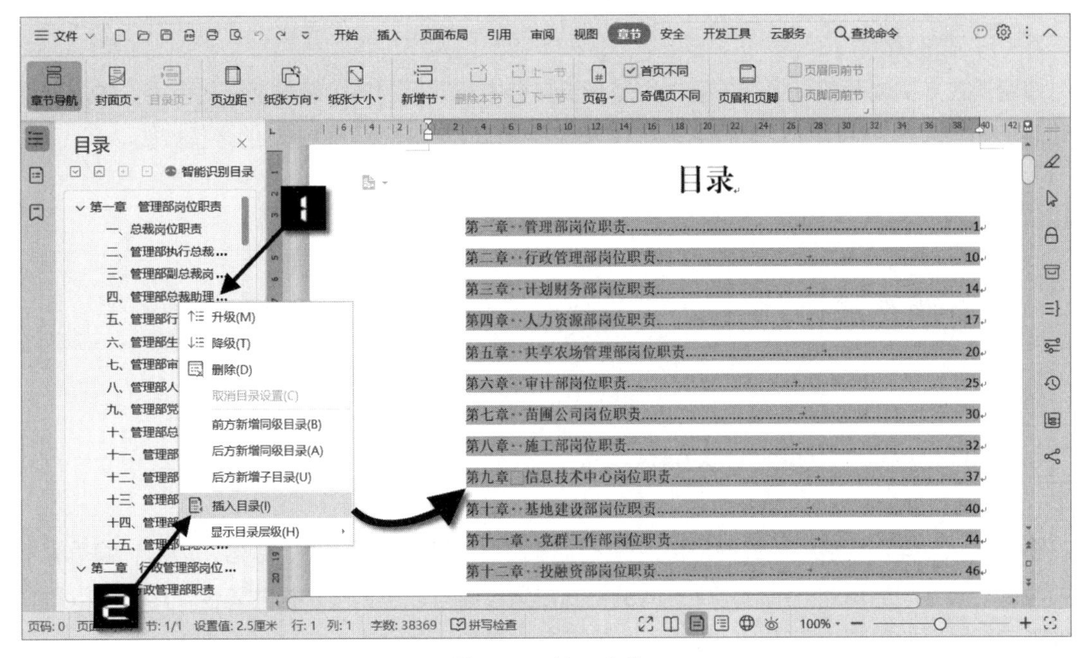

图 3-10　插入目录

> **提示**
>
> 用 WPS 文字打开文档时会自动进行智能识别目录。用户可以在【章节导航】窗格中单击智能识别的目录标题，快速跳转到该标题所在的段落位置。

> **注意**
>
> 尽管通过【智能识别目录】功能可以高效生成文档目录，但是建议用户在编辑长文档时一定要使用样式功能，这样更方便后期对文档的架构和格式进行修改。

第 4 章　使用样式高效排版

使用样式是实现高效排版的关键，也是在长文档中实现标题多级编号、交叉引用、生成自动目录等的基础。因此，使用样式排版也是向 WPS 文字排版操作高级阶段进阶的必备技能。

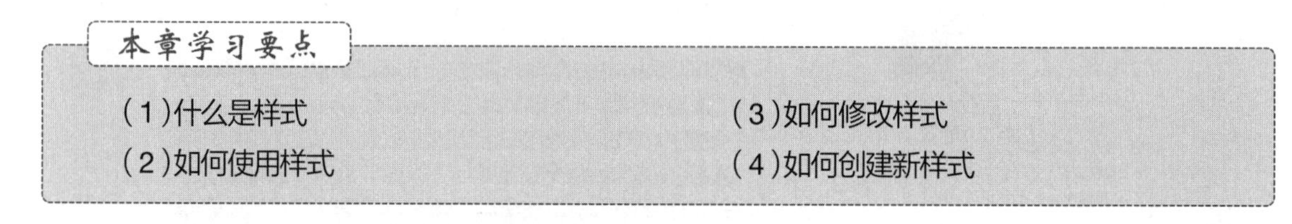

本章学习要点

（1）什么是样式　　（3）如何修改样式

（2）如何使用样式　　（4）如何创建新样式

4.1　使用样式调整文档格式

简单来说，样式是多种格式的集合。在一个样式中，可以包括字体、段落、边框、编号等多种格式设置。对不同的样式分别自定义不同的格式设置，就可以得到多个格式集合。用户可以对文档中处于不同层级的段落应用不同的样式，来实现对文档的高效排版。

如图 4-1 所示，某项目施工方案文档有 42 页，其中的①为一级章节标题，设置的格式为方正小标宋简体二号字，加粗，居中对齐，单倍行距；同时设置孤行控制、与下段同页、段中不分页和段前分页等分页设置。②和③为二级标题，格式为黑体三号字，段前和段后各 13 磅，1.5 倍行距，同时设置段中不分页和与下段同页。④为正文部分，设置格式为宋体五号字，1.5 倍行距，首行缩进 2 字符。

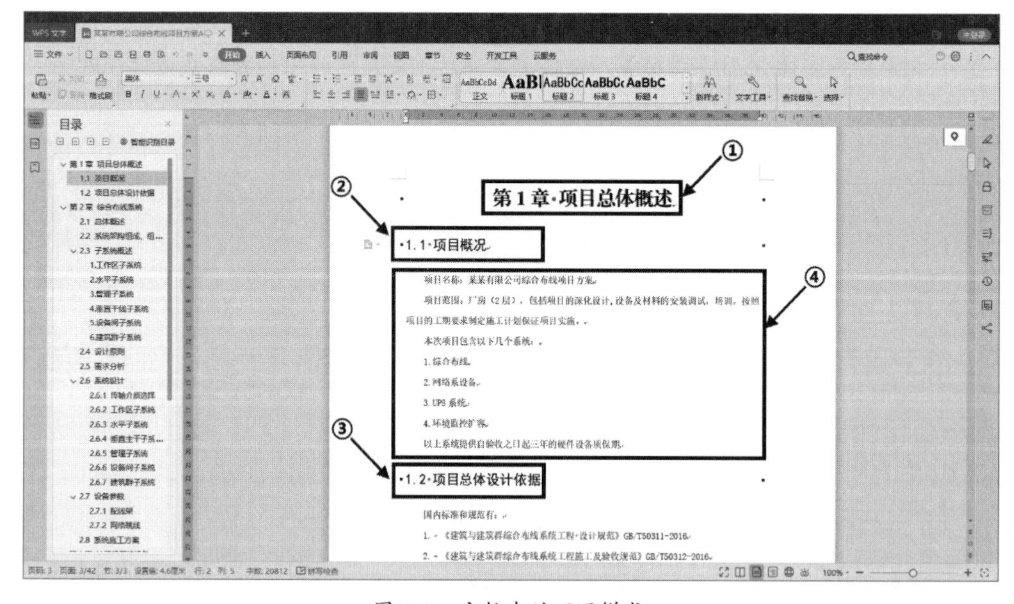

图 4-1　文档中的不同样式

> **提示**
> 【正文】样式是 WPS 文字的默认段落样式。

要完成上述格式设置，通常要单击十几次鼠标。对于比较短小的文档，使用鼠标或格式刷来设置格式可能感觉不到压力，但是，对项目施工方案、产品说明书、标书、论文等动辄几十甚至上百页的长文档进行排版设置时，特别是要对某一体例的格式重新修改时，可能所用的时间会比录入文字所用的时间还要长，并且极易出错。

此时，如果使用样式功能，既可以节省排版时间，还可在后期修改文档时实现批量修改及自动化更新，让文档排版达到事半功倍的效果。

例如，要对《某项目施工方案》文档中的一级标题应用【标题 1】样式，可以将光标定位到一级标题段落中，然后单击【开始】→【样式】库中的【标题 1】样式，该段落就会应用【标题 1】所定义的字体、段落等格式，如图 4-2 所示。

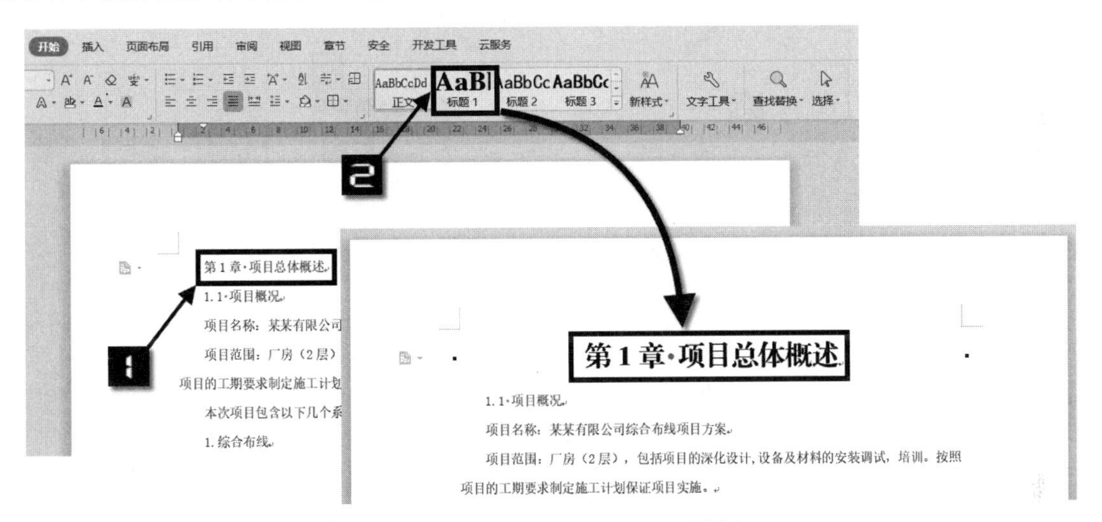

图 4-2　为一级标题应用【标题 1】样式

通过这种方法，分别对各个段落应用不同的样式，即可快速完成整篇文档的格式设置。

当用户对文档中的一级标题段落全部应用【标题 1】样式后，在需要更改一级标题文字段落的字体、段落等格式时，只需要对【标题 1】样式的格式进行调整，即可完成所有一级标题文字段落格式的修改，让格式修改过程变得非常简单。关于样式修改的操作方法请参阅 4.2 节。

4.1.1　为样式设置快捷键

使用快捷键应用样式是一种能够有效提高文档编辑效率的方法。在编辑文档时，用户可以在录入文字的同时，通过快捷键快速调用样式。

为了方便快速调用样式，用户可以为常用的样式自定义一个便于记忆的快捷键。例如，要将【标题 1】样式的快捷键设置为 <Alt+1>，操作方法如下。

在【样式库】→【标题 1】样式上右击，单击选择【修改样式】按钮，在【修改样式】对话框中依次单击【格式】→【快捷键】。在弹出的【快捷键绑定】对话框中，按下自定义的<Alt+1>组合键，单击【指定】按钮，再单击【确定】按钮即可完成设置，如图 4-3 所示。

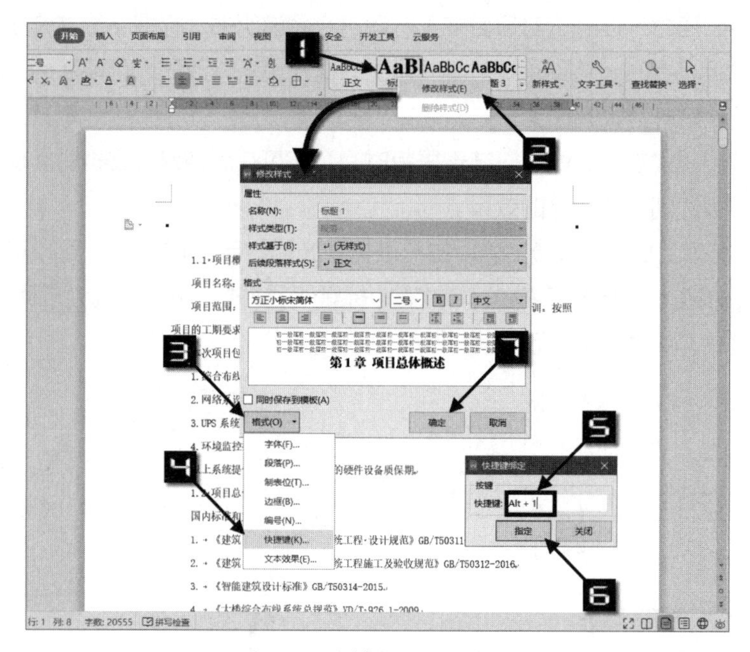

图 4-3　为样式设置快捷键

提示

当用户指定的快捷键和已经存在的快捷键重复时，WPS 文字会提示用户另设快捷键。在指定快捷键时可以根据样式名称设置有规律的快捷键，以便于记忆。如【标题 1】【标题 2】【标题 3】等标题样式分别对应不同级别的标题格式，可以使用<功能键+对应数字>的组合键，【正文】【标题】【页眉】【页脚】等样式可以使用<功能键+样式名称第一个字的拼音首字母>的组合键。

4.1.2　【样式与格式】窗格与其他样式

由于【样式】库在【开始】选项卡中的空间有限，一般只能直接显示四个常用样式，要对文档设置更多的样式，通常是通过【样式和格式】窗格或快捷键来完成样式应用操作的。

单击【新样式】对话框启动按钮启动【样式和格式】窗格，在【请选择要应用的格式】列表中，可以看到当前文档中使用的有效样式，如图 4-4 所示。

单击图中的【新样式】按钮会弹出【新建样式】对话框，关于创建新样式的操作请参阅 4.3 节；单击【清除格式】按钮可以清除当前段落的所有格式，并恢复到基础格式【正文】。

【样式和格式】窗格的【请选择要应用的格式】列表中列出了当前文档中可用的有效样式；当前编辑的段落所应用的样式以蓝色框线突出显示。

如果想对文档段落应用的样式没有出现在列表中，可以单击【样式和格式】窗格下方的【显示】

列表，选择【所有样式】，即可看到该文档中所有可用的样式。

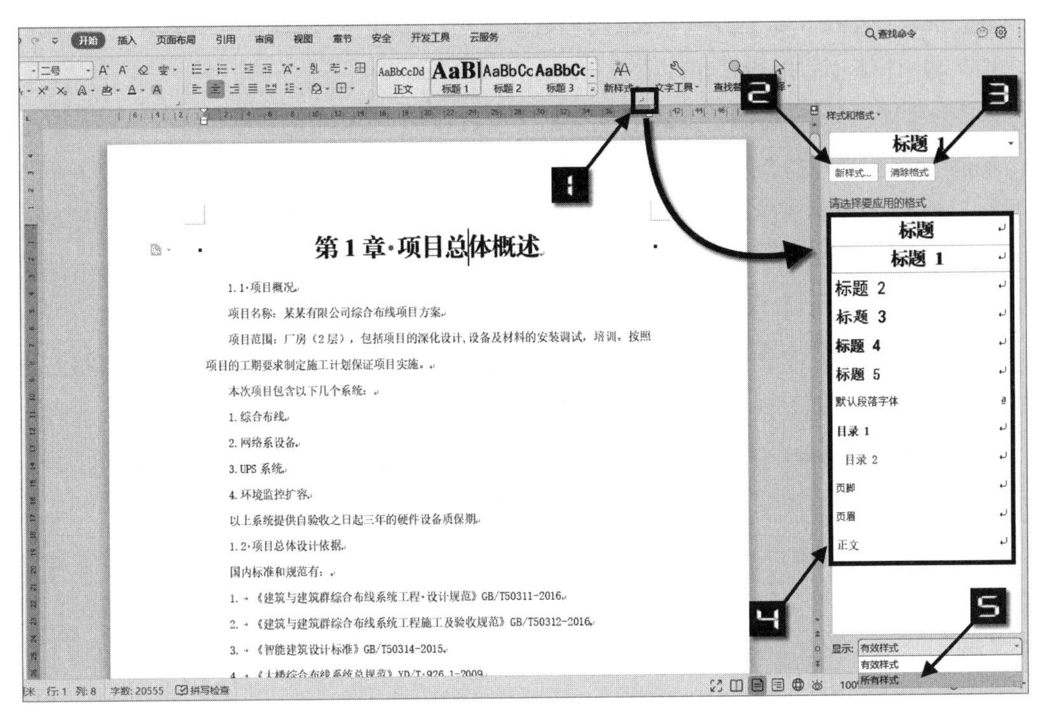

图 4-4　【样式与格式】窗格

提示

> 单击【开始】选项卡中的【新样式】命令或单击【样式和格式】窗格中的【新样式】按钮，均可打开【新建样式】对话框。

4.2　修改样式

无论是WPS文字的内置样式，还是用户自定义的新样式，随时都可以对其进行修改，重新设置格式。将WPS文字默认的样式“标题 1”修改后的效果如图 4-5 所示。

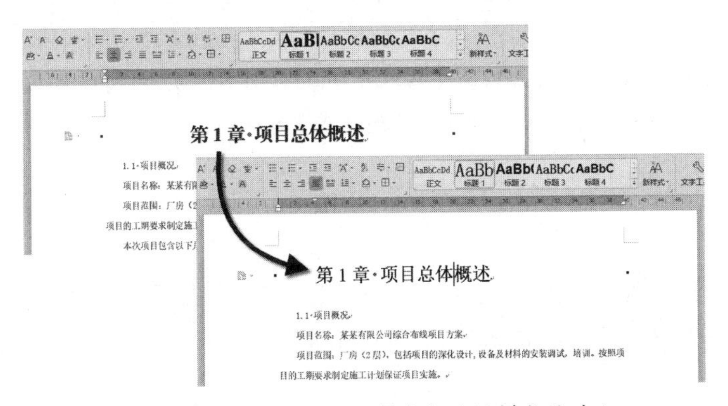

图 4-5　修改后的标题 1 样式与默认样式的对比

修改“标题 1”样式的字体和段落格式的方法如下。

步骤① 在【开始】→【样式库】中的【标题 1】样式上右击，在弹出的快捷菜单中选择【修改样式】命令，弹出【修改样式】对话框。

步骤② 在【修改样式】对话框中，【属性】栏列出了当前所要修改样式的名称、样式类型、样式基于和后续段落样式的默认设置。初学者可以将【样式基于】设置为“无样式”，让【标题 1】样式“独立”起来，避免与【正文】样式联动而产生格式问题。在【格式】栏中可以直接修改字体、段落等常用格式，并可在下方的【预览】框中看到修改后的效果。

步骤③ 单击【格式】下拉按钮，可以对样式进行更为详细的设置。这里分别单击【字体】和【段落】命令，在弹出的【字体】和【段落】对话框中按照要求完成格式设置，最后单击【确定】按钮，即可完成对【标题 1】样式的修改，如图 4-6 所示。

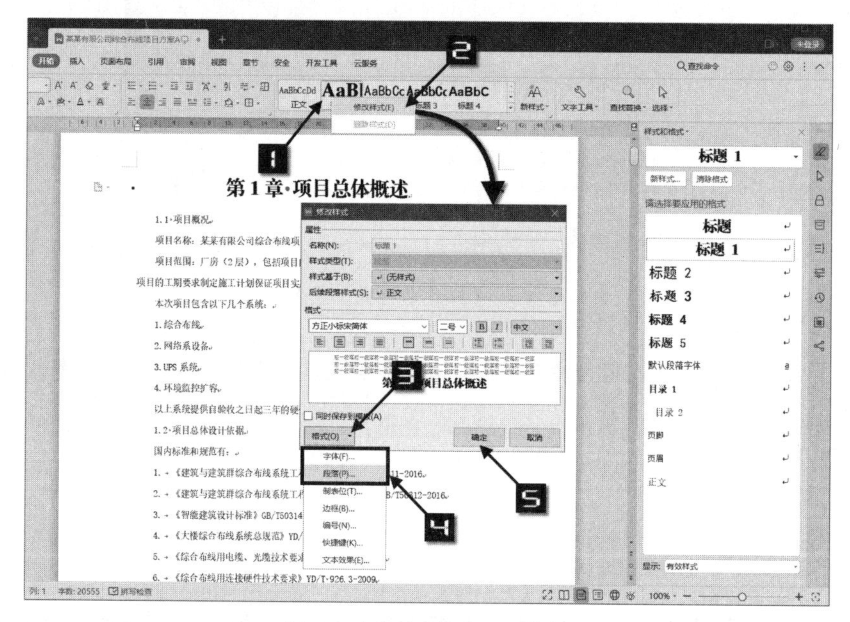

图 4-6　修改“标题 1”样式

提示

如果要修改的样式没有显示在功能区的【样式库】中，可以打开【样式和格式】窗格，在【请选择要应用的格式】列表中找到目标样式，并在样式上右击，在快捷菜单中选择【修改样式】，即可打开【修改样式】对话框。

完成对【标题 1】样式的修改后，文档中所有应用了【标题 1】样式的段落都会同步更新为修改后的新样式。

其实，用户在编辑文档时可以先对段落应用不同的样式，最后按照排版要求对样式统一作修改。也可以先将用到的样式按照排版要求修改好，在编辑文档时边录入文字边应用样式。

根据本书前言的提示，可观看使用样式快速调整文档格式的视频讲解。

如果在修改样式的时候选中【同时保存到模板】复选框，就会将修改的样式保存到Normal.dotm模板中，当再次创建新文档时，就可以直接通过样式功能调用自定义的样式。如图 4-7 所示。

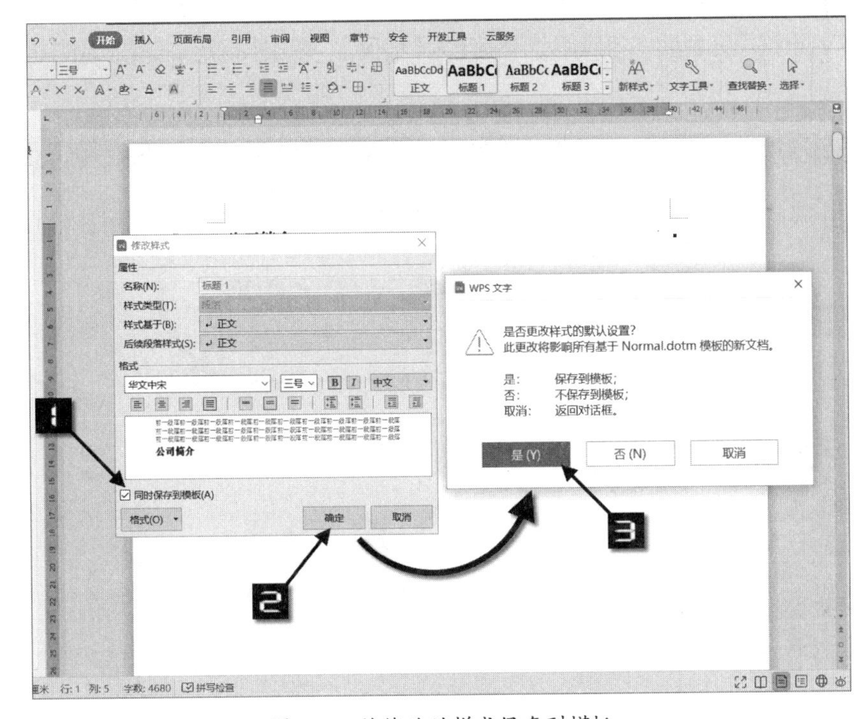

图 4-7　将修改的样式保存到模板

注意

将修改的样式保存到模板，只对新创建的文档有效，修改样式前创建的文档中的样式不变。

4.3　创建新样式

为了满足用户个性化排版的需求，WPS文字允许用户创建自定义新样式。比如在编写书稿时，对正文、各级标题、表格、题注、图片、提示语等都有严格的格式要求，而图片、提示语等段落的大纲级别一般与正文相同，但在字体、段落、边框和底纹等方面又有差别，WPS文字内置的样式中没有对应的样式，为了便于对文档样式进行修改管理，用户可以按需创建新样式。

这里以创建【提示语】新样式为例，来演示创建新样式的方法。

步骤① 在【开始】选项卡中单击【新样式】按钮，打开【新建样式】对话框。

步骤② 在【名称】框中，输入新建样式名称“提示语”，并将【后续段落样式】设置为“正文”。

步骤③ 单击【格式】下拉按钮，为新样式设置字体、段落和段落底纹，具体格式如下。

- ❖ 字体：宋体，五号字
- ❖ 段落：首行缩进 2 字符，段前 4 磅，段后 4 磅，1.5 倍行距，不对齐网格
- ❖ 底纹颜色：底纹填充色为钢蓝，着色 1，浅色 80%，应用于段落

为段落设置底纹颜色时，单击【格式】→【边框】，在弹出的【边框和底纹】对话框中，切换到【底纹】选项卡，设置填充色后，将应用范围指定为【段落】，单击【确定】按钮应用并退出创建样式，如图 4-8 所示。

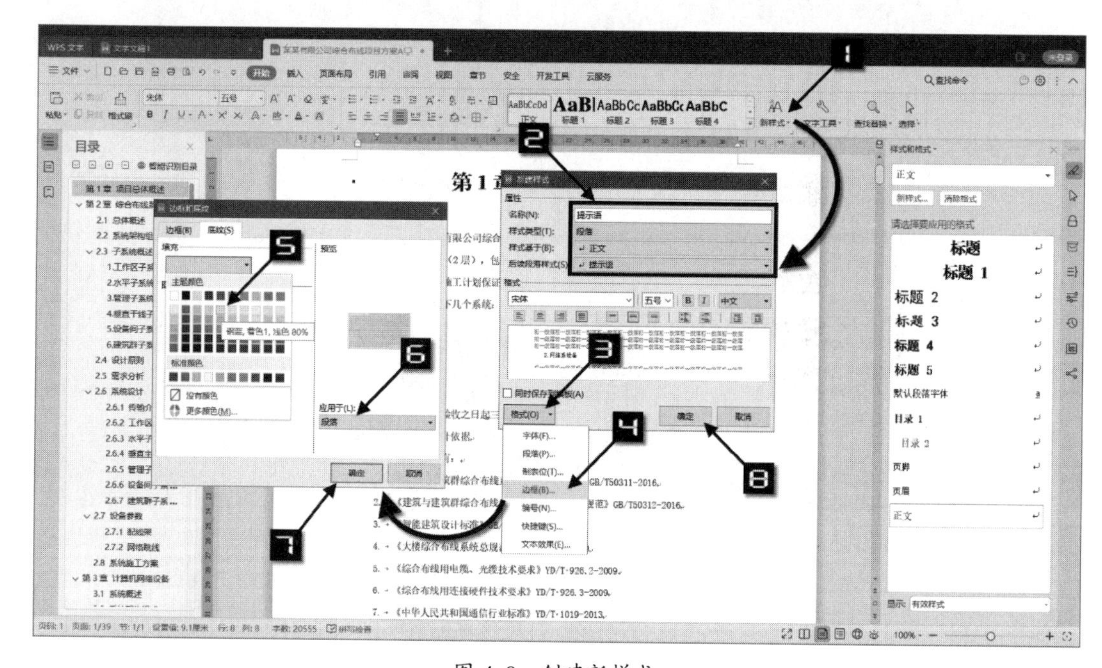

图 4-8 创建新样式

如果经常需要使用该样式，在创建新样式时可以自定义快捷键并选中【同时保存到模板】复选框，完成创建后再新建文档即可使用此样式。

4.4 删除自定义样式

4.4.1 删除当前文档中的自定义样式

在【开始】选项卡的【样式库】中，在要删除的样式上右击，在快捷菜单中选择【删除样式】，在弹出的提示对话框单击【确定】即可，如图 4-9 所示。

如果要删除刚创建还未使用的新样式，需要在【样式和格式】窗格的【请选择要应用的格式】列表找到要删除的新样式，再执行删除操作，如图 4-10 所示。

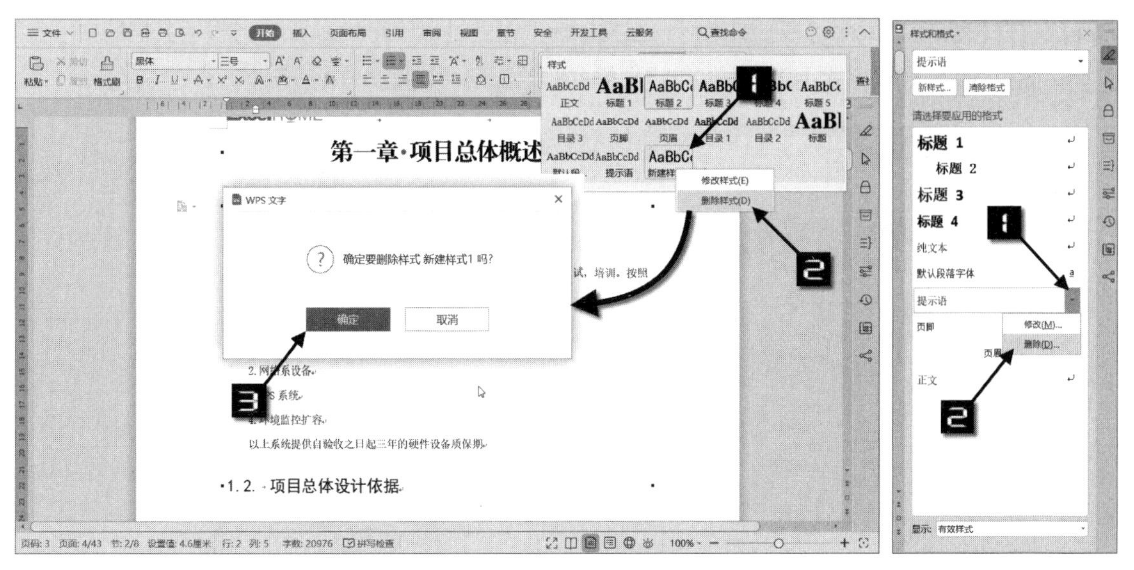

图 4-9　删除样式

图 4-10　在【样式和格式】窗格中删除样式

提示　此操作仅针对用户创建的自定义样式，内置样式不允许删除。

4.4.2　删除自定义保存到模板中的样式

用WPS文字打开【Normal.dotm】模板，将【Normal.dotm】模板中的自定义样式删除，删除方法如下。

步骤① 单击【文件】菜单中的【打开】命令，在弹出的【打开】对话框中，定位到【Normal.dotm】模板文档保存的文件夹，将【文件类型】设置为“所有文件(*.*)”，【Normal.dotm】模板文档就会显示在文件列表中。选中【Normal.dotm】模板文档，单击【打开】按钮，如图4-11所示。

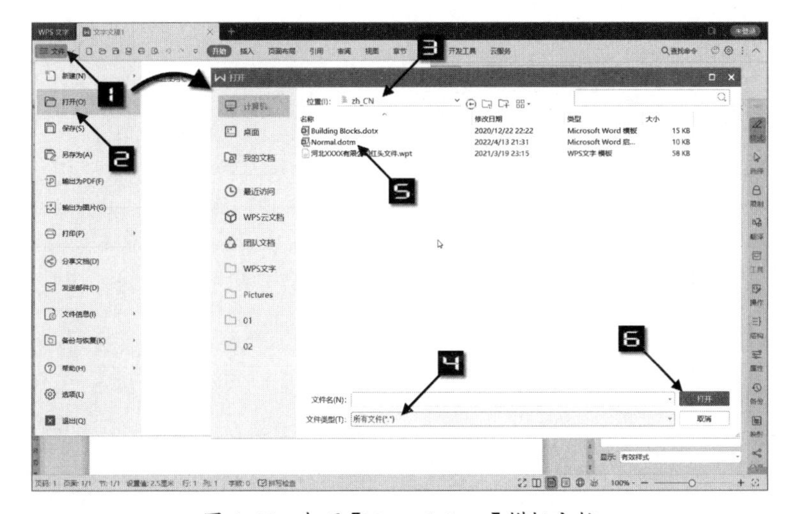

图 4-11　打开【Normal.dotm】模板文档

步骤② 打开【Normal.dotm】模板文档后，在文档标签栏会显示【Normal.dotm】模板文档的文件名。此时在【样式和格式】窗格中将自定义样式删除即可，如图 4-12 所示。

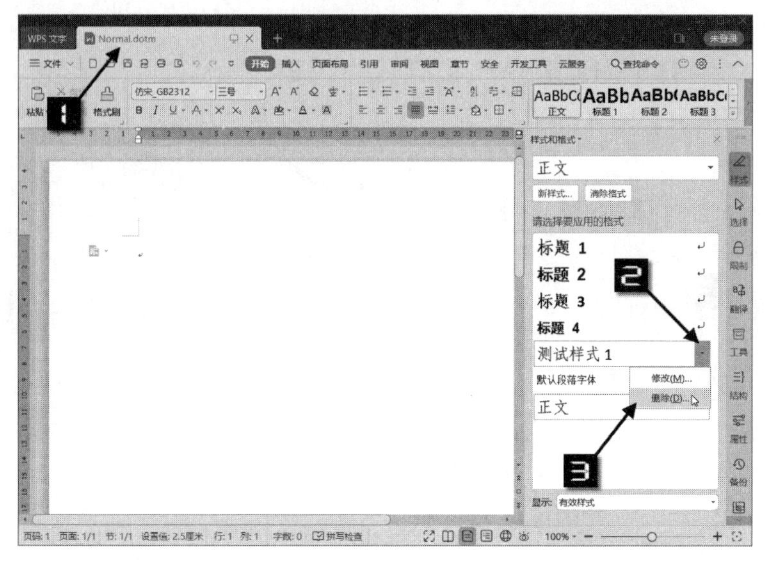

图 4-12 在【Normal.dotm】模板文档中删除自定义样式

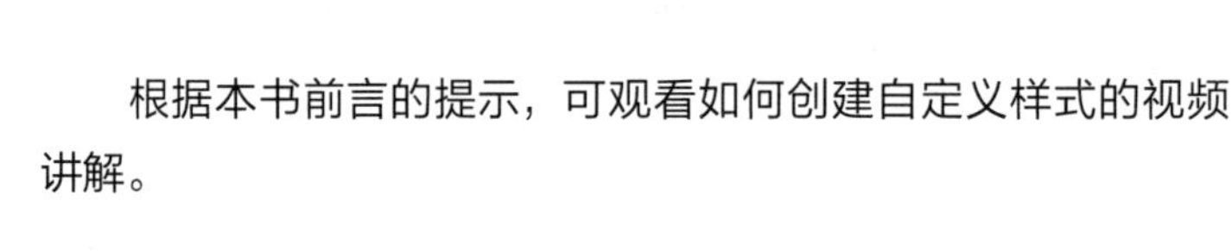

注意

上述操作需要使用 WPS 文字【打开】对话框打开【Normal.dotm】模板文件本身，如果用鼠标双击【Normal.dotm】模板则会创建一个新建空白文档。

根据本书前言的提示，可观看如何创建自定义样式的视频讲解。

第 5 章　长文档排版技术

本章将详细介绍长文档编辑排版相关的各项高效操作，包括在长文档中实现快速浏览和跳转，对文档结构进行科学布局，对多级编号、页眉页脚、页码、目录实现自动化管理等。

本章学习要点

（1）章节导航与导航窗格　　（4）横纵页面设置
（2）分节符　　（5）多级编号
（3）添加新章节　　（6）添加封面

5.1　章节导航与导航窗格

掌握对文档章节的定位方法是高效排版操作的基础。通过【章节导航】窗格，可以更直观地查看文档的结构，快速定位到对应的位置。

单击【章节】选项卡→【章节导航】按钮即可打开【导航窗格】，并定位到【章节导航】功能标签。在【章节】标签中，可以清晰地看到文档的分节布局，还可以查看文档页面的缩略图，可以快速增加、删除、合并章节，如图 5-1 所示。关于“节”与分节符的知识，请参阅 5.2 节。

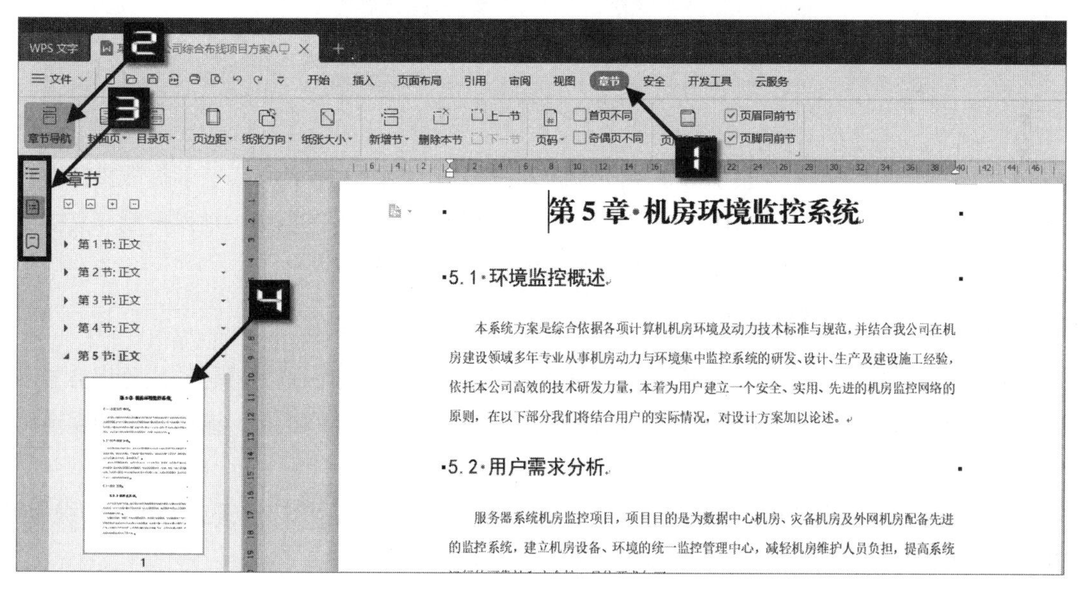

图 5-1　导航窗格

通过单击【视图】→【导航窗格】也可以打开【导航窗格】。

导航窗格默认位于编辑区域左侧，除【章节】导航窗格外，还有【目录】和【书签】两个导航窗格标签，分别对应目录和书签两个导航功能，如图 5-2 所示。

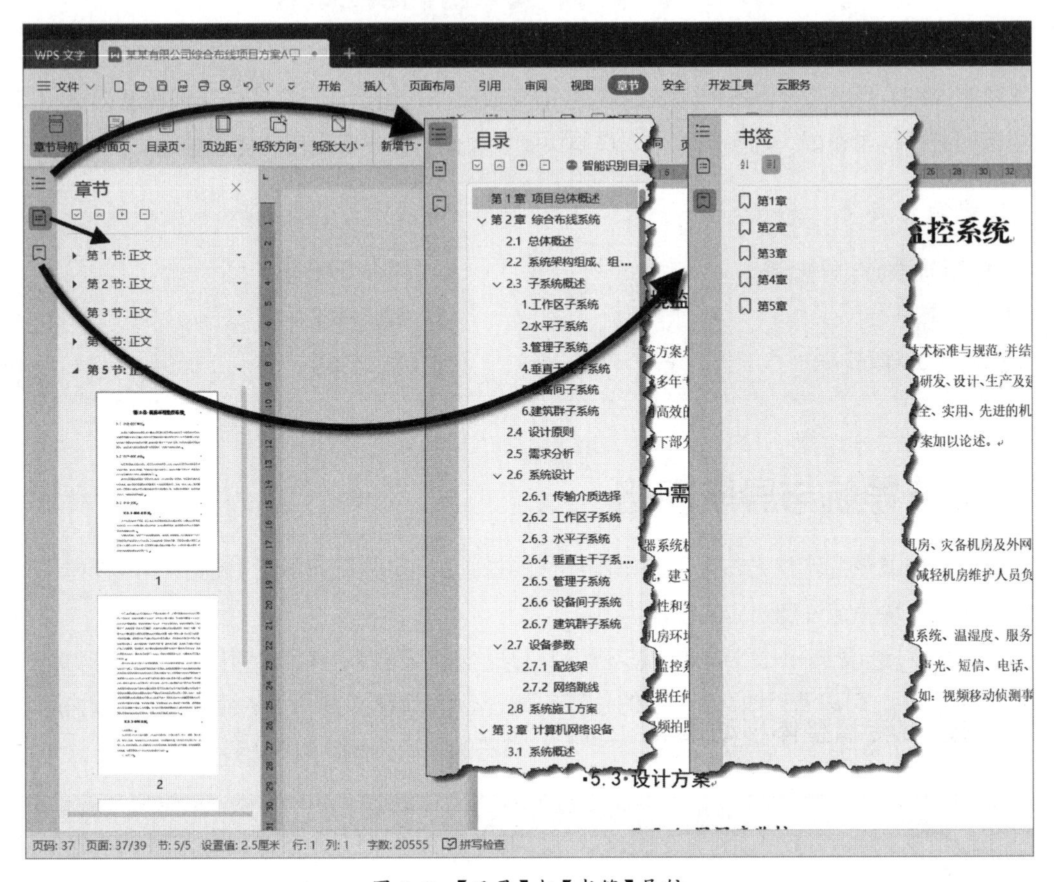

图 5-2 【目录】与【书签】导航

在【目录】导航窗格中，无论用户是否为标题段落设置大纲级别，都可以智能提取文档中的标题到目录窗格，通过【目录】导航窗格可以快速提升或降低当前标题的层级，让用户制作文档目录更轻松。【书签】导航窗格中列出了文档中所有的书签。

5.1.1 展开与收缩目录层级

应用了各级标题样式的标题段落或通过【智能识别目录】功能被识别为标题的段落都会显示在【目录】导航窗格中。通过观察标题段落的层级，可以快速了解文档的结构，这对长文档编辑排版非常有用。

在【目录】导航窗格下面有一排功能按钮，单击左侧第一个按钮可以展开文档所有层级目录，单击第二个按钮可以收缩目录层级到一级目录标题，如图 5-3 所示。

WPS 文字默认只显示到三级目录标题，要想显示更多目录层级，可以在【目录】导航窗格中任意一个标题上右击，在弹出的快捷菜单中单击【显示目录层级】，然后选择指定的层级目录即可，如图 5-4 所示。

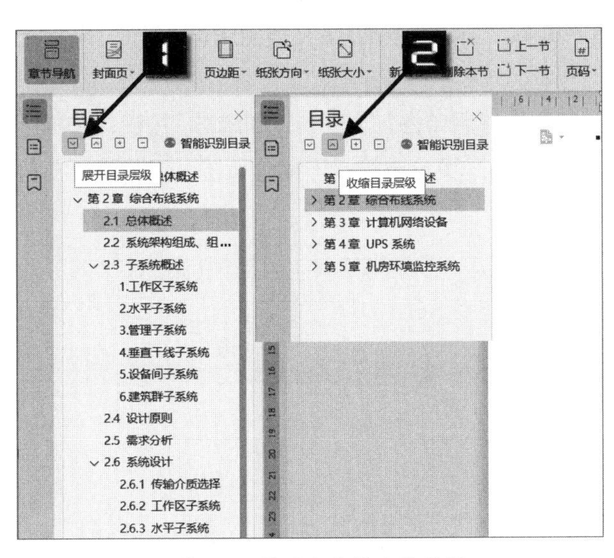

图 5-3　展开和收缩目录层级

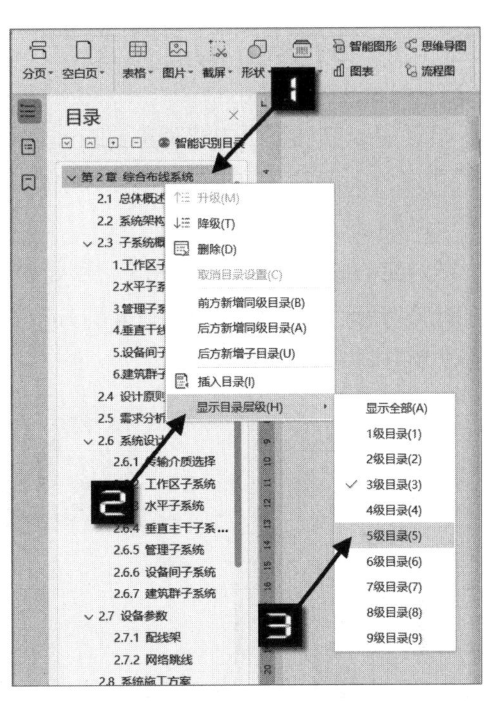

图 5-4　设置显示目录层级

5.1.2　快速跳转和整体移动章节

在文档中要快速定位到指定的章节位置，只需要在【目录】导航窗格中直接单击指定的标题即可，非常方便。

如果要调整整个章节的位置，以本书第 4 章的案例文档为例，将“第 3 章”所有内容调整到“第 2 章”前面，操作步骤如下。

打开【目录】导航窗格，使用鼠标左键按住标题“第 3 章　计算机网络设备”不放，然后向上拖动。当表示章节位置的灰色横线移动到“第 2 章”上方时释放鼠标即可，如图 5-5 所示。

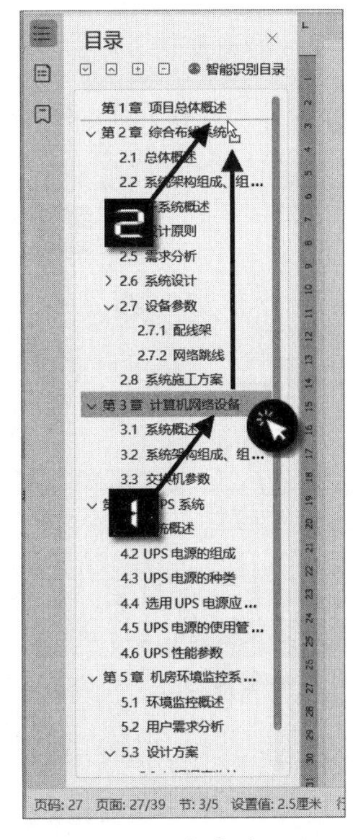

图 5-5　调整章节位置

如果章节编号使用的是静态编号，调整章节后，标题的章节编号不会自动改变。推荐在长文档排版时使用自动化的多级编号，关于多级编号请参阅 5.4 节。

5.2 分节符与添加新章节

“节”是长文档排版中非常重要的一个概念。一篇WPS文档，可以分成若干个“节”，对每一“节”可以分别设置不同样式的纸张大小、页眉、页脚、页码等。WPS文档使用【分节符】来标记“节”与“节”之间的分割。

要对文档进行分节，可以先定位到要分节的位置，然后单击【章节】→【新增节】按钮，选择指定的分节符即可。WPS文档共有 4 种分节符，分别是下一页分节符、连续分节符、偶数页分节符和奇数页分节符，如图 5-6 所示。

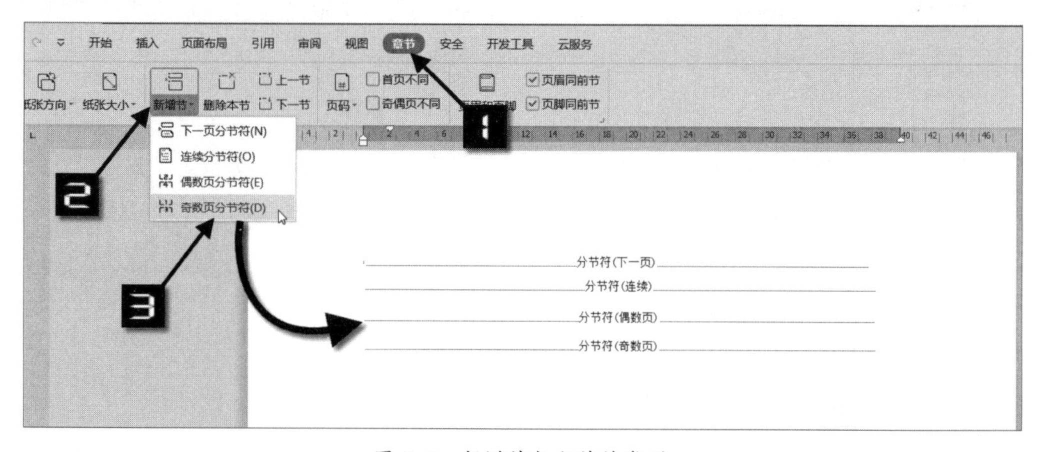

图 5-6 新增节与分节符类型

提示

分节符是排版编辑提示符号，打印时不会被打印出来。

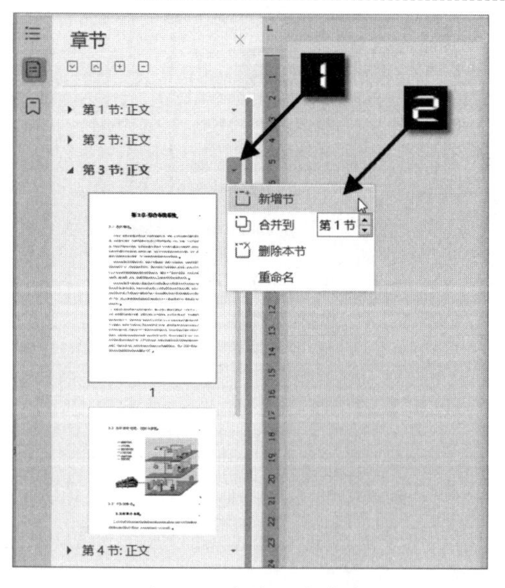

图 5-7 章节快捷菜单

在【章节】导航窗格中可以看到文档中存在几个节。单击章节名称可以展开该节，并预览该节下每一页的缩略图，单击某一页缩略图可快速跳转到该页。单击章节名称右侧的下拉按钮，可以弹出章节快捷菜单，对文档章节进行新增、合并、删除、重命名等操作，如图 5-7 所示。

❖ 单击【新增节】，可以在当前节的末尾添加一个下一页分节符符号，插入一节空白页

❖【合并到第 n 节】可以选择将当前节内容与指定的章节合并为一个章节

❖ 选择【删除本节】可删除本节所有内容

❖ 单击【重命名】可以修改当前节的名称

5.3　在同一文档中设置纵向、横向两种页面

使用WPS文字可以在同一文档中设置纵向、横向两种页面。例如，要在某项目施工方案文档中添加一个横向表格，操作步骤如下。

先将光标定位到要插入新页面的位置，然后依次单击【插入】→【空白页】→【横向】按钮，即可在当前页下方添加一个横向的空白页，如图5-8所示。

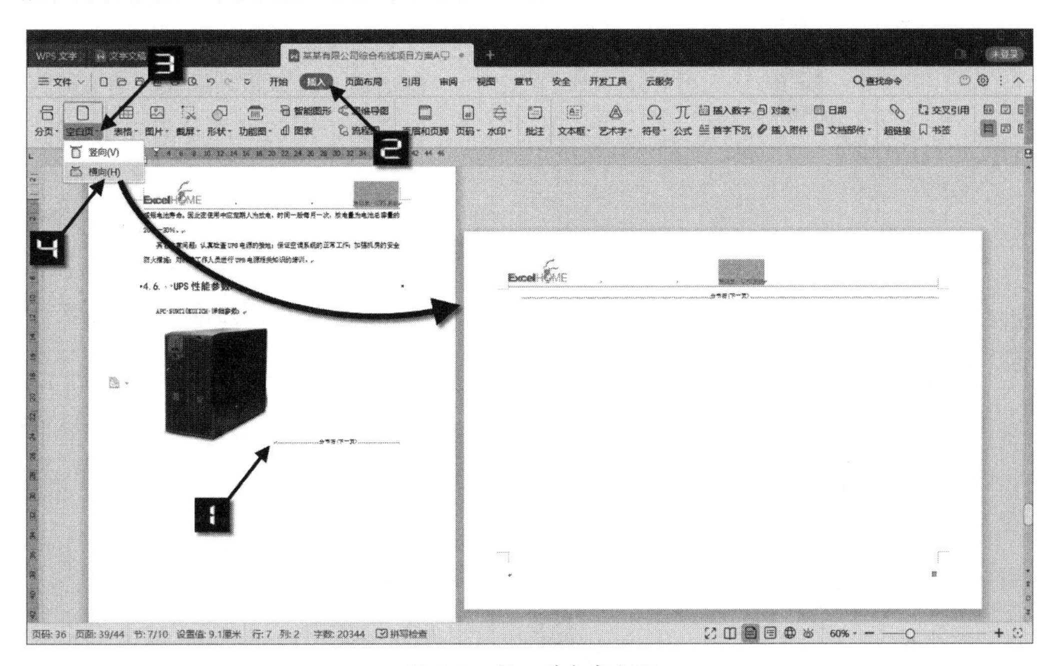

图 5-8　插入横向空白页

然后在新添加的横向页面中添加表格即可。最终效果如图5-9所示。

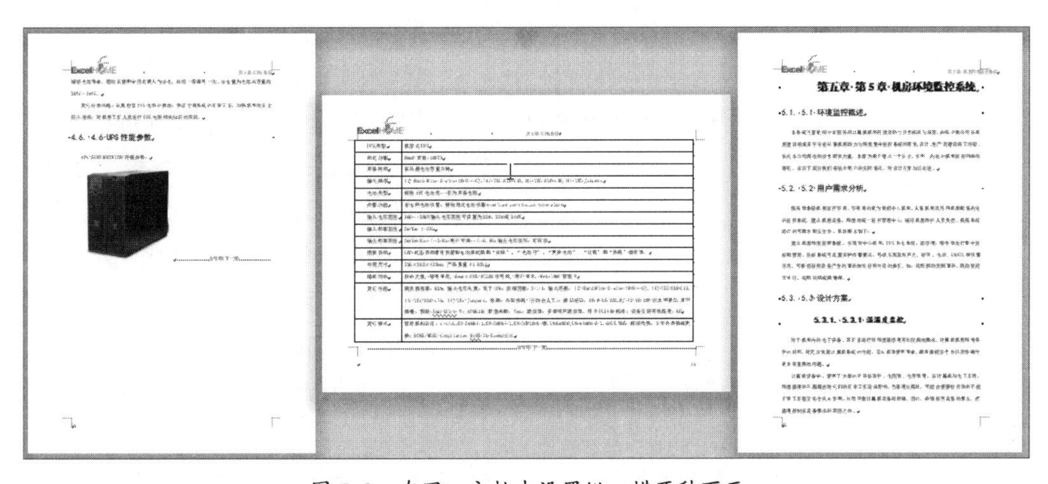

图 5-9　在同一文档中设置纵、横两种页面

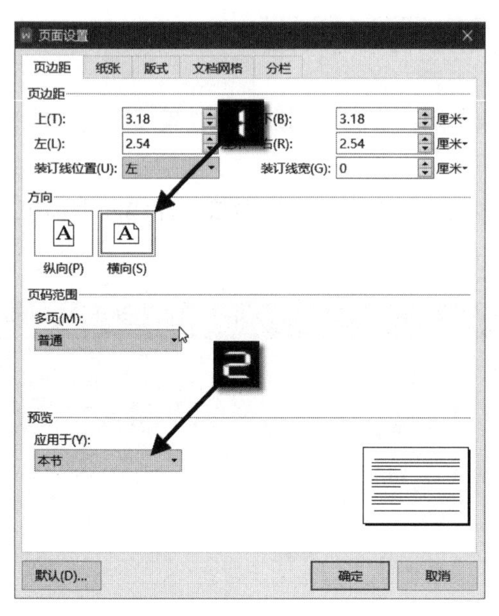

图 5-10　在【页面设置】对话框中设置纸张方向

提示　如果要在横向页面下方添加一个纵向页面，将光标定位到要插入新页面的位置后，依次单击【插入】→【空白页】→【纵向】按钮即可。

上述操作是WPS文字提供的简化操作功能，其本质上是通过分节符将需要设置为横向的页面分割成单独的小节，并对该小节独立设置页面方向。因此，在具有多个小节的文档中，可以通过【页面布局】选项卡打开【页面设置】对话框，对当前节的纸张方向、大小等进行单独的设置，如图 5-10 所示。

5.4　多级编号与文档标题的联动

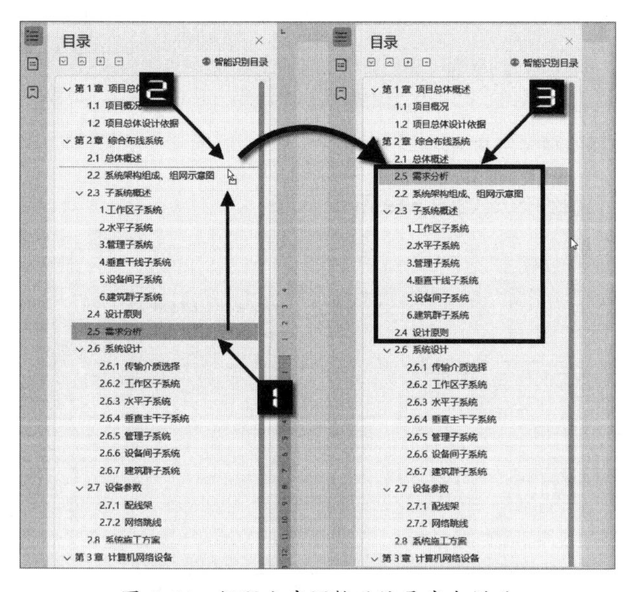

图 5-11　标题次序调整后编号产生错乱

在文档中常会使用数字编号或项目符号来列举条目，让文档更加清晰美观。WPS文字还提供了如“①”“1)”“第一节”等更适合我们国家本土化编号习惯的编号列表和编号格式。在论文、标书、产品说明书等长文档中，标题编号与文档各级标题联动是让许多用户感到棘手的问题。如在第4章中所讲的某项目施工方案文档，各级标题使用的是手动编号，当调整某些章节的次序时，章节的编号并不会随着文档段落次序的调整而变化，如图 5-11 所示。如果手动逐一修改的话，则需花费更多的时间和精力且极易出错。

使用WPS文字的多级编号功能可轻松解决这一问题，操作方法如下。

步骤① 在【开始】选项卡中单击【编号】下拉按钮，在打开的下拉菜单中单击【自定义编号】，然后在弹出的【项目符号和编号】对话框中切换到【多级编号】选项卡，选择一个合适的多级编号，再单击【自定义】按钮，如图 5-12 所示。

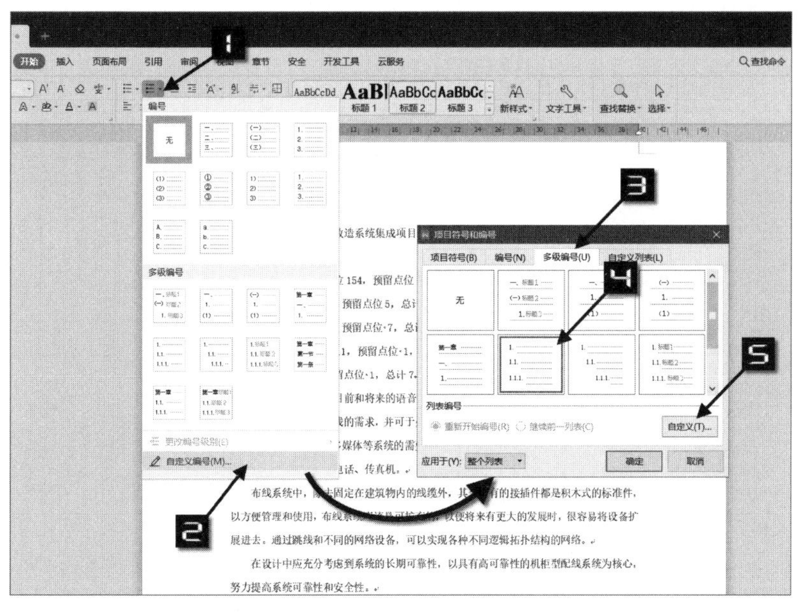

图 5-12　打开【项目符号和编号】对话框

步骤② 将 1 级编号链接到样式 1。在打开的【自定义多级编号列表】对话框中，选中级别“1”，修改编号格式为“第①章”，将编号样式设置为“一,二,三，…”，将编号的字体样式修改为标题 1 的字体样式，设置【将级别链接到样式】为“标题 1”，单击【确定】按钮，如图 5-13 所示。

步骤③ 用同样的方法将 2、3 级编号分别链接到标题 2 和标题 3。当选中级别 2 时，编号格式为“①.②.”，由于级别 1 的编号样式为“一,二,三,…”，所以此时级别 2 的编号预览结果为“一.1.”，要让级别 2 的编号以“1.1.”的形式显示，需要选中【正规形式编号】复选框，如图 5-14 所示。

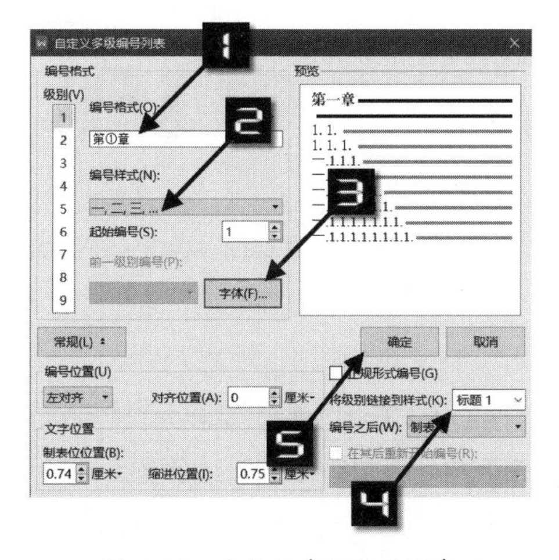

图 5-13　自定义多级编号列表

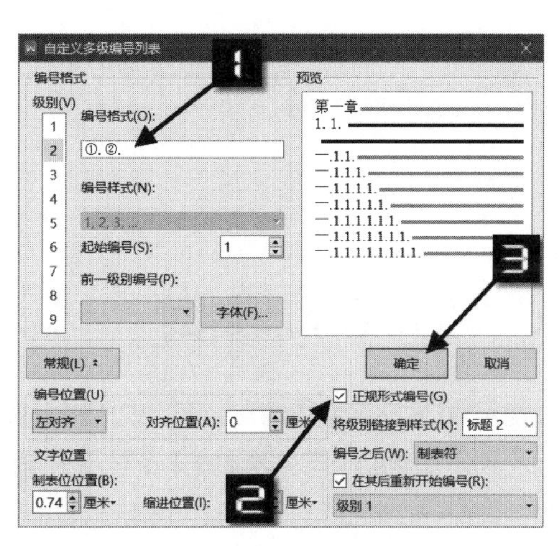

图 5-14　使用【正规形式编号】

步骤④ 完成所有级别的编号样式设置后，依次单击【确定】按钮，退出【自定义多级编号列表】对话框，最后效果如图 5-15 所示。

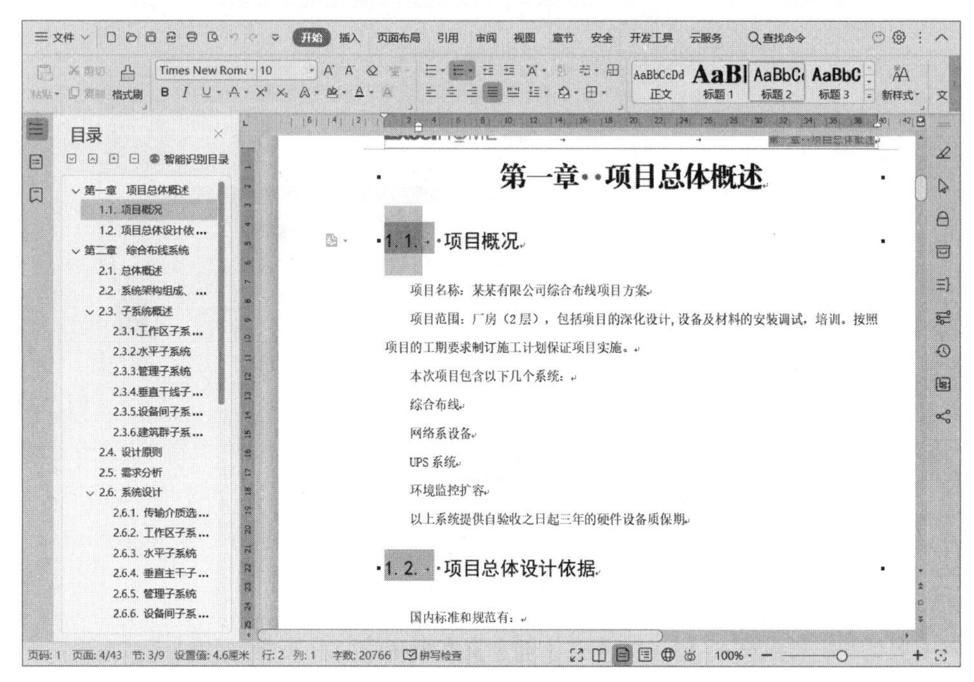

图 5-15　应用多级编号后的效果

提示

手动编号不能自动清除，可以使用查找替换的方法批量删除，具体可参阅第 9 章。将多级编号与标题样式链接绑定后，无论如何调整标题段落的位置，标题编号都可做到自动更新。

根据本书前言的提示，可观看多级编号与文档标题的联动设置的视频讲解。

5.5　为文档添加封面

使用WPS文字制作论文、产品说明书、简历、工作报告等文档时，有时需要为文档添加封面。要为文档添加封面，可依次单击【章节】→【封面页】，在下拉列表中选择一个封面模板，即可直接为文档添加一个封面页，如图 5-16 所示。

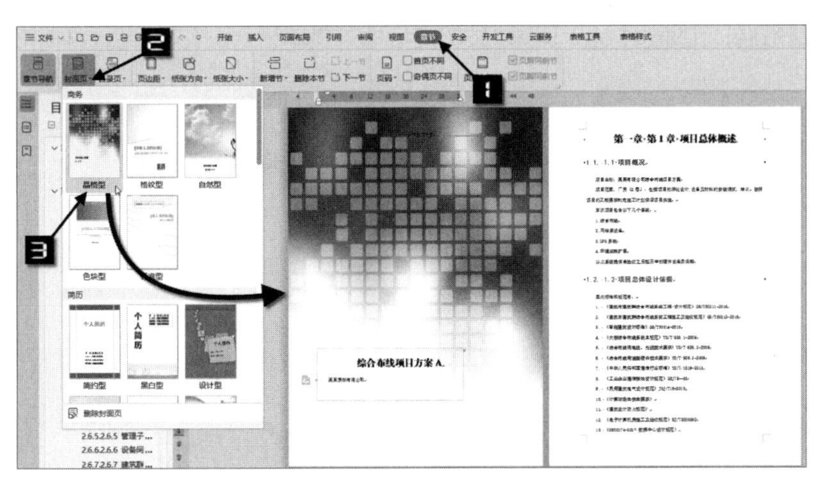

图 5-16　为文档添加封面

WPS 文字内置了商务、简历、论文等常用的封面模板，而且还可以选择横向、竖向封面模板。如果要删除封面，只需要依次单击【章节】→【封面页】→【删除封面页】即可。

5.6　为文档添加页码

WPS 文字提供在页眉和页脚快速插入页码的功能，用户可以根据需要，在页眉和页脚的左侧、中间和右侧位置快速添加和删除页码。例如，要在文档的页脚中间添加页码，可依次单击【章节】→【页码】→【页脚中间】，如图 5-17 所示。

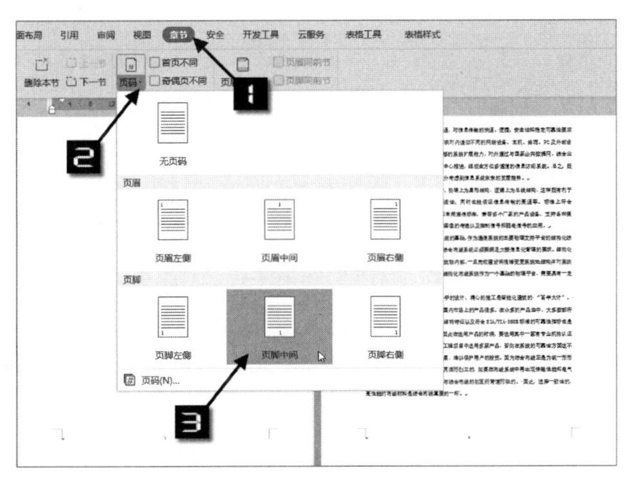

图 5-17　添加页码

如果要删除文档中的页码，只需要在【页码】下拉框中选择【无页码】即可快速删除文档中的页码。

另外，在页面上下空白处双击鼠标左键可快速进入页眉页脚编辑视图。如图 5-18 所示，进入页眉页脚编辑状态后，可通过【插入页码】按钮直接插入页码。

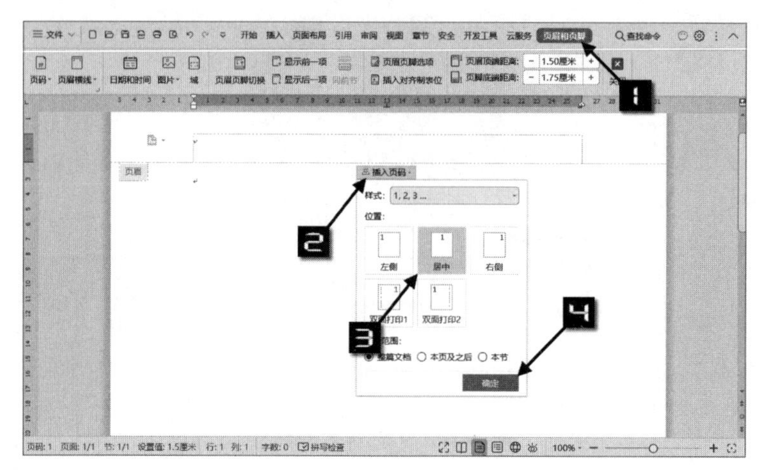

图 5-18　直接插入页码

5.6.1　封面页不显示页码

在有封面的文档中，如果为了排版美观，不希望文档的封面页即首页显示页码，而希望从第二页开始显示页码，操作步骤如下。

步骤① 将光标定位到封面页的下一页的任意位置，依次单击【章节】→【页码】→【页码】命令，如图 5-19 所示。

步骤② 打开【页码】对话框，在【页码】对话框中，设置起始页码从 1 开始，并将应用范围设置为“本页及之后”，最后单击【确定】按钮完成设置，如图 5-20 所示。

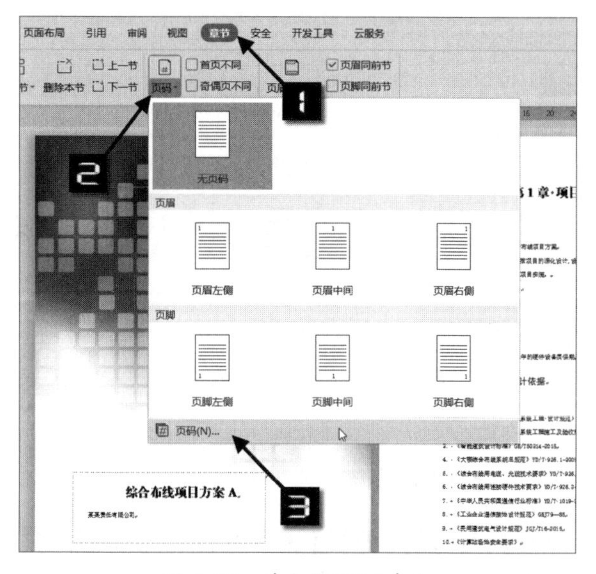

图 5-19　单击【页码】命令

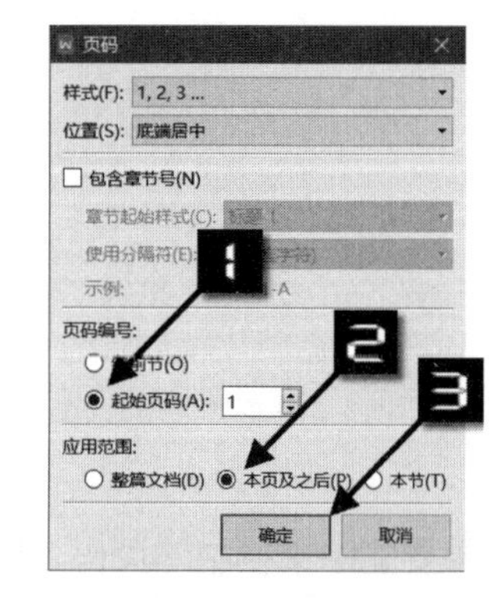

图 5-20　设置页码应用范围及起始页码

提示

如果文档内容为一节，应用范围设置为“本页及之后”，WPS 文字会自动将该节分为两节。通过WPS文字添加的内置封面页默认是单独的一节，因此在封面页的下一页将页码的应用范围设置为“本页及之后”，即可实现封面页不显示页码的效果。

5.6.2　设置奇偶页不同的页码格式

在需要双面打印的长文档中，为了阅读方便，往往需要将页码设置在页面的外侧，此时就需要在文档的页脚中为页码设置奇偶页不同的页码格式。WPS文字提供了非常便捷的设置方法，在需要插入页码的奇数页下方空白位置双击鼠标左键，进入页脚编辑状态，然后单击【插入页码】→【双面打印 1】，并将页码应用范围设置为“本页及之后”，单击【确定】按钮即可完成设置，如图 5-21 所示。

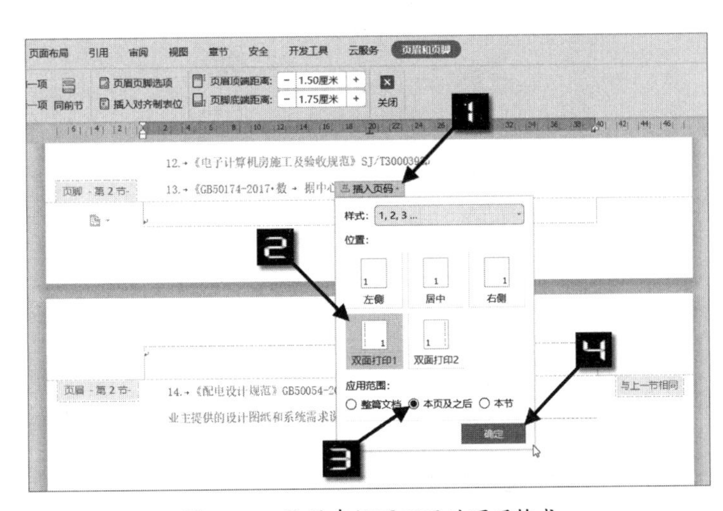

图 5-21　设置奇偶页不同的页码格式

提示

文档左装订时使用“双面打印 1”页码格式，右装订时使用“双面打印 2”页码格式。

根据本书前言的提示，可观看为文档设置页码的操作技巧的视频讲解。

5.7　为文档添加页眉

5.7.1　在页眉中添加公司 logo 图形

在页眉页脚中可以插入文字、公司logo图形、页码、日期等元素，让文档更加美观、专业。例如，要将公司的logo图形添加到页眉中，操作步骤如下。

步骤① 依次单击【插入】→【页眉和页脚】，进入页眉编辑状态。

步骤② 在【页眉和页脚】选项卡中依次单击【图片】→【来自文件】，在弹出的【插入图片】对话框中找到并选中公司logo图片，然后单击【打开】按钮。

步骤③ 在页眉中选中插入的图片，调整图片大小，并适当调整页眉顶端距离即可，如图 5-22 所示。

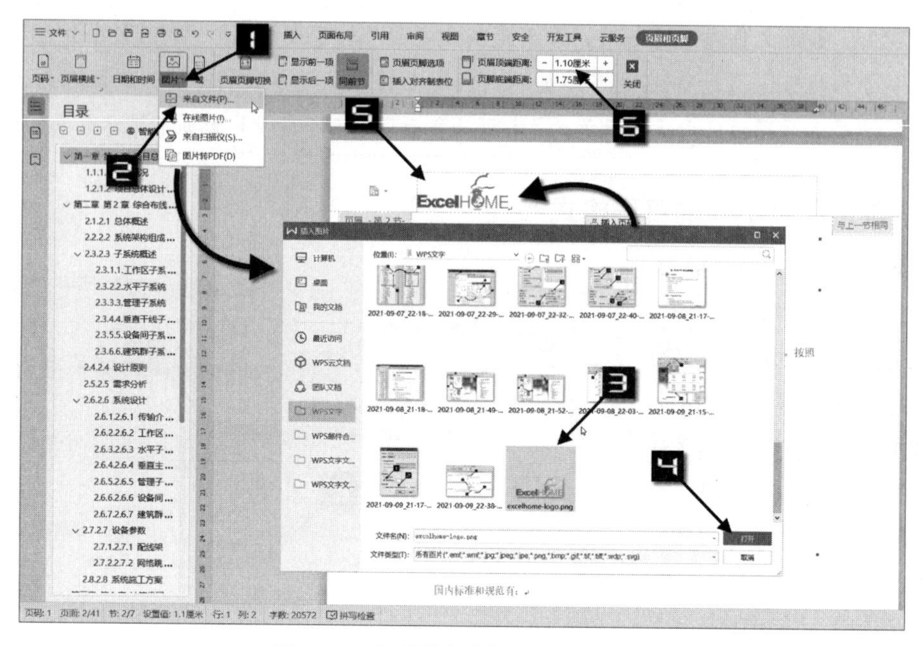

图 5-22　在页眉中添加公司 logo 图形

5.7.2　页眉页脚的同前性

在一篇包含了多个节的文档中，为了保证内容的连续性，在文档中插入页眉页脚时，默认具有同前性（与上一节保持相同），即【页眉和页脚】选项卡中的【同前节】按钮处于被选中状态，如图 5-23 所示。

图 5-23　页眉页脚的同前性

选中【同前节】时，可将上一节的页眉页脚插入当前节，取消选择则可以断开两节的页眉或页脚之间的连接，从而来创建不同的页眉或页脚。要为文档的不同部分设置不同的页眉页脚，可将该部分文档通过分节符分割成独立的“节”，通过取消页眉页脚的同前性，以断开当前节和上一节的页眉和页脚的连接来完成设置。

提示

如果文档没有被分割为两个及以上节，则“同前节”按钮不起作用；对于文档的第一节该按钮也不可用。

5.7.3　在页眉中动态引用文档标题

除了在页眉中添加公司LOGO图形外，有时还需要添加文档中指定的标题，而这个标题是动态变化的，比如在第一章所有的页眉中显示一级标题“第一章……”，在第二章所有的页眉中显示一级标题“第二章……”，可通过在页眉中添加“域”来实现这一效果。

在页眉中将光标调整到指定位置，然后在【页眉和页脚】选项卡中单击【域】按钮，在弹出的【域】对话框左侧的【域名】列表中选择【样式引用】，在右侧的【高级域属性】中，选择【样式名】为“标题 1”，单击【确定】按钮完成设置，如图 5-24 所示。

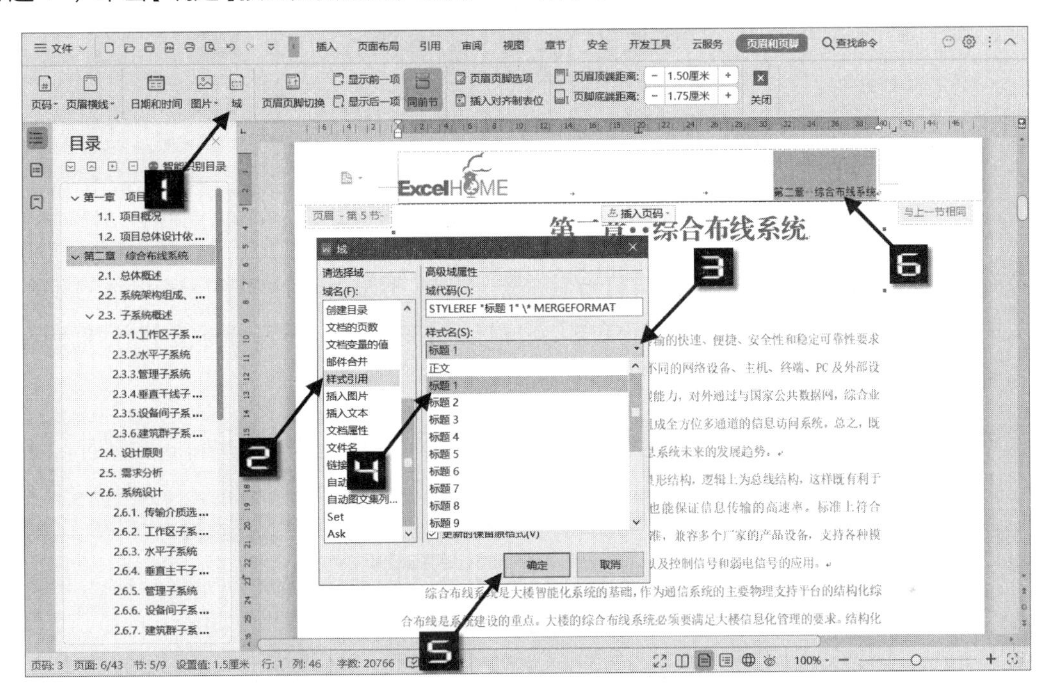

图 5-24　动态引用文档标题

5.8　为图片添加题注编号

在论文、产品说明书等长文档中插入的图片、表格，一般需要添加编号和说明文字，以方便在正文中引用。使用WPS文档提供的题注功能，可方便地为文档中的图片和表格添加自动编号，并保证图片、表格在文档中的位置发生变化时，题注编号可以实现自动更新。

5.8.1　为图片添加题注编号

下面以为图片添加题注编号为例，来讲解题注的添加方法。

步骤① 选中图片，然后在图片上右击，在弹出的快捷菜单中选择【题注】(或在【引用】选项卡中单击【题注】按钮)，如图 5-25 所示。

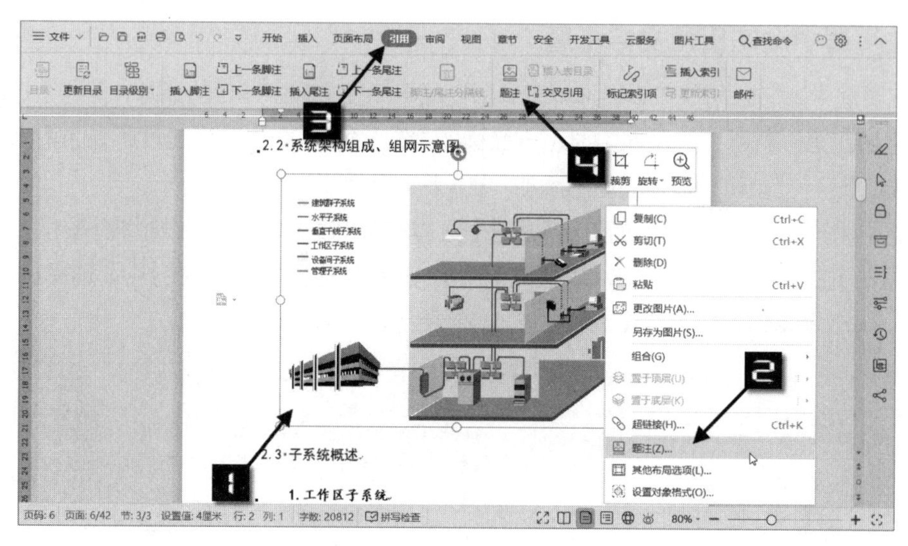

图 5-25　为图片添加题注

步骤② 在【题注】对话框中，先为题注设置一个标签。如果【标签】下拉列表中没有合适的标签，如文档中默认没有“图片”标签，可单击【新建标签】按钮，通过【新建标签】对话框新建“图片”标签，如图 5-26 所示。

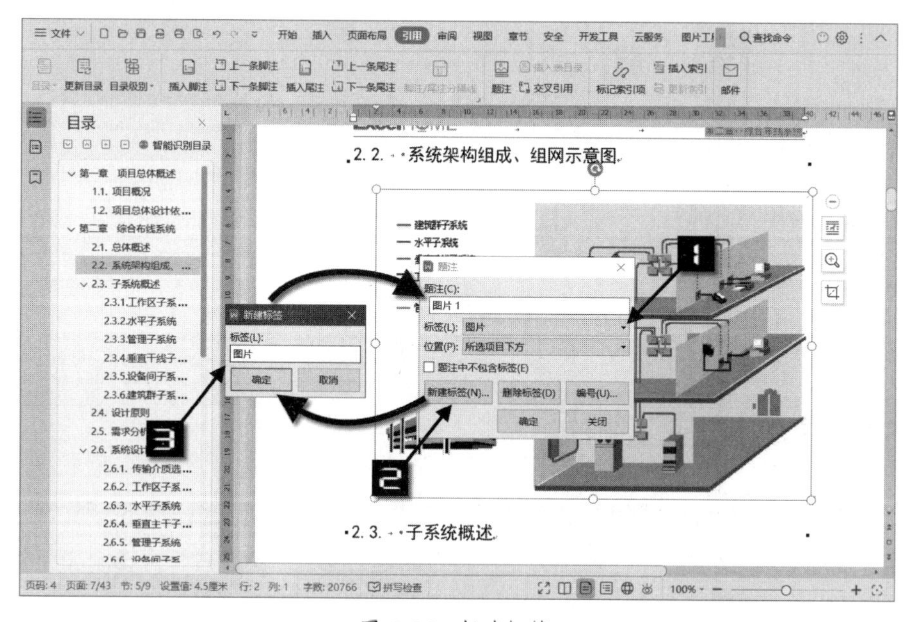

图 5-26　新建标签

步骤③ 单击【新建标签】对话框中的【确定】按钮返回【题注】对话框，在【标签】下拉列表中选择刚才新建的标签，此时在【题注】文本框中会自动出现以指定标签起始的自动编号。将光标定位到该题注编号后，即可在文本框中输入图片的说明文字，如图 5-27 所示。

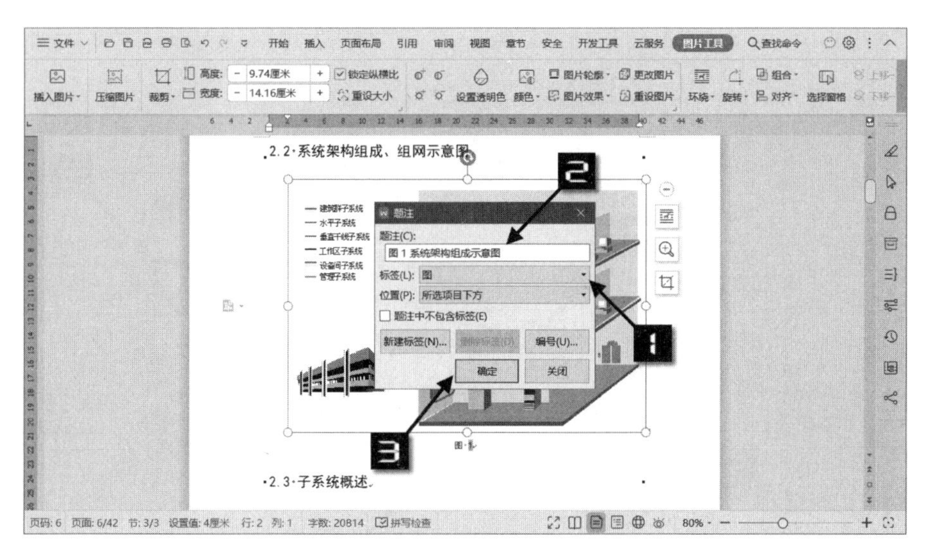

图 5-27　设置题注标签和说明文字

步骤④ 通过【位置】下拉列表可以选择题注位于图片的上方或下方。默认题注段落为两端对齐，如果要修改题注段落的样式，建议在【样式和格式】窗格修改【题注】样式，最后完成效果如图 5-28 所示。

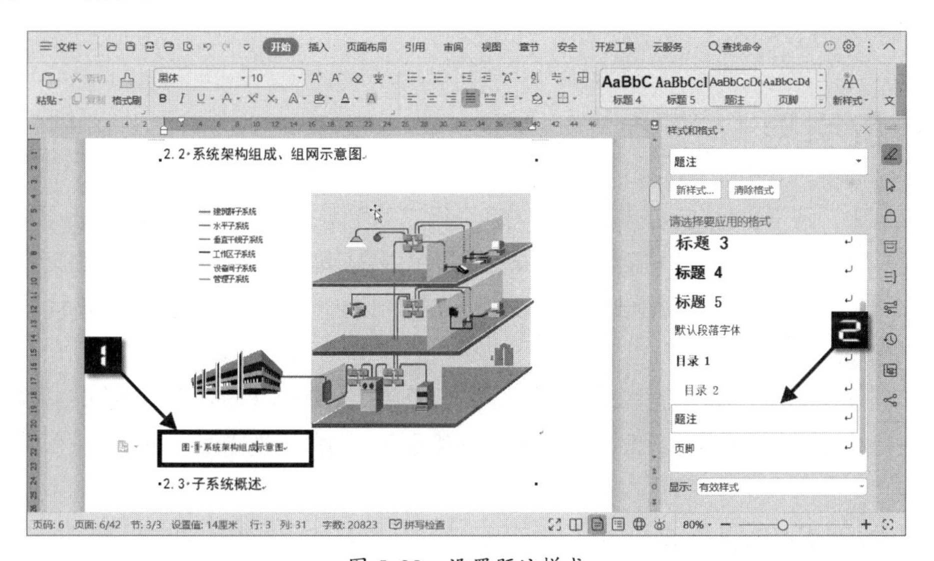

图 5-28　设置题注样式

5.8.2　添加带章节编号的题注

在添加题注时，如果需要在题注编号前带上文档的章节编号，可以在【题注】对话框中单击【编号】按钮，在弹出的【题注编号】对话框中选中【包含章节编号】复选框，然后在【章节起始样式】列表框中选择要包含的章节编号的标题样式，单击【确定】按钮返回【题注】对话框，如图5-29所示，这样设置插入的题注编号即可包含章节编号。

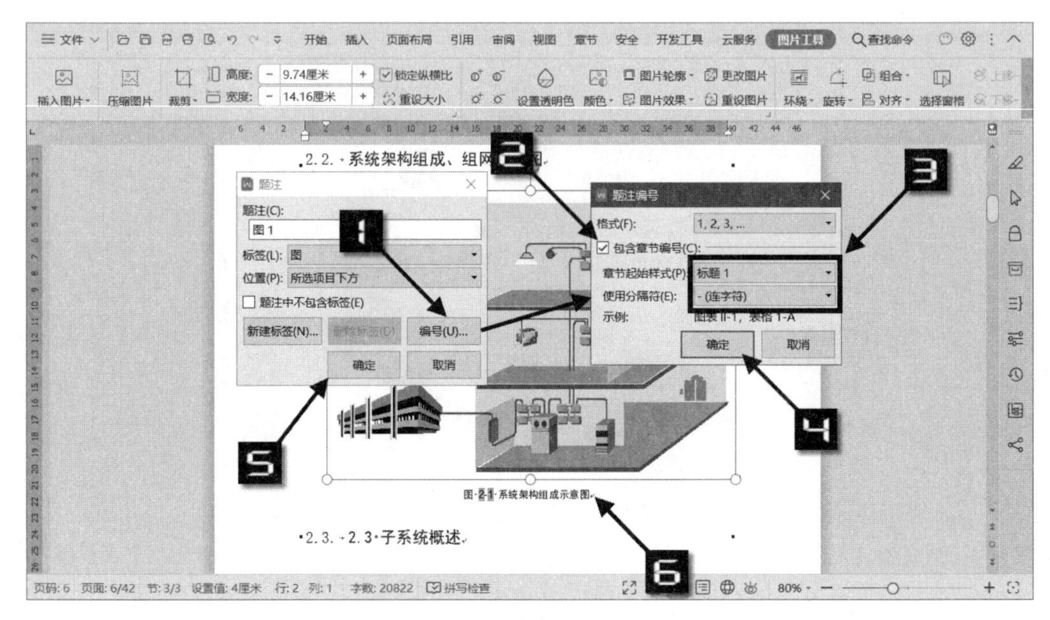

图 5-29　设置带章节编号的题注

提示

要添加带章节编号的题注，必须保证为章节标题段落设置了内置的标题样式，同时应用了自动编号或多级编号。

5.9　交叉引用

在长文档中，经常要对文档的其他位置内容进行交叉引用。例如，某文档的某一节中的“关于系统架构组成请参阅 3.2 节”这句话，就是提醒读者可以去阅读 3.2 节中的内容。如果在文档中直接输入“3.2 节”，而后文档修改导致章节号发生变化时，则必须对文档中所有引用的内容逐个手动修改，容易出现疏漏。

只要文档段落使用了自动编号或多级列表，就可以使用WPS文档的交叉引用功能来自动引用，在对文档进行编辑后也可轻松实现对引用位置的快速更新，避免出现错误。设置交叉引用可按如下方法来操作。

步骤① 在要添加引用的位置先输入固定不变的文字内容，如“关于系统架构组成请参阅节。”。

步骤② 在将光标定位在“阅节”两个字中间，然后单击【引用】选项卡中的【交叉引用】命令，打开【交叉引用】对话框。

步骤③ 在【引用类型】下拉列表中选择“标题”，在【引用内容】下拉列表中选择“标题编号（无上下文）”，然后在【引用哪一个标题】列表中选择要引用的标题项，最后单击【插入】按钮即可将引用的标题编号插入文档，如图 5-30 所示。

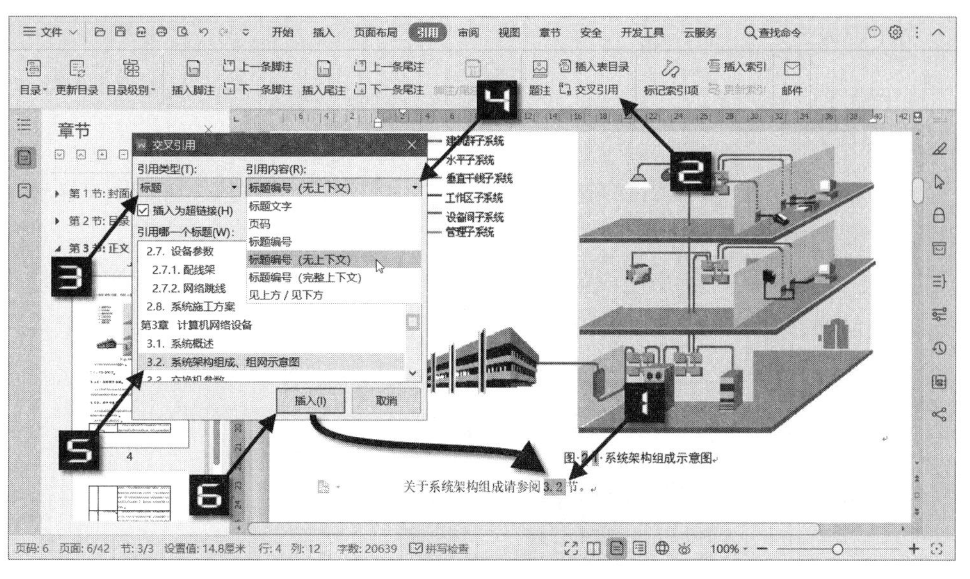

图 5-30　设置交叉引用

提示

通过【交叉引用】添加的内容以灰色底纹突出显示，其实这是一个可更新的域。要对域进行更新，可选中域后直接按<F9>键，也可以按<Ctrl+A>组合键全选文档，然后按<F9>键对所有内容进行更新，如图 5-31 所示。

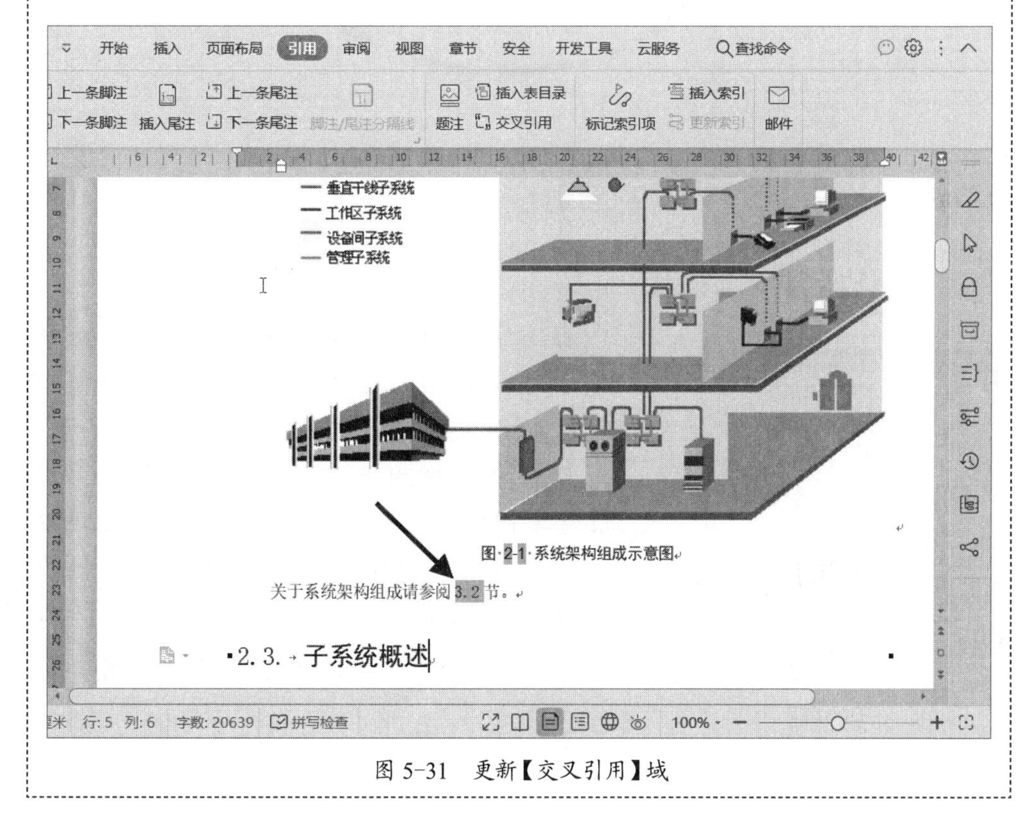

图 5-31　更新【交叉引用】域

5.10 为文档添加目录

5.10.1 添加目录

对于不熟悉样式、多级编号等高级排版操作的初级用户来说，借助“智能识别文档目录”这一功能，只需一键即可为文档添加目录。

对于能够熟练使用样式、多级编号等功能进行自动化排版的高级用户来说，可以通过【引用】→【目录】→【自动目录】来为文档添加目录，如图 5-32 所示。

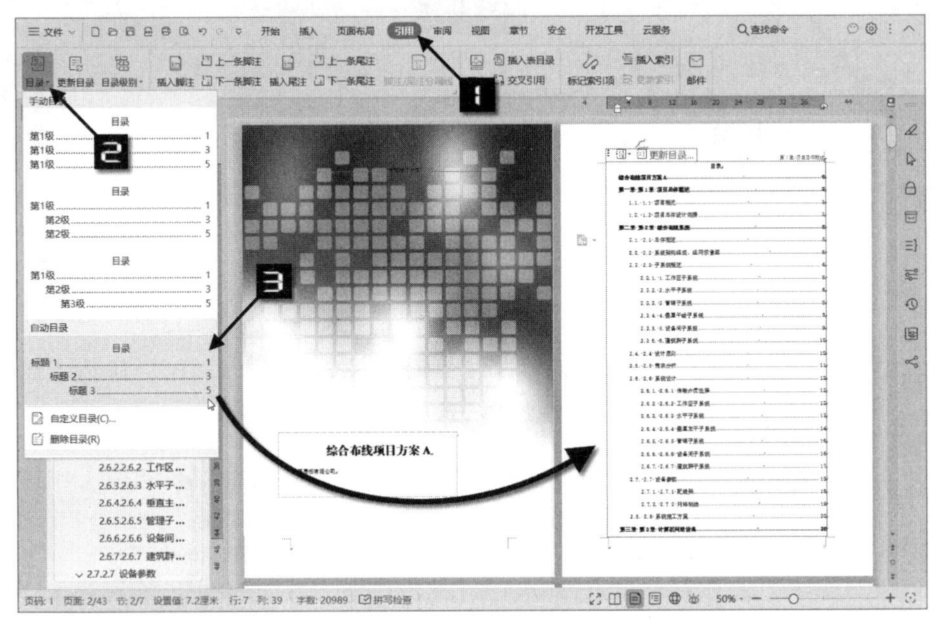

图 5-32 添加自动目录

5.10.2 修改目录显示级别和样式

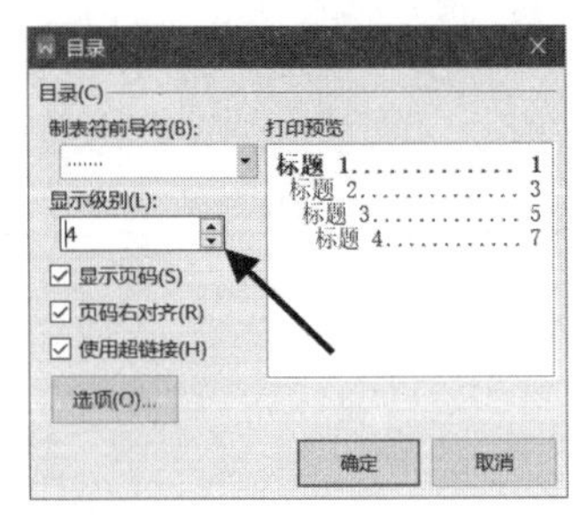

图 5-33 自定义目录的显示级别

默认的目录显示 3 级标题目录，如果要添加更多级别的目录标题，可以单击图 5-32 中【目录】下拉列表中的【自定义目录】，在【目录】对话框中进行调节设置，如图 5-33 所示。

如果要修改目录中标题文字的格式，可以在添加目录后，打开【样式和格式】窗格，在样式列表中找到对应的目录样式进行修改。比如要将目录中的一级标题字体修改为“黑体”，可以单击【目录 1】右侧的下拉按钮，选择【修改】，在弹出的【修改样式】对话框中将字体设置为“黑体”即可，如图 5-34 所示。

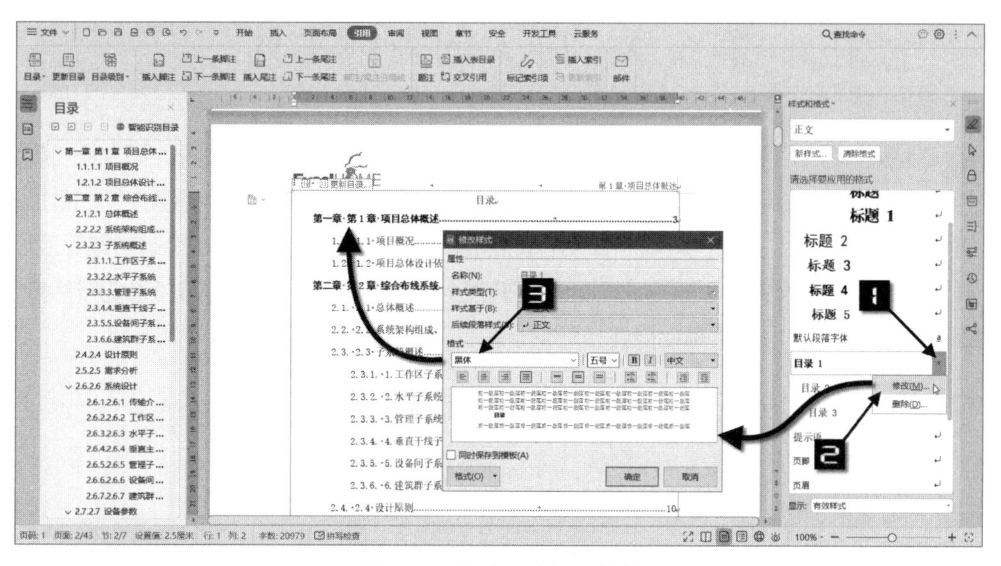

图 5-34　修改目录标题样式

5.10.3　更新目录

在已经添加了目录的文档中进行修改编辑操作后，需要对目录进行更新操作，以使目录中的标题与页码和文档内容保持一致。在【引用】选项卡中单击【更新目录】命令，或单击目录左上角的【更新目录】按钮都可打开【更新目录】对话框，如图 5-35 所示。

如果没有对文档的标题进行修改，可选择【只更新页码】选项，只对文档的页码进行更新；如果对文档标题作了修改，则应该选择【更新整个目录】选项，对文档目录进行整体更新。

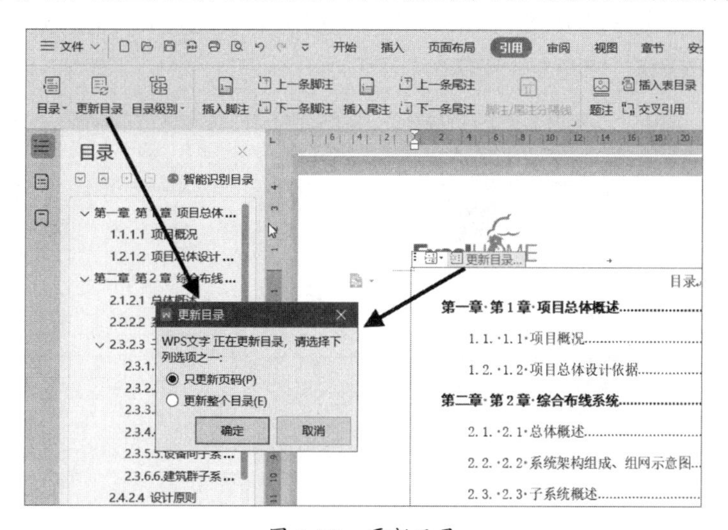

图 5-35　更新目录

第 6 章　强大的表格工具

表格在排版中的应用非常广泛，比如员工信息等各种登记表、员工考勤表，甚至还可以通过表格对文档元素进行布局控制，作为文档版式设计的辅助工具来使用，如用表格来控制图片图形等元素的位置。使用表格结合控件，可以制作出智能的信息统计文档，并对统计的数据做规范性限定。另外，通过表格的框线设置、表格与文本的相互转换等功能可以实现一些非常特殊的排版操作。因此，熟练掌握WPS文字中表格基础操作技巧对于提高排版效率至关重要。

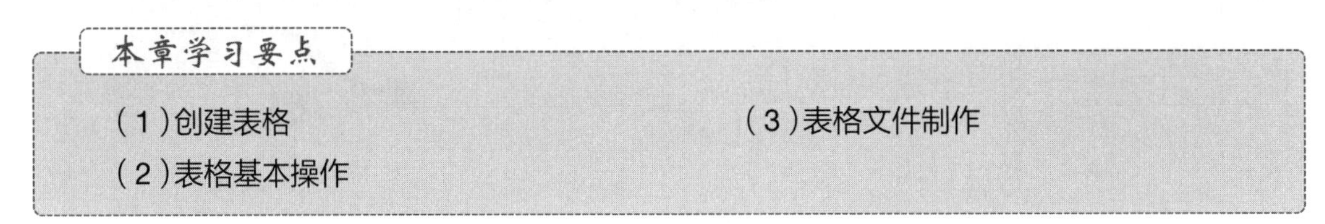

6.1　创建表格

6.1.1　快速插入表格

WPS文字提供了快速插入表格功能。例如，要在文档中插入一个5行6列的表格，操作步骤如下。

将光标定位到需要插入表格的位置，然后依次单击【插入】→【表格】按钮，在下拉列表【插入表格】的快速插入表格区域移动鼠标，将光标移动到第 5 行第 6 列的单元格中，光标之前的区域就会显示为橙色，同时在上方显示“5 行*6 列表格”的提示文字。此时单击鼠标左键，即可在文档中插入一个 5 行 6 列的表格，如图 6-1 所示。

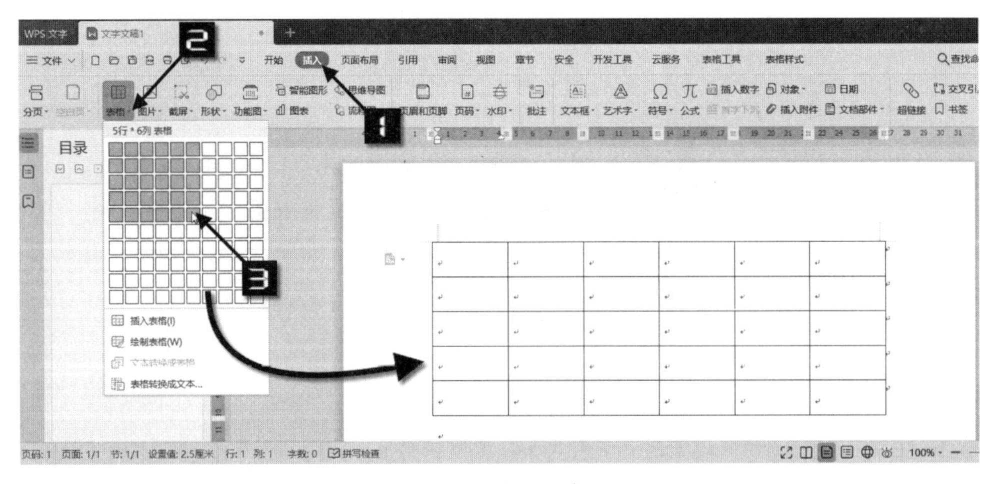

图 6-1　快速插入表格

6.1.2 通过【插入表格】对话框插入表格

使用快速表格只能创建最大 10 行 10 列的表格，如果要创建更大的表格，可以使用【插入表格】对话框来创建。依次单击【插入】→【表格】→【插入表格】按钮，在弹出的【插入表格】对话框中对【表格尺寸】进行设置，然后单击【确定】按钮，即可完成表格的创建，如图 6-2 所示。

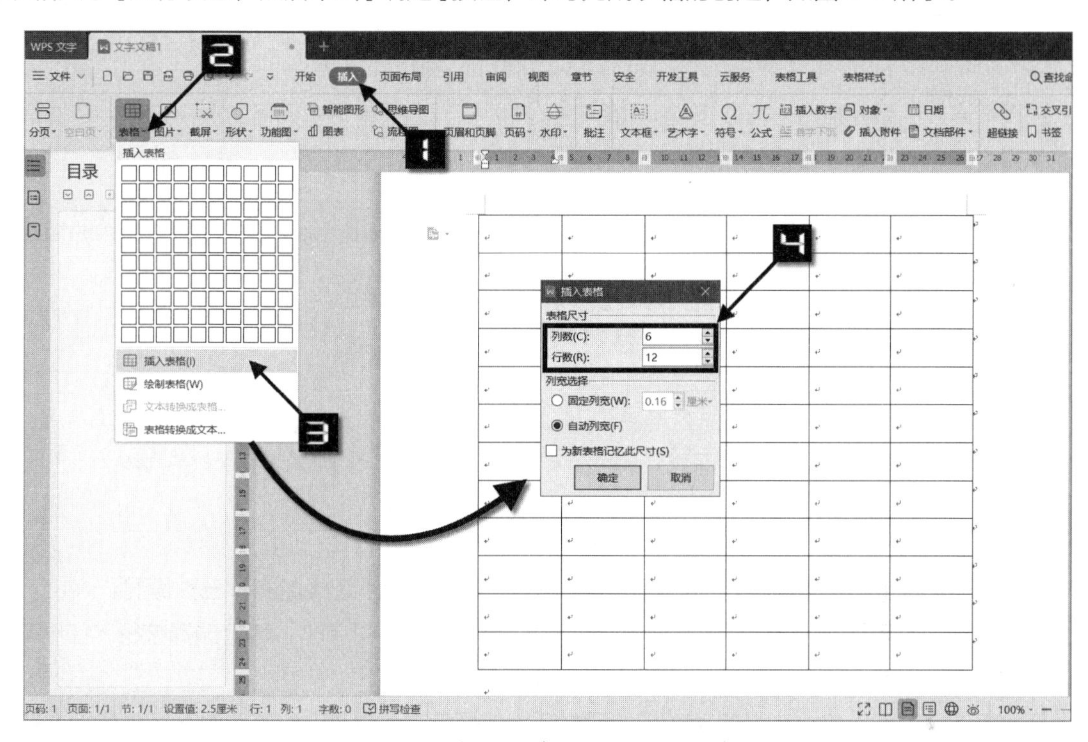

图 6-2 通过【插入表格】对话框插入表格

6.2 表格基本操作

6.2.1 选择单元格

要对表格进行编辑，需要先选择单元格。在WPS中可以选择单个单元格、选择连续的单元格和选择不连续的单元格。

选择单个单元格的操作方法为，将光标指向某一单元格的左侧，当鼠标指针变为黑色箭头时，单击鼠标左键即可选择该单元格，如图 6-3 所示。

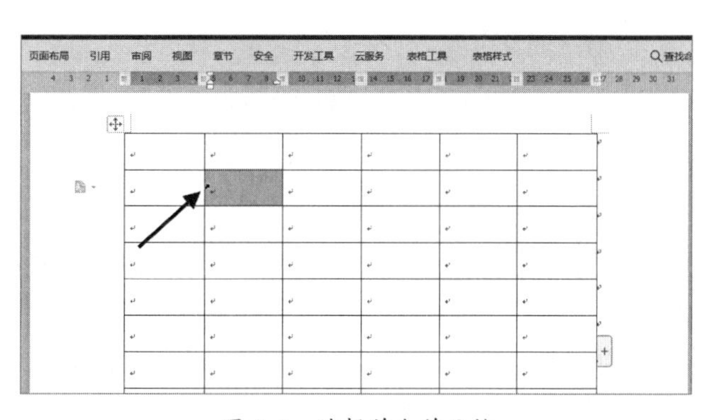

图 6-3 选择单个单元格

若要选择连续的单元格区域，可将光标移动到要选择的单元格区域起始单元格，按住鼠标左键拖动即可，如图 6-4 所示。

> **提示**
> 选择连续的单元格区域也可以使用<Shift>键来实现，操作方法为：选择起始位置单元格，然后按住<Shift>键，再单击选择结束位置的单元格，这两个单元格之间的所有单元格就会全部选中。

选择不连续的单元格时，可以按住<Ctrl>键，然后参照选择单个单元格的操作方法，依次选择其他单元格即可，如图 6-5 所示。

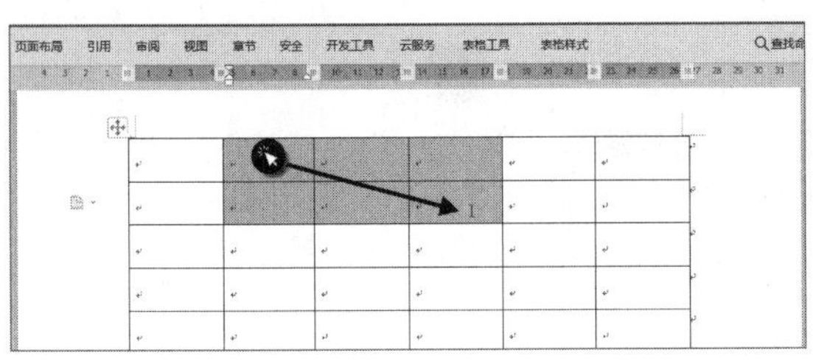

图 6-4　选择连续的多单元区域

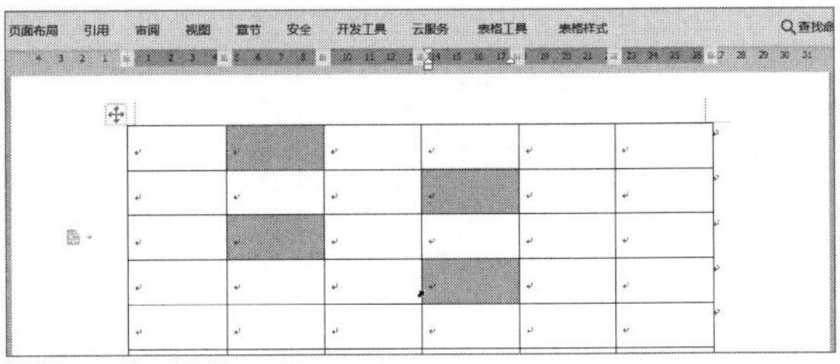

图 6-5　选择不连续的单元格

6.2.2　整行与整列的选择

在表格中选择整行，可分为选择一行、选择连续多行和选择不连续的多行三种情况。

将光标移动到表格某一行的左侧，当光标变为白色空心箭头时单击，即可选择该行，如图 6-6 所示。

要选择连续多行，可将光标移动到某一行左侧，当光标变为白色空心箭头时，按住鼠标左键不放并向下或向上拖动，即可选择连续的多行，如图 6-7 所示。

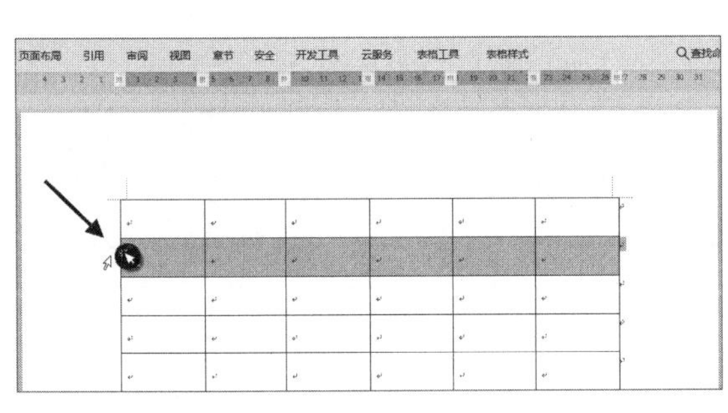

图 6-6　选择单行

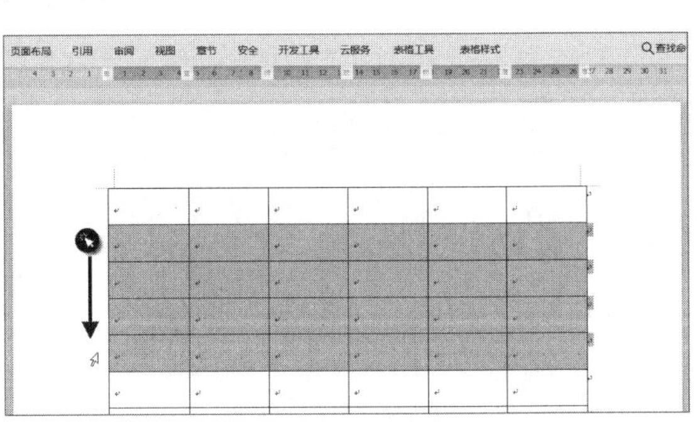

图 6-7　选择连续多行

要选择不连续的多行，可以先选择某一行，按住<Ctrl>键不松开，再选择其他指定的行即可，如图 6-8 所示。

要选择某一列，可以将光标移动到某一列的上方，当光标指针变为向下的黑色实心箭头时，单击鼠标左键即可选择该列，如图 6-9 所示。

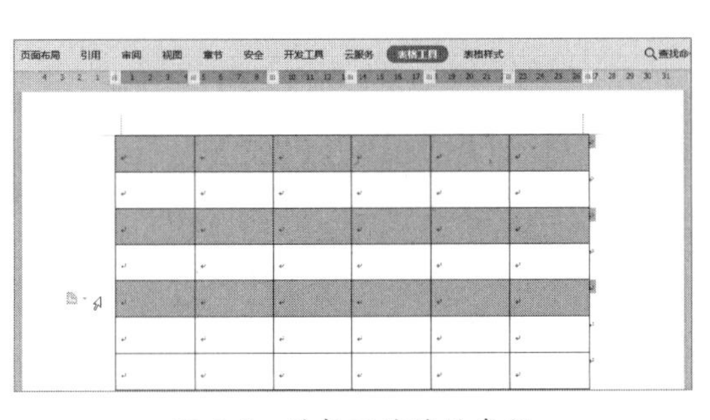

图 6-8　选择不连续的多行

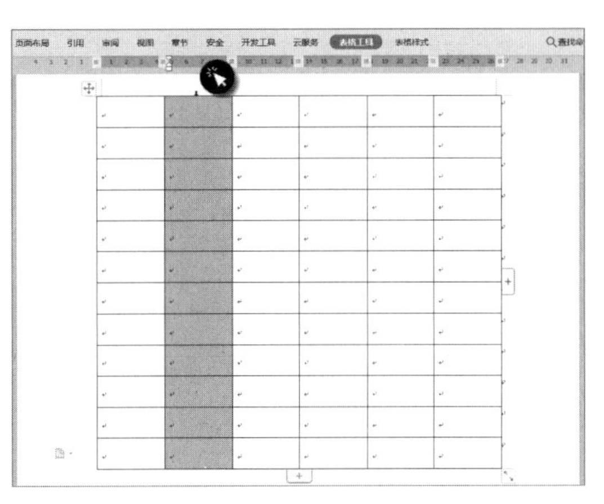

图 6-9　选择单列

选择连续多列和不连续多列的方法和选择行的方法相似，这里不再赘述。

6.2.3　选择整个表格

当光标定位在表格中任意位置时，表格的左上方会出现一个四向箭头图标，在右下角会出现一个双向斜箭头图标，只要单击其中任意一个图标，即可选择整个表格，如图 6-10 所示。

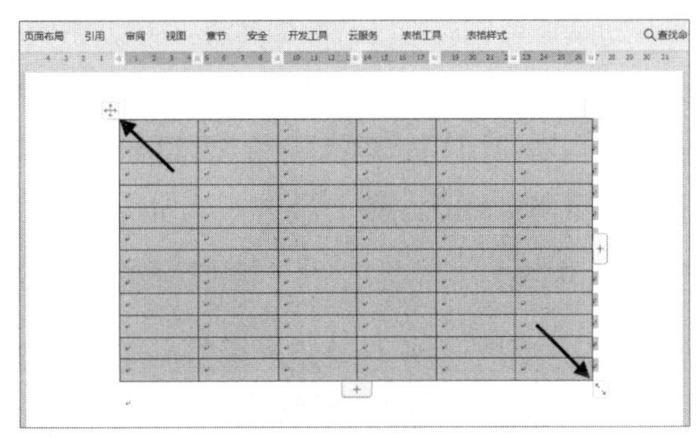

图 6-10　选择整个表格

6.2.4　调整表格的行高与列宽

插入表格后，默认表格的行高与列宽为自动平均分布，可以根据需要自行调整行高与列宽，既可以使用鼠标拖动的方法调整，也可以通过对话框来进行精确的设置。

使用鼠标拖动的方法调整某一行的行高，可以将光标移到该行的下方横线上，当光标变为双横线加上下方向箭头的图标时，按住鼠标左键不松开并上下拖动，待调整到合适位置后松开鼠标，即可实现对行高的调整，如图 6-11 所示。

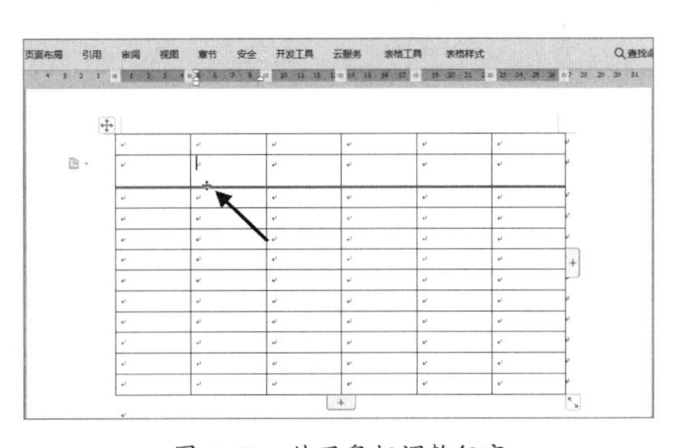

图 6-11　使用鼠标调整行高

使用鼠标来调整列宽，可以将光标移动到列与列之间的竖线上，当光标变为双竖线加左右方向箭头的图标时，按住鼠标左键不松开并左右拖动，即可调整列宽，如图 6-12 所示。

按住 <Ctrl> 或 <Shift> 键后单击并拖动某一列的竖线，可以对表格列宽进行等比例缩放调整，如图 6-13 所示。

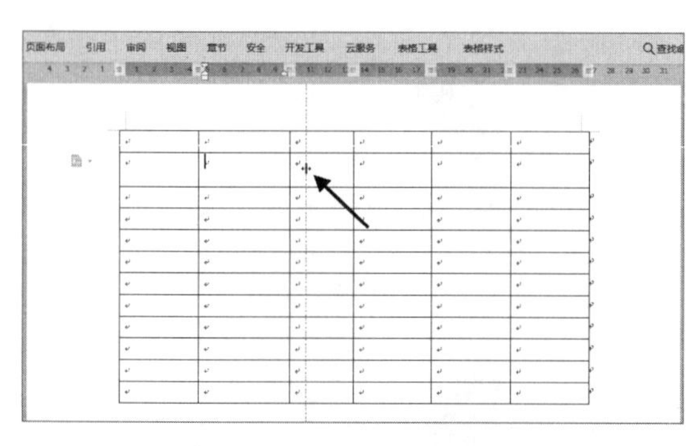

图 6-12　使用鼠标调整列宽

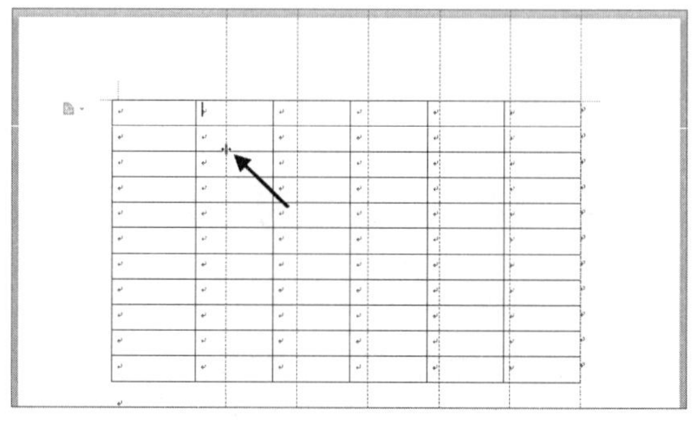

图 6-13　等比例缩放列宽

使用 <Ctrl> 或 <Shift> 键可实现不同的缩放效果，鼠标拖动的列位置不同，对表格的缩放效果也不同。

如果需要精确设置行高与列宽，可以通过【表格属性】对话框来设置。操作步骤如下。

选中要设置的行，然后依次单击【表格工具】→【表格属性】按钮，在弹出的【表格属性】对话框中，切换到【行】选项卡，将【行高值是】设置为“固定值”，并设置指定高度，单击【确定】按钮，即可完成对行高的设置，如图 6-14 所示。

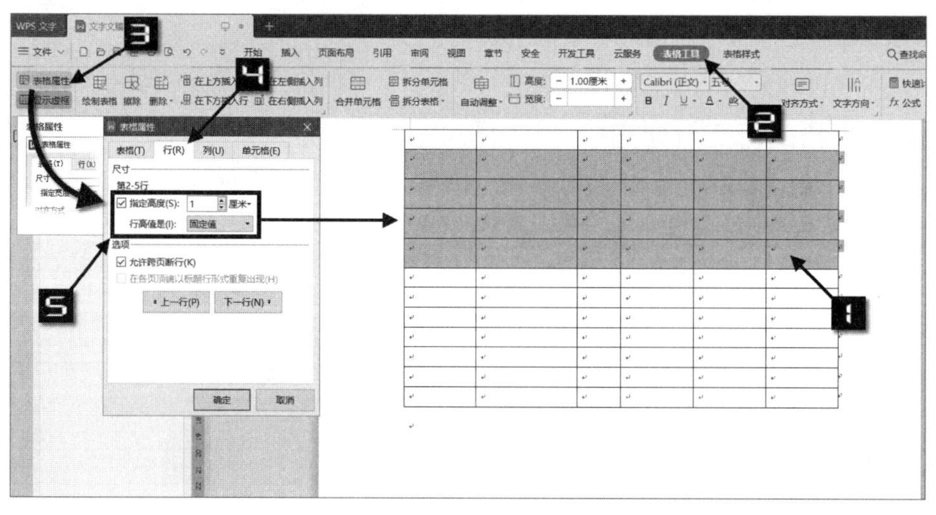

图 6-14　精确设置行高

要对整个表格设置行高，需要先选择整个表格，再执行上述操作。对列宽进行精确设置只需要在【表格属性】对话框中切换到【列】选项卡进行设置即可。

6.2.5　平均分布行和列

对于行高或列宽分布不规则的表格，可以使用【平均分布各行/列】来对表格进行快速自动调整，如图 6-15 所示。如果希望批量调整该表格的行高与列宽实现各行各列平均分布，操作步骤如下。

单击该表格任意位置，然后依次单击【表格工具】→【自动调整】→【平均分布各行】按钮，然后再单击【平均分布各列】，即可实现对整个表格的行高列宽的平均分布调整，调整后的效果如图 6-16 所示。

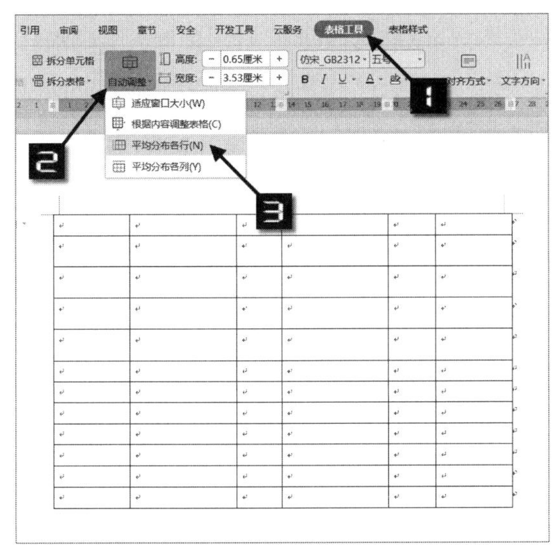

图 6-15　平均分布各行

图 6-16　平均分布行、列后的效果

如果要对表格的局部区域进行平均分布设置，可先选择指定的表格区域，再执行上述操作。

6.2.6　在表格中插入行或列

当现有的表格无法满足需求时，用户可以在当前表格中进行插入行或列的操作。WPS 文字提供了追加按钮，单击表格追加按钮，即可快速为表格添加一行或一列，拖动追加按钮可快速添加多行或多列，如图 6-17 所示。

通过浮动菜单也可比较方便地在表格中插入行或列。以在表格中插入 1 列为例，选择某一单元格或某一列单元格区域后，在弹出的浮动工具栏中单击【插入】按钮，在下拉列表中选择对应的插入行/列命令即可，WPS 文字提供了在上方插入行、在下方插入行、在左侧插入列、在右侧插入列 4 个命令，如图 6-18 所示。

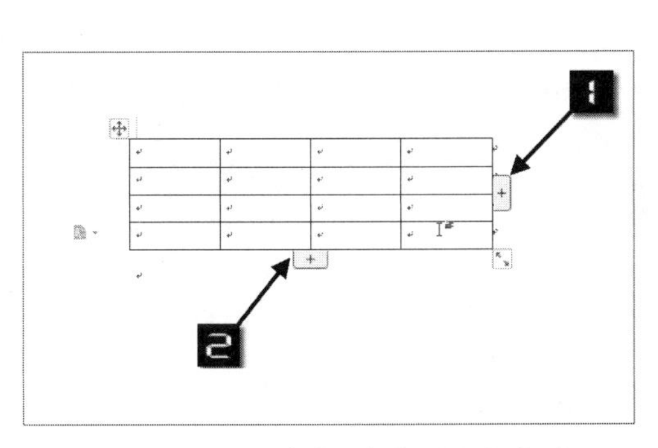

图 6-17　通过追加按钮添加行或列

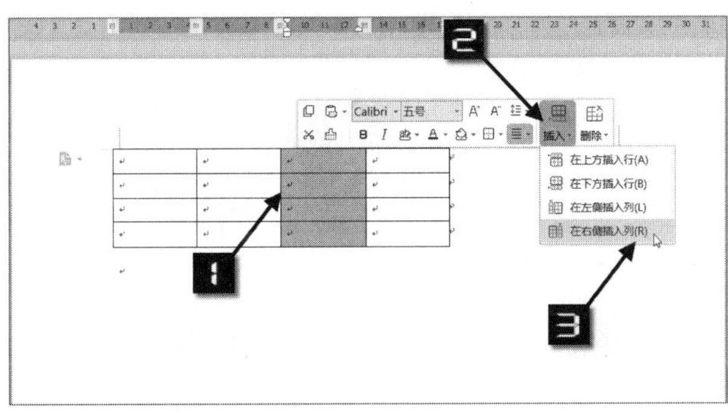

图 6-18　通过浮动工具栏插入行或列

通过快捷菜单也可以实现上述操作。将光标置于需要插入行、列或单元格的位置，右击，在快捷菜单中选择【插入】，然后根据需要选择插入的行、列位置即可，如图 6-19 所示。

提示 如果需要一次插入多行或多列，可以先选择对应数量的行或列，再进行插入。

另外，在表格的上方与左侧，将光标移动到行与行、列与列之间时，会出现插入或删除行、列的按钮，单击“+”按钮可在当前位置插入一行或一列，单击“-”按钮可以删除当前行或列。如图 6-20 所示，单击图中的“+”按钮，会在表格中插入一列。

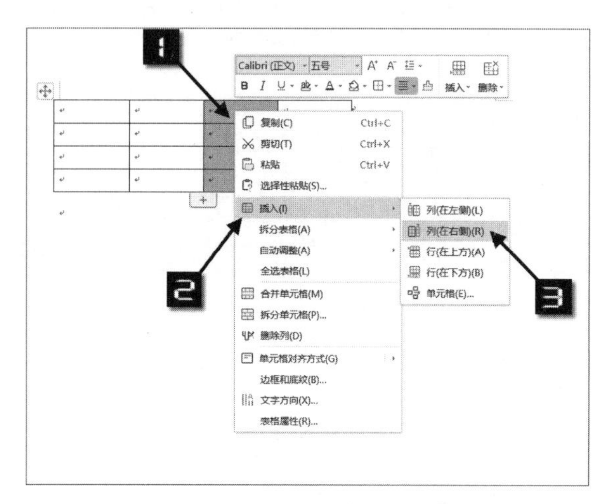
图 6-19 通过快捷菜单插入行或列

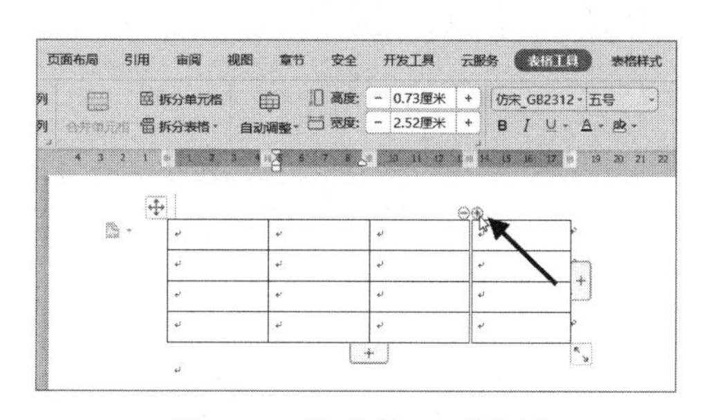
图 6-20 快速插入/删除列

6.2.7 删除单元格、行或列

在编辑表格时，对于不需要的行或列可以将其删除。要想删除不需要的行，可以先将其选中，在弹出的浮动工具栏中单击【删除】下拉按钮，在下拉菜单中选择对应的删除命令即可。在浮动工具栏中，WPS 文字提供了删除单元格、删除列、删除行和删除表格 4 个命令，如图 6-21 所示。

另外，在单元格上右击，在快捷菜单中单击【删除单元格】命令后，会弹出【删除单元格】对话框，用户可选择右侧单元格左移、下方单元格上移、删除整行和删除整列 4 种删除方式，如图 6-22 所示。

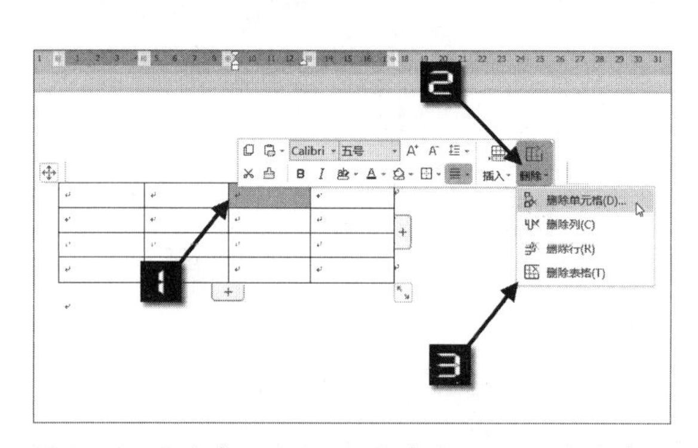
图 6-21 通过浮动工具栏删除单元格、行、列、表格

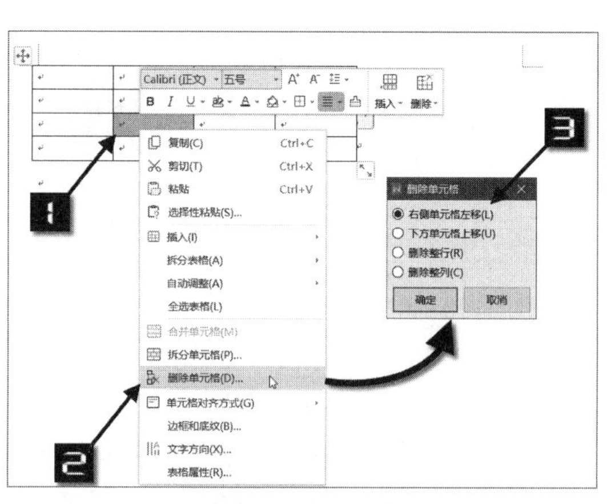
图 6-22 快捷菜单中的【删除单元格】命令

6.2.8　删除整个表格

在 WPS 文字中，选中整个表格后按 <Delete> 键只能删除在表格中输入的内容，而无法删除表格本身。要想删除表格，可将光标定位到表格任意位置，在【表格工具】选项卡中依次单击【删除】→【表格】即可，如图 6-23 所示。

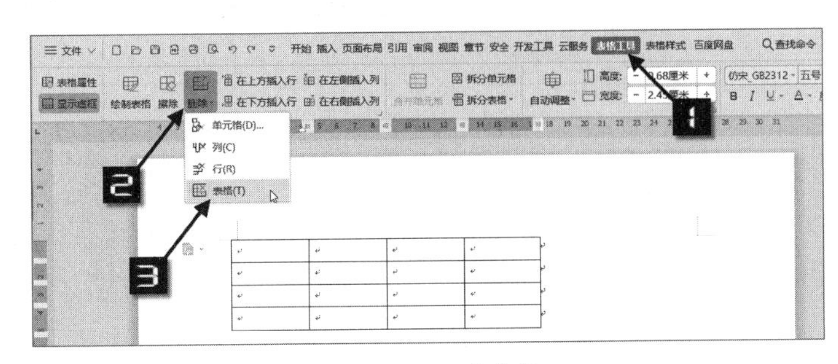

图 6-23　删除表格

除了上述操作方法外，还有以下几种删除表格的方法。

- ❖ 选择某个单元格或整个表格后，在浮动工具栏依次单击【删除】→【删除表格】按钮
- ❖ 选择整个表格后，直接按 <Backspace> 键
- ❖ 选择整个表格后，按 <Shift+Delete> 组合键

6.3　实例：制作《外来人员出入登记表》

本节来制作《外来人员出入登记表》，如图 6-24 所示，步骤如下。

步骤① 根据需要对文档进行页面设置。本例为横向表格，所以需要将文档的纸张方向设置为横向，同时设置合适的页边距。

步骤② 输入表格标题“外来人员出入登记表”并适当调整字体和段落样式，按 <Enter> 键换行。

步骤③ 创建表格。本例表格行列数过多，需要使用【插入表格】对话框来插入表格。在【插入表格】对话框中，设置列数为 9，行数为 13，如图 6-25 所示。

外来人员出入登记表

序号	姓名	日期	进入时间	离开时间	身份证号码	联系电话	来访事由	来访何人

图 6-24　外来人员出入登记表

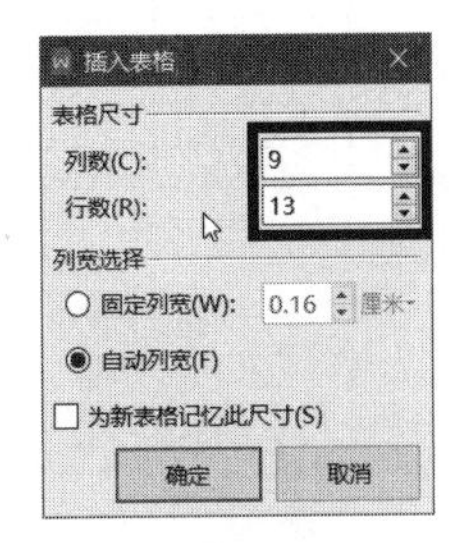

图 6-25　设置表格行列数

步骤④ 在表格的第 1 行的单元格中从左向右依次输入字段标题，在一个单元格中输入文字后，按 <Tab> 键可以跳转到其右侧的单元格。完成后的效果如图 6-26 所示。

图 6-26　在表格中输入标题文字

步骤⑤ 调整列宽与行高，调整后的效果如图 6-24 所示，可根据需要打印表格。

根据本书前言的提示，可观看文档打印设置技巧的视频讲解。

6.4　制作员工信息登记表

员工信息登记表

编号：　　　　　　　　填表日期：

姓　名		性　别		民　族		照片
籍　贯		出生日期		文化程度		
婚姻状况		健康状况		政治面貌		
家庭地址						
户籍地址		家庭电话				
身份证号码		手机号码				
紧急联络人		与本人关系		联系电话		

个人学习培训经历	时间（从大学起至今：年/月—年/月）	学校/单位	专　业	所获证书

工作经历	起止时间	单位名称	职务	离职原因	证明人
	至				
	至				
	至				
	至				

与原单位解除合同情况（是否有离职证明文件）	
向公司提供的相关附件（复印件）	□身份证□学历证□职称证□其他(注明)

本人理解到本表格所要求的信息是非常重要的，在此确认以上提供的信息及提供的附件（复印件）均是真实和准确的，如有虚假信息，本人愿意承担相应责任。本人也同意在与***公司劳动合同有效期内，始终遵守公司工作纪律、商业道德和诚信的原则。如有违反，公司将有权随时终止相关的雇用合同及追究相应责任。

本人签字：

年　月　日

图 6-27　员工信息登记表

如图 6-27 所示，该类员工信息登记表是日常工作中最为常见的表格类文档之一，本节以制作员工信息登记表为例，介绍结构复杂的表格的操作技巧。

6.4.1　表格结构分块规划

对于比较复杂的表格，无法一次性完成表格的创建工作，必须分步来完成。在创建表格前，可将表格中结构相近的区域规划为一个“区块”，先将规划好的大区块表格创建好，再通过拆分单元格、合并单元格、调整行高列宽等方法，逐个完成分区表格的创建。在本案例中，可初步将表格划分为五个区，如图 6-28 所示。

员工信息登记表

编号：　　　　　　　　　　　　　　　　填表日期：

1

姓　名		性　别		民　族		照片
籍　贯		出生日期		文化程度		
婚姻状况		健康状况		政治面貌		
家庭地址						

2

户籍地址		家庭电话	
身份证号码		手机号码	
紧急联络人	与本人关系		联系电话	

3

个人学习培训经历	时间（从大学起至今）年/月—年/月	学校/单位	专　业	所获证书

4

工作经历	起止时间	单位名称	职务	离职原因	证明人
	至				
	至				
	至				
	至				

5

与原单位解除合同情况（是否有离职证明文件）	
向公司提供的相关附件（复印件）	□身份证□学历证□职称证□其他(注明)

本人理解到本表格所要求的信息是非常重要的，在此确认以上提供的信息及提供的附件（复印件）均是真实和准确的，如有虚假信息，本人愿意承担相应责任。本人也同意在与***公司劳动合同有效期内，始终遵守公司工作纪律、商业道德和诚信的原则。如有违反，公司将有权随时终止相关的雇用合同及追究相应责任。

本人签字：

年　月　日

图 6-28　分块规划表格

6.4.2　创建大区块表格

步骤① 打开WPS文字，新建空白文档，将页边距设置为上边距 1 厘米，下边距 1 厘米，左边距 1.5 厘米，右边距 1.5 厘米。

步骤② 输入标题文字“员工信息登记表”，并将字体设置为华文中宋、二号字，加粗显示，居中对齐。在第二行输入“编号”和“填表日期”，并使用制表位设置文字对齐位置。

图 6-29　创建大区块表格

步骤③ 插入一个 5 行 1 列的表格，完成后效果如图 6-29 所示。

6.4.3　单元格的拆分与合并

对第一区块的表格，可以通过“补线”的方式，将这个区域拆分成 4 行 7 列的单元格区域，再对“照片”和“家庭地址”两个部分的单元格进行合并，如图 6-30 所示。

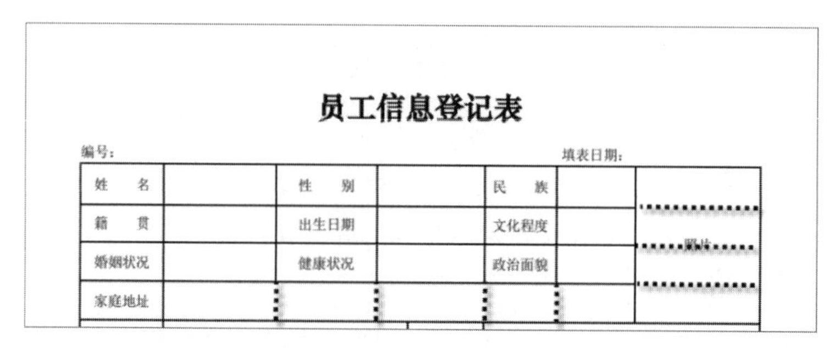

图 6-30　单元格的拆分

拆分方法：在第 1 行的单元格中右击，然后在快捷菜单中单击【拆分单元格】命令，在弹出的对话框中设置拆分的列数为 7，行数为 4，单击【确定】按钮，如图 6-31 所示。

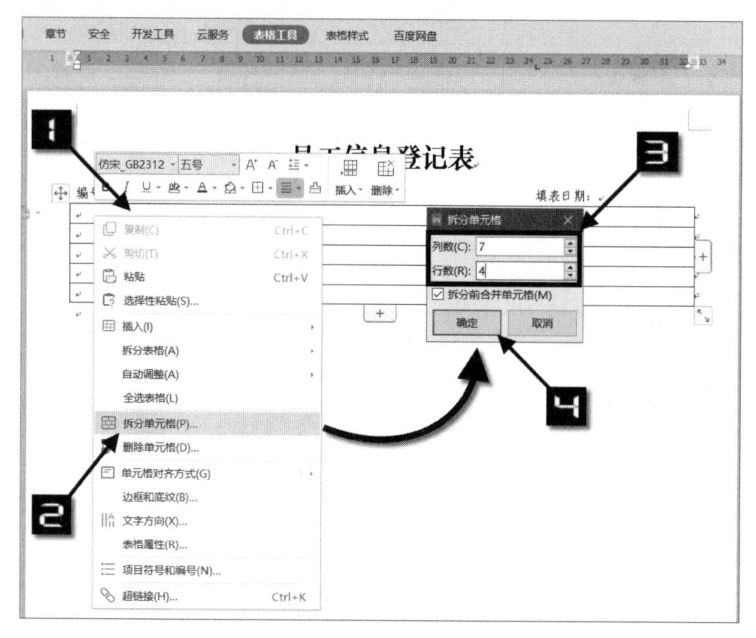

图 6-31　拆分单元格

拆分后的效果如图 6-32 所示。

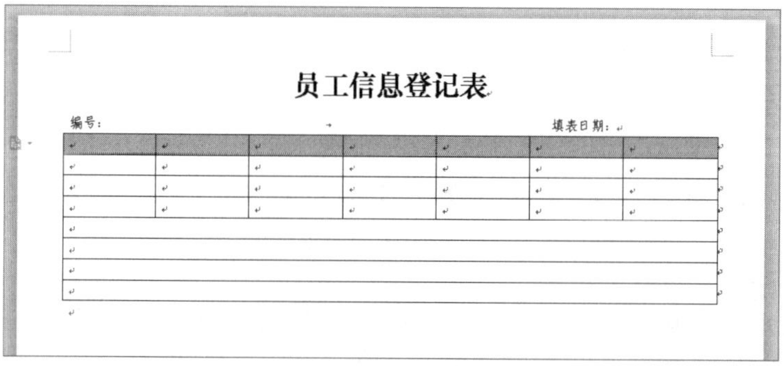

图 6-32　拆分后效果

选择最右侧列的 4 个单元格，并右击，在弹出的快捷菜单中单击【合并单元格】按钮，如图 6-33 所示。

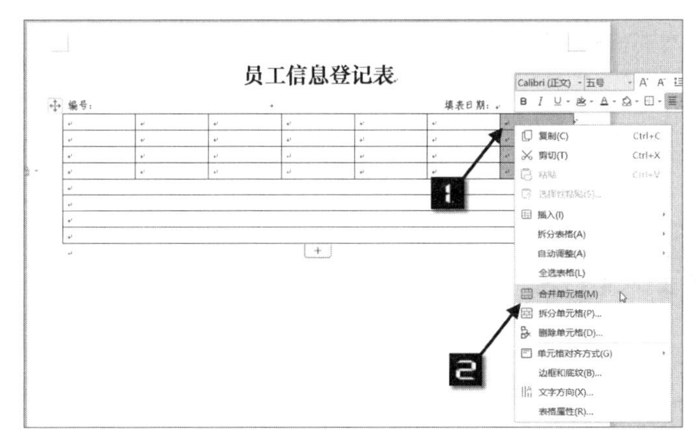

图 6-33　合并单元格

用相同的方法将第 4 行第 2 到第 6 个单元格合并，将项目文字填入表格中，完成后效果如图 6-34 所示。

员工信息登记表

编号：　　　　填表日期：

姓名		性别		民族		照片
籍贯		出生日期		文化程度		
婚姻状况		健康状况		政治面貌		
家庭地址						

图 6-34　合并单元格后效果

6.4.4　设置单元格样式

选择表格的前 4 行，将单元格的对齐方式设置为“水平居中”；将行高设置为固定值 1 厘米；适当调整列宽，并将“姓名”“性别”“民族”“籍贯”等单元格的段落对齐方式设置为“两端对齐”。完成设置后的效果如图 6-35 所示。

员工信息登记表

编号：　　　　填表日期：

姓　　名		性　　别		民　　族		照片
籍　　贯		出生日期		文化程度		
婚姻状况		健康状况		政治面貌		
家庭地址						

图 6-35　设置单元格样式后的效果

按照上述操作方法，分别对其他部分的表格进行设计，可以观看视频了解完整制作过程。

根据本书前言的提示，可观看制作员工信息登记表的视频讲解。

6.5　制作双行文件头

要制作双行或多行文件头，使用表格是一种非常好的方法。这里以制作双行文件头为例，来演示表格对文字布局的控制方法。

步骤① 创建一个新文档，按要求完成页面设置，然后插入一个 1 行 4 列的表格，如图 6-36 所示。

步骤② 调整第 1 列和第 4 列的列宽，这里设置为 1 厘米。同时调整第 2 列、第 3 列的宽度，如图 6-37 所示。

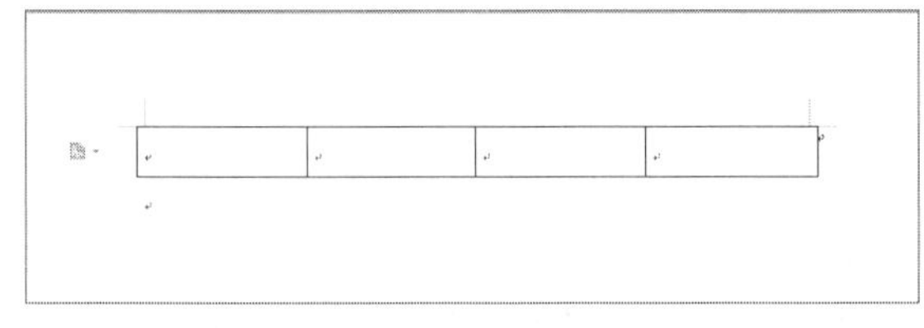

图 6-36　双行文件头 1

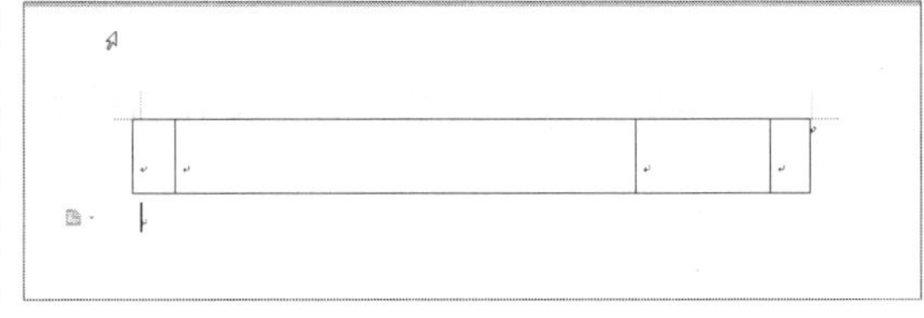

图 6-37　双行文件头 2

步骤③ 选择整个表格，设置字体、字号、字体颜色等样式。比如本例将字体设置为方正小标宋简体、27 号字，红色。然后输入文件头单位文字，完成后的效果如图 6-38 所示。

步骤④ 设置单元格对齐方式。选中第 2 列发文单位所在单元格，设置段落对齐方式为“分散对齐”；选中第 3 列“文件”所在单元格，设置单元格对齐方式为“水平居中”。完成后的效果如图 6-39 所示。

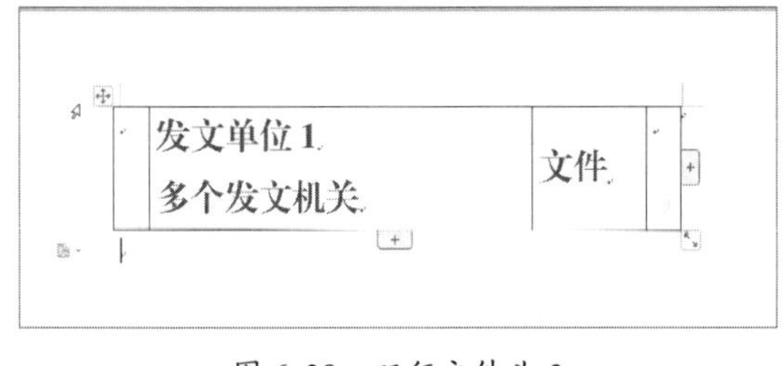

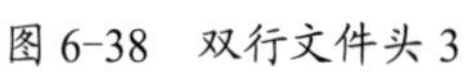
图 6-38　双行文件头 3

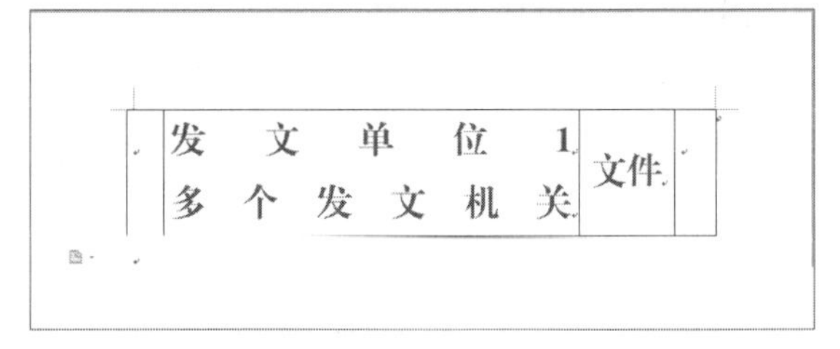

图 6-39　双行文件头 4

步骤⑤ 设置框线。选择整个表格，依次单击【表格样式】→【边框】→【无框线】，如图 6-40 所示。

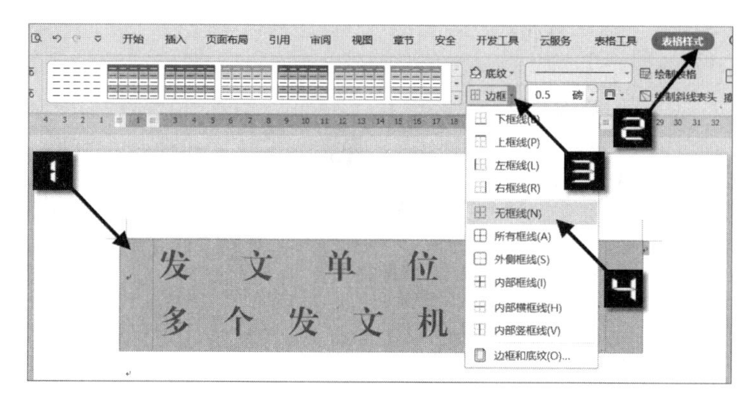

图 6-40　双行文件头 5

最成完成效果如图 6-41 所示。

如果文件头中有其他需要添加的内容，也可通过表格来布局控制。

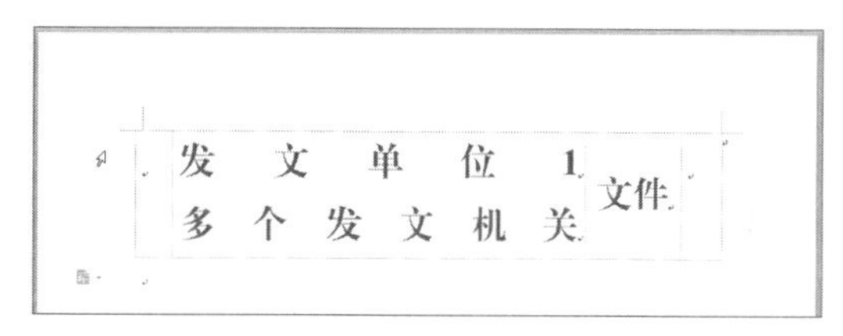

图 6-41　双行文件头完成效果

6.6　让表格始终处于页面底端

在很多公文文档的最后，往往会加一些抄送、发文机关、发文日期等版记信息，如图 6-42 所示。这类信息一般都使用表格来完成排版。使用表格完成这样的文字布局并不难，但是，要让这一部分表格始终处在页面的最底端，即便前面增加或删除段落文字也不受影响，则需要进一步对表格进行设置。

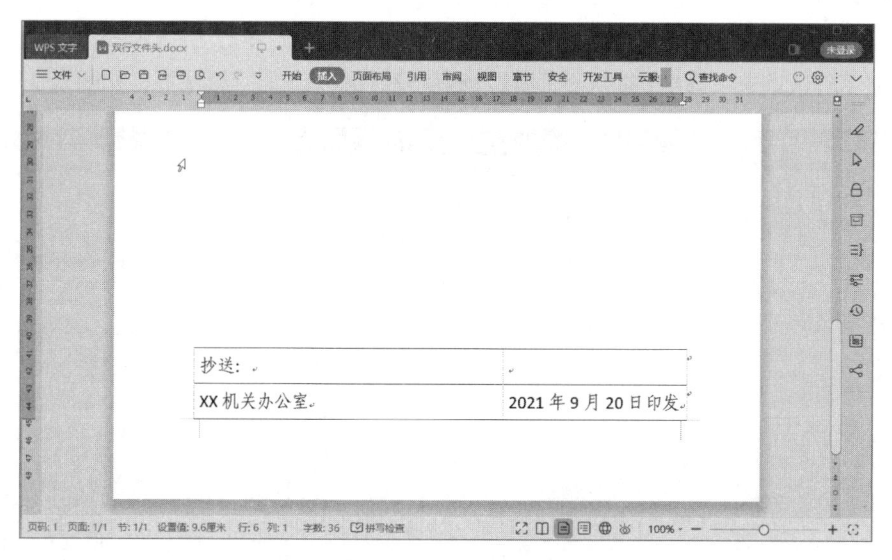

图 6-42　始终处于页面底端的表格

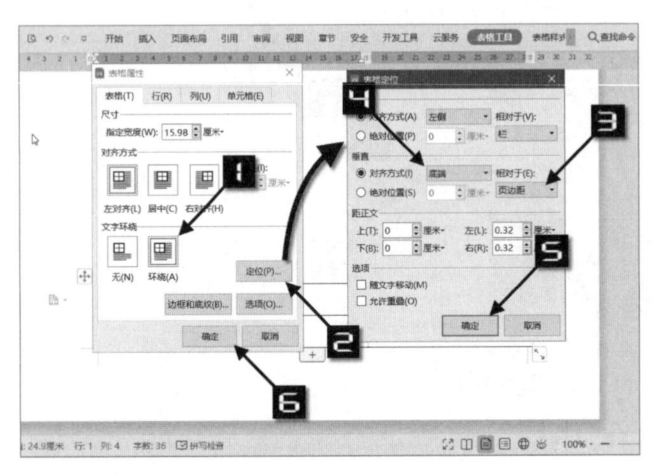

图 6-43 设置表格的“定位”

要完成这种表格的设置，可以按以下步骤操作。

在表格上任意位置右击，在快捷菜单中单击【表格属性】打开【表格属性】对话框，在【表格】选项卡中选择【环绕】，单击【定位】按钮打开【表格定位】对话框，在【垂直】→【对齐方式】下拉列表中选择【底端】，在【相对于】下拉列表中选择【页边距】，单击【确定】按钮，完成设置，如图6-43所示。

提示

设置表格定位到页面底端后，如果在页面正文区域输入内容，当内容超过一页时，该表格会自动跳转到第二页的底端。

6.7 表格跨页时自动重复标题行

表格的首行通常是标题行，用于填写各列的标题。当表格较长需要跨页时，如果需要在每一页显示标题行，可以按以下方法来设置。

将光标定位到表格的第 1 行，如果要重复多行，则需要从第 1 行开始选中需要重复的多行，然后在【表格工具】选项卡中单击【标题行重复】按钮即可，如图 6-44 所示。

另外，将光标定位到第 1 行或选中从第 1 行开始需要重复的多行后，也可以打开【表格属性】对话框，在【行】选项卡中选中【在各页顶端以标题行形式重复出现】复选框，如图 6-45 所示。

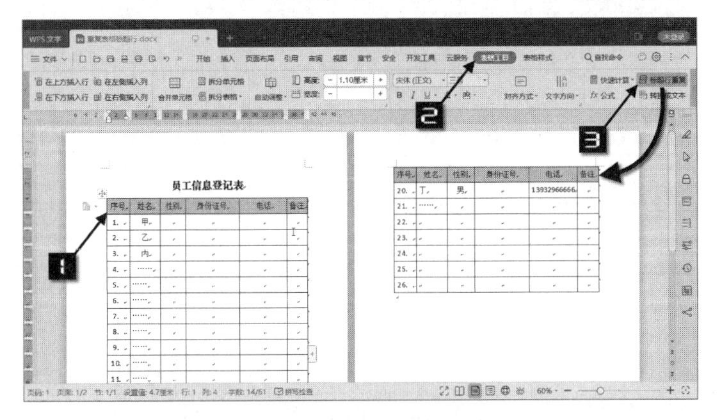

图 6-44 设置标题行重复

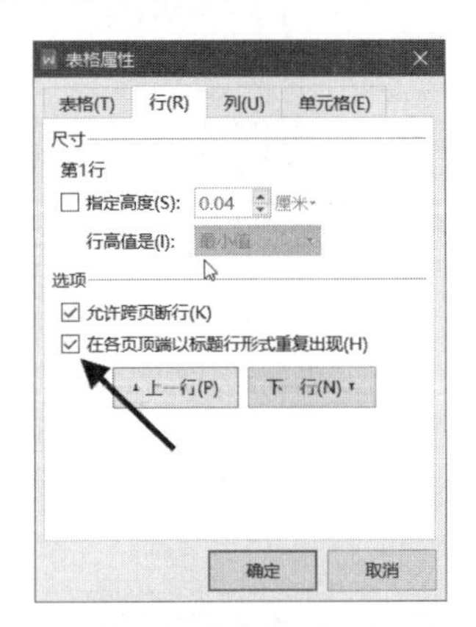

图 6-45 通过【表格属性】对话框设置标题行重复

6.8　表格中的公式计算

WPS 文字中的表格内置了计算功能，可以满足日常的数据统计工作需求。下面以某公司销售统计表中的“小计”与“合计”计算为例来介绍表格计算的方法，如图 6-46 所示。

图 6-46　表格中的数据计算

6.8.1　表格数据的快速计算

对于简单的行列数据求和、平均值、最大值、最小值运算，可以使用“快速计算”功能来实现。比如要对每个季度销售额进行求和计算，操作方法是：选择需要计算的单元格区域，然后依次单击【表格工具】→【快速计算】→【求和】，如图 6-47 所示，WPS 文字便会将计算结果填充到数据下方的单元格中。

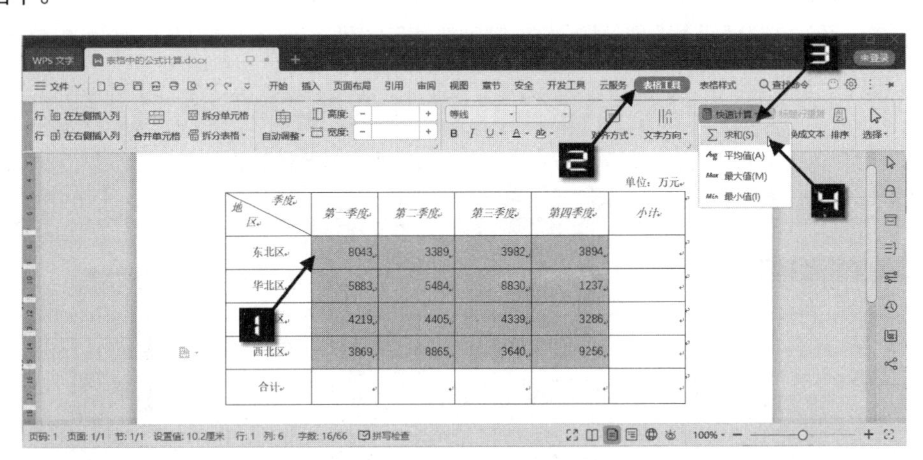

图 6-47　表格的快速计算

提示

使用“快速计算”功能时，WPS 文字默认会将结果填充到选择的单元格区域的下方。如果希望将结果填充到单元格的右侧，则需要提前将数据区域和其右侧单元格同时选中。

快速计算的求和计算结果如图 6-48 所示。

公司 2017 年销售统计表

单位：万元

季度 地区	第一季度	第二季度	第三季度	第四季度	小计
东北区	8043	3389	3982	3894	
华北区	5883	5484	8830	1237	
华南区	4219	4405	4339	3286	
西北区	3869	8865	3640	9256	
合计	22014	22143	20791	17673	

图 6-48　快速求和计算结果

6.8.2　利用公式域进行计算

如要计算每个地区的销售金额小计，计算方法如下。

步骤① 将光标定位到存放运算结果的单元格中，然后依次单击【表格工具】→【公式】，打开【公式】对话框，如图 6-49 所示。

步骤② 在【公式】对话框中，可以看到“=SUM(LEFT)”公式，如果需要设置数字格式，则可以单击【数字格式】下拉按钮，在下拉列表中选择合适的格式，单击【确定】按钮完成该单元格的数据计算。

步骤③ 选中刚才添加公式的单元格并复制，粘贴到下面 3 个单元格中。此时，4 个单元格的结果都是一样的，再次选中“小计”列，按<F9>键刷新即可得到正确的计算结果，如图 6-50 所示。

图 6-49　【公式】对话框

公司 2017 年销售统计表

单位：万元

季度 地区	第一季度	第二季度	第三季度	第四季度	小计
东北区	8043	3389	3982	3894	19308
华北区	5883	5484	8830	1237	21434
华南区	4219	4405	4339	3286	16249
西北区	3869	8865	3640	9256	25630
合计	22014	22143	20791	17673	

图 6-50　使用公式的计算结果

提示

如果修改了表格中的数据，可以选中整个表格，然后按<F9>键对公式域进行刷新，即可得到正确的计算结果。

6.8.3　公式中的函数与参数

如果要使用其他函数对表格中的数据进行计算，可以直接在【公式】对话框的文本框中修改或输入公式，也可以在【粘贴函数】下拉框中选择所需要的函数，被选择的函数会自动粘贴到【公式】文本框中。例如，要计算每个地区四个季度的平均销售额，可以在【粘贴函数】下拉列表中选择“AVERAGE”函数，如图 6-51 所示。

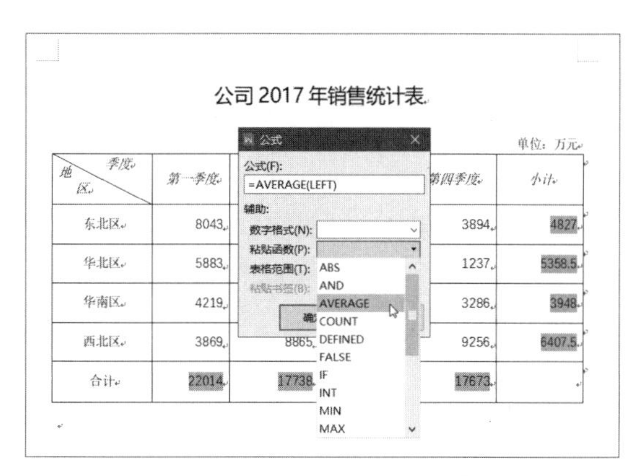

图 6-51　通过【粘贴函数】下拉列表输入函数

注意

在【粘贴函数】下拉列表中选择函数前需要将【公式】文本框中“=”后的内容删除。

选择好函数后，还需要为函数指定要计算的表格范围。在【公式】对话框中的【表格范围】下拉列表中，有 4 个范围参数可选，分别是 LEFT、RIGHT、ABOVE 和 BELOW，其作用如表 6-1 所示。

表 6-1　函数公式参数

序号	参数	功能
1	LEFT	当前公式所在单元格左侧的连续数值区域
2	RIGHT	当前公式所在单元格右侧的连续数值区域
3	ABOVE	当前公式所在单元格上方的连续数值区域
4	BELOW	当前公式所在单元格下方的连续数值区域

由于要计算的数据在公式所在单元格的左侧，所以需要在【表格范围】下拉列表中选择“LEFT”，然后将该单元格中的内容复制并粘贴到其他需要计算的单元格中，最后按<F9>键刷新，即可得到计算结果，如图 6-52 所示。

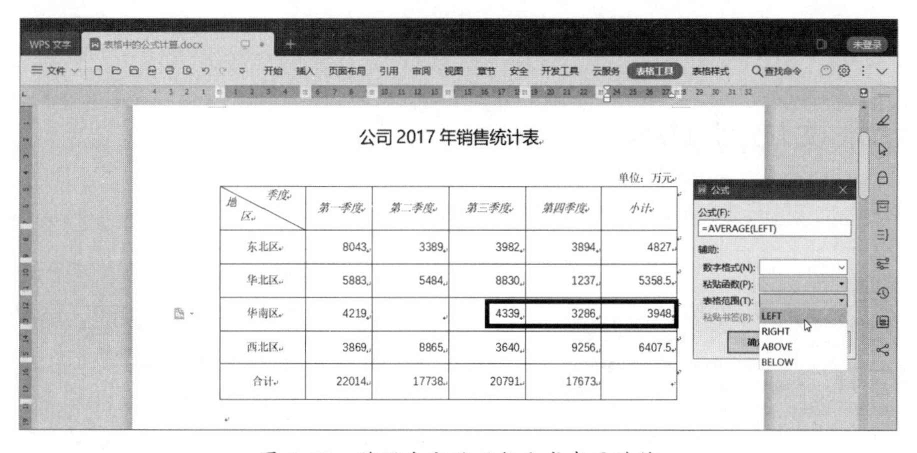

图 6-52　使用自定义函数公式求平均值

注意

使用LEFT、RIGHT、ABOVE和BELOW计算时，WPS文字会从指定范围中最后一个不为空的而且是数字的单元格开始计算。如图6-52所示，图中“华南区”的计算结果实际上计算的是“4339”和“3286”两个数字的平均值。

另外，在使用公式计算数据的同时，还可以在【公式】对话框中的【数字格式】选项中，为数据设置“中文数字”“人民币大写”等格式，直接将函数计算的结果转换为中文数字或人民币大写，如图6-53所示。

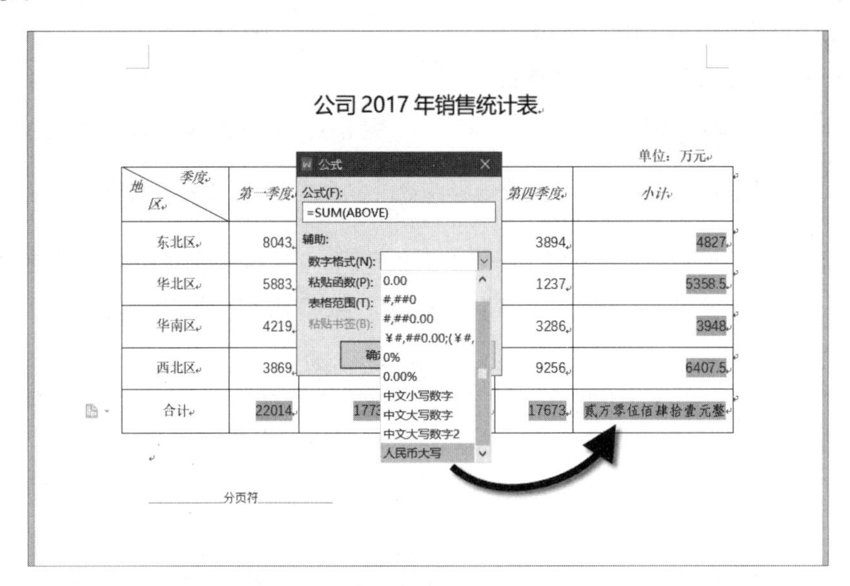

图6-53　为表格中的公式设置数字格式

根据本书前言的提示，可观看表格中的公式计算技巧的视频讲解。

6.9　文本转换成表格

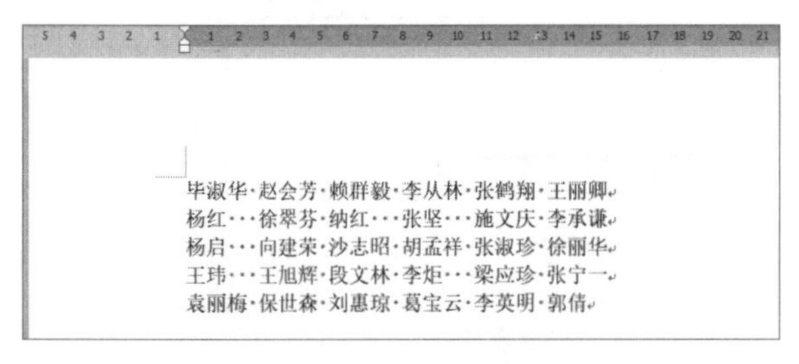

图6-54　使用空格控制姓名间距

在WPS文字中，文本与表格可以方便地进行互换，从而对文本进行灵活的布局。例如，在输入姓名列表时，有些用户习惯使用空格来调整两个姓名之间的距离。但是，当需要再次调整姓名间距的时候，就会变得非常麻烦，如图6-54所示。

如果将上述姓名列表转换成表格，利用表格的缩放功能可轻松调整姓名间距。转换方法是：选中姓名文字，然后依次单击【插入】→【表格】→【文本换转成表格】，在弹出的对话框中，WPS 文字自动将空格识别为文字分隔符号，这里直接单击【确定】按钮即可完成转换，如图 6-55 所示。

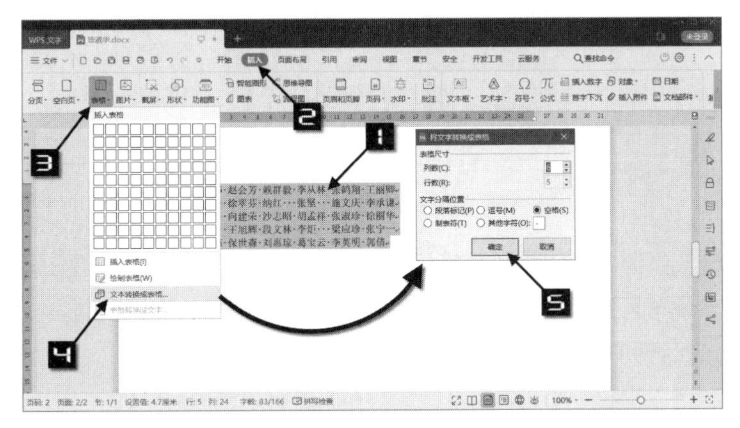

图 6-55　将文本转换为表格

常用的文字分隔符号有段落标记、逗号、空格、制表符等，如果需要使用其他符号作为分隔符，可以在【文字分隔位置】中选中【其他字符】单选按钮，并在后面的文本框中输入指定的字符即可。文本转换成表格后的效果如图 6-56 所示。

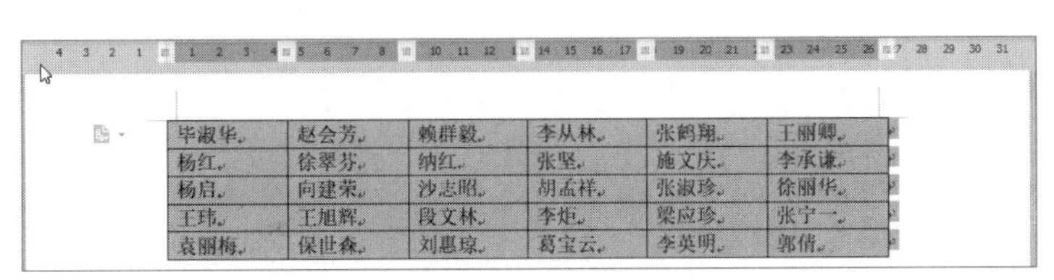

毕淑华	赵会芳	赖群毅	李从林	张鹤翔	王丽卿
杨红	徐翠芬	纳红	张坚	施文庆	李承谦
杨启	向建荣	沙志昭	胡孟祥	张淑珍	徐丽华
王玮	王旭辉	段文林	李炬	梁应珍	张宁一
袁丽梅	保世森	刘惠琼	葛宝云	李英明	郭倩

图 6-56　文本转换成表格后的效果

将文本转换成表格后，可以适当调整表格的列宽，再将表格转换为文本。操作方法是：将光标定位到表格任意位置，然后依次单击【表格工具】→【转换成文本】，在弹出的对话框中选择文字分隔符为【制表符】，单击【确定】按钮即可完成转换，如图 6-57 所示。

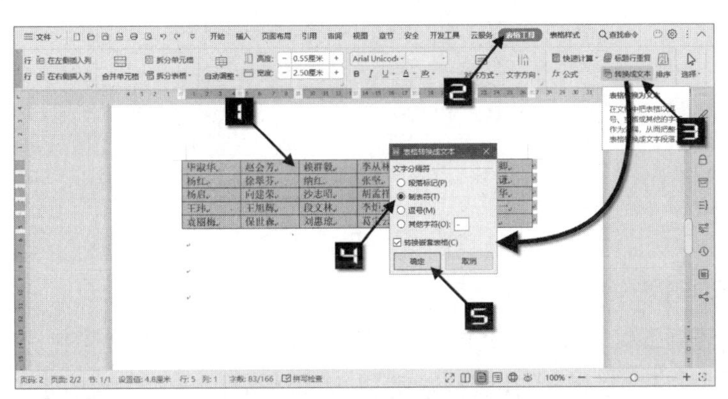

图 6-57　将表格转换成文本

完成后的效果如图 6-58 所示。

毕淑华 → 赵会芳 → 赖群毅 → 李从林 → 张鹤翔 → 王丽卿
杨红 → 徐翠芬 → 纳红 → 张坚 → 施文庆 → 李承谦
杨启 → 向建荣 → 沙志昭 → 胡孟祥 → 张淑珍 → 徐丽华
王玮 → 王旭辉 → 段文林 → 李炬 → 梁应珍 → 张宁一
袁丽梅 → 保世森 → 刘惠琼 → 葛宝云 → 李英明 → 郭倩

图 6-58 将表格转换成文本后的效果

在将表格转换成文本时，可以将段落标记、制表符、逗号等设置为分隔符号，还可以指定分隔符号。设置不同的分隔符号可以实现不同的转换效果，如利用段落标记和制表符作为分隔符号，可以实现将姓名列表进行行列的自由转换。

具体操作过程，可以扫码观看视频。

根据本书前言的提示，可观看表格与文本间转换技巧的视频讲解。

6.10 用表格巧制作学生座位表

要制作如图 6-59 所示的学生座位表，借助表格的边框设置功能可以轻松完成，步骤如下。

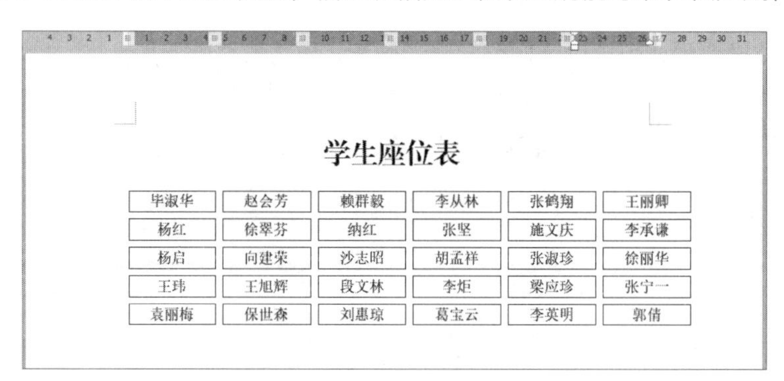

学生座位表

毕淑华	赵会芳	赖群毅	李从林	张鹤翔	王丽卿
杨红	徐翠芬	纳红	张坚	施文庆	李承谦
杨启	向建荣	沙志昭	胡孟祥	张淑珍	徐丽华
王玮	王旭辉	段文林	李炬	梁应珍	张宁一
袁丽梅	保世森	刘惠琼	葛宝云	李英明	郭倩

图 6-59 学生座位表

步骤① 制作姓名表格并选中。

步骤② 依次单击【表格工具】→【表格属性】，在弹出的【表格属性】对话框中，单击【表格】选项卡中的【选项】按钮，在弹出的【表格选项】对话框中选中【允许调整单元格间距】复选框，并设置一个数值，如 0.2 厘米，单击【确定】按钮。

步骤③ 单击【表格属性】选项卡中的【边框和底纹】按钮，打开【边框和底纹】对话框。在【边框】选项卡中单击【自定义】，并在【预览】区域分别单击上、下、左、右边框，最后依次单击【确定】按钮完成设置，如图 6-60 所示。

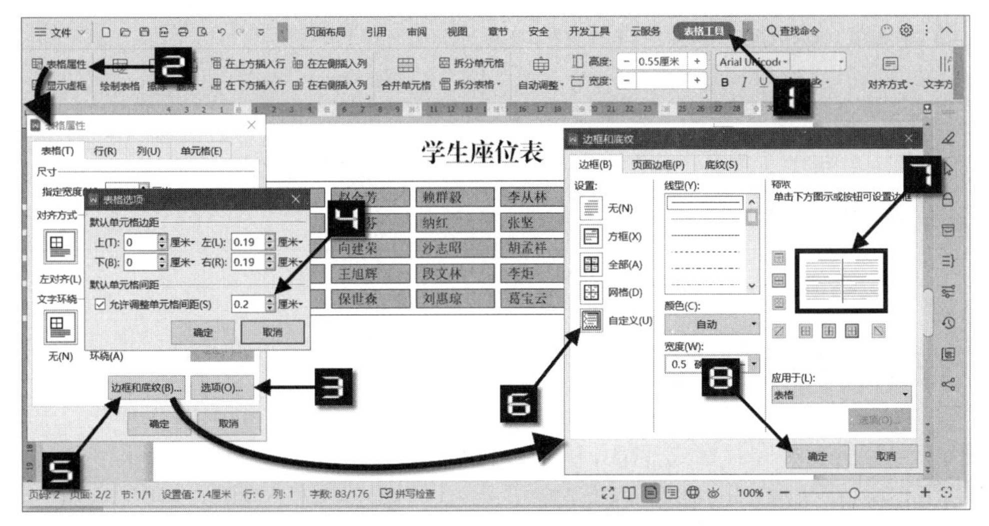

图 6-60　设置单元格的间距与边框

根据本书前言的提示，可观看用表格制作学生座位表的视频讲解。

第 7 章　图文混排

为了让文档内容更加丰富，常常需要结合文档内容来添加合适的图片，使文档图文并茂，既提升了文档的美观度，也更加方便读者理解文档内容。

本章学习要点

（1）图片环绕版式

（2）图片混排综合应用

（3）文本框与艺术字

7.1　在文档中插入图片

WPS文字支持多种图片格式，常见的格式有*.emf、*.wmf、*.jpg、*.jpeg、*.jpg、*.png、*.bmp、*.gif、*.tif、*.tiff、*.wdp、*.svg等。

7.1.1　插入保存在本地的图片

要将已经保存在计算机中的图片插入文档中，可以按照以下方法操作。

将光标定位到要插入图片的位置，然后依次单击【插入】→【图片】→【来自文件】，打开【插入图片】对话框，定位到保存图片的文件夹，选中要使用的图片文件，单击【打开】按钮，即可将图片插入当前文档，如图 7-1 所示。

图 7-1　插入计算机中保存的图片

7.1.2　插入在线图片

如果计算机能够正常接入互联网，WPS文字还可以插入在线图片。插入在线图片的操作方法如下。

将光标定位到要插入图片的位置，然后依次单击【插入】→【图片】→【在线图片】，打开【在线图片】对话框。单击左侧的分类标签，可以按照类别来搜索WPS Office提供的图片，也可以通过左上角的搜索框来快速查找图片。如在搜索框中输入关键字“汽车”，然后单击搜索框右侧的搜索按钮，即可看到图片搜索的结果，如图7-2所示，直接单击图片即可将图片插入文档。

单击图片右下角的【预览】按钮，可以查看当前图片的大小、作者、下载次数等信息，如图7-3所示。单击预览窗口右下角的【插入至文档】按钮也可将当前图片添加到文档。

图7-2　【在线图片】对话框

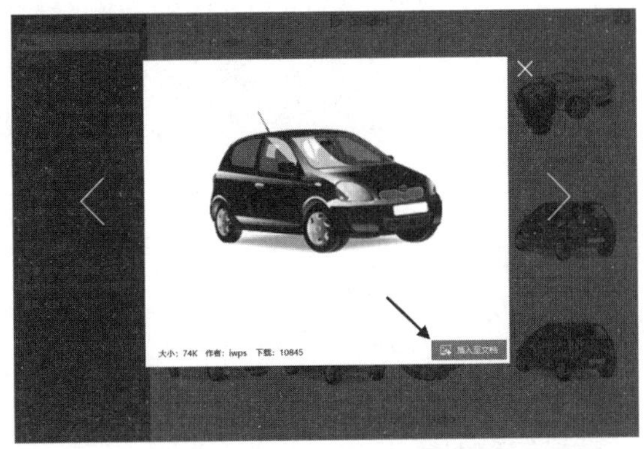

图7-3　预览在线图片

7.1.3　插入截屏图片

使用WPS文档的“截屏”功能，可以对计算机屏幕进行截屏并快速粘贴到文档中。首先将光标定位到需要插入截屏图片的位置，然后依次单击【插入】→【截屏】→【屏幕截图】或【截屏时隐藏当前窗口】，如图7-4所示，使用【屏幕截图】命令可以截取包含WPS文档操作窗口在内的计算机屏幕上的任意区域。在截屏时如果想隐藏WPS文档窗口，则可以选择【截屏时隐藏当前窗口】命令。

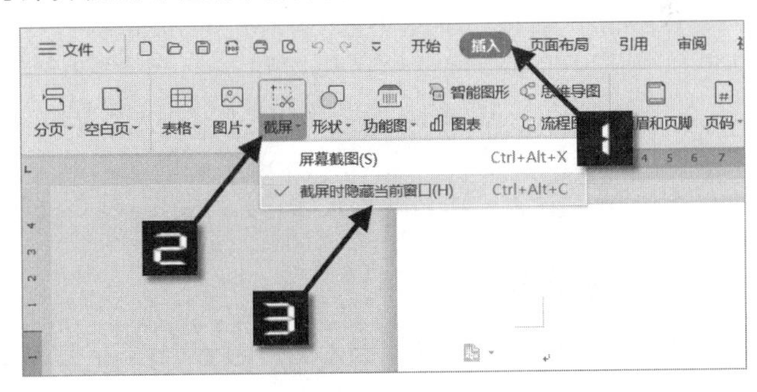

图7-4　屏幕截图

进入屏幕截取状态后，按住鼠标左键后拖动选取要截屏的区域，被选中的区域会高亮显示，松开鼠标左键后，被选中区域左上角会显示截屏的大小，通过高亮区域四周的8个控制点可以调整截屏区域的大小，通过右下角的工具栏可以为截屏区域添加方框、箭头、文字等，单击截屏工具栏最右侧的绿色对勾按钮，即可将当前截屏图片添加到文档，如图7-5所示。

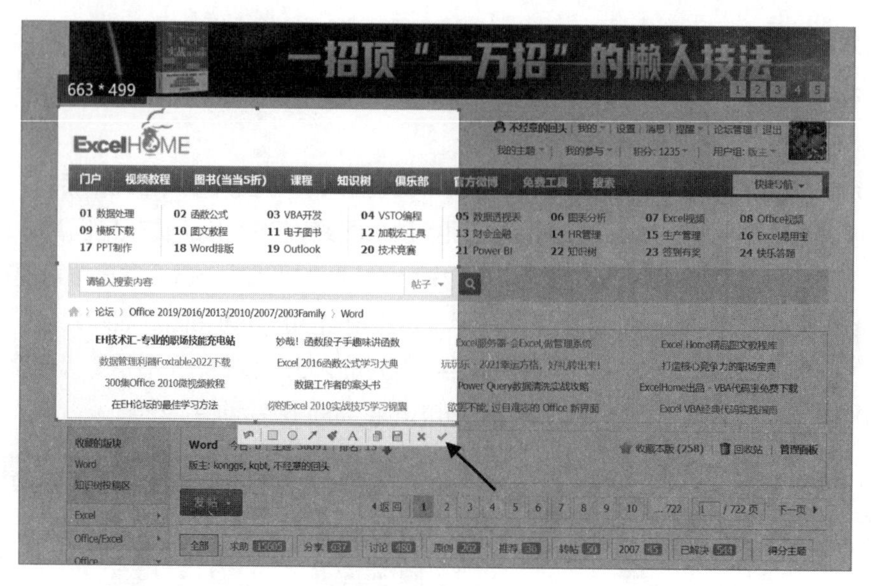

图 7-5　截取图片

图 7-6 【更改图片】命令

7.1.4　更改图片

如果要更改已经插入文档中的图片，除了直接将图片删除后重新插入图片外，还可以使用【更改图片】的方法来操作：在需要更换的图片上右击，然后单击快捷菜单中的【更改图片】命令，如图 7-6 所示，在弹出的对话框中选择目标图片，即可替换掉原来的图片。

使用【更改图片】的方法来替换原有图片，可以让新图片保持原有图片的位置、大小等图片格式效果。

7.1.5　压缩图片

如果插入的图片过大，插入图片时WPS文字会自动弹出提示对话框，建议压缩图片，以缩减文档体积。如果确实需要压缩图片，单击【是】按钮即可，压缩图片会降低图片的精度。另外，如果要主动压缩图片，可以在选中图片后，单击【图片工具】选项卡中的【压缩图片】按钮，也可弹出该对话框，如图 7-7 所示。

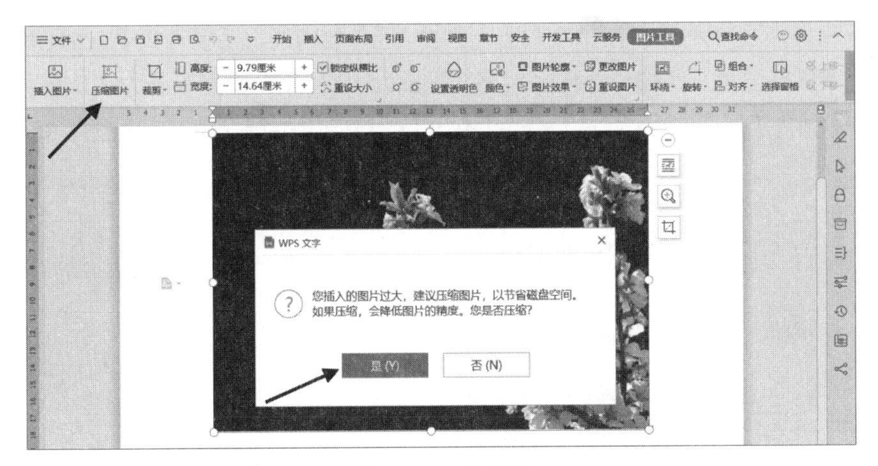

图 7-7 压缩图片

7.2 调整图片格式

选中WPS文档中的图片后，功能区会显示【图片工具】选项卡，通过【图片工具】选项卡可以对插入的图片进行调整大小、旋转、调整颜色、裁剪、调整环绕方式等操作。

7.2.1 调整图片大小

将图片插入WPS文档后，可以根据排版需求调整图片的大小。选中图片后，在图片的四周会有 8 个大小调整控制点。将光标移动到控制点上面，会变成双向黑色箭头，此时按住鼠标左键不放进行拖动，即可方便地调整图片的大小，如图 7-8 所示。

图 7-8 调整图片大小

通过鼠标来调整图片大小非常方便快捷，但是如果需要精确设置图片大小，则必须通过【图片工具】功能区来进行设置。例如，要将图片高度设置为 10 厘米，宽度设置为 7.5 厘米，可以选中图片，然后在【图片工具】选项卡中的【高度】和【宽度】文本框中输入对应的数值，如图 7-9 所示。

图 7-9 精确设置图片大小

7.2.2 旋转图片

在WPS文档中，除了可以调整图片大小外，还可以旋转方向。选中图片后，图片上会有一个旋转按钮，将光标移动到该按钮上，按住鼠标左键不松开，然后拖动鼠标即可旋转图片。

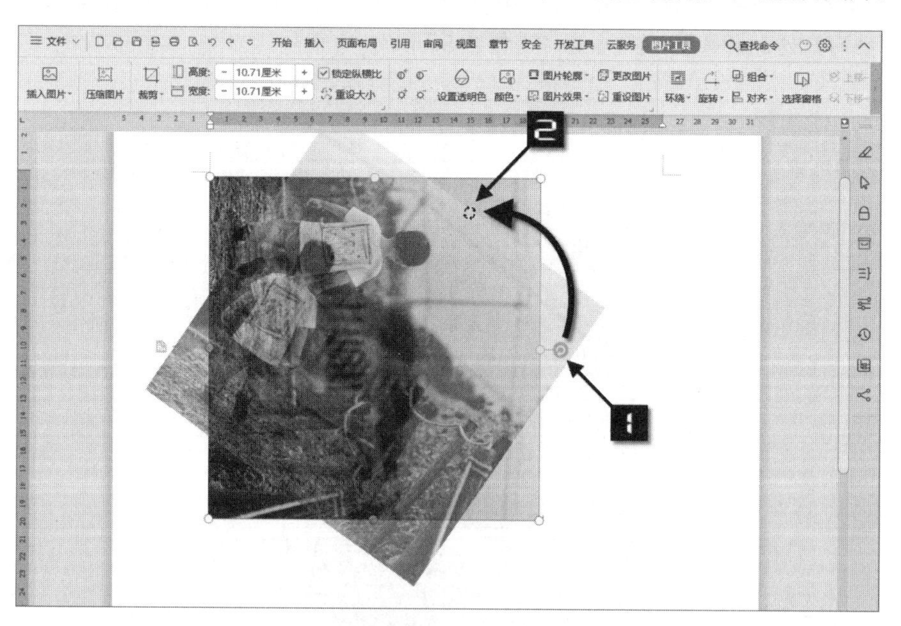

图 7-10 旋转图片

另外，通过【图片工具】选项卡中的【旋转】命令也可以方便地对图片进行向左旋转 90°、向右旋转 90°、水平翻转和垂直翻转操作，如图 7-11 所示。

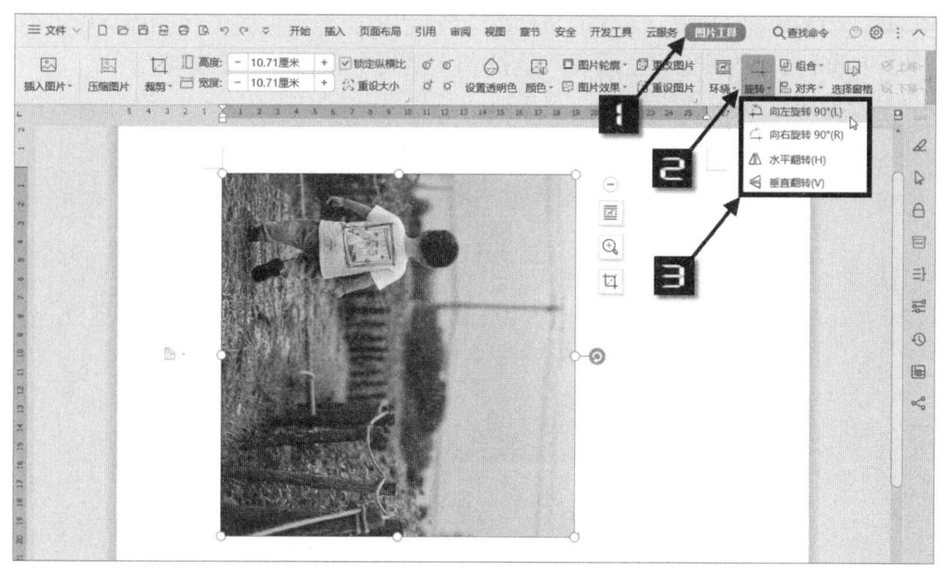

图 7-11 通过【图片工具】选项卡旋转图片

7.2.3 设置图片效果

在文档中插入图片后，用户可以利用图片工具对图片进行美化，如增减对比度、亮度，更改颜色类型，设置阴影、倒影、发光、柔化边缘、三维旋转效果等。

如果图片整体较暗，可以适当增加图片的亮度和对比度，让图片的细节显示得更清楚。选中图片后，在【图片工具】选项卡中单击亮度和对比度调节按钮，直接可以看到调整后的效果，如图 7-12 所示。

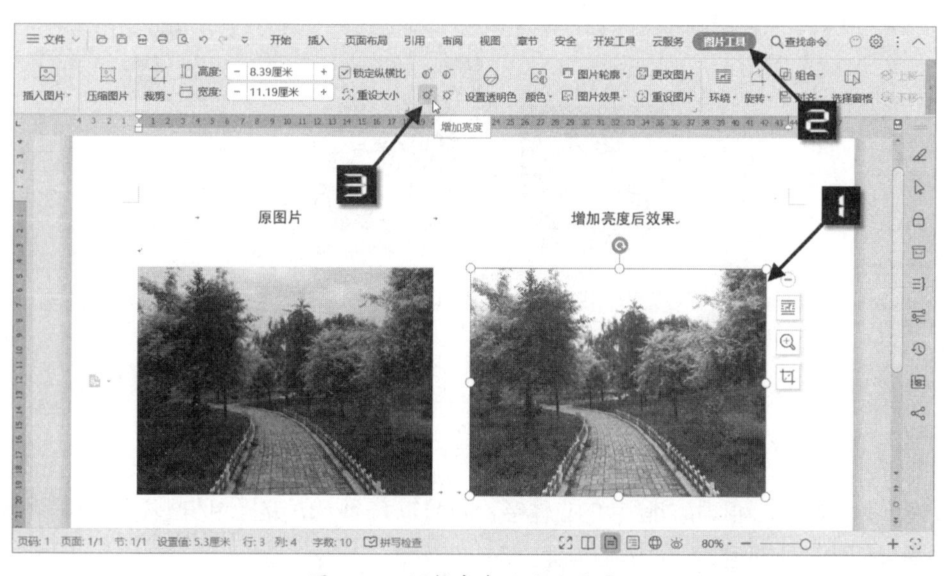

图 7-12 调整亮度后的效果对比

通过设置图片的颜色类型，可以快速获得不同的图片效果。WPS文档提供了灰度、黑白、冲蚀等颜色类型。要设置颜色类型，要先选中图片，然后单击【图片工具】→【颜色】下拉按钮，在弹出的下拉列表中选择指定的颜色类型即可。图 7-13 是原图、灰度与冲蚀效果的对比。

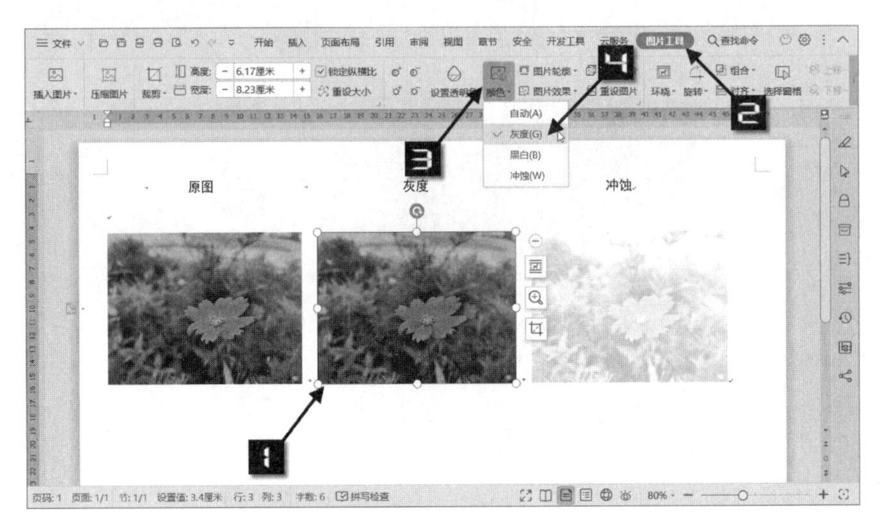

图 7-13 颜色效果对比

另外，还可以为图片设置阴影、倒影、发光、柔化边缘、三维旋转等效果，WPS文字预置了很多效果方案，用户只需要选择指定的效果方案即可对图片快速美化。如要对图片设置阴影效果，可以先选中图片，然后依次单击【图片工具】→【图片效果】→【阴影】，选择指定的阴影效果即可，如图 7-14 所示。

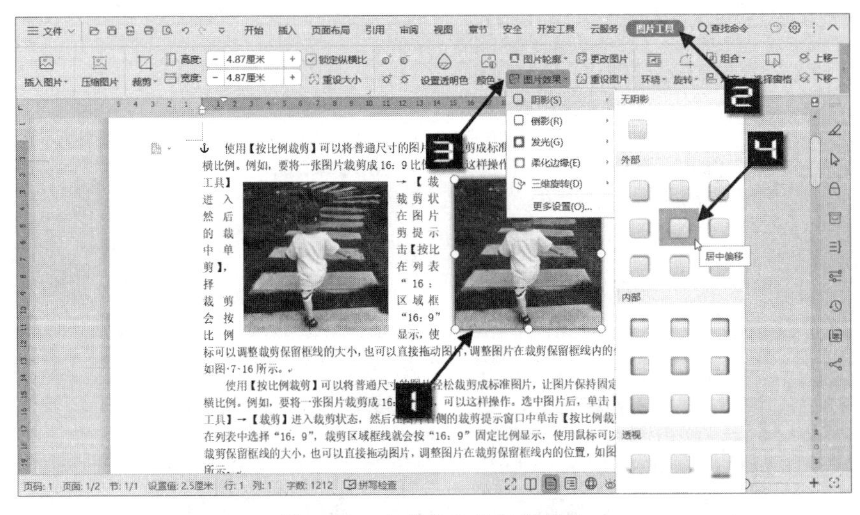

图 7-14 为图片设置阴影效果

通过设置阴影效果，可以增加图片的立体感，如图 7-15 所示，文档中左侧图片未设置任何效果，而右侧的图片设置了外部阴影，立体感更强。

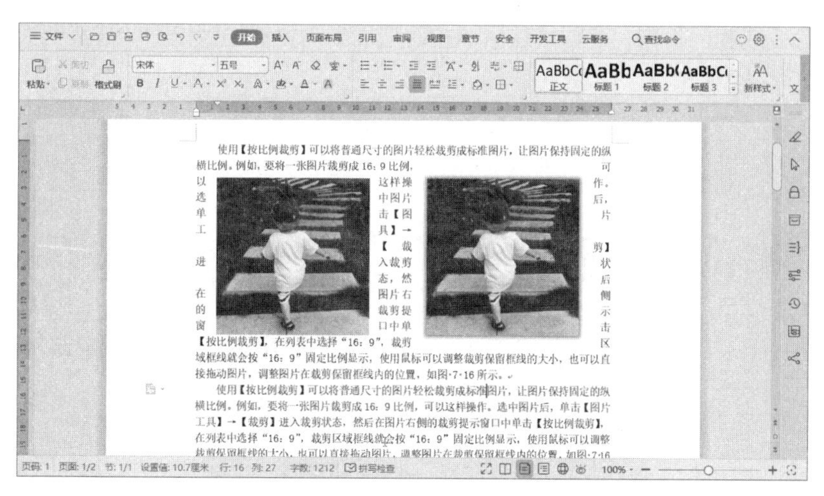

图 7-15　为图片设置阴影效果前后对比

7.3　裁剪图片

使用WPS文字的裁剪功能，可以方便地对图片进行裁剪操作，还可以按照指定形状或指定的比例裁剪图片。要对图片进行裁剪，可以在选中图片后单击【图片工具】选项卡中的【裁剪】按钮进入图片裁剪状态。另外，在WPS文字中选中图片后，在图片的右侧会有浮动功能按钮出现，如图 7-16 所示，单击最下方的【裁剪图片】按钮进入裁剪状态会更快捷，无须每次都从【图片工具】进入操作。

图 7-16　图片裁剪功能入口

7.3.1　自由裁剪

选中图片，单击【图片工具】选项卡中的【裁剪】按钮，图片进入裁剪状态。将光标移动到裁剪标志上，指针会变成裁剪状态，此时按住鼠标左键拖动到需要的位置松开，被裁剪掉的部分会以阴影来显示，如图 7-17 所示。

图 7-17 自由裁剪图片

完成裁剪区域选择后，可以按 <Esc> 键或用鼠标单击图片以外的区域结束裁剪。剪裁后的效果如图 7-18 所示。

图 7-18 裁剪后的效果

提示

> 图片被裁剪掉的部分只是被隐藏起来，并不是被删除，再次进入裁剪状态后仍然可以看到被裁剪掉的图片区域。

7.3.2 按形状裁剪

WPS 文字的按形状裁剪功能，可以将图片裁剪成指定的形状。例如，要将一张图片裁剪成圆形，可以选中图片后，单击【图片工具】→【裁剪】进入裁剪状态，然后在图片右侧的裁剪提示窗口中单击【按形状裁剪】，在【基本形状】列表中选择“椭圆”形状，然后使用鼠标拖动图片中的裁剪标记调整椭圆形状，如图 7-19 所示。

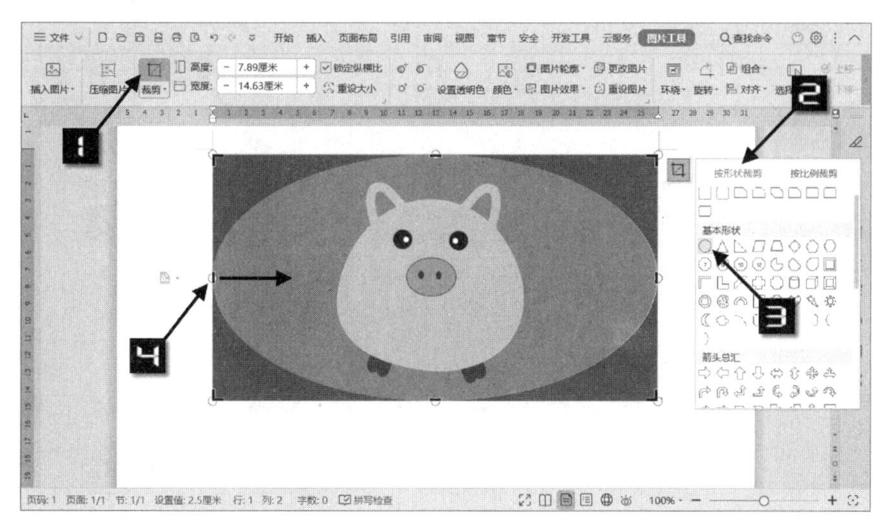

图 7-19　按形状裁剪图片

分别调整图片的裁剪标记，被裁剪掉的部分会以阴影形式显示。最后裁剪完成的效果如图 7-20 所示。

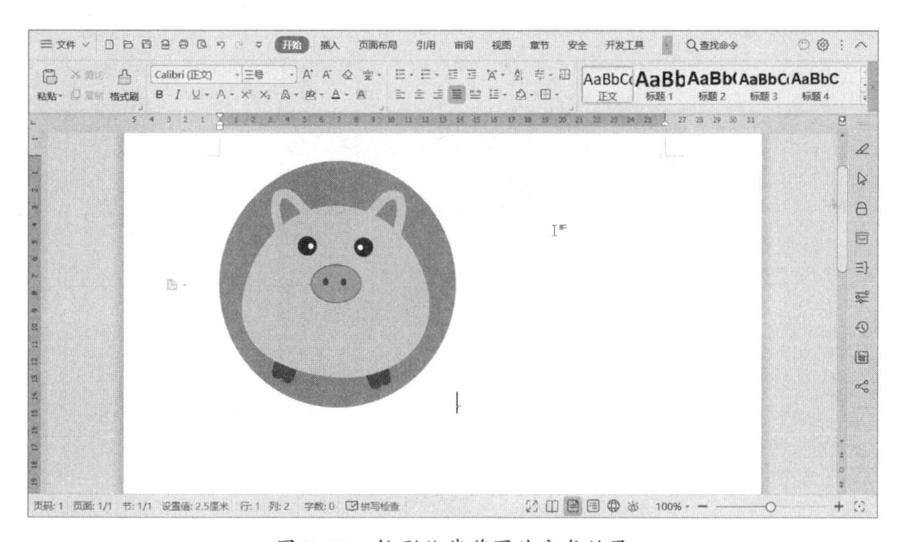

图 7-20　按形状裁剪图片完成效果

7.3.3　按比例裁剪

使用【按比例裁剪】可以将普通尺寸的图片轻松裁剪成标准图片，让图片保持固定的纵横比例。例如，要将一张图片裁剪成 16:9 比例，可以选中图片后，单击【图片工具】→【裁剪】进入裁剪状态，然后在图片右侧的裁剪提示窗口中单击【按比例裁剪】，在列表中选择“16:9”，裁剪区域框线就会按“16:9”固定比例显示，使用鼠标可以调整裁剪保留框线的大小，也可以直接拖动图片，调整图片在裁剪保留框线内的位置，如图 7-21 所示。

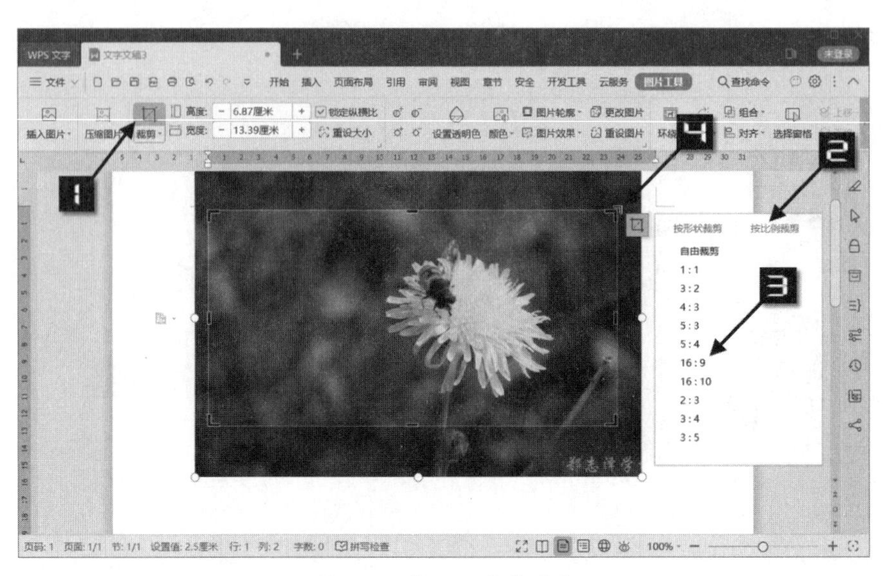

图 7-21　按比例裁剪图片

裁剪完成的效果如图 7-22 所示。

图 7-22　按比例裁剪完成效果

7.4　图片的布局与定位

7.4.1　嵌入型图片

一般情况下，在文档中插入的图片默认是嵌入式布局，即图片是像一个字符一样嵌入段落中，它拥有和文字类似的段落属性，只能在段落中随着段落文字数量的变化而移动位置，而且图片所在行的行高会随图片高度变化，如图 7-23 所示。

图 7-23　嵌入式布局效果

如果图片在文档中显示不完整，一般是由于对段落中的行距设置了固定值，图片高度超出行间距的部分就会显示不出来。要解决此问题，只需要修改包含图片的段落的【段落】属性，将【行距】修改为【单倍行距】等倍数参数就可以了，如图 7-24 所示。

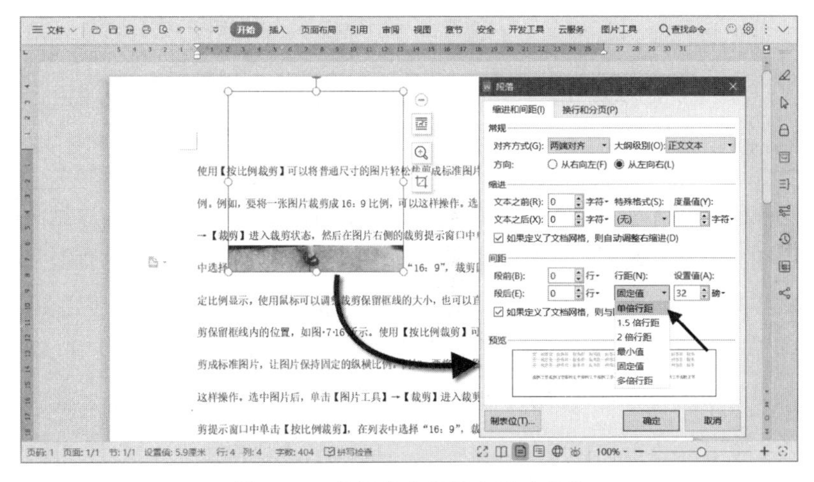

图 7-24　使图片在段落中显示完整

7.4.2　图片的环绕型布局

嵌入式布局的图片不能在文档中随意移动位置，如果希望图片与文字能够更自由地融合，可以将嵌入式布局更改为环绕型布局。例如，要想让图 7-23 中的文字包围图片，并能够随意调整图片位置，可以将该图片的布局方式设置为“四周型环绕”。操作方法如下。

选中该图片，单击图片右侧弹出的【布局选项】按钮，在【布局选项】列表中单击【四周型环绕】按钮即可，如图 7-25 所示。WPS 文字提供了 7 种图片布局方式，除了嵌入型以外，还有四周型环绕、紧密型环绕、穿越型环绕、上下型环绕、衬于文字下方和浮于文字上方 6 种布局选项，通过设置图标就可以看到该布局方式的效果。

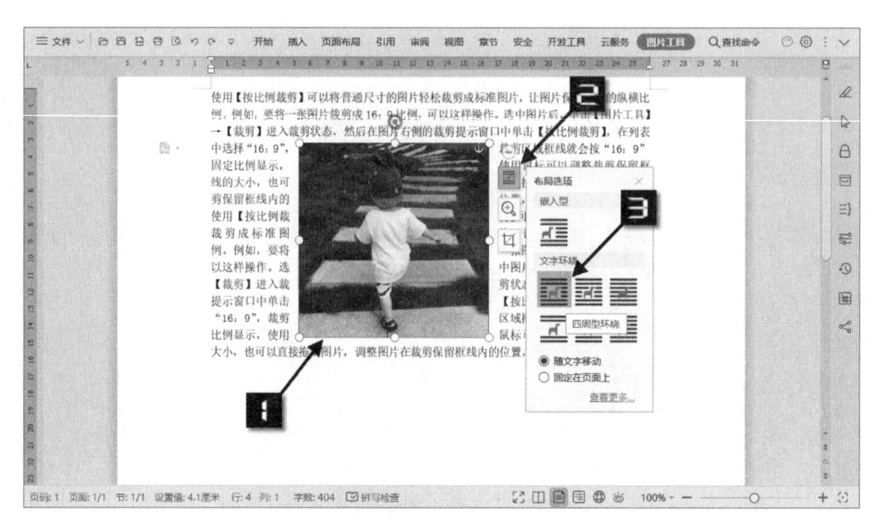

图 7-25　将图片设置为四周型环绕

使用四周型环绕方式，文字总是以矩形方式环绕图形图片，如果图形对象不是矩形则文字环绕会留下空白区域；而使用紧密型环绕方式，无论图形图片是何种形状，文字都会环绕在图形四周；一般情况下，常见的图形图片在文档中使用紧密型环绕和穿越型环绕看不出明显差别。

7.4.3　环绕型图片的定位

将图片的布局方式调整为非嵌入式布局类型后，就可以使用鼠标拖动图片到页面的任意位置。同时，图片也会依附于附近段落，在选中图片时，可以在该段落第一行的左侧看到一个锚点标记，图片会随着该段落内容的增减而移动位置，即“随文字移动”。如果不想让图片随着段落文字变化而移动，可以在【布局选项】列表中选中【固定在页面上】单选按钮即可，如图 7-26 所示。

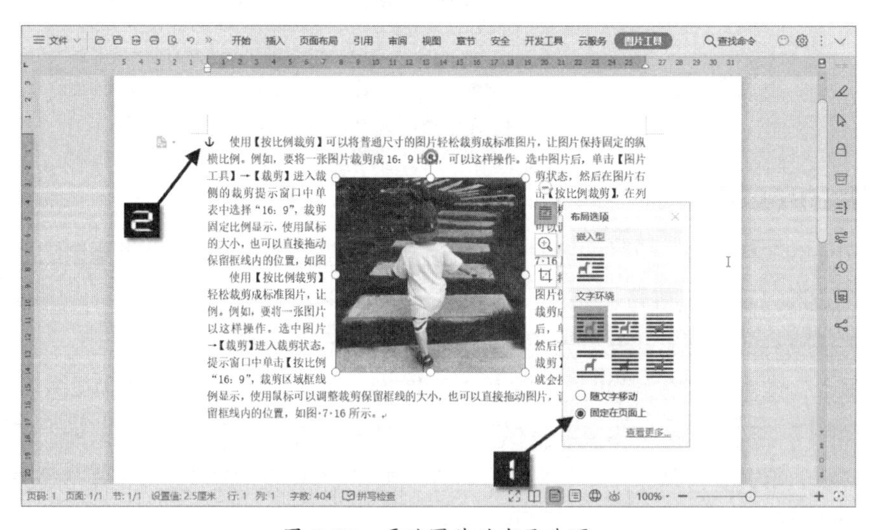

图 7-26　更改图片的布局选项

将图片布局设置为环绕型布局后，在使用鼠标拖动图片时，图片的定位锚点标记位置默认是会变化的。如果在移动图片时不希望锚点标记移动，可以选中图片后，单击【布局选项】列表下方的【查看更多】按钮，打开【布局】对话框，选中【位置】选项卡中的【锁定标记】复选框即可，如图 7-27 所示。

图 7-27　锁定标记

提示

在 WPS 文档中，除了可以添加图片外，还可以为文档添加形状、文本框、艺术字等图形对象，让文档内容更加丰富。在文档中对形状、文本框、艺术字的很多调整编辑操作与图片大致相同。

根据本书前言的提示，可观看图片的布局与定位技巧的视频讲解。

7.5 使用文本框“定位”文字

文本框在页面中可以随意移动位置，可以在其中添加文字和图形对象，还可以设置边框和填充效果，是对文档进行复杂排版时常用的对象。

7.5.1 使用文本框制作文档封面

在页面中使用图片配合文本框，可以制作出漂亮的封面，如图 7-28 所示。

制作步骤如下。

步骤① 新建一个文档，并在文档中添加一个分节符，然后定位到第 1 页，插入准备好的图片素材，如图 7-29 所示。

图 7-28 使用文本框制作的封面

图 7-29 插入图片与分节符

步骤② 将图片的【布局选项】设置为“衬于文字下方”，并调整图片的大小和位置，使之铺满整个页面，效果如图 7-30 所示。

图 7-30 调整图片布局

步骤③ 单击【插入】选项卡中的【文本框】按钮，然后在页面中任意位置单击并按住鼠标左键拖动，松开鼠标左键即可在文档中插入一个文本框，如图 7-31 所示。

步骤④ 在文本框中输入文本“个人简介”四个字，并调整字体、字号和文字颜色等样式，设置居中对齐，效果如图 7-32 所示。

图 7-31　插入文本框

图 7-32　输入文字并调整文字样式

步骤 5 选中文本框，先适当调整文本框在页面中的垂直位置，然后依次单击【绘图工具】→【对齐】→【水平居中】，即可将文本框在水平方向上居中对齐；再分别单击【填充】和【轮廓】按钮，均设置为无颜色。最终效果如图 7-33 所示。

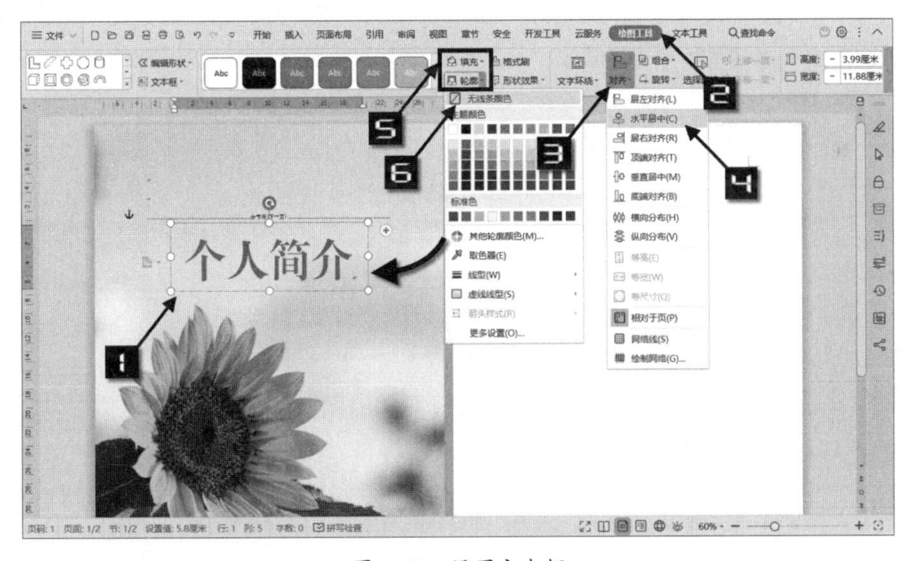

图 7-33　设置文本框

步骤 6 按照步骤 3 的方法再插入一个文本框，添加个人信息后，将文本框移动到合适位置，最终效果如图 7-28 所示。

7.5.2　两个文本框的链接“互动”

使用文本框还可以改变文档中文字的布局方式，实现类似报纸中“豆腐块”式的布局效果。由于版面布局对文本框的大小有限制，所以单个文本框无法将指定的文字内容全部装下，WPS文字可以在两个文本框之间设置链接，使文字内容可以在两个文本框中连续显示，如图 7-34 所示。

设置步骤如下。

步骤① 将光标定位到文档末尾的空白段落中，连续输入 3 个加号“+++”后按<Enter>键，利用自动更正功能快速插入一条分隔线，如图 7-35 所示。

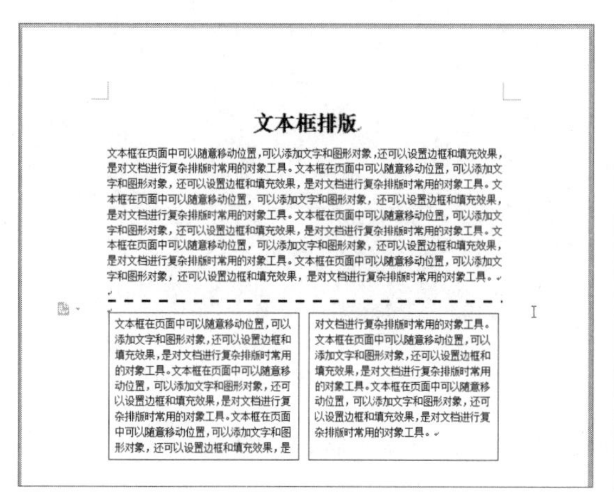

图 7-34　两个文本框的链接“互动”效果

图 7-35　插入分隔线

步骤② 先插入一个文本框并调整到合适大小，然后再复制一份，并调整位置，利用对齐工具将两个文本框对齐，效果如图 7-36 所示。

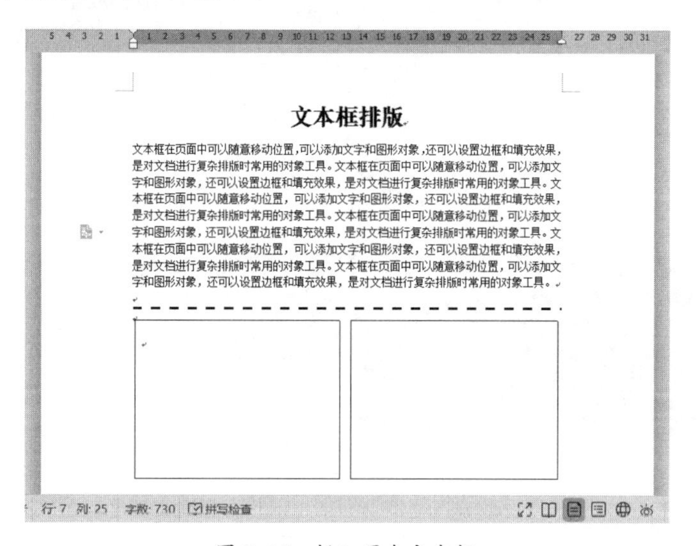

图 7-36　插入两个文本框

步骤③ 选中左侧的文本框，然后单击【文本工具】选项卡中的【创建文本框链接】按钮，即可将所选文本框链接到另外一个空的文本框，使当前文本框的文本延伸到链接的空文本框中，如图 7-37 所示。此时在第一个文本框中粘贴文本，即可实现如图 7-34 所示的效果。

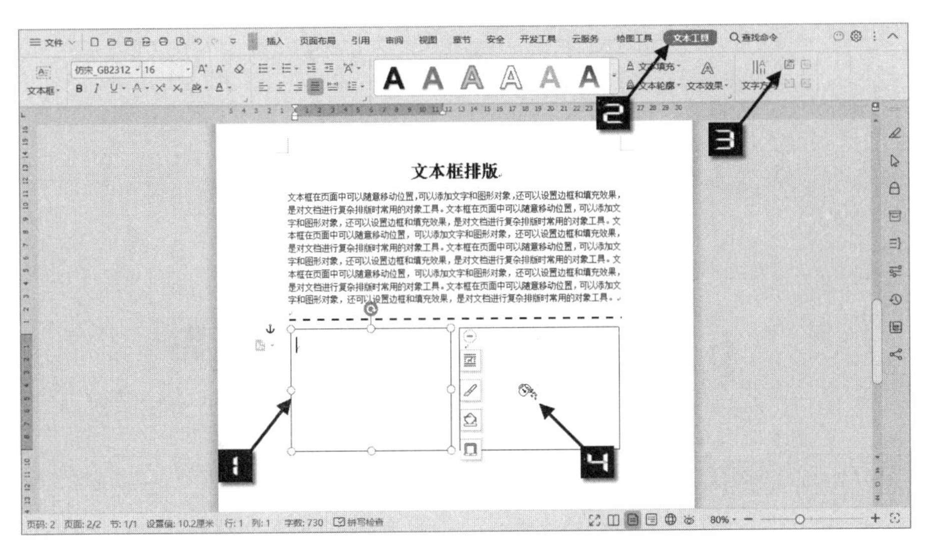

图 7-37　两个文本框的链接“互动”

7.5.3　使用文本框调整横向页面的页码位置

当一个文档中同时包含纵向、横向两种页面时，直接在页脚插入页码后，打印装订时，横向页面中的页码位置和纵向页面中的页码位置并不对应，如图 7-38 所示。

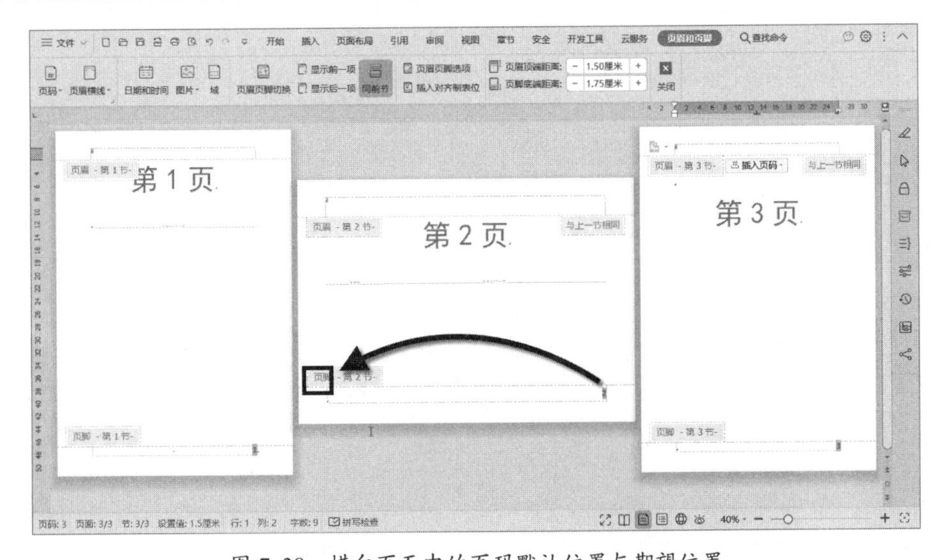

图 7-38　横向页面中的页码默认位置与期望位置

在横向页面的页脚中单击鼠标选中页码，可以发现页码实际上也是以文本框的形式存在的。选中该页码文本框，单击【文本工具】选项卡中的【文本方向】按钮，将页码切换到横向，然后使用鼠标拖动文本框到指定位置，即可让横向与纵向页面中的页码位置基本对应，如图 7-39 所示。

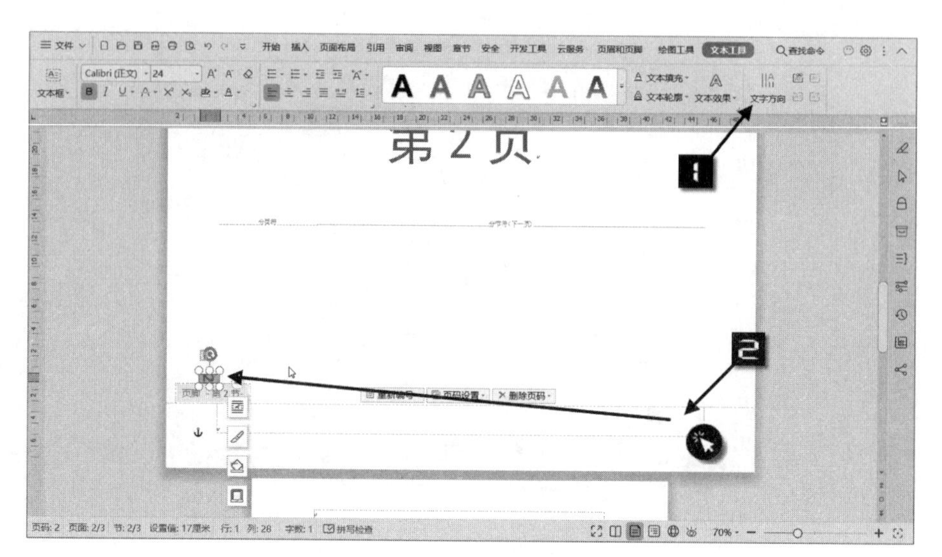

图 7-39　调整页码的方向与位置

根据本书前言的提示，可观看使用文本框“定位”文字的视频讲解。

第 8 章　邮件合并

当需要批量制作邀请函、工资条、标签、准考证等文档结构和内容固定，仅仅是人员姓名、地址等个性化数据有区别的模板化的文档时，可以借助WPS文字的邮件合并功能来批量完成制作。

本章学习要点

（1）批量制作文件

（2）内容合并

（3）Next域的应用

（4）合并域设置小数位数

（5）批量插入准考证照片

8.1　批量制作邀请函

一般邀请函的主要内容是不变的，变化的只是姓名和称谓等对应信息，要想快速制作大量邀请函，使用邮件合并再合适不过。

步骤① 准备数据源。使用WPS表格准备一份客户名单，将客户的姓名、称谓等个性化信息录入表格，然后保存为*.et或*.xlsx格式的文件。本案例准备的数据源内容如图 8-1 所示。

步骤② 创建主文档。本例准备了一份简单的邀请函文档，将客户的姓名留空等待邮件合并时填入，如图 8-2 所示。如果邀请函是图文混排、版式较复杂的文档，可以参考第 7 章提前制作好打印模板。

	A	B	C
1	姓名	称呼	
2	保世森	先生	
3	刘惠琼	女士	
4	葛宝云	女士	
5	李英明	先生	
6	郭倩	女士	
7	代云峰	先生	
8	郎俊	先生	
9	文德成	先生	
10	王爱华	女士	
11	杨文兴	先生	

图 8-1　数据源

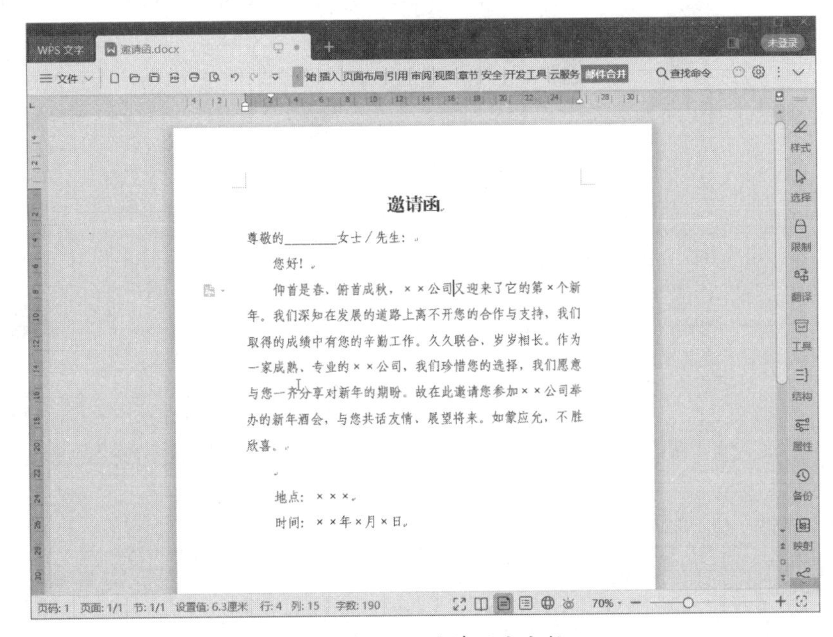

图 8-2　邀请函主文档

步骤③ 开始邮件合并。打开邀请函主文档，依次单击【引用】→【邮件】，即可打开【邮件合并】选项卡，如图 8-3 所示。

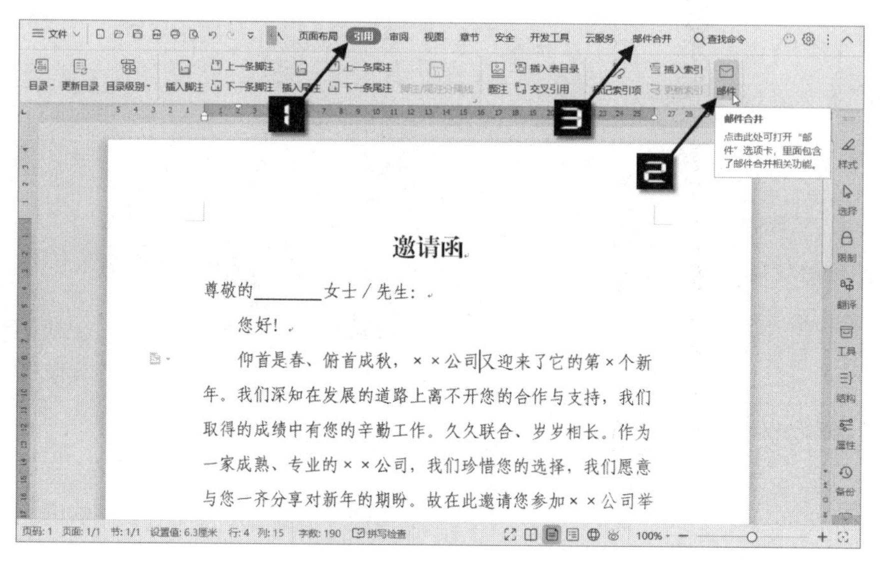

图 8-3　打开【邮件合并】选项卡

在【邮件合并】选项卡中，单击【打开数据源】下的【打开数据源】按钮，在【选取数据源】对话框中选择提前准备好的"数据源.xlsx"电子表格，单击【打开】按钮将数据导入，如图 8-4 所示。

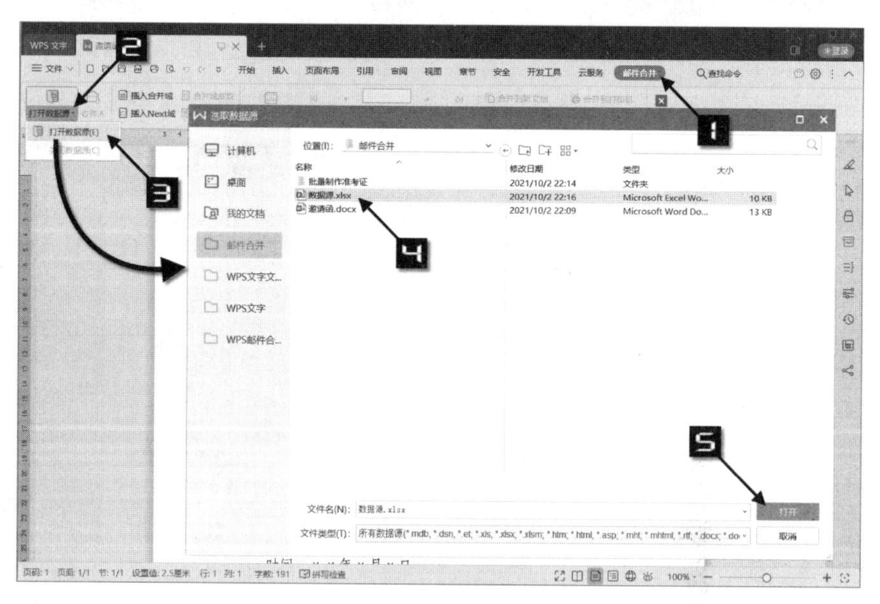

图 8-4　打开数据源

提示

> 导入数据时，数据源文件必须处于关闭状态，否则 WPS 文字会提示"无法导入数据"。

步骤④ 插入合并域。将光标定位到文档中需要插入信息的位置，本例中，先将预留的下划线和“女士/先生”等字符删除，然后单击【插入合并域】按钮，分别选择“姓名”和“称呼”两个合并域，单击【插入】按钮，然后再单击【关闭】按钮关闭【插入域】对话框，此时文档中相应位置出现已插入的域标记，如图 8-5 所示。

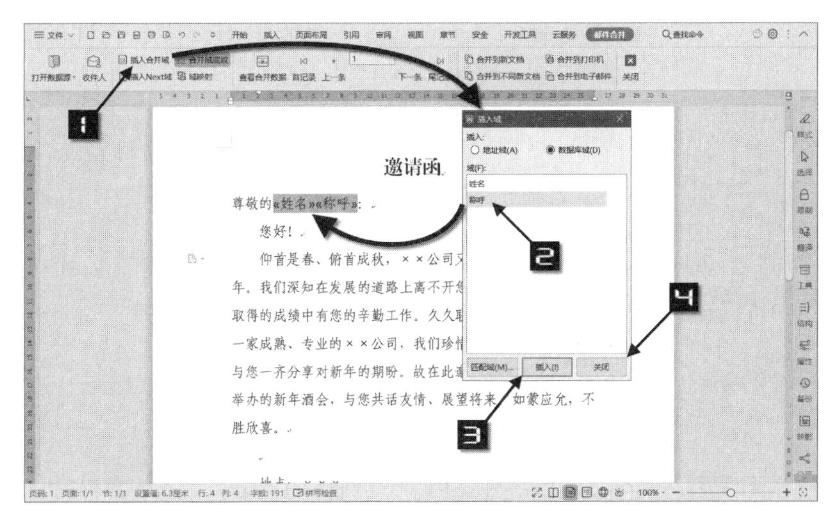

图 8-5　插入合并域

单击【收件人】按钮，在【邮件合并收件人】对话框中可以看到电子表格中的数据已经被导入主文档，在这个对话框中可以对收件人进行筛选和刷新，如图 8-6 所示。

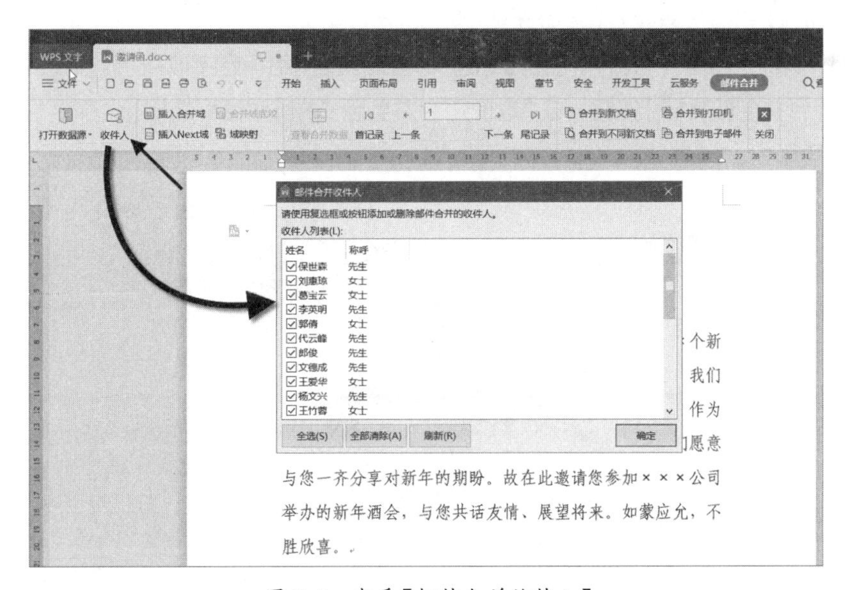

图 8-6　查看【邮件合并收件人】

步骤⑤ 为了保证邮件合并结果的准确性，可以通过【查看合并数据】按钮进行预览，还可以单击【首记录】【上一条】【下一条】和【尾记录】等按钮对合并结果进行浏览，如图 8-7 所示。

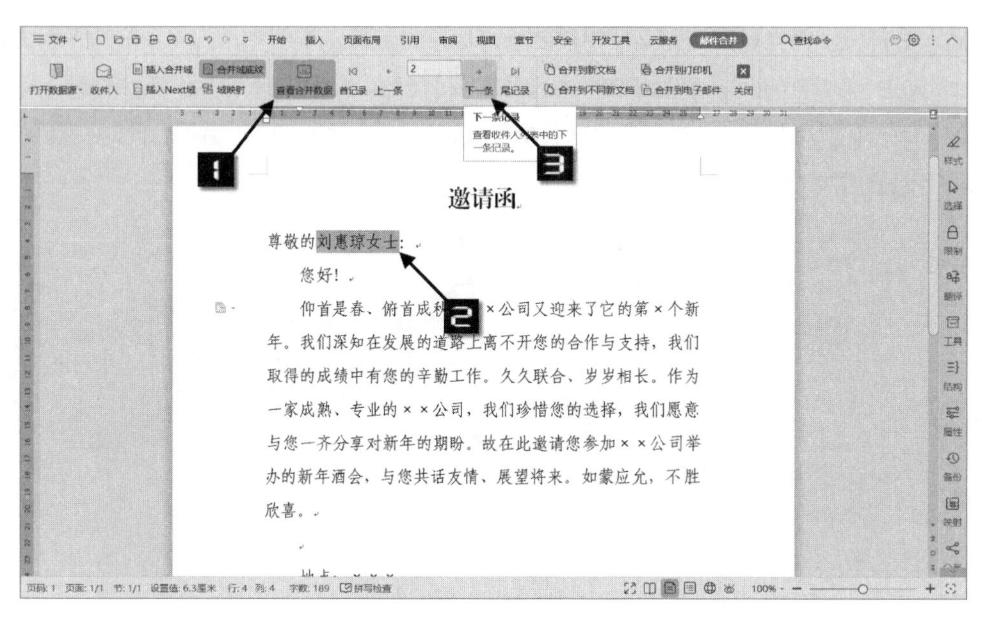

图 8-7　查看合并数据

步骤⑥ 待结果确认无误后，就可以选择合并文档了。WPS 文字提供了 4 种合并方式，用户可以根据需求选择使用。

- 合并到新文档：将邮件合并内容输出到新文档中
- 合并到不同新文档：将邮件合并内容分别输出到不同的新文档中
- 合并到打印机：直接关联至打印机进行打印
- 合并到电子邮件：将邮件合并内容直接通过关联邮箱发送给指定接收人

这里选择【合并到新文档】按钮，在弹出的【合并到新文档】对话框选择【全部】，再单击【确定】按钮，如 8-8 所示。

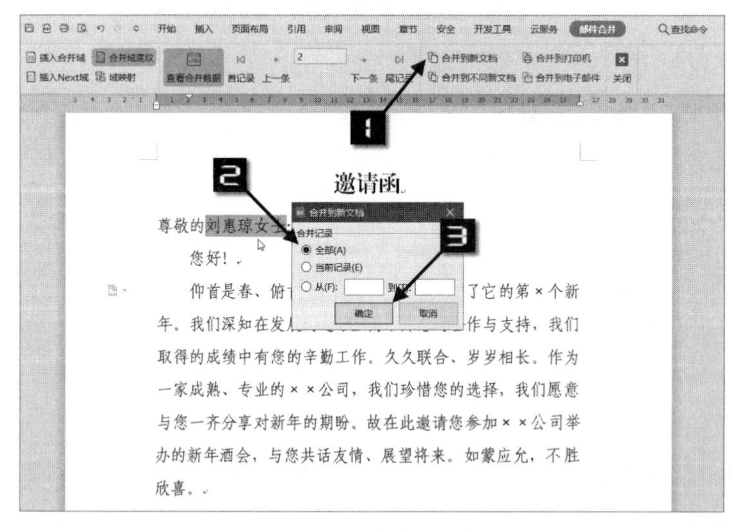

图 8-8　合并到新文档

这时，WPS 文字就会生成一个新文档来保存合并结果，如图 8-9 所示。

图 8-9 邮件合并后生成的新文档

8.2 将邮件合并内容合并到不同新文档中

在WPS文字中，可以方便地将邮件合并内容合并到不同的新文档中，且可以按指定字段命名新文档。例如，现在要将 8.1 节中的邀请函按人员姓名分别另存为新文档，操作步骤如下。

在插入合并域并预览确认合并结果无误后，在【邮件合并】选项卡中单击【合并到不同新文档】按钮。在弹出的对话框中，设置合并选项，以“姓名”合并域作为新文档的文件名，将保存类型设置为“*.docx”，修改新文档保存的位置后，单击【确定】按钮，如图 8-10 所示。

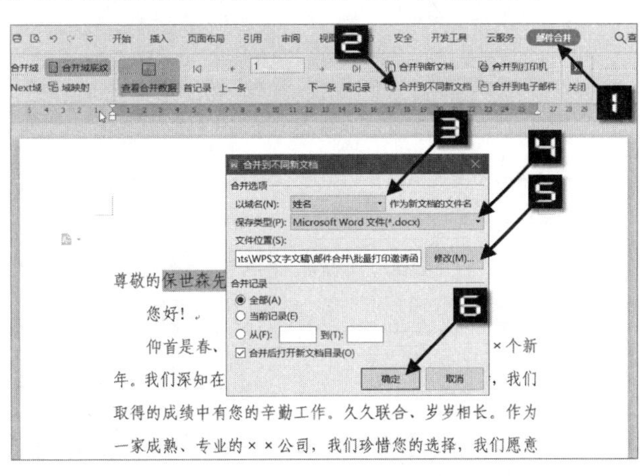

图 8-10 合并到不同新文档

稍等片刻后，WPS 文字会按“合并域_数据顺序号”的形式保存新文档，完成效果如图 8-11 所示。

图 8-11　合并结果

8.3　利用 Next 域制作工资条

在制作工资条时，由于数据过多，如果逐个制作很容易出错，使用邮件合并功能可以快速完成此工作。但在邮件合并时，直接选择【合并到新文档】时，在文档中一页只会保存一条记录，这样就比较浪费纸张。

如果想在一页纸当中显示多条合并内容，就需要用到【插入Next域】。下面以制作工资条为例，来演示【Next域】的用法。

步骤① 打开准备好的主文档，在【邮件合并】选项卡中导入准备好的数据源，并通过【插入合并域】将合并域字段分别添加到工资条表格中，如图 8-12 所示。

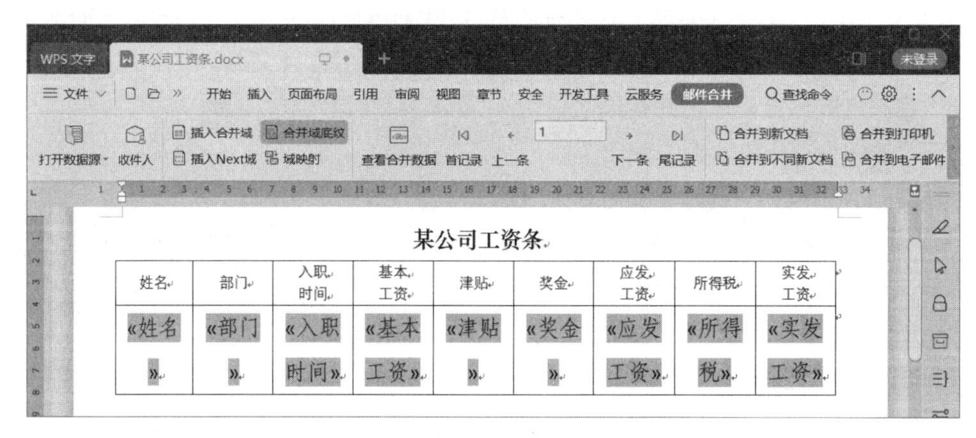

图 8-12　添加合并域的工资条主文档

步骤② 将光标定位到表格下方的空行，然后单击【邮件合并】选项卡下的【插入Next域】按钮，添加【Next Record】域，如图 8-13 所示。

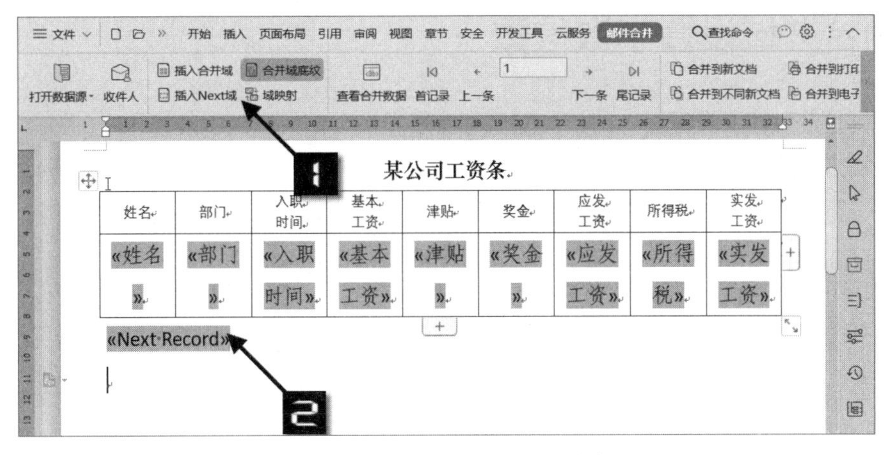

图 8-13　添加【Next Record】域

步骤③ 选中工资条标题到【Next Record】域之间的所有内容，并依次复制粘贴到【Next Record】下方使之占满整页，并将最后一条后面的【Next Record】域删除，如图 8-14 所示。

步骤④ 单击【合并到新文档】，完成邮件合并就可以查看所有人的工资条了。如果在最后一页存在空白的工资条，直接删除即可，如图 8-15 所示。

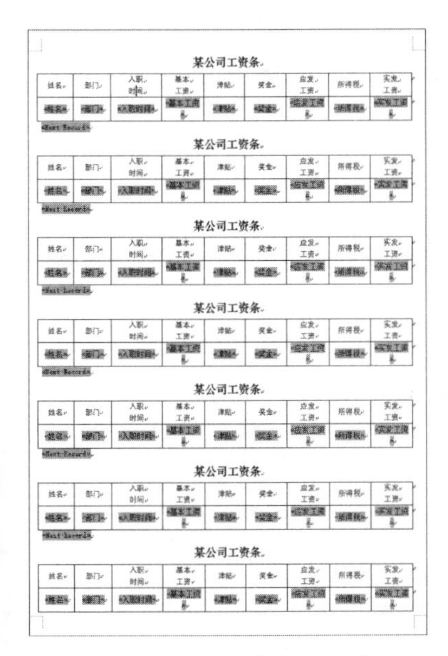

图 8-14　复制工资条布满整页

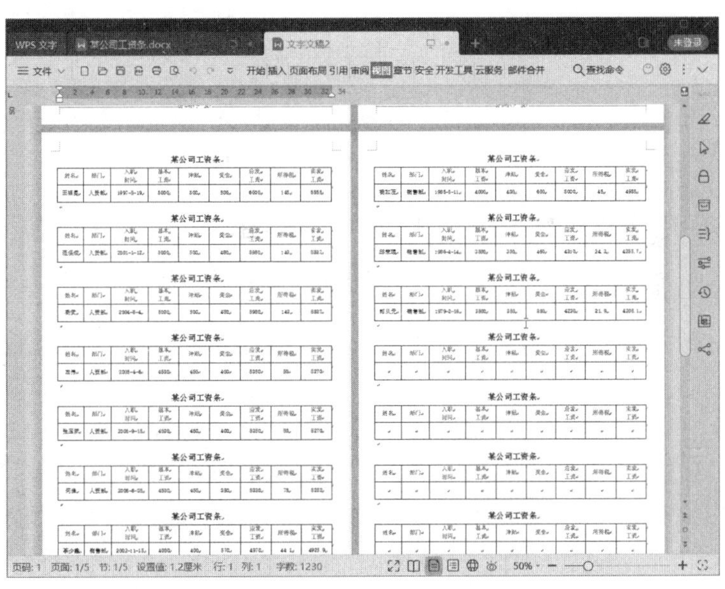

图 8-15　合并好的工资条

根据本书前言的提示，可观看利用Next域制作工资条的视频讲解。

8.4 为合并域设置小数位数

使用邮件合并制作工资条时，所涉及的数字全是整数，如果想让合并结果中的数据全部保留两位小数，设置方法如下。

步骤① 打开已添加合并域的主文档，关闭【查看合并数据】，此时数据都变为域名称，然后按<Alt+F9>组合键将合并域转换为域代码，如图 8-16 所示。

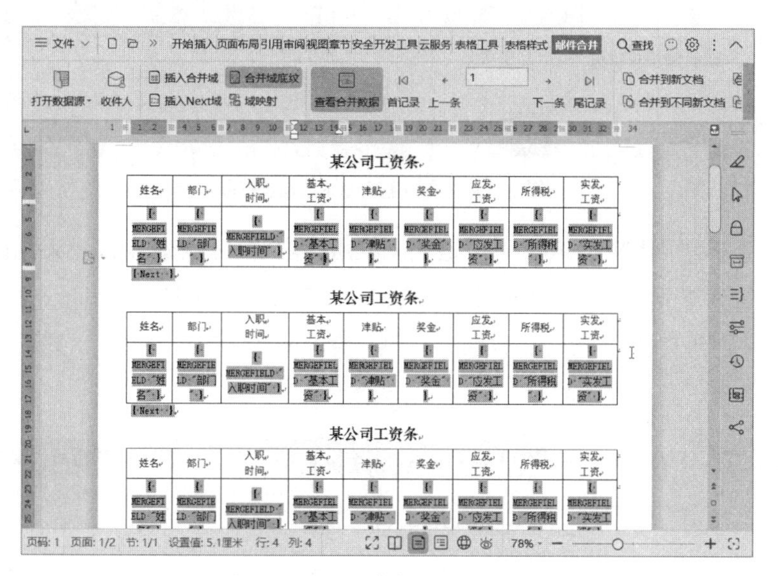

图 8-16 将合并域转换为域代码

步骤② 依次修改合并域的域代码。如在“基本工资”合并域的域代码内的“基本工资”后插入数值格式代码\#0.00，所有合并域修改完成后如图 8-17 所示。

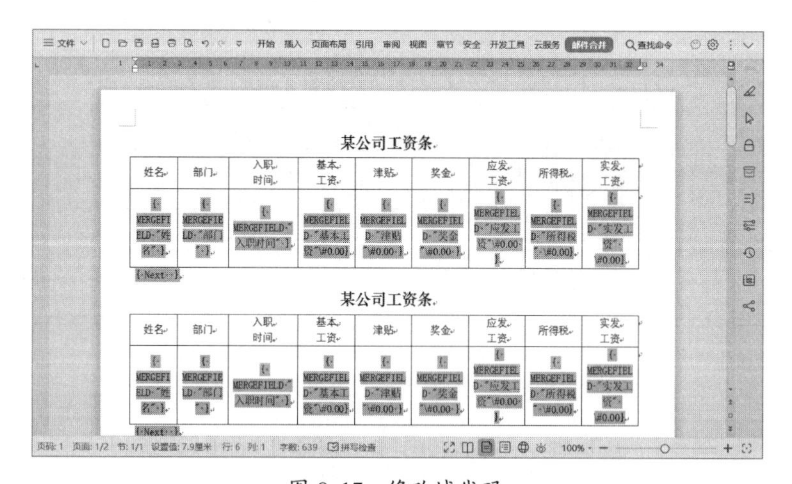

图 8-17 修改域代码

注意

域代码中的所有符号必须在英文半角状态下输入。

步骤③ 将所有域代码修改后，再按<Alt+F9>组合键返回合并域状态，此时再单击【查看合并数据】就已经成功保留了两位小数，如图 8-18 所示。

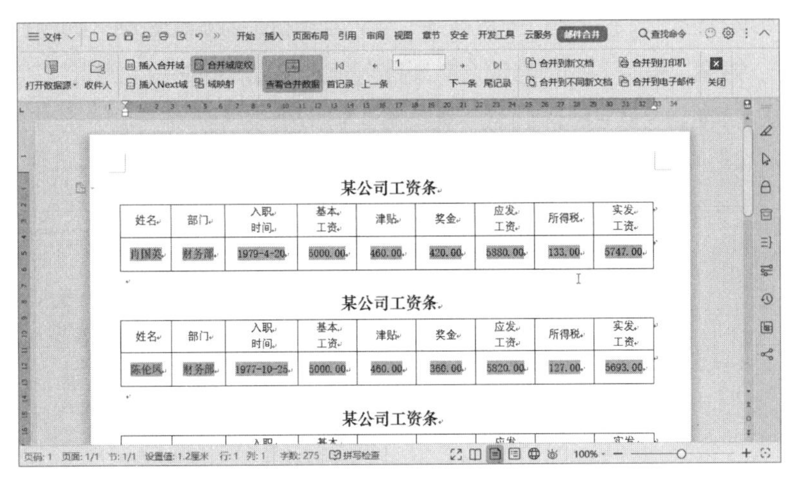

图 8-18　保留两位小数时的预览结果

8.5　用邮件合并批量制作带照片的准考证

使用邮件合并功能来批量制作带照片的准考证，需要提前对照片尺寸进行统一，否则会导致准考证的照片变形。同时，如图 8-19 所示，在数据源中整理照片路径时要注意以下三点。

- 照片路径中的命名要与本地图片名称相同
- 照片路径要使用完整路径，照片名必须包括扩展名
- 路径中的斜杠“\”要使用双斜杠“\\”，否则无法正确导入照片

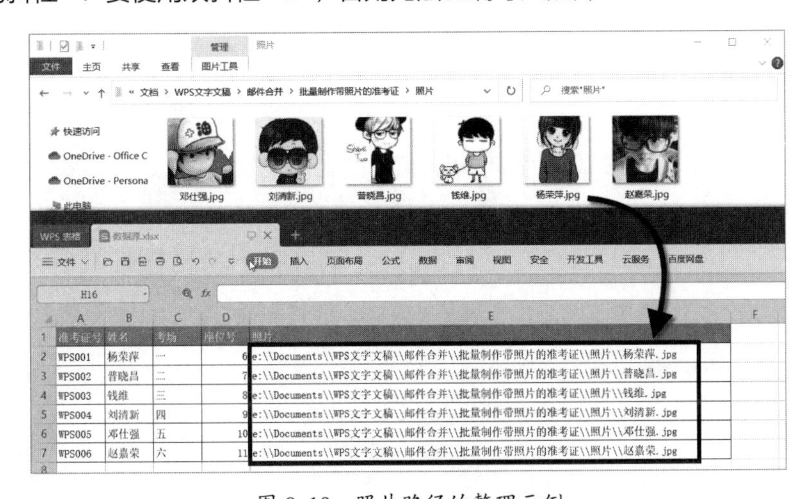

图 8-19　照片路径的整理示例

步骤① 打开准考证模板，依次单击【页面布局】→【页边距】→【窄】，单击【分栏】→【两栏】。然后

单击【引用】→【邮件】，打开【邮件合并】选项卡，打开准考证主文档 ，开始批量制作准考证，如图 8-20 所示。

步骤② 在【邮件合并】选项卡下单击打开数据源，导入准备好的数据源表格。通过【插入合并域】将准考证号、姓名、考场、座位号等合并域插入指定位置，同时在准考证的表格下方通过【插入Next域】添加【Next Record】域，如图 8-21 所示。

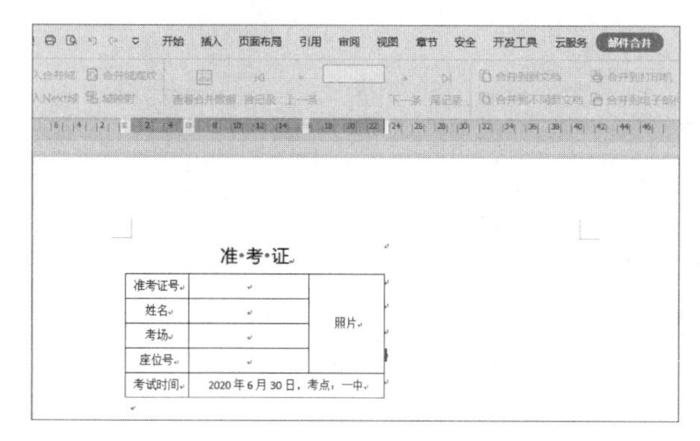

图 8-20　打开准考证主文档

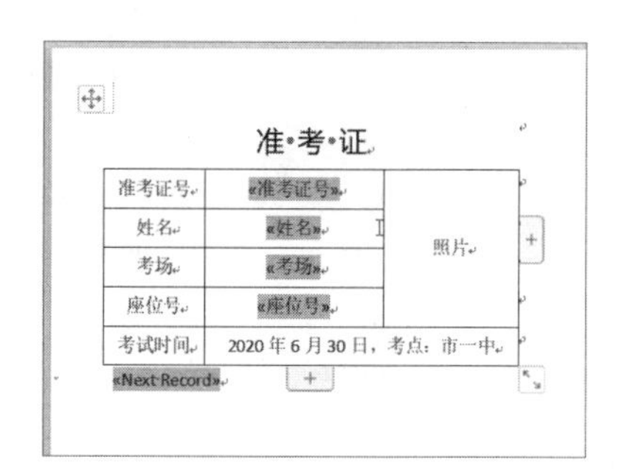

图 8-21　在准考证中添加合并域

步骤③ 在照片单元格中删除“照片”字符，然后依次单击【插入】→【文档部件】→【域】，在【域】对话框中的【域名】列表中选择【插入图片】，在【域代码】下面的文本框中的代码“INCLUDE-PICTURE”后面添加“图片路径”四个字，单击【确定】按钮，此时在表格中可看到一个图片占位符，如图 8-22 所示。

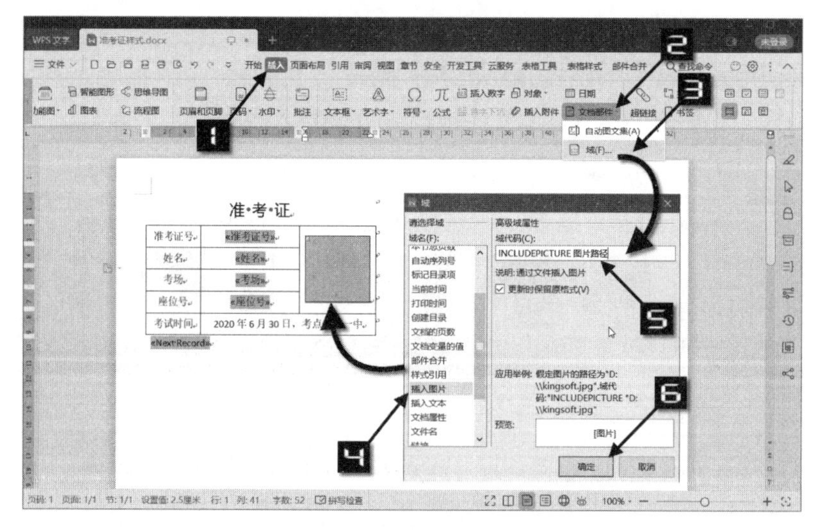

图 8-22　添加【插入图片】域

步骤④ 使用<Alt+F9>组合键切换到域代码格式，然后选中“图片路径”文字，接着单击【插入合并域】按钮，在【插入域】对话框中选择【照片】域，再单击【插入】按钮，关闭【插入域】对话框，如图 8-23 所示。

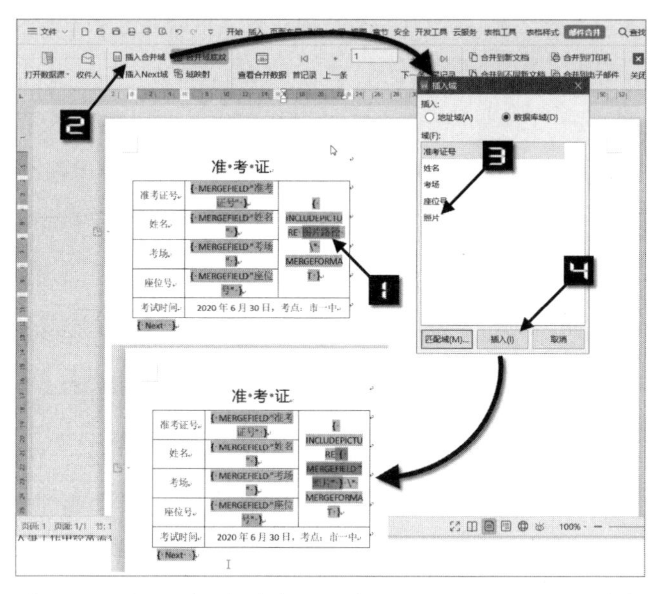

图 8-23　将“照片”合并域添加到“INCLUDEPICTURE”域中

步骤⑤ 再次按<Alt+F9>组合键切换到合并域格式，单击【查看合并数据】，选中图片占位符，再按<F9>键刷新文档即正常显示照片。将准考证包含【Next Record】域复制粘贴占满一页，不保留最后一条【Next Record】域，如图 8-24 所示。

步骤⑥ 单击【合并至新文档】将全部记录合并到新文档。在生成的新文档中使用<Ctrl+A>组合键全选文档内容，再按<F9>键刷新文档，就可看到所有准考证的照片都匹配好了。注意，如果没有指定照片的路径信息，或照片文档不存在，刷新文档后会提示“错误！未指定文件名”，如图 8-25 所示。

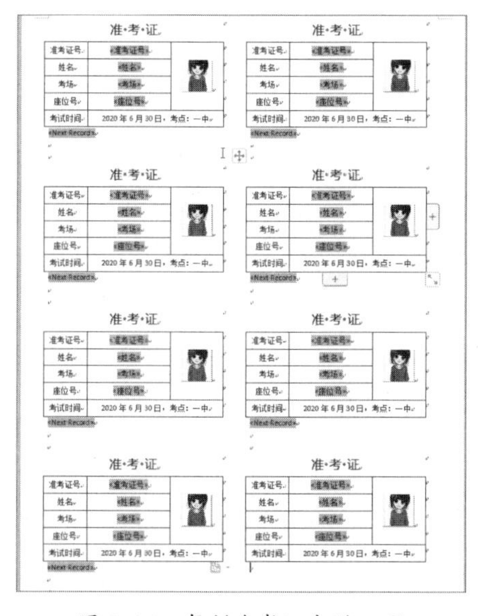

图 8-24　复制准考证占满一页

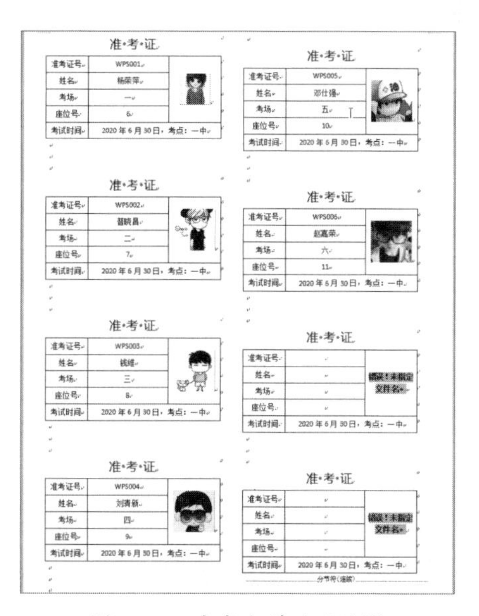

图 8-25　完成合并后的结果

注意

由于本例只有 6 条数据，图 8-25 中的准考证照片位置有两个因缺少照片而报错。

根据本书前言的提示，可观看用邮件合并批量制作带照片的准考证的视频讲解。

第 9 章　查找与替换

使用查找与替换功能，可以方便地对文档进行批量修改，极大提高文档修改编辑效率。借助格式替换和通配符还可以进行复杂的查找替换操作，完成常规方法很难完成的修改编辑工作。

本章学习要点

（1）查找与定位

（2）批量替换

（3）批量设置上下标

（4）通配符的使用

9.1　查找与定位

9.1.1　查找文字

查找文字功能可以快速搜索并转到每一处指定的文字。例如，要在文档中查找“UPS电源”，操作步骤如下。

在【开始】选项卡中单击【查找替换】→【查找】按钮或直接按<Ctrl+F>组合键，弹出【查找和替换】对话框。在【查找】选项卡中的【查找内容】文本框中输入查找文字“UPS电源”，然后单击【查找下一处】或按<Enter>键，WPS文字会从光标所在位置向下查找并选中要查找的文字，如图 9-1 所示。

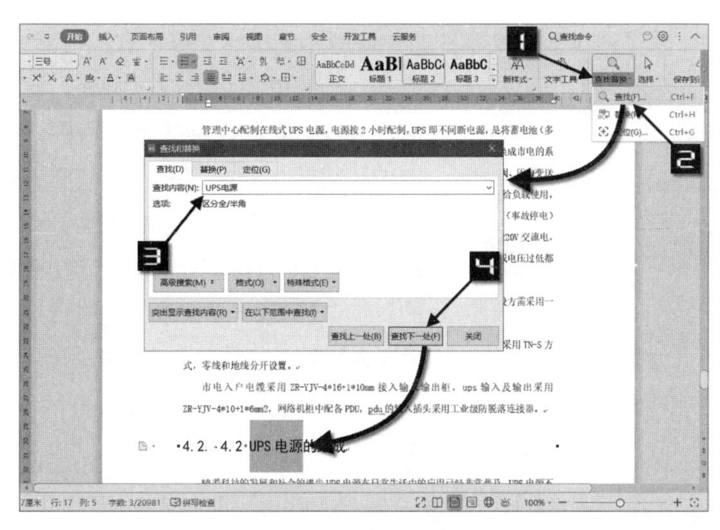

图 9-1　查找文字

如果文档中包含多处要查找的内容，可以通过按【查找上一处】和【查找下一处】按钮进行跳转查找。

9.1.2 突出显示查找内容

如果要在文档中突出显示查找的内容，可以在【查找内容】文本框中输入要查找的文字，然后单击【突出显示查找内容】下拉列表中的【全部突出显示】命令，文档中所有要查找的文字都会标黄突出显示。要取消突出显示可以单击【清除突出显示】命令，如图 9-2 所示。

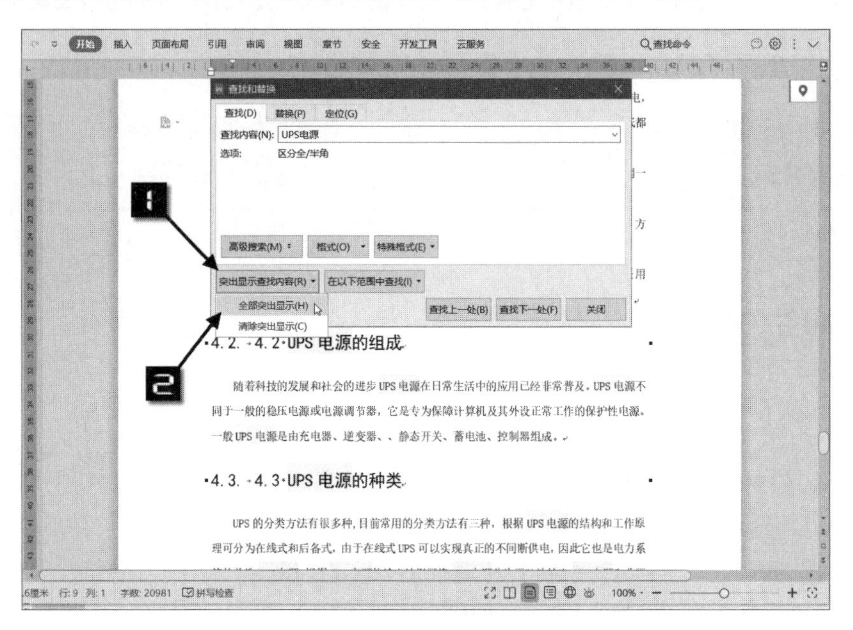

图 9-2 突出显示查找内容

9.1.3 快速定位

在WPS文字中，除了通过查找文字的方式快速转到指定文字所在的位置外，还能够以页码、行号、节、书签、批注、脚注、尾注、域、表格、图形、公式、对象、标题等为目标，在文档中实现快速定位和跳转。例如，在页码较多的长文档中定位到指定的页，可以单击【查找替换】→【定位】按钮或直接按<Ctrl+G>组合键，在弹出的【查找和替换】对话框的【定位】选项卡中，将【定位目标】设置为“页”，然后输入页号，如“20”，如图 9-3 所示，再单击【定位】按钮即可跳转到目标页面。

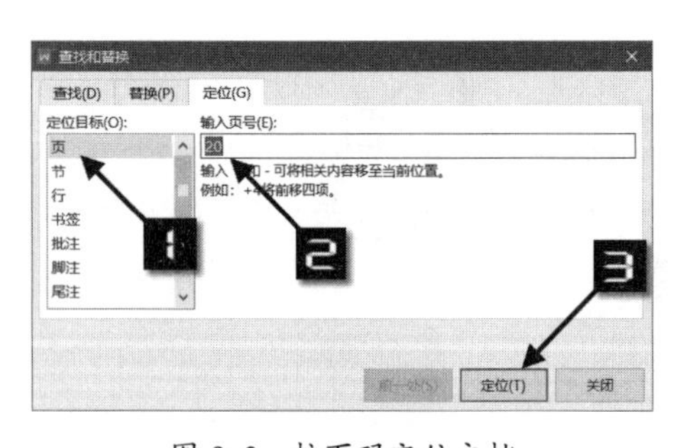

图 9-3 按页码定位文档

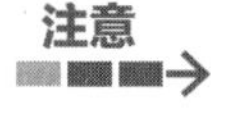
注意

此处的“输入页号”是指文档的实际页次，如果文档中包含封面、目录等页面，定位跳转后的页面可能会与当前页的“页码”不一致。

如果要以其他项目为定位目标，可以在【定位目标】列表中选择指定的项目后，按照提示在右侧的文本框中输入定位信息，通过单击【前一处】【下一处】等按钮即可对文档进行快速定位。

9.2 批量替换文字

要对文档中指定的内容进行批量修改，可以借助查找替换功能轻松完成。例如，要将文档中的“UPS电源”全部修改为“UPS不间断电源”，可以按<Ctrl+H>组合键，直接转到【查找和替换】对话框的【替换】选项卡，在【查找内容】文本框中输入“UPS电源”，在【替换为】文本框中输入“UPS不间断电源”，然后单击【全部替换】按钮即可完成，如图 9-4 所示。

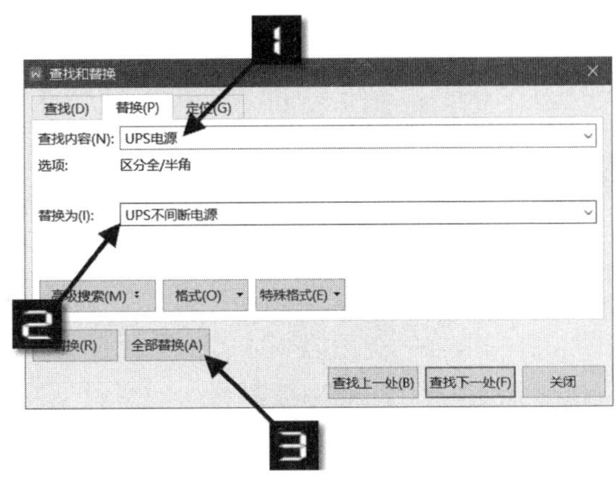

图 9-4　批量替换文字

完成替换操作后，WPS文字会弹出一个提示对话框，显示一共完成了多少处替换，单击【确定】按钮即可退出对话框，如图 9-5 所示。

如果想在指定范围而不是对整个文档进行批量替换文字，可以在查找替换前先选中目标段落，然后再进行查找替换操作。单击【全部替换】按钮后，WPS文字会提示“已完成对当前选择范围的搜索，并完成*n*处替换。是否查找文档的其他部分？”如图 9-6 所示。此时单击【取消】按钮，即可结束查找替换操作并返回【查找和替换】对话框，如果单击【确定】按钮，则会继续对文档的其他部分进行查找替换操作。

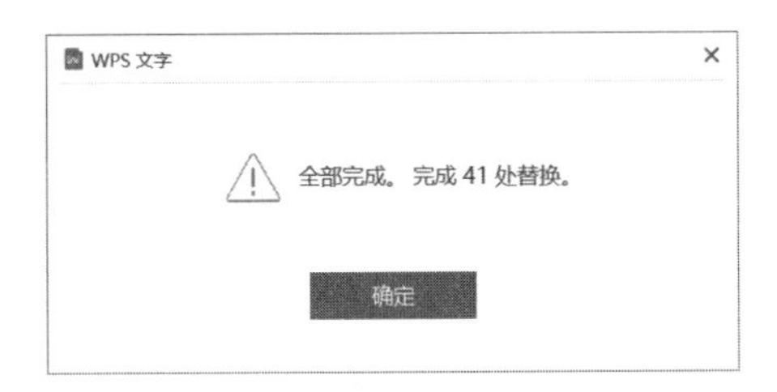

图 9-5　完成替换后的提示

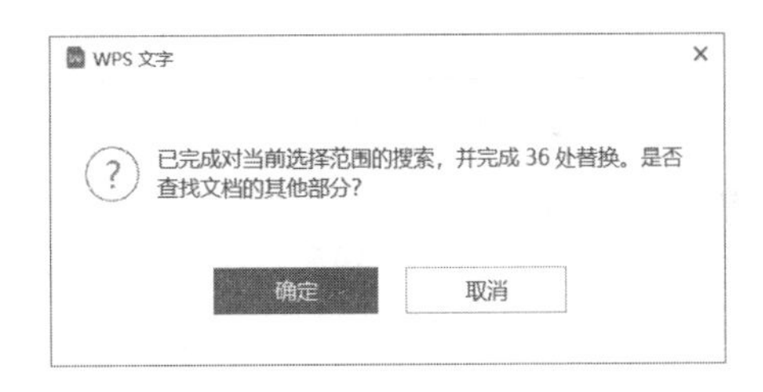

图 9-6　询问是否对文档其他部分进行查找替换

9.3 替换文本格式

除了文字与文字之间的替换外，WPS文字还可以对文档中具有特定格式的字符进行查找和替换，如在制作填空题时，可以先为要填空部分的文字设置某种特殊格式，比如在输入的时候可以使用<Ctrl+B>组合键为文字设置加粗效果，如图 9-7 所示。

按<Ctrl+H>组合键打开【查找和替换】对话框的【替换】选项卡，将光标定位到【查找】内容文本框，不输入任何内容，然后依次单击【格式】→【字体】按钮，在弹出的【查找字体】对话框中，将【字形】设置为“加粗”，然后单击【确定】按钮返回【查找和替换】对话框，如图 9-8 所示，此时【查找内容】下方会出现“格式：字体：加粗”的提示。

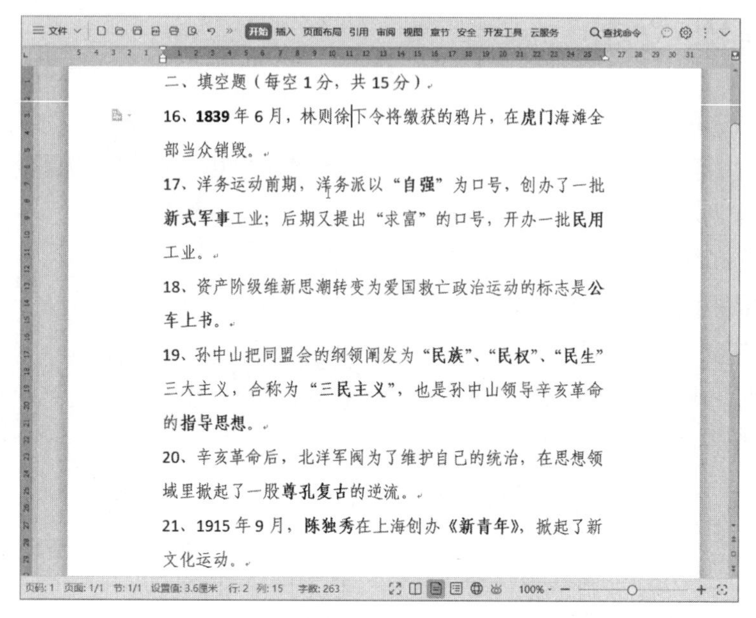

图 9-7　为填空部分文字设置加粗效果

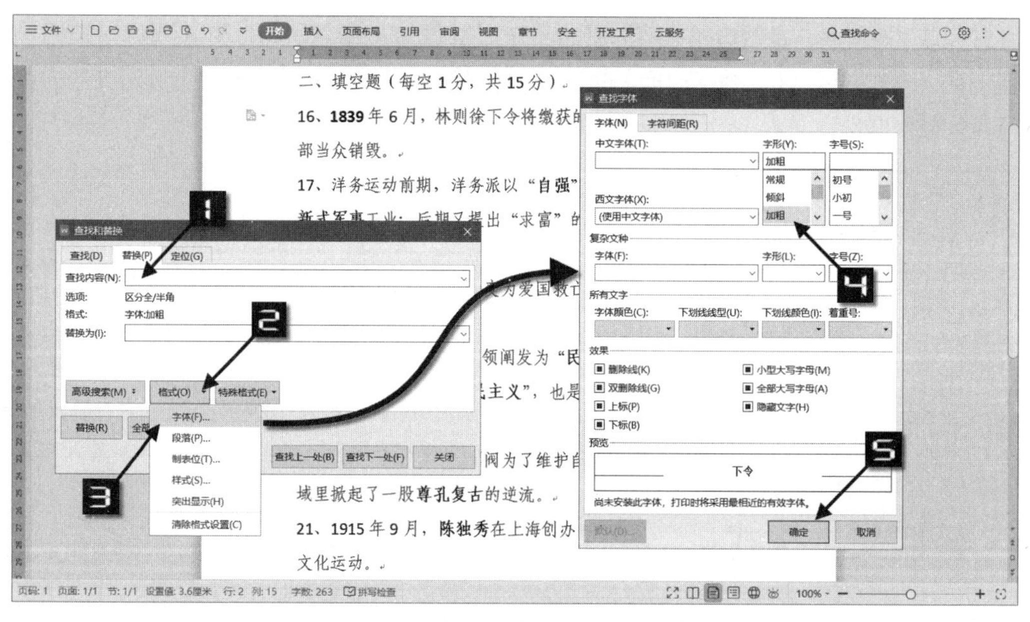

图 9-8　将查找内容设置为字体加粗

再将光标定位到【替换为】文本框中，然后依次单击【格式】→【字体】按钮，在弹出的【替换字体】对话框中，将【字体颜色】设置为文档的背景颜色，将下划线线型设置为单下划线，将下划线颜色设置为黑色，如图 9-9 所示，然后单击【确定】按钮返回【查找和替换】对话框，此时【替换为】下方会出现相关的格式提示文字。

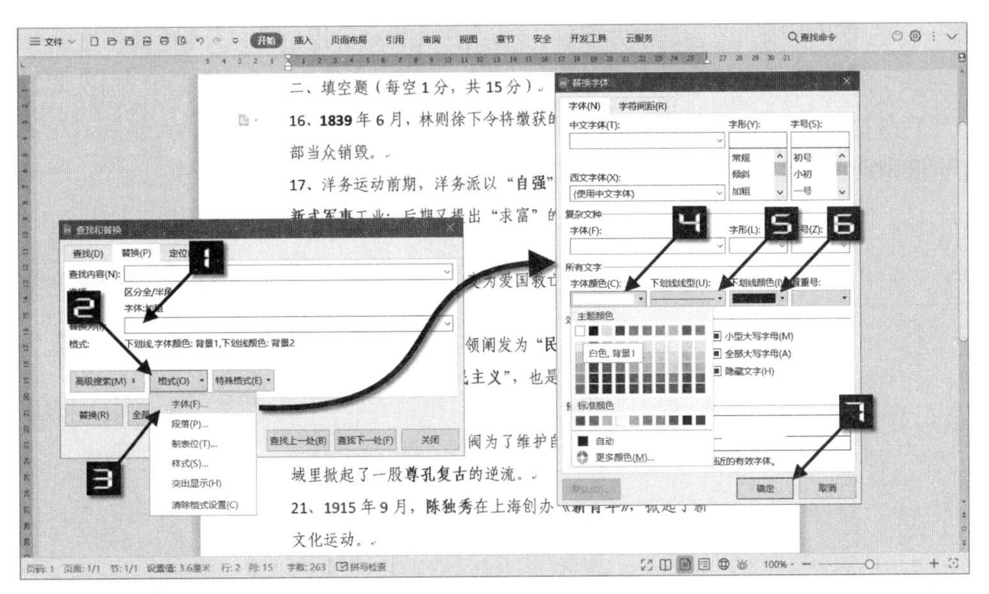

图 9-9　设置替换字体格式

最后，在【查找和替换】对话框中单击【全部替换】按钮，完成替换操作，效果如图 9-10 所示。

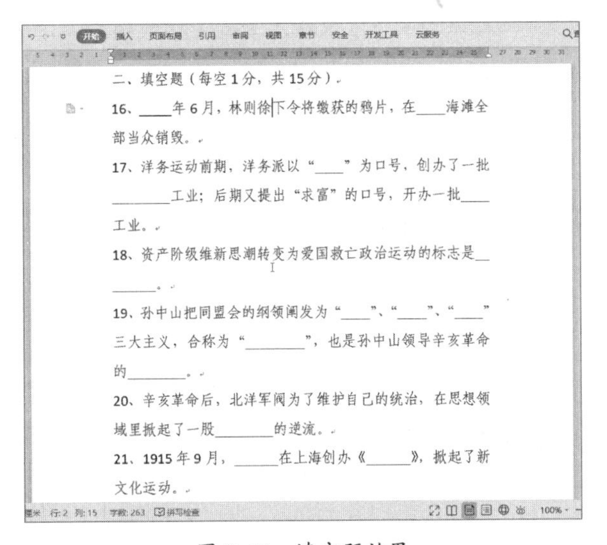

图 9-10　填空题效果

9.4　利用替换剪贴板内容制作填空题

除对文字、格式进行替换外，WPS 文字还可以通过剪贴板内容替换来完成比较特殊的编辑效果。例如，在制作填空题的案例中，可以将每道题的填空位置先用特殊的提示文字标识出来，如图 9-11 所示。

将第一行的带下划线的填空选中并复制，然后按<Ctrl+H>组合键打开【查找和替换】对话框，在【查找内容】文本框中输入预留的标识文字“预留填空”。将光标定位到【替换为】文本框中，再依次单击【特殊格式】→【剪贴板内容】(也可以直接在【替换为】文本框中输入通配符“^c”)，然后单击【全部替换】按钮即可完成替换操作，效果如图 9-12 所示。

二、填空题（每空1分，共15分）。
16、………年6月，林则徐下令将缴获的鸦片，在预留填空海滩全部当众销毁。
17、洋务运动前期，洋务派以“预留填空”为口号，创办了一批预留填空工业；后期又提出“求富”的口号，开办一批预留填空工业。
18、资产阶级维新思潮转变为爱国救亡政治运动的标志是预留填空。
19、孙中山把同盟会的纲领阐发为“预留填空”、“预留填空”、“预留填空”三大主义，合称为“预留填空”，也是孙中山领导辛亥革命的预留填空。
20、辛亥革命后，北洋军阀为了维护自己的统治，在思想领域里掀起了一股预留填空的逆流。
21、1915年9月，预留填空在上海创办《预留填空》，掀起了新文化运动。

图 9-11　标识填空位置

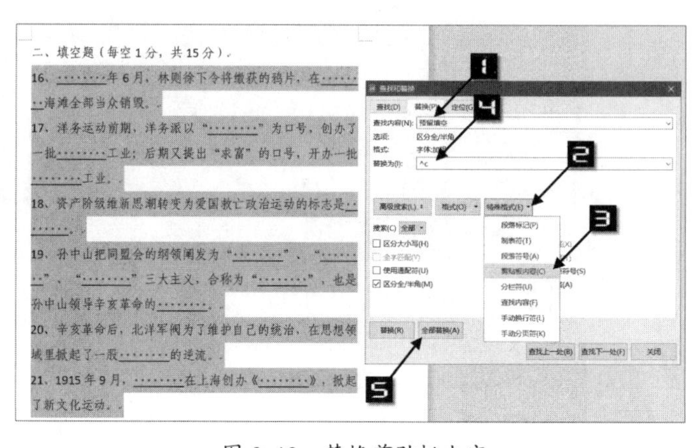

图 9-12　替换剪贴板内容

提示

使用替换为“剪贴板内容”不仅可以复制带格式的文字，还可以复制表格、图形、图片等其他对象。

根据本书前言的提示，可观看快速制作填空题的视频讲解。

9.5　批量设置上下标

1、下列物质间的转化不能一步实现的是：（··）
A. CaO→Ca(OH)2→CaSO4　　B. Fe→Fe2O3→FeCl3
C. C→CO→CaCO3　　D. Cu→CuO→CuSO4
【答案】C
【解析】
A. CaO与水反应生成Ca(OH)2，Ca(OH)2与硫酸反应生成CaSO4，均能一步实现，A项不符合题意。
B. Fe在空气中被氧化生成Fe2O3，Fe2O3与盐酸反应生成FeCl3，均能一步实现，B项不符合题意。
C. CO为不成盐氧化物，则CO→CaCO3不能一步实现，C项符合题意。
D. Cu与氧化反应生成CuO，CuO与硫酸反应生成CuSO4，均能一步实现，D项不符合题意。
答案选择C。

图 9-13　未设置下标格式的化学分子式

9.5.1　将所有的数字批量设置下标格式

在制作化学相关文档时，化学分子式中常有大量的上下标，如果逐个设置会非常耗费时间。可以在输入时直接输入正常的字符，然后借助查找替换来批量设置。如图 9-13 所示，是直接输入正常的字符，所有分子式中的数字均需要设置下标格式。

选中试题选项及后面的解析文本，按

<Ctrl+H>组合键打开【查找和替换】对话框，在【替换】选项卡的【查找内容】文本框中单击鼠标左键，然后再单击【特殊格式】→【任意数字】按钮，即可在【查找内容】文本框中输入通配符“^#”。再将光标定位到【替换为】文本框，单击【格式】→【字体】按钮，在【替换字体】对话框中选中【下标】复选框，单击【确定】按钮返回【查找和替换】对话框，如图 9-14 所示。

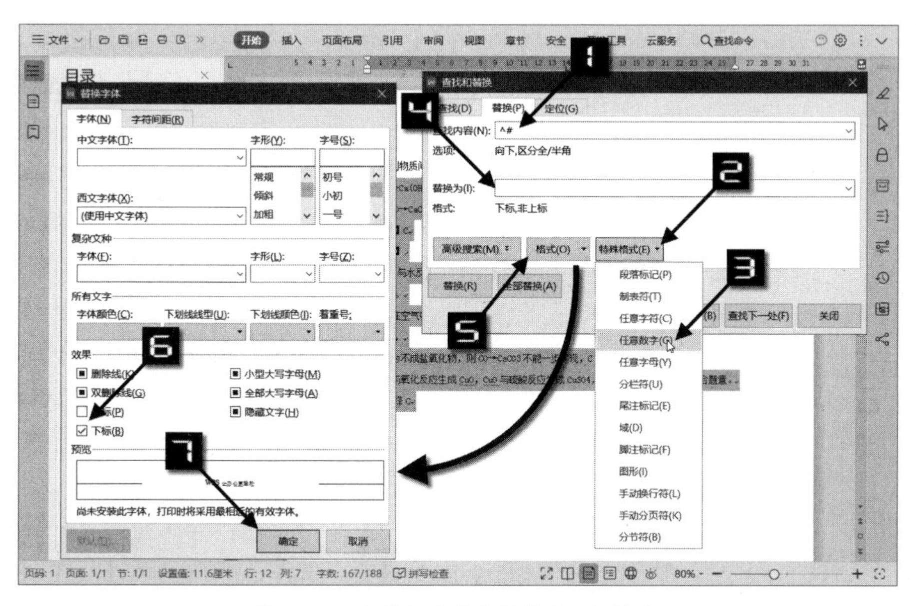

图 9-14　查找任意数字设置为下标格式

在【查找和替换】对话框中单击【全部替换】按钮，即可完成所有数字的下标格式的设置，同时 WPS 文字会弹出提示话框，提示“已完成对当前选择范围的搜索，并完成 *n* 处替换。是否查找文档的其他部分？”，如图 9-15 所示，本例中直接单击【取消】按钮即可。

完成替换操作后的效果如图 9-16 所示。

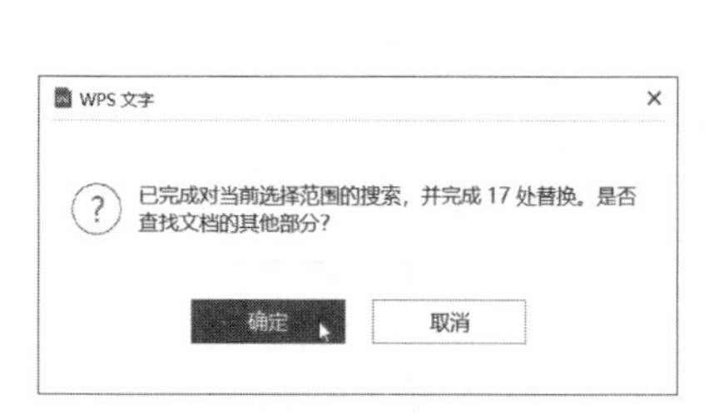

图 9-15　WPS 的查找替换提示

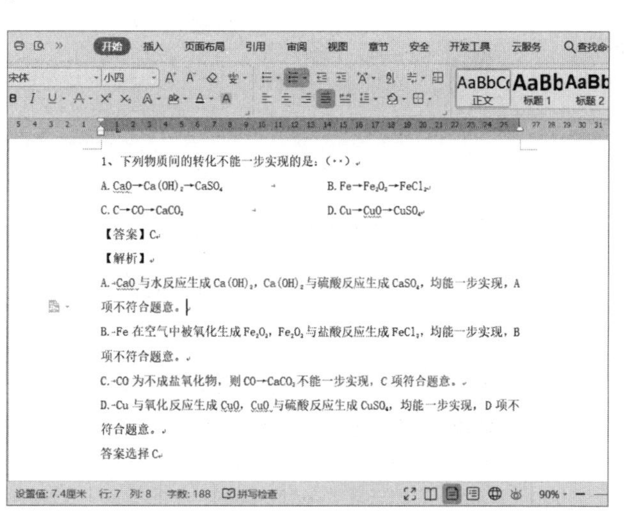

图 9-16　为化学分子式批量设置下标结果

9.5.2 将指定字母后的数字批量设置上标格式

9.5.1 节中演示的案例操作目标是指定段落中所有的数字，但实际应用时可能还会要求按指定的字母或字符+数字来匹配要设置上下标的数字。

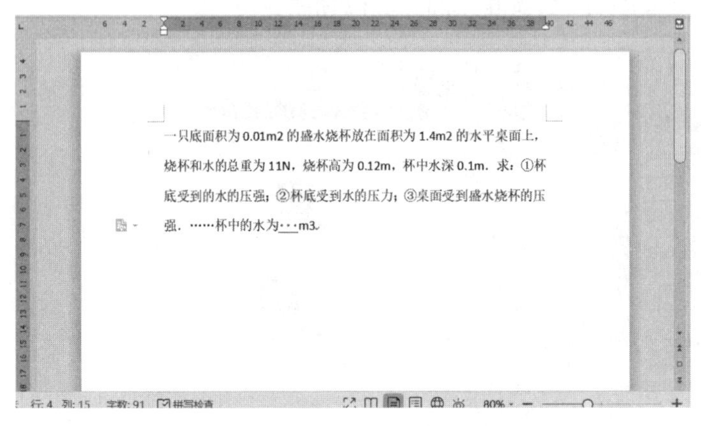

图 9-17 批量设置平方米符号上标（1）

如图9-17所示，在录入“m^2”“m^3”时全部直接录入成“m2”“m3”，再通过查找替换批量设置为上标，可提高录入速度。但是如果直接查找“^#”来匹配任意数字的话，将无法精确匹配到要设置上标的数字。

此时需要先查找到段落中所有的“m2”和“m3”，然后再匹配其中的数字“2”和“3”。具体操作步骤如下。

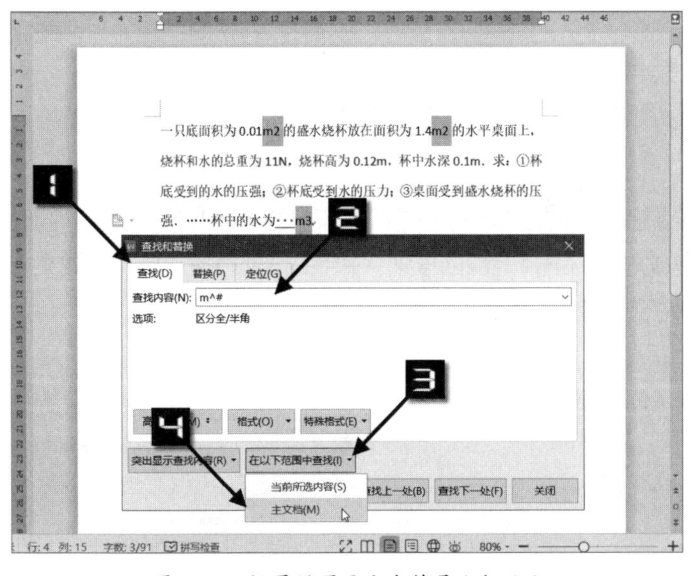

图 9-18 批量设置平方米符号上标（2）

步骤① 按<Ctrl+H>组合键打开【查找和替换】对话框，切换到【查找】选项卡，在【查找内容】文本框中输入“m^#”（注意不包含双引号），然后再单击【在以下范围中查找】→【主文档】，如图9-18所示，即可将文档中所有的“m2”和“m3”选中。

步骤② 将【查找内容】文本框中的查找内容修改为“^#”（注意不包含双引号），然后再单击【在以下范围中查找】→【当前所选内容】，此时会将所有的“m2”和“m3”中的数字“2”和“3”选中。

步骤③ 在【开始】选项卡中单击上标按钮完成设置，如图9-19所示，最后单击【关闭】按钮退出【查找和替换】对话框。

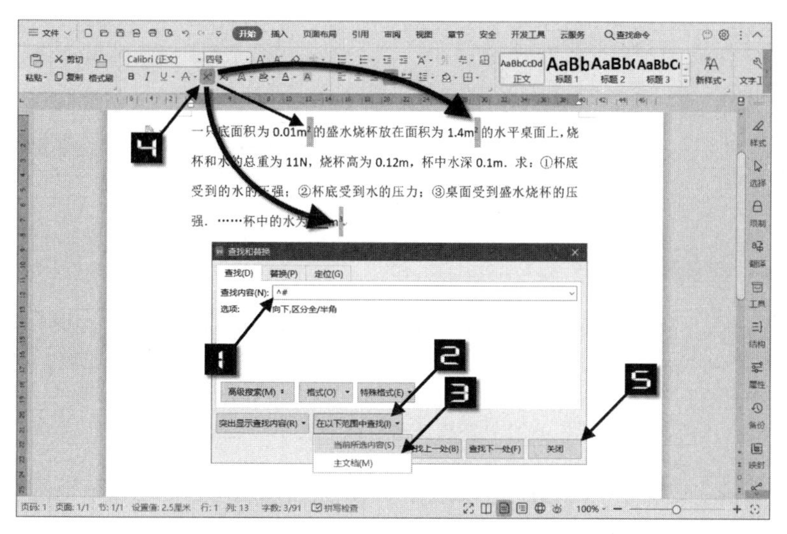

图 9-19 批量设置平方米符号上标（3）

9.5.3 任意字母、字符与数字组合查找

在 9.5.1 节的案例中，用查找任意数字的方法只完成了一道试题内容的替换操作。如果要对多道试题进行操作，为了避免将每道试题的序号都设置成下标，需要采用分步走的方法来完成。先批量查找任意字母或字符与数字的组合体，再对找到的组合体查找数字，最后再设置下标格式的方法可以实现精准批量设置。具体操作过程如下。

步骤① 在【查找和替换】对话框中切换到【查找】选项卡，然后通过【特殊格式】下拉列表依次输入“任意字母”“任意数字”两个通配符，然后单击【在以下范围中查找】→【主文档】，即可将文档中所有“字母+数字”的组合选中，如图 9-20 所示。此时，数字前面不是字母的组合不会被选中。

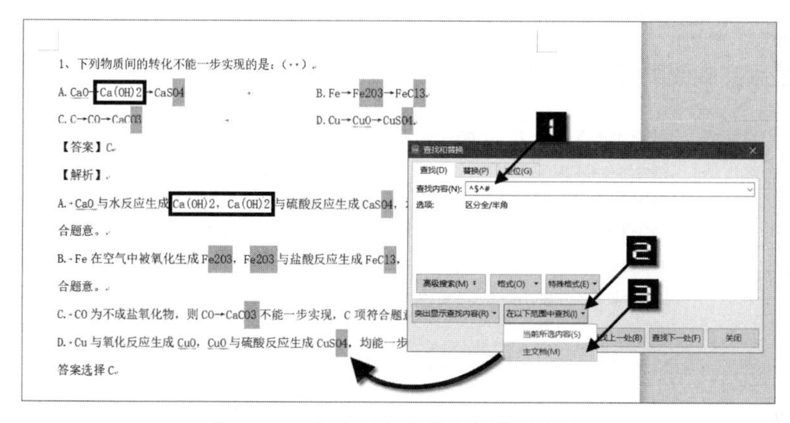

图 9-20 查找任意字母与数字的组合

在该例中，为了选中分子式中所有的数字，可以将【查找内容】中的“任意字母”改为“任意字符”（此时【查找内容】文本框中的通配符为“^?^#”），如图 9-21 所示，然后再进行查找即可。

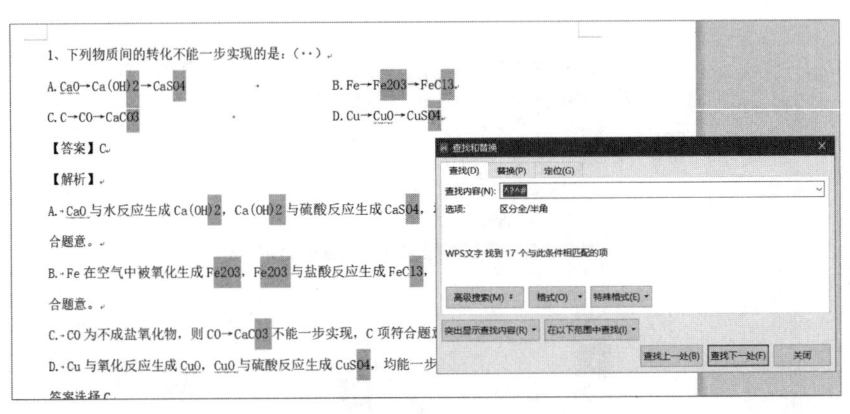

图 9-21　查找任意字符与数字的组合

步骤② 将【查找内容】文本框中的通配符改为“^#”，然后依次单击【在以下范围中查找】→【当前所选内容】，即可选中分子式中的所有数字，如图 9-22 所示。

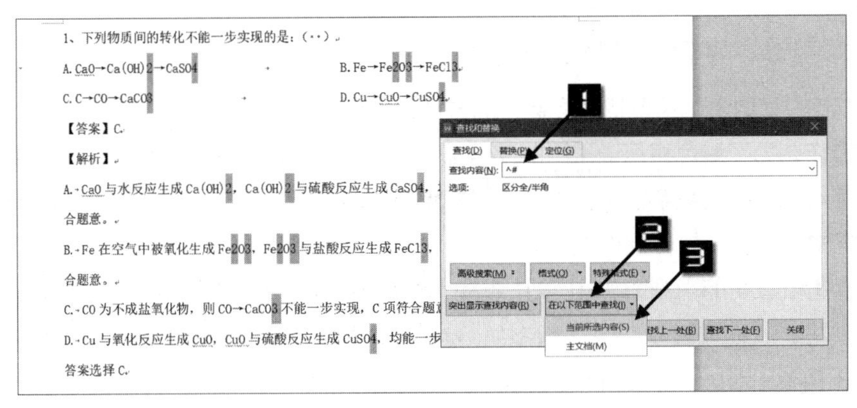

图 9-22　精准选择数字

步骤③ 单击【关闭】按钮关闭对话框，然后直接按<Ctrl+=>组合键，即可将选中的数字设置为下标格式。最后完成效果如图 9-23 所示。

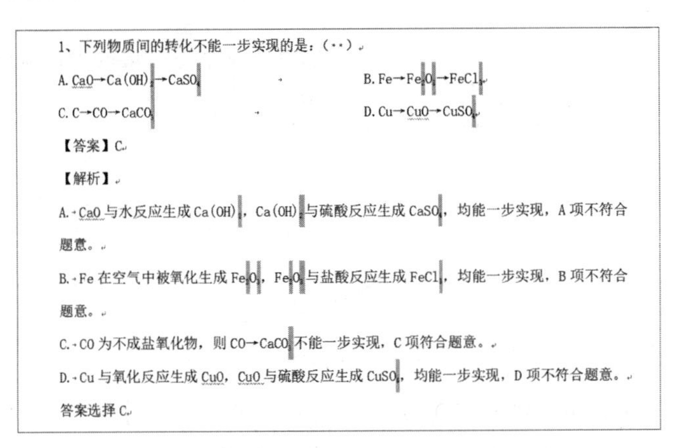

图 9-23　批量设置下标完成效果

9.6 使用通配符进行查找替换

借助通配符可以实现更为复杂的查找替换操作，本节将通过几个案例来演示使用通配符进行查找替换的典型应用。在WPS文字中常用的通配符如表 9-1 所示。

表 9-1 查找替换常用通配符

查找目标	通配符	示例
任意单个字符	?	如：申?表，可查找“申请表”“申报表”等
任意字符串	*	如：管*局，可查找“管理局”“管理者当局”等
单词的开头	<	如：<(com)，可查找“come”“command”等，但不能查找出“recomfort”
单词的结尾	>	如：(er)>，可查找“water”“worker”等，但不能查找出“cautery”
指定字符之一	[ ]	如：co[mn]e，可查找“come”“cone”等
指定范围内任意单个字符	[-]	如：[r-t]ight，可查找“right”“sight”等。必须用升序来表示该范围
中括号内指定字符范围以外的任意单个字符	[!x-z]	如：t[!a-m]ck，可查找“tock”“tuck”等，但不查找“tack”和“tick”
*n*个重复的前一字符或表达式	{n}	如：com{2}，既可以查找到“command”中的“comm”，也可以查找到“commonable”等单词中的“comm”
至少*n*个前一字符或表达式	{n,}	如：com{1,}，既可以查找到“come”单词中的“com”，也可以查找“command”单词中的“comm”
*n*到*m*个前一字符或表达式	{n,m}	如：10{1,3}，可查找“10”“100”“1000”等
一个以上的前一字符或表达式	@	如：lo@t，可查找“lot”“loot”等

要使用通配符进行查找替换操作，必须先选中【高级搜索】选项中的【使用通配符】复选框。另外，可使用括号对通配符和文字进行分组，以指明处理次序。例如，可以通过键入“<(pre)*(ed)>”来查找“presorted”和“prevented”。

09章

9.6.1 将空格批量替换成制表符

前文介绍了使用制表位对齐姓名列表的方法，可以轻松调整姓名列表对齐的位置。对于使用空格对齐的姓名列表，要调整对齐位置则非常麻烦，如图 9-24 所示。

要将姓名之间的空格一次性替换成制表符，可以按以下步骤操作。

毕淑华·赵会芳·赖群毅·李从林·张鹤翔·王丽卿↵
杨红···徐翠芬·纳红···张坚···施文庆·李承谦↵
杨启···向建荣·沙志昭·胡孟祥·张淑珍·徐丽华↵
王玮···王旭辉·段文林·李炬···梁应珍·张宁一↵
袁丽梅·保世森·刘惠琼·葛宝云·李英明·郭倩↵

图 9-24 使用空格对齐的姓名列表

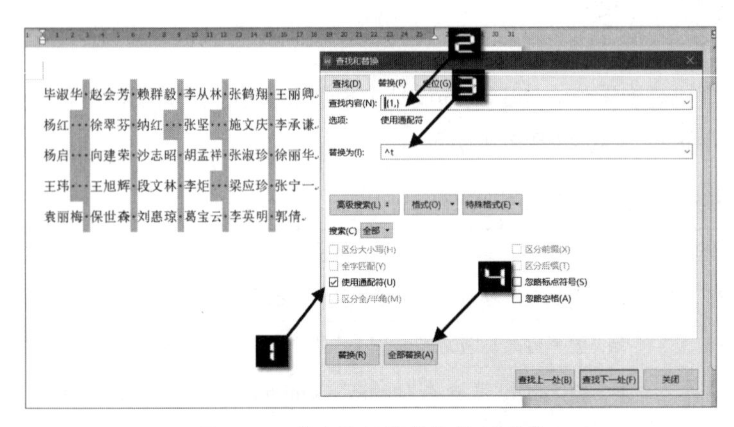

图 9-25　将空格批量替换成制表符

按<Ctrl+H>组合键打开【查找和替换】对话框，在【高级搜索】选项中选中【使用通配符】复选框，将输入法状态调整到英文半角后，在【查找内容】文本框中输入“ {1,}”（注意：在{1,}前面有一个半角空格），在【替换为】文本框中输入制表符代码“^t”，再单击【全部替换】按钮即可完成批量替换，如图 9-25 所示。

【查找内容】文本框中空格后面的代码{1,}表示前面的空格只要重复 1 次以上即被匹配到。

9.6 节所有案例均需要在【高级搜索】选项中选中【使用通配符】复选框，所有通配符代码均要在英文半角状态下输入。

9.6.2　批量在 2 个字的姓名中间添加空格

为使排版美观，希望在姓名列表中两个字的姓名中间添加一个全角空格，可以使用通配符查找替换来批量完成。

按<Ctr+H>组合键打开【查找和替换】对话框，在【查找内容】文本框中输入代码“(<?)(?>)”，在【替换为】文本框中输入代码“\1　\2”（中间包含一个全角空格），匹配两个字的姓名，单击【全部替换】即可完成替换操作，如图 9-26 所示。

替换后的效果，如图 9-27 所示。

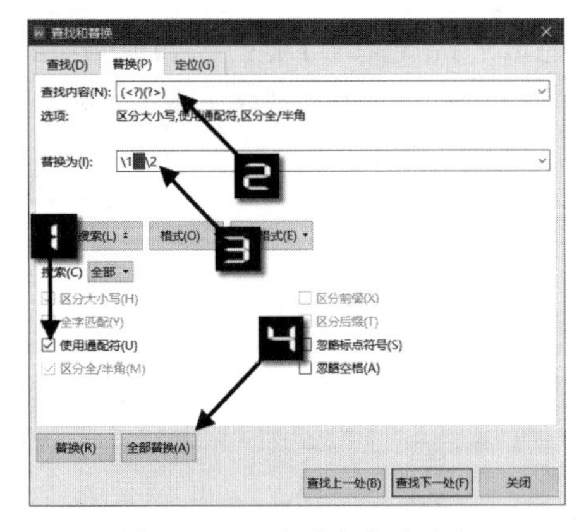

图 9-26　匹配两个字的姓名

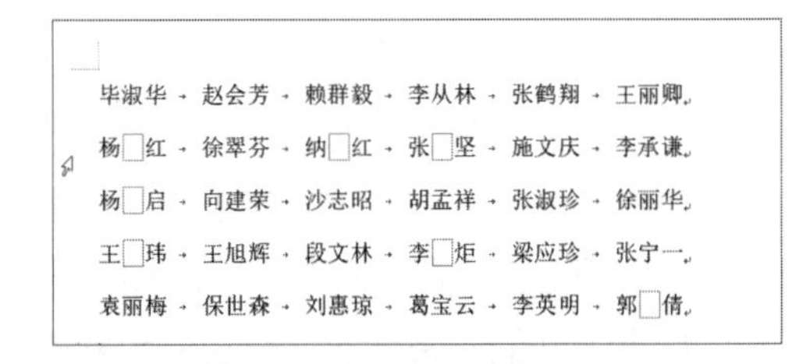

图 9-27　批量添加全角空格后的效果

代码“(<?)(?>)”用于匹配两个字的姓名，同时用半角小括号将姓名字符分成两个表达式；【替换为】文本框中的“\1”代表第 1 个表达式，“\2”代表第 2 个表达式。

9.6.3　快速对齐目录页码

在手工制作的目录中如果使用省略号来分隔页码，很难让页码对齐，如图 9-28 所示。

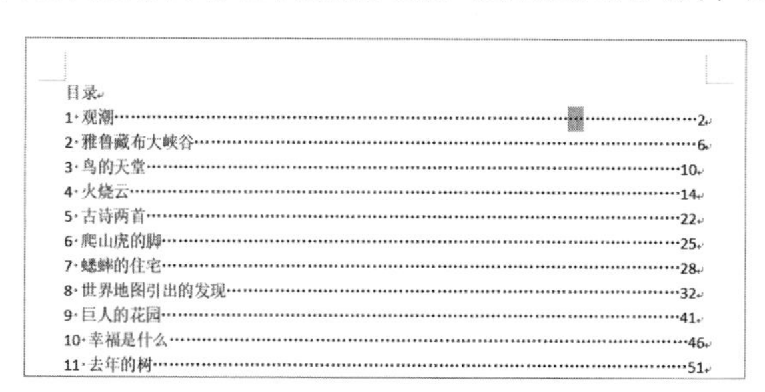
目录
1·观潮……………………………………2
2·雅鲁藏布大峡谷……………………………6
3·鸟的天堂……………………………………10
4·火烧云………………………………………14
5·古诗两首……………………………………22
6·爬山虎的脚…………………………………25
7·蟋蟀的住宅…………………………………28
8·世界地图引出的发现………………………32
9·巨人的花园…………………………………41
10·幸福是什么………………………………46
11·去年的树…………………………………51

图 9-28　手工制作的目录中的页码很难对齐

要快速对齐手工制作的目录页码，可以按以下步骤操作。

步骤① 复制一个“…”符号，然后按<Ctrl+H>组合键打开【查找和替换】对话框。

步骤② 在【查找内容】文本框中输入代码“…{1,}”，在【替换为】文本框中输入代码“^t”，然后单击【格式】→【制表位】。

步骤③ 在弹出的【替换制表位】对话框中设置制表位，如将制表位位置设置为 37 字符，【对齐方式】设置为左对齐，选择一种前导符，单击【设置】按钮即可完成制表位的设置。

步骤④ 单击【确定】按钮返回【查找和替换】对话框，单击【全部替换】按钮完成对齐操作，如图 9-29 所示。

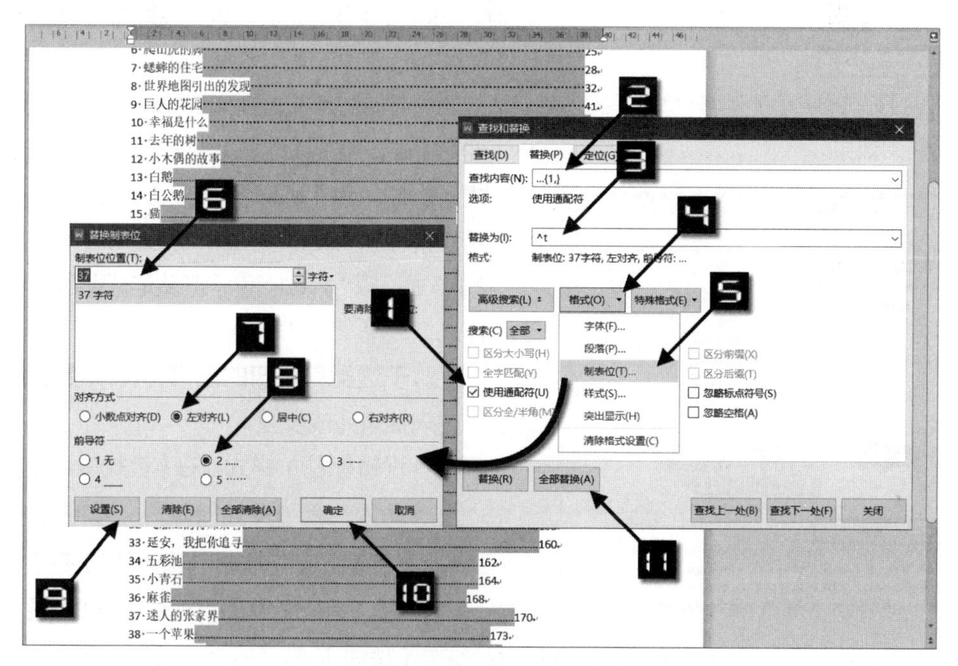

图 9-29　手工制作的目录中的省略号替换成制表位

最终效果如图 9-30 所示。

目录

图 9-30　手工制作的目录页码对齐效果

9.6.4　批量为标题段落设置标题样式

第 2 章·综合布线系统

2.1·总体概述

近年来，信息处理系统发展迅速，对信息传输的快速、便捷、安全性和稳定可靠性要求高。在新建办公楼中，所建网络要求对内适应不同的网络设备、主机、终端、PC 及外部设备，可构成灵活的拓扑结构，有足够的系统扩展能力，对外通过与国家公共数据网，综合业务数字网与国内外新闻机构、信息中心相连，组成全方位多通道的信息访问系统。总之，既要适应当前信息处理的需要，又充分考虑到信息系统未来的发展趋势。

综合布线系统采用模块化设计，物理上为星形结构，逻辑上为总线结构，这样既有利于系统连接和扩充，保持很高的灵活性；同时也能保证信息传输的高速率。标准上符合 EIA/TIA568 商用建筑物配线标准和常用通信标准，兼容多个厂家的产品设备，支持各种模拟信号、数字信号、语音、数据和图像的传递以及控制信号和弱电信号的应用。

2.2·系统架构组成、组网示意图

2.3·子系统概述

2.3.1.工作区子系统

综合布线系统是大楼智能化系统的基础，作为通信系统的主要物理支持平台的结构化综合布线是系统建设的重点。大楼的综合布线系统必须要满足大楼信息化管理的要求。结构化布线系统的大部分子系统都位于建筑物内部，一旦完成建设将很难变更系统的结构并对系统进行升级，所以在建设初期就明确结构化布线系统作为一个基础的物理平台，需要具有一定

图 9-31　手动编号未应用标题样式的文档

如图 9-31 所示，该文档中所有的标题都没有使用标题样式，而且标题编号是手动输入。为了便于修改各级标题的格式和生成自动化的目录，现在需要对各级标题段落分别设置对应的标题样式。例如，以“第 n 章……”开头的段落应用【标题 1】样式，以“1.1……”开头的段落应用【标题 2】样式，以“1.1.1……”开头的段落应用【标题 3】样式。

对于这类有规律的段落，可以使用查找替换功能来批量完成设置。

步骤① 设置标题 1 样式。在【查找内容】文本框中输入“第 [0-9]{1,} 章”，再将光标定位到【替换为】文本框不输入任何内容，然后在【查找和替换】对话框中依次单击【格式】→【样式】。

步骤② 在弹出的【替换样式】对话框中，在【查找样式】列表中选择【标题 1】样式，然后单击【确定】按钮返回【查找和替换】对话框。

步骤③ 单击【全部替换】按钮完成操作，如图 9-32 所示。

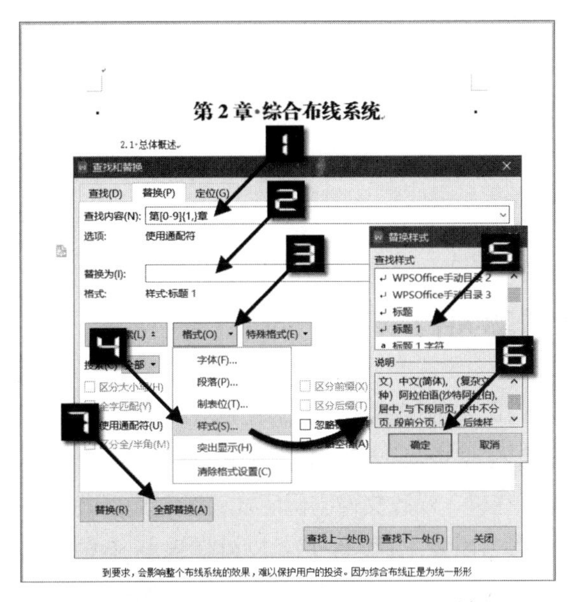

图 9-32 批量为一级标题应用标题 1 样式

代码“[0-9]”表示 0~9 任意一个数字，“{1,}”表示 0~9 任意一个数字只要连续出现一次以上，WPS 文字就会查找匹配到。

因为样式是字体、段落等格式的一个集合，所以不用匹配整个段落也可以对整个段落进行格式修改。

要查找以“1.1……”开头的标题段落则可以使用代码“[0-9]{1,}.[0-9]{1,}”，要查找以“1.1.1……”开头的标题段落则可以使用代码“[0-9]{1,}.[0-9]{1,} .[0-9]{1,}”，在【替换为】文本框中只需要调整应用的标题样式即可。

根据本书前言的提示，可观看使用通配符进行查找替换的视频讲解。

第 10 章　文档的保护与打印

本章重点介绍文档在保存、传递过程中的保护设置、打印等注意事项。

本章学习要点

（1）为文档设置密码
（2）限制编辑
（3）文档字体不变形
（4）文档打印

10.1　为文档设置密码

通过为文档设置密码，可以有效保护文档，防止别人偷窥文档或恶意篡改文档。WPS 文字可以为文档设置打开文件密码和修改文件密码。通过设置打开文件密码，可以阻止无关人员查看文档的内容；拥有修改权限的人，在输入修改文件密码后才可以对文档进行编辑操作。

要为文档设置密码，可以依次单击【文件】→【文件信息】→【文件加密】，在弹出的对话框中，分别输入打开文件和修改文件密码，单击【确定】按钮即可，如图 10-1 所示。

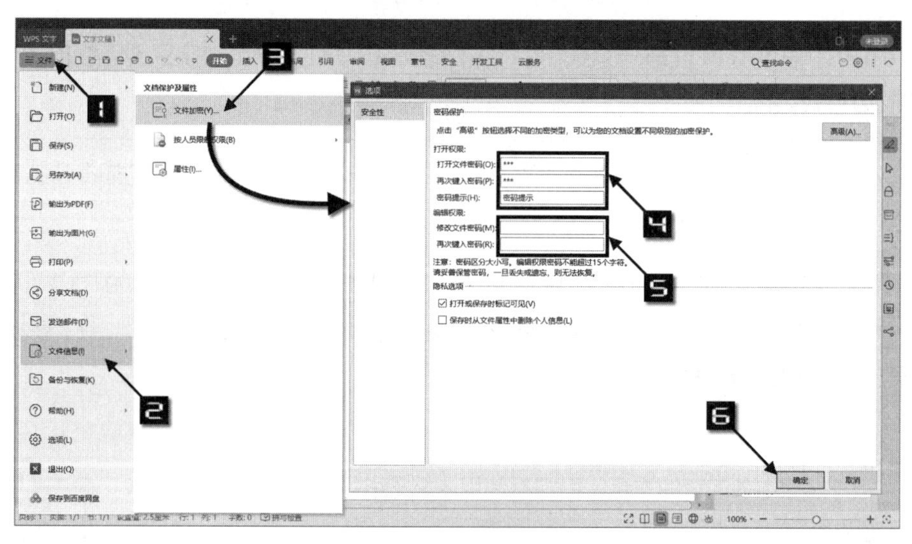

图 10-1　为文档设置密码

在输入打开文件密码时，可以输入密码提示语，如果输入两次错误的密码，WPS 文字会显示密码提示语，帮助用户回忆密码，如图 10-2 所示。

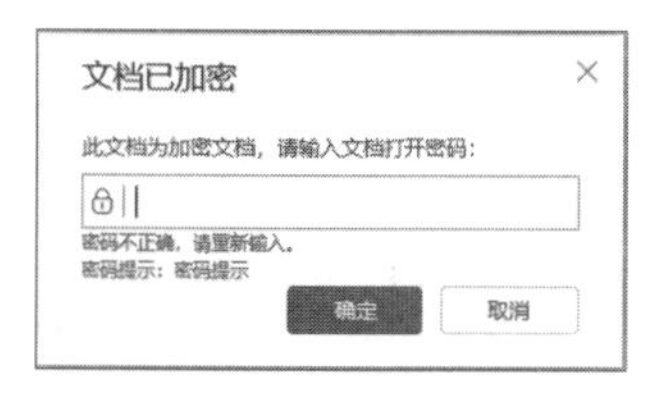

图 10-2　密码提示

10.2　限制编辑

10.2.1　限制对样式格式的编辑

为了保护文档格式不被修改，可以使用限制编辑功能来对样式格式进行保护。设置方法如下。

步骤① 依次单击【审阅】→【限制编辑】，打开【限制编辑】窗格。

步骤② 在【限制编辑】窗格中，选中【限制对选定的样式设置格式】复选框，然后单击【设置】按钮，打开【限制格式设置】对话框。

步骤③ 在【限制格式设置】对话框的左侧列表中列出了该文档当前允许使用的样式，将希望保护的样式选中，单击【限制】按钮添加到右侧【限制使用的样式】列表中。单击【全部限制】可以将除正文外所有的样式添加到【限制使用的样式】列表中，如图 10-3 所示。

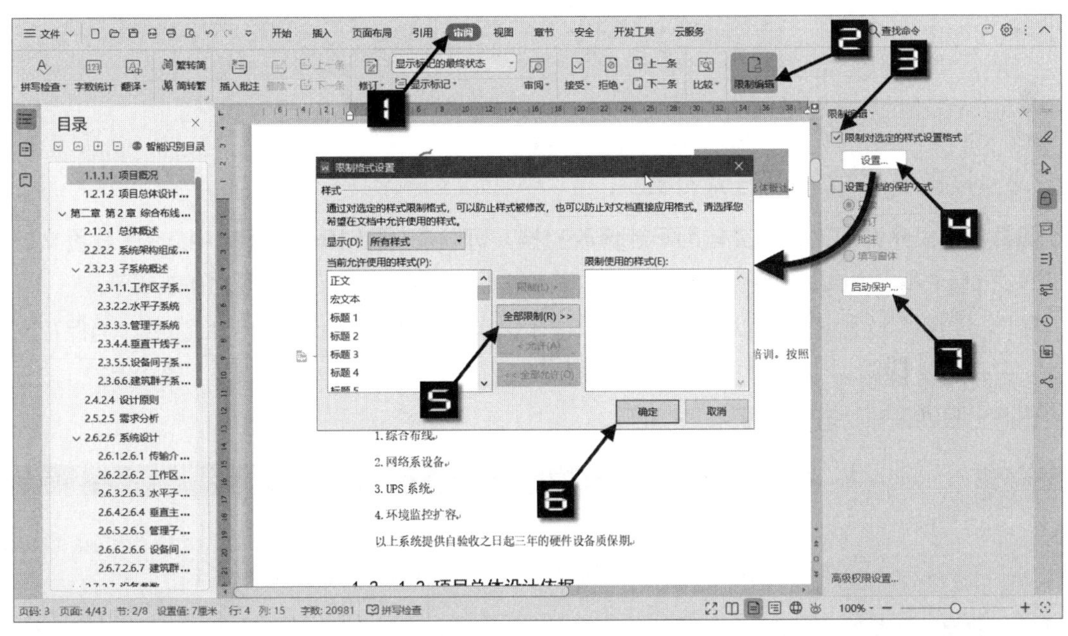

图 10-3　限制对样式格式的编辑

步骤④ 在【限制编辑】窗格中单击【启动保护】按钮，在弹出的【启动保护】对话框中输入保护密码，再单击【确定】按钮，如图 10-4 所示。

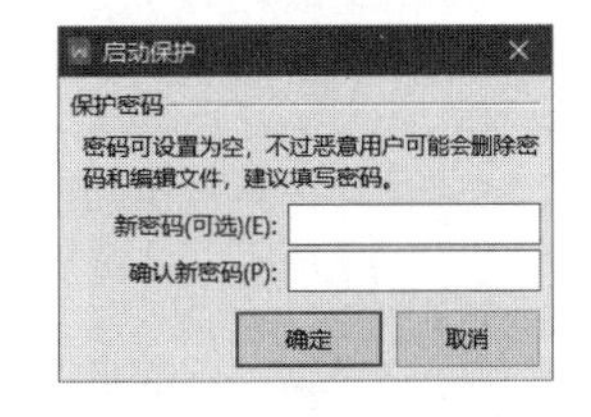

图 10-4　设置保护密码

退出【启动保护】对话框后，设置的限制编辑立即生效。此时，【开始】选项卡中的【字体】【段落】【样式】等命令按钮都处在不可用状态，在下方的状态栏中显示橙色的“限制编辑”提示文字。

单击【限制编辑】窗格中的【停止保护】按钮，并输入密码，即可取消对文档样式的保护，如图 10-5 所示。

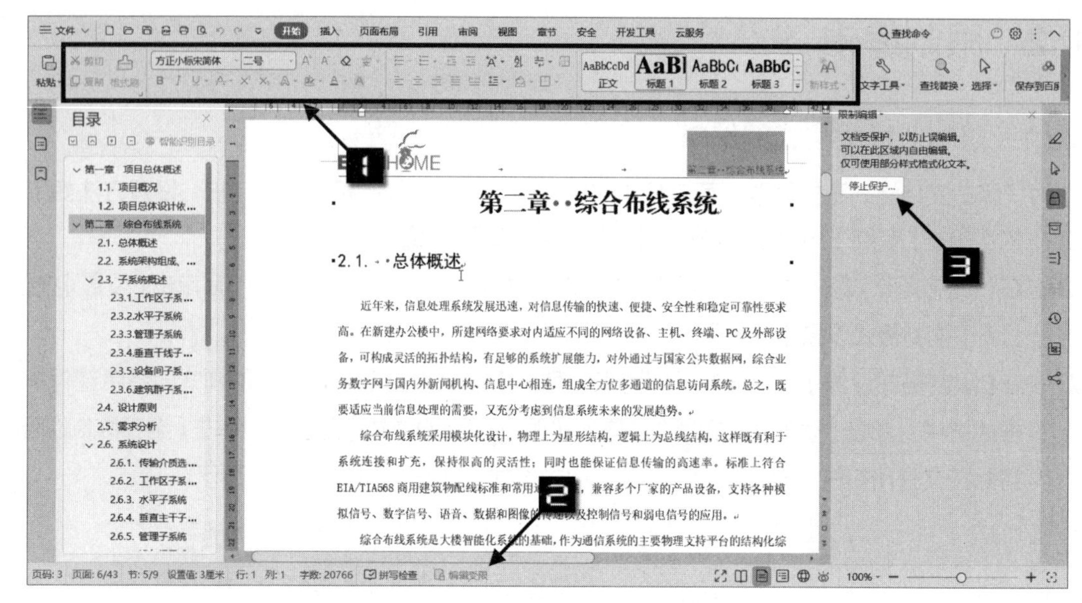

图 10-5　启用限制编辑后的【开始】选项卡和【停止保护】按钮

10.2.2　设置文档以只读方式打开

如果希望只允许他人阅读文档而不能修改文档，可以在【限制编辑】窗格中选中【设置文档的保护方式】复选框，并单击【只读】单选按钮，再单击【启动保护】按钮，如图 10-6 所示。

在【启动保护】对话框中输入保护密码，单击【确定】按钮限制编辑功能立即生效，当保存文档后再次打开时就只能以“只读”方式来查看文档。要想重新编辑文档，必须单击【停止保护】按钮输入密码退出限制编辑状态，如图 10-7 所示。

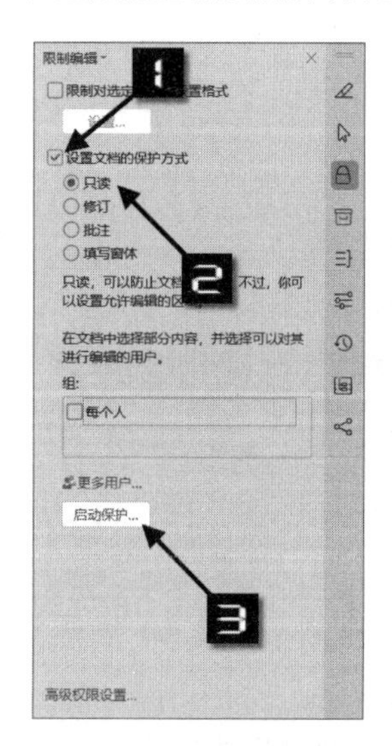

图 10-6　为文档设置“只读”保护方式

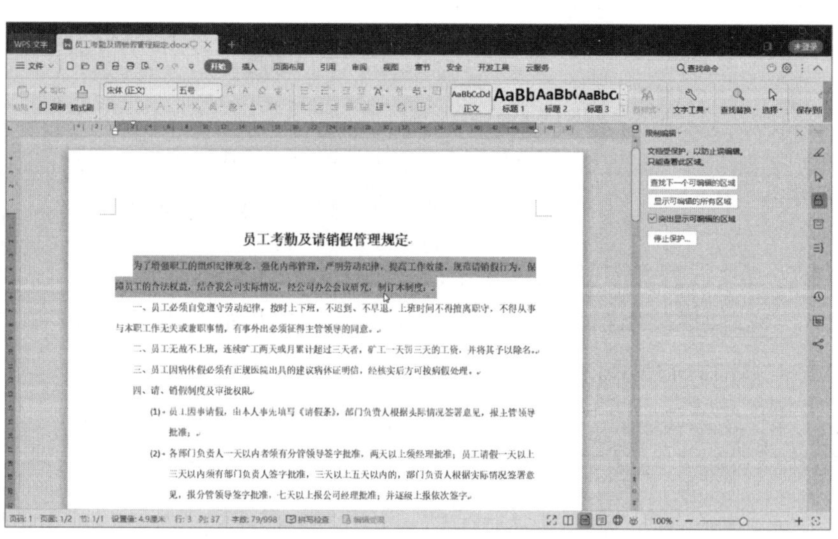

图 10-7　以只读方式打开文档

10.2.3　只能在指定的区域编辑文档

对一些具有固定格式的文档，比如员工信息登记表，只想让员工填写项目内容，而其他部分则不想被误修改，借助限制编辑功能可以实现这一效果，操作步骤如下。

步骤① 打开文档“员工信息登记表.docx”，按住<Ctrl>键，将需要员工填写的单元格全部选中。

步骤② 在【限制编辑】窗格中选中【设置文档的保护方式】复选框，并单击【只读】单选按钮，选中【每个人】复选框，再单击【启动保护】按钮，并设置保护密码即可，如图 10-8 所示。

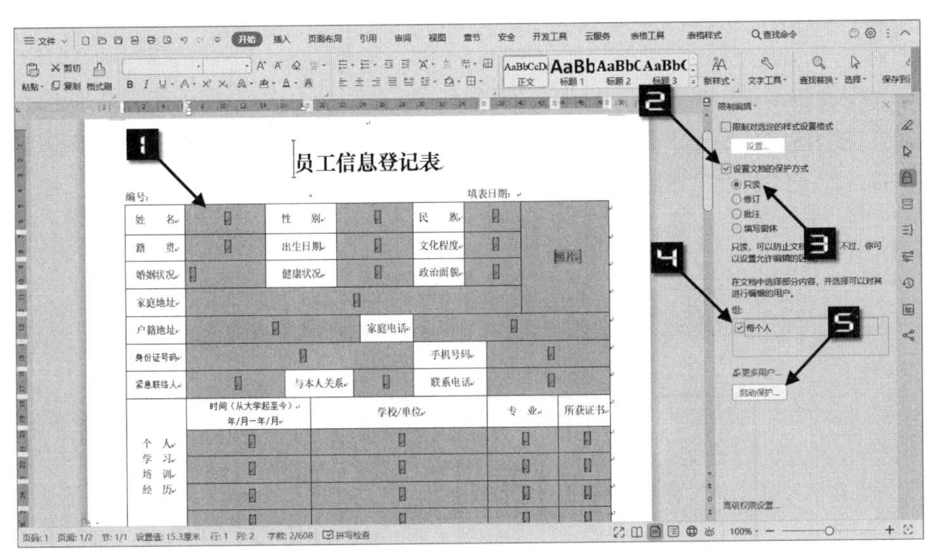

图 10-8　设置只能在指定区域编辑文档

启动保护后，刚才选中的单元格区域就会被标黄突出显示，并且可以任意编辑，而其他位置则无法修改，如图 10-9 所示。

图 10-9　启用文档保护的表格

根据本书前言的提示，可观看文档保护设置技巧的视频讲解。

10.3 让文档字体不变形

当计算机中没有文档中使用的字体时，WPS文字会自动匹配较为接近的字体来显示文档，这有可能造成文档字体显示变形。如一篇使用了“仿宋_GB2312”字体的文档，在没有安装该字体的计算机中打开，显示的效果是不同的，如图10-10所示。

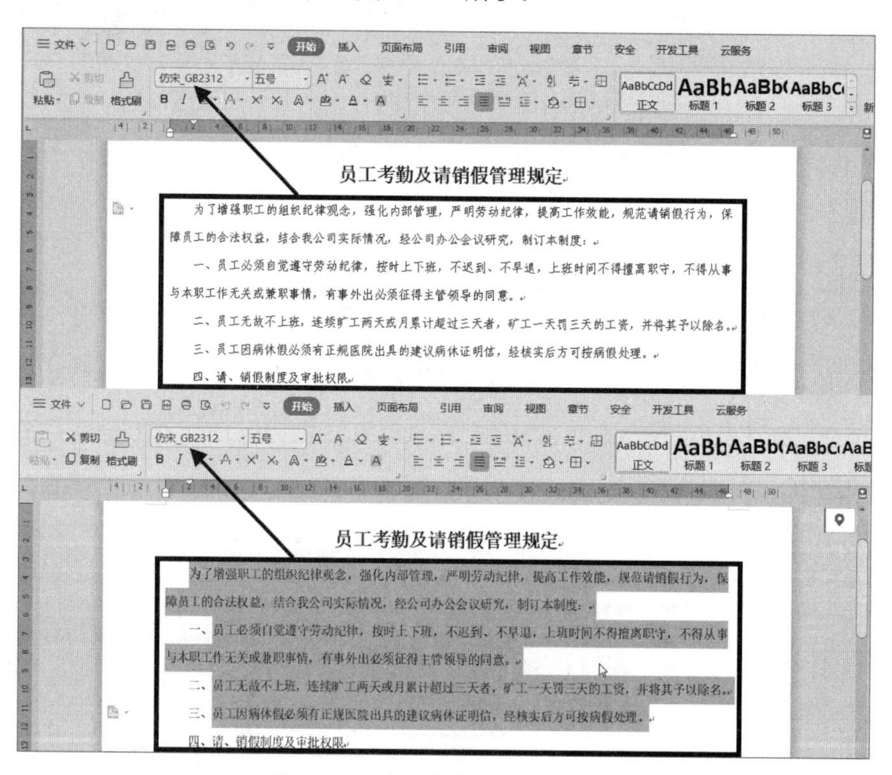

图 10-10　字体缺失前后显示对比

为了避免发送给他人的文档字体变形，可以用以下两种方法。

10.3.1 将字体嵌入文件

打开文档后，依次单击【文件】→【选项】，在弹出的【选项】对话框中单击【常规与保存】，单击勾选【将字体嵌入文件】复选框，同时再勾选【仅嵌入文档中所用的字符（适于减小文件大小）】和【不嵌入常用系统字体】两个复选框，单击【确定】按钮退出对话框，如图10-11所示，最后再按<Ctrl + S>组合键保存文档即可。

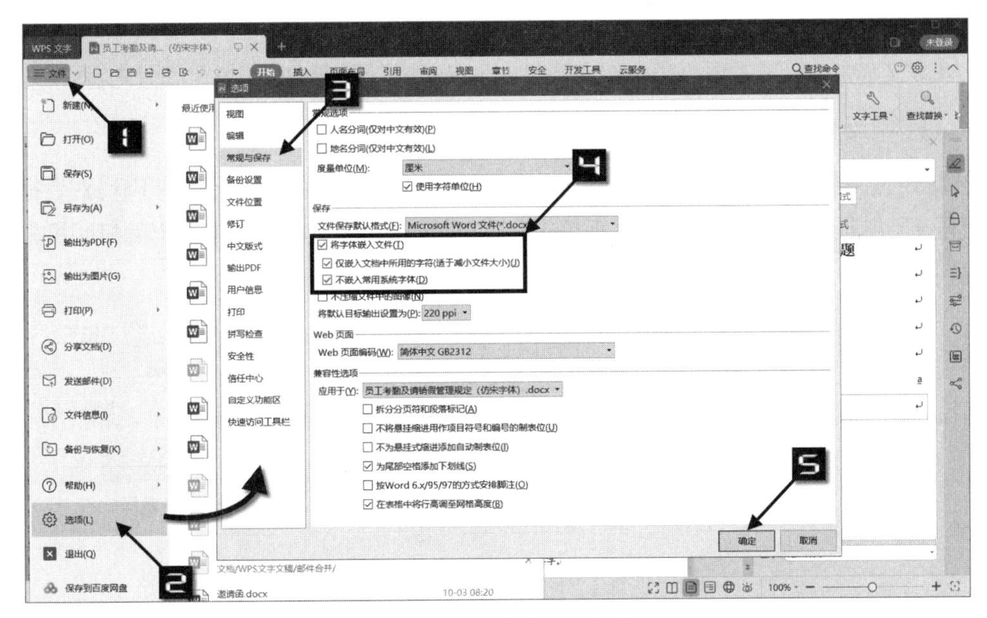

图 10-11　将字体嵌入文件

10.3.2　将文档输出为 PDF

将文档输出为PDF格式，既可以防止文档出现字体变形等格式问题，还可以防止他人篡改文档。

依次单击【文件】→【输出为PDF】，在弹出的【输出PDF文件】对话框中，指定保存目录后，再单击【确定】按钮即可将文档输出为PDF格式的文档，如图 10-12 所示。

另外，在【输出PDF文件】对话框中单击【权限设置】选项卡，还可以为输出的PDF文档设置打开密码和编辑权限，如图 10-13 所示。

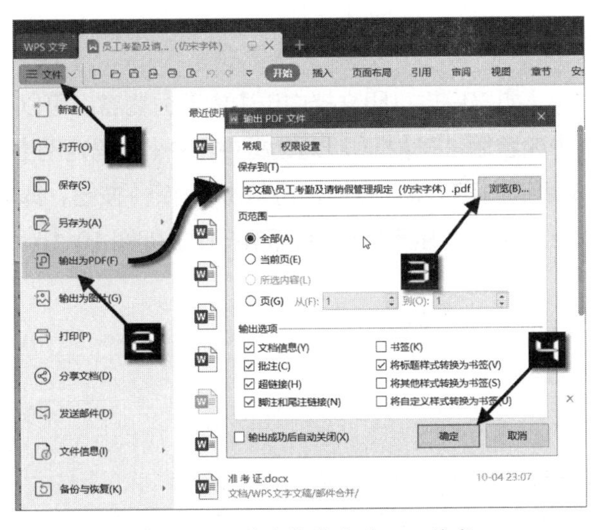

图 10-12　将文档输出为 PDF 格式

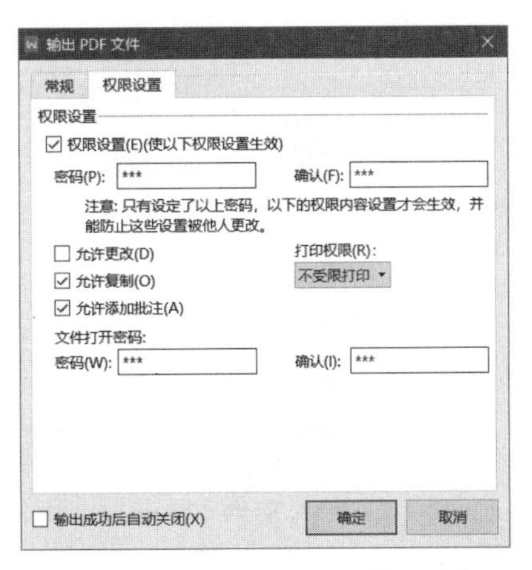

图 10-13　为输出的 PDF 文件设置权限

10.4　打印指定部分内容

在WPS文字中，当不需要打印全部文档时，可以通过以下方法打印指定部分内容。

10.4.1　打印当前页

将光标定位到要打印的页面，然后单击左上角的【打印】按钮，在弹出的【打印】对话框中选中【页码范围】下的【当前页】单选按钮，再单击【确定】按钮，即可将当前页输出到打印机打印，如图 10-14 所示。

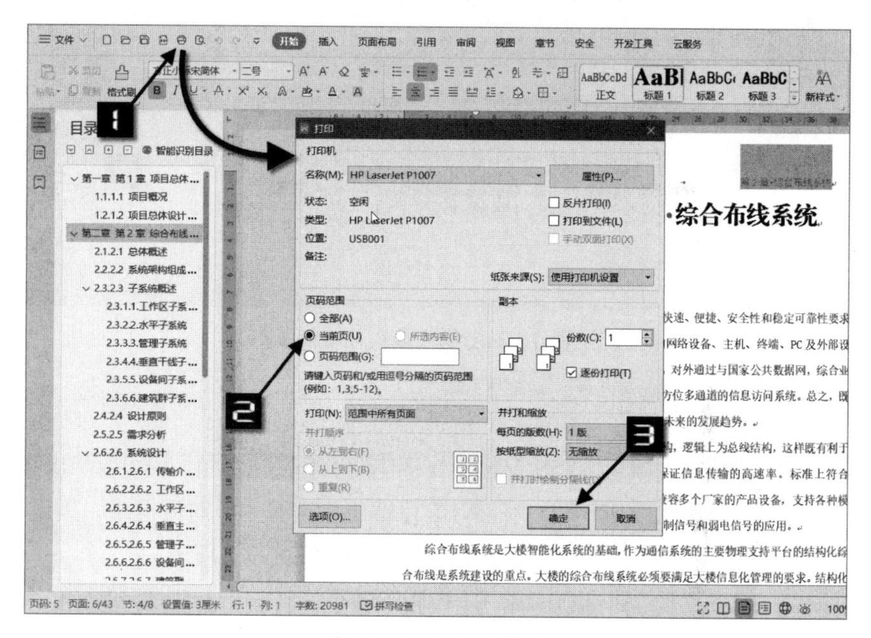

图 10-14　打印当前页

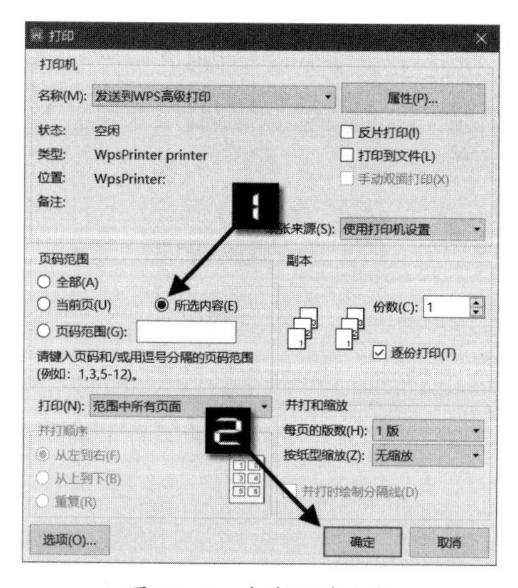

图 10-15　打印所选内容

10.4.2　打印所选内容

如果只想打印文档中选中的部分内容，可以在选中内容后，在【打印】对话框中选中【页码范围】下的【所选内容】单选按钮，再单击【确定】按钮，即可将当前选中的内容输出到打印机打印，如图 10-15 所示。

10.4.3　按指定页码范围打印

如果想按指定的页码范围打印文档，可以在【打印】对话框中选中【页码范围】下的【页码范围】单选按钮，并在后面的文本框中输入要打印的页码范围，再单击【确定】按钮即可。

在输入页码范围时，既可以使用半角逗号分别输入要打印的页码数，如输入“1,3,5”。也可以使用短横杠指定一个页码范围，如“8-12”，通过这种方式可以实现跨页打印，如图 10-16 所示。

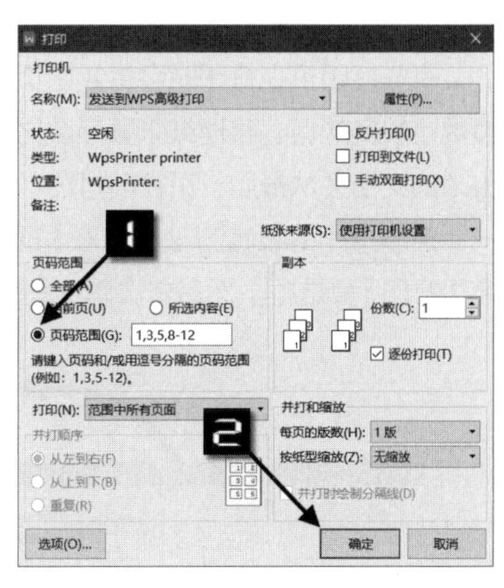

图 10-16　按指定页码范围打印文档

10.5　并打与缩放

为了节约纸张，有时需要在一张纸上打印两页甚至更多内容。操作步骤为：打开【打印】对话框，在【每页的版数】下拉列表中选择【2 版】，然后在左侧的【并打顺序】单选列表中选择一种并打顺序，单击【确定】按钮即可完成打印，如图 10-17 所示。这里的【每页的版数】指的是每张纸上要打印的文档页面数量，最多可以设置 32 版，即最多可以将 32 页内容合并打印在一张纸上。

通过【按纸型缩放】功能可以将已经完成排版的其他纸型文档打印到指定类型的纸张上。比如，有一篇 A3 纸型的文档，现在要在最大支持打印 A4 纸的打印机上打印，可以这样设置：打开【打印】对话框，在【并打和缩放】命令组的【按纸型缩放】下拉列表中选择【A4】纸型，再单击【确定】即可，如图 10-18 所示。

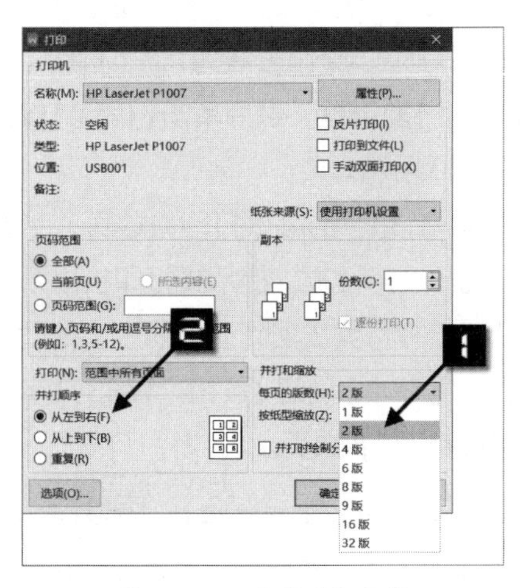

图 10-17　设置并打文档

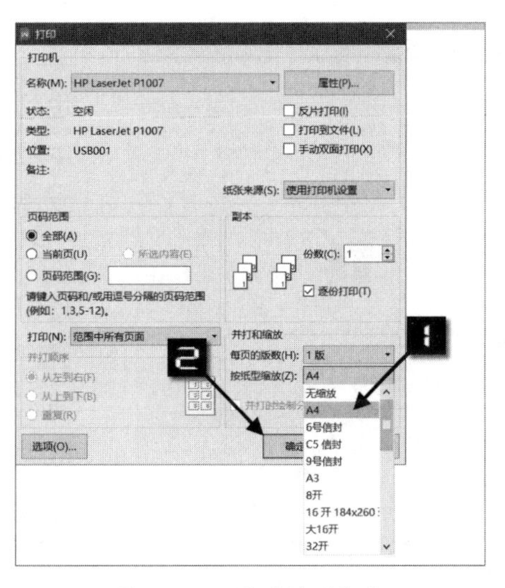

图 10-18　设置缩放打印

10.6 逆序打印

有些打印机在打印时会将起始页压在最底层，当文档打印完需要手动调整页码顺序。如果文档页数比较多的话，整理纸张顺序会比较麻烦。此时可以使用逆序打印的方式来打印文档，这样打印出来的文档会从最后一页往前打印，打印后不需要另行调整纸张的顺序。

逆序打印的设置方法是，在【打印】对话框中单击【选项】按钮，在【选项】对话框中选中【逆序页打印】复选框，然后依次单击【确定】按钮完成文档打印，如图 10-19 所示。

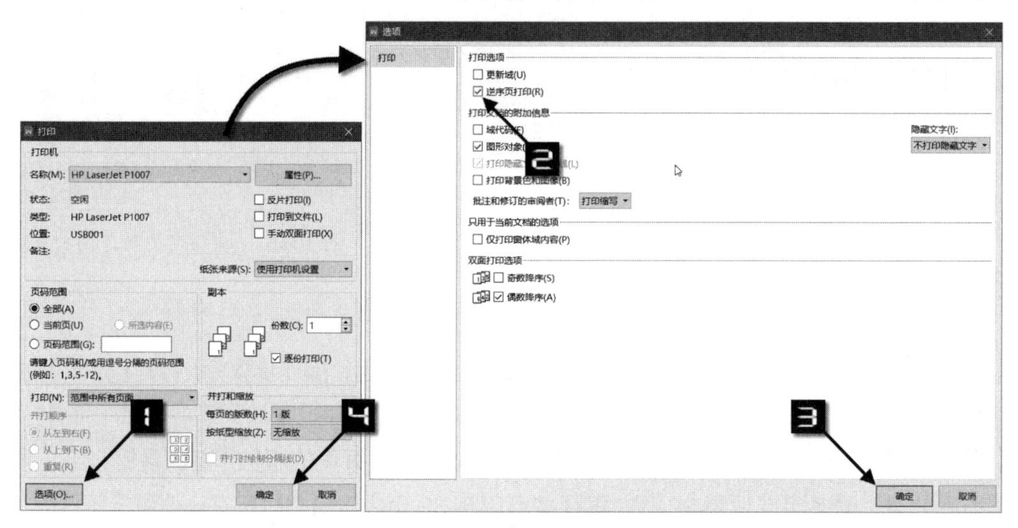

图 10-19　设置逆序打印

10.7 文档的双面打印

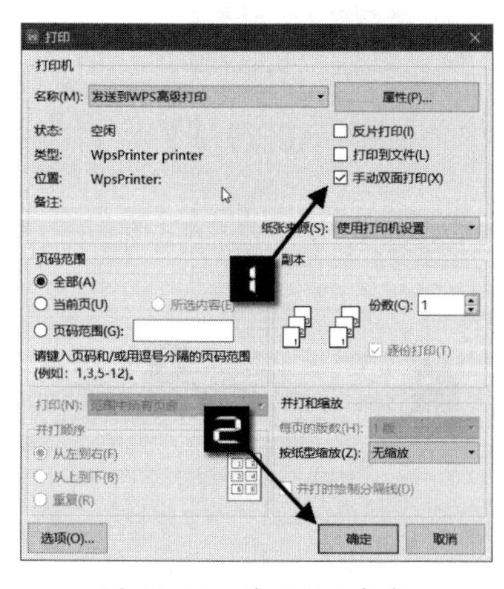

图 10-20　手动双面打印

即使没有支持直接双面打印的打印机，使用WPS文字也可以轻松完成双面打印，操作方法为：在【打印】对话框中单击【手动双面打印】复选框，然后单击【确定】按钮进行文档打印，如图 10-20 所示。

此时文档会按照“1,3,5”的顺序打印奇数页，当奇数页打印完成后，会出现一个对话框，提示将打印机出纸器中已经打印好一面的纸取出并将其放回到送纸器中，如图 10-21 所示。将纸放好后，再单击【确定】按钮，WPS文字会直接以“6,4,2”的顺序逆序打印偶数页。

如果文档的总页数是单数，在打印偶数页时，需要将最后一页取出，不要放入打印机中。

如果要改变偶数页的打印顺序，请在【打印】对话框中单击【选项】按钮，在弹出的【选项】对话框中修改设置，如图 10-22 所示。

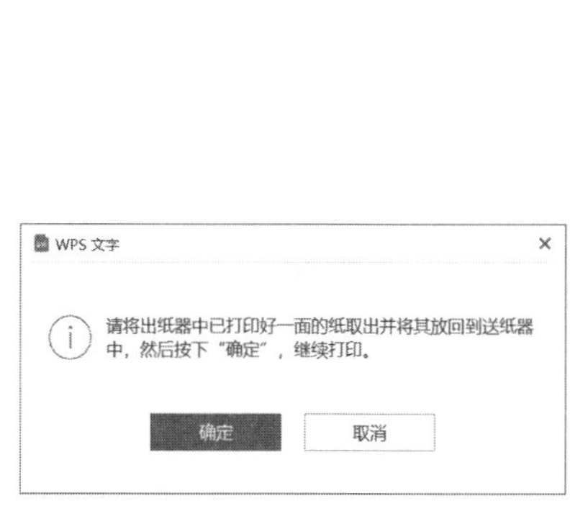

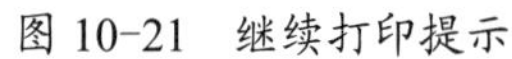
图 10-21　继续打印提示

图 10-22　双面打印选项

10.8　书籍折页打印

所谓书籍折页打印，就是将一张纸双面打印 4 页内容，然后横向对折成手册，模仿书籍翻页的排版效果。现在以将A4 纸型的文档打印成A5 纸手册为例，来演示设置方法。在【页面布局】选项卡中单击【页面设置】对话框启动按钮，弹出【页面设置】对话框。切换到【页边距】选项卡中，将纸张方向设置为“横向”，然后在【页码范围】组中将【多页】设置为“书籍折页”，将【每册中的页数】设置为 4，再单击【确定】按钮即可完成书籍折页效果的设置，如图 10-23 所示。

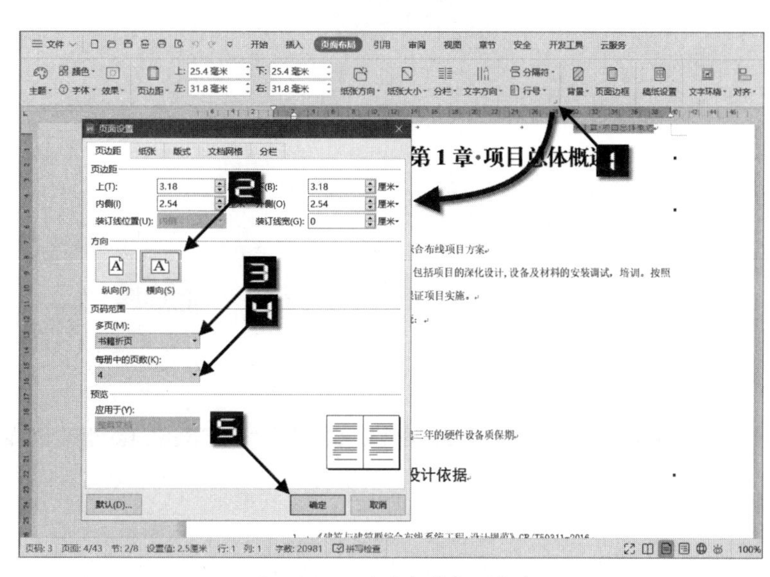

图 10-23　设置书籍折页打印

完成设置后，直接采用双面打印即可。建议先将文档打印到【WPS高级打印】虚拟打印机，查看打印效果，确认无问题后再打印文档。

10.9 WPS 高级打印

【WPS高级打印】虚拟打印机是WPS文字自带的功能，对于包含复杂排版的文档（如书籍折页打印），在实际打印前，可以先将文档输出到【WPS高级打印】虚拟打印机，通过【WPS高级打印】虚拟打印机可以查看文档的实际打印效果。

将文件输出到【WPS高级打印】虚拟打印机的方法是：打开【打印】对话框，单击打印机名称下拉列表中的【发送到WPS高级打印】，然后单击【确定】按钮即可，如图 10-24 所示。

图 10-24　发送到WPS高级打印

稍等片刻，WPS文字完成数据输出后，会自动打开“WPS高级打印”程序，并显示虚拟打印的文档页面效果，如图 10-25 所示。

如果文档打印效果没有问题，可以通过【WPS高级打印】直接打印文档，也可以直接打印指定的页面。这对打印设置了书籍折页的文档时防止打印机卡纸非常有用。

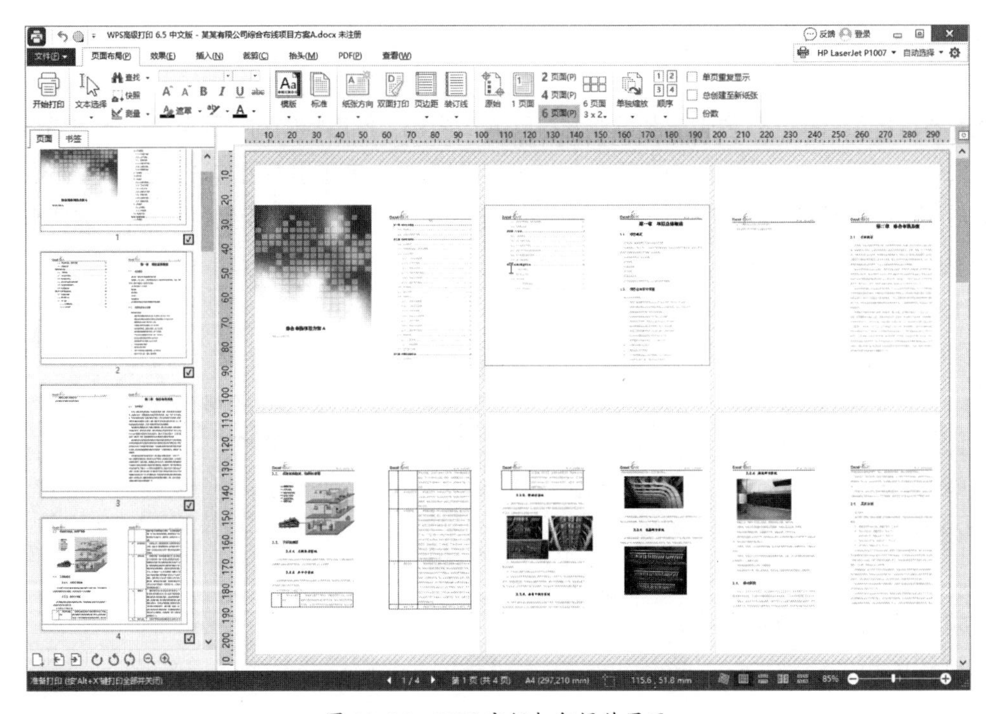

图 10-25　WPS 高级打印操作界面

根据本书前言的提示，可观看文档打印设置技巧的视频讲解。

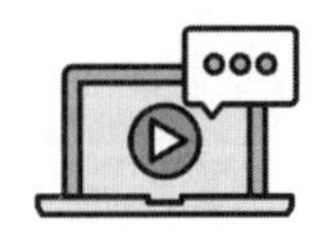

第二篇

WPS表格

WPS表格能够进行各种数据的处理、统计、分析等操作，广泛应用于管理、财经、金融等众多领域。

本篇从WPS表格的工作环境和基本操作开始介绍，通过多个具体实例，全面讲解数据录入、格式设置、排序、筛选、分类汇总、数据有效性、条件格式、数据透视表、函数公式及图表图形等知识点，帮助读者灵活有效地使用WPS表格来处理工作中遇到的问题。

第 11 章　数据输入

数据输入是一项基础工作，如果不遵循一定的章法，不但效率低下，而且会对后续的数据统计汇总带来很多麻烦。本章主要学习数据输入有关的内容。

本章学习要点

（1）工作簿与工作表有关的操作。
（2）数据类型。
（3）常见的不规范数据表格。
（4）数据录入的常用方法和技巧。
（5）使用数据有效性约束输入的内容。

11.1　工作簿和工作表有关的操作

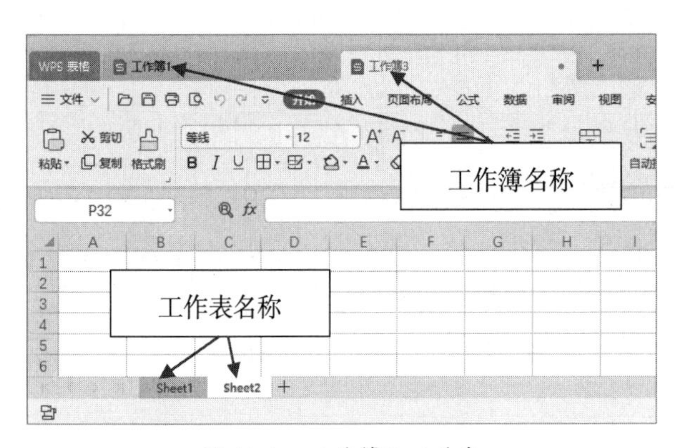

图 11-1　工作簿和工作表

工作簿是指在WPS表格中用来储存并处理数据的文件，后缀名通常是“.et”“.xlsx”“.xlsm”或“.xls”。工作表是工作簿的组成部分，如果将工作簿看作一本书，一个工作表就相当于图书中的一页。一本书可以有很多页，一个工作簿也允许有很多个工作表。在WPS表格窗口上方有几个标签，就表示有几个工作簿；在下方有几个标签，就表示有几个工作表，如图 11-1 所示。

11.1.1　工作簿有关的操作

➲ Ⅰ　新建与保存工作簿

用户可以根据自己的使用习惯，将WPS窗口设置为“整合模式”或“多组件模式”。在WPS首页中依次单击【设置】→【设置】，在弹出的【设置中心】标签页单击【切换窗口管理模式】，选择一种窗口模式，最后单击【确定】按钮，如图 11-2 所示。

使用“整合模式”时，桌面仅显示一个“WPS 2019”的图标。如需新建一个工作簿，需要双击该图标，然后在弹出的WPS窗口中依次单击【新建】或【从模板中新建】→【表格】→【空白表格】，如图 11-3 所示。

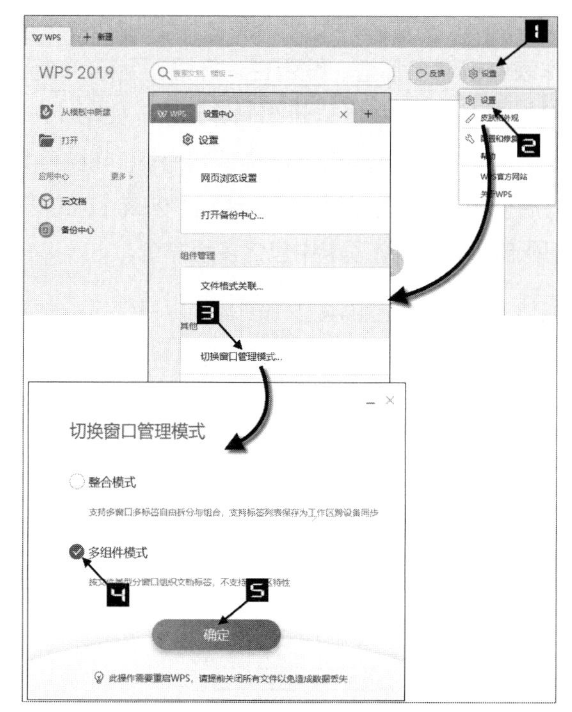

图 11-2　切换窗口管理模式

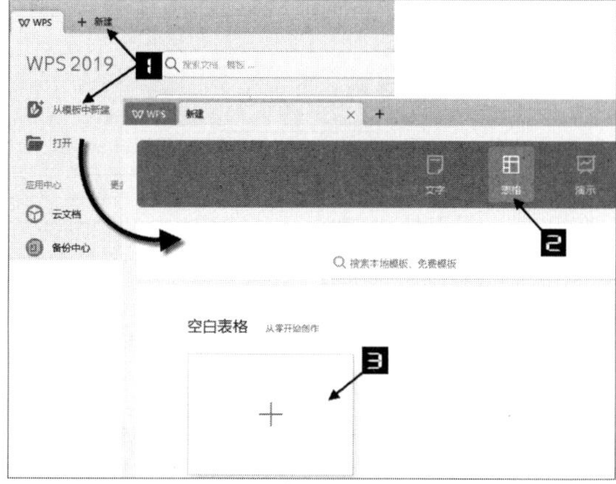

图 11-3　在【整合模式】下新建工作簿

使用“多组件模式”时，桌面会分别显示“WPS表格”“WPS文字”“WPS演示”和“金山PDF”共四个图标。双击桌面的“WPS表格”图标，然后在弹出的WPS窗口中单击【新建】按钮，即可新建一个空白工作簿。

当用户在新建工作簿中进行编辑操作后，需要单击工作簿窗口左上角的【保存】按钮 或按<Ctrl+S>组合键，在弹出的【另存为】对话框中，选择文件保存的位置，然后输入文件名，选择保存的文件类型，最后单击【保存】按钮，如图 11-4 所示。

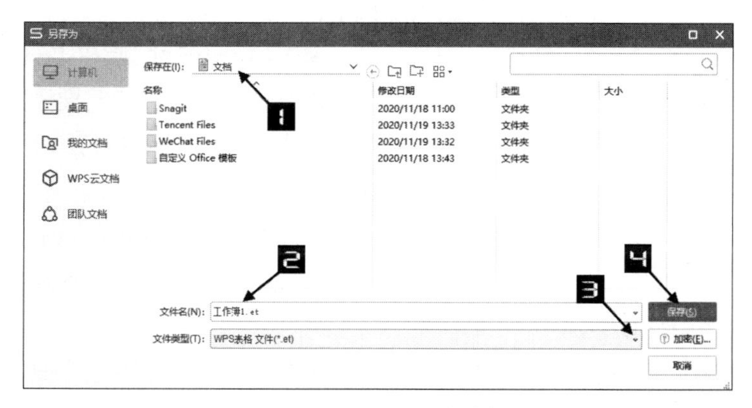

图 11-4　保存工作簿

如果是在原有文件基础上进行编辑，按保存按钮或按<Ctrl+S>组合键时，用户所做的修改就会保存到原有文档中。

➲ II 认识 WPS 表格的工作界面

新建的WPS工作簿默认包含一个工作表，工作表中包含名称框、编辑栏、行号、列标、单元格、工作表标签、滚动条、录制宏、视图切换按钮和护眼模式开关、显示比例等元素，如图 11-5 所示。

工作表上方是由多个选项卡构成的功能区，包括【开始】【插入】【页面布局】【公式】【数据】【审阅】【视图】【安全】【开发工具】及【云服务】选项卡，每一个选项卡中包含多组命令。

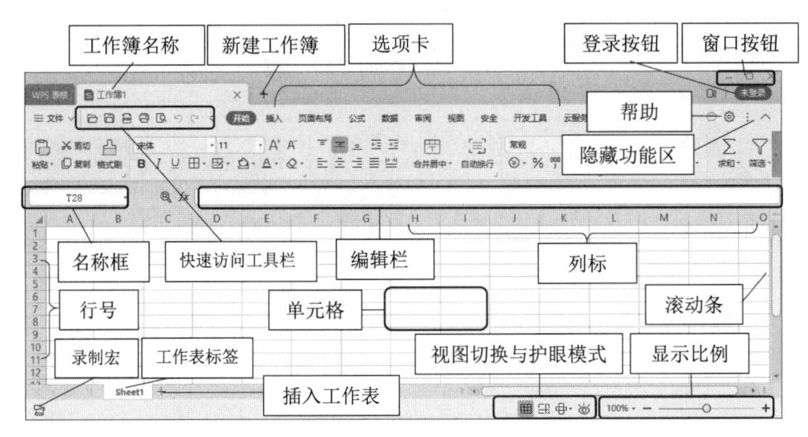

图 11-5 WPS表格的界面

➲ III 自定义功能区和快速访问工具栏

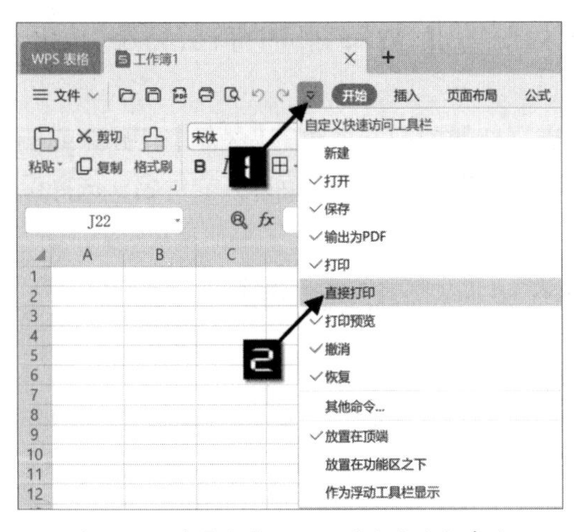

图 11-6 在【快速访问工具栏】添加命令

【快速访问工具栏】位于功能区上方，该工具栏始终显示并且可自定义其中的命令。除了默认的【打开】【保存】【输出为PDF】【打印】【打印预览】【撤销】和【恢复】等命令按钮外，还可以在【快速访问工具栏】添加一些常用命令，方法如下。

单击【快速访问工具栏】右侧的下拉按钮，在弹出的快捷菜单中单击需要添加的命令，如【直接打印】，即可将【直接打印】按钮添加到【快速访问工具栏】，如图 11-6 所示。

当需要在【快速访问工具栏】上删除某个按钮时，可以右击该按钮，在弹出的快捷菜单中选择【从快速访问工具栏删除】命令。

用户还可以根据需要添加更多的常用命令，依次单击【快速访问工具栏】→【其他命令】，打开【选项】对话框【快速访问工具栏】选项卡。

在左侧【可以选择的选项】下拉列表中选中需要添加的命令，例如【重算活动工作簿】，依次单击【添加】→【确定】，该命令即被添加到【快速访问工具栏】中，如图 11-7 所示。

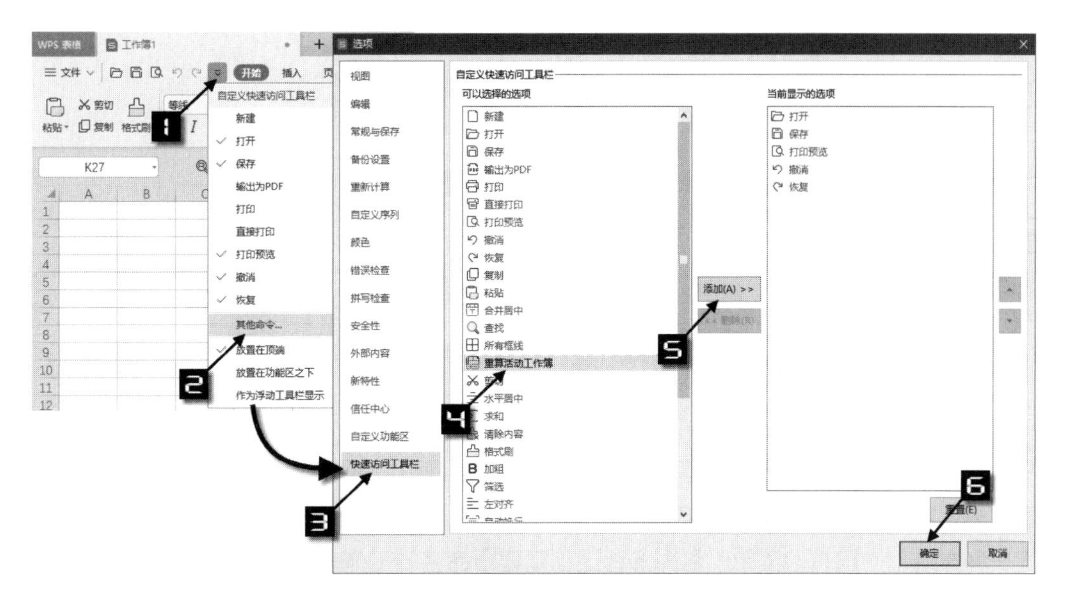

图 11-7　使用【其他命令】为快速访问工具栏添加常用按钮

11.1.2　工作表有关的操作

➲ Ⅰ　插入工作表

新建的工作簿中默认只有一张工作表，如需增加工作表，可以使用以下几种方法。

（1）使用功能区按钮新增工作表。在【开始】选项卡下依次单击【工作表】→【插入工作表】。在弹出的【插入工作表】窗口的“插入数目”文本框中输入需要插入的工作表数量，默认为“1”。单击【确定】按钮完成操作，如图 11-8 所示。

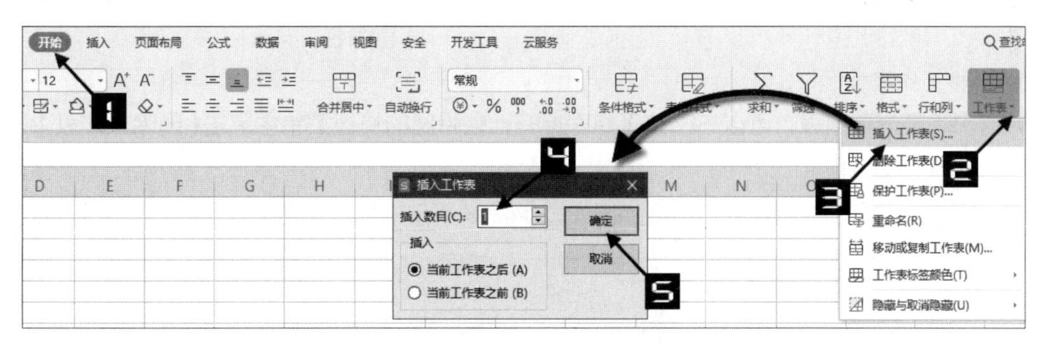

图 11-8　使用功能区按钮新增工作表

（2）使用右键菜单插入工作表。光标移动到工作表标签“Sheet1”处并右击，在弹出的快捷菜单中单击【插入】命令。单击【插入工作表】窗口中“插入数目”文本框右侧的上下箭头按钮，调整需要插入的工作表数量。单击【确定】按钮完成操作，如图 11-9 所示。

（3）使用鼠标操作插入工作表。单击工作表标签旁的+按钮，或双击工作表标签右侧的空白区域，即可插入一个新工作表，如图 11-10 所示。

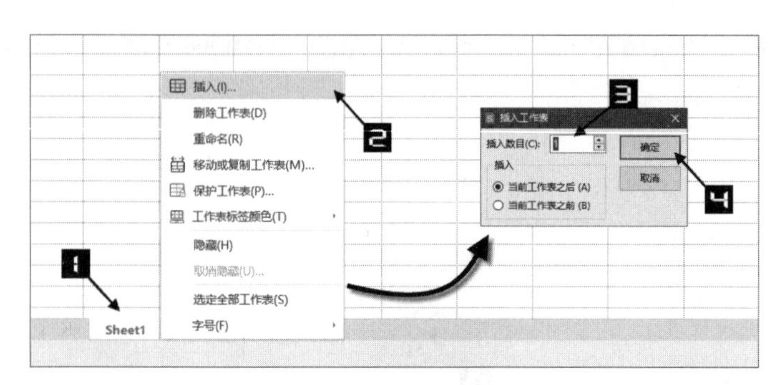

图 11-9　使用右键菜单新增工作表

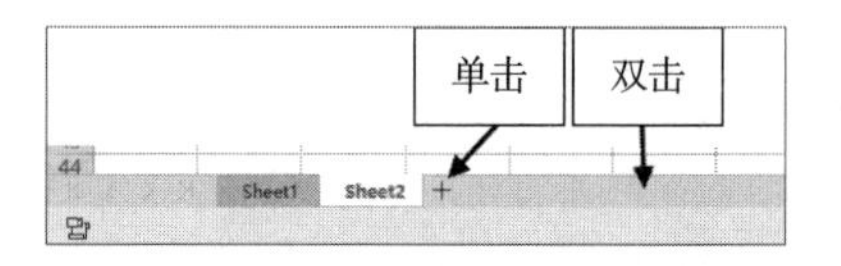

图 11-10　使用鼠标操作新增工作表

➲ II　修改工作表名称

默认的工作表名称以“Sheet+序号”的形式构成，用户可以根据当前表格中数据的作用来修改工作表名称，如“工资表”“固定资产管理表”等。以下是两种常用的修改工作表名称的方法。

第一种方法是使用右键菜单，将光标移动到需要重命名的工作表标签处，右击，在弹出的快捷菜单单击【重命名】按钮，工作表标签为高亮选中状态，此时输入需要更改的工作表名称，按<Enter>键或单击任意单元格完成重命名，如图 11-11 所示。

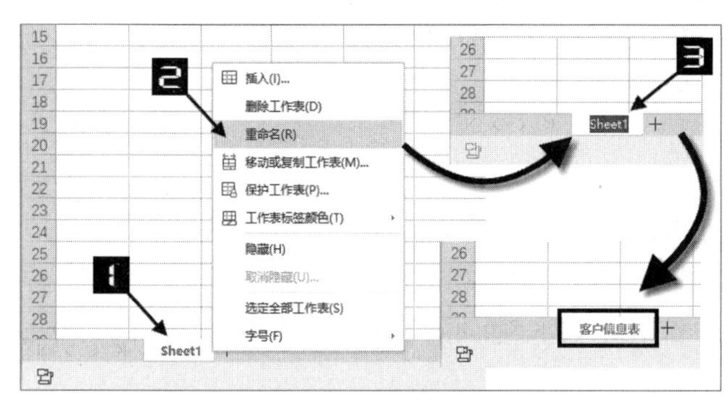

图 11-11　使用右键菜单重命名工作表

除此之外，还可以双击工作表标签，然后输入需要更改的工作表名称，按<Enter>键或单击任意单元格完成重命名。

➲ III　删除工作表

如需删除某个工作表，可以右击该工作表标签，在弹出的快捷菜单中单击【删除工作表】命令，如图 11-12 所示。

如果删除的工作表中包含数据，会弹出如图 11-13 所示的提示对话框。

图 11-12　删除工作表

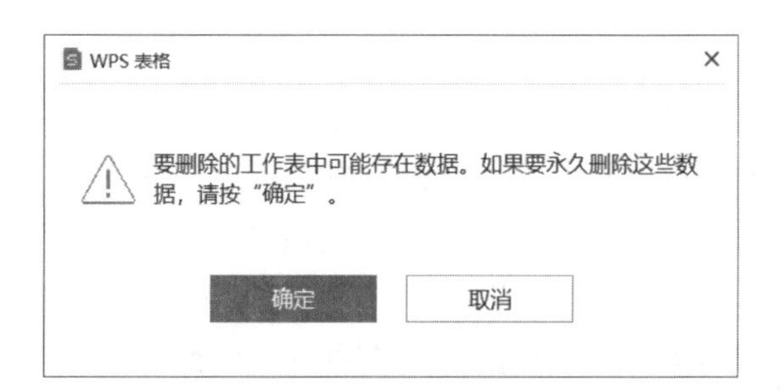

图 11-13　删除有数据的工作表提示对话框

用户可以在选定多个工作表后同时进行删除操作。但是一个工作簿中至少包含一张可视工作表，所以当工作窗口中只剩下一张工作表时，将无法删除此工作表。

如果不慎误删工作表后又保存了工作簿，此时可尝试从“文件”→“备份中心”找回；如果文档已保存到云端，还可以通过历史版本找回。

➲ IV　同时选中多张工作表

同时选中多张工作表，可以形成“组合工作表”。在组合工作表模式下，可以方便地同时对多个工作表进行复制、移动和删除等操作，也可以进行多数据联动编辑等操作。

同时选定多张工作表主要有以下几种常用方法。

按住<Ctrl>键，用鼠标依次单击需要选择的工作表标签，或者先单击第一个工作表标签，按住<Shift>键后再单击连续工作表中的最后一个工作表标签，也可同时选定多个连续排列的工作表。

如果要选定当前工作簿中所有的工作表，可以在任意工作表标签上右击，在弹出的快捷菜单中选择【选定全部工作表】命令，如图 11-14 所示。

如需取消成组工作表模式，可以使用右键菜单命令【取消成组工作表】，如图 11-15 所示；也可以单击成组工作表以外的其他工作表标签，如果所有工作表都在“成组工作表”模式下，则单击任意工作表标签即可取消“成组工作表”模式。

图 11-14　选定全部工作表

图 11-15　取消成组工作表

➲ V　移动或复制工作表

通过移动或复制操作，可以改变工作表的排列顺序、在不同工作簿之间转移工作表，或得到工作表的副本等。常用的移动或复制工作表的方法有以下两种。

一种方法是使用快捷菜单完成。右击需要移动的工作表标签，在弹出的快捷菜单中单击【移动或复制工作表】命令打开【移动或复制工作表】对话框。在【工作簿】下拉列表中选择已经打开的工作簿或新建工作簿，在【下列选定工作表之前】区域单击要移动到的目标位置工作表，选中“建立副本”复选框，最后单击【确定】按钮完成工作表的复制，如图 11-16 所示。

选中“建立副本”复选框为复制工作表，取消选中则为移动工作表。

如果在同一个工作簿中执行此操作，复制后的工作表会被自动重新命名，如“试算平衡表”会变更为“试算平衡表（2）”。

另一种方法是拖动工作表标签完成。将光标移至需要移动的工作表标签上，按住鼠标左键拖动，当光标上方的小三角移动到目标位置后，松开鼠标即可完成工作表的移动，如图 11-17 所示。

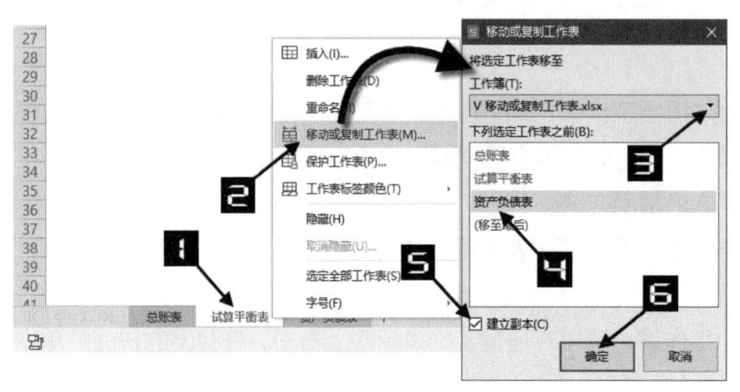

图 11-16 使用快捷菜单复制工作表

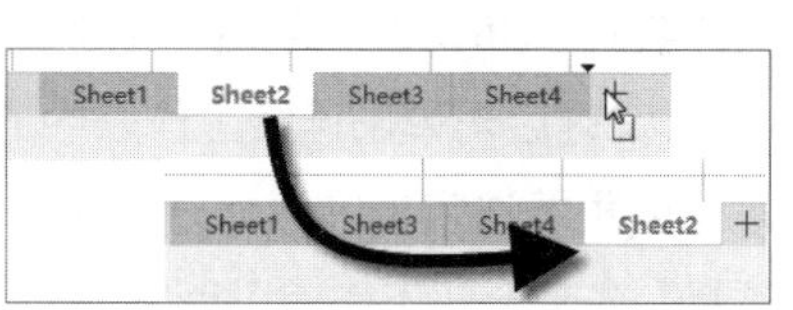

图 11-17 拖动鼠标移动工作表

如果在按住鼠标的同时按住 <Ctrl> 键不放，则执行复制操作。

提示

无论是移动还是复制，都可以同时对多张工作表进行操作。

VI 设置工作表标签颜色和字号

使用右键菜单中的【工作表标签颜色】命令，能够为工作表标签设置不同的颜色。右击工作表标签，在快捷菜单中选择【工作表标签颜色】命令，在打开的颜色面板中选择一种颜色即可，如图 11-18 所示。

在工作表标签上右击，在弹出的快捷菜单中选择【字号】命令，然后选择字体缩放比例（如 150%），此时工作簿中所有工作表的标签字号都会被放大显示，如图 11-19 所示。

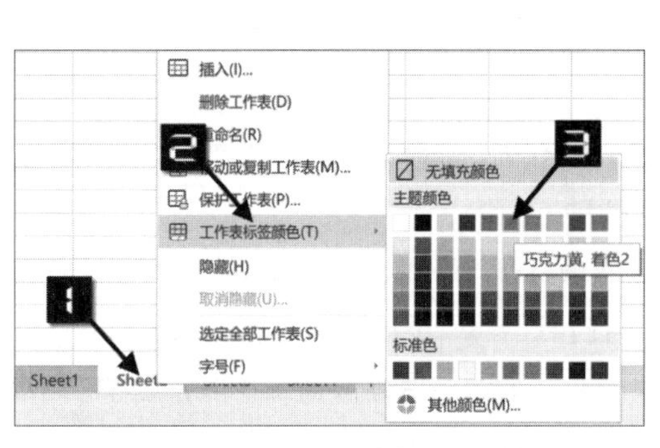

图 11-18 设置工作表标签颜色

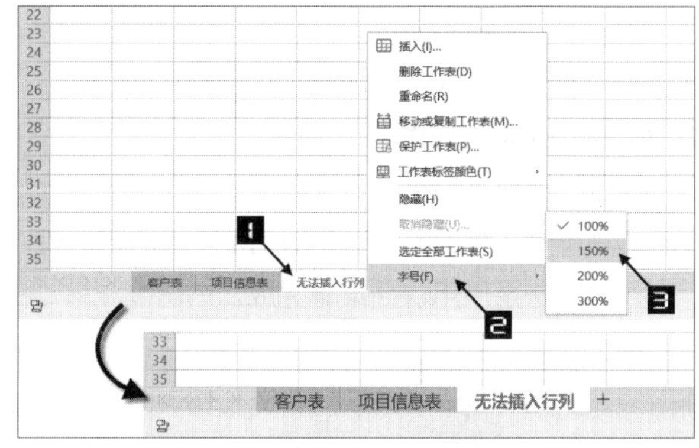

图 11-19 设置工作表标签字号

VII 隐藏与取消隐藏工作表

如需隐藏工作表，可以在工作表标签上右击，在弹出的快捷菜单中单击【隐藏】命令，如

图 11-20 所示。

隐藏工作表时，工作簿中至少要保留一张可视工作表。

取消工作表的隐藏时，也可以使用右键菜单完成操作。右击任意工作表标签，在弹出的快捷菜单中选择【取消隐藏】命令，打开【取消隐藏】对话框，选择要取消隐藏的工作表，如果有多个隐藏的工作表，可以按住 <Ctrl> 键并单击对应的工作表名称依次选取，最后单击【确定】按钮完成操作，如图 11-21 所示。

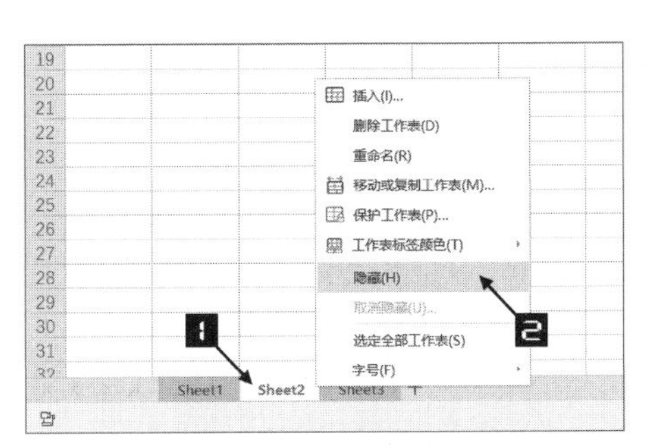

图 11-20　隐藏工作表

图 11-21　取消隐藏工作表

11.1.3　工作簿和工作表的管理

生活中，我们会将换下的衣服存放到衣柜里，还会将不同季节的衣服单独存放到不同的隔层。需要夏天的衣服时，就在存放夏天衣服的隔层里找，而不需要把衣柜里的所有衣服都找一遍。

日常工作中的文件存档和存放衣服类似，先将有关联的多组数据分别放到同一个工作簿的不同工作表里，然后根据表格中数据的作用或特征来命名工作表，如“工资表”“加班费”“值班费”等。再根据当前工作簿中所存放数据的类别对工作簿进行命名，如“10 月份工资”“11 月份工资”等。最后将包含同类数据的多个工作簿存放到一个文件夹里，并根据文件夹中的项目主题来命名文件夹，如“2020 年工资”“2021 年工资”等。

11.1.4　单元格和行列有关的操作

➲ Ⅰ　认识单元格和区域

在工作表中，由行和列相互交叉所形成的一个个格子被称为“单元格”，是构成工作表的基本元素。每个单元格都可以通过单元格地址来进行标识，单元格地址由列标和行号组成，如“A1”就表示位于 A 列第 1 行的单元格。

在工作表中总有一个处于选中状态的单元格，称为活动单元格。名称框中会显示该单元格的地址，编辑栏中也会显示该单元格的内容。如图 11-22 所示，B4 单元格即为活动单元格。

多个单元格构成一个单元格区域，构成单元格区域的多个单元格之间可以是连续的，也可以是不连续的。对于连续区域，使用左上角和右下角的单元格地址进行标识。例如，单元格区域“C5:F11”，即表示以 C5 单元格为左上角、F11 单元格为右下角的矩形区域。

除此之外，第 5 行的整行区域习惯表示为“5:5”。F 列的整列区域习惯表示为“F:F”。

要选取相邻的连续区域时，可以先选中一个单元格，然后按住鼠标左键拖动。如果先选中一个单元格，再按住 <Ctrl> 键不放，使用鼠标左键单击或拖动选择多个单元格，则会选中不连续的单元格区域。

选取单元格区域后，总是包含一个活动单元格，区域中的其他单元格明亮度会降低，而活动单元格仍然保持正常显示，以此来标识活动单元格的位置，如图 11-23 所示，B2 就是活动单元格。

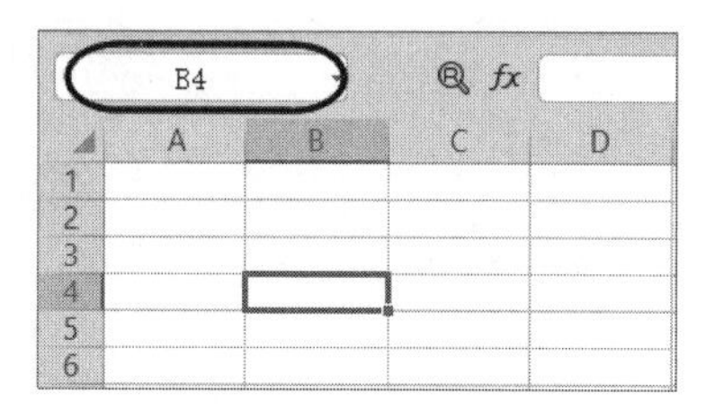

图 11-22　活动单元格 1

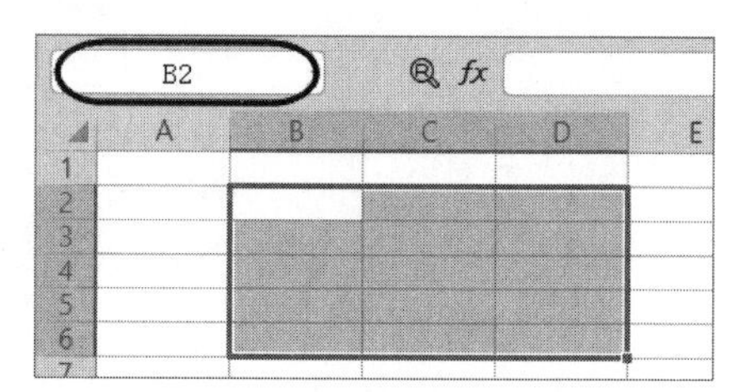

图 11-23　活动单元格 2

➲ II　调整行高列宽

以调整行高为例，首先选中需要调整高度的目标行，依次单击【开始】→【行和列】→【行高】，在弹出的【行高】对话框中输入所需设定的行高数值，单击右侧的下拉按钮，还可以在下拉列表中选择行高单位，可选单位包括“磅”“英寸”“厘米”和“毫米”，图 11-24 所示。

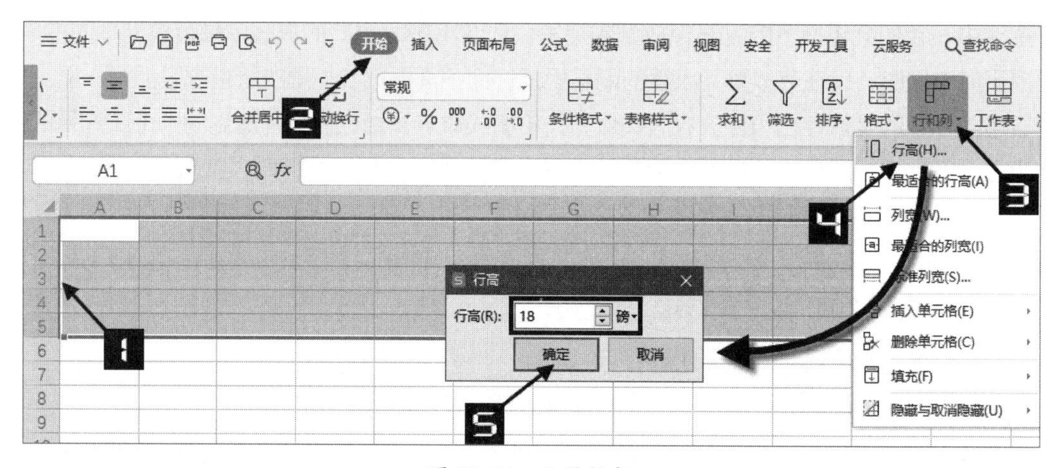

图 11-24　设置行高

设置列宽的方法与此类似。

也可以选中整行或整列后右击，在快捷菜单中选择【行高】或【列宽】命令，在弹出的对话框中进行设置，如图 11-25 所示。

除了使用菜单命令精确设置行高和列宽以外，还可以使用直接拖动鼠标的方法改变行高或列宽。

以调整列宽为例，将光标移动到选中的列标签之间，待光标显示为黑色双向箭头时，按住鼠标左键不放，向左、右拖动鼠标，调整到所需的宽度时释放左键即可，如图 11-26 所示。

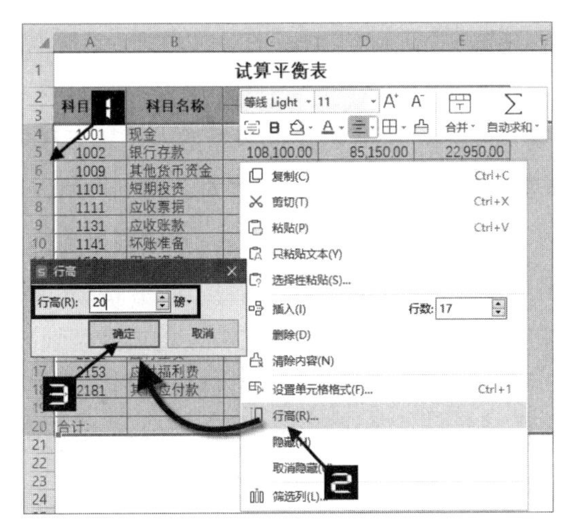

图 11-25　设置行高

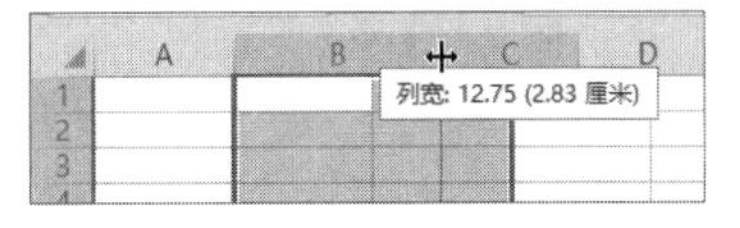

图 11-26　拖动鼠标设置列宽

设置行高的方法与此类似。

如果单元格中的字符较多无法完整显示，可以在列标上拖动鼠标选中多列，再将光标移到列标之间，光标呈现双向箭头时双击，WPS 表格会根据单元格中的内容来调整列宽。同样的方法也可以调整最适合的行高。

在 WPS 表格中，设置行高可以选择以磅、英寸、厘米、毫米为单位；设置列宽可以选择以字符数、磅、英寸、厘米、毫米为单位。

Ⅲ　插入新行或新列

如需在已有表格中插入新的行，可以右击目标位置的行标签，在弹出的快捷菜单中的【插入】命令右侧文本框中输入需要插入的行数，单击确认按钮“☑”或按<Enter>键，如图 11-27 所示。

如果选中的是单个单元格，右击时快捷菜单中的【插入】命令有扩展下拉菜单可供操作，如图 11-28 所示。

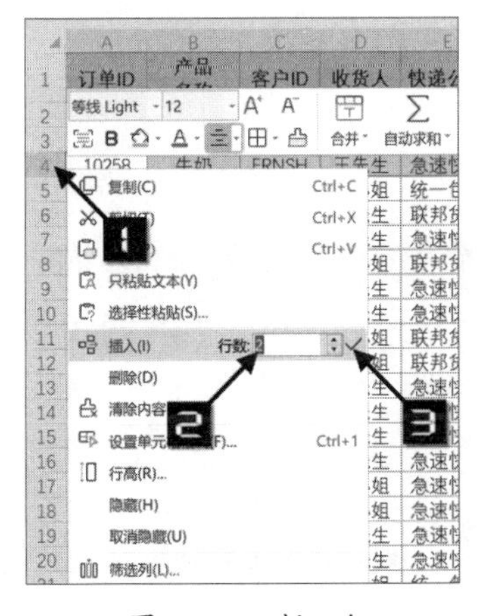

图 11-27　插入行

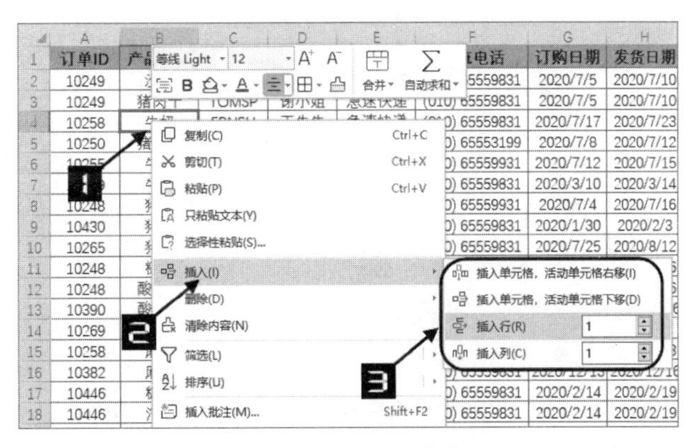

图 11-28　选中单元格时快捷菜单中的【插入】命令

还可以选中单行或多行，按<Ctrl+Shift+=>组合键，插入单行或相对应的多行。插入新列的方法与之类似。

在WPS表格中行与列的数目都有最大限制，“.xlsx”格式的工作表行数为1048576行，列数为16384列，“.et”格式与“.xls”格式的工作表行数为65536行，列数为256列，所以在执行插入行或插入列的操作过程中，表格本身的行、列数并没有增加，只是将当前选定位置的行或列连续往下或往后移动，位于表格最末位的空行或空列则被移除。

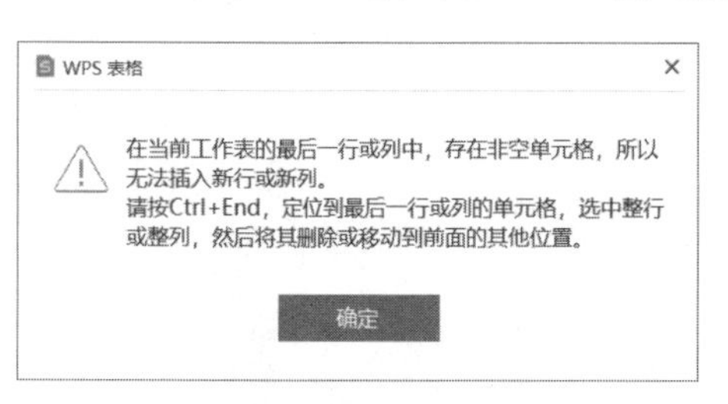

图 11-29 无法插入新行或新列的提示

如果表格的最后一行或最后一列不为空，则不能执行插入新行或新列的操作，否则会弹出如图11-29所示的警告提示框，提示用户只有删除最末的行、列或清空其内容后才能在表格中插入新的行或列。

➲ Ⅳ 移动或复制行列

如需将工作表中已有的数据移动到其他行，可以选中需要移动的行号，然后右击，在弹出的快捷菜单中选择【剪切】命令或按<Ctrl+X>组合键，此时所选定的行出现绿色的虚线框。

选定需要移动的目标位置行的下一行（或此行的第一个单元格），右击，在弹出的快捷菜单中选择【插入已剪切的单元格】，如图11-30所示。

还可以使用鼠标拖动的方式移动行或列。先选定需要移动的行，将光标移至选定行的绿色边框上，当鼠标指针显示为黑色十字箭头时，按住<Shift>键不放，同时按住鼠标左键拖动，此时会出现一条“工”字型虚线。拖动鼠标直到“工”字型虚线位于需要移动的目标位置，释放鼠标左键和<Shift>键完成操作，如图11-31所示。

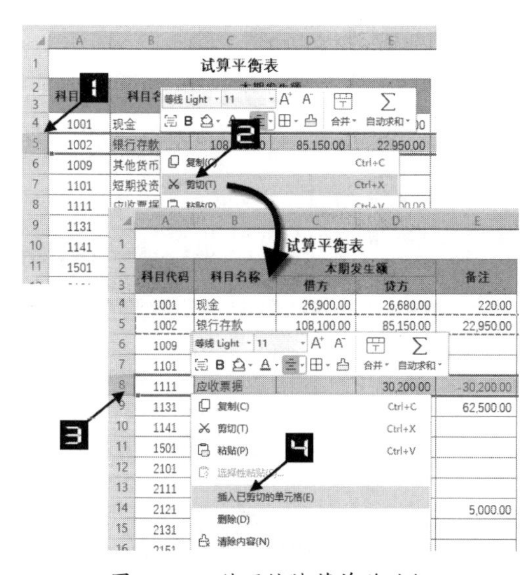

图 11-30 使用快捷菜单移动行

科目代码	科目名称	本期发生额 借方	本期发生额 贷方	备注
1001	现金	26,900.00	26,680.00	220.00
1002	银行存款	108,100.00	85,150.00	22,950.00
1009	其他货币资金			
1101	短期投资			
1111	应收票据		30,200.00	-30,200.00
1131	应收账款	65,500.00	3,000.00	62,500.00
1141	坏账准备			

图 11-31 鼠标拖动方式移动行

复制行列与移动行列的操作方法相似，较为常用的方法是使用右键菜单进行操作。先选中需要复制的行，右击，在弹出的快捷菜单中选择【复制】命令，或按<Ctrl+C>组合键。选中目标位置下方的行标签或目标行的第一个单元格，右击，在弹出的快捷菜单中选择【插入复制单元格】命令，完成操作。

也可以使用鼠标拖动方式复制行列。先选中需要复制的行，将光标移至选定行的绿色边框，当鼠标指针显示为黑色十字箭头时，按住<Ctrl+Shift>键不放，同时按住鼠标左键拖动，此时会出现一条“工”字型虚线，拖动鼠标直到“工”字型虚线位于目标位置时，释放鼠标左键和<Ctrl+Shift>键，完成操作。

➲ V　删除行与列

对于一些不再需要的行列内容，可以删除整行或整列来进行清除。以删除整行为例，先拖动鼠标选中需要删除行的行号，右击，在弹出的快捷菜单中选择【删除】命令，或按<Ctrl+->组合键，完成删除操作（组合键中的“-”是数字小键盘上的减号）。

如果选定的是某个单元格或单元格区域，在使用菜单命令删除或组合键命令删除时会弹出如图 11-32 所示的【删除】对话框。

使用右键菜单删除时，单击【删除】命令还会显示扩展命令，供用户进一步选择，如图 11-33 所示。

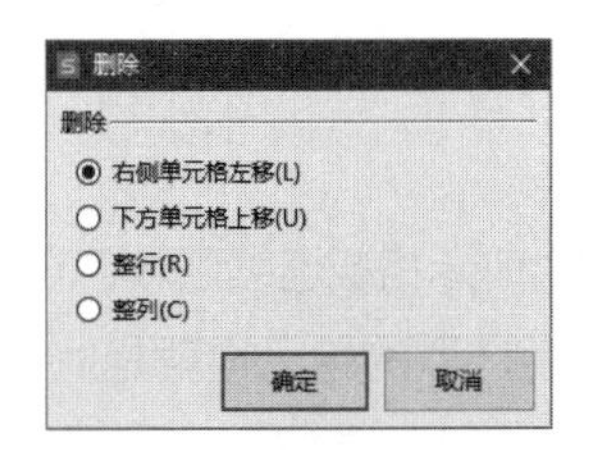

图 11-32 【删除】对话框

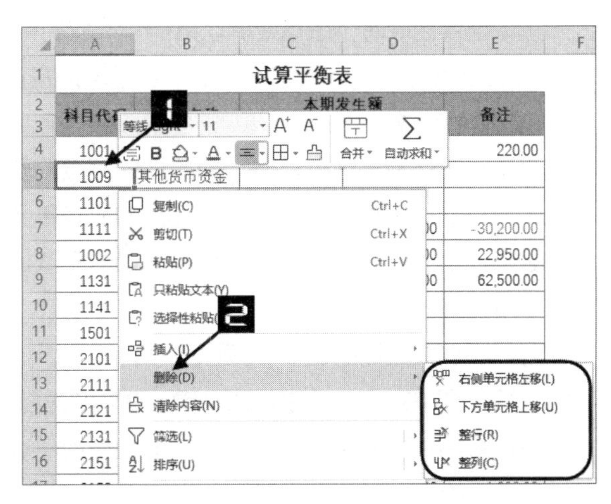

图 11-33 右键菜单中【删除】命令

删除列的方法与之类似。

➲ VI　隐藏和取消隐藏行与列

如需隐藏工作表中的某些行，可以先选中该行，右击，然后在弹出的快捷菜单中选择【隐藏】命令。隐藏列的方法与之类似。

从实质上来说，被隐藏行列的行高列宽值为零，所以用户也可以通过设置目标行或目标列的行高、列宽来达到隐藏的目的。

	A	B	C	D
1	试算平衡表			
2	科目代码	科目名称	本期发生额	
3			借方	贷方
4	1001	现金	26,900.00	26,680.00
7	1111	应收票据		30,200.00
8	1002	银行存款	108,100.00	85,150.00
9	1131	应收账款	65,500.00	3,000.00
10	1141	坏账准备		
13	2111	应付票据		
14	2121	应付账款	33,400.00	28,400.00
15	2131	预收账款		
16	2151	应付工资	20,000.00	20,000.00

图 11-34 隐藏行列后的标签状态

隐藏行或列后，隐藏行列处的行标签或列标签不再显示连续序号，隐藏处的标签分隔线也会显示双分隔线，如图 11-34 所示。通过这些特征，用户可以发现表格中隐藏行列的位置。

如需取消隐藏行列，可以先选中被隐藏行列的相邻区域，右击，在弹出的快捷菜单中选择【取消隐藏】命令，或设置行高、列宽来取消行列的隐藏状态。

11.1.5 单元格区域有关的操作

多个单元格组成一个单元格区域。

➲ I 连续区域的选取

对于连续单元格，有以下几种常用方法可以实现选取操作。

- ❖ 选中一个单元格，按住鼠标左键直接在工作表中拖动选取相邻的连续区域
- ❖ 选中一个单元格，按住 <Shift> 键不放，然后使用方向键在工作表中选择相邻的连续区域
- ❖ 在工作窗口的【名称框】中直接输入区域地址，如“B2:D6”，按 <Enter> 键确认后，即可选取并定位到目标区域。此方法可用于选取隐藏行列中所包含的区域

选取连续区域时，鼠标或键盘第一个选取的单元格就是选取区域中的活动单元格。如果使用【名称框】或【定位】窗口选取区域，则所选区域的左上角单元格就是选取区域中的活动单元格。

➲ I 选取单行或单列

单击某个行标签或列标签，即可选中相应的整行或整列。当选中某行后，此行的行标签会改变颜色，所有的列标签会高亮显示，此行的所有单元格也会高亮显示，以此来表示此行当前处于选中状态。相应地，当列被选中时也会有类似的显示效果。

➲ II 不连续区域的选取

对于不连续区域的选取，有以下几种方法。

- ❖ 选取一个单元格，按住 <Ctrl> 键，然后单击或拖曳选择多个单元格或连续区域，在这种情况下，鼠标最后一次单击的单元格，或者在最后一次拖曳开始之前选取的单元格就是此选取区域的活动单元格
- ❖ 在工作窗口的名称框中输入多个单元格地址或区域地址，地址之间用半角状态下的逗号隔开，如“C3,C5:F11,G12”，按 <Enter> 键确认后即可选取并定位到目标区域

➲ III 选取不相邻的多行或多列

要选取不相邻的多行，可以通过如下操作实现。

选中单行后，按住 <Ctrl> 键不放，继续使用鼠标单击多个行标签，直至选中所有需要选择的行，松开 <Ctrl> 键即可完成不相邻的多行的选择。选择不相邻多列的方法与此类似。

➲ IV 多表区域的选取

除了可以在一张工作表中选取某个矩形区域外，WPS 表格还允许用户同时在多张工作表上选

取区域。

要选取多表区域，可以在当前工作表中选取某个区域后，按住<Ctrl>键或<Shift>键，再单击其他工作表标签选中多张工作表。此时，当用户在当前工作表中对选取区域进行输入、编辑及设置单元格格式等操作时，会同时反映在其他工作表的相同位置上。

示例11-1 通过多表区域设置单元格格式

如需将当前工作簿的Sheet1、Sheet2、Sheet3 的“A1:B6”单元格区域都设置成红色背景色。操作步骤如下。

步骤① 在当前工作簿的Sheet1 工作表中选取A1:B6 单元格区域。

步骤② 按住<Shift>键，然后单击Sheet3 工作表标签，释放<Shift>键。此时Sheet1~Sheet3 工作表标签均高亮显示。

步骤③ 单击【开始】选项卡的【填充颜色】下拉按钮，在弹出的颜色面板中选取“红色”，操作完成。

此时切换 3 张工作表，可以看到 3 个工作表的A1:B6 区域单元格背景色均被统一填充为红色，如 11-35 所示。

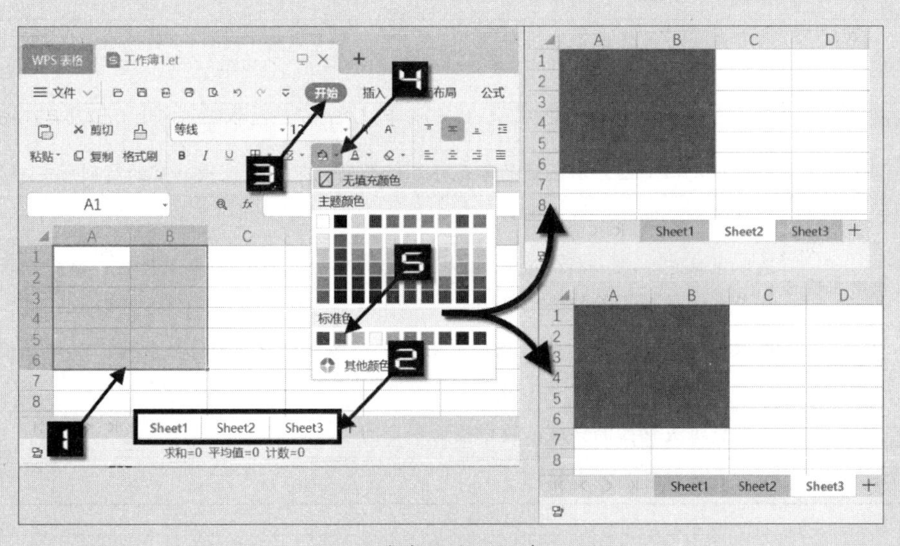

图 11-35　多表区域设置单元格格式

I　选取特殊的区域

除了通过以上操作方法选取区域外，还有几种特殊的操作方法可以让用户选取一个或多个符合特定条件的单元格区域。

在【开始】选项卡中依次单击【查找】→【定位】，或者按<Ctrl+G>组合键，显示【定位】对话框，如 11-36 所示。

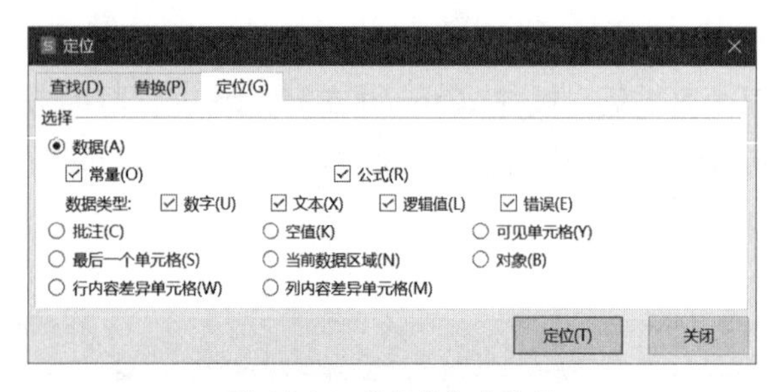

图 11-36 【定位】对话框

在【定位】对话框中可以选择符合某种特征的条件，然后单击【定位】按钮，就会在当前选取区域中查找符合选取条件的单元格（如果当前只选取了一个单元格，则会在整个工作表中进行查找），并将其选中。如果查找范围中没有符合条件的单元格，WPS表格会弹出【未找到单元格】对话框。

例如，在【定位】对话框中选中【常量】复选框，然后在下方选中【数字】复选框，单击【定位】按钮后，当前选取区域中所有包含数字形式常量的单元格均被选中。

定位各选项的含义如表 11-1 所示。

表 11-1　定位各选项的含义

选项	含义
批注	所有包含批注的单元格
常量	所有不包含公式的非空单元格。可在“公式”下方的复选框中进一步筛选数据类型，包括数字、文本、逻辑值和错误
公式	所有包含公式的单元格。可在“公式”下方的复选框中进一步筛选数据类型，包括数字、文本、逻辑值和错误
空值	所有空单元格
当前数据区域	当前单元格周围矩形区域的单元格。这个区域范围由周围非空的行列所定
对象	包括图片、图表、自选图形、插入的文件等
行内容差异单元格	选取区域中，每一行的数据均以活动单元格作为此行的参照数据，横向比较数据，选取与参照数据不同的单元格
列内容差异单元格	选取区域中，每一列的数据均以活动单元格作为此列的参照数据，纵向比较数据，选取与参照数据不同的单元格
最后一个单元格	包含数据或格式的区域范围中最右下角的单元格
可见单元格	所有未经隐藏的单元格

在【定位】功能中，使用【空值】作为定位条件的情况比较特殊。在使用【空值】作为定位条件时，如果当前选取的是一个单元格，WPS表格只在包含数据或格式的区域内进行查找。

11.1.6　使用 WPS 表格中的特色功能合并单元格

合并单元格是指将多个单元格合并成一个更大的单元格，WPS表格提供了多种合并方式，包括合并居中、合并单元格、合并内容、按行合并及跨列居中，在【开始】选项卡单击【合并居中】下拉按钮，在下拉菜单中会根据所选行列范围的不同显示可用的合并单元格选项，如图 11-37 所示。

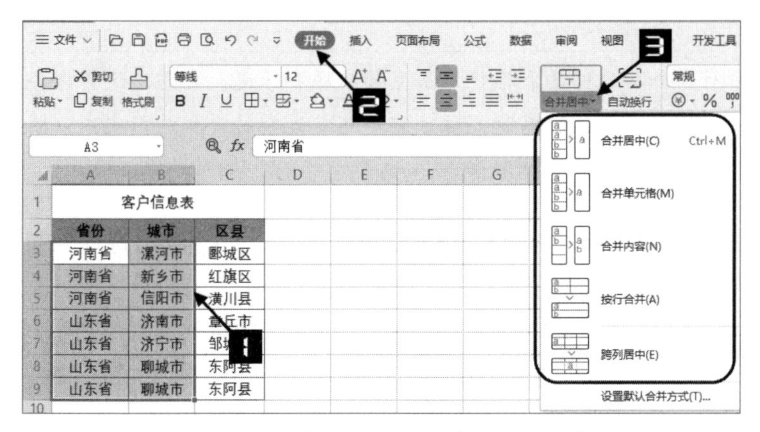

图 11-37　“合并居中”下拉列表中的命令选项

不同合并方式的效果及说明如表 11-2 所示。

表 11-2　不同合并方式的效果与说明

合并方式	合并效果	说明
合并居中	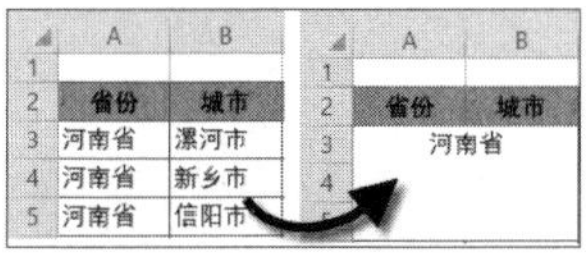	将多个单元格合并成一个单元格，仅保留所选区域左上角单元格中的内容，并设置单元格水平对齐方式为居中
合并单元格	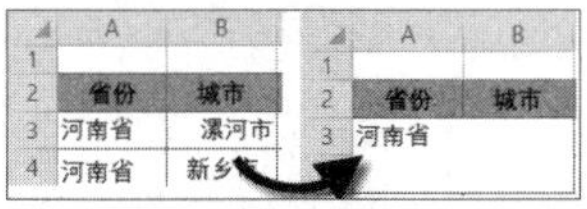	将多个单元格合并成一个单元格，仅保留所选区域左上角单元格中的内容，应用所选区域左上角单元格原有的对齐方式
合并内容	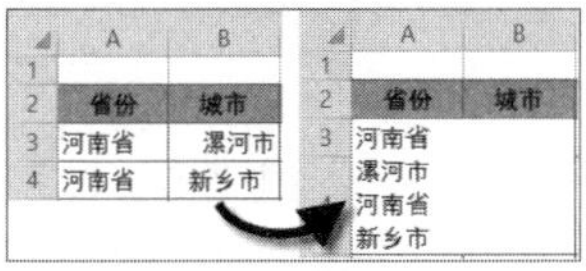	将多个单元格合并成一个单元格，并将每个单元格中的内容合并到一起，应用所选区域左上角单元格原有的对齐方式
合并相同单元格	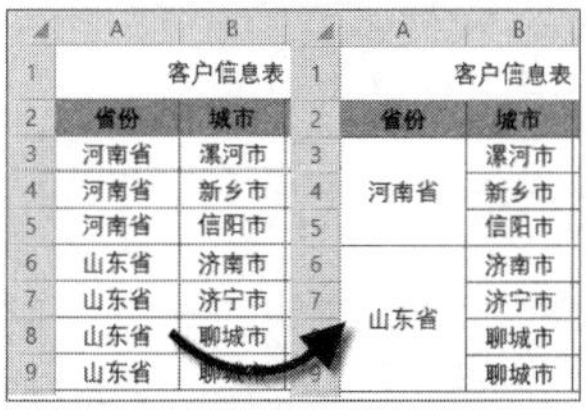	所选区域为同一列时，合并单元格下拉列表中会出现该选项。WPS 表格会将具有共同内容的相邻单元格进行合并
按行合并	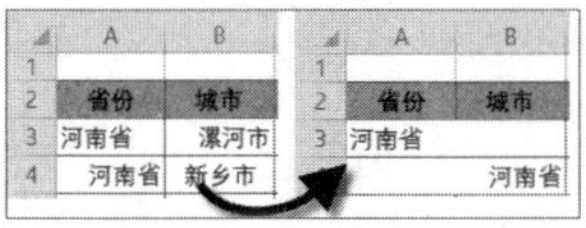	所选区域为多列时，合并单元格下拉列表中会出现该选项。将所选区域每一行的多个单元格合并成一个单元格，仅保留每一行最左侧单元格中的内容，并且应用该单元格的对齐方式
跨列居中		将最左侧单元格的内容在所选的多列范围内居中显示，常用于设置表格标题

注意

带有合并单元格的表格将无法直接排序和筛选，也无法进行分类汇总或使用数据透视表功能。在汇总数据时，往往需要非常复杂的公式才能完成，因此在基础数据表中应尽量避免使用合并单元格。

如图 11-38 所示，选中已有合并单元格的数据区域时，在【开始】选项卡的【合并居中】下拉菜单中，会出现【取消合并单元格】和【拆分并填充内容】命令。

单击【合并居中】按钮，或者在下拉菜单中选择【取消合并单元格】命令时，合并单元格中的原有的内容会被存放到拆分后的左上角单元格中，原有合并单元格范围内的其他单元格保留空白。选择【拆分并填充内容】命令时，WPS表格在取消合并单元格的同时，会将合并单元格中的内容填充到原有合并单元格范围内的每个单元格中，如图 11-39 所示。

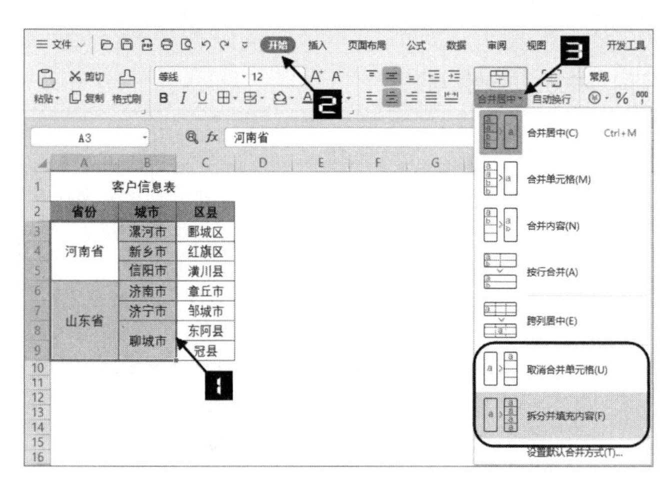

图 11-38 【取消合并单元格】和【拆分并填充内容】命令

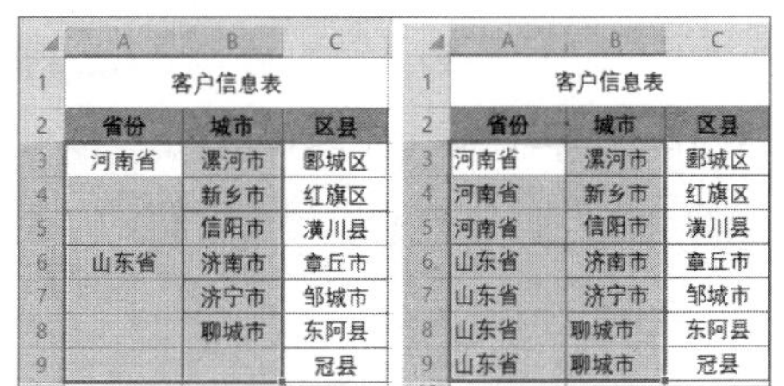

图 11-39 【取消合并单元格】与【拆分并填充内容】的效果差异

执行【拆分并填充内容】命令后，会按默认的文本左对齐、数值右对齐的对齐方式，如图 11-39 右侧所示。

11.1.7 贴心的“阅读模式”和“护眼模式”

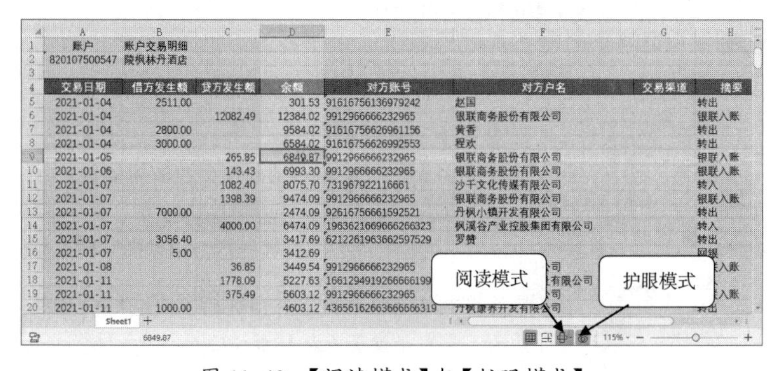

图 11-40 【阅读模式】与【护眼模式】

开启WPS表格特有的“阅读模式”，便于用户查看与活动单元格处于同一行和列的相关数据，使用“护眼模式”则能够缓解用户的眼疲劳。

如图 11-40 所示，分别工作表右下角的【阅读模式】

和【护眼模式】按钮，单击后单元格底色将显示为淡绿色，活动单元格所在行列则显示为浅黄色，形成类似聚光灯的效果。单击【阅读模式】右侧的下拉按钮，还可以在弹出的颜色面板中选择其他颜色。

再次单击【阅读模式】和【护眼模式】按钮，将退出“阅读模式”和“护眼模式”。

11.2　数据表格分类和数据类型

11.2.1　数据表格分类

按照逻辑上的用途区分，数据表格可以分为基础数据表格和汇总报表表格。

➲ I　基础数据表格

基础数据表格是指没有经过计算的明细数据，如员工信息表、资产明细表等，主要用作数据分析汇总时的数据源。基础数据表格具备以下几个特点。

- ❖ 每列包含同类的信息，并且同一列中的数据类型也相同
- ❖ 列表的第一行应该包含标题文字，用于描述这一列数据的作用
- ❖ 在不同列中不要使用相同的标题文字
- ❖ 列表中不要有空白行，各个记录之间保持连续
- ❖ 同一个工作表中不要包含多个数据列表

➲ II　汇总报表表格

汇总报表表格是指使用排序、筛选、函数公式、数据透视表或VBA代码等方法对数据进行深入加工后，从基础数据中提炼出的信息，如历年的销售增长率、员工离职率、店铺销售占比等。

汇总处理后的数据，主要用作呈现分析或汇总的结果，对表格的布局结构没有严格要求，在主题明确、条理清晰的前提下还可以借助图表、图形等形式对汇总分析结果进行强调。

11.2.2　了解数据类型

在WPS表格中输入内容时，程序会自动对输入的数据类型进行判断并应用相应的格式。WPS表格可识别的数据类型有文本、数值、日期和时间、公式、逻辑值与错误值等。

➲ I　文本

文本通常是指一些不需要进行计算的文字、符号等。除此之外，一些不代表数量、不需要进行数值计算的数字也可以保存为文本形式，如电话号码、身份证号码、银行卡号等。在输入超过 11 位的数值时，WPS 表格会自动将其保存为文本格式。

➲ II　数值

数值是指所有代表数量的数字形式。如果在输入数值前先输入负号（-），WPS 表格将识别其为负数。在输入的数值后加上百分比符号（%），WPS 表格会将其识别为百分数，并且自动应用百分比格式。在输入的数值前加一个系统可识别的货币符号（如“￥”），WPS 表格会将其识别为货币值，并且自动应用相应的货币格式。

另外，如果在输入的数值中包含半角逗号和字母E，且放置的位置正确，WPS表格会将其识别为千位分隔符和科学计数符号。如“9,500”和“5E+5”，WPS表格会将这两个数值分别识别为9500和5乘以10的5次幂，即500 000，并且自动应用货币格式和科学记数格式。而95,00和E55等则不会被识别为数值。

如需将A1单元格中的数值转换为文本型数字，可以使用公式=A1&""，也就是在原有数值后，使用连接符&，连接一对由半角双引号构成的空文本。

如需将A1单元格中的文本型数字转换为可以计算的数值，可以使用公式= VALUE(A1)、=--A1，或使用=A1*1、=A1/1、=A1+0、=A1-0等多种方法。

除此之外，也可以选中要转换数字格式的单元格，单击【开始】选项卡【格式】下拉列表的【文本转换成数值】命令，将文本型数字转换为数值，如图11-41所示。

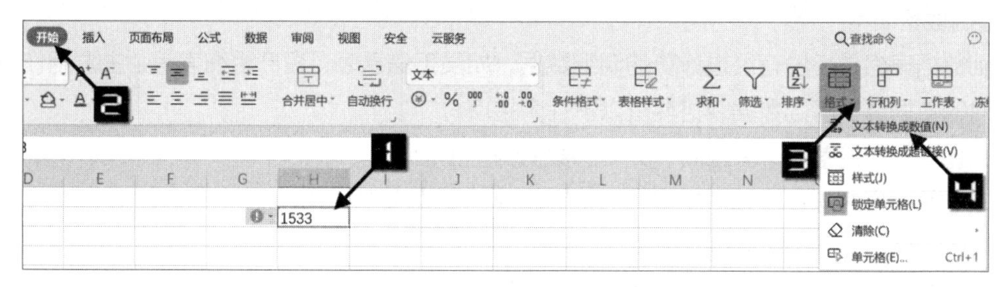

图11-41　文本转换成数值

➲ III　时间和日期

在WPS表格中，日期和时间是以一种特殊的数值形式存储的，被称为“序列值”。WPS表格默认使用1900日期系统，即1900年1月1日的日期序列值为1。如果在单元格中输入“2020/12/31”，将其设置为常规格式后，会显示为44196，表示2020年12月31日是自1900年1月1日开始的第44196天。

一天的序列值为1，一小时的序列值则为1/24，一分钟的序列值为1/1440（1除以24再除以60）。如果在单元格中输入时间“12:00”，设置成常规格式后显示为小数0.5，即一天的1/2。在单元格中输入“2020/12/31 12:00”，将其设置为常规格式后，会显示为44196.5。

综上所述，日期和时间序列值是一个大于等于0并且小于等于2958465（9999年12月31日的日期序列值）的数值区间，是一类特殊的数值。和数值一样，日期和时间也可以进行加减等计算，例如，可以使用公式="2021/5/12"-"2020/12/31"得出两个日期之间的间隔天数。

在输入日期和时间时需要正确的输入方式，否则WPS表格会无法将其识别为真正的日期。在默认的中文Windows操作系统下，日期中的间隔符号允许使用短杠（-）、斜杠（/）和中文“年月日”。

WPS表格允许使用两位年份，但是会将01~29的数值识别为21世纪的年份，而30~00则识别为20世纪的年份，如输入“29-3-2”会识别为2029年3月2日，而输入“30-3-2”会识别为1930年3月2日。

当输入的日期只包含4位年份与月份时，会将对应月份的1日作为它的日期序列值。当输入的日期只包含月份和天数时，系统会自动将当前系统年份作为它的年份。如输入“2021-5”，会被识别为 2021 年 5 月 1 日，输入“8-20”或“8/20”及“8 月 20 日”时会被识别为系统当前年份的 8 月 20 日。

注意

> 输入日期的一个常见误区是将点号“.”作为日期分隔符，WPS 表格会将其识别为普通文本或数值，如 2012.8.9 和 8.10 将被识别为文本和数值。

时间数据的间隔符号为半角冒号“:”或中文的“时”“分”“秒”，输入时允许仅输入时和分。如输入“11:30”会识别为上午的 11 时 30 分，输入“13:30:02”会识别为下午 1 时 30 分 2 秒。同时允许类似“11:30　上午”“11:30 AM”等输入形式。

提示

> 如果在公式中直接使用一个具体的日期或时间，需要在日期、时间外侧加上一对半角双引号，否则 WPS 表格无法正确识别。在公式中直接比较日期时间数据的大小时，需要先将日期、时间数据外侧加上一对半角双引号，再使用*1、/1 或添加两个负号等方法将其转换为序列值。

➲ IV　公式

在单元格内输入以等号“=”开头的算式，WPS 会自动识别为公式，并返回公式的计算结果。使用加号“+”减号“-”开头时，按下<Enter>键后 WPS 表格会自动在公式的开头加上等号“=”。

除等号外，构成公式的元素还包括数值、日期、文本、逻辑值等常量数据，以及单元格地址和定义的名称、半角括号及“+”(加)、“-”(减)、“*”(乘)、“/”(除)、“^”(加)等运算符号，另外还包括工作表函数，如 SUM 或 SUMIF 等。

➲ V　逻辑值和错误值

逻辑值包括 TRUE 和 FALSE 两种。假设在单元格 A2 中输入数字 5，在 B2 单元格中输入公式“=A2>3”，结果会返回逻辑值 TRUE，表示该公式的对比结果为真。在 C2 单元格中输入公式“=A2>6”会返回逻辑值 FALSE，表示该公式的对比结果为假。

用户在使用函数公式的过程中，有时会遇到一些错误值，比如 #DIV/0!、#N/A、#NAME? 等，出现这些错误值的原因有很多种，几种常见的错误值及产生的原因如表 11-3 所示。

表 11-3　常见错误值及产生的原因

错误值	原因
#####	单元格所含数字超出单元格宽度，或者在设置了日期、时间的单元格内输入了负数
#VALUE!	在需要数字或逻辑值时输入了文本，WPS 表格不能将其转换为正确的数据类型
#DIV/0!	使用 0 值作为除数
#NAME?	使用了不存在的名称或函数名称拼写错误
#N/A	在查找类函数公式中，无法找到匹配的内容

续表

错误值	原因
#REF!	删除了有其他公式引用的单元格或工作表，致使单元格引用无效
#NUM!	在需要数字参数的函数中，使用了超出范围的参数
#NULL!	要进行计算的两个数据集合没有相交区域，如公式=SUM(A1:A4 B1:B4)

11.3 常见的不规范数据表格

作为基础数据表格，表格结构和数据录入必须遵循一定的规范，否则数据汇总的难度会成倍增加，甚至无法直接完成。

为了使工作表中体现出不同分类的汇总信息，很多人会在表格中手动插入小计行和总计行。这些操作不仅浪费了大量的时间，而且会对数据的排名、排序带来影响，一旦需要在表格中添加或删除内容，就需要重新调整表格结构。

在录入人员名单时，为了与三个字的姓名对齐，不少人的习惯是在两个字的名字中间加上空格。在WPS表格中空格也是一个字符，所以“张三”与“张　三”会被视作不同的内容。后续进行数据查询及汇总时，会产生很大的麻烦。

WPS表格没有按照颜色进行汇总统计的内置功能，使用手动标记颜色的方法来区分数据是否符合某项特定规则，也会为以后的数据汇总带来很多麻烦。如果时间久了，可能操作者自己都不记得这些颜色是什么意思。

在文档中使用批注可以对某些特殊数据进行进一步的说明，但是使用常规方法无法提取批注内容，批注中的数字也无法汇总。必要时可以使用备注列来对数据进行说明，比批注更加方便。

除此之外，将数量和单位都放到同一个单元格内、同一个项目前后使用多种称谓等，都需要在数据输入和整理时加以注意。

11.4 数据录入常用方法与技巧

11.4.1 在单元格中输入数据

要在单元格中输入数值和文本类型的数据，可以先选中单元格，直接向单元格内输入数据，数据输入完毕后按<Enter>键或使用鼠标单击其他单元格都可以确认完成输入。如需在输入过程中取消输入的内容，可以按<Esc>键退出输入状态。

在编辑完成后，也可以单击编辑栏左侧的✓按钮进行确认。如果单击×按钮，则表示取消输入。

➲ Ⅰ　输入分数

如需输入分数“½”，可以先选中要输入分数的单元格区域，在【开始】选项卡下的【数字格式】下拉列表中选择“分数”，如图 11-42 所示。然后依次输入分子 1、斜杠和分母 2，最后按<Enter>键即可。

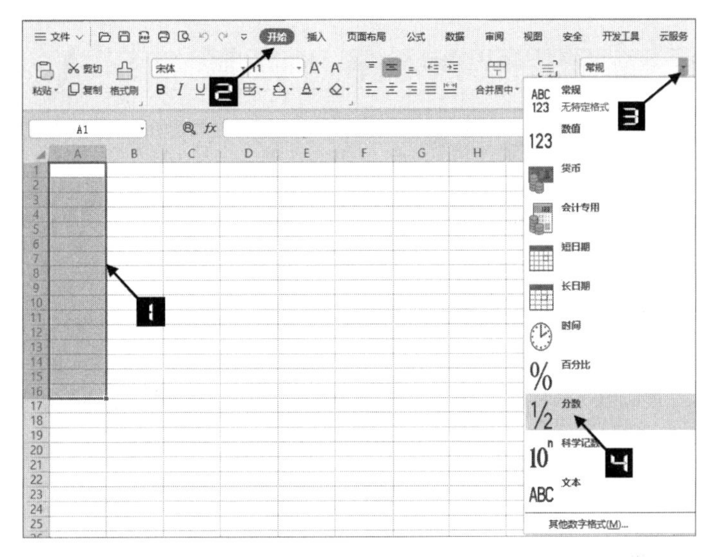

图 11-42　设置数字格式为分数

如需输入带分数“5½”，需要先输入整数部分 5，然后输入半角空格，再依次输入分子 1、斜杠和分母 2。WPS 表格会将用户输入的分数自动转换为最简分数。

➲ Ⅱ　输入符号

在【插入】选项卡单击【符号】下拉按钮，在下拉列表中会显示“近期使用的符号”及“自定义符号”，单击选中某个符号，即可将其插入活动单元格中。单击底部的【其他符号】命令，将弹出【符号】对话框，在此对话框中能够选择更多类型的符号，选中某个符号单击【插入】按钮，该符号将被插入活动单元格，如图 11-43 所示。

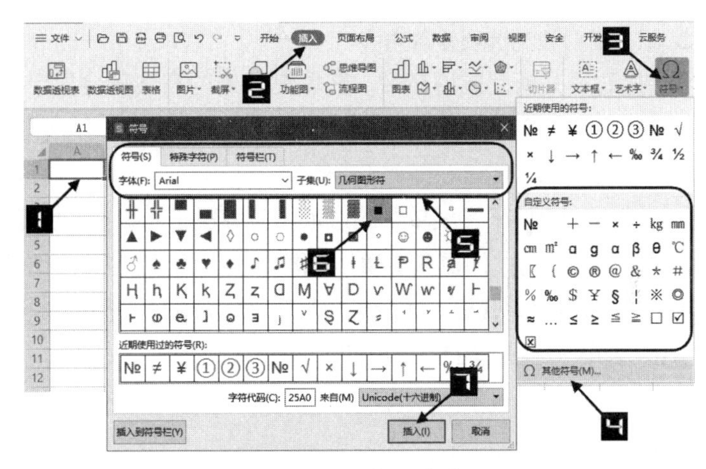

图 11-43　插入符号

选中某个符号后单击【插入到符号栏】按钮，该符号将被添加到【符号】下拉菜单中的“自定义符号”区域，便于用户快速选择。

➲ Ⅲ　单元格内强制换行

如果需要将单元格中的内容按照指定位置进行换行，可以在单元格处于编辑状态时，将光标移动到需要换行的位置，按<Alt+Enter>组合键即可，如图 11-44 所示。

➲ Ⅳ　多单元格同时输入

如需在多个单元格中输入相同的数据，可以先选中需要输入数据的单元格区域，然后在编辑栏输入内容，最后按<Ctrl+Enter>组合键即可，如图 11-45 所示。

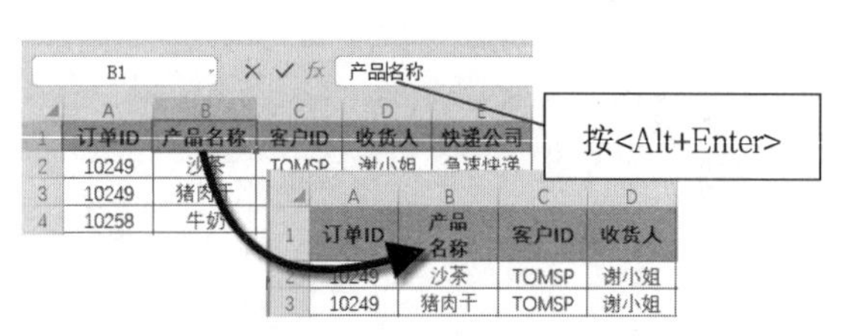

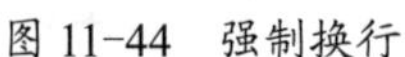
图 11-44　强制换行

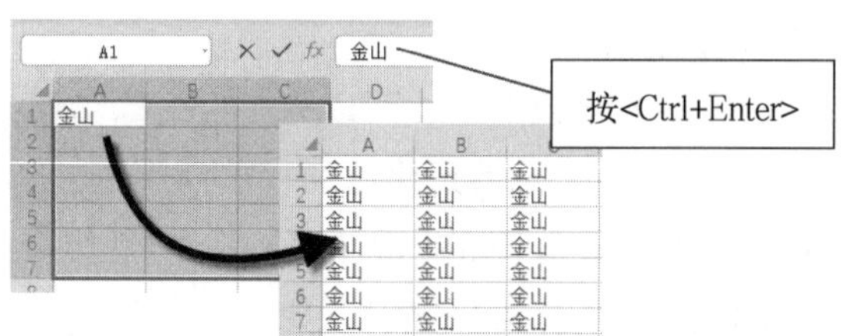

图 11-45　多单元格同时输入

➲ V　输入连续序号

使用WPS表格的填充功能，能够快速录入一些有规律的数据。

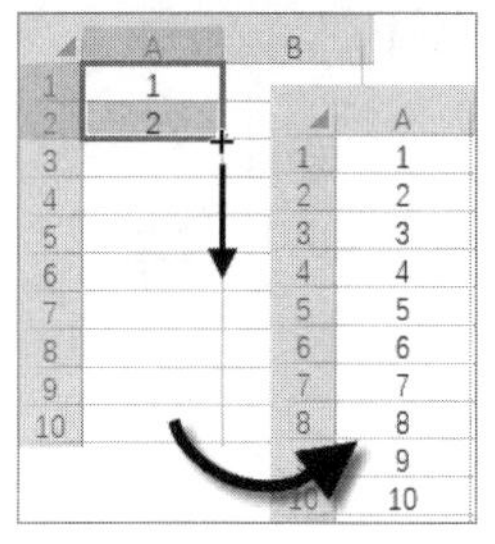

图 11-46　输入连续序号

假如需要得到 1~10 的连续序号，可以在A1 和A2 单元格内分别输入 1 和 2，然后选中A1:A2 单元格区域，将光标移至所选区域右下角，光标形状变成黑色十字形填充柄时，按住鼠标左键向下拖动到A10 单元格释放鼠标，如图 11-46 所示。

使用此方法时，WPS表格会根据用户输入的数据间隔规律，按相同步长自动填充。如果在A1 和A2 分别输入 2 和 4，再同时选中A1:A2 单元格向下拖动时，会输入连续的偶数。

➲ VI　借助填充选项输入内容

拖动填充柄完成填充后，在填充区域的右下角会显示【自动填充选项】按钮，单击【自动填充选项】下拉按钮，在下拉菜单中可显示填充选项，用户可以根据需要选择不同的填充类型，如图 11-47 所示。

【填充选项】下拉菜单中的选项内容取决于所填充的数据类型。如果是日期型数据，下拉菜单会显示与日期有关的更多选项。如图 11-48 所示，在A1 单元格中输入“1 月 31 日”，拖动填充柄向下填充到A6 单元格，然后单击【自动填充选项】下拉按钮，在下拉菜单中选中【以月填充】单选按钮，即可得到连续的月末日期。

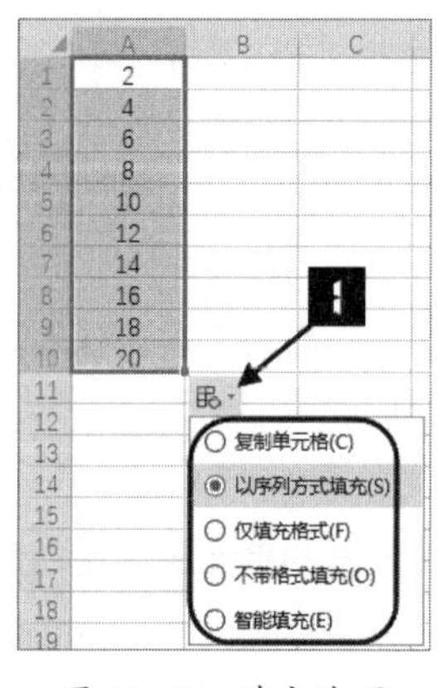

图 11-47　填充选项

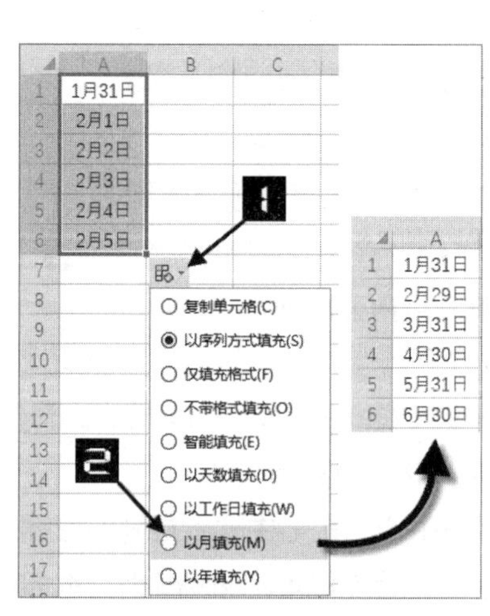

图 11-48　以月填充

➲ VII　借助推荐列表输入重复内容

WPS表格默认开启【输入时提供推荐列表】功能。当在同一列中输入多行数据时，WPS表格会根据用户输入的内容在当前列的其他单元格中进行检索，并将包含关键字的单元格内容以下拉列表的形式推荐给用户。鼠标双击下拉列表中的选项或是使用方向键在下拉列表中选择需要输入的内容，按<Enter>键即可输入，如图 11-49 所示。

按<Esc>键可关闭当前正在推荐的列表。如果希望关闭该功能，可依次单击【文件】→【选项】，打开【选项】对话框。切换到【编辑】选项卡，取消选中【输入时提供推荐列表】复选框，最后单击【确定】按钮关闭对话框，如图 11-50 所示。

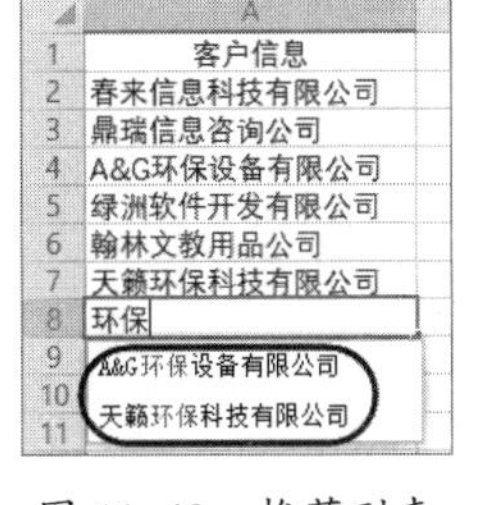

图 11-49　推荐列表

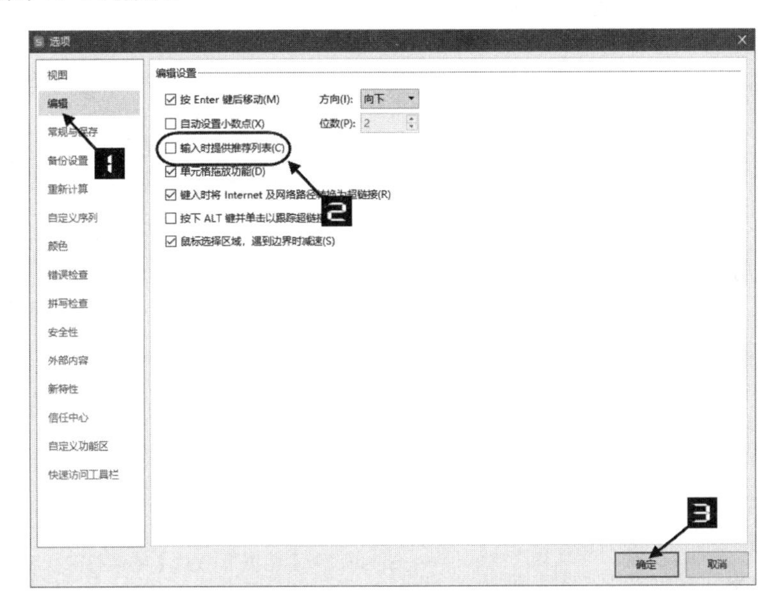

图 11-50　在【选项】对话框中关闭【输入时提供推荐列表】功能

11.4.2　编辑单元格内容

对于已经存在数据的单元格，可以直接重新输入新的内容来替换原有数据。如果只想对其中的一部分内容进行编辑修改，则可以双击该单元格或选中目标单元格后按<F2>键进入编辑模式。

进入编辑模式后，光标所在的位置就是数据插入位置，单击鼠标左键或使用左右方向键，可以移动光标插入点的位置。

如果要清除单元格中的内容，可以选中目标单元格后按<Delete>键，将单元格内原有的数据清除。但是此操作并不能清除单元格的格式、批注、链接等元素。要彻底清除这些元素，可以选中目标单元格后，依次单击【开始】→【格式】，在下拉菜单中依次单击【清除】→【全部】，如图 11-51 所示。

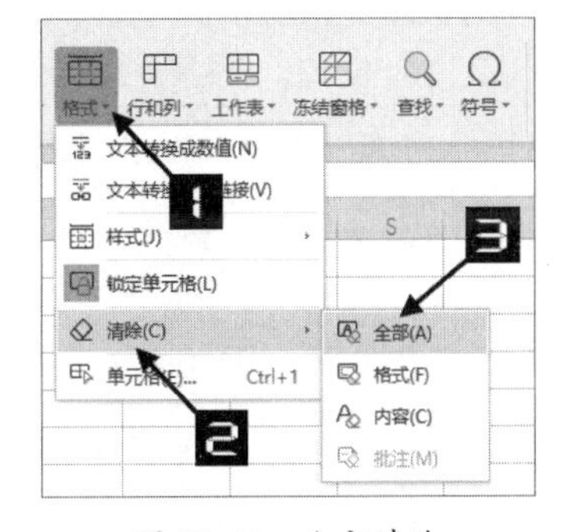

图 11-51　全部清除

11.5 使用数据有效性约束录入内容

利用数据有效性功能，不仅能够对数据输入的准确性和规范性进行约束，还可以显示屏幕提示、制作下拉菜单，方便用户输入数据。

11.5.1 了解数据有效性规则

在【数据】选项卡单击【有效性】按钮，弹出【数据有效性】对话框。在【设置】选项卡单击【允许】下拉按钮，下拉列表中包含“任何值”“整数”“小数”“序列”“日期”“时间”及“文本长度”和“自定义”等条件，如图 11-52 所示。

图 11-52 【数据有效性】对话框

数据有效性条件的作用说明如表 11-4 所示。

表 11-4 数据有效性条件作用说明

有效性条件	作用说明
任何值	允许在单元格中输入任何值
整数	只能输入指定范围内的整数
小数	只能输入指定范围内的小数
序列	只能输入指定序列中的一项，序列来源可以手动输入，也可以选择单元格中的内容，或者是公式返回的引用结果
日期	只能输入某一范围内的日期
时间	只能输入某一范围内的时间
文本长度	输入数据的字符个数
自定义	借助函数公式设置较为复杂的数据有效性规则

示例11-2 拒绝录入重复项

选中要输入数据的单元格区域，如A1:A10，依次单击【数据】→【拒绝录入重复项】下拉按钮，在下拉菜单中选择【设置】命令，弹出【拒绝重复输入】对话框，单击【确定】按钮，如图 11-53 所示。

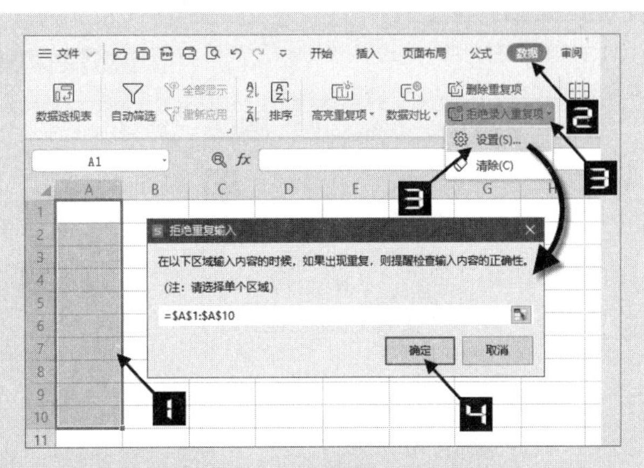

图 11-53　拒绝录入重复项

设置完成后，在A1:A10单元格区域中如果输入重复内容，WPS表格会弹出提示对话框。单击编辑栏中的取消按钮，可退出输入。如图 11-54 所示。

用户输入重复内容后，在对应单元格的左上角会出现绿色三角形的错误提示。单击该单元格右侧的错误提示按钮，在下拉菜单中可选择忽略错误或继续编辑该单元格中的内容，如图 11-55 所示。

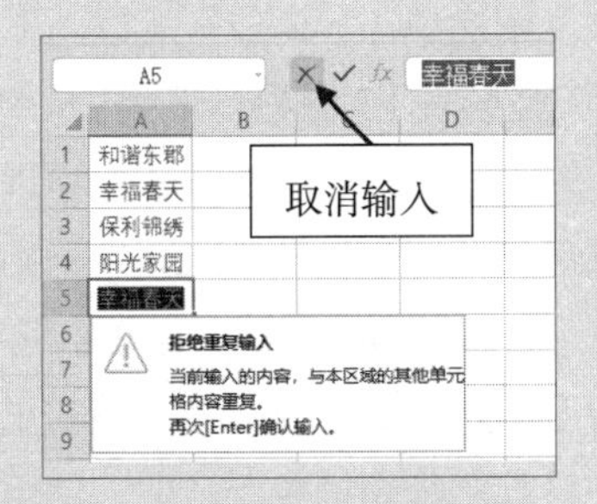

图 11-54　拒绝重复输入

图 11-55　错误提示

示例11-3 插入下拉列表

如图 11-56 所示，使用插入下拉列表功能，能够通过单击单元格右侧的下拉按钮，从下拉列表中选择要输入的内容。此方法适合在一列中输入项目不多并且相对固定的内容，如性别、部门等。

	A	B	C
1	姓名	性别	部门
2	张国仁	男	
3	李立春		
4	詹吉昆	男	
5	高玉玲	女	
6	李琴先		
7	李实君		
8	张文仙		
9	李双兰		
10	邓利平		

图 11-56　使用下拉列表输入内容

操作方法如下。

方法 1：选中要输入性别的单元格区域，如B2:B10，依次单击【数据】→【插入下拉列表】，弹出【插入下拉列表】对话框。在【手动添加下拉选项】区域输入候选项“男”，单击添加按钮，继续输入候选项“女”，最后单击【确定】按钮即可，如图 11-57 所示。

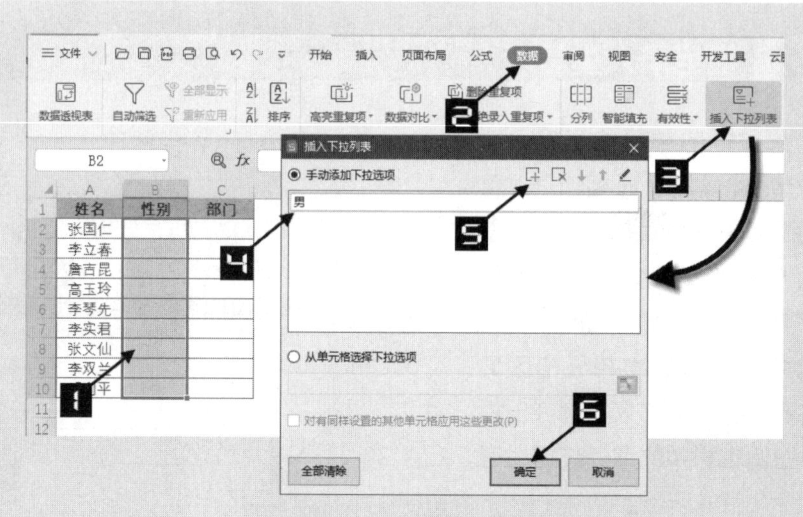

图 11-57　手动添加下拉选项

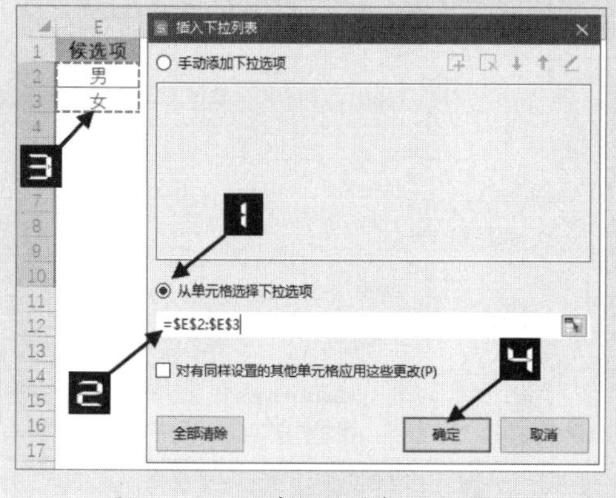

图 11-58　从单元格选择下拉选项

方法 2：在空白单元格中，如E2:E3，分别输入候选项“男”“女”。选中要输入性别的B2:B10单元格区域，依次单击【数据】→【插入下拉列表】，弹出【插入下拉列表】对话框。选中【从单元格选择下拉选项】单选按钮，在底部编辑框中单击进入编辑状态，然后拖动鼠标选中E2:E3单元格区域，最后单击【确定】按钮即可，如图 11-58 所示。

也可以在选中【从单元格选择下拉选项】单选按钮后，在底部的编辑框中手动输入使用半角逗号隔开的候选项“男,女”，单击【确定】按钮。

示例11-4 按指定范围输入年龄信息

图 11-59　设置整数范围

在输入员工年龄等指定范围内的数据时，可以通过设置数据有效性来进行规范限制。

选中需要输入年龄信息的D2:D10单元格区域，依次单击【数据】→【有效性】，弹出【数据有效性】对话框，在【设置】选项卡单击【允许】下拉按钮，在下拉列表中选择“整数”，在【数据】下拉列表中选择“介于”，将最小值和最大值分别设置为 16 和 60，最后单击【确定】按钮，如图 11-59 所示。

当有效性条件设置为“任何值”之外的其他选项，并且选中【忽略空值】复选框时，如果使用<Backspace>键删除单元格中已有的内容并按<Enter>键确认，WPS表格不会有任何提示；如果没有选中【忽略空值】复选框，则弹出对话框，提示“您输入的内容，不符合限制条件”。

示例11-5 设置屏幕提示信息

通过设置数据有效性的输入信息，当选定单元格时能够在屏幕上自动显示这些信息，提示用户输入符合要求的数据，如图 11-60 所示。

选中需要输入部门信息的C2:C10 单元格区域，依次单击【数据】→【有效性】，弹出【数据有效性】对话框。在【输入信息】选项卡保留【选定单元格时显示输入信息】复选框的选中状态，在【标题】和【输入信息】文本框中输入提示内容，最后单击【确定】按钮，如图 11-61 所示。

	A	B	C	D
1	姓名	性别	部门	年龄
2	张国仁	男		16
3	李立春	女		18
4	詹吉昆	男	提示 请输入完整的部门名称，不要使用简称。	
5	高玉玲	女		
6	李琴先	女		
7	李实君	女		
8	张文仙	女		
9	李双兰	女		
10	邓利平	男		

图 11-60　屏幕提示信息

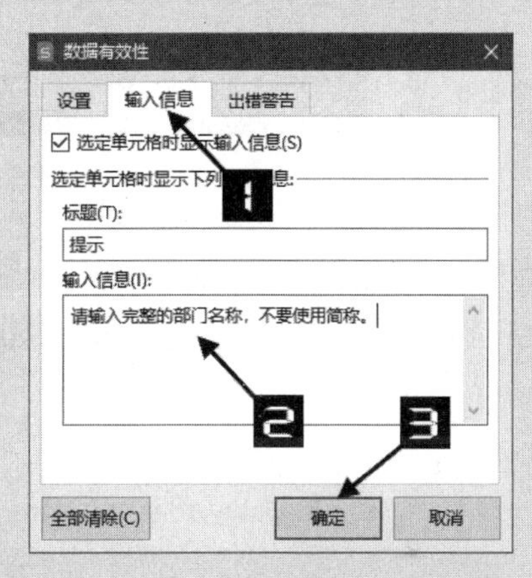

图 11-61　设置屏幕提示信息

11.5.2　自定义出错警告

如果在设置了数据有效性的单元格中输入不符合有效性条件的内容，WPS表格会弹出警告对话框并拒绝录入，用户可以对出错警告的提示方式和提示内容进行个性化设置。

在【数据有效性】对话框的【出错警告】选项卡下，单击【样式】下拉按钮，可以选择“停止”“警告”和“信息”三种提示样式，同时可设置出错时的提示信息，如图 11-62 所示。

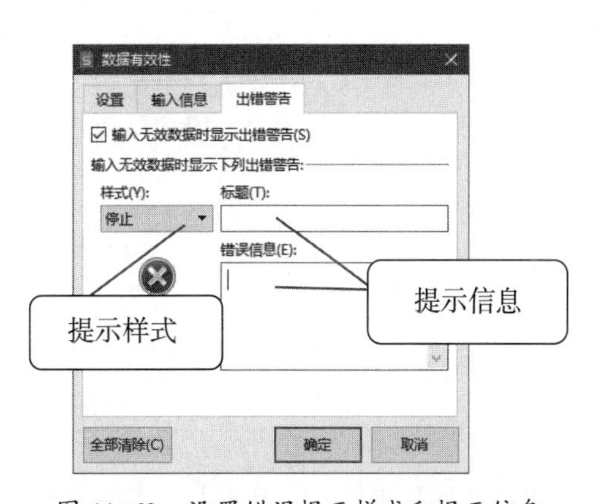

图 11-62　设置错误提示样式和提示信息

不同提示样式及作用说明如表 11-5 所示。

表 11-5　不同提示样式及作用说明

提示样式	说明
停止	禁止输入不符合有效性条件的数据
警告	对于不符合有效性条件的数据，可按<Enter>键确认输入
信息	仅提示输入的数据不符合有效性条件

11.5.3　圈释无效数据

使用圈释无效数据功能，能够在已输入数据的表格中快速查找出不符合要求的内容。

示例11-6　圈释无效数据

选中已经输入部门信息的C2:C10 单元格区域，依次单击【数据】→【有效性】，打开【数据有效性】对话框。在【设置】选项卡下设置【允许】条件为“序列”，在【来源】编辑框中输入“信息部,安监部,生产部”，最后单击【确定】按钮，如图 11-63 所示。

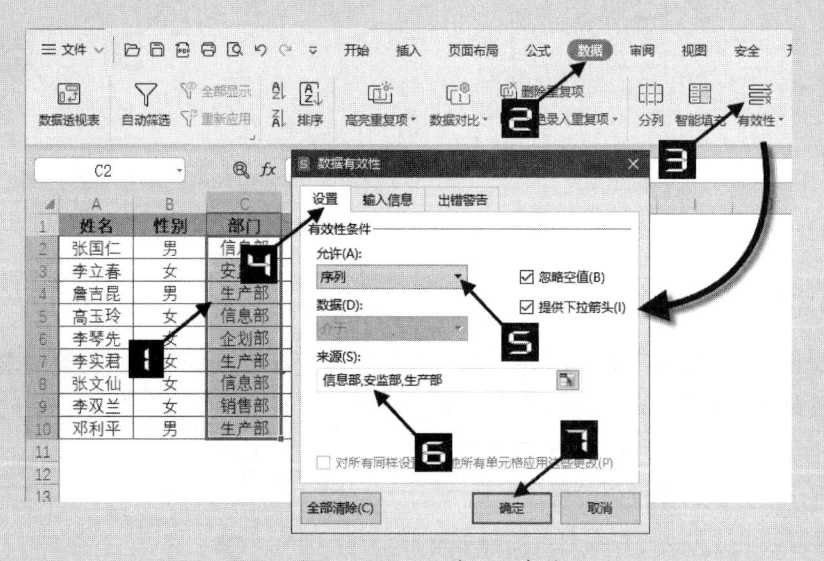

图 11-63　设置数据有效性条件

提示

以上设置和在【数据】选项卡单击【插入下拉列表】命令生成的下拉列表效果相同。

依次单击【数据】→【有效性】下拉按钮，在下拉列表中选择【圈释无效数据】命令，WPS表格会自动为当前工作表中所有不符合有效性条件的数据添加验证标识圈，如图 11-64 所示。

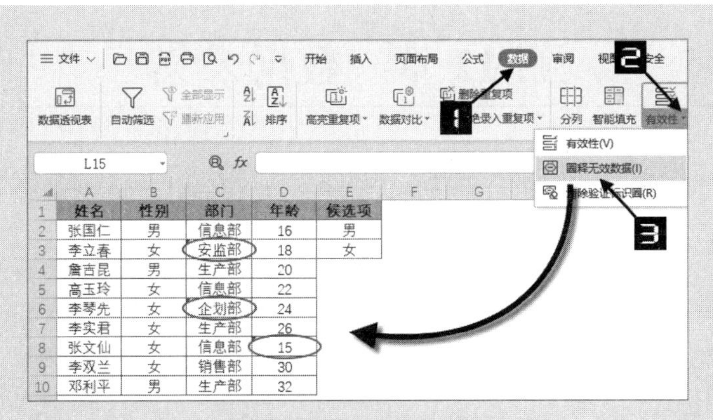

图 11-64　圈释无效数据

如需清除验证标识圈，可依次单击【数据】→【有效性】下拉按钮，在下拉列表中选择【清除验证标识圈】命令，按<Ctrl+S>组合键执行保存即可。

11.5.4　更改和清除数据有效性规则

如需修改已有的有效性规则，可以选中已设置数据有效性规则的任意单元格，打开【数据有效性】对话框。设置新的规则后，选中“对所有同样设置的其他所有单元格应用这些更改”复选框，单击【确定】按钮，如图 11-65 所示。

如果要清除单元格中已有的数据验证规则，可以使用以下两种方法。

方法 1：选中包含数据有效性规则的单元格区域，打开【数据有效性】对话框，在【数据有效性】对话框中单击【全部清除】按钮，最后单击【确定】按钮关闭对话框。

方法 2：单击未设置数据有效性的任意空白单元格，按<Ctrl+A>组合键选中当前工作表。依次单击【数据】→【数据有效性】，会弹出如图 11-66 所示的警告对话框。单击【是】按钮打开【数据有效性】对话框，直接单击【确定】按钮，即可清除当前工作表内的所有数据有效性规则。

图 11-65　修改已有的数据有效性规则

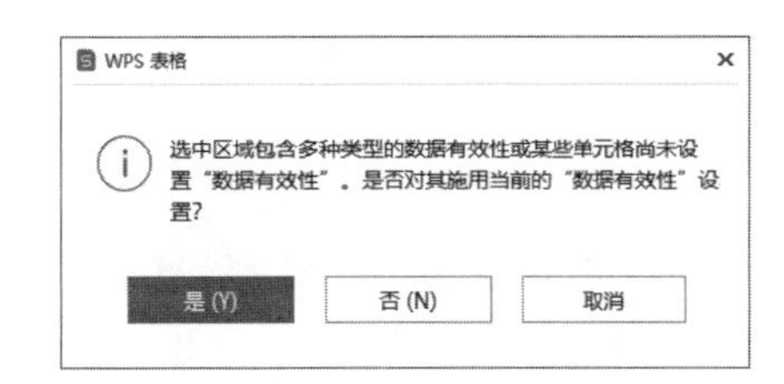

图 11-66　警告对话框

在【数据有效性】对话框中，还可以使用“自定义”规则。另外，也可以使用函数公式设置数据有效性的【序列】来源，来生成动态二级列表。

第 12 章　数据采集

WPS表格支持导入多种类型的外部数据，数据采集就是从不同数据源获取基础数据的过程。

本章学习要点

（1）从数据库文件中导入数据

（2）导入txt格式的数据

（3）导入csv格式的数据

（4）导入其他工作簿数据

（5）创建问卷收集数据

12.1　导入 Access 数据

WPS表格支持导入多种类型的数据库文件，包括Access、FoxPro数据库、dBase数据库及其他通过ODBC（Open Database Connectivity）连接的数据库。以导入Access数据库“保险销售数据库”中的“Data”表为例，操作方法如下。

步骤① 新建工作簿，依次单击【数据】→【导入数据】，在弹出的【WPS表格】提示框中单击【确定】按钮，如图 12-1 所示。

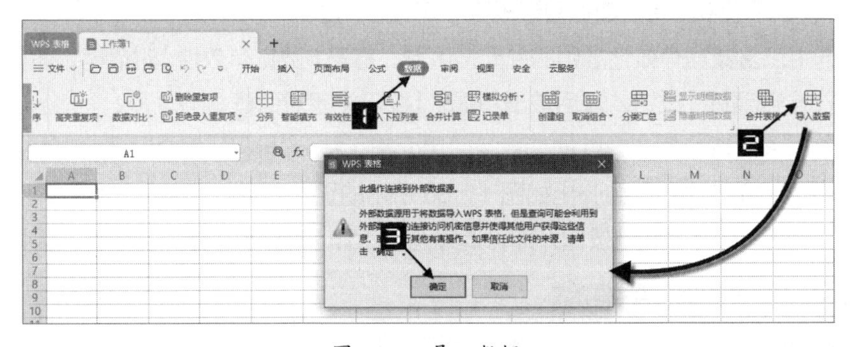

图 12-1　导入数据

步骤② 在弹出的【第一步：选择数据源】对话框中单击【选择数据源】按钮，在弹出的【打开】对话框中找到目标文件“保险销售数据库.accdb”，选中该文件，单击【打开】按钮，如图 12-2 所示。

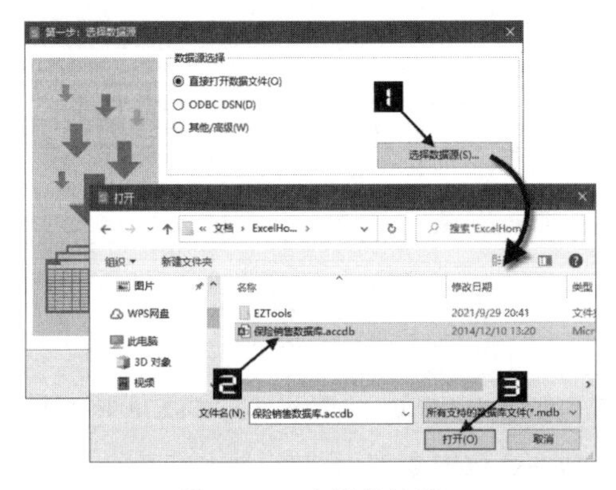

图 12-2　选择数据源

步骤③ 在【第一步：选择数据源】对话框中单击【下一步】按钮，弹出【第二步：选择表和字段】对话框。单击【表名】右侧的下拉按钮，在下拉列表中选择“Data”。在【可用的字段】列表中选择字段名称，单击【添加】按钮，也可以单击批量添加按钮，将所有字段添加至【选定的字段】列表框中，单击【下一步】按钮，如图 12-3 所示。

步骤④ 在弹出的【第三步：数据筛选与排序】对话框中可以根据需要对指定字段进行排序或筛选，本例选择按“编号”以“升序”排序，其他保留默认设置，单击【下一步】按钮，如图 12-4 所示。

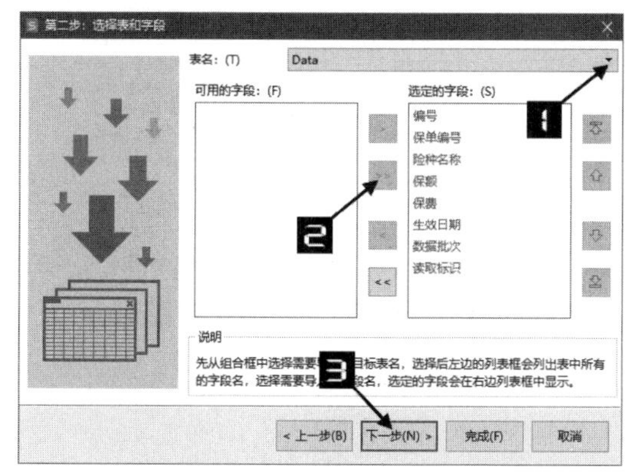

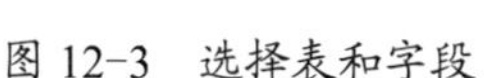
图 12-3 选择表和字段

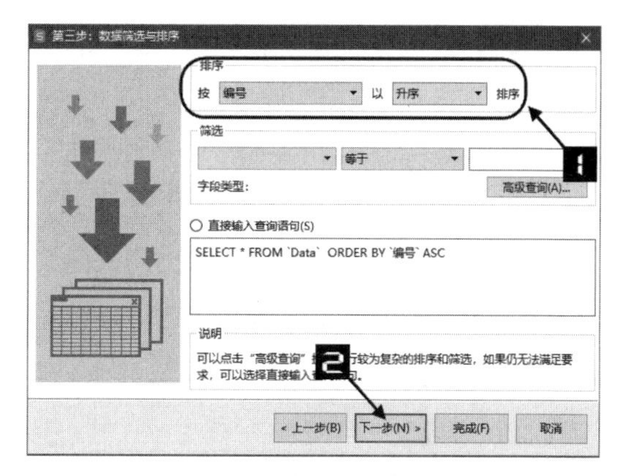

图 12-4 对字段进行排序或筛选

步骤⑤ 在弹出的【第四步：预览】对话框中单击【完成】按钮，弹出【导入数据】对话框。在【数据的放置位置】编辑框内选择存放数据的目标单元格，如 A1，然后单击【属性】按钮，如图 12-5 所示，打开【外部数据区域属性】对话框。

步骤⑥ 用户在【外部数据区域属性】对话框中设置数据格式及布局，设置完毕后，依次单击【确定】按钮关闭对话框，将数据导入工作表中，如图 12-6 所示。

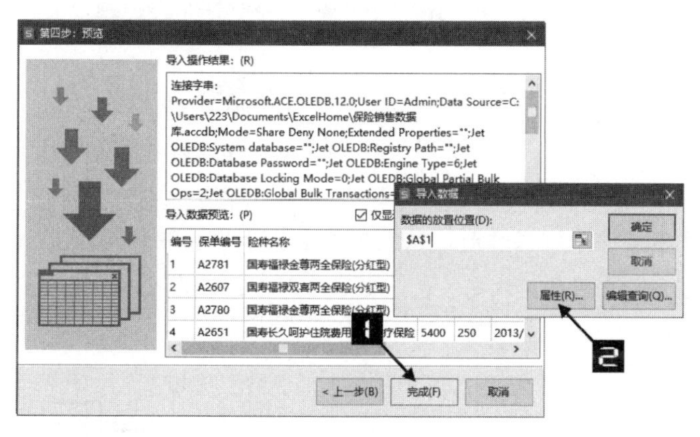

图 12-5 数据的放置位置

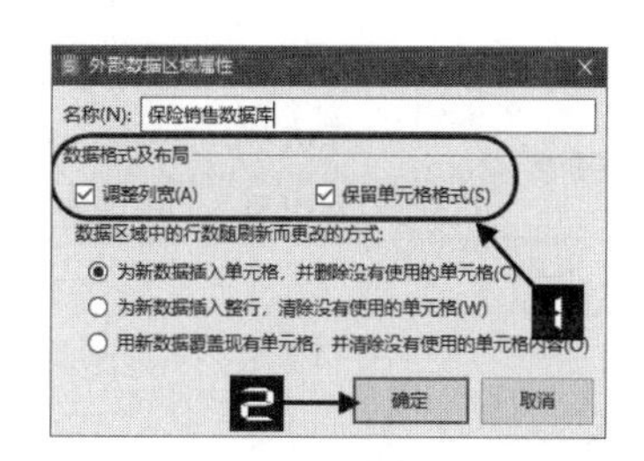

图 12-6 外部数据区域属性

导入的列表如图 12-7 所示。在【数据】选项卡单击【全部刷新】按钮即可刷新数据。

客户.公司名称	地址	城市	地区	邮政编码	国家	销售人	订单ID	订购日期	到货日期	发货日期	运货商.公
实翼	永惠西街 392 号	南昌	华东	674674	中国	李芳	10253	1996/7/10	1996/7/24	1996/7/16	统一包裹
实翼	永惠西街 392 号	南昌	华东	674674	中国	李芳	10253	1996/7/10	1996/7/24	1996/7/16	统一包裹
实翼	永惠西街 392 号	南昌	华东	674674	中国	李芳	10253	1996/7/10	1996/7/24	1996/7/16	统一包裹
山泰企业	舜井街 561 号	天津	华北	575909	中国	赵军	10248	1996/7/4	1996/8/1	1996/7/16	联邦货运
山泰企业	舜井街 561 号	天津	华北	575909	中国	赵军	10248	1996/7/4	1996/8/1	1996/7/16	联邦货运
山泰企业	舜井街 561 号	天津	华北	575909	中国	赵军	10248	1996/7/4	1996/8/1	1996/7/16	联邦货运
千固	明成西街 471 号	秦皇岛	华北	598018	中国	李芳	10251	1996/7/8	1996/8/5	1996/7/15	急速快递
实翼	永惠西街 392 号	南昌	华东	674674	中国	郑建杰	10250	1996/7/8	1996/8/5	1996/7/12	统一包裹
实翼	永惠西街 392 号	南昌	华东	674674	中国	郑建杰	10250	1996/7/8	1996/8/5	1996/7/12	统一包裹

图 12-7　导入的 Access 文件数据

还可以在数据表中右击，在弹出的快捷菜单中单击【刷新数据】命令，如图 12-8 所示。当首次打开包含外部数据的工作簿时，会出现如图 12-9 所示的提示框，单击【确定】按钮即可。

图 12-8　刷新数据

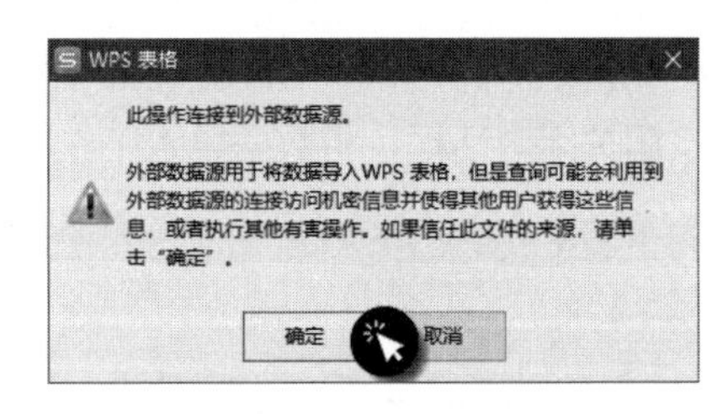

图 12-9　WPS 表格提示框

提示

首次执行 Access 数据库文件导入操作时，系统可能会提示要求安装 Access 2010 数据库引擎。用户可在 Microsoft 网站下载安装包，安装后即可正常导入 Access 数据。

根据本书前言的提示，可观看导入 Access 数据的视频讲解。

12.2　导入 txt 格式的文本数据

txt 文本是一种常见的数据文件格式，为了方便汇总分析，可以将 txt 文件的数据导入 WPS 表格。在导入 txt 格式数据之前，建议先使用记事本打开文本文件查看一下数据结构及编码类型，如图 12-10 所示。

导入 txt 数据的操作步骤如下。

步骤① 依次单击【数据】→【导入数据】，在弹出的【WPS 表格】提示框中单击【确定】按钮，弹出【第一步：选择数据源】对话框，保留默认设置，单击【下一步】按钮。

步骤② 在弹出的【打开】对话框中选择数据源的路径，选中要导入的文件，如"物料入库信息查询.txt"，单击【打开】按钮，如图 12-11 所示。

客户	工单号	产品码	订单数量	订单交期
SJK	A01-001	FG23	100	2017/2/3
SD	A01-001	FG11	1450	2016/2/15
MEC	A01-001	FG92321	30	2017/3/3
SD	A01-002	FG11	1150	2016/2/15
MEC	A01-002	FG92321	108	2017/3/3
SJK	A01-003	FG23	250	2017/1/5
SD	A01-003	FG11	1500	2016/2/15
MEC	A01-003	FG92321	156	2017/3/3
SJK	A01-004	FG11	200	2017/2/3
SD	A01-004	FG11	700	2016/2/15
MEC	A01-004	FG92321	84	2017/3/3
SJK	A01-005	FG11	100	2017/1/27
SJK	A01-005	FG23	350	2016/2/2
MEC	A01-005	FG92321	48	2017/3/3
SJK	A01-006	FG11	50	2017/2/3
SJK	A01-006	FG23	200	2016/2/2
MEC	A01-006			3/3
SJK	A01-007			2/3
SJK	A01-007			2/19
MEC	A01-007	FG92321	54	2017/3/3
SJK	A01-008	FG24	300	2017/1/5

图 12-10　查看数据源文本

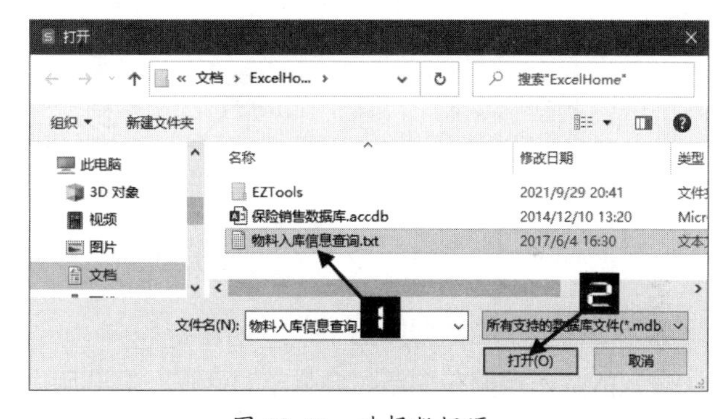

图 12-11　选择数据源

步骤③ 在弹出的【文件转换】对话框中，WPS 表格会自动识别 txt 文件的编码类型，如果在预览区域显示为乱码，可根据在记事本中查看到的编码类型手动修改。

步骤④ 单击【下一步】按钮，打开【文本导入向导-3 步骤之 1】对话框，保持默认设置，单击【下一步】按钮。在弹出的【文本导入向导-3 步骤之 2】对话框中，WPS 表格会自动选择分隔符号类型，也可手动修改设置，在数据预览区域会显示分隔后的效果。

步骤⑤ 单击【下一步】按钮，弹出【文本导入向导-3 步骤之 3】对话框。在该对话框中可以设置列数据类型，本例保持默认选项不变，单击【完成】按钮，如图 12-12 所示。

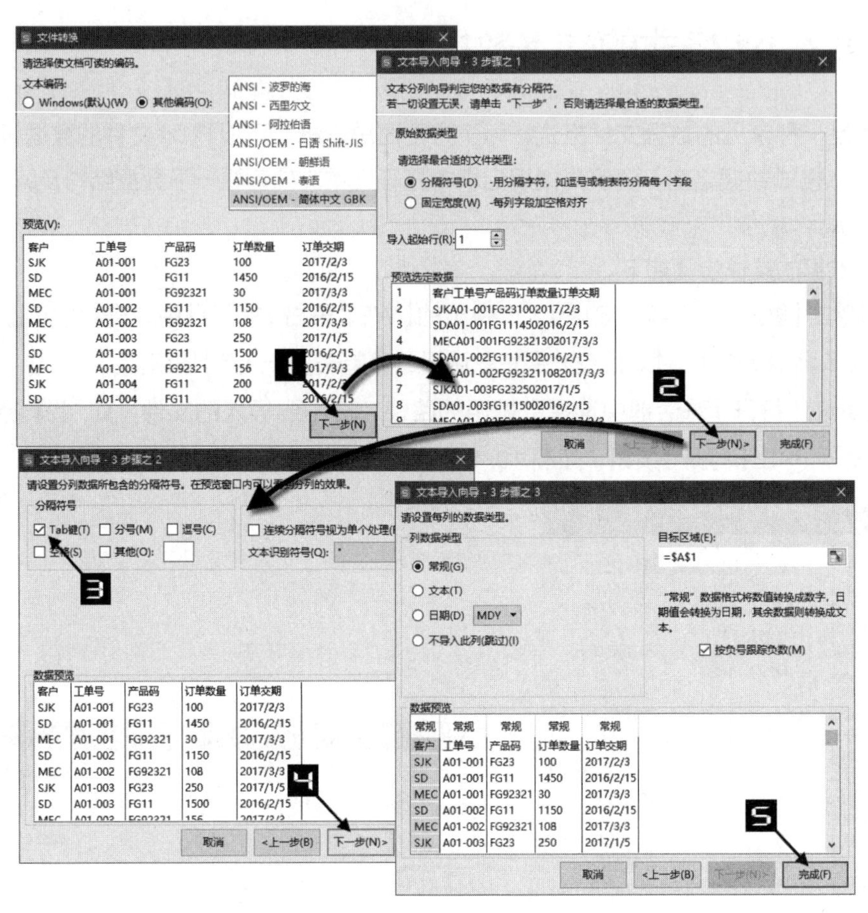

图 12-12　文本导入向导

导入工作表中的数据如图 12-13 所示。

导入的文本数据在刷新时会弹出对话框，需要用户手动选择数据源，如图 12-14 所示。

	A	B	C	D	E
1	客户	工单号	产品码	订单数量	订单交期
2	SJK	A01-001	FG23	100	2017/2/3
3	SD	A01-001	FG11	1450	2016/2/15
4	MEC	A01-001	FG92321	30	2017/3/3
5	SD	A01-002	FG11	1150	2016/2/15
6	MEC	A01-002	FG92321	108	2017/3/3
7	SJK	A01-003	FG23	250	2017/1/5
8	SD	A01-003	FG11	1500	2016/2/15
9	MEC	A01-003	FG92321	156	2017/3/3
10	SJK	A01-004	FG11	200	2017/2/3
11	SD	A01-004	FG11	700	2016/2/15
12	MEC	A01-004	FG92321	84	2017/3/3
13	SJK	A01-005	FG11	100	2017/1/27

图 12-13　导入数据

图 12-14　选择要导入的文本数据源

12.3　导入 csv 格式的文本数据

csv 文件也是一种常见的文本格式类型，它默认以逗号分隔不同的字段。

在打开 csv 格式之前，先启动 WPS 表格，依次单击【文件】→【选项】，打开【选项】对话框。切换到【新特性】选项卡下，取消选中【打开 CSV 文件时不弹对话框】复选框，单击【确定】按钮关闭对话框，如图 12-15 所示。

图 12-15　打开 csv 文件时不弹对话框

设置完成后，使用 WPS 表格打开 csv 格式的文件时会弹出对话框，系统会智能识别不同字段的数据格式，并自动显示预览效果。

如果对智能识别的结果不满意，还可以单击字段名称右侧的下拉按钮来选择其他格式类型，如图 12-16 所示。

打开后的 csv 格式的文件如图 12-17 所示。

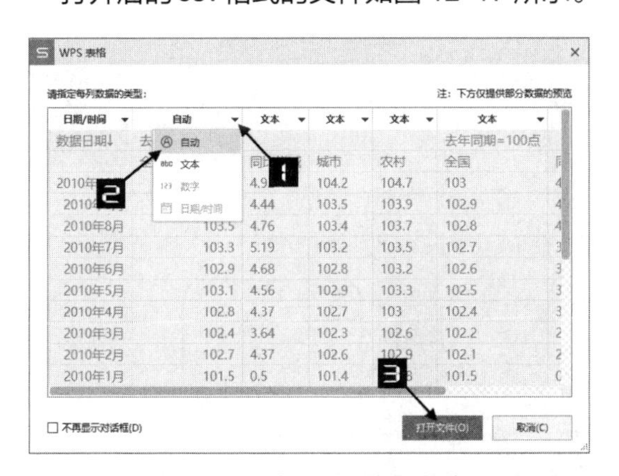

图 12-16　打开 csv 格式文件

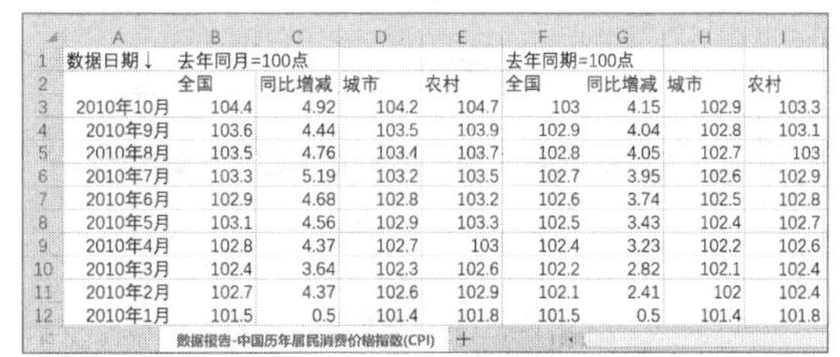

	A	B	C	D	E	F	G	H	I
1	数据日期↓	去年同月=100点				去年同期=100点			
2		全国	同比增减	城市	农村	全国	同比增减	城市	农村
3	2010年10月	104.4	4.92	104.2	104.7	103	4.15	102.9	103.3
4	2010年9月	103.6	4.44	103.5	103.9	102.9	4.04	102.8	103.1
5	2010年8月	103.5	4.76	103.4	103.7	102.8	4.05	102.7	103
6	2010年7月	103.3	5.19	103.2	103.5	102.7	3.95	102.6	102.9
7	2010年6月	102.9	4.68	102.8	103.2	102.6	3.74	102.5	102.8
8	2010年5月	103.1	4.56	102.9	103.3	102.5	3.43	102.4	102.7
9	2010年4月	102.8	4.37	102.7	103	102.4	3.23	102.2	102.6
10	2010年3月	102.4	3.64	102.3	102.6	102.2	2.82	102.1	102.4
11	2010年2月	102.7	4.37	102.6	102.9	102.1	2.41	102	102.4
12	2010年1月	101.5	0.5	101.4	101.8	101.5	0.5	101.4	101.8

数据报告-中国历年居民消费价格指数(CPI)

图 12-17　打开后的 csv 格式的文件

csv 格式的文件不能存储公式及单元格格式等元素，如需保存公式或单元格格式，在编辑后可以按 <F12> 键将文件另存为 xlsx 格式。

12.4 有选择地导入其他工作簿数据

.et、.xls、*.xlsx等工作簿文件也可以是外部数据源，如果工作簿中存储的数据字段比较多，可以有选择地导入部分字段内容进行统计分析。导入其他工作簿数据的方法与导入Access数据类似，不再赘述。

12.5 创建问卷收集数据

WPS的表单功能不仅内置了丰富的模板，而且还支持以链接或小程序的形式发送给他人快速按格式填写内容，方便用户快速创建多场景的收集表。

12.5.1 根据表格生成表单问卷

根据已有表格创建表单问卷的操作步骤如下。

步骤① 新建一个工作簿，在各列依次输入问卷的题目，按<Ctrl+S>组合键保存。

步骤② 在浏览器中打开金山文档的官网，选择进入网页版，根据提示登录WPS账户。

步骤③ 单击【上传文件】按钮，在弹出的【打开】对话框中选择要上传的问卷文件，单击【打开】按钮，如图12-18所示。

步骤④ 在金山文档网页版中单击打开问卷文件，依次单击【协作】→【根据表格生成表单】，在弹出的对话框中对问卷内容进行确认，最后单击【生成表单】按钮，如图12-19所示。

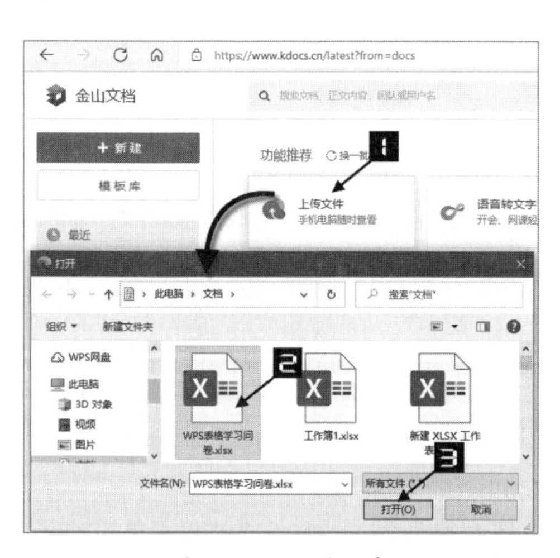

图 12-18 上传问卷

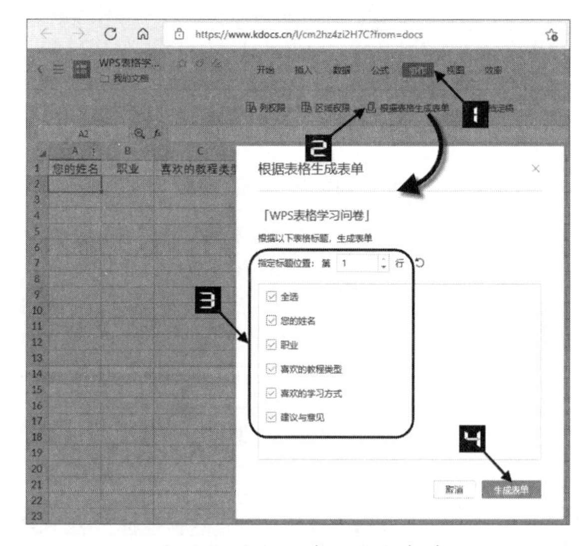

图 12-19 根据表格生成表单

步骤⑤ 在【新建表单】页面中，可以对各个问卷项目进行详细设置，在左侧的侧边栏中能够选择题目类型或题目模板，设置完成后单击【完成创建】按钮，如图12-20所示。

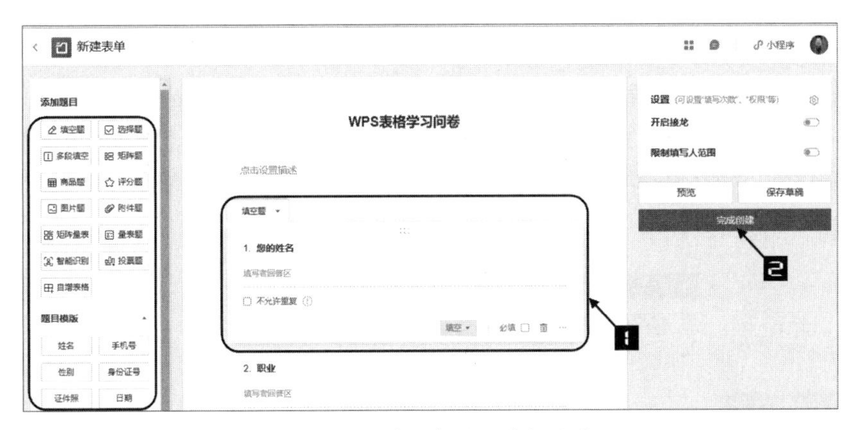

图 12-20　对问卷项目进行设置

步骤 6 用户可以通过分享二维码、生成海报或是复制链接等多种方式分享问卷，如图 12-21 所示。

图 12-21　多种方式分享问卷

步骤 7 需要汇总数据时，可以在金山文档网页版打开该文件，单击右上角的【查看数据汇总表】按钮，然后依次单击【文件】→【下载】，将问卷数据汇总结果下载到本地，如图 12-22 所示。

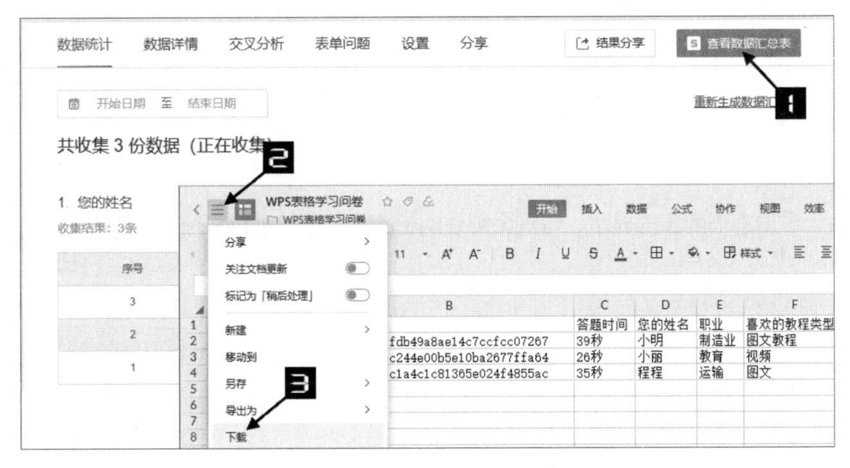

图 12-22　查看数据汇总表

12.5.2 使用在线模板新建表单

金山文档中有大量的免费表单模板，用户可以根据不同应用场景来选择所需的表单模板。在金山文档页面中单击【表单收集】命令可进入【新建】页面，顶端的【搜索】文本框支持使用关键字来搜索模板，也可在下方的【从场景新建】或【常用模板推荐】区域中选择所需表单模板，单击【立即使用】按钮即可，如图 12-23 所示。

图 12-23 使用模板创建表单

根据本书前言的提示，可观看创建问卷收集数据的视频讲解。

第 13 章　数据整理

要做出一桌丰盛的饭菜，必须先对各种原料进行必要的整理，洗菜、切菜、配菜缺一不可。同样，在做数据计算与分析前，通常也需要对原始数据进行必要的“整理清洗”，通过排序、筛选、查找、替换等手段，使数据更规范、更完备。

本章学习要点

(1)删除重复项
(2)数据的排序与筛选
(3)数据查找与替换
(4)字段拆分与合并
(5)工作簿和工作表合并
(6)工作簿“减肥”

13.1　删除重复项

如果需要在一列或多列数据中提取不重复记录，使用WPS表格【数据】选项卡中的【删除重复项】功能，可以快速删除单列或多列数据中的重复项。

示例13-1　删除单列数据中的重复项

如图 13-1 所示，A列是商品名称列表，需要从中提取一份不重复的商品名称清单，操作步骤如下。

步骤① 选中单列数据区域(如A1:A51单元格区域)，也可以直接选中整个A列。

步骤② 在【数据】选项卡中单击【删除重复项】按钮，打开【删除重复项】对话框。

步骤③ 单击【删除重复项】按钮，在弹出的【WPS表格】提示框中单击【确定】按钮，如图 13-1 所示。

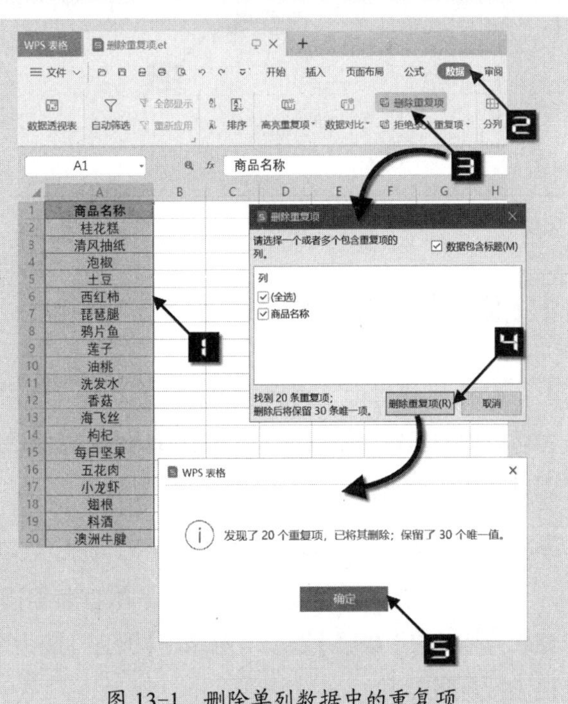

图 13-1　删除单列数据中的重复项

此时，直接在原始数据区域返回删除重复项后的清单。如果要将删除重复项后的数据导出到其他位置，可以事先将原始区域复制到目标区域再进行操作。

示例13-2 删除多列数据中的重复项

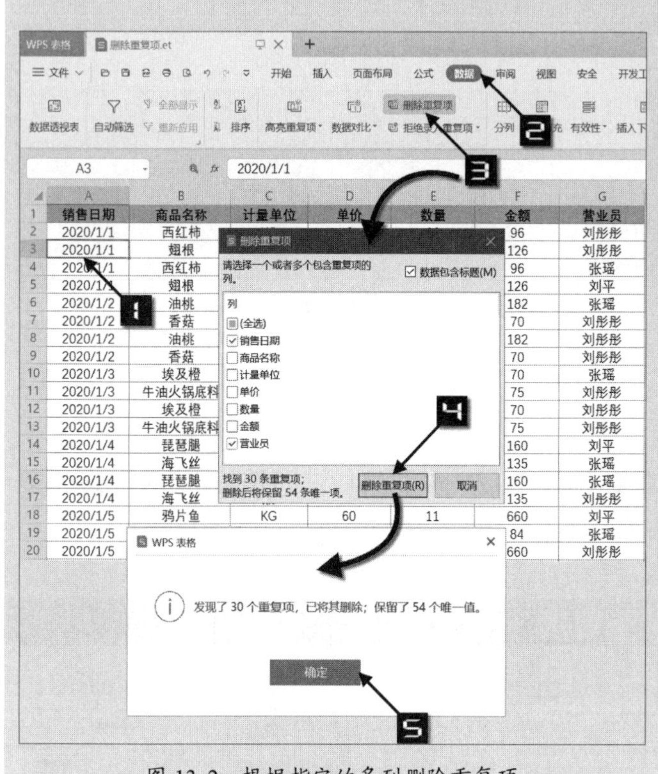

图 13-2 根据指定的多列删除重复项

如果需要在如图 13-2 所示的商品销售记录表中，提取各营业员的上班日期信息，可利用【删除重复项】功能，选择“销售日期”“营业员”作为判断是否重复的标准，即可得到去重后每个营业员的上班日期，具体操作步骤如下。

步骤① 选中数据区域内的任意单元格，如A3 单元格。

步骤② 单击【数据】选项卡中的【删除重复项】按钮，打开【删除重复项】对话框。

步骤③ 取消全选，选中“销售日期”和“营业员”复选框，单击【删除重复项】按钮，然后在【WPS表格】提示框中单击【确定】按钮即可。

13.2 数据排序

WPS表格提供了强大的数据排序功能。用户可以根据需要按行或列、按升序或降序来排序，也可以使用自定义排序命令，或按单元格的背景颜色及字体颜色进行排序，以及按单元格内显示的条件格式图标进行排序。

13.2.1 按单个字段排序

如图 13-3 所示，要对杂乱无章的数据表格按F列的“基础工资”升序排列，可选中F列中的任意单元格，在【数据】选项卡中单击【升序】按钮，这样就可以按照“基础工资”字段中的内容对表格进行升序排序。

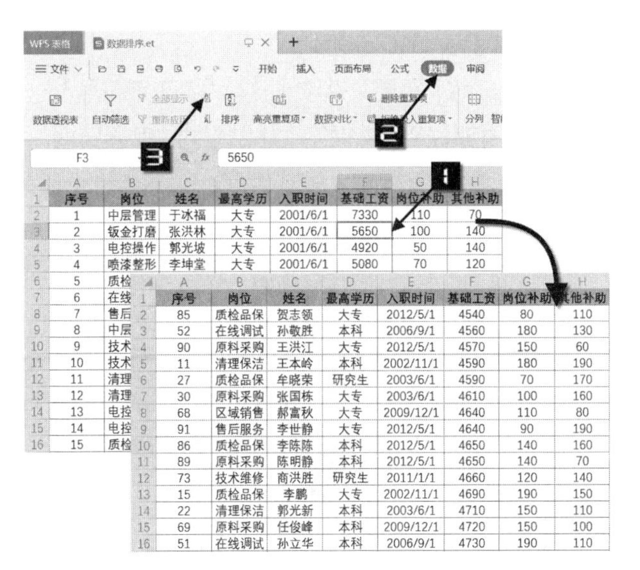

	A	B	C	D	E	F	G	H
1	序号	岗位	姓名	最高学历	入职时间	基础工资	岗位补助	其他补助
2	1	中层管理	于冰福	大专	2001/6/1	7330	110	70
3	2	钣金打磨	张洪林	大专	2001/6/1	5650	100	140
4	3	电控操作	郭光坡	大专	2001/6/1	4920	50	140
5	4	喷漆整形	李坤堂	大专	2001/6/1	5080	70	120
6	5	质检						
7	6	在线						
8	7	售后						
9	8	中层						
10	9	技术						
11	10	技术						
12	11	清理						
13	12	清理						
14	13	电控						
15	14	电控						
16	15	质检						

	A	B	C	D	E	F	G	H
1	序号	岗位	姓名	最高学历	入职时间	基础工资	岗位补助	其他补助
2	85	质检品保	贺志领	大专	2012/5/1	4540	80	110
3	52	在线调试	孙敬胜	本科	2006/9/1	4560	180	130
4	90	原料采购	王洪江	大专	2012/5/1	4570	150	60
5	11	清理保洁	王本岭	本科	2002/11/1	4590	180	190
6	27	质检品保	牟晓荣	研究生	2003/6/1	4590	70	170
7	30	原料采购	张国栋	大专	2003/6/1	4610	100	160
8	68	区域销售	郝富秋	大专	2009/12/1	4640	110	80
9	91	售后服务	李世静	大专	2012/5/1	4640	90	190
10	86	质检品保	李陈陈	本科	2012/5/1	4650	140	160
11	89	原料采购	陈明静	本科	2012/5/1	4650	140	70
12	73	技术维修	商洪胜	研究生	2011/1/1	4660	120	140
13	15	质检品保	李鹏	大专	2002/11/1	4690	190	150
14	22	清理保洁	郭光新	本科	2003/6/1	4710	150	110
15	69	原料采购	任俊峰	本科	2009/12/1	4720	150	100
16	51	在线调试	孙立华	本科	2006/9/1	4730	190	110

图 13-3　按“基础工资”升序排序

如需要“降序排序”，将上述操作中单击的【升序】按钮，改为单击【降序】按钮即可。

13.2.2　按多个字段进行排序

接下来以示例说明按多个字段进行排序的具体方法。

示例13-3　同时按多个字段进行排序

假设要对如图 13-4 所示表格中的数据进行排序，排序字段依次为“单据编号”“商品编号”和“单据日期”，可参照以下步骤。

	A	B	C	D	E	F	G	H
1	仓库	单据编号	单据日期	商品编号	商品名称	型号	单位	数量
2	总仓	20210702-0013	2021/7/2	50362	鑫五福竹牙签（8袋）	1*150	个	1
3	总仓	20210702-0020	2021/7/2	2717	微波单层大饭煲	1*18	个	1
4	总仓	20210702-0009	2021/7/2	0207	31CM通用桶	1*48	个	1
5	总仓	20210704-0018	2021/7/4	0412	大号婴儿浴盆	1*12	个	1
6	总仓	20210704-0007	2021/7/4	1809-A	小型三层三角架	1*8	个	1
7	总仓	20210701-0005	2021/7/1					
8	总仓	20210702-0014	2021/7/2					
9	总仓	20210702-0059	2021/7/2					
10	总仓	20210703-0011	2021/7/3					
11	总仓	20210703-0004	2021/7/3					
12	总仓	20210703-0014	2021/7/3					
13	总仓	20210703-0003	2021/7/3					
14	总仓	20210701-0001	2021/7/1					
15	总仓	20210701-0005	2021/7/1					
16	总仓	20210702-0005	2021/7/2					
17	总仓	20210702-0055	2021/7/2					
18	总仓	20210702-0059	2021/7/2					

	A	B	C	D	E	F	G	H
1	仓库	单据编号	单据日期	商品编号	商品名称	型号	单位	数量
2	总仓	20210701-0001	2021/7/1	0311	23CM海洋果蔬盆	1*60	个	10
3	总仓	20210701-0001	2021/7/1	0601	CH-2型砧板（43X28cm）	1*20	个	5
4	总仓	20210701-0001	2021/7/1	1440	小号欧式鼓型杯	1*120	个	18
5	总仓	20210701-0001	2021/7/1	2106	欧式水壶	1*30	个	8
6	总仓	20210701-0001	2021/7/1	2213	卫生皂盒	1*100	个	10
7	总仓	20210701-0001	2021/7/1	2235	椭圆滴水皂盘	1*144	个	20
8	总仓	20210701-0001	2021/7/1	2602	居家保健药箱	1*48	个	3
9	总仓	20210701-0001	2021/7/1	2907	双色强力粘钩（1*3）	1*288	个	10
10	总仓	20210701-0001	2021/7/1	H606	强力粘钩H606	1*160	个	10
11	总仓	20210701-0001	2021/7/1	Y54485	云蕾家用桑拿巾30 x 100	1*100	个	10
12	总仓	20210701-0001	2021/7/1	Y89906	云蕾高级沐浴条	1*100	个	10
13	总仓	20210701-0001	2021/7/1	Y96088	云蕾泡泡搓得洁	1*100	个	10
14	总仓	20210701-0001	2021/7/1	Y98731	云蕾万用擦巾（2片装）	1*100	个	10
15	总仓	20210701-0001	2021/7/1	YB8102	奶瓶刷8102	1*48	个	5
16	总仓	20210701-0002	2021/7/1	2114	居家保温饭壶	1*24	个	175
17	总仓	20210701-0003	2021/7/1	0311	23CM海洋果蔬盆	1*60	个	60
18	总仓	20210701-0003	2021/7/1	0431	38CM洗碗盆	1*60	个	60

图 13-4　需要进行排序的表格

步骤① 选中表格中的任意单元格（如A4），依次单击【数据】→【排序】，在弹出的【排序】对话框中选择【主要关键字】为“单据编号”。

步骤② 单击【添加条件】按钮，将【次要关键字】设置为“商品编号”。

步骤③ 重复以上步骤，继续添加【次要关键字】并设置为“单据日期”，单击【确定】按钮，关闭【排序】对话框，如图 13-5 所示，完成排序。

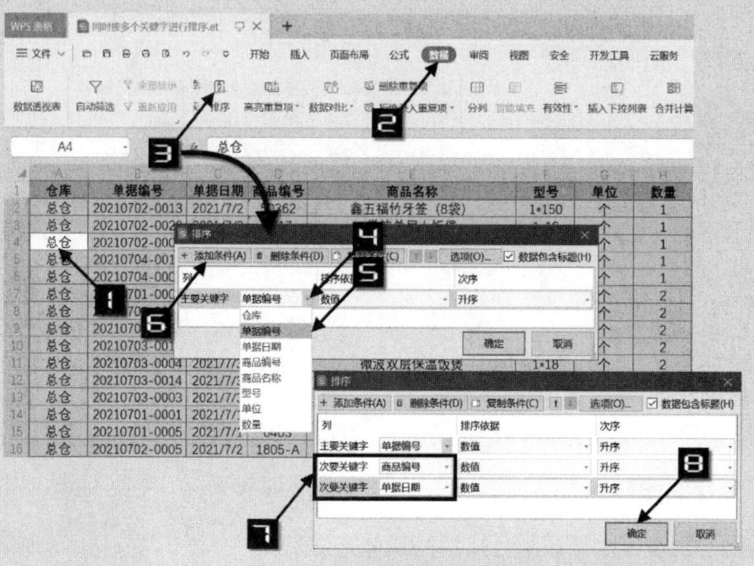

图 13-5　同时添加多个排序关键字

此外，依次对“单据日期”“商品编号”和“单据编号”进行排序，也可以达到同样的效果。WPS 表格对多次排序的处理原则是：先被排序过的列，会在后续排序过程中尽量保持自己的顺序。因此，在使用这种方法时应该按照要排序列的优先级，由低到高依次进行。

13.2.3　按笔画排序

在默认情况下，WPS 表格对汉字的排序方式是按照拼音首字母顺序来排列。以中文姓名为例，字母顺序即按姓名第一个字的拼音首字母在 26 个英文字母中出现的顺序，如果同姓，则继续比较姓名中的第二个字。如图 13-6 所示的表格包含了对姓名字段按字母顺序排列的数据。

姓名	部门	创建时间	加班开始时间	加班结束时间	本次加班小时数	加班事由
白睿	设备安保部	2020-02-19 17:17	2020-02-18 12:30	2020-02-18 17:00	4.50	上报资料整理
白睿	设备安保部	2020-02-16 17:32	2020-02-16 13:20	2020-02-16 17:00	3.67	器材检查
白睿	设备安保部	2020-02-15 12:02	2020-02-12 13:30	2020-02-12 17:00	3.50	资料整理
白睿	设备安保部	2020-02-11 15:46	2020-02-11 12:30	2020-02-11 16:30	4.00	消防资料整理、疫情事务
白睿	设备安保部	2020-02-11 15:45	2020-02-10 08:30	2020-02-10 12:00	3.50	资料整理、疫情事务
白睿	设备安保部	2020-01-15 16:37	2020-01-15 08:35	2020-01-15 17:00	8.42	集团安全检查
白睿	设备安保部	2020-01-15 16:35	2020-01-11 15:10	2020-01-11 17:00	1.83	部门工作
白睿	设备安保部	2020-01-09 15:39	2020-01-09 11:10	2020-01-09 15:40	4.50	上报文件
薄记平	人才经营管理部	2020-02-04 17:38	2020-02-05 09:00	2020-02-05 11:30	2.50	整理人社局统计报表所需资料
薄记平	人才经营管理部	2020-01-22 09:48	2020-01-22 09:00	2020-01-22 16:00	7.00	部门工作
薄记平	人才经营管理部	2020-01-19 10:15	2020-01-19 08:50	2020-01-19 15:00	6.17	梳理部门预算
薄记平	人才经营管理部	2020-01-15 10:24	2020-01-15 09:30	2020-01-15 16:30	7.00	办理公积金缴存汇总表盖章手续
薄记平	人才经营管理部	2020-01-14 11:48	2020-01-14 10:00	2020-01-14 14:00	4.00	部门工作
薄记平	人才经营管理部	2020-01-13 12:14	2020-01-13 09:00	2020-01-13 17:00	8.00	修改部门预算领导审核后交财务
薄记平	人才经营管理部	2020-01-10 17:24	2020-01-10 09:00	2020-01-10 17:30	8.50	部门工作
薄记平	人才经营管理部	2020-01-09 15:53	2020-01-09 08:30	2020-01-09 16:40	8.17	编制社保、公积金明细表提供财务数据
薄记平	人才经营管理部	2020-01-07 14:27	2020-01-07 10:00	2020-01-07 17:00	7.00	部门工作

图 13-6　姓名按字母排序的表格

在WPS表格中，还提供了按照“笔画”顺序排序的功能。

示例13-4 按笔画排列姓名

以图 13-6 中的表格为例，使用笔画顺序来排序的操作步骤如下。

步骤① 单击数据区域中的任意单元格（如A5），依次单击【数据】→【排序】，打开【排序】对话框。

步骤② 在【排序】对话框中选择【主要关键字】为“姓名”，【次序】为“升序”。

步骤③ 单击【排序】对话框中的【选项】按钮，在弹出的【排序选项】对话框中选中【笔画排序】单选按钮，单击【确定】按钮关闭【排序选项】对话框，再单击【确定】按钮，关闭【排序】对话框，如图 13-7 所示。

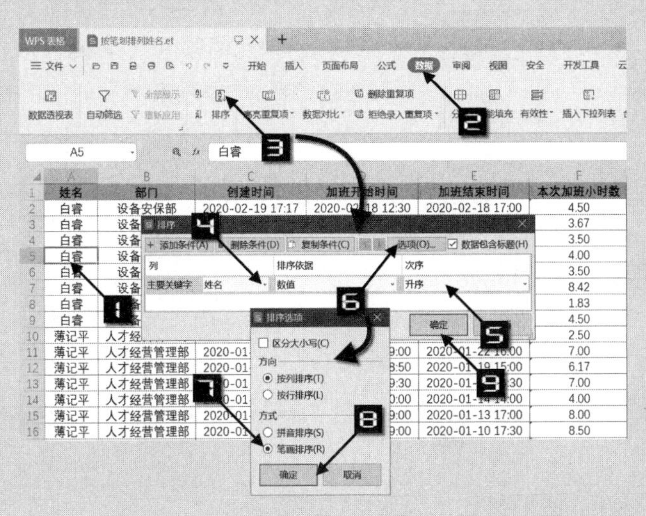

图 13-7　设置以姓名为关键字按笔画排序

最后的排序结果如图 13-8 所示。

	A	B	C	D	E	F	G
1	姓名	部门	创建时间	加班开始时间	加班结束时间	本次加班小时数	加班事由
2	王帆	设备安保部	2020-01-09 12:01	2020-01-09 08:30	2020-01-09 17:00	8.50	设备盘点
3	王洋	设备安保部	2020-01-17 23:58	2020-01-15 14:15	2020-01-15 16:23	2.13	接待台领导安全检查
4	王洋	设备安保部	2020-01-08 09:57	2020-01-06 09:10	2020-01-06 12:29	3.32	教委安全检查
5	叶喜乐	党委	2020-01-09 12:54	2020-01-09 08:30	2020-01-09 12:52	4.37	部门工作
6	田浩	办公室	2020-02-13 15:38	2020-02-13 10:00	2020-02-13 14:30	4.50	部门相关工作
7	田浩	办公室	2020-02-06 16:32	2020-02-06 14:34	2020-02-06 16:34	2.00	财务办公室盖章
8	田浩	办公室	2020-02-01 10:47	2020-02-01 09:48	2020-02-01 11:48	2.00	给资产处盖章
9	田浩	办公室	2020-01-23 11:15	2020-01-23 10:16	2020-01-23 14:16	4.00	整理部门办公用品信息
10	田浩	办公室	2020-01-21 14:55	2020-01-21 15:57	2020-01-21 17:57	2.00	缴纳2019年12月电话费
11	田浩	办公室	2020-01-21 11:41	2020-01-21 10:42	2020-01-21 16:42	6.00	梳理文件，办公用品
12	白睿	设备安保部	2020-02-19 17:17	2020-02-18 12:30	2020-02-18 17:00	4.50	上报资料整理
13	白睿	设备安保部	2020-02-16 17:32	2020-02-16 13:20	2020-02-16 17:00	3.67	器材检查
14	白睿	设备安保部	2020-02-15 12:02	2020-02-12 13:30	2020-02-12 17:00	3.50	资料整理
15	白睿	设备安保部	2020-02-11 15:46	2020-02-11 12:30	2020-02-11 16:30	4.00	消防资料整理、疫情事务
16	白睿	设备安保部	2020-02-11 15:45	2020-02-10 08:30	2020-02-10 12:00	3.50	资料整理、疫情事务

图 13-8　按笔画排序结果

13.2.4 按单元格填充颜色排序

WPS表格中还可以按单元格的填充颜色进行排序。

示例13-5 按单元格颜色排序

学号	姓名	语文	数学	英语	总分
401	俞毅	55	81	65	201
402	吴超	83	123	107	313
403	顾锋	74	97	77	248
404	马辰	77	22	58	157
405	张晓帆	91	98	94	283
406	包丹青	56	103	81	240
407	卫骏	87	95	88	270
408	马治政	73	103	99	275
409	徐荣弟	59	108	86	253
410	姚巍	84	49	82	215
411	张军杰	84	114	88	286
412	莫爱洁	90	104	68	262
413	王峰	87	127	75	289
414	黄阚凯	45	115	78	238
415	张琛	88	23	64	175
416	富裕	88	100	94	282
417	黄佳清	38	92	92	222

图 13-9　包含不同颜色单元格的表格

在如图 13-9 所示的成绩表中，总分列包含不同颜色的单元格，如果希望按“红色”“茶色”和“浅蓝色”三种颜色的分布来排序，可以按以下步骤操作。

步骤① 选中表格中的任意单元格（如A5），依次单击【数据】→【排序】，弹出【排序】对话框。

步骤② 设置【主要关键字】为“总分”，【排序依据】为“单元格颜色”，【次序】为“红色”“在顶端”。

步骤③ 单击【复制条件】按钮，分别设置【次要关键字】为“总分”，【次序】为“茶色”和“浅蓝色”，“在顶端”，最后单击【确定】按钮关闭【排序】对话框，完成排序操作，如图 13-10 所示。

排序完成后的结果如图 13-11 所示。

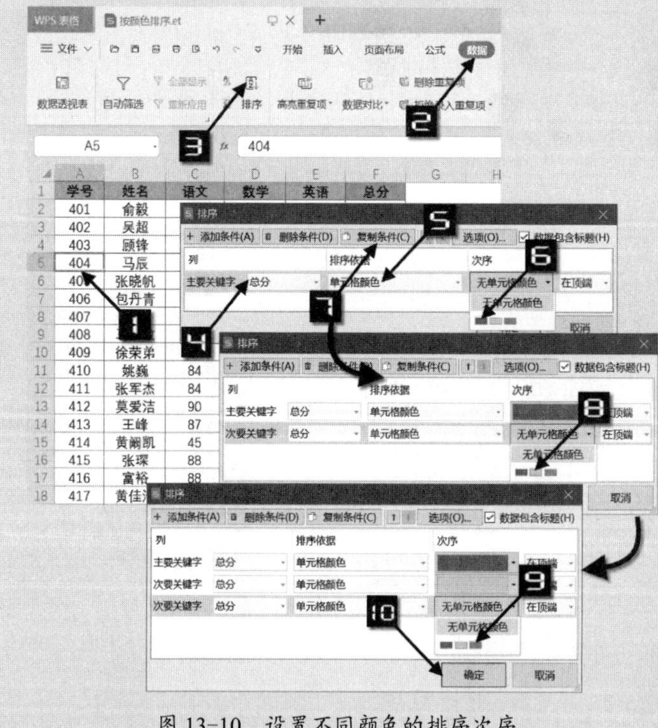

图 13-10　设置不同颜色的排序次序

学号	姓名	语文	数学	英语	总分
440	倪佳璇	95	131	101	327
441	朱霜霜	77	113	95	285
442	蔡晓玲	88	97	97	282
443	金婷	78	144	102	324
444	陈洁	113	120	101	334
445	叶怡	103	131	115	349
447	贝万雅	90	127	95	312
448	高香香	89	109	105	303
403	顾锋	74	97	77	248
409	徐荣弟	59	108	86	253
412	莫爱洁	90	104	68	262
430	倪燕华	88	77	99	264
404	马辰	77	22	58	157
415	张琛	88	23	64	175
401	俞毅	55	81	65	201
406	包丹青	56	103	81	240
407	卫骏	87	95	88	270

图 13-11　按多种颜色排序后的结果

13.2.5 按字体颜色和单元格图标排序

除了 13.2.4 节介绍的按单元格填充颜色排序外，WPS 表格还能根据字体颜色和由条件格式生成的单元格图标进行排序，方法与按单元格填充颜色排序相同，此处不再赘述。

13.2.6 按行排序

在如图 13-12 所示的表格中，A 列是部门名称，第 1 行的数字用来表示月份。现在需要按“月份”从小到大进行排序。操作步骤如下。

	A	B	C	D	E	F	G	H	I	J	K	L	M	N
1	项 目	10	11	12	1	2	3	4	5	6	7	8	9	总计
2	财务部	22	5	11	7	4	5	6	6	5	10	12	12	105
3	总经办	11	5	6	9	9	8	8	24	5	8	6	6	105
4	品牌管理部	3	21	21	6	6	7	19	21	25	8	123	28	288
5	人力资源部	22	21	17	36	12	14	32	26	26	11	17	15	249
6	运营部	58	53	60	58	30	36	64	76	63	37	158	62	755
7	总计	126	116	127	118	63	74	132	157	131	80	323	131	1501

图 13-12 需要按行排序的表格

步骤① 选中 B1:M6 单元格区域。单击【数据】选项卡下的【排序】按钮，弹出【排序】对话框。

步骤② 单击【排序】对话框中的【选项】按钮，在弹出的【排序选项】对话框中选中【按行排序】单选按钮，单击【确定】按钮关闭【排序选项】对话框，如图 13-13 所示。

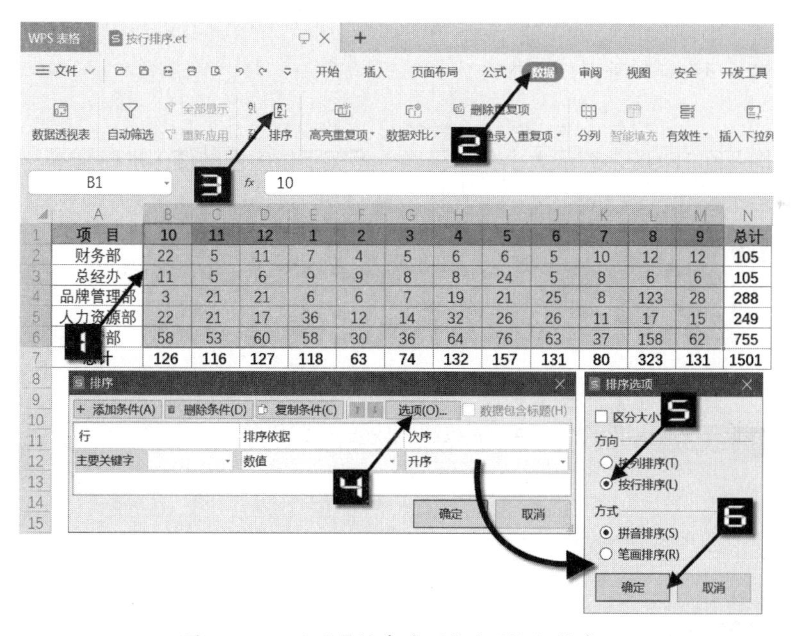

图 13-13 设置【排序选项】为“按行排序”

步骤③ 在【排序】对话框中，选择【主要关键字】为“行 1”，【排序依据】为“数值”，【次序】为“升序”，单击【确定】按钮关闭对话框，排序结果如图 13-14 所示。

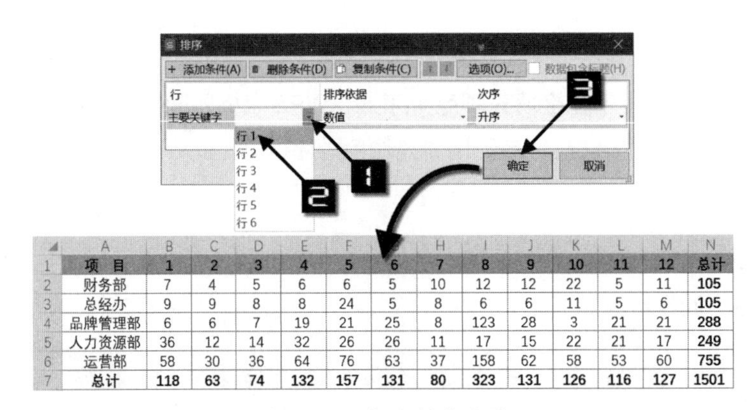

	A	B	C	D	E	F	G	H	I	J	K	L	M	N
1	项　目	1	2	3	4	5	6	7	8	9	10	11	12	总计
2	财务部	7	4	5	6	6	5	10	12	12	22	5	11	105
3	总经办	9	9	8	8	24	5	8	6	6	11	5	6	105
4	品牌管理部	6	6	7	19	21	25	8	123	28	3	21	21	288
5	人力资源部	36	12	14	32	26	26	11	17	15	22	21	17	249
6	运营部	58	30	36	64	76	63	37	158	62	58	53	60	755
7	总计	118	63	74	132	157	131	80	323	131	126	116	127	1501

图 13-14　按行排序结果

13.2.7　不同类型数据的排序规则

WPS表格对不同类型数据排列顺序的规则如下。

```
…、-2、-1、0、1、2、…、A-Z、FALSE、TRUE
```

数值小于文本，文本小于逻辑值，错误值不参与排序。

例如如下公式:

```
=7<" 六 "
=7<"6"
```

这两个公式均返回TRUE，表示大小判断正确，但实际仅表示数值7排在文本“六”“6”的前面，而不代表具体数字的大小。

此规则仅用于排序，不同类型的数据比较大小没有实际意义。

根据本书前言的提示，可观看数据排序的视频讲解。

13.3　数据筛选

数据筛选，实际上就是只显示符合用户指定条件的行，隐藏其他的行。WPS表格提供了【自动筛选】和【高级筛选】两种数据筛选功能。

13.3.1　自动筛选

在日常工作中，往往需要根据某种条件查看数据，这时可以使用如下方法进入筛选状态。

以图 13-15 的表格为例，先选中表格中的任意单元格（如B3），然后单击【数据】选项卡中的【自动筛选】按钮即可启用自动筛选功能。此时，功能区中的【自动筛选】按钮将呈现高亮状态，数据标题单元格中会出现筛选按钮。

依次单击【开始】→【筛选】，也可以启用自动筛选功能。

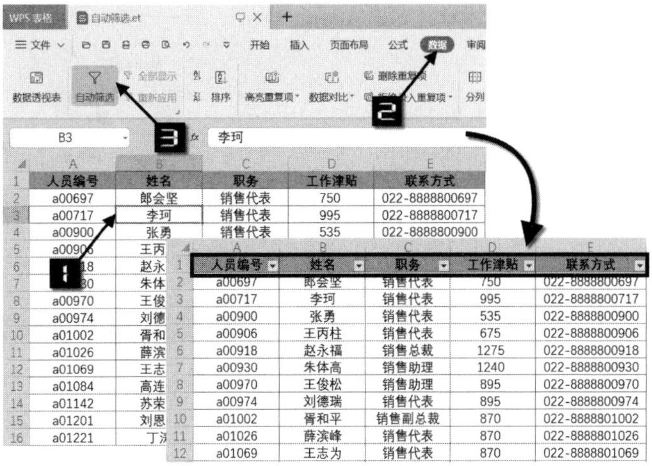

图 13-15　对普通表格启用自动筛选

此外，选中数据区域中的任意单元格，按<Ctrl+Shift+L>组合键也可启用自动筛选功能。

表格进入自动筛选状态后，单击每个字段标题单元格中的筛选按钮，都将弹出筛选下拉列表，提供有关“筛选”和“排序”的详细选项。例如，单击 C1 单元格中的筛选按钮，弹出的筛选下拉列表如图 13-16 所示。不同数据类型的字段所显示的筛选选项也不同。

在筛选下拉列表中，通过勾选项目名称或使用搜索栏搜索即可完成筛选。被筛选字段的筛选按钮形状会发生改变，同时表格中的行号颜色也会改变，状态栏会提示筛选结果数量，如图 13-17 所示。

图 13-16　包含筛选和排序选项的下拉列表

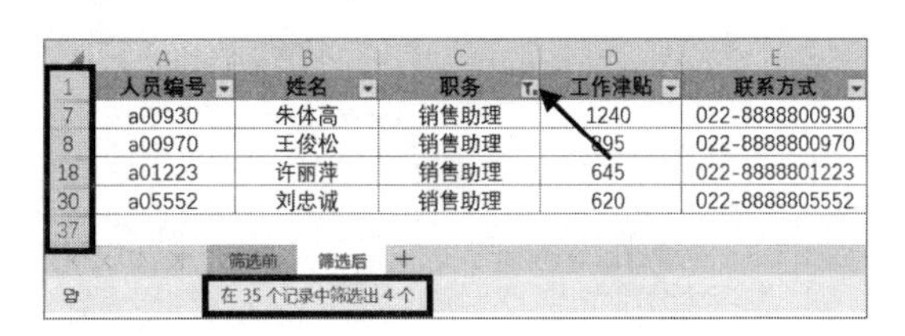

	人员编号	姓名	职务	工作津贴	联系方式
7	a00930	朱体高	销售助理	1240	022-8888800930
8	a00970	王俊松	销售助理	895	022-8888800970
18	a01223	许丽萍	销售助理	645	022-8888801223
30	a05552	刘忠诚	销售助理	620	022-8888805552

图 13-17　筛选状态下的数据表格

13.3.2　对文本进行自定义筛选

对于文本型数据字段，单击【筛选】下拉列表中的【文本筛选】按钮，会弹出【文本筛选】快捷菜单，单击【文本筛选】快捷菜单的任意一个筛选命令(如【自定义筛选】)，都会打开【自定义自动筛选方式】对话框，如图 13-18 所示。

图 13-18 文本筛选选项

示例13-6 按照关键字筛选商品名称

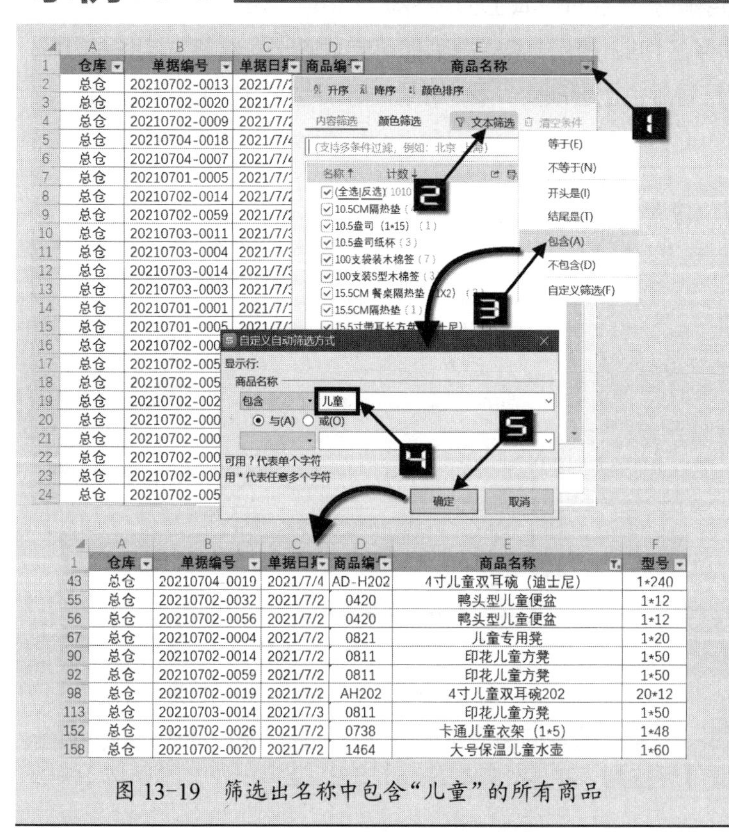

图 13-19 筛选出名称中包含“儿童”的所有商品

如果需要筛选出如图 13-19 所示的表中商品名称中包含“儿童”的所有数据，操作步骤如下。

步骤① 单击E1 单元格中【筛选】按钮，在弹出的【筛选】菜单中，单击【文本筛选】命令。

步骤② 在【文本筛选】快捷菜单中选择【包含】命令，打开【自定义自动筛选方式】对话框。

步骤③ 在【自定义自动筛选方式】对话框中的【包含】文本框中输入“儿童”，然后单击【确定】按钮完成操作，筛选结果如图 13-19 所示。

提示

在【自定义自动筛选方式】对话框中设置筛选条件时，不区分字母大小写。

13.3.3　对数字进行自定义筛选

对于数值型字段，单击【筛选】下拉列表中的【数字筛选】按钮，会弹出【数字筛选】快捷菜单，如图 13-20 所示。

单击【数字筛选】快捷菜单的【前十项】命令，会打开【自动筛选前 10 个】对话框，用于筛选最大（或最小）的n个项目（或百分比）。

使用【高于平均值】和【低于平均值】命令，会根据当前字段所有数据的值直接进行相应的筛选。

除上述以外的其他命令，均会打开【自定义自动筛选方式】对话框，用户可以在该对话框中设置筛选的规则。

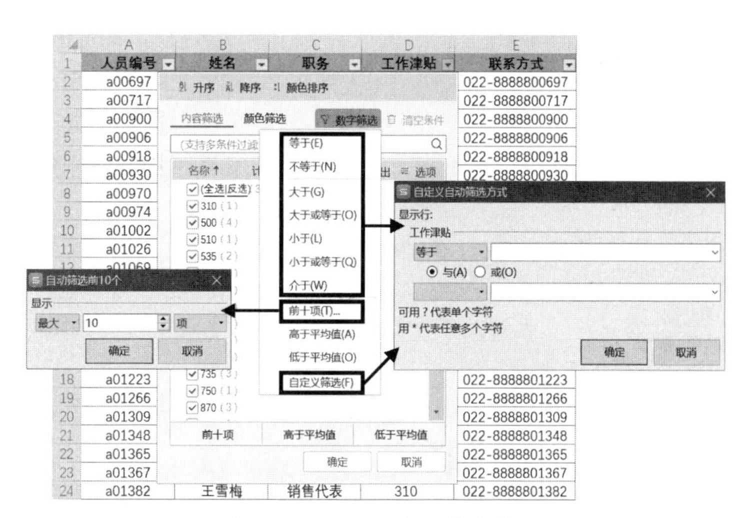

图 13-20　数值型字段筛选选项

13.3.4　对日期进行自定义筛选

对于日期型字段，筛选菜单中会显示【日期筛选】的更多选项，如图 13-21 所示。

筛选列表中并没有直接显示具体的日期，而是以年、月、日分组后分层显示。

单击【日期筛选】按钮，在打开的快捷菜单中可以单击【自定义筛选】按钮，从而打开【自定义自动筛选方式】对话框，在该对话框中设置筛选的规则。

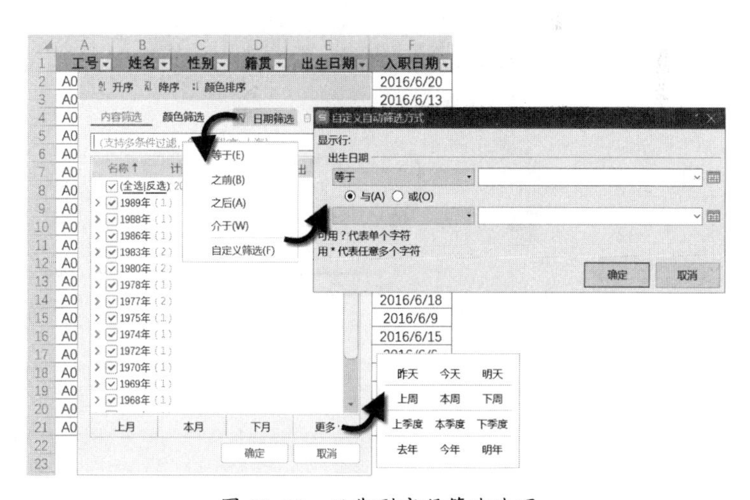

图 13-21　日期型字段筛选选项

单击【上月】【本月】【下月】按钮，可以直接按相应的动态条件进行筛选，此动态条件将表格中的日期与当前日期（系统日期）的比较结果作为筛选条件。单击【更多】按钮，打开的快捷菜单中预置了更丰富的动态条件，便于用户根据需要选择对应的选项。

13.3.5 按照字体颜色、单元格颜色或图标筛选

工号	姓名	性别	绩效系数
A00001	林达	男	0.5
A00002	贾丽丽	女	1.0
A00003	赵睿	男	1.0
A00004	师丽莉	男	0.6
A00005	岳恩	男	0.8
A00006	李勤	男	1.0
A00007	郝尔冬	男	0.9
A00008	朱丽叶	女	1.1
A00009	白可燕	女	1.3
A00010	师胜昆	男	1.0
A00011	郝河	男	1.2
A00012	艾思迪	女	1.2
A00013	张祥志	男	1.3
A00014	岳凯	男	1.3
A00015	孙丽星	男	1.2
A00016	艾利	女	1.0
A00017	李克特	男	1.3
A00018	邓星丽	女	1.3
A00019	吉汉阳	男	1.2
A00020	马豪	男	1.5

图 13-22 按照字体颜色、单元格颜色或图标筛选

WPS表格支持以字体颜色或单元格颜色作为条件来筛选数据。

当要筛选的字段中设置过字体颜色、单元格颜色或应用了条件格式中的图标效果时，筛选下拉列表中的【颜色筛选】菜单下，会列出当前字段中所有用过的字体颜色、单元格颜色及单元格图标，如图 13-22 所示。选中相应的颜色项，可以筛选出应用了该种颜色的数据。

提示

无论是字体颜色、单元格颜色还是单元格图标，一次只能按一种颜色或图标进行筛选。

13.3.6 筛选多列数据

用户可以针对表格中的任意多列同时指定筛选条件，也就是说，先对表格中某一列设置条件进行筛选，然后在筛选出的结果中对另一列设置条件进行筛选，依此类推。在对多列同时应用筛选时，筛选条件之间是“与”的关系。

示例13-7 筛选工作津贴为“500”元的“销售代表”

要从如图 13-23 所示表格中筛选出工作津贴为“500”元的“销售代表”，实际上筛选条件为：职务为“销售代表”且工作津贴等于“500”。可参照如图 13-23 所示的方法设置。

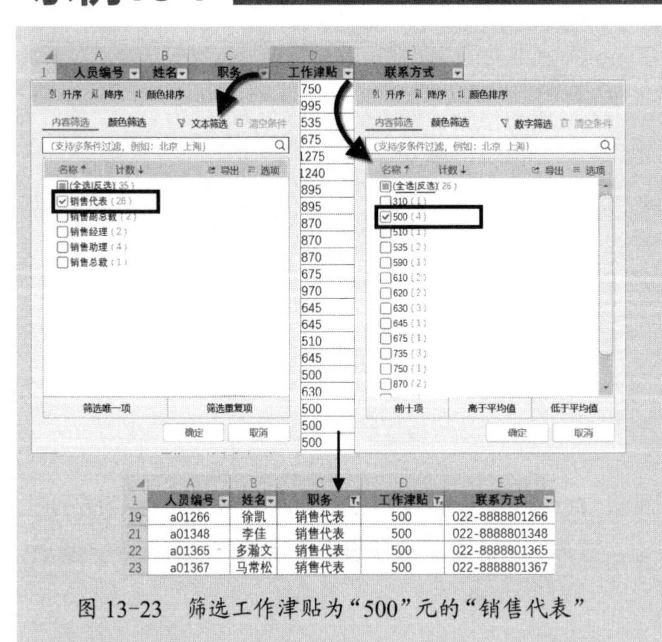

图 13-23 筛选工作津贴为“500”元的“销售代表”

13.3.7　对合并单元格进行筛选

WPS表格的筛选功能提供了对合并单元格的支持，对于含有合并单元格的字段，可以轻松地进行筛选。

示例13-8　在含有合并单元格的统计表中按产品名称筛选

图 13-24 展示了一张业绩统计表，其中产品名称字段包含合并单元格，如果需要筛选查看“创新二号”产品的业绩情况，操作步骤如下。

步骤① 单击B1 单元格的【筛选】按钮，在弹出的【筛选】菜单中，单击【选项】按钮，在弹出的【选项】下拉列表中，选中【允许筛选合并单元格】选项。

步骤② 在【名称】列表中，选中【创新二号】复选框，然后单击【确定】按钮，完成筛选操作，如图 13-25 所示。

最终筛选结果如图 13-26 所示。

	A	B	C	D
1	营业部	产品名称	理财师姓名	业绩金额
2	上海第一营业部	创新一号	李财12	1220
3		创新二号	李财11	160
4			李财12	380
5		创新三号	李财11	260
6			李财14	170
7	上海第一营业部 汇总			2190
8	上海第二营业部	创新一号	李财16	1500
9			李财19	2660
10		创新二号	李财16	470
11			李财17	350
12			李财18	220
13			李财19	430
14			李财20	620
15		创新三号	李财15	530
16			李财16	280
17			李财19	1850
18	上海第二营业部 汇总			8910
19			李财1	1010
20			李财2	1060

图 13-24　含有合并单元格的数据表格

图 13-25　在含有合并单元格的统计表中按产品名称筛选

	A	B	C	D
1	营业部	产品名称	理财师姓名	业绩金额
3	上海第一营业部	创新二号	李财11	160
4			李财12	380
10	上海第二营业部	创新二号	李财16	470
11			李财17	350
12			李财18	220
13			李财19	430
14			李财20	620
24	北京第一营业部	创新二号	李财1	1560
25			李财2	420
26			李财3	870
27			李财4	130
28			李财5	1060
39	北京第二营业部	创新二号	李财10	760
40			李财6	1040
41			李财8	1550
42			李财9	520

图 13-26　合并单元格筛选结果

无论在哪个字段下的【筛选】菜单中选中【允许筛选合并单元格】选项，对该表所有字段都生效。

根据本书前言的提示，可观看数据筛选的视频讲解。

13.3.8 使用高级筛选

高级筛选功能支持更复杂的筛选条件，比自动筛选的功能更强大。

单击【数据】选项卡中的筛选扩展按钮，可以打开【高级筛选】对话框，如图 13-27 所示。

此外，还可以在【开始】选项卡依次单击【筛选】→【高级筛选】，打开【高级筛选】对话框，如图 13-28 所示。

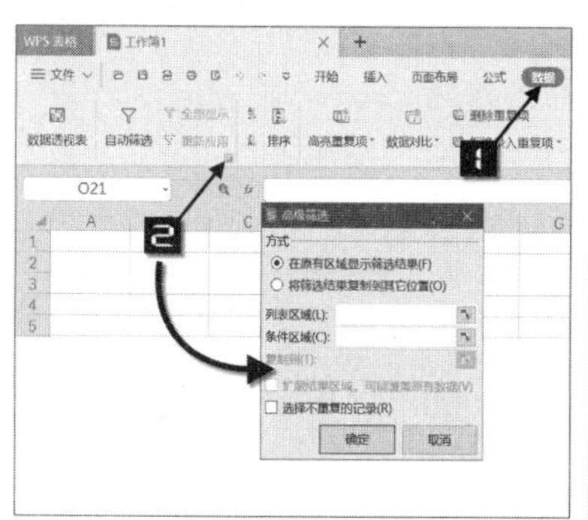

图 13-27 打开【高级筛选】对话框方法 1

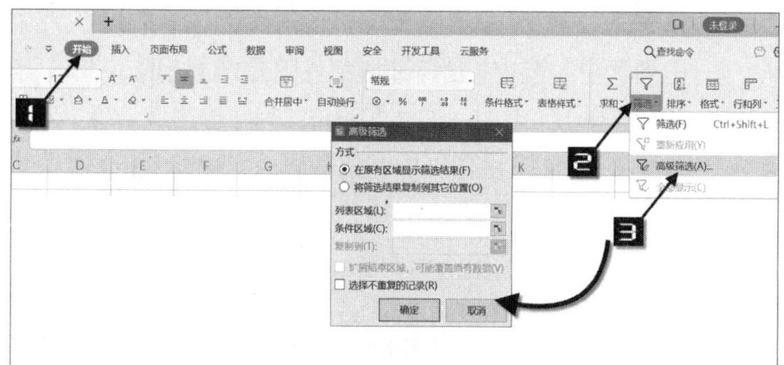

图 13-28 打开【高级筛选】对话框方法 2

高级筛选要求在一个工作表区域内单独指定筛选条件，并与要筛选的数据表格分开。在执行筛选的过程中，不符合条件的行将被隐藏，所以如果把筛选条件放置在数据右侧或左侧，会导致条件区域也同时被隐藏。因此，通常把这些条件区域放置在数据的顶端或底端。

一个高级筛选的条件区域至少要包含两行：第一行是列标题，列标题应和数据列表中的标题完全相同；第二行是筛选的条件。

示例13-9 “关系且”条件的高级筛选

以如图 13-29 所示的表格为例，需要运用高级筛选功能筛选出“性别”为“男”并且“绩效系数”为“1.00”的数据。

操作步骤如下。

步骤① 在表格第 1 行上方插入 3 个空行，在A1:B2 单元格区域输入高级筛选的条件。筛选条件可以是文本、数字、公式或表达式，如图 13-30 所示。

工号	姓名	性别	籍贯	出生日期	入职日期	月工资	绩效系数	年终奖金
535353	林达	男	哈尔滨	1978/5/28	2016/6/20	6750	0.5	6075
626262	贾丽丽	女	成都	1983/6/5	2016/6/13	4750	0.95	8123
727272	赵睿	男	杭州	1974/5/25	2016/6/14	4750	1	8550
424242	师丽莉	男	广州	1977/5/8	2016/6/11	6750	0.6	7290
323232	岳恩	男	南京	1983/12/9	2016/6/10	6250	0.75	8438
131313	李勤	男	成都	1975/9/5	2016/6/17	5250	1	9450
414141	郝尔冬	男	北京	1980/1/1	2016/6/4	5750	0.9	9315
313131	朱丽叶	女	天津	1971/12/17	2016/6/3	5250	1.1	10395
212121	白可燕	女	山东	1970/9/28	2016/6/2	4750	1.3	11115
929292	师胜昆	男	天津	1986/9/28	2016/6/16	5750	1	10350
525252	郝河	男	广州	1969/5/12	2016/6/12	5250	1.2	11340
121212	艾思迪	女	北京	1966/5/4	2016/6/1	5250	1.2	11340
232323	张祥志	男	桂林	1989/12/3	2016/6/18	5250	1.3	12285
919191	岳凯	男	南京	1977/6/23	2016/6/9	5250	1.3	12285
828282	孙丽星	男	成都	1966/12/5	2016/6/15	5750	1.2	12420

图 13-29　需要高级筛选的表格

性别	绩效系数
男	1.00

工号	姓名	性别	籍贯	出生日期	入职日期	月工资	绩效系数	年终奖金
535353	林达	男	哈尔滨	1978/5/28	2016/6/20	6,750	0.50	6,075
626262	贾丽丽	女	成都	1983/6/5	2016/6/13	4,750	0.95	8,123
727272	赵睿	男	杭州	1974/5/25	2016/6/14	4,750	1.00	8,550
424242	师丽莉	男	广州	1977/5/8	2016/6/11	6,750	0.60	7,290
323232	岳恩	男	南京	1983/12/9	2016/6/10	6,250	0.75	8,438
131313	李勤	男	成都	1975/9/5	2016/6/17	5,250	1.00	9,450
414141	郝尔冬	男	北京	1980/1/1	2016/6/4	5,750	0.90	9,315
313131	朱丽叶	女	天津	1971/12/17	2016/6/3	5,250	1.10	10,395

图 13-30　设置“高级筛选”的条件区域

步骤② 单击表格中的任意单元格（如A8），单击【数据】选项卡中的【筛选】扩展按钮，弹出【高级筛选】对话框。

步骤③ 此时WPS表格会自动选中与活动单元格相邻的连续单元格区域，将光标定位到【条件区域】编辑框内，拖动鼠标选中A1:B2单元格区域，最后单击【确定】按钮，完成高级筛选，如图13-31所示。

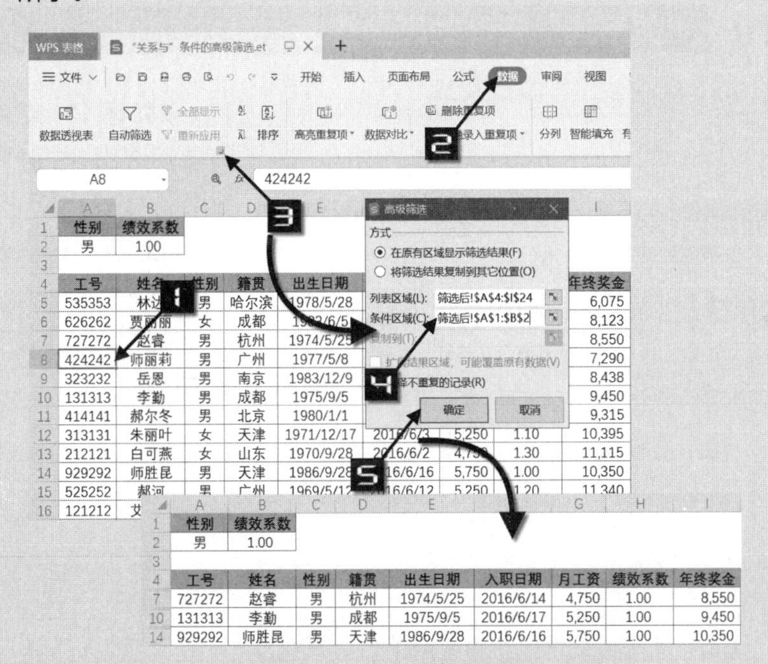

图 13-31　设置高级筛选

如果希望将筛选结果复制到其他位置，可按以下步骤操作。

步骤① 在【高级筛选】对话框内选中【将筛选结果复制到其他位置】单选按钮。

步骤② 将光标定位到【复制到】编辑框内，单击选中目标单元格，如A26，最后单击【确定】按钮，如图13-32所示。

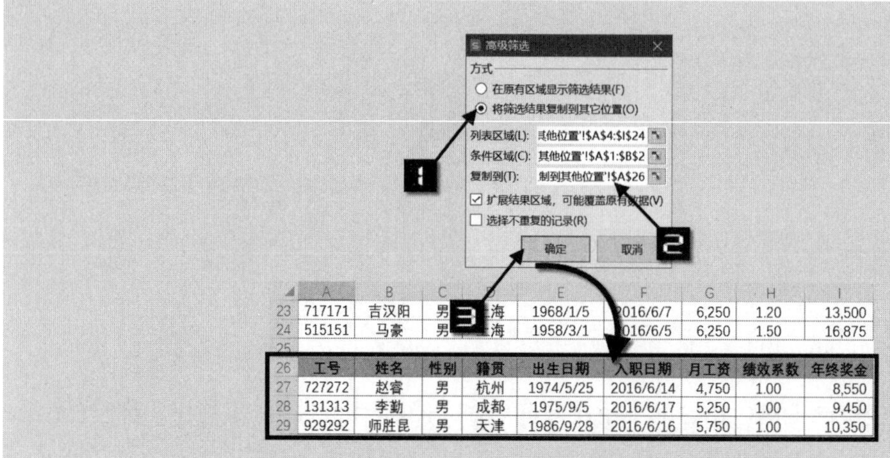

图 13-32 将高级筛选结果复制到其他位置

示例13-10 “关系或”条件的高级筛选

以如图 13-33 所示表格为例，如需筛选出“性别”为“男”或“绩效系数”为“1.00”的数据，步骤与“关系且”条件的高级筛选相同，只是设置条件区域的规则略有不同。

条件设置及高级筛选结果如图 13-33 所示。

	A	B	C	D	E	F	G	H	I
1	性别	绩效系数							
2	男								
3		1.00							
4									
5	工号	姓名	性别	籍贯	出生日期	入职日期	月工资	绩效系数	年终奖金
6	535353	林达	男	哈尔滨	1978/5/28	2016/6/20	6,750	0.50	6,075
8	727272	赵睿	男	杭州	1974/5/25	2016/6/14	4,750	1.00	8,550
9	424242	师丽莉	男	广州	1977/5/8	2016/6/11	6,750	0.60	7,290
10	323232	岳恩	男	南京	1983/12/9	2016/6/10	6,250	0.75	8,438
11	131313	李勤	男	成都	1975/9/5	2016/6/17	5,250	1.00	9,450
12	414141	郝尔冬	男	北京	1980/1/1	2016/6/4	5,750	0.90	9,315
15	929292	师胜昆	男	天津	1986/9/28	2016/6/16	5,750	1.00	10,350
16	525252	郝河	男	广州	1969/5/12	2016/6/12	5,250	1.20	11,340
18	232323	张祥志	男	桂林	1989/12/3	2016/6/18	5,250	1.30	12,285
19	919191	岳凯	男	南京	1977/6/23	2016/6/9	5,250	1.30	12,285
20	828282	孙丽星	男	成都	1966/12/5	2016/6/15	5,750	1.20	12,420
21	616161	艾利	女	厦门	1980/10/22	2016/6/6	6,750	1.00	12,150
22	818181	李克特	男	广州	1988/11/3	2016/6/8	5,750	1.30	13,455
24	717171	吉汉阳	男	上海	1968/1/5	2016/6/7	6,250	1.20	13,500
25	515151	马豪	男	上海	1958/3/1	2016/6/5	6,250	1.50	16,875

图 13-33 使用“关系或”条件进行高级筛选

设置高级筛选条件时，两列或多列条件在同一行，表示“关系且”，在不同行则表示“关系或”。

示例13-11 同时使用“关系且”和“关系或”的高级筛选

仍以如图 13-33 所示的表格为例，如需要筛选出“性别”为“男”并且“绩效系数”小于“1.00”，或者“性别”为“女”并且绩效系数大于“1.00”的数据，步骤与使用“关系且”或“关系或”条件的筛选相同，条件设置及高级筛选结果如图 13-34 所示。

	A	B	C	D	E	F	G	H	I
1	性别	绩效系数							
2	男	<1							
3	女	>1							
4									
5	工号	姓名	性别	籍贯	出生日期	入职日期	月工资	绩效系数	年终奖金
6	535353	林达	男	哈尔滨	1978/5/28	2016/6/20	6,750	0.50	6,075
9	424242	师丽莉	男	广州	1977/5/8	2016/6/11	6,750	0.60	7,290
10	323232	岳恩	男	南京	1983/12/9	2016/6/10	6,250	0.75	8,438
12	414141	郝尔冬	男	北京	1980/1/1	2016/6/4	5,750	0.90	9,315
13	313131	朱丽叶	女	天津	1971/12/17	2016/6/3	5,250	1.10	10,395
14	212121	白可燕	女	山东	1970/9/28	2016/6/2	4,750	1.30	11,115
17	121212	艾思迪	女	北京	1966/5/4	2016/6/1	5,250	1.20	11,340
23	434343	邓星丽	女	西安	1967/5/27	2016/6/19	5,750	1.30	13,455

图 13-34　同时使用“关系且”和“关系或”条件进行高级筛选

13.3.9　关于筛选的其他说明

➲ Ⅰ　全部显示

如果要取消当前表格的筛选条件，查看全部数据，可以单击【数据】选项卡中的【全部显示】按钮，如图 13-35 所示。

图 13-35　全部显示

➲ Ⅱ　使用通配符

在自动筛选菜单的搜索框、【自定义自动筛选方式】对话框及“高级筛选”功能的条件设置区域，对于文本条件均支持以下通配符。

- ❖ 星号（*）代表任意多个字符
- ❖ 问号（?）代表任意 1 个字符
- ❖ 波浪号（~）用于强制表示星号（*）或问号（?）

例如，设置高级筛选的筛选条件为“*表*”时，将在对应字段中筛选出“WPS 表格”“工作表”等所有包含关键字“表”的内容。

➲ Ⅲ　选择不重复的记录

如果在筛选的同时，只显示表格中的不重复记录，达到去除重复的目的，可以在【高级筛选】对话框中，选中【选择不重复的记录】复选框，如图 13-36 所示。

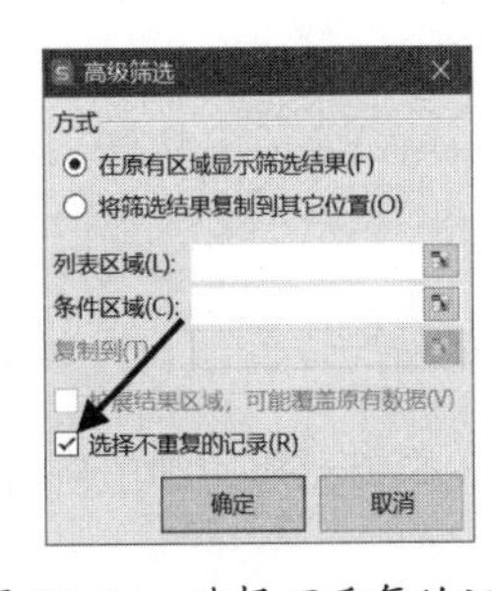

图 13-36　选择不重复的记录

13.4　数据查找与替换

在数据整理过程中，查找与替换是一项常用的功能。例如，在客户信息表中查找所有包含“医药”字样的客户名称并进行标记，或在销售明细表中将某个品类批量更名，这样的任务需要用户根据某些内容特征查找到对应的数据，再进行相应处理。在数据量较大或数据较分散的情况下，通过目测搜索显然费时费力，而通过WPS表格所提供的查找和替换功能则可以快速完成。

13.4.1　常规查找和替换

在使用“查找”和“替换”功能之前，必须先确定查找的目标范围。如果要在某一个区域中进行查找，需要先选取该区域；如果要在整个工作表或工作簿的范围内进行查找，则只需单击工作表中的任意一个单元格。

在WPS表格中，“查找”和“替换”功能位于同一个对话框的不同选项卡。

依次单击【开始】→【查找】→【查找】，或者按<Ctrl+F>组合键，可以打开【查找和替换】对话框并定位到【查找】选项卡。

依次单击【开始】→【查找】→【替换】，或者按<Ctrl+H>组合键，可以打开【查找和替换】对话框并定位到【替换】选项卡，如图13-37所示。

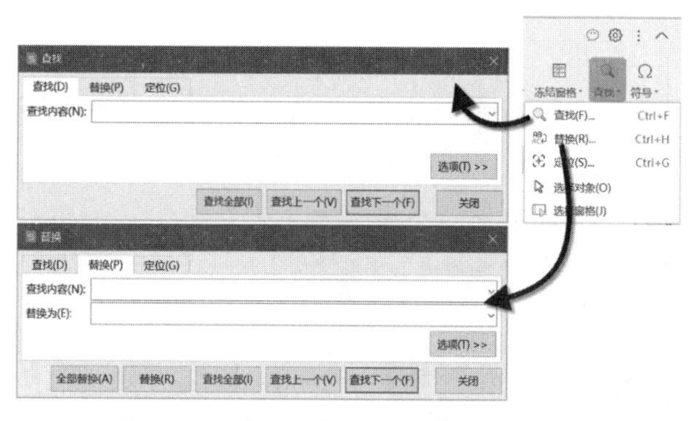

图 13-37　打开【查找】和【替换】对话框

使用以上任何一种方式打开【查找】或【替换】对话框后，用户可在【查找】选项卡和【替换】选项卡之间进行切换。

如果只需要进行简单的搜索，可以使用此对话框的任意一个选项卡。只要在【查找内容】文本框中输入要查找的内容，然后单击【查找下一个】按钮，就可以定位到活动单元格之后的第一个包含查找内容的单元格。如果单击【查找全部】按钮，在对话框底部将显示所有符合条件的结果，如图13-38所示。

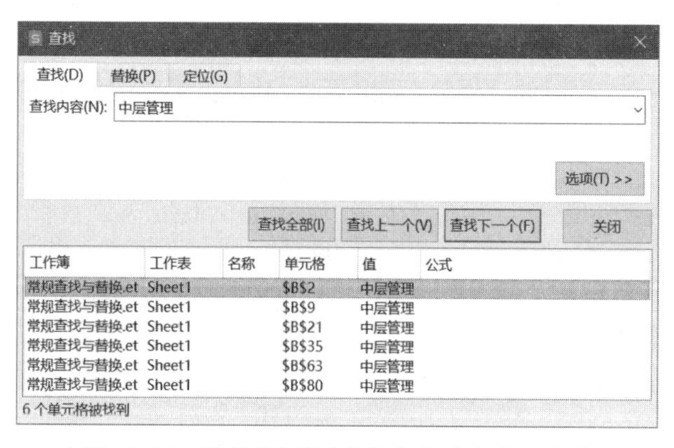

图 13-38　执行【查找全部】命令后的显示结果

此时单击其中一项即可定位到该项对应的单元格，单击任意一项按<Ctrl+A>组合键可以在工作表中选中列表中的所有单元格。

注意

如果查找结果列表中的单元格分布在多个工作表中，则只能同时选中单个工作表中的匹配单元格，而无法一次性选中不同工作表中的单元格。

如果要进行批量替换操作，可以切换到【替换】选项卡，在【查找内容】文本框中输入需要查找的内容，在【替换为】文本框中输入所要替换的内容，然后单击【全部替换】按钮，即可将目标区域中所有满足【查找内容】条件的数据全部替换为【替换为】中的内容。

如果希望对查找到的数据逐个判断是否需要替换，则可以先单击【查找下一个】按钮，定位到单个查找目标，然后依次对查找结果中的数据进行确认，需要替换时可单击【替换】按钮，不需要替换时可单击【查找下一个】按钮定位到下一个数据。

对于设置了数字格式的数据，查找时以实际数值为准。

示例13-12 对指定内容进行批量替换操作

如果需要将工作表中的所有“中层管理”替换为“中层干部”，操作方法如下。

步骤① 单击工作表中的任意一个单元格，如A2。按<Ctrl+H>组合键打开【替换】对话框。

步骤② 在【查找内容】文本框中输入“中层管理”，在【替换为】文本框中输入“中层干部”，单击【全部替换】按钮，此时WPS表格会提示进行了n次替换，单击【确定】按钮即可，如图 13-39 所示。

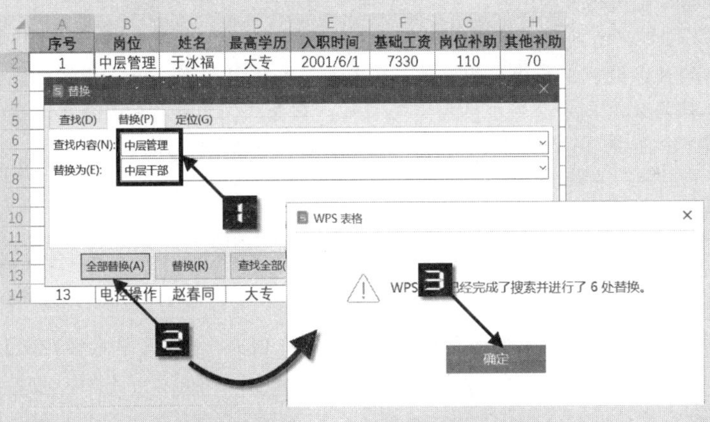

图 13-39 批量替换指定内容

提示

WPS表格允许在显示【查找和替换】对话框的同时返回工作表进行其他操作。如果进行了错误的替换操作，可以关闭【查找和替换】对话框后按<Ctrl+Z>组合键来撤销操作。

13.4.2 更多查找选项

在【查找】或【替换】对话框中，单击【选项】按钮可以显示更多查找和替换选项，如图 13-40 所示。

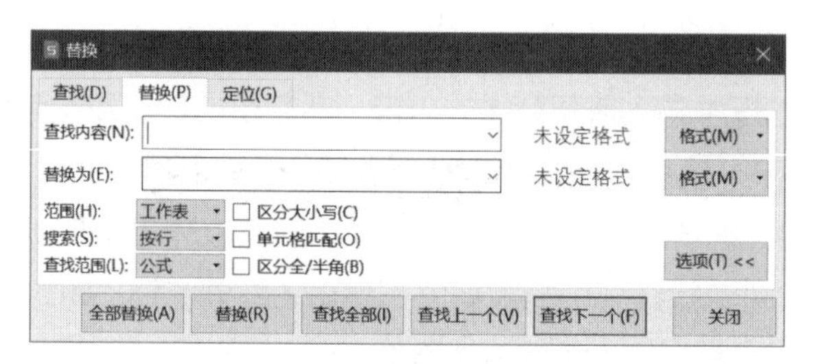

图 13-40　更多查找和替换选项

【查找和替换】对话框中各选项的含义如表 13-1 所示。

表 13-1　查找和替换选项的含义

选项	含义
范围	查找的目标范围是当前工作表还是整个工作簿
搜索	查找时的搜索顺序，有“按行”和“按列”两个选项。例如，当前查找区域中包含A3和B2两个符合条件的单元格，将光标定位到A1单元格执行查找或替换操作时，如果选择“按行”方式，则WPS表格会先查找B2单元格，再查找A3单元格（行号小的优先）；如果选择“按列”方式，则搜索顺序相反
查找范围	查找对象的类型。 “智能”指智能判断查找范围，可以在公式、值和批注范围内查找指定内容。 “公式”指查找所有单元格数据及公式中包含的内容。 “值”指的是仅查找单元格中的数值、文本及公式运算结果，而不包括公式中的内容。例如，A1单元格为数值2，A2单元格为公式=2+2，在查找“2”时，如果查找范围为“公式”，则A1和A2都将被查找到；如果查找范围为“值”，则仅有A1单元格会被找到。 “批注”指的是仅在批注内容中进行查找。 在“替换”模式下，只有“公式”一种方式有效
区分大小写	是否区分英文字母的大小写。如果选择区分，则查找“WPS”时就不会查找到内容为“wps”的单元格
单元格匹配	查找的目标单元格是否仅包含需要查找的内容。例如，选中【单元格匹配】的情况下，查找“WPS”时就不会查找到值为“WPS表格”的单元格
区分全/半角	是否区分全角和半角字符。如果选择区分，则查找“WPS”时就不会查找到值为“ＷＰＳ”的单元格

除了以上这些选项外，用户还可以设置查找对象的格式参数，以求在查找时只返回包含格式匹配的单元格，此外，在替换时也可设置替换对象的格式，使其在替换数据内容的同时更改单元格格式。

示例13-13 通过格式进行查找替换

如果要将工作表中黑底白字的“喷漆整形”批量修改为绿底黑字的“喷涂工序”，操作步骤如下。

步骤① 单击工作表中任意单元格，如A2，然后按<Ctrl+H>组合键打开【替换】对话框，单击【选项】

按钮显示更多选项。

步骤② 在【查找内容】文本框输入“喷漆整形”，然后单击【格式】下拉按钮，在下拉菜单的【从单元格选择格式】下方，可以根据需要选择【背景颜色】【字体颜色】【背景与字体颜色】及【全部格式】命令，本例选择【背景与字体颜色】命令，当光标变成吸管样式后，单击B8单元格，即选择了现有单元格中的格式。

步骤③ 在【替换为】文本框中输入“喷涂工序”，然后单击右侧的【格式】按钮，在弹出的【替换格式】对话框中将其设置为绿色填充、黑色字体，单击【确定】按钮。

步骤④ 单击【全部替换】按钮，在弹出的WPS表格提示框中单击【确定】按钮，即可完成替换操作，如图 13-41 所示。

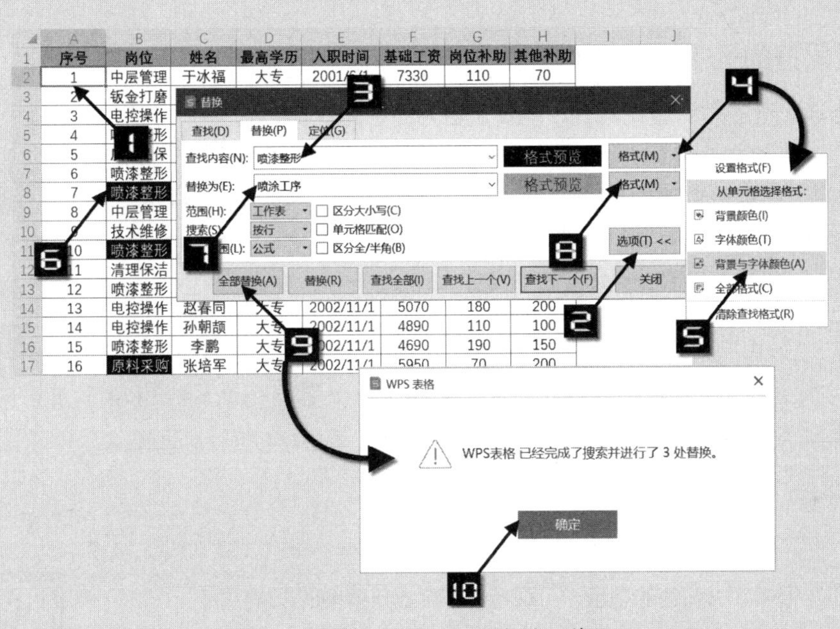

图 13-41　根据格式和内容进行替换

替换完成后的效果如图 13-42 所示。

序号	岗位	姓名	最高学历	入职时间	基础工资	岗位补助	其他补助
1	中层管理	于冰福	大专	2001/6/1	7330	110	70
2	钣金打磨	张洪林	大专	2001/6/1	5650	100	140
3	电控操作	郭光坡	大专	2001/6/1	4920	50	140
4	喷漆整形	李坤堂	大专	2001/6/1	5080	70	120
5	质检品保	刘文恒	研究生	2001/6/1	5070	170	140
6	喷漆整形	张红珍	本科	2001/6/1	6120	50	80
7	喷涂工序	陈全风	大专	2001/6/1	6130	160	90
8	中层管理	马万明	硕士	2002/11/1	6990	120	180
9	技术维修	张成河	本科	2002/11/1	5660	120	100
10	喷涂工序	张成功	大专	2002/11/1	5620	110	180
11	清理保洁	王本岭	本科	2002/11/1	4590	180	190
12	喷漆整形	朱伟东	硕士	2002/11/1	6750	100	50
13	电控操作	赵春同	大专	2002/11/1	5070	180	200
14	电控操作	孙朝颜	大专	2002/11/1	4890	110	100
15	喷漆整形	李鹏	大专	2002/11/1	4690	190	150
16	原料采购	张培军	大专	2002/11/1	5950	70	200
17	原料采购	焦玉香	大专	2002/11/1	5080	80	70
18	原料采购	马长树	大专	2002/11/1	4990	100	190

图 13-42　根据格式和内容替换后的结果

提示

如果将【查找内容】文本框和【替换为】文本框留空，仅设置“查找内容”和“替换为”的格式，可以实现快速替换格式的效果。

注意

在关闭WPS表格之前，【查找和替换】对话框会自动记忆用户最近一次的设置。按格式执行查找替换操作后，如果再次使用查找替换功能，需要在【查找和替换】对话框中依次单击【选项】→【格式】→【清除查找格式】，否则会影响查找和替换的准确性。

13.4.3 通配符的运用

使用包含通配符的模糊查找方式，能满足更为复杂的查找要求。

例如，要在表格中查找以“e”开头、“l”结尾的所有文本内容，可在【查找内容】文本框内输入“e*l”，此时表格中包含了“electrical”“equal”“email”等单词的单元格都会被查找到。而如果用户仅是希望查找以“W”开头、“S”结尾的3个字母的单词，则可以在【查找内容】文本框输入“W?S”，以“?”代表1个任意字符。

提示

如果用户需要查找字符“*”或“?”本身，而不是将其当作通配符使用，则需要在字符前加上波浪线符号（~）。如“~*”代表查找星号（*）本身。如果需要查找字符“~”，则需要以两个连续的波浪线“~~”来表示。

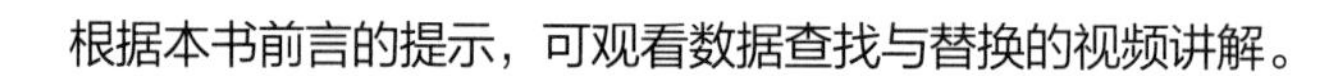
根据本书前言的提示，可观看数据查找与替换的视频讲解。

13.5 字段拆分与合并

在数据整理过程中，有时需要将一个字段拆分为多个字段，或需要将多个字段合并成一个字段，本节介绍字段拆分与合并的常用方法。

13.5.1 按分隔符号拆分字段

示例13-14 按分隔符号拆分银行卡信息

如图13-43所示，这是某公司系统导出的部分员工银行卡信息，需要将A列的银行卡信息字段

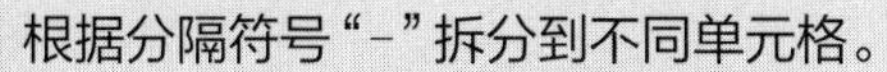
根据分隔符号“-”拆分到不同单元格。

	A	B	C	D
1	银行卡信息	姓名	开户行	银行卡
2	方韶建-工商银行-6212264000027790654	方韶建	工商银行	6212264000027790654
3	姜景花-平安银行-6225380078761147	姜景花	平安银行	6225380078761147
4	曹博-民生银行-6226220680804175	曹博	民生银行	6226220680804175
5	罗国财-工商银行-6212264000031685791	罗国财	工商银行	6212264000031685791
6	卢坤界-工商银行-6212264000067314183	卢坤界	工商银行	6212264000067314183
7	徐前花-工商银行-6212264000073535870	徐前花	工商银行	6212264000073535870
8	谭人仁-农业银行-6228480120753416110	谭人仁	农业银行	6228480120753416110
9	曾昭洪-工商银行-6217231911000380504	曾昭洪	工商银行	6217231911000380504
10	罗小林-工商银行-6212264000042135422	罗小林	工商银行	6212264000042135422

图 13-43　银行卡信息表

操作步骤如下。

步骤① 选中需要分列的数据区域（如 A2:A10），依次单击【数据】→【分列】，在弹出的【文本分列向导 - 3 步骤之 1】对话框中，单击【下一步】按钮。

步骤② 在弹出的【文本分列向导 - 3 步骤之 2】对话框中，在【分隔符号】区域选中【其他】复选框，在右侧文本框中输入分隔符“-”，单击【下一步】按钮。

步骤③ 在弹出的【文本分列向导 - 3 步骤之 3】对话框中，在【数据预览】区域选中银行卡号所在的列（第 3 列），在【列数据类型】区域选中【文本】单选按钮，【目标区域】设置为 $B$2 单元格，单击【完成】按钮，如图 13-44 所示。

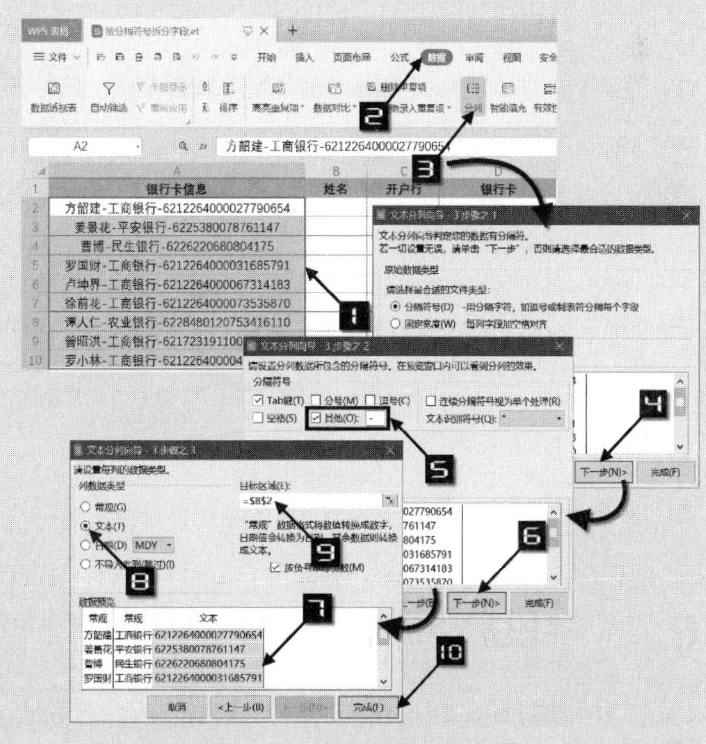

图 13-44　按分隔符号拆分字段

提示

在完成分列时，如果出现如图 13-45 所示的对话框，则说明存放分列结果的目标单元格区域有其他数据，此时如果单击【是】按钮，这些数据将被分列结果覆盖。

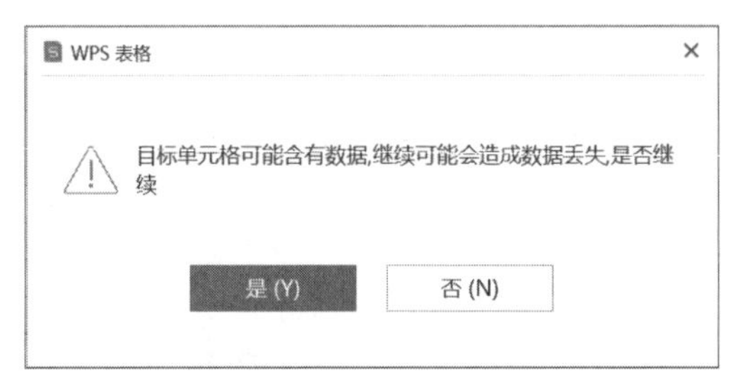

图 13-45 数据丢失提示

13.5.2 按固定宽度拆分字段

分列功能还能按照指定宽度分列，来实现固定长度字符串的提取。

示例13-15 从证件号中提取出生日期

	A	B	C
1	姓名	身份证号	出生年月日
2	宋江	32040219700116125X	
3	段景住	220104196304043335	
4	秦明	500233199406251748	
5	卢俊义	110109198708220020	

	A	B	C
1	姓名	身份证号	出生年月日
2	宋江	32040219700116125X	1970/1/16
3	段景住	220104196304043335	1963/4/4
4	秦明	500233199406251748	1994/6/25
5	卢俊义	110109198708220020	1987/8/22
6	解珍	320811199307251591	1993/7/25
7	公孙胜	321002197002020022	1970/2/2
8	阮小二	33010219620618002X	1962/6/18
9	童猛	130102196010180029	1960/10/18
10	呼延灼	430725198711158472	1987/11/15
11	鲁智深	330122198211250058	1982/11/25

图 13-46 从身份证号中提取出生日期

如图 13-46 所示，要从B列的证件号码中提出 8 位的出生年月日数据，操作步骤如下。

步骤① 选中B2:B11 单元格区域，依次单击【数据】→【分列】，在弹出的【文本分列向导 - 3 步骤之 1】对话框中选中【固定宽度】单选按钮，单击【下一步】按钮。

步骤② 在弹出的【文本分列向导 - 3 步骤之 2】对话框中，在【数据预览】区域分别在第 6 位之后和第 14 位之后单击鼠标，建立分列线，单击【下一步】按钮。

步骤③ 在弹出的【文本分列向导 - 3 步骤之 3】对话框中单击【数据预览】区域左侧第 1 列，在【列数据类型】区域选中【不导入此列（跳过）】单选按钮，此时【数据预览】区域对应列名显示为“忽略列”。用同样的方法将第 3 列设置为“忽略列”。

步骤④ 单击【数据预览】区域的第 2 列，在【列数据类型】区域选中【日期】单选按钮，在右侧的下拉菜单中选择类型为“MDY”。Y、M、D分别表示年、月、日，用户可根据实际的数据分布情况选择不同的类型。

步骤⑤ 将【目标区域】设置为$C$2 单元格，单击【完成】按钮，如图 13-47 所示。

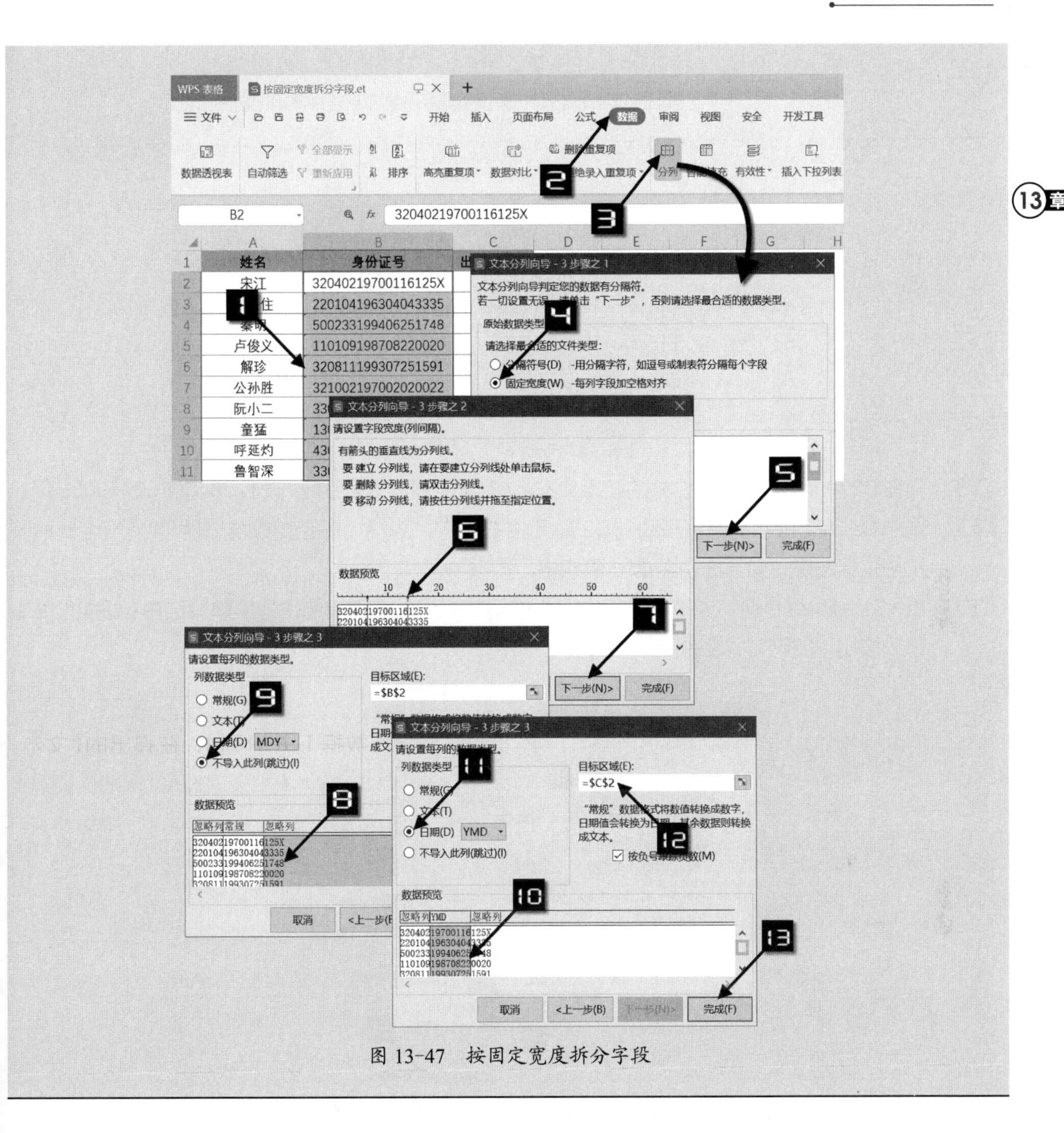

图 13-47　按固定宽度拆分字段

13.5.3　合并字段

如果需要将多个字段合并成一个字段，可以使用智能填充功能快速完成。

示例13-16 利用智能填充合并多个字段

如图 13-48 所示，需要将姓名、开户行、银行卡号 3 个字段内容合并成一个字段，各字段间用“-”隔开，操作步骤如下。

	A	B	C	D
1	姓名	开户行	银行卡	银行卡信息
2	方韶建	工商银行	6212264000027790654	
3	姜景花	平安银行	6225380078761147	
4	曹博	民生银行	6226220680804175	
5	罗国财	工商银行	6212264000031685791	
6	卢坤界	工商银行	6212264000067314183	

	A	B	C	D
1	姓名	开户行	银行卡	银行卡信息
2	方韶建	工商银行	6212264000027790654	方韶建-工商银行-6212264000027790654
3	姜景花	平安银行	6225380078761147	姜景花-平安银行-6225380078761147
4	曹博	民生银行	6226220680804175	曹博-民生银行-6226220680804175
5	罗国财	工商银行	6212264000031685791	罗国财-工商银行-6212264000031685791
6	卢坤界	工商银行	6212264000067314183	卢坤界-工商银行-6212264000067314183
7	徐前花	工商银行	6212264000073535870	徐前花-工商银行-6212264000073535870
8	谭人仁	农业银行	6228480120753416110	谭人仁-农业银行-6228480120753416110
9	曾昭洪	工商银行	6217231911000380504	曾昭洪-工商银行-6217231911000380504
10	罗小林	工商银行	6212264000042135422	罗小林-工商银行-6212264000042135422

图 13-48 合并银行卡信息

步骤① 先在D2单元格输入需要合并的结果文本，如“方韶建-工商银行-6212264000027790654”。

步骤② 选中D2单元格，将光标移动到D2单元格右下方，当鼠标指针变成填充柄（实心十字）时，按住鼠标左键，向下拖动至D10单元格。

步骤③ 按<Ctrl+E>组合键，或单击选区右下方的智能标记，在弹出的快捷菜单中选中【智能填充】单选按钮，即可完成合并操作，如图13-49所示。

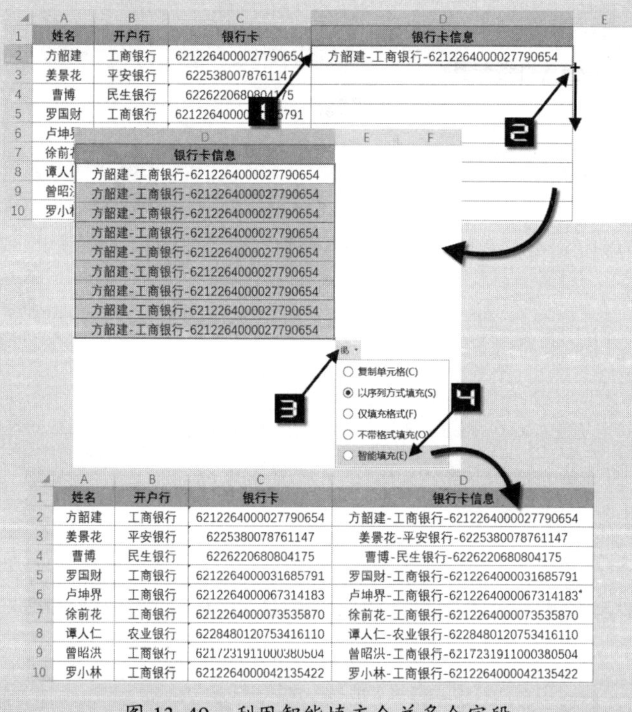

	A	B	C	D
1	姓名	开户行	银行卡	银行卡信息
2	方韶建	工商银行	6212264000027790654	方韶建-工商银行-6212264000027790654
3	姜景花	平安银行	6225380078761147	姜景花-平安银行-6225380078761147
4	曹博	民生银行	6226220680804175	曹博-民生银行-6226220680804175
5	罗国财	工商银行	6212264000031685791	罗国财-工商银行-6212264000031685791
6	卢坤界	工商银行	6212264000067314183	卢坤界-工商银行-6212264000067314183
7	徐前花	工商银行	6212264000073535870	徐前花-工商银行-6212264000073535870
8	谭人仁	农业银行	6228480120753416110	谭人仁-农业银行-6228480120753416110
9	曾昭洪	工商银行	6217231911000380504	曾昭洪-工商银行-6217231911000380504
10	罗小林	工商银行	6212264000042135422	罗小林-工商银行-6212264000042135422

图 13-49 利用智能填充合并多个字段

提示

智能填充功能也可以完成字段拆分，操作方法相同，在此不再赘述。

13.6　工作簿和工作表合并

WPS 表格提供了合并表格工具，可以方便地将多个工作表或多个工作簿中的数据合并，比如多个工作表合并成一个工作表、合并多个工作簿中的工作表、多个工作簿合成一个工作簿等。

13.6.1　多个工作表合并成一个工作表

示例13-17　合并季度绩效工资表

如图 13-50 所示，某公司季度绩效工资表分别存储在不同工作表中，字段名及格式完全相同。现需要将 4 个季度的绩效工资表合并到同一工作表。

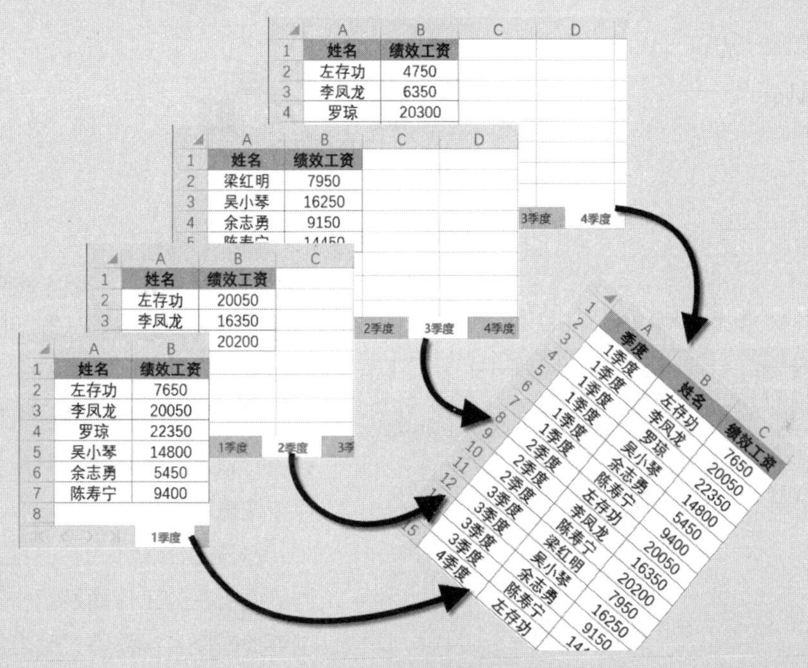

图 13-50　合并季度绩效工资表

操作步骤如下。

步骤① 在【数据】选项卡中，依次单击【合并表格】→【多个工作表合并成一个工作表】，打开【合并成一个工作表】对话框。

步骤② 在【合并成一个工作表】对话框中，根据实际情况选中需要合并的工作表名称复选框。

步骤③ 单击【合并成一个工作表】对话框中的【选项】下拉按钮，在下拉菜单中的【表格标题的行数】文本框中输入“1”，单击右侧的确认按钮。

步骤④ 单击【开始合并】按钮，即可自动开始合并操作。

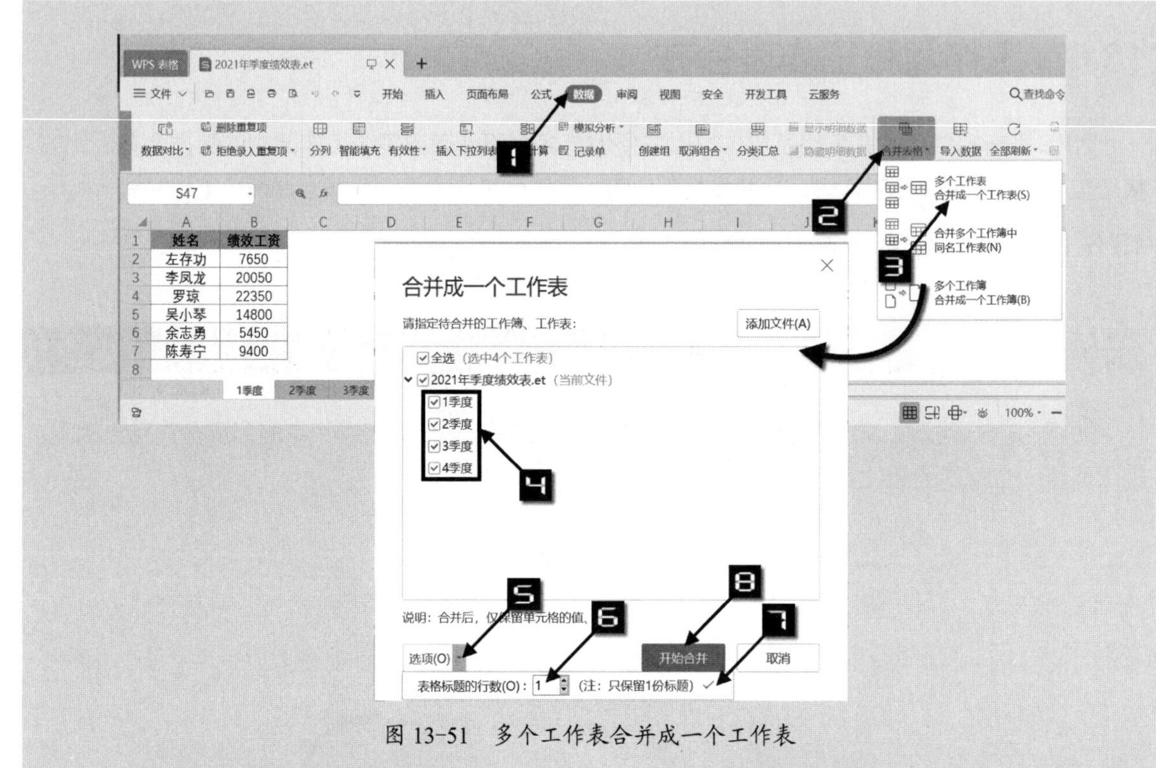

图 13-51　多个工作表合并成一个工作表

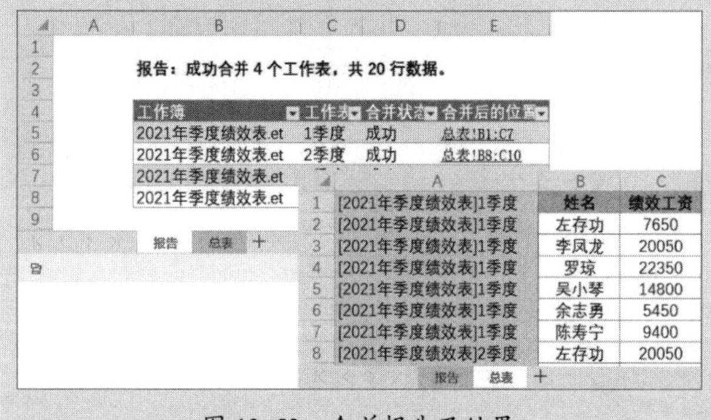

图 13-52　合并报告及结果

合并完成后，WPS表格将自动新建一个工作簿，包含“报告”和“总表”两个工作表，如图 13-52 所示。

报告工作表记录了合并工作表的数量、数据行数、各工作表合并成功情况、结果存放位置等信息。

总表工作表即为合并结果，其中A列为数据所在的工作簿及工作表名称，可通过查找替换、设置格式等方法进行整理。

提示

【多个工作表合并成一个工作表】功能，也可以合并不同工作簿中的工作表。

13.6.2　合并多个工作簿

合并多个工作簿中同名工作表功能，是将多个指定工作簿中的数据按工作表名称分别合并。多个工作簿合并成一个工作簿功能，是将多个工作簿中的工作表合并到一个工作簿，以上操作方法与 13.6.1 小节类似，不再赘述。

13.7　为工作簿“减肥”

WPS表格在长期使用过程中，有可能会出现体积越来越大、响应越来越慢的情况，有时这些体积“臃肿”的工作簿文件里面很可能只有少量数据。本节介绍造成WPS表格工作簿体积虚增的原因及解决方法。

13.7.1　工作簿体积虚增的原因

造成工作簿体积虚增主要有以下几种原因。

➲ Ⅰ　工作表中存在大量的细小图形对象

如果工作表中存在大量的细小图形对象，工作簿文件体积就可能在用户不知情的情况下暴增。检查和处理工作表中大量图形对象的方法如下。

方法 1：在【开始】选项卡中依次单击【查找】→【选择窗格】，弹出【选择窗格】对话框，如图 3-53 所示。如果【选择窗格】中罗列了很多未知对象，说明文件因此而虚增了体积。

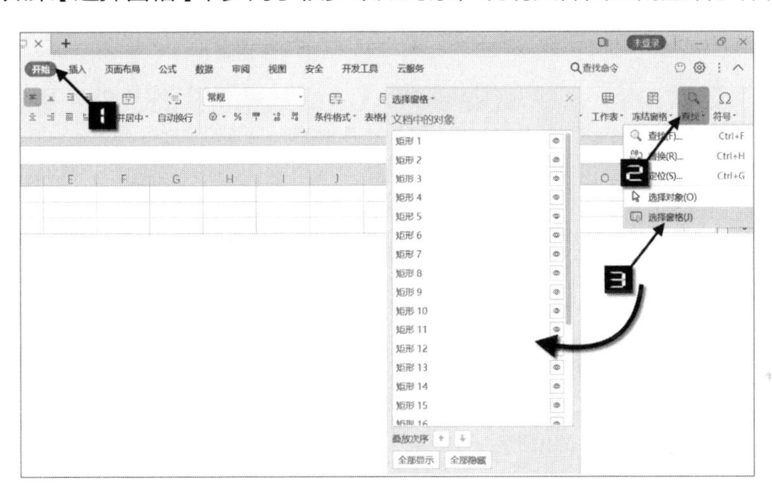

图 13-53　通过【选择窗格】查看工作表中的对象

方法 2：在【开始】选项卡中依次单击【查找】→【定位】，在弹出的【定位】对话框中选择【对象】选项按钮，单击【定位】按钮关闭对话框即可选中表格中的对象，如 13-54 所示。

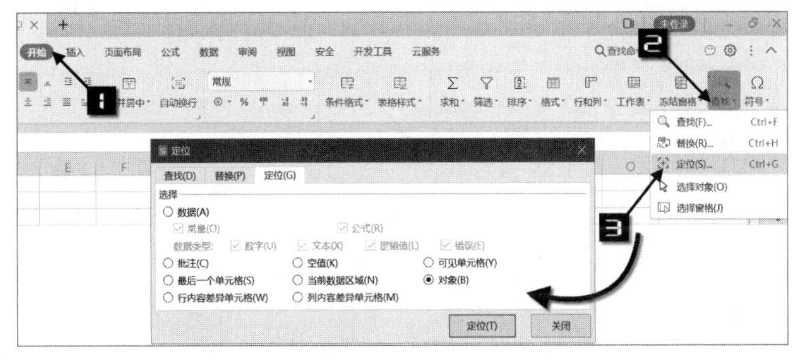

图 13-54　通过【定位】选中工作表中的对象

选中所有对象后，按<Delete>键，删除所有选中的对象。

如果在选中的对象中有需要保留的对象，则需要在删除前先按下<Ctrl>键，用鼠标单击需要保留的对象，取消选中，然后再进行删除。如果工作簿中有多张工作表，需要对每张工作表分别进行上述操作。

➲ II 较大的区域设置了单元格样式或条件格式

当工作表中设置大量的单元格样式或条件格式时，工作簿的体积也会增大。当工作表内的数据很少或没有数据，但工作表的滚动条滑块很短，并且向下或向右拖动滑块可以到达很大的行号或列标时，则说明有较大的区域被设置了单元格样式或条件格式。

针对这种情况，处理方法如下。

步骤① 使用<Ctrl+Shift+方向键>组合键，快速选中没有数据的区域。

步骤② 在【开始】选项卡中，依次单击【格式】→【样式】，在弹出的快捷菜单中选择【常规】，如图 13-55 所示。此操作将删除选中区域的单元格样式。

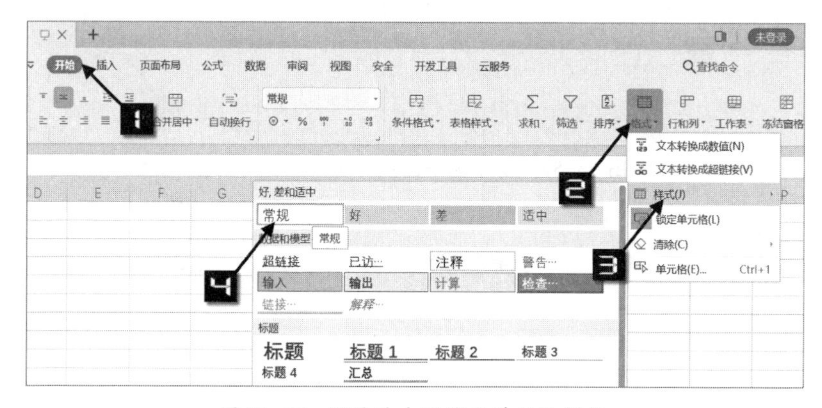

图 13-55 删除选中区域的单元格样式

步骤③ 在【开始】选项卡中依次单击【条件格式】→【清除规则】→【清除所选单元格的规则】，此操作将删除选中区域的条件格式。如图 13-56 所示。

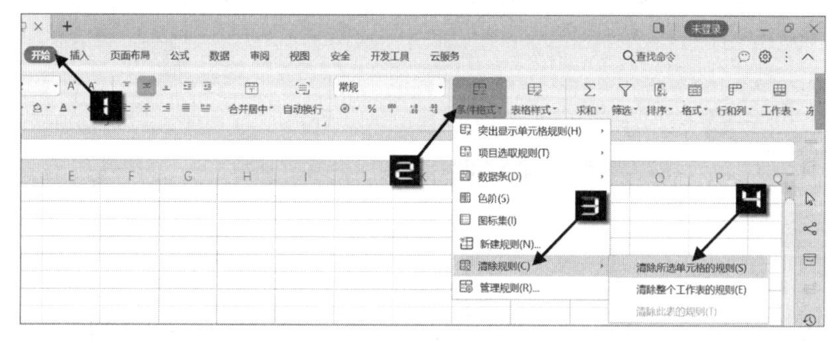

图 13-56 删除选中区域的条件格式

步骤④ 选中数据区域后，在【开始】选项卡中依次单击【格式】→【清除】→【格式】，可快速清除单元格全部格式。

➲ III　在大量区域中设置了数据有效性

当工作表中大量的单元格区域设置了数据有效性，也会造成工作簿体积增大，处理方法如下。

步骤① 选中设置了多余数据有效性的单元格区域。

步骤② 在【数据】选项卡中依次单击【有效性】→【有效性】，在弹出的【数据有效性】对话框中，单击【全部清除】按钮，最后单击【确定】按钮关闭对话框，即可清除多余的数据有效性设置，如图 13-57 所示。

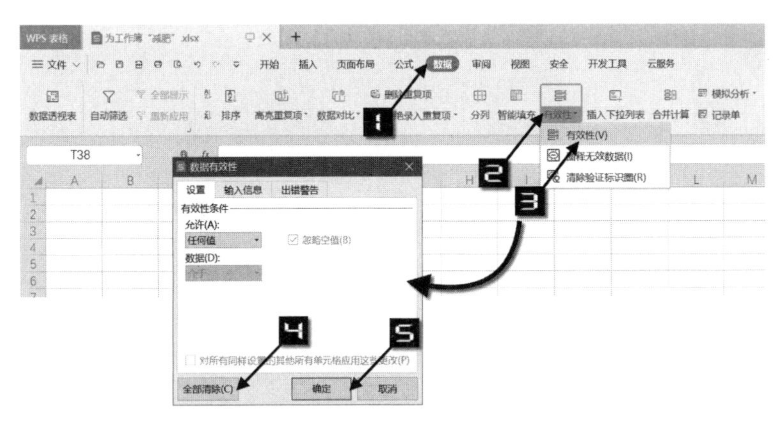

图 13-57　清除选中区域的数据有效性设置

➲ IV　包含大量复杂公式

如果工作表中包含大量公式，而且每个公式又包含较多字符，也会造成工作簿体积增大。这种情况还往往伴随打开工作簿时程序响应迟钝的现象。这时就要对公式进行优化，尽量使用高效率的函数公式、减少公式中常量字符数量，这样能大大提高计算效率，减少工作簿的体积。

➲ V　工作表中含有大体积的图片元素

如果使用了较大体积的图片作为工作表的背景，或者把BMP和TIFF等格式的图片插入工作表，也会造成工作簿体积增大。因此，当需要把图片添加到工作表中时，应该先对图片进行转换、压缩，比如将BMP和TIFF格式转换为JPG或PNG等格式。

➲ VI　共享工作簿引起的体积虚增

长时间使用的共享工作簿文件，也可能会有体积虚增的情况。由于多人同时使用，产生了很多过程数据，这些数据被存放在工作簿中没有及时清理。

对于这种情况，可以取消共享然后保存文件，通常就能恢复工作簿正常体积。如果需要继续共享，再次开启共享工作簿功能即可。

13.7.2　利用“文件瘦身”工具为工作簿“减肥”

WPS表格内置一个非常便捷的功能，可对文档进行智能分析，提供当前表格体积增大可能的原因。使用该功能可以较为快速地解决问题，或者为寻找文件体积增大排除一些因素，便于用户排查原因。

示例13-18 利用“文件瘦身”工具为工作簿“减肥”

操作步骤如下。

步骤① 单击【文件】菜单下的【文件瘦身】命令，打开【文件瘦身】对话框。

步骤② 在【文件瘦身】对话框中，根据需要选择瘦身的内容（对象、重复样式、空白单元格），并勾选【备份原文件】复选框。

步骤③ 单击【开始瘦身】按钮，如图 13-58 所示。

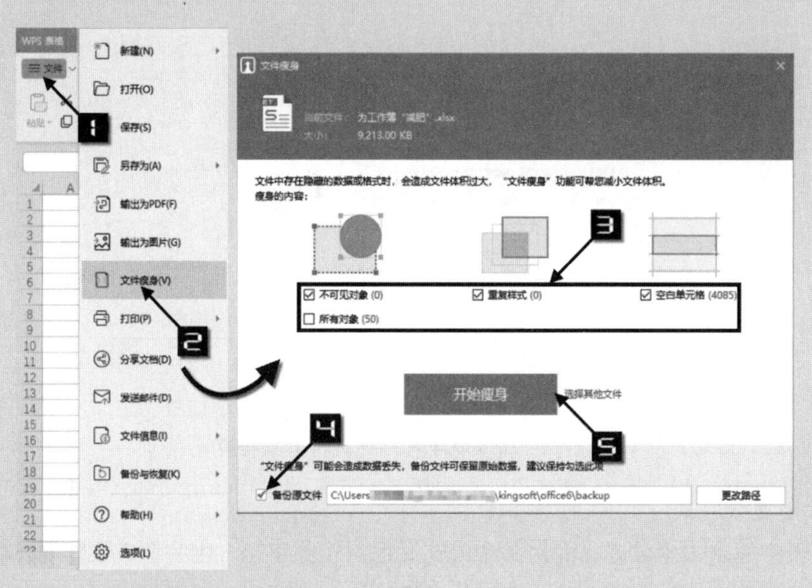

图 13-58 利用“文件瘦身”工具为工作簿“减肥”

步骤④ 最后单击【瘦身完成】按钮，完成文件瘦身，执行结果如图 13-59 所示。

图 13-59 瘦身完成

注意：瘦身的内容选项中，“所有对象”包括图表、图形、图片、切片器等，应谨慎选择。

第 14 章　借助函数与公式快速完成统计

函数与公式是WPS表格中的重要功能之一，广泛应用于数据的统计与计算。本章主要介绍函数公式的基本定义、公式中的数据类型及常用函数的使用技巧等内容。

本章学习要点

（1）公式和函数基础
（2）定义名称
（3）常用函数的使用
（4）数组与数组公式
（5）在数据有效性及条件格式中使用公式

14.1　公式和函数基础

14.1.1　什么是公式

函数和公式是彼此相关但又完全不同的两个概念。

严格地说，公式是以“=”为引导、进行数据运算处理并返回结果的等式；函数则是按特定算法执行计算的、产生一个或一组结果的、预定义的特殊公式。因此，从广义的角度来讲，函数也是一种公式。

构成公式的要素包括等号（=）、运算符、常量、单元格引用、函数、名称等，如表 14-1 所示。

表 14-1　公式的组成要素

公式	说明
=20*6+5.8	包含常量运算的公式
=A1+B2+A3*0.5	包含单元格引用的公式
=期初-期末	包含名称的公式
=SUM(A1:A10)	包含函数的公式

公式的功能是为了有目的地返回结果，公式可以用在单元格中直接返回运算结果为单元格赋值；也可以在条件格式、有效性等功能中使用公式，通过公式运算结果产生的逻辑值来决定用户定义的规则是否生效。

公式通常只能从其他单元格中获取数据来进行运算，而不能直接或间接地通过自身所在单元格的值进行计算（除非是有目的地迭代运算），否则会造成循环引用错误。

除此以外，公式不能令单元格删除（也不能删除公式本身），或是对除自身以外的其他单元格直接赋值。

14.1.2 公式的运算符

➲ Ⅰ 运算符的类型及用途

运算符是构成公式的基本元素之一，每个运算符分别代表一种运算方式，公式中的运算符介绍如表 14-2 所示，运算符可以分为算术运算符、比较运算符、文本运算符和引用运算符 4 种类型。

- ❖ 算术运算符：主要包含加、减、乘、除、百分比及乘幂等各种常规的算术运算
- ❖ 比较运算符：用于比较数据的大小
- ❖ 文本运算符：主要用于将文本字符或字符串进行连接和合并
- ❖ 引用运算符：主要用于在工作表中产生单元格引用

表 14-2 公式中的运算符

运算符	说明	实例
-	算术运算符：负号	=7*-5=-35
%	算术运算符：百分号	=120*50%=60
^	算术运算符：乘幂	=5^2=25 =9^0.5=3
*和/	算术运算符：乘和除	=5*3/2=7.5
+和-	算术运算符：加和减	=12+7-5=14
=，<> >，< >=，<=	比较运算符：等于、不等于、大于、小于、大于等于和小于等于	=A1=A2 判断 A1 与 A2 相等 =B1<>"WPS" 判断 B1 不等于“WPS” =C1>=9 判断 C1 大于等于 9
&	文本运算符：连接文本	="Excel"&"Home" 返回“ExcelHome”
:	区域引用运算符：冒号	=SUM(A1:C15) 引用一个矩形区域，以冒号左侧单元格为矩形左上角，冒号右侧的单元格为矩形的右下角
（空格）	交叉引用运算符：单个空格	=SUM(A1:B5 A4:D9) 引用 A1:B5 与 A4:D9 的交叉区域，公式相当于=SUM(A4:B5)
,	联合引用运算符：逗号	=RANK(A1,(A1:A10,C5:C20)) 第 2 参数引用的区域包括 A1:A10 与 C5:C20 两个不连续的单元格区域组成的联合区域

➲ Ⅱ 公式的运算顺序

与常规的数据计算式运算相似，所有的运算符都有运算的优先级。当公式中同时用到多个运算符时，将按如表 14-3 所示的顺序进行运算。

表 14-3 运算符的优先顺序

优先顺序	符号	说明
1	:（空格）,	引用运算符：冒号、单个空格和逗号

续表

优先顺序	符号	说明
2	-	算术运算符：负号
3	%	算术运算符：百分号
4	^	算术运算符：乘幂
5	*和/	算术运算符：乘和除（注意区别数学中的×、÷）
6	+和-	算术运算符：加和减
7	&	文本运算符：连接文本
8	=，<>，>，<，>=，<=	比较运算符：分别表示等于、不等于、大于、小于、大于等于及小于等于（注意区别数学中的≤、≥、≠）

默认情况下，公式将依照上述顺序运算，举例如下。

```
=5--3^2
```

这个公式的运算结果并不等于以下公式的运算结果。

```
=5+3^2
```

根据优先级，最先组合的是代表负号的“-”与“3”进行负数运算，然后通过“^”与“2”进行乘幂运算，最后才与代表减号的“-”与“5”进行减法运算。这个公式实际等价于以下公式，运算结果为-4。

```
=5-(-3)^2
```

如果要人为改变公式的运算顺序，可以使用括号强制提高运算优先级。

数学计算式中使用小括号()、中括号[]和大括号{}来改变运算的优先级别，而在WPS表格中均使用小括号代替，而且括号的优先级高于上表中所有运算符。

如果公式中使用多级括号进行嵌套，其计算顺序是由最内层的括号逐级向外进行运算。举例如下。

```
=((A1+5)/3)^2
```

先执行A1+5运算，再将得到的和除以3，最后再进行2次方乘幂运算。

此外，数学计算式的乘、除、乘幂等，在WPS表格中表示方式也有所不同，如下数学计算式：

$$=(7+2)\times[5+(10-4)\div 3]+6^2$$

在WPS表格中的表示为：

```
=(7+2)*(5+(10-4)/3)+6^2
```

提示

如果需要做开方运算，如要计算$\sqrt{3}$，可以用 3^(1/2)来实现。

14.1.3 引用单元格中的数据

要在公式中引用某个单元格或某个区域中的数据，就要使用单元格引用（也称为地址引用）。引用的实质就是公式对单元格的一种呼叫。WPS表格支持的单元格引用包括两种类型：一种为“A1引用”，另一种为“R1C1引用”。

➲ Ⅰ A1引用

A1引用指的是用英文字母代表列标，用数字代表行号，由这两个行列坐标构成单元格地址的引用。例如，C5就是指C列（也就是第3列）第5行的单元格，而B7则是指B列（第2列）第7行的单元格。

在字母A~Z排列完以后，列标采用两位字母的方式，继续按顺序编码，从第27列开始的列标依次是AA、AB、AC、AD……

格式为.xlsx的工作簿最大列数是16384列，最大列的列标为XFD；最大行号是1048576。格式为.et和.xls的工作簿最大列数是256列，最大列的列标为IV；最大行号是65536。

➲ Ⅱ R1C1引用

R1C1引用是另外一种单元格地址表达方式，它通过行号和列号及行列标识“R”和“C”一起组成单元格地址引用。例如，要表示第3列第5行的单元格，R1C1引用的书写方式就是“R5C3”，而“R7C2”则表示第2列（B列）第7行的单元格。

通常情况下，A1引用方式更常用，而R1C1引用方式则在某些场合下会让公式计算变得较为简单。

依次单击【文件】→【选项】，在弹出的【选项】对话框中切换到【常规与保存】选项卡，选中或取消选中【R1C1引用样式】复选框，最后单击【确定】按钮，可以实现A1引用方式和R1C1引用方式的切换，如图14-1所示。

图 14-1　引用方式切换

选中【R1C1 引用样式】复选框后，WPS 表格窗口中的列标签也会随之发生变化，原有的字母列标会自动转化为数字，如图 14-2 所示。

	1	2	3	4	5
1					
2					
3					
4					
5					
6					
7					
8					

图 14-2　列标显示为数字

14.1.4　引用不同工作表中的数据

Ⅰ　跨表引用

在函数与公式中，可以引用其他工作表的数据参与运算。假设要在 Sheet1 工作表中直接引用 Sheet2 工作表的 C3 单元格，公式如下。

```
=Sheet2!C3
```

这个公式中的引用由工作表名称、半角感叹号（!）、目标单元格地址 3 部分组成。

除了直接手动输入公式外，还可以使用鼠标选取的方式来快速生成引用，操作步骤如下。

步骤① 在 Sheet1 工作表的单元格中输入公式开头的“=”。

步骤② 单击 Sheet2 的工作表标签，切换到 Sheet2 工作表，再单击选择 C3 单元格。

步骤③ 按<Enter>键结束。此时就会自动完成这个引用公式。

如果跨表引用的工作表名称是以数字开头，或者包含空格及以下特殊字符，则公式中的引用工作表名称需要用一对半角单引号包含。

```
$ % · ~ !  @ # & ( ) + - = , | " ; { }
```

例如：

```
='2 月 '!C3
```

Ⅱ　跨工作簿引用

在公式中，还可以引用其他工作簿中的数据，假设要引用名为“工作簿 1”的工作簿中 Sheet1 工作表的 C3 单元格，公式如下。

```
=[ 工作簿 1.et]Sheet1!C3
```

如果当前 WPS 表格工作窗口中同时打开了被引用的工作簿，也可以采用鼠标选取的方式自动产生引用公式。

如果公式中包含其他工作簿的引用，当被引用的工作簿没有打开时，公式中会自动添加被引用工作簿所在的路径，公式如下。

```
='C:\Users\Documents\[ 工作簿 1.et]Sheet1'!C3
```

提示

跨工作簿引用时，需要注意其中的半角单引号的位置。

14.1.5 相对引用、绝对引用和混合引用

在单元格中使用公式时，经常需要把当前公式应用到其他单元格中，此时如果公式包含单元格引用，往往需要有目的地控制公式所引用的单元格是否随着公式所在的单元格位置的变化而变化。根据具体情况，可分为相对引用、绝对引用和混合引用，具体说明如表 14-4 所示。

表 14-4 单元格引用类型

引用类型	公式示例	说明
相对引用	=A1	复制公式到其他单元格时，保持从属单元格与引用单元格的相对位置不变
绝对引用	=$A$1	复制公式到其他单元格时，所引用的单元格绝对位置不变
混合引用	=A$1 =$A1	复制公式到其他单元格时，所引用单元格中，仅行或列的绝对位置不变，前者称为行绝对列相对，后者称为行相对列绝对

在公式编辑状态下按<F4>功能键，可在不同引用方式之间切换。

绝对引用和相对引用没有孰优孰劣之分，不可能在所有的场合中都只采用一种引用方式来解决所有问题，选用何种引用方式需要根据具体的运算需求及公式复制的方向目标来确定。如果只是在单个单元格中使用公式，采用相对引用或绝对引用对于结果而言并没有什么区别。

Ⅰ 相对引用

如图 14-3 所示的表格中，展示了某食堂的蔬菜采购情况。

如果要根据单价和数量计算每种蔬菜的金额，以“紫薯”为例，可以在D2单元格输入如下公式。

```
=B2*C2
```

这个公式可以得到购买紫薯花费的金额，如果要继续计算其他蔬菜的花费金额，并不需要在D列每一个单元格依次输入公式，只需要复制D2单元格公式后，粘贴到D3:D8单元格即可。还有更简便的方式就是将D2单元格中的公式直接向下填充至D8单元格。

复制或填充的结果如图 14-4 所示，为方便演示，在E列中列出了D列中实际包含的公式内容。

	A	B	C	D
1	商品	单价	数量	金额
2	紫薯	2.3	6	
3	土豆	0.6	9	
4	茄子	1.2	7	
5	辣椒	0.9	5	
6	豆角	1.5	6	
7	大葱	1.1	7	
8	白菜	0.45	9	

图 14-3 蔬菜采购统计表

	A	B	C	D	E
1	商品	单价	数量	金额	D列的公式
2	紫薯	2.3	6	13.8	=B2*C2
3	土豆	0.6	9	5.4	=B3*C3
4	茄子	1.2	7	8.4	=B4*C4
5	辣椒	0.9	5	4.5	=B5*C5
6	豆角	1.5	6	9	=B6*C6
7	大葱	1.1	7	7.7	=B7*C7
8	白菜	0.45	9	4.05	=B8*C8

图 14-4 计算金额

由图 14-4 可以发现，D 列单元格公式在复制或填充过程中，公式引用的单元格内容并不是一成不变的，公式中的两个单元格引用地址 B2 和 C2 随着公式所在位置的不同而自动改变（B3*C3、B4*C4、B5*C5……），这种随着公式所在位置不同而改变单元格引用地址的引用方式称为“相对引用”，其引用对象与公式所在的单元格保持相对固定的对应关系。这种特性便于公式在不同区域范围内重复使用。

相对引用单元格地址（如 C2），在纵向复制公式时，其中的行号会随之自动变化（C3、C4、C5……），而在横向复制公式时，其中的列标也会随之自动变化（D3、E3、F3……）。但无论公式复制到何处，公式所在的单元格与引用对象之间的行列间距始终保持一致。

➲ II　绝对引用

如图 14-5 所示，要根据 B 列的出勤天数及 B2 单元格的日工资，分别计算不同员工 1 月份的劳务费金额，可以在 D5 单元格输入如下公式。

```
=B5*B2
```

这个公式可以得到姓名为“刘丁”员工的 1 月劳务费，要继续计算其他人 1 月和 2 月的劳务费金额，如果直接按照前面的方法将公式复制或填充至 E11 单元格，会产生如图 14-6 所示的错误结果。

	A	B	C	D	E
1		日工资			
2		300			
3					
4	姓名	1月出勤	2月出勤	1月劳务费	2月劳务费
5	刘丁	15	20	4500	
6	马丽	14	21		
7	牛云	12	8		
8	海丽	16	12		
9	冬青	18	10		
10	云芳	20	6		
11	雅云	19	9		

图 14-5　计算劳务费

	A	B	C	D	E	F	G
1		日工资					
2		300					
3							
4	姓名	1月出勤	2月出勤	1月劳务费	2月劳务费	D列的公式	E列的公式
5	刘丁	15	20	4500	0	=B5*B2	=C5*C2
6	马丽	14	21	0	0	=B6*B3	=C6*C3
7	牛云	12	8	#VALUE!	#VALUE!	=B7*B4	=C7*C4
8	海丽	16	12	240	240	=B8*B5	=C8*C5
9	冬青	18	10	252	210	=B9*B6	=C9*C6
10	云芳	20	6	240	48	=B10*B7	=C10*C7
11	雅云	19	9	304	108	=B11*B8	=C11*C8

图 14-6　劳务费错误计算结果

从图 14-6 中可以发现，由于相对引用的特性，D5 单元格中对日工资 B2 单元格的引用在向下复制的过程中自动变化为 B3、B4、B5……而在将公式向 E 列复制的过程中，自动变化为 C2、C3、C4……使得引用的日工资单元格发生了移位，造成计算结果错误。

因此在这个例子当中，需要在公式的复制过程中固定住 B2 单元格这个引用区域，方法就是使用“$”符号对单元格地址进行“绝对引用”。

“绝对引用”通过在单元格地址前添加“$”符号来使单元格地址信息固定不变，使得引用对象不会随着公式所在单元格的变化而改变，始终保持引用同一固定对象。

D5 单元格公式可以修改如下。

```
=B5*$B$2
```

修改公式后再复制或填充至 E11 单元格区域，得到如图 14-7 所示的正确结果。

	A	B	C	D	E	F	G
1		日工资					
2		300					
3							
4	姓名	1月出勤	2月出勤	1月劳务费	2月劳务费	D列的公式	E列的公式
5	刘丁	15	20	4500	6000	=B5*$B$2	=C5*$B$2
6	马丽	14	21	4200	6300	=B6*$B$2	=C6*$B$2
7	牛云	12	8	3600	2400	=B7*$B$2	=C7*$B$2
8	海丽	16	12	4800	3600	=B8*$B$2	=C8*$B$2
9	冬青	18	10	5400	3000	=B9*$B$2	=C9*$B$2
10	云芳	20	6	6000	1800	=B10*$B$2	=C10*$B$2
11	雅云	19	9	5700	2700	=B11*$B$2	=C11*$B$2

图 14-7　劳务费正确计算结果

用“$”符号表示绝对引用仅适用于A1引用方式。在R1C1引用方式中，用方括号来表示相对引用，如R[2]C[-3]表示以当前单元格为基点，向下偏移2行，向左偏移3列的单元格引用，而R2C3则表示对第2行第3列的单元格的绝对引用。

➲ Ⅲ　混合引用

同时在行号和列标前都添加“$”符号，那这个单元格引用无论其所在的公式复制到哪个位置都不会改变引用对象地址。如图 14-7 所示的 $B$2 就是绝对引用方式。

而如果只在列标前添加“$”符号，可以使公式在横向复制过程中始终保持列标不变，如“$B2”；如果只在行号前添加“$”符号，可以使公式在纵向复制过程中始终保持行号不变，如“B$2”。这种单元格引用中只有行列其中的一部分固定的方式称为“混合引用”。

如图 14-8 所示，这是一张供货商金额统计表，希望在 G3:H8 单元格区域，按供货商及日期维度统计合计金额。

	A	B	C	D	E	F	G	H
1	业务日期	流水号	供货商	金额				
2	2019/8/30	1912049892	兴豪皮业	25,873.00			2019/8/30	2019/8/31
3	2019/8/30	1912046499	兴豪皮业	11,752.00		富华纺织	15,698.00	25,741.00
4	2019/8/30	1912044396	乐悟集团	31,311.00		绿源集团	54,839.00	-
5	2019/8/30	1912045897	黎明纺织	23,327.00		黎明纺织	23,327.00	28,515.00
6	2019/8/30	1912049722	绿源集团	26,297.00		兴豪皮业	37,625.00	71,885.00
7	2019/8/30	1912044670	富华纺织	15,698.00		乐悟集团	31,311.00	40,183.00
8	2019/8/30	1912048410	绿源集团	28,542.00		富路车业	35,614.00	-
9	2019/8/30	1912048146	富路车业	35,614.00				
10	2019/8/31	1912054648	兴豪皮业	37,776.00				
11	2019/8/31	1912054645	兴豪皮业	34,109.00				
12	2019/8/31	1912053315	乐悟集团	36,334.00				
13	2019/8/31	1912055253	富华纺织	25,741.00				
14	2019/8/31	1912055454	乐悟集团	3,849.00				
15	2019/8/31	1912057002	黎明纺织	28,515.00				

图 14-8　供货商金额统计表

在 G3 单元格输入如下公式，并复制填充至 G3:H8 单元格区域。

```
=SUMIFS($D:$D,$C:$C,$F3,$A:$A,G$2)
```

公式中，$F3 代表当前需要统计的供货商名称（如富华纺织），在公式横向复制过程中，需要保持列标不变，所以使用了“行相对列绝对”的混合引用方式。同理，统计日期时，在公式纵向复制过程中，需要保持行号不变，则要使用“行绝对列相对”的混合引用方式。

14.1.6　输入函数与公式的几种方法

在单元格区域中使用函数与公式，通常有以下几种输入方法。

➲ I　直接输入

例如，要在B2 单元格输入SUMIF 函数，可以依次在B2 单元格输入“=”“S”“U”“M”……在输入过程中可以随时按上、下方向键，在出现的快捷菜单中选择相应的函数名称，然后按<Tab>键确认选择，完成函数输入，如图 14-9 所示。

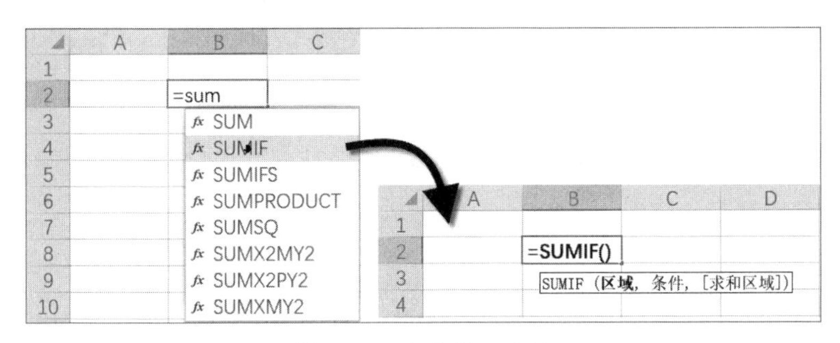

图 14-9　直接输入函数

➲ II　使用“插入函数”功能

示例14-1　使用“插入函数”功能输入公式

例如，要在B2 单元格使用函数对A2 单元格中的数字进行向下舍入运算，操作步骤如下。

步骤① 选中要输入函数公式的B2 单元格，单击编辑栏左侧的【插入函数】按钮fx，打开【插入函数】对话框。

> 提示：单击【公式】选项卡的【插入函数】按钮，也可以打开【插入函数】对话框。

步骤② 在【插入函数】对话框中的【查找函数】文本框中输入“舍入”，然后在【选择函数】列表框中选择“INT”，单击【确定】按钮，如图 14-10 所示。

步骤③ 在打开的【函数参数】对话框中，首先在【数值】编辑框中输入“A2”，或者直接单击选中A2 单元格，然后单击【确定】按钮，即可在B2 单元格输入如下公式。

```
=INT(A2)
```

此公式的作用是对A2 单元格的数字向下舍入最接近的整数，如图 14-11 所示。

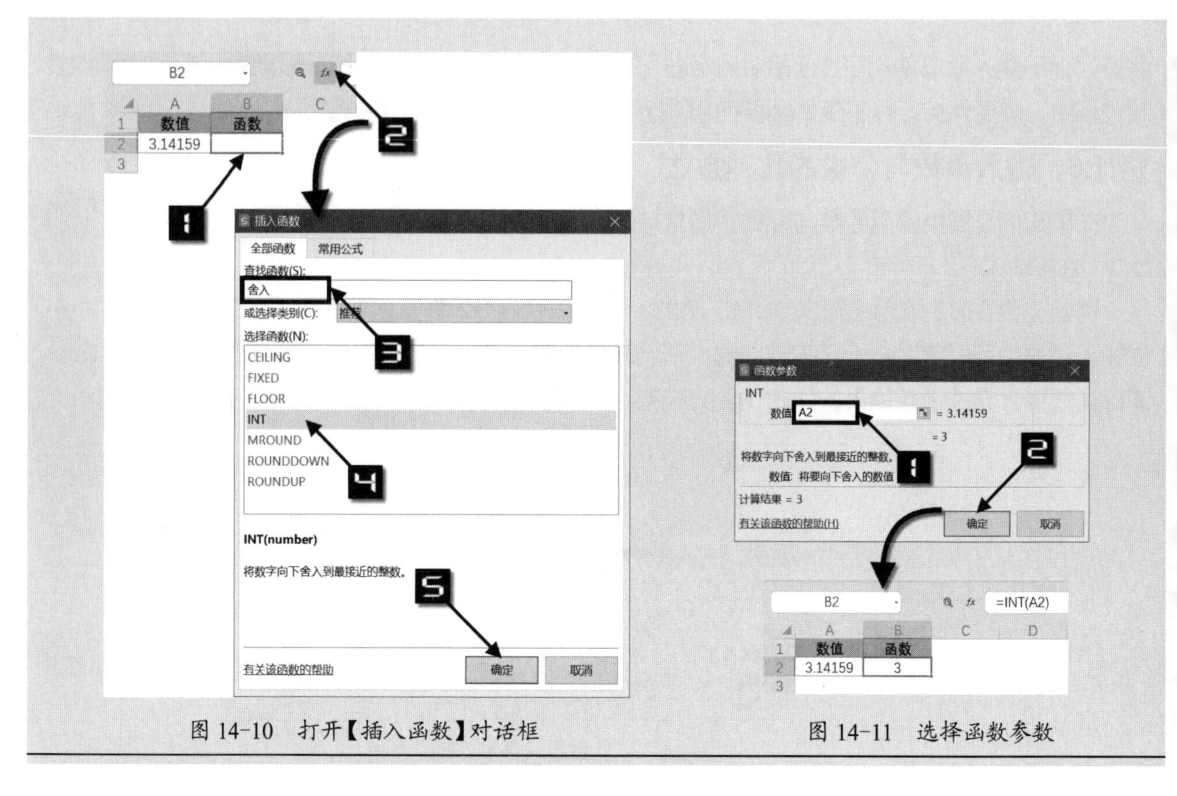

图 14-10　打开【插入函数】对话框　　　图 14-11　选择函数参数

➲ III　根据函数分类选择相应的函数

示例14-2 根据函数分类选择相应的函数

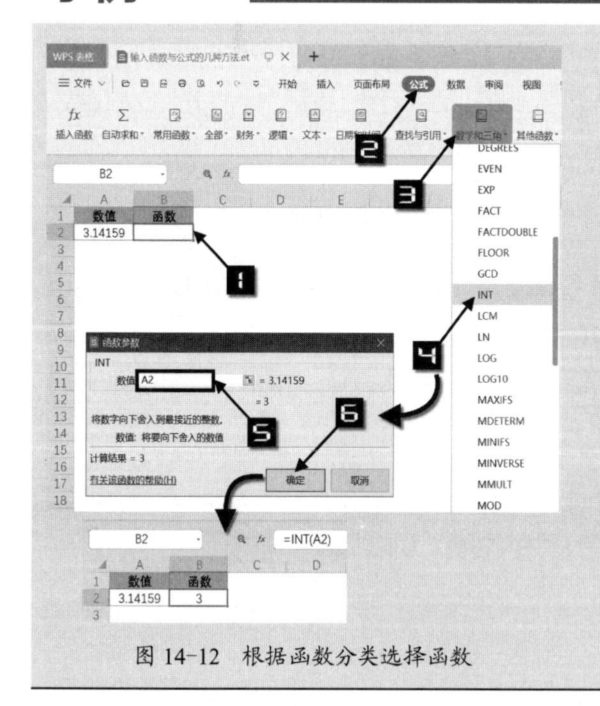

图 14-12　根据函数分类选择函数

如果要在B2单元格使用函数对A2单元格中的数字进行向下舍入运算，步骤如下。

步骤① 选中要输入函数公式的B2单元格，单击【公式】选项卡的【数学和三角】下拉按钮，在下拉菜单中通过移动滚动条选择“INT”函数，打开【函数参数】对话框。

步骤② 在对话框中选择函数参数，最后单击【确定】按钮即可，如图14-12所示。

14.1.7　自动重算和手动重算

WPS 表格工作簿大部分工作在“自动重算”模式下，在这种运算模式下，无论是公式本身还是公式的引用源发生更改，公式都会自动重新计算，得到新的结果。

但是，如果在工作簿使用了大量公式，自动重算的特性就会使表格在编辑过程中进行反复运算，进而引起系统资源紧张甚至造成程序长时间没有响应、死机等后果。

在必要的情况下，可以将计算模式更改为“手动重算”，操作步骤如下。

步骤① 依次单击【文件】→【选项】，弹出【选项】对话框。

步骤② 切换到【重新计算】选项卡，在右侧选中【手动重算】单选按钮，最后单击【确定】关闭对话框，完成手动重算设置，如图 14-13 所示。

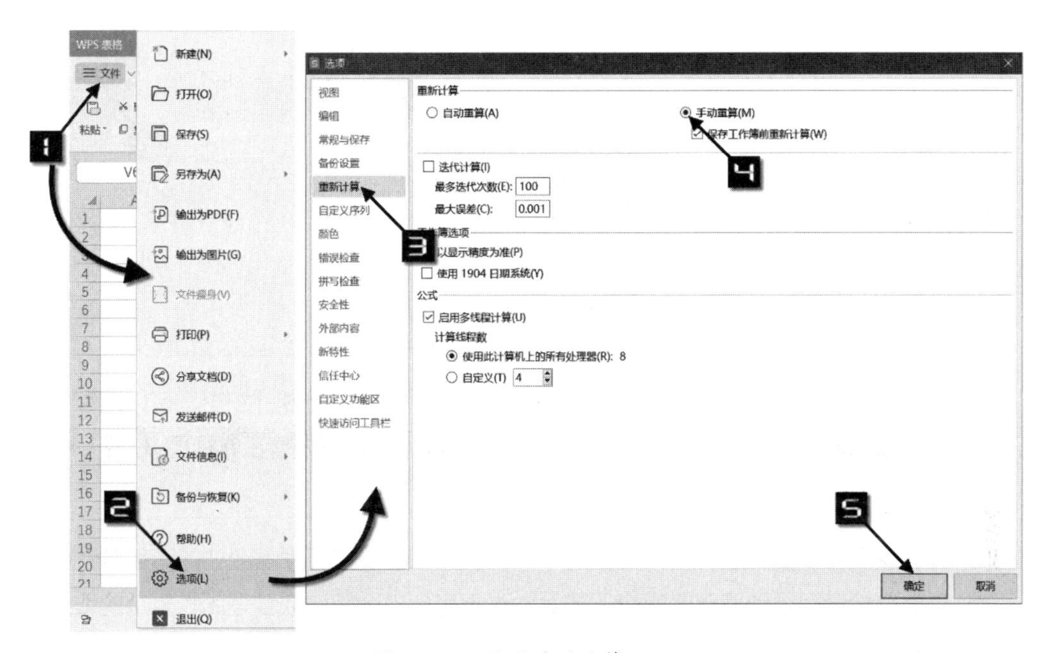

图 14-13　设置手动重算

选择手动重算模式后，更改公式内容或更新公式引用区域数据，都不会立刻引起公式运算结果的变化。在需要更新公式运算结果时，只要单击【公式】选项卡下的【重算工作簿】命令，或是按<F9>功能键，就可以令当前打开的所有工作簿中的公式重算。如果仅希望当前活动工作表中的公式进行重算，可以单击【公式】选项卡的【计算工作表】命令，或是按<Shift+F9>组合键，如图 14-14 所示。

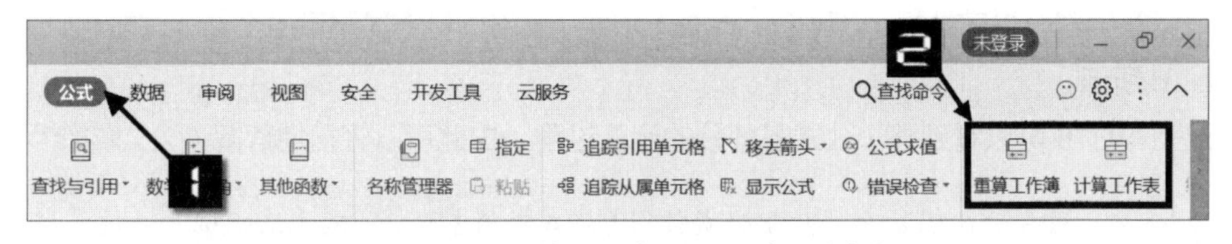

图 14-14　【重算工作簿】和【计算工作表】

> **注意** 修改计算选项后，将影响当前打开的所有工作簿及以后打开的工作簿，因此应谨慎设置。

14.1.8 公式审核和监视窗口

WPS表格提供了完善的公式审核工具，包括追踪引用单元格、追踪从属单元格、显示公式、公式求值等功能。

单击包含公式的单元格，在【公式】选项卡单击【追踪引用单元格】按钮时，将在公式与其引用的单元格之间用追踪箭头连接，方便用户看清楚公式与单元格之间的关系，如图 14-15 所示。

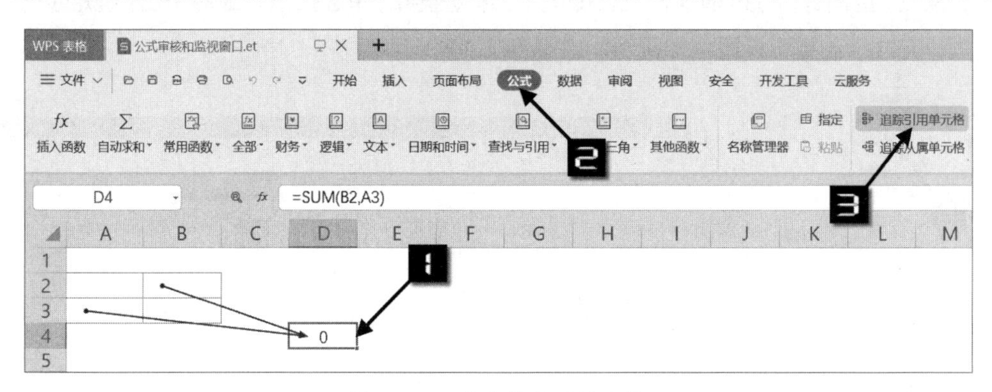

图 14-15 单元格引用的追踪

同样，单击某个单元格，在【公式】选项卡单击【追踪从属单元格】按钮，可以用箭头标识出该单元格被哪个单元格引用。检查完毕后单击【移去箭头】命令，可恢复正常视图。

14.1.9 分步查看公式运算结果

如果公式返回错误值或运算结果与预期不符，可以在公式内部根据公式的运算顺序分步查看运算过程，以此来检查问题到底出在哪个环节上。对于包含多个函数嵌套等比较复杂的公式，这种分步查看方式对于理解和验证公式都会很有帮助。

➲ Ⅰ 使用公式求值工具分步求值

B2 单元格中包含以下公式。

```
=A2+360+5^2
```

选中B2 单元格，单击【公式】选项卡中的【公式求值】按钮，弹出【公式求值】对话框，【公式求值】对话框的文本框内显示了当前单元格中包含的公式内容，并且根据运算顺序，会在公式当前所要进行运算的部分内容处标记下划线。单击【求值】按钮，将依次显示各个步骤的求值计算结果，如图 14-16 所示。

通过图 14-16 可以看到整个公式各部分的运算过程，由此可以轻松地理解该公式的作用。

> **提示** 对部分比较复杂的数组公式使用【公式求值】时，可能无法正确显示计算过程。

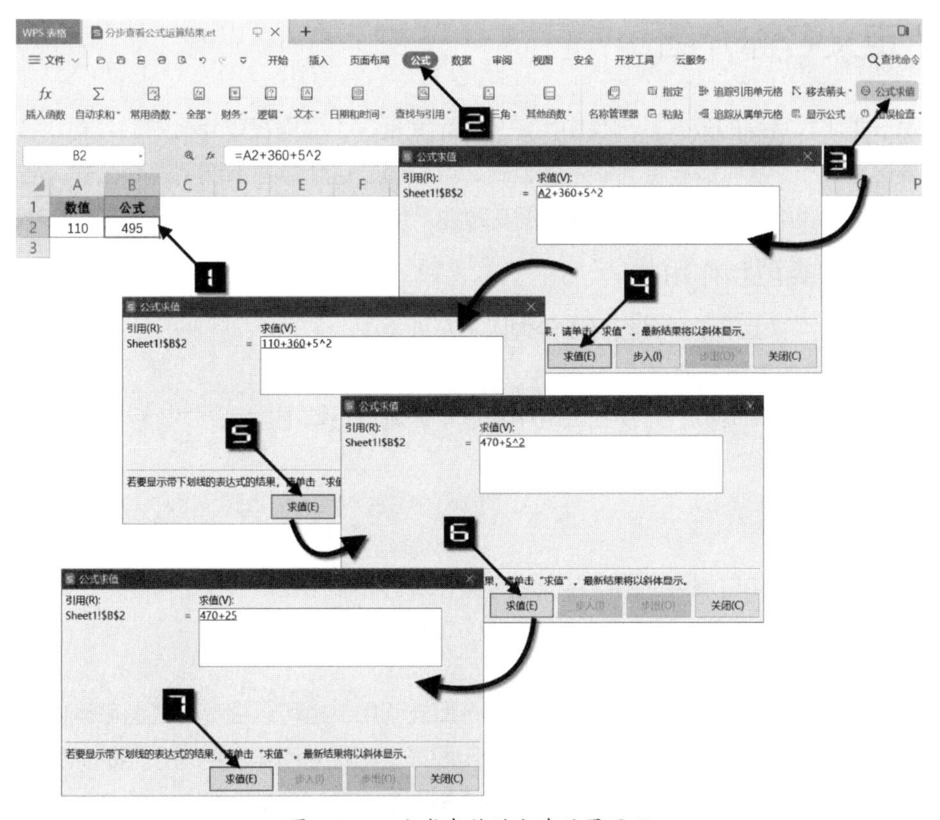

图 14-16　公式求值的分步结果显示

➲ Ⅱ　用 <F9> 键查看公式运算结果

除了使用【公式求值】按钮，也可以使用 <F9> 功能键在公式中直接查看运算结果。

通常情况下，<F9> 功能键可用于让工作簿中的公式重新计算，除此以外，如果在单元格或编辑栏的公式编辑状态中使用 <F9> 功能键，还可以让公式或公式中的部分代码直接转换为运算结果。

如图 14-17 所示，在编辑栏里选中公式中的“A2+360”部分，按下 <F9> 功能键，即可在编辑栏显示该部分的计算结果。

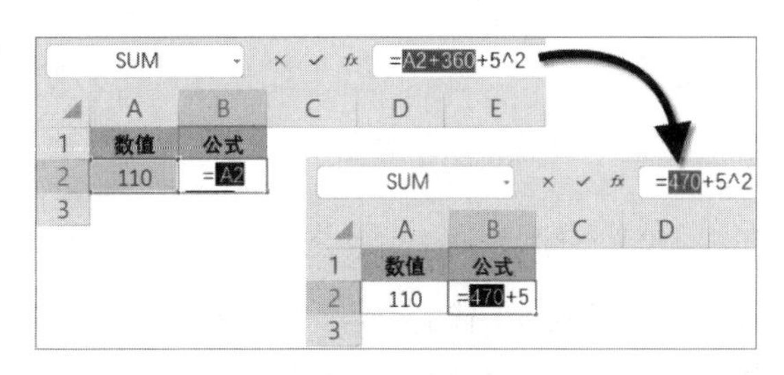

图 14-17　用 <F9> 功能键查看公式选中部分运算结果

在公式中选择需要运算的对象时，注意需要选中一个完整的运算对象代码，比如选择一个函数时，必须选中整个函数名称、左括号、参数和右括号。

按 <F9> 功能键之后，实质上是将公式代码转换为运算结果，此时如果确认编辑就将以这个运算结果代替原有内容。如果仅仅只是希望查看部分公式结果而不想改变原公式，可以按 <Esc> 键取消转换。

如果不小心按了 <Enter> 键确认编辑，还可以在【快速访问工具栏】上单击【撤销】按钮，或者按 <Ctrl+Z> 组合键取消确认。

14.2 定义名称介绍

名称是一类比较特殊的公式，它是由用户预先定义但并不存储在单元格中的公式。名称与普通公式的主要区别在于：名称是被特别命名的公式，可以通过这个命名来调用这个公式。名称不仅仅可以通过模块化的调用使公式更简洁，在数据有效性、条件格式、图表等也有广泛的应用。

14.2.1 名称的类型和作用

从产生方式和用途上来说，名称可以分为以下几种类型。

➲ Ⅰ 单元格或区域的直接引用

直接引用某个单元格区域，方便在公式中对这个区域进行调用。

如创建如下名称。

```
订单 =$A$1:$D$20
```

要在公式中统计这个区域中的数字单元格个数，就可以使用如下公式。

```
=COUNT(订单)
```

这样不仅可以方便公式对某个单元格区域进行反复调用，也可以提高公式的可读性。

需要注意的是，在名称中对单元格区域的引用同样遵循相对引用和绝对引用的原则。如果在名称中使用相对引用的书写方式，则实际引用区域会与创建名称时所选中的单元格相关联，产生相对引用关系。当在不同单元格调用此名称时，实际引用区域会发生变化。

例如，在选中A1 单元格的情况下创建以下名称。

```
区域 =B2
```

在C3 单元格输入如下公式。

```
=SUM(区域)
```

则这个公式实际等价于：

```
=SUM(D4)
```

名称区域所指代的引用对象随着公式所在单元格的位置变化而发生了改变。

➲ Ⅱ 单元格或区域的间接引用

在名称中不直接引用单元格地址，而是通过函数进行间接引用。

如创建如下名称。

```
区域 =OFFSET($A$1,3,0,3,2)
```

这个名称的实际引用区域是A4:B6 单元格区域。

可以在创建此类间接引用公式的同时使用变量，使引用的区域可以随变量值的改变而变化，形成动态引用。在图表数据源等不可以或不方便直接使用公式进行动态引用的场合，可以使用名称来代替。

创建如下名称。

```
动态区域 =OFFSET($A$1,0,0,COUNTA($A:$A))
```

将这个名称作为图表的数据源，图表中会显示当前A列中所包含的数据。如果A列的数据量有所增减，无须更改图表数据源，通过这个动态引用的名称，也能够将更新后的引用区域传递给图表。

➲ III　常量

要将某个常量或常量数组保存在工作簿中，但不希望占用任何单元格的位置，就可以使用名称。

例如，某公司的绩效考核评分标准：60 分以下为“不通过”、60~69 分为“一般”、70~79 分为“尚可”、80~89 分为“优秀”、90 分及以上为“杰出”。需要在公式中反复调用这个评分标准，就可以将其创建为如下名称。

```
评分标准 ={0,"不通过";60,"一般";70,"尚可";80,"优秀";90,"杰出"}
```

当在此工作簿中需要对某个绩效考核得分进行等级评定时，就可以直接调用上述名称，如计算 78 分的考核等级，可以使用如下公式。

```
=LOOKUP(78,评分标准)
```

➲ IV　普通公式

将普通公式保存为名称，在其他地方无须重复书写公式就能调用公式的运算结果。

例如，假定A列中存放了一些数字代表以元为单位的金额，可以在选中B1 单元格的情况下创建如下名称。

```
转换万元 =A1/10000
```

然后在B列中使用以下公式，就可以得到A列数字除以 10000 以后的结果。

```
=转换万元
```

➲ V　宏表函数应用

宏表函数是从早期版本中继承下来的一些隐藏函数。在单元格直接使用这些函数通常都不能运算，而需要通过创建名称来间接运用。

例如，创建如下名称。

```
页数 =GET.DOCUMENT(50)
```

在单元格中使用以下公式，可以获取当前单元格所在工作表的打印页数。

```
=页数
```

使用宏表函数需要启用宏，保存工作簿时也必须保存为“启用宏的工作簿”。

➲ VI　特殊定义

对工作表进行某些特定操作时，WPS表格会自动创建一些名称。这些名称的内容是对一些特定区域的直接引用。

例如，为工作表设置顶端标题行或左侧标题列时，会自动创建名称Print_Titles；设置工作表打印区域时，会自动创建名称Print_Area。

➲ VII　表格名称

在WPS表格中创建“表格”（Table）时，会自动生成以这个表格区域为引用的名称。通常会默认命名为“表1”“表2”等，可以通过表格选项更改这个名称。

14.2.2　创建名称的常用方法

在WPS表格中，要创建一个名称，可以用以下几种方法。

➲ I　使用“定义名称”功能

例如，将以下公式创建为“销售总额”的名称，步骤如下。

```
=SUM($A$1:$A$100)
```

步骤① 在【公式】选项卡单击【名称管理器】按钮，在打开的【名称管理器】对话框中单击【新建】按钮，打开【新建名称】对话框。

步骤② 在打开的【新建名称】对话框的【名称】文本框中输入名称，如“销售总额”，在【引用位置】编辑栏中输入如下公式，单击【确定】按钮，完成名称创建，如图14-18所示。

```
= SUM($A$1:$A$100)
```

使用公式创建名称，WPS表格会自动在【引用位置】的公式上添加当前工作表的名称，举例如下。

```
=SUM(Sheet1!$A$1:$A$100)
```

创建完成后的名称如图14-19所示。

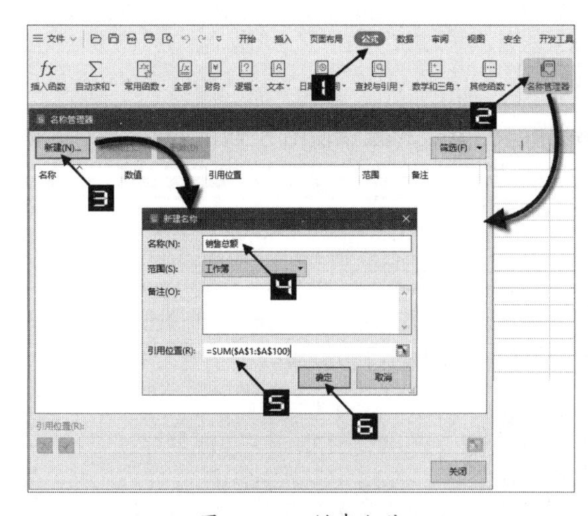

图14-18　创建名称

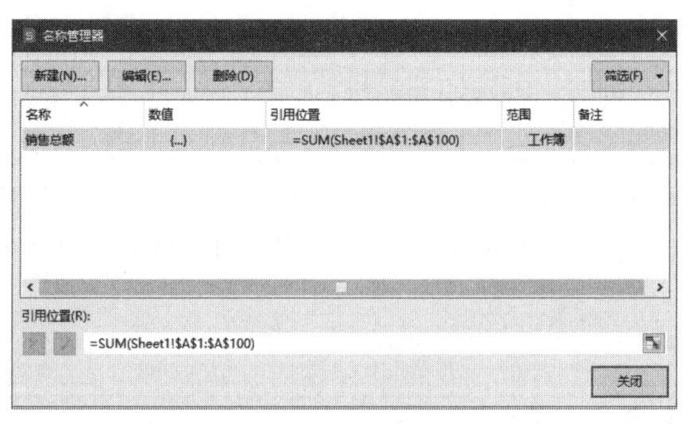

图14-19　创建“销售总额”名称

➲ II　使用名称框创建名称

如果要将某个单元格区域创建为名称，可以使用名称框更方便地实现。如要将A1:A20 单元格区域创建为名称“订单编号”，操作步骤如下。

步骤① 选定A1:A20 单元格区域。

步骤② 在【编辑栏】左侧的【名称框】中输入要定义的名称，如“订单编号”，按<Enter>键完成名称创建，如图 14-20 所示。

此时，WPS会自动以A1:A20 单元格区域的绝对引用方式创建名称“订单编号”。

> 使用此方法创建名称，步骤简单，但名称的引用位置必须是固定的单元格区域，不能是常量或动态区域。

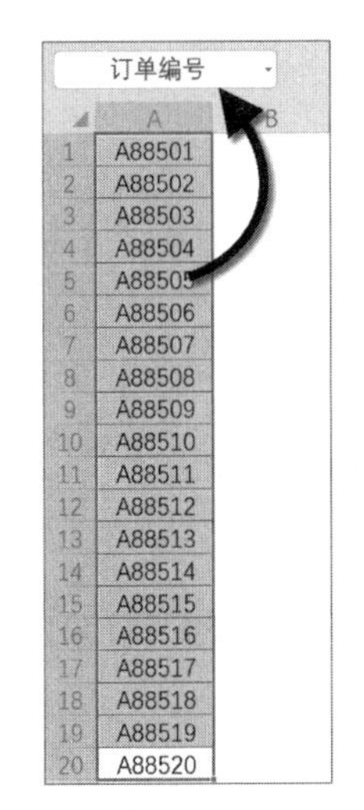

图 14-20　使用“名称框”创建名称

➲ III　根据单元格选中区域批量创建名称

如图 14-21 所示，要将每个字段所在的数据区域都创建为名称，例如，将A2:A8 创建为名称“商品”、B2:B8 创建为名称“单价”等，操作步骤如下。

步骤① 选定A1:C8 单元格区域。

步骤② 在【公式】选项卡单击【指定】按钮，打开【指定名称】对话框。

	A	B	C
1	商品	单价	数量
2	紫薯	2.3	6
3	土豆	0.6	9
4	茄子	1.2	7
5	辣椒	0.9	5
6	豆角	1.5	6
7	大葱	1.1	7
8	白菜	0.45	9

图 14-21　要创建名称的单元格区域

步骤③ 在【指定名称】对话框中选中【首行】复选框，取消选中其他复选框，然后单击【确定】按钮，如图 14-22 所示，完成名称创建。

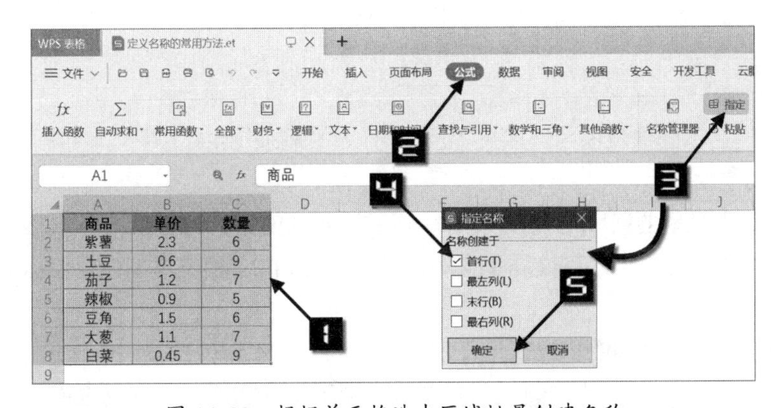

图 14-22　根据单元格选中区域批量创建名称

上述操作一次性创建了 3 个名称（选定区域包含 3 个字段），按<Ctrl+F3>组合键打开【名称管理器】对话框，可以看到这些名称，如图 14-23 所示。

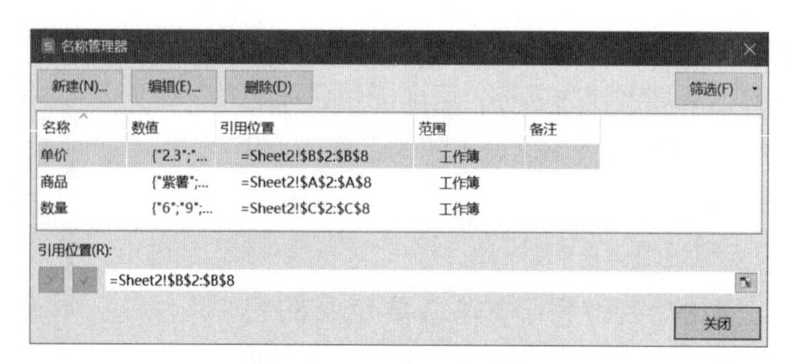

图 14-23　批量创建的名称

14.3　文本处理函数

文本数据是常见的数据类型之一，在日常工作中被大量使用。本节主要介绍利用文本函数处理文本数据的方法与技巧。

14.3.1　认识文本数据

➲ Ⅰ　文本数据概述

文本数据主要包括汉字、英文字母、文本型数字及由符号构成的字符串等。

如果在单元格中手动录入超过 11 位的数字，WPS 表格会自动在数字前添加一个半角单引号“'”，将其存储为文本型数字。

在公式中，文本数据需要以一对半角双引号包含，如公式：="WPS"&"表格"。如果公式中的文本未使用半角双引号包含，将被识别为未定义的名称而返回 #NAME? 错误。此外，在公式中要表示半角双引号字符本身时，需要使用两个半角双引号。例如，要在公式中使用带半角双引号的字符串“"我"”，表示方式为：="""我"""，其中最外侧的一对双引号表示输入的是文本，在字符“我”前后各使用两个双引号表示双引号本身。

也可以使用 CHAR 函数返回半角双引号字符，举例如下。

```
=CHAR(34)& "我"& CHAR(34)
```

WPS 表格中的文本函数及使用连接文本运算符（&）得到的结果也是文本数据。

➲ Ⅱ　空单元格与空文本

空单元格是指未经赋值或赋值后按<Delete>键清除值的单元格。空文本是指没有任何内容的文本，以一对半角双引号表示，其性质是文本，字符长度为 0。空文本常由函数公式计算获得，将结果显示为空白。

空单元格与空文本有共同的特性，但又不完全相同。使用定位功能时，定位条件如果选择“空值”，结果将不包括“空文本”。而在筛选操作中，筛选条件为“空白”时，结果包括“空单元格”和“空文本”。

	A	B	C
1		比较结果	B列公式
2		TRUE	=A2=""
3		TRUE	=A2=0
4		FALSE	=""=0

图 14-24　比较空单元格与空文本

如图 14-24 所示，A2 单元格是空单元格，由公式结果可以发现，空单元格既可视为空文本，也可看作数字 0（零）。但由于空文本和数字 0（零）的数据类型不一致，所以二者并不相等。

Ⅲ　文本型数字与数值

默认情况下，单元格中的数值和日期，自动以右对齐的方式显示，错误值和逻辑值以居中对齐的方式显示，文本数据以左对齐的方式显示。如果单元格设置了居中对齐或取消了工作表的错误检查选项，用户就不能从对齐方式上明确地区分文本型数字和数值，从而在使用某些函数进行数据查询时，因数据类型不匹配而返回错误值。

示例14-3　文本型数字的查询

某班级学生信息的部分内容如图 14-25 所示，A列为以文本型数字表示的学号，要求根据D列的学号查找对应的姓名。在E2 单元格输入以下公式。

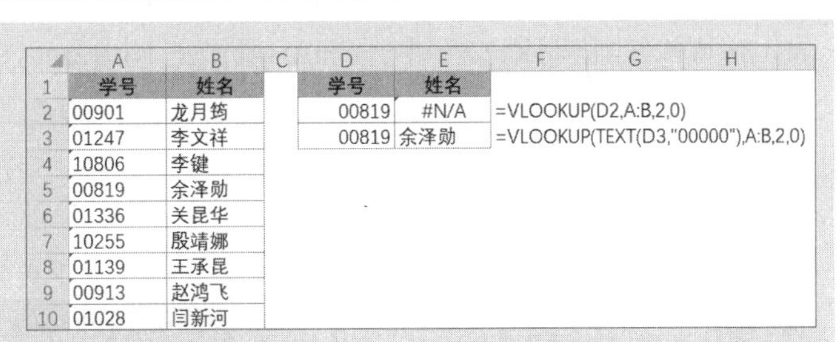

	A	B	C	D	E	F
1	学号	姓名		学号	姓名	
2	00901	龙月筠		00819	#N/A	=VLOOKUP(D2,A:B,2,0)
3	01247	李文祥		00819	余泽勋	=VLOOKUP(TEXT(D3,"00000"),A:B,2,0)
4	10806	李键				
5	00819	余泽勋				
6	01336	关昆华				
7	10255	殷靖娜				
8	01139	王承昆				
9	00913	赵鸿飞				
10	01028	闫新河				

图 14-25　查询学生姓名

```
=VLOOKUP(D2,A:B,2,0)
```

D2 单元格内是数值“819”，只是通过自定义格式“00000”将其显示为“00819”，由于D2 的数据类型与B列不一致，VLOOKUP 函数找不到匹配的数据，返回错误值#N/A。

在E3 单元格输入以下公式，可返回正确结果。

```
=VLOOKUP(TEXT(D3,"00000"),A:B,2,0)
```

公式利用TEXT 函数将D3 单元格的数值转化为“00000”格式的文本，VLOOKUP 函数即可正常查找数据，返回正确结果。

14.3.2　文本运算

Ⅰ　文本连接运算

“&”运算符可以将两个字符串连接生成新的字符串，如以下公式，结果为字符串“ExcelHome技术论坛”。

```
="ExcelHome"&"技术论坛"
```

Ⅱ　文本比较运算

在WPS 表格中，文本数据根据系统字符集中的顺序，具有类似数值的大小顺序。使用比较运算符>、<、=、>=、<=可以比较文本值的大小，比较运算符遵循以下规则。

- 逻辑值>文本>数值，汉字>英文>文本型数字
- 区分半角与全角字符。全角字符大于对应的半角字符，如公式="Ａ">"A"，将返回结果TRUE
- 区分文本型数字和数值。文本型数字本质是文本，大于所有的数值

❖ 不区分字母的大小写。虽然大写字母和小写字母在字符集中的编码并不相同，但在比较运算中大小写字母是相同的。

14.3.3 使用 CHAR 函数和 CODE 函数转换字符编码

CHAR函数和CODE函数用于处理字符与编码间的转换。CHAR函数返回编码在字符集中对应的字符，CODE函数返回字符串中第一个字符在字符集中对应的编码。CHAR函数和CODE函数互为逆运算，但CHAR函数与CODE函数结果并不是一一对应的。如以下公式，返回结果为 32。

```
=CODE(CHAR(180))
```

在WPS表格帮助文件中，CHAR函数的Number参数要求是介于 1~255 的数字，实际上Number参数可以取更大的值。如以下公式，返回结果“座”。

```
=CHAR(55289)
```

示例14-4 生成字母序列

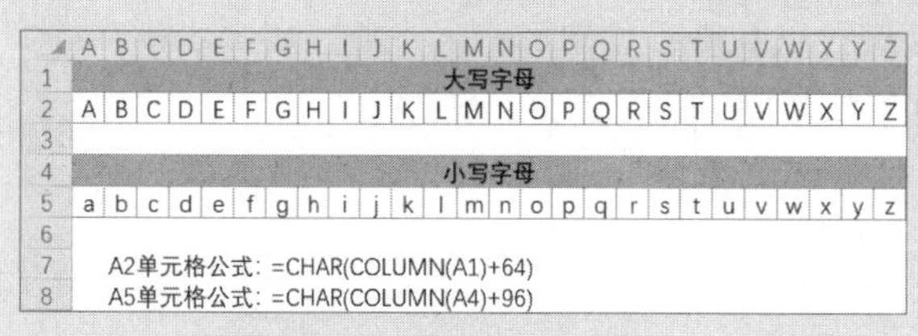

图 14-26 生成大小写字母

大写字母A~Z的ANSI编码为 65~90，小写字母的ANSI编码为 97~122，根据这些编码规律，使用CHAR函数可以生成大写字母或小写字母，如图 14-26 所示。

在A2 单元格输入以下公式，并将公式向右复制到Z2 单元格。

```
=CHAR(COLUMN(A1)+64)
```

公式利用COLUMN函数生成 65~90 的自然数序列，通过CHAR函数返回对应编码的大写字母。同理，在A5 单元格输入以下公式，并将公式向右复制到Z5 单元格，可以生成小写字母序列。

```
=CHAR(COLUMN(A4)+96)
```

14.3.4 CLEAN 函数和 TRIM 函数

CLEAN函数用于删除文本中所有不能打印的字符。对于从其他应用程序导入的文本，使用CLEAN函数将删除其中包含的当前操作系统无法打印的字符。

TRIM函数用于删除文本中除单词之间的单个空格之外的大部分类型的空格，字符串内部的连续多个空格仅保留一个，如以下公式返回结果为“Excel Home 技术论坛”。

```
=TRIM("  Excel    Home 技术论坛     ")
```

14.3.5　用 FIND 函数和 SEARCH 函数查找字符串

从字符串中提取子字符串时，提取的位置和字符数量往往是不确定的，需要根据条件进行定位。FIND 函数和 SEARCH 函数，以及用于双字节字符集的 FINDB 函数和 SEARCHB 函数可以解决在字符串中的文本查找定位问题。

FIND 函数和 SEARCH 函数都是用于在被查找字符串中定位要查找的字符串，并返回该字符串在被查找字符串中的起始位置，该值从被查找字符串的首个字符开始算起。它们的语法如下。


```
FIND(要查找的字符串,被查找字符串,[开始位置])
SEARCH(要查找的字符串,被查找字符串,[开始位置])
```

“[开始位置]”是可选参数，表示从指定的字符位置开始查找，该参数默认值是 1。无论指定从第几个字符开始查找，最终返回的位置信息都是从参数“被查找字符串”的首个字符开始算起。

如果源字符串中存在多个要查找的字符串，函数只能返回首个被查找字符串的位置。如果源字符串中不包含要查找的字符串，将返回错误值 #VALUE!。

例如，以下两个公式都返回“技术”在字符串“ExcelHome技术论坛技术竞赛专区”中第一次出现的位置 10，即从左向右第 10 个字符。

```
=FIND("技术","ExcelHome技术论坛技术竞赛专区")
=SEARCH("技术","ExcelHome技术论坛技术竞赛专区")
```

此外，还可以使用参数[开始位置]指定开始查找的位置。以下公式从字符串“ExcelHome技术论坛技术竞赛专区”中第 11 个字符(含)开始查找“技术”，结果返回 14。

```
=FIND("技术","ExcelHome技术论坛技术竞赛专区",11)
=SEARCH("技术","ExcelHome技术论坛技术竞赛专区",11)
```

FIND 函数和 SEARCH 函数的区别在于：FIND 函数区分大小写，SEARCH 函数不区分大小写；FIND 函数不支持通配符，SEARCH 函数支持通配符。

字节(Byte)是计算机信息技术用于计算存储容量的一种计量单位，一个半角字符占用一个字节，一个全角字符或中文字符占用两个字节。FINDB 函数和 SEARCHB 函数分别与 FIND 函数和 SEARCH 函数对应，区别仅在于返回的查找字符串在源文本中的位置是以字节为单位计算。

14.3.6　用 LEN 函数和 LENB 函数计算字符串长度

LEN 函数用于返回文本字符串中的字符数，LENB 函数用于返回文本字符串中所有字符的字节数。

利用 LEN 函数和 LENB 函数，可以计算出字符串中双字节字符和单字节字符的数量。

对于双字节字符(包括汉字及全角字符)，LENB 函数计数为 2，而 LEN 函数计数为 1。对于单字节字符(包括英文字母、数字及半角符号)，LEN 函数和 LENB 函数都计数为 1。

以下公式返回双字节字符数(汉字数)，结果为 3。

```
=LENB("字符串A1")-LEN("字符串A1")
```

以下公式返回单字节字符数（字母和数字），结果为 2。

```
=2*LEN("字符串A1")-LENB("字符串A1")
```

上述公式先用LEN函数返回参数的字符数 5，再乘以 2，即假定所有字符均为双字节的字节数 10，再用LENB函数返回参数的字节数 8，二者之差即为单字节字符数。

14.3.7 用 LEFT、RIGHT 和 MID 函数提取字符串

LEFT函数用于从字符串的起始位置返回指定数量的字符。LEFT函数的语法如下。

```
LEFT(字符串,[字符个数])
```

参数“字符串”是包含要提取字符的文本字符串。

参数“[字符个数]”是可选参数，指定要提取的字符的长度，默认值为 1。

RIGHT函数用于从字符串末尾位置返回指定长度的字符，语法与LEFT函数类似。

MID函数用于在字符串指定位置开始，返回指定长度的字符，语法如下。

```
MID(字符串,开始位置,字符个数)
```

参数“字符串”是包含要提取字符的字符串，参数“开始位置”用于指定要提取的第一个字符的位置，参数“字符个数”用于指定提取字符的长度。

对于需要区分单字节字符和双字节字符的情况，分别对应LEFTB函数、RIGHTB函数和MIDB函数，即在原来 3 个函数名称后加上字母“B”，它们的语法与原函数相似，作用略有差异。LEFTB函数用于从字符串的起始位置返回指定字节数的字符，RIGHTB函数用于从字符串的末尾位置返回指定字节数的字符，MIDB函数用于在字符串指定字节位置返回指定字节数的字符。

使用 LEFT(B)、RIGHT(B)、MID(B) 函数在字符串中提取的数字均为文本型数字，需要使用 *1、+0 或 --（两个减号）等方法进行四则运算后才能得到数值。

示例14-5 提取规格名称中的汉字

	A	B
1	型号名称	提取汉字
2	0-1/2/B冷却器	冷却器
3	M-18T2励磁冷却器	励磁冷却器
4	1715冷却器装配	冷却器装配
5	1597轴承测温元件	轴承测温元件
6	807轴承座振测器	轴承座振测器

图 14-27 提取规格名称中的汉字

某企业产品明细表的部分内容如图 14-27 所示，A 列为规格型号和产品名称的混合内容。需要在B列提取产品名称。

在B2 单元格输入以下公式，并将公式向下复制到 B6 单元格。

```
=RIGHT(A2,LENB(A2)-LEN(A2))
```

公式利用“LENB(A2)-LEN(A2)”返回字符串中双字节字符的个数，最后用RIGHT函数结合汉

字个数返回字符串末尾对应长度的字符串。

如果产品名称在左侧，规格型号在右侧，则只需将公式中的RIGHT函数更改为LEFT函数。

示例14-6 提取字符串左右侧的连续数字

如图 14-28 所示，A列源文本由汉字、字母和数字组成，长度不一的数字分别位于字符串的右侧和左侧，需要提取字符串中连续的数字。

	A	B
1	连续数字在右侧:	
2	源文本	数字
3	张三ID700	700
4	刘芳ID9527	9527
5		
6	连续数字在左侧:	
7	源文本	数字
8	8868总统套房	8868
9	10086移动客服	10086

图 14-28　提取字符串左右侧的连续数字

❖ 提取字符串右侧连续的数字

在B3 单元格输入以下公式，并将公式向下复制到B4 单元格。

```
=-LOOKUP(1,-RIGHT(A3,ROW($1:$15)))
```

先使用RIGHT函数从A3 单元格右侧分别截取长度为 1~15 的字符串，再用负数运算将文本型数字转化为数值，文本字符串转化为错误值#VALUE!。最后使用LOOKUP函数忽略错误值返回数组中最后一个数值，加上负号后将负数转化为正数，得到右侧的连续数字。

提示

如果是以 0 开头的连续数字，在公式结果中，前面的 0 将会被省略。

❖ 提取字符串左侧连续的数字

在B8 单元格输入以下公式，并将公式向下复制到B9 单元格。

```
=-LOOKUP(1,-LEFT(A8,ROW($1:$15)))
```

公式思路与取右侧连续数字思路相同。

虽然函数公式可以从部分混合字符串中提取出数字，但并不意味着在工作表中可以随心所欲地录入数据。格式不规范、结构不合理的基础数据，会给后续的汇总、计算、分析等工作带来很多麻烦。

14.3.8　用 SUBSTITUTE 和 REPLACE 函数替换字符串

文本替换函数可以将字符串中的部分或全部内容替换为新的字符串。文本替换函数包括SUBSTITUTE函数、REPLACE函数及用于区分双字节字符的REPLACEB函数。

➲ I SUBSTITUTE 函数

SUBSTITUTE函数用于将目标文本字符串中指定的字符串替换为新的字符串，语法如下。

```
SUBSTITUTE(待处理的字符串,旧字符串,新字符串,[替换第几次出现的旧字符])
```

其中，参数“待处理的字符串”是需要替换其中字符的文本或单元格引用，参数“旧字符串”是需要替换的字符串，参数“新字符串”是用于替换旧字符串的新字符串，参数“[替换第几次出现的旧字符]”可选，用于指定替换第几次出现的旧字符串，如果省略该参数，则表示将所有符合条件的旧字符串全部替换为新字符串。

SUBSTITUTE函数区分大小写和全半角字符。当参数“新字符串”为空文本“""”或简写该参数的值而仅保留参数之前的逗号时，相当于将需要替换的文本删除。例如，以下两个公式都返回字符串“Excel”。

```
=SUBSTITUTE("ExcelHome","Home","")
=SUBSTITUTE("ExcelHome","Home",)
```

当省略参数“[替换第几次出现的旧字符]”时，源字符串中所有与参数“旧字符串”相同的文本都将被替换。如果指定了该参数，则只有在指定次数出现的“旧字符串”才会被替换。例如，以下公式返回“123”。

```
=SUBSTITUTE("E1E2E3","E","")
```

而以下公式返回“E12E3”。

```
=SUBSTITUTE("E1E2E3","E","",2)
```

示例14-7 借助SUBSTITUTE函数提取专业名称

	A	B
1	学生信息	专业
2	四川大学/土木工程/谭艺	土木工程
3	华中科技大学/工程力学/杨柳	工程力学
4	清华大学/水利水电/王福东	水利水电
5	天津大学/计算机科学/王明芳	计算机科学
6	复旦大学/数学/邬永忠	数学

图 14-29 学生录取信息表

如图 14-29 所示，这是某学校学生录取信息表的部分内容。A列是以符号“/”间隔的学校、专业和姓名信息，需要在B列提取专业名称。

在B2 单元格输入以下公式，并将公式向下复制到B6 单元格。

```
=TRIM(MID(SUBSTITUTE(A2,"/",REPT(" ",99)),99,99))
```

REPT函数的作用是按照给定的次数重复文本。公式中的“REPT(" ",99)”就是将空格重复99 次，返回由 99 个空格组成的字符串。

利用SUBSTITUTE函数将源字符串中的分隔符“/”替换成 99 个空格(99 可以换成大于源字符串长度的任意数值)，相当于将各个分段之间拉大了距离。MID函数从经过替换后的字符串中第 99 个字符开始，截取 99 个字符，最后使用TRIM函数清除字符串首尾多余的空格，得到专业名称。

如果需要计算指定字符(串)在某个字符串中出现的次数，可以使用SUBSTITUTE函数将其全部替换为空文本，然后通过LEN函数计算替换前后字符长度的变化来完成。

示例14-8 统计提交选项数

如图 14-30 所示，这是某单位员工问卷调查记录表的部分内容，B列的选项由“、”分隔，需要统计每个员工提交选项的个数。

	A	B	C
1	姓名	问卷提交	选项数
2	杨启	选项1、选项5、选项7	3
3	向建荣	选项4	1
4	沙志昭	选项2、选项3	2
5	胡孟祥	选项1、选项4、选项6、选项7	4
6	张淑珍		0

图 14-30 统计问卷结果

在C2单元格输入以下公式，并将公式向下复制到C6单元格。

```
=(LEN(B2)-LEN(SUBSTITUTE(B2,"、",))+1)*(B2<>"")
```

先用LEN函数计算出字符串总长度，再用SUBSTITUTE函数将字符串中的分隔符“、”删除，用LEN函数得到删除分隔符后的字符串长度。两者相减即为分隔符“、”的个数。选项数比分隔符多1，因此加1即得到提交的选项数。

公式中的“*(B2<>"")”部分的作用是避免在B列单元格为空时，公式返回错误结果1。

II REPLACE 函数

REPLACE函数用于将指定长度的字符串替换为新的字符串，语法如下。

```
REPLACE(原字符串,开始位置,要替换的字符数,新字符串)
```

其中，参数“原字符串”表示要替换部分字符的文本；参数“开始位置”指定源文本中要替换为新文本的起始位置；参数“要替换的字符数”表示需要替换原字符串中几个字符，如果该参数为0(零)，可以实现插入字符(串)的功能；参数“新字符串”表示用于替换的新文本。

示例14-9 隐藏部分电话号码

如图 14-31 所示，这是某商场销售活动的获奖者名单及电话号码。在打印中奖结果时，为保护个人隐私，需要将电话号码中的第 4~7 位内容隐藏(以星号显示)。

	A	B	C
1	姓名	中奖者电话	中奖者电话
2	杨莹妍	13659856064	136****6064
3	周雾雯	18811305201	188****5201
4	杨秀明	15724029250	157****9250
5	刘向碧	15778343016	157****3016
6	舒凡	15930149458	159****9458
7	王云霞	13625502770	136****2770
8	殷雁	18770398259	187****8259
9	侯增强	13723975956	137****5956
10	王连吉	18788456367	187****6367
11	李文琼	18772259699	187****9699

图 14-31 中奖者信息

在C2单元格输入以下公式，并将公式向下复制到C11单元格。

```
=REPLACE(B2,4,4,"****")
```

REPLACE公式的作用是从源字符串的第4位开始，用“****”替换掉其中的4个字符。

最后将B列隐藏，即可获得隐藏电话号码中间4位的效果。

REPLACEB函数的语法与REPLACE函数类似，用法也基本相同，唯一的区别在于REPLACEB函数是将指定字节长度的字符串替换为新文本。

提示

SUBSTITUTE函数是按字符串内容替换，而REPLACE函数和REPLACEB函数是按位置和字符串长度替换，使用时要注意区分。

14.3.9 用TEXT函数将数值转换为指定数字格式的文本

WPS表格的自定义数字格式功能可以将单元格中的数值显示为自定义的格式，而TEXT函数也具有类似的功能，可以将数值转换为指定数字格式的文本。

Ⅰ 基本语法

TEXT是使用频率较高的文本函数之一，虽然基本语法十分简单，但它的参数变化多端，能够演变出十分精妙的应用。TEXT函数的基本语法如下。

```
TEXT(值,数字格式)
```

其中，参数“值”可以是数值、文本或逻辑值；参数“数字格式”用于指定格式代码，与单元格数字格式中的大部分代码基本相同，有少部分代码仅适用于自定义格式，不能在TEXT函数中使用。例如，TEXT函数无法使用星号(*)来实现重复某个字符以填满单元格的效果，也无法实现以颜色显示数值的效果。

除此之外，设置单元格格式和TEXT函数还有以下两点区别。

（1）设置单元格格式仅仅改变了数字的显示外观，数值本身并未发生变化，不影响进一步的汇总计算，即得到的是显示效果。

（2）使用TEXT函数可以将数值转换为指定格式的文本，其实质已经是文本，不再具有数值的特性，即得到的是实际效果。

Ⅱ 格式代码

与自定义格式代码类似，TEXT函数的格式代码也分为4个条件区段，各区段之间用半角分号隔开，默认情况下，这4个区段的定义如下。

```
>0时应用的格式;<0时应用的格式;=0时应用的格式;文本应用的格式
```

在实际使用中，可以根据需要省略部分条件区段，区段的含义也会发生相应的变化。

如果使用3个条件区段，其含义如下。

```
>0时应用的格式;<0时应用的格式;=0时应用的格式
```

如果使用2个条件区段，其含义如下。

```
>0 时应用的格式 ;<0 时应用的格式
```

除了以上默认的条件划分区段外，还可以使用自定义的条件，自定义条件的 4 个区段含义可以表示如下。

```
[ 条件 1];[ 条件 2];[ 不满足条件的其他数值 ];[ 文本 ]
```

自定义条件的 3 个区段含义如下。

```
[ 条件 1];[ 条件 2];[ 不满足条件的其他数值 ]
```

自定义条件的 2 个区段含义如下。

```
[ 条件 ];[ 不满足条件 ]
```


示例14-10 使用TEXT函数判断考评等级

如图 14-32 所示，这是某单位考核表的部分内容。需要根据考核分数评定等级，评定标准：90 分至 100 分为优秀，75 分至 89 分为良好，60 分至 74 分为合格，小于 60 分为不合格。

在C2 单元格输入以下公式，并将公式向下复制到C8 单元格。

	A	B	C	D
1	姓名	考核分数	考评等级	TEXT嵌套
2	李焜	85	良好	良好
3	胡艾妮	63	合格	合格
4	任建民	92	优秀	优秀
5	张云芳	64	合格	合格
6	陈宁万	55	不合格	不合格
7	李钿	80	良好	良好
8	沈凤生	79	良好	良好

图 14-32　判断考评等级

```
=SUBSTITUTE(TEXT("-"&B2-60,"[>-15] 合格 ;[>-30] 良好 ; 优秀 ; 不合格 "),"-",)
```

公式将考核分数减去 60，使不合格的分数返回负数，其余为正数；再与“-”（负号）相连，将正数转换为负数，负数则转化为文本；使用TEXT函数自定义条件的 4 个区段格式代码，返回带有负号的考评等级；最后通过SUBSTITUTE函数将负号替换为空文本，得到考评等级。

当判断区间较多时，可以使用TEXT函数嵌套IF函数或LOOKUP函数来完成计算。

在D2 单元格输入以下公式，并将公式向下复制到D8 单元格。

```
=TEXT(TEXT(B2,"[>=90] 优秀 ;[>=75] 良好 ;0"),"[>=60] 合格 ; 不合格 ")
```

公式中里层的TEXT函数，使用自定义条件的 3 个区段格式代码，当分数大于等于 90 时，返回“优秀”；大于等于 75 且小于 90 时，返回“良好”；当两个条件都不满足时，返回原值。

当里层的TEXT函数返回“优秀”或“良好”时，外层的TEXT函数不改变文本的值，最后得到“优秀”或“良好”。当里层的TEXT函数返回数值时，如果分数大于等于 60 则返回“合格”，否则返回“不合格”。

➲ Ⅲ　转换中文大写金额

在部分单位财务部门，经常会使用WPS表格制作一些票据和凭证，这些票据和凭证中的金额往往需要转换为中文大写样式。

根据有关规定，对中文大写金额有以下要求。

- ❖ 中文大写数字到“元”为止的，在“元”之后应写“整”（或“正”）字；在“角”之后，可以不写“整”（或“正”）字。大写金额数字有“分”的，“分”后面不写“整”（或“正”）字
- ❖ 数字金额中有“0”时，大写金额数字要写“零”字；数字中间连续有几个“0”时，大写金额数字中间可以只写一个“零”字。数字万位和元位是“0”，或者数字中间连续有几个“0”，万位、元位也是“0”，但千位、角位不是“0”时，大写金额数字中可以只写一个“零”字，也可以不写“零”字。金额数字角位是“0”，而分位不是“0”时，大写金额数字“元”后面应写“零”字

示例14-11 转换中文大写金额

	A	B
1	数字金额	中文大写金额
2	100.23	壹佰圆贰角叁分
3	2150.4	贰仟壹佰伍拾圆肆角整
4	-104381	负壹拾万肆仟叁佰捌拾圆玖角整
5	5008.05	伍仟零捌圆零伍分
6	-0.02	负贰分
7	0.23	贰角叁分
8	107	壹佰零柒圆整

图 14-33　转换中文大写金额

如图 14-33 所示，A列是小写的金额数字，需要转换为中文大写金额数字。

在B2 单元格输入以下公式，并将公式向下复制到B8 单元格。

```
=SUBSTITUTE(SUBSTITUTE(SUBSTITUTE(IF(A2<0,"负",)&TEXT(INT(ABS(A2)),"[dbnum2];; ")&TEXT(MOD(ABS(A2)*100,100),"[>9][dbnum2]圆0角0分;[=0]圆整;[dbnum2]圆零0分"),"零分","整"),"圆零",),"圆",)
```

“IF(A2<0,"负",)”部分，判断金额是否为负数，如果是负数，则返回“负”字，否则返回空文本。

“TEXT(INT(ABS(A2)),"[dbnum2];; ")”部分，使用ABS函数和INT函数得到数字金额的整数部分，然后通过TEXT函数将整数转换为中文大写数字，将零转换为一个空格。

“TEXT(MOD(ABS(A2)*100,100),"[>9][dbnum2]圆0角0分;[=0]圆整;[dbnum2]圆零0分")”部分，使用MOD函数和ABS函数提取金额数字小数点后两位数字，然后通过TEXT函数自定义条件的3个区段格式代码转换为对应的中文大写金额。

最后公式通过由里到外的三层SUBSTITUTE函数完成字符串替换得到中文大写金额。第一层SUBSTITUTE函数将“零分”替换为“整”，对应数字金额到“角”为止的情况，在角之后写“整”字。第二层SUBSTITUTE函数将“圆零”替换为空文本，对应数字金额只有“分”的情况，删除字符串中多余的字符。第三层SUBSTITUTE函数将“圆”替换为空文本，对应数字金额整数部分为“0”的情况，删除字符串中多余的字符。

使用WPS表格中的特色功能，能够让人民币大写转换更加便捷，并且能保留原数据可计算的特性。如图 14-34 所示，选中金额所在单元格区域，在【开始】选项卡单击对话框启动按钮，打开

【单元格格式】对话框，切换到【数字】选项卡，在左侧的分类列表中选择“特殊”，然后在右侧的类型列表中选择“人民币大写”，最后单击【确定】即可。

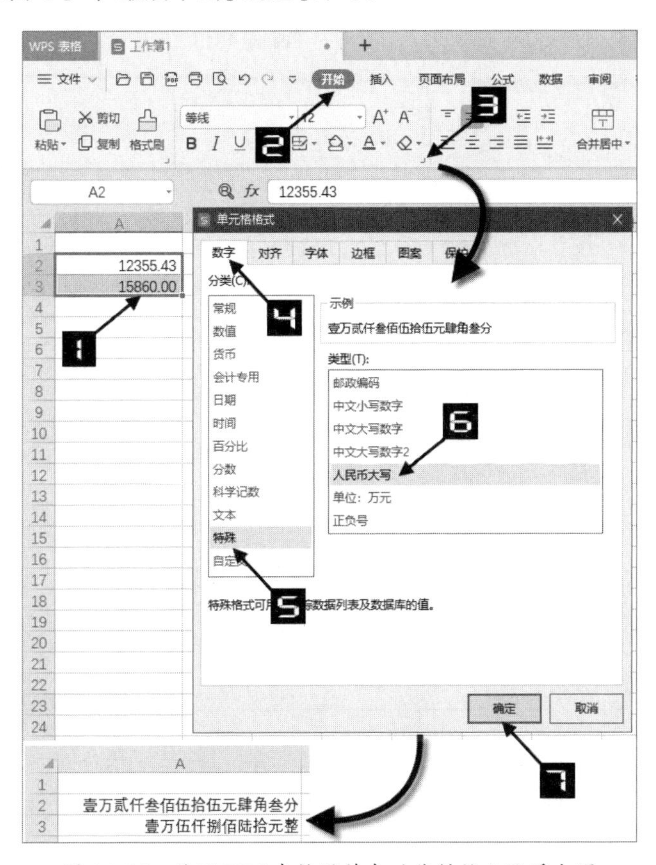

图 14-34　使用 WPS 表格的特色功能转换人民币大写

14.3.10　合并字符串

➲ Ⅰ　合并单元格区域

CONCAT 函数用于合并多个区域中的字符串。

如要合并 A2、C2、F2 单元格中的内容，可以使用以下公式。

```
=CONCAT(A2,C2,F2)
```

➲ Ⅱ　条件合并单元格文本

如果需要根据条件忽略单元格区域中的部分内容，合并符合条件的文本，此时可以使用 TEXTJOIN 函数配合数组运算来实现。

TEXTJOIN 函数使用分隔符连接列表或字符串区域，参数结构如下。

- 第 1 参数用于指定连接符
- 第 2 参数用于指定是否忽略空值，TRUE 为忽略空值，FALSE 为不忽略空值
- 第 3 参数用于指定需要连接的字符串，可以是单元格引用、内存数组及公式结果

示例14-12 查询危险化学品的特性

图 14-35 展示了危险化学品特性表的部分内容，各化学品的特性分布在不连续的单元格区域内，需要在查询表中E3 单元格合并显示指定化学品的所有特性。

	A	B	C	D	E
1	化学品名称	特性		化学品特性查询表	
2	一氯甲烷	外观与性状：无色气体，有醚样的微甜气味。		名称	特性
3	一氯甲烷	分子式：CH3Cl。		2，4，6-三硝基苯酚	分子式：C6H3N3O7。外观与性状：淡黄色结晶固体，无臭，味苦。危险性类别：第1类 爆炸品。
4	2，4，6-三硝基苯酚	分子式：C6H3N3O7。			
5	氢氟酸	外观与性状：无色发烟气体或液体，有强烈刺激性气味。			
6	2，4，6-三硝基苯酚	外观与性状：淡黄色结晶固体，无臭，味苦。			
7	氢氟酸	危险性类别：第8类 酸性腐蚀品。			
8	一氯甲烷	危险性类别：第2类 有毒气体。			
9	氢氟酸	分子式：HF。			
10	2，4，6-三硝基苯酚	危险性类别：第1类 爆炸品。			

图 14-35 危险化学品特性表

❖ 在E3 单元格输入以下数组公式，并按<Ctrl+Shift+Enter>组合键。

```
=TEXTJOIN("",TRUE,IF(A2:A10=D3,B2:B10,""))
```

公式借助IF函数数组运算，判断A2:A10 区域是否等于D3 单元格值，如果相等，则返回对应B2:B10 单元格区域的值，否则返回空。然后再用TEXTJOIN函数连接IF函数返回的数组结果，连接符为空，忽略空值，公式最终结果如图 14-35 所示。

提示

有关数组相关介绍，请参阅 14.9 节。

14.4 逻辑判断函数

本节主要介绍逻辑判断函数，主要包括IF函数、AND函数、OR函数、IFS函数、SWITCH函数及IFERROR函数等。

14.4.1 用 IF 函数完成条件判断

IF函数可以对一个条件进行判断，然后分别给出条件成立和不成立时的两种结果，把目标划分成了非此即彼的二元体系，就像是给数据做了一道只有两个选项的选择题。

IF函数的语法如下。

```
=IF(测试条件,真值,[假值])
```

当参数“测试条件”的运算结果为逻辑值TRUE或是非0数值时，函数返回参数“真值”的结果；当参数“测试条件”的运算结果为逻辑值FALSE或为数值0时，函数返回参数“假值”的结果，如果此时参数“假值”被省略，则直接返回逻辑值FALSE。

示例14-13 用IF函数进行单条件判断

如图 14-36 所示，需要根据员工岗位性质来确定岗位补助标准，岗位性质为“生产”的员工，岗位补助为 100 元，其他岗位员工的岗位补助为 0 元。

如果要根据上述规则为每一位员工计算出相应的岗位补助标准并填写在C列，可以在C2 单元格输入以下公式，并向下填充。

```
=IF(B2="生产",100,0)
```

这个公式对B2 单元格中的“岗位性质”进行判断，判断是否等于“生产”，如果是，就返回IF函数的参数“真值”100，否则返回参数“假值”0，最终结果如图 14-37 所示。

	A	B	C
1	姓名	岗位性质	岗位补助
2	王立敏	后勤	
3	董文静	生产	
4	徐大伟	后勤	
5	何家劲	生产	
6	杜美玲	后勤	
7	严春风	后勤	
8	海文洁	生产	

图 14-36　计算岗位补助

	A	B	C	D
1	姓名	岗位性质	岗位补助	C列公式
2	王立敏	后勤	0	=IF(B2="生产",100,0)
3	董文静	生产	100	=IF(B3="生产",100,0)
4	徐大伟	后勤	0	=IF(B4="生产",100,0)
5	何家劲	生产	100	=IF(B5="生产",100,0)
6	杜美玲	后勤	0	=IF(B6="生产",100,0)
7	严春风	后勤	0	=IF(B7="生产",100,0)
8	海文洁	生产	100	=IF(B8="生产",100,0)

图 14-37　IF 函数的运算结果

示例14-14 使用IF函数嵌套进行多分支判断

如果希望判断得到的结果包含两个以上的选择项，就需要进行IF函数的嵌套使用。如要根据如图 14-38 所示的考评得分进行分数评级，评级规则：60 分以下为“不及格”，60~89 分为“及格”，90 分及以上为“优秀”。

在C2 单元格输入以下公式，并向下填充。

```
=IF(B2<60,"不及格",IF(B2<90,"及格","优秀"))
```

判断结果如图 14-39 所示。

	A	B	C
1	姓名	考评得分	等级
2	李琼华	66	
3	石红梅	37	
4	王明芳	52	
5	刘莉芳	98	
6	杜玉才	77	
7	陈琪珍	100	
8	邓子薇	43	
9	吴怡莲	45	
10	朱莲芬	92	

图 14-38　考评得分表

	A	B	C	D
1	姓名	考评得分	等级	C列公式
2	李琼华	66	及格	=IF(B2<60,"不及格",IF(B2<90,"及格","优秀"))
3	石红梅	37	不及格	=IF(B3<60,"不及格",IF(B3<90,"及格","优秀"))
4	王明芳	52	不及格	=IF(B4<60,"不及格",IF(B4<90,"及格","优秀"))
5	刘莉芳	98	优秀	=IF(B5<60,"不及格",IF(B5<90,"及格","优秀"))
6	杜玉才	77	及格	=IF(B6<60,"不及格",IF(B6<90,"及格","优秀"))
7	陈琪珍	100	优秀	=IF(B7<60,"不及格",IF(B7<90,"及格","优秀"))
8	邓子薇	43	不及格	=IF(B8<60,"不及格",IF(B8<90,"及格","优秀"))
9	吴怡莲	45	不及格	=IF(B9<60,"不及格",IF(B9<90,"及格","优秀"))
10	朱莲芬	92	优秀	=IF(B10<60,"不及格",IF(B10<90,"及格","优秀"))

图 14-39　IF 函数双层嵌套运算结果

本例中，使用两个IF函数嵌套完成判断，第二个IF函数的运算结果相当于是第一个IF函数的参数“[假值]”。公式首先判断B2<60部分，如果条件成立返回参数“真值”指定的“不及格”；如果条件不成立，则执行“IF(B2<90,"及格","优秀")”部分的计算，在不小于60的基础上，继续判断B2是否小于90，并根据判断结果返回“及格”或“优秀”。

注意

使用IF函数嵌套进行多分支判断时，必须按从高到低或从低到高的顺序依次判断，前面的条件范围不能包含后面的条件范围，否则会返回错误的结果。

14.4.2 AND 函数或 OR 函数配合 IF 函数进行多条件判断

示例14-15 AND函数或OR函数配合IF函数进行多条件判断

在日常工作中，往往会遇到多个条件的组合判断，这就涉及逻辑关系。常见的逻辑关系有两种，即“与”和“或”，对应的函数分别是AND函数和OR函数。

AND函数：如果所有条件参数的逻辑值都为真，则返回TRUE，只要有一个条件参数的逻辑值为假，则返回FALSE。

OR函数：如果所有条件参数的逻辑值都为假，则返回FALSE，只要有一个条件参数的逻辑值为真，则返回TRUE。

	A	B	C	D	E
1	姓名	性别	岗位性质	节日补助1	节日补助2
2	王立敏	女	后勤	0	100
3	董文静	女	生产	100	100
4	徐大伟	男	后勤	0	0
5	何家劲	男	生产	0	100
6	杜美玲	女	后勤	0	100
7	严春风	男	后勤	0	0
8	海文洁	女	生产	100	100

图 14-40 员工节日补助表

在如图14-40所示的员工节日补助表中，如果要给每位生产岗位的女员工发放100元节日补助，则可以在D2单元格中输入以下公式，并向下填充。

```
=IF(AND(C2="生产",B2="女"),100,0)
```

以上公式中，AND函数参数包含两个表达式，分别代表了两个逻辑判断条件。在这两个判断条件同时成立的情况下，AND函数的结果返回TRUE，否则返回FALSE。IF函数再以AND函数结果作为判断条件，返回该员工节日补助金额。

如果要给所有岗位是“生产”，或者性别是“女”的员工均发放节日补助，则可以在E2单元格中输入以下公式，并向下填充。

```
=IF(OR(C2="生产",B2="女"),100,0)
```

以上公式中，OR函数参数也包含两个表达式，分别代表了两个逻辑判断条件。这两个判断条件至少有一个成立的情况下，OR函数的结果返回TRUE，否则返回FALSE。IF函数再以此作为判断条件，返回该员工节日补助金额。

14.4.3　用乘号和加号代替 AND 函数和 OR 函数

示例14-16　用乘号和加号代替AND函数和OR函数

利用逻辑值可以参与四则运算的特性，可以用乘法和加法运算代替AND函数和OR函数进行“与”和“或”的逻辑关系判断。

仍以 14.4.2 小节中判断员工节日补助为例，如果要给每位岗位是“生产”并且性别是“女”的员工发放 100 元节日补助，则可以在D2 单元格中输入以下公式，并向下填充。


```
=IF((C2="生产")*(B2="女"),100,0)
```

以上公式中，“C2="生产"”返回逻辑值FALSE，“B2="女"”返回逻辑值TRUE。在四则运算中，逻辑值FALSE相当于 0，逻辑值TRUE相当于 1，则(C2="生产")*(B2="女")相当于 0*1 结果为 0，此结果再用作IF函数的判断条件。

当IF函数的参数“测试条件”是不等于0的任意数值时，作用相当于TRUE；当IF函数的参数“测试条件”是 0 时，相当于逻辑值FALSE，最终返回该员工节日补助金额。

> **注意** 必须为每个判断表达式加上一对括号，目的是将逻辑判断的优先级提高，即先做判断，再做乘法运算。

如果要给所有岗位是“生产”或性别是“女”的员工均发放节日补助，则可以在E2 单元格中输入以下公式，并向下填充。

```
=IF((C2="生产")+(B2="女"),100,0)
```

以上公式中，C2="生产"返回逻辑值FALSE，B2="女"返回逻辑值TRUE。则(C2="生产")+(B2="女")相当于FALSE+TRUE，即 0+1，结果为 1。此结果再用作IF函数的判断条件，最终返回相应的节日补助金额。

14.4.4　用 IFS 函数实现多条件判断

在使用多个IF函数进行判断时，随着判断条件的增多，公式会变得很长，并且其他人编辑时也很难理解公式逻辑。此时，可以用IFS函数代替IF函数的嵌套，使公式简化。

IFS函数的语法如下。

```
=IFS(测试条件 1,真值 1,[测试条件 2,真值 2]…)
```

IFS函数的参数每两个为一组，前者为测试条件，后者为当前测试条件结果为TRUE时要返回的结果。当前一个测试条件结果为FALSE时，继续判断后面的测试条件。在使用IFS函数时，可以将最后一组参数的测试条件指定为“TRUE”，来代表前面所有测试条件均不成立的情况下需要返回的结果。

示例14-17 使用IFS函数实现多条件判断

仍以示例 14-14 中考评得分表为例，可以在C2 单元格输入如下公式，并向下填充。

```
=IFS(B2<60,"不及格",B2<90,"及格",TRUE,"优秀")
```

公式先判断B2<60 是否成立，如果成立，返回“不及格”；如果B2<60 不成立，则继续判断B2<90 是否成立，如果成立，返回“及格”；如果B2<90 仍然不成立，则属于前面所有测试条件均不成立的情况，公式返回“TRUE”条件后面的结果“优秀”。

提示 上述公式中的参数“TRUE”可以用任意的非 0 数值代替，以简化公式。所以上述公式也可以写成：=IFS(B2<60,"不及格",B2<90,"及格",1,"优秀")

14.4.5 使用 SWITCH 函数判断周末日期

SWITCH函数能够根据一个表达式得到的值，来返回不同值所对应的结果。如果列表中没有与参数“表达式”相匹配的值，则返回指定的默认值。语法如下。

```
SWITCH(表达式,值,结果1……)
```

示例14-18 使用SWITCH函数判断周末日期

例如，要根据如图 14-41 所示的A列对应的日期，返回星期几，如果日期为“星期六”“星期日”则返回“周末”。

	A	B
1	日期	判断结果
2	2020/11/1	周末
3	2020/11/2	星期一
4	2020/11/3	星期二
5	2020/11/4	星期三
6	2020/11/5	星期四
7	2020/11/6	星期五
8	2020/11/7	周末
9	2020/11/8	周末
10	2020/11/9	星期一
11	2020/11/10	星期二
12	2020/11/11	星期三
13	2020/11/12	星期四
14	2020/11/13	星期五
15	2020/11/14	周末
16	2020/11/15	周末

图 14-41 对日期进行周末判断

在B2 单元格输入如下公式，并填充至B2:B16 单元格区域。

```
=SWITCH(WEEKDAY(A2,2),1,"星期一",2,"星期二",3,"星期三",4,"星期四",5,"星期五","周末")
```

以上公式使用WEEKDAY函数对A2 单元格日期进行判断，返回数字 1~7 分别代表星期一至星期日。再使用SWITCH函数判断，如WEEKDAY函数结果为 1~5，则对应返回“星期一”至“星期五”；如WEEKDAY函数的结果为其他数值，则返回指定的默认值“周末”。

14.4.6　使用 IFERROR 函数屏蔽公式返回的错误值

使用函数与公式进行计算时，可能会因为某些原因无法得到正确的结果，而返回一个错误值，如 #VALUE!、#N/A、#REF!、#DIV/0!、#NUM!、#NAME?、#NULL! 等。

IFERROR 函数能够屏蔽这些错误值，并且能指定在公式结果为错误值时，返回指定的内容或是执行其他计算。

示例14-19　使用IFERROR函数屏蔽公式返回的错误值

例如，在如图 14-42 所示的数据表中，A~C 列是科目编号、科目名称及对应的金额，要在 F 列、G 列使用查找引用公式，根据 E 列中对应的科目编号来查询其对应的信息。F3 使用如下公式，并向下填充。

```
=VLOOKUP(E3,A:C,2,0)
```

G3 使用如下公式，并向下填充。

```
=VLOOKUP(E3,A:C,3,0)
```

上述公式能正确查询到某些科目编号对应的科目名称和金额，但也有部分结果显示为错误值 #N/A，这并不是因为公式本身有什么问题，而是因为 A~C 列数据表中不存在科目编号为“550122”和“550125”的相关信息，所以公式通过返回错误值的方式来告知用户没有查询到匹配的记录。这里的“错误值”，严格来说并不代表错误，而是代表一类信息。

	A	B	C
1	科目编号	科目名称	金额
2	550107	邮件快件费	120.00
3	550121	通讯费	100.00
4	550123	交通工具费	18.00
5	550124	折旧	6191.49
6	550111	空运费	2345.90
7	550102	差旅费	474.00
8	550116	办公费	85.00

E	F	G
科目编号	科目名称	金额
550107	邮件快件费	120.00
550121	通讯费	100.00
550122	#N/A	#N/A
550124	折旧	6191.49
550125	#N/A	#N/A

E	F	G
科目编号	科目名称	金额
550107	邮件快件费	120.00
550121	通讯费	100.00
550122		0.00
550124	折旧	6191.49
550125		0.00

图 14-42　使用 IFERROR 函数屏蔽错误值

为了美观，往往希望屏蔽掉这些错误值，不让 #N/A 显示在表格中，如用空文本或 0 等标记来替代这些错误值的显示。通常可以使用 IFERROR 函数来实现。

IFERROR 函数的语法如下。

```
=IFERROR(值，错误值)
```

其中参数“值”是有可能产生错误值的公式、表达式等。参数“错误值”是指当第一参数为错误值时，需要显示的结果，可以是数字、字符串或其他公式。

F3 使用如下公式，并向下填充。

```
=IFERROR(VLOOKUP(E3,A:C,2,0),"")
```

此公式使用 IFERROR 函数对 VLOOKUP 函数的查询结果进行识别，如果 VLOOKUP 函数查询到匹配记录，将返回该记录；如果VLOOKUP函数返回错误值#N/A，IFERROR函数将其屏蔽，返回指定的空文本("")。

同理，如果要把G列由于没有查询到匹配记录而返回的错误值显示为0，G3使用如下公式，并向下填充即可。

```
=IFERROR(VLOOKUP(E3,A:C,3,0),0)
```

IFERROR函数除了能屏蔽公式产生的错误值#N/A外，还可以屏蔽#VALUE!、#REF!、#DIV/0!等错误值。用户在使用函数公式时，如果不希望显示上述错误值，或希望让错误值显示成更友好的提示信息，就可以利用IFERROR函数来处理。

14.5 数学计算函数

本节主要讲解常用的数学计算函数，包括对数值的舍入、随机数的生成及数值的转换等。

14.5.1 数值的舍入技巧

在数学运算中，经常需要对运算结果进位取整，或保留指定的小数位数。在WPS表格中，有多个函数具有相似的功能，如ROUND函数、MROUND函数、ROUNDUP函数、ROUNDDOWN函数、INT函数、TRUNC函数、CEILING函数、FLOOR函数等。正确理解和区分这些函数的用法差异，可以在实际工作中更有针对性地选择适合的函数。

➲ Ⅰ 四舍五入

四舍五入是在指定需要保留的位数时，根据后一位数字的值进行判断，如果该数字小于5则舍去，大于或等于5则向上进位。

ROUND函数是常用的四舍五入函数之一，该函数语法如下。

```
ROUND(数值,小数位数)
```

参数“数值”是要进行四舍五入的数字，参数“小数位数”用于指定四舍五入运算的位数。

如果参数“小数位数”大于0(零)，则将数字四舍五入到指定的小数位数。

如果参数“小数位数”等于0，则将数字四舍五入到最接近的整数。

如果参数“小数位数”小于0，则将数字四舍五入到小数点左侧，也就是整数部分的相应位数。

如图14-43所示，使用不同的参数“小数位数”，得到不同的进位效果。

	A	B	C	D
1	原始数据	舍入后数据	公式	说明
2	481.275	481.28	=ROUND(A2,2)	保留两位小数，第三位小数等于5，故向上进位
3	12633.847	12633.8	=ROUND(A3,1)	保留一位小数，第二位小数4小于5，故舍去
4	-106.33	-106	=ROUND(A4,0)	保留到整数位，第一位小数3小于5，故舍去
5	213756.1	213760	=ROUND(A5,-1)	保留到十位，个位数6大于5，故向上进位

图14-43 使用ROUND函数进行四舍五入

Ⅱ　按指定基数的倍数进行舍入

除了四舍五入，有时还需要对数字按一定基数的倍数进行舍入，可以使用MROUND函数完成此类计算，该函数的语法如下。

```
MROUND(数值，舍入基数)
```

如果“数值”除以“舍入基数”的余数大于或等于“舍入基数”的一半，则函数MROUND向远离零的方向舍入。

示例14-20　使用MROUND函数对产品规格分档

图 14-44 展示了某种产品规格按规则分档的结果。分档规则：每相差 5 分一档，根据规格数据就近分档。即产品规格数值与 5 相除后的余数，如果小于 5 的一半（2.5）则向下舍入到最接近的 5 的整倍数，否则向上进位。

在B2 单元格输入以下公式，并向下复制到B5 单元格区域。

```
=MROUND(A2,5)
```

	A	B
1	产品规格	分档
2	92	90
3	74	75
4	108	110
5	83	85

图 14-44　使用MROUND函数对产品规格分档

注意

MROUND函数的两个参数可以是负数，但是参数的符号必须相同，否则将返回错误值#NUM。

Ⅲ　向上或向下舍入

有时对数值的舍入需要强制按照数值增大或减小的方向去执行，可以使用ROUNDUP函数或ROUNDDOWN函数完成此类运算，函数的语法如下。

```
函数名称(数值，小数位数)
```

ROUNDUP函数根据指定的小数位数，向着绝对值增大的方向舍入数字。如果“小数位数”为 0 或负数，则向小数点左侧的位数进行舍入。

ROUNDDOWN函数根据指定的小数位数，向着绝对值减小的方向舍入数字。如果“小数位数”为 0 或负数，则向小数点左侧的位数进行舍入。

如图 14-45 所示，ROUNDUP函数无论后一位数字有多小，都需要向上进一位。而ROUNDDOWN函数正好相反，无论后一位数字有多大，都将舍去。ROUNDUP函数和ROUNDDOWN函数在舍入时无需考虑数值的正负。

	A	B	C	D
1	原数据	舍入后数据	公式	说明
2	538.181	538.19	=ROUNDUP(A2,2)	保留两位小数，第三位小数是1也要向上进位
3	-2204.36	-2210	=ROUNDUP(A3,-1)	保留到十位，个位数是4也要向上进位
4	587.39	587.3	=ROUNDDOWN(A4,1)	保留一位小数，第二位小数是9也要舍去
5	-4355.2	-4300	=ROUNDDOWN(A5,-2)	保留到百位，十位数是5也要舍去

图 14-45　向上或向下舍入

Ⅳ 按指定基数的倍数向上或向下舍入

CEILING 函数和 FLOOR 函数类似 MROUND 函数和 ROUNDUP 函数或 ROUNDDOWN 函数的结合，即按指定基数的倍数向上或向下舍入。函数语法如下。

```
函数名称（数值，舍入基数）
```

如果参数“数值”恰好是参数“舍入基数”的倍数，则不进行舍入。

	A	B	C	D
1	原始数据	舍入后数据	公式	说明
2	38.181	40	=CEILING(A2,2)	将38.181向上舍入到最接近的2的倍数
3	-204.36	-208	=CEILING(A3,-4)	将-204.36向上舍入到最接近的-4的倍数
4	57.39	57.5	=CEILING(A4,0.5)	将57.39向上舍入到最接近的0.5的倍数
5	-55.2	-54	=CEILING(A5,2)	将-55.2向上舍入到最接近的2的倍数
6	38.181	38	=FLOOR(A6,2)	将38.181向下舍入到最接近的2的倍数
7	-204.36	-204	=FLOOR(A7,-4)	将-204.36向下舍入到最接近的-4的倍数
8	57.39	57	=FLOOR(A8,0.5)	将57.39向下舍入到最接近的0.5的倍数
9	-55.2	#NUM!	=FLOOR(A9,2)	将-55.2向下舍入到最接近的2的倍数

图 14-46 按指定基数的倍数向上或向下舍入

如图 14-46 所示，CEILING 函数将数值沿绝对值增大的方向向上舍入。如果参数“数值”和参数“舍入基数”都为负，则按远离 0 的方向进行向下舍入。如果参数“数值”为负，参数“舍入基数”为正，则按朝 0 的方向进行向上舍入。

FLOOR 函数将数值沿绝对值减小的方向向下舍入。如果参数“数值”的符号为正，则数值向下舍入，并朝 0 的方向调整。如果参数“数值”的符号为负，则数值沿绝对值减小的方向向下舍入。

> 如果任何一个参数是非数值型，则 CEILING 函数或 FLOOR 函数会返回错误值 #VALUE!。如果参数“数值”为负，参数“舍入基数”为负，则 CEILING 函数或 FLOOR 函数返回错误值 #NUM!，如 B9 单元格。

Ⅴ 截断取整

所谓截断，指的是在舍入或取整过程中舍去指定位数后的多余数字部分，只保留之前的有效数字，在计算过程中不进行四舍五入运算。INT 函数和 TRUNC 函数都可以用于截断取整，但是在实际使用上存在一定的区别。

INT 函数将数字向下舍入到最接近的整数，函数语法如下。

```
INT（数值）
```

参数“数值”是需要进行向下舍入取整的实数。

TRUNC 函数是对目标数值进行直接截位，函数语法如下。

```
TRUNC（数值，[ 小数位数 ]）
```

	A	B	C
1	原数据	舍入后数据	公式
2	38.181	38	=INT(D2)
3	-204.36	-205	=INT(D3)
4	57.39	57	=INT(D4)
5	-55.8	-55	=TRUNC(D5)
6	38.181	38	=TRUNC(D6)
7	-204.31	-204.3	=TRUNC(D7,1)
8	57.39	50	=TRUNC(D8,-1)
9	-55.283	-55.2	=TRUNC(D9,1)

图 14-47 截断取整

其中参数“数值”是需要取整的数字，参数“[小数位数]”是可选参数，用于指定取整精度，默认为 0。

如图 14-47 所示，INT 函数和 TRUNC 函数省略参数“[小数位数]”时，对正数的处理结果相同，都是直接将小数部分的值直接省略而保留整数部分。对于负数的处理，INT 函数是向下取整，也就是向着数值减小的方向取整，而 TRUNC 函数则是直接对小数部分进行截断处理。

另外，当TRUNC函数的参数“[小数位数]”大于0时，将保留相应位数的小数，但是同样是对需保留位数后的数字直接进行截断处理。当TRUNC函数的参数[小数位数]为负数时，将向小数点左侧进行舍入，直接保留对应的整数位，例如：

```
TRUNC(57.39,-1)=50
```

➲ VI　奇偶取整

还有一类比较特殊的取整函数，如ODD函数和EVEN函数，它们可以将数值向着绝对值增大的方向取整到最接近的奇数或偶数。

ODD函数和EVEN函数都只有一个参数，语法如下。

```
ODD(数值)
EVEN(数值)
```

如图14-48所示，无论小数位数是多少，ODD函数都将数值向着绝对值增大的方向舍入到最接近的奇数，EVEN函数都将数值向着绝对值增大的方向舍入到最接近的偶数。

	A	B	C
1	原数据	舍入后数据	公式
2	38.181	39	=ODD(D2)
3	-204.36	-205	=ODD(D3)
4	38.181	40	=EVEN(D4)
5	-204.31	-206	=EVEN(D5)

图 14-48　奇偶取整

> **提示**　如果要舍入的数值恰好是奇数或偶数，ODD函数或EVEN函数将不进行舍入。

14.5.2　余数的妙用

余数指整数除法中被除数未被除尽的部分，余数的取值范围为0到除数之间(不包括除数)的整数。例如，23除以5，商为4，余数为3。在WPS表格中可以使用MOD函数计算两数相除的余数，该函数语法如下。

```
MOD(数值,除数)
```

如果要求得17除以5的余数，可以使用如下公式，得到结果为2。

```
=MOD(17,5)
```

> **提示**　如果参数“除数”为0，MOD函数将返回错误值#DIV/0!。

➲ I　判断数字的奇偶性

在逻辑判断函数中，ISEVEN和ISODD可以用来判断数字的奇偶性，用MOD函数嵌套IF函数同样能实现此功能。

判断方法为用该数字除以2，根据返回的余数来判断，如果余数为0则为偶数，否则为奇数。

如图 14-49 所示，在B2 单元格中输入以下公式，向下复制到B5 单元格。

```
=IF(MOD(A2,2)=0,"偶数","奇数")
```

	A	B
1	数字	奇偶性
2	45	奇数
3	231	奇数
4	76	偶数
5	1107	奇数

图 14-49　判断数字的奇偶性

MOD函数有一定的局限性，当被除数超过 15 位数字时，可能无法计算。因为数字的奇偶性实质上只跟它的末位数字有关。因此如果要判断某个非常大的数字的奇偶性，可以根据数字的最后一位来判断。

B2 单元格中公式也可以修改如下。

```
=IF(MOD(RIGHT(A2),2)=0,"奇数","偶数")
```

如果使用ISEVEN或ISODD函数来判断数字奇偶性，B2单元格中的公式也可以修改为如下内容。

```
=IF(ISODD(A2),"奇数","偶数")
=IF(ISEVEN(A2),"偶数","奇数")
```

➲ II　生成循环序列

在制作工资条等场景时，需要每隔几行重复显示相同的信息，这时通常可以通过构造循环序列来辅助实现该功能。

示例14-21 生成循环序列

	A
1	循环序列
2	1
3	2
4	3
5	1
6	2
7	3
8	1
9	2
10	3

图 14-50　生成循环序列

如需要生成 1,2,3,1,2,3,…,1,2,3 这样按一定规律重复出现的数字序列，如图 14-50 所示，可在A2 单元格中输入如下公式，向下复制到A10 单元格。

```
=MOD(ROW(A1)-1,3)+1
```

A2 单元格中的公式ROW(A1)，返回A1 单元格所在行的行号“1”。其减去“1”后的结果“0”作为除数，除以被除数“3”，结果商为“0”，余数为“0”。再加上 1，得到序列中的第一个“1”。

在A3、A4 单元格中，ROW函数分别得到“2”“3”，计算后的结果商不变，余数依次增加，所以得到增加的序列。到A5 单元格，ROW(A4)=4，减去“1”之后得到“3”，再除以“3”，结果商为“1”，余数又回到了“0”，公式的最终结果为“1”，依次循环。

生成循环序列公式的模式化写法如下。

```
=MOD(列号或行号-1,循环周期)+初始值
```

其中的循环周期计算方式为终止值-初始值+1。

➲ III　提取数字的小数部分

示例14-22　提取数字的小数部分

当数字包含小数部分时，可以利用 1 作为被除数，使用MOD 函数提取数字的小数部分。如图 14-51 所示，在B2 单元格输入以下公式，向下复制到B8 单元格，得到各个数字的小数部分。

```
=MOD(A2,1)
```

	A	B
1	原数据	小数部分
2	18.325	0.325
3	67.223	0.223
4	51.98	0.98
5	907.1	0.1
6	21.908	0.908
7	602.481	0.481
8	33.115	0.115

图 14-51　提取数字的小数部分

14.5.3　随机数的生成

示例14-23　生成随机数和随机字母

在一些如抽签、随机座次等需要展现公平性的应用场合，经常会用到随机数，也就是由计算机自动生成随机变化、预先不可获知的数值。 WPS表格提供了两个可以产生随机数的函数，分别是RAND函数和RANDBETWEEN函数。两个函数都能生成随机数，用法略有差异。

RAND函数没有参数，返回一个大于等于 0 且小于 1 的均匀分布的随机实数。

RANDBETWEEN函数返回在指定上下限之间的随机整数，该函数的语法如下。

```
RANDBETWEEN(最小整数,最大整数)
```

如图 14-52 所示，使用RAND函数和RANDBETWEEN生成随机数，每次重新计算工作表时都将返回一个新的随机数。

	A	B
1	公式	计算结果
2	=RAND()	0.375740047
3	=RAND()	0.342396238
4	=RAND()	0.92652489
5	=RAND()	0.111873555
6	=RANDBETWEEN(1,100)	68
7	=RANDBETWEEN(1,100)	97
8	=RANDBETWEEN(1,100)	51
9	=RANDBETWEEN(1,100)	88

	A	B
1	公式	计算结果
2	=RAND()	0.249198567
3	=RAND()	0.948428296
4	=RAND()	0.416005658
5	=RAND()	0.308765466
6	=RANDBETWEEN(1,100)	35
7	=RANDBETWEEN(1,100)	4
8	=RANDBETWEEN(1,100)	67
9	=RANDBETWEEN(1,100)	13

图 14-52　随机数的生成

在ANSI字符集中，大写字母A~Z的代码为 65~90。因此利用随机数函数，先生成在 65~90 范围的随机数，再使用CHAR函数将返回的随机数进行转化，即可得到随机生成的大写字母。公式如下。

```
=CHAR(RANDBETWEEN(65,90))
```

同样，如果想要获得随机生成的小写字母a~z，只需用随机函数生成对应的ANSI字符集中的代码 97~122，再使用CHAR函数转换即可，公式如下。

```
=CHAR(RANDBETWEEN(97,122))
```

14.5.4 弧度与角度的转换

“弧度”和“度”是角的度量单位。弧度通常不写单位，记为rad或R。在日常生活中，人们常以角度作为角的度量单位，因此存在角度与弧度的相互转换关系。

➲ Ⅰ 角度的输入和显示

在工程计算和测量等领域，经常使用度分秒的形式表示度数。表示角度的度分秒分别使用符号“°”“′”和“″”表示，度与分、分与秒之间采用六十进制，与时间进制相同。因此可以利用这个特点，以时间的数据格式来代替角度数据，再通过自定义单元格格式，将时间格式显示为“[h]°m′s″”，如图 14-53 所示。

设置自定义格式的方法如图 14-54 所示，选中要设定格式的单元格区域后，按<Ctrl+1>组合键打开【单元格格式】对话框，切换到【数字】选项卡，在【分类】列表中选择【自定义】，然后在右侧【类型】编辑框中输入格式代码“[h]°m′s″”，最后单击【确定】按钮。

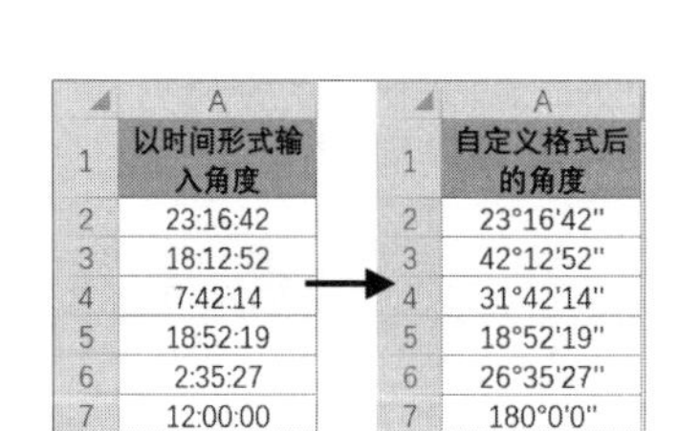

	A
1	以时间形式输入角度
2	23:16:42
3	18:12:52
4	7:42:14
5	18:52:19
6	2:35:27
7	12:00:00

	A
1	自定义格式后的角度
2	23°16'42"
3	42°12'52"
4	31°42'14"
5	18°52'19"
6	26°35'27"
7	180°0'0"

图 14-53 自定义数字格式显示角度

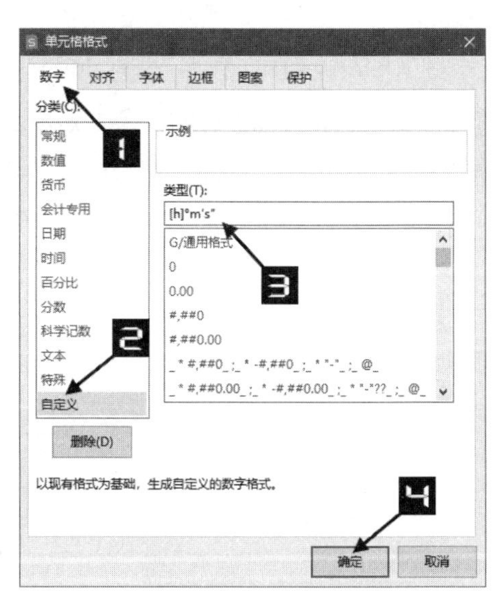

图 14-54 自定义格式

➲ Ⅱ 弧度与角度的相互转换

根据定义，一周的弧度数为 2πr/r=2π，360°角 =2π 弧度。利用这个关系式，可借助PI函数进行角度与弧度间的转换，也可以使用DEGREES函数和RADIANS函数实现转换。

DEGREES函数将弧度转换为度。该函数只有一个参数，即以弧度表示的角。

RADIANS函数将度数转换为弧度。该函数只有一个参数，即以角度表示的角。

示例14-24　弧度与角度的相互转换

以度分秒格式显示的角度其本质上也是小数，把这个代表角度的小数乘以 24，就能够换算成以“度”为单位的百分制角度数值（单元格格式为“常规”）。

如图 14-55 所示，在C2 单元格中输入以下公式，向下复制到C7 单元格，得到将B列以“度”为单位的角度值转换为弧度的结果。

```
=RADIANS(B2)
```

	A	B	C	D	E	F
1	自定义格式后的角度	角度值	转换为弧度	C列公式	转换为角度	E列公式
2	23°16'42"	23.27833333	0.406283561	=RADIANS(C2)	23.27833333	=DEGREES(D2)
3	42°12'52"	42.21444444	0.736781047	=RADIANS(C3)	42.21444444	=DEGREES(D3)
4	31°42'14"	31.70388889	0.553337247	=RADIANS(C4)	31.70388889	=DEGREES(D4)
5	18°52'19"	18.87194444	0.329377567	=RADIANS(C5)	18.87194444	=DEGREES(D5)
6	26°35'27"	26.59083333	0.464097593	=RADIANS(C6)	26.59083333	=DEGREES(D6)
7	180°0'0"	180	3.141592654	=RADIANS(C7)	180	=DEGREES(D7)

图 14-55　弧度与角度的转换

同理，再对C列的结果应用DEGREES函数，可将弧度转换成角度格式。公式如下。

```
=DEGREES(C2)
```

14.5.5　计算最大公约数和最小公倍数

示例14-25　计算最大公约数和最小公倍数

最大公约数，也称最大公因子、最大公因数，指两个或多个整数共有约数中最大的一个。两个或多个整数共有的倍数叫作它们的公倍数，其中除 0 以外最小的公倍数就叫作这几个整数的最小公倍数。

WPS表格中GCD函数返回两个或多个整数的最大公约数。LCM函数返回整数的最小公倍数。函数语法如下。

```
函数名称（数值 1， ...）
```

参数“数值 1”为必须参数，后续的数字是可选的，最多可以有 255 个参数。如果参数值不是整数，将被截断取整。

如果任意一个参数为非数值型，则函数将返回错误值 #VALUE!；如果任意一个参数小于零，则函数将返回错误值 #NUM!。

如图 14-56 所示，需要计算A、B、C三列的最大公约数和最小公倍数，可以在D2 和E2 单元格中分别输入如下公式，并向下复制。

```
=GCD(A2:C2)
=LCM(A2:C2)
```

	A	B	C	D	E
1	数字1	数字2	数字3	最大公约数	最小公倍数
2	18	33	42	3	1386
3	15	5	25	5	75
4	6	21	58	1	1218
5	44	23	25	1	25300
6	40	26	54	2	14040
7	72	18	42	6	504

图 14-56　最大公约数和最小公倍数

14.5.6 其他数学计算函数

➲ I 绝对值的计算

绝对值是指一个数在数轴上所对应的点到原点的距离。用于计算数字绝对值的是ABS函数，该函数只有一个参数，即需要计算其绝对值的实数。例如，以下两个公式都将返回参数的绝对值。

```
ABS(108.342)=108.342
ABS(-76.9)=76.9
```

➲ II 使用 PRODUCT 函数计算乘积

PRODUCT函数用于计算所有参数的乘积，函数语法如下。

```
PRODUCT(数值1,...)
```

PRODUCT函数最少包含一个参数，最多可以使用255个参数。其参数可以是数字也可以是单元格区域的引用。如果参数是一个数组或引用，则只使用其中的数字相乘，数组或引用中的空白单元格、逻辑值和文本将被忽略。例如，公式PRODUCT(A1:A3)，表示将A1至A3单元格中的数字进行相乘。

PRODUCT函数的参数也可以有不同的形式，如PRODUCT(A1:A3,8)表示将A1至A3单元格中的数字进行相乘后，再继续与数字8进行相乘。

➲ III 使用 SQRT 函数和 POWER 函数计算平方根和乘幂

SQRT函数用于计算数字的平方根。例如，可以使用如下公式计算16的平方根，结果为4。

```
=SQRT(16)
```

SQRT函数的参数不能为负数，否则将返回错误值#NUM!。

POWER函数用于计算数字的乘幂，函数语法如下。

```
POWER(数值,幂)
```

参数“数值”为乘幂运算的基数，参数“幂”为运算的指数。

例如，可以使用如下公式计算2的三次幂，结果为8。

```
=POWER(2,3)
```

开方根运算是乘幂的逆运算，可以在POWER的参数“幂”使用乘幂指数的倒数，来计算数字对应的开方根结果。例如，可以使用如下公式计算8的三次方根，结果为2。

```
=POWER(8,1/3)
```

POWER函数可以使用符号“^”来代替，可以使用如下公式计算2的三次幂。

```
=2^3
```

同样，使用如下公式也可以计算出 8 的三次方根。

```
=8^(1/3)
```

14.6　日期和时间计算函数

日期和时间是WPS表格中一种特殊类型的数据，有关日期和时间的计算在各个领域中都具有非常广泛的应用。本节重点讲解日期和时间数据的特点及计算方法，以及日期与时间的相关函数应用。

14.6.1　常规日期及时间函数

WPS表格中提供了多种专门处理日期及时间的函数，各个函数的功能说明如表 14-5 所示。

表 14-5　常规日期及时间函数功能说明

函数名称	功能说明
TODAY	返回系统当前日期
DATE	根据指定的年、月、日参数，返回对应日期
YEAR	返回某日期对应的年份
MONTH	返回某日期对应的月份
DAY	返回某日期是一个月中的第几天
NOW	返回系统当前日期和时间
TIME	根据指定的时、分、秒参数，返回对应时间
HOUR	返回时间值的小时数
MINUTE	返回时间值的分钟数
SECOND	返回时间值的秒数

➲ Ⅰ　基本日期函数 TODAY、YEAR、MONTH 和 DAY 函数

TODAY函数用于返回当前日期。在任意单元格输入以下公式，可以得到当前系统日期。

```
=TODAY()
```

TODAY函数得到的日期是一个变量，会随着系统日期而变化。而使用<Ctrl+;>组合键得到的日期是一个常量，输入后不会发生变化。

DATE函数用于返回指定日期，函数语法如下。

```
=DATE(年,月,日)
```

以下公式可以得到指定的日期 2021/6/20。

```
=DATE(2021,6,20)
```

如果参数“月”小于 1，则从指定年份的一月开始往前推N+1 个月。如DATE(2021,-3,2)，将返回表示 2020 年 9 月 2 日的日期序列值。

如果参数“日”小于 1，则从指定月份的第 1 天开始往前推N+1 天。如DATE(2021,1,-15)，将返回表示 2020 年 12 月 16 日的日期序列值。

YEAR函数、MONTH函数和DAY函数分别返回指定日期的年、月、日，例如，在B1~B3 单元格中依次输入以下公式，可以分别提取出A1 单元格日期中的年、月、日。

```
=YEAR(A1)
=MONTH(A1)
=DAY(A1)
```

➲ II　日期之间的天数

由于日期的本质是数字，因此也可以直接使用减法计算两个日期之间的天数差。例如，使用以下公式可以计算出今天距 2030 年元旦还有多少天。

```
=DATE(2030,1,1)-TODAY()
```

用DATE函数生成指定日期 2030/1/1，减去系统当前日期，返回二者之间的天数差。

也可以使用以下公式完成计算。

```
="2030-1-1"-TODAY()
```

在公式中直接写入日期时，需要在日期外侧加上一对半角双引号。

➲ III　返回月末日期

利用DATE函数，能够返回每个月的月末日期。

示例14-26 返回月末日期

	A	B
1	月份	月末日期
2	1	2021/1/31
3	2	2021/2/28
4	3	2021/3/31
5	4	2021/4/30
6	5	2021/5/31
7	6	2021/6/30
8	7	2021/7/31
9	8	2021/8/31
10	9	2021/9/30
11	10	2021/10/31
12	11	2021/11/30
13	12	2021/12/31

图 14-57　返回月末日期

如图 14-57 所示，在B2 单元格输入以下公式，然后向下复制到B13 单元格，可以得到 2021 年每个月的月末日期。

```
=DATE(2021,A2+1,0)
```

以B2 单元格为例，其中的A2+1 返回结果 2，函数等同于DATE(2021,2,0)。DATE函数的参数“日”为 0，所以得到 2021 年 2 月 1 日的前 1 天，即 1 月份最后一天的日期。

➲ IV　判断某个年份是否为闰年

闰年的计算规则：年数能被 4 整除且不能被 100 整除，或者年数能被 400 整除，也就是闰年的年数能被 400 整除，非闰年的年数能被 4 整除。

示例14-27　判断某个年份是否为闰年

WPS 表格中没有直接判断年份是否为闰年的函数，但是可以借助其他方法来判断。假设 A2 单元格中为年份数字，要判断此年份是否为闰年，可以根据是否存在 2 月 29 日这个闰年特有的日期来判断，公式如下。

```
=IF(DAY(DATE(A2,2,29))=29," 闰年 "," 平年 ")
```

DATE(A2,2,29) 部分返回一个日期值，如果这一年存在 2 月 29 日这个日期，则日期值为该年的 2 月 29 日，否则自动转换为该年的 3 月 1 日。然后用 DAY 函数提取出日期值，再使用 IF 函数判断该日期是 29 日还是 1 日，从而判断此年为闰年或平年。

上述公式还可以更改如下。

```
=IF(MONTH(DATE(A2,2,29))=2," 闰年 "," 平年 ")
```

在 1900 日期系统中，为了与其他程序兼容，保留了 1900 年 2 月 29 日这个实际上不存在的日期。所以使用上述公式时，1900 年会被判断为闰年，实际上此年应该是平年。

➲ V　将英文月份转化为数字

在部分外资或合资企业，经常会用英文来表示月份，如 Jan、February、June、Sep 等，为了便于计算，需要将这部分英文转化为数字。

示例14-28　将英文月份转化为数字

如图 14-58 所示，在 B2 单元格输入以下公式，然后向下复制到 B5 单元格，可以将相应的英文月份转换为表示月份的数字。

	A	B
1	月份	数字
2	Jan	1
3	February	2
4	June	6
5	Sep	9

图 14-58　将英文月份转化为数字

```
=MONTH(A2&-1)
```

以 B2 单元格为例，用“A2&-1”得到“Jan-1”，构建出 WPS 表格能识别的具有日期样式的文本字符串，然后使用 MONTH 函数提取其中的月份，得到数字 1，即 1 月。

➲ VI　基本时间函数 NOW、TIME、HOUR、MINUTE 和 SECOND

NOW 函数返回日期时间格式的当前日期和时间。以下公式可以得到系统当前的日期及时间。

```
=NOW()
```

TIME 函数用于返回指定时间，公式如下。

```
TIME(小时,分,秒)
```

在单元格输入以下公式，可以得到指定的时间：5:07 PM。

```
=TIME(17,7,28)
```

单元格默认时间显示格式为“时:分 AM/PM”，公式中的 28 表示秒，在默认格式下，不被显示。

HOUR 函数、MINUTE 函数和 SECOND 函数分别返回指定时间的时、分、秒。在 B1 到 B3 单元格依次输入以下公式，可以分别提取出 A1 单元格中时间的时、分、秒。

```
=HOUR(A1)
=MINUTE(A1)
=SECOND(A1)
```

➲ VII　计算 90 分钟之后的时间

示例14-29 计算90分钟之后的时间

以 A2 单元格中设置的时间为基准，要计算 90 分钟之后的时间，有多种方法可以实现。

方法 1：使用 TIME 函数，公式如下。

```
=TIME(HOUR(A2),MINUTE(A2)+90,SECOND(A2))
```

分别用 HOUR、MINUTE、SECOND 函数提取当前时间的时、分、秒。其中 MINUTE 函数提取出的分钟数加上 90，然后再使用 TIME 函数将三部分组合成一个新的时间值。

MINUTE(A2)+90 的结果大于时间进制 60，TIME 函数会将大于 60 的部分自动进位到小时上，确保返回正确的时间。

方法 2：使用当前时间直接加上 90 分钟的方式，以下 3 个公式都可以完成计算。

```
=A2+"00:90"
=A2+TIME(0,90,0)
=A2+90*1/24/60
```

➲ VIII　使用鼠标快速填写当前时间

示例14-30 使用鼠标快速填写当前时间

使用鼠标快速填写当前时间，可以通过NOW函数和【数据验证】功能实现，操作步骤如下。

步骤① 如图 14-59 所示，在A2 单元格输入以下公式。

```
=NOW()
```

图 14-59　输入NOW函数公式

步骤② 选中B2:B7 单元格区域，单击【数据】选项卡的【插入下拉列表】按钮，在弹出的【插入下拉列表】对话框中选中【从单元格选择下拉选项】单选按钮，设置【从单元格选择下拉选项】文本框为“=$A$2”，单击【确定】按钮，如图 14-60 所示。

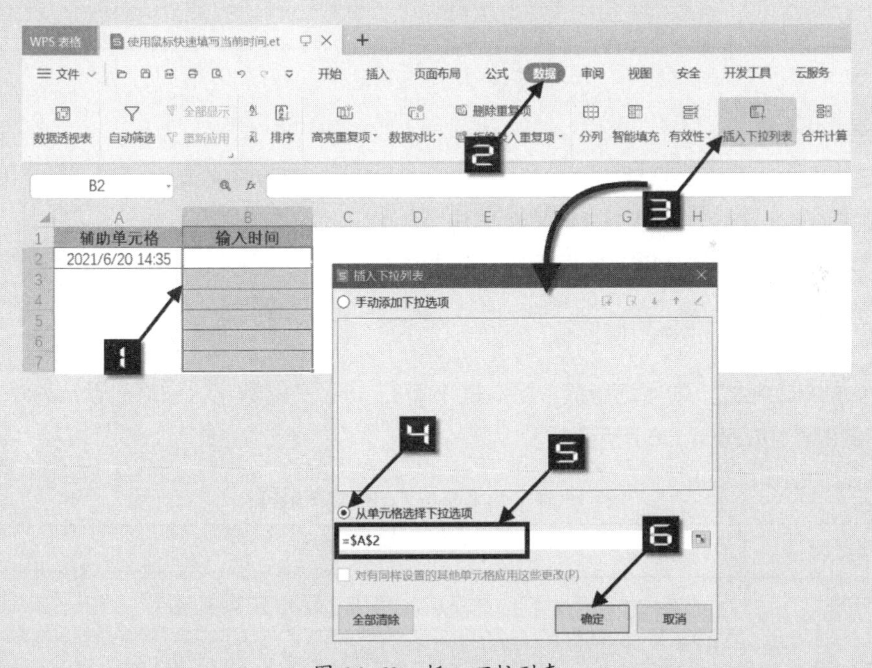

图 14-60　插入下拉列表

步骤③ 保持B2:B7 单元格区域的选中状态，按<Ctrl+1>组合键打开【单元格格式】对话框，在【数字】选项卡的【分类】列表框中选择【日期】选项，在右侧的【类型】列表框中选择完整包含日期及时间的格式，如“2001/3/7 0:00”，单击【确定】按钮关闭对话框，如图 14-61 所示。

设置完成后，选中B2:B7 单元格区域的任意单元格，单击单元格右侧的下拉按钮，即可使用鼠标选中后快速录入当前日期和时间，而且已经输入的日期和时间不再自动更新，如图 14-62 所示。

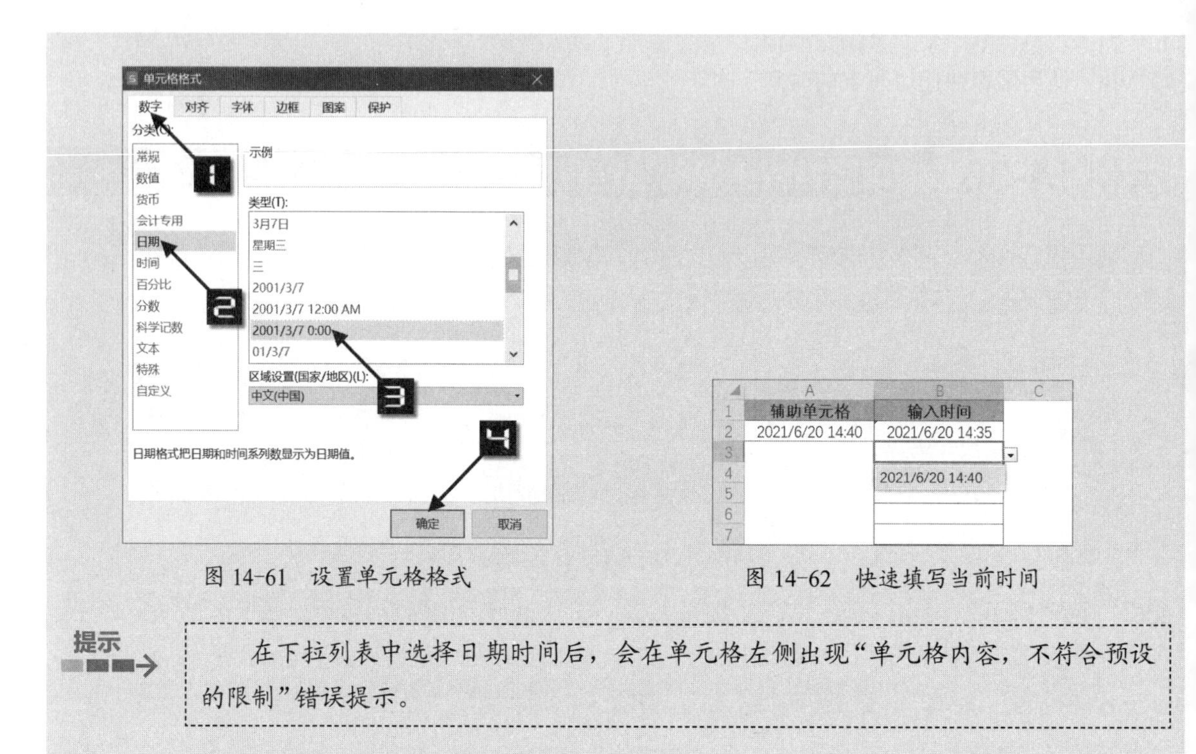

图 14-61　设置单元格格式

图 14-62　快速填写当前时间

提示

在下拉列表中选择日期时间后，会在单元格左侧出现“单元格内容，不符合预设的限制”错误提示。

14.6.2　星期函数

在WPS表格中用于计算星期的函数包括WEEKDAY函数和WEEKNUM函数。

➲ Ⅰ　用 WEEKDAY 函数计算某个日期是星期几

WEEKDAY函数返回某个日期是星期几，语法如下。

```
WEEKDAY(日期序号,[返回值类型])
```

参数“[返回值类型]”为可选参数，可以是1~3或11~17的数字，省略时默认为1。该参数使用不同数字时的作用如表14-6所示。

表 14-6　WEEKDAY函数参数解释

[返回值类型]	作用
1或省略	数字1（星期日）到数字7（星期六）
2	数字1（星期一）到数字7（星期日）
3	数字0（星期一）到数字6（星期日）
11	数字1（星期一）到数字7（星期日）
12	数字1（星期二）到数字7（星期一）
13	数字1（星期三）到数字7（星期二）

续表

[返回值类型]	作用
14	数字 1（星期四）到数字 7（星期三）
15	数字 1（星期五）到数字 7（星期四）
16	数字 1（星期六）到数字 7（星期五）
17	数字 1（星期日）到数字 7（星期六）

在日常工作中，WEEKDAY 函数的第 2 个参数一般使用数字 2，也就是用 1 表示星期一、2 表示星期二……7 表示星期日。

如图 14-63 所示，在 B2 单元格输入以下公式，并向下复制到 B9 单元格，即可得到 A 列日期对应的星期。

```
=WEEKDAY(A2,2)
```

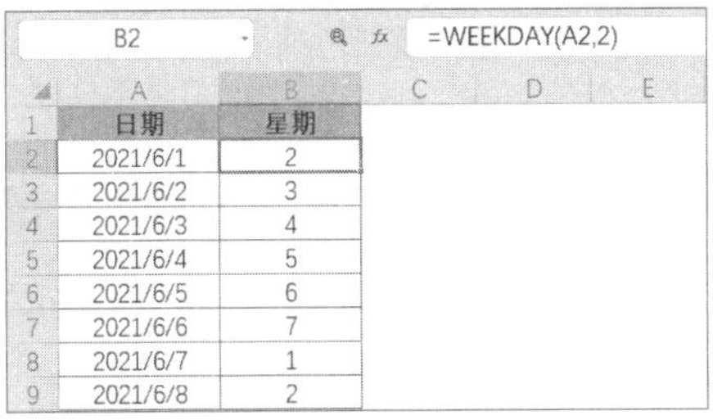

B2　=WEEKDAY(A2,2)

	A	B
1	日期	星期
2	2021/6/1	2
3	2021/6/2	3
4	2021/6/3	4
5	2021/6/4	5
6	2021/6/5	6
7	2021/6/6	7
8	2021/6/7	1
9	2021/6/8	2

图 14-63　WEEKDAY 函数

➲ II　用 WEEKNUM 函数计算指定日期是当年第几周

使用 WEEKNUM 函数可以计算某日期是当年的第几周，语法如下。

```
WEEKNUM(日期序号,[返回值类型])
```

参数“[返回值类型]”为可选参数，可以是数字 1~2 及 11~17，省略后默认为 1。使用不同数字可以确定以星期几作为一周的第 1 天，具体如表 14-7 所示。

表 14-7　WEEKNUM 函数参数解释

[返回值类型]	一周的第一天为
1 或省略	星期日
2	星期一
11	星期一
12	星期二
13	星期三

续表

[返回值类型]	一周的第一天为
14	星期四
15	星期五
16	星期六
17	星期日

如图 14-64 所示，WEEKNUM 函数使用不同的“[返回值类型]”参数，对于同一日期返回不同的结果。

参数 1 表示以星期日到星期一为完整的一周。2021/1/3 是星期日，所以 2021 年第一周即为 2021/1/1 至 2021/1/2，2021/1/3 则为 2021 年第 2 周的第一天，所以B2 单元格结果为 2。

	A	B	C
1	日期	WEEKNUM结果	公式
2	2021/1/3	2	=WEEKNUM(A2,1)
3	2021/1/3	1	=WEEKNUM(A3,2)

图 14-64 WEEKNUM 函数参数对比

参数 2 表示以星期一到星期日为完整的一周，2021/1/3 是星期日，所以 2021 年第一周即为 2021/1/1 至 2021/1/3，2021/1/3 则为 2021 年第 1 周的最后一天，所以B3 单元格结果为 1。

14.6.3 用 EDATE 和 EOMONTH 函数计算几个月之后的日期

EDATE 函数用于计算与指定日期相隔几个月之前/后的日期。EOMONTH 函数用于计算与指定日期相隔几个月之前/后的月末日期。函数的语法如下。

= 函数名称（开始日期，月数）

两个函数的参数“月数”用于指定相隔的月数，可以是正数、0 或负数。负数表示开始日期之前的月数。

EDATE 和 EOMONTH 函数的基础用法如图 14-65 所示。

	A	B	C	D	E
1	日期	EDATE	公式	EOMONTH	公式
2	2021/2/8	2021/7/8	=EDATE(A2,5)	2021/7/31	=EOMONTH(A2,5)
3		2021/2/8	=EDATE(A2,0)	2021/2/28	=EOMONTH(A2,0)
4		2020/10/8	=EDATE(A2,-4)	2020/10/31	=EOMONTH(A2,-4)

图 14-65 EDATE 和 EOMONTH 函数基础用法

	A	B	C
7	月底为31日	EDATE	公式
8	2021/1/31	2021/7/31	=EDATE(A8,6)
9		2021/1/31	=EDATE(A8,0)
10		2020/9/30	=EDATE(A8,-4)
11		2021/2/28	=EDATE(A8,1)
12		2020/2/29	=EDATE(A8,-11)
13			
14	月底不为31日	EDATE	公式
15	2021/4/30	2021/10/30	=EDATE(A15,6)
16		2021/4/30	=EDATE(A15,0)
17		2020/12/30	=EDATE(A15,-4)
18		2021/2/28	=EDATE(A15,-2)
19		2020/2/29	=EDATE(A15,-14)

图 14-66 EDATE 对于月末日期的处理

EDATE 函数能够对月末日期进行自动判断，根据对应月份天数的不同，自动返回相应的结果，如图 14-66 所示。

以 2021/1/31 为例，“=EDATE(A8,-4)”应返回结果为 2020/9/31，但是 9 月只有 30 天，所以

返回结果 2020/9/30。同样，当结果在 2 月的时候，也会对应返回 2 月的月末日期。

以 2020/4/30 为例，“=EDATE(A15,6)”返回结果 2020/10/30，虽然 4 月 30 日是月末日期，它的结果也只会得到对应的 10 月 30 日，而不是 10 月月末的 31 日。

➲ Ⅰ　计算正常退休日期

示例14-31　计算正常退休日期

排除工种、干部级别及员工疾病等特殊情况影响，假定男性为 60 周岁退休，女性为 55 周岁退休。假设出生日期为 1980/9/15，那么退休日为哪一天？如图 14-67 所示，在 B4 和 B5 单元格分别输入以下公式，得到相应的正常退休日期。

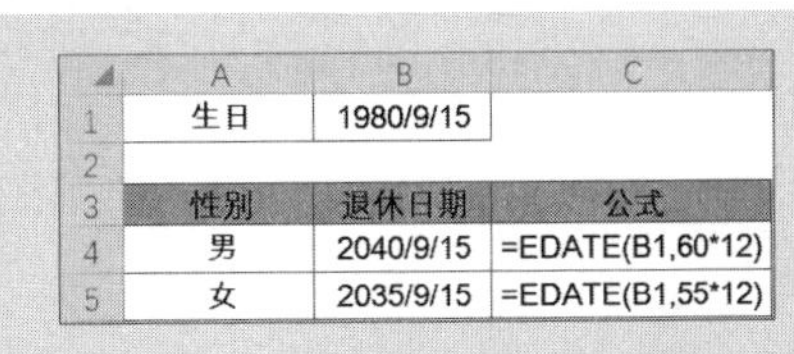

	A	B	C
1	生日	1980/9/15	
2			
3	性别	退休日期	公式
4	男	2040/9/15	=EDATE(B1,60*12)
5	女	2035/9/15	=EDATE(B1,55*12)

图 14-67　计算正常退休日期

```
=EDATE(B1,60*12)
=EDATE(B1,55*12)
```

EDATE 函数的第 2 个参数是指定的月份数。因此需要以年数乘以 12。

➲ Ⅱ　计算合同到期日

示例14-32　计算劳动合同到期日

某员工在 2021/2/8 与公司签订了一份 3 年期限的劳动合同，需要计算合同到期日是哪一天。

大部分公司会按照整 3 年的日期与员工签订劳动合同，还有一部分公司为了减少人事部门的工作量，合同到期日会签订到 3 年后到期月份的月末日期。

	A	B	C
1	签订日期	2021/2/8	
2			
3	签订方式	合同到期日	公式
4	整3年	2024/2/7	=EDATE(B1,3*12)-1
5	3年后月末日	2024/2/29	=EOMONTH(B1,3*12)

图 14-68　计算合同到期日

如图 14-68 所示，按照整 3 年计算，在 B4 单元格输入以下公式，计算结果为 2024/2/7。

```
=EDATE(B1,3*12)-1
```

公式最后的“-1”，是因为在劳动合同签订上，头尾两天都算合同有效日期。如果不减 1，则合同到期是为 2024/2/8，相当于合同签订了 3 年零 1 天，并不是整 3 年。

按照 3 年后月末计算，可以在 B5 单元格输入以下公式，计算结果为 2024/2/29。

```
=EOMONTH(B1,3*12)
```

Ⅲ 计算每月天数

示例14-33 计算当前年份每月的天数

	A	B
1	月份	天数
2	1月	31
3	2月	29
4	3月	31
5	4月	30
6	5月	31
7	6月	30
8	7月	31
9	8月	31
10	9月	30
11	10月	31
12	11月	30
13	12月	31

图 14-69 计算当前年份每月的天数

如图 14-69 所示，在B2 单元格输入以下公式，并向下复制到B3:B13 单元格区域。

```
=DAY(EOMONTH(A2&"1 日 ",0))
```

首先将A列的月份连接字符串“1 日”，构建成WPS表格能识别的中文日期格式字符串：“1 月 1 日”“2 月 1 日”……“12 月 1 日”。如果输入日期的时候省略年份，则WPS表格默认识别为系统当前年份。

然后用EOMONTH函数得到该日期所在月的月末日期，最后使用DAY函数提取出该日期的天数。

14.6.4 认识 DATEDIF 函数

DATEDIF函数用于计算两个日期之间的间隔年数、月数和天数。函数语法如下。

```
=DATEDIF(开始日期，终止日期，比较单位)
```

参数“比较单位”有 6 个不同的选项，各选项的作用如表 14-8 所示。

表 14-8 DATEDIF函数参数“比较单位”的作用

比较单位	作用
Y	时间段中的整年数
M	时间段中的整月数
D	时间段中的天数
MD	天数的差。忽略日期中的月和年
YM	月数的差。忽略日期中的日和年
YD	天数的差。忽略日期中的年

DATEDIF 函数的参数“比较单位”不区分大小写，如“Y”和“y”是等效的。

Ⅰ　函数的基本用法

如图 14-70 所示，A列是间隔类型，B列和C列分别是起止日期。在D2 单元格输入以下公式，并向下复制到D3:D7 单元格区域。

```
=DATEDIF(B2,C2,A2)
```

在D10 单元格输入以下公式，并向下复制到D10:D15 单元格区域。

```
=DATEDIF(B10,C10,A10)
```

	A	B	C	D	E
1	unit	start_date	end_date	DATEDIF	简述
2	Y	2016/2/8	2019/7/28	3	整年数
3	M	2016/2/8	2019/7/28	41	整月数
4	D	2016/2/8	2019/7/28	1266	天数
5	MD	2016/2/8	2019/7/28	20	天数，忽略月和年
6	YM	2016/2/8	2019/7/28	5	整月数，忽略日和年
7	YD	2016/2/8	2019/7/28	171	天数，忽略年
8					
9	unit	start_date	end_date	DATEDIF	简述
10	Y	2016/7/28	2019/2/8	2	整年数
11	M	2016/7/28	2019/2/8	30	整月数
12	D	2016/7/28	2019/2/8	925	天数
13	MD	2016/7/28	2019/2/8	11	天数，忽略月和年
14	YM	2016/7/28	2019/2/8	6	整月数，忽略日和年
15	YD	2016/7/28	2019/2/8	195	天数，忽略年

图 14-70　DATEDIF 函数的基本用法

D2 和D10 单元格公式参数“比较单位”使用“Y”，计算两个日期之间的整年数。2016/2/8 到 2019/7/28 超过 3 年，所以其结果返回 3；而 2016/7/28 到 2019/2/8 不满 3 年，所以其结果返回 2。

D3 和D11 单元格公式参数“比较单位”使用“M”，计算两个日期之间的整月数。2016/2/8 到 2019/7/28 超过 41 个月，所以返回结果 41；由于 2016/7/28 到 2019/2/8 不满 31 个月，所以返回结果为 30。

D4 和D12 单元格公式参数“比较单位”使用“D”，计算两个日期之间的天数，相当于两个日期相减。

D5 和D13 单元格公式参数“比较单位”使用“MD”，忽略月和年计算天数之差，前者相当于计算 7/8 与 7/28 之间的天数差，后者相当于计算 1/28 与 2/8 之间的天数差。

D6 和D14 单元格公式参数“比较单位”使用“YM”，忽略日和年计算两个日期之间的整月数，前者相当于计算 2019/2/8 与 2019/7/28 之间的整月数，后者相当于计算 2018/7/28 与 2019/2/8 之间的整月数。

D7 和D15 单元格公式参数“比较单位”使用“YD”，忽略年计算天数差，前者相当于计算 2019/2/8 与 2019/7/28 之间的天数差，后者相当于计算 2018/7/28 与 2019/2/8 之间的天数差。

Ⅱ　计算年休假天数

根据相关规定，参加工作满 1 年不满 10 年的，年休假为 5 天。参加工作满 10 年不满 20 年的，年休假为 10 天。参加工作满 20 年及以上的，年休假为 15 天，使用DATEDIF 函数可以快速计算年休假天数。

示例14-34　计算年休假天数

如图 14-71 所示，假定A2 单元格为统计截止日期，在B5 单元格输入以下公式，向下复制到B12 单元格，计算工作年数。

	A	B	C
1	统计截止日期		
2	2021/6/30		
3			
4	参加工作日期	工作年数	年假天数
5	1993/12/6	27	15
6	1994/1/9	27	15
7	2002/8/16	18	10
8	2007/7/27	13	10
9	2011/6/30	10	10
10	2011/7/1	9	5
11	2017/3/4	4	5
12	2020/8/16	0	0

图 14-71　计算法定年休假天数

```
=DATEDIF(A5,A$2,"Y")
```

在C5单元格输入以下公式，向下复制到C12单元格，计算年假天数。

```
=LOOKUP(B5,{0,1,10,20},{0,5,10,15})
```

DATEDIF函数的参数“比较单位”使用“Y”，计算参加工作日期和统计截止日期的年数之差。A9和A10单元格中的日期只相差1天，但是由于DATEDIF函数计算的是整年数，因此在2021/6/30这一天统计时，两者之间年数结果会相差1年，年休假天数则相差5天。

➲ III　计算员工工龄

示例14-35　计算员工工龄

	A	B
1	统计截止日期	
2	2021/6/30	
3		
4	参加工作日期	员工工龄
5	1991/12/6	29年6个月
6	1994/1/9	27年5个月
7	1999/8/16	21年10个月
8	2010/10/12	10年8个月
9	2010/10/13	10年8个月
10	2010/10/14	10年8个月
11	2019/8/5	1年10个月
12	2019/11/16	1年7个月

图 14-72　计算员工工龄

实际工作中，员工工龄是福利待遇的一项重要参考指标。如图14-72所示，假定A2单元格为统计截止日期，在B5单元格输入以下公式，向下复制到B12单元格，计算出员工工龄。

```
=DATEDIF(A5,A$2,"Y")&" 年 "&DATEDIF(A5,A$2,
"YM")&" 个月 "
```

公式利用两个DATEDIF函数连接得到相应结果。第一个DATEDIF函数使用参数“Y”，计算出工作日期距现在的年数，第二个DATEDIF函数使用参数“YM”忽略年和日，计算距现在的月数。再使用连接符“&”连接后，得到格式为“*m*年*n*个月”的结果。

➲ IV　生日到期提醒

示例14-36　生日到期提醒

部分公司在员工生日时，会发送祝福短信或是发放生日礼物。对于记录到工作表中的员工生日信息，需要随着日期的变化，显示出距离每个员工过生日还有多少天。

如图14-73所示，假定B2单元格为统计截止日期，在C5单元格输入以下公式，向下复制到C14单元格，计算出距离员工生日的天数。

```
=EDATE(B5,(DATEDIF(B5,B$2-1,"Y")+1)*12)-B$2
```

	A	B	C
1		统计截止日期	
2		2021/6/20	
3			
4	姓名	出生日期	距离员工生日天数
5	刘备	1977/7/21	31
6	关羽	1980/3/20	273
7	张飞	1983/6/12	357
8	赵云	1986/10/13	115
9	曹操	1970/8/24	65
10	荀彧	1980/11/14	147
11	许褚	1982/10/15	117
12	孙权	1980/2/28	253
13	甘宁	1981/2/28	253
14	太史慈	1972/10/2	104

图 14-73 生日到期提醒

计算生日到期日，首先要得到该员工下一个生日的具体日期，然后将此日期与统计截止日期直接做减法，其差值便是距离员工生日的天数。

公式DATEDIF(B5,B$2-1,"Y")用来计算得到出生日期到统计截止日的前一天（B$2-1）之间的整年数。DATEDIF函数所得结果加1再乘以12作为EDATE函数的“终止日期”参数，得到该员工下一个生日的日期。

注意

公式中，先把截止日期减1，得到整年数再加1，是为了使生日正好在截止日期当天，得到的结果为统计截止日期，而不是统计截止日期下一年的日期。

最后减去B2单元格的统计截止日期，即可得到最终的结果。

V DATEDIF函数计算相隔月数特殊情况处理

在使用DATEDIF函数计算两个日期之间相隔月数时，遇到月末日期，可能会得到错误的结果。如图14-74所示，C2单元格使用以下公式，部分计算结果出现了错误。

```
=DATEDIF(A2,B2,"m")
```

	A	B	C	D
1	开始日期	终止日期	DATEDIF相隔月数	实际相隔月数
2	2021/2/28	2021/3/31	1	1
3	2021/2/27	2021/3/27	1	1
4	2021/3/31	2021/4/30	0	1
5	2021/2/28	2021/3/28	1	0
6	2021/1/30	2021/2/28	0	1

图 14-74 DATEDIF函数对月末日期的处理错误

通过图14-74可以看出，A4单元格日期为“2021/3/31”，B4单元格日期为“2021/4/30”。两个日期均为月末日期，实际间隔为1整月，但DATEDIF函数计算结果为0。

A5单元格日期为“2021/2/28”，B5单元格日期为“2021/3/28”。前者为月末最后一天，需要到下一个月的月末日期（2021/3/31）才为1整月，但DATEDIF函数计算结果为1。

A6单元格日期为“2021/1/30”，B6单元格日期为“2021/2/28”。前者还未到月末日期，后者是月末日期，实际间隔已达1整月，但DATEDIF函数计算结果为0。

通过以上存在的问题可以看出，DATEDIF函数在计算两个日期间隔月数时忽略了对月末日期的判断。要规避这个错误，需要判断DATEDIF函数计算的两个日期是否为月末，如果为月末，可以在原来日期的基础上加1，变为次月1日，再进行相隔月数计算即可。

判断A2单元格日期是否为月末，如为月末在此基础上加1，可以使用如下公式。

```
=IF(DAY(A2+1)=1,A2+1,A2)
```

将以上公式代入DATEDIF函数，再计算相隔月份时，公式结果不再出现错误。

```
=DATEDIF(IF(DAY(A2+1)=1,A2+1,A2),IF(DAY(B2+1)=1,B2+1,B2),"m")
```

14.6.5 日期和时间函数的综合运用

在实际工作中，可以使用很多数学、统计等函数来完成对日期及时间的计算。

Ⅰ 分别提取单元格中的日期和时间

示例14-37 分别提取单元格中的日期和时间

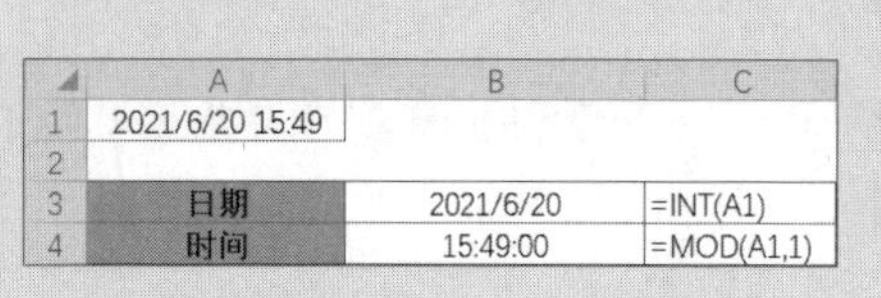

	A	B	C
1	2021/6/20 15:49		
2			
3	日期	2021/6/20	=INT(A1)
4	时间	15:49:00	=MOD(A1,1)

图 14-75 分别提取单元格中的日期和时间

如图 14-75 所示，A1 单元格中包含日期和时间，在B2 单元格和B3 单元格分别输入以下公式可以提取出日期和时间。

```
=INT(A1)
=MOD(A1,1)
```

因为日期和时间数据是由整数和小数构成的数字，所以使用INT函数向下取整，得到该数字的整数部分，即日期。使用MOD函数计算日期除以 1 的余数，得到的结果就是该数字的小数部分，即时间。

提示

使用此方法提取日期和时间，需要将公式所在的单元格设置成对应的日期或时间格式才能显示正确的结果。

Ⅱ 计算加班时长

示例14-38 计算加班时长

	A	B
1	实际加班时长	加班计算时间
2	0:25:00	0:00:00
3	0:45:00	0:30:00
4	1:01:00	1:00:00
5	1:59:00	1:30:00
6	2:32:00	2:30:00

图 14-76 计算加班时长

根据某公司内部规定，加班时每满 30 分钟按照 30 分钟来计算加班时长，不足 30 分钟的部分不计算。

如图 14-76 所示，在B2 单元格输入以下公式，向下复制到B6 单元格，对A列的实际加班时长进行修约处理。

```
=FLOOR(A2,"00:30")
```

FLOOR函数用于将数字向下舍入到最接近的基数的倍数。本例中参数“舍入基数”使用“00:30”，表示 30 分钟。FLOOR函数将时间向下舍入到最接近的 30 分钟的倍数，得到相应的加班计算时间。

➲ III 计算跨天的加班时长

示例14-39 计算跨天的加班时长

如图 14-77 所示，A4:A8 单元格区域为加班员工的打卡时间，其中A6:A8 单元格表示员工加班到次日凌晨下班打卡。如果要根据B1 单元格的下班时间，计算员工的实际加班时长，可在B4 单元格输入以下公式，并向下复制到B8 单元格。

```
=IF(A4>B$1,A4-B$1,A4+1-B$1)
```

	A	B
1	下班时间	18:00:00
2		
3	打卡时间	实际加班时长
4	18:35:00	0:35:00
5	22:15:00	4:15:00
6	0:25:00	6:25:00
7	0:45:00	6:45:00
8	2:32:00	8:32:00

图 14-77 计算跨天的加班时长

公式使用IF 函数判断，如果打卡时间大于下班时间，则二者相减即为实际加班时长。如果打卡时间小于下班时间，则视为次日凌晨打卡，此时将打卡时间加 1 计算出次日对应的时间，再和当天的下班时间相减，得出正确结果。

➲ IV 计算通话时长

示例14-40 计算通话时长

在计算电话通话时长时，通常按通话分钟数计算，不足 1 分钟按 1 分钟计算。

如图 14-78 所示，假设A 列为通话开始时间，B 列为通话结束时间，在C2 单元格输入如下公式，向下复制到C6 单元格，计算通话时长。

```
=TEXT(B2-A2+"0:00:59","[m]")
```

	A	B	C
1	通话开始时间	通话结束时间	通话时长
2	8:25:15	8:27:18	3
3	11:59:05	12:05:03	6
4	11:59:05	12:05:06	7
5	17:32:48	18:00:00	28
6	21:32:00	21:35:00	3

图 14-78 计算通话时长

如果利用TEXT 函数把两个时间相减后的结果换算成分钟，结果会忽略不足 1 分钟的部分。此公式把两个时间相减的结果加上 "0:00:59"，也就是加上 59 秒，再计算两个时间之间的整数分钟。

➲ V 计算母亲节与父亲节日期

示例14-41 计算母亲节与父亲节日期

有些节日不是一年中的某个固定日期，而是按照一定规则推算出来的，如“母亲节”是每年 5 月的第二个星期日，“父亲节”是每年 6 月的第三个星期日。

要根据A2 单元格的 4 位年份数字，计算当年的“母亲节”日期，可以使用如下公式。

```
=DATE(A2,5,1)-WEEKDAY(DATE(A2,5,1),2)+7*2
```

DATE(A2,5,1)是根据A2单元格的年份，返回当年5月1日的日期。

WEEKDAY(DATE(A2,5,1),2)判断当年5月1日是星期几。

DATE(A2,5,1)-WEEKDAY(DATE(A2,5,1),2)是用当年5月1日的日期减去对应的星期数值，推算出5月1日之前最近的星期日日期。

再从此基础上加上7*2，即为5月的第二个星期日。

运用此公式思路计算类似日期时，只需修改DATE的参数“月”（本例中为5，代表5月）和周数修正值（本例中为2）即可。例如，要计算当年的父亲节（6月的第三个星期日），则公式修改如下。

```
=DATE(A2,6,1)-WEEKDAY(DATE(A2,6,1),2)+7*3
```

14.6.6 计算工作日和假期

在日常工作中，经常会涉及工作日和假期的计算。所谓工作日，一般是指除周末休息日（通常指双休日）以外的其他标准工作日期。但是在法定节假日会增加相应的假期，同时也会将一部分假期调整为工作日。与工作日相关的计算可以使用WORKDAY函数、WORKDAY.INTL函数和NETWORKDAYS.INTL函数来完成。

➲ Ⅰ 计算工作日天数

示例14-42 计算工作日天数

要计算某个时间段之内的工作日天数，可以使用NETWORKDAYS函数。该函数语法如下。

```
NETWORKDAYS(开始日期,终止日期,[假期])
```

参数“[假期]”为可选参数，可以在指定的休息日外排除一些特殊的假日。如2020/5/1为星期五，但当天属于法定休息日，在计算工作日天数时，可将此日期当作NETWORKDAYS函数的参数“[假期]”，排除这类特殊假日。

假设A2单元格为日期数据“2020/3/14”，B2单元格为日期数据“2020/5/21”，要计算两者之间的工作日天数，可以使用如下公式。

```
=NETWORKDAYS(A2,B2)
```

NETWORKDAYS函数默认以周六和周日之外的日期作为工作日。公式结果为49，表示这两个日期间除了周六和周日之外，共有49个工作日。

如果需要在周六和周日外排除一些特殊的假日，如5月1日劳动节，可以使用如下公式。

```
=NETWORKDAYS(A2,B2,"2020/5/1")
```

把需要排除的假日日期作为NETWORKDAYS函数的参数“[假期]”，就能在计算工作日时剔除这些日期。如果假期日期比较多，还可以把这些日期放置在单元格区域中，然后引用此单元格区域作为NETWORKDAYS函数的“[假期]”参数。

➲ II　错时休假制度下的工作日天数计算

示例14-43 错时休假制度下的工作日天数计算

有些公司采用错时休假制度，与公众的双休日错开，而其他的日期作为休息日，这种制度下的工作日天数计算，可以使用NETWORKDAYS.INTL函数来完成。

NETWORKDAYS.INTL函数语法如下。

```
=NETWORKDAYS.INTL(开始日期,终止日期,[周末],[假期])
```

参数“[周末]”可以指定一周的哪几天作为休息日，允许使用一个由0和1组成的7位的字符串作为参数，从左到右依次代表星期一到星期日，0表示工作日，1表示休息日。假设某公司周三和周六为休息日，可以设置此参数为“0010010”，计算工作日天数的公式如下。

```
=NETWORKDAYS.INTL(A2,B2,"0010010")
```

参数“[周末]”还可以使用数字1~7或11~17，不同数字代表的休息日如表14-9所示。

表 14-9　“周末”参数值含义

参数“[周末]”	休息日
1 或省略	星期六、星期日
2	星期日、星期一
3	星期一、星期二
4	星期二、星期三
5	星期三、星期四
6	星期四、星期五
7	星期五、星期六
11	仅星期日
12	仅星期一
13	仅星期二

续表

参数“[周末]”	休息日
14	仅星期三
15	仅星期四
16	仅星期五
17	仅星期六

参数“[假期]”可以在指定的休息日外排除一些特殊的假日，和NETWORKDAYS函数“[假期]”参数用法相同，此处不再赘述。

Ⅲ　有调休的工作日计算

根据现有的法定节假日安排规则，往往会安排与节假日相邻的周末和当前假日连续休假，例如，2020 年 5 月 1 日劳动节休假安排是: 5 月 1 日至 5 日放假调休，共 5 天。4 月 26 日(星期日)、5 月 9 日(星期六)上班。

这种复杂的“调休式”假日安排为工作日计算带来一些难度，以 2020 年各月的工作日计算为例，计算方法如下。

示例14-44 有调休的工作日计算

由于每年的调休日期不固定，所以要计算有调休的工作日，需要先整理出各个节假日的公休日期和调休日期明细表，如图 14-79 所示。

如图 14-80 所示，在C2 单元格输入如下公式，并向下复制到C13 单元格，即可计算出有调休的 2020 年各月的实际工作日。

```
=NETWORKDAYS(A2,B2,F$2:F$31)+COUNTIFS(I$2:I$7,">="&A2,I$2:I$7,"<="&B2)
```

	E	F	G	H	I
1	节日	公休日期		节日	调休上班日期
2	元旦	2020/1/1		春节	2020/1/19
3	春节	2020/1/24		劳动节	2020/4/26
4	春节	2020/1/25		劳动节	2020/5/9
5	春节	2020/1/26		端午节	2020/6/28
6	春节	2020/1/27		中秋节&国庆节	2020/9/27
7	春节	2020/1/28		中秋节&国庆节	2020/10/10
8	春节	2020/1/29			
9	春节	2020/1/30			
10	春节	2020/1/31			
11	春节	2020/2/1			
12	春节	2020/2/2			
13	清明节	2020/4/4			
14	清明节	2020/4/5			
15	清明节	2020/4/6			
16	劳动节	2020/5/1			
17	劳动节	2020/5/2			
18	劳动节	2020/5/3			

图 14-79　节假日公休日期和调休日期明细表

	A	B	C
1	开始日期	结束日期	工作日天数
2	2020/1/1	2020/1/31	17
3	2020/2/1	2020/2/29	20
4	2020/3/1	2020/3/31	22
5	2020/4/1	2020/4/30	22
6	2020/5/1	2020/5/31	19
7	2020/6/1	2020/6/30	21
8	2020/7/1	2020/7/31	23
9	2020/8/1	2020/8/31	21
10	2020/9/1	2020/9/30	23
11	2020/10/1	2020/10/31	17
12	2020/11/1	2020/11/30	21
13	2020/12/1	2020/12/31	23

图 14-80　有调休的工作日计算

NETWORKDAYS(A2,B2,F$2:F$31)用于计算A2和B2两个日期之间的工作日数，并排除F2:F31单元格区域内的公休日期。此时的结果是未考虑调休上班日期的工作日天数。

COUNTIFS函数用来统计符合多个条件的个数。COUNTIFS(I$2:I$7,">="&A2,I$2:I$7,"<="&B2)是用来统计调休上班日期中大于等于A2的开始日期，并且小于等于B2的结束日期的天数。

把NETWORKDAYS函数的计算结果和COUNTIFS函数的计算结果相加，即为考虑调休日期后的工作日天数。

➲ IV　当月的工作日天数计算

示例14-45 当月的工作日天数计算

要根据某个日期计算其所在月份的工作日天数，可以利用NETWORKDAYS函数结合EOMONTH函数来实现。

假设A6单元格为日期数据“2021/6/18”，要计算其所在月份的工作日天数，可以先利用EOMONTH函数取得这个月的月初日期和月末日期。

月初日期公式如下。

```
=EOMONTH(A6,-1)+1
```

月末日期公式如下。

```
=EOMONTH(A6,0)
```

根据以上公式取得的日期，再使用NETWORKDAYS计算工作日天数，结果为22天，公式如下。

```
=NETWORKDAYS(EOMONTH(A6,-1)+1,EOMONTH(A6,0))
```

如果要计算当月的双休日天数，只需要将当月的总天数减去上述公式计算得到的工作日天数即可实现，公式如下。

```
=DAY(EOMONTH(A6,0))-NETWORKDAYS(EOMONTH(A6,-1)+1,EOMONTH(A6,0))
```

也可以使用NETWORKDAYS.INTL函数使用自定义工作日的方式来计算，公式如下。

```
=NETWORKDAYS.INTL(EOMONTH(A6,-1)+1,EOMONTH(A6,0),"1111100")
```

此公式是将周六和周日视为工作日，计算结果即为当月的周六和周日的总天数。

➲ V 判断某天是否为工作日

示例14-46 判断某天是否为工作日

假设某日期存放在A11单元格，要根据该日期判断当天是否属于工作日，可以使用以下公式。

```
=IF(WEEKDAY(A11,2)<6,"是","否")
```

公式用WEEKDAY函数根据指定日期得到表示星期的数值，通过判断星期数值是否小于6来确定该日期是否属于工作日。

除此以外，也可以使用NETWORKDAYS函数来实现，公式如下。

```
=IF(NETWORKDAYS(A11,A11)=1,"是","否")
```

NETWORKDAYS函数使用同一日期作为起止日期，判断这个日期是否属于工作日。如果是工作日，NETWORKDAYS函数计算结果应该等于1，否则结果等于0。

使用WORKDAY函数也能够完成类似计算，公式如下。

```
=IF(WORKDAY(A11-1,1)=A11,"是","否")
```

上述公式中，先使用A11-1返回指定日期前一天的日期，WORKDAY函数以“A11-1”作为开始日期，返回该日期的下一个工作日的日期，如果这个日期与A11单元格的日期相同，就可以确定A11单元格中的日期是工作日。

WORKDAY函数可以根据指定日期返回若干个工作日之前或之后的日期，函数语法如下。

```
=WORKDAY(开始日期,天数,[假期])
```

WORKDAY函数在默认情况下也是把周六和周日作为休息日，如果需要定义其他日期为休息日，可以使用WORKDAY.INTL函数来处理。

WORKDAY.INTL函数的参数用法和NETWORKDAYS.INTL函数相似，假设要以周三和周六作为休息日，计算A11单元格中日期之后7个工作日的日期，可以使用以下公式。

```
=WORKDAY.INTL(A11,7,"0010010")
```

表14-9中的“[周末]”参数值，也适用于WORKDAY.INTL函数。

如果需要在排除休息日的基础上，再排除一些特殊节假日，同样可以在此函数的[假期]参数中指定。

14.7 查找与引用函数

查找与引用函数可以在指定单元格区域完成查找相关的任务，本章重点介绍查找与引用函数的基础知识及典型应用。

14.7.1　用 ROW 函数和 COLUMN 函数返回行号列号信息

常用的行列函数包含ROW函数和COLUMN函数，ROW函数用来返回参数单元格或区域的行号，COLUMN函数用来返回参数单元格或区域的列号。它们的语法如下。

```
函数名称（[ 参照区域 ]）
```

➲ I　返回当前单元格的行列号

ROW函数和COLUMN函数的参数是可选参数，如果省略参数，则结果返回公式所在单元格的行列号，如图 14-81 所示。

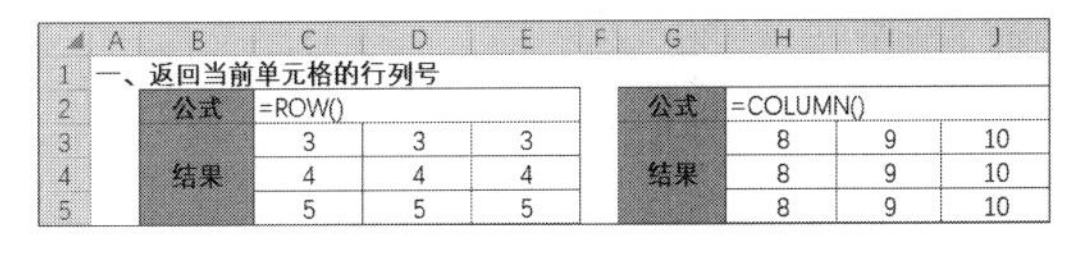

行	B	C	D	E	G	H	I	J
1	一、返回当前单元格的行列号							
2	公式	=ROW()			公式	=COLUMN()		
3	结果	3	3	3	结果	8	9	10
4		4	4	4		8	9	10
5		5	5	5		8	9	10

图 14-81　返回当前单元格的行列号

在C3 单元格输入公式：=ROW( )，并向右向下复制到C3:E5 单元格区域，会返回每一个单元格的行号，结果为 3、4、5。

在H3 单元格输入公式：=COLUMN( )，并向右向下填充到H3:J5 单元格区域，会返回每一个单元格的列号，结果为 8、9、10。

➲ II　返回指定单元格的行列号

在不省略参数的情况下，会返回参数单元格的行列号，如图 14-82 所示。

以公式=ROW(H5)为例，H5 单元格位于表格中的第 5 行，所以结果为 5。同理，H5 单元格位于表格的H列，即第 8 列，所以公式=COLUMN(H5)返回结果为 8。

二、返回指定单元格的行列号

结果	公式	结果	公式
1	=ROW(A1)	1	=COLUMN(A1)
5	=ROW(H5)	8	=COLUMN(H5)
100	=ROW(AB100)	28	=COLUMN(AB100)
1	=ROW(1:1)	1	=COLUMN(A:A)
5	=ROW(5:5)	8	=COLUMN(H:H)
100	=ROW(100:100)	28	=COLUMN(AB:AB)

图 14-82　返回指定单元格的行列号

图 14-82 公式中的 1:1、5:5、100:100，代表表格中的第 1 行、第 5 行、第 100 行整行；A:A、H:H、AB:AB，代表表格中的A列、H列、AB列整列。

➲ III　返回单元格区域的自然数数组序列

ROW函数和COLUMN函数不仅可以对单个单元格返回行列序数，还可以对单元格区域返回一组自然数数组序列，如图 14-83 所示。

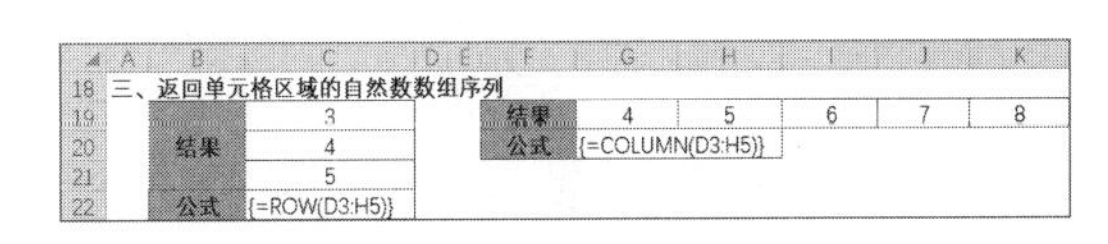

行	B	C	F	G	H	I	J	K
18	三、返回单元格区域的自然数数组序列							
19	结果	3	结果	4	5	6	7	8
20		4	公式	{=COLUMN(D3:H5)}				
21		5						
22	公式	{=ROW(D3:H5)}						

图 14-83　返回单元格区域的自然数数组序列

选中C19:C21 单元格区域，输入以下公式，按<Ctrl+Shift+Enter>组合键，可以得到纵向序列{3;4;5}。

```
=ROW(D3:H5)}
```

选中G19:K19 单元格区域，输入以下公式，按<Ctrl+Shift+Enter>组合键，可以得到横向序列{4,5,6,7,8}。

```
=COLUMN(D3:H5)}
```

➲ Ⅳ　其他行列函数

行列函数还包含ROWS函数和COLUMNS函数，ROWS函数用来返回参数数组包含的行数，COLUMNS函数用来返回参数数组包含的列数。

例如，输入公式：=ROWS(D3:H5)，返回结果为 3；输入公式：=COLUMNS(D3:H5)返回结果为 5。因为D3:H5 单元格区域共有 5 列。

➲ Ⅴ　生成等差数列

	A	B	C	D	E	F	G	H
1	纵向等差数列		横向等差数列					
2	1		1	4	7	10	13	16
3	4							
4	7							
5	10							
6	13							
7	16							

图 14-84　生成等差数列

行列函数可以生成连续序列，如在任意单元格输入公式：=ROW(1:1)，然后向下复制公式，即可得到自然数序列 1，2，3，4……

还可以借助行列函数来生成等差数列 1，4，7，10，13……如图 14-84 所示。

在A2 单元格输入以下公式，并向下复制到A7 单元格，可以得到纵向等差序列。

```
=ROW(1:1)*3-2
```

在C2 单元格输入以下公式，并向右复制到H2 单元格，可以得到横向等差序列。

```
=COLUMN(A:A)*3-2
```

由于 1，4，7……的公差为 3，所以将ROW、COLUMN函数得到的序号扩大 3 倍，然后再减去 2，使其从 1 开始，得到最终结果。

14.7.2　认识 VLOOKUP 函数

VLOOKUP函数能够根据指定的查找值，在单元格区域或数组的首列中查询该内容的位置，并返回与之对应的其他列的内容，如根据姓名查询电话号码、根据单位名称查询负责人等。函数语法如下。

```
VLOOKUP(查找值,数据表,列序数,[匹配条件])
```

参数“查找值”是要在单元格区域或数组的第一列中查找的值。如果查询区域首列中包含多个符合条件的查找值，VLOOKUP函数只能返回第一个查找值对应的结果。如果没有符合条件的查找值，将返回错误值#N/A。

参数“数据表”是需要查询的单元格区域或数组，该参数的首列必须包含参数“查找值”。

参数“序列数”用于指定返回“数据表”中的第几列的值，该参数如果超出“数据表”的总列数，VLOOKUP函数将返回错误值#REF!，如果小于 1 则返回错误值#VALUE!。

参数“[匹配条件]”为可选参数，用于决定函数的查找方式，如果为 0 或FALSE，则为精确匹配方式，而且支持无序查找；如果为TRUE或省略参数值，则返回近似匹配值，在找不到精确匹配值时返回小于“查找值”的最大数值，同时要求“数据表”的首列按照升序排列。

Ⅰ　正向精确查找

示例14-47　用VLOOKUP函数查询零件类型对应的库存数量和单价

如图 14-85 所示，需要根据E列指定的零件类型，在A~C列查询对应的库存数量和单价。在F2 单元格中输入以下公式，将公式复制到F2:G3 单元格区域。

```
=VLOOKUP($E2,$A:$C,COLUMN(B2),0)
```

F2　=VLOOKUP($E2,$A:$C,COLUMN(B2),0)

	A	B	C	D	E	F	G
1	零件类型	库存数量	单价		查找零件	库存数量	单价
2	螺栓	1124	1.5		轴承	351	15
3	垫片	684	0.8		支架	1121	35
4	齿轮	428	8				
5	轴承	351	15				
6	法兰	2727	47				
7	支架	1121	35				

图 14-85　VLOOKUP 正向精确查找

公式中的“$E2”是查找值，“$A:$C”是指定的查找区域，“COLUMN(B2)”部分用于指定VLOOKUP函数返回查找区域中的第几列。VLOOKUP函数以E2 单元格中指定的查找零件类型，在“$A:$C”这个区域的首列进行查找，并返回该区域中与之对应的第 2 列的信息。

公式中“$E2”和“$A:$C”均使用列方向的绝对引用，当向右复制公式时，不会发生偏移。而参数“列序数”在向右复制公式时会变为“COLUMN(C2)”，结果为 3，指定VLOOKUP函数返回第3 列的信息。参数“列序数”也可以分别用数字 2 或 3 代替。

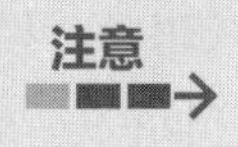

VLOOKUP 函数的参数“序列数”是指参数“数据表”中的第几列，不能理解为工作表中实际的列号。

Ⅱ　通配符查找

VLOOKUP函数的查找值是文本内容时，在精确匹配模式下支持使用通配符。

示例14-48　VLOOKUP函数使用通配符查找

如图 14-86 所示，A~B列为部门名称及对应的代码，要求查找D列包含通配符的关键字并返回对应部门的代码信息。

在E2 单元格中输入以下公式，向下复制到E3 单元格。

```
=VLOOKUP(D2,$A$1:$B$5,2,0)
```

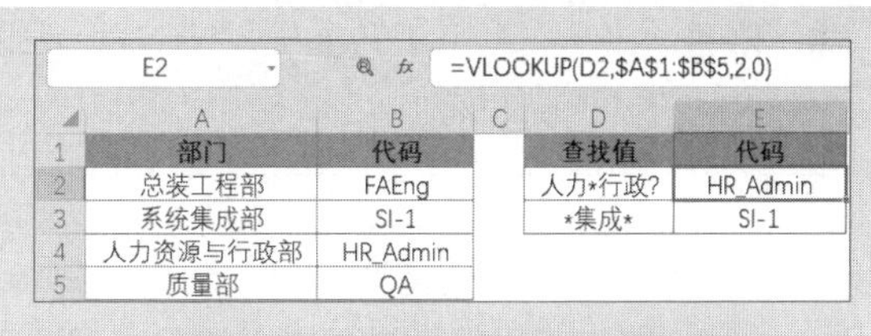

E2　=VLOOKUP(D2,$A$1:$B$5,2,0)

	A	B	C	D	E
1	部门	代码		查找值	代码
2	总装工程部	FAEng		人力*行政?	HR_Admin
3	系统集成部	SI-1		*集成*	SI-1
4	人力资源与行政部	HR_Admin			
5	质量部	QA			

图 14-86　VLOOKUP通配符查找

“*”和“?”都是通配符，其中“*”表示任意长度的字符串，“?”表示任意一个字符。D2 单元格的查找值“人力*行政?”表示“人力”和“行政”这两个关键字之间为任意长度字符的字符串，“行政”之后为 1 个字符的字符串。A列符合条件的部门名称为“人力资源与行政部”，因此E2 单元格返回其对应的代码“HR_Admin”。

如果D2 单元格中为字符“人力资源”，使用以下公式可以查询包含该关键字的记录。

```
=VLOOKUP("*"&D2&"*",$A$1:$B$5,2,0)
```

如果需要查找本身包含“*”或“?”的字符，输入公式时需要在“*”或“?”字符前加上“~”。

III 正向近似匹配

VLOOKUP 函数参数“[匹配条件]”为TRUE或被省略时，使用近似匹配方式。如果在查询区域中无法找到查询值，将以小于查找值的最大值进行匹配，同时要求查询区域必须按照首列值的大小进行升序排列，否则可能得到错误的结果。

示例14-49 根据销售额查询所在区间的提成比例

G2 =VLOOKUP(F2,$A$2:$C$5,3,1)

	A	B	C	D	E	F	G
1	销售额(下限)	销售额(上限)	提成比例		员工	销售额	提成比例
2	0	100000	1%		A	257119	5%
3	100001	200000	3%		B	371808	10%
4	200001	300000	5%		C	88473	1%
5	300001	无	10%		D	226855	5%
6					E	199374	3%

图 14-87 VLOOKUP 正向近似匹配

如图 14-87 所示，A~C列是提成比例的对照表，每个提成比例对应一个区间的销售额，如销售额大于等于 100001 且小于等于 200000 时，提成比例为 3%。现在需要根据F列的销售额，在A~C列查询对应的提成的比例。

在G2 单元格输入以下公式，向下复制到G5 单元格。

```
=VLOOKUP(F2,$A$2:$C$5,3,1)
```

VLOOKUP 函数以F2 单元格中的销售额 257119 为查询值，在A2:C5 单元格区域的首列中查找该内容。由于没有与该数值相同的内容，因此以小于F2 的最大值 200001 进行匹配，并返回与之对应的提成比例 5%。

IV 常见问题及注意事项

VLOOKUP 函数使用过程中，如果出现返回值不符合预期或是返回错误值的情况，常见原因如表 14-10 所示。

表 14-10 VLOOKUP 函数常见异常返回值原因分析

问题描述	原因分析
返回错误值#N/A，且参数“[匹配条件]”为TRUE	参数“查找值”小于参数“数据表”首列的最小值

续表

问题描述	原因分析
返回错误值#N/A，且参数“[匹配条件]”为 FALSE	参数“查找值”在参数“数据表”首列中未找到精确匹配项
返回错误值#REF!	参数“查找值”在参数“数据表”首列中有匹配值，但是参数“列序数”大于参数“数据表”的总列数
返回错误值#VALUE!	参数“数据表”在参数“数据表”首列中有匹配值，但是参数“列序数”小于 1
返回了不符合预期的值	参数“[匹配条件]”为 TRUE 或省略时，参数“数据表”未按首列升序排列

VLOOKUP 函数返回错误值的常见示例如图 14-88 所示。

	A	B	C	D	E	F	G
1	员工号	成绩		员工号	成绩	公式	原因分析
2	1569	87		1967	#REF!	=VLOOKUP(D2,A2:B7,3,0)	第三参数"3"超过查询区域的实际列数2
3	2052	75		2020	#VALUE!	=VLOOKUP(D3,A2:B7,0,0)	第三参数小于1，且2020在A列中存在
4	1967	74		1877	#N/A	=VLOOKUP(D4,A2:B7,2,0)	查找值格式不同，D4单元格为文本，A列为数字
5	2020	65		2104	#N/A	=VLOOKUP(D5,A2:B7,2,0)	员工号2104在查询区域内不存在
6	2014	95		1569	#N/A	=VLOOKUP(D6,A2:B7,2,0)	D6单元格或A2单元格中有不可见字符
7	1877	76					
8				FALSE	=D6=A2		

图 14-88　VLOOKUP 函数返回错误值示例

参数“查找值”常见的问题是查询值与查询区域首列中的数字格式不同，文本和数字格式的内容看似相同实则并不同。

可以使用等式判断两个单元格数字格式或内容是否相同，例如，在 D8 单元格中输入“=D6=A2”得到的结果是“FALSE”，说明 D6 和 A2 单元格内容其实并不相同，很可能某个单元格中包含了空格或是不可见字符。对查找值及查询区域的首列进行处理，统一格式及清理不可见字符等可以避免此类错误的产生。

参数“数据表”的常见问题是由于未采用绝对引用，公式在向其他区域复制时，引用的单元格区域发生了变化，导致可能查询不到正确的结果，只要将相对引用改成绝对引用即可。

当参数“[匹配方式]”为 TRUE 或省略时，如果参数“数据表”的首列没有按照升序排列，则可能返回错误值。

14.7.3　强大的 LOOKUP 函数

LOOKUP 函数有向量形式和数组形式两种语法，向量形式是指在单行区域或单列区域（称为“向量”）中查找值，然后返回第二个单行区域或单列区域中相同位置的值。

向量形式的 LOOKUP 函数语法如下。

```
LOOKUP(查找值，查找向量，[ 返回向量 ])
```

参数“查找值”是在“查找向量”中所要查找的值，可以为数字、文本、逻辑值或是定义的名称及单元格的引用。参数“查找向量”为查找范围。参数“[返回向量]”为可选参数，表示查询返回的结果范围，其大小必须与“查找向量”相同，如果该参数省略，将返回参数“查找向量”中对应位置的值。

如果需要在查找范围中查找一个明确的值，查找范围必须升序排列；当需要查找一个不明确的值时，如查找一列或一行数据的最后一个值，查找范围不需要严格地进行升序排列。

数组形式的LOOKUP函数语法如下。

```
LOOKUP(查找值，数组)
```

数组形式的LOOKUP函数在数组的第一行或第一列中查找指定的值，并返回数组最后一行或最后一列中同一位置的值。应用此种类型的函数时，如果数组的行数大于或等于列数，LOOKUP会在数组的首列中查找指定的值，并返回最后一列中同一位置的值。如果数组列数大于或等于行数，则会在数组的首行查找指定的值，并返回最后一行中同一位置的值。日常工作中，可使用其他函数代替LOOKUP函数的数组形式，避免出现自动识别查询方向而产生错误。

➲ Ⅰ　向量语法查找

LOOKUP函数向量形式用法相较于VLOOKUP函数更为简洁，且没有VLOOKUP函数中对查询区域列顺序的限制。因此使用LOOKUP函数时可以更轻松地实现数据查找。

示例14-50　使用LOOKUP函数向量形式查找员工号对应姓名

E2　=LOOKUP(D2,$B$2:$B$5,$A$2:$A$5)

	A	B	C	D	E	F
1	姓名	员工号		员工号	姓名	
2	杨宝玉	2211		3424	黄晋	
3	汤光华	3210		3210	汤光华	
4	黄晋	3424				
5	朱元超	3980				

图 14-89　LOOKUP 函数向量语法查找

如图14-89所示，A~B列为员工姓名与员工号信息，其中B列的员工号已经进行了升序处理，需要根据D列的员工号查询对应的姓名。在E2单元格中输入以下公式，并向下复制到E3单元格。

```
=LOOKUP(D2,$B$2:$B$5,$A$2:$A$5)
```

LOOKUP以D2单元格中的员工号作为查找值，在“查找向量”参数“$B$2:$B$5”中进行查询，并返回“[返回向量]”参数“$A$2:$A$5”中对应位置的内容。

注意　当查询一个具体的值时，查找值所在列需要进行升序排序。

➲ Ⅱ　查找某列的最后一个值

示例14-51　使用LOOKUP函数查找某列的最后一个值

当需要查找一个不确定的值时，如查找一列或一行数据的最后一个值，LOOKUP函数的查找范围不需要升序排列。以下公式可返回A列最后一个文本。

```
=LOOKUP("々",A:A)
```

“々”通常被看作是一个计算机字符集中编码较大的字符，输入方法为按住Alt键不放，依次按数字小键盘的 4、1、3、8、5。为了便于输入，也常使用编码较大的汉字“做”。

如图 14-90 所示，要查询最后一个打卡的人员姓名，可以在D2 单元格中输入以下公式。

```
=LOOKUP("做",B:B)
```

D2　fx　=LOOKUP("做",B:B)

	A	B	C	D	E
1	打卡时间	姓名		最后一个姓名	
2	6:42	陈业		李成忠	
3	6:58	卢宁			
4	7:02	业桂芬			
5	7:12	董春望			
6	7:18	赵岚			
7	7:31	李成忠			

图 14-90　LOOKUP 函数查找最后一个文本

以下公式可返回A列最后一个数值。

```
=LOOKUP(9E+307,A:A)
```

公式中的“9E+307”是WPS表格中的科学记数法，即 9*10^307，被认为是接近WPS表格允许输入的最大数值。将它用作查找值，可以返回一列或一行中的最后一个数值。

如果不区分查找值的类型，只需要返回最后一个非空单元格的内容，可以使用以下公式。

```
=LOOKUP(1,0/(A:A<>""),A:A)
```

“0/条件”是LOOKUP函数的一种模式化用法，将条件设定为“某一列<>""”，可返回最后一个非空单元格的内容。

公式先用“A:A<>""”来判断A列是否为空单元格，得到一组由逻辑值TRUE和FALSE构成的内存数组。然后利用“0 除以任何数都得 0”和“0 除以错误值得到的还是错误值”的特性，得到一串由 0 和错误值组成的新内存数组。

LOOKUP函数以 1 作为查找值，在这个新内存数组中进行查找。由于内存数组中只有 0 和错误值，因此在忽略错误值的同时，以最后一个 0 进行匹配，并最终返回参数“[返回向量]”中相同位置的内容。

提示

使用此方法时，内存数组没有经过排序处理，LOOKUP 函数也会按照升序排序的规则进行处理，也就是认为最大的数值在内存数组的最后，因此会以最后一个 0 进行匹配。

Ⅲ　多条件查找

实际工作中，如果LOOKUP函数查找值的所在列不允许排序，有一种较为典型的用法能够处理这种问题，公式如下。

```
=LOOKUP(1,0/((条件1)*(条件2)*……*(条件n)),要返回内容的区域或数组)
```

其中的“(条件 1)*(条件 2)*…*(条件n)”，可以是一个条件也可以是多个条件。

示例14-52 LOOKUP函数多条件查找

如图 14-91 所示，需要根据E列的员工“姓名”和F列的“考核项”两个条件，从左侧的成绩对照表中查询对应的成绩。G2 单元格中输入以下公式，向下复制到G3 单元格。

```
=LOOKUP(1,0/(($A$2:$A$7=E2)*($B$2:$B$7=F2)),$C$2:$C$7)
```

G2 fx =LOOKUP(1,0/(($A$2:$A$7=E2)*($B$2:$B$7=F2)),$C$2:$C$7)

	A	B	C	D	E	F	G
1	姓名	考核项	成绩		姓名	考核项	成绩
2	郭汉鑫	理论	87		洪波	理论	74
3	王维中	理论	75		王维中	实操	95
4	洪波	理论	74				
5	郭汉鑫	实操	65				
6	王维中	实操	95				
7	洪波	实操	76				

图 14-91 LOOKUP 函数多条件查找

公式中的“($A$2:$A$7=E2)”和“($B$2:$B$7=F2)”部分，分别将$A$2:$A$7 单元格区域中的姓名与E2 单元格中指定的姓名，以及 $B$2:$B$7 单元格区域中的考核项与F2 单元格中指定的考核项进行比较，得到两个由TRUE和FALSE组成的内存数组：

```
{FALSE;FALSE;TRUE;FALSE;FALSE;TRUE}
{TRUE;TRUE;TRUE;FALSE;FALSE;FALSE}
```

两个内存数组对应相乘，如果内存数组中对应位置的元素都为TRUE，相乘后返回 1，否则返回 0，计算后得到由 1 和 0 组成的新内存数组：

```
{0;0;1;0;0;0}
```

再用 0 除以上述内存数组，得到由 0 和错误值“#DIV/0!”组成的内存数组：

```
{#DIV/0!;#DIV/0!;0;#DIV/0!;#DIV/0!;#DIV/0!}
```

最后使用 1 作为查询值，由于在内存数组中找不到 1，因此LOOKUP以小于 1 的最大值，也就是 0 进行匹配，并返回“[返回向量]”参数“$C$2:$C$7”中对应位置的内容“74”。

如果有多个满足条件的结果，LOOKUP 函数将返回最后一个记录。

14.7.4 INDEX 和 MATCH 函数查找组合

INDEX函数和MATCH函数组合使用，能够实现任意方向的数据查询，使数据查询更加灵活简便。

➲ I　使用 INDEX 函数进行检索

INDEX函数能够在一个区域引用或数组范围中，根据指定的行号或(和)列号来返回值或引用。INDEX函数的语法有引用和数组两种形式，数组形式语法如下。

```
INDEX(数组,行序数,[列序数])
```

如果“数组”只包含一行或一列，则相应的[行序数]或[列序数]参数是可选的。如果数组具有多行和多列，并且仅使用[行序数]或[列序数]，则INDEX返回数组中整个行或列的数组。

参数“行序数”代表数组中的指定行，函数从该行返回数值。如果省略列序数，则需要有参数[列序数]。

参数“[列序数]”为可选参数，代表数组中的指定列，函数从该列返回数值。如果省略该参数，则需要有参数[行序数]。

引用形式语法如下。

```
INDEX(数组,行序数,[列序数],[区域序数])
```

参数“数组”是必需参数，为一个或多个单元格区域的引用，如果需要输入多个不连续的区域，必须将其用小括号括起来。参数“行序数”是必需参数，为要返回引用的行号。参数“[列序数]”是可选参数，为要返回引用的列号。参数“[区域序数]”是可选参数，为要选择返回引用的区域。

	A	B	C	D
1	1	2	3	4
2	5	6	7	8
3	9	10	11	12
4	13	14	15	16
5				
6	12	=INDEX(A1:D4,3,4)		
7	42	=SUM(INDEX(A1:D4,3,0))		
8	40	=SUM(INDEX(A1:D4,0,4))		
9	11	=INDEX((A1:B4,C1:D4),3,1,2)		

图 14-92　INDEX 函数检索

如图 14-92 所示，A1:D4 单元格区域中是需要检索的数据。

以下公式返回A1:D4 单元格区域中第 3 行和第 4 列交叉处的单元格，即D3 单元格的值 12。

```
=INDEX(A1:D4,3,4)
```

以下公式返回A1:D4 单元格区域中第 3 行单元格的和，即A3:D3 单元格区域的和 42。

```
=SUM(INDEX(A1:D4,3,0))
```

以下公式返回A1:D4 单元格区域中第 4 列单元格的和，即D1:D4 单元格区域的和 40。

```
=SUM(INDEX(A1:D4,0,4))
```

以下公式返回(A1:B4,C1:D4)两个单元格区域中的第二个区域第 3 行第 1 列的单元格，即C3 单元格。由于INDEX函数的参数“数组”是多个区域。因此用小括号括起来。

```
=INDEX((A1:B4,C1:D4),3,1,2)
```

根据公式需要，INDEX函数的返回值可以为引用或是数值。例如，如下第一个公式等价于第二个公式，CELL函数将INDEX函数的返回值作为B1单元格的引用。

```
=CELL("width",INDEX(A1:B2,1,2))
=CELL("width",B1)
```

而在以下公式中，则将INDEX函数的返回值解释为B1单元格中的数字。

```
=2*INDEX(A1:B2,1,2)
```

➲ II 单行（列）数据转换为多行多列

示例14-53 单行（列）数据转换为多行多列

如图14-93所示，A2:A13单元格区域为零件库存的基本信息，从A2单元格起，每3个单元格为一组。要求将A2:A13单元格区域的数据转换为C2:E5单元格区域的形式，将每个零件的信息拆分为1行3列。

在C2单元格输入以下公式，并将公式复制到C2:E5单元格区域。

```
=INDEX($A$2:$A$13,3*ROW(A1)-3+COLUMN(A1))
```

公式中的“3*ROW(A1)-3+COLUMN(A1)”部分，计算结果为1，公式向下复制时，ROW(A1)依次变为ROW(A2)、ROW(A3)……这部分的公式计算结果分别为4，7，10……即生成步长为3的递增数列。

公式向右复制时，COLUMN(A1)依次变为COLUMN(B1)、COLUMN(C1)……这部分的计算结果为2，3……即生成步长为1的递增数列。

“3*ROW(A1)-3+COLUMN(A1)”部分生成的结果如图14-94所示。

	A	B	C	D	E
1	原始数据		零件号	描述	库存数量
2	A345-3122-008		A345-3122-008	碳钢螺栓	31083
3	碳钢螺栓		CBE4-0000-3217	法兰316不锈钢	6658
4	31083		A358-0217-019	支架	12083
5	CBE4-0000-3217		E088-3229-0500	管塞	4459
6	法兰316不锈钢				
7	6658				
8	A358-0217-019				
9	支架				
10	12083				
11	E088-3229-0500				
12	管塞				
13	4459				

图14-93 单列数据转多列

1	2	3
4	5	6
7	8	9

图14-94 ROW函数和COLUMN函数生成递增数列

最后用INDEX函数，根据以上公式中生成的数列提取出A列中对应位置的内容。

➲ III 使用MATCH函数返回查询项的相对位置

MATCH函数用于根据指定的查询值，返回该查询值在一行（一列）的单元格区域或数组中的相对位置。若有多个符合条件的结果，MATCH函数仅返回结果第一次出现的位置。函数语法如下。

```
MATCH(查找值,查找区域,[匹配类型])
```

参数“查找值”为指定的查找对象。

参数“查找区域”为可能包含查找对象的单元格区域或数组，这个单元格区域或数组只能是一行或一列，如果是多行多列则返回错误值#N/A。

参数“[匹配类型]”是可选参数，为查找的匹配方式。当该参数为0、1或省略、-1时，分别表示精确匹配、升序模式下的近似匹配和降序模式下的近似匹配。如果简写该参数的值，仅以逗号占位，表示使用0，也就是精确匹配方式。如“MATCH("ABC",A1:A10,0)”等价于“MATCH("ABC",A1:A10,)”

当参数“[匹配类型]”为0时，参数“查找区域”不需要排序，以下公式返回值为3，表示在参数“查找区域”的数组中，字母“A”第一次出现的位置为3。

```
=MATCH("A",{"B","D","A","C","A"},0)
```

当参数“[匹配类型]”为1或省略时，参数“查找区域”要求按升序排列，如果参数“[匹配类型]”中没有具体的查找值，将返回小于参数“查找值”的最大值所在位置；以下两个公式都返回值为2，由于参数“查找区域”没有包含查询值4，因此以小于4的最大值也就是3进行匹配；3在参数“查找区域”的数组中是第2个，因此结果返回2。

```
=MATCH(4,{1,3,5,7},1)
=MATCH(4,{1,3,5,7})
```

当参数“[匹配类型]”为-1时，参数“查找区域”要求按降序排列，如果参数“查找区域”中没有具体的查找值，将返回大于参数“查找值”的最小值所在位置。以下公式返回值为3，由于参数“查找区域”中没有查询值5，因此以大于5的最小值也就是6进行匹配。6在参数“查找区域”的数组中是第3个，因此结果返回3。

```
=MATCH(5,{10,8,6,4,2,0},-1)
```

如果查找内容为文本，在使用精确匹配方式时支持使用通配符，具体使用方法与VLOOKUP函数的参数“查找值”相同。

➲ IV 不重复值个数的统计

如果查询区域中包含多个查找值，MATCH函数只返回查找值首次出现的位置，利用这一特点，可以统计出一行或一列数据中的不重复值的个数。

示例14-54 不重复值个数的统计

如图14-95所示，A2:A9单元格区域包含重复值，要求统计不重复值的个数。

在C2单元格输入以下数组公式，并按<Ctrl+Shift+Enter>组合键。

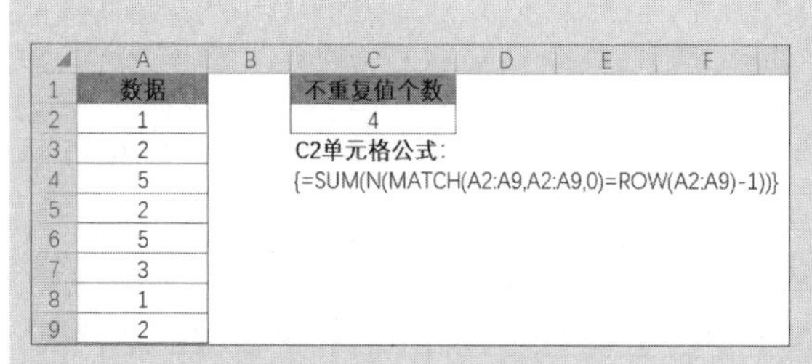

	A	B	C	D	E	F
1	数据		不重复值个数			
2	1		4			
3	2		C2单元格公式:			
4	5		{=SUM(N(MATCH(A2:A9,A2:A9,0)=ROW(A2:A9)-1))}			
5	2					
6	5					
7	3					
8	1					
9	2					

图 14-95　MATCH 函数统计不重复值个数

```
=SUM(N(MATCH(A2:A9,A2:A9,0)=ROW(A2:A9)-1))
```

公式中的“MATCH(A2:A9,A2:A9,0)”部分，以精确匹配的查询方式，分别查找A2:A9 单元格区域中每个数据在该区域首次出现的位置。返回结果如下。

```
{1;2;3;2;3;6;1;2}
```

以A2 单元格和A8 单元格中的数值“1”为例，MATCH 函数查找在A2:A9 单元格区域中的位置均返回 1，也就是该数值在A2:A9 单元格区域中首次出现的位置。

“ROW(A2:A9)-1)”部分用于得到 1~8 的连续自然数序列，行数与A列数据行数一致。通过观察可知，只有数据第一次出现时，用MATCH 函数得到的位置信息与ROW 函数生成的序列值对应，如果数据是首次出现，则比较后的结果为TRUE，否则为FALSE。

“MATCH(A2:A9,A2:A9,0)=ROW(A2:A9)-1”部分返回的结果如下。

```
{TRUE;TRUE;TRUE;FALSE;FALSE;TRUE;FALSE;FALSE}
```

TRUE的个数即代表A2:A9 单元格区域中不重复值的个数，用N 函数将逻辑值TRUE和FALSE分别转换成 1 和 0，再用SUM 函数求和即可。

➲ V　使用近似匹配方式返回合并单元格个数

在一些包含合并单元格的数据表中查询数据时，难点是求得合并单元格包含的单元格个数。MATCH 函数参数“[匹配类型]”设置为 -1，使用近似匹配方式，能够处理此类问题。

示例14-55 按部门分配奖金

	A	B	C	D
1	车间	员工	奖金	分配奖金
2	前清理	刘文静	1200	300
3		何彩萍		300
4		何恩杰		300
5		段启志		300
6	风选车间	窦晓玲	500	500
7	中试车间	刘翠玲	1200	400
8		陈晓丽		400
9		马思佳		400
10	包装车间	张海新	700	350
11		李家俊		350

图 14-96　奖金分配表

某单位奖金分配表的部分内容如图 14-96 所示，其中A列是部门名称，B列是员工姓名，C列是每个部门的奖金金额，需要在D列按每个部门的奖金金额和人数分配奖金。

D2 单元格输入以下数组公式，按<Ctrl+Shift+Enter>组合键，将公式向下复制到D11 单元格区域。

```
=IF(C2>0,C2/MATCH(FALSE,A3:A$12=0,-1),D1)
```

合并单元格内只有第一个单元格有内容，其他均为空单元格。

公式中的“MATCH(FALSE,A3:A$12=0,-1)”部分，先使用“A3:A$12=0”来判断A列自公式下一行为起点、到数据表的下一行这个区域内是否等于 0，也就是判断是否为空单元格，得到一组由TRUE和FALSE构成的逻辑值。然后以FALSE作为查询值，在这组逻辑值中以近似匹配方式，查询FSALE首次出现的位置，其结果就是当前车间的人数。

然后使用IF函数对C列单元格进行判断，如果C列单元格大于 0，则使用C2 除以当前车间的人数得到人均分配金额，否则返回D列上一个单元格中的值。

当公式被复制到D10 单元格，对最后一组合并单元格计算人数时，A11:A$12=0 部分的结果为{TRUE;TRUE}，MATCH函数在该内存数组中找不到查询值FALSE，因此以大于FALSE的最小值，也就是最后一个TRUE的所在位置进行匹配，计算结果为 2。

➲ VI　二维表交叉区域查询

MATCH函数结合INDEX函数可以实现二维表交叉区域查询。

示例14-56　二维表交叉区域查询

如图 14-97 所示，A1:F5 为某产品在不同销售区域的订单数量，需要根据指定的“季度”和“区域”查找相应的订单数量。在E8 单元格中输入以下公式，计算结果为 4363。

```
=INDEX($B$2:$F$5,MATCH(C8,$A$2:$A$5,
0),MATCH(D8,$B$1:$F$1,0))
```

	A	B	C	D	E	F
1		华东区	华北区	西南区	东南区	西北区
2	第一季度	2510	4077	2722	1667	1482
3	第二季度	223	4485	1153	253	2199
4	第三季度	1632	1757	4363	2982	722
5	第四季度	4492	3386	192	4141	582
6						
7			季度	区域	订单数量	
8			第三季度	西南区	4363	

图 14-97　交叉区域查询

公式中的“MATCH(C8,$A$2:$A$5,0)”部分，返回C8 单元格在$A$2:$A$5 单元格区域中的位置，结果为 3。

“MATCH(D8,$B$1:$F$1,0)”部分，返回D8 单元格在$B$1:$F$1 单元格区域中的位置，结果为 3。

INDEX函数的参数“数组”$B$2:$F$5 是需要从中返回内容的引用区域，两个MATCH函数的结果分别作为INDEX函数查询区域中的行号和列号，最终返回$B$2:$F$5 单元格区域中的第 3 行与第 3 列交叉的内容，即D4 单元格中的 4363。

➲ VII　多条件查询

MATCH函数结合INDEX函数，还可以实现多个条件的数据查询。

示例14-57 使用MATCH函数和INDEX函数进行多条件查询

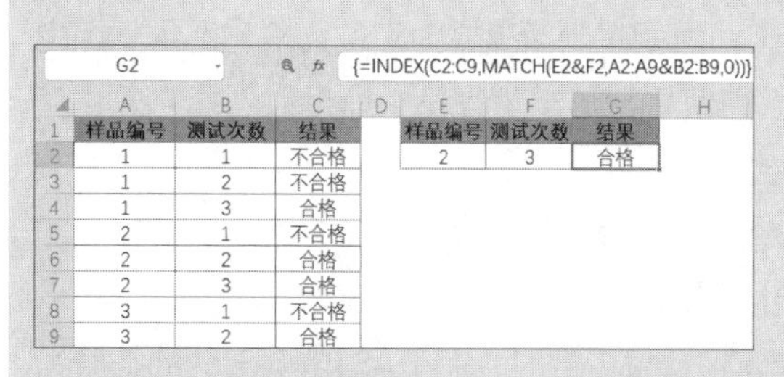

G2 {=INDEX(C2:C9,MATCH(E2&F2,A2:A9&B2:B9,0))}

	A	B	C	D	E	F	G	H
1	样品编号	测试次数	结果		样品编号	测试次数	结果	
2	1	1	不合格		2	3	合格	
3	1	2	不合格					
4	1	3	合格					
5	2	1	不合格					
6	2	2	合格					
7	2	3	合格					
8	3	1	不合格					
9	3	2	合格					

图 14-98 MATCH函数和INDEX函数多条件查询

如图 14-98 所示，A~C列为某单位样品测试的部分记录，需要根据E2和F2单元格中的样品编号和测试次数，查找对应的测试结果。在G2单元格中输入以下数组公式，按<Ctrl+Shift+Enter>组合键。

```
=INDEX(C2:C9,MATCH(E2&F2,A2:A9&B2:B9,0))
```

公式中的“MATCH(E2&F2,A2:A9&B2:B9,0)”部分，先用连接符“&”将E2和F2合并成一个新的字符串“23”，以此作为查询值；再将A2:A9和B2:B9单元格区域合并成一个新的查询区域；然后用MATCH函数，查询出字符串“23”在合并后的查询区域中所处的位置6。

最后用INDEX函数返回C2:C9单元格区域中对应位置的结果。

➲ VIII 逆向查询

示例14-58 使用INDEX函数和MATCH函数进行逆向查找

F2 =INDEX(A:A,MATCH(E2,B:B,0))

	A	B	C	D	E	F
1	员工号	姓名	部门		姓名	员工号
2	2281	韩见	人事部		吕世宏	2962
3	2962	吕世宏	采购部		吴玉芳	1724
4	1510	周春艳	工程部			
5	1724	吴玉芳	市场部			

图 14-99 逆向查询

如图 14-99 所示，A~C列为员工信息表的部分内容，需要根据E列单元格中的姓名查找对应的员工号。在F2单元格中输入以下公式，向下复制到F3单元格。

```
=INDEX(A:A,MATCH(E2,B:B,0))
```

“MATCH(E2,B:B,0)”部分，用于定位E2单元格中的“吕世宏”在B列中的位置3，以此作为INDEX函数的“行序数”参数。INDEX函数根据MATCH函数返回的位置信息，最终得到A列中对应位置的查询结果。

14.7.5 MATCH 函数与 VLOOKUP 函数配合

VLOOKUP函数需要在多列中查找数据时，结合MATCH函数可使公式的编写更加方便。

示例14-59 MATCH函数配合VLOOKUP函数查找多列信息

如图 14-100 所示，左侧为某公司各部门的员工信息，需要根据F列的员工姓名查询相应的职级和部门。在 G2 单元格输入以下公式，将公式复制到 G2:H3 单元格区域。

```
=VLOOKUP($F2,$A:$D,MATCH(G$1,$A$1:$D$1,0),0)
```

公式中的“MATCH(G$1,$A$1:$D$1,0)”部分，根据公式所在列的不同，分别查找出“职级”和“部门”在查询区域中处于第几列，以此作为VLOOKUP函数的参数“列序数”。

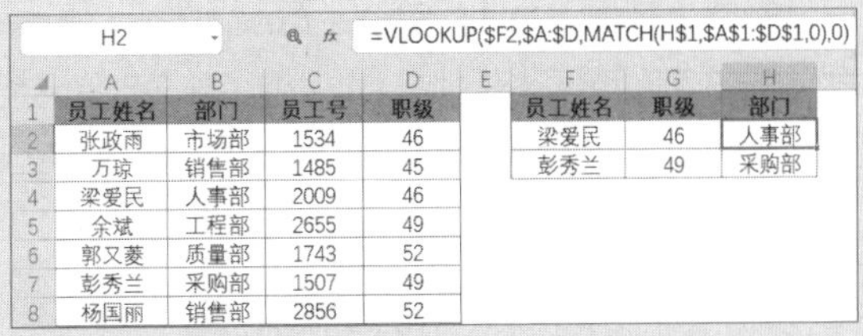

H2 =VLOOKUP($F2,$A:$D,MATCH(H$1,$A$1:$D$1,0),0)

	A	B	C	D	E	F	G	H
1	员工姓名	部门	员工号	职级		员工姓名	职级	部门
2	张政雨	市场部	1534	46		梁爱民	46	人事部
3	万琼	销售部	1485	45		彭秀兰	49	采购部
4	梁爱民	人事部	2009	46				
5	余斌	工程部	2655	49				
6	郭又菱	质量部	1743	52				
7	彭秀兰	采购部	1507	49				
8	杨国丽	销售部	2856	52				

图 14-100 MATCH 函数与 VLOOKUP 函数配合

使用该方法，在查询区域列数较多时能够自动计算出要返回的内容处于查询区域中第几列，而不需要人工判断。

14.7.6 认识 OFFSET 函数

OFFSET函数能够以指定的引用为参照，通过给定的偏移量得到新的引用，返回的引用可以为一个单元格或单元格区域。此函数常用于构建动态的引用区域、制作动态下拉菜单及在图表中构建动态的数据源等。函数语法如下。

```
OFFSET(参照区域,行数,列数,[高度],[宽度])
```

“参照区域”是必需参数，作为偏移量参照的起始引用区域，该参数必须为对单元格或单元格区域的引用。

“行数”是必需参数。用于指定从参数“参照区域”的左上角单元格位置开始，向上或向下偏移的行数。行数为正数时，表示在起始引用的下方；行数为负数时，表示在起始引用的上方。如果省略参数值，必须用半角逗号占位，省略参数值时默认为 0（不偏移）。

“列数”是必需参数。用于指定从参数“参照区域”的左上角单元格位置开始，向左或向右偏移的列数。列数为正数时，表示在起始引用的右侧；列数为负数时，表示在起始引用的左侧。如果省略参数值，必须用半角逗号占位，省略参数值时默认为 0（不偏移）。

“[高度]”是可选参数，为要返回的引用区域行数。如果省略该参数，则新引用的行数与参数“参照区域”的行数相同。

“[宽度]”是可选参数，为要返回的引用区域列数。如果省略该参数，则新引用的列数与参数“参照区域”的列数相同。

如果OFFSET函数偏移后的结果超出工作表边缘，将返回错误值#REF!。

➲ Ⅰ 图解 OFFSET 函数参数含义

如图 14-101 所示，以下公式将返回对C4:D7 单元格的引用。

```
=OFFSET(A1,3,2,4,2)
```

其中，A1 单元格为OFFSET函数的引用基点，参数“行数”为 3，表示以A1 为基点向下偏移 3

行，至A4 单元格。参数“列数”为 2，表示自A4 单元格向右偏移 2 列，至C4 单元格。

参数［高度］为 4，参数［宽度］为 2，表示OFFSET函数返回的引用是以C4 为左上角位置，共 4 行 2 列的单元格区域，即引用C4:D7 单元格区域。

OFFSET函数的参数允许使用负数，如图 14-102 所示，以下公式将返回对B3:C6 单元格的引用。

```
=OFFSET(E9,-3,-2,-4,-2)
```

以上公式表示OFFSET函数以E9 单元格为引用基点，向上偏移 3 行，向左偏移 2 列，至C6 单元格。新引用的范围为从C6 单元格向上 4 行，向左 2 列的单元格区域，即B3:C6 单元格区域。

	A	B	C	D	E
1	A1				
2					
3					
4			C4	D4	
5			C5	D5	
6			C6	D6	
7			C7	D7	
8					
9					
10					

图 14-101　OFFSET函数偏移示例

	A	B	C	D	E
1					
2					
3		B3	C3		
4		B4	C4		
5		B5	C5		
6		B6	C6		
7					
8					
9					E9
10					

图 14-102　OFFSET函数参数为负数

➲ II　OFFSET 函数创建动态数据区域

示例14-60　OFFSET函数创建动态数据区域

	A	B	C	D	E
1	日期	客户姓名	产品名称	金额	分公司
2	2021/2/5	吕方	创新一号	330	北京分公司
3	2021/2/7	穆弘	固收五号	85	北京分公司
4	2021/2/10	雷横	固收一号	45	广州分公司
5	2021/2/11	卢俊义	创新三号	850	北京分公司
6	2021/2/15	焦挺	固收三号	275	广州分公司
7	2021/2/19	鲁智深	固收三号	160	上海分公司
8	2021/2/22	扈三娘	固收五号	235	北京分公司
9	2021/2/23	鲍旭	创新一号	540	广州分公司
10	2021/2/24	刘唐	固收三号	45	上海分公司
11	2021/2/27	李立	创新二号	160	上海分公司
12	2021/3/2	解宝	固收一号	200	广州分公司

图 14-103　数据源

如图 14-103 所示，A1:E12 单元格区域为基础数据源，随着时间变化，数据量会随之增加，在数据汇总、数据验证及制作图表时，往往需要引用最新的数据源区域，此时可以使用OFFSET函数创建动态数据源区域。

操作步骤如下。

步骤① 在【公式】选项卡下，单击【名称管理器】，打开【名称管理器】对话框。

步骤② 单击【名称管理器】对话框的【新建】命令，打开【新建名称】对话框。在【名称】文本框中输入“动态区域”，在【引用位置】文本框中输入如下公式，然后单击【确定】按钮。单击【名称管理器】对话框的【关闭】按钮，完成新建名称，如图 14-104 所示。

```
=OFFSET(数据源!$A$1,0,0,COUNTA(数据源!$A:$A),COUNTA(数据源!$1:$1))
```

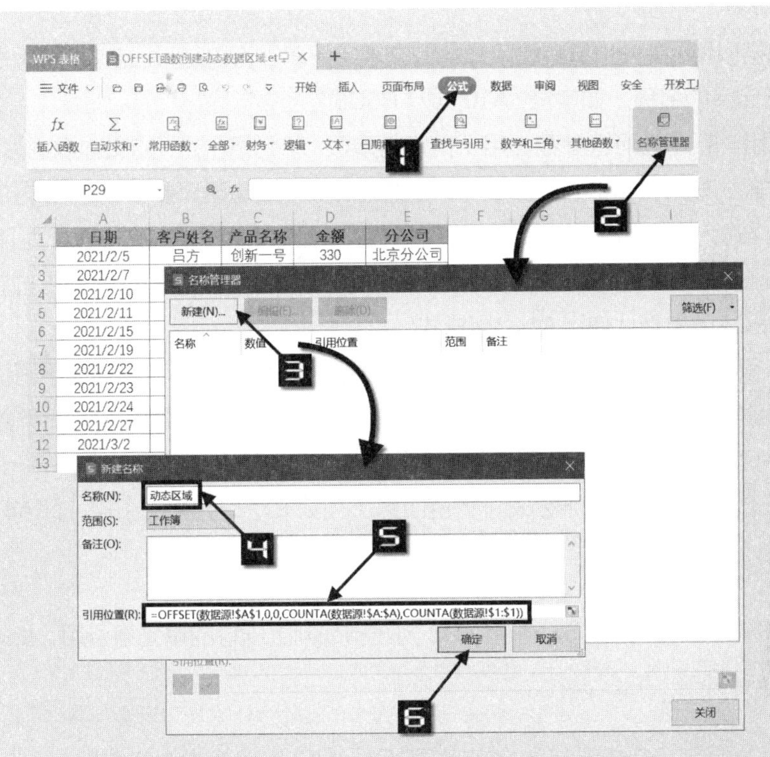

图 14-104　创建动态数据区域

公式中，“COUNTA(数据源!$A:$A)”和“COUNTA(数据源!$1:$1)”分别计算出基础数据源A列和第 1 行的非空单元格数量，即当前数据区域的行数 12，列数 5。然后分别作为OFFSET函数的第 4、第 5 参数，得到当前数据区域，即A1:E12 单元格区域。

当数据区域的行数或列数增加时，COUNTA函数计算的行、列数也会相应地增加，则OFFSET函数得到的结果区域也会变化，形成新的数据区域。

使用 COUNTA 函数配合 OFFSET 函数创建动态数据区域，要求 COUNTA 引用的 A 列和第 1 行数据必须完整，不能存在空单元格。

14.7.7　用 INDIRECT 函数把字符串变成真正的引用

在WPS表格中，尽管有绝对引用可以锁定引用范围，但插入行列或删除等操作，仍然可能造成已有公式中的引用区域发生改变，导致公式返回值发生错误。

使用INDIRECT函数可以解决这个问题，因为INDIRECT函数中代表引用的参数是文本常量，不会随公式复制或行列的增加、删除等操作而改变。

➲ Ⅰ　INDIRECT 函数的基本用法

INDIRECT函数能够将具有引用样式的文本字符串，生成具体的单元格引用。函数语法如下。

```
INDIRECT(单元格引用,[引用样式])
```

参数“单元格引用”是一个具有引用样式的文本字符串，可以是A1 或是R1C1 引用样式的字符串，也可以是已定义的名称，如字符“A10”或“R5C6”。

参数“[引用样式]”为可选参数，用于指定将参数“单元格引用”的文本识别为A1 引用样式还是R1C1 引用样式。如果该参数为TRUE或非 0 的任意数值或省略，参数“单元格引用”中的文本被解释为A1 引用样式；如果为FALSE或 0，则将参数“单元格引用”中的文本解释为R1C1 引用样式。

INDIRECT函数默认采用A1 引用样式。参数“[引用样式]”可以只以逗号占位，不输入具体参数，此时INDIRECT函数默认使用A1 引用样式。

采用R1C1 引用样式时，用字母“R”和“C”表示行和列，并且不区分大小写。参数中的“R”和“C”与各自后面的数字直接组合起来表示具体的区域，即绝对引用方式。如果数值是以方括号“[]”括起来，则表示与公式所在单元格相对位置的行、列，即相对引用方式。

例如，在任意单元格输入以下公式，将返回第 1 列第 8 个单元格的引用，即A8 单元格。

```
=INDIRECT("R8C1",)
```

在B2 单元格中输入以下公式，将返回B2 向左一列向上一行的单元格引用，即A1 单元格。

```
=INDIRECT("R[-1]C[-1]",)
```

如图 14-105 所示，B2 单元格为文本字符“E3”，E3 单元格中为字符串“我是E3”，在G3 单元格中输入以下公式，将返回E3 单元格的内容“我是E3”。

```
=INDRIECT(B2)
```

	A	B	C	D	E	F	G	H
1								
2		E3					A1引用样式	公式
3					我是E3		我是E3	=INDIRECT(B2)
4							我是E3	=INDIRECT("E3")
5								

图 14-105 INDIRECT函数A1 引用样式

公式中的INDIRECT函数省略参数[引用样式]，表示将参数“单元格引用”识别为A1 引用方式。INDIRECT函数将B2 单元格中的文本“E3”转换成E3 单元格的实际引用，最终返回E3 单元格中的字符串“我是E3”。

如果在G4 单元格输入以下公式，也会返回E3 单元格中的内容“我是E3”。INDIRECT函数的参数“单元格引用”的内容是文本“E3”，使用A1 引用样式，将其转换成E3 单元格的实际引用。

```
=INDIRECT("E3")
```

如图 14-106 所示，B9 单元格为文本“R11C5”，E11 单元格为文本“我是E11”。输入以下两个公式，都将返回E11 单元格的内容“我是E11”。

```
=INDIRECT(B9,0)
=INDIRECT("R11C5",0)
```

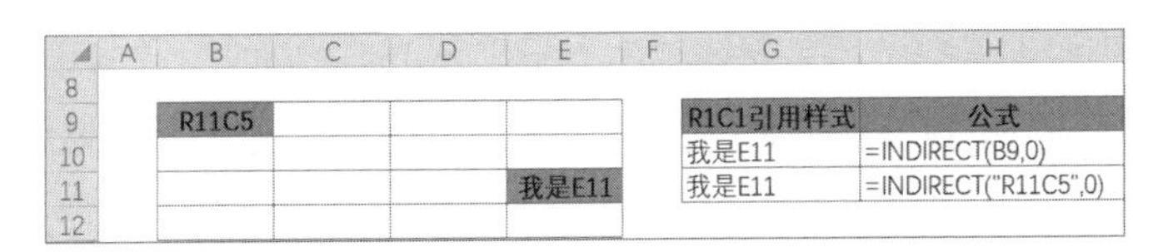

图 14-106　INDIRECT 函数 R1C1 引用样式

INDIRECT 函数的参数［引用样式］使用 0，表示将参数“单元格引用”解释为 R1C1 引用样式。INDIRECT 函数将 B9 单元格中的字符串“R11C5”变成第 11 行第 5 列的实际引用。因此函数最终返回的是 E11 单元格的字符串“我是E11”。

➲ II　INDIRECT 函数跨工作表引用数据

示例14-61　使用INDIRECT函数汇总各店铺销售额

如图 14-107 所示，这是某公司各店铺销售人员 1~6 月的销售记录，要求将各月销售人员的销售额汇总到“汇总表”工作表中。

通过观察可以发现，各工作表中的记录行数虽然不同，但是总计数均在 H 列的最后一行。只要得到相应工作表中 H 列的最大值即可实现跨工作表引用数据。

在“汇总表”工作表的 B2 单元格中输入以下公式，向下复制到 B2:B5 单元格区域。

```
=MAX(INDIRECT("'"&A2&"'!H:H"))
```

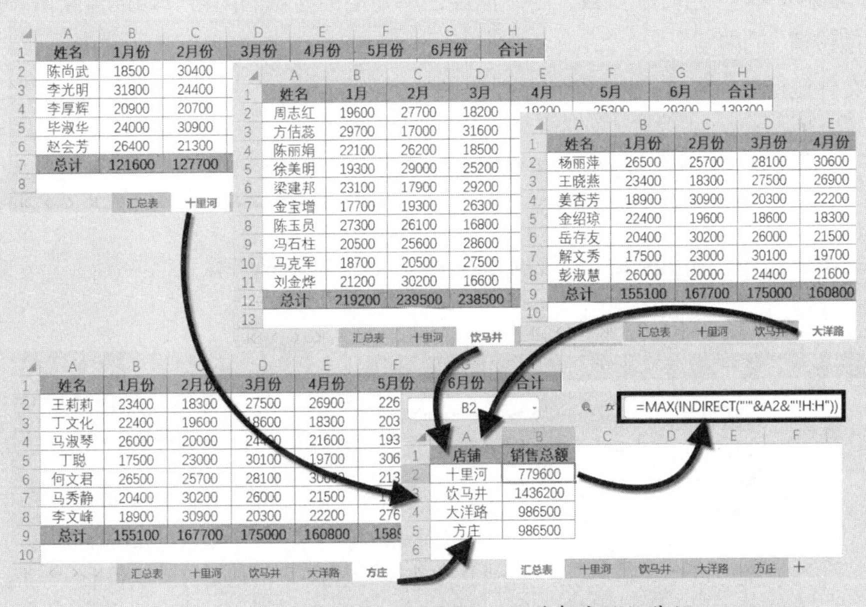

图 14-107　使用 INDIRECT 函数汇总各店铺销售额

公式中的“"'"&A2&"'!H:H")”部分，使用连接符与 A2 单元格的工作表名称连接，得到具有引用样式的字符串“"'十里河'!H:H"”，也就是名称为“十里河”的工作表H列的单元格地址。

再使用INDIRECT函数将其转换成真正的引用，返回H列整列的引用。最后通过MAX函数计算出该列的最大值，得到指定工作表的销售额总计数。

如果引用工作表标签中包含有空格等特殊符号，或以数字开头时，工作表的标签名中必须使用一对半角单引号进行包含，否则将返回错误值“#REF!”。

用INDIRECT函数也可以创建跨工作簿的引用，但被引用工作簿必须是打开的，否则公式将返回错误值“#REF!”。

14.7.8 使用HYPERLINK函数生成超链接

HYPERLINK函数是WPS表格中唯一一个既可以返回数据值，又能够生成链接的特殊函数，函数语法以下。

```
HYPERLINK(链接位置,[显示文本])
```

参数“链接位置”是要打开的文档路径和文件名，还支持使用定义的名称，但相应的名称前必须加上前缀“#”号，如#DATA等。对于当前工作簿中的链接地址，也可以使用前缀“#”号来代替工作簿名称。

参数“[显示文本]”为可选参数，用于指定在单元格中显示的内容。如果省略该参数，会显示为参数“链接位置”的内容。

➲ Ⅰ 创建文件链接

示例14-62 使用HYPERLINK函数创建文件链接

如图14-108所示，为某文件夹下的所有文件，现在需要在WPS表格中创建这些文件的链接。操作步骤如下。

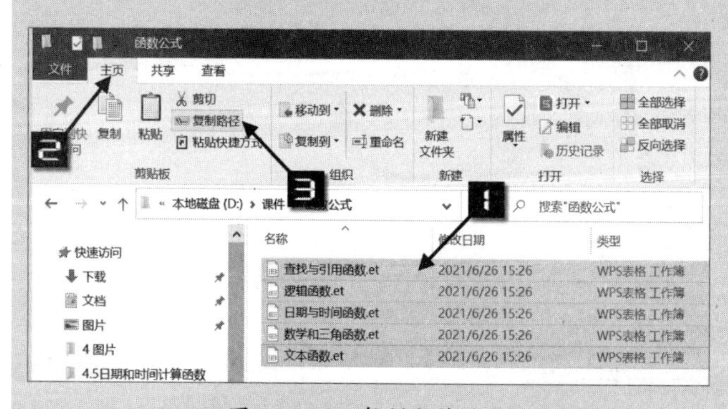

图14-108 复制文件路径

步骤1 以Windows10系统为例，在文件资源管理器中按<Ctrl+A>组合键选中所有要创建链接的文件，然后单击【主页】选项卡【复制路径】按钮，如图14-108所示，粘贴到工作表的A列。

步骤2 在B列对应单元格分别输入“查找与引用函数”“逻辑函

数"等文件名称，如图 14-109 所示。

	A	B
1	文件路径	文件名称
2	D:\课件\函数公式\查找与引用函数.et	查找与引用函数
3	D:\课件\函数公式\逻辑函数.et	逻辑函数
4	D:\课件\函数公式\日期与时间函数.et	日期与时间函数
5	D:\课件\函数公式\数学和三角函数.et	数学和三角函数
6	D:\课件\函数公式\文本函数.et	文本函数

图 14-109　输入文件名称

步骤③ 在C2 单元格中输入以下公式，向下复制到C6 单元格。

```
=HYPERLINK(A2)
```

公式中省略了HYPERLINK函数的参数"[显示文本]"，显示结果如图 14-110 中C列所示。如果希望显示为链接的文件名称，可以将HYPERLINK函数的参数"[显示文本]"指定为"文件名称"对应的单元格。例如，D2 单元格可以使用以下公式。


```
=HYPERLINK(A2,B2)
```

	A	B	C	D
1	文件路径	文件名称	省略第二参数	包含第二参数
2	D:\课件\函数公式\查找与引用函数.et	查找与引用函数	D:\课件\函数公式\查找与引用函数.et	查找与引用函数
3	D:\课件\函数公式\逻辑函数.et	逻辑函数	D:\课件\函数公式\逻辑函数.et	逻辑函数
4	D:\课件\函数公式\日期与时间函数.et	日期与时间函数	D:\课件\函数公式\日期与时间函数.et	日期与时间函数
5	D:\课件\函数公式\数学和三角函数.et	数学和三角函数	D:\课件\函数公式\数学和三角函数.et	数学和三角函数
6	D:\课件\函数公式\文本函数.et	文本函数	D:\课件\函数公式\文本函数.et	文本函数

图 14-110　HYPERLINK创建文件链接

设置完成后，光标指针靠近公式所在单元格时，会自动变成手形，单击超链接，即可打开相应的工作簿。

➲ II　链接到工作表

如果使用连接符"&"将字符串连接为带有路径和工作簿名称、工作表名称及单元格地址的文本，也可以作为HYPERLINK函数跳转的具体位置。

图 14-111 是不同部门人员的花名册，每个部门的数据存储在以部门名称命名的工作表中。为方便查看，需要在"目录"工作表中创建指向各个工作表的超链接。

B2　=HYPERLINK("#"&A2&"!A1","点击跳转")

	A	B	C	D	E
1	工作表名称	跳转超链接			
2	工程部	点击跳转			
3	人事部	点击跳转			
4	财务部	点击跳转			
5	质量部	点击跳转			
6	销售部	点击跳转			
7					

目录　工程部　人事部　财务部　质量部　销售部　+

图 14-111　HYPERLINK函数链接到工作表

在B2 单元格中输入以下公式，向下复制到B6 单元格。

```
=HYPERLINK("#"&A2&"!A1","点击跳转")
```

公式中的""#"&A2&"!A1""部分，得到字符串""#工程部!A1""，用于指定要跳转的具体位置，其中的#表示当前工作簿。参数"[显示文本]"为"点击跳转"，表示建立超链接后B2 单元格显示的文字。

14.8　统计求和类函数

统计求和类函数在日常工作中有较高的使用频率，如求和、计数、最大值最小值、平均值、频率统计和排名等。本节主要介绍常用的统计求和类函数及使用技巧。

14.8.1 使用 SUM 函数计算截至当月的累计销量

SUM函数用于返回某一单元格区域中所有数值之和，函数语法如下。

```
SUM(数值1,……)
```

直接键入参数表中的数字、逻辑值及数字的文本表达式将被计算。

如果参数为数组或引用，只有其中的数字被计算，数组或引用中的空白单元格、逻辑值、文本或错误值将被忽略。

如果参数为错误值或为不能转换成数字的文本，将会导致错误。

示例14-63 计算截至当月的累计销量

	A	B	C
1	销售月份	销量	累计销量
2	1月份	199.00	199.00
3	2月份	429.00	628.00
4	3月份	449.00	1,077.00
5	4月份	329.00	1,406.00
6	5月份	399.00	1,805.00
7	6月份	399.00	2,204.00
8	7月份	429.00	2,633.00
9	8月份	249.00	2,882.00
10	9月份	429.00	3,311.00
11	10月份	1,499.00	4,810.00
12	11月份	1,798.00	6,608.00
13	12月份	798.00	7,406.00

图 14-112 计算累计销量

图 14-112 展示了一张销量统计表，其中C列是截至当月的累计销量，可以用SUM函数轻松计算。

在C2 单元格输入如下公式，向下复制到C13 单元格。

```
=SUM($B$2:B2)
```

该公式使用SUM函数实现求和运算，主要技巧是参数的引用方式不同。

表示求和起始单元格的“$B$2”是绝对引用，公式向下复制填充时不会发生变化。而求和终止单元格的“B2”部分是相对引用，会随着公式向下填充，依次变化为“B3”“B4”“B5”等，所以，公式向下复制时，SUM函数的参数会不断扩展，依次变化为“$B$2:B3”“$B$2:B4”“$B$2:B5”……从而计算出 1 月份至当前月份的销量累加之和。

14.8.2 使用 SUMIF 函数对单字段进行条件求和

SUMIF函数用于按给定条件对指定单元格求和，语法如下。

```
SUMIF(区域,条件,[求和区域])
```

如果参数“区域”中的内容符合指定的条件，就对参数“[求和区域]”中对应位置的数值进行求和。如果省略参数[求和区域]，则求和区域和条件区域相同。

示例14-64 使用SUMIF函数按条件计算供货金额

图 14-113 展示了一张供货金额统计表，现需要按照一定条件对供货金额进行统计，可以使用

SUMIF 函数实现。

要对 F3 单元格指定的供货商“绿源集团”对应的金额求和，可以在 G3 单元格输入以下公式。

```
=SUMIF(C2:C27,F3,D2:D27)
```

要对 C 列供货商名称中包含 F6 单元格指定关键字“纺织”的对应金额求和，可以在 G6 单元格输入以下公式。

	A	B	C	D	E	F	G
1	业务日期	流水号	供货商	金额			
2	2019/8/28	1912026099	富华纺织	33,928.00		供货商	合计金额
3	2019/8/29	1912037174	富华纺织	18,093.00		绿源集团	70,569.00
4	2019/8/29	1912039378	绿源集团	4,590.00			
5	2019/8/29	1912039511	黎明纺织	34,527.00		关键字	合计金额
6	2019/8/29	1912036154	富华纺织	24,012.00		纺织	260,613.00
7	2019/8/29	1912035918	富华纺织	29,061.00			
8	2019/8/30	1912049892	兴豪皮业	25,873.00		指定条件	合计金额
9	2019/8/30	1912046499	兴豪皮业	11,752.00		>30000	243,599.00
10	2019/8/30	1912044396	乐悟集团	31,311.00			
11	2019/8/30	1912045897	黎明纺织	23,327.00			
12	2019/8/30	1912049722	绿源集团	26,297.00			
13	2019/8/30	1912044670	富华纺织	15,698.00			
14	2019/8/30	1912048410	绿源集团	28,542.00			
15	2019/8/30	1912048146	富路车业	35,614.00			

图 14-113 使用 SUMIF 函数进行条件求和

```
=SUMIF(C2:C27,"*"&F6&"*",D2:D27)
```

此公式中，SUMIF 函数的参数“条件”为“"*"&F6&"*"”，是将 F6 单元格的内容之前和之后各连接上一个通配符（*），构建了包含关键字的模糊匹配条件，从而达到按照关键字条件求和的目的。

要对 F9 指定单元格指定的条件，如金额大于 30000 的对应记录求和，可以在 G9 单元格输入以下公式。

```
=SUMIF(D2:D27,F9,D2:D27)
```

提示

以上公式中，SUMIF 的参数“区域”和参数“[求和区域]”为同一区域，此时可以省略该参数，简写为 =SUMIF(D2:D27,F9)

如果 F9 单元格为数值 30000，要计算大于该单元格金额的总和，可以使用以下两个公式。

```
=SUMIF(D2:D27,">"&F9,D2:D27)
=SUMIF(D2:D27,">"&F9)
```

注意

在条件统计类函数中，如果统计条件需要与单元格中的数值进行大小比较，注意要将比较运算符加上半角单引号后，再使用连接符 & 与单元格地址进行连接，如本例中的">"&F9。如果写成">F9"，公式会将其中的 F9 识别为文本字符“F9”，而不是 F9 单元格。

14.8.3 使用 SUMIFS 函数对多字段进行条件求和

SUMIFS 函数用于对某一区域内满足多重条件的单元格求和，语法如下。

```
=SUMIFS(求和区域,区域 1,条件 1,[区域 2,条件 2],…)
```

当区域 1 中等于指定的条件 1，并且区域 2 中等于指定的条件 2，则对求和区域对应位置的数值进行求和。

与SUMIF函数不同，SUMIFS函数的求和区域被放到最前面，其他参数依次是区域1、条件1、区域2、条件2……

图14-114展示了一张供货金额统计表，现需要根据F3单元格指定的条件业务日期<=2019/8/30，和G3单元格指定的供货商“绿源集团”，对相应的金额进行求和。

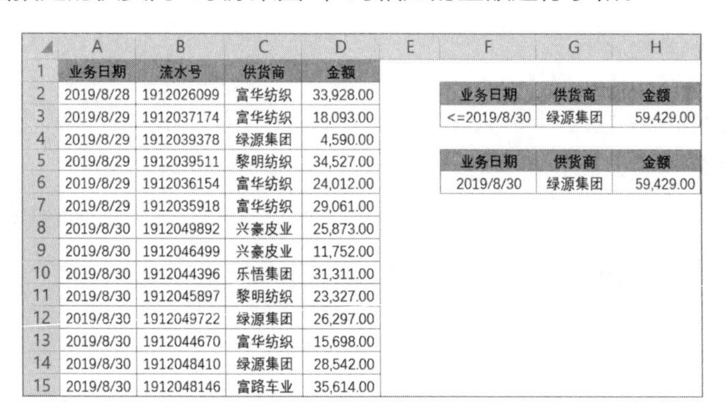

	A	B	C	D	E	F	G	H
1	业务日期	流水号	供货商	金额				
2	2019/8/28	1912026099	富华纺织	33,928.00		业务日期	供货商	金额
3	2019/8/29	1912037174	富华纺织	18,093.00		<=2019/8/30	绿源集团	59,429.00
4	2019/8/29	1912039378	绿源集团	4,590.00				
5	2019/8/29	1912039511	黎明纺织	34,527.00		业务日期	供货商	金额
6	2019/8/29	1912036154	富华纺织	24,012.00		2019/8/30	绿源集团	59,429.00
7	2019/8/29	1912035918	富华纺织	29,061.00				
8	2019/8/30	1912049892	兴豪皮业	25,873.00				
9	2019/8/30	1912046499	兴豪皮业	11,752.00				
10	2019/8/30	1912044396	乐悟集团	31,311.00				
11	2019/8/30	1912045897	黎明纺织	23,327.00				
12	2019/8/30	1912049722	绿源集团	26,297.00				
13	2019/8/30	1912044670	富华纺织	15,698.00				
14	2019/8/30	1912048410	绿源集团	28,542.00				
15	2019/8/30	1912048146	富路车业	35,614.00				

图 14-114　使用SUMIFS函数进行多条件求和

在H3单元格输入以下公式：

```
=SUMIFS(D2:D27,A2:A27,F3,C2:C27,G3)
```

公式中的“D2:D27”是求和区域，“A2:A27,F3”是第一组区域/条件，“C2:C27,G3”是第二组区域/条件。如果A列的日期小于或等于“2019/8/30”，并且C列的供货商名称等于G3单元格的内容“绿源集团”，则将与之对应的D列金额汇总求和。

如果日期条件单元格仅输入纯日期（如F6单元格），需要使用文本连接的方式构建统计条件，以上规则若以F6、G6单元格为求和条件，公式可更改为：

```
=SUMIFS(D2:D27,A2:A27,"<="&F6,C2:C27,G6)
```

公式中“"<="&F6”使用文本连接符&将“<=”符号与F6单元格中的日期连接，作为SUMIFS函数的条件参数，同样可以实现按上述条件统计金额之和。

14.8.4　常用的计数类函数

常用的计数类函数主要包括COUNT函数、COUNTA函数和COUNTBLANK函数。各函数的基本作用如表14-11所示。

表 14-11　常用的计数类函数及作用

函数名称	函数作用
COUNT	返回包含数字的单元格及参数列表中的数字个数
COUNTA	返回参数列表中非空单元格的个数
COUNTBLANK	计算区域中空白单元格的个数

示例14-65 统计符合条件的记录数量

图 14-115 展示了一张考试成绩单，需要统计应参加考试人数和实际参加考试的人数。

如果要统计应试人数，可以通过COUNTA函数统计成绩表B列数据区域中非空单元格的个数来实现，在D3 单元格输入如下公式。

```
=COUNTA(B2:B13)
```

	A	B	C	D	E
1	姓名	成绩			
2	戚自良	88		应试人数	实际人数
3	史应芳	缺考		12	9
4	李秀梅	68			
5	蔡云梅	缺考			
6	李秀忠	85			
7	彭本昌	87			
8	范润金	82			
9	苏家华	78			
10	梁认喜	缺考			
11	张长青	79			
12	马贤玉	73			
13	庄国正	72			

图 14-115 统计符合条件的记录数

此公式返回B2:B13 单元格区域内的非空单元格的个数，无论是具体分数，还是文本“缺考”均统计在内。统计结果即为应试人数。

如果要统计实际参加考试人数，即只统计B列数据区域中的数值个数，可以利用COUNT函数来实现，在E3 单元格输入如下公式即可。

```
=COUNT(B2:B13)
```

14.8.5 使用 COUNTIF 函数进行单条件计数

COUNTIF函数用于计算区域中满足给定条件的单元格个数，语法如下。

```
=COUNTIF( 区域 , 条件 )
```

参数“条件”可以为数字、表达式或文本。例如，条件可以表示为 32、"32"、">32" 或 "apples"。

示例14-66 使用COUNTIF函数按指定条件统计业务笔数

图 14-116 展示了一张供货金额统计表，需要按照指定条件统计业务笔数。

要统计F3 单元格指定的供货商“绿源集团”的业务笔数，可以在G3 单元格输入以下公式。

```
=COUNTIF(C2:C27,F3)
```

	A	B	C	D	E	F	G
1	业务日期	流水号	供货商	金额			
2	2019/8/28	1912026099	富华纺织	33,928.00		供货商	业务笔数
3	2019/8/29	1912037174	富华纺织	18,093.00		绿源集团	4
4	2019/8/29	1912039378	绿源集团	4,590.00			
5	2019/8/29	1912039511	黎明纺织	34,527.00		关键字	业务笔数
6	2019/8/29	1912036154	富华纺织	24,012.00		纺织	11
7	2019/8/29	1912035918	富华纺织	29,061.00			
8	2019/8/30	1912049892	兴豪皮业	25,873.00		指定条件	业务笔数
9	2019/8/30	1912046499	兴豪皮业	11,752.00		>30000	7
10	2019/8/30	1912044396	乐悟集团	31,311.00			
11	2019/8/30	1912045897	黎明纺织	23,327.00			
12	2019/8/30	1912049722	绿源集团	26,297.00			
13	2019/8/30	1912044670	富华纺织	15,698.00			
14	2019/8/30	1912048410	绿源集团	28,542.00			
15	2019/8/30	1912048146	富路车业	35,614.00			

图 14-116 使用 COUNTIF 函数按指定条件统计业务笔数

要统计C列供货商名称中包含F6 单元格指定关键字“纺织”的业务笔数，可以在

G6 单元格输入以下公式。

```
=COUNTIF(C2:C27,"*"&F6&"*")
```

COUNTIF 函数的参数“条件”为“"*"&F6&"*"”，是将 F6 单元格的内容之前和之后各连接上一个通配符(*)，构建了包含关键字的模糊匹配条件，从而达到按照关键字条件计数的目的。

要统计 F9 单元格指定的条件(金额大于 30000)的业务笔数，可以在 G9 单元格输入以下公式。

```
=COUNTIF(D2:D27,F9)
```

14.8.6 使用 COUNTIFS 函数对多字段进行条件计数

COUNTIFS 函数用于对某一区域内满足多重条件的单元格求和，语法如下。

```
=COUNTIFS(区域 1,条件 1,[区域 2,条件 2],…)
```

示例14-67 使用COUNTIFS函数按多个条件统计业务笔数

图 14-117 展示了一张供货金额统计表，需要根据 F3 单元格指定的条件(业务日期 <=2019/8/30)和 G3 单元格指定的供货商“绿源集团”来统计对应的业务笔数。

	A	B	C	D	E	F	G	H
1	业务日期	流水号	供货商	金额				
2	2019/8/28	1912026099	富华纺织	33,928.00		业务日期	供货商	业务笔数
3	2019/8/29	1912037174	富华纺织	18,093.00		<=2019/8/30	绿源集团	3
4	2019/8/29	1912039378	绿源集团	4,590.00				
5	2019/8/29	1912039511	黎明纺织	34,527.00		业务日期	供货商	业务笔数
6	2019/8/29	1912036154	富华纺织	24,012.00		2019/8/30	绿源集团	3
7	2019/8/29	1912035918	富华纺织	29,061.00				
8	2019/8/30	1912049892	兴豪皮业	25,873.00				
9	2019/8/30	1912046499	兴豪皮业	11,752.00				
10	2019/8/30	1912044396	乐悟集团	31,311.00				
11	2019/8/30	1912045897	黎明纺织	23,327.00				
12	2019/8/30	1912049722	绿源集团	26,297.00				
13	2019/8/30	1912044670	富华纺织	15,698.00				
14	2019/8/30	1912048410	绿源集团	28,542.00				
15	2019/8/30	1912048146	富路车业	35,614.00				

图 14-117 使用 COUNTIFS 函数按多个条件统计业务笔数

在 H3 单元格输入以下公式。

```
=COUNTIFS(A2:A27,F3,C2:C27,G3)
```

公式中“A2:A27,F3”是第一组区域/条件，“C2:C27,G3”是第二组区域/条件。以上公式返回 A 列小于或等于“2019/8/30”的日期，及 C 列的供货商名称等于 G3 单元格的内容“绿源集团”的记录数量。

如果在 F6 单元格内仅输入日期，需要统计小于等于该日期的条件时，可以使用文本连接的方式构建条件，以上规则若以F6、G6 单元格为求和条件，公式可更改为：

```
=COUNTIFS(A2:A27,"<="&F6,C2:C27,G6)
```

公式中的“"<="&F6”部分，使用文本连接符(&)将“<=”符号与F6单元格中的日期连接，作为COUNTIFS函数的条件参数，同样可以实现按上述条件统计记录数量。

14.8.7 使用 COUNTIF 函数按部门添加序号

示例14-68 使用COUNTIF函数按部门添加序号

如图 14-118 所示，为某企业员工信息表的部分内容。要求根据B列的部门编写序号，遇不同部门，序号从 1 重新开始。

在A2 单元格输入以下公式，并复制填充A2:A11 单元格区域。

```
=COUNTIF($B$2:B2,B2)
```

公式中参数“区域”使用动态扩展的技巧，第一个$B$2 使用绝对引用，第二个B2 使用相对引用。向下复制时，依次变成$B$2:B3、$B$2:B4……这样逐行扩大引用区域，通过统计在此区域中与B列当前行相同的单元格个数，实现按部门添加序号。

	A	B	C
1	序号	部门	姓名
2	1	人资	蔡云梅
3	2	人资	李秀忠
4	1	销售	彭本昌
5	2	销售	范润金
6	3	销售	苏家华
7	4	销售	梁认喜
8	1	质保	张长青
9	2	质保	马贤玉
10	3	质保	庄国正
11	4	质保	李秀梅

图 14-118 按部门添加序号

14.8.8 能按条件求和、按条件计数的 SUMPRODUCT 函数

SUMPRODUCT函数主要用于对多个相同尺寸的引用区域或数组进行相乘运算，最后对乘积求和。在实际应用中，该函数不仅可以用于多条件求和，还能够执行多条件的计数运算。函数语法如下。

```
SUMPRODUCT(数组1,[数组2]……)
```

各个数组参数必须具有相同的维数，否则将返回错误值#VALUE!。

SUMPRODUCT函数将非数值型的数组元素作为0处理。

示例14-69 计算商品总价

如图 14-119 所示，是某食堂商品采购表的部分内容，B列为每种商品的数量，C列为对应的单价，使用SUMPRODUCT函数可以直接计算出所有商品的总价。

在E2 单元格输入以下公式，计算结果为 341.9。

```
=SUMPRODUCT(B2:B6,C2:C6)
```

SUMPRODUCT 函数将数组 1“B2:B6”与数组 2“C2:C6”中的每个元素对应相乘，最后再计算乘积之和，计算过程如图 14-120 所示。

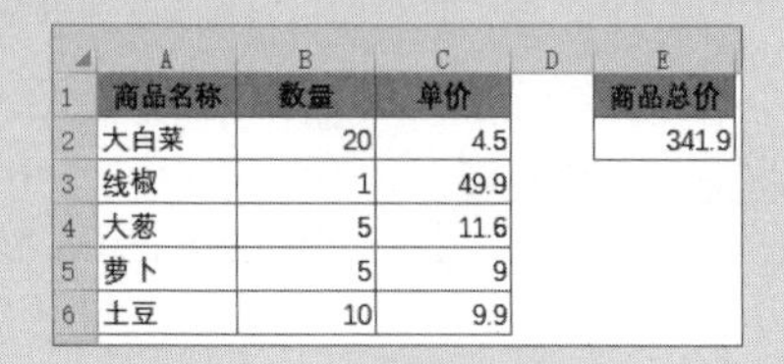

	A	B	C	D	E
1	商品名称	数量	单价		商品总价
2	大白菜	20	4.5		341.9
3	线椒	1	49.9		
4	大葱	5	11.6		
5	萝卜	5	9		
6	土豆	10	9.9		

图 14-119　商品采购表

20	×	4.5	=	90	相加	341.9
1	×	49.9	=	49.9		
5	×	11.6	=	58		
5	×	9	=	45		
10	×	9.9	=	99		

图 14-120　SUMPRODUCT 函数计算过程

示例14-70 统计符合条件的供货总额和业务笔数

	A	B	C	D	E	F	G	H
1	业务日期	流水号	供货商	金额				
2	2019/8/28	1912026099	富华纺织	33,928.00		业务日期	供货商	金额
3	2019/8/29	1912037174	富华纺织	18,093.00		2019/8/30	绿源集团	59,429.00
4	2019/8/29	1912039378	绿源集团	4,590.00				
5	2019/8/29	1912039511	黎明纺织	34,527.00		业务日期	供货商	业务笔数
6	2019/8/29	1912036154	富华纺织	24,012.00		2019/8/30	绿源集团	3
7	2019/8/29	1912035918	富华纺织	29,061.00				
8	2019/8/30	1912049892	兴豪皮业	25,873.00				
9	2019/8/30	1912046499	兴豪皮业	11,752.00				
10	2019/8/30	1912044396	乐悟集团	31,311.00				
11	2019/8/30	1912045897	黎明纺织	23,327.00				
12	2019/8/30	1912049722	绿源集团	26,297.00				

图 14-121　使用 SUMPRODUCT 函数进行多条件求和、计数

以如图 14-121 所示的供货金额统计表为例，统计符合对应条件的供货总额和业务笔数。

要对业务日期小于或等于 F3 单元格指定的日期 2019/8/30，同时供货商等于 G3 单元格指定的“绿源集团”对应的金额统计求和，可以在 H3 单元格输入以下公式。

```
=SUMPRODUCT((A2:A27<=F3)*(C2:C27=G3),D2:D27)
```

公式中，先使用比较运算符，分别判断“A2:A27<=F3”和“C2:C27=G3”两个条件是否成立，得到两组由逻辑值 TRUE 和 FALSE 组成的数组。

然后将两个数组中所有元素对应相乘，表示按“并且”的逻辑关系运算，返回由 1 和 0 组成的乘积。再用相乘后的结果与 D 列金额对应相乘，最后将乘积结果相加得到计算结果。

如果将公式中的求和参数“D2:D27”去掉，即表示汇总符合多个条件的个数，因此可使用该函数统计符合条件的业务笔数。H6 单元格统计业务笔数公式如下。

```
=SUMPRODUCT((A2:A27<=F6)*(C2:C27=G6))
```

SUMPRODUCT 函数多条件求和的通用写法是：

```
=SUMPRODUCT(条件 1*条件 2*…条件 n,求和区域)
```

SUMPRODUCT 函数多条件计数的通用写法是：

```
=SUMPRODUCT(条件 1*条件 2*…条件 n)
```

使用SUMPRODUCT函数求和时，如果目标求和区域的数据类型全部为数值，最后一个参数前的逗号也可以使用乘号（*）代替。如果目标求和区域中存在文本类型数据，使用“*”会返回错误值#VALUE。

14.8.9　LARGE 函数和 SMALL 函数的应用

LARGE函数和SMALL函数用于从一组数据中提取第几大或第几小的数，函数语法如下。

```
函数名称（数组，K)
```

例如，要在A2:A10中取第三大的数，可以使用LARGE函数，公式如下。

```
=LARGE(A2:A10,3)
```

同理，如果要取第三小的数，可以使用SMALL函数，公式如下。

```
=SMALL(A2:A10,3)
```

在实际工作中，经常会需要统计前几名或后几名的合计。图14-122展示了一张销售员业绩统计表，希望统计销售金额前三名、后三名的销售总额。

	A	B	C	D	E
1	销售员	金额			
2	苏凌云	33,928.00		前三名	后三名
3	褚程悦	18,093.00		99,766.00	32,040.00
4	何志海	4,590.00			
5	韩梦科	34,527.00			
6	孙桂兰	24,012.00			
7	吴红燕	29,061.00			
8	部之双	25,873.00			
9	何功民	11,752.00			
10	浦雪萍	31,311.00			
11	许叶平	23,327.00			
12	周眉元	26,297.00			
13	张令萍	15,698.00			
14	赵文晶	28,542.00			

图14-122　计算前三名、后三名的销售总额

在D3单元格输入如下公式。

```
=SUM(LARGE(B2:B14,{1,2,3}))
```

公式中，LARGE函数的参数“K”使用常量数组{1,2,3}，可以返回B2:B14区域中第1名、第2名和第3名的金额，结果是包含这三个元素的数组{34527,33928,31311}。然后再用SUM函数对这三个元素求和，即为前三名的总额。

同理，在E3单元格输入如下公式，可以得到后三名的销售总额。

```
=SUM(SMALL(B2:B14,{1,2,3}))
```

14.8.10　去掉最大值和最小值后计算平均值

在日常工作中，如果需要将数据的最大值和最小值去掉之后再求平均值，可以利用TRIMMEAN函数实现。

TRIMMEAN函数用于返回数据集的内部平均值。从数据集的头部和尾部除去一定百分比的数据点，然后再求平均值。函数语法如下。

```
=TRIMMEAN(数组，百分比)
```

参数“数组”是需要计算平均值的数组或数值区域，参数“百分比”是从计算中排除数据点的比例。如果排除的数据点数为奇数，将向下舍入为最接近的 2 的倍数。

	A	B	C	D	E
1	姓名	职务	薪资标准		
2	孙文海	经理	170,000.00		平均薪资
3	郑大秀	采购	4,100.00		5618.181818
4	沈玉晶	品管	3,700.00		
5	鲁乐萱	副经理	7,800.00		
6	魏文茜	出纳	5,600.00		
7	孔雪萍	财务	5,500.00		
8	赵灿灿	质检	3,600.00		
9	张龙婷	生产主管	6,200.00		
10	李欣阳	保洁	1,800.00		
11	王倩倩	副经理	7,300.00		
12	吴光兰	品管	5,300.00		
13	金大勇	销售	4,500.00		
14	戚东梅	副经理	8,200.00		

图 14-123 去掉最大值和最小值后计算平均值

例如，要计算图 14-123 中去除最高薪资和最低薪资后的平均薪资，E3 单元格可输入以下公式。

```
=TRIMMEAN(C2:C14,2/13)
```

此公式的参数“百分比”为“2/13”，表示在 C2:C14 单元格区域的 13 个数值中，去除一个最高值 170000 和一个最低值 1800，然后计算出平均值。

在实际工作中的数据量较大时，并不方便计算数值的总个数，此时可以用 COUNT 函数自动计算需要处理的数字个数，以上公式可以写成：

```
=TRIMMEAN(C2:C14,2/COUNT(C2:C14))
```

14.8.11 隐藏和筛选状态下的统计汇总

SUBTOTAL 函数用于返回清单或数据库中的分类汇总，函数语法如下。

```
SUBTOTAL(函数序号,数组 1,[数组 2]……)
```

参数“函数序号”用数字来指定使用哪种汇总方式，参数“数组 1”则是要统计的数组或单元格区域。

SUBTOTAL 函数可以使用求和、平均值、最大值、最小值、标准差、方差等多种统计方式，其中参数“函数序号”的功能代码可分为包含隐藏值和忽略隐藏值两种类型，如表 14-12 所示。

表 14-12 SUBTOTAL 函数的参数“函数序号”功能说明

“函数序号”参数（包含手动设置了隐藏的行）	“函数序号”参数（忽略手动设置了隐藏的行）	应用函数规则	说明
1	101	AVERAGE	计算平均值
2	102	COUNT	计算数值的个数
3	103	COUNTA	计算非空单元格的个数
4	104	MAX	计算最大值
5	105	MIN	计算最小值
6	106	PRODUCT	计算数值的乘积
7	107	STDEV.S	计算样本标准偏差
8	108	STDEV.P	计算总体标准偏差

续表

“函数序号”参数（包含手动设置了隐藏的行）	“函数序号”参数（忽略手动设置了隐藏的行）	应用函数规则	说明
9	109	SUM	求和
10	110	VAR.S	计算样本的方差
11	111	VAR.P	计算总体方差

图 14-124 展示了一张启用了自动筛选功能的商品销售明细表，如果需要在筛选和隐藏状态下进行相关统计，可以使用SUBTOTAL函数。

例如，在筛选状态下选择所有商品名称包含“打卡钟”的记录。

（1）计算销售总额，公式如下。

```
=SUBTOTAL(9,E2:E20)
=SUBTOTAL(109,E2:E20)
```

	A	B	C	D	E
1	日期	商品	单价	数量	金额
2	2019/3/1	密仕S430碎纸机	740	4	2,960.00
3	2019/3/1	中齐868收款机	920	3	2,760.00
4	2019/3/1	密仕MT-8100打卡钟	340	5	1,700.00
5	2019/3/2	科广8237碎纸机	1020	1	1,020.00
6	2019/3/2	中齐310打卡钟	640	2	1,280.00
7	2019/3/2	科广8186碎纸机	630	2	1,260.00
8	2019/3/2	精密992收款机	640	4	2,560.00
9	2019/3/3	科广8237碎纸机	1020	3	3,060.00
10	2019/3/3	精密6200打卡钟	740	4	2,960.00
11	2019/3/4	密仕MT-8100打卡钟	340	5	1,700.00
12	2019/3/4	中齐3000收款机	380	3	1,140.00

图 14-124 商品销售明细表

（2）计算平均销售额，公式如下。

```
=SUBTOTAL(1,E2:E20)
=SUBTOTAL(101,E2:E20)
```

（3）计算最大销售额，公式如下。

```
=SUBTOTAL(4,E2:E20)
=SUBTOTAL(104,E2:E20)
```

在筛选状态下，SUBTOTAL函数的参数“函数序号”使用包括手动隐藏和忽略手动隐藏两类功能代码，计算结果均相同，如图 14-125 所示。

如果使用右键隐藏了商品名称部分包含“打卡钟”的记录，SUBTOTAL函数使用不同的“函数序号”参数进行相关计算时的结果如图 14-126 所示。

	A	B	C	D	E
1	日期	商品	单价	数量	金额
4	2019/3/1	密仕MT-8100打卡钟	340	5	1,700.00
6	2019/3/2	中齐310打卡钟	640	2	1,280.00
10	2019/3/3	精密6200打卡钟	740	4	2,960.00
11	2019/3/4	密仕MT-8100打卡钟	340	5	1,700.00
14	2019/3/4	中齐310打卡钟	640	3	1,920.00
19	2019/3/5	精密6200打卡钟	740	3	2,220.00
21					
22		计算项目	包括隐藏	忽略隐藏	
23		销售总额	11780	11780	
24		平均销售额	1963.3333	1963.3333	
25		最大销售额	2960	2960	

图 14-125 筛选状态下的计算

	A	B	C	D	E
1	日期	商品	单价	数量	金额
4	2019/3/1	密仕MT-8100打卡钟	340	5	1,700.00
6	2019/3/2	中齐310打卡钟	640	2	1,280.00
10	2019/3/3	精密6200打卡钟	740	4	2,960.00
11	2019/3/4	密仕MT-8100打卡钟	340	5	1,700.00
14	2019/3/4	中齐310打卡钟	640	3	1,920.00
19	2019/3/5	精密6200打卡钟	740	3	2,220.00
21					
22		计算项目	包括隐藏	忽略隐藏	
23		销售总额	35230	11780	
24		平均销售额	1854.2105	1963.3333	
25		最大销售额	3060	2960	

图 14-126 隐藏状态下的计算

由此可以看出，SUBTOTAL函数在手动隐藏行的状态下统计汇总时，可以统计所有数据，也可以仅统计显示状态的数据。

提示

使用SUBTOTAL函数时，要根据是否存在隐藏记录，正确选择函数的“函数序号”参数。如果是因为“筛选”操作出现隐藏，SUBTOTAL函数只能统计显示的数据，而对于手动隐藏的数据，SUBTOTAL函数则可以通过“函数序号”，在统计全部数据和仅统计显示数据两种方式间切换。SUBTOTAL函数仅支持隐藏行的统计，不支持隐藏列的统计。

14.8.12 筛选状态下生成连续序号

图14-127展示了一张不同部门的销售汇总表，如果希望在筛选状态下，A列的序号仍然连续，可以使用SUBTOTAL函数。

	A	B	C	D
1	序号	姓名	所属部门	销售额
8	1	高节英	潘家园	43,500.00
10	2	何汝华	潘家园	26,900.00
11	3	雷一啸	潘家园	69,580.00
13	4	李立伟		
15	5	米思翰		
21	6	司徒鹤		
22	7	唐茳		

	A	B	C	D
1	序号	姓名	所属部门	销售额
4	1	陈佳	左安门	88,450.00
7	2	段惠仙	左安门	87,650.00
9	3	归辛树	左安门	76,980.00
12	4	李丹	左安门	87,650.00
17	5	沐剑声	左安门	87,650.00
23	6	王璐	左安门	69,580.00
24	7	韦小宝	左安门	88,450.00
25	8	夏绍琼	左安门	76,980.00

图 14-127 表格筛选状态下的连续序号

清空所有筛选条件，在A2单元格输入如下公式，并复制填充至A3:A27单元格区域。

```
=SUBTOTAL(3,$B$2:B2)*1
```

公式中SUBTOTAL函数的参数“函数序号”设置为3，表示计算非空单元格的个数，参数“数组1”为$B$2:B2，在向下复制时依次变成$B$2:B3、$B$2:B4、$B$2:B5……通过SUBTOTAL函数即可返回筛选状态下，B列第2行到公式所在行的可见的非空单元格的个数，达到生成连续序号的效果。

注意

在表格中直接使用SUBTOTAL函数时，WPS表格会将公式所在区域的最后一行默认为汇总行，影响筛选操作。要解决这个问题，只需将SUBTOTAL函数返回的结果进行一次算术运算即可，上述公式中的*1（乘以1）目的就在于此。

14.8.13 用FREQUENCY函数统计各年龄段人数

FREQUENCY函数的作用是计算数值在某个区域内出现的频率，然后返回一个垂直数组。函数语法如下。

```
FREQUENCY(一组数值,一组间隔值)
```

FREQUENCY函数根据参数“一组间隔值”对“一组数值”中的数值进行分组，得到这些数值在各个间隔值之间的个数。返回的数组中的元素个数比参数“一组间隔值”中的元素多 1 个，多出来的元素表示最高区间之上的数值个数。

由于该函数返回的是数组结果，在单独使用时必须以数组公式的形式键入。

如图 14-128 所示，为某公司员工年龄统计表，现需要从 25 岁开始每 10 岁划分一个年龄段，具体划分范围见D3:D6 单元格区域。要求在E3:E7 单元格区域统计各年龄段的人数。

	A	B	C	D	E
1	姓名	年龄			
2	姜文慧	48		年龄范围	人数
3	宋春芳	37		25	1
4	吴宏艳	56		35	3
5	郑香梅	28		45	3
6	尹秀萍	25		55	2
7	卫敏茹	33			1
8	仲秀丽	45			
9	曹心敏	39			
10	朱丽丽	29			
11	王东杰	51			

图 14-128　员工年龄分段统计表

选中E3:E7 单元格区域，输入如下公式，然后按<Ctrl+Shift+Enter>组合键，生成如下多单元格数组公式。

```
=FREQUENCY(B2:B11,D3:D6)
```

在按间隔统计时，FREQUENCY函数按包括间隔上限，但不包括间隔下限进行统计。公式结果表示：

小于等于 25 岁的为 1 人；

大于 25 且小于等于 35 岁的为 3 人；

大于 35 且小于等于 45 的为 3 人；

大于 45 且小于等于 55 的为 2 人；

55 以上的 1 人。

14.8.14　业绩排名，其实很简单

在竞技比赛和成绩管理等统计分析工作中，经常使用RANK函数对成绩进行排名。该函数语法如下。

```
=RANK(数值,引用,[排位方式])
```

其中参数“数值”是要参与排位的数值，参数“引用”用于指定要以哪些数据作为排位的参照，参数“[排位方式]”用数字来指定排位的方式，如果该参数为 0(零)或省略，对数字的排位按照降序排列，即参数“引用”中最大的数值排名为 1；如果该参数不为零，对数字的排位则按照升序排列，即参数“引用”中最小的数值排名为 1。

➲ Ⅰ　使用 RANK 函数对销售额排名

如图 14-129 所示，这是一张业务员销售业绩表，要对销售业绩进行排名。

	A	B	C
1	业务员	销售额	业绩排名
2	戚婷婷	937,000.00	3
3	周凤珍	524,000.00	10
4	施文清	973,000.00	2
5	沈梅梅	608,000.00	7
6	朱美琳	644,000.00	6
7	张含会	524,000.00	10
8	昌冰易	445,000.00	14
9	何东红	404,000.00	15
10	陈亚萍	678,000.00	5
11	尤琼琼	528,000.00	9
12	华美兰	471,000.00	13
13	周凌云	974,000.00	1
14	何敏婷	558,000.00	8
15	戚彩霞	476,000.00	12
16	姜龙婷	745,000.00	4

图 14-129　业务员销售业绩表

在C2单元格输入如下公式，向下复制到C16单元格。

```
=RANK(B2,$B$2:$B$16,0)
```

公式中B2是需要参与排名的销售额，$B$2:$B$16是包含所有业务员销售额的数据区域，用RANK函数得到结果为3，表示业务员“戚婷婷”的业绩排名为第3名。第3参数为0（零），表示对当前数字的排位是基于数据区域的降序排列。

以上公式也可以写成：

```
=RANK(B2,$B$2:$B$16)
```

注意

RANK函数排名时，如有重复数字，则返回相同的排名，但重复数字的存在会影响后续数值的排名。如业务员“周凤珍”和“张含会”的销售额均是524000，两人并列第10名。因此排名中没有第11名，下一位排名为第12名。

➲ II　百分比排名

RANK函数的使用比较简单，但是在不知道数据的样本总量时，仅根据排名的结果意义不大。而使用百分比排位的方式，则能够比较直观地展示出该数据在总体样本中的实际水平。例如，有五名学生参加测验，使用RANK函数计算出小明考试成绩排名为第五，而使用百分比排位的方式，其排名结果为0，表示小明的成绩高于0%的其他同学。

百分比排名，是指比当前数据小的数据个数除以与此数据进行比较的数据总数（当前数据不计算在内）。PERCENTRANK函数用于返回特定数值在一个数据组中的百分比排位，语法如下。

```
=PERCENTRANK(数组,数值,[小数位])
```

	A	B	C
1	业务员	销售额	业绩排名
2	戚婷婷	937,000.00	85.71%
3	周凤珍	524,000.00	28.57%
4	施文清	973,000.00	92.85%
5	沈梅梅	608,000.00	57.14%
6	朱美琳	644,000.00	64.28%
7	张含会	524,000.00	28.57%
8	昌冰易	445,000.00	7.14%
9	何东红	404,000.00	0.00%
10	陈亚萍	678,000.00	71.42%
11	尤琼琼	528,000.00	42.85%
12	华美兰	471,000.00	14.28%
13	周凌云	974,000.00	100.00%
14	何敏婷	558,000.00	50.00%
15	戚彩霞	476,000.00	21.42%
16	姜龙婷	745,000.00	78.57%

图 14-130　对销售业绩进行百分比排名

仍以销售业绩表为例，如果要计算销售业绩的百分比排名，可以在C2单元格输入以下公式，向下复制到C16单元格。

```
=PERCENTRANK($B$2:$B$16,B2,4)
```

统计结果如图14-130所示。

该公式使用PERCENTRANK函数计算B2单元格的数值在B2:B16单元格区域的数据组中的百分比排位，并保留4位小数，结果换算为百分比格式后为85.71%，说明当前业务员的销售额高于85.71%的业务员。

➲ III　中式排名

另一种排名方式为连续名次，即无论有多少并列的情况，名次本身一直是连续的自然数序列。这种排名方式被称为密集型排名，俗称“中式排名”。密集型排名的名次等于参与排名数据的不重复个数，最后一名的名次会小于或等于数据的总个数。比如有 10 个数据参与排名，名次可能是 1-2-2-3-4-5-6-7-7-7。

> **提示**
> “中式排名”和“美式排名”只是对名次连续和名次不连续两种排名方式的习惯性叫法，并不对应哪个国家。

如图 14-131 所示，业务员“周凤珍”和“张含会”并列第10名，按照中式排名，紧随其后的“戚彩霞”的排名应为第 11 名。

要实现中式排名，可以在C2 单元格输入以下公式，向下复制到C16 单元格。

```
=SUMPRODUCT(($B$2:$B$16>=B2)/COUNTIF($B$2:
$B$16,$B$2:$B$16))
```

中式排名方式在计算名次时不考虑高于当前数值的总个数，而只关注高于此数值的不重复数值个数。因此求取中式排名的实质就是求取大于等于当前数值的不重复数值个数。

	A	B	C
1	业务员	销售额	业绩排名
2	周凤珍	524,000.00	10
3	施文清	973,000.00	2
4	张含会	524,000.00	10
5	沈梅梅	608,000.00	7
6	戚彩霞	476,000.00	11
7	朱美琳	644,000.00	6
8	戚婷婷	937,000.00	3
9	昌冰易	445,000.00	13
10	何东红	404,000.00	14
11	陈亚萍	678,000.00	5
12	尤琼琼	528,000.00	9
13	华美兰	471,000.00	12
14	周凌云	974,000.00	1
15	何敏婷	558,000.00	8
16	姜龙婷	745,000.00	4

图 14-131　中式排名

公式中的“$B$2:$B$16>=B2”部分，使用B 列的销售额分别与B2 单元格中的数值进行对比，返回一组逻辑值，结果如下。

```
{TRUE;TRUE;TRUE;TRUE;FALSE;TRUE;TRUE;FALSE;FALSE;TRUE;TRUE;FALSE;TRUE;
TRUE;TRUE}
```

在四则运算中，逻辑值TRUE 和FALSE分别相当于 1 和 0。因此该部分可以看作：

```
{1;1;1;1;0;1;1;0;0;1;1;0;1;1;1}
```

COUNTIF($B$2:$B$16,$B$2:$B$16)部分，返回B2:B16 单元格区域中每个单元格中的值出现的次数，结果为：

```
{2;1;2;1;1;1;1;1;1;1;1;1;1;1;1}
```

将内存数组{1;1;1;1;0;1;1;0;0;1;1;0;1;1;1}与COUNTIF函数返回的内存数组{2;1;2;1;1;1;1;1;1;1;1;1;1;1;1}中的每个元素对应相除，相当于如果B$2:B$16>=B2 的条件成立，就对该数组中对应的元素取倒数，得到新的数组结果为：

```
{0.5;1;0.5;1;0;1;1;0;0;1;1;0;1;1;1}
```

如果将以上内存数组以分数形式显示，结果为：

```
{1/2;1;1/2;1;0;1;1;0;0;1;1;0;1;1;1}
```

对照B2:B16单元格中的数值可以看出，如果数值小于B2单元格，该部分的计算结果为0。如果数值大于等于B2，并且仅出现一次，则该部分计算结果为1。如果数值大于等于B2，并且出现了多次，则计算出现次数的倒数（如524300出现了两次，则每个524300对应的结果是1/2，两个1/2合计起来还是1）。

然后再利用SUMPRODUCT函数将以上内存数组求和，得到大于或等于B2单元格数值的不重复数值个数，此结果即为中式排名。

14.9 数组和数组公式

数组公式是一种能够完成更加复杂的计算的公式运用方式，学会使用数组公式，将真正体会到函数公式的强大。

14.9.1 数组的概念及分类

数组（Array）是一个或多个元素的集合，这些元素可以是文本、数值、逻辑值、日期、错误值等。各个元素构成集合的方式有按行排列或按列排列，也可能两种方式同时包含。根据数组的存在形式，又可分为常量数组、区域数组和内存数组。

❖ 常量数组

常量数组的所有组成元素均为常量数据，其中文本必须由半角双引号包括。所谓的常量数据，指的就是直接写在公式中，并且在使用中不会发生变化的固定数据。

常量数组的表示方法为用一对大括号{ }将构成数组的常量括起来，各常量数据之间用分隔符分隔。可以使用的分隔符包括半角分号“;”和半角逗号“,”，其中分号用于间隔按行排列的元素，逗号用于间隔按列排列的元素。

例如：

```
{"甲",20;"乙",50;"丙",80;"丁",120;"戊",150;"己",200}
```

这就是一个6行2列的常量数组。如果将这个数组填入表格区域，结果如图14-132所示。

甲	20
乙	50
丙	80
丁	120
戊	150
己	200

图14-132 6行2列数组

❖ 区域数组

区域数组实际上就是公式中对单元格区域的直接引用。例如：

```
=SUMPRODUCT(A2:A5,B2:B5)
```

公式中的A2:A5与B2:B5都是区域数组。

❖ 内存数组

内存数组是指通过公式计算返回的结果，在内存中临时构成，并可以作为一个整体直接嵌套到其他公式中，继续参与其他计算的数组。例如：

```
=SMALL(A1:A10,{1,2,3})
```

在这个公式中，{1,2,3}是常量数组，而整个公式得到的计算结果为A1:A10单元格数据中最小的3个数值组成的内存数组。假定A1:A10区域中所保存的数据分别是101~110这10个数值，那么这个公式所产生的内存数组就是{101,102,103}。

14.9.2　数组的维度和尺寸

数组具有行、列及尺寸的特征，数组的尺寸由行列两个参数来确定，*M*行*N*列的二维数组是由*M***N*个元素构成的。常量数组中用分号或逗号分隔符来标识行列，而区域数组的行列结构则与其引用的单元格区域保持一致，例如：


```
{"甲",20;"乙",50;"丙",80;"丁",120;"戊",150;"己",200}
```

包含6行2列，一共由6×2=12个元素组成，如图14-132所示。

数组中的各行或各列中的元素个数必须保持一致，如果在单元格中输入以下公式，将返回如图14-133所示的错误警告。

```
={1,2,3,4;1,2,3}
```

这是因为它的第一行有4个元素，而第2行只有3个元素，各行尺寸没有统一，因此不能被识别为数组。

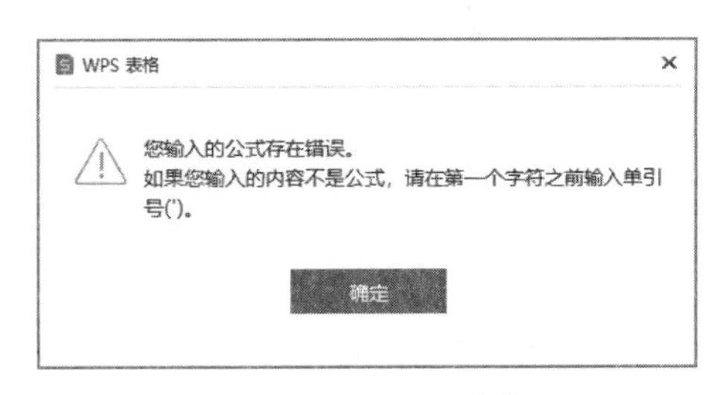

图 14-133　错误警告

上面这样同时包含行列两个方向元素的数组称为“二维数组”。与此区分的是，如果数组的元素都在同一行或同一列中，则称之为“一维数组”。例如，{1,2,3,4,5}就是一个一维数组，它的元素都在同一行中，由于行方向也是水平方向，因此行方向的一维数组也称为“水平数组”。同理，{1;2;3;4;5}就是一个单列的“垂直数组”。

如果数组中只包含一个元素，则称为单元素数组，如{1}，以及ROW(1:1)、ROW()、COLUMN(A:A)返回的结果等。与单个数据不同，单元素数组虽然只包含一个数据，却也具有数组的“维”的特性，可以被认为是1行1列的一维水平或垂直数组。

14.9.3　数组与单值直接运算

数组与单值（或单元素数组）可以直接运算（所谓“直接运算”，是指不使用函数，直接使用运算符对数组进行运算），返回一个数组结果，并且与原数组尺寸相同，如表4-13所示。

表 4-13　数组与单值直接运算

序号	公式	说明
1	=3+{1;2;3;4}	返回{4;5;6;7}，与{1;2;3;4}尺寸相同
2	={2}*{1,2,3,4}	返回{2,4,6,8}，与{1,2,3,4}尺寸相同
3	=ROW(2:2)* {1;2;3;4}	返回{2;4;6;8}，与{1;2;3;4}尺寸相同

14.9.4 同方向一维数组之间的直接运算

两个同方向的一维数组直接进行运算，会根据元素的位置进行一一对应运算，生成一个新的数组结果，并且新数组的尺寸和维度与原来的数组保持一致。例如公式：

```
={1;2;3;4}>{2;1;4;3}
```

返回如下结果：

```
={FALSE;TRUE;FALSE;TRUE}
```

1	>	2	=	FALSE
2	>	1	=	TRUE
3	>	4	=	FALSE
4	>	3	=	TRUE

图 14-134　相同方向一维数组运算

公式运算过程如图 14-134 所示。

参与运算的两个一维数组需要具有相同的尺寸，否则结果中会出现错误值，例如：

```
={1;2;3;4}>{2;1}
```

返回如下结果：

```
={FALSE;TRUE;#N/A;#N/A}
```

14.9.5 不同方向一维数组之间的直接运算

两个不同方向的一维数组，即 M 行垂直数组与 N 列水平数组进行运算，其运算方式为：数组中每一元素分别与另一数组每一元素进行运算，返回 $M \times N$ 的二维数组。例如公式：

```
={2,3,5}*{1;2;3;4}
```

返回结果如下：

```
={2,3,5;4,6,10;6,9,15;8,12,20}
```

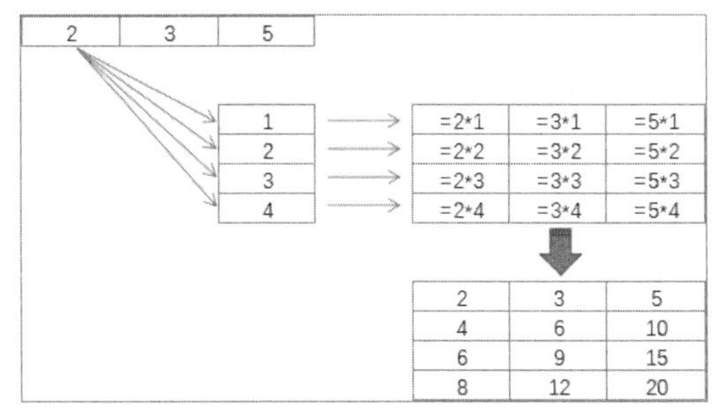

图 14-135　不同方向一维数组之间的直接运算

公式运算过程如图 14-135 所示。

14.9.6 一维数组与二维数组之间的直接运算

如果一个一维数组的尺寸与另一个二维数组的某个方向尺寸一致，可以在这个方向上与数组中的每个元素进行一一对应运算。即 M 行 N 列的二维数组可以与 M 行或 N 列的一维数组进行运算，返回一个 $M \times N$ 的二维数组。

例如公式：

```
={1;2;3;4}*{1,2;2,3;4,5;6,7}
```

返回结果如下：

```
={1,2;4,6;12,15;24,28}
```

公式运算过程如图 14-136 所示。

如果两个数组之间没有完全匹配的尺寸维度，直接运算会产生错误值，例如公式：

```
={1;2;3;4}*{1,2;2,3;4,5}
```

返回结果如下：

```
={1,2;4,6;12,15;#N/A,#N/A}
```

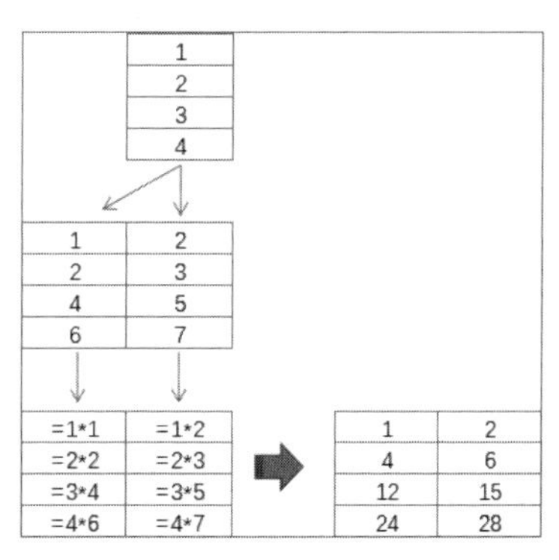

图 14-136　一维数组与二维数组之间的直接运算

14.9.7　二维数组之间的直接运算

两个尺寸完全相同的二维数组，也可以直接运算，运算中将相同位置的元素一一对应进行运算，返回一个与它们尺寸相同的二维数组结果。

例如公式：

```
={1,2;2,3;4,5;6,7}*{3,5;2,7;1,3;4,6}
```

返回结果如下：

```
{3,10;4,21;4,15;24,42}
```

公式运算过程如图 14-137 所示。

如果参与运算的两个二维数组尺寸不一致，会产生错误值，生成的结果以两个数组中的最大行列为新的数组尺寸。例如公式：

```
={1,2;2,3;4,5;6,7}*{3,5;2,7;1,3}
```

返回结果为：

```
{3,10;4,21;4,15;#N/A,#N/A}
```

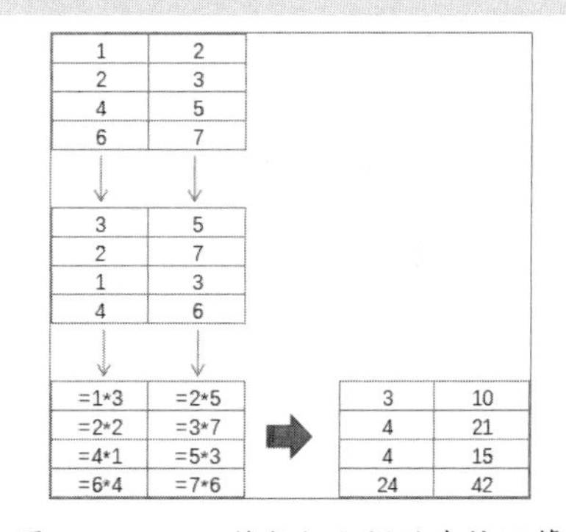

图 14-137　二维数组之间的直接运算

除了上面所说的直接运算方式，数组之间的运算还包括使用函数运算。部分函数对参与运算的数组尺寸有特定的要求，例如，MMULT 函数要求数组 1 的列数必须与数组 2 的行数相同，而不一定遵循直接运算的规则。

14.9.8　数组构建与填充

在数组公式中经常需要使用“自然数序列”作为函数的参数，如 LARGE 函数的参数“K”、OFFSET 函数除参数“参照区域”以外的其他参数等。手动输入常量数组比较麻烦，且容易出错，而利用 ROW 函数、COLUMN 函数生成序列则非常方便快捷。

以下数组公式产生 1~15 的自然数垂直数组。

```
=ROW(1:15)
```

以下数组公式产生 1~10 的自然数水平数组。

```
=COLUMN(A:J)
```

14.9.9 了解 MMULT 函数

MMULT函数用于计算两个数组的矩阵乘积，函数语法如下。

```
MMULT(第一组数组，第二组数组)
```

参数“第一组数组”的列数必须与参数“第二组数组”的行数相同，而且两个数组可以是单元格区域、数组常量或引用，但是只能包含数值元素。

MMULT函数进行矩阵乘积运算时，将参数“第一组数组”各行中的每一个元素与参数“第二组数组”各列中的每一个元素对应相乘，返回乘积之和。计算结果的行数与参数“第一组数组”的行数相同，列数与参数“第二组数组”的列数相同。

如图 14-138 所示，B5:D5 是一个 1 行 3 列的单元格区域，E2:E4 单元格区域是 3 行 1 列的单元格区域。在G2 单元格输入以下公式，得到B5:D5 与E2:E4 单元格区域的矩阵乘积，结果为单个元素的数组{32}。

```
=MMULT(B5:D5,E2:E4)
```

公式的运算过程如下。

```
=B5*E2+C5*E3+D5*E4=1*4+2*5+3*6=32
```

如果将公式中的两个参数调换位置，即参数“第一组数组”使用 3 行垂直数组，参数“第二组数组”使用 3 列水平数组，其计算结果为 3 行 3 列的数组，如图 14-139 所示。选中C9:E11 单元格区域，输入以下数组公式，按<Ctrl+Shift+Enter>组合键。

```
=MMULT(B9:B11,C8:E8)
```

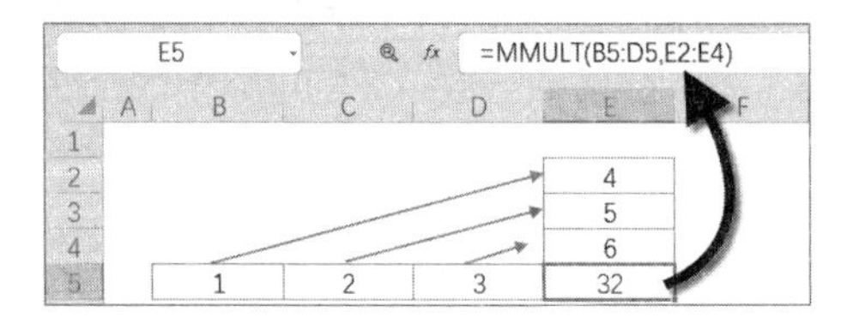

图 14-138 MMULT计算矩阵乘积

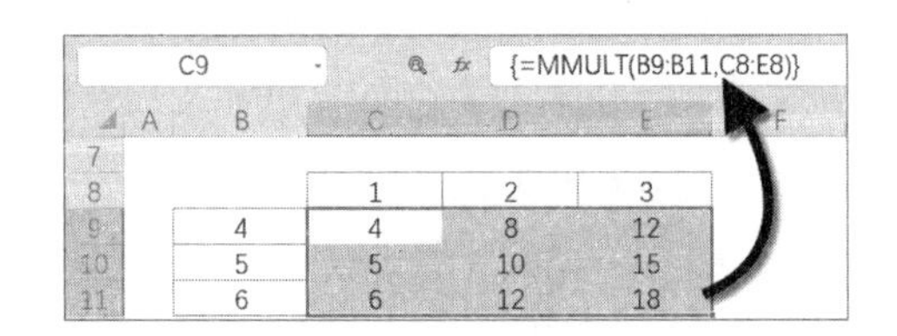

图 14-139 计算矩阵乘积

在数组运算中，MMULT函数常用于生成内存数组，通常情况下，参数“第一组数组”使用水平数组，“第二组数组”使用 1 列的垂直数组。

示例14-71　利用MMULT函数计算综合成绩

如图 14-140 所示，此为某项考核成绩，需要根据三个单项成绩的占比，计算综合成绩。

选中 E2:E11 单元格区域，在编辑栏中输入以下数组公式，按<Ctrl+Shift+Enter>组合键。

```
=MMULT(B2:D11,H2:H4)
```

以 E2 单元格中的计算结果为例，MMULT 函数将 B2、C2、D2 单元格分别与 H2、H3、H4 单元格相乘，然后将结果相加，计算过程如下。其他行的计算过程以此类推。

```
=69*20%+55*30%+54*50%=57.3
```

E2　{=MMULT(B2:D11,H2:H4)}

	A	B	C	D	E	F	G	H
1	姓名	出勤	期中成绩	期末成绩	综合成绩		类别	综合成绩占比
2	邵敏	69	55	54	57.3		出勤	20%
3	杨剑明	79	62	92	80.4		期中成绩	30%
4	文豪	98	73	59	71		期末成绩	50%
5	陈加荣	80	71	87	80.8			
6	苏凤鸣	92	77	53	68			
7	李健员	82	69	98	86.1			
8	李文娟	75	58	75	69.9			
9	冯睿	56	85	50	61.7			
10	杨昀平	51	75	67	66.2			
11	孙国芬	87	68	88	81.8			

图 14-140　MMULT 计算综合成绩

14.9.10　一对多查询和多对多查询

Ⅰ　一对多查询

在实际工作中，经常会遇到一对多查询的问题。所谓一对多查询，是指把符合一个指定条件的多个结果提取出来。

示例14-72　查询指定部门的姓名列表

图 14-141 展示的是某公司员工统计表，现需要根据 F2 单元格指定的部门，查询所有的姓名列表。

在 G2 单元格输入以下数组公式，按<Ctrl+Shift+Enter>组合键，并将公式向下复制到 G13 单元格。

```
=INDEX(C:C,SMALL(IF(B$2:B$13=F$2,ROW
($2:$13),4^8),ROW(A1)))&""
```

	A	B	C	D	E	F	G
1	工号	部门	姓名	学历		部门	姓名
2	EH001	人事部	宋江	专科		人事部	宋江
3	EH002	行政部	卢俊义	高中			鲁智深
4	EH003	财务部	吴用	本科			呼延灼
5	EH004	行政部	公孙胜	高中			武松
6	EH005	行政部	柴进	本科			
7	EH006	行政部	林冲	专科			
8	EH007	人事部	鲁智深	本科			
9	EH008	人事部	呼延灼	本科			
10	EH009	行政部	花荣	本科			
11	EH010	财务部	孙二娘	本科			
12	EH011	财务部	阮小七	专科			
13	EH012	人事部	武松	专科			

图 14-141　一对多查询

公式中，IF(B$2:B$13=F$2,ROW($2:$13),4^8) 部分，用于判断 B2:B13 单元格区域的值是否等于 F2 单元格值，如条件成立返回当前数据行号，否则指定一个较大的行号 4^8（即 65536）。例如，当 F2 单元格为“人事部”时，返回数组{2;65536;65536;65536;65536; 65536;8;9;65536;65536;65536;13}。

再通过SMALL函数将行号由小到大逐个取出，最终由INDEX函数从C列中返回对应位置的人员姓名。

II 多对多查询

多对多查询是指把符合多个条件的多个结果提取出来。多对多查询通常可分为两种情况：一是提取同时满足多个条件的所有记录；二是提取多个条件满足其一的所有记录。

示例14-73 查询指定部门且指定学历的姓名列表

	A	B	C	D	E	F	G	H
1	工号	部门	姓名	学历		部门	学历	同时满足
2	EH001	人事部	宋江	专科		行政部	本科	柴进
3	EH002	行政部	卢俊义	高中				花荣
4	EH003	财务部	吴用	本科				
5	EH004	行政部	公孙胜	高中				
6	EH005	行政部	柴进	本科				
7	EH006	行政部	林冲	专科				
8	EH007	人事部	鲁智深	本科				
9	EH008	人事部	呼延灼	本科				
10	EH009	行政部	花荣	本科				
11	EH010	财务部	孙二娘	本科				
12	EH011	财务部	阮小七	专科				
13	EH012	人事部	武松	专科				

图 14-142 提取同时满足多个条件的记录

仍以示例14-72的员工统计表为例，现需要查询指定部门且指定学历的姓名列表，如图14-142所示。

在H2单元格输入以下数组公式，按<Ctrl+Shift+Enter>组合键，并将公式复制到H13单元格区域。

```
{=INDEX(C:C,SMALL(IF(($B$2:$B$13=$F$2)*($D$2:$D$13=$G$2),ROW($2:$13),4^8),ROW(A1)))&""}
```

公式中的($B$2:$B$13=$F$2)*($D$2:$D$13=$G$2)部分，把$B$2:$B$13=$F$2和$D$2:$D$13=$G$2的判断结果进行乘法运算，如两个条件同时成立则返回1，否则返回0。例如，当F2单元格为“人事部”，G2单元格为“本科”时，返回数组{0;0;0;0;1;0;0;0;1;0;0;0}。

然后使用IF函数进行判断，当数组中的元素为1时，返回对应的行号，否则返回一个非常大的值4^8。

再通过SMALL函数将行号由小到大逐个取出，最终由INDEX函数从C列中返回对应位置的人员姓名。

示例14-74 查询指定部门或指定学历的姓名列表

	A	B	C	D	E	F	G	I
1	工号	部门	姓名	学历		部门	学历	满足其一
2	EH001	人事部	宋江	专科		行政部	本科	卢俊义
3	EH002	行政部	卢俊义	高中				吴用
4	EH003	财务部	吴用	本科				公孙胜
5	EH004	行政部	公孙胜	高中				柴进
6	EH005	行政部	柴进	本科				林冲
7	EH006	行政部	林冲	专科				鲁智深
8	EH007	人事部	鲁智深	本科				呼延灼
9	EH008	人事部	呼延灼	本科				花荣
10	EH009	行政部	花荣	本科				孙二娘
11	EH010	财务部	孙二娘	本科				
12	EH011	财务部	阮小七	专科				
13	EH012	人事部	武松	专科				

图 14-143 提取多个条件满足其一的所有记录

如图14-143所示，现需要查询指定部门或指定学历的姓名列表，即满足“部门”和“学历”两个条件其中之一的所有姓名。

在I2单元格输入以下数组公式，按<Ctrl+Shift+Enter>组合键，并将公式复制到I13单元格区域。

```
=INDEX(C:C,SMALL(IF(($B$2:$B$13=$F$2)+($D$2:$D$13=$G$2),ROW($2:$13),4^8
),ROW(A1)))&""
```

公式中，($B$2:$B$13=$F$2)+($D$2:$D$13=$G$2)部分，把$B$2:$B$13=$F$2和$D$2:$D$13=$G$2的判断结果进行加法运算，如两个条件满足任意一个或同时满足则返回一个非0数值（1或2），否则返回0。例如，当F2单元格为“人事部”，G2单元格为“本科”时，返回数组{0;1;1;1;2;1;1;1;2;1;0;0}。

然后使用IF函数进行判断，当数组中的元素为1时，返回对应的行号，否则返回一个非常大的值4^8。

再通过SMALL函数将行号由小到大逐个取出，最终由INDEX函数从C列中返回对应位置的人员姓名。

14.10　在数据有效性中使用公式

14.10.1　设置自定义规则

使用数据有效性中的【自定义】规则，能够借助函数公式实现较为复杂的有效性条件，如当函数返回结果为逻辑值TRUE或不等于0的其他数值时，WPS表格允许输入，否则禁止输入。

如果在A1:A10单元格区域执行了【数据】→【拒绝录入重复项】的操作，当单击A1单元格打开【数据有效性】对话框时，可以在对话框中看到系统已经设置了有效性条件为“自定义”，并且自动输入了公式“=COUNTIF($A$1:$A$10,A1)<2”，如图14-144所示。

图 14-144　自定义有效性规则

公式先使用COUNTIF函数在A1:A10单元格区域中统计与A1内容相同的单元格个数，然后判断公式结果是否小于2。当对比结果小于2时，对比结果为逻辑值TRUE，WPS表格允许用户录入。

设置有效性条件为“自定义”时，用户可以在【公式】编辑框中手动输入公式，实现个性化的录入限制。

示例14-75　填写发货单

如图14-145所示，这是某公司发货单的部分内容，需要在F列设置数据有效性，只有在E列填写了主计量单位时，才允许输入报价。

选中F2:F11单元格区域，打开【数据有效性】对话框，在【设置】选项卡下设置【允许】条件为

“自定义”，在【公式】编辑框中输入以下公式，最后单击【确定】按钮，如图 14-146 所示。

```
=E2<>""
```

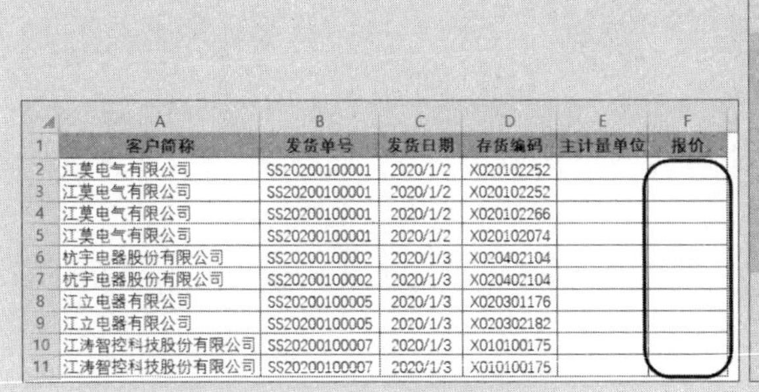

	A	B	C	D	E	F
1	客户简称	发货单号	发货日期	存货编码	主计量单位	报价
2	江莫电气有限公司	SS20200100001	2020/1/2	X020102252		
3	江莫电气有限公司	SS20200100001	2020/1/2	X020102252		
4	江莫电气有限公司	SS20200100001	2020/1/2	X020102266		
5	江莫电气有限公司	SS20200100001	2020/1/2	X020102074		
6	杭宇电器股份有限公司	SS20200100002	2020/1/3	X020402104		
7	杭宇电器股份有限公司	SS20200100002	2020/1/3	X020402104		
8	江立电器有限公司	SS20200100005	2020/1/3	X020301176		
9	江立电器有限公司	SS20200100005	2020/1/3	X020302182		
10	江涛智控科技股份有限公司	SS20200100007	2020/1/3	X010100175		
11	江涛智控科技股份有限公司	SS20200100007	2020/1/3	X010100175		

图 14-145　商品发货单

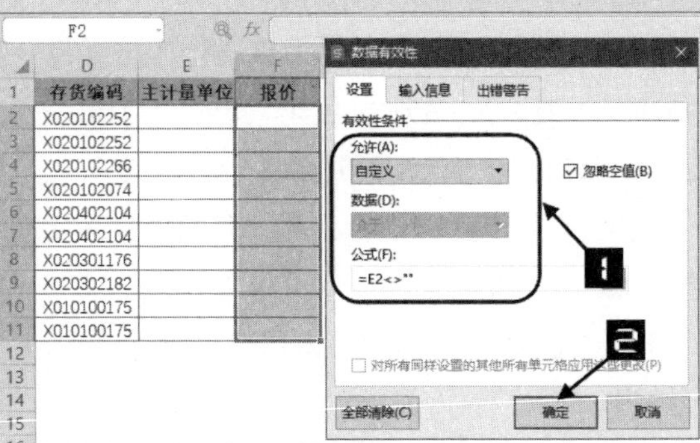

图 14-146　设置数据有效性自定义公式

公式的意思是判断E2单元格是否为空，如果E2不等于空，则公式返回逻辑值TRUE，WPS表格允许用户录入。

提示

公式中的E2是设置数据有效性时所选区域的活动单元格，在数据验证中针对活动单元格设置的规则，会自动应用到所选区域的每个单元格中。

14.10.2　制作动态下拉列表

借助OFFSET函数，能够使下拉列表中的选项随着数据源的增减自动扩展。

示例14-76　动态扩展的下拉列表

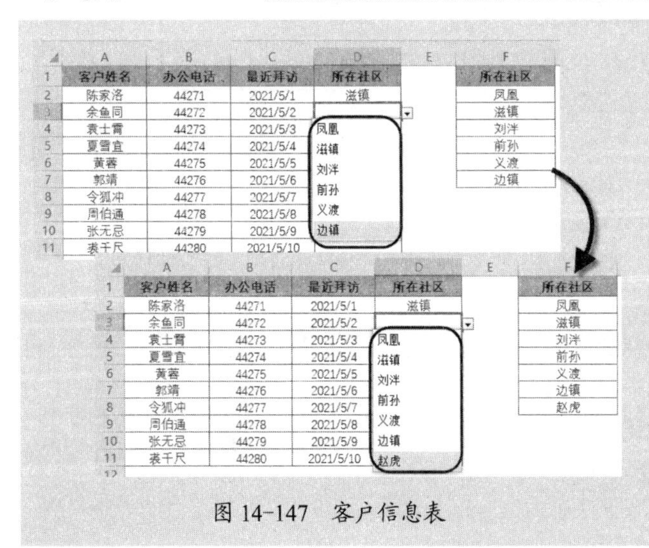

	A	B	C	D	E	F
1	客户姓名	办公电话	最近拜访	所在社区		所在社区
2	陈家洛	44271	2021/5/1	滋镇		凤凰
3	余鱼同	44272	2021/5/2			滋镇
4	袁士霄	44273	2021/5/3			刘泮
5	夏雪宜	44274	2021/5/4			前孙
6	黄蓉	44275	2021/5/5			义渡
7	郭靖	44276	2021/5/6			边镇
8	令狐冲	44277	2021/5/7			赵虎
9	周伯通	44278	2021/5/8			
10	张无忌	44279	2021/5/9			
11	裘千尺	44280	2021/5/10			

图 14-147　客户信息表

如图 14-147 所示，这是某公司客户信息表的部分内容，需要在D列设置下拉列表，要求能随着F列社区名称的增减，动态调整下拉列表中的选项。

选中D2:D11单元格区域，依次单击【数据】→【数据有效性】，打开【数据有效性】对话框。在【设置】选项卡下单击【允许】下拉按钮，在下拉列表中选择“序列”；然后在【来源】编辑框中输入以下公式，最后单击【确定】按钮，如图 14-148 所示。

```
=OFFSET($F$2,0,0,COUNTA($F$2:$F$99))
```

首先使用COUNTA函数统计出F2:F99单元格区域的非空单元格个数，以此作为OFFSET函数的引用行数。

OFFSET函数以F2为参照点，向下偏移0行，向右偏移0列，新引用的行数为COUNTA函数的计算结果，也就是F2:F99单元格区域有多少个非空单元格，就引用多少行。

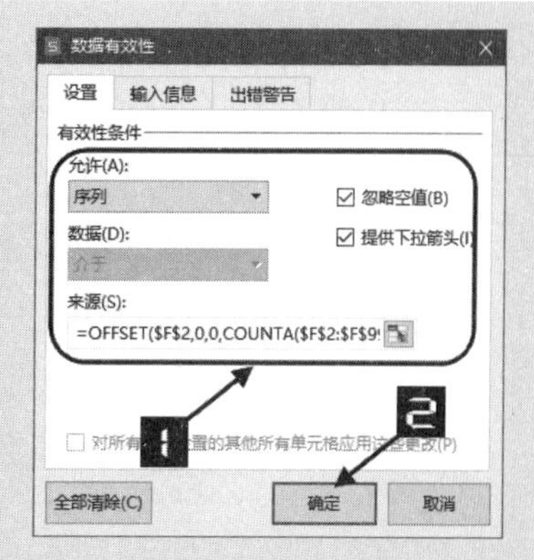

图 14-148 设置动态扩展的下拉列表

使用此方法时，COUNTA函数的统计区域中必须是连续输入的数据，否则OFFSET函数会无法得到正确的引用范围。

【数据有效性】对话框的大小不可调整，如果需要在【来源】编辑框或【公式】编辑框中输入较多字符的公式，可以先在任意空白单元格中输入公式，然后将公式复制粘贴到【来源】编辑框或【公式】编辑框中。

14.10.3 制作二级下拉列表

二级下拉列表的选项能够根据一级下拉列表输入的内容自动调整范围。

示例14-77 制作二级下拉列表

如图14-149所示，在客户回访表的A列使用下拉列表选择不同的社区，B列的下拉列表中就会出现对应社区的客户名称。

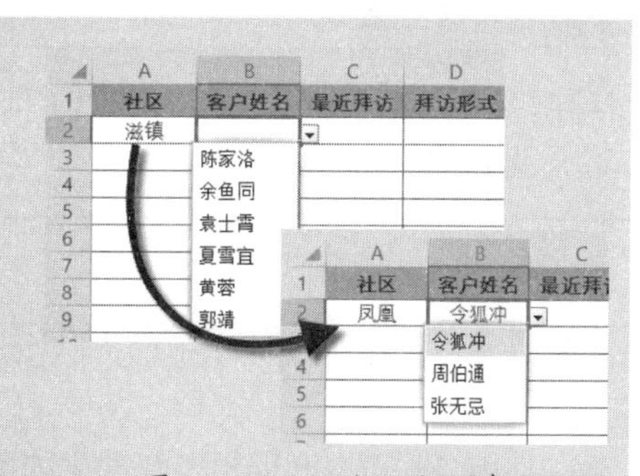

图 14-149 二级下拉列表

制作这样的表格的操作步骤如下。

步骤① 首先在"社区客户信息表"工作表中准备一份包含各个社区客户名称的对照表，其中A列是社区名称的对照表，C列~E列是各社区及对应客户的详单，并且按社区进行了排序处理，如图14-150所示。

步骤② 在"客户回访表"工作表中，选中要输入社区名称的A2:A11单元格区域，设置数据有效性的"序列"来源为"社区客户信息表"工作表的A2:A6单元格区域。在A2单元格通过下拉列表选择任意一个社区名称，如"滋镇"。

步骤③ 选中要输入客户姓名的B2:B11单元格区域，在数据有效性的"序列"的【来源】编辑框中输入以下公式，单击【确定】按钮，如图14-151所示。

=OFFSET(社区客户信息表!$D$1,MATCH(A2,社区客户信息表!$C$2:$C$21,0),0,COUNTIF(社区客户信息表!C:C,A2))

	A	B	C	D	E
1	社区		社区	客户姓名	办公电话
2	滋镇		滋镇	陈家洛	43952
3	凤凰		滋镇	余鱼同	43953
4	刘泮		滋镇	袁士霄	43954
5	前孙		滋镇	夏雪宜	43955
6	义渡		滋镇	黄蓉	43956
7			滋镇	郭靖	43957
8			凤凰	令狐冲	43958
9			凤凰	周伯通	43959
10			凤凰	张无忌	43960
11			刘泮	裘千尺	43961
12			刘泮	李佑樘	43962
13			刘泮	王见深	43963
14			刘泮	刘祁钰	43964
15			刘泮	何翊钧	43965
16			刘泮	陈常洛	43966
17			前孙	宋由检	43967
18			前孙	孙由校	43968
19			前孙	张高炽	43969
20			义渡	马厚照	43970
21			义渡	佟允炆	43971

客户回访表　社区客户信息表

图 14-150　客户所在乡镇对照表

图 14-151　创建二级下拉列表

公式中的“MATCH(A2,社区客户信息表!$C$2:$C$21,0)”部分，以A2单元格中的社区名称“滋镇”作为查找值，在“社区客户信息表”工作表的C2:C21单元格区域中精确查找该社区首次出现的位置，结果为1。以此作为OFFSET函数向下偏移的行数。

“COUNTIF(社区客户信息表!C:C,A2)”部分，用COUNTIF函数统计出“社区客户信息表”工作表的C列中与A2内容相同的社区名称个数，结果为6。以此作为OFFSET函数的新引用行数。

OFFSET函数以“社区客户信息表”工作表的D1单元格为参照基点，根据MATCH函数查询到的结果来确定向下偏移的行数，也就是偏移到该社区首次出现的位置。根据COUNTIF函数的统计结果来确定新引用的行数，也就是“社区客户信息表”工作表的C列中有多少个与A2相同的社区名称，就引用多少行。

14.11　在条件格式中使用公式

使用公式可以实现更多个性化的条件格式的规则。如果规则中的公式结果为逻辑值TRUE或不等于0的任意数值，WPS表格就会应用预先设置的格式效果。

在条件格式中使用公式时需要注意选择正确的引用方式，在设置条件格式时需要注意以下几点。

- 如果选中的是一个单元格区域，可以以活动单元格作为参照编写公式，设置完成后，该规则会应用到所选范围的全部单元格
- 如果需要在公式中固定引用某一行或某一列，或者固定引用某个单元格的数值，需要特别注意选择不同引用方式，在条件格式的公式中选择不同引用方式时，可以理解为在所选区域的活动单元格中输入公式

- 如果选中的是一列多行的单元格区域，需要注意活动单元格中的公式在向下复制时引用范围的变化，也就是行方向的引用方式的变化
- 如果选中的是一行多列的单元格区域，需要注意活动单元格中的公式在向右复制时引用范围的变化，也就是列方向的引用方式的变化
- 如果选中的是多行多列的单元格区域，要同时考虑行方向和列方向的引用方式的变化

在条件格式中使用较为复杂的公式时，在编辑框中不方便编写，可以先在工作表中编写公式后进行复制，再粘贴到【新建格式规则】对话框的编辑框中。

示例14-78　突出显示重复出现的姓名

使用内置的条件格式【突出显示单元格规则】→【重复值】功能时，假设某个数据重复出现了两次，则无论是第 1 次还是第 2 次出现，WPS 表格都会对该数据进行标记。使用函数和公式，能够排除第 1 次出现的数据，仅对第 2 次及 2 次以上出现的数据进行标记，操作方法如下。

图 14-152 展示了某公司故障排查表的部分内容，希望对E列重复出现的负责人姓名进行标记。

序号	部门	故障归类	排除时间	负责人
1	品质暨可靠性部	进口排气温度传感器	2021/5/9	张志明
2	品质暨可靠性部	尿素泵及尿素罐总成	2021/5/9	程凯亮
3	品质暨可靠性部	断水电磁阀	2021/7/1	候丽波
4	设计优化暨签核部	油气分离器	2021/5/9	黄浩凯
5	设计优化暨签核部	喷射器固定螺母	2021/6/1	杨为斌
6	设计优化暨签核部	尿素箱和喷射泵总成	2021/[illegible]/9	韩国栋
7	芯片实现部	集成式尿素供给系统总成	2021/5/9	张蕊雪
8	前端设计部	尿素泵	2021/7/3	吴燕慧
9	前端设计部	尿素泵	2021/[illegible]/1	候丽波
10	前端设计部	排气管	2021/7/1	曹艳霞
11	品质暨可靠性部	进口排气温度传感器	2021/7/1	黄浩凯
12	品质暨可靠性部	温度传感器	2021/5/9	刘文杰
13	资材暨资源规划处	空气滤清器	2021/6/1	段月杰
14	资材暨资源规划处	V型卡箍	2021/5/9	何飞扬

图 14-152　突出显示重复出现的姓名

操作步骤如下。

步骤① 选中 E2:E15 单元格区域，依次单击【开始】→【条件格式】→【新建规则】命令，打开【新建格式规则】对话框。

步骤② 在【选择规则类型】列表中选中“使用公式确定要设置格式的单元格”，在底部的编辑框中输入以下公式，单击【格式】按钮。

```
=COUNTIF($E$2:E2,E2)>1
```

步骤③ 在弹出的【单元格格式】对话框中切换到【图案】选项卡，单击选中一种单元格底纹颜色，最后依次单击【确定】按钮关闭对话框，如图 14-153 所示。

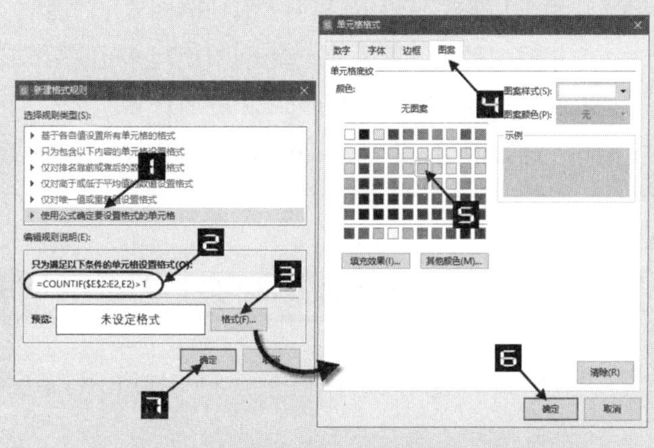

图 14-153　使用公式确定要设置格式的单元格

COUNTIF 函数参数“区域”使用“$E$2:E2”，前半部分的“$E$2”为绝对引用，后半部分的“E2”为相对引用，表示从E2 单元格开始至公式所在单元格这个动态扩展的范围中，统计与公式所

在单元格内容相同的单元格个数。当COUNTIF函数的统计结果大于1时，公式返回TRUE，单元格中就会显示预先设置的条件格式。

示例14-79 突出显示每种商品的最低价格

图14-154展示了几种主要水果在各个市场的平均批发价，需要突出显示每种商品的最低价格。操作步骤如下。

步骤① 选中B2:F8单元格区域，依次单击【开始】→【条件格式】→【新建规则】命令，打开【新建格式规则】对话框。

步骤② 在【选择规则类型】列表中选中“使用公式确定要设置格式的单元格”，在底部的编辑框中输入以下公式，如图14-155所示。

```
=MIN($B2:$F2)=B2
```

	A	B	C	D	E	F
1	名称	新发地	岳各庄	大洋路	大钟寺	东郊市场
2	西瓜	1.88	1.92	1.95	1.85	1.89
3	草莓	5.42	5.50	5.73	5.49	5.38
4	车厘子3J	25.44	26.85	29.70	28.95	26.75
5	红富士苹果80	3.25	3.55	3.19	3.59	3.66
6	砂糖橘	4.39	4.41	4.38	4.32	4.51
7	青枣	6.99	6.69	6.75	6.92	7.01
8	香蕉	1.99	2.15	2.08	2.16	2.13

图14-154 突出显示每种商品的最低价格

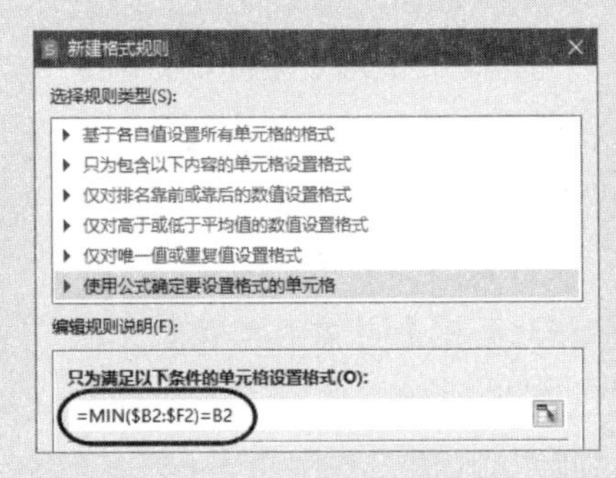

图14-155 新建格式规则

步骤③ 单击【格式】按钮，打开【单元格格式】对话框。切换到【图案】选项卡，单击选中一种单元格底纹颜色，最后依次单击【确定】按钮关闭对话框。

本例公式中，先使用MIN($B2:$F2)计算出公式所在行的最小值，然后判断活动单元格是否与之相同，结果返回逻辑值TRUE或FALSE。当结果为TRUE时，就会显示预先设置的格式效果。

示例14-80 突出显示最高采购金额所在行

图14-156展示了某公司主要客户的9月份订单金额汇总，需要突出显示最高采购金额所在行。操作步骤如下。

步骤① 选中A2:D15单元格区域，依次单击【开始】→【条件格式】→【新建规则】命令，打开【新建格式规则】对话框。

步骤② 在【选择规则类型】列表中选中“使用公式确定要设置格式的单元格”，在底部的编辑框中输入以下公式，如图 14-157 所示。

```
=$D2=MAX($D$2:$D$15)
```

	A	B	C	D
1	序号	客户名称	订单交期	采购金额（含税价）
2	1	震环工业气体有限公司	9月	123148.82
3	2	联腾包装有限公司	9月	16293.07
4	3	渝乾科技有限公司	9月	1058.58
5	4	腾业塑料制品有限公司	9月	29242.15
6	5	帮达标准件有限公司	9月	84447.11
7	6	捷立乾机械制造有限公司	9月	434417.63
8	7	品创源包装制品有限公司	9月	7304.84
9	8	竞强工业气体有限公司	9月	84223.68
10	9	华振塑胶制造有限公司	9月	4642.86
11	10	昌正机械有限公司	9月	131352.3
12	11	成府精诚密封制品有限公司	9月	3293.95
13	12	筠壕金属配件制造厂	9月	31437.5
14	13	新联喜机械配件有限公司	9月	410650.94
15	16	华晟汇机械制造有限公司	9月	395466.73

图 14-156　突出显示最高采购金额所在行

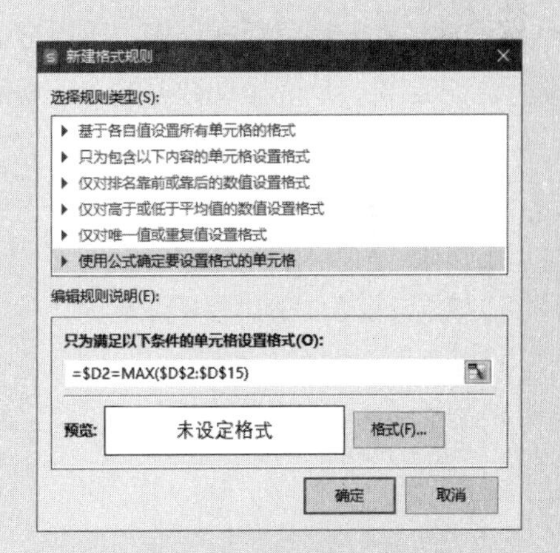

图 14-157　新建格式规则

步骤③ 单击【格式】按钮，弹出【单元格格式】对话框。切换到【图案】选项卡，单击选中一种单元格底纹颜色，最后依次单击【确定】按钮关闭对话框。

本例公式中，先使用MAX($D$2:$D$15)计算出D2:D15单元格区域中的最大值，然后判断D列中的数值是否与之相等。

本例事先选中了多行多列的单元格区域，由于各个列都要以当前行D列的判断结果来确定是否应用条件格式，因此D列使用列绝对引用、行相对引用的方式。

第 15 章　借助数据透视表快速完成统计汇总

数据透视表是一种交互式报表，可以方便地对基础数据进行汇总和计算，并提供多种自定义的视角显示汇总结果，从而呈现数据的内在规律，将基础数据转化成更有意义的信息。

本章学习要点

（1）创建数据透视表
（2）数据透视表中的排序和筛选
（3）使用切片器筛选报表
（4）值汇总依据和值显示方式
（5）插入计算字段和计算项
（6）数据透视表中的项目组合
（7）创建数据透视图

15.1　认识数据透视表

15.1.1　创建数据透视表

示例15-1　按部门汇总报销总金额

如图 15-1 所示，这是某公司费用报销列表的部分内容，需要按部门和付款方式汇总报销总金额。

	A	B	C	D	E	F	G
1	部门	报销人	报销单号	报销模板	记账日期	费用提交日期	报销总金额
2	城西区分公司本部	英敏	DS12688122879571	预付款-供应商	2020/4/24	2020/4/23	30800.0
3	城西区分公司本部	英敏	DS12688122902476	供应商-教育经费	2020/4/1	2020/4/26	2000.0
4	城西区分公司本部	英敏	DS12688122903365	供应商-教育经费	2020/4/1	2020/4/26	800.0
5	城西区分公司本部	英敏	DS12688122903662	供应商-教育经费	2020/4/1	2020/4/27	800.0
6	城西区分公司本部	英敏	DS12688122903684	供应商-教育经费	2020/4/1	2020/4/27	999.0
7	城西区分公司本部	英敏	DS12688122903796	供应商-教育经费	2020/4/1	2020/4/26	2000.0
8	城西区分公司本部	英敏	DS12688122905178	供应商-教育经费	2020/4/1	2020/4/27	800.0
9	城西区分公司本部	英敏	DS12688122905221	供应商-教育经费	2020/4/1	2020/4/27	800.0
10	城西区分公司本部	英敏	DS12688122905277	供应商-教育经费	2020/4/1	2020/4/27	800.0
11	城西区分公司本部	英敏	DS12688122905312	供应商-教育经费	2020/4/1	2020/4/27	800.0
12	城西区分公司本部	英敏	DS12688122905355	供应商-教育经费	2020/4/1	2020/4/27	800.0
13	城西区分公司本部	佳妤	DS12688122720704	预付款-供应商	2020/4/7	2020/4/8	44023.5

图 15-1　费用报销列表

操作步骤如下。

步骤① 单击数据区域任意单元格，如A2，依次单击【插入】→【数据透视表】，在弹出的【创建数据透视表】对话框中保留默认设置，单击【确定】按钮，如图 15-2 所示。

如果在对话框底部的【请选择放置数据透视表的位置】区域选中【现有工作表】单选按钮，单击右侧的折叠按钮可以选择存放数据透视表的位置，也可以在选中【现有工作表】单选按钮后单击底部的文本框，单击选择存放数据透视表的单元格。

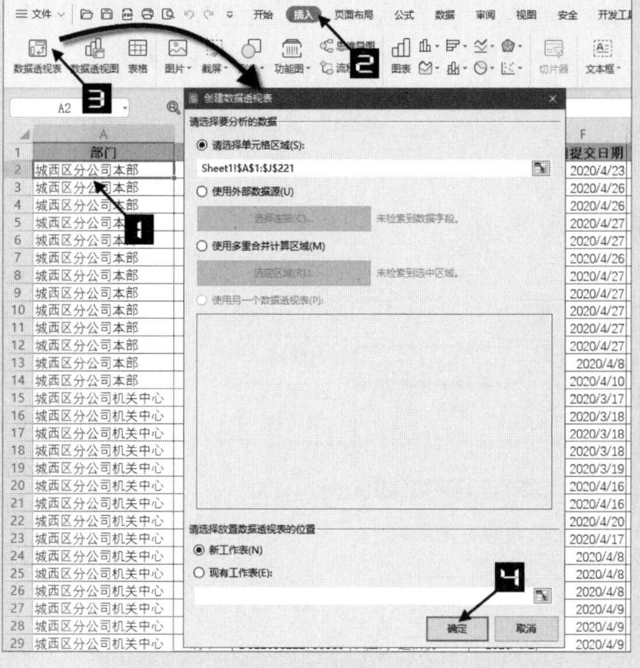

图 15-2　创建数据透视表

步骤② 此时会在新工作表中创建一个空白数据透视表。在右侧【数据透视表】窗格的字段列表中将“记账日期”字段拖动到筛选器区域，将“部门”字段拖动到行区域，将“付款方式”字段拖动到列区域，将“报销总金额”字段拖动到值区域，如图 15-3 所示。

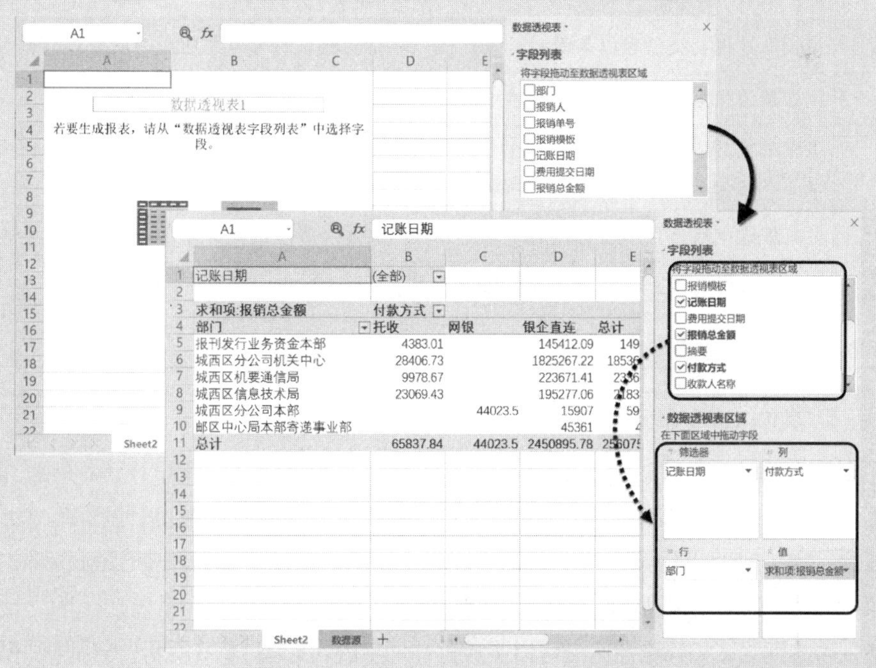

图 15-3　调整数据透视表字段布局

提示

在【数据透视表】窗格的字段列表中选中字段名称前的复选框，WPS表格会自动判断该字段的数据类型，并添加到不同的数据透视表区域，但是这种自动判断的结果有时并不理想，因此建议使用拖动字段名称的方式来调整字段布局。

15.1.2 认识数据透视表结构

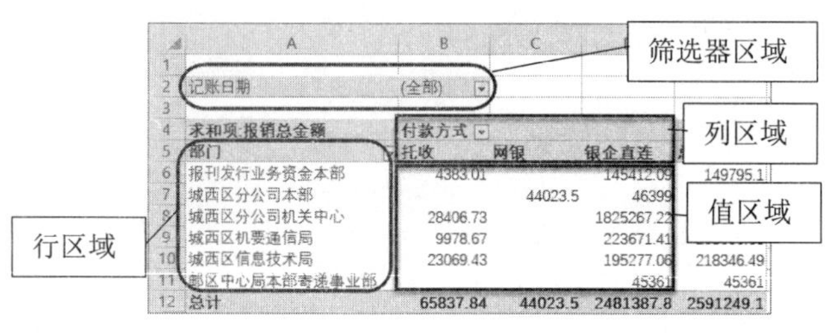

图 15-4 数据透视表的不同区域

完整的数据透视表分为 4 个区域，各个区域的划分如图 15-4 所示。

行区域相当于数据透视表的行标签，用来说明这一行数据的分类。列区域相当于数据透视表的列标签，用来说明这一列数据的分类。值区域用于显示数据透视表汇总的数据。筛选器区域中的字段将作为数据透视表的筛选页，通过筛选不同的字段名称，将会在数据透视表中显示对应的汇总项目。

以上 4 个区域，都可以指定多个字段，方便地调整各个字段的优先级。

在数据透视表中还有一些专用的术语，部分常用术语的解释说明如表 15-1 所示。

表 15-1 数据透视表的部分术语解释说明

术语	术语解释
数据源	为数据透视表提供数据来源的列表，同一类型的数据源可以重组成为功能不同的数据透视表
字段	即信息的种类，等价于数据清单中的列
项	组成字段的成员，如行标签中的“城西区分公司本部”，就是“部门”字段中的一项。一个字段可以包含一组项，而一个项只属于一个字段
汇总函数	对数据透视表值区域数据进行计算的函数，文本和数值的默认汇总函数为计数和求和
分类汇总	对数据透视表中的一行或一列数据按类别汇总
刷新	重新计算数据透视表，以反映目前数据源的状态

15.1.3 调整数据透视表字段布局

用户可以根据需要在【数据透视表】窗格的字段列表中调整各个字段的布局结构，以便获取不同角度的汇总信息。各个区域中已有的字段可以使用鼠标左键将其拖动到其他区域，如果拖动到工作表中的任意区域，则可以将该字段从数据透视表中删除。单击底部区域中已有的字段名称，在弹出的快捷菜单中也可以移动或删除该字段，如图 15-5 所示。

数据透视表的列区域和筛选器区域可以不放置任何字段，如图 15-6 所示，分别将“部门”和“报销总金额”拖动到行区域和值区域，即可按部门统计出报销总金额。

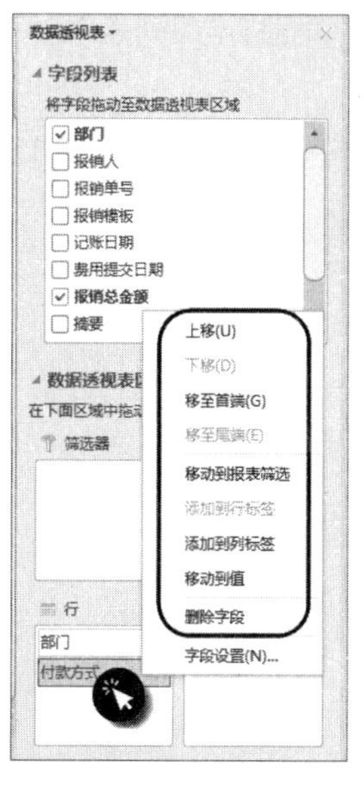

图 15-5　调整字段布局

图 15-6　按部门汇总报销总金额

15.1.4　调整数据透视表字段列表的位置

数据透视表字段列表默认在工作表的最右侧以任务窗格的形式显示。单击数据透视表中的任意单元格，拖动侧边栏中的“数据透视表”按钮，可将字段列表拖动至工作表中的任意位置，如图 15-7 所示。

如需将工作表区域中的字段列表恢复到侧边栏，可双击字段列表右上角的图标，如图 15-8 所示。

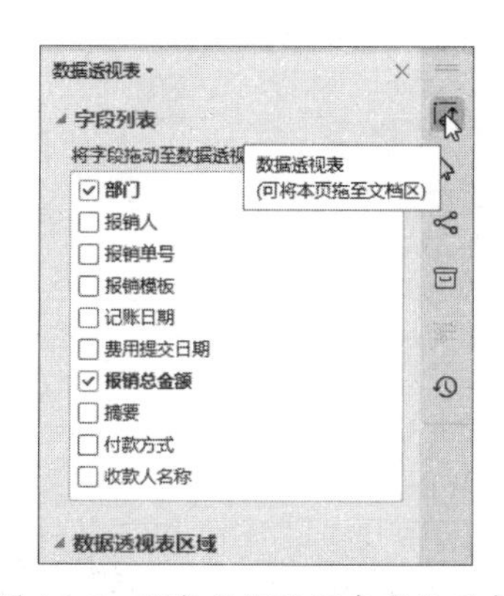

图 15-7　调整数据透视表字段列表

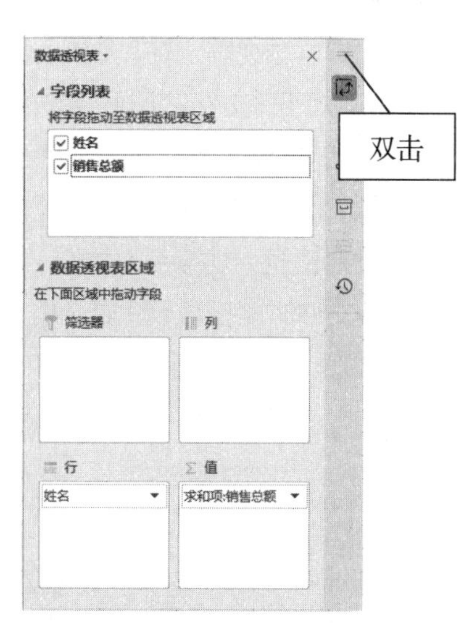

图 15-8　字段列表恢复到侧边栏

单击数据透视表任意单元格，在侧边栏中单击“数据透视表”按钮，可隐藏或显示字段列表。也可右击数据透视表任意单元格，在弹出的快捷菜单中选择【显示(隐藏)字段列表】命令，如图 15-9 所示。

另外，单击数据透视表中的任意单元格，在【分析】选项卡下单击【字段列表】【+/-按钮】及【字段标题】按钮，也可显示或隐藏对应的数据透视表元素，如图 15-10 所示。

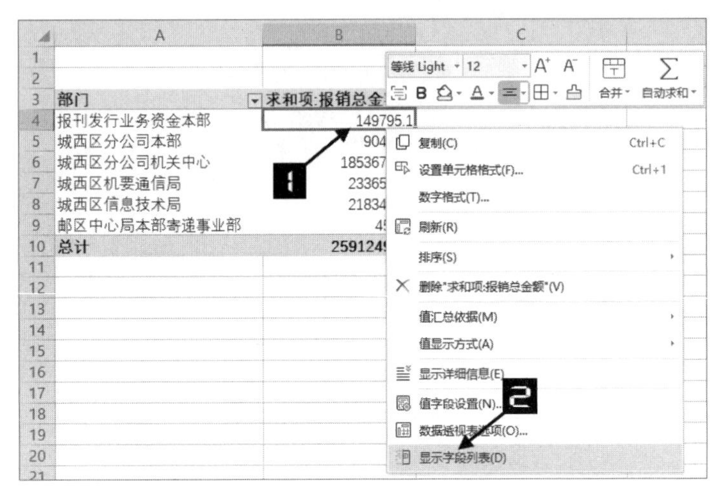

图 15-9 使用快捷菜单显示或隐藏字段列表

图 15-10 在功能区中显示或隐藏数据透视表中的元素

15.1.5 刷新数据透视表

当数据源中的数据发生变化后，数据透视表不能自动刷新，此时可以右击数据透视表，在弹出的快捷菜单中选择【刷新】命令或在【数据】选项卡单击【全部刷新】命令来刷新数据透视表，如图 15-11 所示。

还可以单击数据透视表，在【分析】选项卡单击【刷新】按钮。

如果希望每次打开文件的时候自动刷新数据透视表，可以右击数据透视表，在弹出的快捷菜单中选择【数据透视表选项】命令，打开【数据透视表选项】对话框，切换到【数据】选项卡下，选中【打开文件时刷新数据】复选框，单击【确定】按钮，如图 15-12 所示。

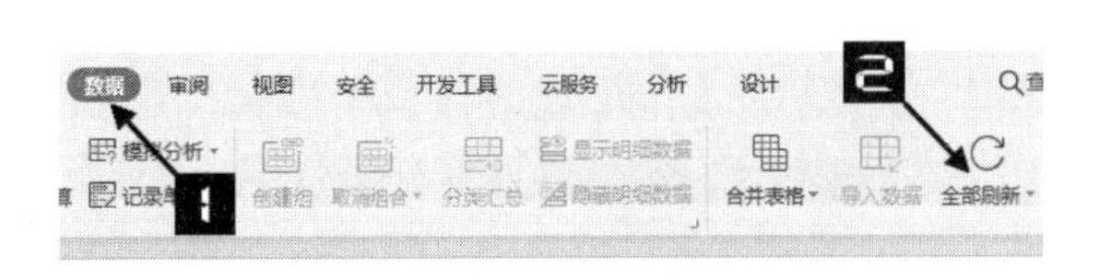

图 15-11 全部刷新

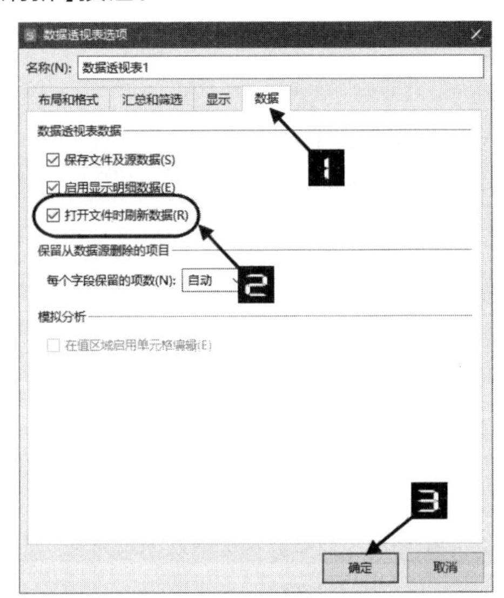

图 15-12 打开文件时刷新数据

15.1.6　显示明细数据

在数据透视表中双击某个字段中的一项，将弹出【显示明细数据】对话框。单击选中要显示明细数据的字段名称，单击【确定】按钮，即可在数据透视表中显示该项目下对应字段的明细数据，如图 15-13 所示。

在数据透视表中双击某一分类的汇总单元格，可在新工作表中显示该分类下的所有明细数据。双击数据透视表右下角的总计单元格，将在新工作表中显示构成该数据透视表的全部明细数据，如图 15-14 所示。

图 15-13　显示明细数据

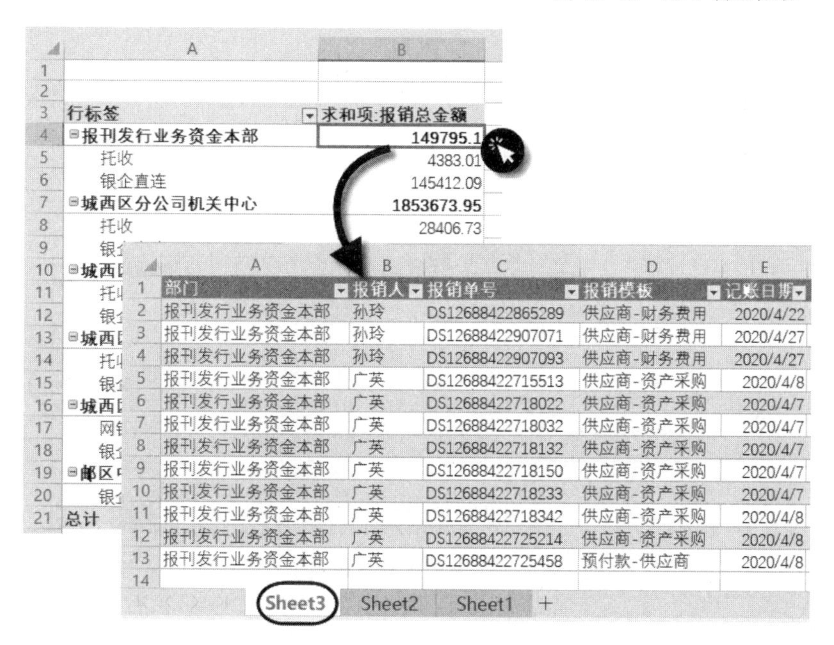

图 15-14　显示明细数据

15.1.7　更改数据透视表报表布局

➲ Ⅰ　更改报表布局

当数据透视表有多个行标签时，默认报表布局“以大纲形式显示”。单击数据透视表中的任意单元格，可以在【设计】选项卡下选择不同的报表布局，如图 15-15 所示。

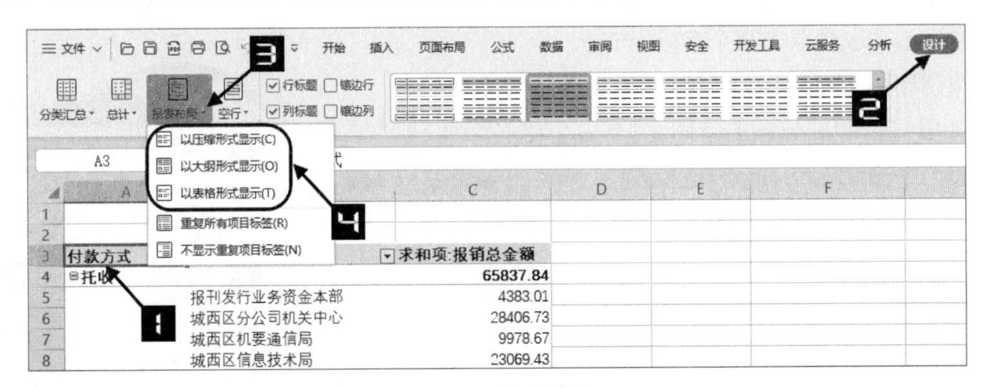

图 15-15　更改报表布局

“以压缩形式显示”“以大纲形式显示”和“以表格形式显示”的报表布局显示效果如图 15-16 所示。

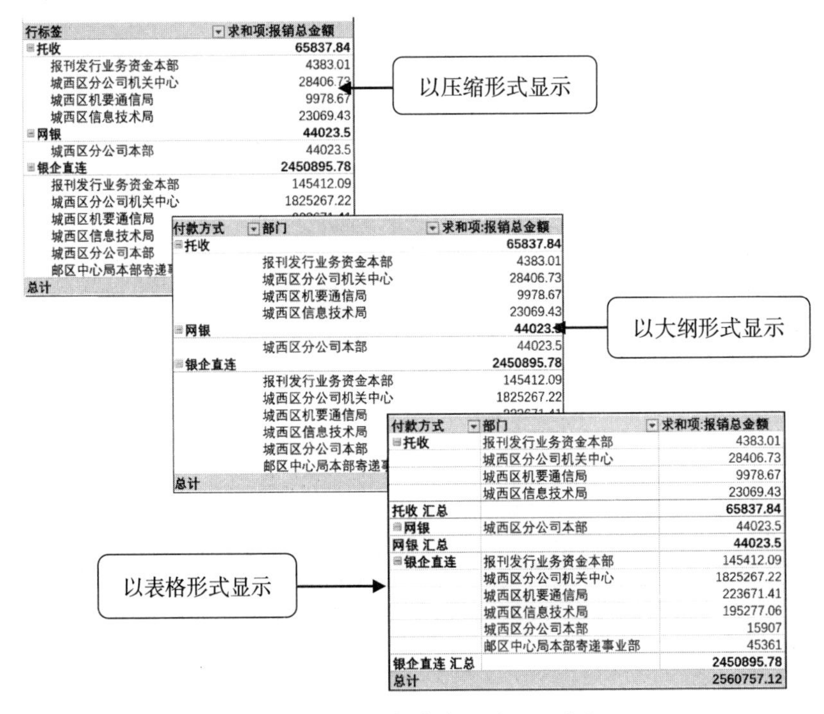

图 15-16　不同报表布局的显示效果

➲ Ⅱ　重复所有项目标签

将报表布局设置为以表格形式显示，单击数据透视表中的任意单元格，在【设计】选项卡单击【报表布局】→【重复所有项目标签】，能够将数据透视表行标签中的空白区域填充完整，用以满足特定的报表显示要求，如图 15-17 所示。

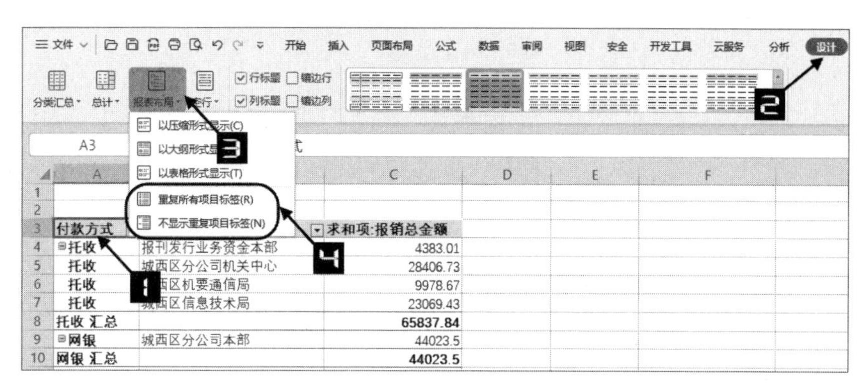

图 15-17　重复所有项目标签

依次单击【设计】→【报表布局】→【不显示重复项目标签】，将恢复到未填充之前的状态。

Ⅲ　取消和显示分类汇总

当数据透视表报表布局设置为“以压缩形式显示”或“以大纲形式显示”时，还可以设置分类汇总的显示位置。单击数据透视表任意单元格，在【设计】选项卡单击【分类汇总】下拉按钮，再下拉列表中可以选择【不显示分类汇总】【在组的底部显示所有分类汇总】及【在组的顶部显示所有分类汇总】，如图 15-18 所示。

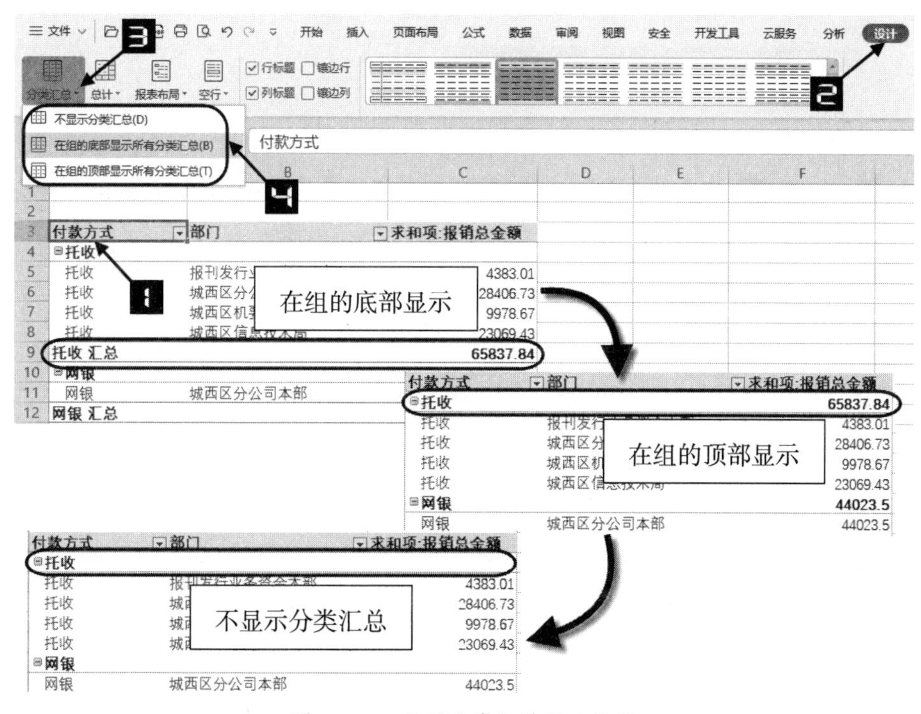

图 15-18　设置分类汇总显示位置

右击行标签某一字段中的任意单元格，在快捷菜单中单击【分类汇总“字段名称”】命令，可以显示或取消显示该字段的分类汇总，如图 15-19 所示。

图 15-19　使用快捷菜单控制显示分类汇总

➲ Ⅳ　设置分类汇总方式

数据透视表中的分类汇总方式默认为求和或计数，如需指定分类汇总方式，可以右击数据透视表行标签任意单元格，在弹出的快捷菜单中选择【字段设置】命令，打开【字段设置】对话框。切换到【分类汇总和筛选】选项卡下，选中【自定义】单选按钮，在底部的列表中单击选中一种或多种汇总方式，最后单击【确定】按钮，如图 15-20 所示。

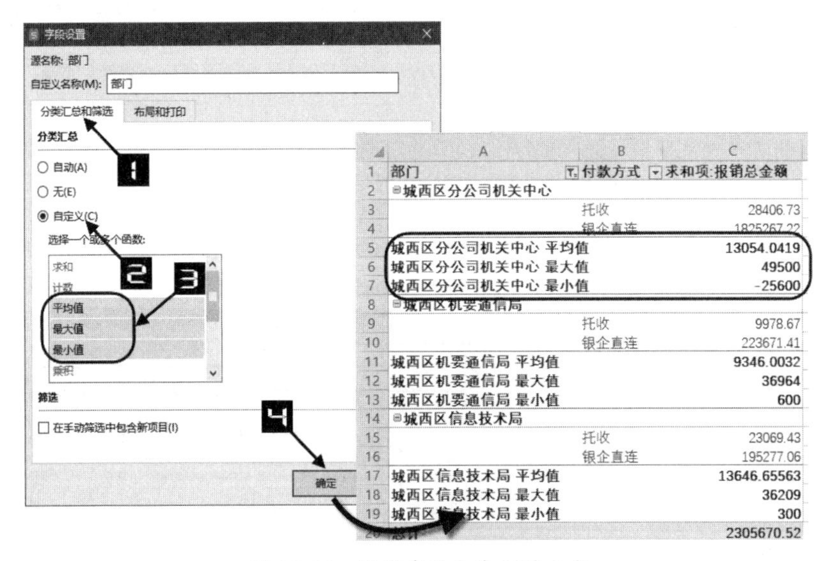

图 15-20　设置多种分类汇总方式

➲ Ⅴ　插入空行与总计

当数据透视表的行标签中有多个字段时，在【设计】选项卡单击【空行】命令，在下拉列表中选择【在每个项目后插入空行】命令，能够使每一项之间以空格隔开，便于查看数据，如图 15-21 所示。

当数据透视表的行标签和列标签中有多个字段时，会默认在水平方向和垂直方向显示当前行或当前列的总计，在【设计】选项卡单击【总计】命令，在下拉列表中能够选择总计的显示方式，其中，选择【对行和列禁用】选项后，效果如图 15-22 所示。

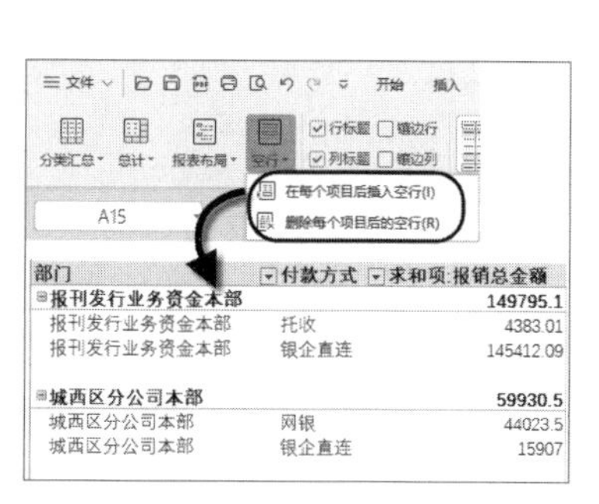

图 15-21　在每个项目后插入空行

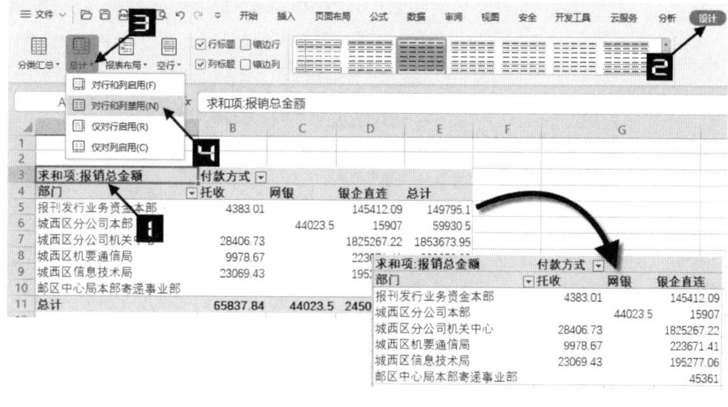

图 15-22　对行和列禁用总计

➲ VI　展开与折叠行列标签中的明细数据

数据透视表的行标签和列标签中有多个字段时，行或列字段的分类汇总单元格中会显示折叠符号“-”，单击该符号，该分类下的明细数据将被折叠，“-”变为“+”，再次单击折叠按钮，将显示该分类下的明细数据。如图 15-23 所示，单击部门前的折叠按钮，该部门的付款方式字段将被隐藏。

也可以通过右键菜单或功能区菜单来设置整个字段的明细数据的折叠与展开，如图 15-24 所示。

图 15-23　折叠明细数据

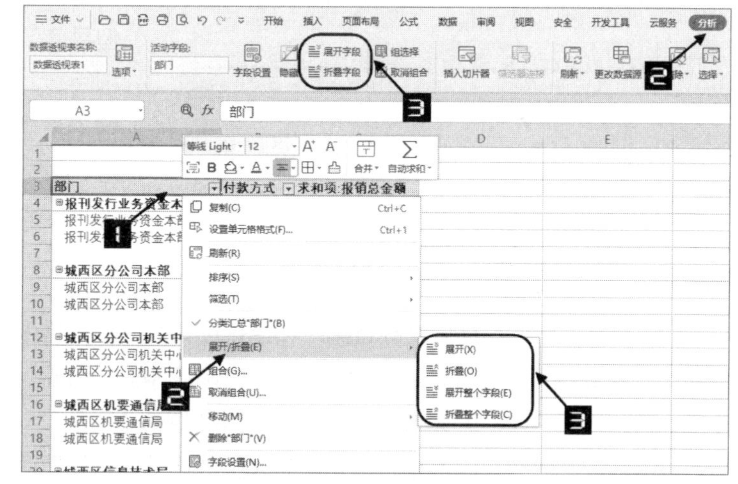

图 15-24　展开与折叠字段

➲ VII　删除字段

如需删除数据透视表中的某个字段，可以单击该字段，在【分析】选项卡单击【隐藏】命令，或右击后在扩展菜单中选择【删除“字段名”】命令，还可以在【数据透视表】窗格的字段列表中单击该字段的下拉按钮，在扩展菜单中选择【删除字段】命令，如图 15-25 所示。

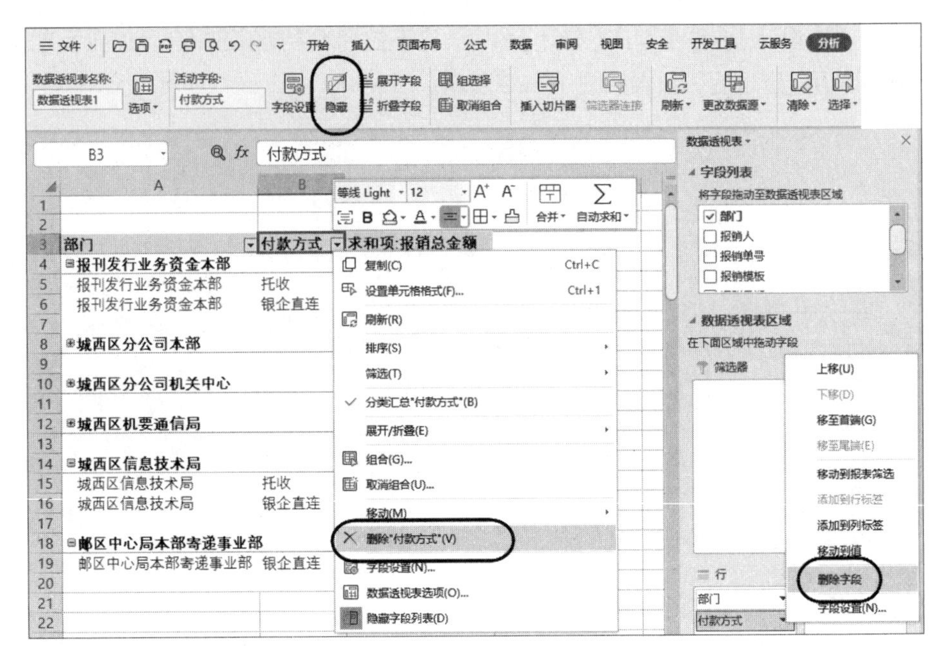

图 15-25　删除字段

➲ VIII　重命名字段名称

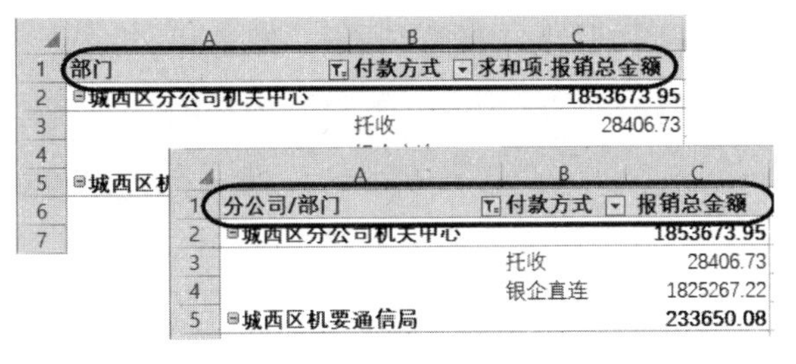

图 15-26　重命名字段名称

如图 15-26 所示，数据透视表的行、列区域标签及值区域标签都支持用户重命名，但是值区域标签不能与数据源中的字段标题相同。为了在值区域标签显示“报销总金额”且不与字段标题“报销总金额”相同，可以将“求和项:”替换为一个空格，否则将会出现错误提示。

15.1.8　数据透视表中的排序

数据透视表中的排序分为标签排序和值排序，其中标签排序的规则和普通数据表中的排序规则相同，可以通过【数据】选项卡的【升序】或【降序】按钮完成；也可以单击数据透视表字段标题单元格的筛选按钮，在扩展菜单中选择【升序】或【降序】命令。

对值区域排序时，排序规则是先按照大类进行排序，如果同一大类下有多个分类，再按相同大类对各个分类依次排序。具体操作方法：单击数据透视表字段标题单元格的筛选按钮，在扩展菜单中选择【其他排序选项】，在弹出的【排序(部门)】对话框中选择【升序排序】单选按钮，在下拉列表中选择数据透视表的值字段名称，最后单击【确定】按钮。如图 15-27 所示，

在数据透视表中，允许手动调整行列标签中的项目位置。单击选中要调整的项目所在单元格，将光标移动到单元格边框位置，当光标变成十字箭头形状时，按住鼠标左键不放拖动，在目标位置释放鼠标左键即可，如图 15-28 所示。

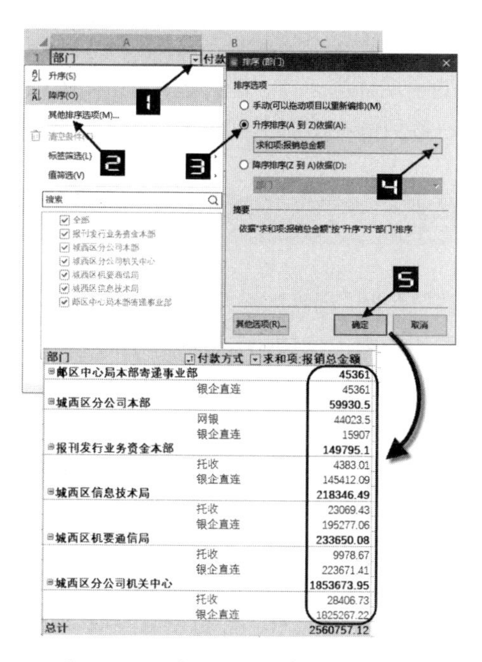

图 15-27　对数据透视表值区域排序

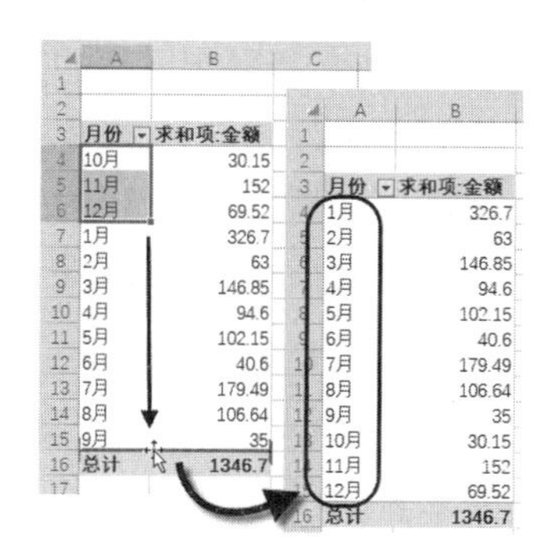

图 15-28　手动调整行标签中的项目位置

15.1.9　数据透视表中的筛选

数据透视表中的筛选分为标签筛选和值筛选。要对行（列）标签筛选时，可以单击数据透视表字段标题单元格的筛选按钮，在扩展菜单中选中需要显示的项目名称前的复选框，或通过【搜索】框输入关键字执行筛选，最后单击【确定】按钮。也可以单击【标签筛选】命令，在扩展菜单中进行更加细致的自定义筛选，如图 15-29 所示。

另外，还可以右击数据透视表中的某一项，在弹出的快捷菜单中依次单击【筛选】→【仅保留所选项目】或【隐藏选定项目】，如图 15-30 所示。

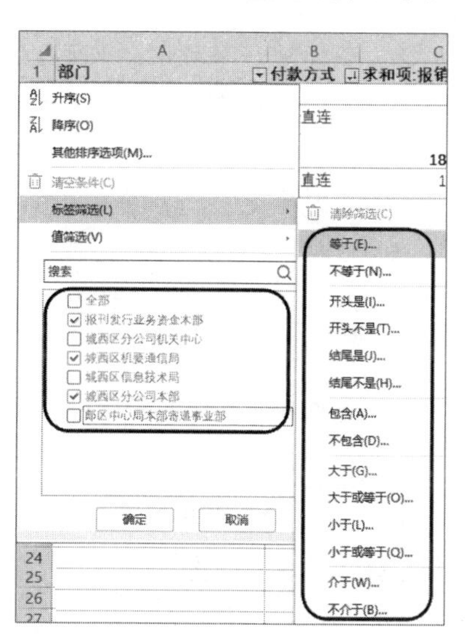

图 15-29　标签筛选

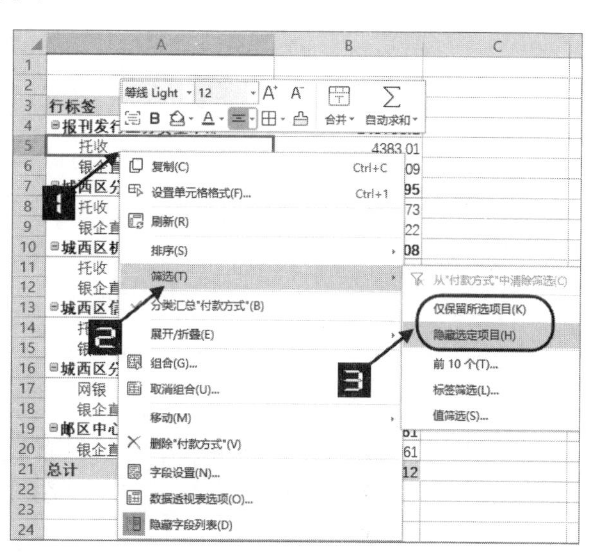

图 15-30　使用右键菜单筛选

➲ Ⅰ 筛选最大（最小）的记录

对数据透视表值区域进行筛选时，除了和数据表中的常规筛选一样，能筛选出大于、小于、等于、不等于某个值或指定范围的数据之外，还可以完成一些只能在数据透视表中实现的筛选操作。

示例15-2 筛选“报销总金额”最高的三个部门

如图 15-31 所示，需要在数据透视表中筛选出“报销总金额”最高的三个部门，操作方法如下。

单击数据透视表行标签单元格的筛选按钮，在扩展菜单中依次单击【值筛选】→【前 10 项】，打开【前 10 个筛选(部门)】对话框，设置【最大】【3】【项】，在【依据】下拉列表中选择字段名“求和项:报销总金额”，最后单击【确定】按钮即可，如图 15-31 所示。

在【前 10 个筛选(部门)】对话框中，还可以选择“最大”或“最小”，以及“项”“百分比”和“求和”，得到不同的结果。

提示

如需清除筛选条件，可以单击数据透视表行标签单元格的筛选按钮，在扩展菜单中单击【清空条件】命令。

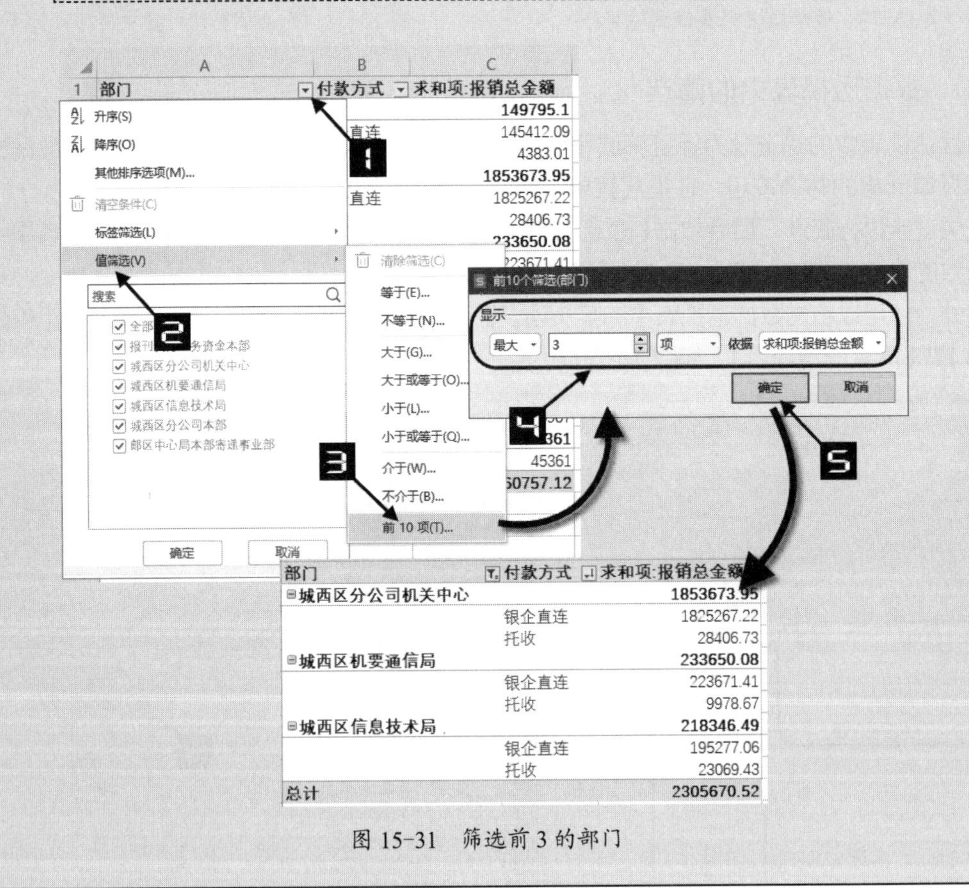

图 15-31 筛选前 3 的部门

➲ II　使用常规表格的筛选方式

单击与数据透视表右上角相邻的单元格，在【数据】选项卡单击【自动筛选】按钮，此时数据透视表中的筛选按钮将不再具备数据透视表的筛选功能特性，用户可以像筛选常规表格一样对数据透视表进行筛选，如图 15-32 所示。

➲ III　每个字段允许多个筛选

默认情况下，对同一字段执行多次筛选时，后执行的筛选会先清除前一项筛选，即筛选结果不能在上一次的筛选基础上得到。如图 15-33 所示，就是对部门筛选后，再执行筛选最大 1 项的效果，此时的筛选结果是在清除之前的部门筛选后，再筛选出所有部门中的最大 1 项。

要对每个字段进行多重筛选，可以右击数据透视表，在弹出的快捷菜单中选择【数据透视表选项】命令，或在【分析】选项卡单击【选项】按钮，打开【数据透视表选项】对话框。切换到【汇总和筛选】选项卡，在“筛选”区域选中【每个字段允许多个筛选】复选框，最后单击【确定】按钮，如图 15-34 所示。

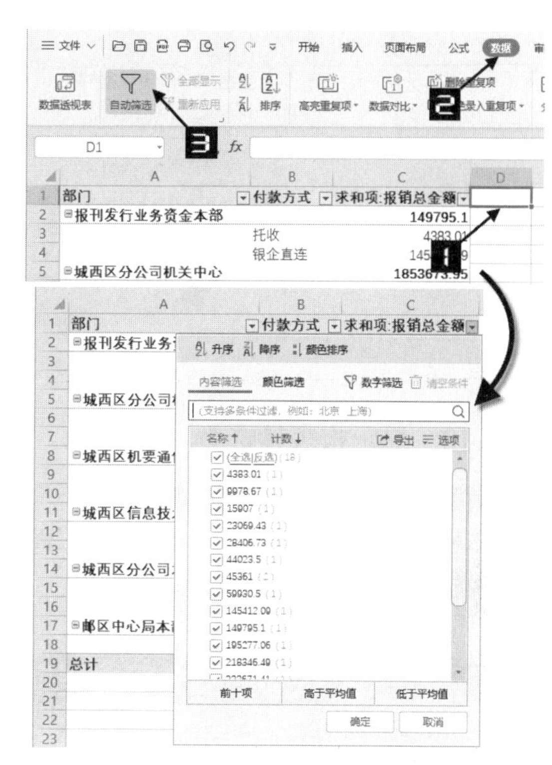

图 15-32　和常规表格相同的筛选方式

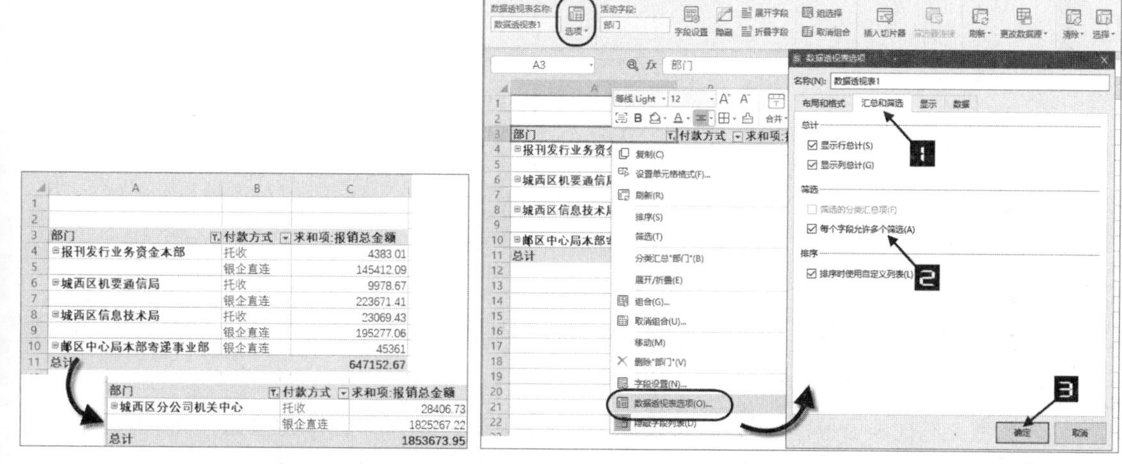

图 15-33　最后执行筛选会覆盖之前的筛选结果

图 15-34　允许多个筛选

这样，如果执行多轮筛选，就会得到在前一筛选基础上的筛选结果，如图 15-35 所示。

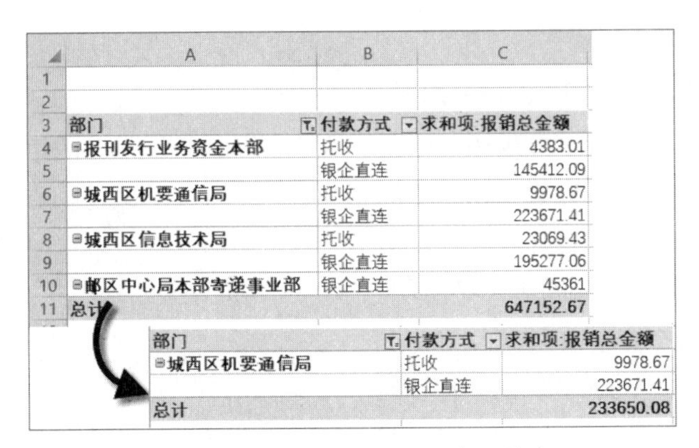

	A	B	C
1			
2			
3	部门	付款方式	求和项:报销总金额
4	⊟报刊发行业务资金本部	托收	4383.01
5		银企直连	145412.09
6	⊟城西区机要通信局	托收	9978.67
7		银企直连	223671.41
8	⊟城西区信息技术局	托收	23069.43
9		银企直连	195277.06
10	⊟邮区中心局本部寄递事业部	银企直连	45361
11	总计		647152.67

部门	付款方式	求和项:报销总金额
⊟城西区机要通信局	托收	9978.67
	银企直连	223671.41
总计		233650.08

图 15-35　对同一字段执行多次筛选

15.1.10　显示报表筛选页

通过选择筛选器字段中的项目，可以对整个数据透视表的内容进行筛选，但筛选结果仍然显示在一张表格中。利用数据透视表的【显示报表筛选页】功能，可以创建多个数据透视表，在每个工作表中显示筛选器字段中的一项。

示例15-3　按部门拆分报销记录

如图 15-36 所示，这是某公司报销记录表的部分内容，借助数据透视表，能够将各个部门的报销记录拆分到不同工作表中。

	A	B	C	D	E	F	G
1	部门	报销人	报销单号	报销模板	记账日期	费用提交日期	报销总金额
2	城西区分公司本部	英敏	DS12688122879571	预付款-供应商	2020/4/24	2020/4/23	308.0
3	城西区分公司本部	英敏	DS12688122902476	供应商-教育经费	2020/4/1	2020/4/26	2000.0
4	城西区分公司本部	英敏	DS12688122903365	供应商-教育经费	2020/4/1	2020/4/26	800.0
5	城西区分公司本部	英敏	DS12688122903662	供应商-教育经费	2020/4/1	2020/4/27	800.0
6	城西区分公司本部	英敏	DS12688122903684	供应商-教育经费	2020/4/1	2020/4/27	999.0
7	城西区分公司本部	英敏	DS12688122903796	供应商-教育经费	2020/4/1	2020/4/26	2000.0
8	城西区分公司本部	英敏	DS12688122905178	供应商-教育经费	2020/4/1	2020/4/27	800.0
9	城西区分公司本部	英敏	DS12688122905221	供应商-教育经费	2020/4/1	2020/4/27	800.0

图 15-36　报销记录表

操作步骤如下。

步骤① 单击数据区域任意单元格，插入数据透视表。

步骤② 在【数据透视表】窗格的字段列表中，将“部门”字段拖动到筛选器区域，将其他字段依次拖动到行区域，如图 15-37 所示。

步骤③ 单击数据透视表任意单元格，在【设计】选项卡单击【报表布局】下拉按钮，在下拉列表中依次选择【以表格形式显示】和【重复所有项目标签】命令。单击【分类汇总】下拉按钮，在下拉列表中选择【不显示分类汇总】命令。

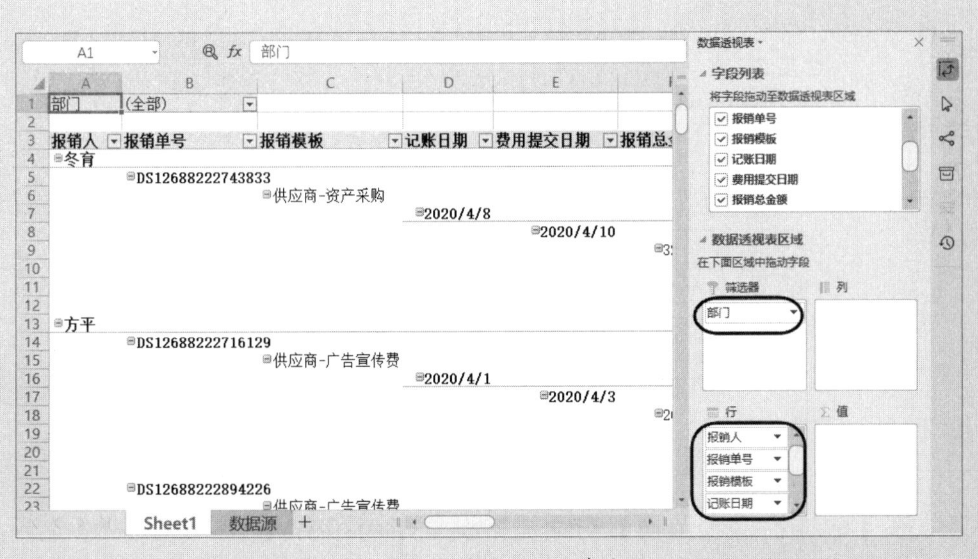

图 15-37　调整数据透视表布局

步骤④ 切换到【分析】选项卡，单击【+/- 按钮】，使数据透视表中的折叠按钮不再显示。设置完成后的局部效果如图 15-38 所示。

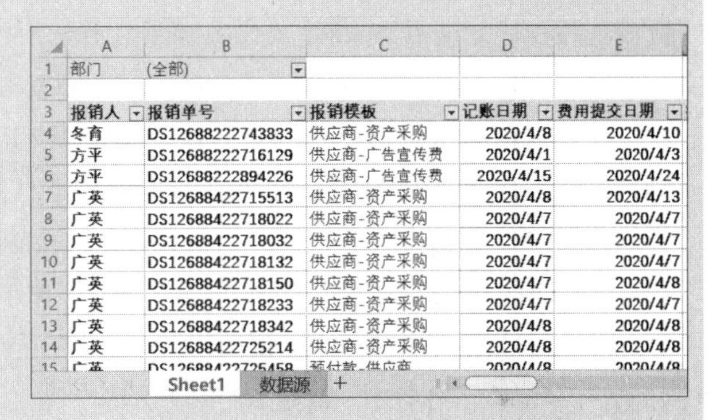

	A	B	C	D	E
1	部门	(全部)			
2					
3	报销人	报销单号	报销模板	记账日期	费用提交日期
4	冬育	DS12688222743833	供应商-资产采购	2020/4/8	2020/4/10
5	方平	DS12688222716129	供应商-广告宣传费	2020/4/1	2020/4/3
6	方平	DS12688222894226	供应商-广告宣传费	2020/4/15	2020/4/24
7	广英	DS12688422715513	供应商-资产采购	2020/4/8	2020/4/13
8	广英	DS12688422718022	供应商-资产采购	2020/4/7	2020/4/7
9	广英	DS12688422718032	供应商-资产采购	2020/4/7	2020/4/7
10	广英	DS12688422718132	供应商-资产采购	2020/4/7	2020/4/7
11	广英	DS12688422718150	供应商-资产采购	2020/4/7	2020/4/8
12	广英	DS12688422718233	供应商-资产采购	2020/4/7	2020/4/7
13	广英	DS12688422718342	供应商-资产采购	2020/4/8	2020/4/8
14	广英	DS12688422725214	供应商-资产采购	2020/4/8	2020/4/8

图 15-38　设置后的数据透视表

步骤⑤ 单击数据透视表任意单元格，依次单击【分析】→【选项】→【显示报表筛选页】，在弹出的【显示报表筛选页】对话框中单击【确定】按钮，如图 15-39 所示。

图 15-39　显示报表筛选页

此时数据透视表中的数据会自动拆分到按部门命名的工作表中，如图 15-40 所示。

步骤⑥ 最后适当调整各个工作表的列宽即可。

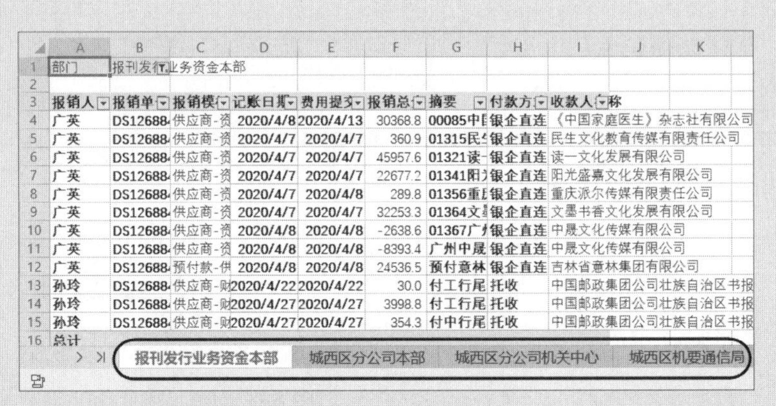

图 15-40　拆分后的数据透视表

15.1.11　在【数据透视表选项】对话框中设置布局和格式

在【数据透视表选项】对话框中切换到【显示】选项卡，通过选中或取消选中【显示字段标题和筛选下拉列表】复选框，能够控制字段标题和筛选下拉列表是否显示。选中【经典数据透视表布局】复选框时，将以WPS表格早期版本中的数据透视表布局方式显示，如图 15-41 所示。

在【布局和格式】选项卡选中【合并且居中排列带标签的单元格】复选框时，行列标签单元格将使用合并居中的对齐方式。

当筛选器区域有多个字段时，可以设置【在报表筛选区域显示字段】的显示方式为垂直并排或水平并排，并且能够设置每列（行）报表筛选字段显示几个字段。

还可以设置数据透视表中错误值和空单元格的显示方式，以及是否在数据透视表刷新时自动调整列宽或保留单元格格式，如图 15-42 所示。

图 15-41　设置显示效果

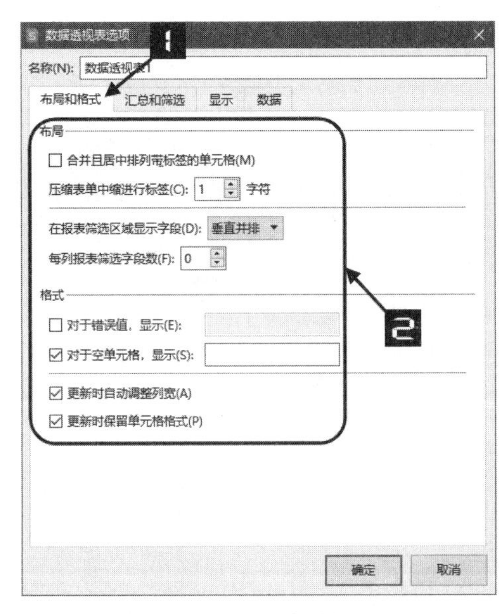

图 15-42　布局和格式选项

15.1.12　使用切片器控制数据透视表

在xlsx格式的工作簿中，能够使用切片器对数据透视表进行筛选，同一个数据透视表中允许使用多个切片器筛选不同的字段。

➲ Ⅰ　插入切片器

单击数据透视表任意单元格，依次单击【分析】→【插入切片器】，在弹出的【插入切片器】对话框中会显示数据源中的所有字段名，选中字段前的复选框，最后单击【确定】按钮，即可插入切片器，如图 15-43 所示。如果选中多个字段名，将同时插入多个切片器。

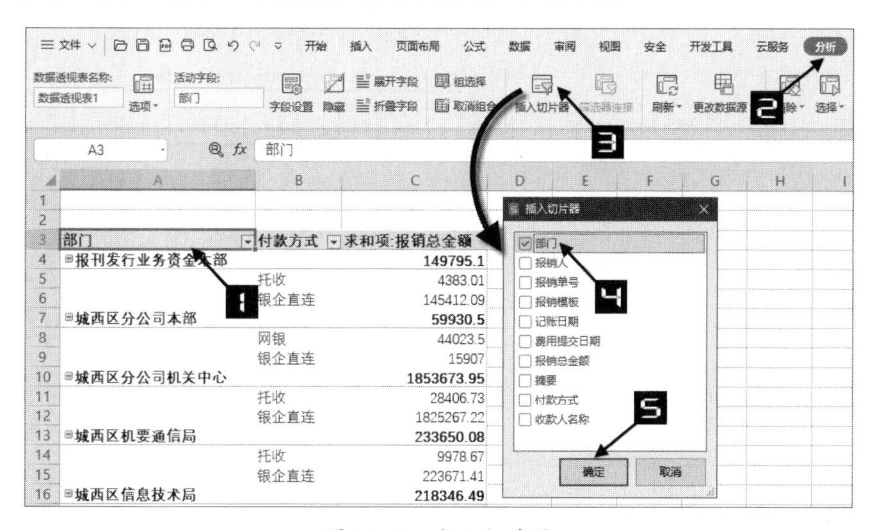

图 15-43　插入切片器

在切片器中单击某个项目，数据透视表会仅显示该项目的内容，按住Ctrl键不放依次单击，可以选中多个项目，如图 15-44 所示。

单击切片器右上角的“清除筛选器”按钮可恢复到筛选前的状态。右击切片器，在弹出的快捷菜单中选择【删除“部门”】命令，可将切片器删除，如图 15-45 所示。

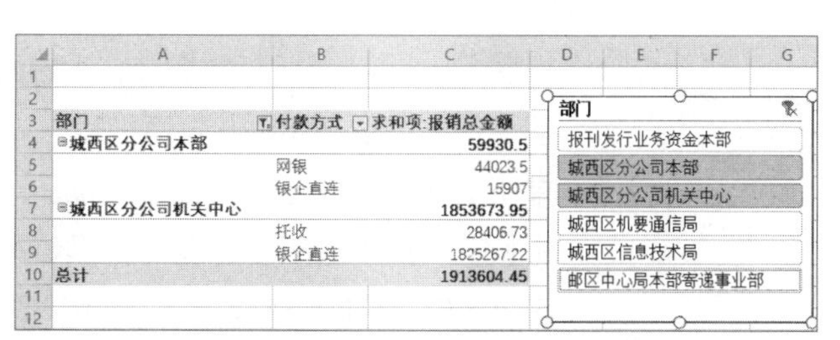

图 15-44　使用切片器筛选数据透视表

图 15-45　清除筛选和删除切片器

Ⅱ 切片器设置

单击切片器的边缘位置选中切片器，可以使用鼠标拖动调整切片器的位置，也可以通过切片器外侧的调节柄调整切片器的大小。

选中切片器，在【选项】选项卡调整【列宽】下的微调按钮，可以设置切片器中按钮显示的列数，也可以通过【按钮宽度】【按钮高度】及【宽度】和【高度】微调按钮调整按钮或切片器的大小。

如果单击【切片器设置】按钮，将弹出【切片器设置】对话框，在此对话框中可以对切片器的名称、是否显示切片器页眉等进行设置，另外还可以设置排序时使用自定义列表、隐藏没有数据的项、显示从数据源删除的项目等选项，如图 15-46 所示。

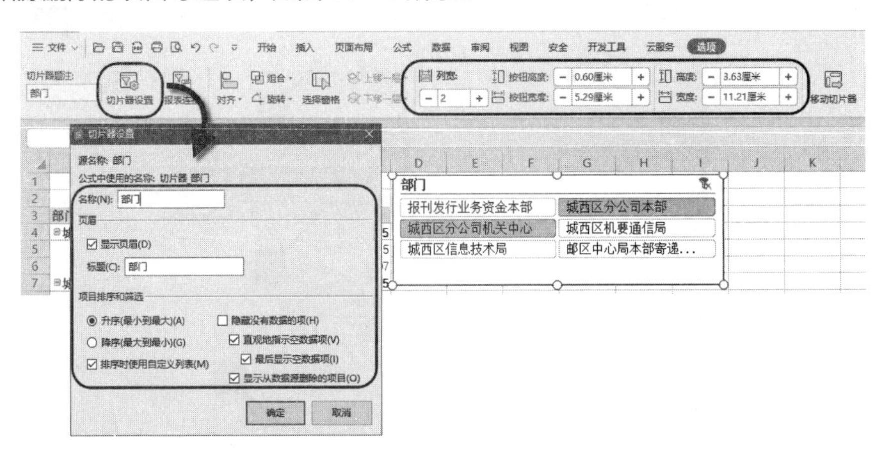

图 15-46 切片器设置

Ⅲ 使用切片器控制多个数据透视表

使用同一数据源创建的多个数据透视表，能够使用切片器同时进行控制，便于用户从多角度同时观察数据。

示例15-4 使用切片器控制多个数据透视表

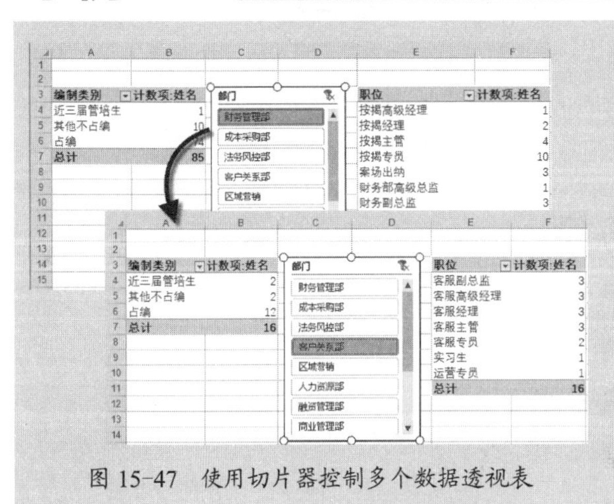

图 15-47 使用切片器控制多个数据透视表

如图 15-47 所示，使用切片器控制多个数据透视表，可以同时查看各部门的不同编制类别及不同职位的人数。

操作步骤如下。

步骤1 根据“月度薪酬福利”数据表，生成如图 15-48 左侧所示的数据透视表。

步骤2 单击数据透视表任意单元格，依次单击【分析】→【选择】→【整个数据透视表】，选中数据透视表。按<Ctrl+C>组合键复制，单击右侧空白单元格，如E3，按<Ctrl+V>组合键粘贴，得到一个相同的数据透视表，如图 15-48 所示。

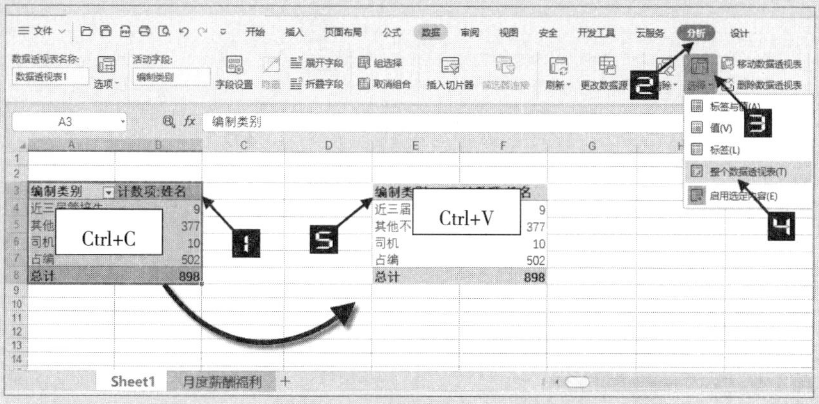

图 15-48　复制数据透视表

步骤③ 调整粘贴得到的数据透视表布局，在【数据透视表】窗格的字段列表中，删除行区域中的“编制类别”字段，再将“职位”字段拖动到行区域，得到按“职位”汇总的数据透视表。

步骤④ 依次单击【分析】→【插入切片器】，在弹出的【插入切片器】对话框中选中“部门”字段名前的复选框，单击【确定】按钮，如图 15-49 所示。

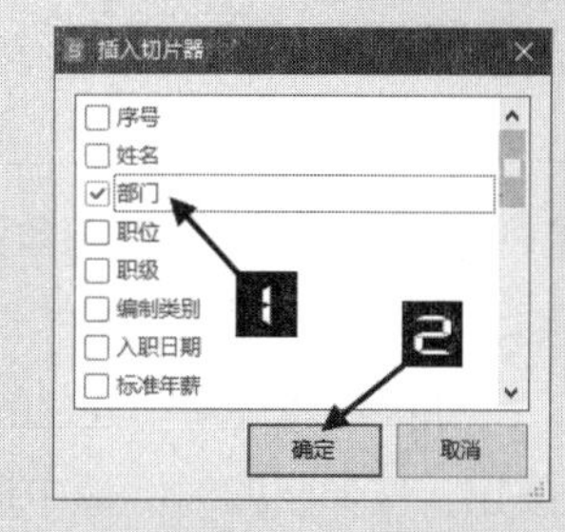

图 15-49　插入切片器

步骤⑤ 单击选中切片器，依次单击【选项】→【报表连接】，打开【数据透视表连接(部门)】对话框。在对话框中选中需要连接的数据透视表名称复选框，最后单击【确定】按钮，如图 15-50 所示。

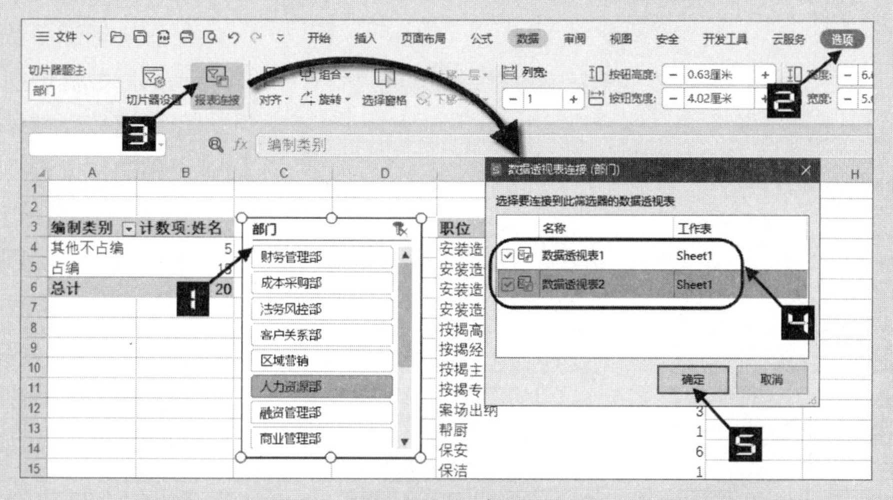

图 15-50　报表连接

设置完成后，在切片器中选择不同的部门，就会同时筛选两个数据透视表，显示该部门下不同编制类别和不同职位的人数。

15.1.13 设置数据透视表样式

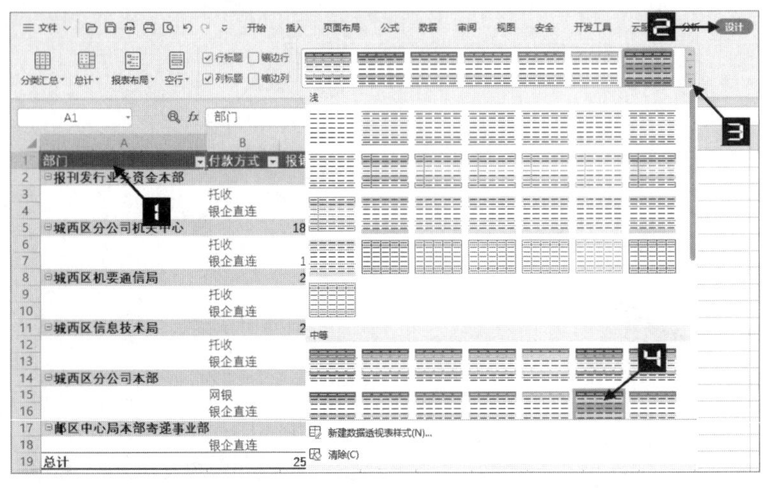

图 15-51　套用内置的数据透视表样式

单击数据透视表任意单元格，在【设计】选项卡单击“样式”列表右下角的“其他”按钮，在弹出的样式库中单击某种样式的缩略图，数据透视表会自动套用该样式，如图 15-51 所示。

在【设计】选项卡下有【行标题】【列标题】【镶边行】和【镶边列】四种样式选项。选中【行标题】或【列标题】复选框，会将数据透视表的首列（首行）应用特殊格式；选中【镶边行】或【镶边列】复选框，将为数据透视表中的奇数行（奇数列）和偶数行（偶数列）设置边框效果。

如果希望创建个性化的报表样式，还可以在数据透视表样式库底部单击【新建数据透视表样式】按钮，在弹出的对话框中根据提示进行操作即可，保存后存放于【数据透视表样式】库中，可以在当前工作簿中调用。

15.1.14 为数据透视表设置动态扩展的数据源

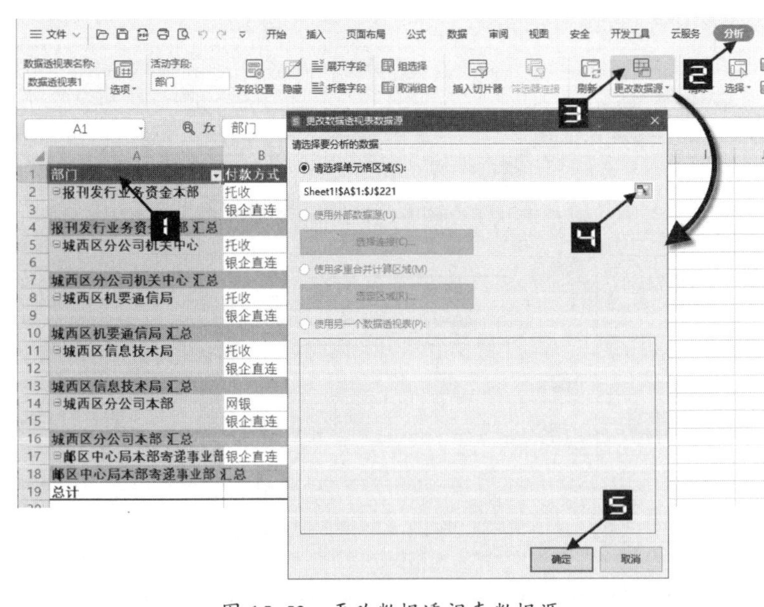

图 15-52　更改数据透视表数据源

默认情况下，如果数据源中增加了数据，即便是刷新数据透视表也不能包含这些新数据。此时可以单击数据透视表任意单元格，在【分析】选项卡单击【更改数据源】按钮，弹出【更改数据透视表数据源】对话框。单击【请选择单元格区域】编辑框右侧的按钮，重新选取数据区域，如图 15-52 所示。

除此之外，可以借助“表格”功能的自动扩展特性，先将数据列表转换为“表格”，再以“表格”为数据源创建数据透视表，使数据透视表的数据源能够随着数据的增加自动扩展。

单击数据区域任意单元格，依次单击【插入】→【表格】，在弹出的【创建表】对话框中保留默认设置，单击【确定】按钮，如图 15-53 所示。

此时数据表会转换为具有自动扩展特性的“表格”。单击“表格”中的任意单元格，插入数据透视表。使用了该方法后，如果数据源中增加了记录，可右击数据透视表，在快捷菜单中选择【刷新】命令，数据透视表中的汇总结果就会包含新添加的数据记录。

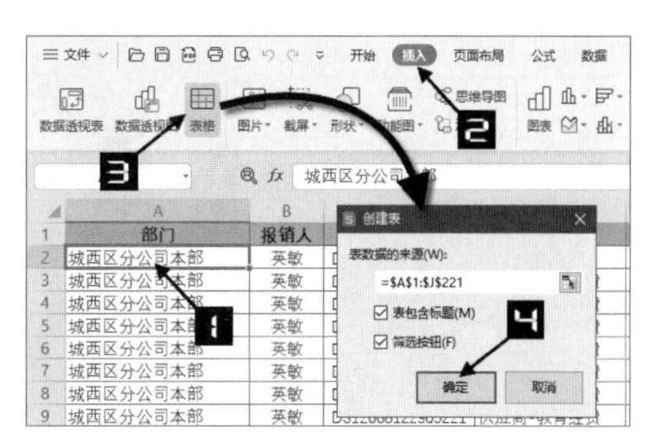

图 15-53　创建表

15.2　数据透视表应用实例

15.2.1　在数据透视表中执行计算

Ⅰ　灵活的“值汇总依据”和“值显示方式”

在数据透视表的值区域，数值类型的字段默认汇总方式为求和，非文本类型的字段默认汇总方式为计数。除此之外，还可以根据需要设置为平均值、最大值、最小值和乘积等多种汇总方式。

右击数据透视表值区域的任意单元格，在弹出的快捷菜单中选择【值字段设置】命令，弹出【值字段设置】对话框。切换到【值汇总方式】选项卡，在“值字段汇总方式”列表中选择汇总方式，最后单击【确定】按钮，如图 15-54 所示。

图 15-54　值字段设置

右击数据透视表值区域的任意单元格，在弹出的快捷菜单中选择【值汇总依据】命令，在子菜单中能够选择常用的汇总方式，如图 15-55 所示。

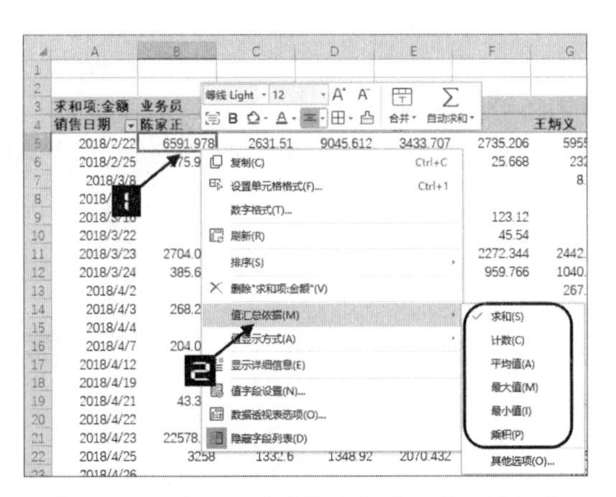

图 15-55　使用右键菜单选择常用值汇总方式

在数据透视表中，还可以根据需要设置多种值显示方式，从而不需要编写任何公式就能够快速完成不同的计算。有关值显示方式的简要说明如表 15-2 所示。

表 15-2　值显示方式简要说明

选项	功能说明
无计算	显示为数据透视表中原有的值
全部汇总百分比	将值显示为报表中所有值或数据点的总计的百分比
列汇总百分比	将每个列中的值显示为列总计的百分比
行汇总百分比	将每个行中的值显示为行总计的百分比
百分比	以选定的参照项为 100%，其余项基于该项的百分比
父行汇总的百分比	在多个行字段的前提下，以上一级行字段的汇总为 100%，显示每个数值项所占的百分比
父列汇总的百分比	在多个列字段的前提下，以上一级列字段的汇总为 100%，显示每个数值项所占的百分比
父级汇总的百分比	在多个行（列）字段的前提下，以指定的行（列）字段的汇总为 100%，显示每个数值项所占的百分比
差异	以特定字段中的特定项为参照，将值显示为与该参照值对比后的差异结果
差异百分比	以特定字段中的特定项为参照，将值显示为与该参照值对比后的百分比差异结果
按某一字段汇总	根据选定的某一字段进行汇总
按某一字段汇总的百分比	根据选定的某一字段进行汇总，并将值显示为该字段总计的百分比形式
升序排列	显示特定字段中所选值的排位，将字段中的最小项显示为 1
降序排列	显示特定字段中所选值的排位，将字段中的最大项显示为 1
指数	使用公式：((单元格的值)×(总体汇总之和))/((行汇总)×(列汇总))

示例15-5 快速统计业务员业绩

数据源中的同一个字段允许重复添加到数据透视表的值区域，设置不同的值汇总方式。

如图 15-56 所示，这是某公司各年份销售记录表的部分内容，需要汇总出各业务员的总计销售额和销售占比，同时计算出业绩排名。

	A	B	C	D	E	F	G	H	I	J
1	销售日期	客户名	业务流水号	发票号	商品名称/型号	合同数量	单位	单价	金额	业务员
2	2018/2/22	苏州宏呈祥	CK00274728	381901	CLS12	1	套	63.756	63.76	陈家正
3	2018/2/22	徐州汉旗	CK00274728	879835	对讲机	3	只	63.18	189.54	段成双
4	2018/2/22	安徽中建	CK00274728	827278	对讲机	2	只	67.482	134.96	张瑞
5	2018/2/22	安徽贤韵	CK00274728	858947	绘图打印纸	6	卷	13.776	82.66	王炳义
6	2018/2/22	杭州明辉	CK00274728	441182	FX-5800	1	台	69.3	69.30	陈家正
7	2018/2/22	杭州红番	CK00274728	408297	墨斗	2	个	12.948	25.90	王炳义
8					田岛钢卷尺	2	把	52.104	104.21	王炳义
9					单棱镜	1	套	71.568	71.57	王炳义
10					全站仪	1	台	79.092	79.09	王炳义

业务员	销售金额	销售占比	销售排名
陈家正	500137.474	11.36%	8
段成双	508987.657	11.56%	7
柯玉凤	589422.03	13.39%	1
刘春玲	551245.213	12.52%	5
刘琦	584764.23	13.28%	2
王炳义	579099.266	13.16%	3
夏玉华	527917.265	11.99%	6
张瑞	560365.318	12.73%	4
总计	4401938.45	100.00%	

图 15-56　销售记录

操作步骤如下。

步骤① 插入数据透视表。在【数据透视表】窗格的字段列表中，将“业务员”字段拖动到行区域，将“金额”字段拖动三次到值区域，如图 15-57 所示。

业务员	求和项:金额	求和项:金额2	求和项:金额3
陈家正	500137.474	500137.474	500137.474
段成双	508987.657	508987.657	508987.657
柯玉凤	589422.03	589422.03	589422.03
刘春玲	551245.213	551245.213	551245.213
刘琦	584764.23	584764.23	584764.23
王炳义	579099.266	579099.266	579099.266
夏玉华	527917.265	527917.265	527917.265
张瑞	560365.318	560365.318	560365.318
总计	4401938.453	4401938.453	4401938.453

图 15-57　调整数据透视表字段布局

步骤② 右击“求和项:金额 2”字段任意单元格，在弹出的快捷菜单中依次单击【值显示方式】→【总计的百分比】，如图 15-58 所示。

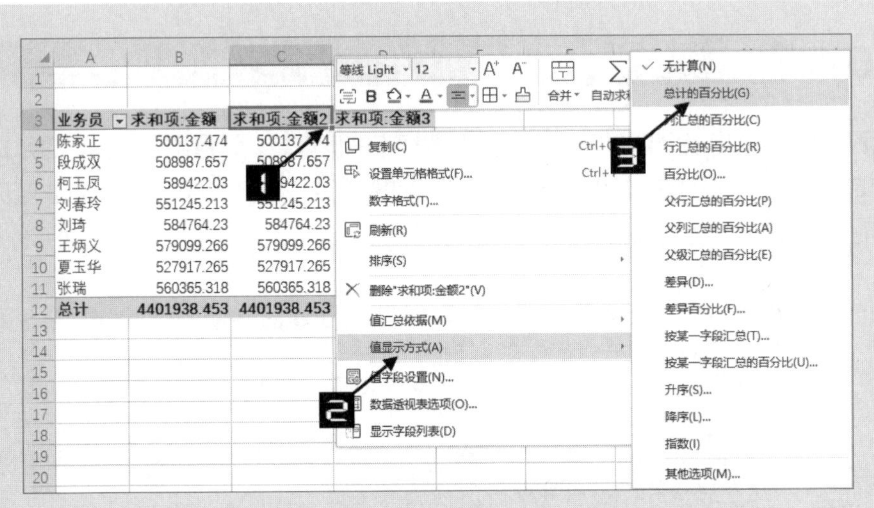

图 15-58 设置值显示方式为总计的百分比

步骤③ 右击“求和项:金额 3”字段任意单元格，在弹出的快捷菜单中依次单击【值显示方式】→【降序】，在弹出的【值显示方式(求和项：金额3)】对话框中，“基本字段”保留默认的“业务员”，单击【确定】按钮，如图 15-59 所示。

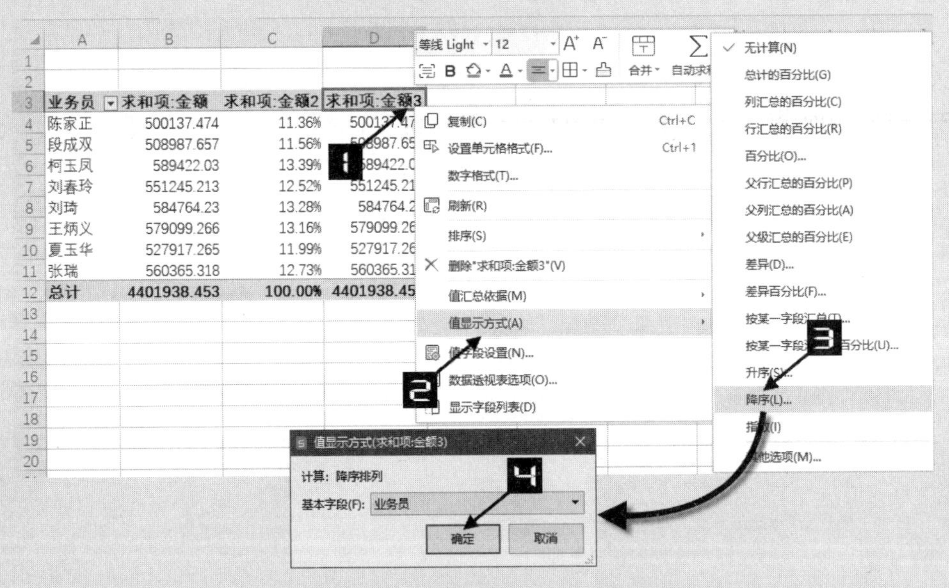

图 15-59 设置值显示方式为降序，得到业绩排名

步骤④ 修改字段标题，完成设置。

示例15-6 按月份计算累计销量和累计占比

如图 15-60 所示，这是根据某公司 2020 年销售记录生成的数据透视表，需要按月份计算累计销量和累计销量占比，便于查看全年销售进度。

操作步骤如下。

步骤① 右击“求和项:数量 2”字段任意单元格，在弹出的快捷菜单中依次单击【值显示方式】→【按某一字段汇总】命令，在弹出的【值显示方式(求和项: 数量 2)】对话框中，“基本字段”保留默认的“所属月份”，单击【确定】按钮，如图 15-61 所示。

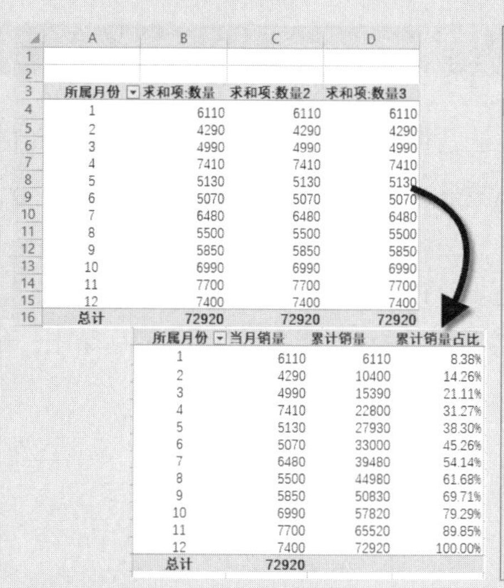

图 15-60　某公司 2020 年销售记录

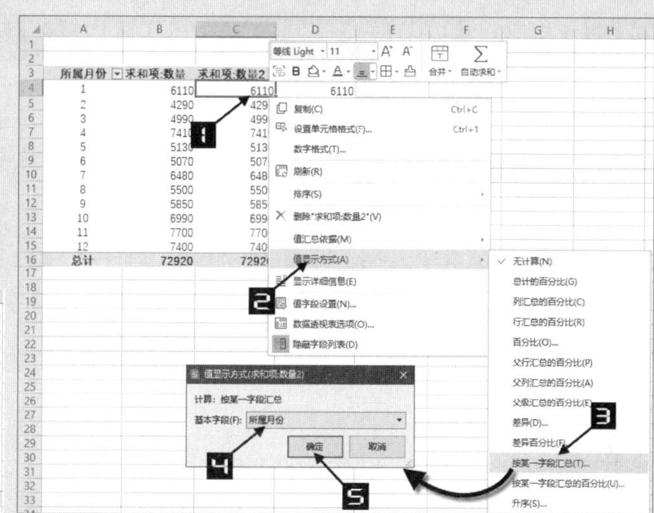

图 15-61　按某一字段汇总

步骤② 右击“求和项:数量 3”字段任意单元格，参考步骤 1，设置值显示方式为“按某一字段汇总的百分比”，在弹出的对话框中，“基本字段”保留默认的“所属月份”，单击【确定】按钮。

步骤③ 修改各个字段标题，完成设置。

示例15-7 统计不同城市和地区的业务占比

如图 15-62 所示，这是根据各货运公司业务记录生成的数据透视表，汇总了各个快递公司在不同地区、不同城市的业务总量。需要统计各快递公司在不同城市的业务占比，以及各个城市在不同地区的业务占比。

右击值区域任意单元格，在弹出的快捷菜单中将“值显示方式”设置为“父行汇总的百分比”即可。

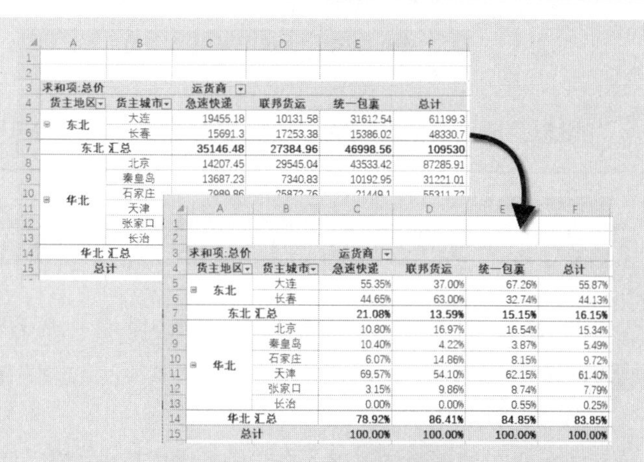

图 15-62　父行汇总的百分比

在图 15-62 中，每一级的占比均以上一级行字段的总计为参照。例如，

C5 单元格的 55.35% 表示急速快递在东北地区业务中大连的占比，C7 单元格中的 21.08% 表示急速快递在东北地区的业务量占所有地区的占比，而 F7 单元格中的 16.15% 则表示东北地区所有快递公司的业务总量占全部地区业务总量的占比。

示例15-8 按指定字段统计业绩占比

如图 15-63 所示，这是根据各货运公司业务记录生成的数据透视表，汇总了各个快递公司在不同地区、不同城市的业务总量。需要统计各城市不同运货商的业务量在所处地区中的占比。

操作步骤如下。

右击值区域任意单元格，在弹出的快捷菜单中将“值显示方式”设置为“父级汇总的百分比”，在弹出的【值显示方式(求和项: 总价)】对话框中将“基本字段”设置为“货主地区”，最后单击【确定】按钮，如图 15-64 所示。

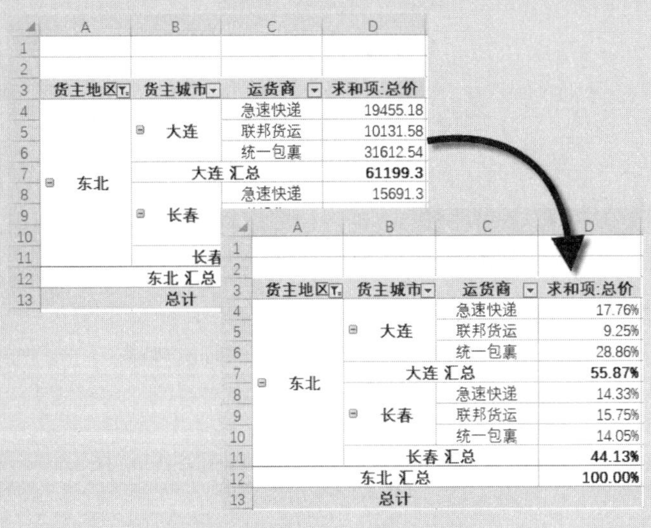

图 15-63 父级汇总的百分比

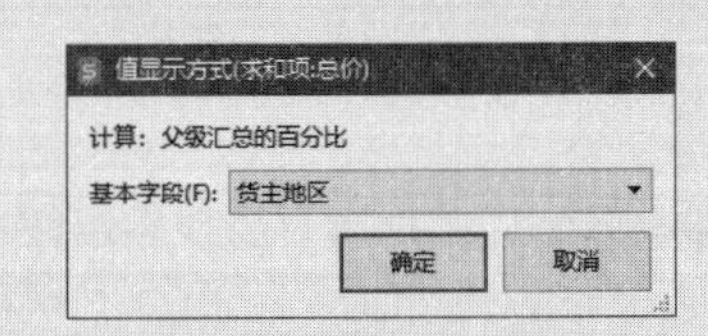

图 15-64 值显示方式设置为“父级汇总的百分比”

设置完成后，值区域的数值显示为与所在地区的总数相除后得到的百分数。

示例15-9 统计不同年份的销售业绩变化

如图 15-65 所示，这是根据某公司销售记录生成的数据透视表，汇总出了各个业务员在不同年份的销售总额。需要以各个业务员 2018 年度的销售金额为参照，统计不同年份的销售业绩变化。

操作方法如下。

右击值区域任意单元格，在弹出的快捷菜单中将“值显示方式”设置为“百分比”，在弹出的【值显示方式(销售金额)】对话框中将“基本字段”设置为“所属年份”，“基本项”设置为“2018”，最后单击【确定】按钮，如图 15-66 所示。

业务员	所属年份	销售金额
陈家正	2018	92162.664
	2019	321694.39
	2020	86280.42
段成双	2018	95171.384
	2019	341921.891
	2020	71894.382
柯玉凤	2018	
	2019	
	2020	
刘春玲	2018	
	2019	
	2020	
刘琦	2018	
	2019	
	2020	
王炳义	2018	
	2019	
	2020	
夏玉华	2018	
	2019	
	2020	
张瑞	2018	
	2019	
	2020	
总计		

业务员	所属年份	销售金额
陈家正	2018	100.00%
	2019	349.05%
	2020	93.62%
段成双	2018	100.00%
	2019	359.27%
	2020	75.54%
柯玉凤	2018	100.00%
	2019	298.14%
	2020	70.49%
刘春玲	2018	100.00%
	2019	321.29%
	2020	75.08%
刘琦	2018	100.00%
	2019	296.93%
	2020	74.31%
王炳义	2018	100.00%
	2019	286.68%
	2020	87.42%
夏玉华	2018	100.00%
	2019	324.03%
	2020	81.39%
张瑞	2018	100.00%
	2019	339.68%
	2020	68.72%
总计		

图 15-65　统计不同年份的销售业绩变化

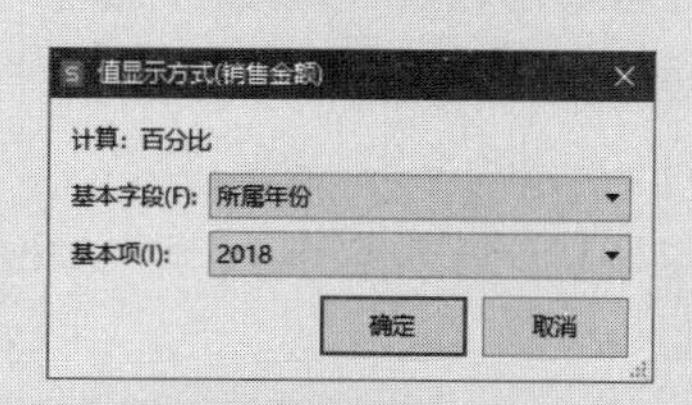

图 15-66　“值显示方式”设置为“百分比”

示例15-10 计算业绩环比差异和环比增长率

如图 15-67 所示，这是根据某公司销售记录生成的数据透视表，汇总出了不同年份的销售总额。需要在此基础上统计出不同年份的销售金额环比差异和环比增长率。

操作步骤如下。

步骤① 在【数据透视表】窗格的字段列表中，两次拖动“金额”字段到值区域。

步骤② 右击“求和项:金额 2”字段的任意单元格，在弹出的快捷菜单中将“值显示方式”设置为“差异”，在弹出的对话框中将“基本字段”设置为“所属年份”，“基本项”设置为“(上一个)”，单击【确定】按钮。

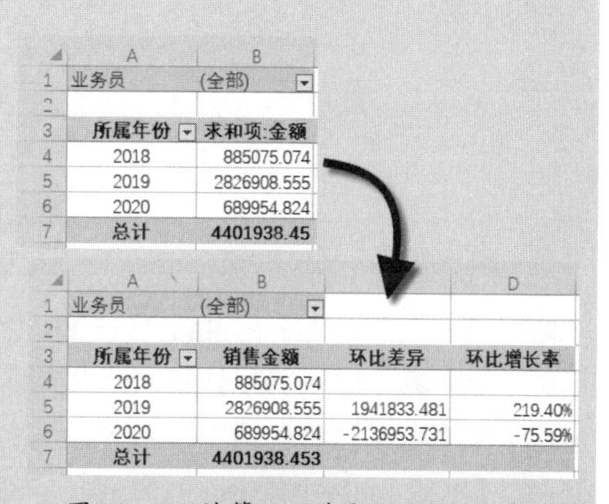

业务员	(全部)
所属年份	求和项:金额
2018	885075.074
2019	2826908.555
2020	689954.824
总计	4401938.45

业务员	(全部)		
所属年份	销售金额	环比差异	环比增长率
2018	885075.074		
2019	2826908.555	1941833.481	219.40%
2020	689954.824	-2136953.731	-75.59%
总计	4401938.453		

图 15-67　计算环比差异和环比增长率

步骤③ 右击“求和项:金额 3”字段的任意单元格，在弹出的快捷菜单中将“值显示方式”设置为“差异百分比”，在弹出的对话框中将“基本字段”设置为“所属年份”，“基本项”设置为

“(上一个)”，单击【确定】按钮，如图 15-68 所示。

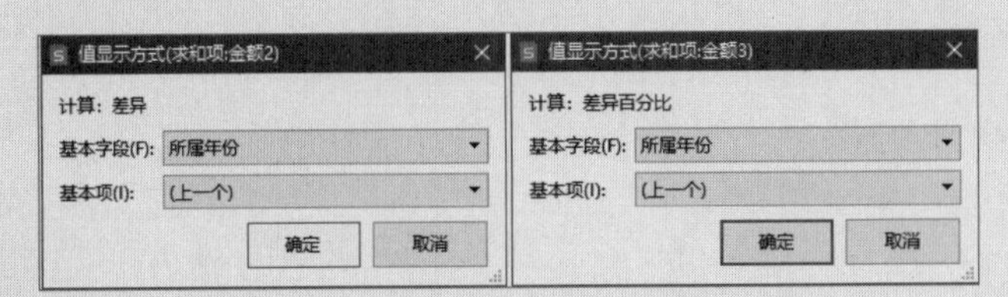

图 15-68　设置值显示方式为“差异”和“差异百分比”

步骤④ 最后对字段标题重命名，完成设置。

Ⅱ　插入计算字段或计算项

在数据透视表中不能直接插入单元格或添加公式，如需在数据透视表中执行自定义计算，需要借助“计算字段”或“计算项”功能。

计算字段表示通过对数据透视表中现有的字段执行计算后得到一个新的字段。

计算项表示在数据透视表的现有字段中插入新的项，通过对该字段中的其他项执行计算得到该项的值。

计算字段和计算项仅可以引用数据透视表中的数据或自定义的常量数据。

示例15-11 计算业务员提成金额

如图 15-69 所示，这是根据某公司销售记录生成的数据透视表，汇总出了不同业务员的销售总额。已知提成比例为 1.5%，需要在此基础上统计出不同业务员的提成金额。

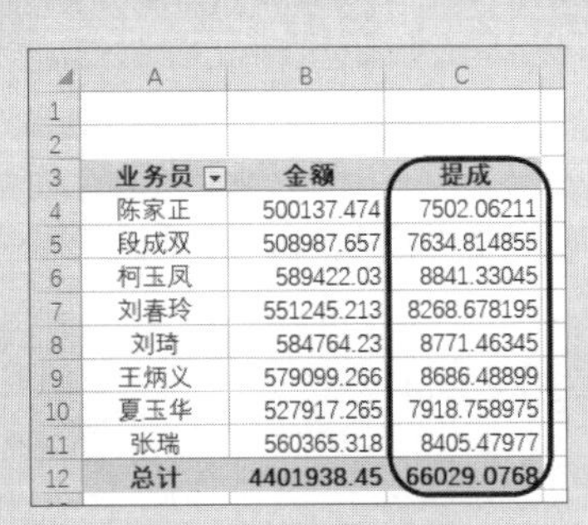

	A	B	C
1			
2			
3	业务员	金额	提成
4	陈家正	500137.474	7502.06211
5	段成双	508987.657	7634.814855
6	柯玉凤	589422.03	8841.33045
7	刘春玲	551245.213	8268.678195
8	刘琦	584764.23	8771.46345
9	王炳义	579099.266	8686.48899
10	夏玉华	527917.265	7918.758975
11	张瑞	560365.318	8405.47977
12	总计	4401938.45	66029.0768

图 15-69　计算提成金额

操作步骤如下。

步骤① 单击值区域任意单元格，依次单击【分析】→【字段、项目】下拉按钮，在下拉列表中选择【计算字段】命令，弹出【插入计算字段】对话框。

步骤② 在【名称】文本框中输入新字段的名称“提成”，单击【公式】文本框，去除等号后的 0，在【字段】列表中单击选中“金额”字段，再单击【插入字段】按钮(或在【字段】列表中双击需要添加的字段名称)，然后输入公式剩余部分“*0.015”，依次单击【添加】和【确定】按钮关闭对话框，如图 15-70 所示。

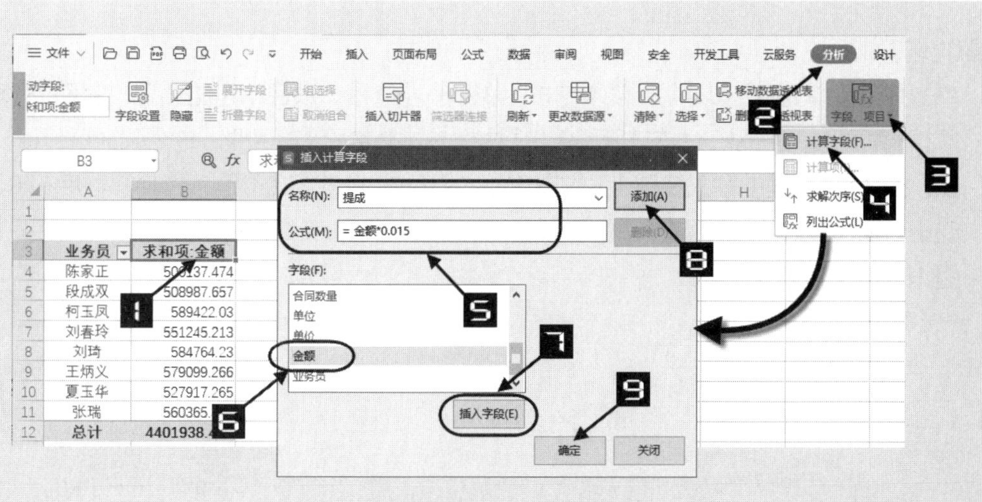

图 15-70　添加计算字段

在数据透视表中添加计算字段或计算项时有一定的局限性，通常仅使用较为简单的算式。如需修改已有的计算字段，可以在【插入计算字段】对话框中单击【名称】文本框右侧的下拉按钮，选择之前插入的计算字段，在【公式】文本框中编辑公式，最后依次单击【修改】和【确定】按钮，如图 15-71 所示。如果单击【删除】按钮，则会将当前的计算字段删除。

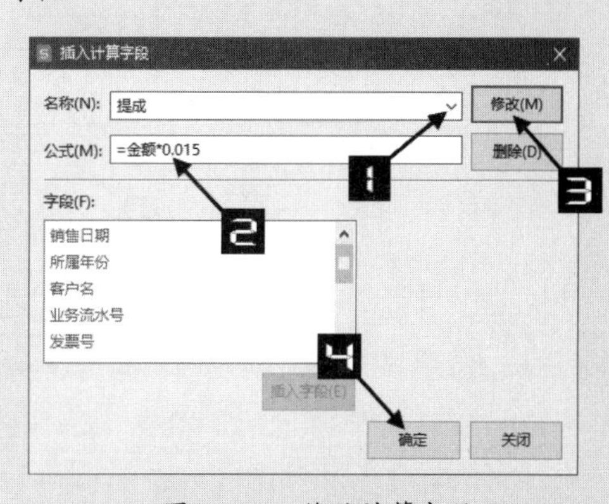

图 15-71　修改计算字段

示例15-12 计算各年度销售额的平均值

在如图 15-72 所示的数据透视表中，行字段为“业务员”，列字段为“所属年份”，需要计算不同业务员各年度销售额的平均值。

图 15-72　计算平均销售额

操作步骤如下。

步骤① 单击列标签单元格（如D4），依次单击【分析】→【字段、项目】下拉按钮，在下拉列表中选择【计算项】命令，弹出【在“所属年份”中插入计算字段】对话框。

步骤② 在【名称】文本框中输入名称“平均销售额”，单击【公式】文本框，去除等号后的0，通过双击“项”列表中的项目名称的方式输入以下公式，依次单击【添加】和【确定】按钮，如图15-73所示。

```
=('2018' + '2019' + '2020' )/3
```

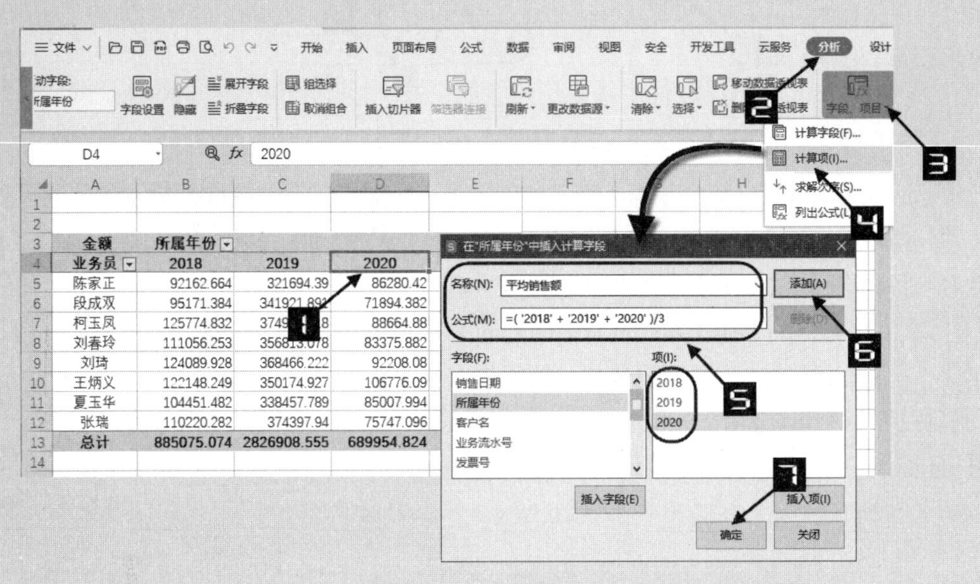

图 15-73 添加计算项

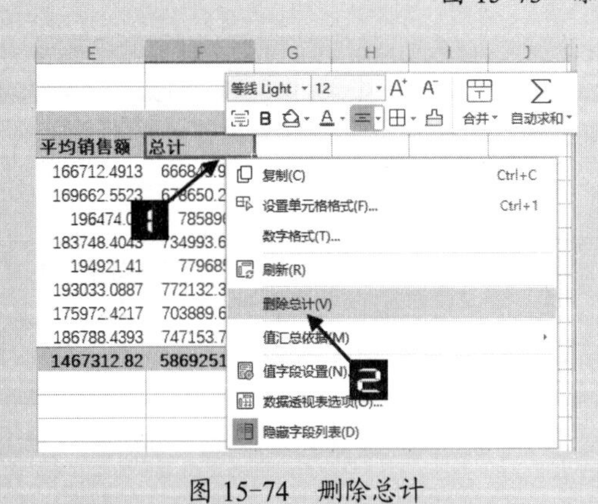

图 15-74 删除总计

步骤③ 此时数据透视表中的行总计会将刚刚添加的计算项进行求和，没有实际意义。右击行总计的标题单元格，在弹出的快捷菜单中选择【删除总计】命令，如图15-74所示。

15.2.2 数据透视表中的项目组合

数据透视表中的分组功能，能够对日期数据按年、月、季度分组，对数值按指定的步长值分组，还可以对文本数据手动分组，使分类汇总方式更加丰富。

示例15-13　按年、月、季度汇总销售额

在如图 15-75 所示的数据透视表中，根据销售日期汇总出了对应的金额，需要统计各个年份和季度的销售金额。

操作步骤如下。

步骤① 右击“销售日期”字段任意单元格，在弹出的快捷菜单中选择“组合”命令，弹出【组合】对话框。

步骤② 在【组合】对话框的【步长】列表中选择“季度”和“年”，单击【确定】按钮即可，如图 15-76 所示。

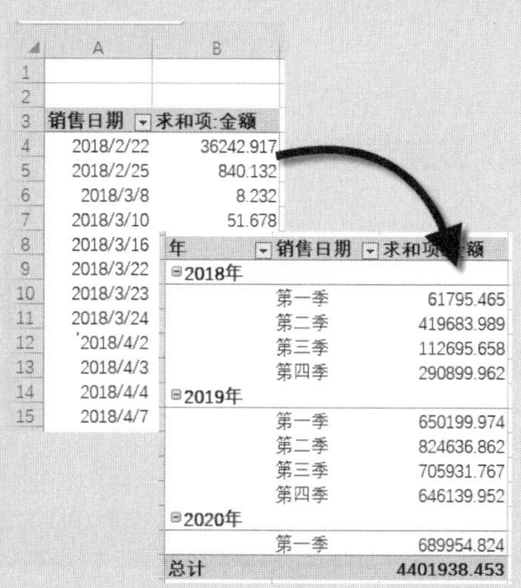

图 15-75　按年、季度汇总金额

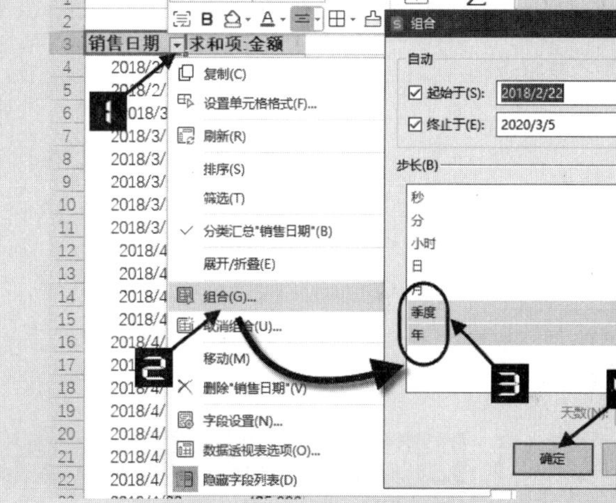

图 15-76　日期组合

如需修改现有的组合，可以再次打开【组合】对话框，选择其他步长类型。如需删除已有的组合，可以右击“销售日期”字段的任意单元格，在快捷菜单中选择“取消组合”命令。

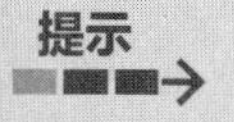

> 如果日期字段中包含多个年份的数据，在执行“月”和“季度”的组合操作时，需要同时选中“年”，否则会将多个年度中相同季度或相同月份的数据进行汇总。

示例15-14　统计不同年龄段的员工人数

如图 15-77 所示，这是某公司员工信息表的部分内容，需要统计不同年龄段的员工人数。

操作步骤如下。

步骤① 单击数据区域任意单元格，插入数据透视表。在【数据透视表】窗格的字段列表中将“年龄”字段拖动到行区域，将“性别”字段拖动到列区域，将“身份证号”字段拖动到值区域。

步骤② 右击数据透视表“年龄”字段任意单元格，在快捷菜单中选择“组合”命令，弹出【组合】对话框。

步骤③ 在【起始于】和【终止于】文本框中分别输入统计起止年龄，在【步长】文本框中输入统计的分段范围，单击【确定】按钮即可，如图 15-78 所示。

	A	B	C	D	E
1	姓名	身份证号	出生年月	年龄	性别
2	陶娣	6543****8710233273	1987-10-23	33	男
3	陶红阳	1303****6501229497	1965-01-22	55	男
4	张蕊	5118****7908233466	1979-08-23	41	女
5	孔静伟	5109****7304117693	1973-04-11	47	男
6	何冬儿	5402****7107218495	1971-07-21	49	男
7	褚丹	6105****6502163387	1965-02-16	55	女
8	严芸	6302****9703136924	1997-03-13	23	女
9	卫大力	3609****6402023616	1964-02-02	56	男
10	何黄萍	6529****7901096247	1979-01-09	41	女
11	秦梦	5306****9209273700	1992-09-27	28	女
12	赵碧海	5001****9006089275	1990-06-08	30	男
13	张明珠	2308****6909204404	1969-09-20	51	女

计数项:身份证号	性别		
年龄	男	女	总计
20-24	6	7	13
25-29	8	6	14
30-34	9	3	12
35-39	12	6	18
40-44	3	5	8
45-49	5	4	9
50-54	8	7	15
55-60	3	5	8
总计	54	43	97

图 15-77 统计不同年龄段的员工人数

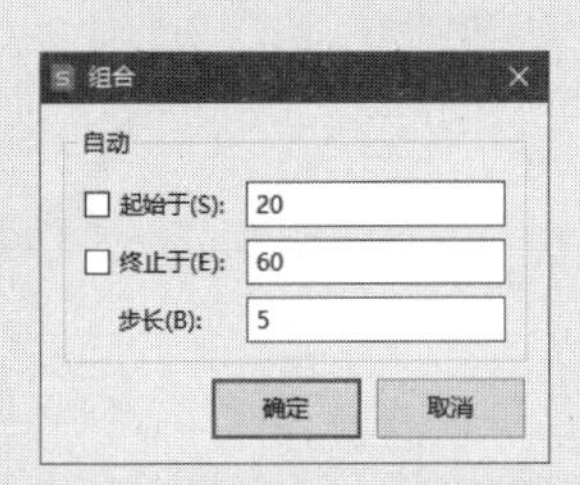

图 15-78 设置数值组合步长值

示例15-15 按部门手动分组

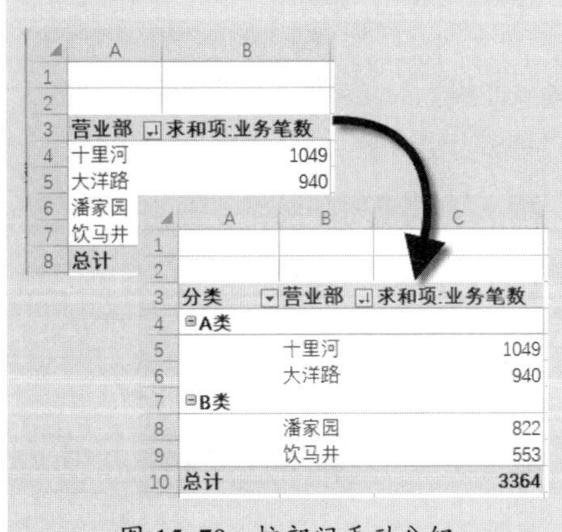

	A	B
1		
2		
3	营业部	求和项:业务笔数
4	十里河	1049
5	大洋路	940
6	潘家园	
7	饮马井	
8	总计	

	A	B	C
1			
2			
3	分类	营业部	求和项:业务笔数
4	⊟A类		
5		十里河	1049
6		大洋路	940
7	⊟B类		
8		潘家园	822
9		饮马井	553
10	总计		3364

图 15-79 按部门手动分组

如果行字段或列字段中是文本型内容，还可以使用手动组合方式，进行自定义分组。如图 15-79 所示的透视表，是某公司各营业部当月业务笔数的汇总数据，需要使用手动分组的方式指定营业部的分类。

操作步骤如下。

步骤① 选中要分组的营业部名称，右击，在弹出的快捷菜单中选择【分组】命令；或依次单击【分析】→【组选择】，数据透视表的行区域中会新增加一个字段，并将所选范围命名为“数据组 1”，如图 15-80 所示。

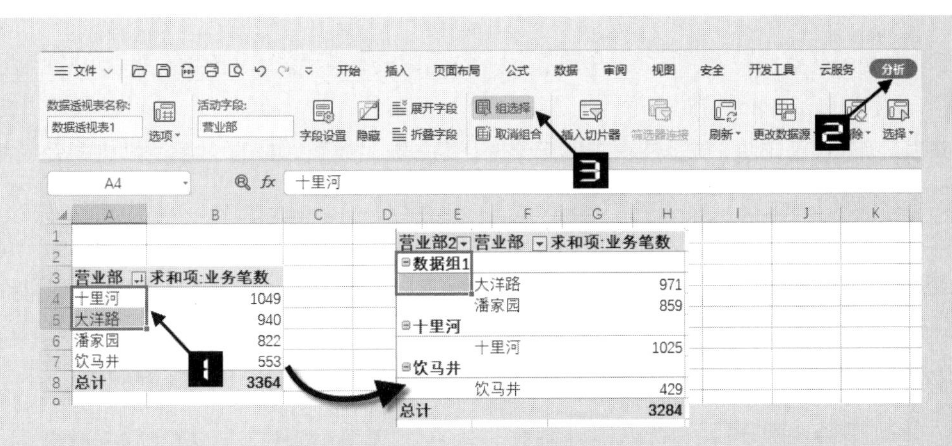

图 15-80　在功能区菜单中分组

步骤② 选中其他营业部名称，再次执行分组，所选范围会被命名为“数据组 2”，如图 15-81 所示。

步骤③ 将“数据组 1”和“数据组 2”分别重命名为“A类”和“B类”，将字段标题重命名为“分类”，完成设置。

组合文本前可先根据实际需要手动调整字段的位置，然后再进行组合。

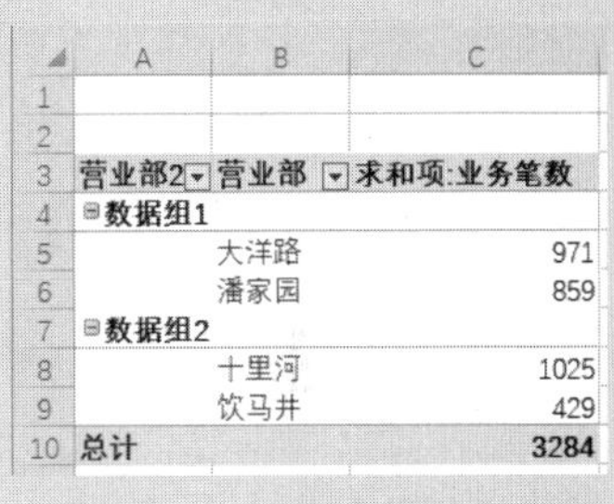

	A	B	C
1			
2			
3	营业部2	营业部	求和项:业务笔数
4	数据组1		
5		大洋路	971
6		潘家园	859
7	数据组2		
8		十里河	1025
9		饮马井	429
10	总计		3284

图 15-81　手动分组后的效果

15.2.3　多重合并计算数据区域

使用多重合并计算区域方式创建数据透视表，能够使用多个结构相同的表格作为数据源。在生成的数据透视表中，会有一个类似筛选器的页字段，通过页字段的筛选按钮可以筛选不同的数据源范围。

示例15-16　汇总多个工作表的数据

如图 15-82 所示，这是某市高三年级竞赛成绩表的部分内容，分别存放在以学科命名的工作表中，需要汇总出各个学校的平均成绩。

操作步骤如下。

步骤① 切换到需要存放结果的“汇总表”工作表，单击选中A1 单元格，然后依次单击【插入】→【数据透视表】，弹出【创建数据透视表】对话框。

	A	B	C	D
1	学校	班级	姓名	竞赛成绩
2	运河一中	0701	王敏欣	98
3	运河一中	0701	张旭	90
4	运河一中	0701	刘政	92
5	运河一中	0701	郝小亮	93
6	泉城二中	0701	郭娜	57
7	历城八中	0701	李超	
8	历城八中	0701	王水雯	
9	历城八中	0701	吴明周	
10	历城八中	0701	霍文强	
11	运河一中	0702	张昭军	
12	运河一中	0702	陈燕	
13	运河一中	0702	许文强	

数学　物理　化学

	A	B
1	页1	项2
2		
3	平均值项:值	列
4	行	竞赛成绩
5	历城八中	85.91666667
6	泉城二中	86.78571429
7	运河一中	87.91666667

图 15-82　竞赛成绩表

步骤② 选中【使用多重合并计算区域】单选按钮，然后单击【选定区域】按钮，弹出【数据透视表向导 -第 1 步，共 2 步】对话框。

步骤③ 选中【创建单页字段】单选按钮，然后单击【下一步】按钮，弹出【数据透视表向导 -第 2 步，共 2 步】对话框。

步骤④ 单击【选定区域】编辑框，使用鼠标选取“数学”工作表中的数据区域，作为第一个数据源，单击【添加】按钮。再使用鼠标依次选取并添加“物理”和“化学”工作表中的数据区域，最后单击【完成】按钮返回【创建数据透视表】对话框。

步骤⑤ 放置数据透视表的位置保留默认设置，单击【确定】按钮，如图 15-83 所示。

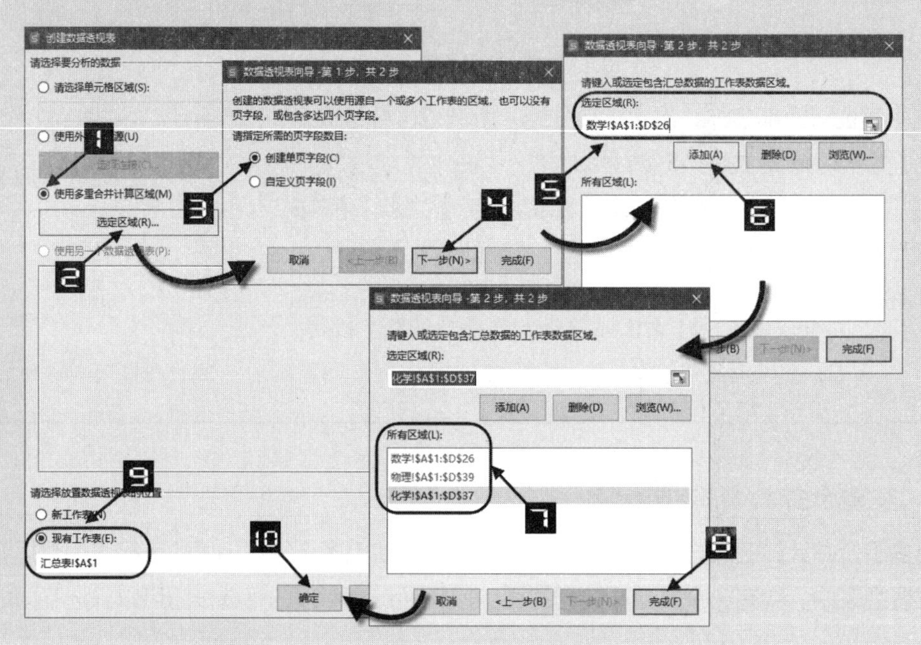

图 15-83　使用多重合并计算区域创建数据透视表

生成的数据透视表中会包含行字段、列字段、值字段和页字段，如图 15-84 所示。

	A	B	C	D	E
1	页1	(全部)			
2					
3	计数项:值	列			
4	行	班级	竞赛成绩	姓名	总计
5	历城八中	35	35	35	105
6	泉城二中	28	28	28	84
7	运河一中	36	36	36	108
8	总计	99	99	99	297

图 15-84　使用多重合并计算区域生成的数据透视表

步骤⑥ 单击【列】筛选按钮，在下拉列表中选择“竞赛成绩”，使列区域仅显示“竞赛成绩”字段。右击值区域任意单元格，将“值汇总依据”设置为“平均值”。依次单击【设计】→【总计】下拉按钮，在下拉列表中选择“对行和列禁用”命令。在页字段中筛选“项 1”“项 2”或“项 3”，即可得到不同数据中的汇总结果。

本例中，在【数据透视表向导 -第 1 步，共 2 步】对话框中选择的是【创建单页字段】复选框，生成的数据透视表页字段中仅以“项+数字”的形式显示数据来源。如果选择【自定义页字段】复选框，可以为待合并的各个数据源命名。生成数据透视表后，在页字段的筛选列表中将会显示由用户自定义命名的选项。为“自定义页字段”命名的步骤，以及添加全部数据源后的页字段显示效果如

图 15-85 所示。

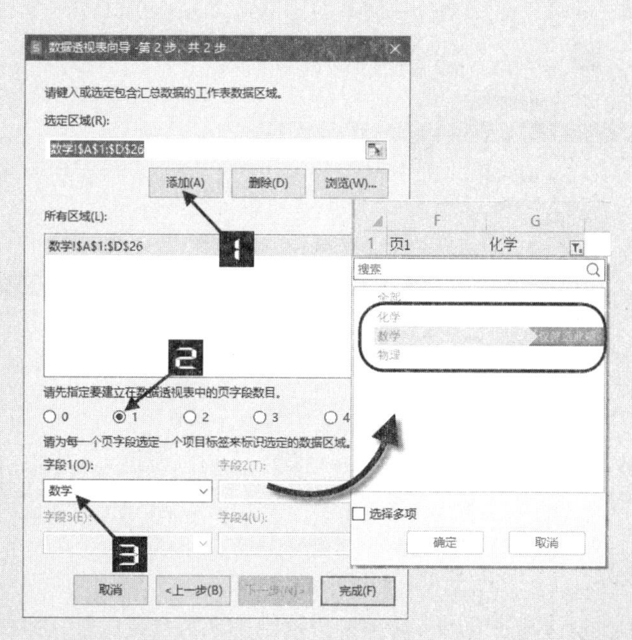

图 15-85　自定义页字段

提示

在创建多重合并计算数据区域的数据透视表时，只能将各数据列表的首列作为行字段，而不能使用多个行字段。

15.2.4　多种类型的外部数据源

WPS 表格能够以多种类型的外部数据源生成数据透视表，支持的文件类型包括 WPS 表格文件、Excel 工作簿文件、Access 数据库文件及文本文件和 Office 数据库连接等。

示例15-17　使用Access数据库文件制作数据透视表

操作步骤如下。

步骤① 新建一个工作簿，依次单击【插入】→【数据透视表】，打开【创建数据透视表】对话框。

步骤② 在对话框中选中【使用外部数据源】单选按钮，单击【选择连接】按钮打开【第一步：选择数据源】对话框。单击【选择数据源】按钮，在【打开】对话框中选择存放数据库文件的文件夹，选中文件，单击【打开】按钮返回【第一步：选择数据源】对话框，如图 15-86 所示。

步骤③ 在【第一步：选择数据源】对话框中单击【下一步】按钮，打开【第二步：选择表和字段】对话框，单击【表名】下拉按钮，选择待汇总的数据表，单击【>>】按钮将【可用的字段】列表中的字段添加到【选定的字段】列表中，单击【完成】按钮可返回【创建数据透视表】对话框，如图 15-87 所示。

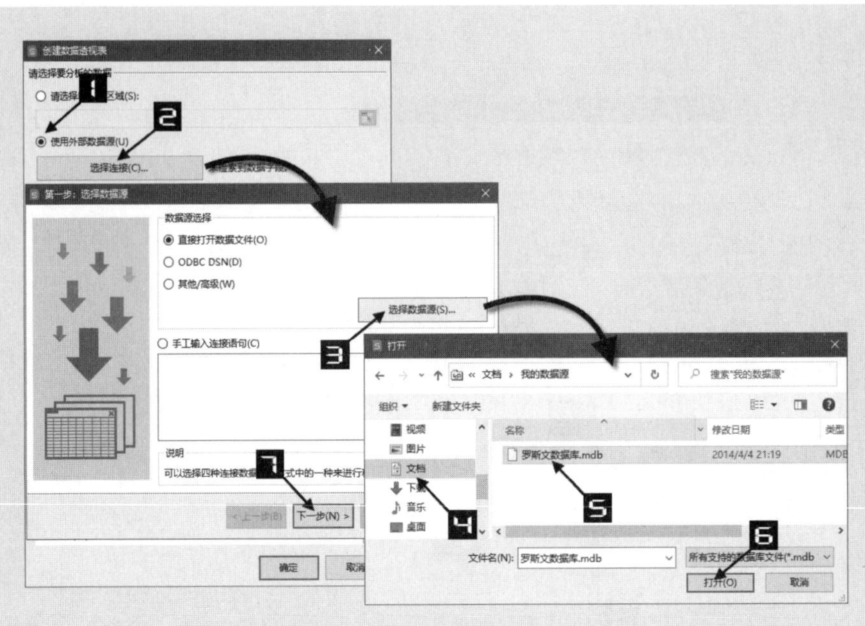

图 15-86　选择数据源

步骤④ 在【创建数据透视表】对话框中，放置数据透视表的位置保留默认设置，单击【确定】按钮，生成一个空白数据透视表。在字段列表中分别将“城市”字段添加到行区域，将“公司名称”字段添加到列区域，将“运货费”字段添加到值区域，完成的数据透视表效果如图 15-88 所示。

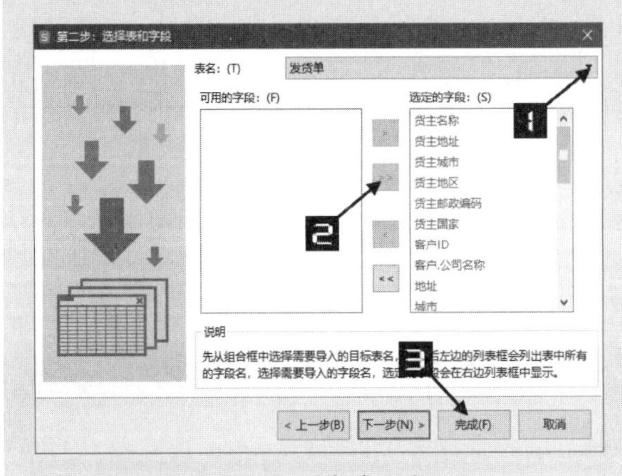

图 15-87　选择表和字段

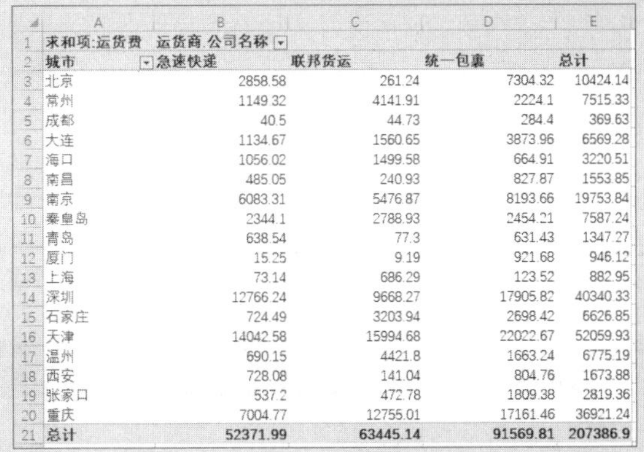

求和项:运货费	运货商.公司名称			
城市	急速快递	联邦货运	统一包裹	总计
北京	2858.58	261.24	7304.32	10424.14
常州	1149.32	4141.91	2224.1	7515.33
成都	40.5	44.73	284.4	369.63
大连	1134.67	1560.65	3873.96	6569.28
海口	1056.02	1499.58	664.91	3220.51
南昌	485.05	240.93	827.87	1553.85
南京	6083.31	5476.87	8193.66	19753.84
秦皇岛	2344.1	2788.93	2454.21	7587.24
青岛	638.54	77.3	631.43	1347.27
厦门	15.25	9.19	921.68	946.12
上海	73.14	686.29	123.52	882.95
深圳	12766.24	9668.27	17905.82	40340.33
石家庄	724.49	3203.94	2698.42	6626.85
天津	14042.58	15994.68	22022.67	52059.93
温州	690.15	4421.8	1663.24	6775.19
西安	728.08	141.04	804.76	1673.88
张家口	537.2	472.78	1809.38	2819.36
重庆	7004.77	12755.01	17161.46	36921.24
总计	52371.99	63445.14	91569.81	207386.9

图 15-88　使用外部数据源创建的数据透视表

再次打开使用外部数据源创建的数据透视表时，会弹出如图 15-89 所示的对话框，确认无误后单击【确定】按钮即可。

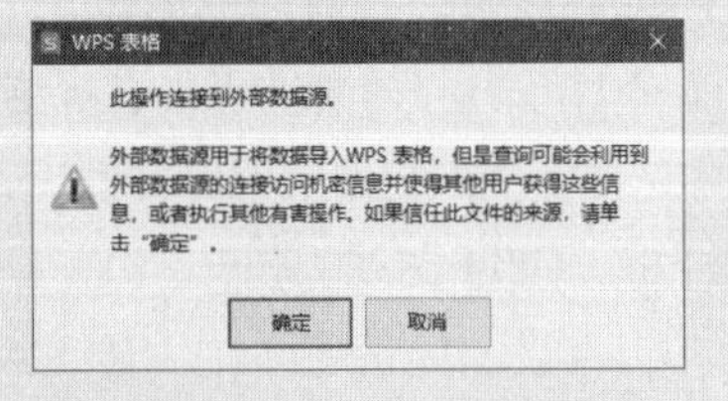

图 15-89　连接到外部数据源的提示

15.2.5　二维表转换为一维表

当数据源的结构不适合直接进行统计分析时，就需要对其结构进行转换。根据结构的不同，数据表格可以分为一维表和二维表。一维表是字段、记录的简单罗列，每一行都是一条完整的记录；每一列用来存放一个字段，相同属性的内容存放在同一列中。

如果将一维表的每一条记录看作是一条线，二维表中的一条记录则相当于一张网，其特点是在多列中都有相同属性的数值，如图 15-90 所示的右侧，就是将各月的销售金额分散在不同列中。

客户名称	地址	负责人	1月	2月	3月	4月	5月	6月
百草堂药店	青年路42号	布学强	7804.0	7193.0	3207.0	8927.0	3595.0	2902.0
百信大药房	兴通路43号	李红敏	2866.0	5661.0	7212.0	6929.0	4244.0	6869.0
同济医药超市	花园路路西	陈光映	6206.0	9144.0	5264.0	3516.0	8759.0	1985.0
		徐全军	8802.0	7192.0	8032.0	3864.0	2499.0	7927.0
		徐国梁	8632.0	2852.0	3020.0	2747.0	2193.0	8986.0
		李月米	8599.0	6707.0	2484.0	9163.0	4292.0	8686.0
		王丽华	5117.0	4764.0	2089.0	9530.0	8037.0	2494.0
		刘玲仙	4225.0	5046.0	4037.0	4897.0	9456.0	7811.0
		沈光华	2489.0	6738.0	8122.0	4567.0	9325.0	8411.0
		范尧春	3326.0	7648.0	6462.0	3688.0	6756.0	1978.0
		孙玉云	2549.0	7122.0	8481.0	6828.0	2838.0	6404.0
		许星斗	3158.0	4476.0	7574.0	4560.0	6506.0	5383.0

客户名称	月份	金额
百草堂药店	1月	7804
百草堂药店	2月	7193
百草堂药店	3月	3207
百草堂药店	4月	8927
百草堂药店	5月	3595
百草堂药店	6月	2902
百信大药房	1月	2866
百信大药房	2月	5661
百信大药房	3月	7212
百信大药房	4月	6929
百信大药房	5月	4244
百信大药房	6月	6869
同济医药超市	1月	6206

图 15-90　二维表和一维表

示例15-18 二维表转换为一维表

一般来说，一维表的数据汇总要比二维表的数据汇总更为简便。使用多重合并计算区域生成的数据透视表，能够将二维表转换为一维表。操作步骤如下。

步骤① 选择一个数据源，先使用多重合并计算区域生成数据透视表。

步骤② 单击【列】筛选按钮，在下拉列表中取消选择“地址”和“负责人”字段的复选框，单击【确定】按钮，使数据透视表中不显示这两个字段的内容。

步骤③ 双击数据透视表右下角的总计单元格，即可在新工作表中以一维表形式显示出明细数据，如图 15-91 所示。

步骤④ 最后删除“页 1”所在列，重命名字段标题即可。

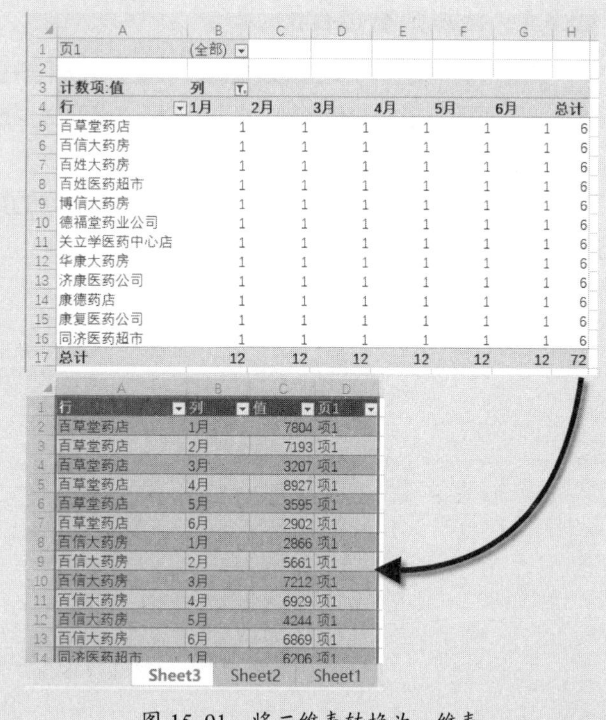

页1 (全部)

计数项:值	列						
行	1月	2月	3月	4月	5月	6月	总计
百草堂药店	1	1	1	1	1	1	6
百信大药房	1	1	1	1	1	1	6
百姓大药房	1	1	1	1	1	1	6
百姓医药超市	1	1	1	1	1	1	6
博信大药房	1	1	1	1	1	1	6
德福堂药业公司	1	1	1	1	1	1	6
关立学医药中心店	1	1	1	1	1	1	6
华康大药房	1	1	1	1	1	1	6
济康医药公司	1	1	1	1	1	1	6
康德药店	1	1	1	1	1	1	6
康复医药公司	1	1	1	1	1	1	6
同济医药超市	1	1	1	1	1	1	6
总计	12	12	12	12	12	12	72

行	列	值	页1
百草堂药店	1月	7804	项1
百草堂药店	2月	7193	项1
百草堂药店	3月	3207	项1
百草堂药店	4月	8927	项1
百草堂药店	5月	3595	项1
百草堂药店	6月	2902	项1
百信大药房	1月	2866	项1
百信大药房	2月	5661	项1
百信大药房	3月	7212	项1
百信大药房	4月	6929	项1
百信大药房	5月	4244	项1
百信大药房	6月	6869	项1
同济医药超市	1月	6206	项1

图 15-91　将二维表转换为一维表

15.2.6 创建数据透视表时的常见问题

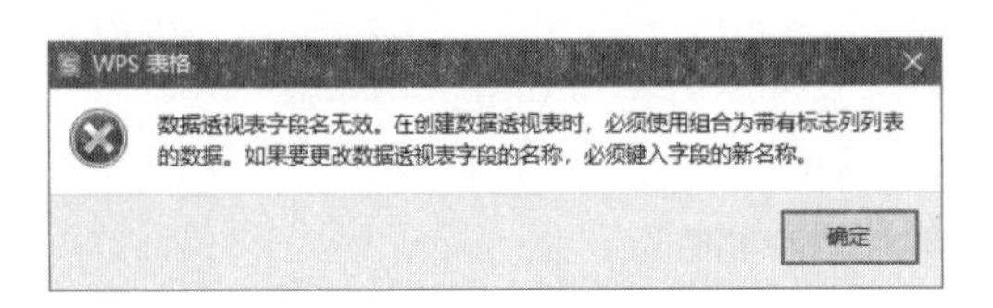

图 15-92 数据透视表字段名无效的错误提示

➲ I 字段名缺失

创建数据透视表时，如果数据源字段标题中存在空单元格，会出现如图 15-92 所示的错误提示，从而无法创建数据透视表。

➲ II 数据源中包含合并单元格

由于合并单元格中只有最左上角的单元格有数据信息，因此在数据透视表行列标签对应的数据源字段中如果包含合并单元格，有可能会得到错误的分类汇总结果。

➲ III 选定区域不能分组

如果行(列)字段中同时存在数值和文本型数据，对该字段使用组合功能时会弹出如图 15-93 所示的对话框，提示无法执行分组操作。

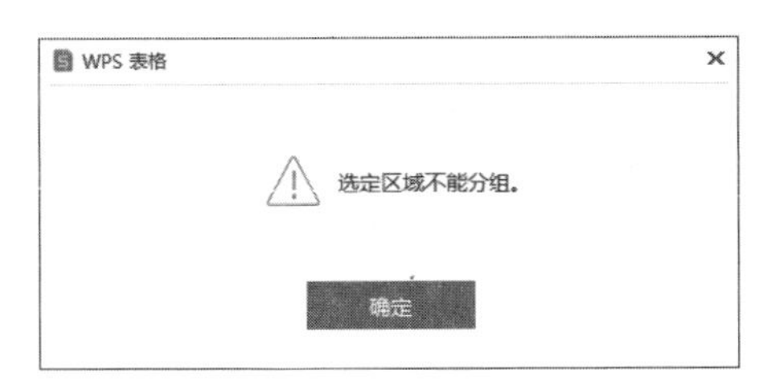

图 15-93 选定区域不能分组

15.3 使用数据透视图展示汇总结果

15.3.1 认识数据透视图

数据透视图是一种交互式的图表，通过对数据透视表中的汇总数据添加可视化效果来对其进行补充，以便用户轻松查看和比较汇总结果。借助数据透视图中的筛选按钮，还能够对数据透视图中的项目进行排序和筛选。

生成数据透视图时会自动生成一个与之相关联的数据透视表，如果修改数据透视表的布局或更改数据，将立即体现在数据透视图的布局和数据中，反之亦然。

数据透视图中的主要元素如图 15-94 所示。

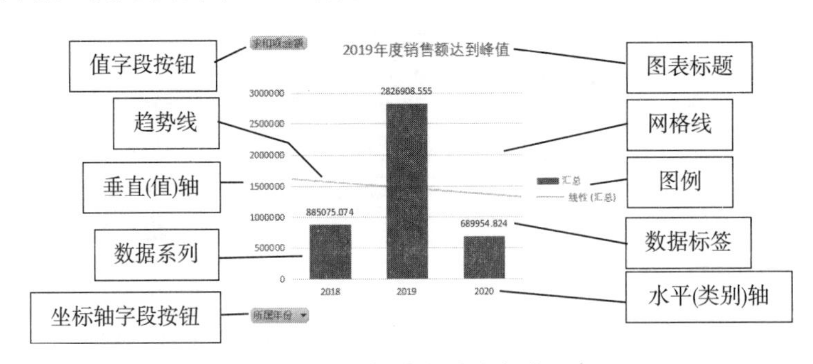

图 15-94 数据透视图的主要元素

提示

数据透视图的图表类型不能使用散点图、股价图或气泡图，不能在【编辑数据源】对话框中更改图表数据范围。

15.3.2　创建数据透视图

➲ Ⅰ　使用数据列表创建数据透视图

示例15-19　使用数据透视图展示各年份不同季度的销售变化

如图 15-95 所示，这是某公司销售记录表的部分内容，需要以图表形式展示各年份不同季度的销售变化。

操作步骤如下。

步骤① 单击数据区域任意单元格，依次单击【插入】→【数据透视图】，打开【创建数据透视图】对话框，保留默认设置，单击【确定】按钮，如图 15-96 所示。

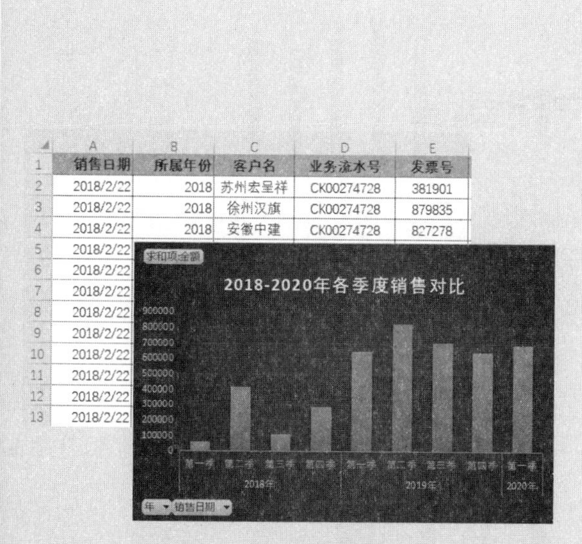

图 15-95　销售记录表

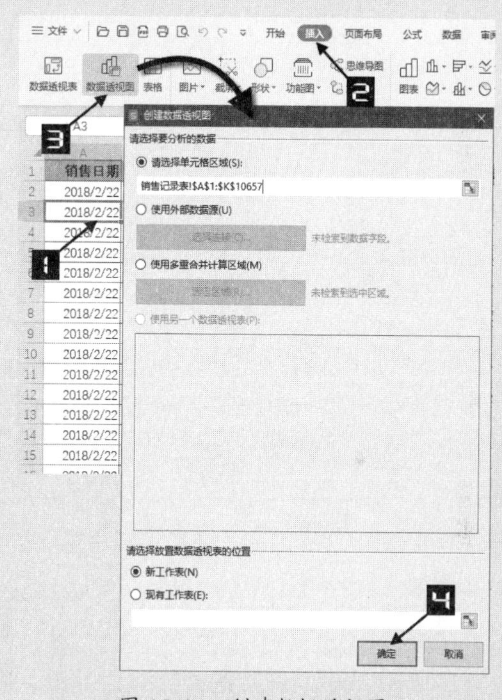

图 15-96　创建数据透视图

步骤② 此时会在新工作表中插入一个空白的数据透视表和空白的数据透视图。在【数据透视表】窗格的字段列表中，将“销售日期”字段拖动到行区域，将“金额”字段拖动到值区域，生成的数据透视图效果如图 15-97 所示。

步骤③ 右击“销售日期”字段任意单元格，在快捷菜单中选择【组合】命令，打开【组合】对话框，将步长值设置为“年”和“季度”，单击【确定】按钮。此时的数据透视图效果如图 15-98 所示。

步骤④ 单击图例，按<Delete>键删除。单击图表右上角的【图表元素】按钮，在【图表元素】列表中选中【图表标题】复选框，如图 15-99 所示，为数据透视图添加图表标题。

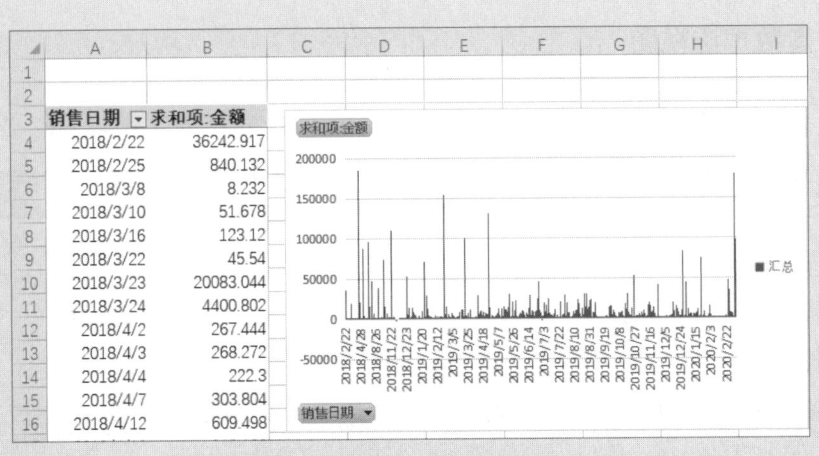

图 15-97 数据透视图效果

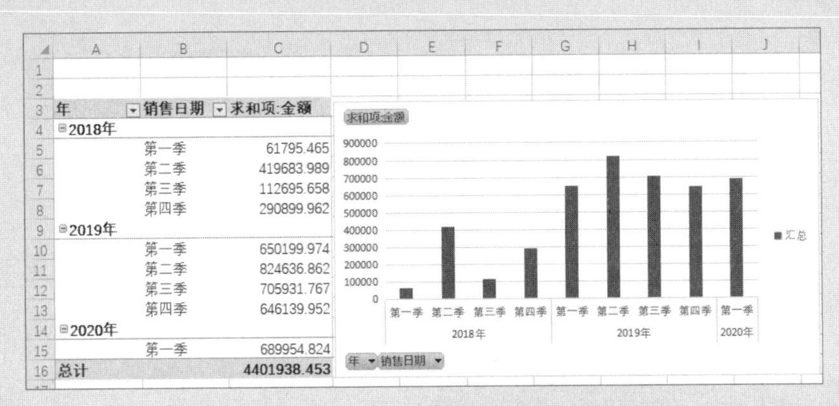

图 15-98 按销售日期组合后的数据透视图

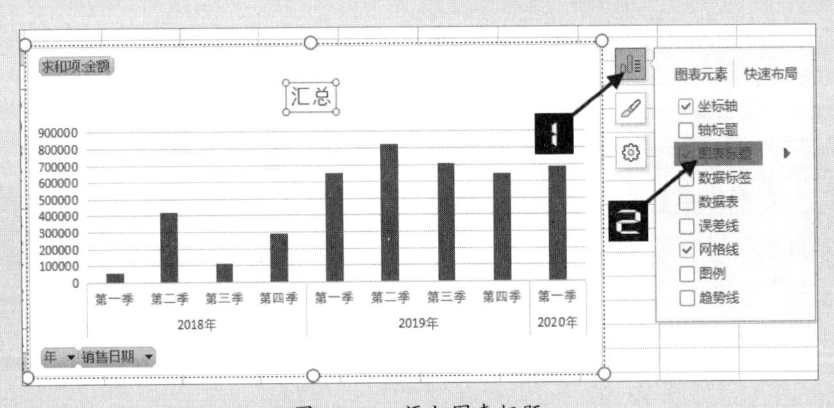

图 15-99 添加图表标题

步骤⑤ 选中图表标题，清除已有内容，输入标题文字“2018—2020 年各季度销售对比”。

右击数据系列，在弹出的快捷菜单中选择【设置数据系列格式】命令，或者单击数据透视图，在【图表工具】选项卡单击【设置格式】命令，打开【属性】任务窗格。在任务窗格中切换到【系列选项】→【系列】，在【系列选项】设置【分类间距】为 100%，如图 15-100 所示，这里的百分比数值越小，两个数据系列之间的距离就越近。

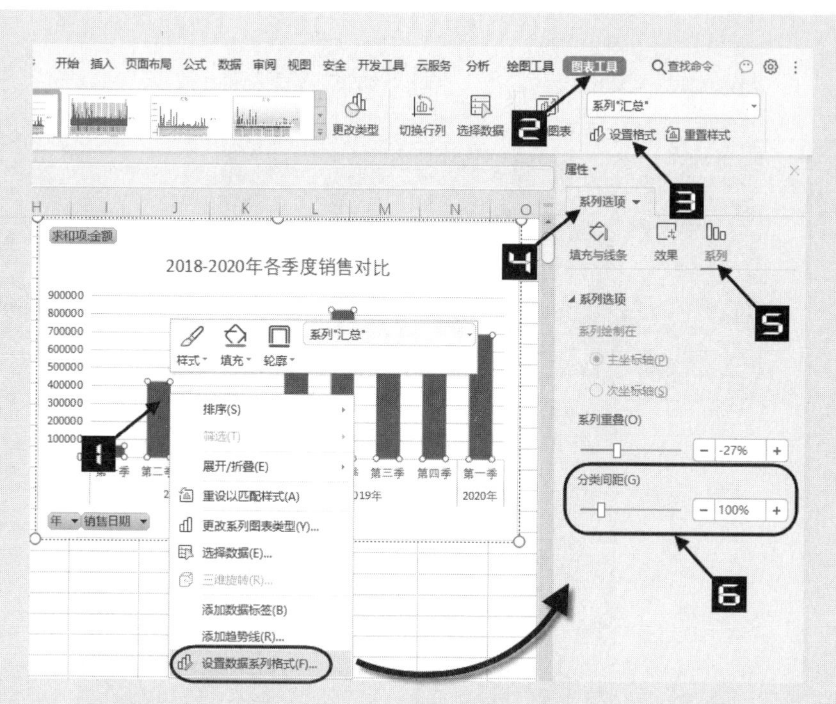

图 15-100　设置分类间距

步骤⑥ 单击图表，在【图表工具】选项卡的样式列表中选择一种内置样式，单击【更改颜色】下拉按钮，在下拉列表中选择一种单色效果，如图 15-101 所示。

图 15-101　设置数据透视图样式

在数据透视图中单击“年”和“销售日期”下拉按钮，在下拉列表中选择不同的年份和季度，在数据透视图中即可展示对应时段的数据，如图 15-102 所示。

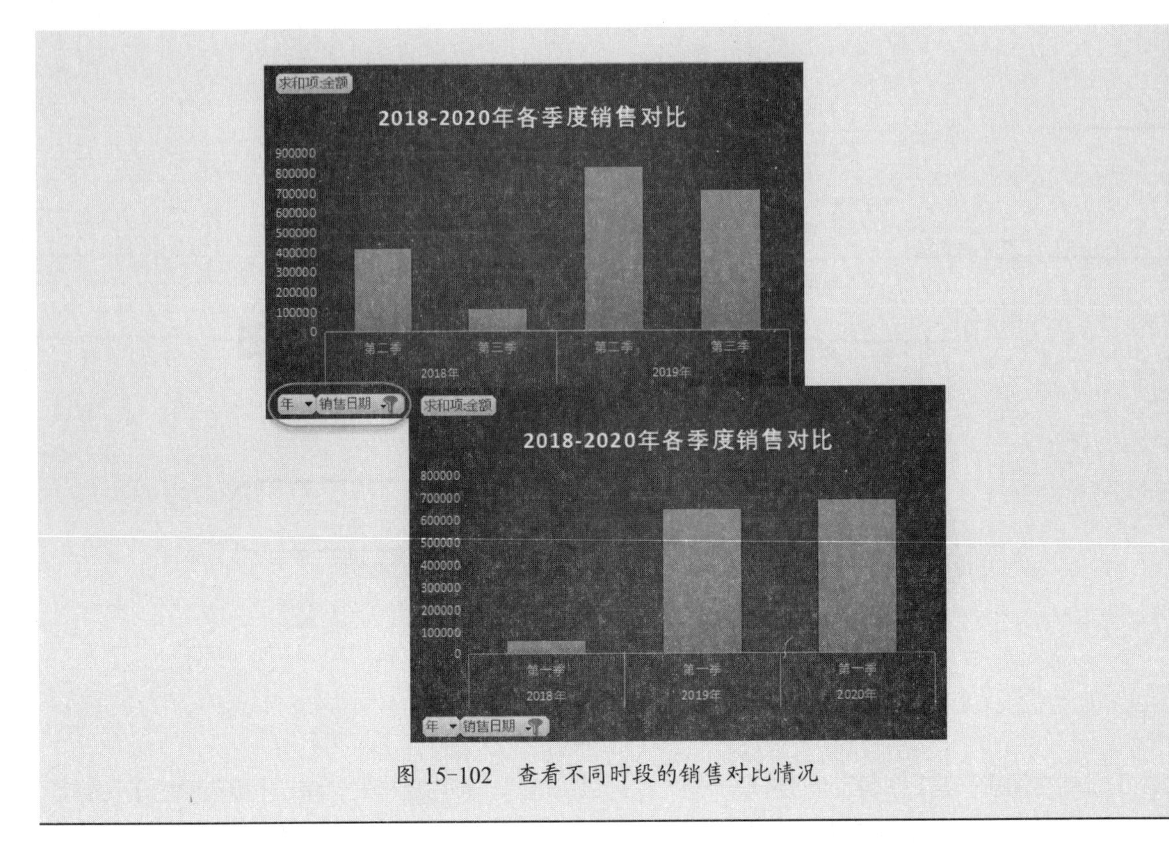

图 15-102　查看不同时段的销售对比情况

示例15-20 利用多重合并计算区域创建动态数据透视图

如图 15-103 所示，这是某商品在各个门店的销量记录，使用数据透视图结合切片器，能动态展示各个门店在不同月份的销量变化趋势。

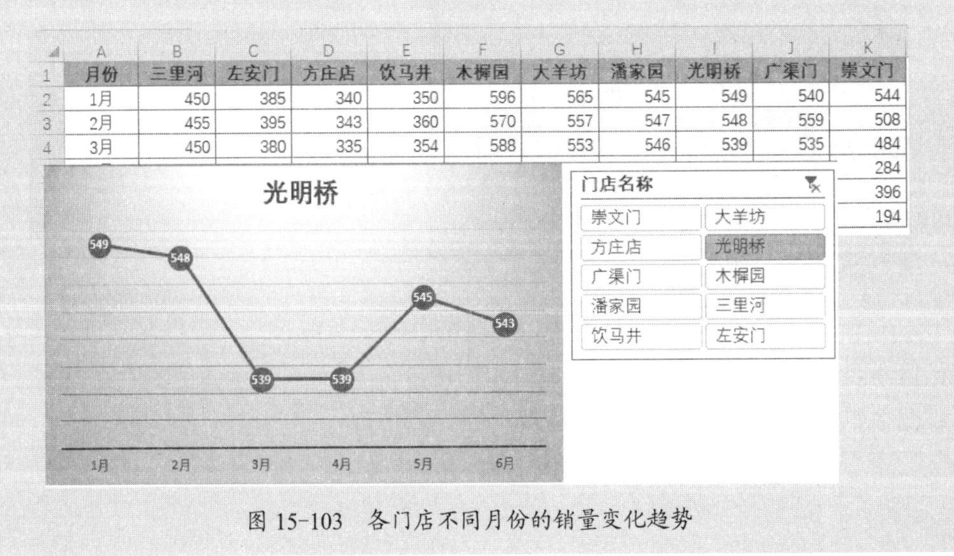

图 15-103　各门店不同月份的销量变化趋势

操作步骤如下。

步骤① 依次单击【插入】→【数据透视图】，打开【创建数据透视图】对话框。

步骤② 选中【使用多重合并计算区域】单选按钮，单击【选定区域】按钮打开【数据透视表向导 –第 1 步，共 2 步】对话框。选中【创建单页字段】单选按钮，单击【下一步】按钮打开【数据透视表向导 –第 2 步，共 2 步】对话框，单击【选定区域】编辑框右侧的折叠按钮，拖动鼠标选中数据区域，单击【添加】按钮，再单击【完成】按钮返回【创建数据透视图】对话框，最后单击【确定】按钮，如图 15-104 所示，在新工作表中插入一个数据透视表和数据透视图。

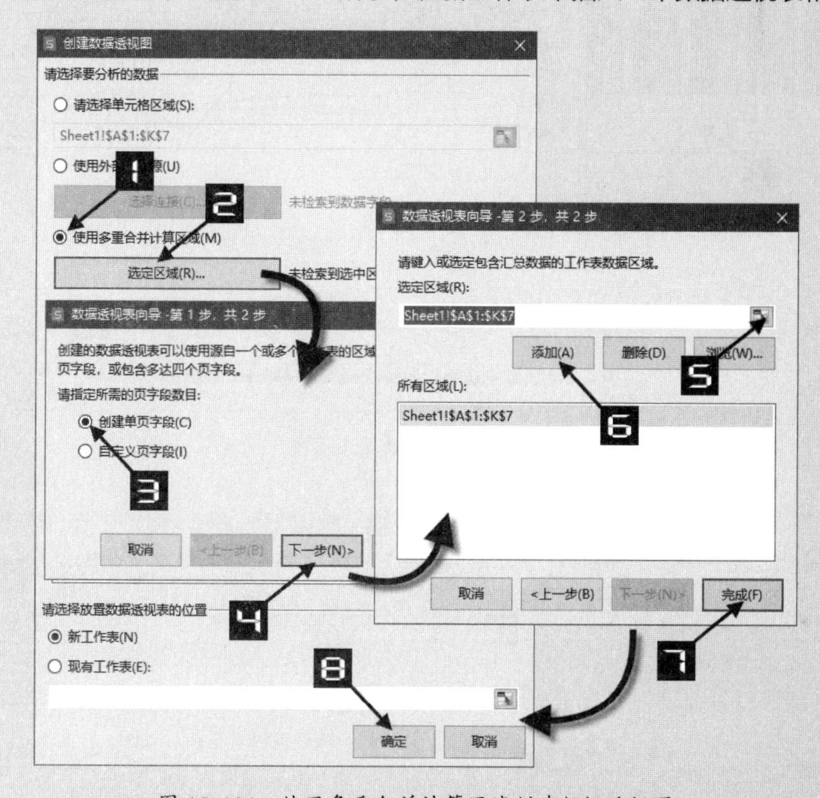

图 15-104　使用多重合并计算区域创建数据透视图

提示

本例数据源中各个门店的销量数据分布在不同列，而在数据透视表或数据透视图中每一列都会被视为一个单独的字段，因此选择使用多重合并计算数据区域的方式，目的是将分布在多列的门店合并为数据透视表（图）中的一个“列”字段。

步骤③ 单击图表，依次单击【图表工具】→【更改类型】，在弹出的【更改图表类型】对话框中选择【折线图】→【带数据标记的折线图】，最后单击【确定】按钮，如图 15-105 所示。

步骤④ 在【图表工具】选项卡的样式列表中选择“样式 2”，如图 15-106 所示。

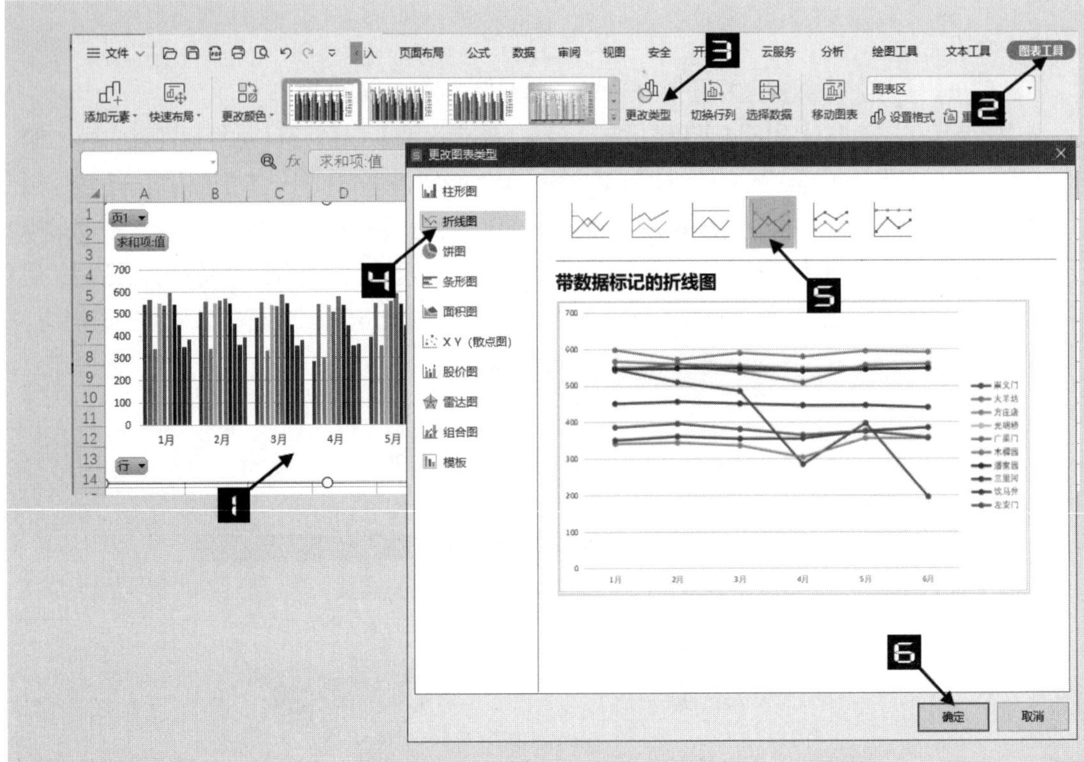

图 15-105　更改图表类型

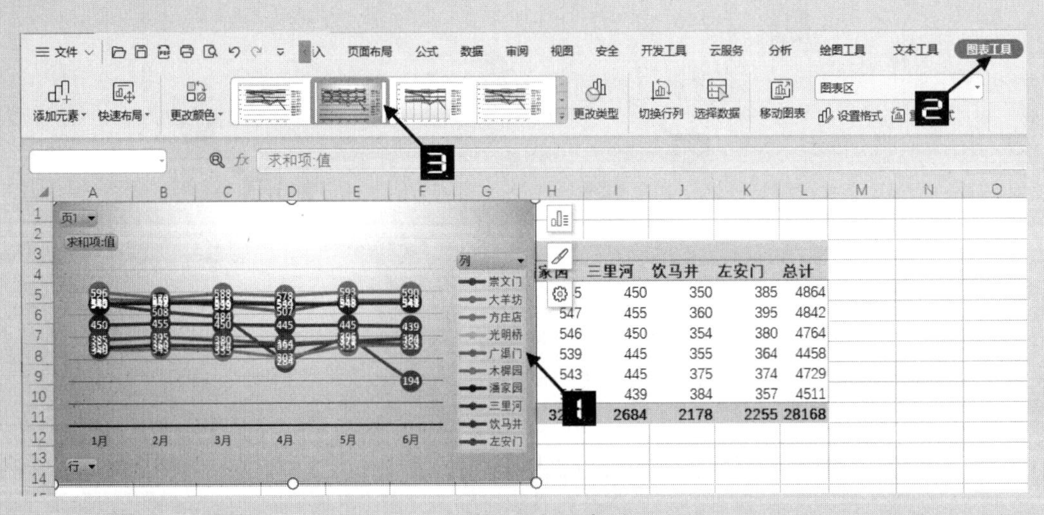

图 15-106　选择图表样式

步骤⑤ 接下来插入切片器用来筛选门店名称。选中数据透视图，切换到【分析】选项卡，单击【插入切片器】按钮，在弹出的【插入切片器】对话框中选中“列”字段前的复选框，单击【确定】按钮，如图 15-107 所示。

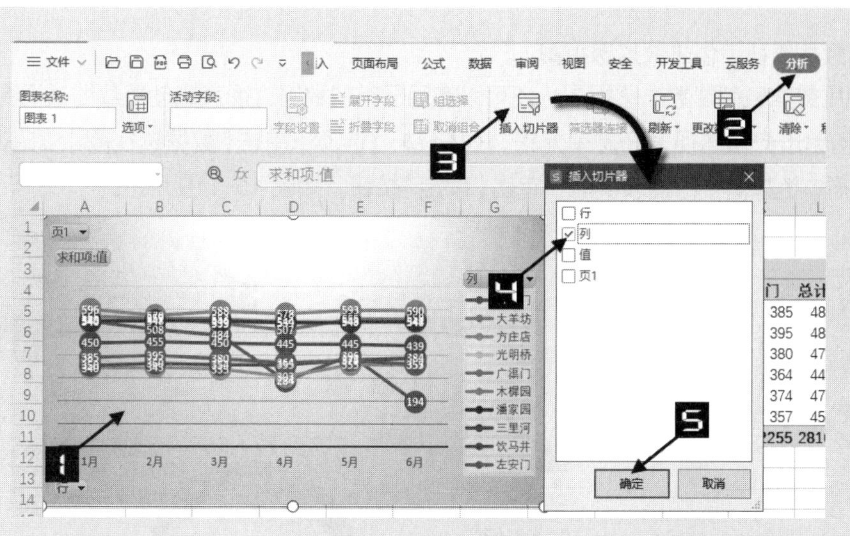

图 15-107　插入切片器

步骤⑥ 右击图表上的字段按钮，在弹出的快捷菜单中选择【隐藏图表上的所有字段按钮】命令，如图 15-108 所示。

步骤⑦ 单击图例，按<Delete>键删除。单击图表右上角的【图表元素】按钮，在【图表元素】列表中选中“图表标题”复选框。

步骤⑧ 单击选中切片器，在【选项】选项卡将【列宽】设置为 2。单击【切片器设置】按钮，在弹出的【切片器设置】对话框中将标题重命名为“门店名称”，单击【确定】按钮，如图 15-109 所示。

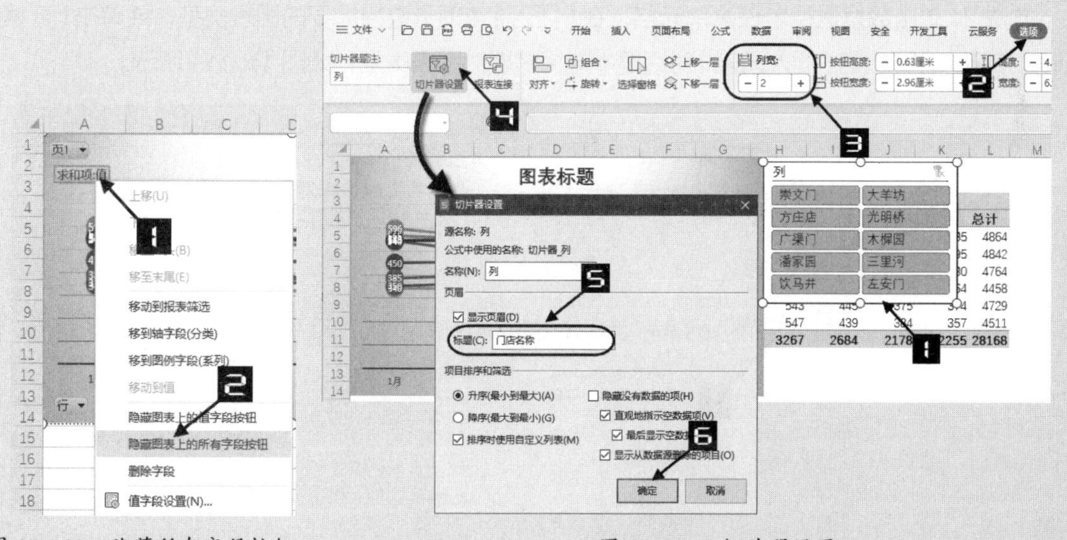

图 15-108　隐藏所有字段按钮　　　　图 15-109　切片器设置

设置完成后，在切片器中选择门店名称，即可在数据透视图中查看该门店在各个月份的销量趋势。

Ⅱ 使用数据透视表创建数据透视图

除了使用数据表创建数据透视图，还可以使用已有的数据透视表来创建数据透视图。

方法 1：单击数据透视表任意单元格，在【分析】选项卡单击【数据透视图】按钮，打开【插入图表】对话框，选择需要的图表类型，单击【确定】按钮，如图 15-110 所示。

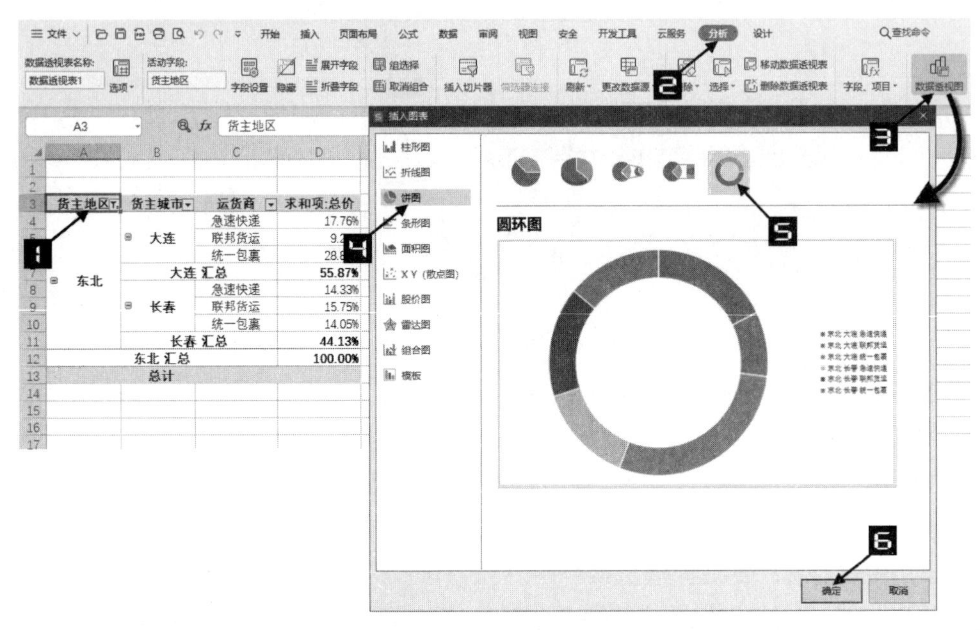

图 15-110　在【分析】选项卡下插入数据透视图

方法 2：单击数据透视表任意单元格，在【插入】选项卡选择需要的图表类型，或单击【数据透视图】按钮，在弹出的【插入图表】对话框中选择需要的图表类型，如图 15-111 所示。

货主地区	货主城市	运货商	求和项:总价
华北	北京	统一包裹	16.54%
	北京 汇总		16.54%
	秦皇岛	统一包裹	3.87%
	秦皇岛 汇总		3.87%
	石家庄	统一包裹	8.15%
	石家庄 汇总		8.15%
	天津	统一包裹	62.15%
	天津 汇总		62.15%
	张家口	统一包裹	8.74%
	张家口 汇总		8.74%
	长治	统一包裹	0.55%
	长治 汇总		0.55%
华北 汇总			100.00%

图 15-111　在【插入】选项卡插入数据透视图

第 16 章　数据呈现

通过设置单元格格式、套用单元格样式和表格样式，能够使数据表格更加美观。借助条件格式的颜色、数据条、图标集等效果，能够快速对比数据的差异。使用图表功能，能够将数据转换为图形化显示，加深读者对信息的印象。

本章通过学习数据表格美化、条件格式设置、常用图表的制作及交互式图表的制作等内容，能够使读者掌握数据呈现的常用方法，在数据准确、表格美观的基础上，进一步提升数据展示的效果。

本章学习要点

（1）表格美化

（2）设置条件格式

（3）常用图表制作

（4）制作交互式图表

16.1　表格美化

虽然表格美化没有固定的模式，但是也要遵循一定的章法，一份专业的表格，外观样式也同样应该让人赏心悦目。以下分别从设置单元格格式、设置单元格样式、套用表格样式及使用内置模板等方面，介绍表格美化有关的内容。

16.1.1　设置单元格格式

如图 16-1 所示，这是某中学春季考试的分数划线表，要对其进行美化设置。

	A	B	C	D	E	F	G	H	I	J	K	L
1	2021年春季考试德城区划线											
2	科类	分段	划线数	总分线	语文线	数学线	英语线	政/物线	历/化线	地/生线	综合线	参考人数
3	文科	本一	1133	509	105	112	118	70	79	54	195	18360
4		本二	5340	444	96	90	95	58	70	44	170	
5	理科	本一	5052	495	98	103	105	69	66	69	198	23032
6		本二	13055	400	89	70	75	45	47	512	146	

	A	B	C	D	E	F	G	H	I	J	K	L
1	2021年春季考试德城区划线											
3	科类	分段	划线数	总分线	语文线	数学线	英语线	政/物线	历/化线	地/生线	综合线	参考人数
5	文科	本一	1133	509	105	112	118	70	79	54	195	18360
6		本二	5340	444	96	90	95	58	70	44	170	
7	理科	本一	5052	495	98	103	105	69	66	69	198	23032
8		本二	13055	400	89	70	75	45	47	512	146	

图 16-1　春季考试分数划线表

美化后的表格，表格标题和字段标题区域均使用深色填充，左右两侧的科类、分段和参考人数使用同一色系稍浅一些的颜色填充，并使用白色字体，使其看起来更加醒目。中间部分的数据区域，各行使用不同底色进行区分。整个表格看起来错落有致、清晰整洁。由于此表不需要后续的汇总统计，因此仅从美观角度考虑即可。具体操作步骤如下。

步骤① 首先设置表格标题。选中A1:L1 单元格区域，在【开始】选项卡下单击【合并居中】按钮，然后设置字号为 18，如图 16-2 所示。

2021年春季考试德城区划线											
科类	分段	划线数	总分线	语文线	数学线	英语线	政/物线	历/化线	地/生线	综合线	参考人数
文科	本一	[illegible]	509	105	112	118	70	79	54	195	18360
	本二	[illegible]	444	96	90	95	58	70	44	170	
理科	本一	5052	495	98	103	105	69	66	69	198	23032
	本二	13055	400	89	70	75	45	47	512	146	

图 16-2　设置表格标题

步骤② 接下来设置填充颜色。保持A1:L1 单元格区域的选中状态，依次单击【开始】→【填充颜色】下拉按钮，用户可以在展开的颜色面板中选择内置颜色效果，也可以单击底部的【其他颜色】命令，打开【颜色】对话框，然后切换到【自定义】选项卡下手动输入RGB值，如“26，74，94”，如图 16-3 所示，单击【确定】按钮关闭对话框。

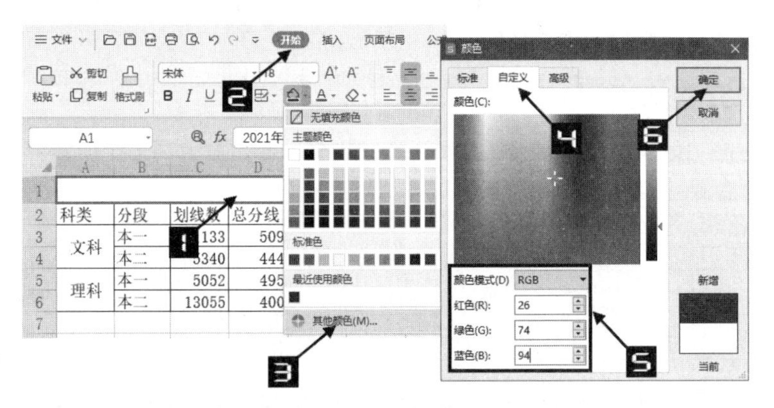

图 16-3　设置填充颜色

提示

为表格或图表设置颜色时，除了颜色面板中的内置颜色，通过设置RGB值能设置更多颜色。一些专业的配色网站会提供多种配色方案的RGB值，另外也可以借鉴一些较为专业的表格或图表配色效果。配色方面的知识，可以参考本书WPS演示篇。

步骤③ 单击第 2 行的行号并右击，在快捷菜单中单击【插入】命令，在标题行下插入一行。然后依次单击【开始】→【行和列】→【行高】，将行高设置为 3，再设置为无填充颜色，如图 16-4 所示。

步骤④ 单击第 1 行的行号，按住 <Ctrl> 键不放，再单击第 3 行的行号，将行高设置为 39。

步骤⑤ 选中 A3:L3 单元格区域，依次单击【开始】→【填充颜色】下拉按钮，在下拉列表中选择最近使用的颜色，如图 16-5 所示。

科类	分段	划线数	总分线	语文线	数学线	英语线	政
文科	本一	1133	509	105	112	118	
	本二	5340	444	96	90	95	
理科	本一	5052	495	98	103	105	
	本二	13055	400	89	70	75	

图 16-4　在标题行下插入一行

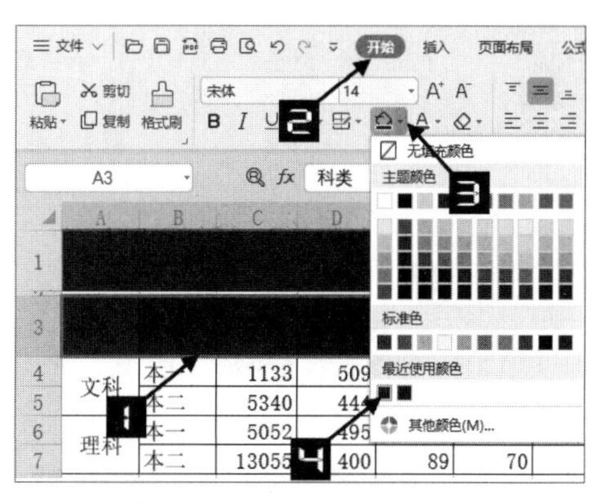

图 16-5　选择最近使用的颜色

步骤⑥ 选中 A1:L3 单元格区域，依次单击【开始】→【字体颜色】下拉按钮，在下拉列表中选择白色，如图 16-6 所示。

步骤⑦ 选中 A3:L3 单元格区域，按 <Ctrl+1> 组合键打开【单元格格式】对话框。切换到【边框】选项卡下，单击【颜色】下拉按钮，选择一种浅色样式，如“矢车菊蓝，着色 5，浅色 60%”，依次单击【外边框】和【内部】按钮，设置应用的范围。最后单击【确定】按钮，如图 16-7 所示。

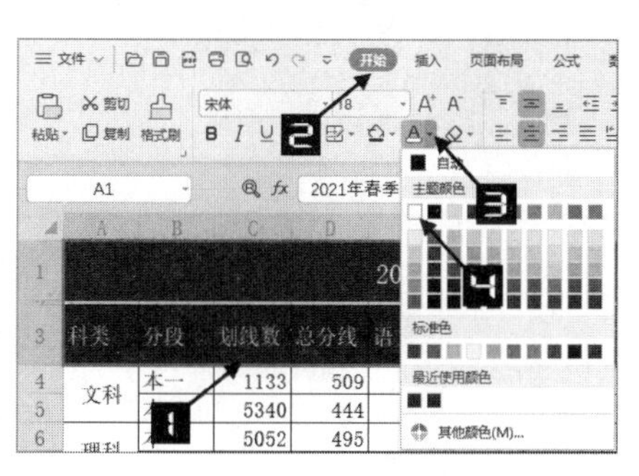

图 16-6　设置字体颜色

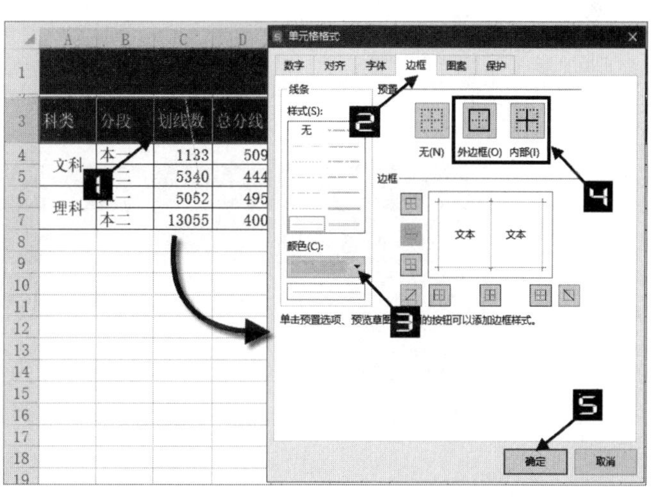

图 16-7　设置单元格边框

步骤⑧ 单击第 2 行行号，按<Ctrl+C>组合键复制，然后单击第 4 行的行号并右击，在快捷菜单中选择【插入复制单元格】命令，如图 16-8 所示，在第 4 行之上插入一个空白行。

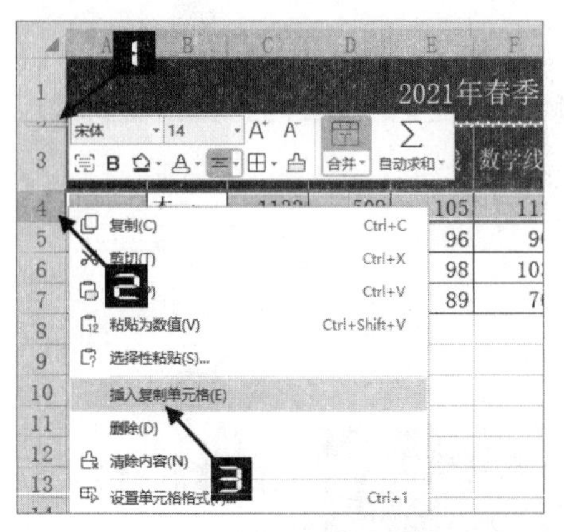

图 16-8 插入复制单元格

步骤⑨ 拖动鼠标选中第 5 行至第 8 行的行号，设置行高为 33。

步骤⑩ 选中 A5:B8 单元格区域，按住<Ctrl>键不放，再拖动鼠标选中 L5:L8 单元格区域的参考人数，设置自定义填充颜色，RGB 值为“43，124，157”。设置单元格边框，【颜色】为“矢车菊蓝，着色 5，浅色 80%”，设置字体颜色为白色。效果如图 16-9 所示。

2021年春季考试德城区划线											
科类	分段	划线数	总分线	语文线	数学线	英语线	政/物线	历/化线	地/生线	综合线	参考人数
文科	本一	1133	509	105	112	118	70	79	54	195	18360
	本二	5340	444	96	90	95	58	70	44	170	
理科	本一	5052	495	98	103	105	69	66	69	198	23032
	本二	13055	400	89	70	75	45	47	512	146	

图 16-9 设置分类和参考人数区域的单元格格式

步骤⑪ 选中 C5:K5 单元格区域，按住<Ctrl>键不放，再拖动鼠标选中 C7:K7 单元格区域，设置自定义填充颜色，RGB 值为“218，238，245”。设置单元格边框，【颜色】为“矢车菊蓝，着色 5，浅色 40%”。效果如图 16-10 所示。

2021年春季考试德城区划线											
科类	分段	划线数	总分线	语文线	数学线	英语线	政/物线	历/化线	地/生线	综合线	参考人数
文科	本一	1133	509	105	112	118	70	79	54	195	18360
	本二	5340	444	96	90	95	58	70	44	170	
理科	本一	5052	495	98	103	105	69	66	69	198	23032
	本二	13055	400	89	70	75	45	47	512	146	

图 16-10 设置划线数据区域的单元格格式

步骤⑫ 单击左上角的行、列交叉位置，全选工作表，在【开始】选项卡下分别设置对齐方式为水平居中，字体为“楷体”，如图 16-11 所示。

图 16-11　设置对齐方式和字体

步骤⑬ 最后在【视图】选项卡下取消选中【显示网格线】复选框，如图 16-12 所示。

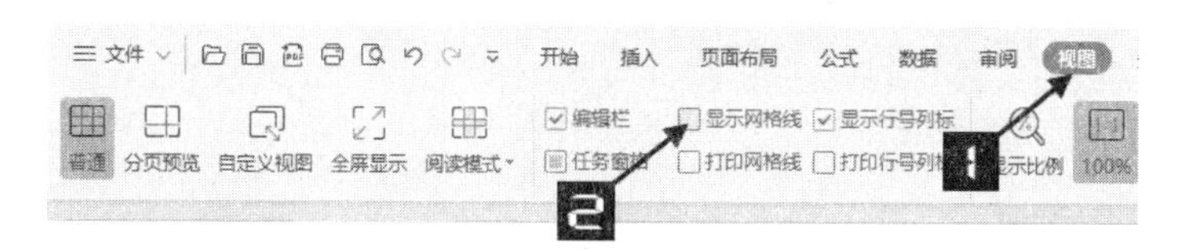

图 16-12　取消显示网格线

16.1.2　设置单元格样式

单元格样式是一组特定单元格格式的组合，可以包含单元格背景色、字体、字号、文字颜色、边框样式与颜色等。为单元格套用样式，能够快速美化工作表。当修改某个单元格样式时，工作表中所有应用了该样式的单元格显示效果会随之更改。WPS表格提供了一些内置样式，也允许用户自定义样式。

➲ Ⅰ　设置单元格样式

图 16-13 展示了某公司品质日报表的部分内容，要对该表格通过设置单元格样式的方法进行美化。

操作步骤如下。

步骤① 选中 A2:B16 单元格区域的标题区域，依次单击【开始】→【格式】→【样式】，在弹出的下拉列表中单击“强调文字颜色 1”，将此样式应用到所选单元格区域，如图 16-14 所示。

步骤② 选中 C2:D16 单元格区域，依次单击【开始】→【格式】→【样式】，在弹出的下拉列表中选择“20% -强调文字颜色 1”。

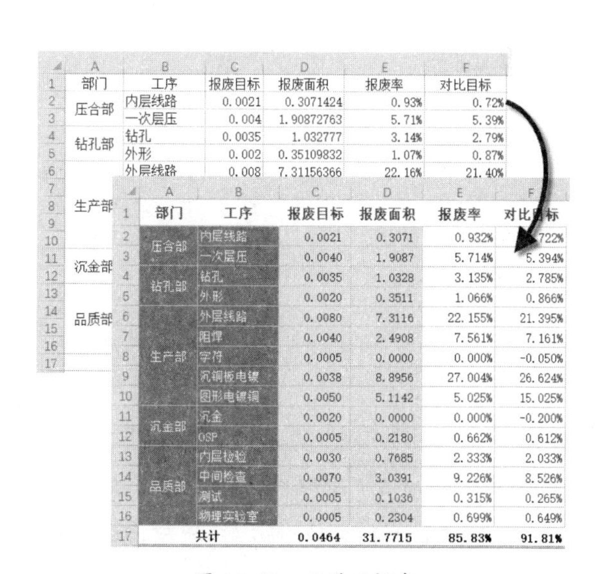

部门	工序	报废目标	报废面积	报废率	对比目标
压合部	内层线路	0.0021	0.3071	0.932%	[illegible]722%
	一次层压	0.0040	1.9087	5.714%	5.394%
钻孔部	钻孔	0.0035	1.0328	3.135%	2.785%
	外形	0.0020	0.3511	1.066%	0.866%
生产部	外层线路	0.0080	7.3116	22.155%	21.395%
	阻焊	0.0040	2.4908	7.561%	7.161%
	字符	0.0005	0.0000	0.000%	-0.050%
	沉铜板电镀	0.0038	8.8956	27.004%	26.624%
	图形电镀铜	0.0050	5.1142	5.025%	15.025%
沉金部	沉金	0.0020	0.0000	0.000%	-0.200%
	OSP	0.0005	0.2180	0.662%	0.612%
品质部	内层检验	0.0030	0.7685	2.333%	2.033%
	中间检查	0.0070	3.0391	9.226%	8.526%
	测试	0.0005	0.1036	0.315%	0.265%
	物理实验室	0.0005	0.2304	0.699%	0.649%
	共计	0.0464	31.7715	85.83%	91.81%

图 16-13　品质日报表

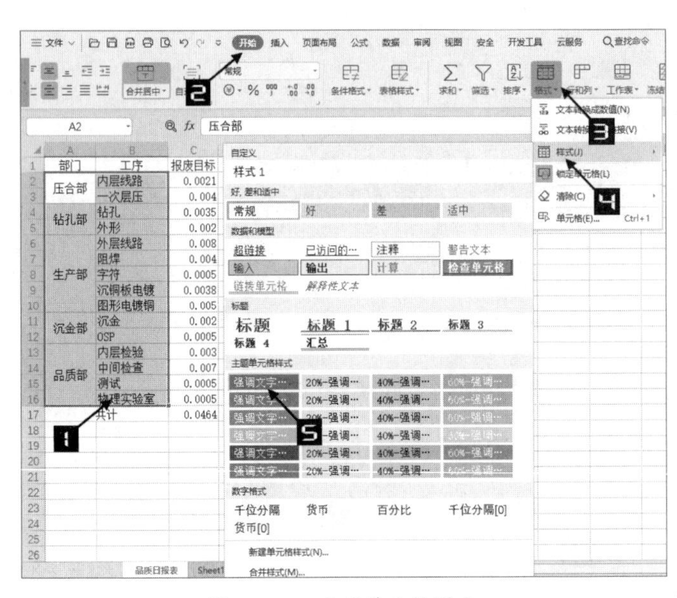

图 16-14　应用单元格样式

步骤③ 同样的方法，选中A1:F1 单元格区域，设置单元格样式为“标题 2”。选中A17:F17 单元格区域，设置单元格样式为“汇总”。

➲ Ⅱ　修改单元格样式

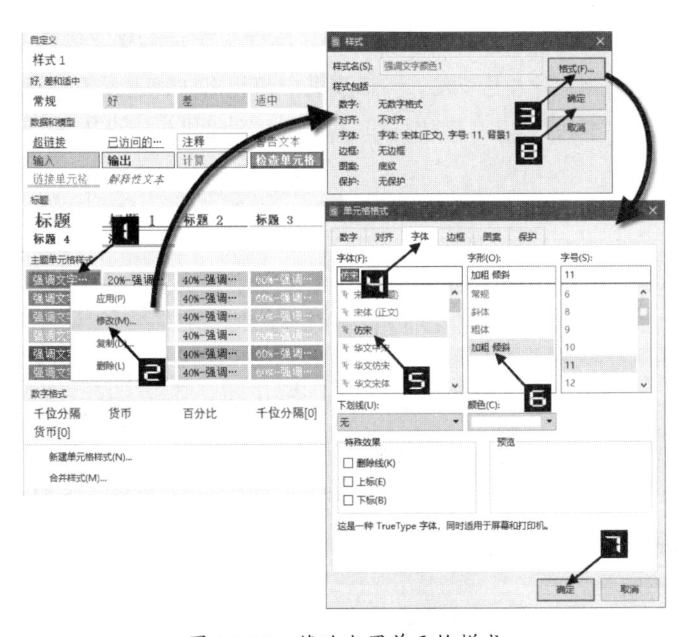

图 16-15　修改内置单元格样式

如需更改某个内置样式的效果，可以在该项样式上右击，然后在弹出的快捷菜单中单击“修改”命令。在弹出的【样式】对话框中单击【格式】按钮，打开【单元格格式】对话框，在“数字”“对齐”“字体”等选项卡下进行修改，最后依次单击【确定】按钮关闭对话框，如图 16-15 所示。

➲ Ⅲ　自定义单元格样式

创建自定义的单元格样式的步骤如下。

步骤① 依次单击【开始】→【格式】→【样式】，在弹出的下拉列表底部单击【新建单元格样式】命令，打开【样式】对话框。

步骤② 在“样式名”编辑框中输入样式名称，如“报表专用”，单击【格式】按钮，在弹出的【单元格格式】对话框中对边框等项目进行设置，最后依次单击【确定】按钮关闭对话框，如图 16-16 所示。

新建的自定义单元格样式会出现在样式列表的顶端，如需删除自定义样式，可使用鼠标右击该样式，在快捷菜单中选择【删除】命令，如图 16-17 所示。

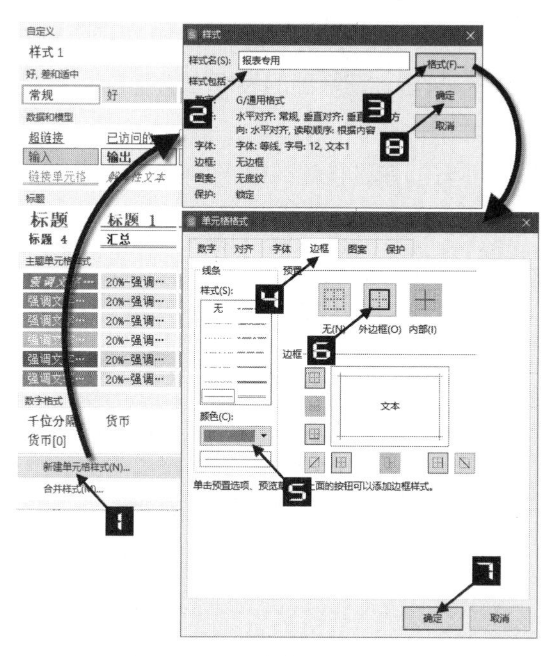

图 16-16　新建单元格样式

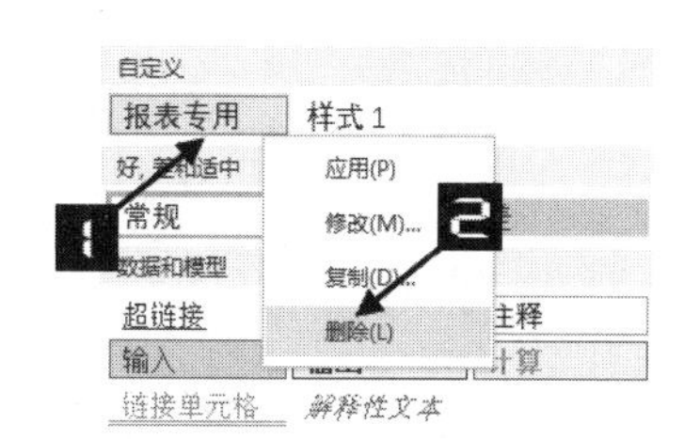

图 16-17　删除自定义的单元格样式

➲ IV　合并样式

自定义单元格样式仅可用于当前工作簿，但使用合并样式功能，能够将当前工作簿中的单元格样式复制到其他工作簿。操作步骤如下。

步骤① 打开已设置了自定义单元格样式的工作簿，如“工作簿 1.xlsx”，然后打开目标工作簿，如“工作簿 2.xlsx”。

步骤② 在“工作簿 2.xlsx”中依次单击【开始】→【格式】→【样式】，在弹出的样式列表底部单击【合并样式】按钮，弹出【合并样式】对话框。

步骤③ 选中合并样式的来源“工作簿 1.xlsx”，单击【确定】按钮，此时会弹出提示对话框，询问用户是否合并具有相同名称的样式。如果“工作簿 2.xlsx”中已有与“工作簿 1.xlsx”中名称相同、但是效果不同的自定义单元格样式，选择“是”时，该样式会被“工作簿 1.xlsx”中的样式覆盖。用户可以根据需要选择“是”或“否”，如图 16-18 所示。

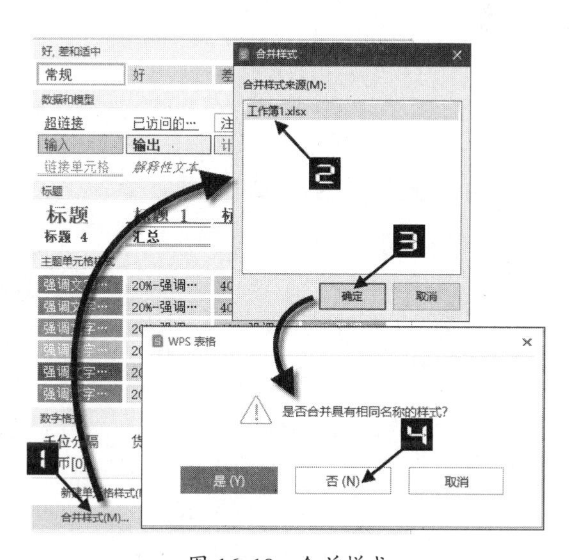

图 16-18　合并样式

16.1.3 套用表格样式

WPS表格内置了多个表格样式，用户可以根据需要快速套用。如图 16-19 所示，单击数据区域任意单元格，依次单击【开始】→【表格样式】下拉按钮，在弹出的表格样式库中单击某个样式，弹出【套用表格样式】对话框。

在【套用表格样式】对话框中选择【仅套用表格样式】单选按钮，根据表格实际结构设置标题行的行数，最后单击【确定】按钮，即可快速套用表格样式。

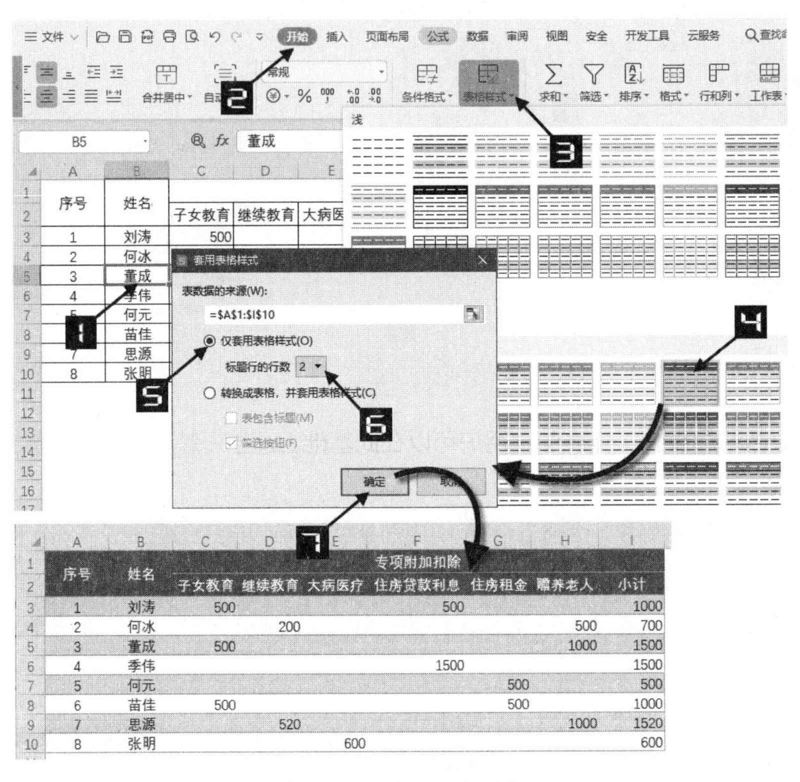

图 16-19 套用表格样式

16.1.4 使用表格模板

图 16-20 从模板中新建

除了套用单元格样式和表格样式，还可以借助WPS表格模板快速创建一份美观的表格。操作步骤如下。

步骤① 单击左上角的【WPS表格】按钮，选择【从模板中新建】命令，如图 16-20 所示，进入【表格】的模板选择界面。

步骤② 在【免费模板】区域单击选择一种模板样式，然后在预览界面中单击【使用模板】命令，如图 16-21 所示。

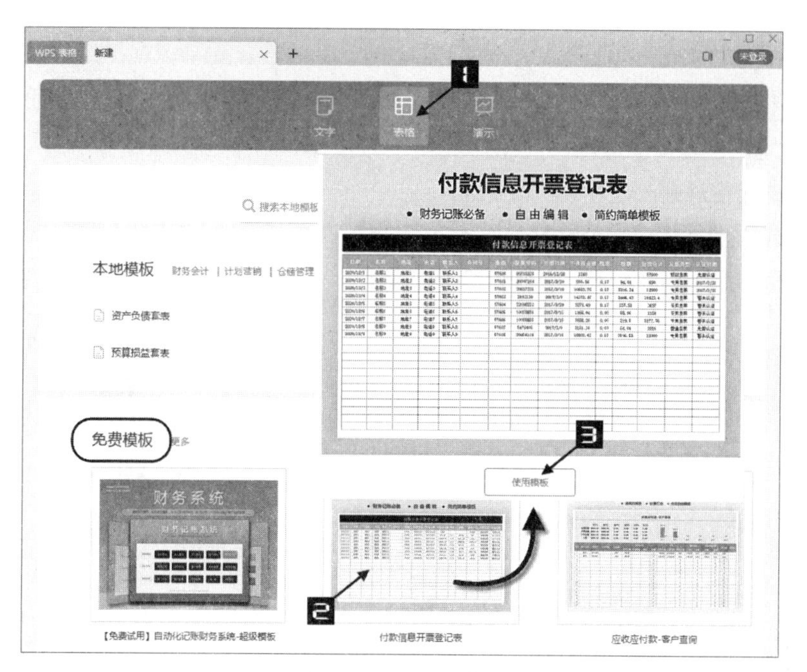

图 16-21　使用模板

步骤③ 此时模板自动加载到工作表中，用户可以在此基础上适当调整结构并修改数据，如图 16-22 所示。

付款信息开票登记表

日期	名称	地址	电话	联系人	合同号	金额	发票号码	开票日期
2020/12/1	名称1	地址1	电话1	联系人1		57600	05515335	2016/12/28
2020/12/2	名称2	地址2	电话2	联系人2		57601	30397264	2017/3/20
2020/12/3	名称3	地址3	电话3	联系人3		57602	20817331	2017/3/18
2020/12/4	名称4	地址4	电话4	联系人4		57603	2892139	2017/3/7
2020/12/5	名称5	地址5	电话5	联系人5		57604	22698222	2017/3/29
2020/12/6	名称6	地址6	电话6	联系人6		57605	10053836	2017/3/15
2020/12/7	名称7	地址7	电话7	联系人7		57606	10053835	2017/3/15
2020/12/8	名称8	地址8	电话8	联系人8		57607	5476486	2017/3/9
2020/12/9	名称9	地址9	电话9	联系人9		57608	20454109	2017/3/16

图 16-22　使用模板创建的文档

16.2　用条件格式突出显示数据

使用条件格式功能，能够根据指定的条件更改单元格的外观，帮助用户更加方便地关注重点数据。例如：突出显示所关注的单元格或单元格区域、强调异常值，以及使用数据条、色阶和图标集显示数据等。

16.2.1 内置条件格式

内置的条件格式包括“突出显示单元格规则”“项目选取规则”“数据条”“色阶”和“图标集”5种类别，每个类别下还有多个选项。

➲ Ⅰ 突出显示单元格规则

在【开始】选项卡下单击【条件格式】下拉按钮，在下拉列表中选择【突出显示单元格规则】命令，可看见子菜单中包括大于、小于、介于、等于、文本包含、发生日期及重复值等选项，如图16-23所示。

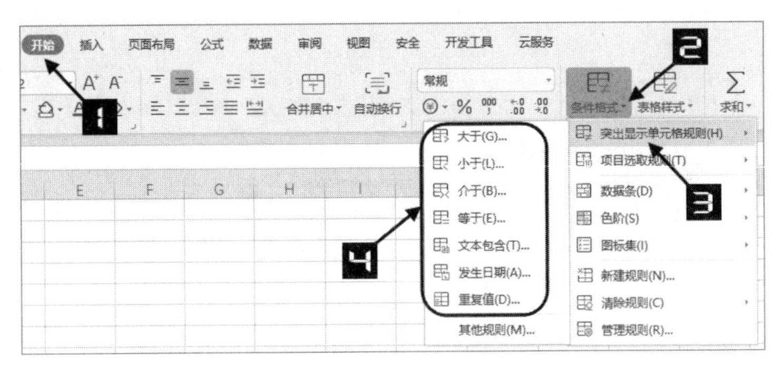

图16-23 突出显示单元格规则

示例16-1 标记指定条件的数据

图16-24展示了某单位资金流水账的部分内容，需要突出显示大于50000元的付款金额。

	A	B	C	D	E	F
1	日期	摘要	类别	付款金额	收款金额	部门名称
2	2020/11/15	余额	4192卡	272,420.57		
3	2020/11/16	支付宝	4192卡	20,000.00		财务部
4	2020/11/17	罗为莹	4192卡	50,000.00		中餐厨房
5	2020/11/19	卢小景	4192卡	50,000.00		中餐厨房
6	2020/11/19	王嘉诚	4192卡	100,000.00		中餐厨房
7	2020/11/19	董耀培	4192卡	200,000.00		中餐厨房

	A	B	C	D	E	F
1	日期	摘要	类别	付款金额	收款金额	部门名称
2	2020/11/15	余额	4192卡	272,420.57		
3	2020/11/16	支付宝	4192卡	20,000.00		财务部
4	2020/11/17	罗为莹	4192卡	50,000.00		中餐厨房
5	2020/11/19	卢小景	4192卡	50,000.00		中餐厨房
6	2020/11/19	王嘉诚	4192卡	100,000.00		中餐厨房
7	2020/11/19	董耀培	4192卡	200,000.00		中餐厨房
8	2020/11/20	李俊桦	4192卡	50,000.00		中餐厨房
9	2020/11/23	杜建喜	4192卡	100,000.00		中餐厨房
10	2020/11/23	财付通	4192卡	4,872.00		中餐厨房
11	2020/11/23	7777卡	4192卡		50,000.00	中餐厨房

图16-24 突出显示50000元以上的付款金额

操作步骤如下。

步骤① 选中D列付款金额所在的数据区域，依次单击【开始】→【条件格式】→【突出显示单元格规则】→【大于】，弹出【大于】对话框。

步骤② 在左侧的编辑框中输入“50000”，单击【设置为】右侧的下拉按钮，选择格式效果为“浅红填充色深红色文本”，最后单击【确定】按钮，如图16-25所示。

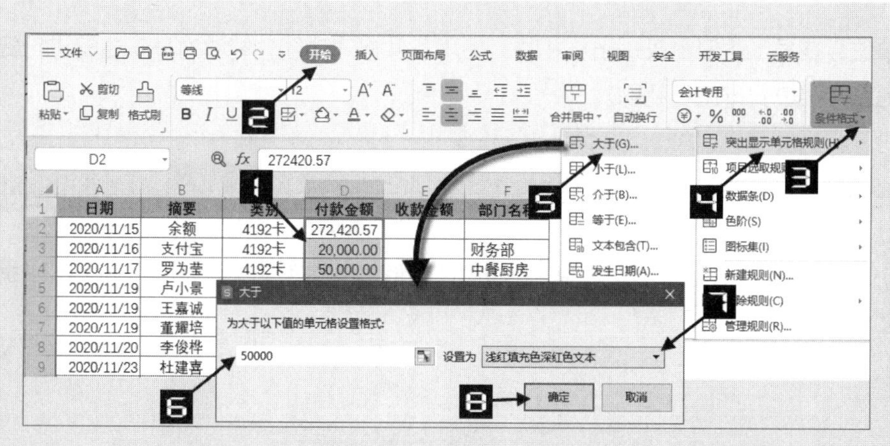

图 16-25　设置条件格式

示例16-2 标记指定日期范围内的数据

仍以示例 16-1 中的数据为例，如果需要根据指定的起止日期突出显示某一阶段内的数据，操作步骤如下。

步骤① 选中A列日期所在的数据区域，依次单击【开始】→【条件格式】→【突出显示单元格规则】→【介于】，打开【介于】对话框。

步骤② 在【介于】对话框中分别单击左侧的编辑框，然后分别单击选择H3单元格的起始日期和I3单元格的截止日期，单击【设置为】下拉按钮，在下拉列表中选择格式效果为“绿填充色深绿色文本”，最后单击【确定】按钮，如图 16-26 所示。

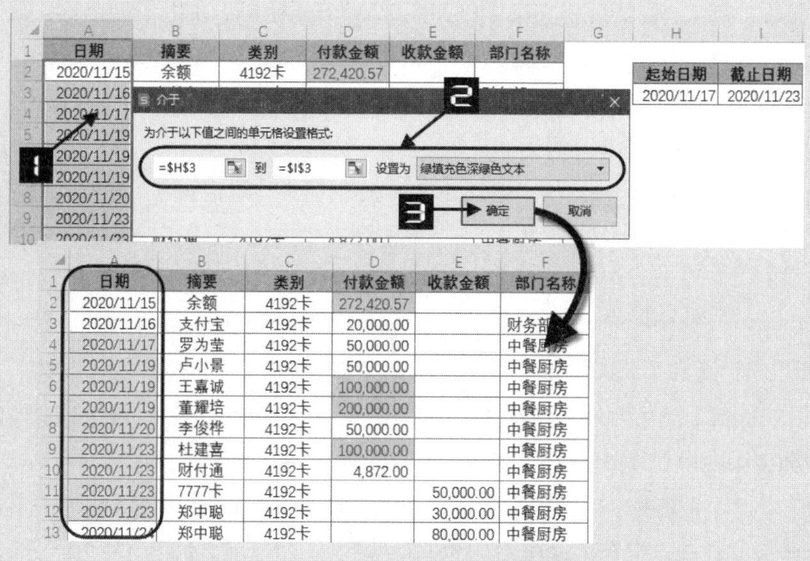

图 16-26　突出显示指定日期范围内的数据

一些单位会在员工生日当天送出小礼物。使用条件格式功能，能够对员工生日进行提醒，以便工作人员提前购买或安排生日礼物。

示例16-3 员工生日提醒

如图 16-27 所示，是某公司员工信息表的部分内容，需要根据系统日期，突出显示明天及下周生日的记录。

	A	B	C	D	E	F
1	姓名	性别	出生日期	部门	职称	本年生日
2	方成建	男	1970/2/3	市场部	高级经济师	2021/2/3
3	何大宇	男	1964/8/5	市场部	高级经济师	2021/8/5
4	曾为科	男	1985/6/20	财务部	会计师	2021/6/20
5	李莫薷	女	1980/2/15	物流部	助理会计师	2021/2/15
6	周苏嘉	女	1979/1/31	行政部	工程师	2021/1/31
7	林小菱	女	1983/4/29	市场部	无	2021/4/29
8	令狐珊	女	1966/1/30	培训部	无	2021/1/30
9	慕容勤	男	1964/2/6	财务部	助理会计师	2021/2/6
10	柏国力	男	1957/3/13	培训部	高级经济师	2021/3/13
11	刘撩民	男	1969/8/2	市场部	高级工程师	2021/8/2

图 16-27　突出显示明天及下周生日的记录

操作步骤如下。

步骤① 在F2 单元格输入以下公式，根据C列的出生日期计算出本年生日日期。双击F2 单元格右下角的填充柄，将公式向下复制。

```
=TEXT(C2,"m-d")*1
```

TEXT 函数使用格式代码"m-d"，提取出C列日期对应的月和天，结果为具有日期样式的文本内容“2-3”。然后再乘 1，目的是将文本型日期变成WPS表格能识别的日期格式。在WPS表格中，如果输入的日期没有指定年份，会按当前年份来处理，最终得到当前年份的生日日期。

步骤② 选中F列的日期所在区域，依次单击【开始】→【条件格式】→【突出显示单元格规则】→【发生日期】，打开【发生日期】对话框。

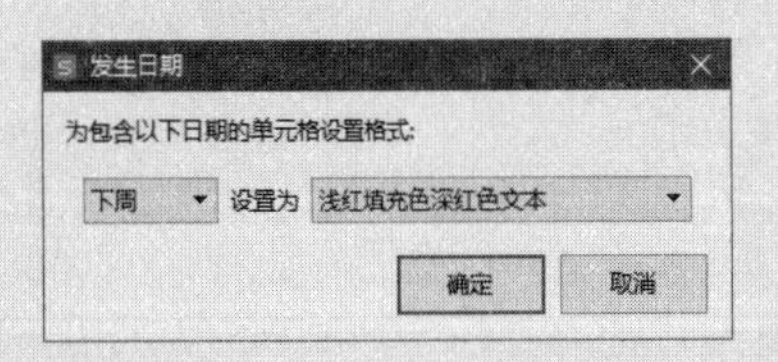

图 16-28　设置“下周”突出显示效果

步骤③ 在【发生日期】对话框中单击左侧的下拉按钮，在下拉列表中选择“下周”，单击【设置为】下拉按钮，在下拉列表中选择“浅红填充色深红色文本”，单击【确定】按钮，如图 16-28 所示。

步骤④ 保持F列日期所在区域的选中状态，再次打开【发生日期】对话框。单击左侧下拉按钮，在下拉列表中选择“明天”。单击【设置为】下拉按钮，在下拉列表中选择【自定义格式】命令，打开【单元格格式】对话框。

步骤⑤ 切换到【字体】选项卡下，设置字体颜色为“白色”。切换到【图案】选项卡下，设置单元格底纹颜色为深红色，最后依次单击【确定】按钮关闭对话框，如图 16-29 所示。

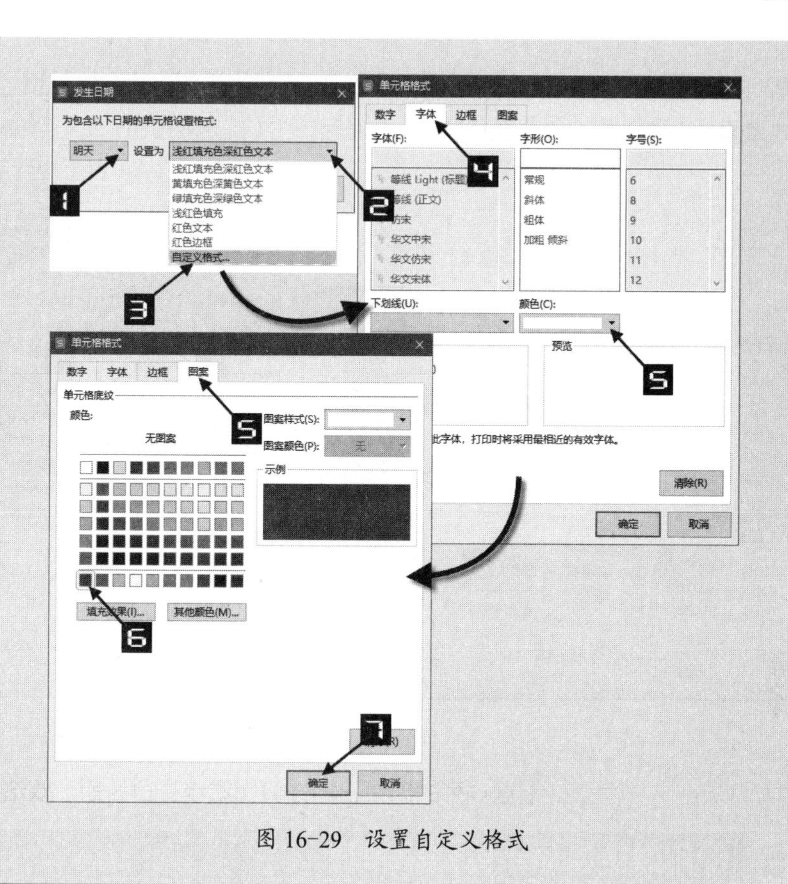

图 16-29 设置自定义格式

➲ Ⅱ 项目选取规则

条件格式中的项目选取规则包括“前 10 项”“前 10%”“最后 10 项”“最后 10%”“高于平均值”和“低于平均值”等选项，其中的“前 10 项”“前 10%”“最后 10 项”和“最后 10%”选项允许用户自定义范围。

示例16-4 突出显示前三名的考核成绩

图 16-30 展示了某快递公司客服及时响应率的考核表，需要突出显示前三名的考核成绩。

	A	B	C	D	E
1	网点编码	网点名称	员工姓名	岗位	及时响应率
2	267051	浙江省温州市05	谢萍	办公室安全员	62.44%
3	267051	浙江省温州市05	魏靖晖	问题件处理专员	55.70%
4	267051	浙江省温州市05	王云霞	投诉处理专员	62.41%
5	267051	浙江省温州市05	杨丽萍	投诉处理专员	55.58%
6	267051	浙江省温州市05	王晓燕	问题件处理专员	94.55%
7	267051	浙江省温州市05	姜杏芳	投诉处理专员	25.59%
8	267051	浙江省温州市05	金绍琼	问题件处理专员	61.14%
9	267051	浙江省温州市05	岳存友	投诉处理专员	73.26%
10	267051	浙江省温州市05	解文秀	客服部客服专员	29.03%
11	267051	浙江省温州市05	彭淑慧	投诉处理专员	39.68%
12	267051	浙江省温州市05	杨莹妍	办公室安全员	80.89%
13	267051	浙江省温州市05	周雾雯	在线客服员	48.46%
14	267051	浙江省温州市05	杨秀明	客服部客服专员	36.85%
15	267051	浙江省温州市05	侯增强	问题件处理专员	58.60%

图 16-30 突出显示前三名的考核成绩

操作步骤如下。

步骤① 选中 E2:E15 单元格区域，依次单击【开始】→【条件格式】→【项目选取规则】→【前 10 项】，打开【前 10 项】对话框。

步骤② 在【前 10 项】对话框左侧的数值编辑框中输入 3，单击【设置为】下拉按钮，在下拉列表中选择格式效果为“浅红填充色深红色文本”，最后单击【确定】按钮，如图 16-31 所示。

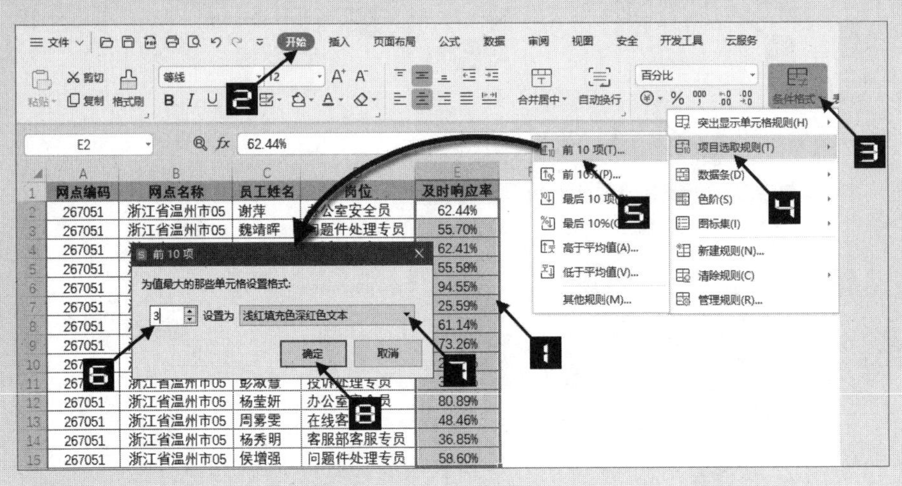

图 16-31　突出显示前 3 项数据

➲ III　数据条

示例16-5　使用数据条展示完成率差异

	A	B	C
1	门店	负责人	完成率(%)
2	饮马井	段玉霞	86.00
3	大羊坊	马长春	84.00
4	十里河	杜春旭	60.00
5	方庄	何文杰	40.00
6	左安门	李想	38.00
7	玉泉营	陈东阳	30.00
8	十八里店	张程程	29.00
9	成寿寺	孙兰英	27.00
10	王四营	郭秀华	24.00

图 16-32　使用数据条展示完成率差异

图 16-32 展示了某公司各门店销售计划的完成率数据，使用数据条功能，能够以填充颜色区域的大小直观显示差异状况。

操作步骤如下。

步骤① 选中 C2:C10 单元格区域，依次单击【开始】→【条件格式】→【数据条】，子菜单中包括渐变填充和实心填充两种类型的填充效果，单击其中一个预览图标，即可应用该效果。

默认情况下，数据条会将所选区域的最大值单元格满格填充，其他显示为基于最大值的比例，本例需要在数据为 100（%）时才显示为满格填充。在【数据条】子菜单的底部单击【其他规则】命令，打开【新建格式规则】对话框。

步骤②【新建格式规则】对话框中包含了【条件格式】下拉列表中的所有功能，并且能够进行更加细致的设置。

在【选择规则类型】列表中，选中“基于各自值设置所有单元格的格式”。单击最小值下方的【类型】下拉按钮，在下拉列表中选择“数字”，将“值”设置为 0。同样的方法，将最大值的【类型】设置为“数字”，将值设置为 100。

然后设置条形图外观，将填充效果设置为“实心填充”，再分别设置颜色和边框效果，最后单击【确定】按钮，如图 16-33 所示。

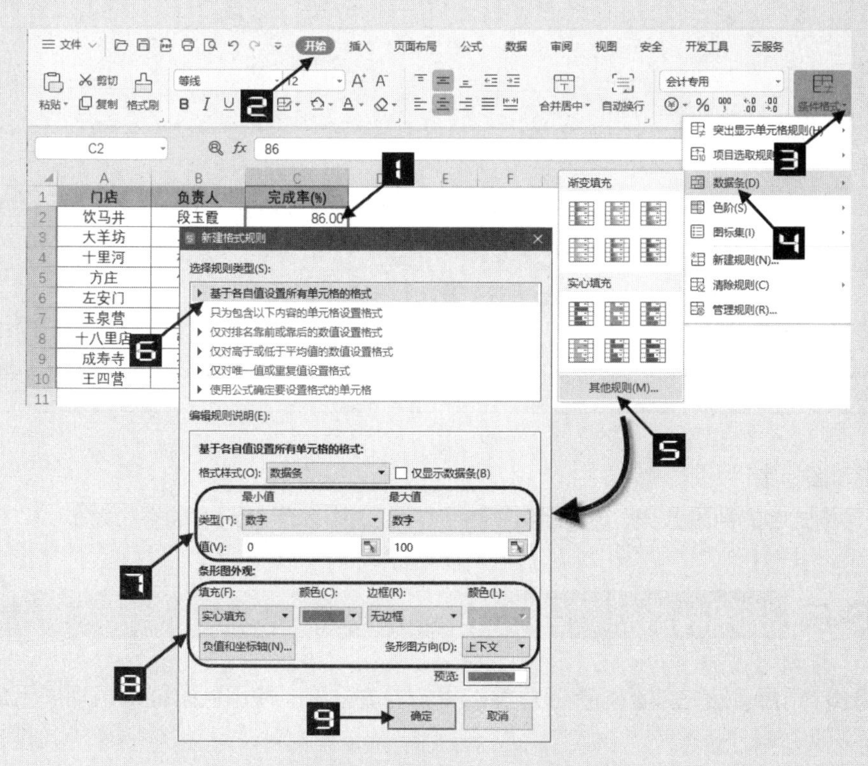

图 16-33　新建格式规则

在【新建格式规则】对话框中，【选择规则类型】列表内的各个规则类型说明如表 16-1 所示。

表 16-1　条件格式规则类型说明

规则类型	说明
基于各自值设置所有单元格的格式	创建显示数据条、色阶或图标集的规则
只为包含以下内容的单元格设置格式	创建基于数值大小比较、特定文本、发生日期、空值、无空值、错误、无错误等规则
仅对排名靠前或靠后的数值设置格式	创建可标记最高、最低 n 项或百分之 n 项的规则
仅对高于或低于平均值的数值设置格式	创建可标记特定范围内数值的规则
仅对唯一值或重复值设置格式	创建可标记指定范围内的唯一值或重复值的规则
使用公式确定要设置格式的单元格	创建基于公式运算结果的规则

当选中【基于各自值设置所有单元格的格式】选项时，在底部的【格式样式】下拉列表中可以根据需要选择“双色刻度”“三色刻度”“数据条”和“图标集”四种样式，对话框底部会出现【类型】下拉列表。选择不同的格式样式时，【类型】下拉列表中将出现“最低(高)值”“数字”“百分

比”“公式”“百分点值”和“自动”等选项。各个类型的计算说明如表 16-2 所示。

表 16-2　各个类型计算说明

类型	说明
最低（高）值	数据序列中最小值或最大值
数字	由用户直接录入的值
百分比	与通常意义的百分比不同，其计算规则为（当前值－区域中的最小值）/（区域中的最大值－区域中的最小值）
公式	直接输入公式，以公式计算结果作为条件规则
百分点值	使用 PERCENTILE 函数规则计算出的第 k 个百分点的值

➲ IV　色阶和图标集

借助条件格式中的色阶效果，能够用不同的过渡颜色来表示单元格数值的大小。

示例16-6　使用色阶展示全年温度变化

如图 16-34 所示，这是部分城市各月份的平均温度记录，使用色阶能够直观展示全年的温度变化。

城市	1月份	2月份	3月份	4月份	5月份	6月份	7月份	8月份	9月份	10月份	11月份	12月份
A市	-2.30	2.90	7.80	16.30	20.50	24.90	26.00	24.90	21.20	14.00	6.40	-0.50
B市	9.40	3.00	2.10	12.50	18.00	23.90	24.30	23.10	18.80	11.90	2.20	-9.20
C市	4.10	8.60	9.90	16.20	20.90	24.40	29.80	29.90	24.30	19.20	14.60	9.10
D市	13.40	16.40	18.10	23.70	25.90	28.90	28.70	29.40	27.80	23.90	21.20	16.20

图 16-34　使用色阶展示全年温度变化

选中 B2:M5 单元格区域，依次单击【开始】→【条件格式】→【色阶】，在子菜单中单击“红－白－蓝”预览图标，如图 16-35 所示。设置完成后，较大的数值颜色偏向红色，较小的数值则偏向蓝色，中间值为白色。

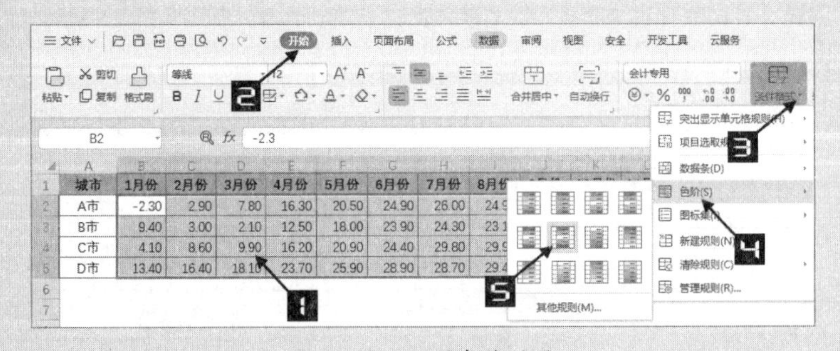

图 16-35　设置色阶效果

条件格式中的图标集包含“方向”“标记”“形状”“等级”等多种类型，为数据添加图标标志，能够增强可视化效果。

示例16-7 使用图标集标记客户销售额

如图 16-36 所示，这是某产品的销售记录。借助图标集能够标记大于等于指定名次的销售额。操作步骤如下。

步骤① 在G3 单元格输入任意数值，用来确定要突出显示的名次。在G4 单元格输入以下公式，根据G3 中的名次，计算出对应的销售额，如图 16-37 所示。

```
=LARGE(D2:D16,G3)
```

序号	客户名称	负责人	销售额（万元）
1	永发生鲜	杨云芳	3.47
2	集友超市	张鲁川	3.36
3	金宏广场	梁敦贵	3.4
4	上烟超市	赵正华	3.64
5	宏劲日化	盛明玉	3.44
6	朗晖批发	潘高琦	3.38
7	东风量贩	张晴富	3.46
8	立可达超市	刘金发	3.41
9	东合一品	周春梅	3.43
10	艾特邻家	能淑雯	3.54
11	永吉超市	张见明	3.3
12	嘉泽果品	唐孝坤	3.47
13	顺泰营销	张建国	3.54
14	嘉盛超市	邹培杰	3.41
15	冠为广场	刘瑞云	3.38

名次	2
销售额（万元）	3.54

图 16-36 使用图标集标记销售额

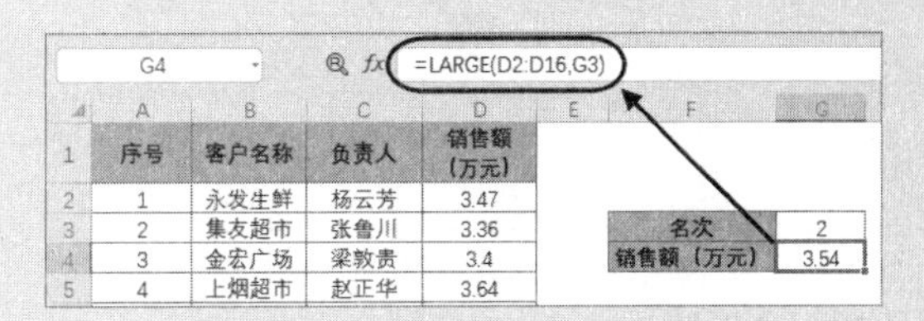

图 16-37 计算指定名次的销售额

步骤② 选中D2:D16 单元格区域，依次单击【开始】→【条件格式】→【新建规则】，打开【新建格式规则】对话框。

步骤③ 如图 16-38 所示，在【新建格式规则】对话框中进行如下操作。

（1）选择规则类型为“基于各自值设置所有单元格的格式”。

（2）选择“格式样式”为“图标集”。

（3）选择“图标样式”为“三色旗”（在底部设置图标效果时，此处会自动显示为“自定义”）。

（4）设置第一个规则的类型为“公式”。清除“值”编辑框中的内容，单击选择G4 单元格，编辑框中会自动显示“=$G$4”。设置图标为红色旗。

（5）依次将第二个规则和第三个规则的图标设置为“无单元格图标”，最后单击【确定】按钮。

设置完成后，所有大于等于G4 销售额的单元格均显示红色旗图标。更改G3 单元格中的名次时，G4 单元格中的销售额会随之变化，D列单元格中的图标效果也会自动更新。

提示

在色阶、数据条和图标集的条件中使用函数公式时，不允许使用相对引用方式，也就是所选区域的每一个单元格只能使用公式返回的同一个结果作为判断条件，否则会弹出错误提示。

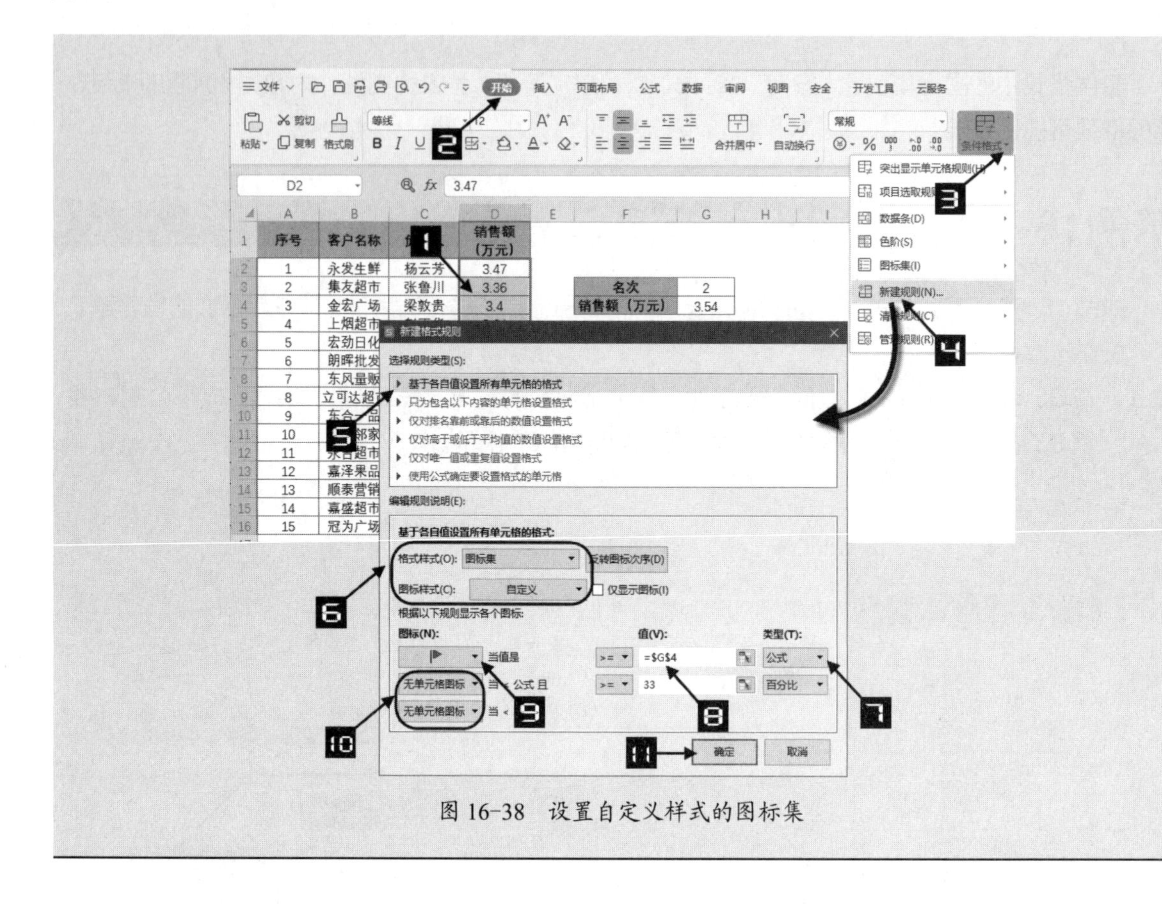

图 16-38　设置自定义样式的图标集

16.2.2　调整条件格式优先级

在同一个单元格区域中，可以根据需要设置多项条件格式规则，当各个规则没有冲突时，会依次执行各个规则。当各个规则有冲突时，后设置的规则具有较高的优先级。

例如，先设置 A1 单元格大于 1 时显示为红色字体，再设置 A1 单元格大于 0 时显示为绿色字体，如果在 A1 单元格中输入 3，则仅执行最后一次设置的规则，单元格中显示为绿色字体。

如需调整各个条件格式规则的优先级，可以先选中设置了条件格式的单元格，然后依次单击【开始】→【条件格式】→【管理规则】，打开【条件格式规则管理器】对话框。

在【条件格式规则管理器】对话框中，包含了【新建规则】【编辑规则】及【删除规则】命令，用户可以在此对话框中新建、删除规则或对已有规则进行编辑。在规则列表中将显示出当前所选区域中设置的全部条件格式规则，最后设置的规则显示在最上方。单击其中一项规则，单击“向下”或“向上”按钮，可调整该规则的优先级，最后单击【确定】按钮，如图 16-39 所示。

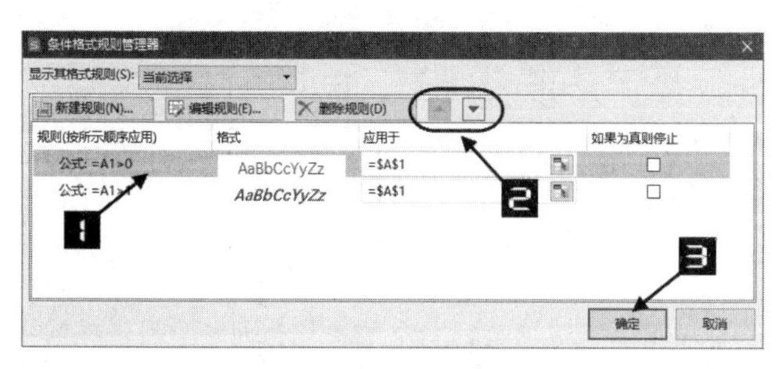

图 16-39　调整条件格式规则的优先级

由于早期版本不支持对同一区域应用 3 个以上的条件格式规则，在【条件格式规则管理器】对话框中选中“如果为真则停止”复选框，能够模仿条件格式在早期版本中的呈现方式。例如，选中第 2 个规则对应的“如果为真则停止”复选框时，将仅计算第 1 和第 2 个规则。

16.2.3　清除条件格式

依次单击【开始】→【条件格式】→【清除规则】→【清除所选单元格的规则】，可以快速清除所选单元格区域的条件格式。如果要清除整个工作表的条件格式，可以在最后一步选择【清除整个工作表的规则】命令。如果所选区域是在【插入】选项卡下插入的“表格”，可在最后一步选择【清除此表的规则】命令，如果选中的是普通单元格区域，该项命令将显示为不可用状态，如图 16-40 所示。

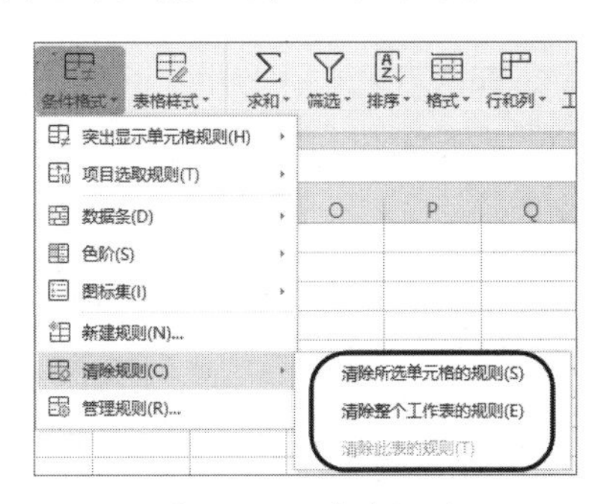

图 16-40　清除规则

如果仅需要删除多个条件格式规则中的一项，可在如图 16-39 所示的【条件格式规则管理器】对话框中选中要删除的规则，单击【删除规则】按钮，最后单击【确定】按钮关闭对话框即可。

16.3　用图表展示数据

图表是WPS表格数据可视化的重要功能，在数据展示方面具有独特的优势。以图形化形式展示的数据趋势变化、分类对比等往往给人的印象会更加深刻。

16.3.1　选择合适的图表类型

WPS表格中的内置图表类型包括柱形图、条形图、折线图、雷达图、面积图、气泡图、股价图、散点图和组合图等。

柱形图主要用于表现数据之间的差异，通常用来反映分类项目之间的比较，也可以用来反映时间趋势。该图表类型仅适用于展示较少的数据点，当数据点较多时则不易分辨。图 16-41 展示了用簇状柱形图展示的某商品全年销售状况，从图中可以看出该商品的销售受季节影响，高峰期主要集中在第二季度和第三季度。

条形图主要用于按顺序显示数据的大小，它看上去就像将柱形图旋转了 90 度，并且可以使用较长的分类标签。图 16-42 展示了使用条形图制作的各社区三级经销商的全年销售情况，从图中可以直观反映出不同社区经销商的销售排名。

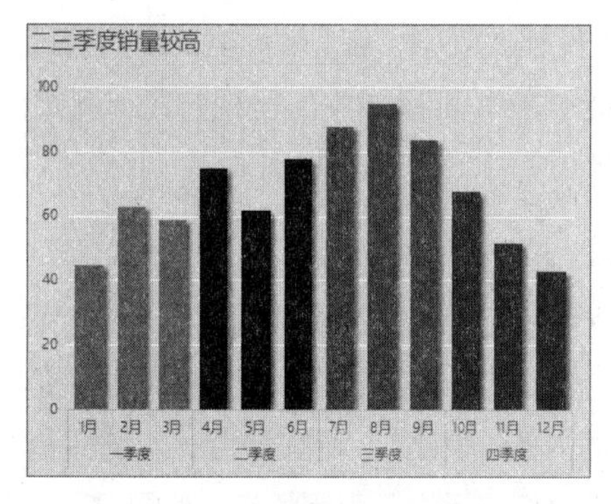

图 16-41　簇状柱形图

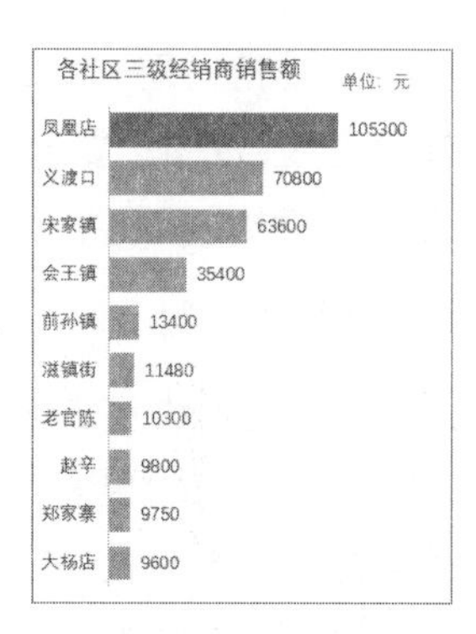

图 16-42　条形图

折线图、面积图、散点图均可表现数据的变化趋势。图 16-43 展示了用散点图结合趋势线展示的某外卖公司人均配送单数与准时送达率的关系，从图中可以看出人均配送单数越高，准时送达率就越低。

图 16-44 为用折线图展示的某商品上半年的销售状况，从图中可以直观地看出不同月份的波动和变化趋势。

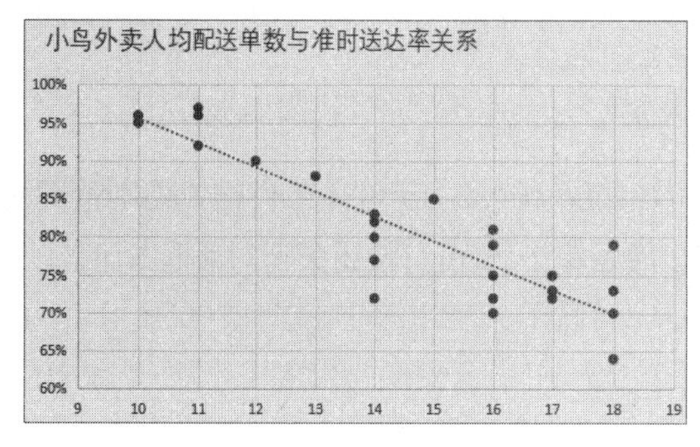

图 16-43　散点图

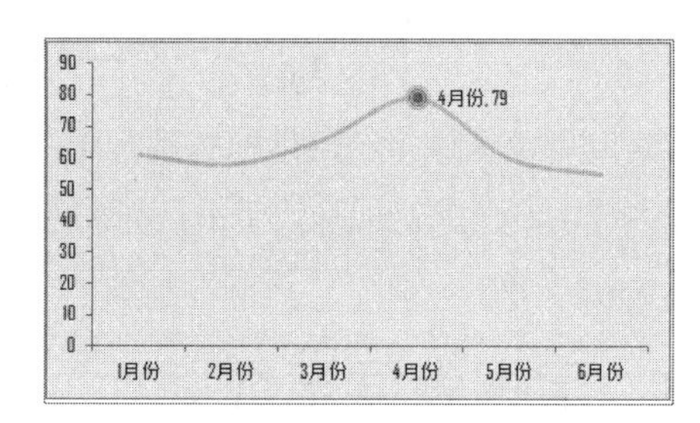

图 16-44　折线图

饼图和圆环图均可用于展现某一部分指标占总体的比例。饼图中的扇形区块不能太多，否则会显得比较杂乱。相对于饼图，圆环图在展示多组数据时更具优势。图 16-45 分别是使用饼图展示的各区域销售占比和使用圆环图展示的两个年度各区域的销售占比情况。

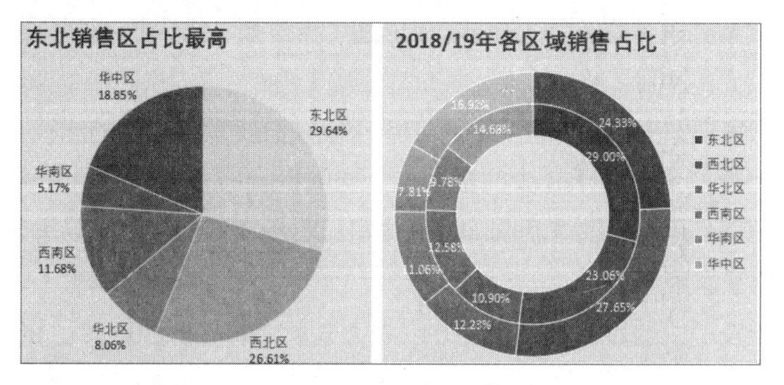

图 16-45　饼图和圆环图

雷达图对于采用多项指标全面分析目标情况有着重要的作用，在经营分析等活动中可以直观发现一些问题。图 16-46 展示了某快递公司各项主要指标的用户满意度调查情况，从图中可以看出包装及投递两项指标的满意度较低，存在较大的提升空间。

除此之外，还可以使用不同类型的组合。例如，当两个系列的数值差异较大时，较小的数值系列可以设置为次坐标轴，以便在有限的空间内展示更多信息，如图 16-47 所示。

在制作图表之前，应该先确定要表现的主题是什么，然后再选择适合的图表类型来展示需要表现的主题。

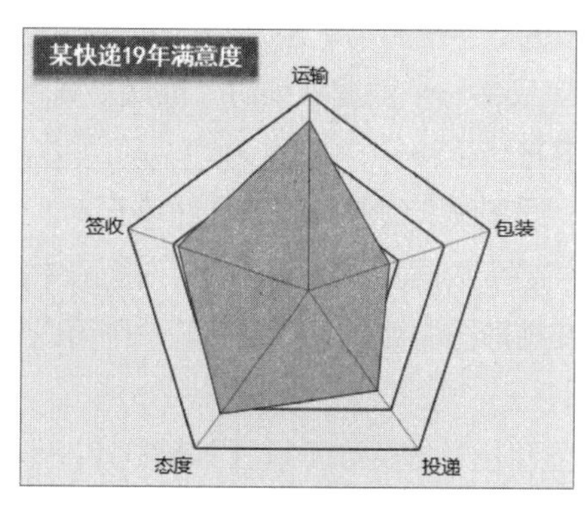

图 16-46　雷达图

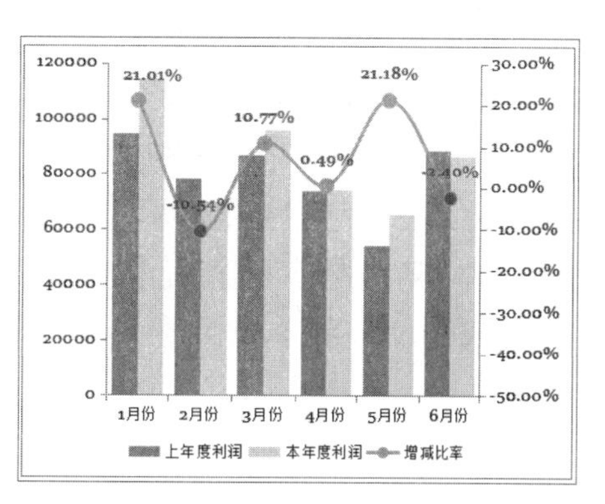

图 16-47　使用次坐标轴展示增长率

16.3.2　认识图表元素

WPS 图表主要由图表区、绘图区、图表标题、数据系列、网格线、数据标签等元素构成，如图 16-48 所示。

当光标悬停在图表中的某个元素上方时，将显示该元素的名称，如图 16-49 所示。

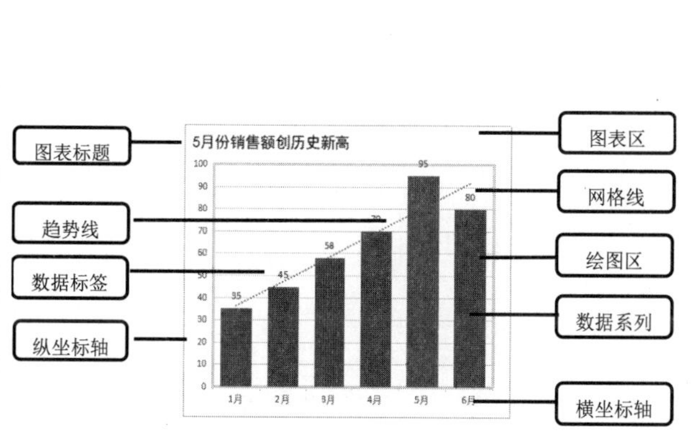

图 16-48　图表的组成元素

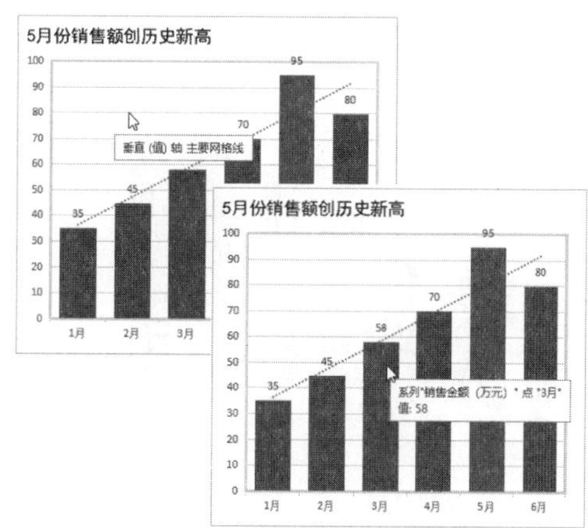

图 16-49　屏幕提示图表元素名称

❖ 图表区：是指图表的全部范围，选中图表区时，将显示图表边框，以及用于调整图表大小的 6 个控制点，拖动这些控制点，可以调整图表的大小及长宽比例

❖ 图表标题：对图表要展示的核心思想进行说明

❖ 绘图区：是指图表区内的图形区域

❖ 数据系列：由一个或多个数据点构成，每个数据点对应一个单元格内的数据，每个数据系列对应工作表中的一行或一列数据

数据点在每种图表中的形状不同，比如在柱形图中，一个数据点是一根柱体；在折线图中，一个数据点是一条线段。

❖ 坐标轴：分为主要横坐标轴、主要纵坐标轴、次要横坐标轴和次要纵坐标轴四种。用户可以根据需要设置刻度值大小、刻度线、坐标轴交叉与标签的数字格式与单位

❖ 图例项：用于对图表中的数据系列进行说明，当图表只有一个数据系列时，默认不显示图例；当超过一个数据系列时，图例则默认显示在绘图区下方

除此之外，在不同类型的图表中还可以添加趋势线、误差线、线条及涨跌柱线等元素。但是在一个图表中并非所有的元素都需要显示出来，在保证完整展示数据的前提下，应该对图表中的元素进行必要的精简，使图表看起来更加简洁。例如，如果在柱形图中添加了数据标签，则可以考虑删除垂直轴标签。

如图 16-50 所示，单击图表时，在图表的右上方会显示出【图表元素】【图表样式】【图表筛选器】和【设置图表区域格式】四个快捷选项按钮。

使用【图表元素】按钮可以添加或删除图表元素，如图表标题、图例、网格线和数据标签等，还可以选择内置的布局效果。

使用【图表样式】按钮可以选择内置的图表样式和配色方案。

使用【图表筛选器】按钮可以选择在图表上显示哪些数据系列或哪些数据点的数值和名称。

使用【设置图表区域格式】按钮，可以快速打开任务窗格，方便用户进行更加详细的设置。

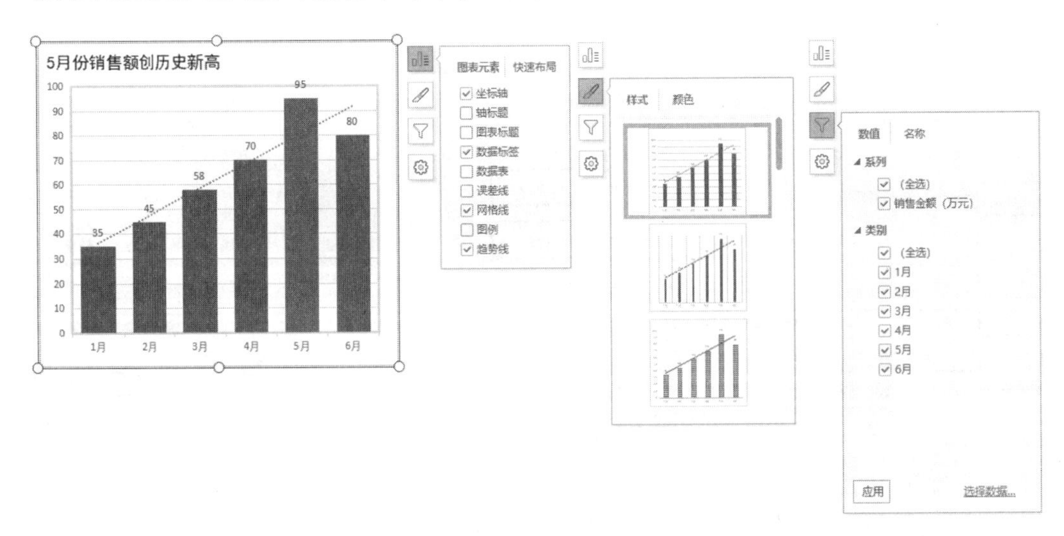

图 16-50　快捷选项按钮

16.3.3　常用图表制作

示例16-8　用条形图展示各经销商销售额

如图 16-51 所示，使用条形图展示某产品在各社区三级经销商的全年销售状况，销售额数值越大，对应的条形就越长。

操作步骤如下。

步骤① 首先对B列金额降序排序，然后单击数据区域任意单元格，依次单击【插入】→【二维条形图】→【簇状条形图】，插入一个默认效果的条形图，如图 16-52 所示。

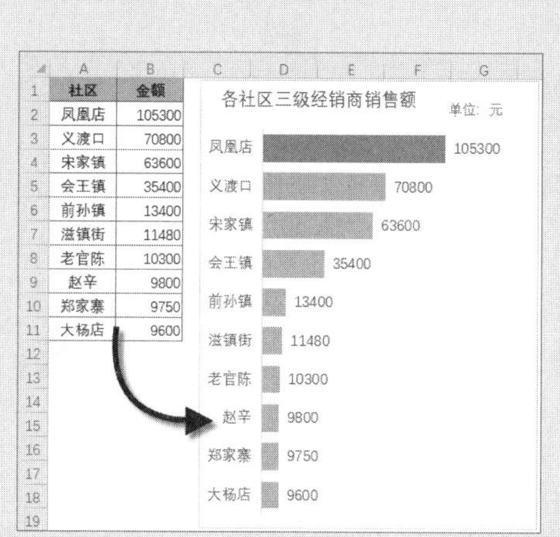

图 16-51　用条形图展示各经销商销售额

图 16-52　插入簇状条形图

步骤② 在条形图中，各数据点的顺序和数据表中的排列顺序相反，因此需要对纵坐标轴进行必要的设置。单击图表区，右击纵坐标轴，在弹出的快捷菜单中选择【设置坐标轴格式】命令，打开【属性】任务窗格，并且自动切换到【坐标轴选项】→【坐标轴】选项卡下。在【坐标轴选项】选项下的【坐标轴位置】区域选中【逆序类别】复选框，如图 16-53 所示。

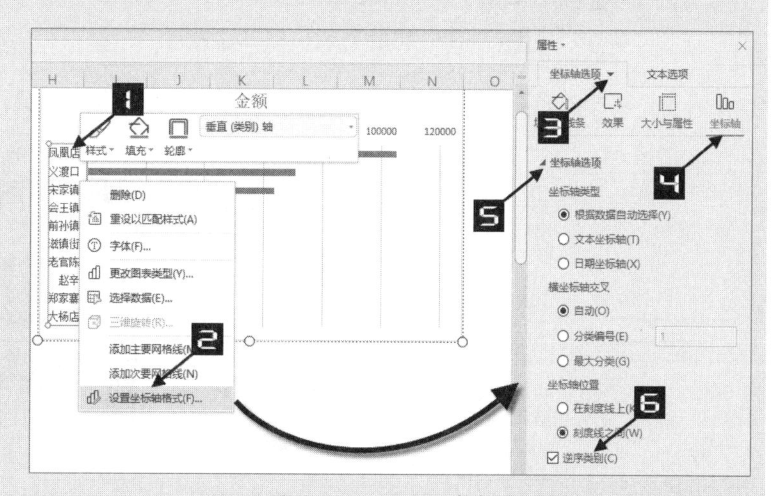

图 16-53　设置逆序类别

步骤③ 单击图表，光标靠近图表右下角的调节柄，当光标形状变成双向箭头时，按住鼠标左键不放进行拖动，适当调整图表显示比例，如图 16-54 所示。

> **注意**
>
> 同一组数据生成的图表，通过调整图表长宽比例或设置坐标轴的最大值、最小值及刻度，能带给人不同的视觉效果，甚至干扰对信息的正确判断。

步骤④ 默认情况下，条形图的各个条形间距较大，可以单击选中图表中的数据系列，在【属性】任务窗格的【系列选项】选项卡下依次单击【系列】→【系列选项】，将【分类间距】调整为 40% 左右。此处的数值越小，条形图中各个条形的距离就越近，如图 16-55 所示。

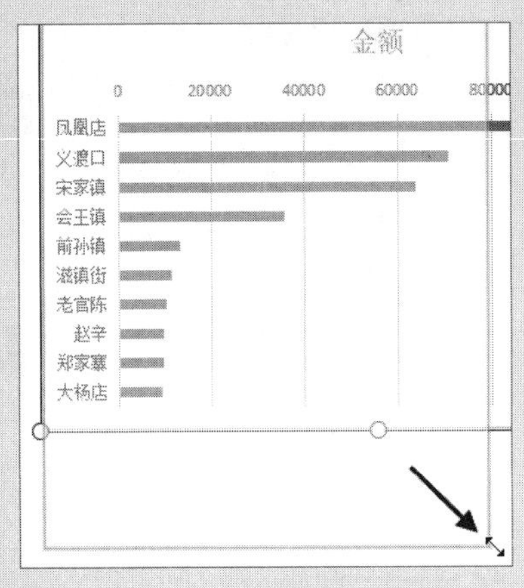

图 16-54　调整图表比例

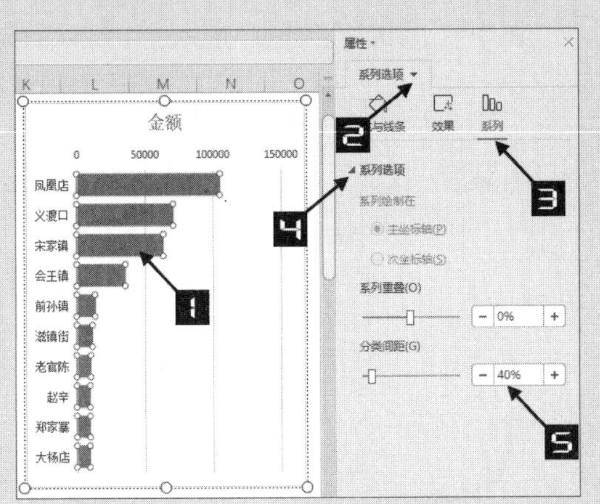

图 16-55　调整分类间距

步骤⑤ 保持数据系列的选中状态，在【绘图工具】选项卡下单击【填充】→【其他填充颜色】，打开【颜色】对话框。切换到【自定义】选项卡，设置 RGB 颜色值为“101，208，194”，如图 16-56 所示，单击【确定】按钮关闭对话框。

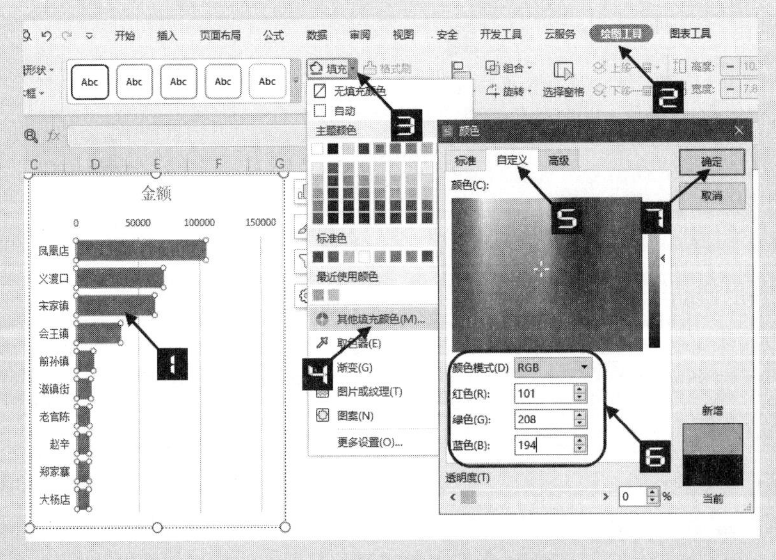

图 16-56　设置数据系列填充颜色

步骤⑥ 单击图表数据系列，再单击选中数值最大的“凤凰店”数据点，依次单击【绘图工具】→【填充】，在颜色面板中选择“巧克力黄，着色 2”，如图 16-57 所示。

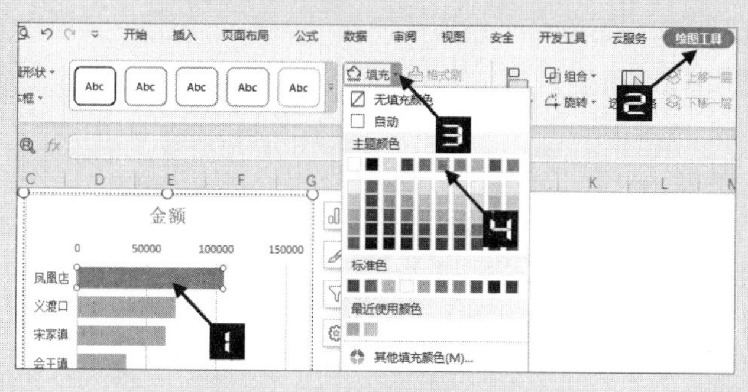

图 16-57　设置数据点填充颜色

步骤⑦ 单击选中水平(值)轴，按Delete键删除，如图 16-58 所示。单击网格线，按Delete键删除，如图 16-59 所示。

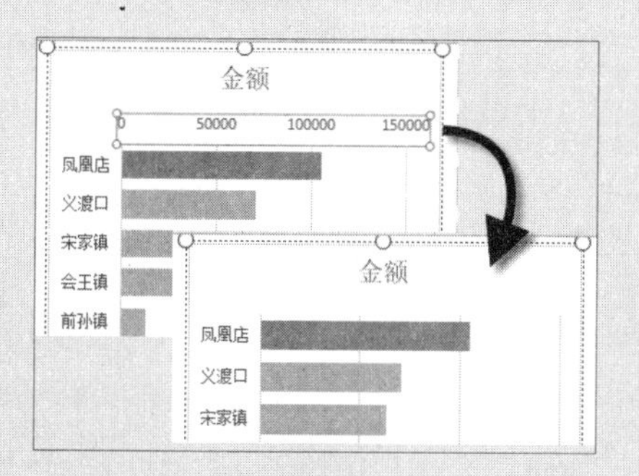

图 16-58　删除水平(值)轴

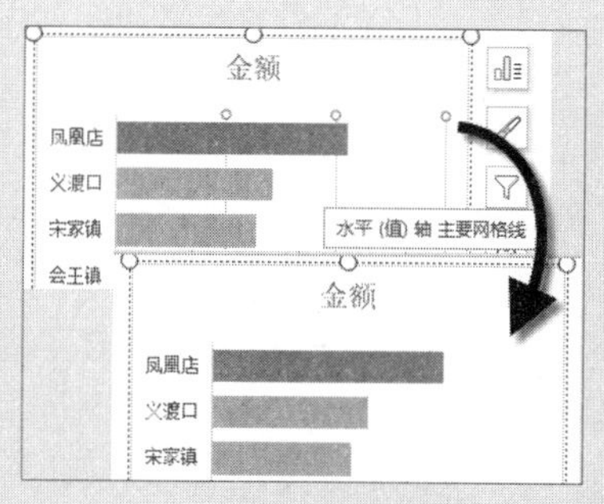

图 16-59　删除网格线

步骤⑧ 单击图表区，然后单击图表右上角的【图表元素】快捷选项按钮，在【图表元素】选项卡下单击【数据标签】右侧的扩展按钮，在子菜单中单击【数据标签外】添加数据标签，如图 16-60 所示。

步骤⑨ 单击图表标题，拖动标题边框将其移动到图表左侧，修改标题内容为“各社区三级经销商销售额”，如图 16-61 所示。

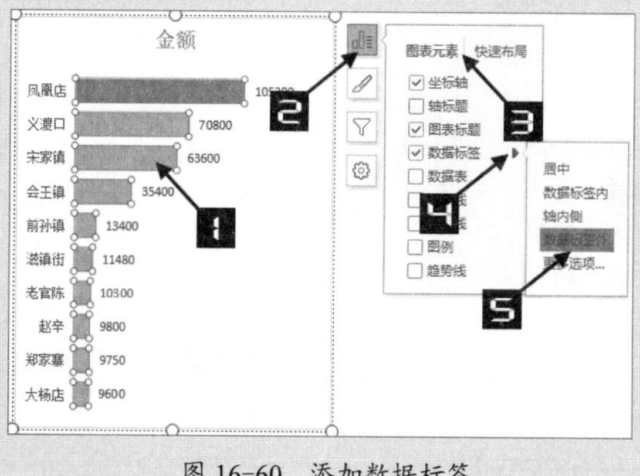

图 16-60　添加数据标签

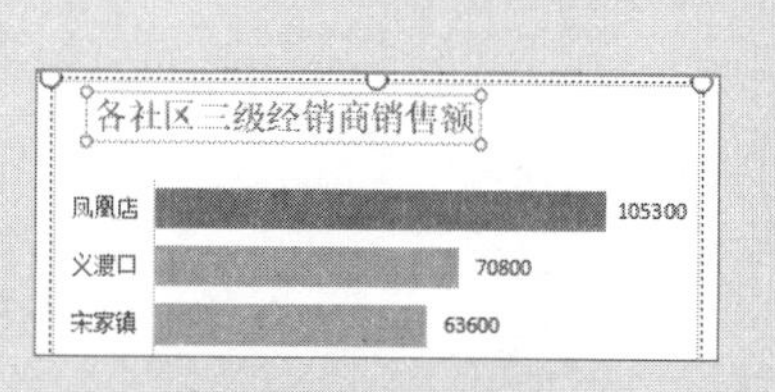

图 16-61　修改标题

步骤⑩ 单击图表，在【插入】选项卡下依次单击【文本框】→【横向文本框】，拖动鼠标在图表中绘制一个文本框，然后输入说明文字“单位: 元”，如图 16-62 所示。

步骤⑪ 单击文本框，在【开始】选项卡下设置字体为“等线”，设置字体颜色为“白色，背景 1，深色 50%”，如图 16-63 所示。

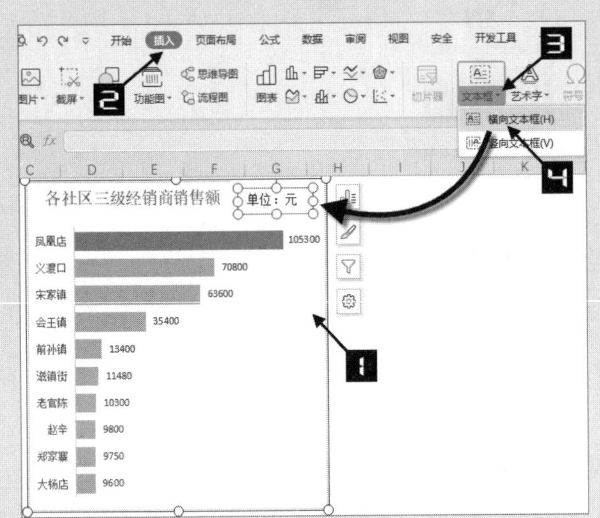

图 16-62　插入横向文本框

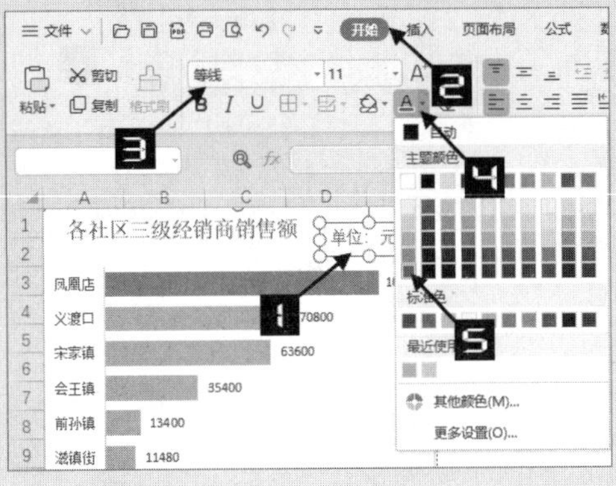

图 16-63　设置文本框格式

步骤⑫ 单击图表，在【开始】选项卡下设置字体为“等线”，单击【增大字号】按钮，如图 16-64 所示。

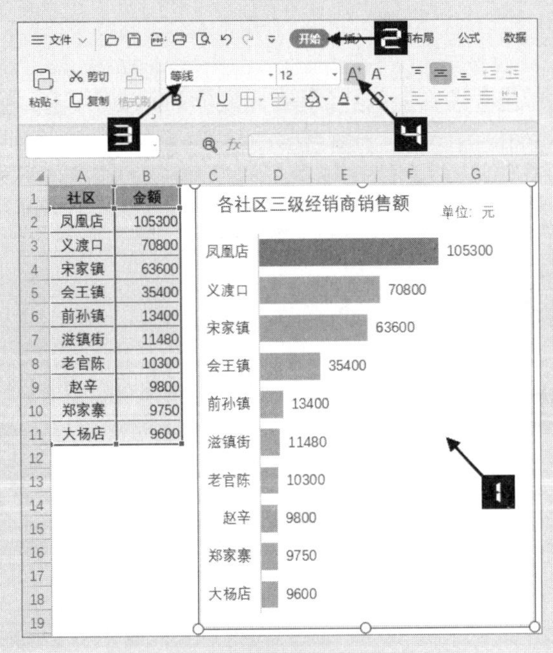

图 16-64　设置图表字体和字号

示例16-9 突出显示最大值的折线图

默认情况下，数据源中的每一列在图表中是单独的一个数据系列，每个单元格中的数据在图表中是一个数据点。在制作图表时，可以用辅助列来实现一些特殊的显示效果。

图 16-65 展示了某公司新产品的全年市场占有率，使用突出显示最大值折线图来展示这些数据，不仅可以观察数据波动趋势，还可以直观看出占有率最高的数据。当数据源发生变化后，最大值能自动调整显示效果。

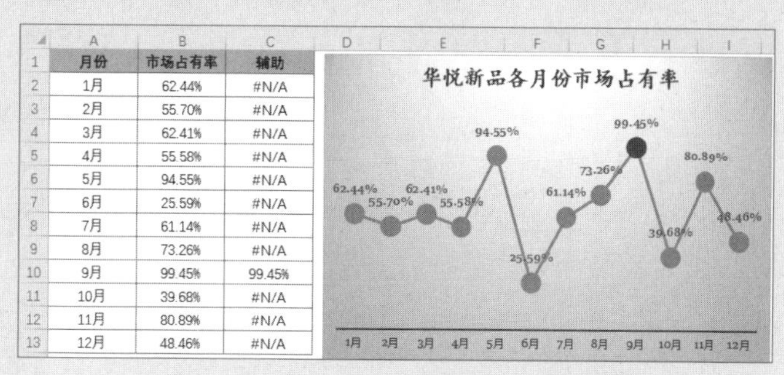

月份	市场占有率	辅助
1月	62.44%	#N/A
2月	55.70%	#N/A
3月	62.41%	#N/A
4月	55.58%	#N/A
5月	94.55%	#N/A
6月	25.59%	#N/A
7月	61.14%	#N/A
8月	73.26%	#N/A
9月	99.45%	99.45%
10月	39.68%	#N/A
11月	80.89%	#N/A
12月	48.46%	#N/A

图 16-65　某公司新产品全年市场占有率

操作步骤如下。

步骤① 首先在C列新建一个辅助列，在C2 单元格输入以下公式，向下复制到C13 单元格，如图 16-66 所示。

```
=IF(B2=MAX($B$2:$B$13),B2,NA())
```

先使用MAX($B$2:$B$13) 得到B 列数据区域中的最大值，然后与B2 进行比较。如果B2 等于B 列数据区域中的最大值，则返回B2 单元格本身的值，否则返回NA( ) 函数的计算结果。

NA( ) 函数不需要参数，用于生成错误值#N/A。错误值在图表中不显示，仅起到为各数据点占位的作用。

步骤② 单击数据区域任意单元格，然后依次单击【插入】→【插入折线图】→【折线图】，如图 16-67 所示。

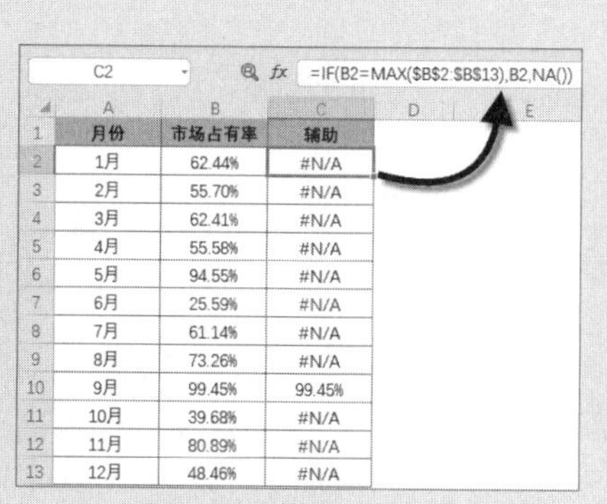

月份	市场占有率	辅助
1月	62.44%	#N/A
2月	55.70%	#N/A
3月	62.41%	#N/A
4月	55.58%	#N/A
5月	94.55%	#N/A
6月	25.59%	#N/A
7月	61.14%	#N/A
8月	73.26%	#N/A
9月	99.45%	99.45%
10月	39.68%	#N/A
11月	80.89%	#N/A
12月	48.46%	#N/A

图 16-66　在辅助列中使用公式

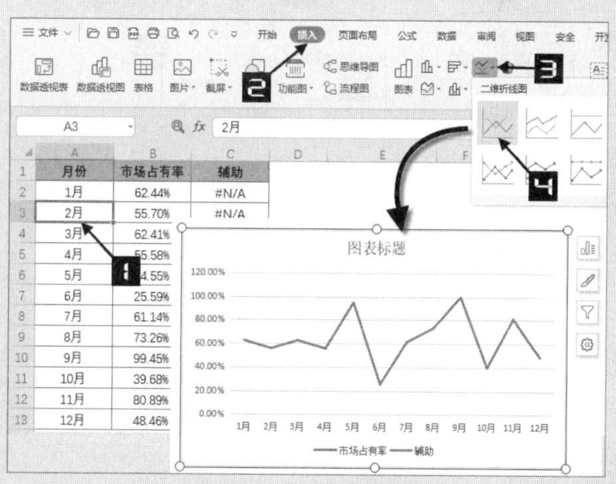

图 16-67　插入折线图

步骤③ 单击图表，在【图表工具】选项卡下的“样式”列表中选择“样式 2”，如图 16-68 所示。

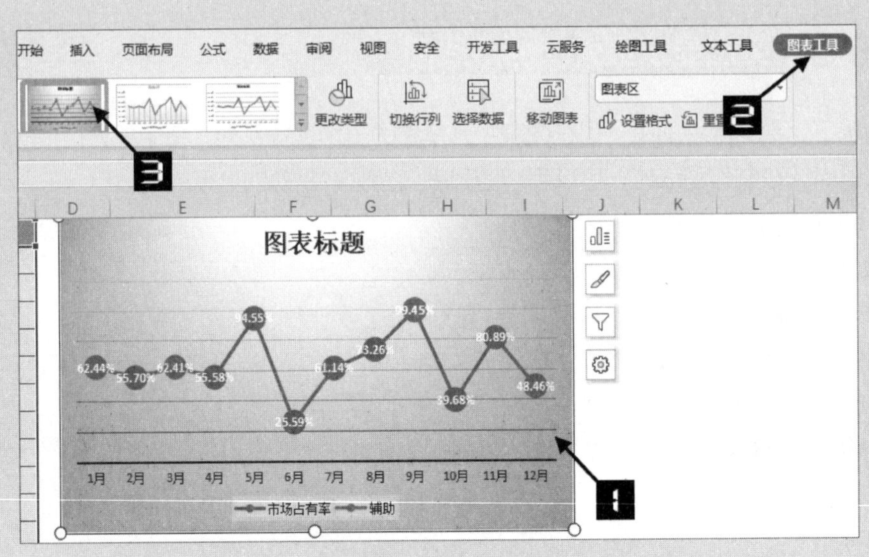

图 16-68 选择图表样式

步骤④ 单击图例，按Delete键删除。单击网格线，按Delete键删除。

步骤⑤ 单击任意数据标签，然后右击，在弹出的快捷菜单中单击【设置数据标签格式】命令，打开【属性】任务窗格，并且自动切换到【标签选项】→【标签】选项卡下，在【标签选项】选项下的【标签位置】区域选中【靠上】单选按钮，如图 16-69 所示。

步骤⑥ 保持数据标签的选中状态，在【开始】选项卡下设置字体颜色为“钢蓝，着色 5”。

步骤⑦ 单击选中系列“辅助”的数据标签，按Delete键删除，如图 16-70 所示。

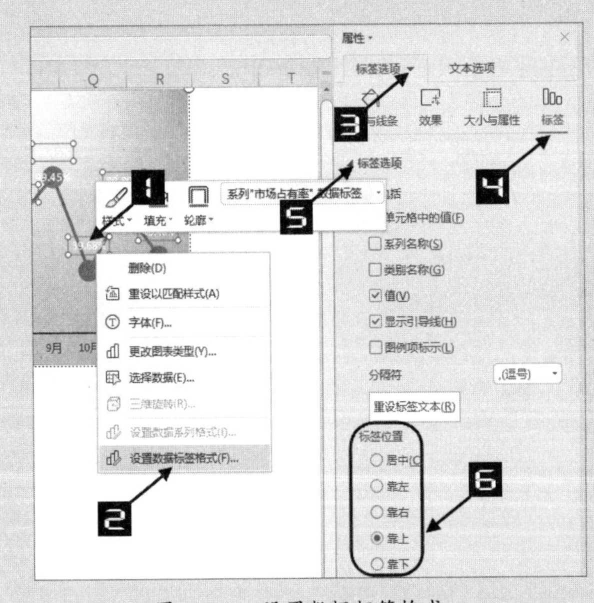

图 16-69 设置数据标签格式

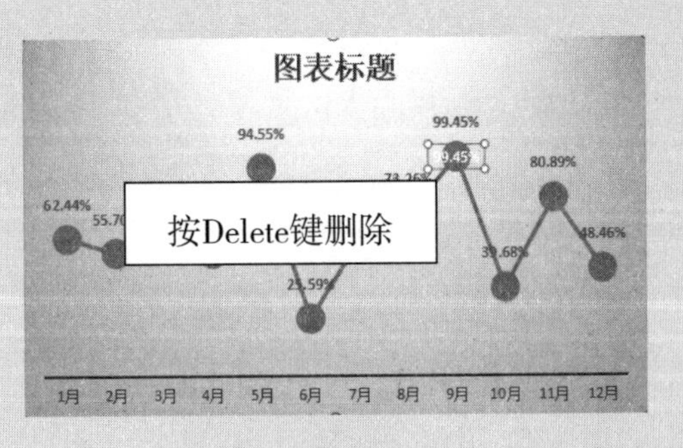

图 16-70 删除数据标签

步骤⑧ 单击图表，设置字体为“Sitka Small”。修改图表标题为“华悦新品各月份市场占有率”，设置字体为“楷体”。

步骤⑨ 单击选中图表，依次单击【图表工具】→【更改颜色】，在下拉列表中选择一组颜色方案即可，如图 16-71 所示。

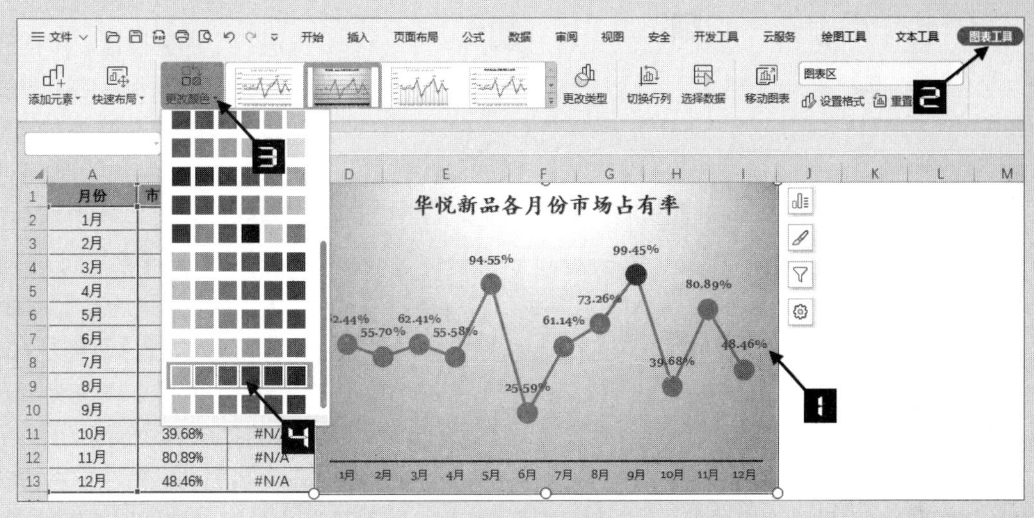

图 16-71　更改颜色

示例16-10　用柱形图展示各社区经销商及时回款率

图 16-72 展示了某销售公司 2019 年和 2020 年各社区经销商的及时回款率数据，使用柱形图能直观展示出各社区经销商的数据差异。

操作步骤如下。

步骤① 单击数据区域任意单元格，然后依次单击【插入】→【插入柱形图】→【簇状柱形图】，如图 16-73 所示。

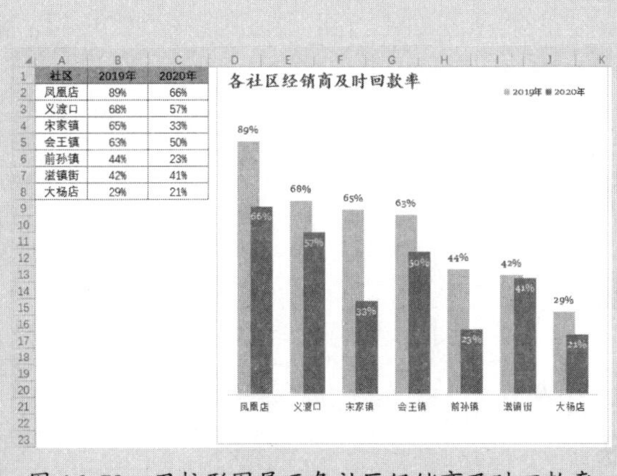

图 16-72　用柱形图展示各社区经销商及时回款率

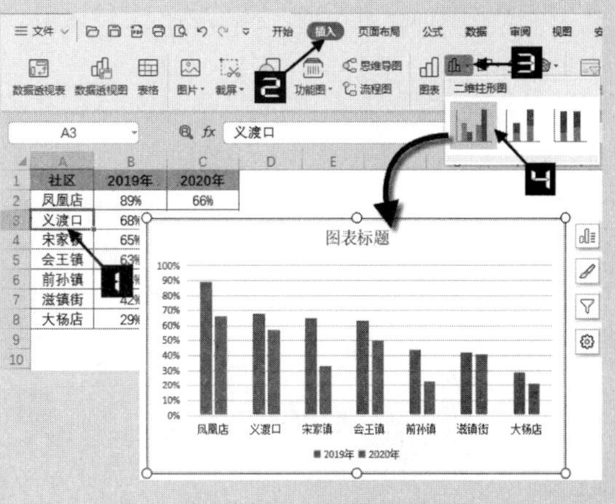

图 16-73　插入柱形图

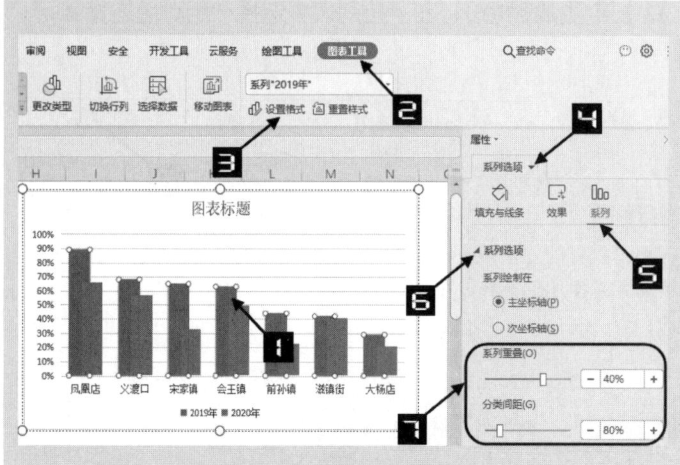

图 16-74　设置系列格式

步骤② 默认的柱形图效果看起来缺少特色，可以在此基础上进行个性化设置。单击选中图表数据系列，在【图表工具】选项卡下单击【设置格式】按钮，打开【属性】任务窗格，并且自动切换到【系列选项】→【系列】选项卡下，在【系列选项】选项下，将【系列重叠】调整为 40%，【分类间距】调整为 80%，如图 16-74 所示。

【系列重叠】是指不同系列柱形之间的间距，数值为 100% 时，不同系列的柱形在左右方向完全重叠，数值越小，重叠程度越低。【分类间距】是指同一系列下两个数据点的柱形之间的间距，数值越小，两个数据点的柱形距离越近。

步骤③ 单击垂直(值)轴标签，按 Delete 键删除。单击网格线，按 Delete 键删除。

步骤④ 设置数据系列的填充颜色。单击系列“2019 年”，设置填充颜色 RGB 值为“152，219，246”。单击系列“2020 年”，设置填充颜色 RGB 值为“37，167，219”。

步骤⑤ 单击选中系列“2019 年”，然后单击图表右上角的【图表元素】快捷选项按钮，在【图表元素】选项卡下单击【数据标签】右侧的扩展按钮，在子菜单中单击选中【数据标签外】命令，如图 16-75 所示。

选中系列“2020 年”，用同样的方法设置为【数据标签内】。选中系列“2020 年”数据标签，设置字体颜色为白色。

步骤⑥ 适当调整图表比例。单击选中图例，将光标移动到图例边缘位置，待光标指针变成✥形状时，按住鼠标左键不放，拖动到右上角区域，如图 16-76 所示。

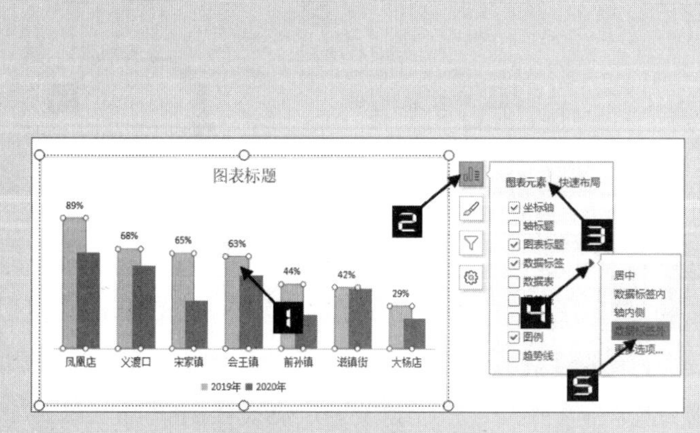

图 16-75　添加数据标签

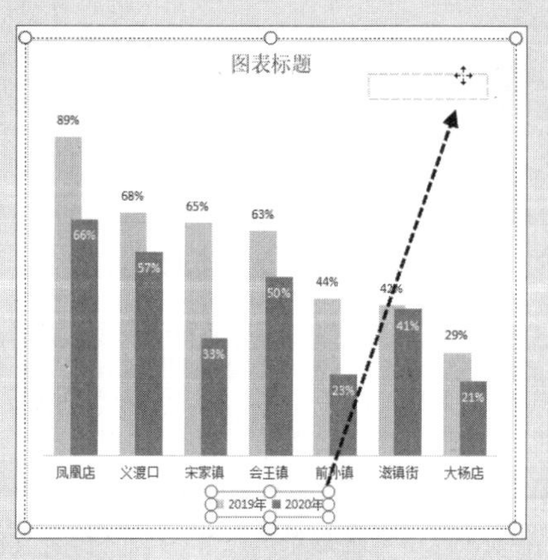

图 16-76　调整图例位置

步骤⑦ 单击图表，设置字体为“Sitka Small”。修改图表标题为“各社区经销商及时回款率”，设置字体为“楷体”“加粗”，字号为 18 号。

将美化后的图表保存为模板，能够快速创建类似图表，而无须每次都重新设置和编辑。保存模板的步骤如下。

右击图表区，在弹出的快捷菜单中选择【另存为模板】命令，打开【保存图表模板】对话框，在“文件名”文本框中输入容易记忆的名称，如“我的柱形图”，单击【保存】按钮，如图 16-77 所示。

如需调用该模板，可以单击数据区域任意单元格，然后依次单击【插入】→【图表】，打开【插入图表】对话框，切换到【模板】选项卡，单击选中模板预览图，最后单击【确定】按钮，如图 16-78 所示。

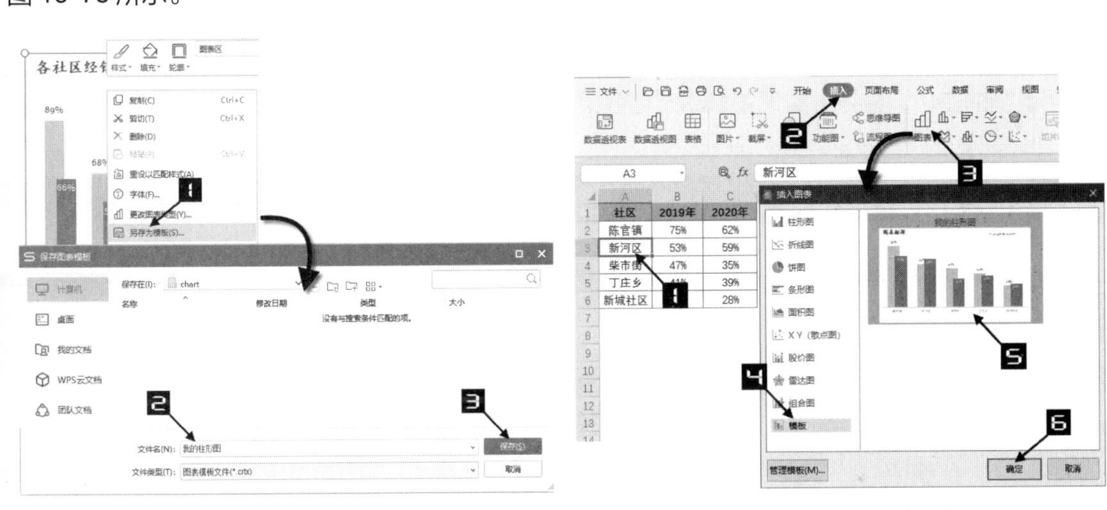

图 16-77 将图表保存为模板

图 16-78 插入图表模板

此时即可生成一个具有自定义样式的图表，如图 16-79 所示。

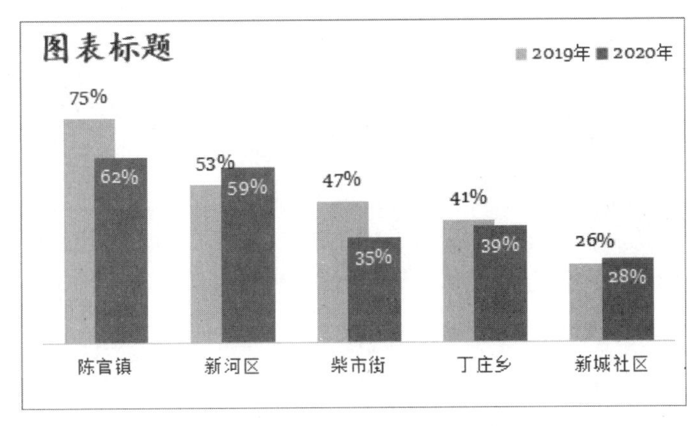

图 16-79 使用模板生成的图表

16.4 交互式图表

交互式图表又称动态图表，是指用交互式的界面让用户控制显示内容的一种图表，它能够根据用户的分析角度和数据选择的不同而呈现不同的效果。

16.4.1 通过定义名称和控件制作动态图表

将名称作为图表数据源，并使用控件是动态图表的常见制作方法之一，步骤如下。

步骤① 先使用控件来调整某个单元格中的数值。

步骤② 通过定义名称，在名称中使用OFFSET函数得到一个引用区域，其中行偏移参数或列偏移参数设置为由控件控制的单元格。

步骤③ 最后再将定义的名称作为图表数据源。

当调整控件时，单元格中的值会发生变动，定义名称中的公式引用范围也随之变化。通过数据源引用范围的变化，最终可实现图表动态化效果。

示例16-11 通过定义名称和控件制作动态图表

图 16-80 是某销售公司的成交金额流水记录，因为记录太多，需要在图表中滚动展示各个日期区间的成交金额。

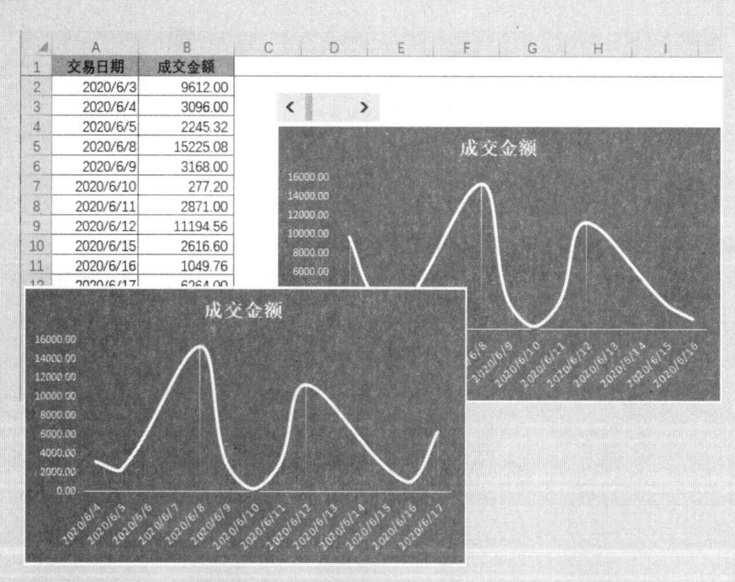

图 16-80 成交金额流水记录

操作步骤如下。

步骤① 在【插入】选项卡中单击【滚动条】命令按钮，拖动鼠标在工作表中绘制一个滚动条，如图 16-81 所示。

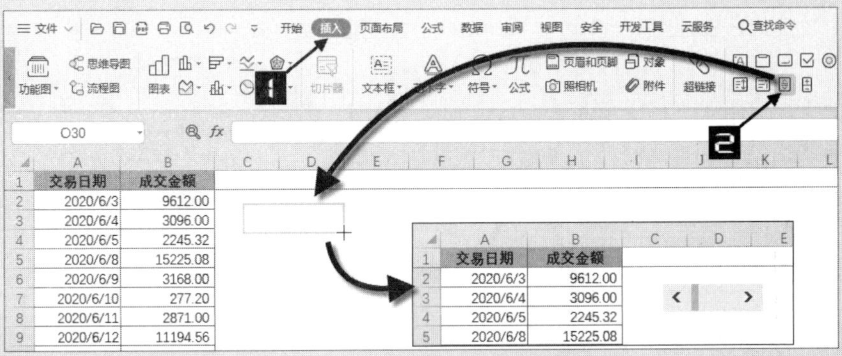

图 16-81　插入滚动条

步骤② 右击滚动条，在弹出的快捷菜单中选择【设置对象格式】命令，弹出【设置对象格式】对话框。在【控制】选项卡中进行如下设置。

- ❖ 设置【最小值】为 0，【最大值】为 100。
- ❖ 步长和页步长保留默认设置。步长是指每单击一次滚动条两侧的按钮，数值增减的幅度；页步长是指每单击一次滚动条中间区域，数值增减的幅度。
- ❖【单元格链接】设置为任意空白单元格，如“=$D$5”，单击【确定】按钮关闭对话框，如图 16-82 所示。

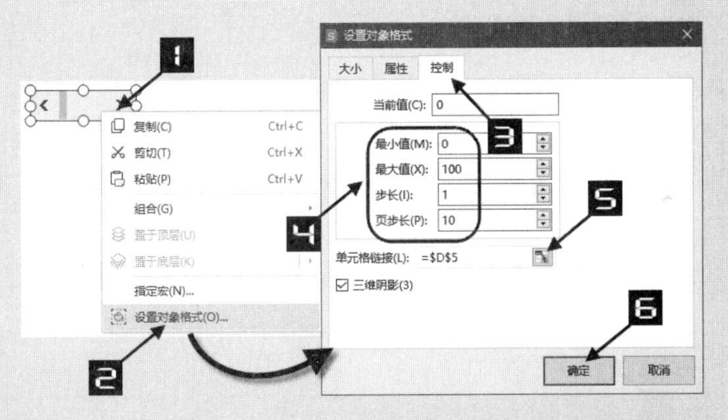

图 16-82　设置对象格式

步骤③ 在【公式】选项卡中单击【名称管理器】按钮，打开【名称管理器】对话框。单击【新建】按钮，在弹出的【新建名称】对话框的【名称】文本框中输入“交易日期”，在【引用位置】编辑框中输入以下公式，单击【确定】按钮返回【名称管理器】对话框。

```
=OFFSET($A$2,$D$5,0,10)
```

再次单击【新建】按钮，在弹出的【新建名称】对话框的【名称】文本框中输入“成交金额”，在【引用位置】编辑框中输入以下公式，单击【确定】按钮返回【名称管理器】对话框。最后单击【关闭】按钮关闭对话框，如图 16-83 所示。

```
=OFFSET($B$2,$D$5,0,10)
```

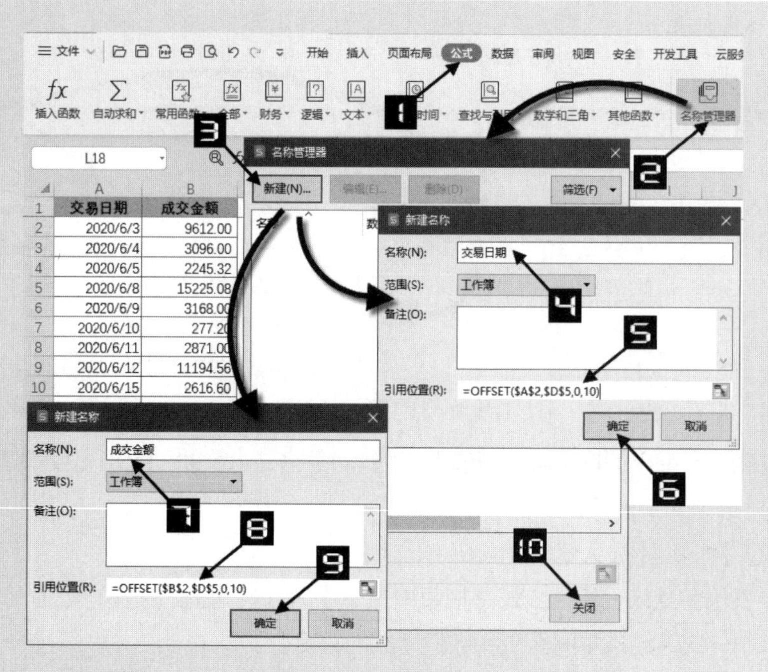

图 16-83 定义名称

步骤④ 选中B1:B11 单元格区域，在【插入】选项卡中单击【插入折线图】→【折线图】，如图 16-84 所示。

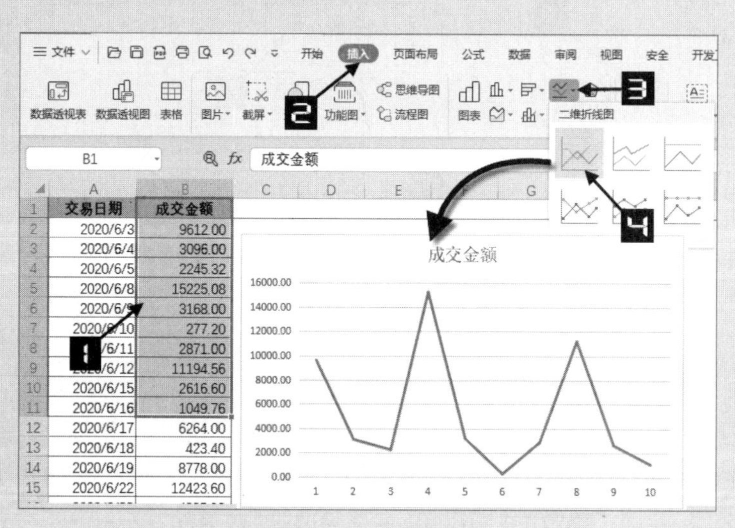

图 16-84 插入折线图

步骤⑤ 单击选中图表，然后依次单击【图表工具】→【选择数据】，打开【编辑数据源】对话框。

单击【系列】右侧的编辑按钮打开【编辑数据系列】对话框，将【系列值】修改为“=成交金额”，单击【确定】按钮返回【编辑数据源】对话框。

单击【类别】右侧的编辑按钮，打开【轴标签】对话框，设置【轴标签区域】为“=交易日期”，依次单击【确定】按钮关闭对话框，如图 16-85 所示。

步骤⑥ 单击图表中的折线，在【图表工具】选项卡下单击【设置格式】按钮，打开【属性】任务窗格，并且自动切换到【系列选项】→【系列】选项卡下。在【系列选项】选项下选中【平滑线】复选框，如图 16-86 所示。

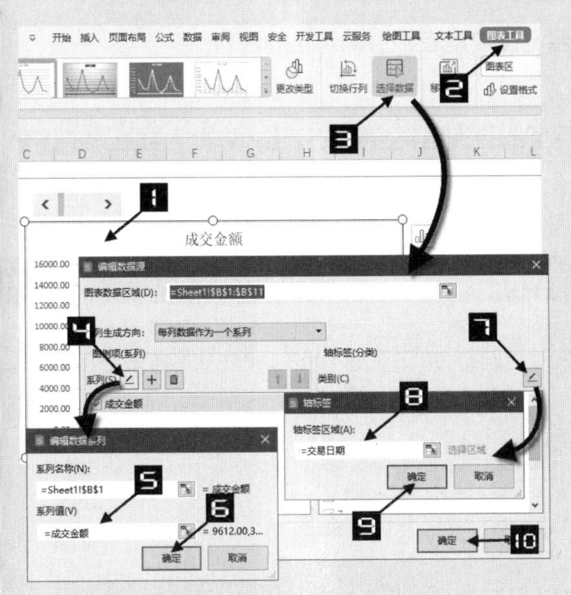

图 16-85 编辑数据源

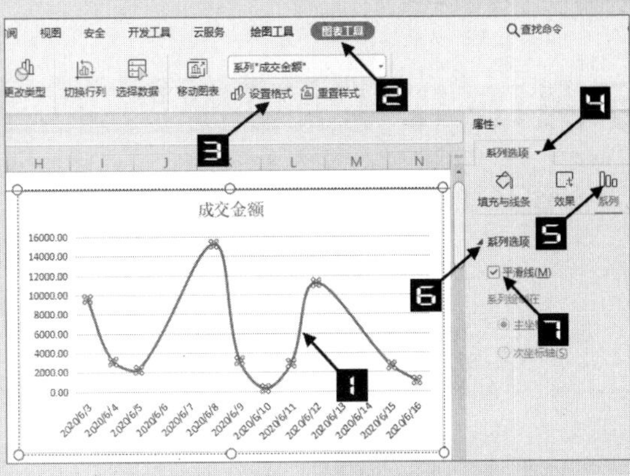

图 16-86 设置系列选项

步骤⑦ 在【图表工具】选项卡下的“样式”列表中选择“样式 3”，如图 16-87 所示。

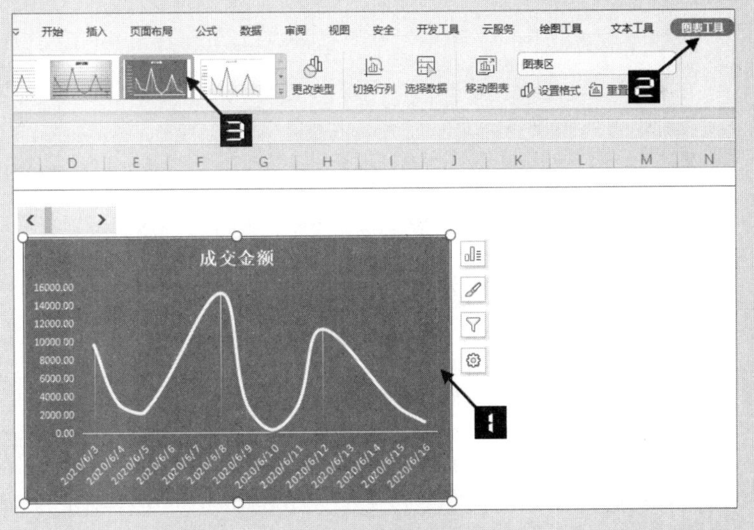

图 16-87 设置图表样式

设置完成后，单击滚动条上的按钮，在图表中即可滚动显示不同日期区间的成交金额。

16.4.2 借助公式构建辅助列制作动态图表

借助公式构建辅助列，也是制作动态图表的一种常用方法，其步骤如下。

步骤① 设置数据有效性，便于使用下拉列表选择不同项目。

步骤② 使用查询函数，根据数据有效性所选的项目，在数据表中查询对应的内容。

步骤③ 以函数返回的结果作为数据源生成图表。

使用数据有效性选择不同项目时，查询函数返回的查询结果会随之变化，以此为数据源的图表最终得到动态化效果。

示例16-12 借助HLOOKUP函数制作动态图表

如图 16-88 所示，是某公司各部门的费用汇总表，希望使用图表展示不同部门的各项费用差异。

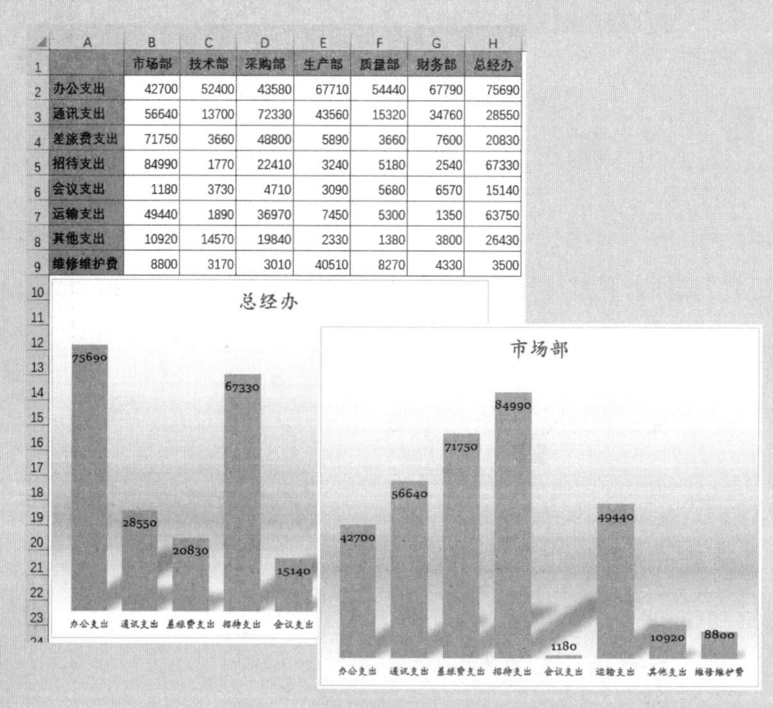

	市场部	技术部	采购部	生产部	质量部	财务部	总经办
办公支出	42700	52400	43580	67710	54440	67790	75690
通讯支出	56640	13700	72330	43560	15320	34760	28550
差旅费支出	71750	3660	48800	5890	3660	7600	20830
招待支出	84990	1770	22410	3240	5180	2540	67330
会议支出	1180	3730	4710	3090	5680	6570	15140
运输支出	49440	1890	36970	7450	5300	1350	63750
其他支出	10920	14570	19840	2330	1380	3800	26430
维修维护费	8800	3170	3010	40510	8270	4330	3500

图 16-88 用图表展示各项费用差异

操作步骤如下。

步骤① 单击J1单元格，然后依次单击【数据】→【插入下拉列表】，在弹出的【插入下拉列表】对话框中，选中【从单元格选择下拉选项】单选按钮，单击底部的编辑框，然后拖动鼠标选择B1:H1单元格中的部门名称，单击【确定】按钮关闭对话框，如图 16-89 所示。

步骤② 单击J1单元格下拉按钮，在下拉列表中选择一个部门，如“技术部”。

步骤③ 在J2单元格输入以下公式，向下复制到J9单元格，如图 16-90 所示。

```
=HLOOKUP($J$1,$B$1:$H$9,ROW(A2),0)
```

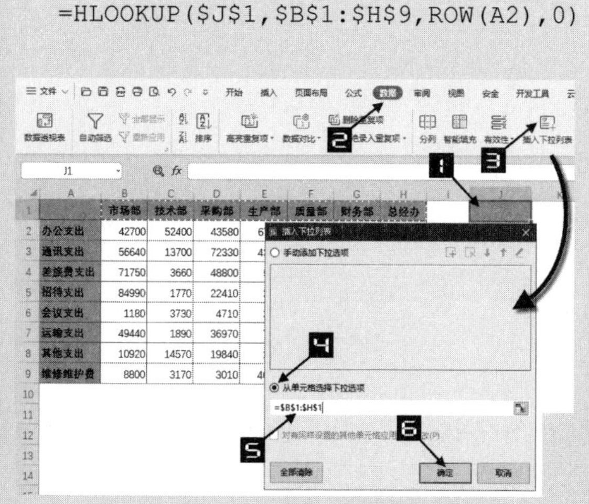

图 16-89 插入下拉列表

图 16-90 使用公式查询指定部门的数据

步骤④ 选中 A1:A9 单元格，按住 <Ctrl> 键不放，拖动鼠标选中 J1:J9 单元格区域，依次单击【插入】→【插入柱形图】→【簇状柱形图】，应用默认效果的柱形图，如图 16-91 所示。

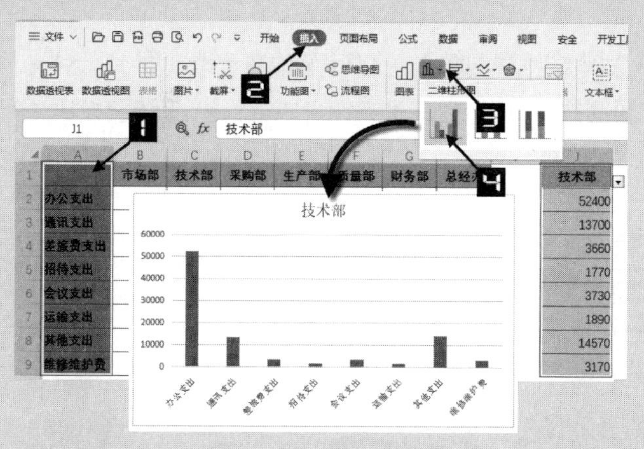

图 16-91 插入柱形图

步骤⑤ 对图表进行适当美化。在 J1 单元格的下拉列表中选择不同部门时，图表就会随之发生变化。

16.4.3 简单方便的数据透视图

使用数据透视图中的筛选按钮或借助切片器功能，能够对各个项目进行便捷的筛选。

示例16-13 制作带排序效果的数据透视图

仍以示例 6-12 中的数据为例，使用数据透视图结合切片器功能，能够直观显示某项费用在不同部门中的占比，并且能够根据占比高低依次排列各个部门的数据点，如图 16-92 所示。

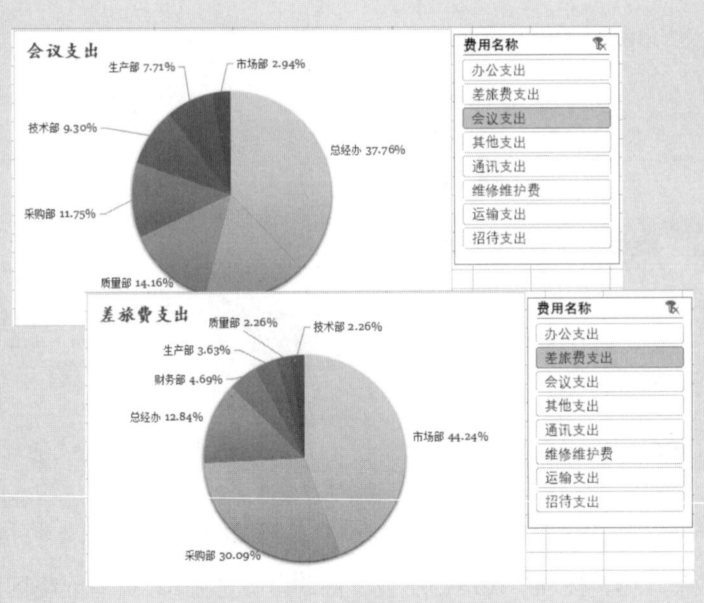

图 16-92　带切片器的数据透视图

操作步骤如下。

步骤① 依次单击【插入】→【数据透视图】，打开【创建数据透视图】对话框。

（1）选中【使用多重合并计算区域】单选按钮，单击【选定区域】按钮，打开【数据透视表向导-第 1 步，共 2 步】对话框。

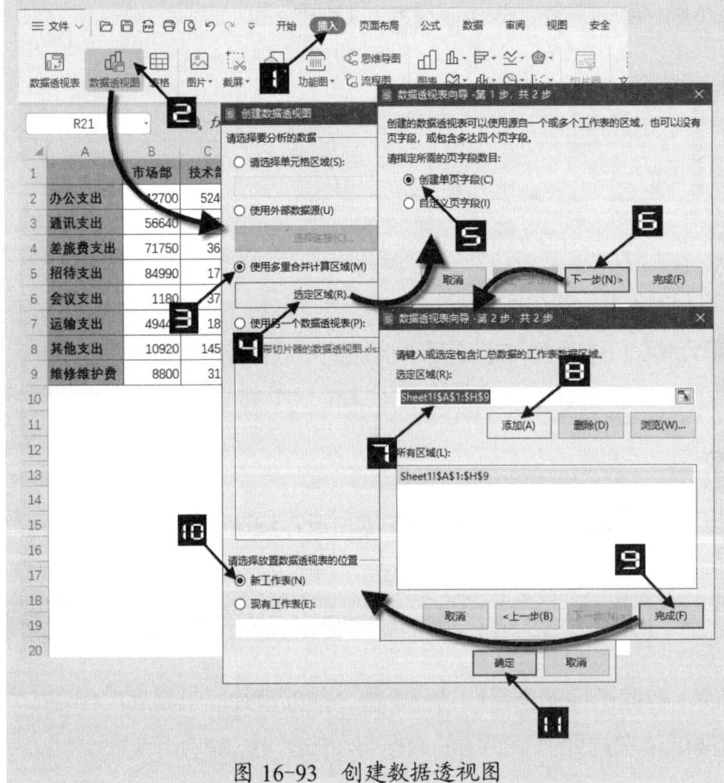

图 16-93　创建数据透视图

（2）选中【创建单页字段】单选按钮，单击【下一步】按钮，打开【数据透视表向导-第 2 步，共 2 步】对话框。

（3）单击【选定区域】下的编辑框，拖动鼠标选择 A1:H9 单元格区域，单击【添加】按钮，再单击【完成】按钮返回【创建数据透视图】对话框，在【请选择放置数据透视表的位置】下选中【新工作表】单选按钮，最后单击【确定】按钮，在新工作表中插入一个默认效果的数据透视表和数据透视图，如图 16-93 所示。

【使用多重合并计算区域】的作用是将数据源中的多列数

据合并为数据透视表(图)中的“列”字段，数据源中的最左侧列在数据透视表(图)中，显示为“行”字段，其余各列分别变成“列”字段中的一项。

步骤② 本例要以“行”字段的费用名称进行筛选查看，因此需要在【数据透视图】字段列表调整各个字段的布局，依次将“行”字段拖动到【图例(系列)】区域，将“列”字段拖动到【轴(类别)】区域，如图 16-94 所示。

步骤③ 接下来更改数据透视图的图表类型。单击选中数据透视图，依次单击【图表工具】→【更改类型】，打开【更改图表类型】对话框。在对话框的【饼图】选项卡中选中【饼图】，单击【确定】按钮，如图 16-95 所示。

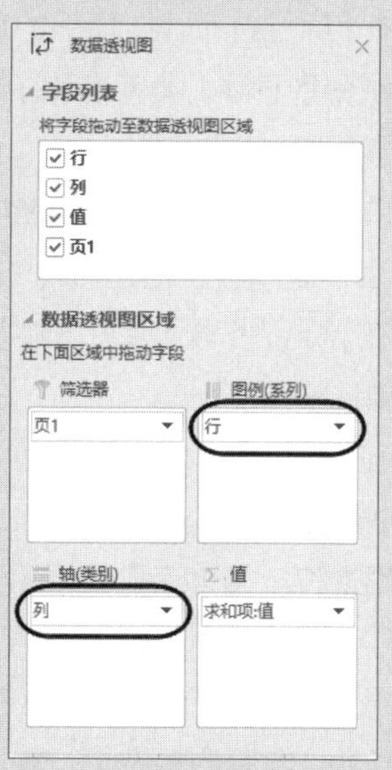

图 16-94　调整字段布局

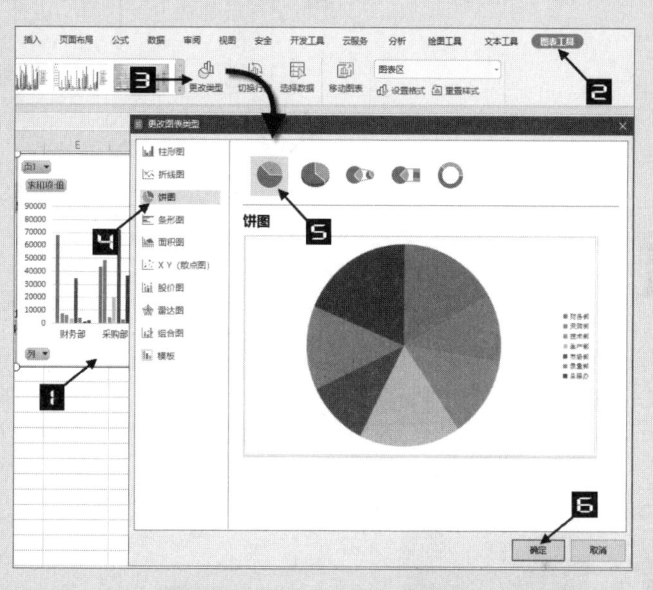

图 16-95　更改图表类型

步骤④ 右击数据透视图中的任意字段按钮，在弹出的快捷菜单中选择【隐藏图表上的所有字段按钮】命令，如图 16-96 所示。

步骤⑤ 在【图表工具】选项卡的样式列表中选择一种样式，如“样式 12”，如图 16-97 所示。

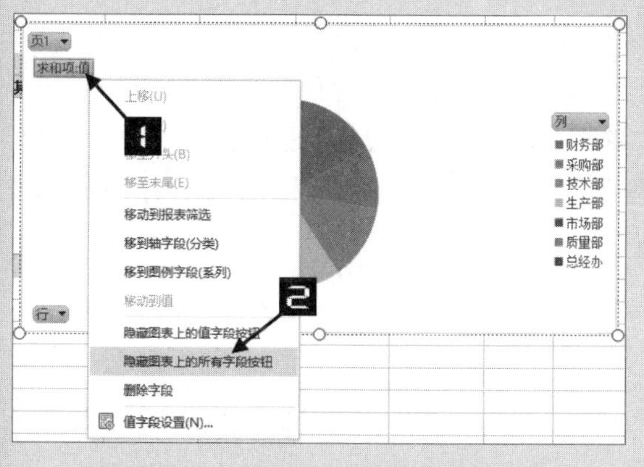

图 16-96　隐藏图表上的所有字段按钮

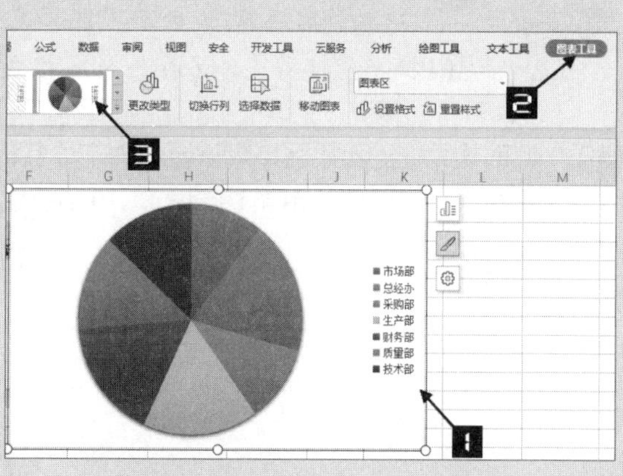

图 16-97　设置图表样式

单击图例，按Delete键删除。

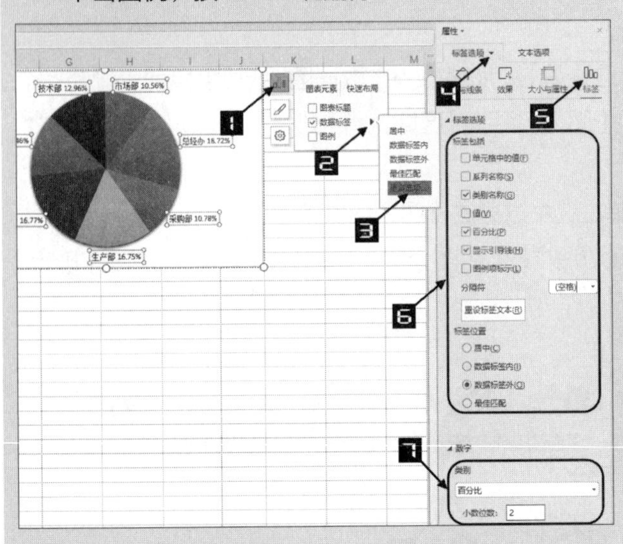

图 16-98 设置标签选项

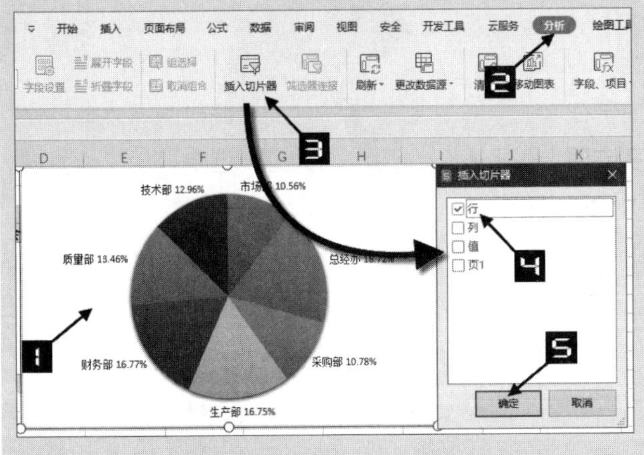

图 16-99 插入切片器

步骤6 如图 16-98 所示，单击图表右上角的【图表元素】快捷选项按钮，在【图表元素】选项卡单击【数据标签】右侧的扩展按钮，在子菜单中单击【更多选项】命令，打开【属性】任务窗格，并且自动切换到【标签选项】→【标签】选项卡。

（1）在【标签选项】选项下的【标签包括】区域分别选中【类别名称】【百分比】和【显示引导线】复选框。

（2）单击【分隔符】右侧的下拉按钮，在下拉列表中选择“(空格)”。

（3）在【标签位置】区域选中【数据标签外】单选按钮。

（4）在【数字】区域设置类别为【百分比】，小数位数为 2。

步骤7 单击图表，切换到【分析】选项卡下，单击【插入切片器】按钮，在弹出的【插入切片器】对话框中选中【行】字段的复选框，单击【确定】按钮，使用切片器来控制筛选费用名称，如图 16-99 所示。

如果当前文件为.et的文件格式，【插入切片器】命令将呈不可用状态，可以按<F12>功能键将文件另存为.xlsx格式，关闭文件后再重新打开即可。

步骤8 此时切片器的页眉区域默认显示为字段名称“行”，可将其修改为更直观的名称。单击选中【切片器】，然后依次单击【选项】→【切片器设置】，打开【切片器设置】对话框。在【标题】文本框中输入“费用名称”，单击【确定】按钮，如图 16-100 所示。

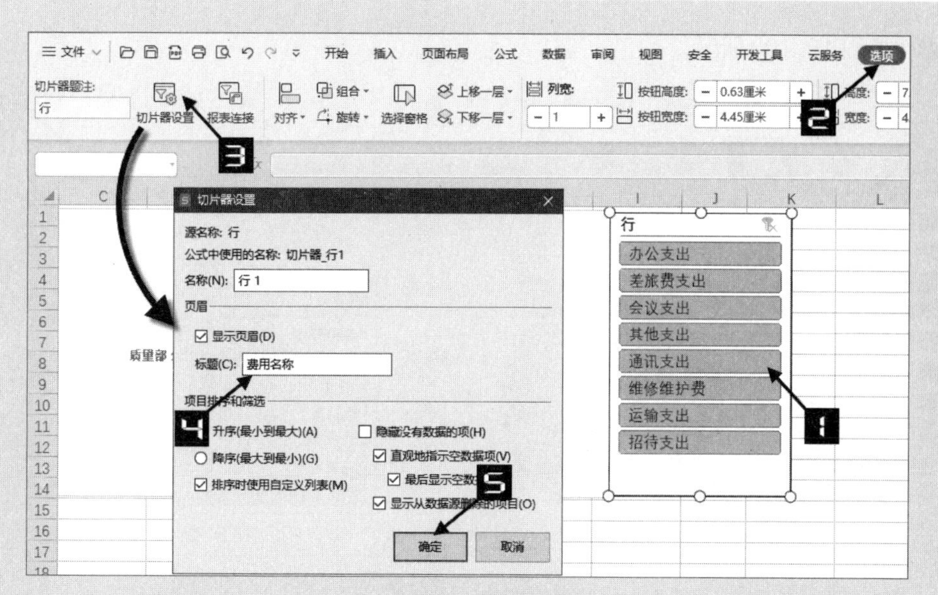

图 16-100　切片器设置

步骤 9 饼图中的各个数据点从 12 点位置顺时针依次排列，对数据透视表进行降序排序，能够使最大值始终显示为饼图中的第 1 个数据点。

单击数据透视表中的行字段筛选按钮（由于在步骤 2 中调整了字段布局，此时的行字段标题名称为“列”），在扩展菜单中选择【其他排序选项】打开【排序(列)】对话框，选中【降序排序（Z到A）依据】单选按钮，然后在其底部的下拉列表中选择“求和项:值”，最后单击【确定】按钮，如图 16-101 所示。

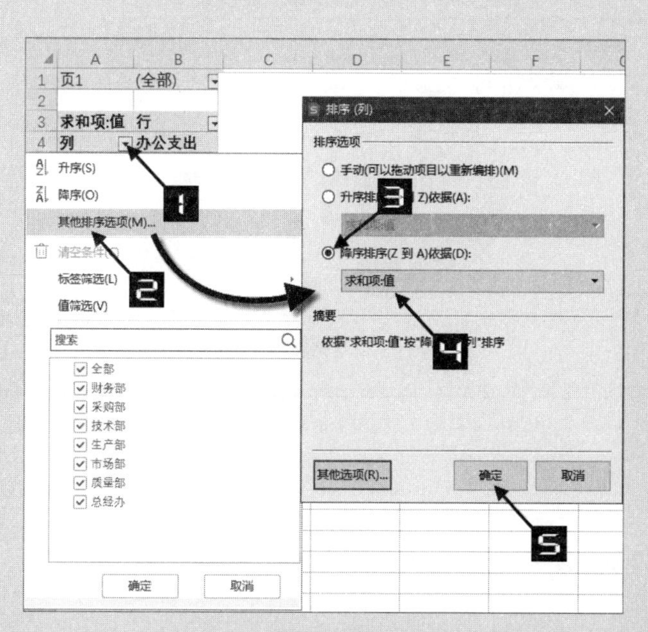

图 16-101　数据透视表排序

步骤 10 单击图表，在【图表工具】选项卡单击【更改颜色】下拉按钮，在下拉列表中选择一种单色效果，如图 16-102 所示。

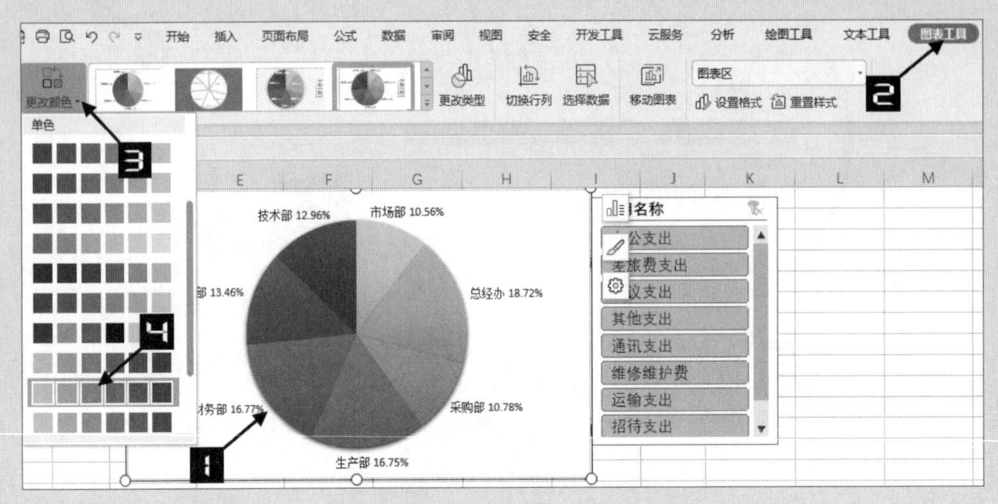

图 16-102　更改颜色

步骤⑪ 单击图表右上角的【图表元素】快捷选项按钮，在【图表元素】选项卡选中【图表标题】复选框。适当调整图表标题的位置。

设置完成后，在切片器中单击选择费用名称，饼图中就会展示该项费用在各个部门中的占比。由于部分数据标签距离较近，影响显示效果，可先单击任意数据标签，再单击其中要调整位置的数据标签，光标靠近数据标签边缘位置，按住鼠标左键不放进行拖动，可调整数据标签位置，如图 16-103 所示。

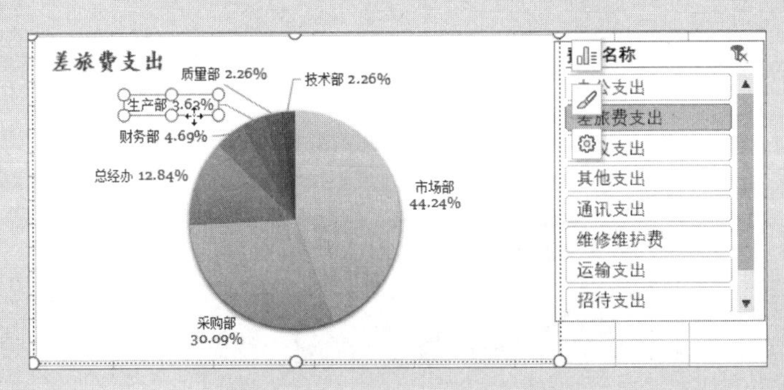

图 16-103　调整数据标签位置

第 17 章　打印与输出

WPS表格中的数据，除了保存在计算机中，还经常需要将其打印成纸质文件。为了版式美观，同时减少纸张浪费，需要对纸张大小、纸张方向、页边距等进行必要的设置之后才能打印，本章将重点学习打印与输出有关的内容。

本章学习要点

（1）页面设置与打印预览

（2）设置打印区域

（3）图表、图形和控件的打印设置

（4）将文档输出为PDF或图片格式

17.1　页面设置

17.1.1　常规选项设置

图 17-1 展示了某平台理财产品销售数据的部分内容，需要将其打印为纸质文档。

	A	B	C	D	E	F	G	H	I
1	成交日期	合同编号	客户编号	客户姓名	产品分类	产品名称	产品期限	金额	预期收益率
242	2020/10/30	TZ00427	K00095	蔡庆	固收类	固收一号	1	80000	0.10%
243	2020/10/31	TZ00422	K00095	蔡庆	创新类	创新二号	24	350000	1.50%
244	2020/10/31	TZ00159	K00042	韩滔	创新类	创新二号	24	520000	1.50%
245	2020/10/31	TZ00042	K00074	郑天寿	创新类	创新三号	36	160000	2.00%
246	2020/10/31	TZ00440	K00007	秦明	创新类	创新三号	36	770000	2.00%
247	2020/10/31	TZ00072	K00032	杨雄	创新类	创新三号	36	570000	2.00%
248	2020/10/31	TZ00441	K00007	秦明	创新类	创新三号	36	240000	2.00%
249	2020/10/31	TZ00431	K00076	宋清	创新类	创新一号	12	510000	1.00%
250	2020/10/31	TZ00183	K00064	项充	创新类	创新一号	12	920000	1.00%
251	2020/10/31	TZ00189	K00093	朱富	创新类	创新一号	12	270000	1.00%

图 17-1　销售数据

页面设置的主要步骤如下。

步骤① 在【页面布局】选项卡下，包括【页边距】【纸张方向】【纸张大小】【打印区域】等多个与打印有关的命令，如图 17-2 所示。

首先设置纸张大小、纸张方向及页边距。单击【纸张大小】→【其他纸张大小】，打开【页面设置】对话框。在【页面】选项卡下，单击【纸张大小】下拉按钮，在下拉列表中选择“A4”。在【方向】区域，有“纵向”和“横向”两个选项，如果实际数据列数较多，可选择“横向”，本例选择“纵向”，如图 17-3 所示。

步骤② 切换到【页边距】选项卡下，调整“上”“下”“左”“右”四个区域的微调按钮，或直接输入数值来设置页面四周的空白区域大小。在【居中方式】区域选中【水平】复选框，使打印内容在左右方向居中对齐，如图 17-4 所示。

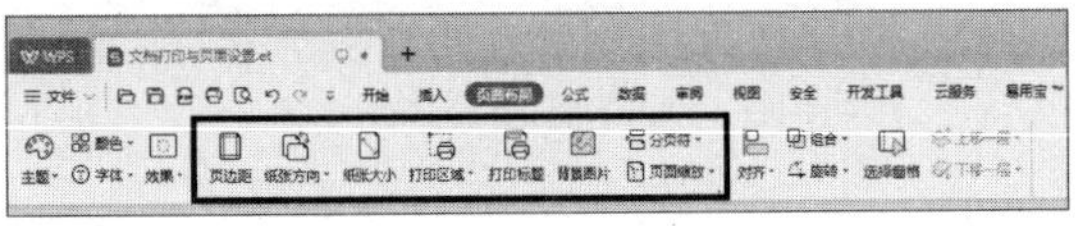

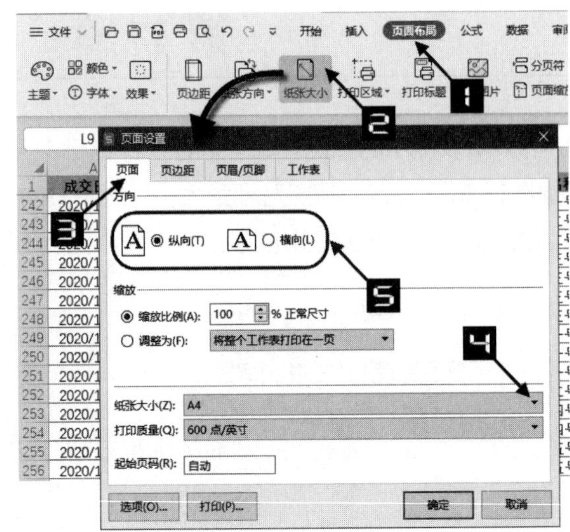

图 17-2 页面设置有关的命令

图 17-3 页面设置

步骤③ 切换到【页眉/页脚】选项卡下，单击【页脚】下拉按钮，在下拉列表中选择页脚类型为“第 1 页，共 ? 页”，如图 17-5 所示。

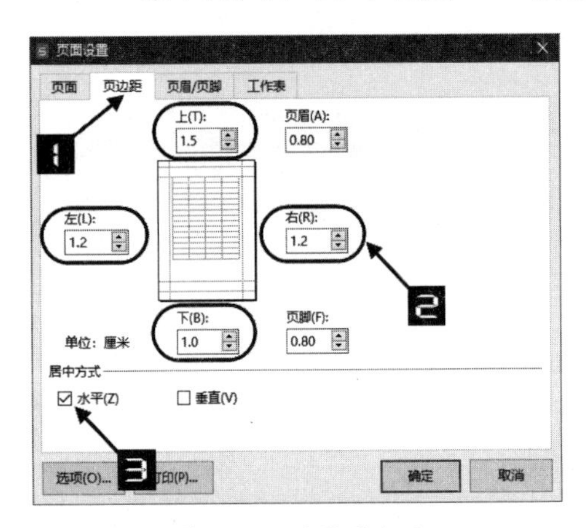

图 17-4 设置页边距

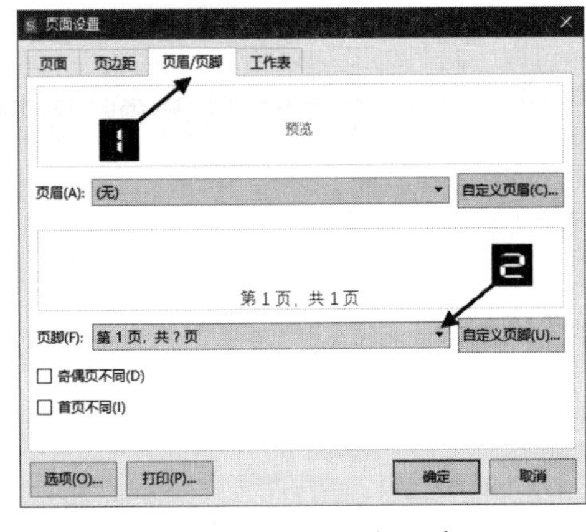

图 17-5 设置页眉/页脚

17.1.2 每页重复打印列标题

由于数据行数较多，直接打印时仅在第一页能够显示标题行，为了便于阅读，可通过设置，使打印后的每一页都有相同的标题。

在【页面设置】对话框切换到【工作表】选项卡下，在该选项卡下能够对打印区域、打印标题及单元格注释内容（批注）、网格线、行号列标及错误值等进行设置。

单击【顶端标题行】右侧的文本框，然后选择要显示的标题行行号，本例直接单击第一行的行号即可，如果有多个标题行，可在标题行行号上拖动鼠标选取。最后单击【确定】按钮完成设置，如图 17-6 所示。

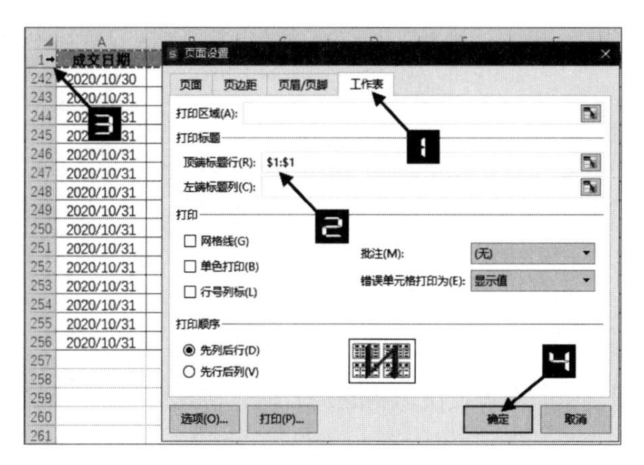

图 17-6 设置顶端标题行

17.2 打印预览

通常情况下，在【打印预览】界面看到的版面效果就是打印输出后的实际效果。因此，通过预览可以从总体上检查版面是否符合要求。

通过以下几种方式可以进入打印预览界面。

❖ 单击快速访问工具栏上的【打印预览】按钮，如图 17-7 所示

❖ 依次单击【文件】→【打印】→【打印预览】，如图 17-8 所示

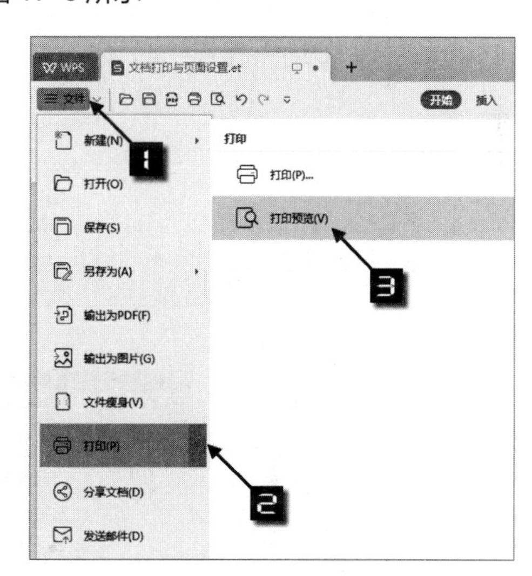

图 17-7 快速访问工具栏中的打印预览按钮

图 17-8 进入打印预览

【打印预览】界面包括指定打印机、纸张类型、打印顺序、打印方式、缩放比例、页面缩放、视图选项、纸张方向、页眉和页脚、页面设置、页边距等命令和选项，如图 17-9 所示。

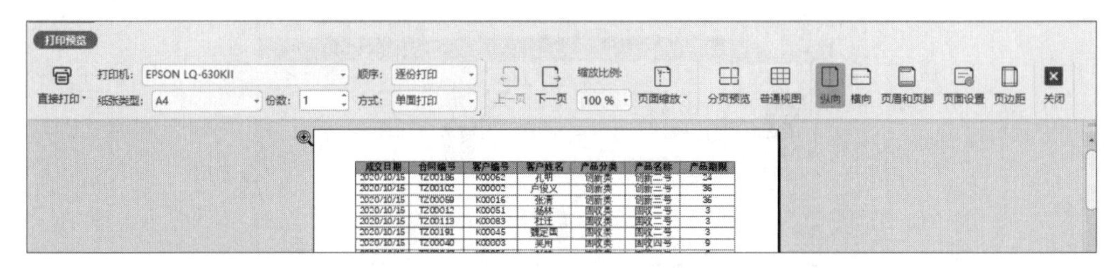

图 17-9　打印预览

本例中由于数据的列数较多，最右侧两列内容未能在同一页上显示，此时可单击【页边距】按钮，在预览界面中会出现列宽、页眉页脚及页边距的调节柄，将光标靠近这些调节柄，待指针变成✛时适当拖动，如图 17-10 所示。

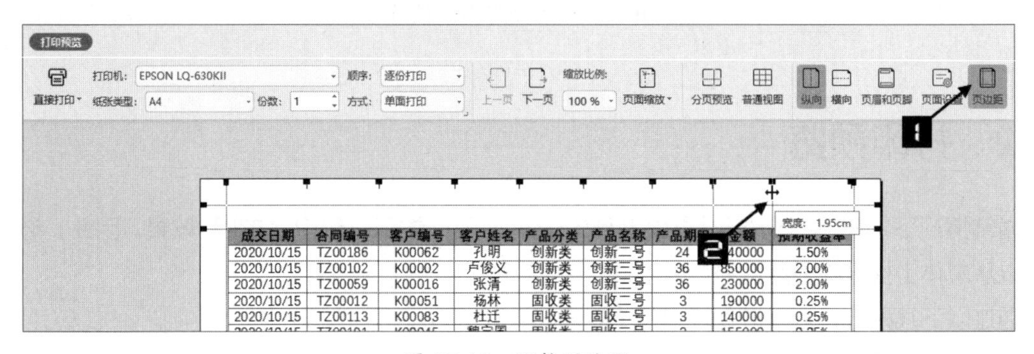

图 17-10　调整页边距

除了以上方法，还可以使用页面缩放功能快速调整。单击【页面缩放】下拉按钮，在下拉列表中选择【将所有列打印在一页】即可，如图 17-11 所示。

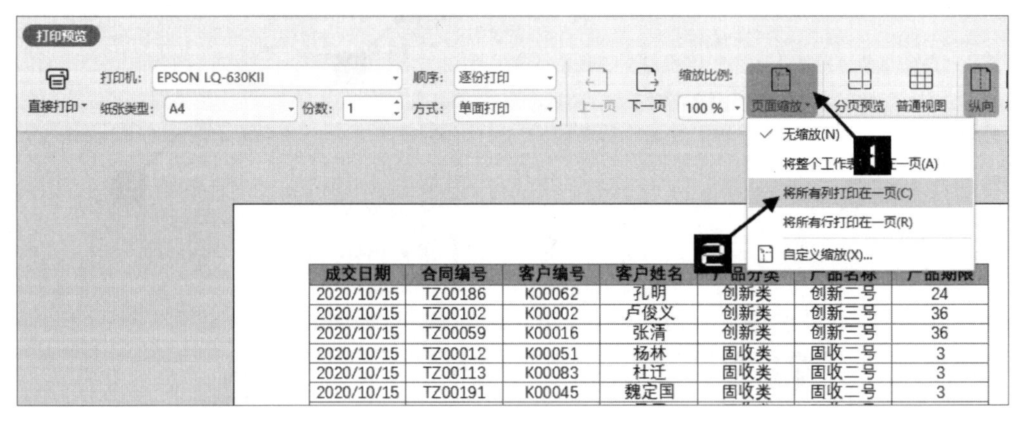

图 17-11　页面缩放

设置完成后，单击左侧的【直接打印】按钮即可执行打印任务。

单击【直接打印】下拉按钮，在下拉列表中可选择【打印】【直接打印】和【打印整个工作簿】命令。选择【打印】命令时将弹出【打印】对话框，在此对话框中能够进行页码范围、打印内容及份数等更多细致的打印设置，如图 17-12 所示。

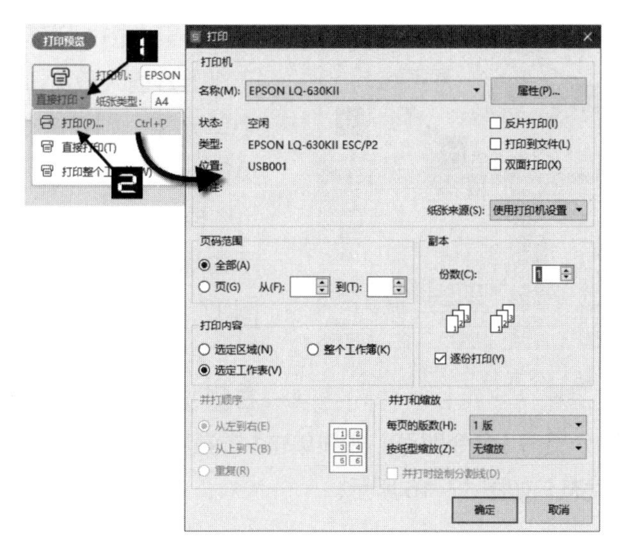

图 17-12 【打印】对话框

17.3 设置打印区域

除了在打印预览界面中选择需要打印的页码范围，还可以通过设置打印区域来指定打印范围。如图 17-13 所示，选中C1:I15 单元格区域，在【页面布局】选项卡下单击【打印区域】下拉按钮，在下拉列表中选择【设置打印区域】命令，即可仅打印当前所选区域。

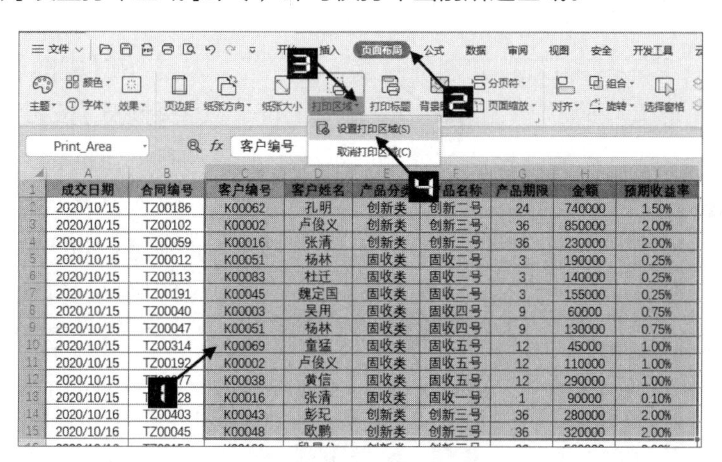

成交日期	合同编号	客户编号	客户姓名	产品分	品名称	产品期限	金额	预期收益率
2020/10/15	TZ00186	K00062	孔明	创新类	创新二号	24	740000	1.50%
2020/10/15	TZ00102	K00002	卢俊义	创新类	创新三号	36	850000	2.00%
2020/10/15	TZ00059	K00016	张清	创新类	创新三号	36	230000	2.00%
2020/10/15	TZ00012	K00051	杨林	固收类	固收二号	3	190000	0.25%
2020/10/15	TZ00113	K00083	杜迁	固收类	固收二号	3	140000	0.25%
2020/10/15	TZ00191	K00045	魏定国	固收类	固收二号	3	155000	0.25%
2020/10/15	TZ00040	K00003	吴用	固收类	固收四号	9	60000	0.75%
2020/10/15	TZ00047	K00051	杨林	固收类	固收四号	9	130000	0.75%
2020/10/15	TZ00314	K00069	童猛	固收类	固收五号	12	45000	1.00%
2020/10/15	TZ00192	K00002	卢俊义	固收类	固收五号	12	110000	1.00%
2020/10/15	[illegible]77	K00038	黄信	固收类	固收五号	12	290000	1.00%
2020/10/15	[illegible]28	K00016	张清	固收类	固收一号	1	90000	0.10%
2020/10/16	TZ00403	K00043	彭玘	创新类	创新三号	36	280000	2.00%
2020/10/16	TZ00045	K00048	欧鹏	创新类	创新三号	36	320000	2.00%

图 17-13 设置打印区域

依次单击【页面布局】→【打印区域】→【取消打印区域】命令，打印范围将恢复到默认状态。

如需在特定位置进行分页，可在无页面缩放状态下单击需要分页的单元格，如F9，然后依次单击【页面布局】→【分页符】→【插入分页符】，如图 17-14 所示，即可在F9 单元格的左侧和上方各插入一个分页符。

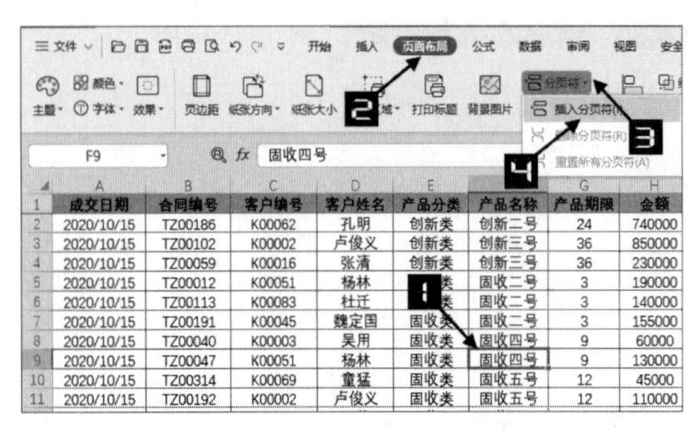

	A	B	C	D	E	F	G	H
1	成交日期	合同编号	客户编号	客户姓名	产品分类	产品名称	产品期限	金额
2	2020/10/15	TZ00186	K00062	孔明	创新类	创新二号	24	740000
3	2020/10/15	TZ00102	K00002	卢俊义	创新类	创新三号	36	850000
4	2020/10/15	TZ00059	K00016	张清	创新类	创新三号	36	230000
5	2020/10/15	TZ00012	K00051	杨林	类	固收二号	3	190000
6	2020/10/15	TZ00113	K00083	杜迁	类	固收二号	3	140000
7	2020/10/15	TZ00191	K00045	魏定国	固收类	固收二号	3	155000
8	2020/10/15	TZ00040	K00003	吴用	固收类	固收四号	9	60000
9	2020/10/15	TZ00047	K00051	杨林	固收类	固收四号	9	130000
10	2020/10/15	TZ00314	K00069	童猛	固收类	固收五号	12	45000
11	2020/10/15	TZ00192	K00002	卢俊义	固收类	固收五号	12	110000

图 17-14 插入分页符

如果单击A列某个单元格，则仅在该单元格上方插入分页符。如果单击第一行的某个单元格，则仅在该单元格的左侧插入分页符。

插入分页符后，相应位置的网格线会显示为黑色的虚线，用来标记分页位置，如图 17-15 所示。

如需删除已有分页符，可单击分页符右侧或下方单元格，然后依次单击【页面布局】→【分页符】→【删除分页符】命令即可。如果单击【重置所有分页符】命令，当前工作表中的分页符将全部恢复到默认状态，如图 17-16 所示。

	A	B	C	D	E	F
1	成交日期	合同编号	客户编号	客户姓名	产品分类	产品名称
2	2020/10/15	TZ00186	K00062	孔明	创新类	创新二号
3	2020/10/15	TZ00102	K00002	卢俊义	创新类	创新三号
4	2020/10/15	TZ00059	K00016	张清	创新类	创新三号
5	2020/10/15	TZ00012	K00051	杨林	固收类	固收二号
6	2020/10/15	TZ00113	K00083	杜迁	固收类	固收二号
7	2020/10/15	TZ00191	K00045	魏定国	固收类	固收二号
8	2020/10/15	TZ00040	K00003	吴用	固收类	固收四号
9	2020/10/15	TZ00047	K00051	杨林	固收类	固收四号

图 17-15 插入分页符后的效果

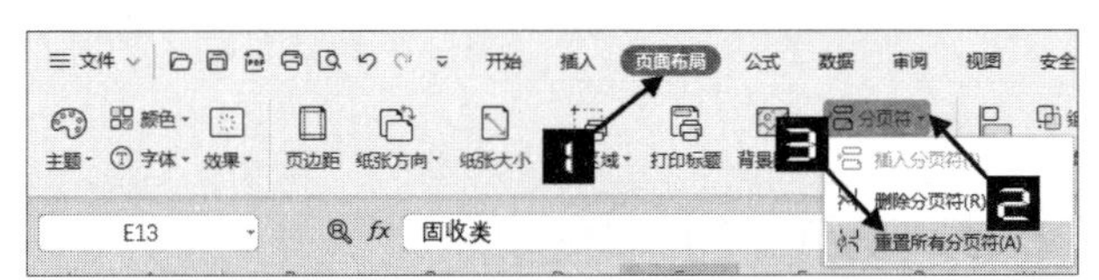

图 17-16 重置所有分页符

17.4 分页预览视图

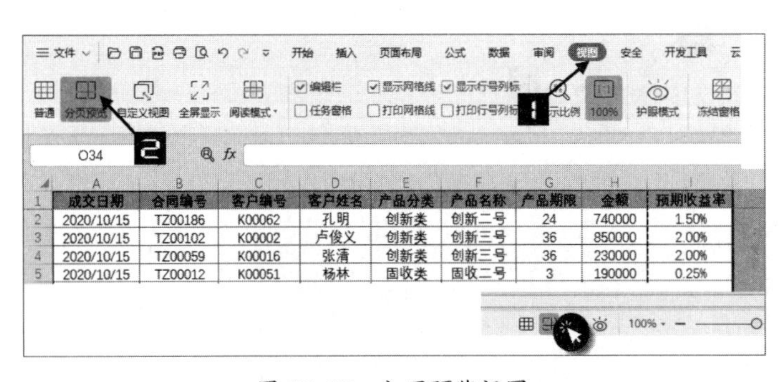

	A	B	C	D	E	F	G	H	I
1	成交日期	合同编号	客户编号	客户姓名	产品分类	产品名称	产品期限	金额	预期收益率
2	2020/10/15	TZ00186	K00062	孔明	创新类	创新二号	24	740000	1.50%
3	2020/10/15	TZ00102	K00002	卢俊义	创新类	创新三号	36	850000	2.00%
4	2020/10/15	TZ00059	K00016	张清	创新类	创新三号	36	230000	2.00%
5	2020/10/15	TZ00012	K00051	杨林	固收类	固收二号	3	190000	0.25%

图 17-17 分页预览视图

在【视图】选项卡下单击【分页预览】按钮，或者单击工作表右下方的【分页预览】按钮，可进入【分页预览】视图。在【分页预览】视图下，将会高亮显示打印区域，其他区域显示为灰色，分页符会显示为蓝色的线条，如图 17-17 所示。

	A	B	C	D	E	F	G	H	I
1	成交日期	合同编号	客户编号	客户姓名	产品分类	产品名称	产品期限	金额	预期收益率
2	2020/10/15	TZ00186	K00062	孔明	创新类	创新二号	24	740000	1.50%
3	2020/10/15	TZ00102	K00002	卢俊义	创新类	创新三号	36	850000	2.00%
4	2020/10/15	TZ00059	K00016	张清	创新类	创新三号	36	230000	2.00%
5	2020/10/15	TZ00012	K00051	杨林	固收类	固收二号	3	190000	0.25%
6	2020/10/15	TZ00113	K00083	杜迁	固收类	固收二号	3	140000	0.25%
7	2020/10/15	TZ00191	K00045	魏定国	固收类	固收二号	3	155000	0.25%
8	2020/10/15	TZ00040	K00003	吴用	固收类	固收四号	9	60000	0.75%
9	2020/10/15	TZ00047	K00051	杨林	固收类	固收四号	9	130000	0.75%

图 17-18 拖动调整分页符位置

将光标靠近分页符，待指针变成双向箭头时可拖动调整分页符位置，如图 17-18 所示。

另外，在【分页预览】视图下右击，弹出的快捷菜单中将会显示【插入分页符】和【重置所有分页符】命令，如图 17-19 所示。

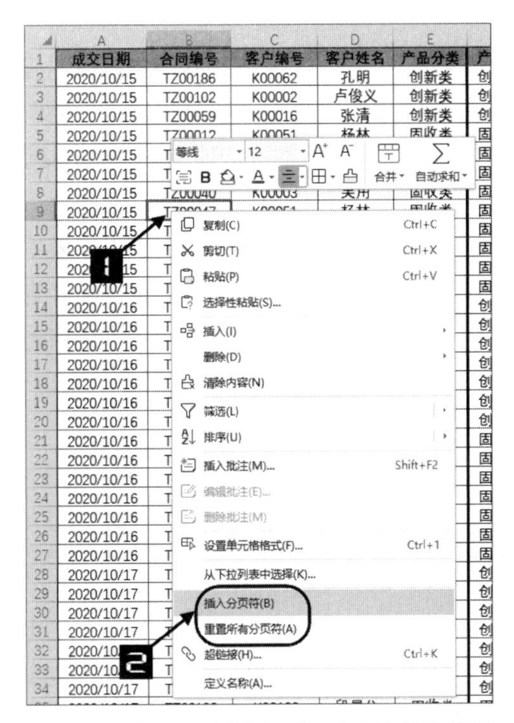

图 17-19 【分页预览】视图下的右键快捷菜单

17.5 图表、图形和控件打印设置

工作表中的图表、图形和控件等也能够进行自定义打印输出。如果不希望打印工作表中的某个图片，可以通过设置图片格式来实现。操作步骤如下。

步骤① 右击图片，在弹出的快捷菜单中选择【设置对象格式】命令，弹出【属性】窗格。

步骤② 在【属性】窗格中切换到【大小与属性】选项卡，单击【属性】按钮，然后在展开的命令组中取消选中【打印对象】复选框，如图 17-20 所示。

右侧窗格中显示的菜单取决于所选定对象的类型，如果选定的对象是文本框，则右侧窗格会显示为【形状选项】。

图 17-20 取消打印图片

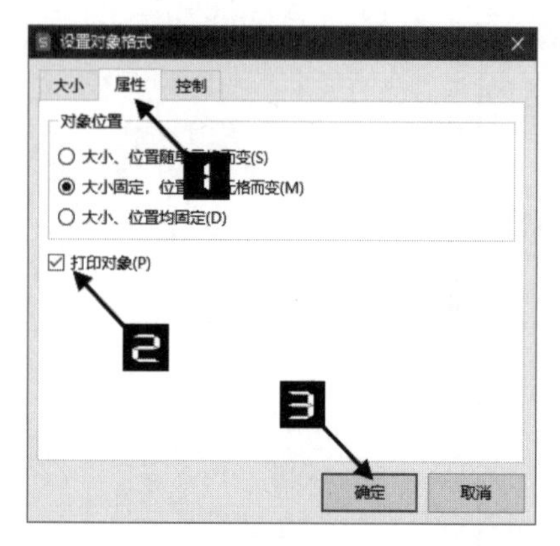

图 17-21　设置对象格式对话框

如果选定的对象是控件按钮，在右键快捷菜单中选择【设置对象格式】命令时会弹出【设置对象格式】对话框，在【属性】选项卡下取消选中【打印对象】复选框，然后单击【确定】按钮即可，如图 17-21 所示。

如果要同时更改工作表中所有对象的打印属性，可以先单击其中一个图表、图片或图形对象，然后按<Ctrl+A>组合键选中工作表中的所有对象，最后再对属性进行设置即可。

17.6　将 WPS 表格文档输出为 PDF 格式

PDF格式也称为“可携带文件格式”，是一种跨操作系统平台的电子文件格式。该文件格式具有易传输、高压缩的特点，可将文字、图形、图像、色彩、版式及与印刷设备相关的参数等封装在一个文件中，在网络传输、打印和制版输出中保持页面元素不变。

如需将WPS表格文档格式转为PDF格式进行查阅和存储，操作步骤如下。

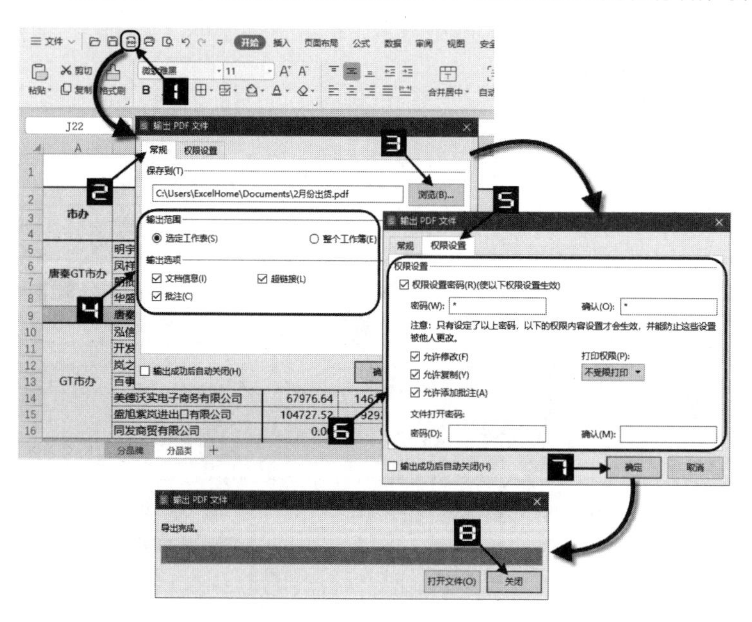

图 17-22　输出 PDF 文件

步骤① 打开需要转换格式的WPS表格文档，根据需要设置好纸张大小和页边距，然后通过打印预览检查版面是否正常，如果有多余的空白页，需要适当进行调整。

步骤② 如图 17-22 所示，单击【快速访问工具栏】中的【输出为PDF】按钮，弹出【输出PDF文件】对话框。

在【常规】选项卡下可进行如下操作。

（1）单击【浏览】按钮可选择文件存放位置。

（2）在【输出范围】区域中可选择【选定工作表】或是【整个工作簿】。

（3）在【输出选项】区域中可选择【文档信息】【超链接】及【批注】等元素。

切换到【权限设置】选项卡下，可根据需要设置PDF文件的权限，方法如下。

（1）选中【权限设置密码】复选框，依次在【密码】及【确认】文本框中输入密码。

（2）在底部区域可设置是否允许修改、是否允许复制及是否允许添加批注。

（3）单击右侧的【打印权限】下拉按钮，在下拉列表中可选择【不受限打印】【不允许打印】及【低质量打印】。

（4）在【文件打开密码】区域的【密码】和【确认】文本框中可设置文件打开密码。

最后单击【确定】按钮，在弹出的对话框中单击【关闭】按钮即可输出PDF格式文档。

生成的PDF格式文档局部效果如图 17-23 所示。

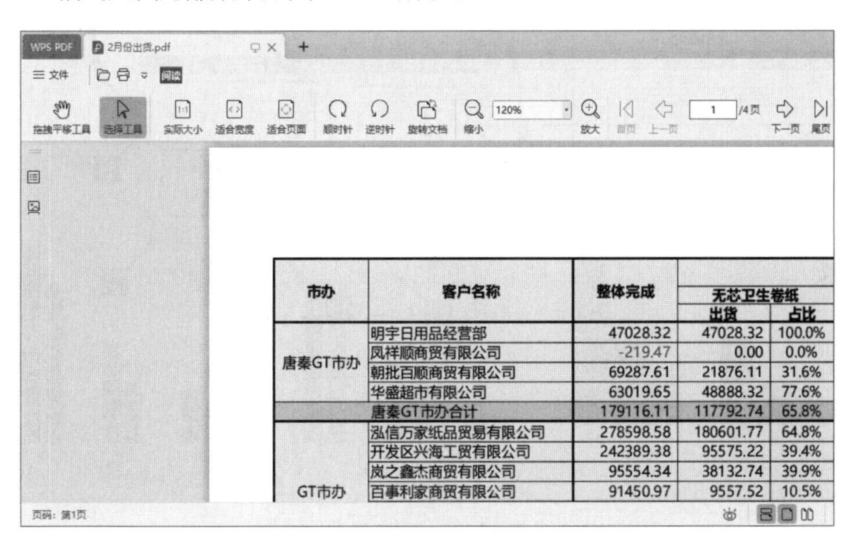

市办	客户名称	整体完成	无芯卫生卷纸	
			出货	占比
唐秦GT市办	明宇日用品经营部	47028.32	47028.32	100.0%
	凤祥顺商贸有限公司	-219.47	0.00	0.0%
	朝批百顺商贸有限公司	69287.61	21876.11	31.6%
	华盛超市有限公司	63019.65	48888.32	77.6%
	唐秦GT市办合计	179116.11	117792.74	65.8%
GT市办	泓信万家纸品贸易有限公司	278598.58	180601.77	64.8%
	开发区兴海工贸有限公司	242389.38	95575.22	39.4%
	岚之鑫杰商贸有限公司	95554.34	38132.74	39.9%
	百事利家商贸有限公司	91450.97	9557.52	10.5%

图 17-23　生成的PDF格式文档

17.7　使用免费插件易用宝输出为图片

“Excel易用宝”是由ExcelHome技术论坛开发的一款Excel及WPS表格扩展工具插件，该插件完全免费。

使用该插件中的【导出为图片】功能，可以将选中的单元格区域，或者选中的对象、区域中的对象等快速以图片的形式导出，满足用户截取或分享局部信息的需要。

如需将工作表中的全部对象导出为PNG格式的图片，操作步骤如下。

步骤① 如图 17-24 所示，在【易用宝】选项卡下依次单击【特别工具】→【导出为图片】，打开【易用宝-导出为图片】对话框。

步骤② 在【易用宝-导出为图片】对话框中依次完成以下设置。

（1）在【功能】区域选择【导出对象为图片】。

（2）在【范围】区域选择【当前工作表】。

（3）在【图片格式】区域选择【PNG】。

（4）单击【浏览】按钮选择存放文件的文件夹目录。

（5）在【图片文件名】文本框中输入要保存的文件名称。

图片文件名默认为MyPic，如果所选范围中有多个对象，保存文件时将在该文件名后自动添加序数后缀，如“MyPic1”“MyPic2”。

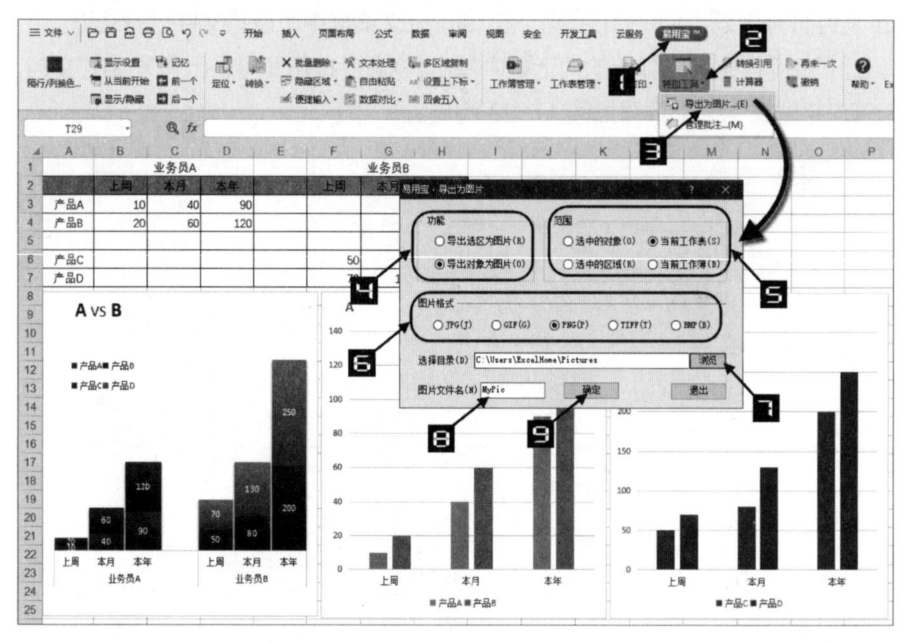

图 17-24 导出图片

设置完成后单击【确定】按钮，即可将当前工作表中的所有对象保存到目标文件夹中，导出的文件如图17-25所示。

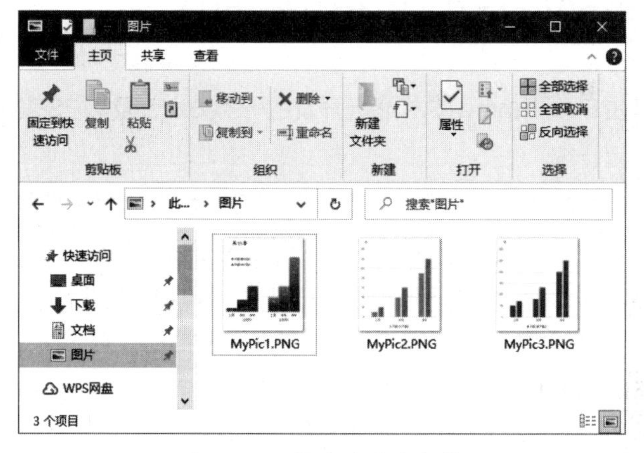

图 17-25 导出的图片文件

第 18 章 数据安全与协同办公

用户的工作簿中可能包含着一些比较重要的敏感信息。当需要与其他用户共享此类文件时，就需要对敏感信息进行保护。WPS 表格提供了多种数据保护功能，还支持文档分享或多人协同编辑。本章将学习文档加密、为不同用户设置可编辑区域，以及共享工作簿等内容。

本章学习要点

（1）工作簿与工作表加密
（2）为不同用户设置可编辑区域
（3）共享工作簿

18.1 保护与加密

当需要与他人共享包含重要信息的文件时，需要特别注意数据安全问题。通过保护工作簿结构、保护工作表、设置打开密码、给工作表设置不同编辑权限等方法，能够提升数据的安全性。

18.1.1 保护工作簿

使用保护工作簿功能，可以在当前工作簿内执行禁止插入、删除、移动、复制、隐藏或取消隐藏工作表等操作，并且禁止重命名工作表。操作步骤如下。

步骤① 依次单击【审阅】→【保护工作簿】，弹出【保护工作簿】对话框。

步骤② 在【保护工作簿】对话框的【密码】文本框内输入密码，如 123，单击【确定】按钮，弹出【确认密码】对话框。

步骤③ 在【确认密码】对话框的【重新输入密码】文本框内再次输入密码，单击【确定】按钮，如图 18-1 所示。

如需取消保护工作簿，可依次单击【审阅】→【撤销工作簿保护】，在弹出的【撤销工作簿保护】对话框中输入密码，单击【确定】按钮即可，如图 18-2 所示。

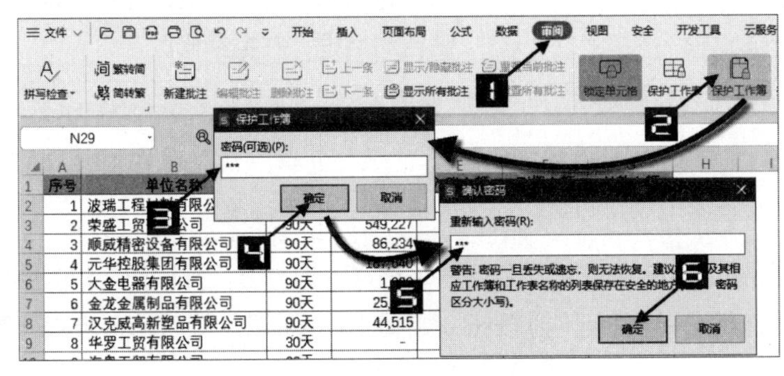

图 18-1 保护工作簿

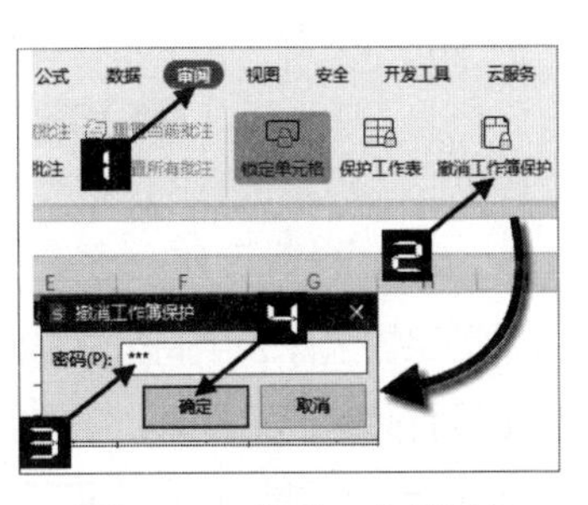

图 18-2 撤销工作簿保护

提示

如果不需要设置密码，可在步骤 1 的【保护工作簿】对话框中直接单击【确定】按钮。

18.1.2 保护工作表

使用保护工作表功能，能够对工作表中的选定、编辑等操作进行限制。操作步骤如下。

步骤① 单击工作表左上角行列交叉处的【全选】按钮，在【审阅】选项卡中单击【锁定单元格】按钮，使所选区域取消锁定，如图 18-3 所示。

步骤② 选中需要保护的单元格区域，如A1:G20，在【审阅】选项卡下单击【锁定单元格】按钮，使当前区域处于锁定状态。

步骤③ 单击【保护工作表】按钮打开【保护工作表】对话框。在【密码】编辑框中输入密码，如 123，然后在【允许此工作表的所有用户进行】列表框中选中允许操作的选项，单击【确定】按钮。在弹出的【确认密码】对话框中再次输入密码，最后单击【确定】按钮，如图 18-4 所示。

图 18-3　取消锁定单元格

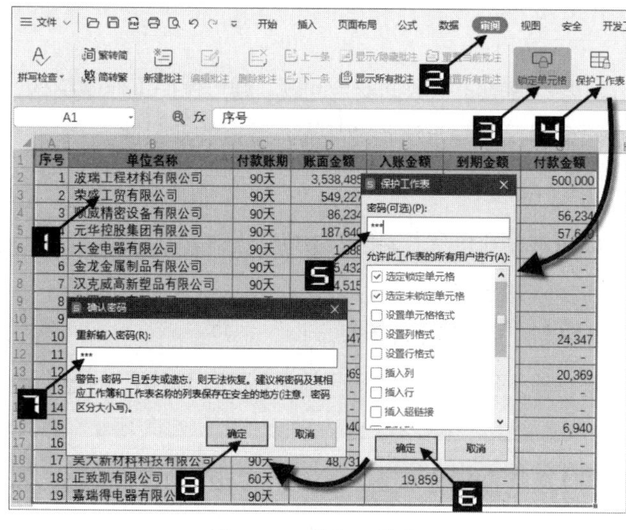

图 18-4　保护工作表

设置完成后，如果再对A1:G20 单元格区域内的任意单元格进行编辑，将会弹出如图18-5所示的【WPS表格】警告对话框，并拒绝修改。

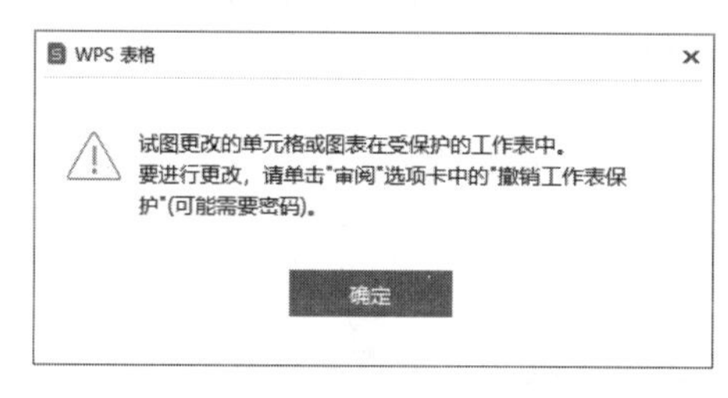

图 18-5　编辑数据时的提示框

提示

如果跳过前两个步骤，则整张工作表都禁止编辑。

如需保护工作表中有公式的单元格，可在步骤 1 之后，按<Ctrl+G>组合键打开【定位】对话框，在【数据】区域下仅选择【公式】复选框，单击【定位】按钮，如图 18-6 所示。然后结合步骤 2 和步骤 3 所示的步骤进行操作即可。

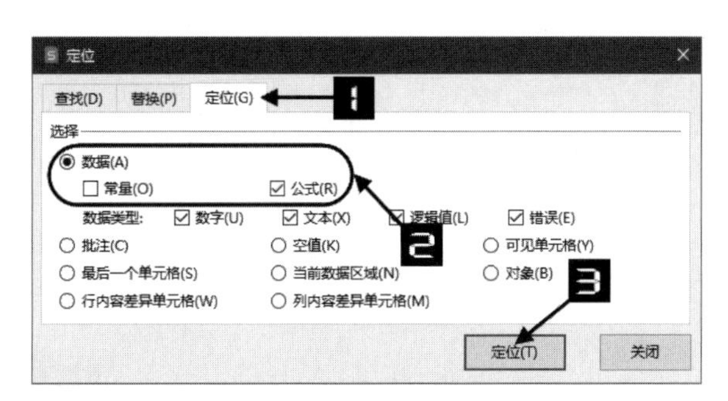

图 18-6 【定位】对话框

如需取消保护工作表，可依次单击【审阅】→【撤销工作簿保护】，在弹出的【撤销工作簿保护】对话框中输入密码，最后单击【确定】按钮。

18.1.3 设置工作簿打开密码

设置工作簿打开密码，能够防止其他用户查看数据。使用以下几种方法都可以设置工作簿打开密码。

方法 1：依次单击【文件】→【选项】，打开【选项】对话框。切换到【安全性】选项卡下，在右侧能够设置【打开权限】和【编辑权限】，如图 18-7 所示。设置打开和编辑权限密码是为了让查看此文件的用户不得随意编辑修改数据，如果对内容进行编辑修改，则仅可以保存为副本。

方法 2：依次单击【文件】→【文件信息】→【文档加密】，弹出仅有【安全性】选项卡的【选项】对话框，如图 18-8 所示。

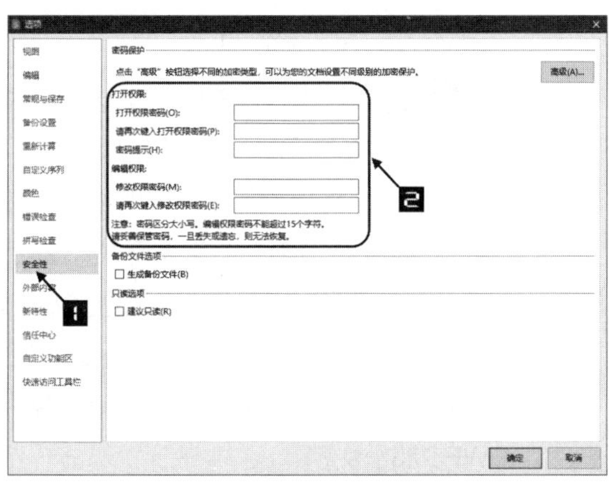

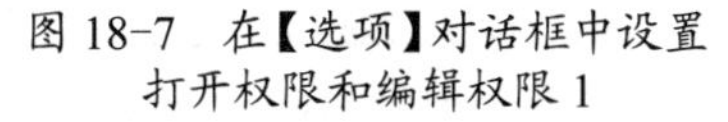

图 18-7　在【选项】对话框中设置打开权限和编辑权限 1

图 18-8　在【选项】对话框中设置打开权限和编辑权限 2

方法 3：按<F12>功能键，在弹出的【另存为】对话框中单击【加密】按钮，如图 18-9 所示，会弹出仅有【安全性】选项卡的【选项】对话框。

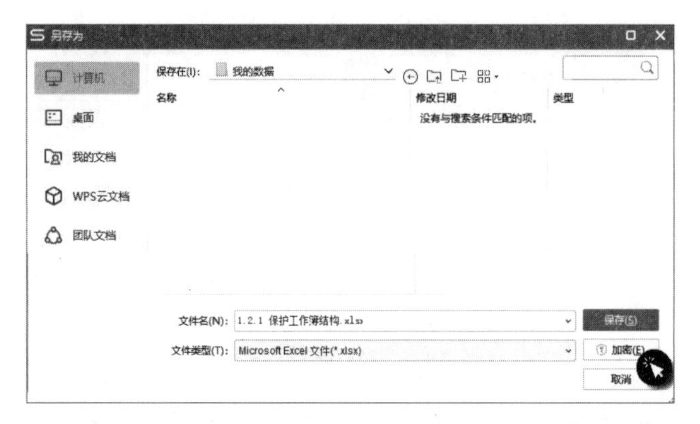

图 18-9　在【另存为】对话框中打开【选项】对话框

18.1.4　保存为加密文件格式

WPS加密文档是WPS的一种特色功能，使用WPS在线账号加密，能够实现指定到人的细粒度权限管控，原生加密更安全，无须密码更加方便。操作方法如下。

按<F12>功能键，在弹出的【另存为】对话框中选择【文件类型】为【WPS加密文档格式(*.xls)】，单击【保存】按钮，如图 18-10 所示。

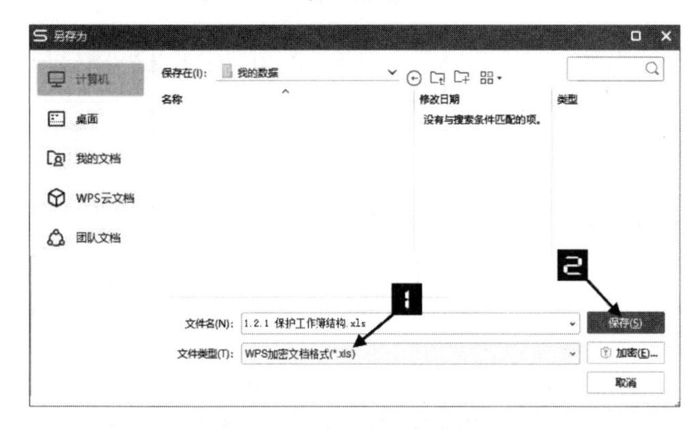

图 18-10　【另存为】对话框

另一种开启WPS加密文档的方法是，依次单击【安全】→【权限列表】，在弹出的【文档加密】对话框中，设置权限后打开【自动加密】开关，最后单击【应用】关闭对话框，如图 18-11 所示。设置完成后，按<Ctrl+S>组合键保存，即可将当前文档直接保存为WPS加密文档。

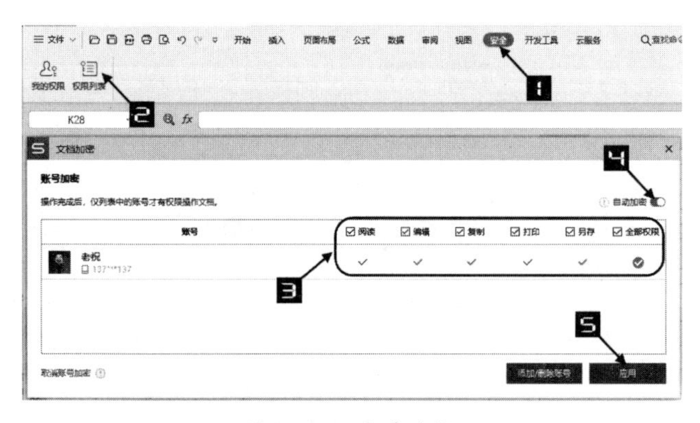

图 18-11　加密文档

在未登录账号状态下无法保存为加密文档格式，如果此时未登录WPS账号，会弹出如图 18-12 所示的对话框。

图 18-12　无法保存文件提示

如果未登录WPS账号或登录其他WPS账号打开该加密文件时，会弹出如图 18-13 所示的提示对话框。

当使用Microsoft Excel打开加密格

式的文档时，工作表中仅能够显示提示信息，如图 18-14 所示。

图 18-13　权限提示

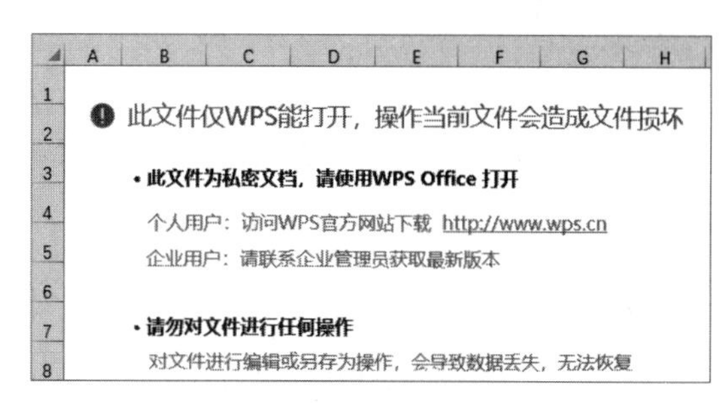

图 18-14　使用 Microsoft Excel 打开加密的 WPS 表格文档

18.2　设置允许用户编辑区域

当工作簿需要被多人编辑时，通过设置【允许用户编辑区域】，能够为不同用户指定可编辑区域。操作步骤如下。

步骤① 依次单击【审阅】→【允许用户编辑区域】，弹出【允许用户编辑区域】对话框。

步骤② 单击【新建】按钮，弹出【新区域】对话框。

（1）在【标题】文本框中输入区域名称，如“张三可编辑区”。

（2）单击【引用单元格】编辑框，拖动鼠标选取允许编辑的区域，如“A1:D19”。

（3）在【区域密码】文本框中输入密码，如“123”，单击【确定】按钮。

（4）在弹出的【确认密码】对话框中再次输入密码，单击【确定】按钮，如图 18-15 所示。

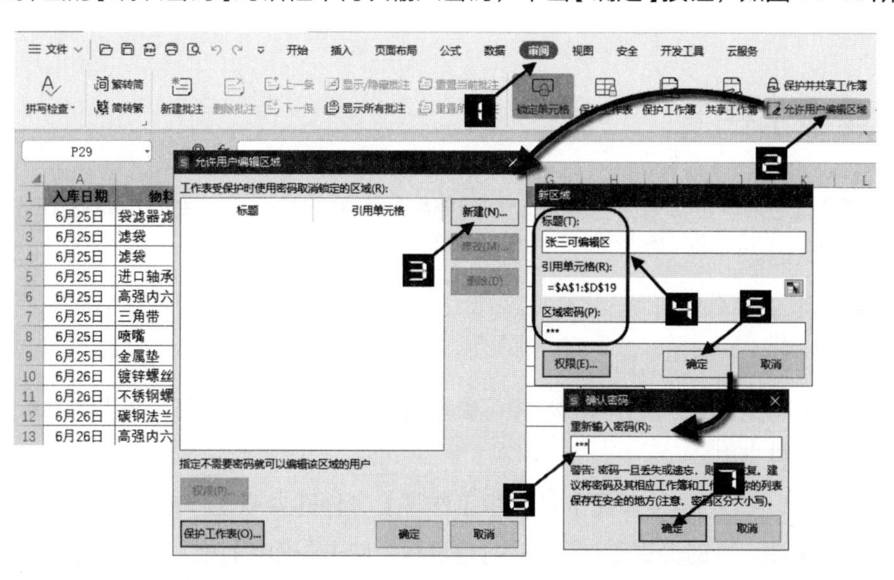

图 18-15　设置【允许用户编辑区域】

重复步骤 2，依次新建其他可编辑区域。单击【允许用户编辑区域】对话框左下角的【保护工作表】按钮，打开【保护工作表】对话框。在【密码】文本框中输入密码，如“123”，单击【确定】按钮。在弹出的【确认密码】对话框中再次输入密码，单击【确定】按钮，如图 18-16 所示。

设置允许编辑区域后，其他用户只能通过密码解锁来编辑特定的区域，如图 18-17 所示。

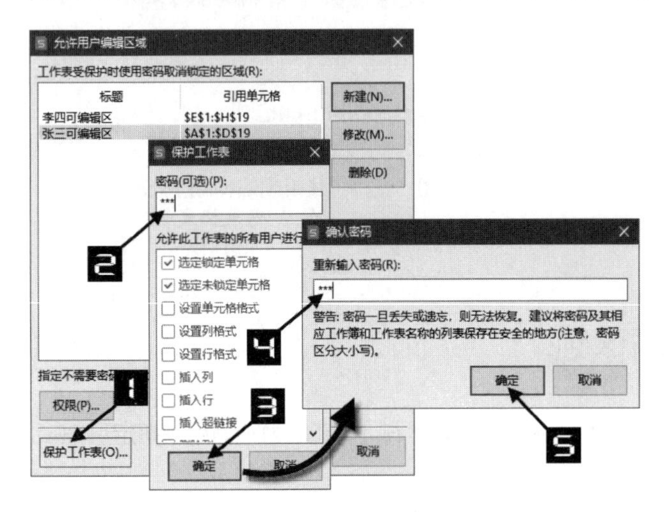

图 18-16　保护工作表

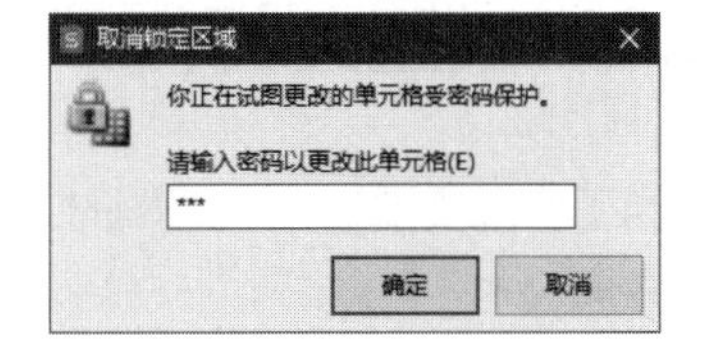

图 18-17　通过密码解锁可编辑区域

在【允许用户编辑区域】对话框中单击【修改】或【删除】按钮，能够修改或删除已有的用户编辑区域。

提示

如需为同一用户设置多个可编辑区域，可在【新区域】对话框的【引用单元格】编辑框内使用半角逗号将多个区域隔开，如“B2:B9,D2:D9”。

18.3　共享工作簿

将工作簿设置为共享工作簿并存放在公共网络或局域网的共享文件夹内，能够实现多位用户共同查看和修订该文档。

18.3.1　设置共享工作簿

设置共享工作簿的操作步骤如下。

步骤① 首先设置共享文件夹，具体设置步骤可参考网络上的图文教程。然后将需要共享的工作簿文件放到该文件夹内。

步骤② 打开该文件，依次单击【审阅】→【共享工作簿】，打开【共享工作簿】对话框。选中【允许多用户同时编辑，同时允许工作簿合并】复选框，单击【确定】按钮。在弹出的提示对话框中单击【是】按钮，如图 18-18 所示。

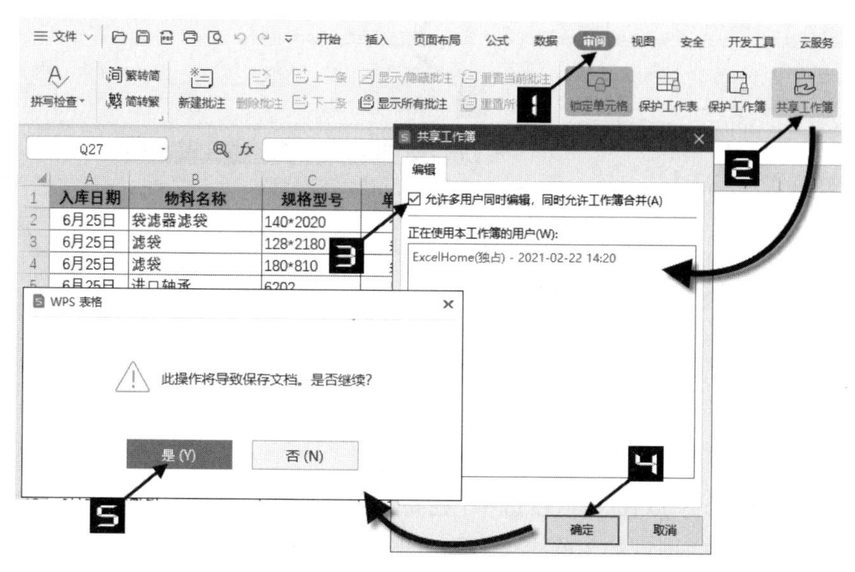

图 18-18　共享工作簿

此后，在工作簿名称后面会显示“共享”字样，如图 18-19 所示。

如果在查看编辑文档期间其他用户进行了编辑更改操作，保存文件时会弹出如图 18-20 所示的对话框，提示文件进行了更新。

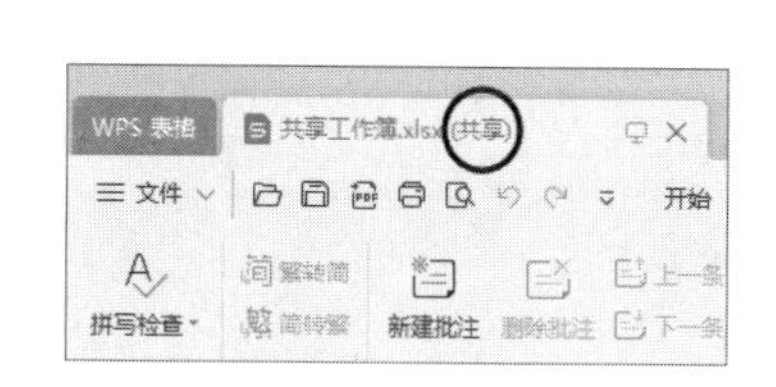

图 18-19　开启了共享的工作簿

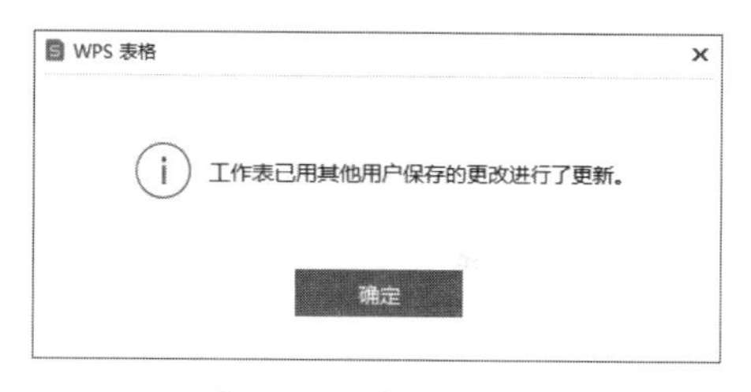

图 18-20　提示对话框

在共享工作簿中，WPS表格的部分功能将会无法使用。如果已经在【插入】选项卡下插入了“表格”，该工作簿将不允许设置为共享工作簿。

18.3.2　查看修订结果

如需查看共享工作簿的修订结果，可依次单击【审阅】→【修订】→【突出显示修订】，弹出【突出显示修订】对话框。

在对话框中可选择突出显示的修订选项，包括时间、修订人及位置信息。选中底部的【在屏幕上显示修订信息】复选框，单击【确定】按钮，修订过的单元格左上角会以紫色突出显示，将光标移动到该单元格时，将以批注形式显示修订时间和修订内容，如图 18-21 所示。

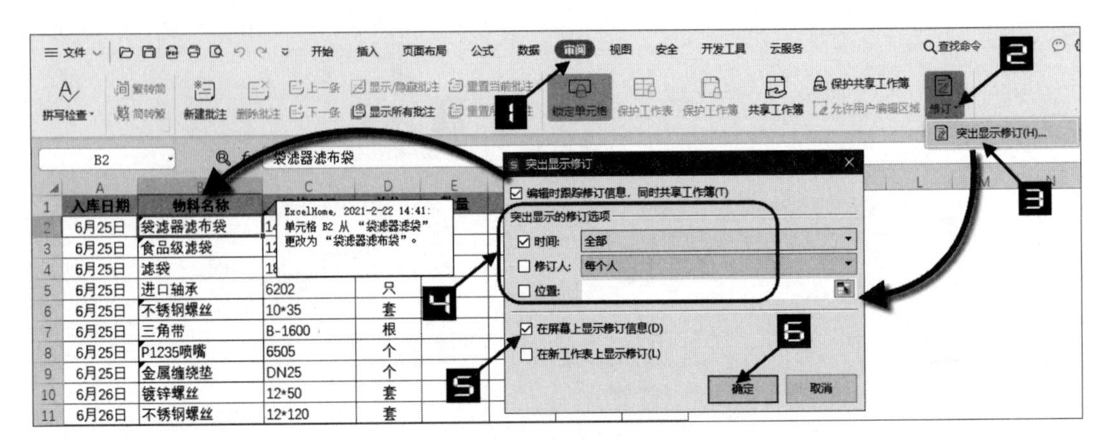

图 18-21 突出显示修订

如果在【突出显示修订】对话框底部选中【在新工作表上显示修订】复选框，单击【确定】按钮后，将自动在名为“历史记录”的工作表中罗列出当前工作簿的全部修订信息，如图 18-22 所示。单击【保存】按钮或按<Ctrl+S>组合键保存工作簿，该工作表会自动消失。

操作号	日期	时间	操作人	更改	工作表	区域	新值	旧值	操作类型	操作失败
1	2021/2/22	14:41	ExcelHome	单元格更改	Sheet1	B2	袋滤器滤布袋	袋滤器滤袋		
2	2021/2/22	14:41	ExcelHome	单元格更改	Sheet1	B6	不锈钢螺丝	高强内六角螺丝		
3	2021/2/22	14:41	ExcelHome	单元格更改	Sheet1	B8	P1235喷嘴	喷嘴		
4	2021/2/22	14:41	ExcelHome	单元格更改	Sheet1	B15	防爆管钳	管钳		
5	2021/2/22	14:42	ExcelHome	单元格更改	Sheet1	B3	食品级滤袋	滤袋		

历史记录的结尾是 2021-2-22 的 14:42 对所作更改进行保存。

Sheet1 历史记录

图 18-22 “历史记录”工作表

第三篇

WPS演示

WPS演示是WPS Office三大核心组件之一，主要用于设计制作和播放演示文稿（电子幻灯片）。

本篇主要介绍如何通过WPS演示快速创建、设计一份演示文稿，如何对演示文稿中的文案进行精简、提炼和美化，如何运用图片、音视频素材有力诠释文字内容，如何将数据通过图表更加直观地展示给受众，以及如何使用形状、图标工具增强幻灯片的设计感，通过动画增强视觉引导，提升观者体验。本篇使用WPS Office专业版 11.8.2.9067 进行讲解。

第 19 章　基础操作

制作演示文稿是一项耗时耗力的工作，这项工作看似容易，但是如果基础不扎实，会导致效率低下，甚至无法完成制作任务。本章主要学习与WPS演示基础操作有关的内容。

本章学习要点

（1）认识演示文稿和幻灯片

（2）熟悉WPS演示界面

（3）优化设置

19.1　认识演示文稿和幻灯片

演示文稿是指用WPS演示创建的文件，后缀名通常是“.dps”“.pptx”或“.ppt”。一个演示文稿由一张或多张幻灯片组成，如果将演示文稿看作一本书，一张幻灯片就相当于图书中的一页纸张。一本书可以有很多页，一个演示文稿也允许有很多张幻灯片。在WPS演示窗口顶部有几个标签，就表示目前打开了几个演示文稿；在左侧导航窗格可以显示当前演示文稿有几张幻灯片，如图 19-1 所示。

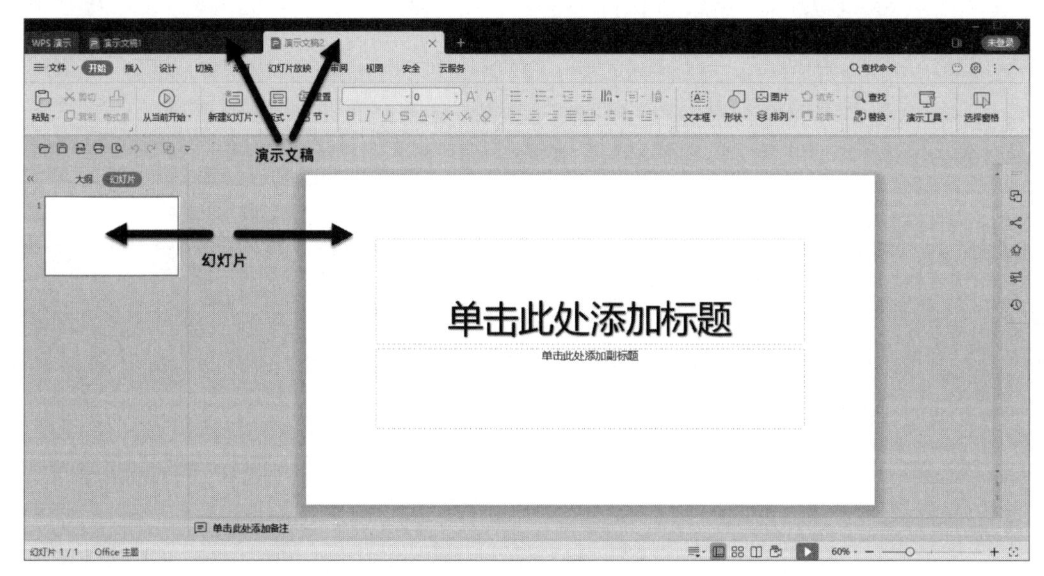

图 19-1　演示文稿和幻灯片

19.1.1　打开 WPS 演示文稿

安装完WPS Office后，会在桌面和开始菜单出现WPS Office的程序图标，如果是“整合模式”，只会有一个WPS 2019 图标，如果是“多组件模式”，会分别显示“WPS文字”“WPS表格”“WPS

演示”“WPS PDF”四个图标，如图 19-2 所示。

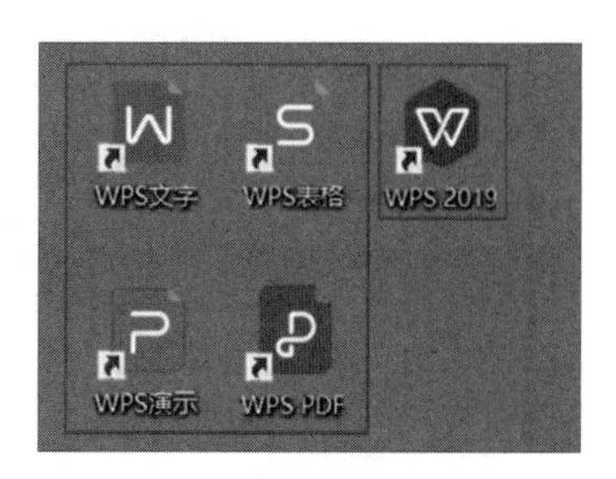

图 19-2　WPS 图标

提示

可在【WPS首页】中单击【设置】按钮，在下拉列表中选择【设置】，在打开的【设置中心】中选择【切换窗口管理模式】进行“整合模式”和“多组件模式”切换。

在【开始】菜单中单击【WPS 2019】-【WPS演示】图标或双击桌面上的【WPS演示】即可启动WPS演示。

19.1.2　新建与保存演示文稿

在“整合模式”下打开的WPS Office中单击【新建】选项卡，在弹出的窗口中单击【演示】按钮，再单击【空白演示】，即可新建一个WPS演示文稿，如图 19-3 所示。

“多组件模式”也是类似的，在WPS演示窗口上方单击【新建】选项卡或左侧【新建】按钮，即可新建一个空白演示文稿，如图 19-4 所示。

图 19-3　在整合模式下新建演示文稿

图 19-4　在多组件模式下新建演示文稿

单击窗口左上角的保存按钮或按<Ctrl+S >组合键可以保存当前演示文稿，如果是新演示文稿第一次保存，将弹出如图 19-5 所示的【另存为】对话框，输入文件名并选择保存的位置后单击【保存】按钮即可。

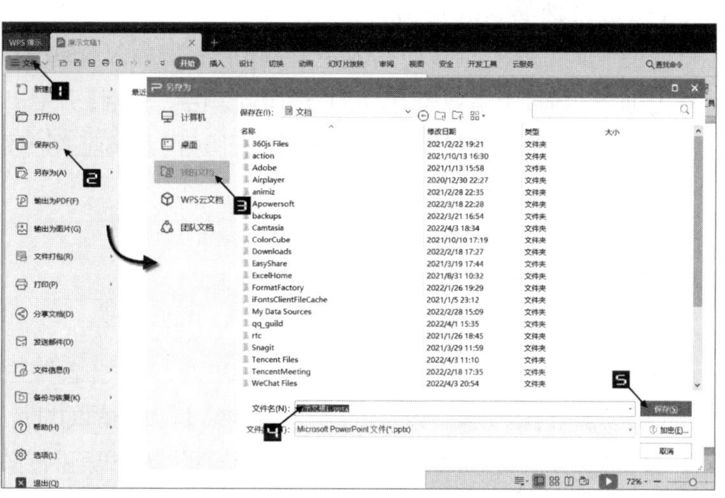

图 19-5　【另存为】对话框

19.2 熟悉 WPS 演示工作界面

WPS演示的工作界面如图 19-6 所示。

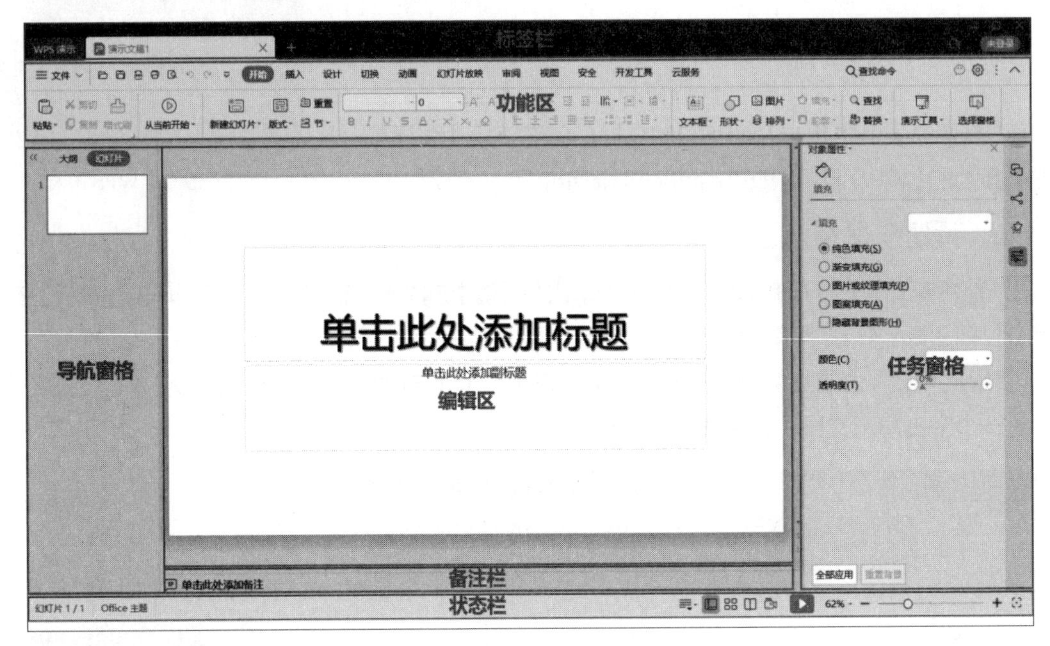

图 19-6 WPS演示工作界面

- ❖ 标签栏：可通过单击演示文稿标签“+”按钮新建演示文稿或在多个演示文稿间切换
- ❖ 功能区：包括【文件】【快速访问工具栏】【选项卡】【快速搜索框】【命令组】等部分
- ❖ 文件菜单：包含常用的演示文稿命令菜单，例如：【新建】【打开】【保存】【另存为】【输出为PDF】【输出为图片】【文件打包】【打印】【分享文档】【发送邮件】【文件信息】【备份与恢复】【帮助】【选项】和【退出】
- ❖ 快速访问工具栏：可以将常用的一些功能按键放入快速访问工具栏
- ❖ 选项卡：选项卡是WPS演示的所有功能集合，包括【开始】【插入】【设计】【切换】【动画】【幻灯片放映】【审阅】【视图】【安全】【云服务】及响应式选项卡
- ❖ 命令组：选项卡中功能命令的集合
- ❖ 导航窗格：可以快速切换幻灯片页面
- ❖ 编辑区：是幻灯片内容的呈现和编辑区域
- ❖ 备注栏：可以为本页幻灯片添加备注
- ❖ 状态栏：可以查看演示文稿页数、当前主题，开关【备注栏】，进行【普通视图】【幻灯片浏览】【阅读视图】的切换，以及进行【演讲实录】【从当前幻灯片开始播放】【显示比例】操作
- ❖ 任务窗格：对文字、形状、图片、动画的属性和效果进行详细设置

19.3　优化设置

在正式开始幻灯片制作之前，可以对WPS演示进行一些优化设置，以便将来操作更加方便和高效。

19.3.1　撤销 / 恢复操作步数

在进行幻灯片设计的时候，由于操作步骤较多，经常需要进行【撤销】操作。如图 19-7 所示，依次单击【文件】→【选项】，在弹出的【选项】对话框中切换到【编辑】选项卡下，可以根据需要设置撤销/恢复操作步数，修改范围为 3~150。

图 19-7　撤销次数设置

19.3.2　图片质量

图片是幻灯片设计中常用的一种对象，WPS演示对于插入的图片默认进行压缩，导致图片的清晰度下降。为了避免这种情况，可以依次单击【文件】→【选项】，在弹出的【选项】对话框中切换到【编辑】选项卡，选中【不提示且不压缩文件中的图像】复选框，单击【确定】按钮，如图 19-8 所示。

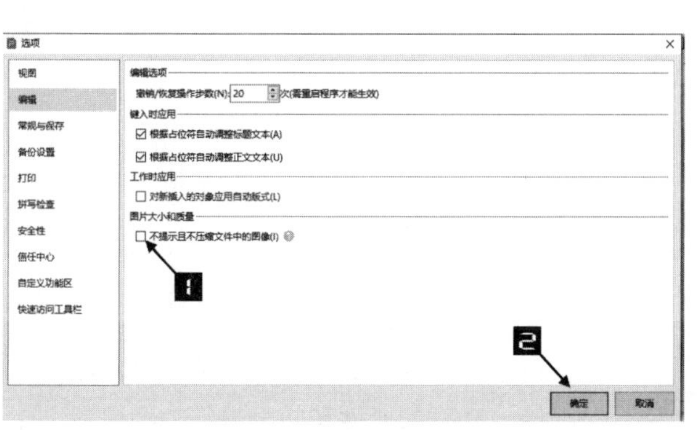

图 19-8　设置不压缩图像

19.3.3 备份恢复演示文稿

为了减少意外情况带来的损失，WPS演示提供了【智能备份】和【定时备份】两种自动备份方式。依次单击【文件】→【选项】，在弹出的【选项】对话框中切换到【备份设置】选项卡，可根据自己的需要来设置具体的参数，如图 19-9 所示。

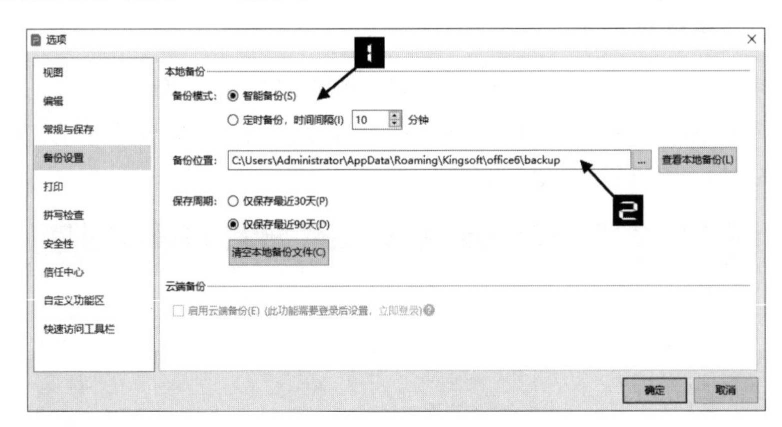

图 19-9 自动备份设置

19.3.4 快速访问工具栏

为了提高演示文稿的制作效率，减少鼠标的无效单击，可以将一些常用的功能集成到快速访问工具栏。依次单击【文件】→【选项】，在弹出的【选项】对话框中切换到【快速访问工具栏】选项卡，将左侧【可以选择的选项】中的命令添加到右侧的【当前显示的选项】中即可，如图 19-10 所示。

快速访问工具栏有三种显示方式：【放置在顶端】【放置在功能区之下】【作为浮动工具栏显示】，用户可以根据自己的使用习惯，通过单击快速访问工具栏右侧的下拉按钮选择，如图 19-11 所示。

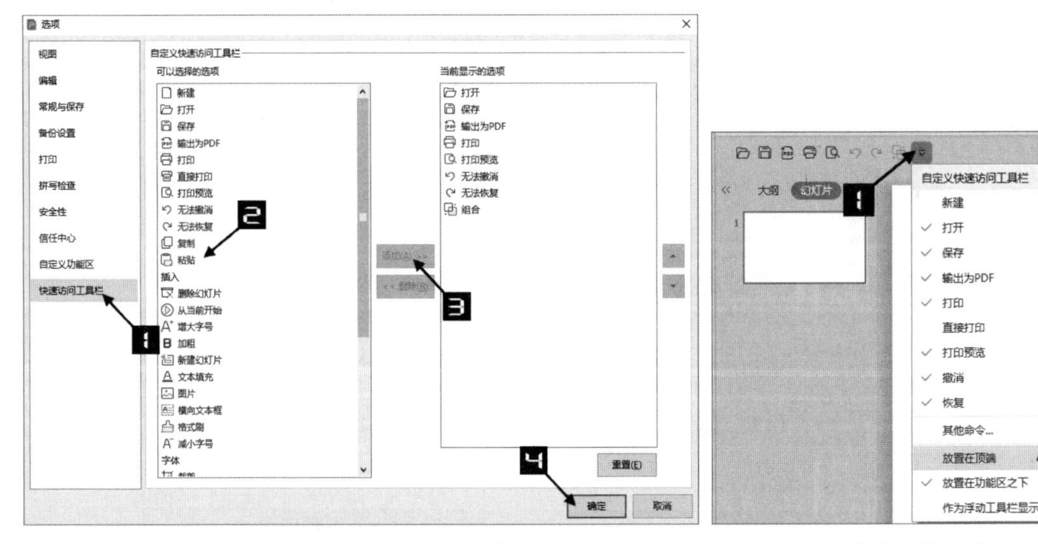

图 19-10 快速访问工具栏添加命令

图 19-11 快速访问工具栏显示方式

19.3.5　幻灯片大小设置

演示文稿制作完成后最终的播放设备是计算机显示器、投影机、电视机或LED大屏幕等。不同设备的显示长宽比不同，所以在制作演示文稿的最初阶段就要根据未来使用的播放设备来设置相应的比例，如果在演示文稿制作完成后再更改幻灯片的大小比例，会造成幻灯片版面的重新调整，无异于重新制作一遍。

早期的投影机显示比例为 4:3，计算机显示器、电视机或LED大屏幕的显示比例大多数为 16:9。

WPS演示新建演示文稿的默认比例为 16:9。

单击【设计】→【幻灯片大小】，可以在下拉列表选择标准（4:3）或宽屏（16:9），如果单击【自定义大小】，将弹出【页面设置】对话框，此时可以手动输入数值对幻灯片及纸张的大小、方向进行设置，输入的数值为 2.54~142.24 厘米，如图 19-12 所示。

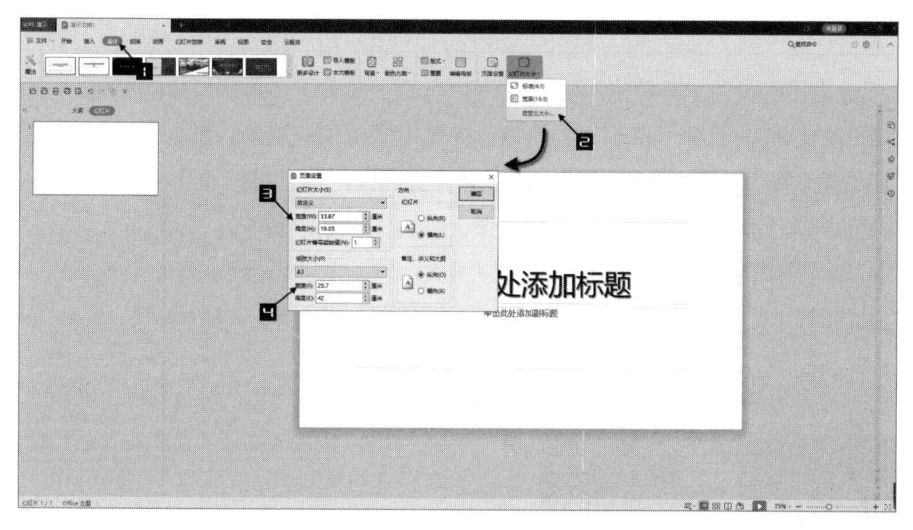

图 19-12　自定义幻灯片大小

纸张大小设置为打印幻灯片时纸张幅面的大小，无须打印时不用考虑。

第 20 章　演示文稿的准备

在制作演示文稿时，需要将文字内容导入，并确定演示文稿风格。本章主要学习如何进行文稿梳理和将文本内容导入WPS演示文稿的方法。

本章学习要点

（1）梳理文字稿　　（2）导入文字稿

20.1　梳理文字稿

在设计演示文稿之前，通常要先准备好文字稿，把逻辑结构和具体内容清晰地呈现在文字稿中。演示文稿的设计人员通过对文字稿进行阅读和理解有助于厘清设计演示文稿的思路。

如果文字稿的结构很清晰，有明确的目录，标题完整且条理清晰，那么几乎可以直接开始制作演示文稿；如果文字稿的逻辑结构不明确，就需要仔细阅读内容，按照语义梳理出大纲，如图 20-1 所示。可以借助一些工具完成这一工作，如纸张、白板、思维导图等。

文字稿的大纲可以作为演示文稿的目录、过渡页标题、内容页标题。

下面通过案例讲解如何使用三步法对文字稿进行梳理，如图 20-2 所示。

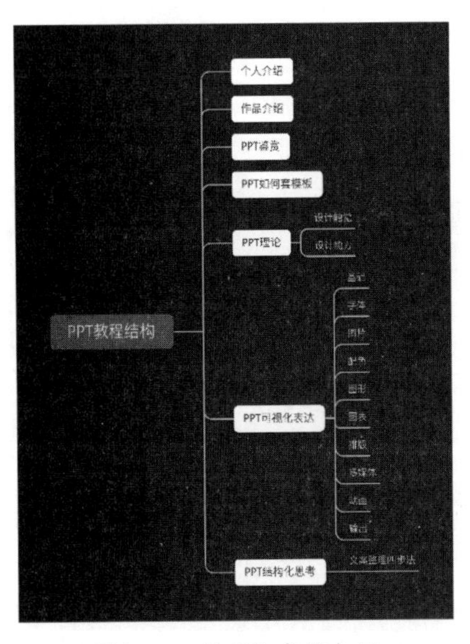

图 20-1　梳理文字稿大纲

WPSOffice 是由北京金山办公软件股份有限公司自主研发的一款办公软件套装，可以实现办公软件最常用的文字、表格、演示、PDF 阅读等多种功能。具有内存占用低、运行速度快、云功能多、强大插件平台支持、免费提供海量在线存储空间及文档模板的优点。支持阅读和输出 PDF 文件、具有全面兼容微软 Office97-2010 格式独特优势。覆盖 Windows、Linux、Android、iOS 等多个平台。WPSOffice 支持桌面和移动办公。且 WPS 移动版通过 GooglePlay 平台，已覆盖超 50 多个国家和地区。

产品功能

文字 -新建 Word 文档功能；-支持 doc.docx.dot.dotx.wps.wpt 等文件格式的打开，包括加密文档；-支持对文档进行查找替换、修订、字数统计、拼写检查等操作；-编辑模式下支持文档编辑，文字、段落、对象属性设置、插入图片等功能；-阅读模式下支持文档页面放大、缩小，调节屏幕亮度，增减字号等功能；-独家支持批注、公式、水印、OLE 对象的显示。

演示 -新建 PPT 幻灯片功能；-支持 ppt.pptx.pot.potx.pps.dps.dpt 等文件格式的打开和播放，包括加密文档；-全面支持 PPT 各种动画效果，并支持声音和视频的播放；-编辑模式下支持文档编辑、文字、段落、对象属性设置，插入图片等功能；-阅读模式下支持文档页面放大、缩小，调节屏幕亮度，增减字号等功能；-共享播放，与其他设备链接，可同步播放当前幻灯片；-支持 Airplay、DLNA 播放 PPT。

表格 -新建 Excel 文档功能；-支持 xls、xlt、xlsx、xltx、et、ett 等格式的查看，包括加密文档；-支持 sheet 切换、行列筛选、显示隐藏的 sheet、行、列；-支持醒目阅读——表格查看时，支持高亮显示活动单元格所在行列；-表格中可自由调整行高列宽，完整显示表格内容；-支持在表格中查看批注；-支持表格查看时，双指放缩页面。

个人版 WPSOffice 个人版是一款对个人用户永久免费的办公软件产品，其将办公与互联网结合起来，多种界面随心切换，还提供了大量的精美模板、在线图片素材、在线字体等资源，帮助用户轻轻松松打造优秀文档。

校园版 WPSOffice 校园版是由金山办公软件专为师生打造的全新 office 套件。

专业版 WPSOffice 专业版是针对企业用户提供的办公软件产品，强大的系统集成能力，如今已经与超过 240 家系统开发厂商建立合作关系，实现了与主流中间件、应用系统的无缝集成，完成企业中应用系统的零成本迁移。

租赁版 WPSOffice 租赁版是金山办公面向中小企业推出的一款按年收费的企业级协作办公软件，其包含了 4 个版本：轻办公版本、印象笔记版本、img 版本和搜狐云存储版本。

移动版 金山 WPSOffice 移动版是运行于 Android、iOS 平台上的办公软件，个人版永久免费，其特点是体积小、速度快，支持微软 Office、PDF 等 47 种文档格式。特有的文档漫游功能，让你离开电脑一样办公。

在线资源

模板 上百个热门标签，多款模板不断更新。

素材 集合千万精品办公素材，还可以上传、下载、分享他人的素材，群组功能允许你方便的将不同素材分类。按钮、图标、结构图、流程图等专业素材可将你的思维和点子变成漂亮专业的图文格式付诸于文档、演示和表格。

知识库 在 WPS 知识库频道，来自 Office 能手们的亲身体验出的"智慧结晶"能够帮助你解决一切疑难杂症，无论是操作问题，功能理解，

还是应用操作，WPS 知识库的精品教程都会助你一臂之力，办公技巧不再是独家秘技，而是人人都可学，人人都能用的知识。

图 20-2　案例文字稿

➲ 第 1 步　划分段落

根据文字稿内容划分段落，在段落末尾处按【回车】键即可完成分段。分段后的效果如图 20-3 所示。

WPSOffice 是由北京金山办公软件股份有限公司自主研发的一款办公软件套装，可以实现办公软件最常用的文字、表格、演示、PDF 阅读等多种功能。具有内存占用低、运行速度快、云功能多、强大插件平台支持、免费提供海量在线存储空间及文档模板的优点。

支持阅读和输出 PDF 文件，具有全面兼容微软 Office97-2010 格式独特优势。覆盖 Windows、Linux、Android、iOS 等多个平台。WPSOffice 支持桌面和移动办公。且 WPS 移动版通过 GooglePlay 平台，已覆盖超 50 多个国家和地区。

产品功能
文字
-新建 Word 文档功能；
-支持.doc.docx.dot.dotx.wps.wpt 等文件格式的打开，包括加密文档；
-支持对文档进行查找替换、修订、字数统计、拼写检查等操作；
-编辑模式下支持文档编辑，文字、段落、对象属性设置，插入图片等功能；
-阅读模式下支持文档页面放大、缩小，调节屏幕亮度，增减字号等功能；
-独家支持批注、公式、水印、OLE 对象的显示。

演示
-新建 PPT 幻灯片功能；
-支持.ppt.pptx.pot.potx.pps.dps.dpt 等文件格式的打开和播放，包括加密文档；
-全面支持 PPT 各种动画效果，并支持声音和视频的播放；
-编辑模式下支持文档编辑，文字、段落、对象属性设置，插入图片等功能；
-阅读模式下支持文档页面放大、缩小，调节屏幕亮度，增减字号等功能；
-共享播放，与其他设备链接，可同步播放当前幻灯片；
-支持 Airplay、DLNA 播放 PPT。

表格
-新建 Excel 文档功能；
-支持 xls、xlt、xlsx、xltx、et、ett 等格式的查看，包括加密文档；
-支持 sheet 切换、行列筛选、显示隐藏的 sheet、行、列；
-支持醒目阅读——表格查看时，支持高亮显示活动单元格所在行列；
-表格中可自由调整行高列宽，完整显示表格内容；
-支持在表格中查看批注；
-支持表格查看时，双指放缩页面。

个人版
WPSOffice 个人版是一款对个人用户永久免费的办公软件产品，其将办公与互联网结合起来，多种界面随心切换，还提供了大量的精美模板、在线图片素材、在线字体等资源，帮助用户轻轻松松打造优秀文档。

校园版
WPSOffice 校园版是由金山办公软件专为师生打造的全新 office 套件。

专业版

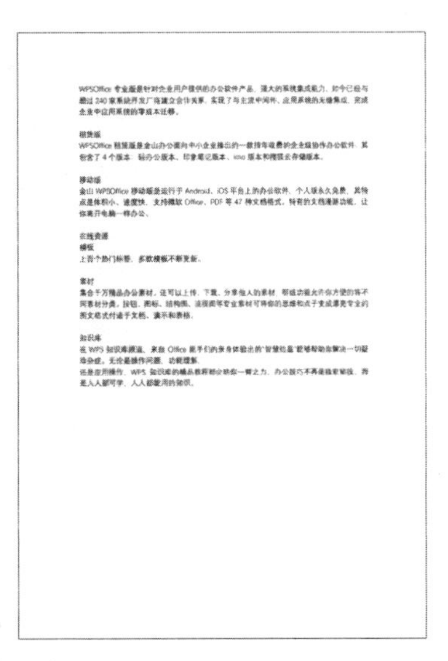

WPSOffice 专业版是针对企业用户提供的办公软件产品，强大的系统集成能力，如今已经与超过 240 家系统开发厂商建立合作关系，实现了与主流中间件、应用系统的无缝集成，完成企业中应用系统的零成本迁移。

稻壳版
WPSOffice 稻壳版是金山办公面向中小企业推出的一款按年收费的企业级协作办公软件，其包含了 4 个版本：轻办公版本、印象笔记版本、[illegible] 版本和搜狐云存储版本。

移动版
金山 WPSOffice 移动版是运行于 Android、iOS 平台上的办公软件，个人版永久免费，其特点是体积小、速度快，支持微软 Office、PDF 等 47 种文档格式，特有的文档漫游功能，让你离开电脑一样办公。

在线资源
模板
上百个热门标签，多款模板不断更新。

素材
集合千万精品办公素材，还可以上传、下载、分享他人的素材，帮助功能允许你方便的将不同素材分类，按钮、图标、结构图、流程图等专业素材可将你的思维和点子变成漂亮专业的图文格式付诸于文档、演示和表格。

知识库
在 WPS 知识库频道，来自 Office 能手们的亲身体验出的"智慧结晶"能够帮助你解决一切疑难杂症，无论是操作问题、功能理解，
还是应用操作，WPS 知识库的精品教程都会助你一臂之力，办公技巧不再是独家秘技，而是人人都可学、人人都能用的知识。

图 20-3　文字稿梳理第一步

➲ 第 2 步　归类总结

将内容关联较强的段落进行归类，形成层级结构，并分别设置标题（已经有的标题可以继续使用），可用带颜色的文字区分不同层级标题。效果如图 20-4 所示。

软件介绍
WPSOffice 是由北京金山办公软件股份有限公司自主研发的一款办公软件套装，可以实现办公软件最常用的文字、表格、演示、PDF 阅读等多种功能。具有内存占用低、运行速度快、云功能多、强大插件平台支持、免费提供海量在线存储空间及文档模板的优点。
软件优势
支持阅读和输出 PDF 文件，具有全面兼容微软 Office97-2010 格式独特优势。覆盖 Windows、Linux、Android、iOS 等多个平台。WPSOffice 支持桌面和移动办公。且 WPS 移动版通过 GooglePlay 平台，已覆盖超 50 多个国家和地区。

产品功能
文字
-新建 Word 文档功能；
-支持.doc.docx.dot.dotx.wps.wpt 等文件格式的打开，包括加密文档；
-支持对文档进行查找替换、修订、字数统计、拼写检查等操作；
-编辑模式下支持文档编辑，文字、段落、对象属性设置，插入图片等功能；
-阅读模式下支持文档页面放大、缩小，调节屏幕亮度，增减字号等功能；
-独家支持批注、公式、水印、OLE 对象的显示。

演示
-新建 PPT 幻灯片功能；
-支持.ppt.pptx.pot.potx.pps.dps.dpt 等文件格式的打开和播放，包括加密文档；
-全面支持 PPT 各种动画效果，并支持声音和视频的播放；
-编辑模式下支持文档编辑，文字、段落、对象属性设置，插入图片等功能；
-阅读模式下支持文档页面放大、缩小，调节屏幕亮度，增减字号等功能；
-共享播放，与其他设备链接，可同步播放当前幻灯片；
-支持 Airplay、DLNA 播放 PPT。

表格
-新建 Excel 文档功能；
-支持 xls、xlt、xlsx、xltx、et、ett 等格式的查看，包括加密文档；
-支持 sheet 切换、行列筛选、显示隐藏的 sheet、行、列；
-支持醒目阅读——表格查看时，支持高亮显示活动单元格所在行列；
-表格中可自由调整行高列宽，完整显示表格内容；
-支持在表格中查看批注；
-支持表格查看时，双指放缩页面。

软件版本
个人版
WPSOffice 个人版是一款对个人用户永久免费的办公软件产品，其将办公与互联网结合起来，多种界面随心切换，还提供了大量的精美模板、在线图片素材、在线字体等资源，帮助用户轻轻松松打造优秀文档。

校园版
WPSOffice 校园版是由金山办公软件专为师生打造的全新 office 套件。

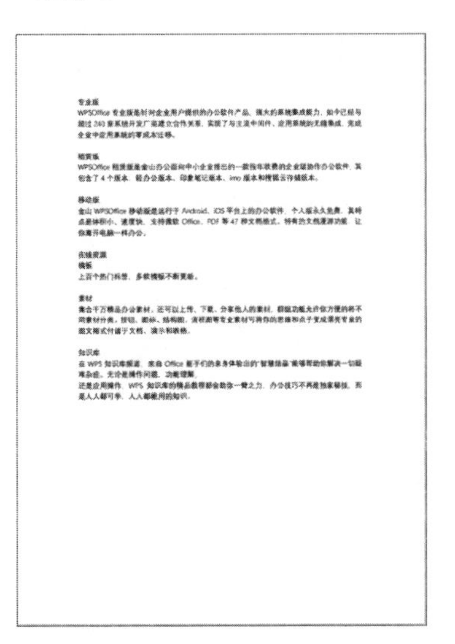

专业版
WPSOffice 专业版是针对企业用户提供的办公软件产品，强大的系统集成能力，如今已经与超过 240 家系统开发厂商建立合作关系，实现了与主流中间件、应用系统的无缝集成，完成企业中应用系统的零成本迁移。

稻壳版
WPSOffice 稻壳版是金山办公面向中小企业推出的一款按年收费的企业级协作办公软件，其包含了 4 个版本：轻办公版本、印象笔记版本、[illegible] 版本和搜狐云存储版本。

移动版
金山 WPSOffice 移动版是运行于 Android、iOS 平台上的办公软件，个人版永久免费，其特点是体积小、速度快，支持微软 Office、PDF 等 47 种文档格式，特有的文档漫游功能，让你离开电脑一样办公。

在线资源
模板
上百个热门标签，多款模板不断更新。

素材
集合千万精品办公素材，还可以上传、下载、分享他人的素材，帮助功能允许你方便的将不同素材分类，按钮、图标、结构图、流程图等专业素材可将你的思维和点子变成漂亮专业的图文格式付诸于文档、演示和表格。

知识库
在 WPS 知识库频道，来自 Office 能手们的亲身体验出的"智慧结晶"能够帮助你解决一切疑难杂症，无论是操作问题、功能理解，
还是应用操作，WPS 知识库的精品教程都会助你一臂之力，办公技巧不再是独家秘技，而是人人都可学、人人都能用的知识。

图 20-4　文字稿梳理第二步

➲ 第 3 步　梳理层级

借助工具梳理标题层级，可以得到清晰的目录结构。效果如图 20-5 所示。

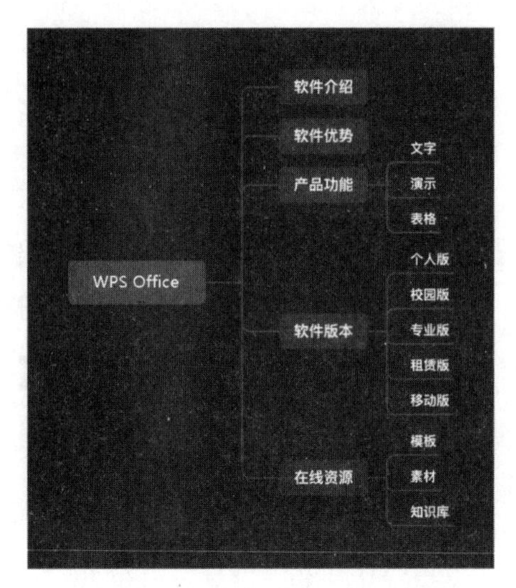

图 20-5 文字稿梳理第三步

20.2 导入文字稿

这里介绍两种导入文字稿的方法，导入后可以得到一份白板演示文稿。

20.2.1 复制粘贴到幻灯片

将梳理完的文字稿根据大纲结构逐页复制到空白演示文稿中。

- ❖ 文字稿标题粘贴进第一页幻灯片的标题占位符中，作为标题幻灯片
- ❖ 文字稿中的红色一级标题粘贴到第二页幻灯片的标题占位符中，二级以下标题和内容粘贴到幻灯片的内容占位符中，以此类推，直至全部粘贴完成，如图 20-6 所示

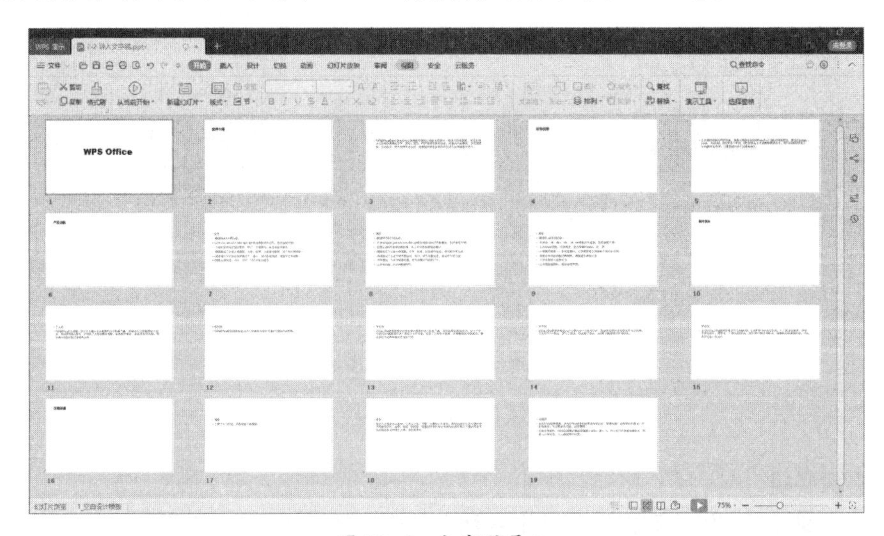

图 20-6 文字稿导入

20.2.2　复制粘贴到大纲

单击【导航窗格】中的【大纲】按钮，进入大纲视图。

通过<Enter>键新建页面，然后将文字复制粘贴到对应的页面中。也可以通过<Enter>键对已粘贴的文字进行分页。

此时，每页的文字均在标题占位符中，可以选中文字后按<Tab>键将其移动至内容占位符中，也可以按<Shift+Tab>组合键将内容占位符中的文字移动至标题占位符中，如图 20-7 所示。

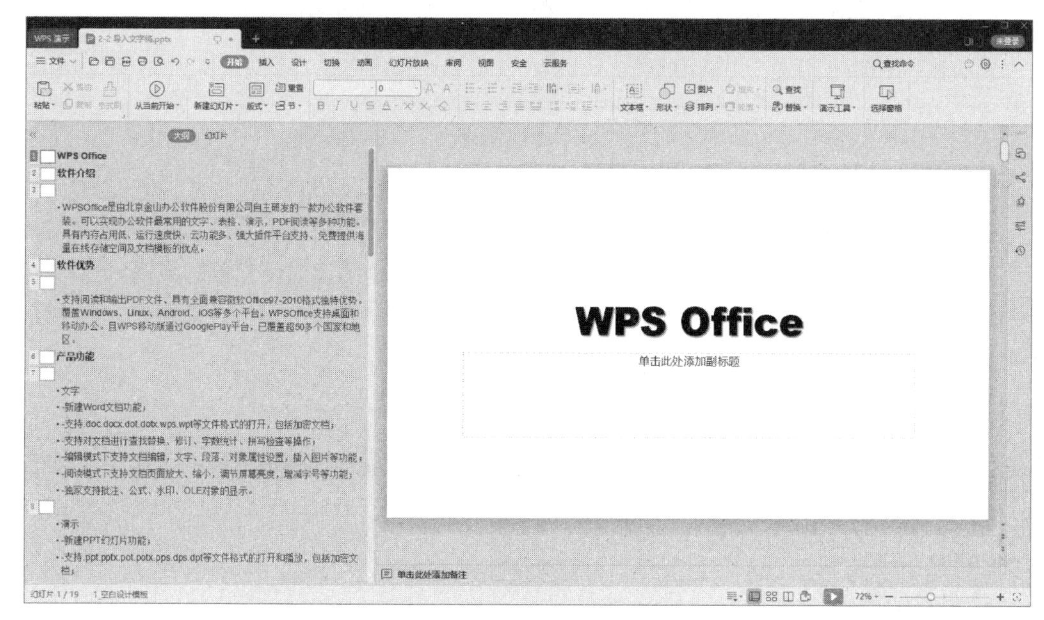

图 20-7　文字稿导入大纲

根据本书前言的提示，可观看将文字稿复制粘贴到大纲的视频讲解。

第 21 章　使用主题及模板

对演示文稿进行美化可以通过如下几种方法完成：一是套用WPS演示中内置的主题；二是使用随机魔法换装；三是套用稻壳儿网主题；四是自主设计。本章先对前三种方法进行讲解。

本章学习要点

(1)确定演示文稿的风格
(2)幻灯片母版、版式、主题和模板
(3)内置主题的套用
(4)更多主题的获取

21.1　确定演示文稿的风格

设计人员需要通过文字稿的主题、受众的喜好等多种因素来确定演示文稿的风格。

每份演示文稿最好只使用一种风格，而不是多种风格混搭。统一的风格才能更好、更系统地展现观点。

21.1.1　常见的风格

在刚开始接触演示文稿设计的时候，设计人员往往没有形成自己的设计风格。如果对风格暂时没有什么概念，那就从模仿流行的风格开始。

以下展示了目前比较流行的演示文稿风格。

➲ Ⅰ　欧美商务风格

如图 21-1 所示，这种风格主要由高清大图和色块组成，类似高端彩印杂志。这种风格显得很有商务格调，适合用于工作汇报、文件宣讲、项目汇报等。

图 21-1　欧美商务风格

➲ II 中国风风格

如图 21-2 所示这种风格以中国传统元素为背景或修饰的元素，例如：以云、山、宣纸为背景，以折扇、灯笼、纹饰为修饰元素，采用书法字体。此风格具有中国传统文化气息，适用于文艺性演示。

图 21-2 中国风风格

➲ III 党政风格

党政风格是中国风的一种延伸演变，采用与党政相关的修饰元素，如国旗、国徽、党旗、党徽、绸带、长城、华表等。色系以红、黄、金为主。采用大气磅礴的书法字体，适合党政机关、央企、国企等进行党建工作汇报和宣贯，如图 21-3 所示。

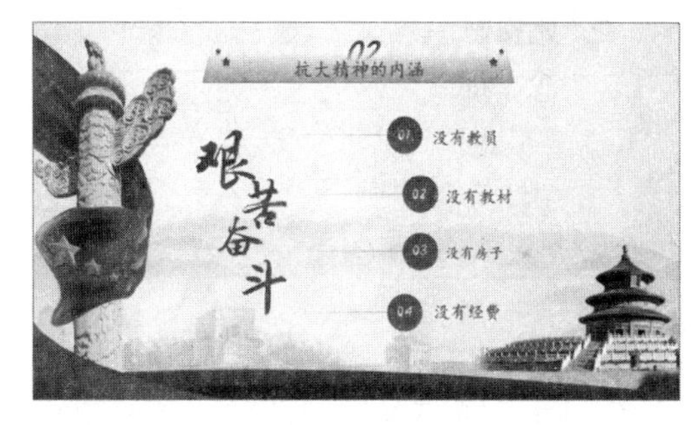

图 21-3 党政风格

➲ IV 扁平风格

扁平风格是近年来比较流行的一种风格，由纯色或渐变色色块构成，不添加光影等质感修饰元素，由于设计简单、制作效率高而受到推崇，是一种通用的风格类型，如图 21-4 所示。

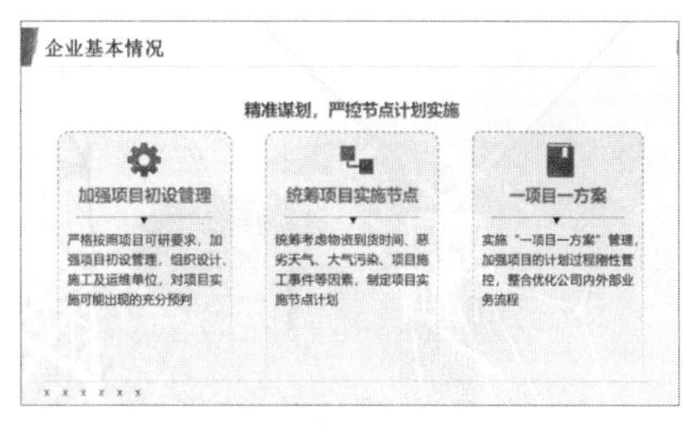

图 21-4 扁平风格

➲ V　质感风格

质感风格由金属质感、水晶质感、3D 质感的修饰元素构成，此类风格高端、大气，但是比较依赖质感元素，适合在公司年会、颁奖晚会等场景使用，如图 21-5 所示。

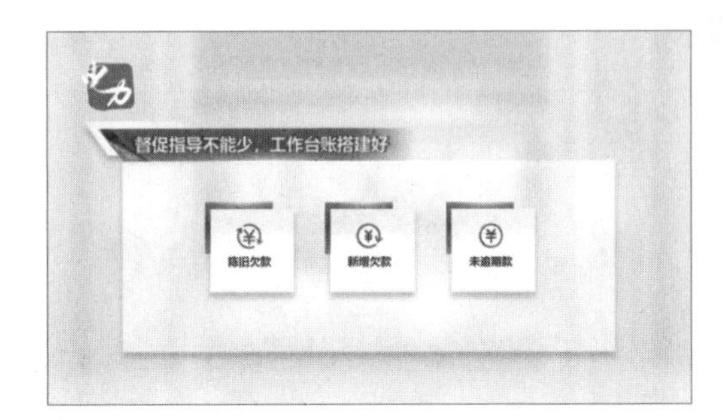

图 21-5　质感风格

➲ VI　科技风格

科技风格采用深色背景、浅色修饰配色，配合科技感边框、高光，构建未来感、科技感。适合一些科技型创新项目的展演场景，比如创业比赛、项目展演，如图 21-6 所示。

图 21-6　科技风格

21.1.2　确定演示文稿风格

演示文稿与相应风格相配合才能够达到最好效果，表 21-1 展示了不同用途的演示文稿适用的风格。

表 21-1　演示文稿风格适用场景

序号	演示文稿用途	设计风格
1	通用工作汇报、文件宣讲、项目汇报	欧美商务风格
2	书法、茶艺等传统文化主题	中国风风格
3	党政机关、国企等党建工作演示	党政风格
4	通用工作汇报、文件宣讲、项目汇报	扁平风格
5	通用公司年会、颁奖晚会	质感风格
6	创业比赛、项目展演	科技风格

21.2 幻灯片母版、版式、主题和模板

这里有以下几个概念需要区分。

❖ 幻灯片母版：是存储字体、占位符大小和位置、背景、效果和配色方案信息的幻灯片。通过单击【视图】→【幻灯片母版】按钮进入，通过单击【幻灯片母版】→【关闭】按钮保存与退出。一个演示文稿中可以有一个或多个幻灯片母版，每个母版由多个版式组成，如图 21-7 所示

图 21-7 幻灯片母版

❖ 版式：包含幻灯片颜色、字体、效果和背景等信息，以及显示的所有内容（文字、图片、视频、表格、图表）的格式、位置信息，通过占位符框作为容器进行摆放。WPS演示中默认内置十个版式，可以自主添加、修改和删除

内置版式包括标题幻灯片、标题和内容、节标题、两栏内容、比较、仅标题、空白、图片与标题、竖排标题与文本、内容，如图 21-8 所示。

版式中的"标题幻灯片"通常用于封面页，"标题和内容""两栏内容""比较""图片与标题""竖排标题与文本""内容"通常用于内容页，"节标题""仅标题"通常用于过渡页，"空白"适用于任意页。在导航窗格选中幻灯片，然后单击【开始】选项卡，再单击【版式】按钮可以选择相应版式。或通过右击幻灯片，在弹出的快捷菜单中选择【幻灯片版式】→【Office主题】选择相应版式，如图 21-9 所示。

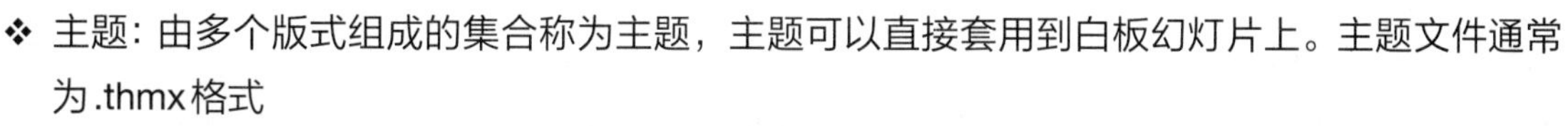

❖ 主题：由多个版式组成的集合称为主题，主题可以直接套用到白板幻灯片上。主题文件通常为.thmx格式

❖ 模板：通常指具有特定风格的演示文稿，与普通演示文稿没有区别，主要为*.ppt，*.pptx等格

式。按照版式规范设计的模板可以像主题一样套用，没有按照版式规范设计的模板不能像主题一样套用，需要手动填入内容

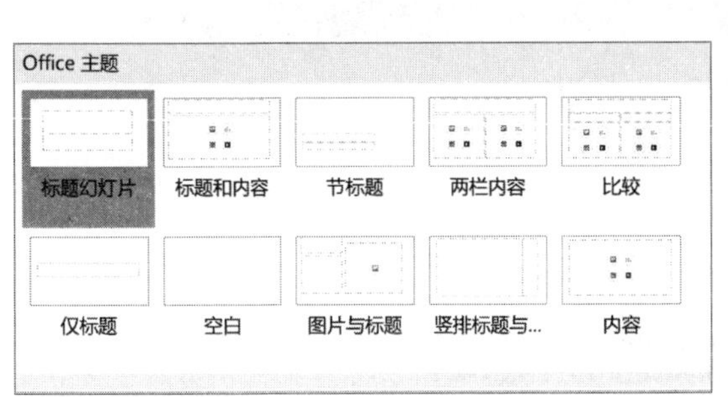

图 21-8　幻灯片板式

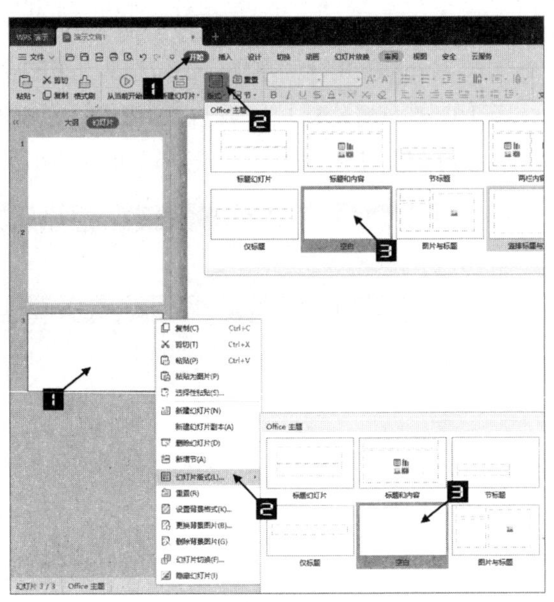

图 21-9　选择版式

21.3　内置主题的套用

打开幻灯片后，单击【设计】选项卡，如图 21-10 所示，可以看到【主题】样式库有 9 个内置主题，单击“方案介绍”主题，当前演示文稿就可以套用该主题。

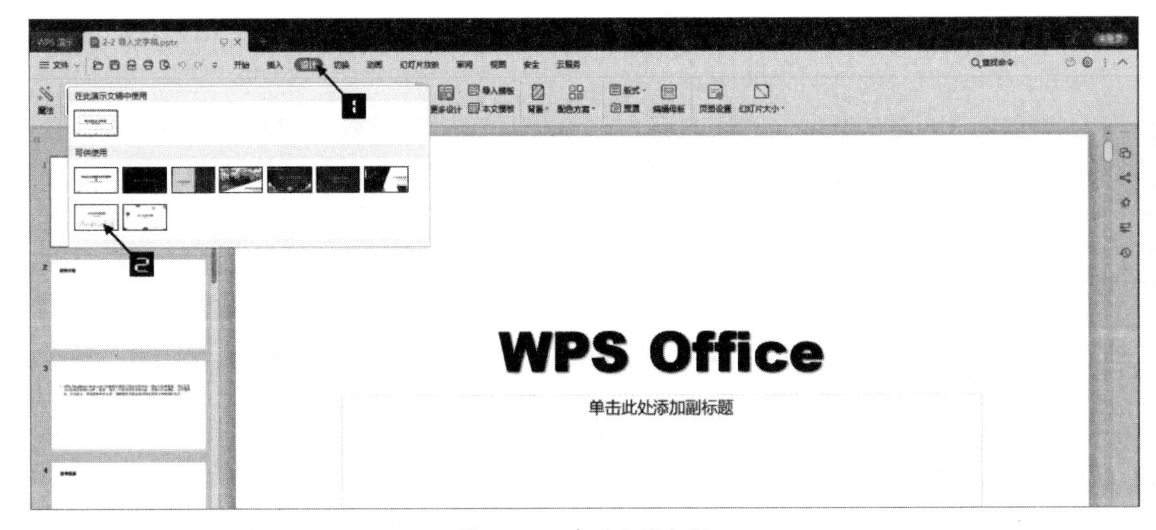

图 21-10　套用内置主题

主题套用后，通过右击封面页，在弹出的快捷菜单中选择【幻灯片版式】，然后选择“标题幻灯片”。标题页选择“仅标题”，内容页选择“标题和内容”，效果如图 21-11 所示。

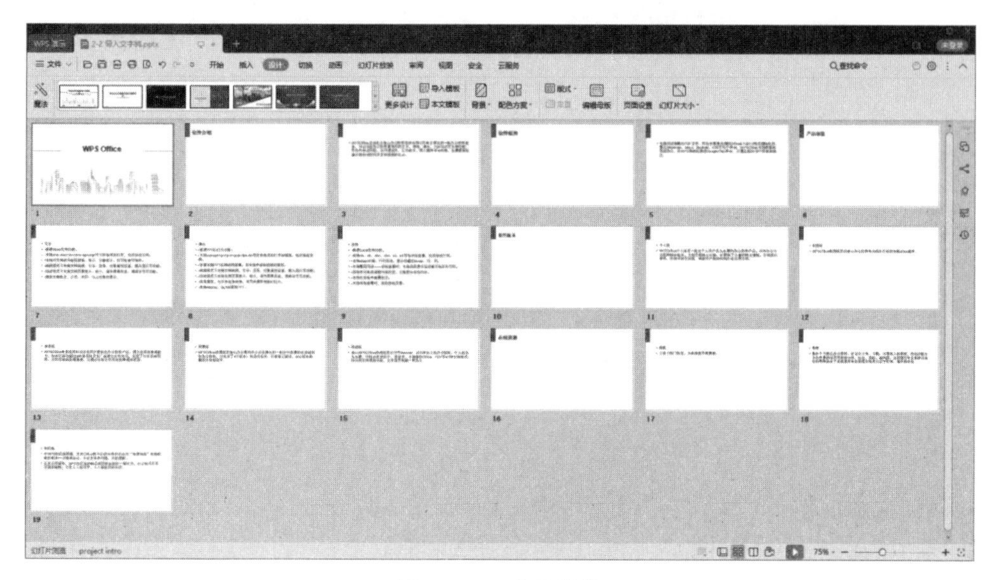

图 21-11　应用版式

如果某一页幻灯片除了文字外还有其他内容(图片、视频、表格、图表)需要插入，则需要将该页设置为“两栏内容”版式，然后单击占位符内图标，插入相应内容，如图 21-12 所示。

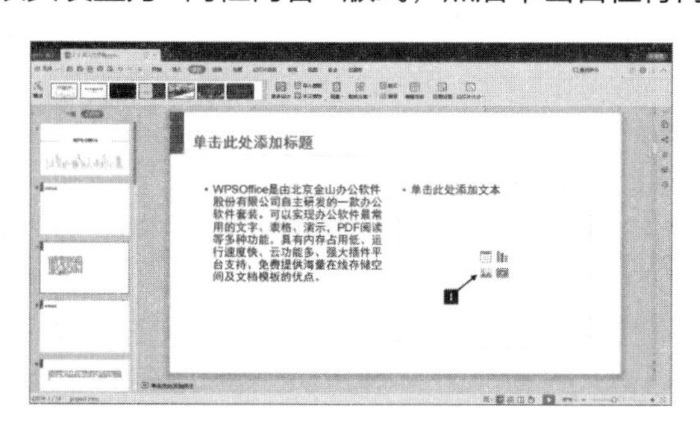

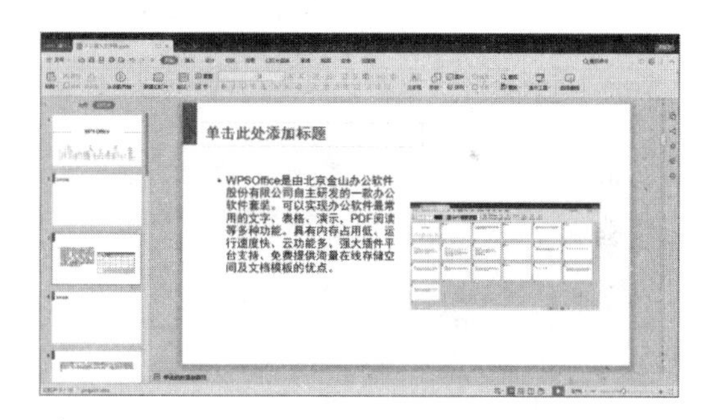

图 21-12　插入其他内容

21.4　更多主题的获取

如果想获得更多主题，可以参考以下几种方法。

21.4.1　随机魔法换装

如图 21-13 所示，单击【设计】选项卡最左侧的“魔法”命令按钮可以进行主题更换。通过该功能按钮可获取丰富的主题，但是只能随机使用主题，不能提前预览。

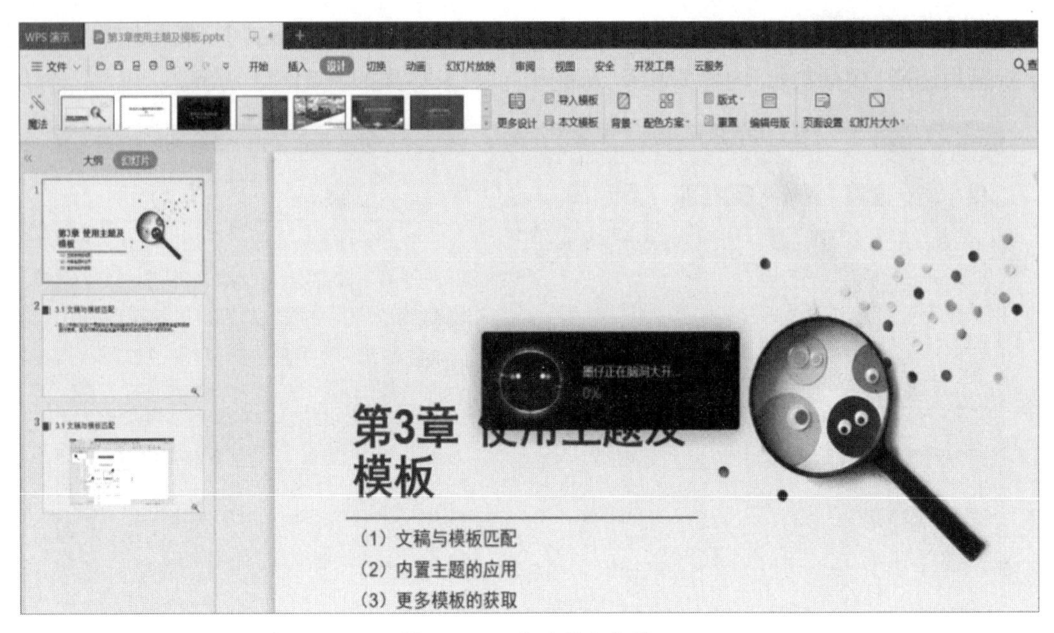

图 21-13 使用魔法换装

21.4.2 更多设计主题

可以通过单击【设计】选项卡中的【更多设计】，在打开的对话框中选择心仪的主题。此处对接“稻壳儿网”，其中有免费主题和收费主题可供选择，如图 21-14 所示。

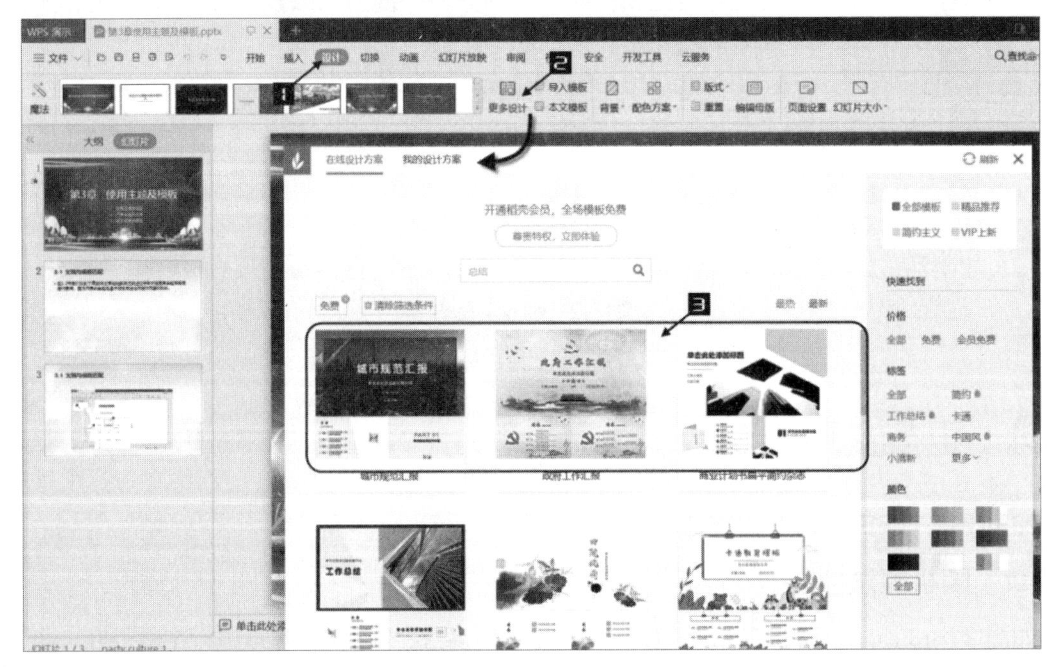

图 21-14 使用更多设计主题

21.4.3　模板网站

最常用的方式是从模板网站上下载幻灯片模板，但是大部分模板并不包含主题，因此无法套用风格到现有的演示文稿中，只能将内容“搬运”到模板文件中。下面推荐几个高质量的模板网站，如表 21-2 所示。

表 21-2　模板网站

序号	网站名称	所属
1	稻壳儿	金山办公
2	OfficePLUS	微软中国
3	演界网	上海慧岳
4	PPTSTORE	中幻创想
5	iSlide365	艾斯莱德
6	KOPPT	天瑞申红

第 22 章　素材的准备

为了使演示文稿更美观，需要按照内容和风格搜寻两类素材：一类是与文字稿内容相关的照片、视频、音频；另一类是与风格相关的图片、图标等修饰元素。

本章学习要点

(1)素材的要求
(2)素材的获取
(3)素材的导入

22.1　素材的要求

与文字内容相关的照片、视频、音频素材用来辅助说明文字内容，使内容更具可信性；作为辅助装饰的素材用来增加设计的层次感，应与演示文稿风格相协调。

22.1.1　与文字内容相关的素材

这类素材需要遵循以下两个原则。

(1)素材要与文字内容一致或相关。

(2)素材尽量选取原版高清素材，避免使用带水印或压缩过的图片、视频素材，视频素材还应避免带字幕、角标。

22.1.2　与风格相关的修饰素材

修饰用图片应选择PNG透明背景图片，此类图片便于进行多层叠加。图片应选择与演示文稿风格相匹配的图片。

如图22-1所示的中国风的模板，需要在页面增加一个图片素材，下面列举了错误和正确的范例。

图 22-1　错误与正确素材

这个演示文稿是中国风的水墨风格，所以图片素材应该选择水墨风格，而不应该选择卡通风格。

22.2　素材的获取

与内容相关的素材可以向演示文稿制作需求方、相关业务部门人员索取，或者从需求方网站、公众号搜索。

装饰素材可以使用素材网站或素材插件提供的素材，以下介绍一些常用的素材下载网站，如表 22-1 所示。

表 22-1　素材网站

图片网站	图标网站	视频网站	音频网站
shutterstock	阿里巴巴图标	包图网	QQ 音乐
pixabay	字节跳动图标	VJ 师	酷狗音乐
pexels	ISlide		网易云音乐
站酷海洛	Icons8		酷我音乐
千图网	Iconduck		爱给网
千库网			
摄图网			
觅元素			

22.3　素材的导入

建议按照文稿段落建立文件夹，将下载的各类素材按照段落放入各自文件夹内，便于后期修改和调整。也可以将素材按照文稿内容插入已经做好的演示文稿中。

本章内容所涉及的图片、图标、视频、音频素材仅为演示和学习之用，读者在实际工作中应使用获得许可的正版的素材文件。

第 23 章　结构的设计

幻灯片一般都遵循一个通用的演示结构，只要按照页面填入文字内容和素材即可，如果需要自行设计模板，则要先设计结构，再设计内容单页。

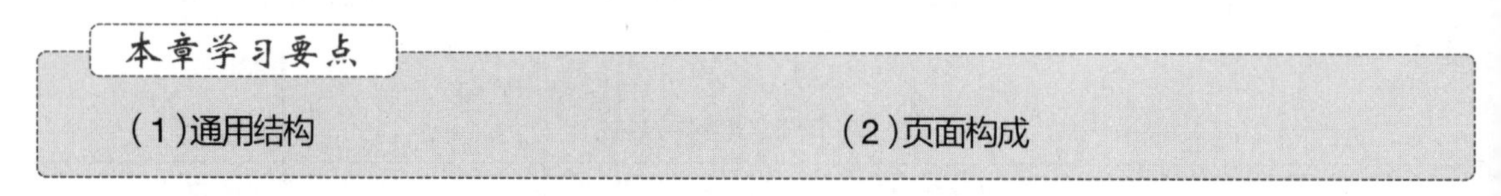

23.1　通用结构

一般幻灯片都为通用结构，由封面页、前言页、目录页、第一章节（过渡页、内容页 1、内容页 N）、第 N 章节、总结页、结束页组成，如图 23-1 所示。

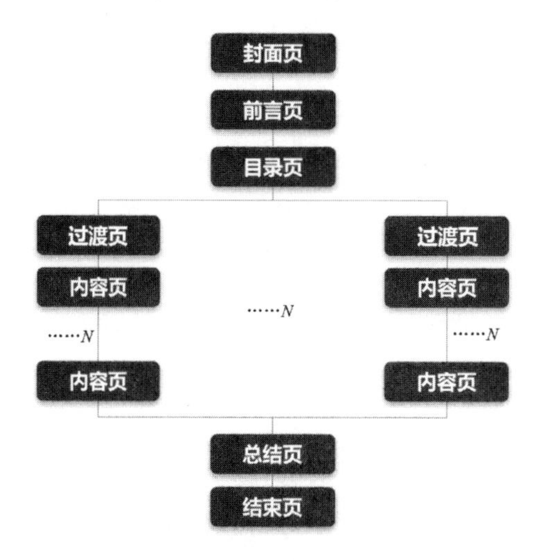

图 23-1　通用结构

23.2　页面构成

每个页面都是由多种素材元素布局排版而成的，每种类型页面都有其独特的构成和特点，这些构成和特点都是为了突出本页关键内容而设计。

23.2.1　封面页

封面页由背景元素（色块、图片）、标题信息（标题、副标题）、辅助信息（单位、部门、姓名、日期）、修饰元素（图片、形状、框线、图标等）组成。

其中标题信息最为重要，是整个幻灯片的内容说明。其次是辅助信息，标明了本次演示的所属方信息。

背景元素和修饰元素都是为了增加页面的设计感和层次而增加的，封面页构成如图 23-2 所示，效果如图 23-3 所示。

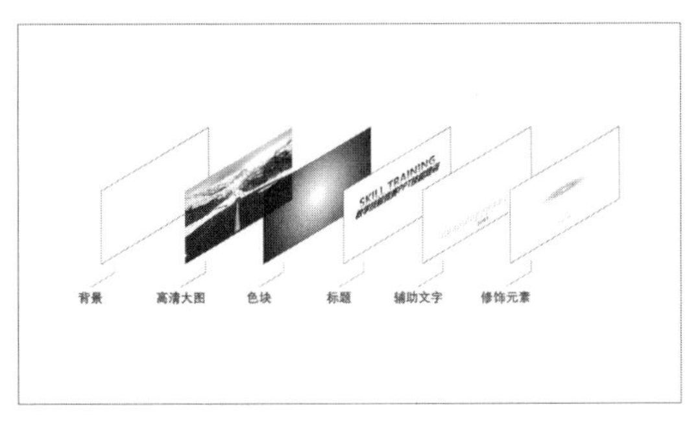

图 23-2　封面页构成

图 23-3　封面页效果

23.2.2　前言页

前言页是一种特殊的内容页，作为幻灯片的开篇导入，由背景元素（色块、图片）、标题信息（前言字样）、内容（文字、表格、图片、视频等）和修饰元素（图片、形状、框线、图标等）组成。

其中内容是本页主要内容，标题信息表明本页所属层级，背景元素为了更清晰体现内容，所以需要弱化。前言页构成如图 23-4 所示，效果如图 23-5 所示。

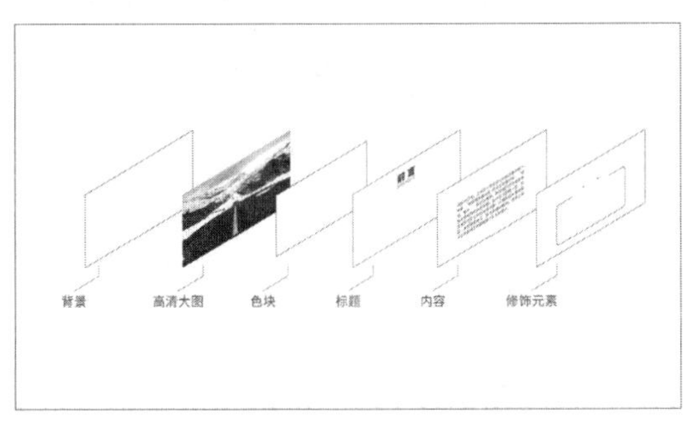

图 23-4　前言页构成

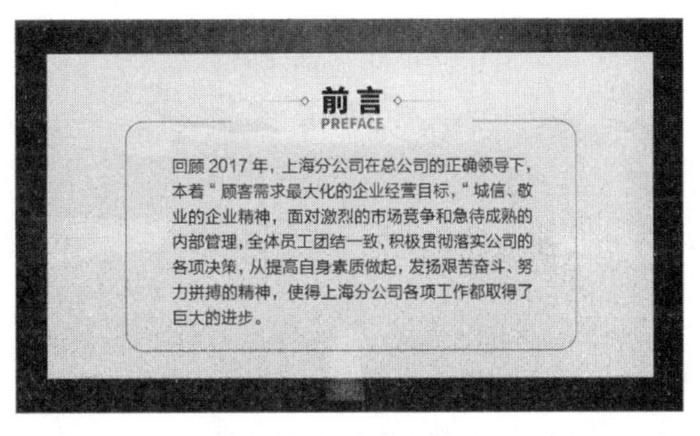

图 23-5　前言页效果

23.2.3　目录页

目录页是对整体内容章节层次的一个说明，由背景元素（色块、图片）、目录标题（目录字样中英文）、目录内容（目录文字、图示）、修饰元素（图片、形状、框线、图标等）组成。

目录内容是需要重点体现的信息，而目录标题相对来说需要弱化，目录页构成如图 23-6 所示，效果如图 23-7 所示。

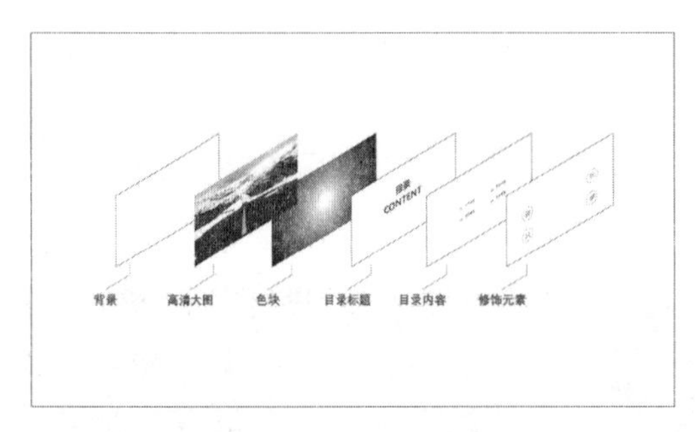

图 23-6　目录页构成

图 23-7　目录页效果

23.2.4　过渡页

过渡页是为了提醒观者展示内容即将进入一个新的章节，由背景元素(色块、图片)、章节标题(标题中英文)、修饰元素(图片、形状、框线、图标等)组成。

章节标题是本页需要重点体现的信息，而作为装饰的数字 1、2、3 或one、two、three等数字并不是重点内容，需要弱化，过渡页结构如图 23-8 所示，效果如图 23-9 所示。

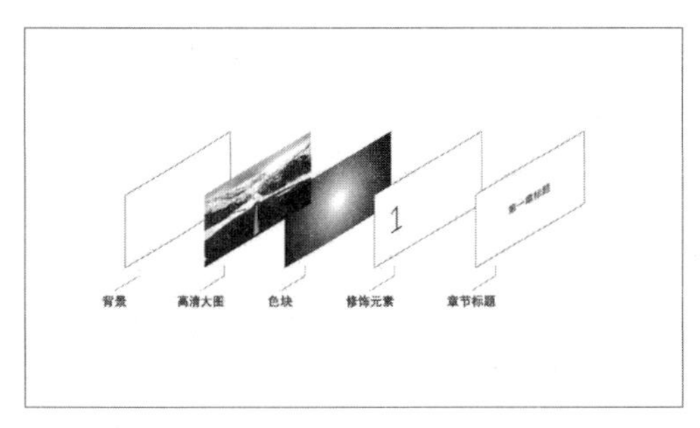

图 23-8　过渡页构成

图 23-9　过渡页效果

23.2.5　内容页

内容页是整个幻灯片的重点，由背景元素(色块、图片)、标题(一级标题、二级标题)、内容(文字、表格、图片、视频、图示)、修饰元素(图片、形状、框线、图标等)组成。

内容是本页需要重点体现的信息，可以使用图片、视频、图表等多媒体素材辅助说明。内容页构成如图 23-10 所示，效果如图 23-11 所示。

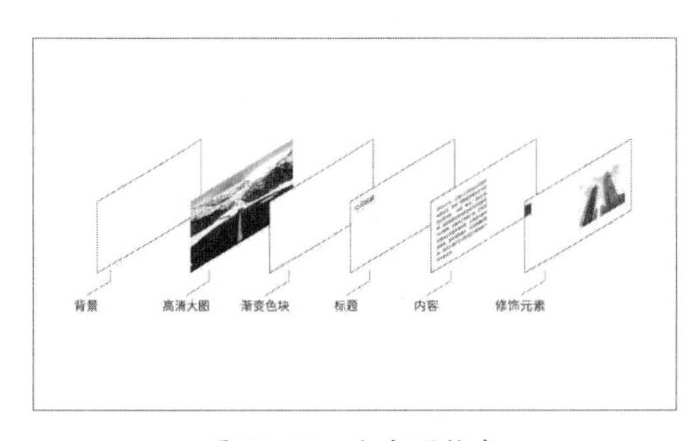

图 23-10　内容页构成

图 23-11　内容页效果

23.2.6　总结页

总结页构成及效果同前言页，总结内容是本页重点，作为全篇的回顾和总结。

23.2.7　结束页

结束页是整个演示文稿的结束，起到结束和升华的作用，由背景元素（色块、图片）、结束语（文字）、结束语修饰（英文）、修饰元素（图片、形状、框线、图标等）组成。

结束语是本页重点，一般可以写成“谢谢，再见！”“汇报结束！请领导专家指正！”，也可以进行抒情升华主题，引用标语或诗词等。结束页构成如图 23-12 所示，效果如图 23-13 所示。

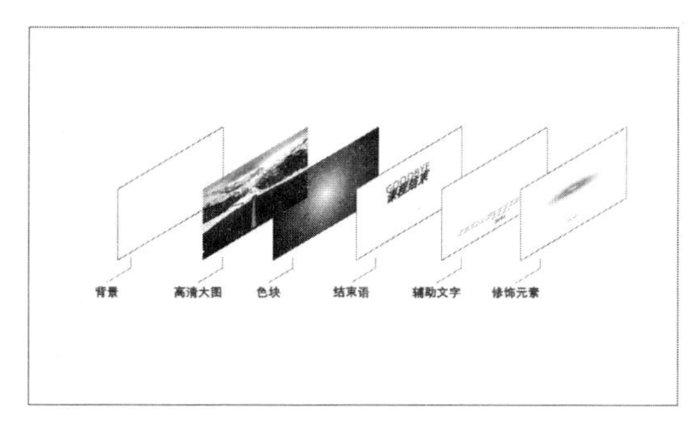

图 23-12　结束页构成

图 23-13　结束页效果

第 24 章　文字的设计

文字是演示文稿中使用频率最高的一类元素，用于传达演示者的想法。本章将讲述文字相关知识，并探讨如何让文字更加醒目、美观、更具传达性。

本章学习要点

（1）字体的搭配
（2）字体的下载及保存
（3）文字美化创意
（4）文字段落设置

幻灯片中的文字不同于文稿中简单的文字排放，在幻灯片中可以利用文字不同的字体、颜色、粗细、大小来突出重点，或通过排版体现逻辑，抑或表达某种情感。如图 24-1 所示，通过字体、文字颜色和大小可以表示逻辑关系和层级。

如图 24-2 所示，金山成立 30 周年的幻灯片通过字体和颜色的不同，表达了金山软件一直追逐梦想的情感。

图 24-1　文字逻辑关系

图 24-2　梦想金山

在幻灯片设计时尽量选择针对显示设备优化设计的数码字体。

24.1　字体的搭配

文字是一种传达信息的符号，同时也蕴含了一定的情感，在选择字体的时候要与演示文稿的风格契合。字体的风格就代表了演示文稿的风格，如图 24-3 所示。

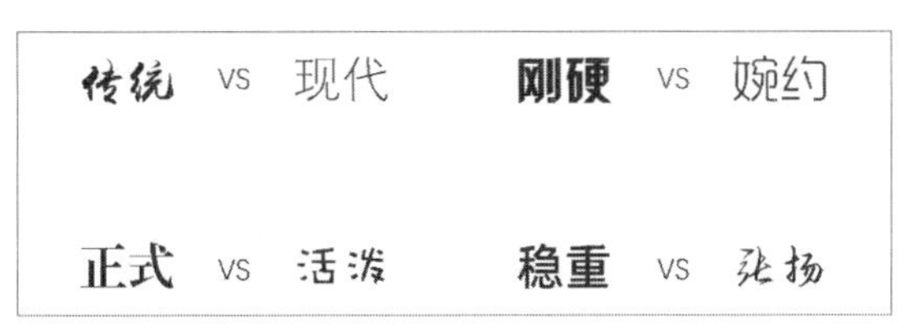

图 24-3　字体风格

不同字体能体现出不同的风格。

❖ 传统风格常用字体：禹卫书法行书、方正黄草、汉仪尚巍手书、演示新手书、方正吕建德字体等。如图 24-4 所示，书法字体体现出的是中国传统风格，搭配中国风元素使得整个演示文稿具有传统韵味

❖ 现代风格常用字体：方正兰亭黑体、造字工房悦黑、冬青黑体、小米兰亭字体、苹方字体等。这类字体的笔画纤细，结构清晰，笔画简单无多余修饰，具有简约、现代、时尚、精致、高端的气质，常用于产品介绍类演示文稿，如图 24-5 所示

图 24-4　中国传统风格书法字体

图 24-5　现代简约字体

❖ 正式风格字体：华康标题宋、方正粗雅宋、方正小标宋、思源宋体等。宋体字笔画较粗，整体结构稳重，笔画首尾有装饰部分，字体沉稳大气又不失灵活，常用在正式场合的展示中，如图 24-6 所示

❖ 活泼风格字体：华康娃娃体、站酷快乐体、包图小白体等。这类变体字的笔画圆滑、结构灵活变化，呈现出年少、轻松、活泼、愉悦的特点，常用于卡通类的演示文稿中，如图 24-7 所示

图 24-6　正式庄重字体

图 24-7　活泼风格字体

❖ 刚硬风格字体：阿里汉仪智能黑体、汉仪菱心体简、胡晓波男神体、庞门正道标题体、站酷高端黑、站酷酷黑、方正综艺简体等。这类字体的笔画硬朗、干练，适合用在有科技感、力量感的演示文稿中，如图 24-8 所示

❖ 婉约风格字体：喜鹊燕书体、优设好身体、站酷庆科黄油体。这些文字笔画圆润、柔美、纤细，适合使用在艺术类演示文稿中，如图 24-9 所示

图 24-8 刚硬风格字体

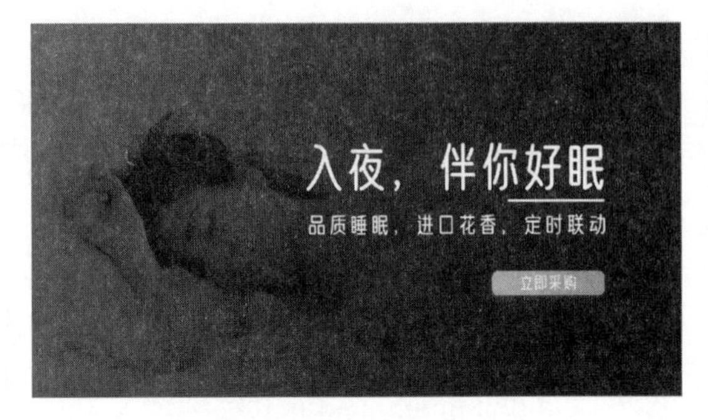

图 24-9 婉约风格字体

- ❖ 稳重风格字体：微软雅黑、阿里巴巴普惠体等。这类字体的笔画简洁、瘦长，活力十足，泛用性强，适合使用在绝大部分演示文稿中，如图 24-10 所示
- ❖ 张扬风格字体：方正徐静蕾字体、禹卫硬笔常规体等手写字体。这类字体的手写痕迹明显，个性极强，适合用在抒情的演示文稿中，如图 24-11 所示

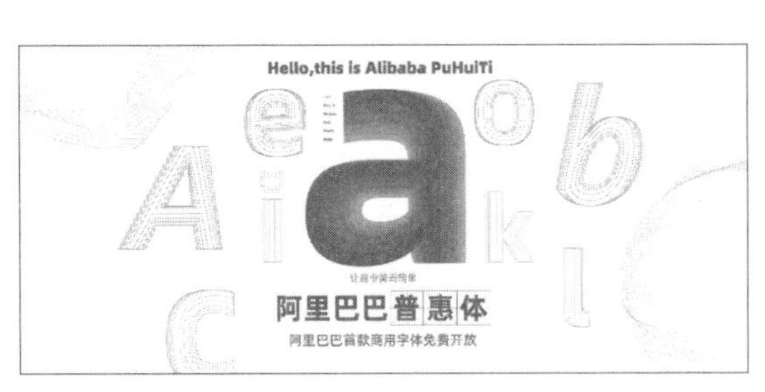

图 24-10 稳重风格字体

图 24-11 张扬风格字体

虽然使用字体数量没有硬性的要求，但是并不是好看字体用得越多，演示文稿就会越漂亮。建议每页幻灯片字体不超过两种，每套演示文稿字体数量不超过 3 种。

24.2 字体的下载及保存

计算机操作系统会默认安装一部分字体，但是想要使用具有设计感的特殊字体还需要自行下载安装，如果知道字体名称，可以从搜索引擎或字体网站直接搜索下载。常用的字体搜索网站如表 24-1 所示。

表 24-1 字体搜索网站

网站名称	网站描述
求字体	字体搜索
字体天下	字体搜索
站长字体	字体搜索

如果不知道字体名称，也可以去字体网站选择想要的字体。常用的字体网站如表 24-2 所示。

表 24-2 字体网站

网站名称	网站描述
字魂网	自创字体下载
方正字库	自创字体下载
汉仪字库	自创字体下载
造字工房	自创字体下载
51 字体	开源字体下载
字由	自创字体下载
喜鹊造字	自创字体下载
禹卫字体	自创字体下载

如果看到了心仪的字体范例，但是不知道字体名称，可以保存图片、截图或拍照，在求字体网上传图片进行搜索。

根据本书前言的提示，可观看字体查找的视频讲解。

如图 24-12 所示，在“资源管理器”中双击下载好的字体文件，单击左上角【安装】按钮，即可完成字体安装。重启WPS演示程序后，新字体就可以正常使用了。

图 24-12 字体安装

> **提示** 在制作演示文稿使用字体时需要注意，如果演示文稿只是内部分享，不涉及商业用途，大部分字体都是可以使用的，但一旦涉及商业使用，部分字体需要购买。想要了解哪些字体需要购买版权，可以使用 360 查字体网站进行查询。

下面推荐一些免费可商用字体，如表 24-3 所示。

表 24-3　免费可商用字体

系列名称	字体名称				
思源字体	思源黑体	思源宋体	思源柔黑体	思源真黑体	
站酷字体	站酷酷黑体	站酷高端黑	站酷快乐体	站酷文艺体	站酷小薇 logo 体
	站酷庆科黄油体	站酷仓耳渔阳体			
庞门字体	庞门正道标题体	庞门正道粗书体	庞门轻松体		
文泉驿字体	文泉驿正黑	文泉驿微米黑			
郑庆科字体	郑庆科黄油体				
新蒂字体	新蒂小丸子	新蒂下午茶			
濑户字体	濑户字体				
明朝字体	装甲明朝体	源界明朝			
龙泉寺字体	贤二体				
杨任东字体	杨任东竹石体				
造字工房字体	文藏书房				
oppo 字体	OPPO Sans				
阿里字体	阿里巴巴普惠体				
英文字体	Pacifico	Righteous	Poppins	BOXING	

安装完的字体可以在设计演示文稿时被调用，但是经常会发生在其他计算机打开演示文稿字体失效的情况。可以采用以下四种方法避免字体失效。

➲ 方法一：字体嵌入法

演示文稿制作完后，单击【文件】菜单中的【选项】，在弹出的【选项】窗口中选择【常规与保存】，选中【将字体嵌入文件】复选框，如图 24-13 所示。

- ❖ 仅嵌入文档中所用的字符（适于减小文件大小）：该选项只将演示文稿中使用的字符嵌入文件中，可以有效减小文件体积，但是在其他未安装该字体的计算机中无法使用该字体的其他文字
- ❖ 嵌入所有字符（适于其他人编辑）：该选项将完整的字体嵌入演示文稿中，在未安装字体的计算机中可以随意编辑，但是会造成演示文稿体积增大

> **提示** 保存时 WPS 演示会提示商业版权字体无法嵌入。

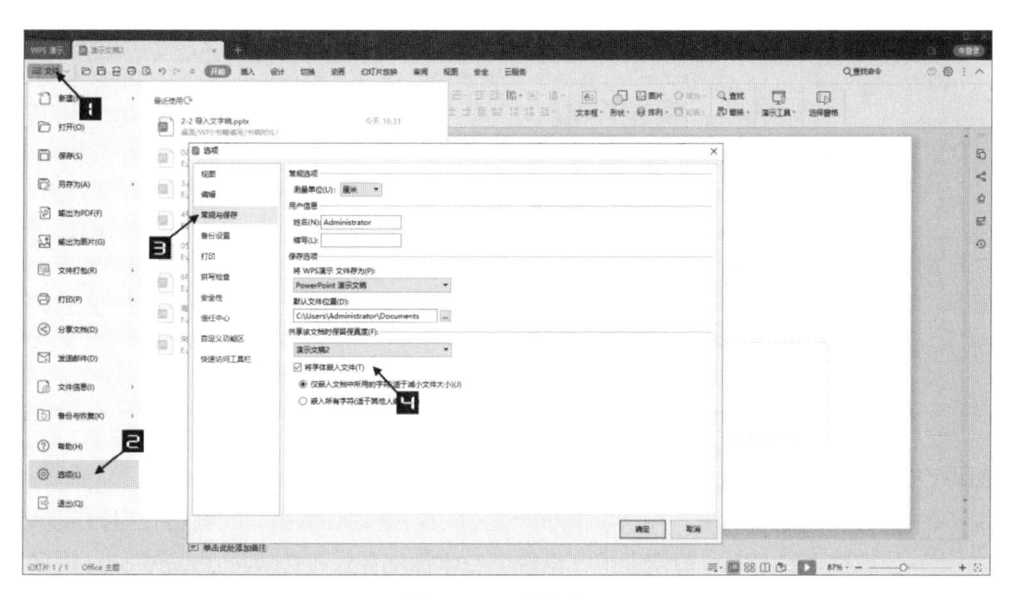

图 24-13　字体嵌入

➲ 方法二：文字转图片

对于少量无法嵌入的字体可以使用转成图片的方法。复制或剪切文字，右击，选择【粘贴为图片】，如图 24-14 所示。

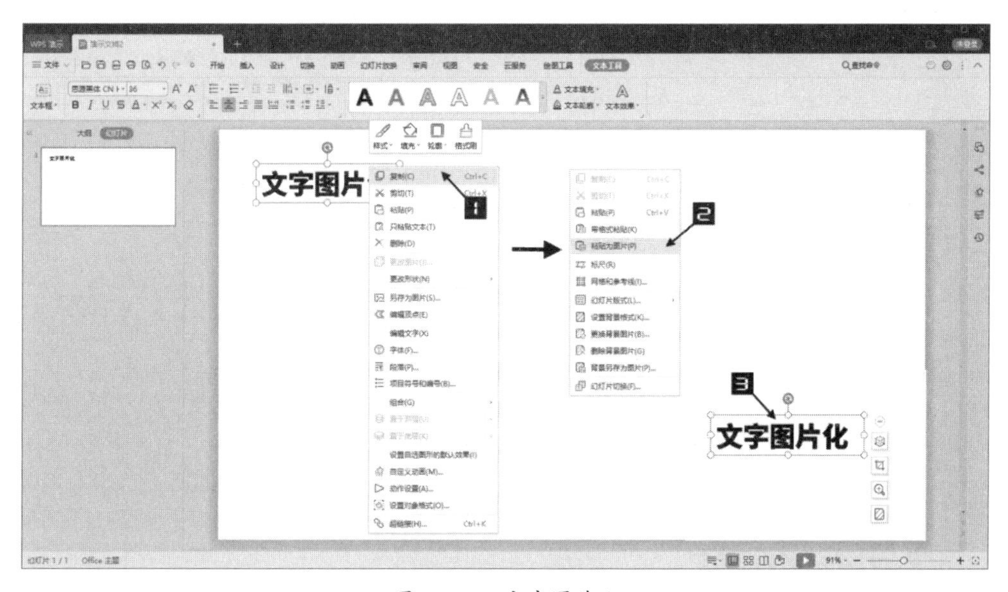

图 24-14　文字图片化

➲ 方法三：文字转形状

把文字转换为形状，字体也不会失效，如图 24-15 所示，首先任意画一个形状，然后按住 <Ctrl>键先选中文字，再选中形状，单击【绘图工具】选项卡，选择【合并形状】中的【剪除】，将文字转换为形状。这时候无论是换计算机还是换软件，字体都不会丢失。

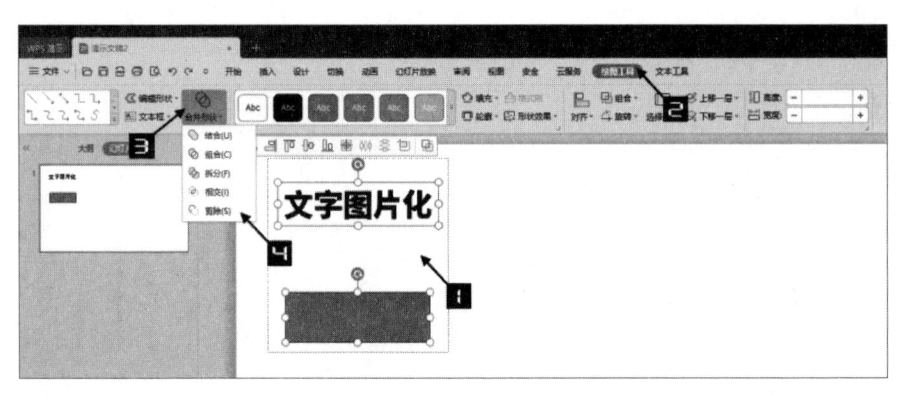

图 24-15　文字转为形状

➲ 方法四：字体打包

可以将用到的字体提取出来，和演示文稿一起打包发送给观看者，观看者在打开演示文稿之前安装字体到计算机中即可。一般情况下，系统所有字体都存放于C:\Windows\Fonts路径下，如图 24-16 所示。

图 24-16　字体存储位置

24.3　文字美化创意

仅仅依靠更换字体，可能仍然无法增加幻灯片页面的设计感，可以通过如下这几种方法使页面文字更具有设计感。

24.3.1　文本填充采用渐变或图片

为文本设置渐变填充，增加森林中的迷雾感，使文字配合图片更有画面感，如图 24-17 所示。

图 24-17　文本渐变填充

如图 24-18 所示，渐变样式为线性渐变，角度为 90° 由上到下，第一个色标颜色为白色，位置为 46%；第二个色标颜色取自图片，位置为 100%，透明度为 100%。

文本填充采用图片填充可以增加文字质感，如图 24-19 所示。

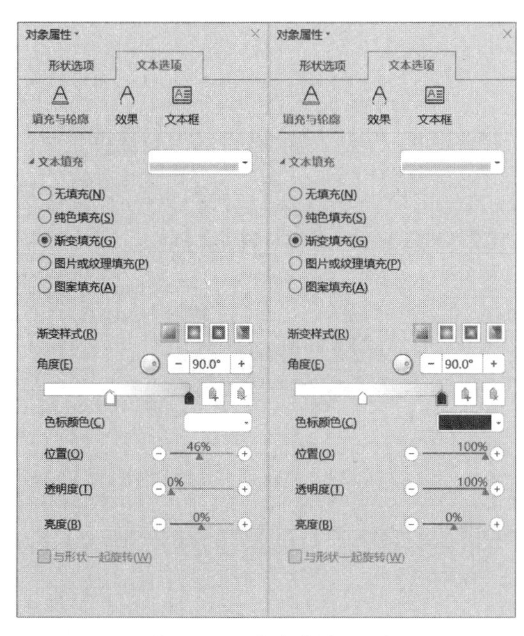

图 24-18　文本渐变设置

图 24-19　文本图片填充

单击文字，单击【文本工具】选项卡，单击启动器按钮，然后选择【文本选项】，在文本填充中选择【图片或纹理填充】，单击【图片填充】下拉按钮。这里有两个选项：选择【本地文件】需要从计算机硬盘中选择填充图片，如果图片已经插入幻灯片页面，并且提前进行了复制操作，就可以选择第二个选项【剪贴板】，如图 24-20 所示。

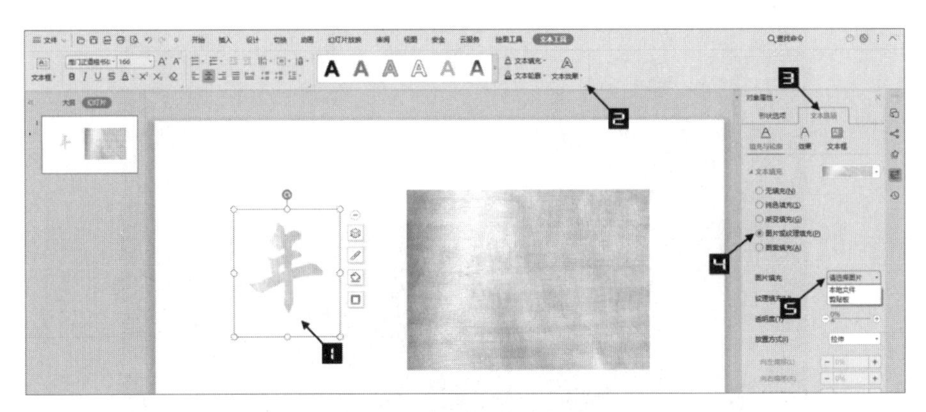

图 24-20　文本图片填充设置

根据本书前言的提示，可观看采用渐变或图片进行文本填充的视频讲解。

24.3.2　传统字体错落排布

如图 24-21 所示，当使用传统书法字体的时候，想象中的大气磅礴的感觉并没有体现出来。

这时候可以将一个文本框中的三个字拆分成单字，然后缩小“之”字号，增大“魂”字号，并根据三个字的字形上下错落排布。这样大气磅礴的感觉就显现出来了，如图 24-22 所示。

图 24-21　书法字体直接输入

图 24-22　书法字体错落排布

这种书法字体错落排布的方式被应用到很多发布会的演示文稿中，如图 24-23 所示。

中国传统风格的网络游戏海报也是如此，如图 24-24 所示。

图 24-23　小米发布会演示文稿

图 24-24　剑侠情缘 3 海报

24.3.3　重点文字可做变形

非书法字体可以先转换为形状，然后对形状进行顶点编辑，可以实现文字变形的效果，如图 24-25 所示。

图 24-25　文字变形

如图 24-26 所示，首先插入文本框，输入文字“收官钜作”，然后为文字设置合适字体。插入任意形状，按住<Ctrl>键的同时先选中文字，再选中形状，单击【绘图工具】选项卡，选择【合并形状】中的【拆分】，将文字转换为形状。不连接的笔画均被拆分为单独形状。

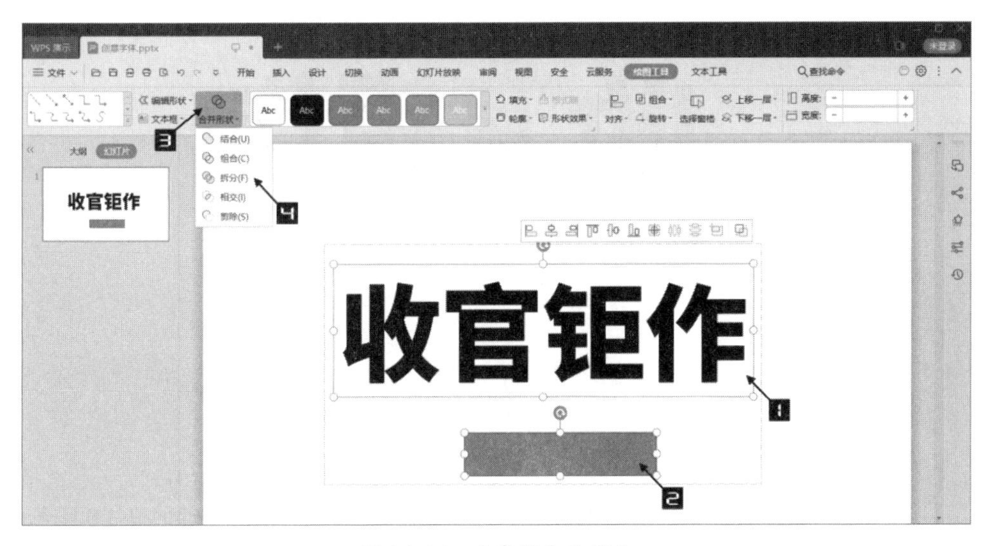

图 24-26　文字拆分为形状

选中“收”字所有形状，按<Ctrl+G>组合键或选择浮动工具条的按钮进行组合，如图 24-27 所示。

图 24-27　组合形状

按住<Shift>键调整“收”字端点至合适大小，并按<Ctrl+Shift+G>组合键或选择浮动工具条按钮取消组合，如图 24-28 所示。

图 24-28　调整大小

插入一个矩形，调整至与笔画同粗细，作为“收”字最后一笔的延伸，如图 24-29 所示。

图 24-29　插入矩形

如图 24-30 所示，先选中“X”字形状，按住<Ctrl>键不放再选中矩形，单击【绘图工具】选项卡，选择【合并形状】中的【结合】，将其结合为一个形状，并更改形状颜色。

图 24-30 结合形成一个笔画

单击选中“作”字右侧形状，右击，在快捷菜单中选择【编辑顶点】命令，如图 24-31 所示。

图 24-31 编辑顶点

按住鼠标左键拖曳黑色顶点到想要的位置即可，如图 24-32 所示。

图 24-32　拖曳顶点

很多品牌的logo也是运用了这个方法，如图 24-33 所示。

如图 24-34 所示，以上三种方法也可以结合使用，达到提升设计感的效果。

图 24-33　logo 案例

图 24-34　组合案例

根据本书前言的提示，可观看文字变形的视频讲解。

24.4　文字段落设置

不同的段落行距会给人带来不同的阅读体验，需要根据字体大小、内容多少调整段落行距，使文字不要过于紧密或松散，不同行距效果如图 24-35 所示。

1.0倍

WPSOffice是由北京金山办公软件股份有限公司自主研发的一款办公软件套装，可以实现办公软件最常用的文字、表格、演示、PDF阅读等多种功能。具有内存占用低、运行速度快、云功能多、强大插件平台支持、免费提供海量在线存储空间及文档模板的优点。支持阅读和输出PDF文件、具有全面兼容微软Office97-2010格式独特优势。覆盖Windows、Linux、Android、iOS等多个平台。WPSOffice支持桌面和移动办公。且WPS移动版通过GooglePlay平台，已覆盖超50多个国家和地区。

1.2倍

WPSOffice是由北京金山办公软件股份有限公司自主研发的一款办公软件套装，可以实现办公软件最常用的文字、表格、演示、PDF阅读等多种功能。具有内存占用低、运行速度快、云功能多、强大插件平台支持、免费提供海量在线存储空间及文档模板的优点。支持阅读和输出PDF文件、具有全面兼容微软Office97-2010格式独特优势。覆盖Windows、Linux、Android、iOS等多个平台。WPSOffice支持桌面和移动办公。且WPS移动版通过GooglePlay平台，已覆盖超50多个国家和地区。

1.5倍

WPSOffice是由北京金山办公软件股份有限公司自主研发的一款办公软件套装，可以实现办公软件最常用的文字、表格、演示、PDF阅读等多种功能。具有内存占用低、运行速度快、云功能多、强大插件平台支持、免费提供海量在线存储空间及文档模板的优点。支持阅读和输出PDF文件、具有全面兼容微软Office97-2010格式独特优势。覆盖Windows、Linux、Android、iOS等多个平台。WPSOffice支持桌面和移动办公。且WPS移动版通过GooglePlay平台，已覆盖超50多个国家和地区。

图 24-35　段落行距

建议在文字为一行时使用的段落行距为 1.0（单倍行距），文字为多行时段落行距为 1.2~1.3，如图 24-36 所示。

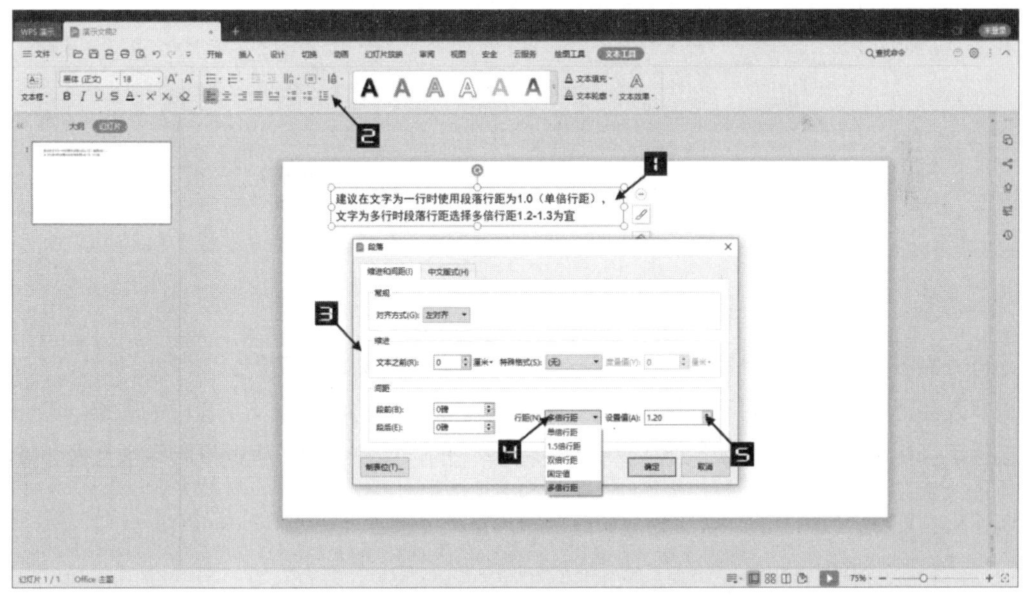

图 24-36　段落行距设置

除了段落行距，还要注意文字的段落水平对齐方式，如果中文段落采用“左对齐”“右对齐”就会造成文字排列参差不齐，采用“两端对齐”的方式就可以保证段落整齐，如图 24-37 所示。

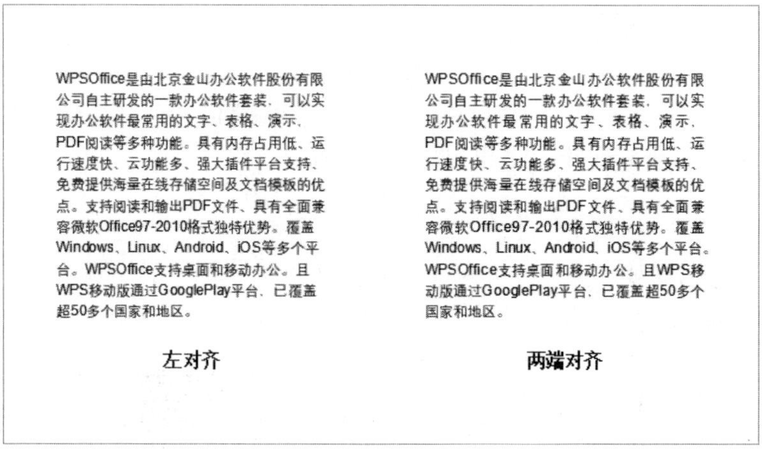

WPSOffice是由北京金山办公软件股份有限公司自主研发的一款办公软件套装，可以实现办公软件最常用的文字、表格、演示、PDF阅读等多种功能。具有内存占用低、运行速度快、云功能多、强大插件平台支持、免费提供海量在线存储空间及文档模板的优点。支持阅读和输出PDF文件、具有全面兼容微软Office97-2010格式独特优势。覆盖Windows、Linux、Android、iOS等多个平台。WPSOffice支持桌面和移动办公。且WPS移动版通过GooglePlay平台，已覆盖超50多个国家和地区。

左对齐

WPSOffice是由北京金山办公软件股份有限公司自主研发的一款办公软件套装，可以实现办公软件最常用的文字、表格、演示、PDF阅读等多种功能。具有内存占用低、运行速度快、云功能多、强大插件平台支持、免费提供海量在线存储空间及文档模板的优点。支持阅读和输出PDF文件、具有全面兼容微软Office97-2010格式独特优势。覆盖Windows、Linux、Android、iOS等多个平台。WPSOffice支持桌面和移动办公。且WPS移动版通过GooglePlay平台，已覆盖超50多个国家和地区。

两端对齐

图 24-37　中文段落对齐方式

然而英文单词较中文汉字略长，如果采用“两端对齐”的方式就会造成单词间距过大，影响美观，所以英文一般采用“左对齐”“右对齐”方式，如图 24-38 所示。

Wpsoffice is an office software package independently developed by Beijing Jinshan office software Co., Ltd., which can realize many functions of office software, such as text, table, presentation, PDF reading and so on. It has the advantages of low memory consumption, fast running speed, multiple cloud functions, strong plug-in platform support, and free provision of massive online storage space and document templates. It supports reading and outputting PDF files and is fully compatible with Microsoft office97-2010 format. It covers windows, Linux, Android, IOS and other platforms. Wpsoffice supports desktop and mobile office. And WPS mobile version has covered more than 50 countries and regions through Google play platform.

左对齐

Wpsoffice is an office software package independently developed by Beijing Jinshan office software Co., Ltd., which can realize many functions of office software, such as text, table, presentation, PDF reading and so on. It has the advantages of low memory consumption, fast running speed, multiple cloud functions, strong plug-in platform support, and free provision of massive online storage space and document templates. It supports reading and outputting PDF files and is fully compatible with Microsoft office97-2010 format. It covers windows, Linux, Android, IOS and other platforms. Wpsoffice supports desktop and mobile office. And WPS mobile version has covered more than 50 countries and regions through Google play platform.

两端对齐

图 24-38　英文段落对齐方式

还有一点需要注意，并且是存在争议的一点：段落尾是否保留标点符号？

很多人会把标点符号原封不动地挪到幻灯片中来，这其实仍然是写文字文稿的思维。然而幻灯片应该是可视化思维，是一种视觉化表达，所以段落尾的标点符号可以根据排版需求合理删减。

第 25 章　图片美化和排版

常言道：字不如表，表不如图，一图胜千言。可见图片比文字更具有说服力，是一种重要的传递信息的形式。本章主要学习图片的美化和排版技巧。

本章学习要点

（1）图片常规操作
（2）图片裁剪
（3）多图排版
（4）logo技巧

25.1　图片常规操作

向幻灯片页面中插入图片可以通过单击【插入】选项卡后单击【图片】按钮，或者单击【图片】下拉按钮中的【来自文件】，选中需要插入的图片后单击【打开】，将图片插入幻灯片页面中，如图 25-1 所示。

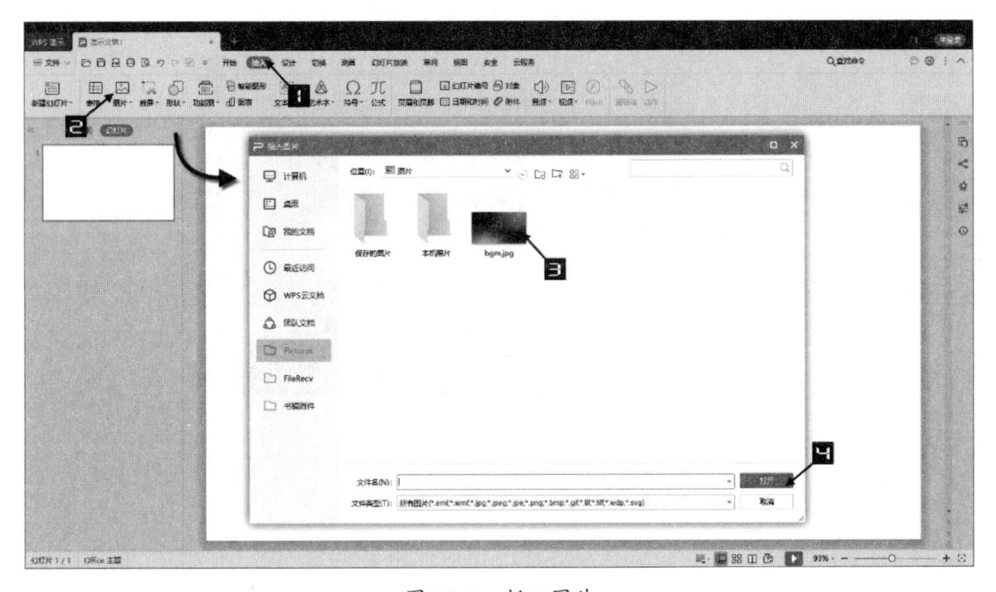

图 25-1　插入图片

也可以在“Windows资源管理器”中找到图片，直接用鼠标左键拖曳图片到WPS演示的页面中。

WPS演示具有分页插入图片功能，可以为每一页幻灯片插入一张图片，如图 25-2 所示，单击【插入】选项卡【图片】下拉按钮中的【分页插入图片】，选择需要插入的全部图片，单击【打开】，即可将多张图片分别插入每页幻灯片页面中。

图 25-2 分页插入图片

插入后的效果如图 25-3 所示。

图 25-3 分页插入图片效果

25.2 图片剪裁

25.2.1 突出图片主体

与内容相关的图片作用是解释文字，帮助观看者更好地理解文字，所以图片要能够突出重点，如果原始图片不能突出重点，就需要通过裁剪功能将无关内容裁掉。例如，在讲述猫的幻灯片中可使用如图 25-4 所示的图片。

图 25-4　猫示例图片

这张图片背景杂乱，主体元素猫在图片中所占的比例不大，观看者很容易被图片中其他景物所吸引，从而忽略主体元素猫。

此时，可以选中图片，然后在【图片工具】选项卡中单击【裁剪】按钮，使用鼠标左键调整黑色裁剪框选择裁剪范围，调整图片白色点实现图片缩放，最后单击空白处或按<Enter>键完成裁剪操作，如图 25-5 所示。

图 25-5　图片裁剪

亦可使用浮动工具栏对图片进行裁剪，单击图片后，在图片右侧会出现浮动工具栏，可对图片进行叠放次序、裁剪图片、浏览图片、设为背景等操作，如图 25-6 所示。

如图 25-7 所示，裁剪后的图片中，猫达到了较大占比，实现了主体元素的突出。

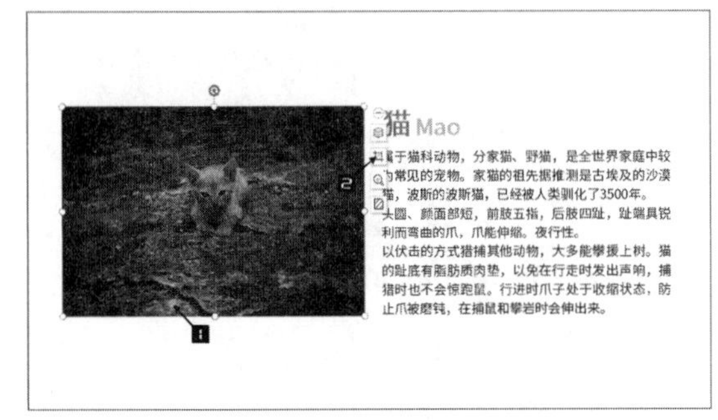

图 25-6 浮动工具栏

图 25-7 裁剪后效果

25.2.2 其他形状剪裁

很多时候，总是使用矩形图片会显得很呆板，可以尝试将图片裁剪为其他形状，如图 25-8 所示。

图 25-8 圆形图片示例

选中图片后，在【图片工具】选项卡中单击【裁剪】按钮，选择下拉列表或浮动工具栏均可。选择【按形状裁剪】中的“椭圆”，然后选择【按比例裁剪】中的“1:1”，即可裁剪为圆形，如图 25-9 所示。

图 25-9 图片裁剪为圆形

根据本书前言的提示，可观看其他形状剪裁的视频讲解。

25.2.3　创意剪裁

在【按形状裁剪】中只有屈指可数的形状，也无法裁剪出不规则的图片。要裁剪一张如图 25-10 所示的创意人物出位图片，操作步骤如下。

图 25-10　出位图片

首先将人物图片裁剪为一个圆形，如图 25-11 所示。

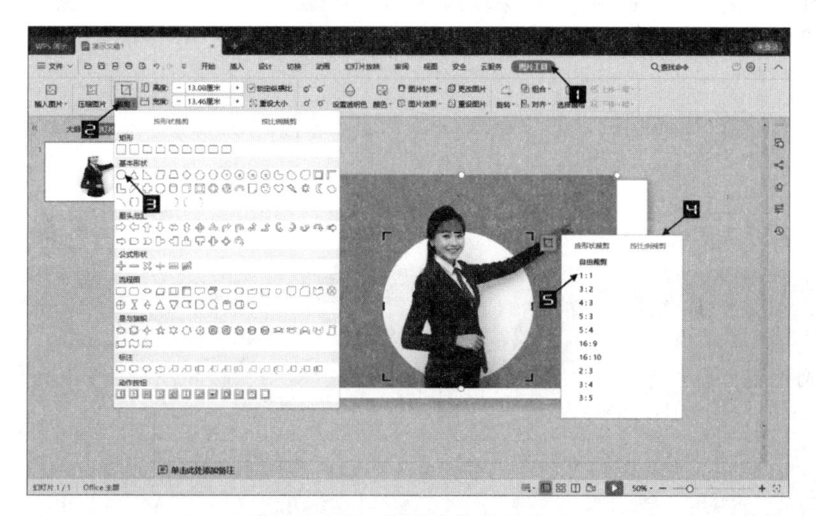

图 25-11　人物图片裁剪为圆形

这里需要将一张去除背景的人物图与圆形图片进行上下叠加。目前WPS演示不具备抠图功能，这里推荐两个操作简单的在线抠图网站，如表 25-1 所示。

表 25-1　抠图网站

网站名称	网站描述
remove.bg	预览图免费、高清图收费
PIXLR	完全免费

以PIXLR为例，首先打开浏览器，进入官网。单击【打开图像】按钮，选择上传图片，如图 25-12 所示。

图 25-12　PIXLR 抠图网站

根据需求选择是否压缩图片，图片越大，抠图时间越长。选择完毕后，单击【APPLY】按钮，如图 25-13 所示。

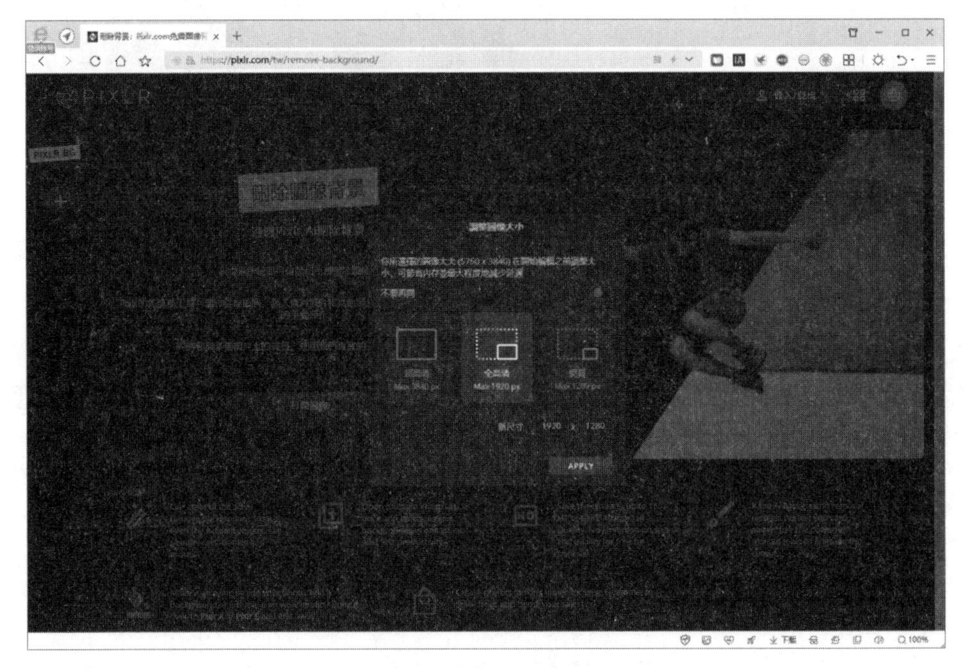

图 25-13　选择是否压缩图片

等待抠图完毕，单击【下载】按钮，将png格式的图片保存到本地计算机，如图 25-14 所示。

图 25-14　下载抠图

如图 25-15 所示，将图片插入幻灯片中，置于圆形图片下方，并与圆形图片中人物大小调整一致。

图 25-15　图片叠加

将图片底部超出圆形的部分裁剪掉，就得到了出位图，再加以修饰即可，如图 25-16 所示。

图 25-16　裁剪超出部分并修饰

根据本书前言的提示，可观看创意剪裁的视频讲解。

25.3　多图片排版

如果幻灯片中需要使用多张图片，需要注意图片的版式，如果随意排列，效果会不太理想，如图 25-17 所示。

图 25-17　图片排版示例

25.3.1　图片统一大小法

将页面中的图片统一大小，均匀排布会显得很整齐，如图 25-18 所示。

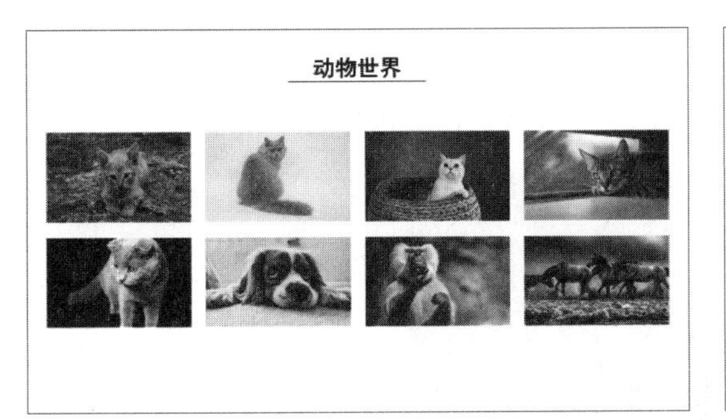

图 25-18　图片均匀排版

提示

使用【按比例裁剪】统一规范图片比例，手动输入高度或宽度尺寸。

25.3.2　图片大小错落法

如果感觉均匀分布的图片太过呆板，可以将图片大小错落排布，需要注意横向和纵向上的图片要对齐，如图 25-19 所示。

图 25-19　图片大小错落排版

25.3.3　色块补充法

有的时候图片数量不够，可以使用形状色块来补充，如图 25-20 所示。

图 25-20　色块补充排版

25.3.4 图片三维旋转法

平面的排版方式缺乏立体感，可以使用三维旋转增加立体效果，如图 25-21 所示。

图 25-21　三维旋转排版

常见的手机截图都可以使用这种三维旋转的排版方式，如图 25-22 所示。

图 25-22　三维旋转排版对比

右击图片，在弹出的快捷菜单中选择【设置对象格式】选项，在右侧出现的任务窗格中选择【效果】选项卡，单击【三维旋转】选项，在【预设】中选择【左透视/右透视】。再适当调整旋转度数到合适即可，如图 25-23 所示。

图 25-23　设置图片三维旋转

提示

一般中间图片最大，向外逐渐缩小，保持左右对称图片大小一致。

荣誉证书、专利证书等的展示也可以采用这种排版方式，如图 25-24 所示。

图 25-24 证书展示

根据本书前言的提示，可观看图片三维旋转排版的视频讲解。

25.3.5 照片混排法

如果感觉上面的排版方法不够活泼，可以使用照片混排的方法，打造一种错落有致的效果，如图 25-25 所示。

也可以将图片按照瀑布流的方式错落混排，如图 25-26 所示。

图 25-25 照片混排

图 25-26 瀑布流混排

25.4 logo 技巧

企业logo是一种使用比较频繁的图片，很多读者会将logo图片带背景插入幻灯片中，造成logo背景与幻灯片背景颜色不能融合，如图25-27所示，幻灯片左上角的logo就显得很突兀。

对于这种情况，有如下两种处理方法。

一是将幻灯片背景设置为与logo背景一致，可以使logo背景融入幻灯片背景中，但是这种方法会限制幻灯片的设计风格，如图25-28所示。

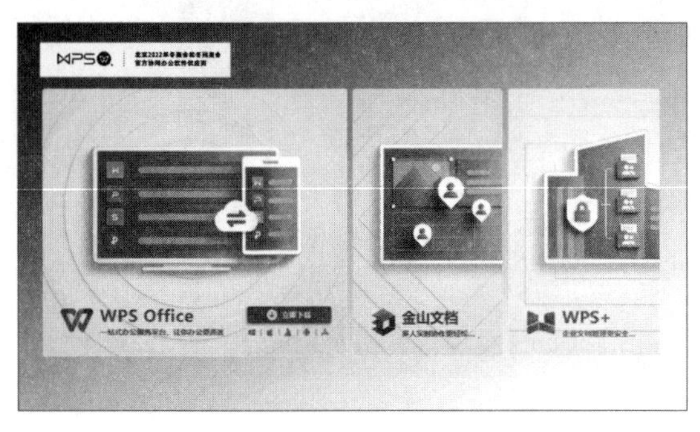

图 25-27 logo使用案例

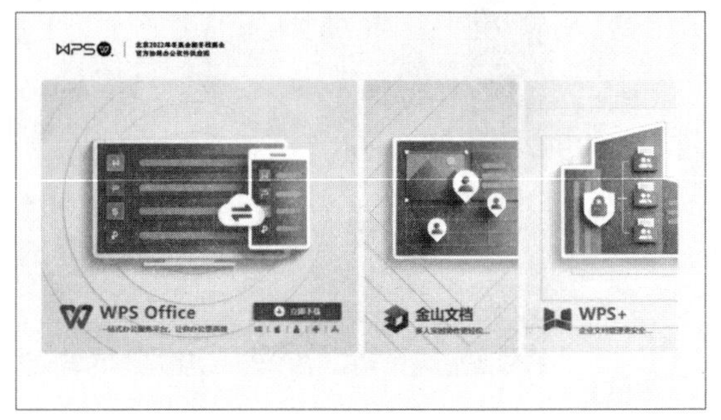

图 25-28 背景与logo颜色一致

二是去除logo背景，让logo融入幻灯片中，最后得到的图片的清晰度取决于图片的分辨率，图片分辨率越大，得到的logo越清晰，方法如下。

注意：此方法只适用于纯色背景的logo图片。

单击图片，在【图片工具】选项卡中选择【设置透明色】按钮，然后用笔形鼠标指针单击一下logo图片中需要删除的纯色背景，如图25-29所示，即可将logo背景改为透明。

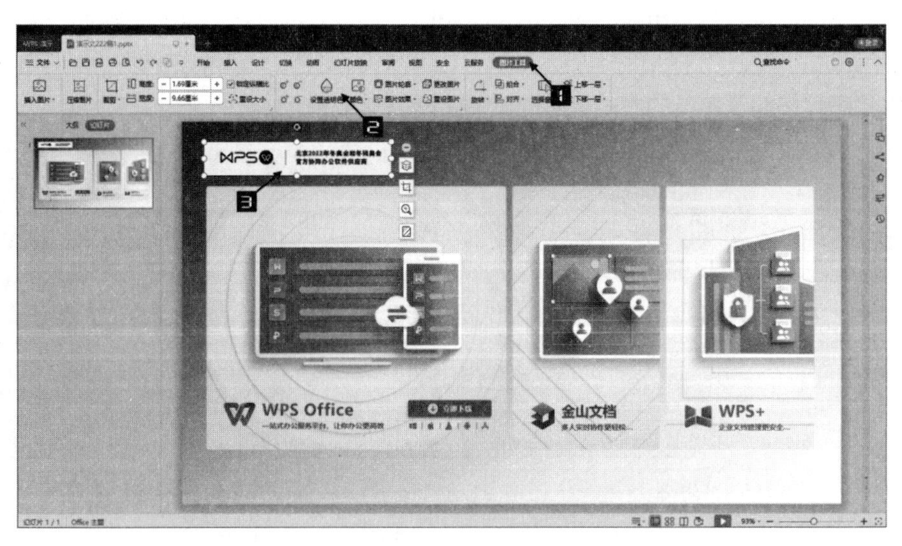

图 25-29 设置透明色

得到的logo图片如果有毛刺，可以适当调整对比度和亮度，最终得到如图 25-30 所示效果。

图 25-30　logo图片去除背景

第 26 章　多变的形状

有很多时候并不能找到与文字相匹配的图片，这时候就需要根据文字的逻辑关系使用图形来表述。本章主要学习图形在幻灯片中的用法。

本章学习要点

（1）图形的基础应用

（2）逻辑图形的使用

（3）图形的特殊用法

26.1　图形的基础应用

图形的使用在演示文稿中非常广，设计者可以根据需求使用内置的图形，也可以创造一些自定义图形。WPS 演示提供了两种方法进行形状的自定义设置。

26.1.1　合并形状

合并形状，是形状与形状、形状与图片、形状与文字之间进行的合并操作。选中两个及以上元素后，单击【绘图工具】选项卡，单击【合并形状】按钮，在下拉列表中可选择相应的操作，如图 26-1 所示。

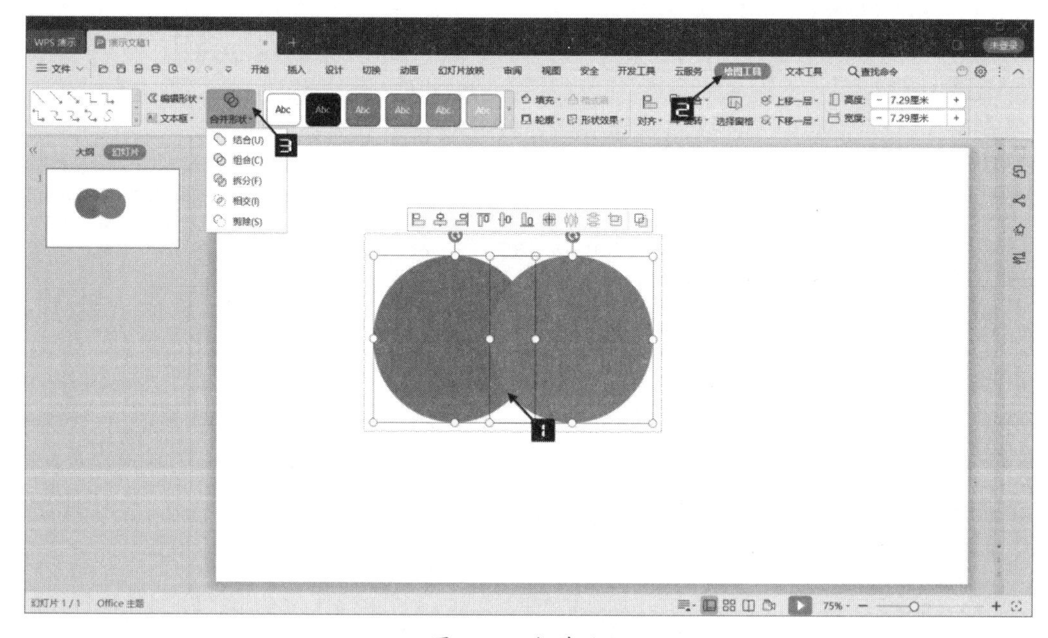

图 26-1　合并形状

合并形状操作分为 5 种，如图 26-2 所示。

❖ 结合：执行后两个元素组成一个元素
❖ 组合：执行后去除共有部分，剩余部分形成一个元素
❖ 拆分：执行后拆分为各自部分和共有部分
❖ 相交：执行后只保留共有部分
❖ 剪除：按照选择顺序，保留第一个选择的元素剩余部分

图 26-3 展示了一个使用自定义形状与文字进行搭配的经典效果。

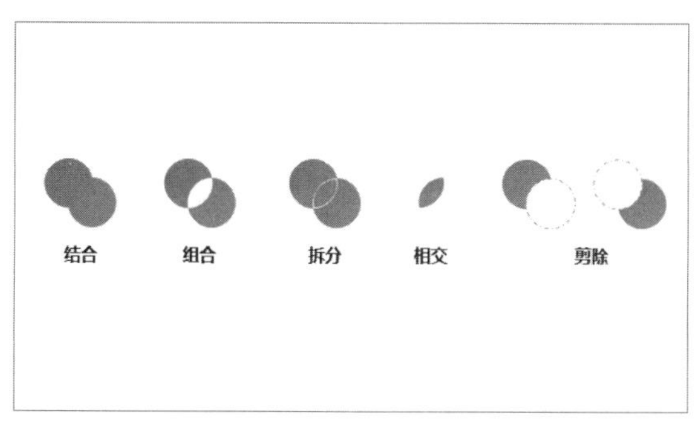

图 26-2　合并形状

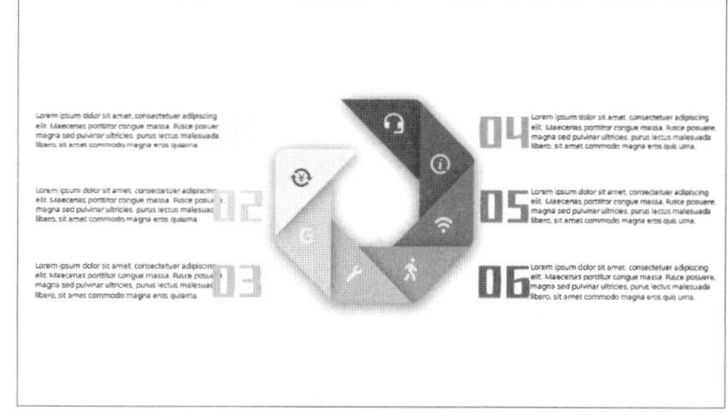

图 26-3　自定义形状与文字搭配案例

要实现这样的效果，可以按如下步骤操作。

步骤① 如图 26-4 所示，单击【形状】按钮，选择【圆角矩形】，然后按<Ctrl>键同时使用鼠标左键拖曳生成圆角正方形。

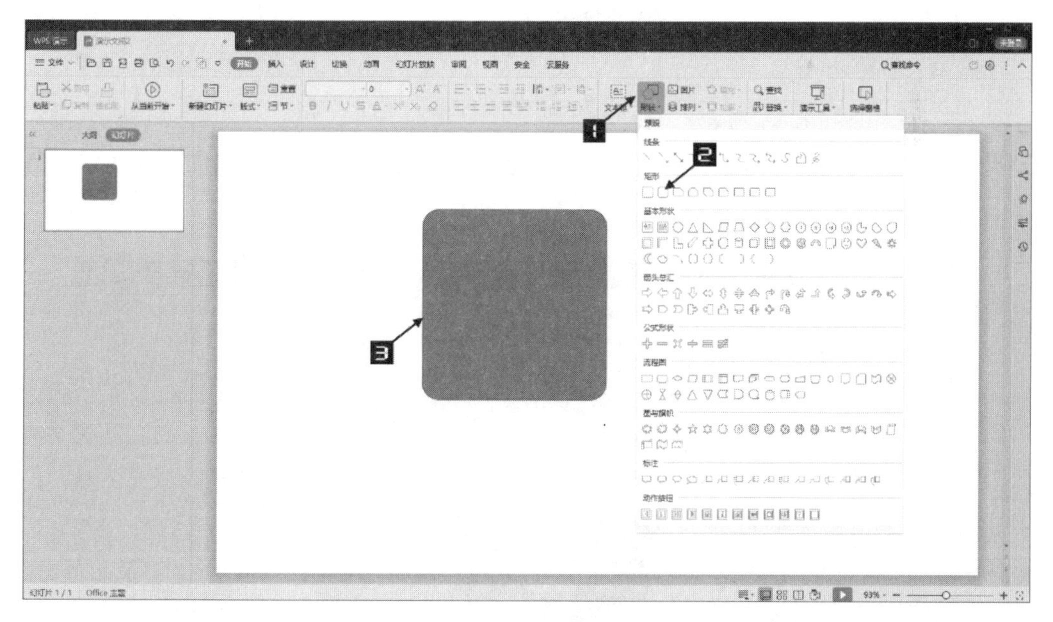

图 26-4　插入圆角正方形

步骤② 单击【矩形】插入一个长条矩形，旋转 135 度，并与圆角正方形重叠放置，如图 26-5 所示。

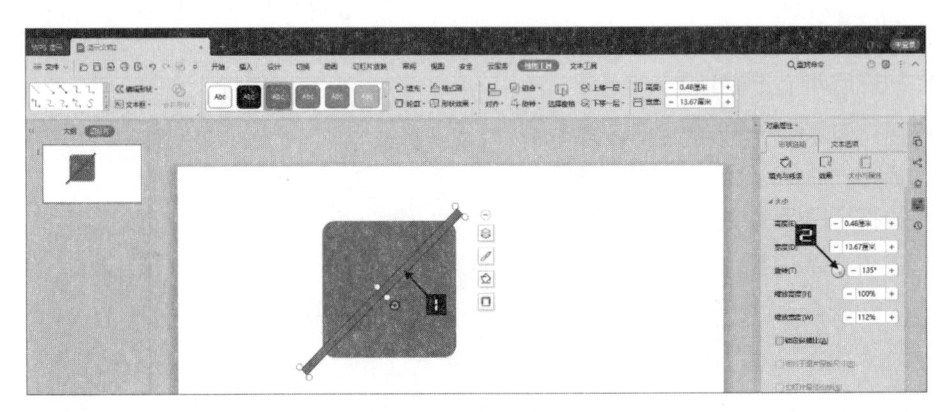

图 26-5 放置长条矩形

步骤③ 单击圆角正方形的同时按<Ctrl>键再单击选中长条矩形，选择【绘图工具】选项卡【合并形状】中的【拆分】按钮，如图 26-6 所示。

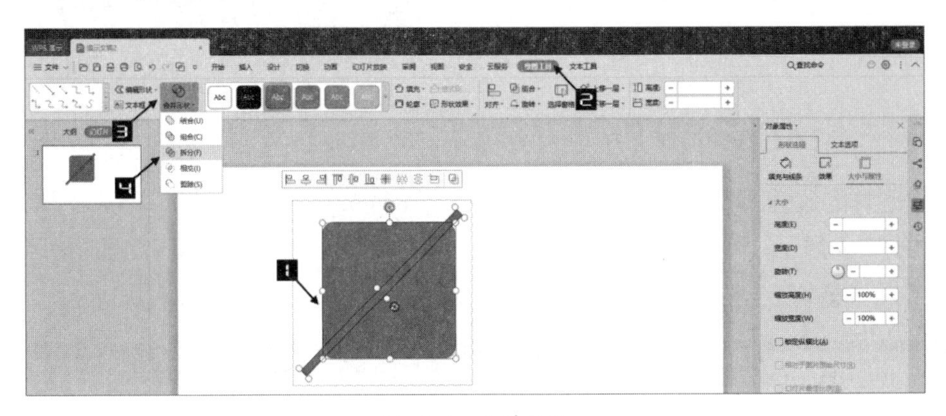

图 26-6 合并形状

步骤④ 将多余的形状删除，将剩下的圆角三角形复制并以 45 度旋转，并按如图 26-7 所示位置排布即可。

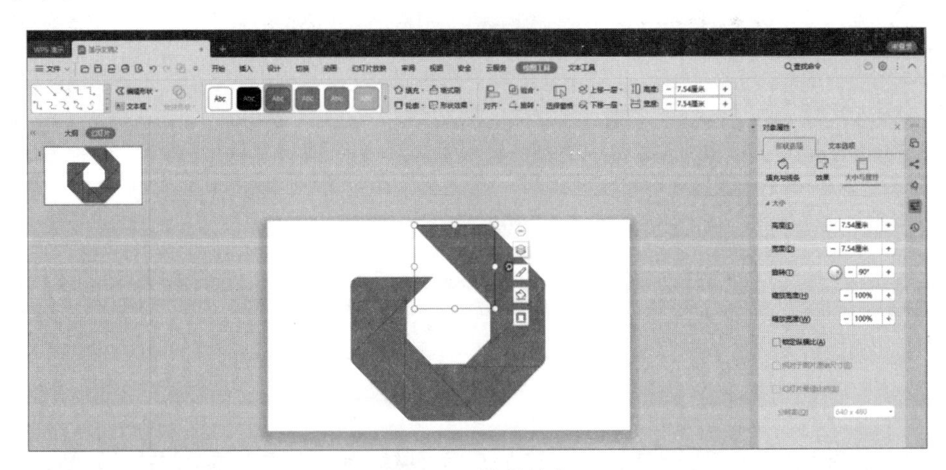

图 26-7 图形排布

根据本书前言的提示，可观看合并形状的视频讲解。

26.1.2　编辑顶点

对现有形状进行编辑，可以形成新的形状。

如图 26-8 所示，右击形状，在弹出的快捷菜单中单击选择【编辑顶点】，形状周围出现黑色的顶点和红色的路径（路径可以理解为形状的轮廓）。

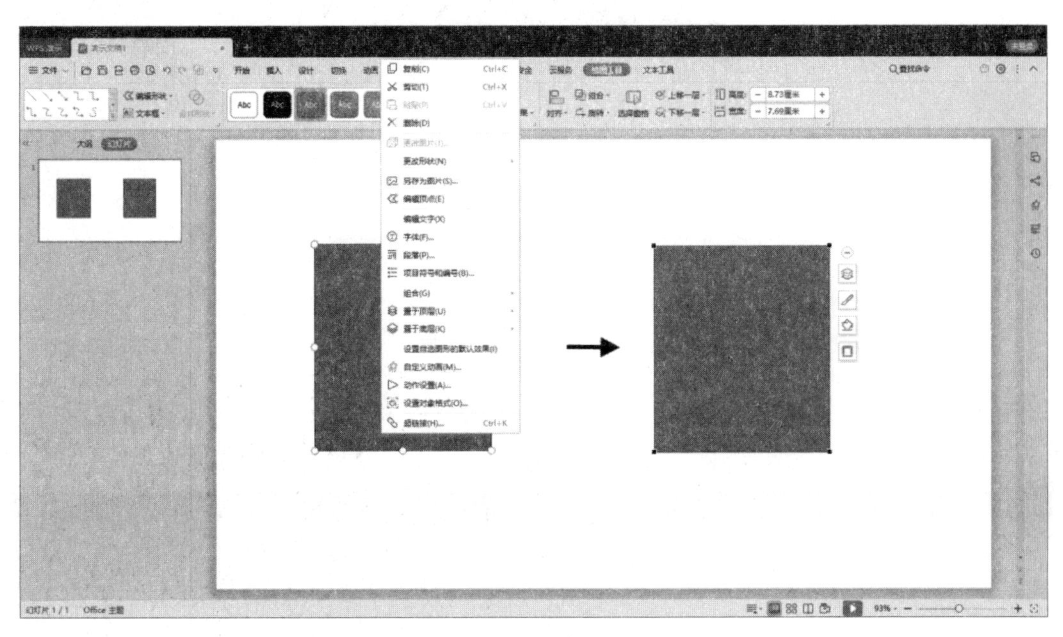

图 26-8　编辑顶点

顶点可以进行添加和删除，并可以通过调整顶点类型和调整控制柄来改变形状，如图 26-9 所示。如图 26-10 所示的图形就是通过【编辑顶点】功能制作出来的。

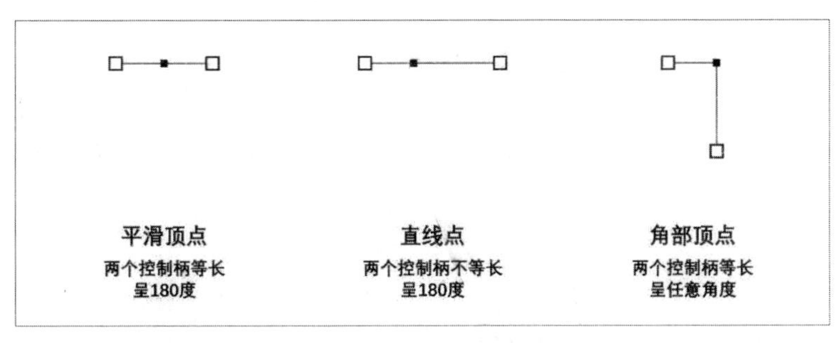

图 26-9　顶点类型

图 26-10　图形案例

如图 26-11 所示，在【开始】或【插入】选项卡中的【形状】中选择【任意多边形】工具，画出一个三角形。

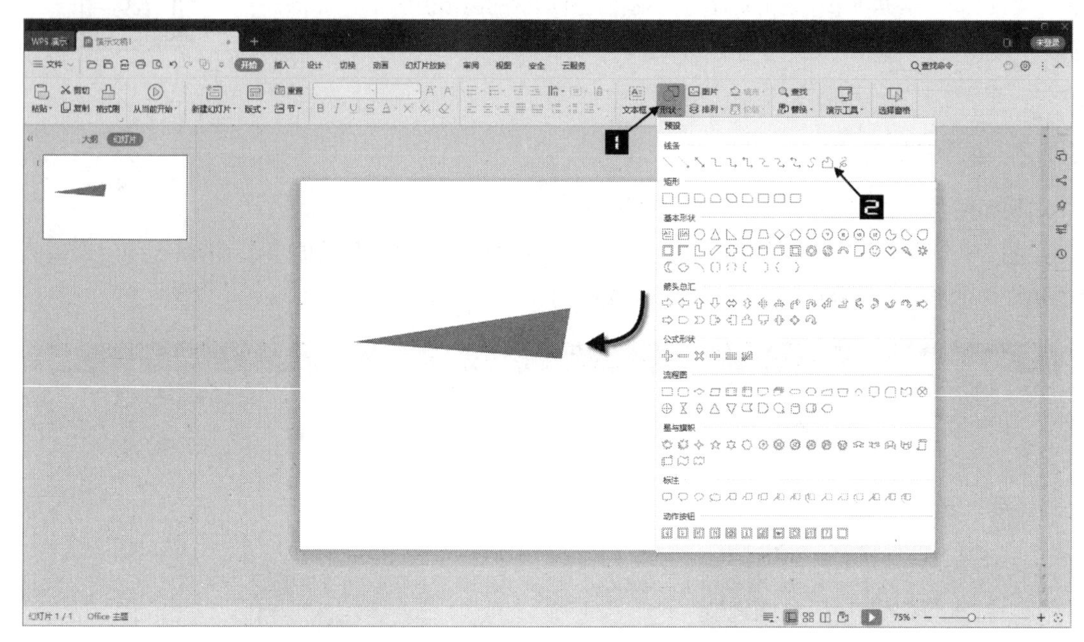

图 26-11　绘制三角形

如图26-12所示，右击三角形，选择【编辑顶点】，单击黑色顶点，调整每个顶点的两个控制柄，调整出路径弧度。

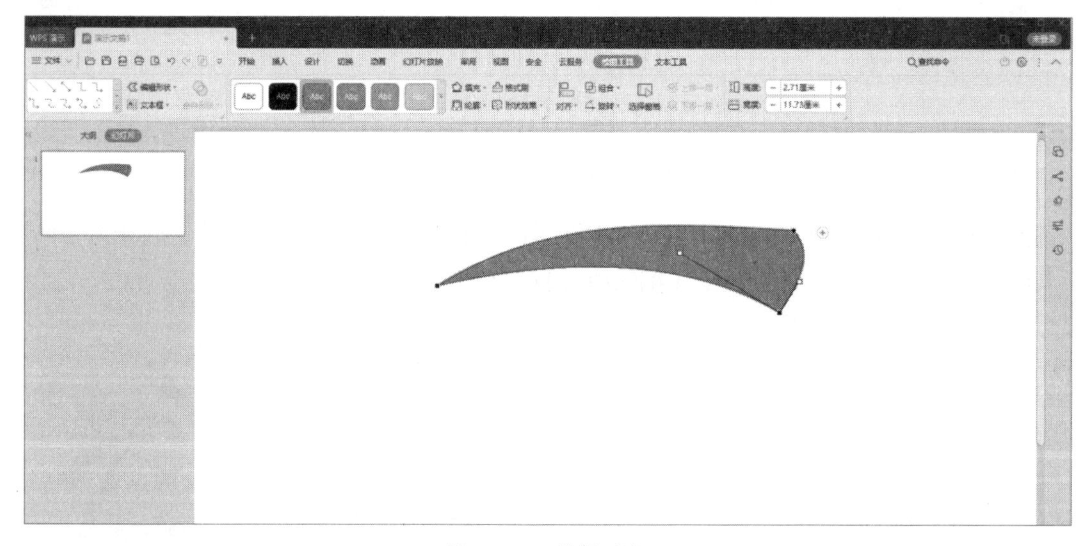

图 26-12　编辑顶点

复制并旋转形状，可形成最后的图形。

根据本书前言的提示，可观看编辑顶点的视频讲解。

26.2　逻辑图形的使用

没有图片与文字匹配的时候，可以使用图形表示文字的逻辑关系，如图 26-13 所示。

一般需要根据文字内容的逻辑关系选择不同类型的逻辑图形，当然也存在一些较复杂的逻辑关系，常见的逻辑关系如图 26-14 所示。

图 26-13　逻辑图形

总分关系　递进关系　并列关系

层级关系　对比关系　组织关系

图 26-14　常见逻辑关系

一般常见的逻辑图形都可以从网络下载，这里推荐两个逻辑图形下载网站，分别是 PPTmall 和 KOPPT。

比较复杂、能够与文字内容完全契合的逻辑图形，可以使用软件自带的功能手动做出来，如图 26-15 所示。

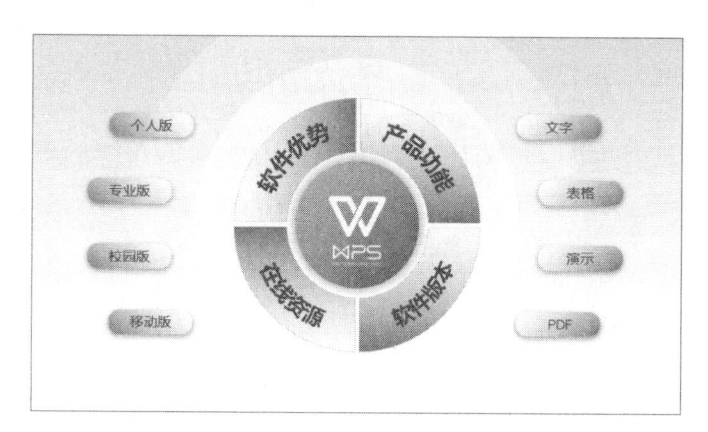

图 26-15　逻辑图形

上图中间四个扇形就是通过基本图形 + 合并形状功能制作而成的。首先插入基本形状中的“同心圆”，如图 26-16 所示。

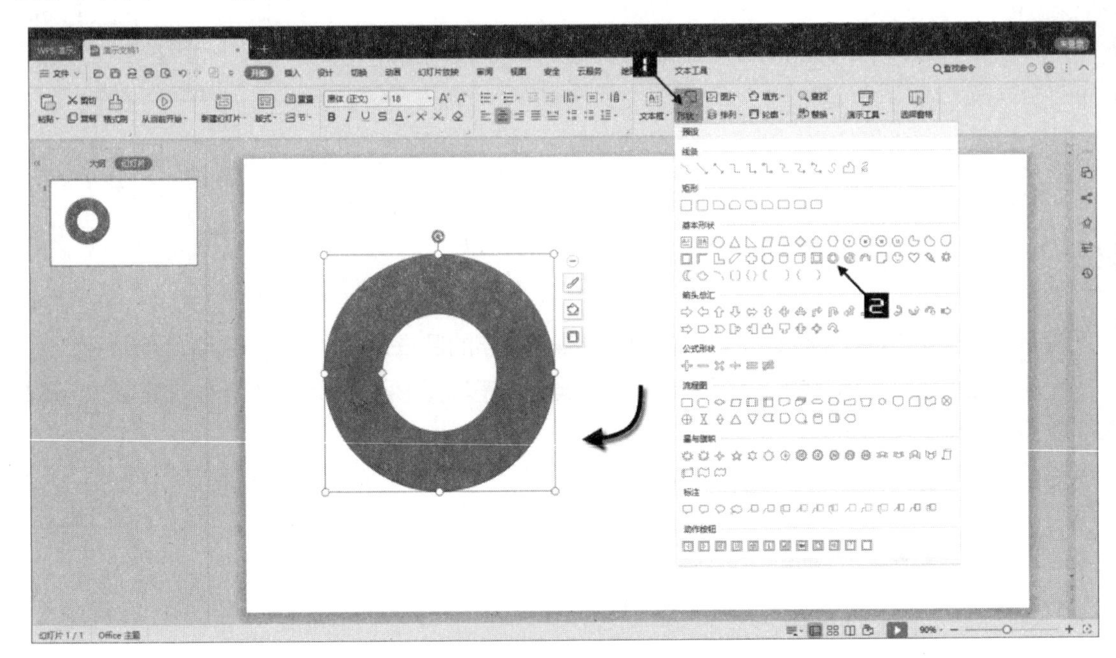

图 26-16　插入同心圆

调整同心圆上黄色控点，直至同心圆宽度合适。插入一个矩形并复制后旋转 90 度。全选三个形状，单击【绘图工具】选项卡，单击【对齐】按钮，选择【水平居中】和【垂直居中】，将三个形状中心点对齐，如图 26-17 所示。

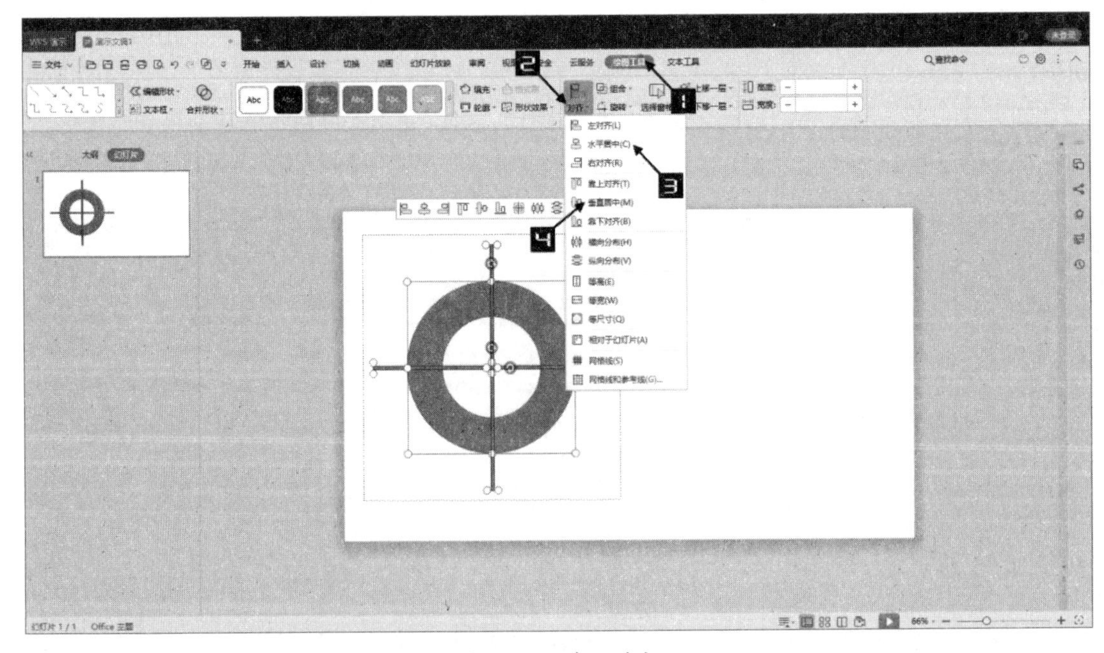

图 26-17　中心对齐

单击【绘图工具】选项卡，单击【合并形状】按钮，选择【拆分】，如图 26-18 所示。

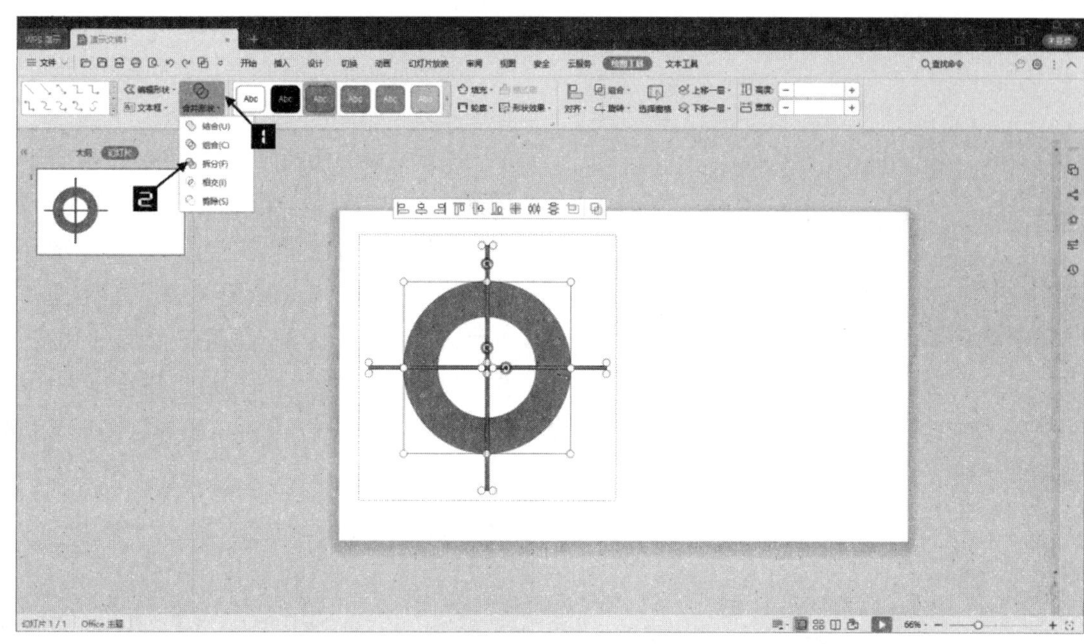

图 26-18 拆分形状

将拆分出来的多余形状删除，剩下所需要的四个扇形即可，如图 26-19 所示。

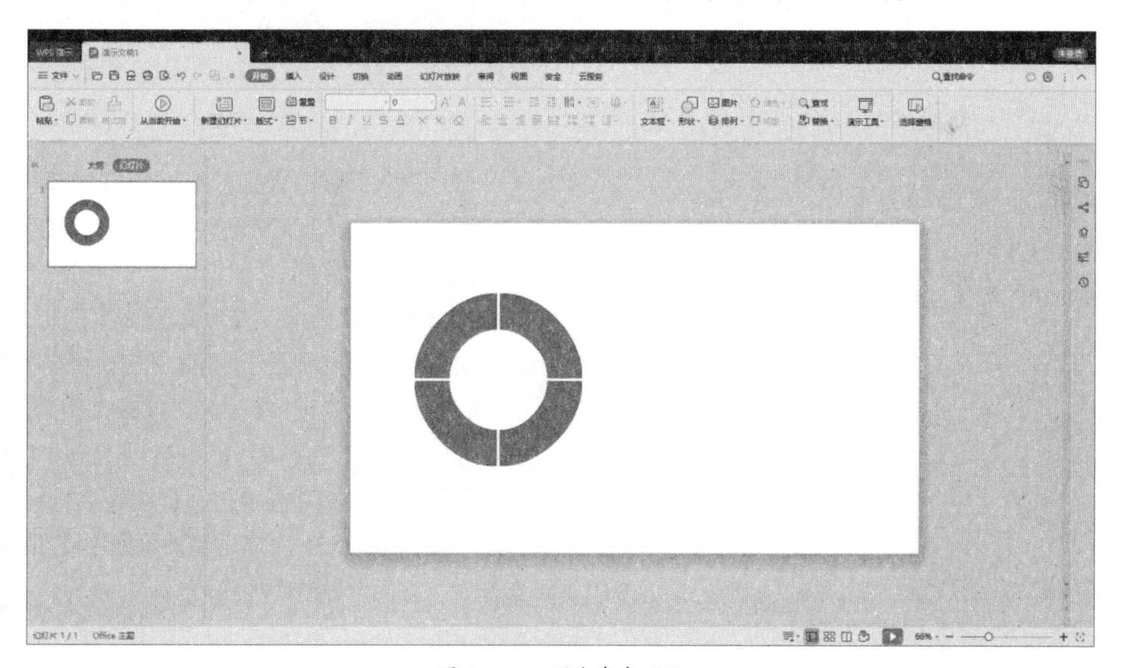

图 26-19 删除多余形状

其余形状均为基本形状中的圆形、圆角矩形，这里不再赘述。

26.3 图形的特殊用法

图 26-20 封面示例

图形在演示文稿中除了作为逻辑图形、图标使用外，还有另外的特殊用法。

演示文稿的初始背景是白色，在某些演示场景中会非常刺眼，可以采用图片作为背景，但是图片背景颜色丰富又会出现文字无法看清的情形。在如图 26-20 所示的演示文稿封面中，图片置于底层，文字标题置于上层。但是无论文字使用何种颜色，都无法被清晰辨认。

对于这种情况，可以插入一个与页面等大的矩形作为蒙版，矩形位于图片和文字之间，可以使文字更容易辨识，如图 26-21 所示。

图 26-21 插入矩形

图 26-22 图片透明度

除了插入蒙版形状的方法，另一种处理方法就是将背景图片填充进形状中并设置透明度，效果如图 26-22 所示。

如图 26-23 所示，在原本无背景的幻灯片中插入全屏矩形并置于底层，右击矩形，在弹出的快捷菜单中选择【设置对象格式】命令，在右侧任务窗格中选择【形状选项】选项卡，选择【填充与线条】选项，在【填充】中选择【图片或纹理填充】，从本地或剪切板中添加背景图片，最后调整透明度即可。

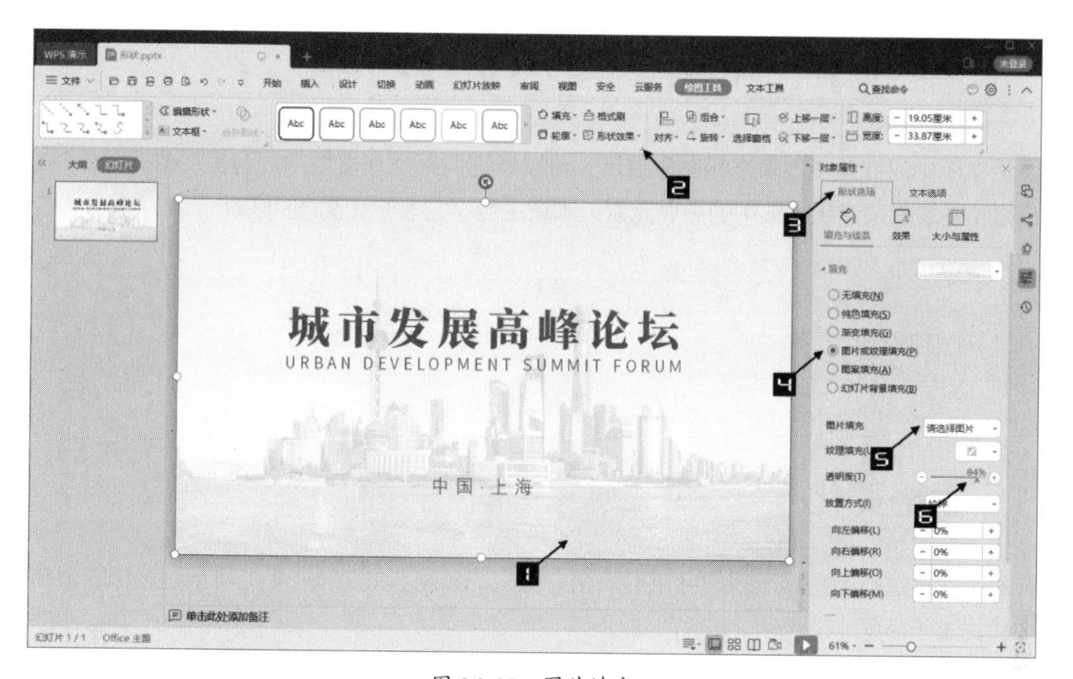
城市发展高峰论坛
URBAN DEVELOPMENT SUMMIT FORUM
中国·上海
对象属性
形状选项
文本选项
填充与线条
效果
大小与属性
无填充(N)
纯色填充(S)
渐变填充(G)
图片或纹理填充(P)
图案填充(A)
幻灯片背景填充(B)
图片填充
请选择图片
透明度(T)
放置方式(I)
向左偏移(L)
向右偏移(R)
向上偏移(O)
向下偏移(M)

图 26-23　图片填充

第 27 章　表格与图表

演示文稿中的数据通过表格和图表展示，可以条理清晰且直接地向观者呈现数据分析的结果，因此表格和图表都是演示文稿中的重要元素。本章主要学习表格和图表的美化。

本章学习要点

（1）表格美化　　　（2）图表美化

27.1　表格美化

在幻灯片中进行数据展示经常会用到表格，常见的表格样式如图 27-1 所示，这样的表格缺乏重点，样式过于普通。

智能家居的通信技术对比

类别	工作频段	覆盖范围	优势
5G	6GHz，24-86GHz	非常广（一般是公里级别的覆盖）	基于蜂窝网络，延迟低，覆盖范围广，适合室外覆盖。
蓝牙	2.4GHz（ISM频段）	比较短，10米左右，不过蓝牙mesh覆盖比较广	适用于小型设备，能耗小、传输功率小，可操作性好。
LoRa	1GHz以下	比较广的覆盖，10到25公里	远距离，低功耗，长电池寿命，支持大连接，室内室外都可以覆盖，可以扩展支持LoRaWAN
NB-IOT	452MHz 到 2200MHz	比较广的覆盖，最高到35公里	基于LTE蜂窝骨干网络，支持节点数多，低功耗，室内室外的覆盖好，尤其适合复杂的室内情况
LTE-M	LTE相同频段 以及 1GHz以下	比较广的覆盖	适合长距离的室外活动物体，室内外环境都适合，高安全性，而且同时支持2G/3G网络，可以在LTE失效的时候进行切换。
Sigfox	868 MHz（欧洲），902 MHz（美国）	不同类型区域覆盖范围不同，通常城市为3-10公里，郊外为30-50公里	超窄带可以抵抗干扰，低功耗，延长电池寿命，星型拓扑结构
Wi-Fi	ISM频段（2.4GHz和5GHz），还有一个802.11ah（1GHz以下）	中等覆盖范围	中等覆盖范围
Zigbee	2.4GHz	短覆盖范围，10米~100米	在工业场景中已经有不少应用，低功耗，安全性高，mesh网络连接模式，更便宜
Z-Wave	1GHz以下	短覆盖范围，30米以内	现行的产品比较多，在一些使用的工业中被实际部署过

图 27-1　表格示例

原因总结起来主要有以下三点。

- 未调整字体、字号、字体颜色，内容未整理，未进行对齐
- 未进行表格行列宽度调整
- 未调整表格填充颜色和边框颜色

简单美化可首先选中表格，单击【表格样式】选项卡，在表格样式库中选择合适的样式，如图 27-2 所示。

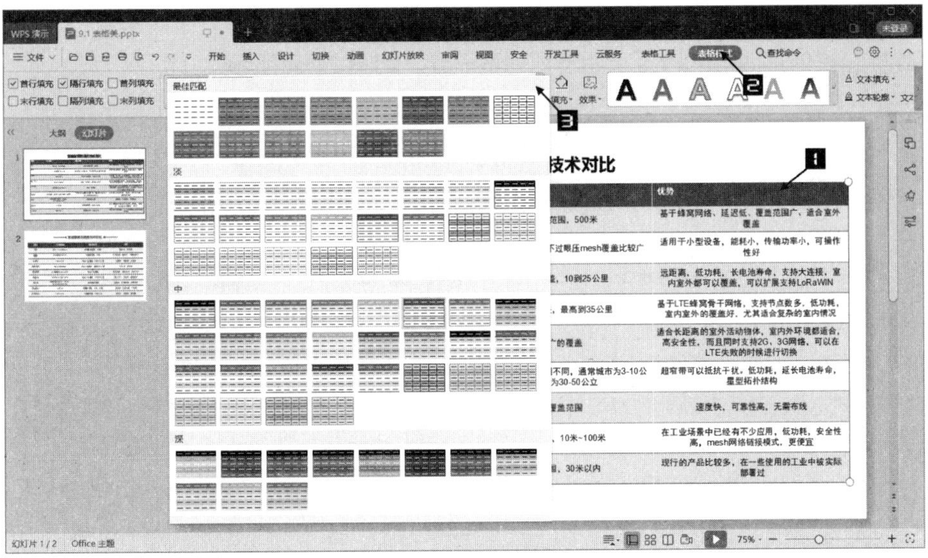

图 27-2　套用表格样式

如需要进一步美化可以从这三方面入手。

➲ Ⅰ　调整文字及整理内容

- ❖ 标题栏文字设置为微软雅黑，文字加粗，字号设置为 16 磅，字体颜色白色，在【表格工具】选项卡中设置居中对齐，水平居中
- ❖ 类别列的文字设置为微软雅黑，文字加粗，字号设置为 16 磅，字体颜色蓝色，在【表格工具】选项卡中设置居中对齐，水平居中
- ❖ 将其他三列内容进行精简并且统一规范术语，文字设置为微软雅黑，文字不加粗，字号设置为 14 磅，字体颜色黑色，在【表格工具】选项卡中设置居中对齐，水平居中，如图 27-3 所示

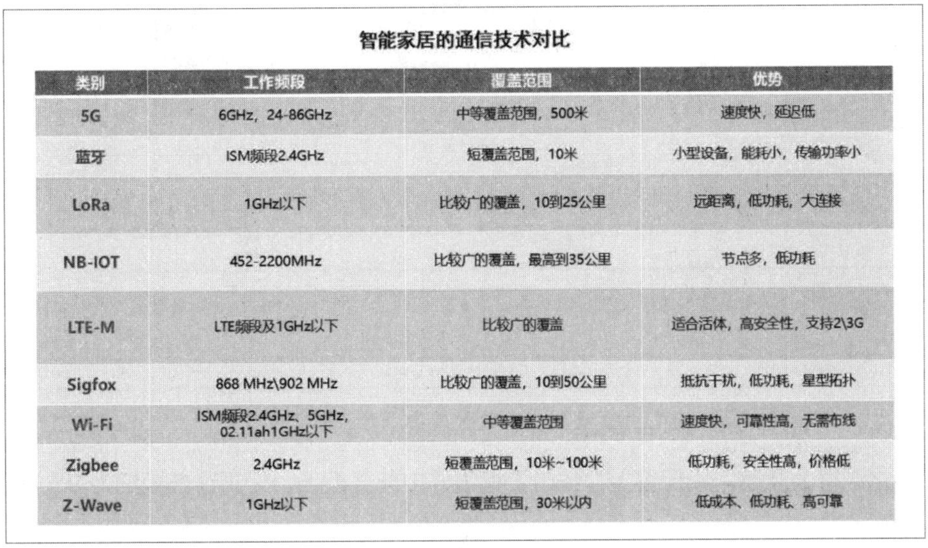

智能家居的通信技术对比

类别	工作频段	覆盖范围	优势
5G	6GHz，24-86GHz	中等覆盖范围，500米	速度快，延迟低
蓝牙	ISM频段2.4GHz	短覆盖范围，10米	小型设备，能耗小，传输功率小
LoRa	1GHz以下	比较广的覆盖，10到25公里	远距离，低功耗，大连接
NB-IOT	452-2200MHz	比较广的覆盖，最高到35公里	节点多，低功耗
LTE-M	LTE频段及1GHz以下	比较广的覆盖	适合活体，高安全性，支持2\3G
Sigfox	868 MHz\902 MHz	比较广的覆盖，10到50公里	抵抗干扰，低功耗，星型拓扑
Wi-Fi	ISM频段2.4GHz，5GHz，02.11ah1GHz以下	中等覆盖范围	速度快，可靠性高，无需布线
Zigbee	2.4GHz	短覆盖范围，10米~100米	低功耗，安全性高，价格低
Z-Wave	1GHz以下	短覆盖范围，30米以内	低成本、低功耗、高可靠

图 27-3　调整文字及精简内容

➲ II 调整表格的行列宽度

调整除标题栏外其他行的行距，后三列列宽一致，如图 27-4 所示。

智能家居的通信技术对比

类别	工作频段	覆盖范围	优势
5G	6GHz，24-86GHz	中等覆盖范围，500米	速度快，延迟低
蓝牙	ISM频段2.4GHz	短覆盖范围，10米	小型设备，能耗小，传输功率小
LoRa	1GHz以下	比较广的覆盖，10到25公里	远距离，低功耗，大连接
NB-IOT	452-2200MHz	比较广的覆盖，最高到35公里	节点多，低功耗
LTE-M	LTE频段及1GHz以下	比较广的覆盖	适合活体，高安全性，支持2\3G
Sigfox	868 MHz\902 MHz	比较广的覆盖，10到50公里	抵抗干扰，低功耗，星型拓扑
Wi-Fi	ISM频段2.4GHz、5GHz，02.11ah1GHz以下	中等覆盖范围	速度快，可靠性高，无需布线
Zigbee	2.4GHz	短覆盖范围，10米~100米	低功耗，安全性高，价格低
Z-Wave	1GHz以下	短覆盖范围，30米以内	低成本、低功耗、高可靠

图 27-4 调整表格行列宽度

➲ III 调整表格填充颜色和边框颜色

设置标题栏填充色为蓝色，下面各行隔行设置为浅蓝色，效果如图 27-5 所示。

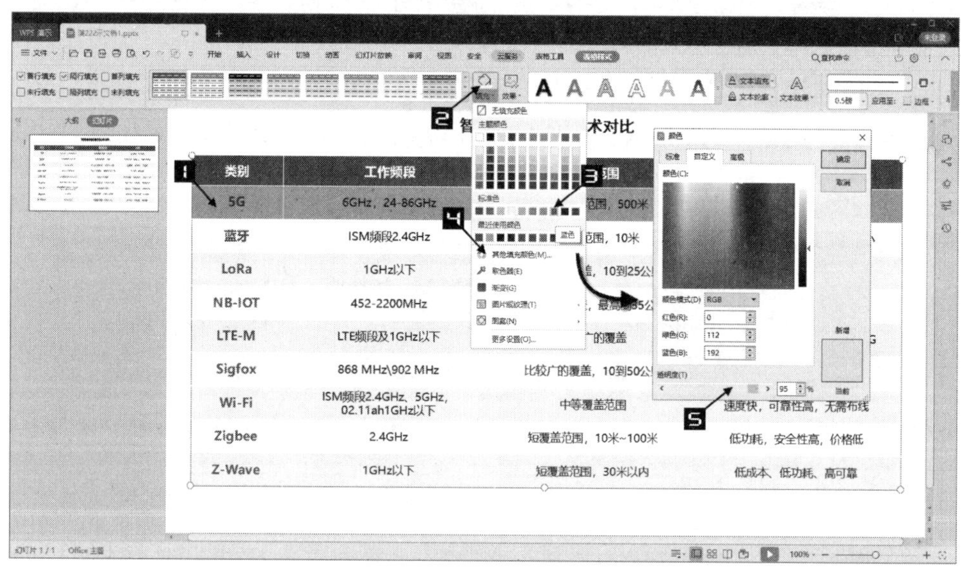

图 27-5 设置表格填充色

设置表格边框为蓝色，只保留上框线、下框线、内部横框线，设置线条粗细为 0.5 磅，效果如图 27-6 所示。

图 27-6　设置表格边框

再为表格设置阴影效果，对标题进行美化即可，最终效果如图 27-7 所示。

智能家居的通信技术对比

类别	工作频段	覆盖范围	优势
5G	6GHz，24-86GHz	中等覆盖范围，500米	速度快，延迟低
蓝牙	ISM频段2.4GHz	短覆盖范围，10米	小型设备，能耗小，传输功率小
LoRa	1GHz以下	比较广的覆盖，10到25公里	远距离，低功耗，大连接
NB-IOT	452-2200MHz	比较广的覆盖，最高到35公里	节点多，低功耗
LTE-M	LTE频段及1GHz以下	比较广的覆盖	适合活体，高安全性，支持2\3G
Sigfox	868 MHz\902 MHz	比较广的覆盖，10到50公里	抵抗干扰，低功耗，星型拓扑
Wi-Fi	ISM频段2.4GHz、5GHz，02.11ah1GHz以下	中等覆盖范围	速度快，可靠性高，无需布线
Zigbee	2.4GHz	短覆盖范围，10米~100米	低功耗，安全性高，价格低
Z-Wave	1GHz以下	短覆盖范围，30米以内	低成本、低功耗、高可靠

图 27-7　表格美化效果

27.2　图表美化

在幻灯片中可以用表格展示和对比数据，但是表格仅能真实地展示数据，结论并不直观。要想更直观地展示结论，就要用到图表。

图表的使用需要注意两个问题：一是使用合适的图表类型，并且传达正确信息；二是进行图表美化。

WPS 演示支持的图表可以分为比较类、趋势类、分布类、占比类四种类别，如图 27-8 所示。

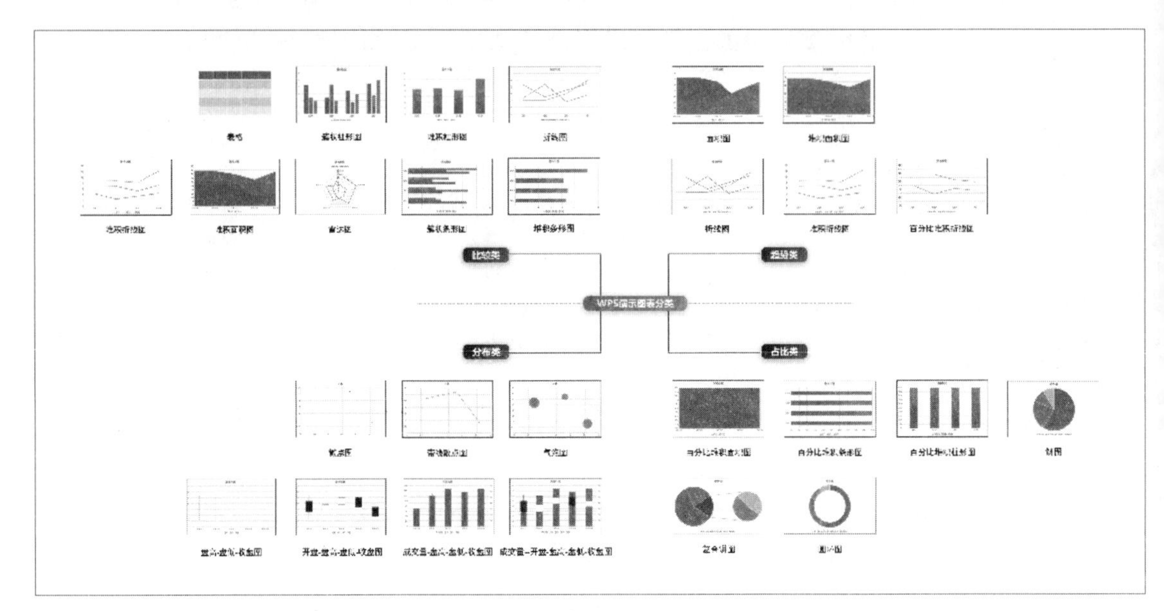

图 27-8　WPS 图表类别

27.2.1　选择合适的图表类型

下面列举几个容易用错的案例。

如图 27-9 所示，在表示项目之间数据对比时应该用条形图，而不应用柱形图。

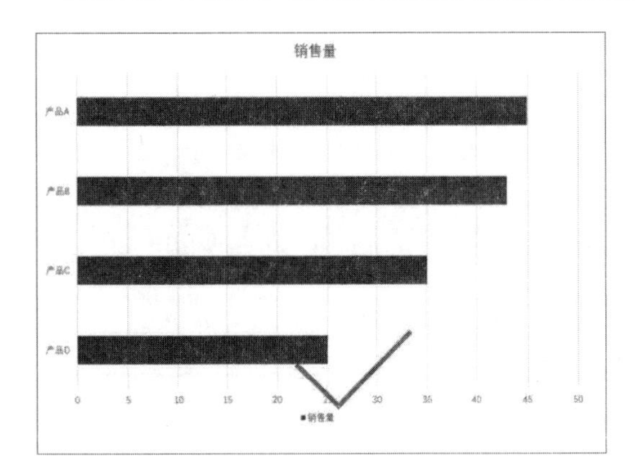

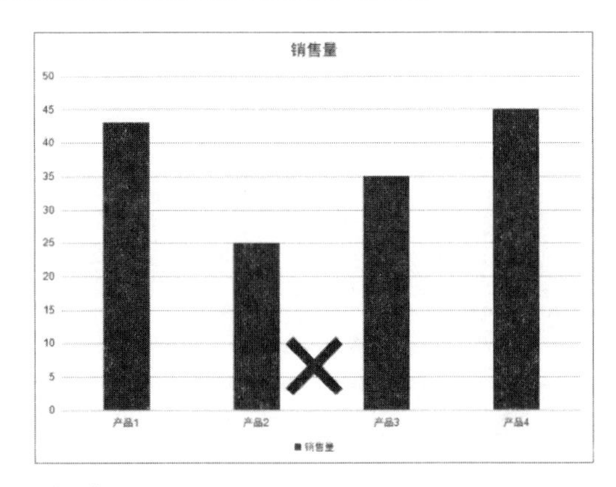

图 27-9　项目之间对比

WPS演示提供了图表的实时更改方式，选中图表，单击【图表工具】选项卡，单击【更改类型】按钮，在弹出的对话框中选择正确的图表，单击【确定】按钮后，图表类型会自动更改，如图 27-10 所示。

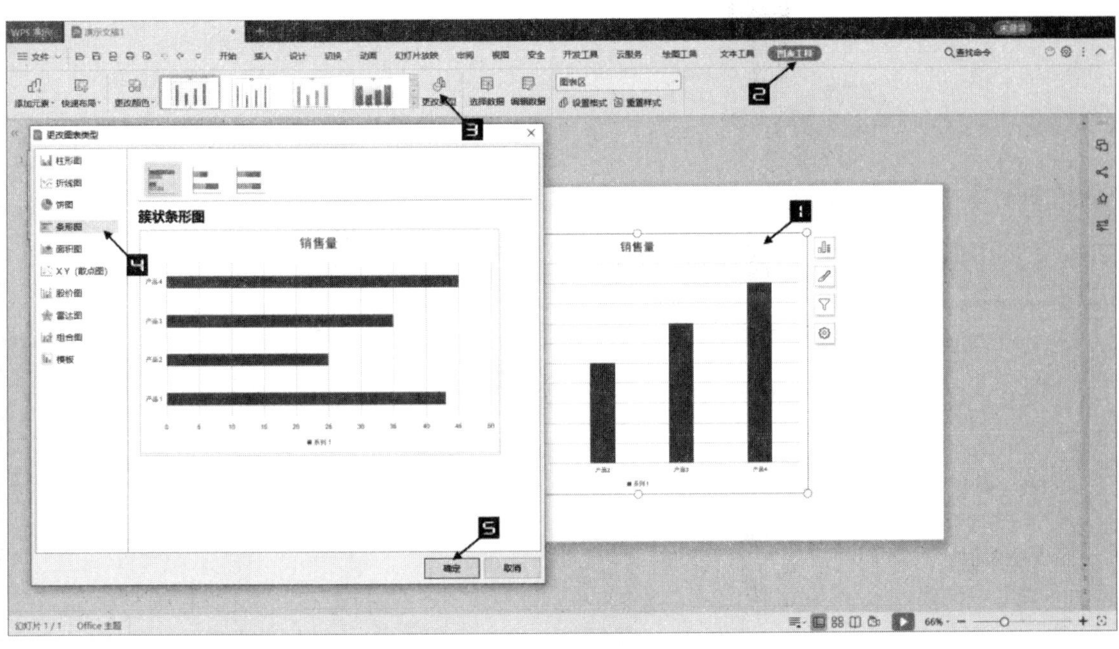

图 27-10　更改图表类型

如图 27-11 所示，在表示时间序列上的数据对比时，应该用柱形图，而不应用条形图。

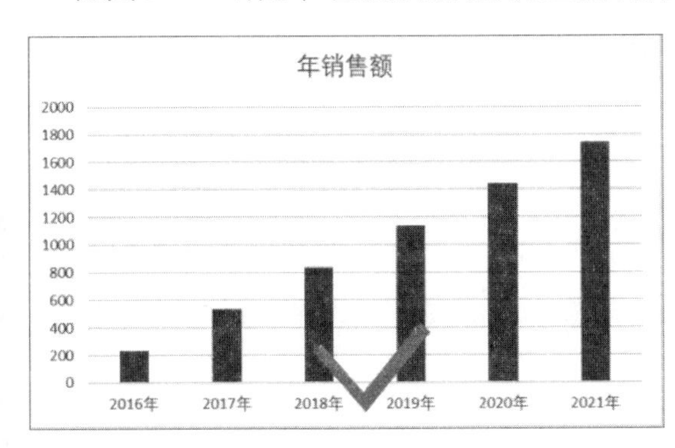

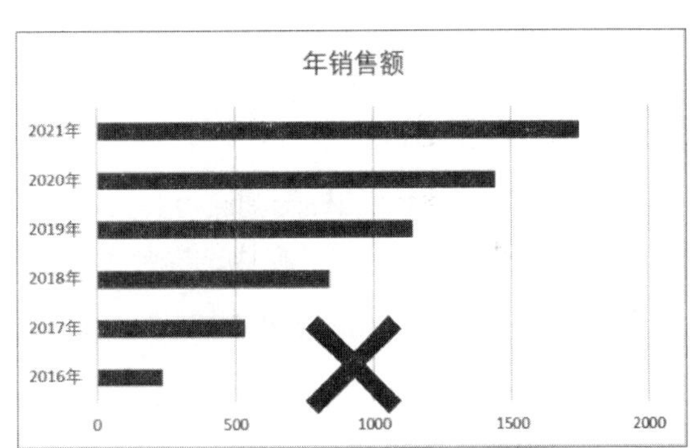

图 27-11　时间序列数据对比

在表示同比或环比的百分比数据时应该用堆积图，不应该用饼图或环形图。

比如案例内容为：记者从中国国家铁路集团有限公司获悉，2021 年上半年，全国铁路累计发送旅客 13.65 亿人次，同比增加 5.48 亿人次、增长 67%。

插入饼图得到如图 27-12 所示的图表，但是这个图表表示的结论与案例是不符的，所以无法用饼图表示。

从案例内容，通过简单计算可以得到：2020 年上半年，全国铁路累计发送旅客为 13.65-5.48=8.17 亿人次，5.48/8.17×100%=67%。得到图表如图 27-13 所示。

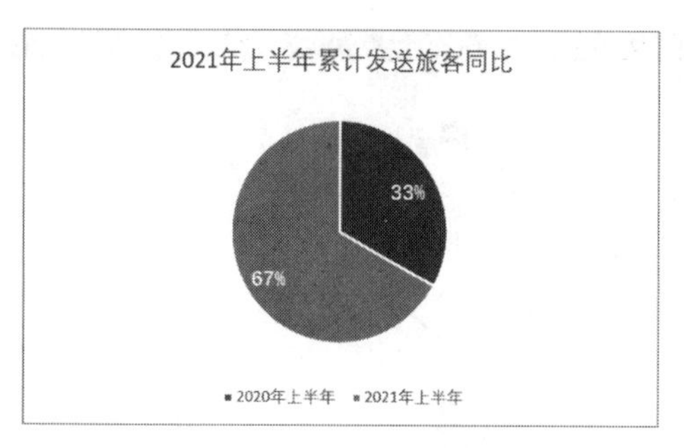

图 27-12　饼图错误示例

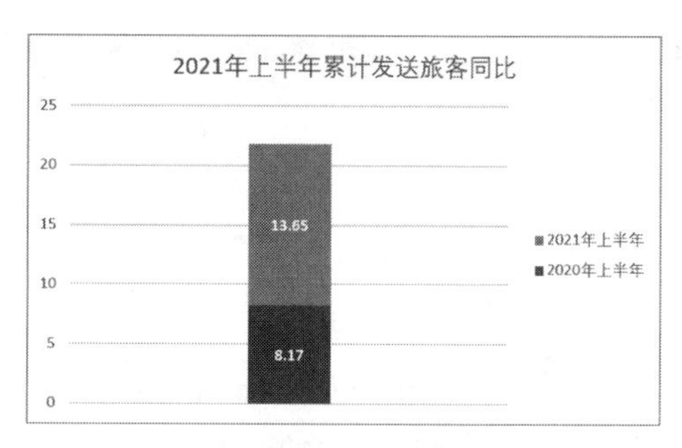

图 27-13　同比堆积图

但是这张图表并没有显示出百分比来，这时可以手动添加百分比数据，如图 27-14 所示。

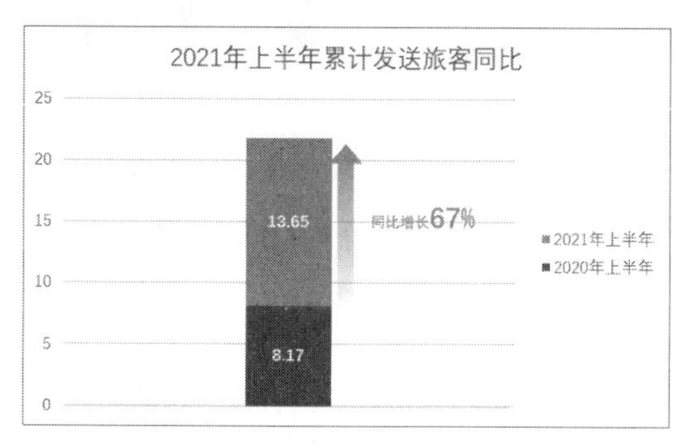

图 27-14　同比增长图表

27.2.2　图表美化

对如图 27-15 所示的柱形图进行美化，可使用WPS演示进行自动美化，选中图表，单击【图表工具】选项卡，在图表样式库中选择合适样式，如图 27-15 所示。

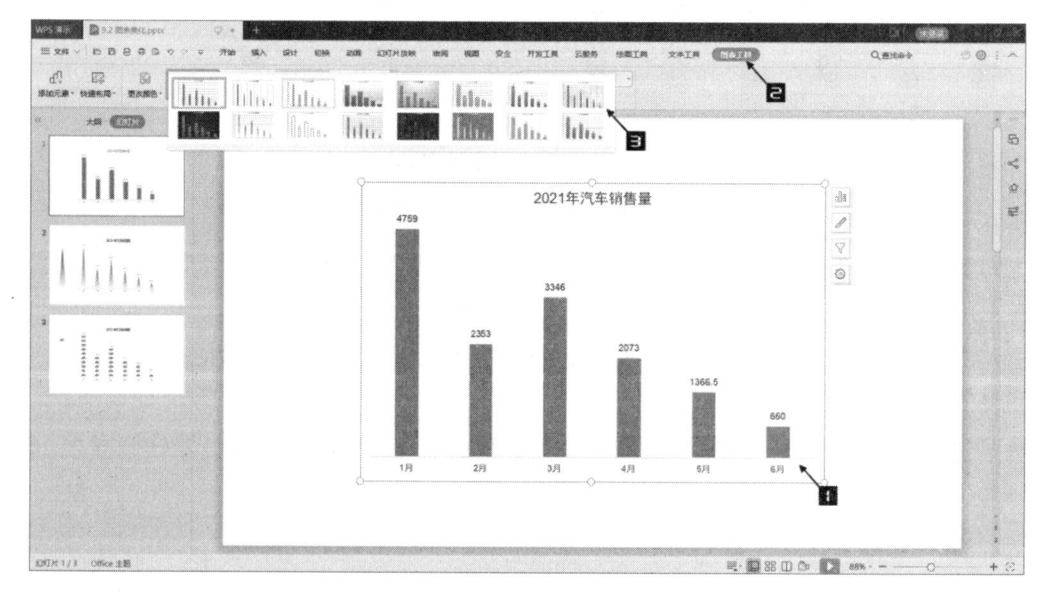

图 27-15　套用图表样式

选中图表，单击【图表工具】→【更改颜色】按钮，在下拉列表中选择合适的配色方案，如图 27-16 所示。

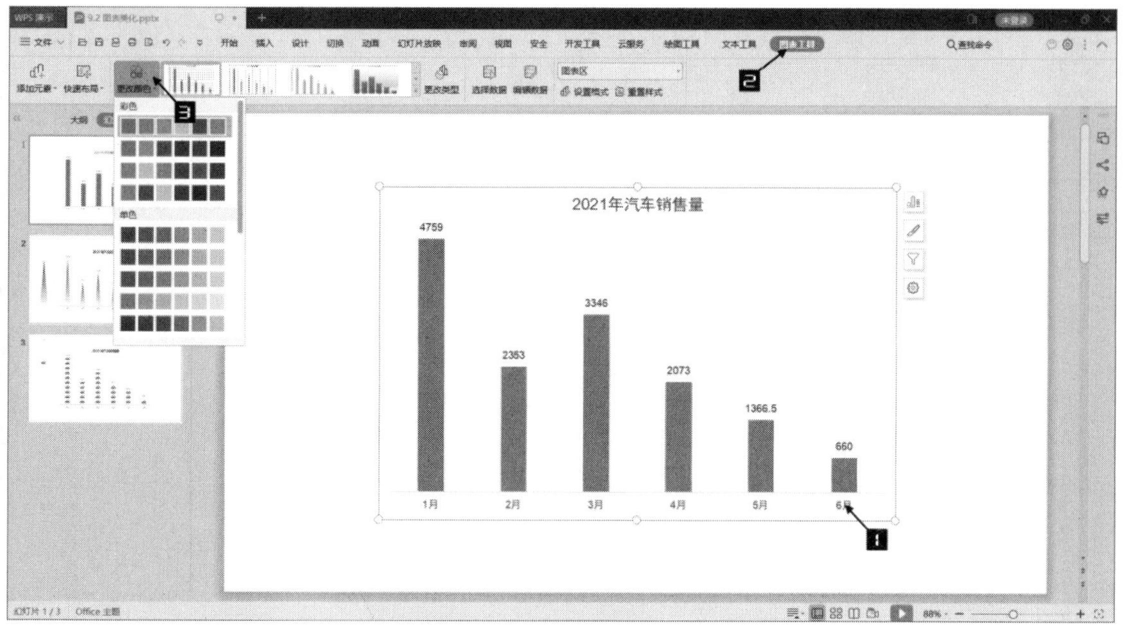

图 27-16　套用配色

选中图表，单击【图表工具】→【添加元素】按钮，在下拉列表中添加或删除元素，如图 27-17 所示。

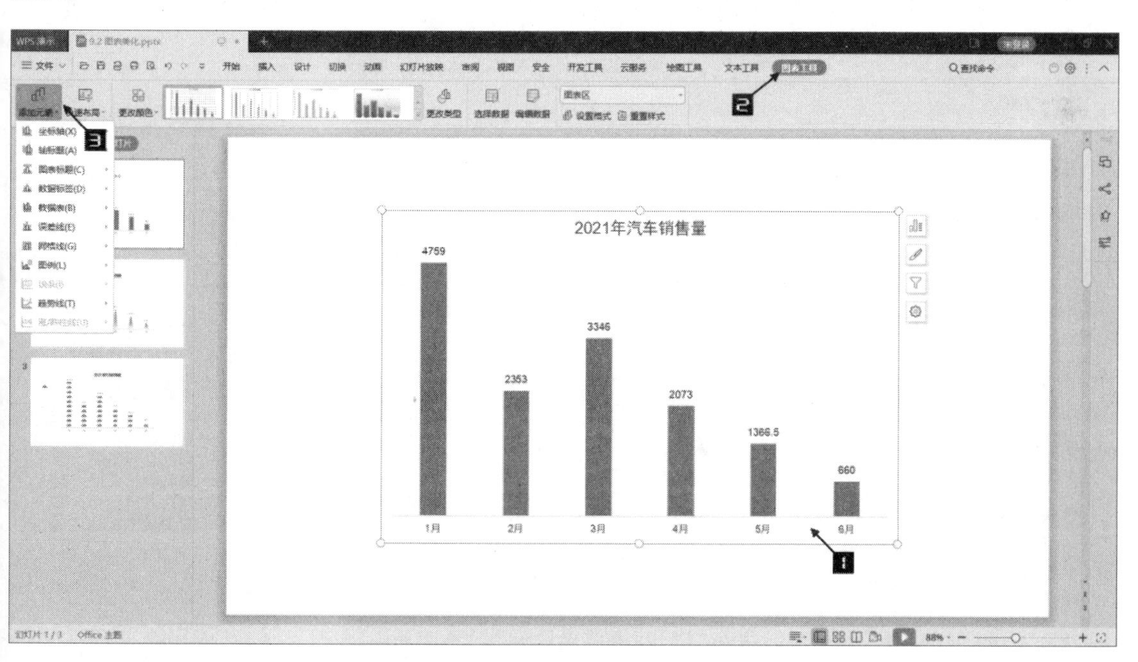

图 27-17　添加元素

上述步骤亦可使用浮动工具栏完成，选中图表，在右侧的浮动工具栏的【图表元素】中取消选中即可删除相应元素，选中即可添加需要的数据标签，如图 27-18 所示。

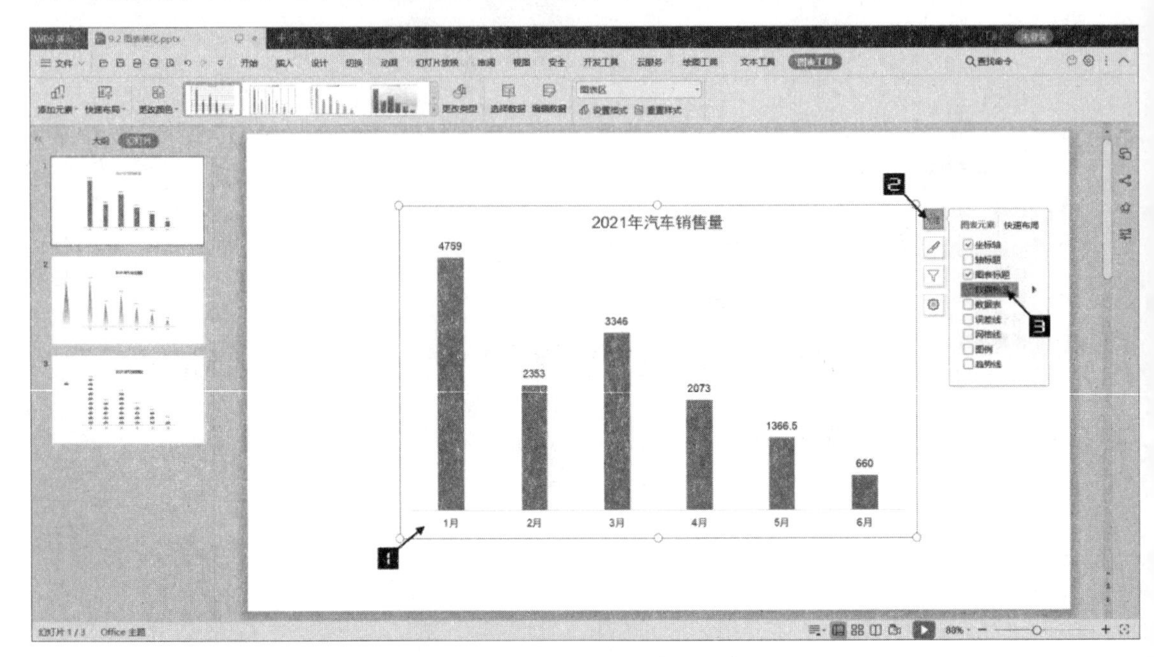

图 27-18　浮动工具栏勾选元素

选中图表，在右侧的浮动工具栏的【图表样式】中选择合适的样式和配色，如图 27-19 所示。

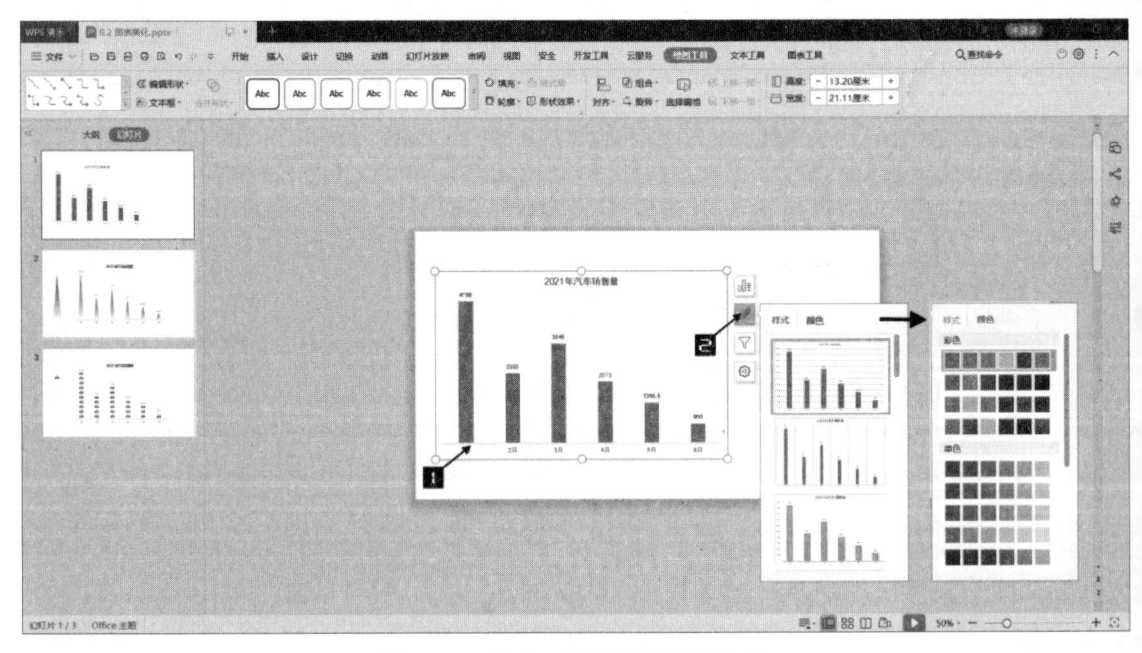

图 27-19　浮动工具栏套用样式和配色

如需更有针对性的美化，遵循如下六步：一是删除无关信息，二是增加数据标签，三是调整字体字号，四是调整配色，五是调整图表，六是增加说明信息。

分析图 27-20 可知，柱形图为汽车单品的上半年逐月销量，故图例没有存在意义，可以删除。网格线无实际意义，可以删除。纵坐标未能实际显示销售数量，可以删除。

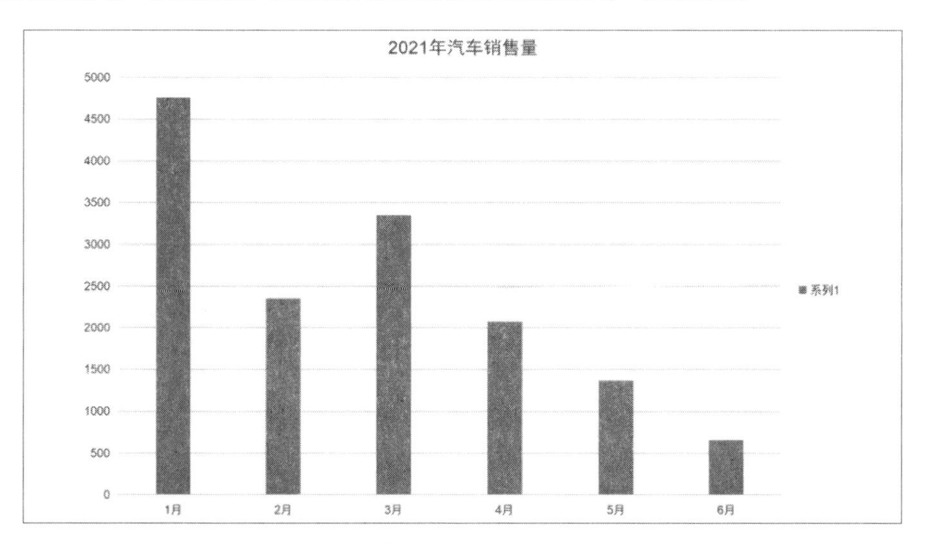

图 27-20　示例柱形图

如图 27-21 所示，单击鼠标左键选中整个图表，再单击鼠标左键选中需要删除的元素，按 <Delete> 键删除即可。

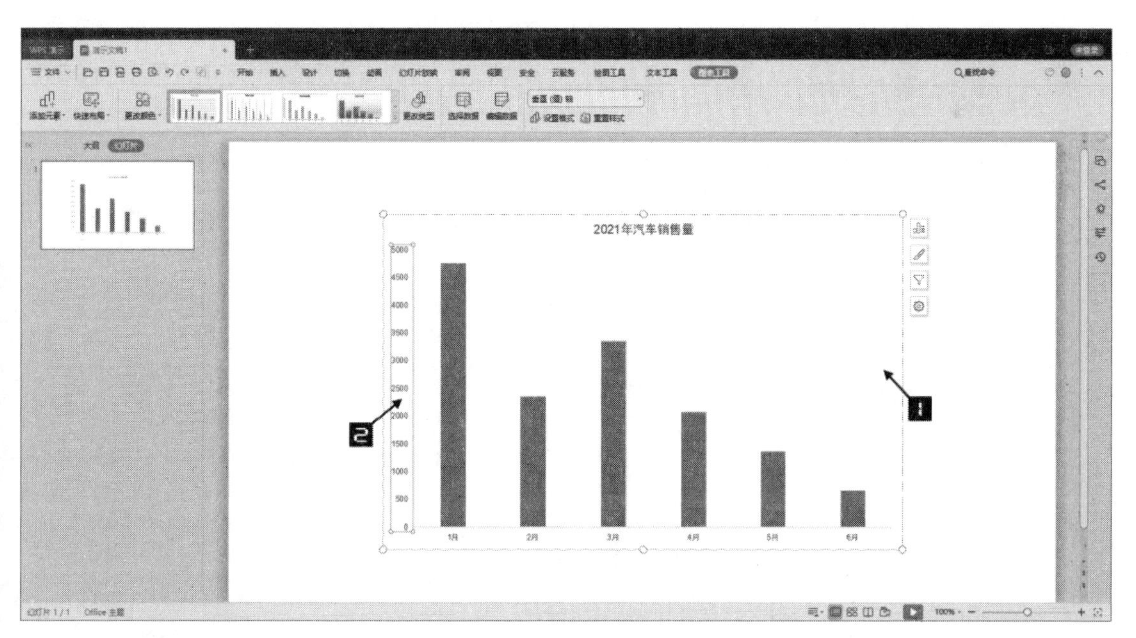

图 27-21　删除无关元素

为了能够清晰显示各月汽车销量，需要为柱形图添加数据标签。单击鼠标左键选中整个图表，再单击鼠标左键选中蓝色柱形，右击，在弹出的快捷菜单中选择【添加数据标签】，如图 27-22 所示。

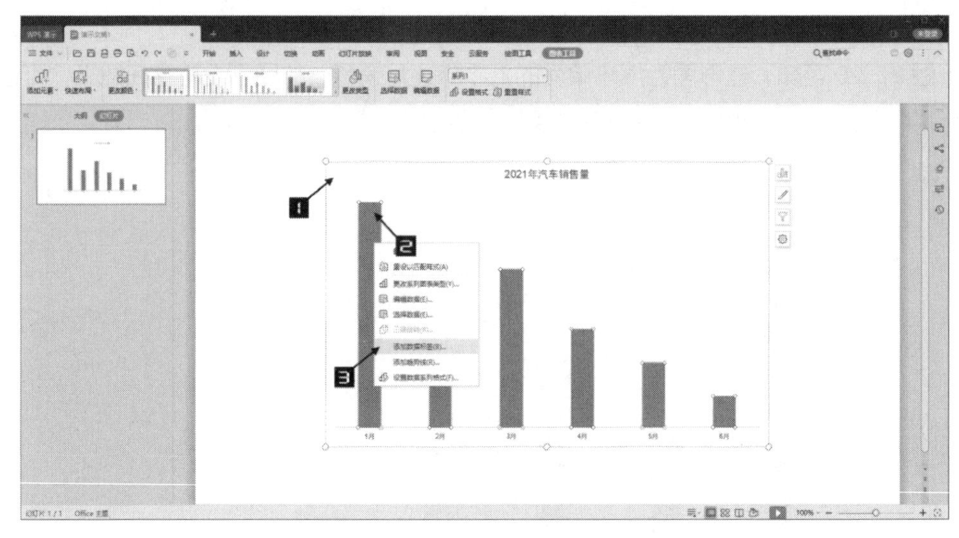

图 27-22　添加数据标签

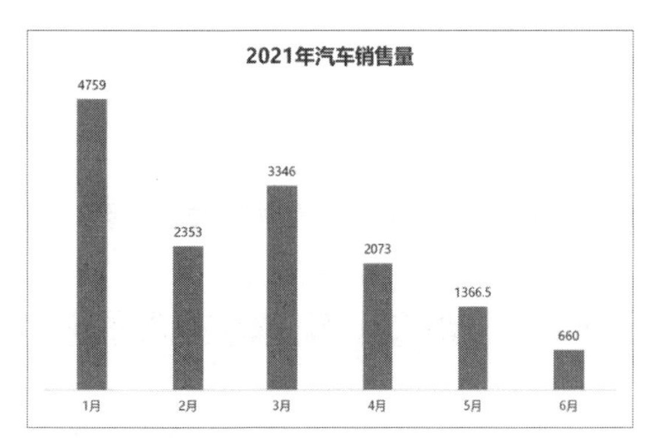

图 27-23　调整字体字号

将图表中的文字字体设置为微软雅黑，并适当增大字号，如图 27-23 所示。

设置所有字体颜色为蓝色：单击选中整个图表，然后右击柱形，在弹出的快捷菜单中选择【设置数据系列格式】命令，在右侧任务窗格中选择【填充与线条】选项卡，设置填充为渐变填充，渐变方式为线性渐变，角度为 90 度，保留两个色标颜色为蓝色，第二个色标透明度设置为 100%，如图 27-24 所示。

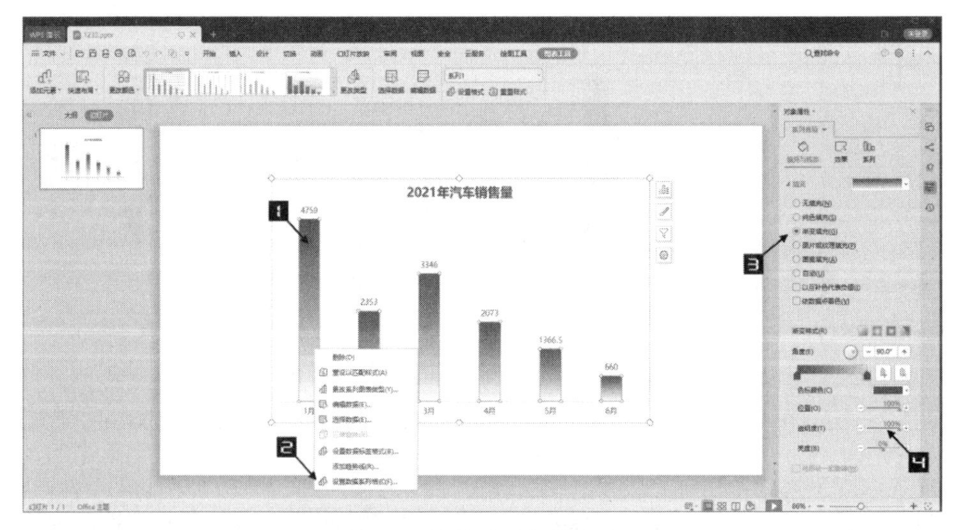

图 27-24　柱形图颜色设置

更改完颜色的图表效果如图 27-25 所示。

柱形图除了显示为柱子外，还可以显示为其他形状，如三角形，如图 27-26 所示。

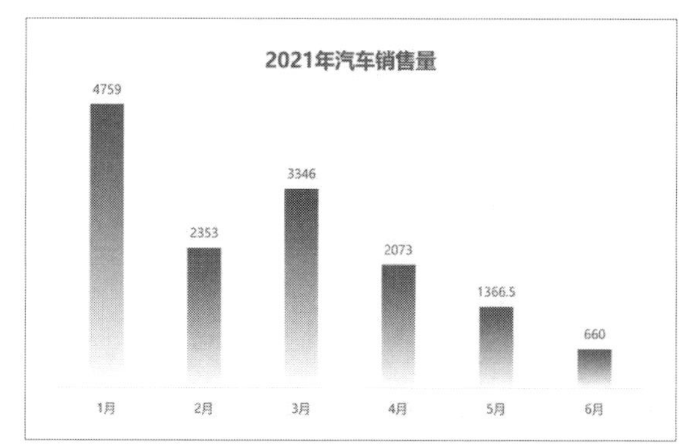

图 27-25　柱形图美化效果

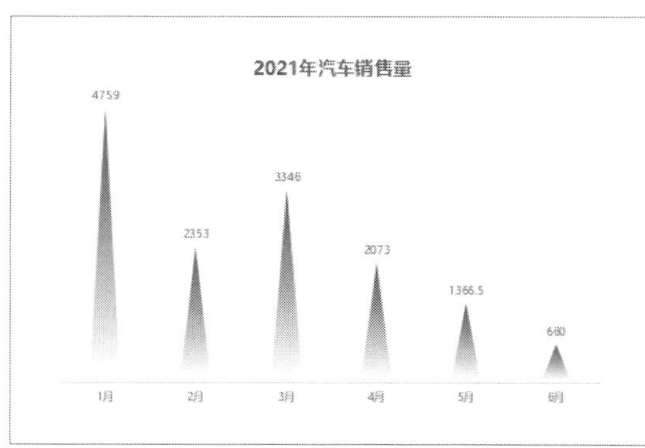

图 27-26　三角形柱形图效果

要绘制出三角形柱形图，首先需要绘制一个三角形，渐变填充，单击选中三角形，按<Ctrl+C>组合键将其复制到剪贴板中。单击选中整个图表，然后右击柱形，在弹出的快捷菜单中选择【设置数据系列格式】，选择【填充与线条】选项卡，设置填充为图片或纹理填充，图片填充中选择剪贴板，如图 27-27 所示。

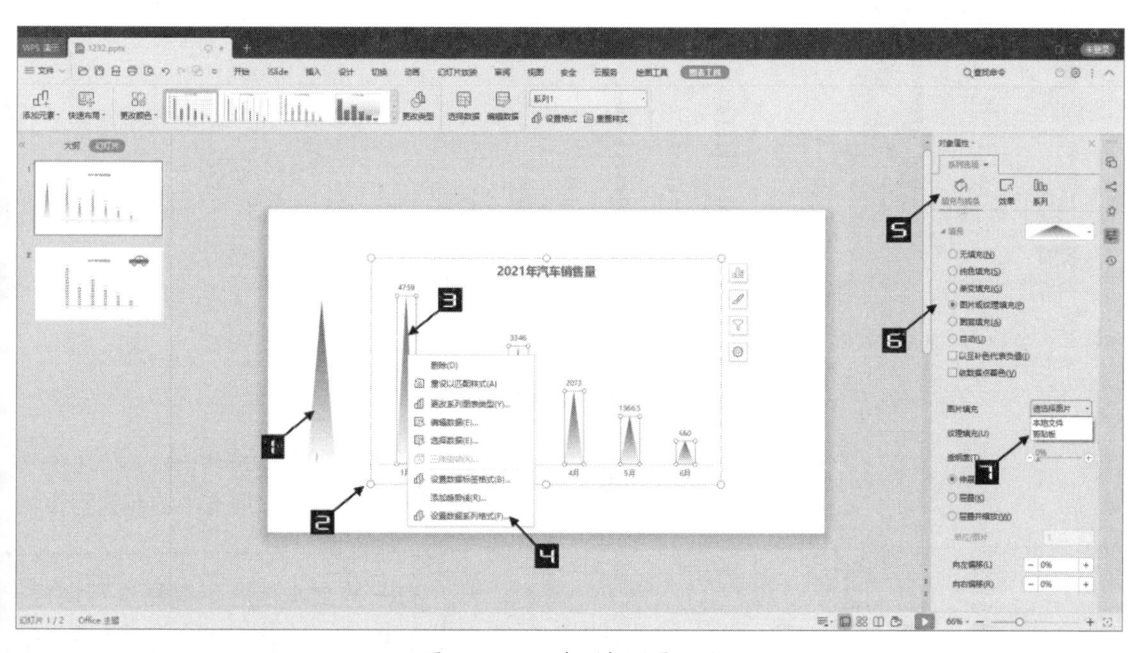

图 27-27　三角形柱形图设置

除了填充形状，还可以将图标填充进图表中，如图 27-28 所示。

其操作步骤同三角形柱形图，但是得到的效果可能会如图 27-29 所示。

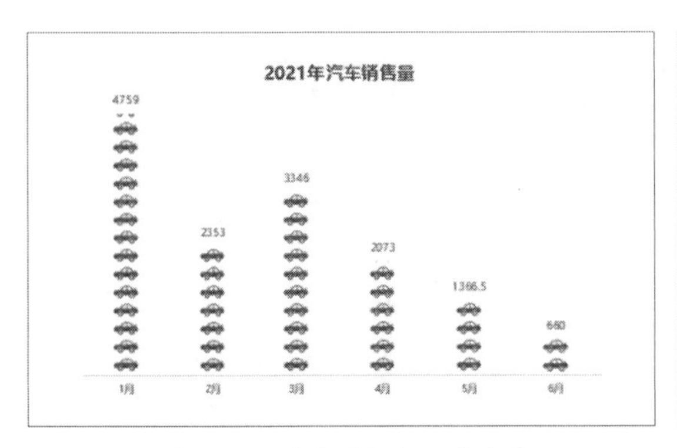

图 27-28　汽车图标柱形图效果

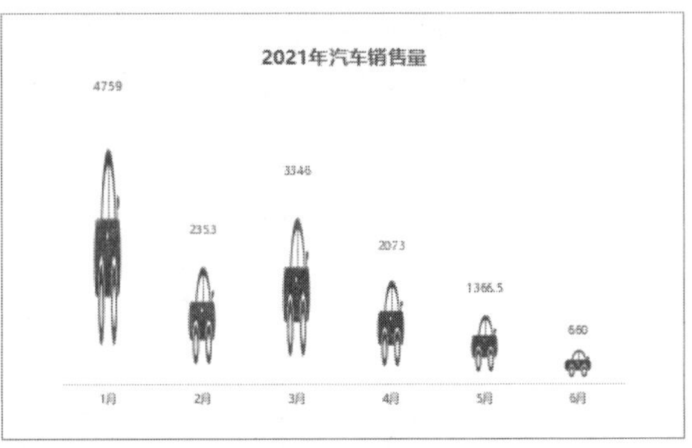

图 27-29　汽车图标柱形图错误效果

这里有一个很关键的选项需要设置，如图 27-30 所示，将【填充】为【图片或纹理填充】下面选项由【伸展】更改为【层叠】。

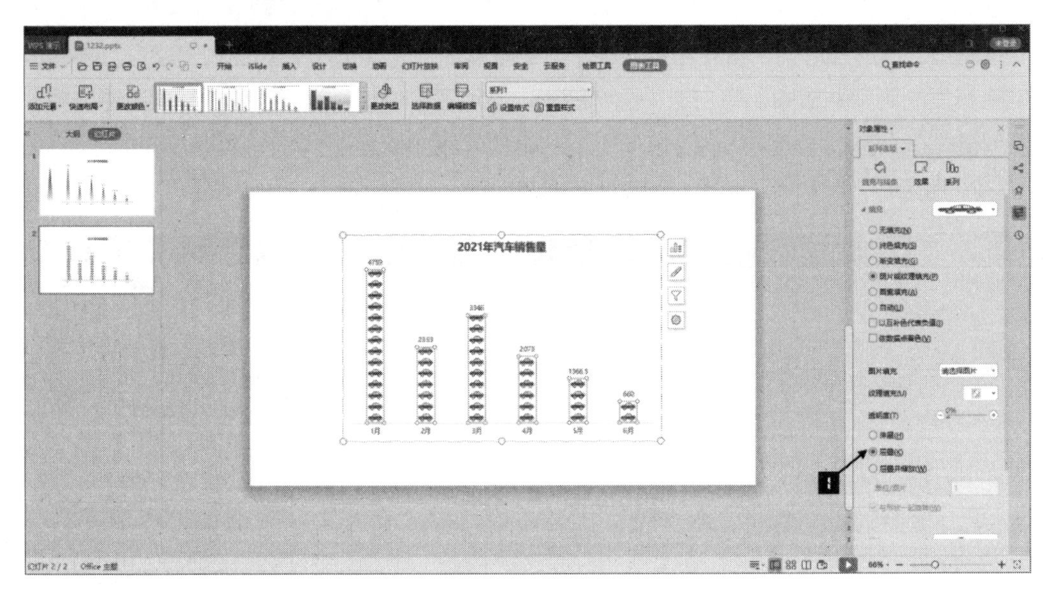

图 27-30　汽车图标柱形图层叠设置

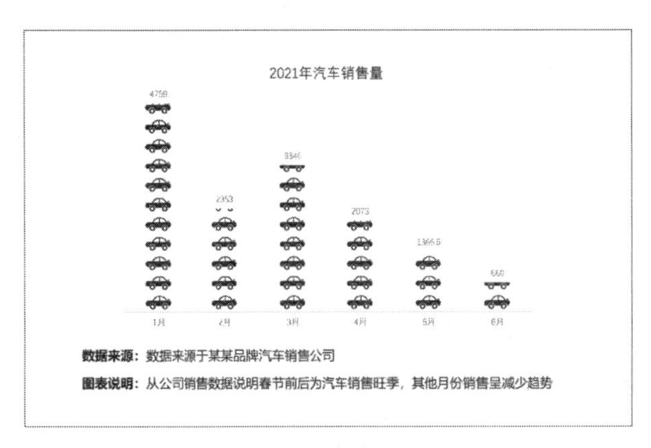

图 27-31　柱形图美化完成效果

调整柱形的间距和粗细。调整【系列选项】中【系列】选项卡中的系列层叠和分类间距即可。

有一些文本信息不容易进行调整，可以先删除，然后手动插入文本框，便于美化调整，如图表标题、指示标签等，还可以为图表增加图表说明和数据来源，完成图表，如图 27-31 所示。

其他类型图表的美化可参照柱形图美化方式。

WPS 演示支持多系列数据的组合图表。选中图表后单击【图表工具】→【更改类型】，在对话框中选择【组合图】，可以更改数据系列的图表类型，设定次坐标轴，如图 27-32 所示。

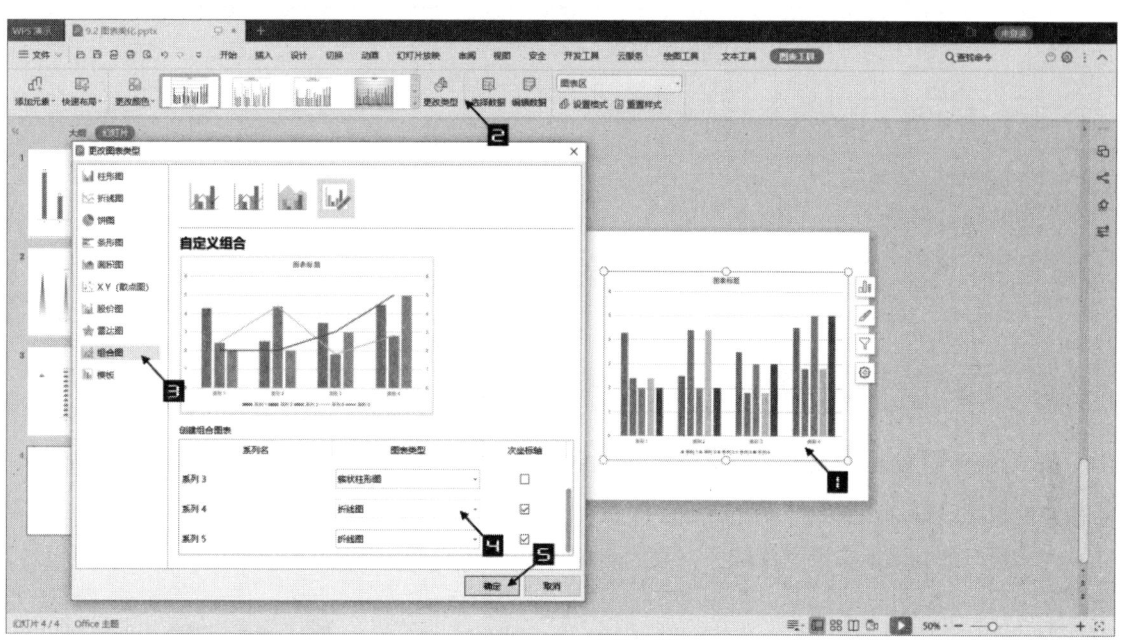

图 27-32　组合图表

第 28 章　使配色更美观

大自然用丰富绚丽的色彩创造了这个色彩斑斓的世界，同样演示文稿的美也离不开对色彩的恰当运用。本章主要学习配色的原理和配色方法。

本章学习要点

（1）两种颜色系统

（2）快速配色法

（3）渐变色的使用

28.1　两种颜色系统

如图 28-1 所示，这国内首部 4K彩色修复电影《永不消逝的电波》的电影海报，显而易见的是，彩色影片较黑白影片能够更好地还原画面细节。

为了更好地为演示文稿选择配色，我们需要先了解WPS演示支持的两种颜色系统——RGB和HSL。

RGB：由R（红）、G（绿）、B（蓝）三个颜色叠加得到各种颜色，如图 28-2 所示。

图 28-1　电影海报

图 28-2　RGB系统

红、绿、蓝三个颜色通道各分为 256 阶，在 0 时最弱，在 255 时最强。根据表 28-1 中的数值，红绿蓝两两颜色进行叠加，可以得到三种二次色，红绿蓝与二次色两两叠加可以得到六种三次色。红绿蓝三色叠加得到白色，相减得到黑色。白色、黑色之间是 254 阶灰色。

表 28-1　RGB 色值表

类别	颜色名称	红色值	绿色值	蓝色值
一次色	红色	255	0	0
	绿色	0	255	0
	蓝色	0	0	255
二次色	黄	255	255	0
	品红	255	0	255
	青	0	255	255
三次色	橙	255	127	0
	黄绿	127	255	0
	青绿	0	255	127
	靛	0	127	255
	紫	127	0	255
	紫红	255	0	127
辅助色	黑色	0	0	0
	白色	255	255	255
	灰色	1~254	1~254	1~254

由上表数值计算得到的 RGB 十二色色环如图 28-3 所示，同理可以计算出千万种颜色，RGB 几乎包括了人类视力所能感知的所有颜色，是运用最广的颜色系统之一。

HSL：H（色相）是色彩的基本属性，就是平常所说的颜色名称，如红色、黄色等。S（饱和度）是指色彩的纯度，数值越高色彩越纯，越低则越灰。L（亮度）是数值越高颜色越亮，越低则越黑，如图 28-4 所示。

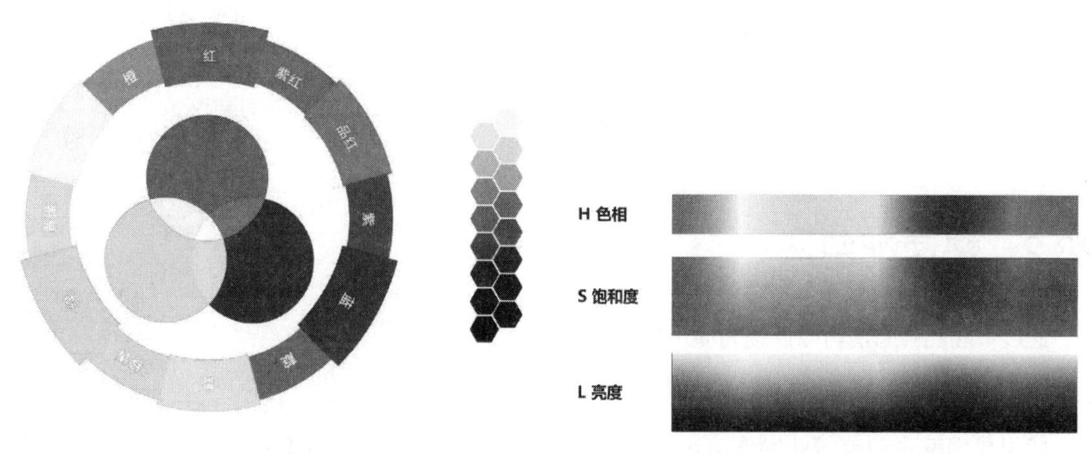

图 28-3　RGB 十二色色环

图 28-4　HSL 模式

在WPS演示中两种颜色模式可以切换，如图 28-5 所示，选中矩形在【绘图工具】选项卡下单击【填充】下拉按钮，在下拉面板中单击【其他填充颜色】，在弹出的对话框中选择【自定义】或【高级】标签，将默认的RGB模式改为HSL模式。

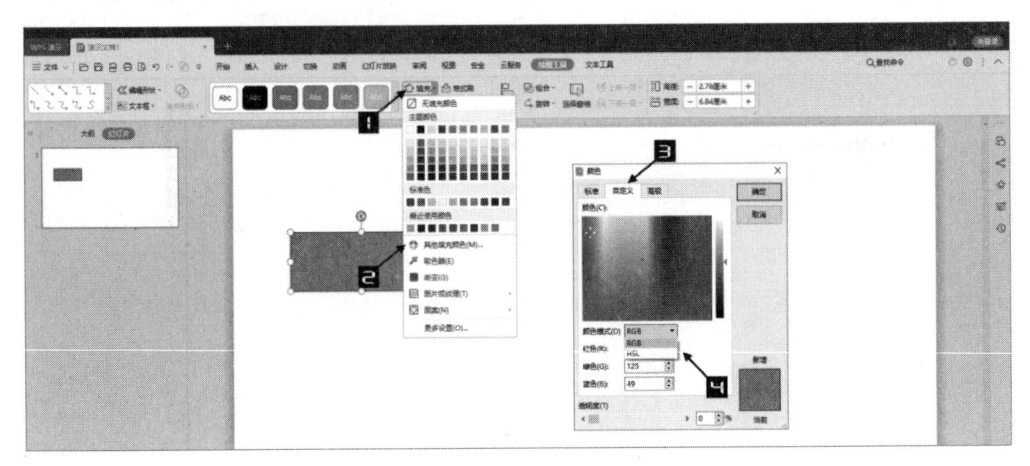

图 28-5　颜色模式切换

两种颜色系统都可以通过调整数值来调整配色，也可以通过鼠标单击选择进行调整，如图 28-6 所示。

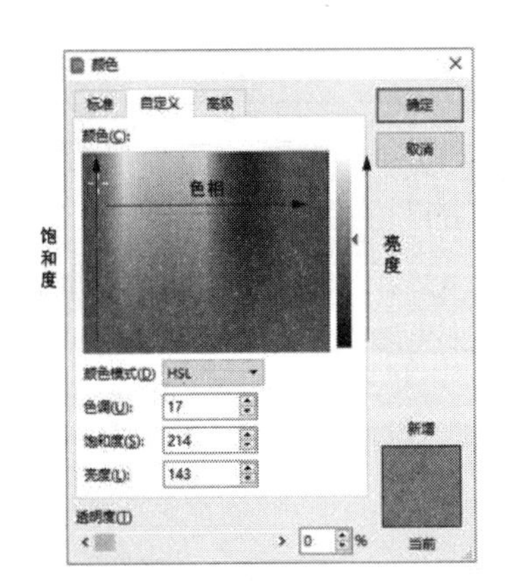

图 28-6　HSL模式

28.2　快速配色法

通过下面四种方法可以快速为演示文稿配色。

28.2.1　企业 VI 配色法

如果是为某企业或行业制作演示文稿，那么这个企业的logo、VI识别系统(视觉识别系统)、产品外观色都可以作为配色的依据。

比如为三一集团设计演示文稿，首先用浏览器打开该公司官方网站，如图 28-7 所示。此时可以看到公司logo为红色，网站中的产品外观色为黄色、黑色。

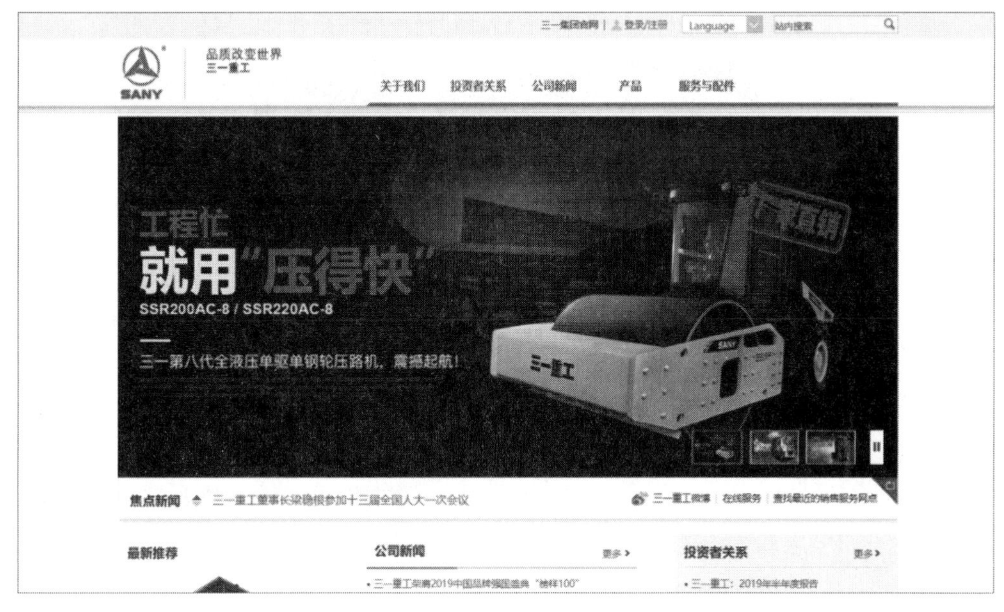

图 28-7　三一集团官网

那么就可以取红色、黄色作为主色，黑色、白色、灰色可以作为配色，如图 28-8 所示，首先在幻灯片中插入几个矩形，选中矩形然后单击【填充】，选择【取色器】，从页面上单击吸取红色、黄色、黑色、灰色。

图 28-8　网站取色

将配色应用到幻灯片上，红色作为主色，其他为辅色，效果如图 28-9 所示。

图 28-9 三一集团配色示例

再比如国家电网有限公司发布的报告中配色有绿色、黄色，如图 28-10 所示。

图 28-10 国家电网报告

将绿色、黄色搭配黑白灰的配色设置进幻灯片中，效果如图 28-11 所示。

图 28-11 国家电网配色示例

28.2.2　名画配色法

如果并没有特定的公司、行业指向应该如何配色呢？可以尝试从世界名画中借鉴配色。首先找到一副自己喜欢的名画，如梵高的《星月夜》，如图 28-12 所示。

图 28-12　梵高的《星月夜》

打开Adobe Color网站，单击左上角【撷取主题】按钮，单击选取档案，上传图片，如图 28-13 所示。

图 28-13　图片识色网站

网站会根据图片自动识别出使用最多的颜色，如图 28-14 所示。

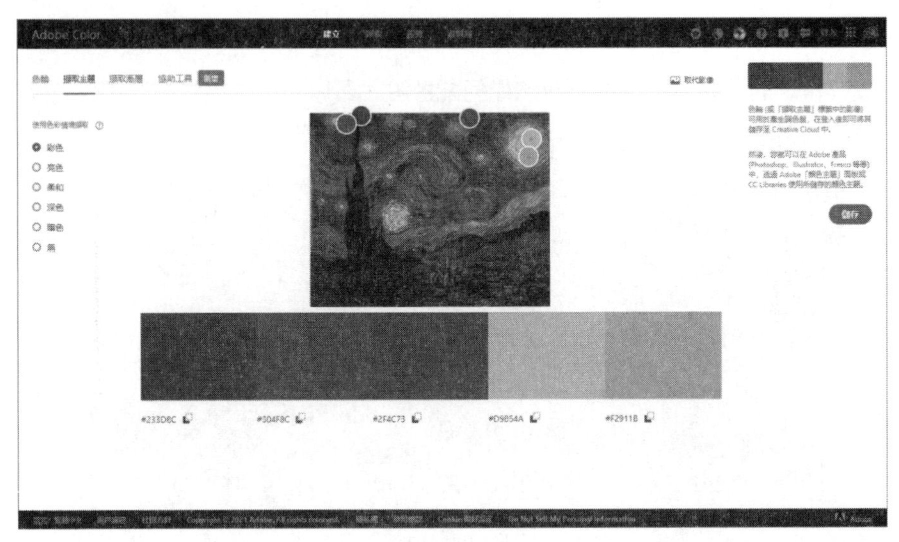

图 28-14　图片识色

再用WPS演示软件中的取色器将网站生成的配色吸取到幻灯片中，效果如所示。

图 28-15　名画配色示例

根据本书前言的提示，可观看名画配色法的视频讲解。

28.2.3　智能配色法

如果上面两种方法还不能搭配出理想的颜色，可以借助专业配色网站来搭配。首先打开中国色网站，从网站上单击选择一个喜欢的颜色作为主色，并将十六进制色值复制下来。

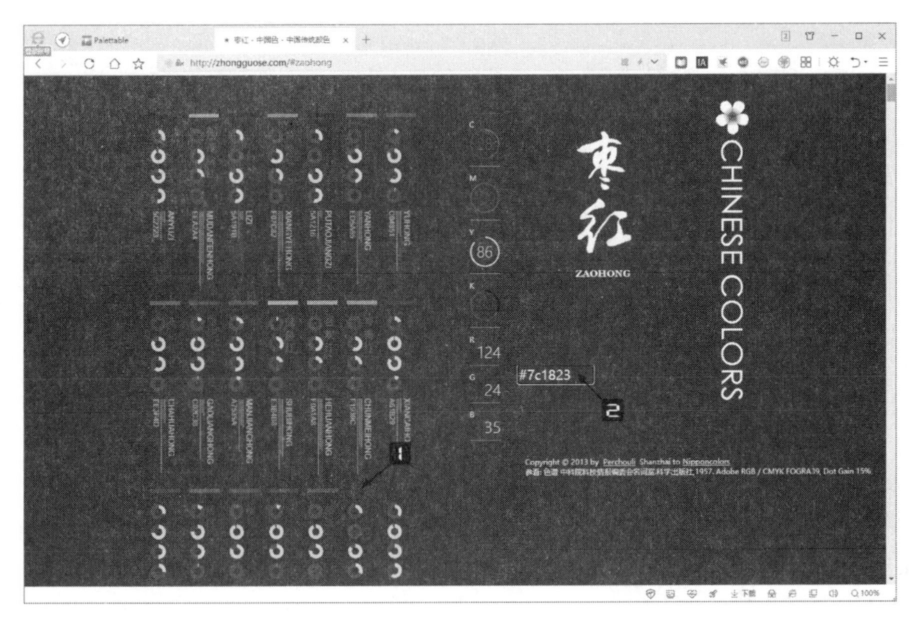

图 28-16　中国色网站

打开PALETTABLE网站，将色值粘贴进页面，单击【Like】按钮生成辅助配色，如辅助配色不喜欢，可以单击【Dislike】按钮重新生成，也可以单击按钮手动调整配色，或单击按钮删除配色，如图 28-17 所示。该网站最多可以生成四种辅助色。

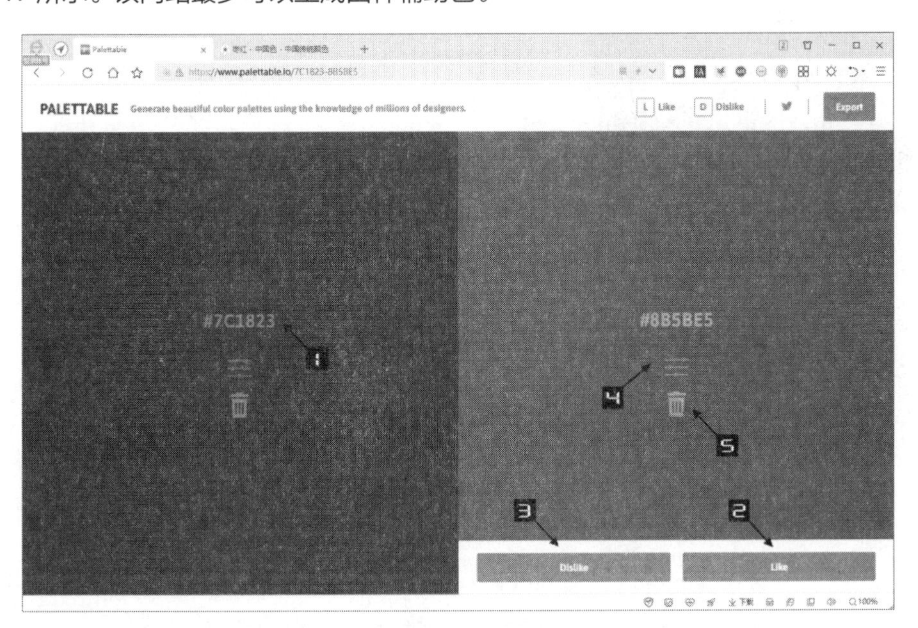

图 28-17　生成辅助色

配色完成后，单击【Export】按钮，选择PNG，将配色图片导出，如图 28-18 所示。

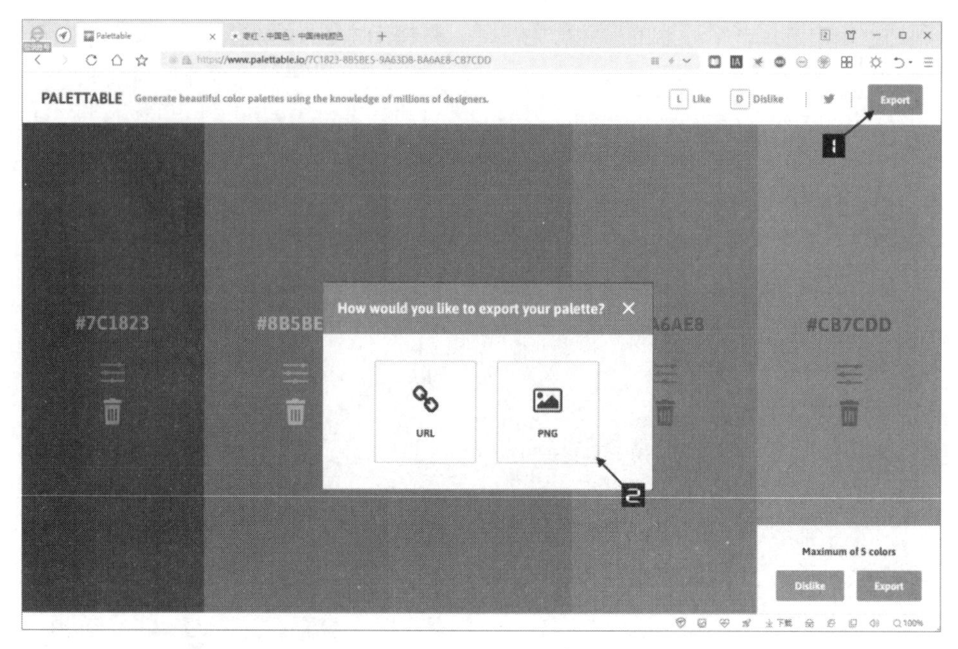

图 28-18　导出配色

将配色应用到幻灯片中，效果如图 28-19 所示。

图 28-19　智能配色示例

根据本书前言的提示，可观看智能配色法的视频讲解。

28.2.4　主题色配色法

WPS演示内置了 45 套配色方案，如图 28-20 所示。单击列表中一种配色组合，就可以将整个演示文稿的配色进行切换。前提是文本、形状、图表等元素使用了主题色。

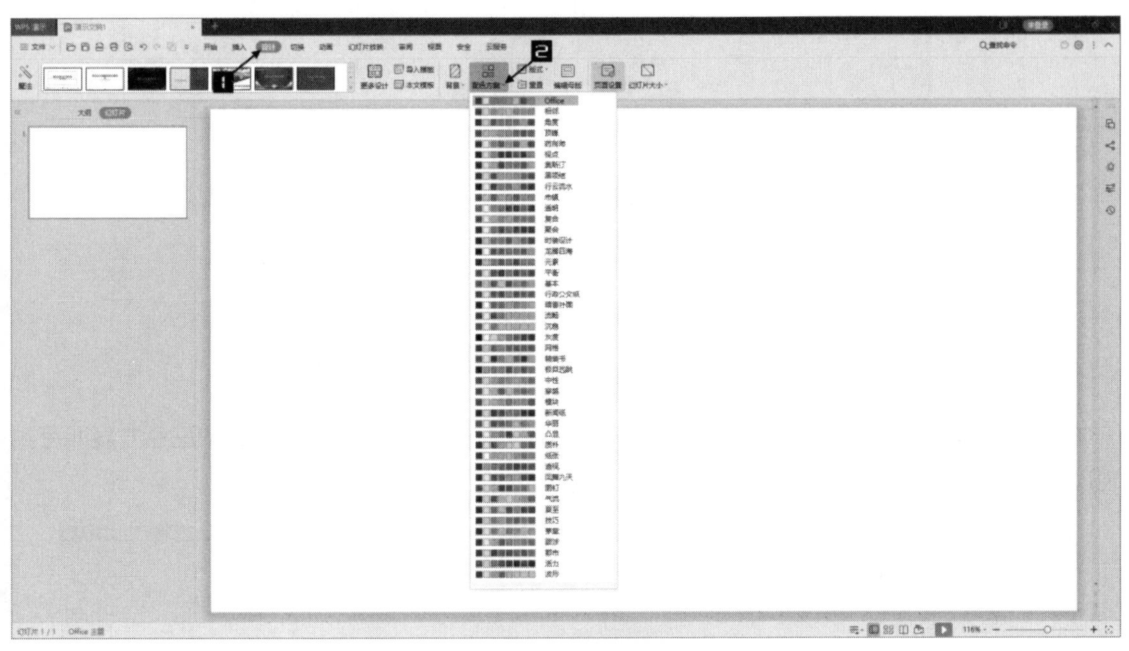

图 28-20　配色方案

提示　使用前三种方法自定义的配色不能实现快速切换。

主题色的使用规范如图 28-21 所示，前四个为文字和背景使用颜色，后六个为图形、图表使用颜色。使用时需从主题色中选取或使用格式刷工具，不可使用取色器。

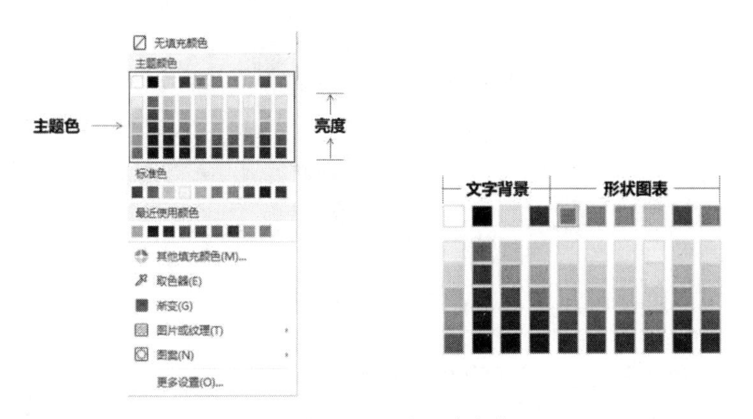

图 28-21　主题色解析

使用默认主题色方案【office】设计的幻灯片如图 28-22 所示。

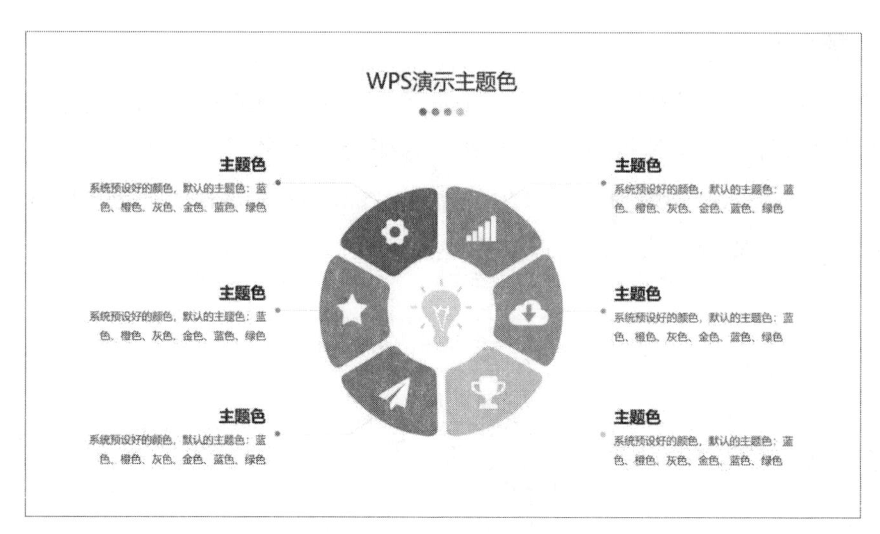

图 28-22　默认主题色幻灯片示例

如图 28-23 所示，单击【设计】选项卡，单击【配色方案】选项，选择合适的配色方案即可实现换色。

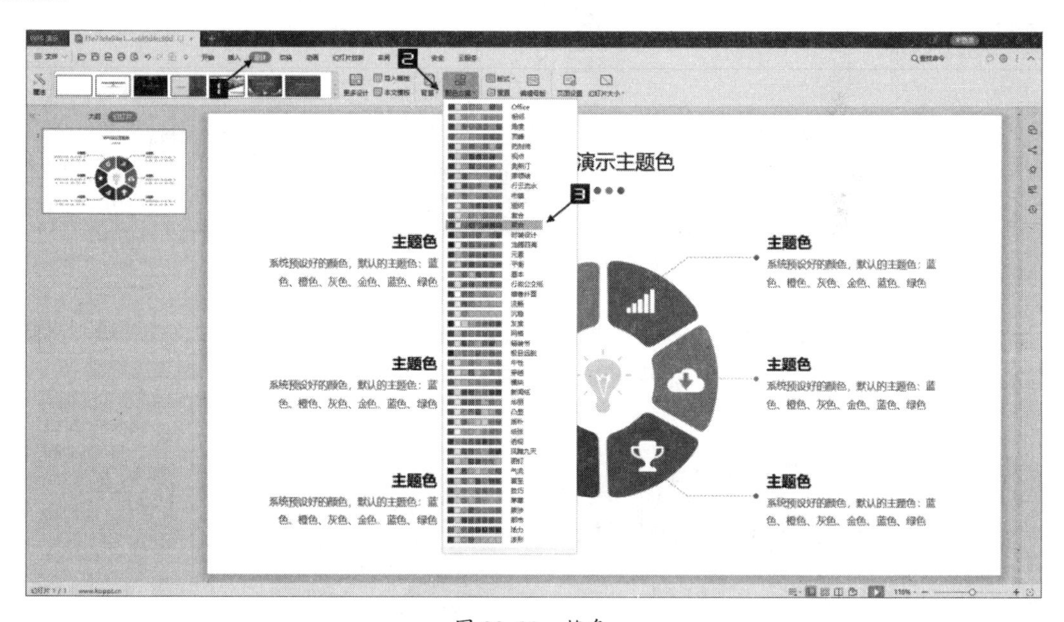

图 28-23　换色

根据本书前言的提示，可观看主题色配色法的视频讲解。

28.3　渐变色的使用

合理使用渐变色可以增强页面颜色的层次感。WPS 演示中有四种渐变样式，如图 28-24 所示。

- ❖ 线性渐变：颜色之间交界面是直线
- ❖ 射线渐变：颜色之间交界面是圆的一部分
- ❖ 矩形渐变：颜色之间交界面是矩形的一部分
- ❖ 路径渐变：颜色之间交界面与插入的默认形状相关

在演示文稿中常用到的是线性渐变、射线渐变和路径渐变。

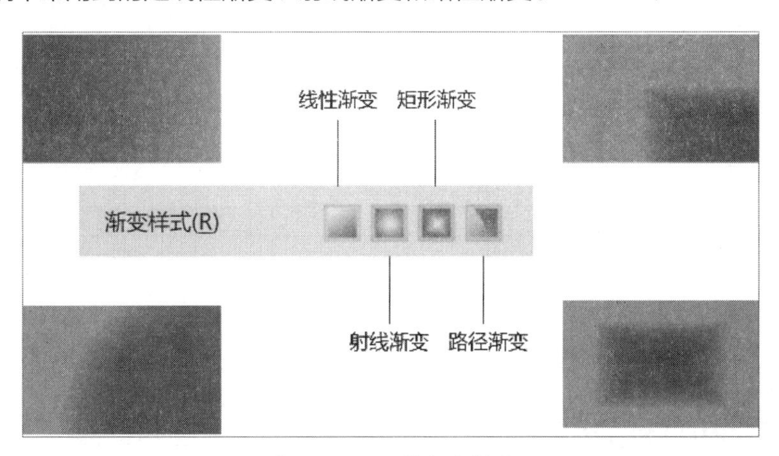

图 28-24　四种渐变样式

选中设置渐变色的元素，这里以矩形形状为例，单击【绘图工具】→【设置对象格式】扩展按钮，打开右侧【对象属性】任务窗格，选择【形状选项】，选择【填充】中的【渐变填充】选项，如图 28-25 所示。

- ❖ 渐变样式：可切换四种渐变样式及方向
- ❖ 角度：可按度数更改渐变角度
- ❖ 色标（渐变光圈）：通过单击绿色加号按钮或在色带上单击进行色标添加，最多可以添加 10 个色标。通过单击红色叉号按钮或在色带上按住鼠标左键向上/下拖曳色标进行色标删除，最少需要 2 个色标
- ❖ 色标颜色：选中色标，单击【色标颜色】下拉列表给色标附色
- ❖ 位置：选中色标，调整【位置】数值或直接按住鼠标左键左右拖曳色标进行色标位置的调整
- ❖ 透明度：选中色标，调整【透明度】数值，更改色标颜色的透明度
- ❖ 亮度：选中色标，调整【亮度】数值，更改色标颜色的亮度

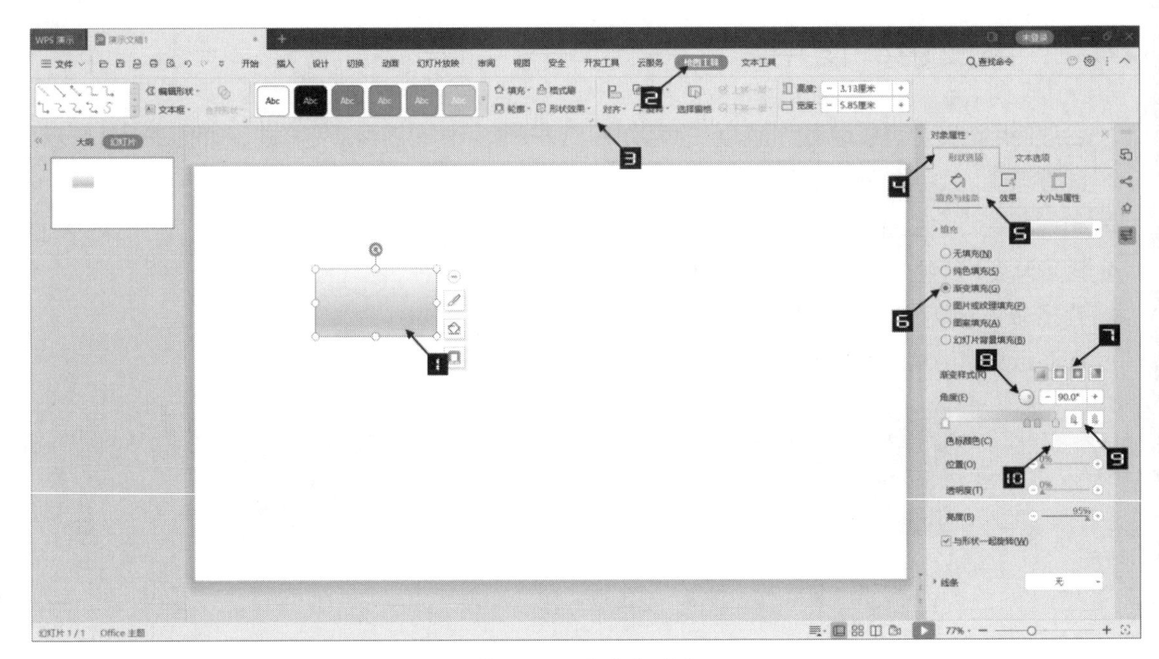

图 28-25 渐变色设置

28.4 流行的渐变色

时下流行的渐变色配色方式如下。

第一种：冷暖色渐变。冷暖色的划分如图 28-26 所示。

应用了三种冷暖渐变色后的幻灯片如图 28-27 所示。

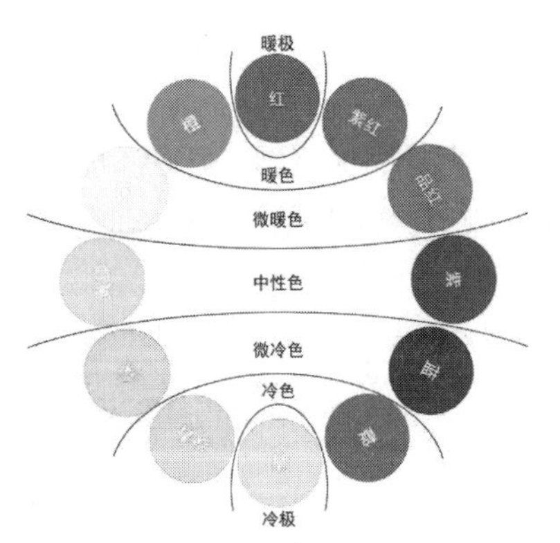

图 28-26 冷暖色划分

图 28-27 冷暖色渐变示例

第二种：同色渐变。采用同一颜色的多种饱和度、亮度进行渐变，如图 28-28 所示。

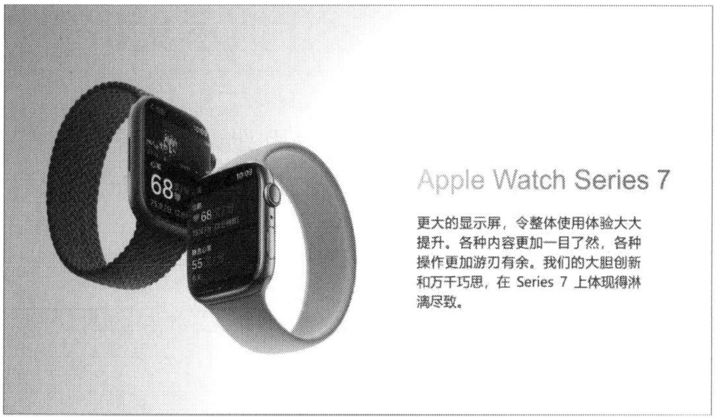

Apple Watch Series 7
更大的显示屏，令整体使用体验大大提升。各种内容更加一目了然，各种操作更加游刃有余。我们的大胆创新和万千巧思，在 Series 7 上体现得淋漓尽致。

图 28-28　同色渐变示例

第三种：邻近色渐变。采用相邻的多个颜色进行渐变，如图 28-29 所示。

家用医疗器材分类
家庭保健器材
家庭用保健按摩产品
家庭医疗康复设备
医院常用医疗器械

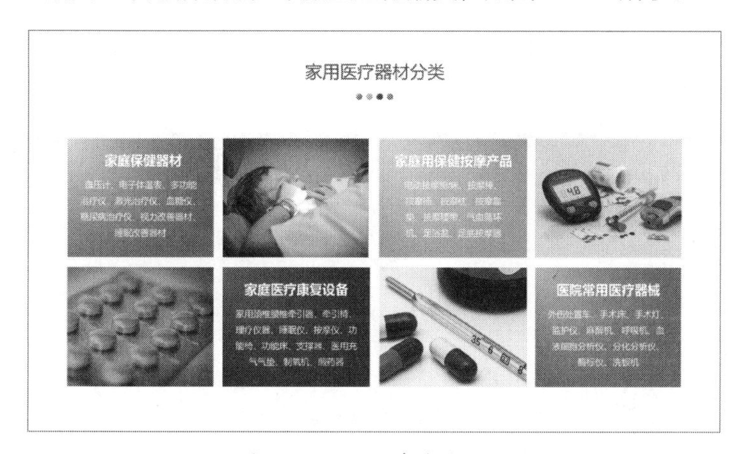

图 28-29　邻近色渐变示例

第 29 章　音视频让演示更出彩

在某些演示场景使用音频会让演示更有感染力，使用视频能够使得演示更有带入感。本章将讲述音视频相关知识，并介绍如何通过剪辑将音视频更加完美地融入演示文稿。

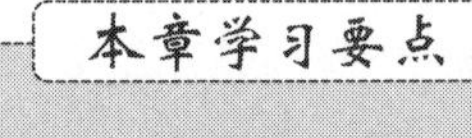

（1）音频的插入及使用　　　　　　　　（2）视频的插入及使用

29.1　音频的插入及使用

在WPS演示中，单击【插入】选项卡中的【音频】按钮或通过该按钮的下拉列表中均可以插入音频，如图 29-1 所示。

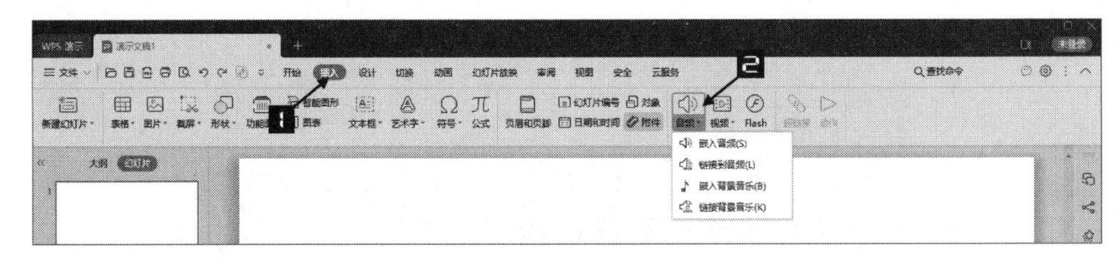

图 29-1　插入音频

下拉列表中有四个命令，分别是【嵌入音频】【链接到音频】【嵌入背景音乐】【链接背景音乐】，它们的功能分别如下。

➲ 1　嵌入音频

将音频文件包含进演示文稿中，伴随演示文稿的移动和复制，音频文件仍然可以播放。【音频工具】选项卡默认仅选中【当前页播放】选项，为了使音频喇叭图标不影响幻灯片页面，可以选中【放映时隐藏】复选框，如图 29-2 所示，或者直接将音频图标拖至编辑区外。

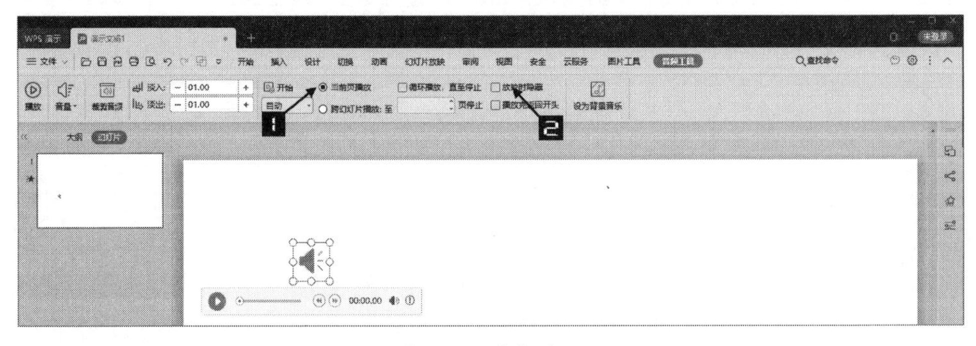

图 29-2　音频选项

➲ II　链接到音频

音频文件不包含在演示文稿中，而是通过链接的方式，当演示文稿移动和复制时，需要音频文件和演示文稿的相对地址不变才能播放音频。音频工具选项卡默认选项同上。

➲ III　嵌入背景音乐

作为背景音乐使用时，音乐包含进演示文稿中，音乐可在当前页、跨页单次播放或循环播放。

只选中【音频工具】选项卡中【当前页播放】选项，则只在当前页播放；选中【跨幻灯片播放：至 999 页停止】（这里可以手动输入播放截至的页数），可跨页面播放。选中【循环播放，直至停止】则循环播放，取消选中则单次播放，如图 29-3 所示。

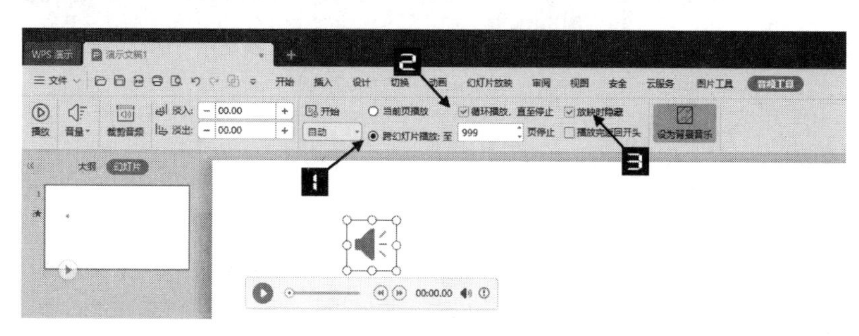

图 29-3　背景音乐选项

➲ IV　链接背景音乐

音乐不包含到演示文稿中，而是通过链接的方式，同链接到音频。

音频和背景音乐之间可以通过单击【音频工具】选项卡中的【设为背景音乐】按钮进行切换，如图 29-4 所示。

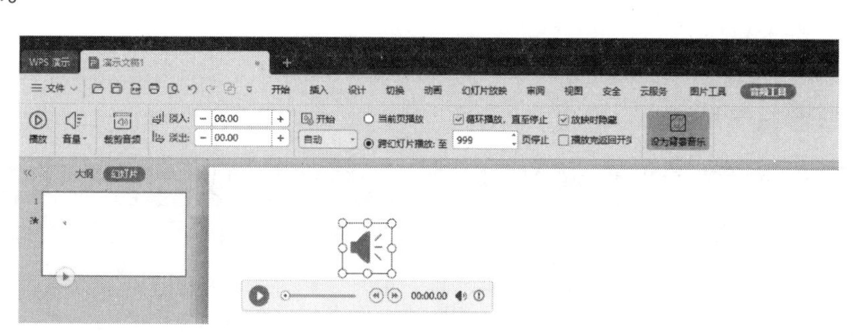

图 29-4　音频/背景音乐切换

如果不想使用单一背景音乐循环播放，可在相应页面插入不同的背景音乐，设置方法如图 29-5 所示。

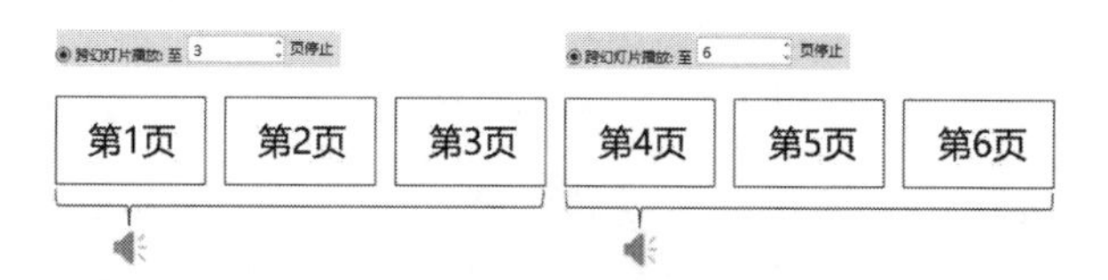

图 29-5　多段背景音乐设置

为了让多段背景音乐相互之间衔接得更好，可以对其进行适当裁剪，以及增加首尾的淡入淡出效果。方法如下。

➲ Ⅰ 裁剪音频

在幻灯片中插入音频后，单击音频图标，再单击【音频工具】选项卡中的【裁剪音频】按钮，在弹出的【剪裁音频】对话框中通过拖曳锚点进行裁剪，绿色的锚点表示音乐开始位置，红色锚点表示音乐结束位置，也可以通过设置【开始时间】【结束时间】进行精细裁剪，如图 29-6 所示。剪裁完成后，单击【确定】按钮即可。

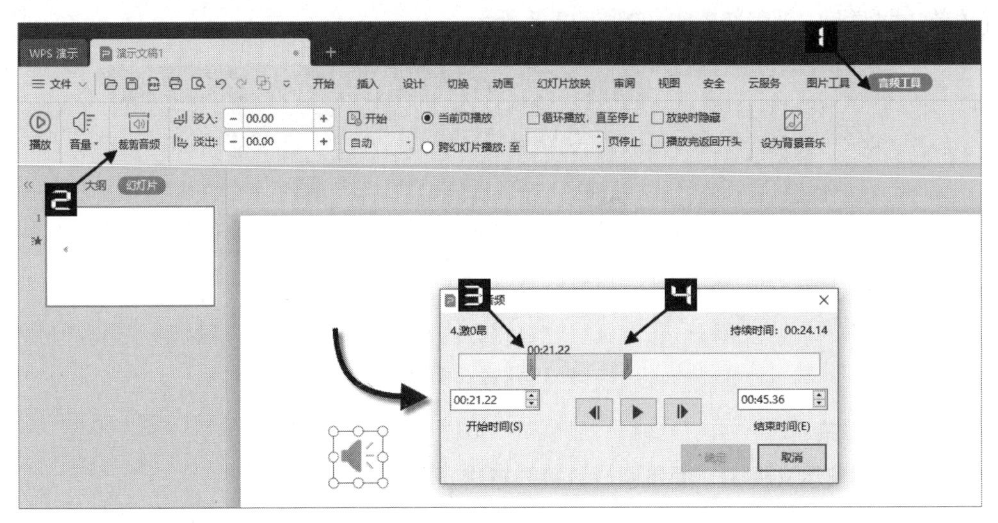

图 29-6 裁剪音频

➲ Ⅱ 淡入淡出

单击音频图标，在【音频工具】选项卡下可以通过单击“+/-”号来调整音乐开头结尾淡入淡出效果的秒数，如图 29-7 所示。

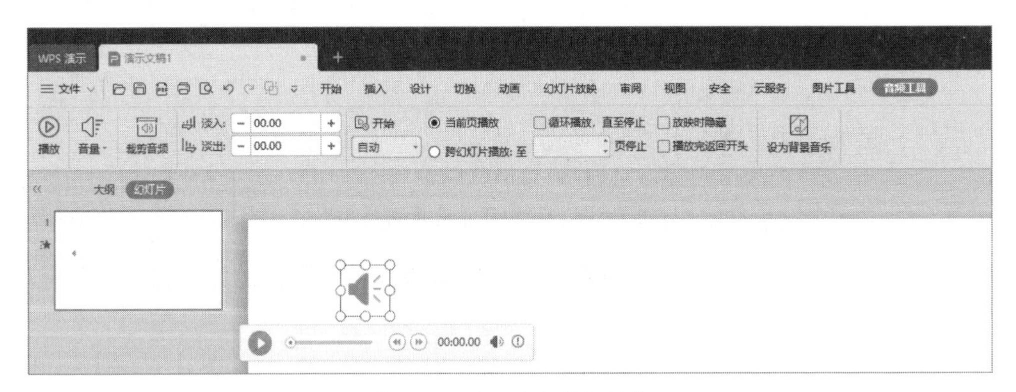

图 29-7 淡入淡出效果调整

➲ Ⅲ 调整音量

单击音频图标，在【音频工具】选项卡上单击【音量】按钮，可以在下拉列表中通过选择高/中/低/静音来调整音量大小，或者通过音频浮动工具栏中的喇叭图标按钮调整音量，如图 29-8 所示。

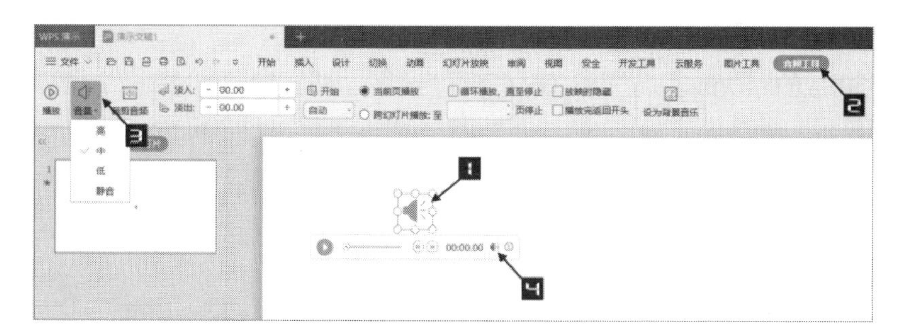

图 29-8 调整音量

29.2 视频的插入及使用

在WPS演示中可以通过单击【插入】选项卡中的【视频】按钮或在该按钮的下拉列表中插入视频，如图 29-9 所示。

图 29-9 插入视频

插入视频后，单击【视频工具】→【裁剪视频】，在弹出的【剪裁视频】对话框中通过拖曳锚点进行裁剪，绿色的锚点表示视频开始位置，红色锚点表示视频结束位置。也可以通过设置【开始时间】【结束时间】进行精细裁剪，如图 29-10 所示。剪裁完成后，单击【确定】按钮即可。

图 29-10 裁剪视频

视频播放方式分为单击和自动两种。

➲ Ⅰ 单击

单击是视频播放的默认选项。在这种方式下，当幻灯片进入放映状态时，需要单击鼠标，视频才能播放。

➲ Ⅱ 自动

在这种方式下，演示中的幻灯片切换到此页时，视频自动播放。

视频在幻灯片上可以全屏显示或局部显示。

（1）清晰的视频适合全屏自动播放，将视频对象拉伸至幻灯片相同大小即可。为了保证拉伸时视频不变形，需要按住 <Shift> 键同时拉伸视频边角的白色顶点，如图 29-11 所示。

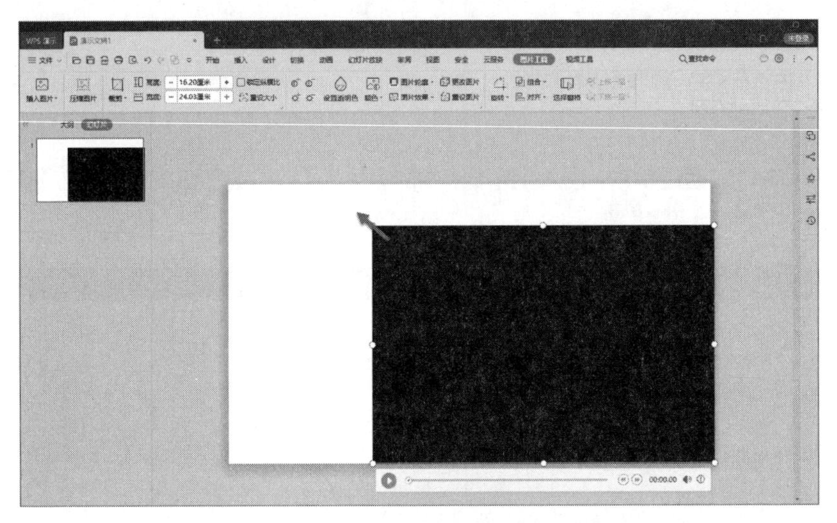

图 29-11 全屏样式播放

如果视频的原始比例与幻灯片比例不同，拉伸至全屏后，会在高度上或宽度上超出幻灯片编辑区，可以使用【图片工具】选项卡中的【裁剪】功能将视频多出部分裁掉，如图 29-12 所示。

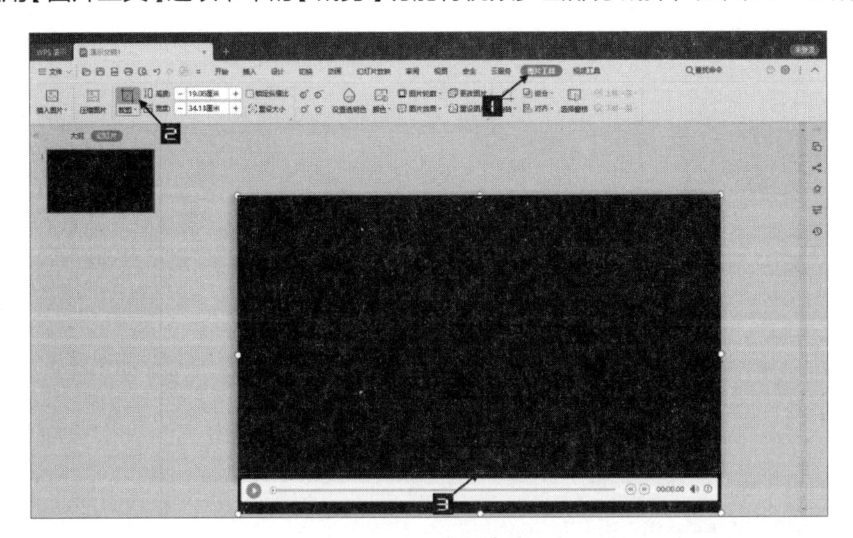

图 29-12 视频裁剪

（2）如果视频不够清晰，可采用局部窗口播放。为了防止构图单调，可以搭配视频背景图片，如电视、电脑、笔记本电脑、手机、平板，如图 29-13 所示。

图 29-13　局部样式播放

如果希望通过翻页笔【下一页】按钮或按<Enter>键、空格键、方向键< ↓ >开启视频播放，操作方法如下。

单击视频，在【视频工具】选项卡下确认播放方式为【自动】，如图 29-14 所示。

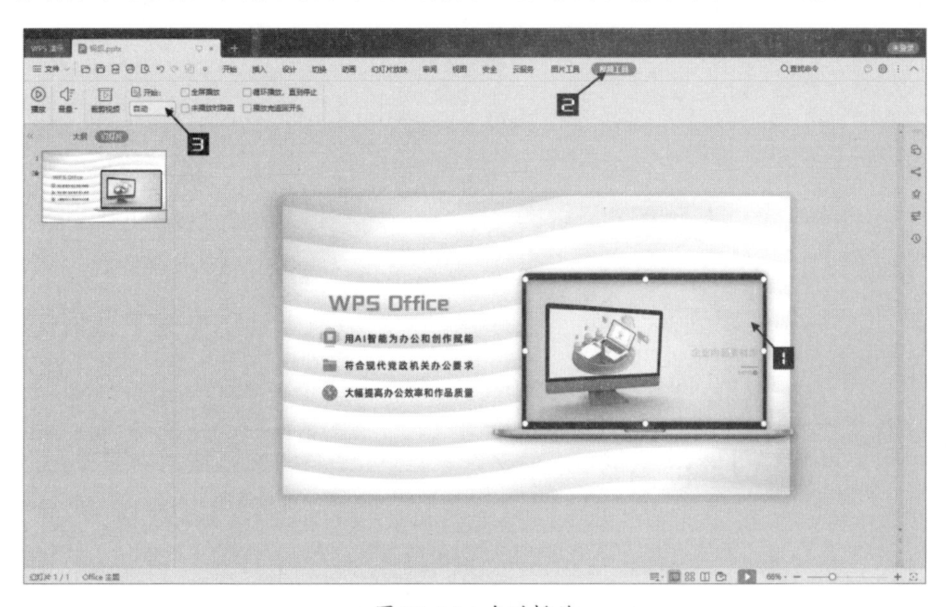

图 29-14　自动播放

切换到【动画】选项卡，选择【自定义动画】按钮，打开自定义动画窗格。将第一个动画开始方式由【之后】改为【单击时】，选中触发器下的动画，按<Delete>键将其删除即可，如图 29-15 所示。

图 29-15　第三种播放方式

第 30 章　多元素排版布局

前面章节对文字、图片、图形、图表、音视频等独立元素在演示文稿中的使用做了归纳，那么这些元素同时放到一页幻灯片中如何才能美观大方？这就是本章要讲的排版。在这一章中将讲述排版的四大基本原则，并通过案例解释如何通过排版将有用的信息传达给观众。

本章学习要点

（1）四个基本原则
（2）排版技巧
（3）增强设计感

排版之前要首先要明确页面呈现的内容对观众来说是否重要，如果不重要，那么该页也就失去了存在的意义；如果重要，那么就要考虑增加内容细节来增强其可信度。这些增加的内容细节需要遵循一定的排版规则，否则页面就会看起来杂乱无章，也无法起到突出重点内容的作用。

如图 30-1 所示，该页面内容讲述的产品是游戏机。

"GKDmini 开源掌机"作为页面的内容重点，需要图片支撑，增加产品的可信度。而游戏机的说明作为辅助内容进行了弱化，效果如图 30-2 所示。

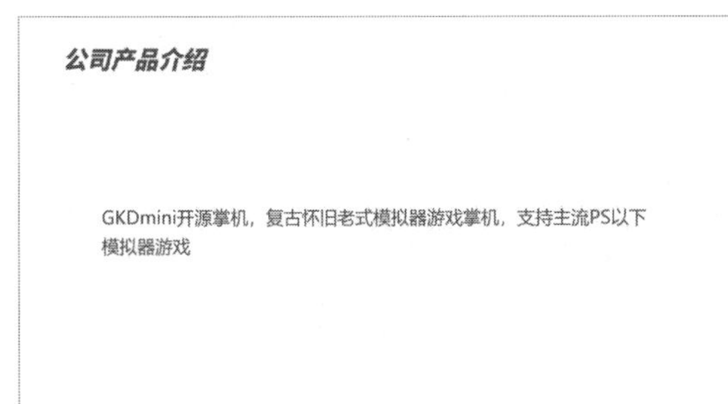

图 30-1　产品介绍

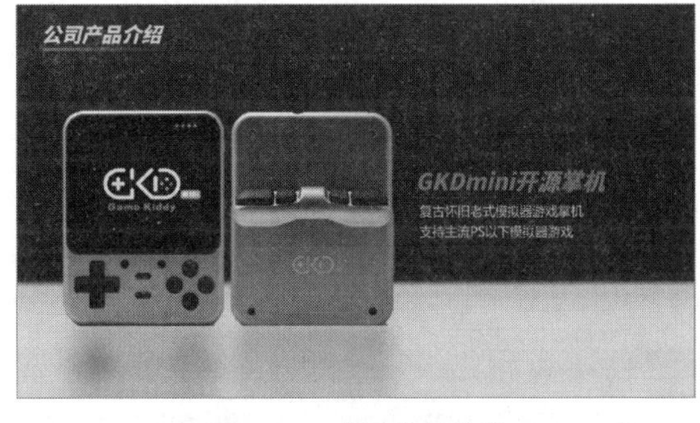

图 30-2　产品介绍效果

同样是这个产品页面，图片、文字随便放置是否能起到重点突出、美观大方的效果呢？从图 30-3 可以看出，随意排版的页面不仅无法突出重点内容，反而显得凌乱不堪，这又是什么原因呢？

人类的阅读习惯通常是从上到下、从左到右、从中心到外围、顺时针、从大到小、从特殊到一致，如图 30-4 所示。这些实际看不到的红色指示线是视觉引导，视觉引导越直接、越简洁，视觉效果越好。

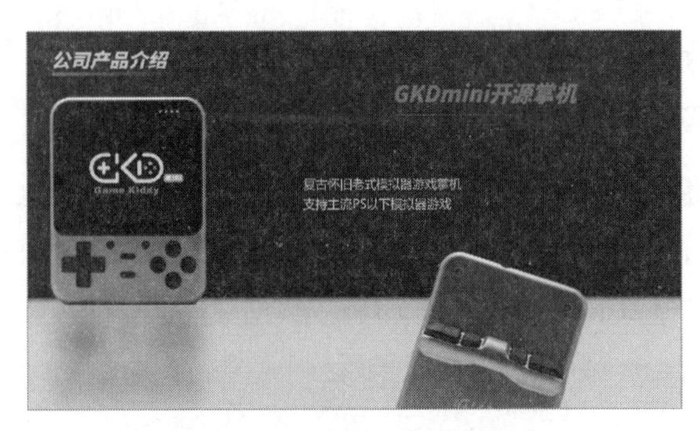

图 30-3　随意排版的产品页面

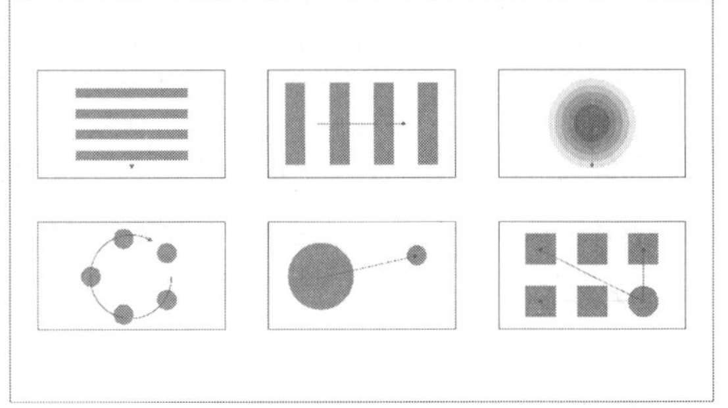

图 30-4　阅读习惯

除了视觉引导，排版的四大原则同样对页面的呈现效果起着重要作用。

30.1　四个基本原则

30.1.1　对齐原则

素材的随意摆放往往会让人感觉页面杂乱无章，对齐的作用就是让这些素材形成一条视觉线，如图 30-5 所示，未对齐的页面就会显得杂乱，对齐的页面素材会更整齐有序。

图 30-5　未对齐与对齐的对比

按照从大到小、从左到右的阅读习惯，对页面图片和文字进行调整，如图 30-6 所示。

图 30-6 阅读顺序调整

在WPS演示中可以选中需要对齐的元素，单击【绘图工具】选项卡，在【对齐】选项中选择对齐方式，或者选中需要对齐的元素后，在浮动工具栏选择对齐方式，如图 30-7 所示。

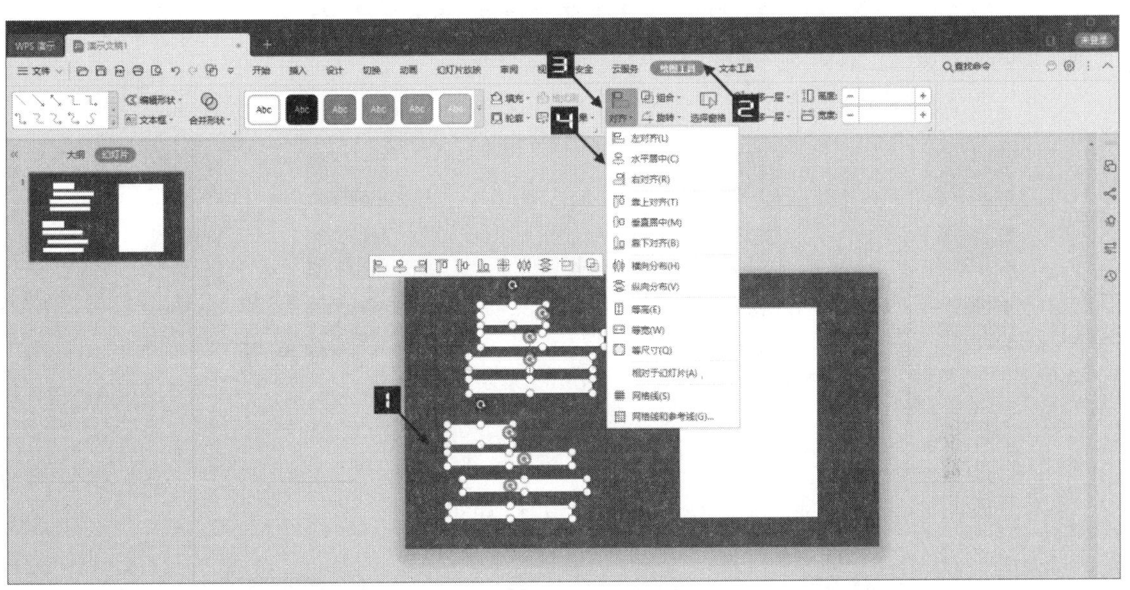

图 30-7 选择对齐方式

水平方向的对齐分为左对齐、水平居中和右对齐；垂直方向的对齐分为靠上对齐、垂直居中和靠下对齐，三个及以上元素可以进行纵向分布和横向分布。

如果使用了对齐工具进行对齐，视觉上仍然感觉没有对齐，此时应该手动调整元素到视觉对齐，如图 30-8 所示，这种情况在文本与其他元素的对齐中常会出现。

还可以使用另外一个工具：参考线。单击【视图】→【网格和参考线】，或者通过在编辑区右击，在快捷菜单中选择【网格和参考线】命令，在弹出的对话框中选中【屏幕上显示绘图参考线】复选框，屏幕上就会出现一竖一横两条参考线，可以用鼠标左键拖曳更改位置，按住 <Ctrl> 键再用鼠标左键拖曳可以复制参考线，将参考线拖曳至编辑区外可以实现参考线的删除，如图 30-9 所示。

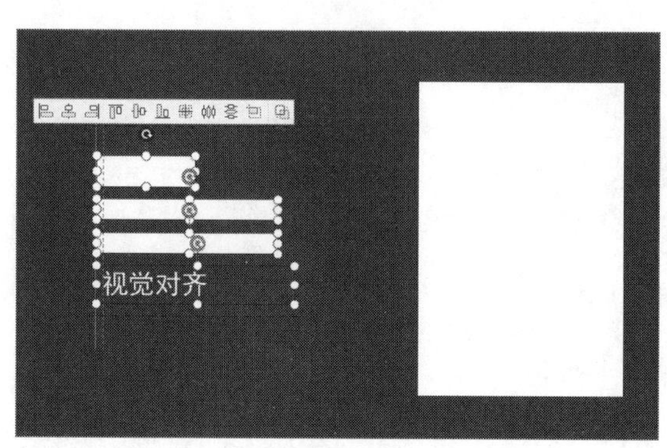

图 30-8　视觉对齐

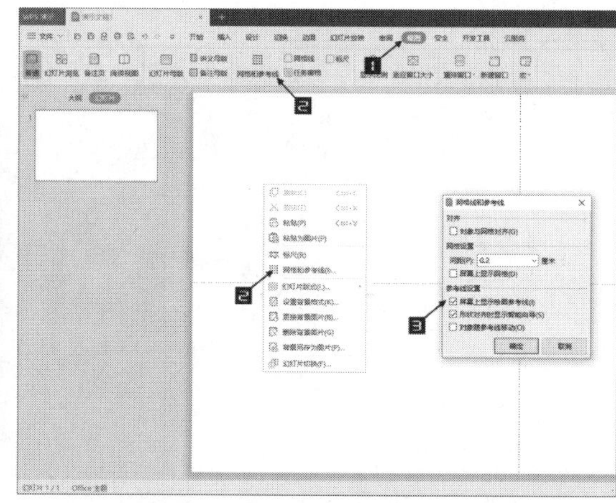

图 30-9　参考线

选中【对象随参考线移动】复选框后，吸附在参考线上的对象会随参考线移动而移动，便于同页或跨页同类对象的位置调整，如图 30-10 所示。

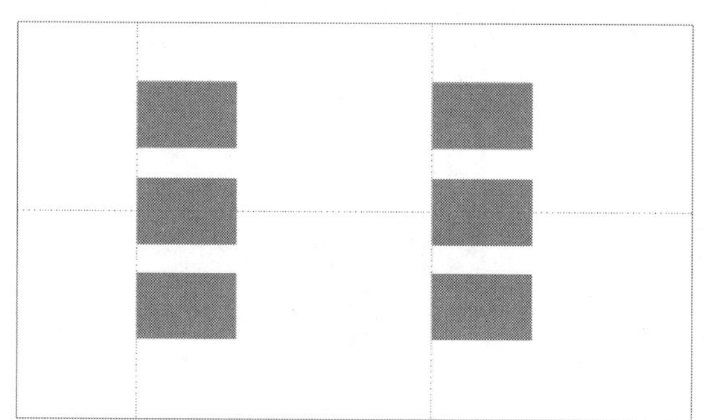

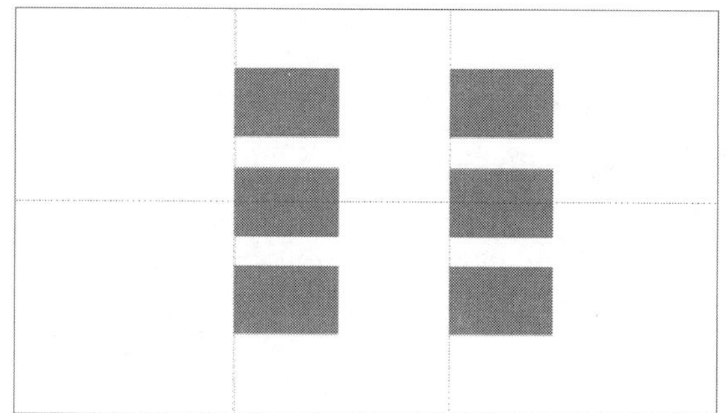

图 30-10　对象随参考线移动

对齐后的图片和文字会显得比较规范，如图 30-11 所示。

图 30-11　图片对齐前后对比

页面中的元素如果不进行对齐，则整个页面看起来会杂乱无章，而对齐后会显得页面更整洁，如图 30-12 所示。

图 30-12　页面元素是否对齐

30.1.2　对比原则

要想引导观众的视线，做到重点突出，主次分明，就需要对重点内容添加对比效果，形成对比，使之截然不同。对比方式可以是大小、粗细、颜色、形状、肌理、方位，甚至是动画，如图 30-13 所示。在幻灯片的设计中可以使用一种甚至多种对比方式增强对比效果。

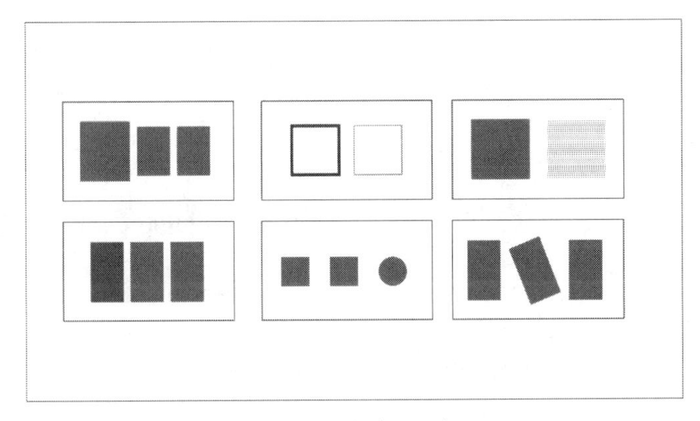

图 30-13　对比方式

以一页介绍银杏叶的幻灯片为例，为了增强内容的可信度，添加了一张银杏叶的图片，如图 30-14 所示，整段文字如果没有进行重点的对比区分，就会让观众找不到重点。

提取整段文字中的关键字，对齐更改字体、更改字体颜色、更改字体大小，起到了对比的效果。对比可以使文字层级清晰，突出重点，从而更有效地表达重点，如图 30-15 所示。

图 30-14　未进行对比的案例

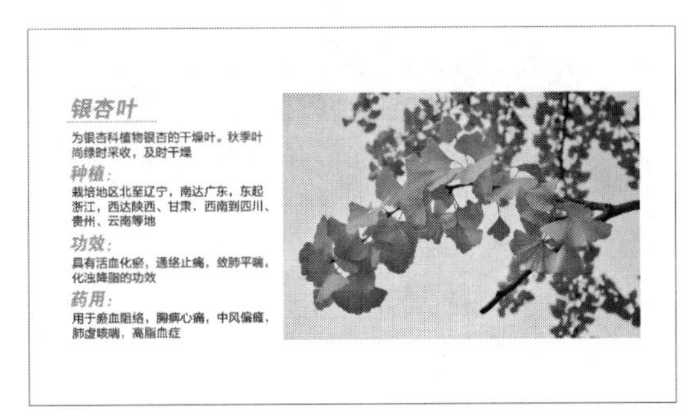

图 30-15　进行对比后的案例

在封面幻灯片中，标题经常是一行字，为了突出重点，形成对比，可以将重点文字更换字体、大小和颜色，如图 30-16 所示。

图 30-16　封面幻灯片标题对比

电视剧《香山叶正红》的片头也很好地运用了色彩对比原则，对重点内容进行了突出，如图 30-17 所示。

图 30-17　电视剧片头运用对比

30.1.3　重复原则

设计中的重复并非复制、粘贴，而是为了实现整体风格的统一，各元素相互关联。重复的方式有很多种，如文字的重复、色彩的重复、元素的重复、留白空间的重复、空间位置的重复、几何图形的重复、形式感的重复等。

下面展示几种常见的应用重复原则的案例，如图 30-18 所示，目录标题使用了重复的图形、颜色及形式。

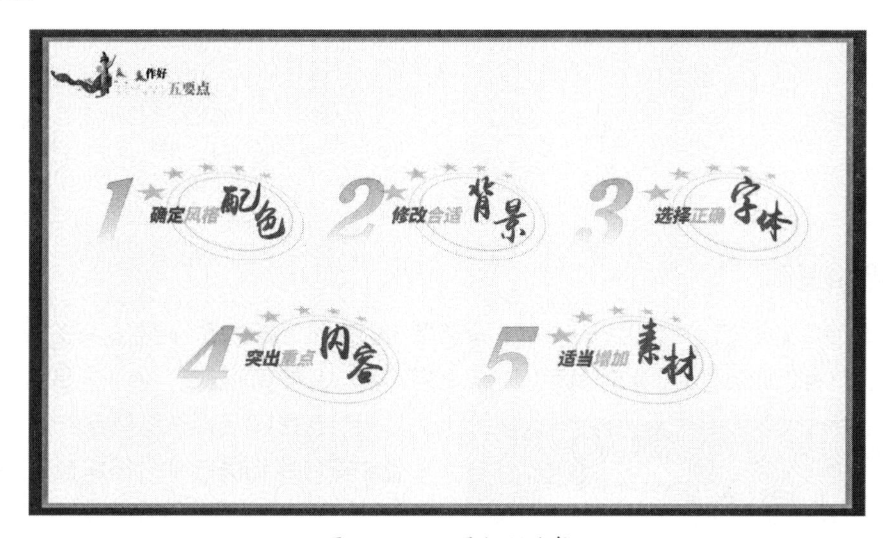

图 30-18　目录标题重复

在金山办公的介绍里，时间、事件的字体、颜色、形式也是一种重复，如图 30-19 所示。

图 30-19　金山办公介绍

重复并不是简单的复制，而是多次使用相同的视觉效果，如图 30-20 所示。

图 30-20　并列关系的重复应用

30.1.4　亲密原则

亲密原则的含义是将相关项组织在一起，同类型内容空间距离更近，建立起其关联性。比如在大街上从彼此之间的距离和表情动作就可以分辨出来，哪些人是亲朋好友，哪些人是陌路人。

图 30-21　亲密原则

亲密是实现视觉逻辑化的第一步，在设计中需要将相关的部分组织在一起，关系越近的内容，在视觉上就应该越靠近；关系越疏远的内容，在视觉上就越应该远离。这样有关系的部分被看成一个组合，而不是零散的个体，也给观众明确的提示。如图 30-21 所示，左侧段与段之间混淆在一起，观众不容易看出内容的逻辑结构；而右侧将组与组之间区分出来，更容易让观众快速理解。

组内各元素的距离一定要小于组与组的距离，组内同类元素的距离要小于与其他元素的距离。如图 30-22 所示，右侧的页面较左侧的页面显得协调，组内元素之间关联更强。

图 30-22　组内外元素亲密性对比

30.2 排版技巧

如何将上述的四个基本原则应用到幻灯片页面设计中？设计出和谐美观的页面，需要各元素通过构建空间关系合理排布，保持页面的和谐。

构建页面的空间关系有两种排版方式：平衡对称排版和黄金分割排版。

30.2.1 平衡对称排版

平衡对称排版是为了让页面显得更均衡。平衡对称简言之就是左右对称、上下对称、斜向对称、四周对称。中国最讲究的就是平衡对称之美，从我国的古代建筑就可窥见一斑，如图 30-23 所示。

图 30-23 故宫宫殿

除了建筑之外，我国的传统纹饰也讲究对称之美，如图 30-24 所示。

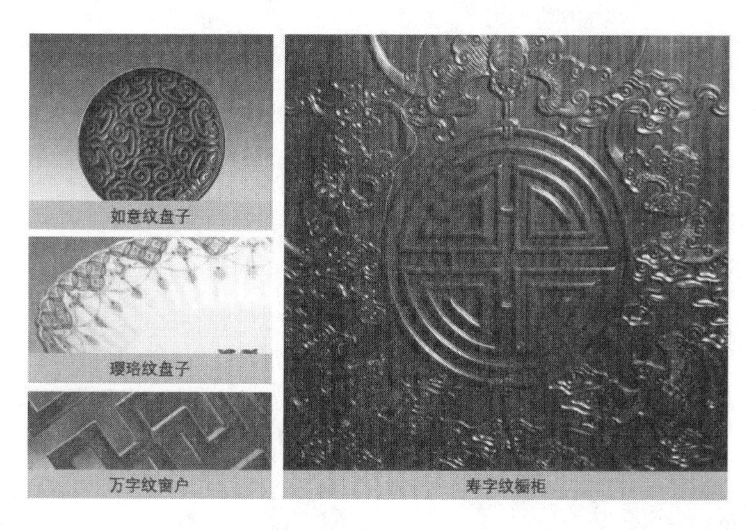

图 30-24 传统纹饰的对称

如图 30-25 所示，在幻灯片的页面中，所有内容做到水平居中，就是左右对称的平衡对称排版。

但是在众多页面中，并非所有的内容都适合水平居中，这时要做到平衡对称，就要考虑每个元素的“重量”。同类元素，颜色深的比颜色浅的重，面积大的比面积小的重，位置靠下的比位置靠上的重。

如图 30-26 所示，介绍美国工业设计之父罗维（也译作洛威）的幻灯片，左侧的多段文字采用了错落的排布方式，与右侧的照片形成了左右平衡排版。

图 30-25　水平居中

图 30-26　左右平衡

小米手机的介绍页面，左侧的文字段落和右侧的产品图形成了左右平衡，如图 30-27 所示。如图 30-28 所示，文字段落与手机图片形成了上下平衡。

图 30-27　左右平衡

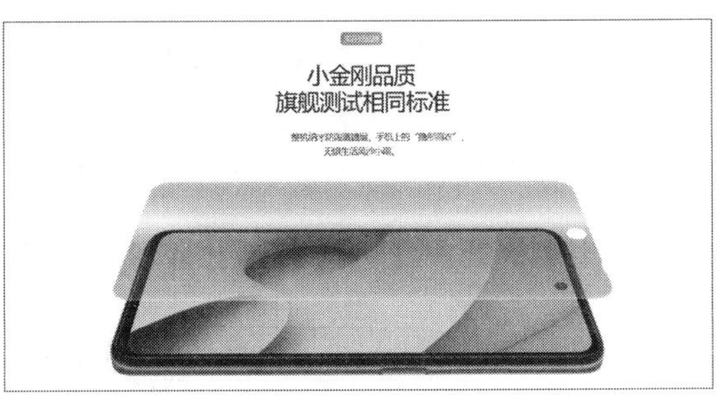

图 30-28　上下平衡

如图 30-29 所示的页面就是文字与手机图片形成了斜向平衡的排版方式。

当页面内容较多时，就会增加平衡排版的难度，可以尝试在幻灯片中的内容下方添加矩形背景。如图 30-30 所示的产品展示页面中，虽然进行了平衡排版，但是依然显得凌乱。

图 30-29　斜向平衡

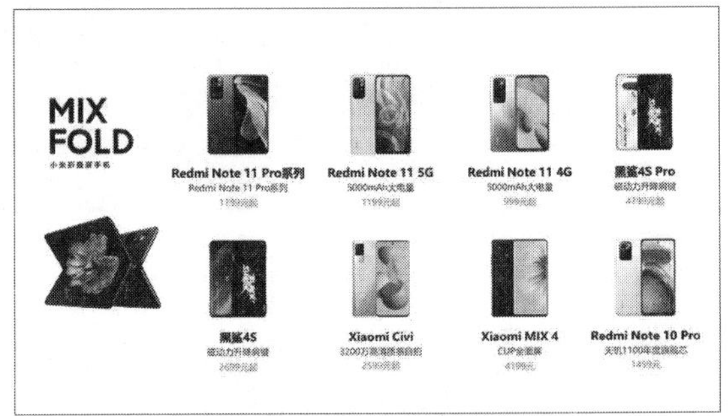

图 30-30　产品页面排版

可以依据展示产品大小绘制矩形背景，使得矩形背景形成平衡排版，如图 30-31 所示。

将原来页面上的产品信息置于矩形背景中，构造页面的平衡排版，如图 30-32 所示。

图 30-31　绘制矩形背景

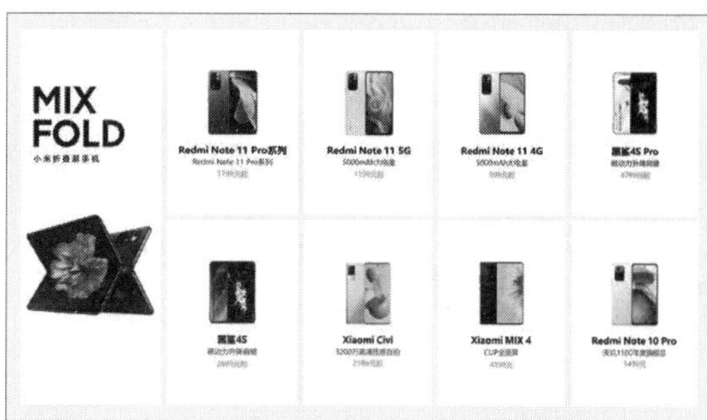

图 30-32　产品页面平衡排版 1

在如图 30-33 所示的产品页面中，也通过矩形背景构建了页面的平衡排版。

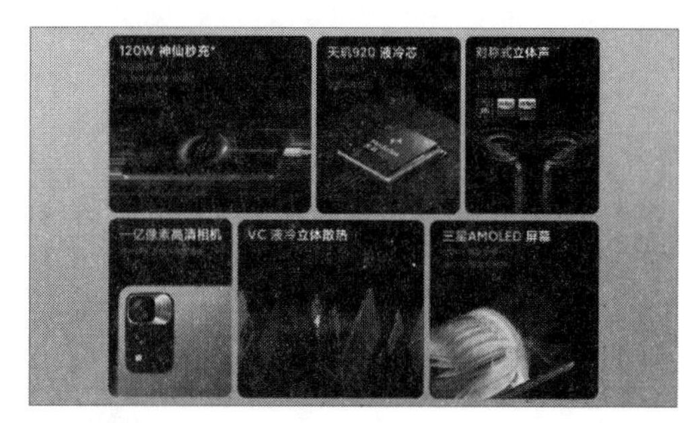

图 30-33　产品页面平衡排版 2

30.2.2　黄金分割排版

黄金分割排版可以使重点内容更突出，如图 30-34 所示，在页面各边的黄金分割点画四条线，形成四个交点，将重点内容放置在交点上，从而起到突出重点的作用。

图 30-34　黄金分割线

在封面页中，可以将主标题放置在黄金分割线上，从而起到突出主标题的作用，如图 30-35 所示。

在目录页中，可以将目录内容放置在黄金分割线上，从而起到突出主目录的作用，如图 30-36 所示。

图 30-35 封面页黄金分割线排版

图 30-36 目录页黄金分割线排版

30.3 增强设计感

幻灯片页面中的内容并不是越多越好，内容太多反而显得杂乱。可以通过留白、出血和虚实结合增加页面的设计感。

30.3.1 留白

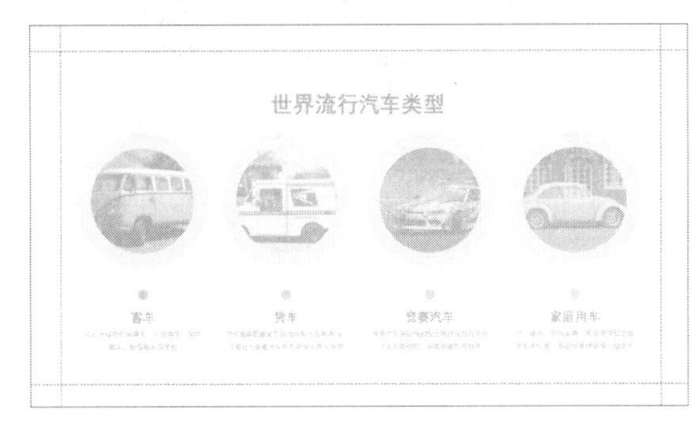

图 30-37 页面留白

留白原指印刷中纸张版心到边缘之间未印刷白边，后来延伸成设计中常用的一种手法，指各元素之间留下相应的空白，留有想象的空间，可以减少页面的压迫感，让主题更加突出。

在幻灯片中，可以通过参考线构建页面上的留白，如图 30-37 所示。

也可以通过背景中的形状或框线构建页面留白，如图 30-38 所示。

图 30-38 构建页面留白

页面留白要注意左右留白一致，上下留白一致。

元素之间的留白不一定是空白，可以是虚实，也可以是空间，如图 30-39 所示的米家跑步机页面中就有多处空间留白。

图 30-39　元素之间的留白

页面元素之间使用留白可以起到突出主题的作用，如图 30-40 所示页面，图片展示APP界面数据，通过文字描述，两者之间的留白很好地突出了APP。

图 30-40　突出主题的留白

留白的使用大大减少了页面中的元素，提高了制作幻灯片的效率，并且也提高了整体设计的艺术性。

30.3.2　出血

出血是针对页面留白来说的，指内容超出了页面版心的白边。在幻灯片多达几十页的页面设计中，如果每一页都规范在页面留白中，虽然整齐规整，但是显得有些刻板。此时将一些元素放置在页面留白之外，可以营造一种冲破束缚的感觉。

如图 30-41 所示的页面，除了文字内容规范在页面留白以内外，汽车做了出血设计，使得汽车图更加突出。

图 30-41　出血设计

出血设计一般使用在图片上，让图片的边缘与页面边缘对齐或超出即可。在幻灯片播放时形成自然的界限分隔，如未能与页面边缘对齐则无法达到出血效果，如图 30-42 所示。

图 30-42　未出血与出血效果对比

30.3.3　虚实

幻灯片设计属于平面设计，通过素材堆叠很难体现出带有景深的立体空间感。可以利用人类眼睛观看物体近大远小、近实远虚的特点来构建幻灯片的立体空间感。具体做法是使幻灯片上层元素大、清晰；下层元素小，增加虚化效果和透明度，如图 30-43 所示。

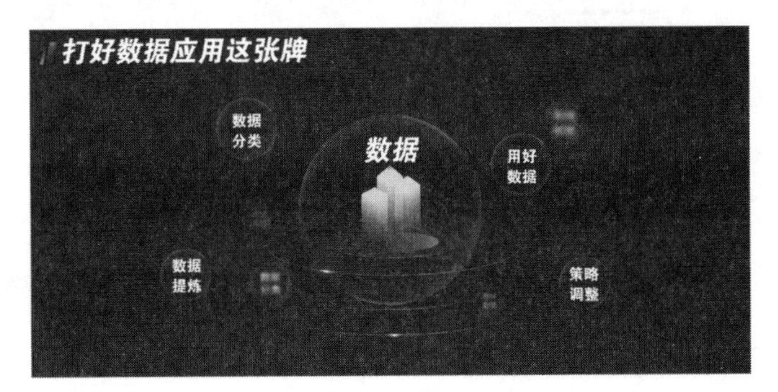

图 30-43　虚实效果

第 31 章　切换与动画

演示文稿的魅力不仅仅局限于精美的静态页面设计，更吸引观众的是其能够带来震撼的动画效果。动画能让原本静态的页面生动起来，让死板的对象鲜活起来。本章将讲述演示文稿中的两类动画，并通过案例讲解具体的实现方式和效果。

本章学习要点

（1）页面切换动画　　（2）自定义动画

由于本章节操作步骤较多，请读者按照本书前言说明查看视频讲解。

很多人在设计演示文稿的时候喜欢添加酷炫动画，也有很多人觉得演示文稿中并不需要添加动画，其实这两个都是偏颇的观点。

设计者遵从演示场景的需要，通过添加适当形式和数量的动画，可以增强演示效果。几种常见的演示场景对动画的需求如表 31-1 所示。

表 31-1　演示场景动画需求

演示场景	演示重点	风格	动画需求
产品发布	产品优势	明快、活泼	可以使用酷炫动画突出产品优势
企业宣传	企业优势	严谨不失活泼	可以使用酷炫动画突出企业优势
工作汇报	工作思路和成果	缓慢、严谨	使用简单动画展现逻辑
文件宣讲	内容宣贯	明快、活泼	文字较多，可不添加动画
比赛报奖	优势亮点	严谨不失活泼	时间有限，使用部分动画突出优势
授课课件	内容讲解	明快、活泼	使用简单动画展现逻辑

在WPS演示中的动画效果有两类，一种应用于页面之间切换，另一种应用于页面内对象。

31.1　页面切换动画

页面切换动画即在幻灯片相邻页面之间切换时起过渡作用的动画效果。每个幻灯片页面只能添加一种切换效果，无法叠加多个切换效果。

31.1.1　页面切换动画设置

选中幻灯片页面，单击【切换】选项卡，在动画窗口中单击选择一个动画效果，即可添加上一页到该页的切换动画；如果选择的动画效果有子选项，可单击【效果选项】后做出选择，如图 31-1 所示。

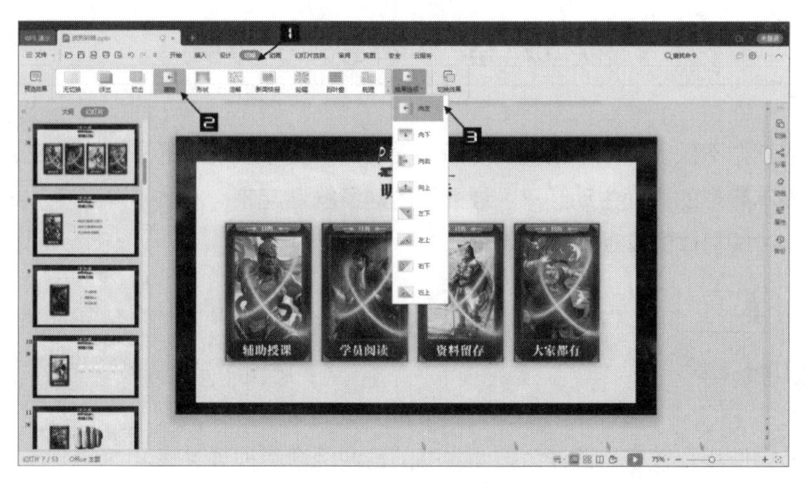

图 31-1 添加切换动画

如果需要设置切换效果的详细参数，可以单击【切换效果】按钮，在弹出的【幻灯片切换】窗格中选择动画效果及其子选项、调整切换速度、声音、换片方式等，如图 31-2 所示。

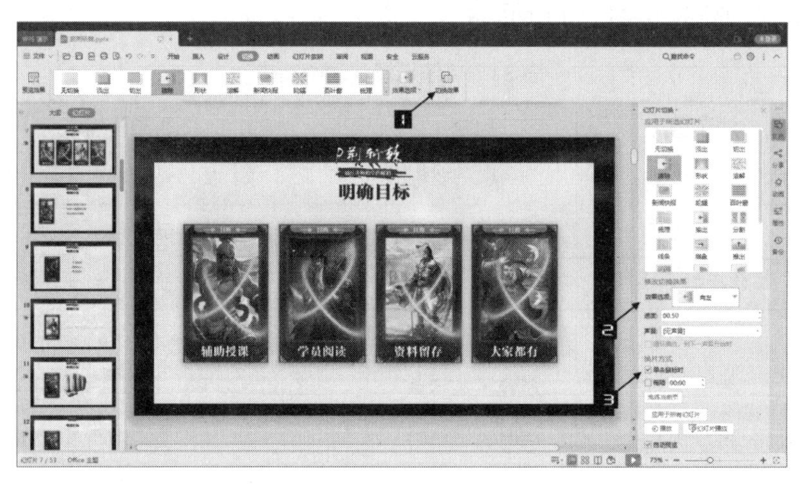

图 31-2 幻灯片页面切换设置

提示

> 一般情况下无须修改【速度】【声音】的默认设置。

如需为多个页面添加相同的切换效果，有如下两种方法。

一是在按 <Crtl> 键的同时单击页面，进行多选，或按 <Shift> 键选择首尾页面进行批量多选，然后添加切换动画效果。

二是在【幻灯片切换】窗格中单击【应用于所有幻灯片】按钮（此时换片方式设置也被应用到所有页面）。

> 切忌在一个演示文稿中使用过多页面切换动画，一般封面、结束页、目录页、过渡页、内容页各类统一使用一种切换动画。

WPS演示内置20种切换动画，因不同动画适用场合不同，所以应该有选择性地谨慎使用，比如在商务场合就不宜使用过于华丽的切换动画，下面给出适合在商务场合使用的切换动画，如表31-2所示。

表31-2 切换动画

序号	动画效果	华丽程序	商务场景
1	无切换	无	适合
2	淡出	轻微	适合
3	切出	轻微	适合
4	擦除	轻微	适合
5	形状	轻微	适合
6	溶解	华丽	不适合
7	新闻快报	华丽	适合
8	轮辐	轻微	不适合
9	百叶窗	华丽	不适合
10	梳理	华丽	不适合
11	抽出	轻微	适合
12	分割	轻微	适合
13	线条	轻微	不适合
14	棋盘	华丽	不适合
15	推出	轻微	适合
16	插入	轻微	适合
17	立方体	华丽	适合
18	框	华丽	适合
19	飞机	华丽	不适合
20	随机	华丽	不适合

根据本书前言的提示，可观看页面切换动画设置的视频讲解。

31.1.2 换片方式设置

在【切换】选项卡中单击【切换效果】按钮，在右侧打开【幻灯片切换】任务窗格，【换片方式】

中【单击鼠标时】是默认选中的，如果取消选中，则无法通过单击鼠标进行页面切换（但仍然可以使用键盘或翻页笔进行页面切换），如图 31-3 所示。

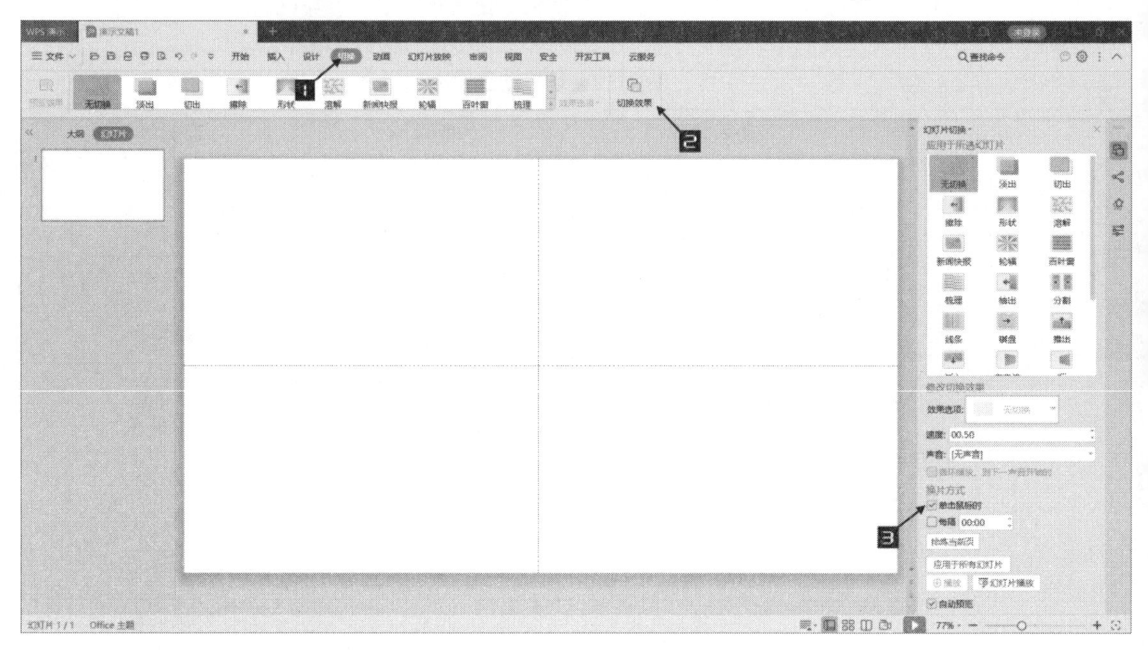

图 31-3　换片方式

如需自动播放，可以通过【每隔】设置页面自动切换时间。设置为 00:00 表示该页动画播放完毕后无延时切换页面。

可以单击【排练当前页】记录手动切换页面时间，并自动填入【每隔】中。

31.1.3　切换动画案例

➲ Ⅰ　无缝连续切换

可以将图片分割平铺到四张幻灯片中，并为每页幻灯片设置【推出】切换效果，如图 31-4 所示。

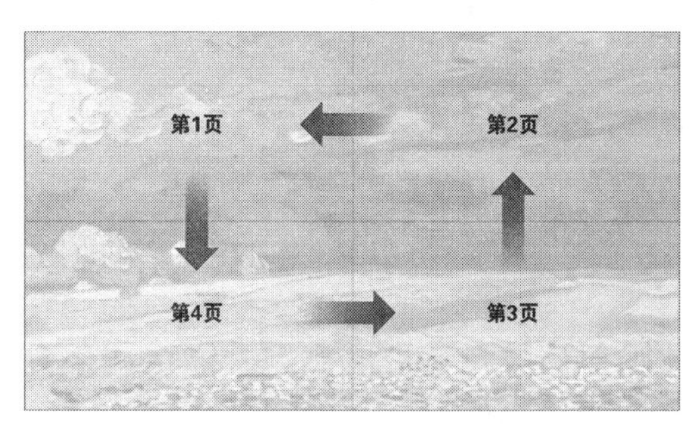

图 31-4　页面无缝连续切换

在第二页的【幻灯片切换】窗格中效果选项设置为向左，第三页效果选项设置为向上，第四页效果选项设置为向右，如图 31-5 所示。

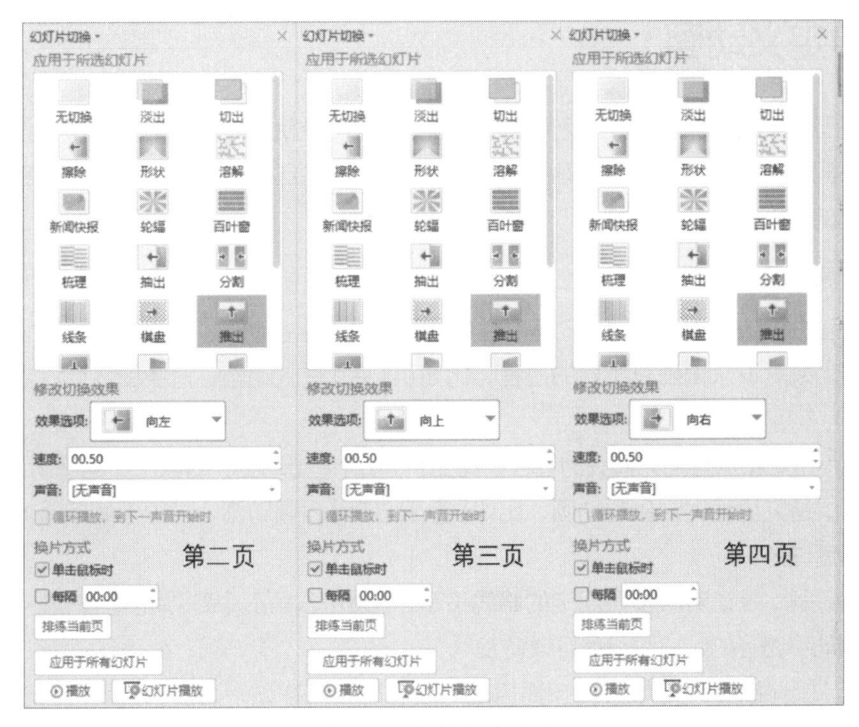

图 31-5　切换效果设置

➲ II　快闪切换

快闪切换是最近流行的一种动画形式，使用幻灯片也可以做出这种效果。先为所有页面设置【无切换】效果，然后在【幻灯片切换】窗格中【换片方式】中选中【每隔】，时间按照背景音乐节奏设置，如图 31-6 所示。

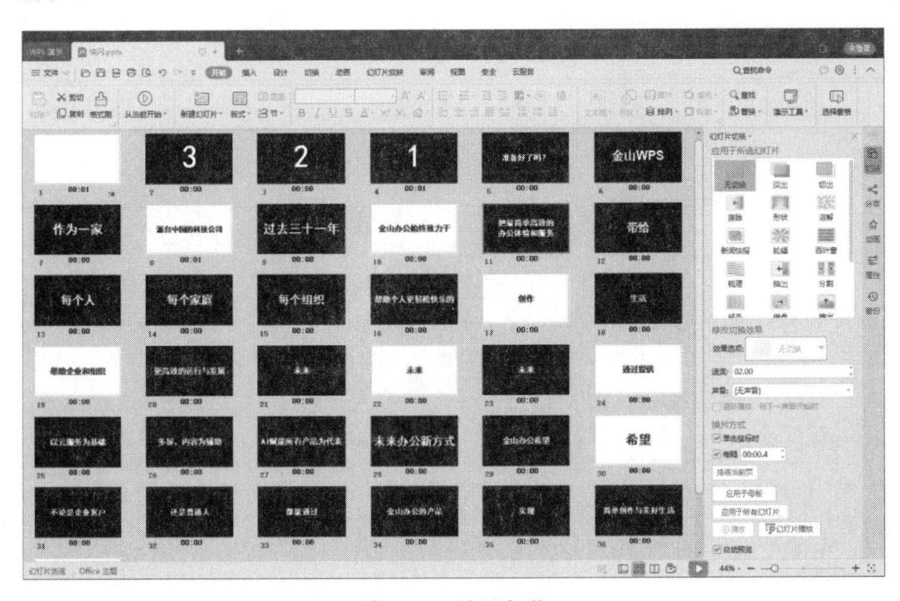

图 31-6　快闪切换

31.2 自定义动画

自定义动画即对幻灯片页面上各种对象（文字、形状、图片、表格、图表等）设置的动画，同一页面上的不同对象可以设定多种动画，当多个对象的多种动画在页面上进行叠加和衔接后，就能得到千变万化的动画效果。

31.2.1 动画分类

自定义动画分为进入动画、退出动画、强调动画、动作路径动画、绘制自定义路径动画五类。

❖ 进入动画：是对象从无到有出现的过程，比如【渐变】进入动画，对象由浅到深慢慢显现在页面上

❖ 退出动画：是对象从有到无消失的过程，比如【飞出】退出动画，对象由页面飞出，消失不见

❖ 强调动画：是突显强调对象的动画，比如【忽明忽暗】强调动画，对象忽明忽暗地闪烁，就会引起观看者注意

❖ 动作路径动画：是让对象按照规定的路线移动，比如【八角形】路径动画，对象按照八角形路径进行移动，路径的起点和终点可以调整

❖ 绘制自定义路径动画：是让对象按照自定义绘制的路线移动，比如【任意多边形】路径动画，对象按照用任意多边形工具绘制的线条路径移动

31.2.2 预制动画

WPS 演示中内置的动画共计 204 种，其中推荐在商务场景中使用的有几十种。

进入动画共有 52 种，其中【基本型】19 种，【细微型】4 种，【温和型】12 种，【华丽型】17 种，如表 31-3 所示。

表 31-3 进入动画

类型	动画效果	子效果	适用对象	推荐
基本型	百叶窗	方向：水平、垂直	所有	
	擦除	方向：自底部、左侧、右侧、顶部	所有	是
	出现	无	所有	是
	飞入	方向：八个方向	所有	是
	盒状	方向：内、外	所有	
	缓慢进入	方向：自底部、左侧、右侧、顶部	所有	是
	阶梯状	方向：左上、左下、右上、右下	所有	
	菱形	方向：内、外	所有	
	轮子	辐射状：1、2、3、4、8	所有	

续表

类型	动画效果	子效果	适用对象	推荐
基本型	劈裂	方向：上下左右，向中央、反向	所有	
	棋盘	方向：跨越、下	所有	
	切入	方向：自底部、左侧、右侧、顶部	所有	是
	闪烁一次	无	所有	是
	扇形展开	无	所有	
	十字形扩展	方向：内、外	所有	
	随机线条	方向：水平、垂直	所有	
	向内溶解	无	所有	
	圆形扩展	方向：内、外	所有	
	随机效果	以上所有动画效果随机	所有	
细微型	渐变	无	所有	是
	渐变式回旋	无	文字	
	渐变式缩放	无	所有	是
	展开	无	所有	
温和型	翻转式由远及近	无	所有	
	回旋	无	所有	
	渐入	无	所有	
	上升	无	所有	是
	伸展	方向：跨越、自底部、左侧、右侧、顶部	所有	是
	升起	无	所有	是
	缩放	方向：内、外、屏幕中心放大、从屏幕底部缩小、轻微放大、轻微缩小	所有	是
	下降	无	所有	是
	压缩	无	所有	
	颜色打字机	起始、结束颜色	文字	是
	展开	无	文字	
	中心旋转	无	所有	

续表

类型	动画效果	子效果	适用对象	推荐
华丽型	弹跳	无	所有	
	放大	无	所有	
	飞旋	无	所有	
	浮动	无	所有	
	光速	无	所有	
	滑翔	无	所有	
	挥鞭式	无	文字	
	挥舞	无	文字	
	空翻	无	文字	
	螺旋飞入	无	所有	
	曲线向上	无	所有	
	投掷	无	所有	
	玩具风车	无	所有	
	线形	无	所有	是
	旋转	无	所有	
	折叠	无	所有	
	字幕式	无	所有	是

强调动画共有 31 种，其中【基本型】9 种，【细微型】13 种，【温和型】4 种，【华丽型】5 种，如表 31-4 所示。

表 31-4　强调动画

类型	动画效果	子效果	适用对象	推荐
基本型	放大/缩小	尺寸、水平、垂直	所有	是
	更改填充颜色	填充颜色	所有	
	更改线条颜色	线条颜色	所有	
	更改字号	字号	文字	
	更改字体	字体	文字	
	更改字体颜色	字体颜色	文字	
	更改字形	斜体、加粗、下划线	文字	
	透明	透明度	所有	是
	陀螺旋	角度、顺时针、逆时针	所有	是

续表

类型	动画效果	子效果	适用对象	推荐
细微型	变淡	无	所有	是
	补色 1	无	形状	
	补色 2	无	形状	
	不饱和	无	形状	
	彩色波纹	颜色	文字	
	垂直突出显示	颜色	形状	
	对比色	颜色	形状	
	忽明忽暗	无	所有	是
	混色	颜色	形状	
	加粗闪烁	无	文字	
	加深	无	形状	
	添加下划线	无	文字	
	着色	颜色	文字	
温和型	彩色延伸	颜色	文字	
	跷跷板	无	所有	
	闪动	颜色	形状	是
	闪现	无	文字	
华丽型	爆炸	颜色	所有	
	波浪型	无	文字	
	加粗展示	无	文字	
	闪烁	无	所有	是
	样式强调	颜色	文字	

退出动画共有 52 种，其中【基本型】19 种，【细微型】4 种，【温和型】12 种，【华丽型】17 种，如表 31-5 所示。

表 31-5　退出动画

类型	动画效果	子效果	适用对象	推荐
基本型	百叶窗	方向：水平、垂直	所有	

续表

类型	动画效果	子效果	适用对象	推荐
基本型	擦除	方向：自底部、左侧、右侧、顶部	所有	是
	消失	无	所有	是
	飞出	方向：八个方向	所有	是
	盒状	方向：内、外	所有	
	缓慢移出	方向：自底部、左侧、右侧、顶部	所有	是
	阶梯状	方向：左上、左下、右上、右下	所有	
	菱形	方向：内、外	所有	
	轮子	辐射状：1、2、3、4、8	所有	
	劈裂	方向：上下左右向中央、反向	所有	
	棋盘	方向：跨越、下	所有	
	切出	方向：自底部、左侧、右侧、顶部	所有	是
	闪烁一次	无	所有	是
	扇形展开	无	所有	
	十字形扩展	方向：内、外	所有	
	随机线条	方向：水平、垂直	所有	
	向外溶解	无	所有	
	圆形扩展	方向：内、外	所有	
	随机效果	以上所有动画效果随机	所有	
细微型	渐变	无	所有	是
	渐变式回旋	无	文字	
	渐变式缩放	无	所有	是
	收缩	无	所有	
温和型	层叠	方向：自底部、左侧、右侧、顶部	所有	
	回旋	无	所有	
	渐出	无	所有	
	上升	无	所有	是
	收缩	无	所有	是

续表

类型	动画效果	子效果	适用对象	推荐
温和型	收缩并旋转	无	所有	
	缩放	方向：内、外、缩小到屏幕中心、放大到屏幕底部、轻微放大、轻微缩小	所有	是
	下沉	无	所有	是
	下降	无	所有	是
	颜色打字机	起始、结束颜色	文字	是
	展开	无	文字	
	中心旋转	无	所有	
华丽型	弹跳	无	所有	
	放大	无	所有	
	飞旋	无	所有	
	浮动	无	所有	
	光速	无	所有	
	滑翔	无	所有	
	挥鞭式	无	文字	
	挥舞	无	文字	
	空翻	无	文字	
	螺旋飞出	无	所有	
	向下曲线	无	所有	
	投掷	无	所有	
	玩具风车	无	所有	
	线形	无	所有	是
	旋转	无	所有	
	折叠	无	所有	
	字幕式	无	所有	是

动作路径动画共有 64 种，其中【基本型】18 种，【直线和曲线】30 种，【特殊】16 种，如表 31-6 所示。

表 31-6 动作路径动画

类型	动画效果	子效果	适用对象	推荐
基本型	八边形	锁定、解除、编辑顶点、反转路径方向	所有	
	八角星	锁定、解除、编辑顶点、反转路径方向	所有	
	等边三角形	锁定、解除、编辑顶点、反转路径方向	所有	
	橄榄球形	锁定、解除、编辑顶点、反转路径方向	所有	
	泪滴形	锁定、解除、编辑顶点、反转路径方向	所有	
	菱形	锁定、解除、编辑顶点、反转路径方向	所有	
	六边形	锁定、解除、编辑顶点、反转路径方向	所有	
	六角星	锁定、解除、编辑顶点、反转路径方向	所有	
	平行四边形	锁定、解除、编辑顶点、反转路径方向	所有	
	四角星	锁定、解除、编辑顶点、反转路径方向	所有	
	梯形	锁定、解除、编辑顶点、反转路径方向	所有	
	五边形	锁定、解除、编辑顶点、反转路径方向	所有	
	五角星	锁定、解除、编辑顶点、反转路径方向	所有	
	心形	锁定、解除、编辑顶点、反转路径方向	所有	
	新月形	锁定、解除、编辑顶点、反转路径方向	所有	
	圆形扩展	锁定、解除、编辑顶点、反转路径方向	所有	是
	正方形	锁定、解除、编辑顶点、反转路径方向	所有	
	直角三角形	锁定、解除、编辑顶点、反转路径方向	所有	
直线和曲线	S型曲线 1	锁定、解除、编辑顶点、反转路径方向	所有	
	S型曲线 2	锁定、解除、编辑顶点、反转路径方向	所有	
	波浪型	锁定、解除、编辑顶点、反转路径方向	所有	
	弹簧	锁定、解除、编辑顶点、反转路径方向	所有	
	对角线向右上	锁定、解除、反转路径方向	所有	是
	对角线向右下	锁定、解除、反转路径方向	所有	是
	漏斗	锁定、解除、编辑顶点、反转路径方向	所有	
	螺旋向右	锁定、解除、编辑顶点、反转路径方向	所有	
	螺旋向左	锁定、解除、编辑顶点、反转路径方向	所有	

续表

类型	动画效果	子效果	适用对象	推荐
直线和曲线	衰减波	锁定、解除、编辑顶点、反转路径方向	所有	
	弯弯曲曲	锁定、解除、编辑顶点、反转路径方向	所有	
	向上	锁定、解除、反转路径方向	所有	是
	向上弧线	锁定、解除、编辑顶点、反转路径方向	所有	
	向上转	锁定、解除、编辑顶点、反转路径方向	所有	
	向下	锁定、解除、反转路径方向	所有	是
	向下弧线	锁定、解除、编辑顶点、反转路径方向	所有	
	向下阶梯	锁定、解除、编辑顶点、反转路径方向	所有	
	向下转	锁定、解除、编辑顶点、反转路径方向	所有	
	向右	锁定、解除、反转路径方向	所有	是
	向右弹跳	锁定、解除、编辑顶点、反转路径方向	所有	
	向右弧线	锁定、解除、编辑顶点、反转路径方向	所有	
	向右上转	锁定、解除、编辑顶点、反转路径方向	所有	
	向右弯曲	锁定、解除、编辑顶点、反转路径方向	所有	
	向右下转	锁定、解除、编辑顶点、反转路径方向	所有	
	向左	锁定、解除、反转路径方向	所有	是
	向左弹跳	锁定、解除、编辑顶点、反转路径方向	所有	
	向左弧线	锁定、解除、编辑顶点、反转路径方向	所有	
	向左弯曲	锁定、解除、编辑顶点、反转路径方向	所有	
	心跳	锁定、解除、编辑顶点、反转路径方向	所有	
	正弦波	锁定、解除、编辑顶点、反转路径方向	所有	
特殊	垂直数字 8	锁定、解除、编辑顶点、反转路径方向	所有	
	豆荚	锁定、解除、编辑顶点、反转路径方向	所有	
	花生	锁定、解除、编辑顶点、反转路径方向	所有	
	尖角星	锁定、解除、编辑顶点、反转路径方向	所有	
	飘扬形	锁定、解除、编辑顶点、反转路径方向	所有	
	三环回路	锁定、解除、编辑顶点、反转路径方向	所有	

续表

类型	动画效果	子效果	适用对象	推荐
特殊	三角结	锁定、解除、编辑顶点、反转路径方向	所有	
	十字形扩展	锁定、解除、编辑顶点、反转路径方向	所有	
	双八串接	锁定、解除、编辑顶点、反转路径方向	所有	
	水平数字 8	锁定、解除、编辑顶点、反转路径方向	所有	
	弯曲的X	锁定、解除、编辑顶点、反转路径方向	所有	
	弯曲的星形	锁定、解除、编辑顶点、反转路径方向	所有	
	圆角正方形	锁定、解除、编辑顶点、反转路径方向	所有	
	圆锯	锁定、解除、编辑顶点、反转路径方向	所有	
	正方形结	锁定、解除、编辑顶点、反转路径方向	所有	
	中子	锁定、解除、编辑顶点、反转路径方向	所有	

绘制自定义路径动画共有 5 种，如表 31-7 所示。

表 31-7　绘制自定义路径动画

动画效果	子效果	适用对象	推荐
直线	锁定、解除、反转路径方向	所有	是
曲线	锁定、解除、编辑顶点、反转路径方向	所有	是
任意多边形	锁定、解除、编辑顶点、反转路径方向	所有	是
自由曲线	锁定、解除、编辑顶点、反转路径方向	所有	是
为自选图形指定路径	锁定、解除、编辑顶点、反转路径方向	所有	是

31.2.3　进入、强调、退出动画的设置

动画效果受动画类型、开始方式、子效果、速度、延迟等多个参数的影响。

选中要添加动画的对象，在【动画】选项卡单击“自定义动画”列表的扩展按钮，显示完整动画效果列表后进行选择，如果列表中没有所需的动画效果，可单击打开更多效果进行选择，如图 31-7 所示。

在【动画】选项卡下单击【自定义动画】按钮，可以打开【自定义动画】窗格，在其中会显示已添加的动画效果。

选中列表中的动画效果，可以更改动画效果、删除动画效果、选择开始方式、属性效果（方向、数量、路径）、播放速度，如图 31-8 所示。

图 31-7　添加自定义动画

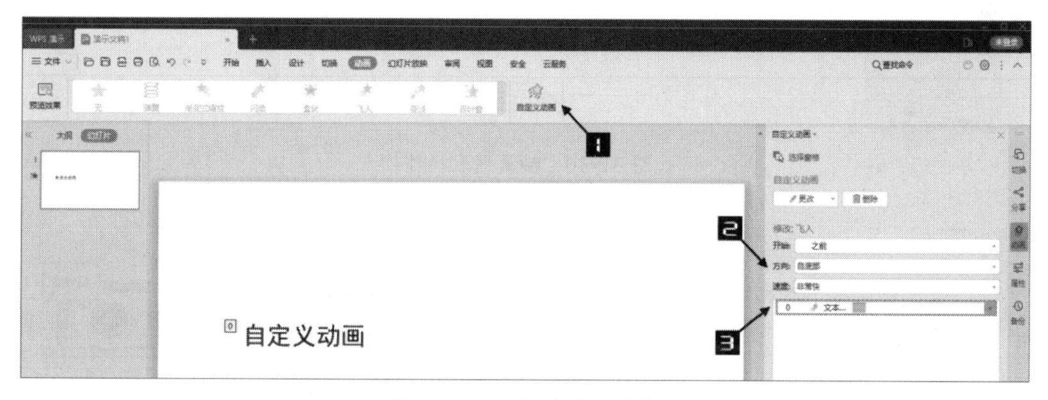

图 31-8　自定义动画列表

选中要添加动画的对象，单击【添加效果】可以继续给对象添加动画效果，单击【删除】按钮可以删除对象上的全部动画效果，如图 31-9 所示。

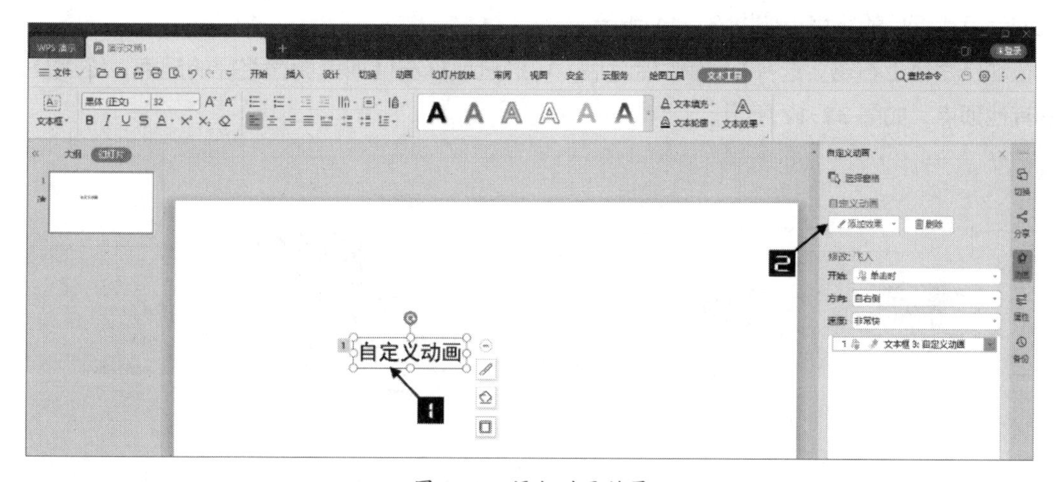

图 31-9　添加动画效果

选中动画列表中的动画效果，右击或单击动画效果右侧的下拉按钮，在弹出的菜单中可以设置动画效果的开始方式、打开效果选项、计时、显示高级日程表，以及删除动画。动画列表中的动画效果可以按<Ctrl>或<Shift>键进行多选后批量操作，如图 31-10 所示。

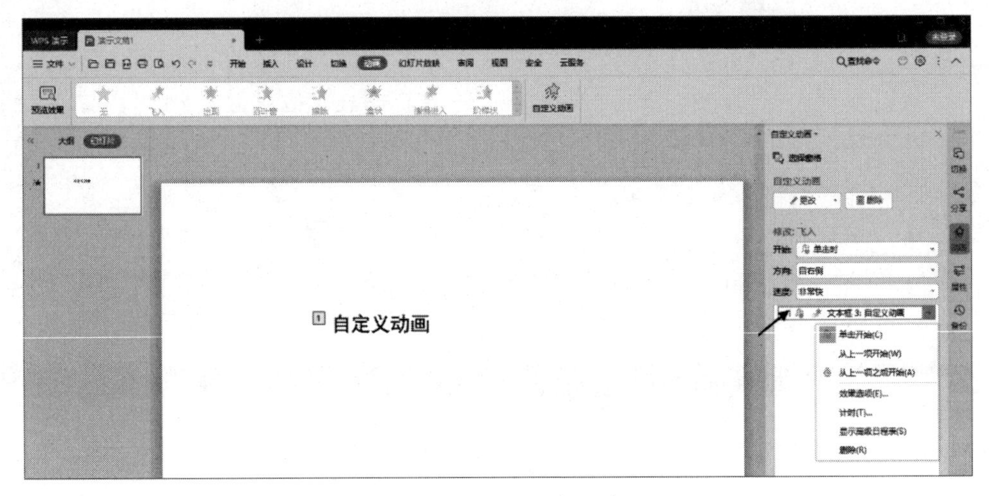

图 31-10　动画列表操作

根据本书前言的提示，可观看进入、强调、退出动画的设置的视频讲解。

31.2.4　动作路径的设置

添加动作路径动画后，当路径是闭合曲线时，只显示绿色的起点；当路径是开放路径时，显示绿色的起点和红色的终点，如图 31-11 所示。

在动作路径上右击，选择【编辑顶点】后，可通过鼠标左键拖曳调整路径的起点、终点及路径中的其他顶点，如图 31-12 所示。

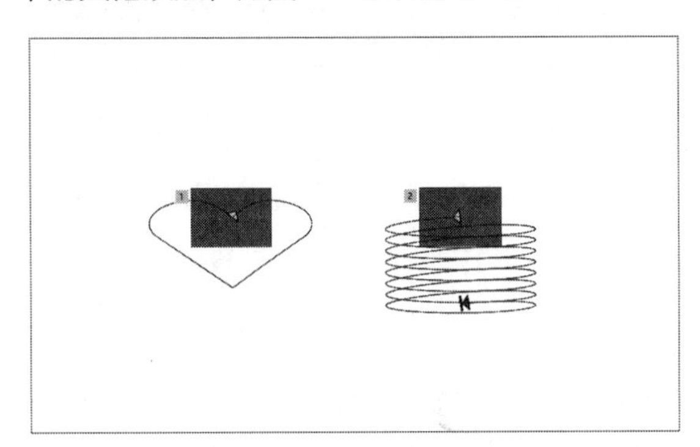

图 31-11　动作路径动画

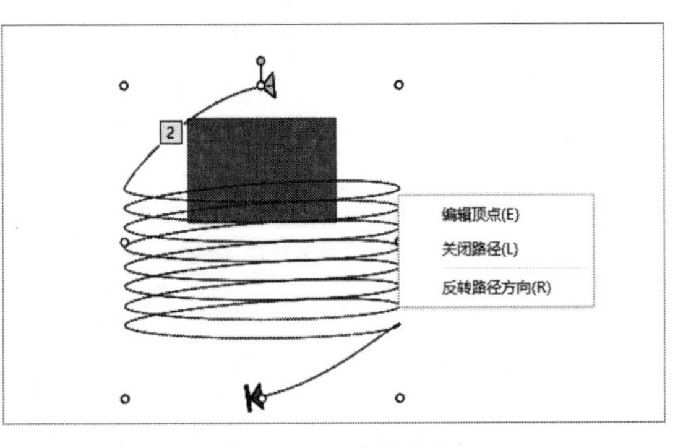

图 31-12　编辑路径

动作路径动画会默认选中【平滑开始】和【平滑结束】，动画添加完后，建议取消选中【平滑开始】和【平滑结束】。

31.2.5　绘制自定义路径

Ⅰ　直线、自由曲线路径的绘制

选中要添加动画的对象，切换到【动画】选项卡，在动画预置窗格中的【绘制自定义路径】选项中选择【直线】或【自由曲线】，按住鼠标左键绘制动作路径，松开鼠标左键绘制完成。

Ⅱ　曲线、任意多边形路径的绘制

选中要添加动画的对象，切换到【动画】选项卡，在动画预置窗格中的【绘制自定义路径】选项中选择【曲线】或【任意多边形】，通过鼠标左键单击和移动设置曲线拐点，按<Esc>或<Enter>键完成绘制。

Ⅲ　为自选图形指定路径

选中要添加动画的对象，单击【动画】选项卡，在动画预置窗格中的【绘制自定义路径】选项中选择【为自选图形指定路径】，移动光标到作为路径的形状上，当形状出现红色轮廓线时单击完成路径添加，如图 31-13 所示。

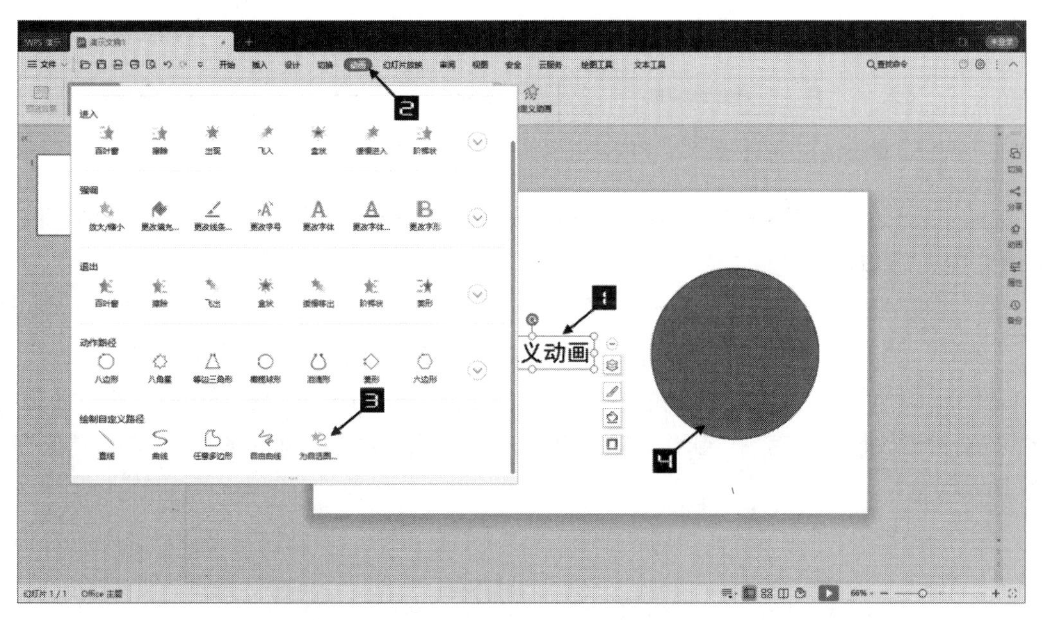

图 31-13　为自选图形指定路径

根据本书前言的提示，可观看绘制自定义路径的视频讲解。

31.2.6　动画开始方式

动画的开始方式（即触发条件）一共分为如下三种。

❖ 单击时（动画列表右键显示为单击开始）：指通过单击、按激光笔播放键或按<Enter>键、空格键及方向键的< ↓ >键时动画开始播放

如图 31-14 所示，幻灯片页面上的三段文字分别设置【飞入】进入动画，开始均设置为【单击时】，在该页幻灯片播放时，单击页面第一下，“文字 1”飞入；单击页面第二下，“文字 2”飞入；单击页面第三下，“文字 3”飞入。

在演示时，“单击时”更容易让演示者灵活把控演示的节奏。

❖ 之前（动画列表右键显示为从上一项开始）：当作为本页第一条动画时，幻灯片播放到本页时动画自动播放；当本页该动画前面有其他动画时，与其前面一条动画同时播放

如图 31-15 所示，幻灯片页面上的三段文字分别设置【飞入】进入动画，开始均设置为【之前】，在该页幻灯片播放时，“文字 1”自动飞入，“文字 2”和“文字 3”随同“文字 1”一起飞入。

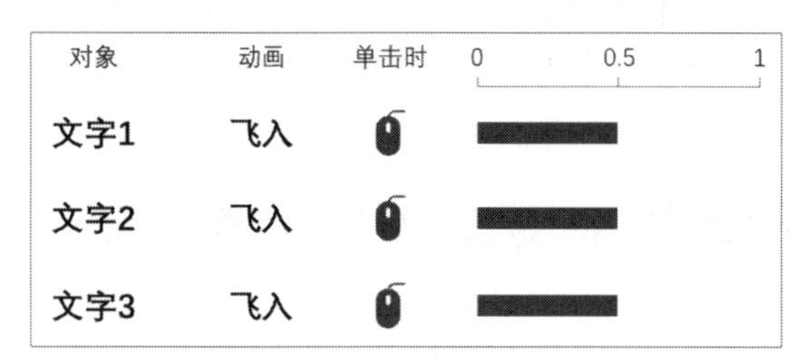

图 31-14　单击时

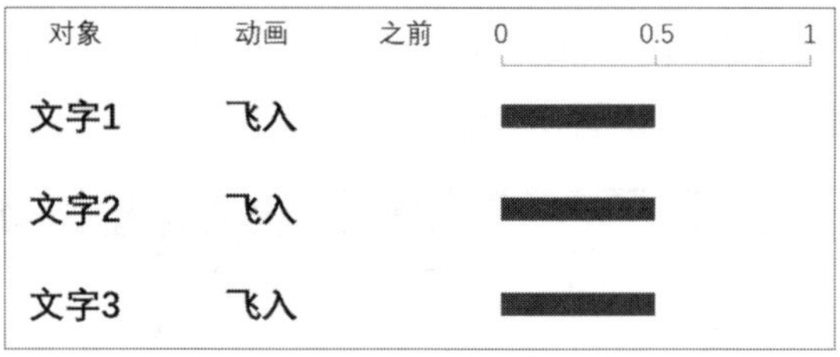

对象　动画　之前　0　0.5　1
文字1　飞入
文字2　飞入
文字3　飞入

图 31-15　之前

“之前”的开始方式并不是说一定要与上一项开始的时间相同，动画的时间长度、开始结束时间、延迟都是可以调整的。

❖ 之后（动画列表右键显示为从上一项之后开始）：当作为本页第一条动画时，播放到本页时动画自动播放；当本页该动画前面有其他动画时，在前面动画播放完成后本条动画才播放

如图 31-16 所示，幻灯片页面上的三段文字分别设置【飞入】进入动画，开始均设置为【之后】，在该页幻灯片播放时，“文字 1”自动飞入，在其动画完成后“文字 2”随后飞入，“文字 3”则在“文字 2”飞入后飞入。

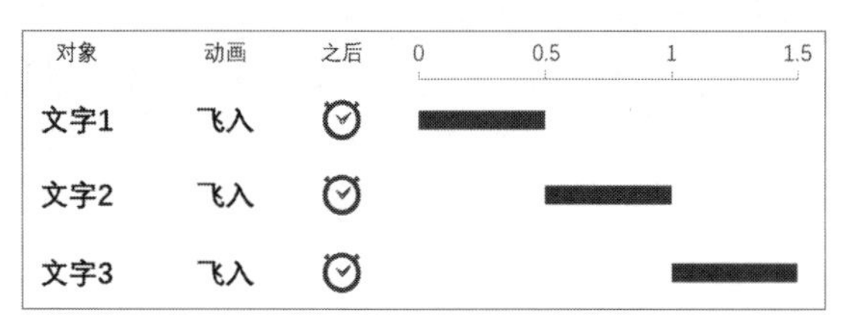

图 31-16　之后

如果要让多个动画能够完美衔接和流畅播放，仅仅使用动画的默认设置是不够的，还需要灵活地调整动画的详细设置。

根据本书前言的提示，可观看动画开始方式的视频讲解。

31.2.7　动画速度和延迟

改变动画速度即改变动画动作过程的快慢，改变动画延迟即改变动画开始的时间。在【自定义动画】窗格或动画效果的计时选项中均可设置动画速度。动画速度默认分为：非常快 0.5 秒、快速 1 秒、中速 2 秒、慢速 3 秒、非常慢 5 秒。在【自定义动画】窗格的速度中只能通过鼠标选择。右击动画效果，在弹出快捷菜单的【效果选项】中计时标签除了可以通过鼠标选择速度外，还可以直接输入速度数值和延迟数值，精度为 0.1 秒，如图 31-17 所示。

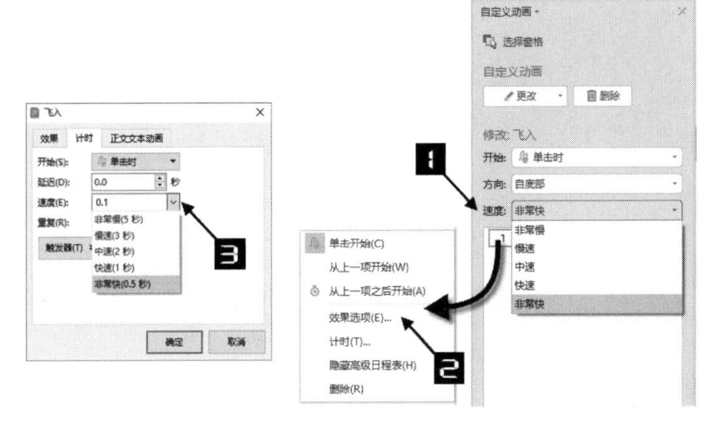

图 31-17　动画速度

另外，在【自定义动画】窗格的动画效果上右击，选择【显示高级日程表】命令，会显示出动画效果的速度条，将光标放置在速度条的开始和结束位置时，鼠标变为样式，拖曳鼠标可拉长或缩短速度条，起到改变速度的作用。当把鼠标放置在速度条中部时，鼠标变为样式，拖曳鼠标可前后移动速度条，起到改变延迟的作用，如图 31-18 所示。

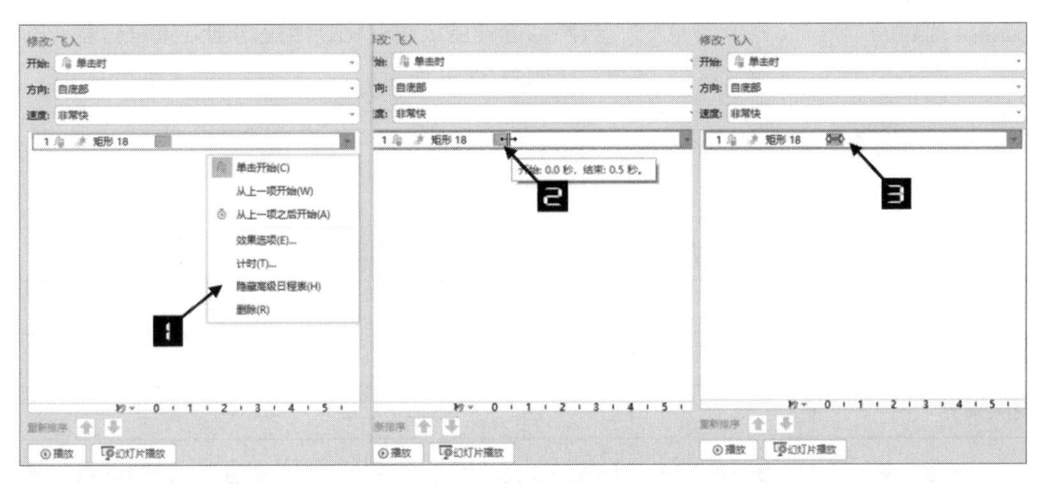

图 31-18　拖曳更改速度、延迟

如果速度条过窄或过宽，影响拖曳，可以单击动画列表下方时间轴左侧的“秒”字样，对速度

条进行放大/缩小，如图 31-19 所示。

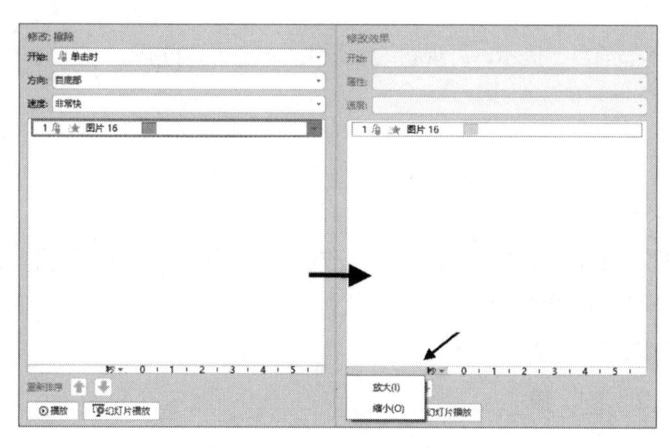

图 31-19　放大/缩小时间轴

根据本书前言的提示，可观看动画速度和延迟的视频讲解。

31.2.8　效果选项

图 31-20　飞入动画效果选项

通过动画的效果选项可以对动画进行进一步设置。

例如，文本框对象的【飞入】动画效果选项中，在对话框的【效果】选项卡可以设置【平稳开始】【平稳结束】，为动画开始添加加速度，动画结束添加减速度，如图 31-20 所示。

虽然动画速度没有变化，但是动画效果是有差异的，其效果对比如表 31-8 所示。

表 31-8　平稳开始、平稳结束对比

动画类型	动画效果	速度	平稳开始	平稳结束	总动画时长
进入动画	飞入	1 秒	0 秒	0 秒	1 秒
进入动画	飞入	1 秒	0.5 秒	0.5 秒	1 秒

针对文本对象，在【效果】选项卡的【动画文本】中，可更改为“按字母”，设置字母之间的延迟百分比，使动画按字母出现，如图 31-21 所示。

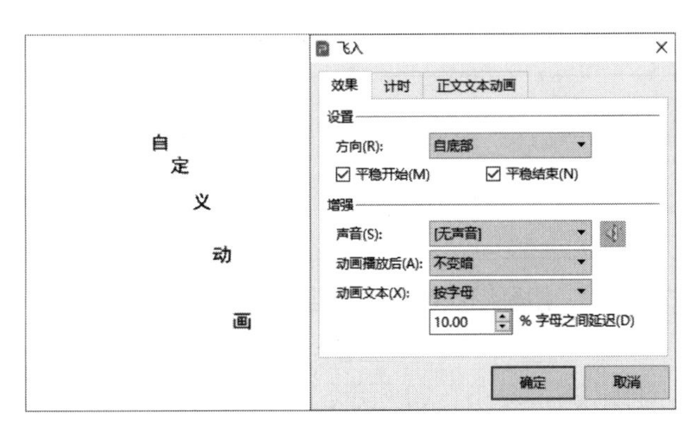

图 31-21　动画文本

如果文本框内文字为多行内容，在效果选项对话框的【正文文本动画】选项卡下，设置【组合文本】为“按第一级段落”，如图 31-22 所示，动画会按照段落行数分为多条动画效果。

默认设置下动画只播放一次，依据动画效果需要，可以在【计时】选项卡中设置重复次数，如图 31-23 所示。

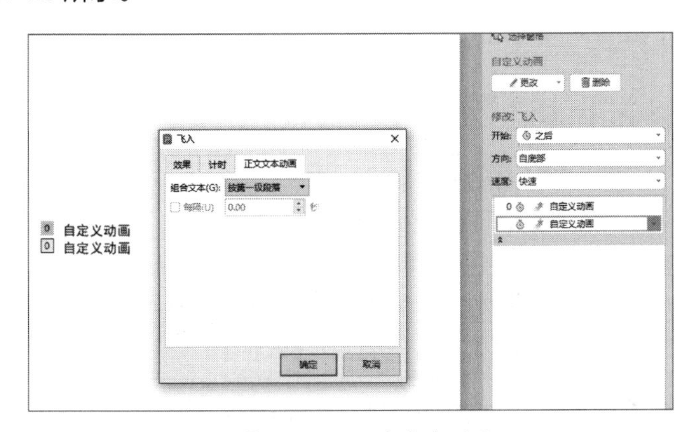

图 31-22　正文文本动画

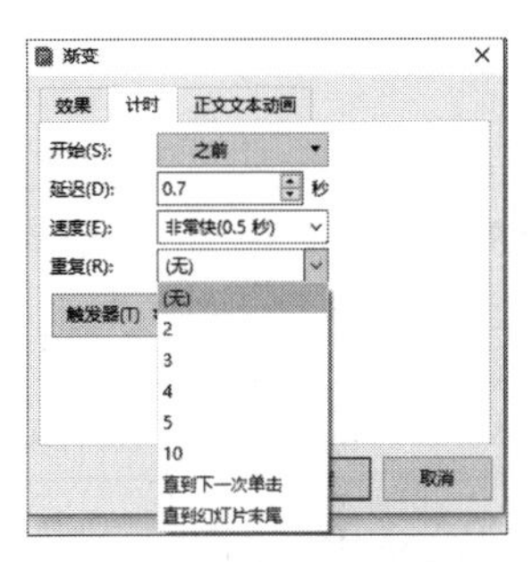

图 31-23　动画重复

根据本书前言的提示，可观看效果选项的视频讲解。

31.2.9　自定义动画组合

由多个内置动画效果进行叠加和衔接可以形成新的动画效果。

➲ Ⅰ　淡放动画

淡放 = 渐变 + 放大/缩小，详细说明如表 31-9 所示。

表 31-9　淡放动画

动画类型	动画效果	开始	速度	子效果
进入动画	渐变	单击时	0.5 秒	无
强调动画	放大/缩小	之前	0.5 秒	缩放数值自定义

该效果类似【渐变式缩放】，但是缩放数值可以自由设定。

➲ II　划过动画

划过＝擦除＋擦除，详细说明如表 31-10 所示。

表 31-10　划过动画

动画类型	动画效果	开始	速度	子效果
进入动画	擦除	单击时	0.5 秒	方向
退出动画	擦除	之后	0.5 秒	同方向

该动画先擦除进入，再擦除退出，类似闪电划过效果。

➲ III　雨滴动画

雨滴＝缩放＋渐变，详细说明如表 31-11 所示。

表 31-11　雨滴动画

动画类型	动画效果	开始	速度	子效果
进入动画	缩放	单击时	0.5 秒	内
退出动画	渐变	之前	0.5 秒	无

可以为多个大小递增的椭圆形添加雨滴动画，并为椭圆形动画之间添加延迟，如图 31-24 所示。

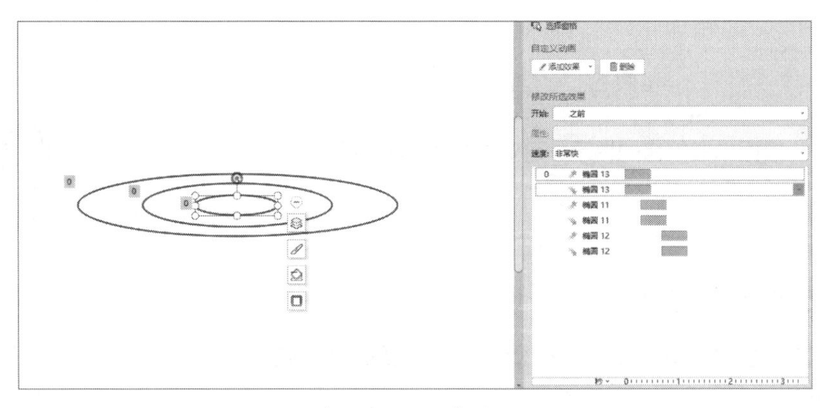

图 31-24　雨滴动画

➲ IV　飘落动画

飘落＝曲线＋陀螺旋，详细说明如表 31-12 所示。

表 31-12　飘落动画

动画类型	动画效果	开始	速度	子效果
绘制自定义路径	曲线	单击时	2 秒	平滑开始
强调动画	陀螺旋	之前	2 秒	360 度顺时针

为树叶图片绘制【曲线】的自定义路径后，选中【平滑开始】营造加速下降的动画效果，再添加【陀螺旋】动画增加树叶的旋转效果，如图 31-25 所示。

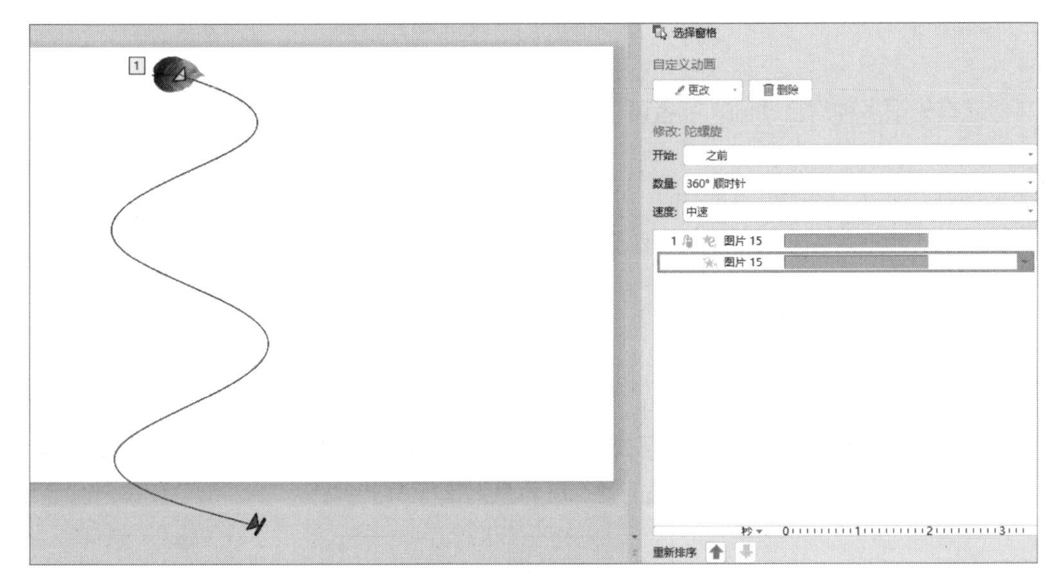

图 31-25　飘落动画

➲ V　Q 弹动画

Q 弹 = 缩放 + 放大 / 缩小 + 放大 / 缩小 + 放大 / 缩小 + 放大 / 缩小，详细说明如表 31-13 所示。

表 31-13　Q 弹动画

动画类型	动画效果	开始	速度	延迟	子效果
进入动画	缩放	单击时	0.2 秒	0	外
强调动画	放大 / 缩小	之前	0.2 秒	0.2 秒	两者 50
强调动画	放大 / 缩小	之前	0.2 秒	0.4 秒	两者 150
强调动画	放大 / 缩小	之前	0.2 秒	0.6 秒	两者 80
强调动画	放大 / 缩小	之前	0.2 秒	0.8 秒	两者 110

Q 弹动画可以让进入效果更加灵动，如图 31-26 所示。

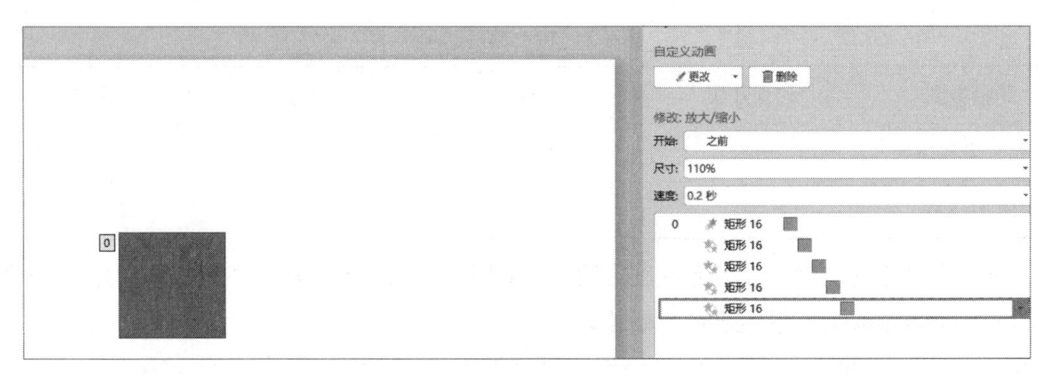

图 31-26 Q弹动画

其他还有无限多种复合动画，读者可以自己尝试组合。

根据本书前言的提示，可观看自定义动画组合的视频讲解。

31.2.10 交互式动画

WPS演示可以通过触发器实现交互式动画，即通过单击某一对象触发动画。交互式动画适合教学课件，如图31-27所示，输入相关问题、答案及对错标识。

图 31-27 交互式动画

为对错标识添加【渐变】的进入动画。选择一个标识对象，打开其效果选项的【计时】选项卡，单击【触发器】，选中【单击下列对象时启动效果】单选按钮，然后从右侧下拉列表中选择与之对应的文本框对象，单击【确定】完成设置。依次设置6个触发器，如图31-28所示。

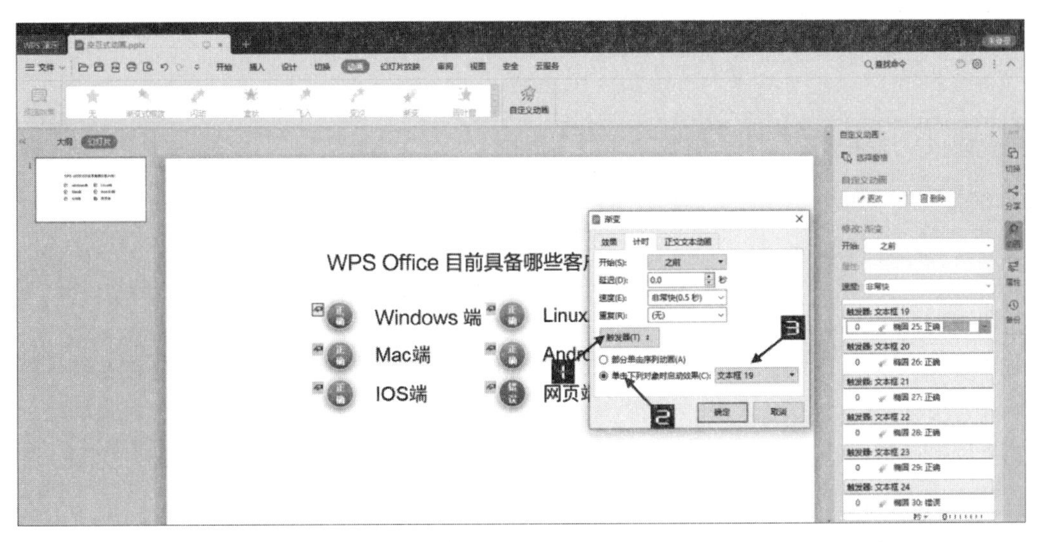

图 31-28　触发器设置

根据本书前言的提示，可观看交互式动画的视频讲解。

31.2.11　高级动画示例

➲ 1　背景位移动画

给幻灯片背景图片添加【向左】的直线路径动画，并增加【放大/缩小】动画，可以让幻灯片背景产生运动效果，如图 31-29 所示。

图 31-29　背景位移动画

其动画设置如表 31-14 所示。

表 31-14　背景位移动画设置

动画类型	动画效果	开始	速度	延迟	子效果	自动翻转
动作路径	向左	之前	10 秒	0 秒	无	否
强调动画	放大/缩小	之前	5 秒	0 秒	放大 120	是

➲ II　遮罩动画

遮罩动画类似窗中望景，只能看到玻璃中透过的景色，而其他景色被墙体挡住看不到，如图 31-30 所示。

将上面的遮罩层处理为部分镂空，为下面的景物层添加绘制自定义路径动画即可实现。注意调整动作路径终点，不宜使景物层边缘从镂空中露出，如图 31-31 所示。

图 31-30　窗外风景

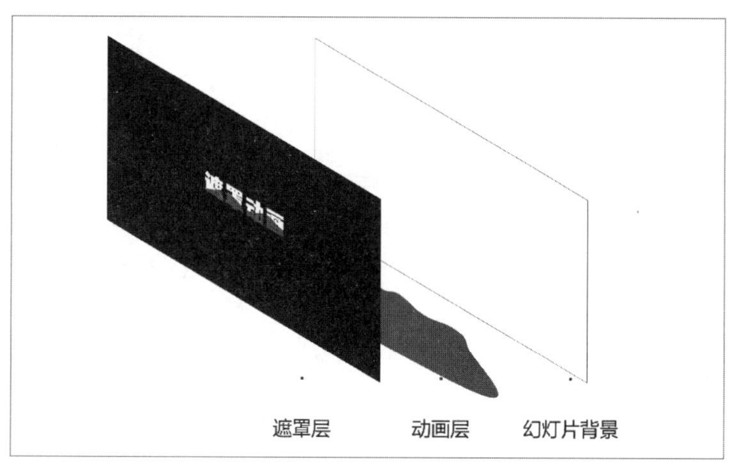

图 31-31　遮罩动画原理

其动画设置如表 31-15 所示。

表 31-15　遮罩动画设置

动画类型	动画效果	开始	速度	延迟	子效果
绘制自定义路径	直线	之前	5 秒	0 秒	无

➲ III　补位动画

在幻灯片中经常用到对象旋转的动画效果，但是【陀螺旋】动画是以对象中心为参照点进行旋转的。如需模拟钟表指针的转动或月亮围绕地球旋转，给表针和月亮直接添加【陀螺旋】动画时不能达到效果，如图 31-32 所示。

此时需要为表针和月亮对象添加一个无填充、无轮廓的镜像，然后为组合后的对象添加【陀螺旋】动画，从而改变对象的动画中心点，如图 31-33 所示。

图 31-32　旋转动画场景

图 31-33　对象补位后

➲ IV　时间轴动画

展示历程的时候常常会用到时间轴的【擦除】动画，如果时间节点过多，往往一条直线不够承载，需要多弯折几回，如图 31-34 所示。

但是直接给时间轴添加【擦除】动画，得到的效果并不是想要的，如图 31-35 所示。

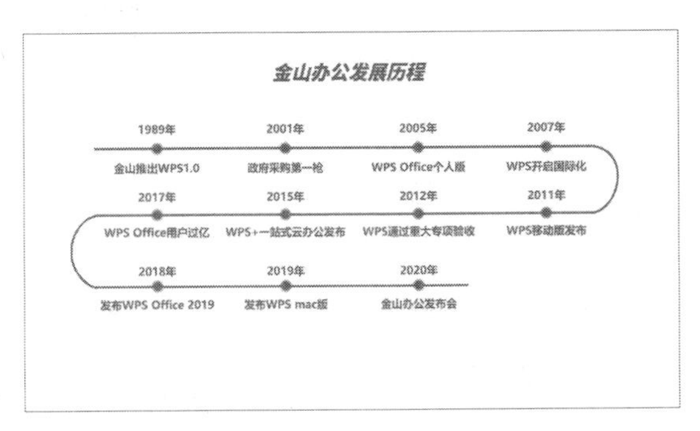

图 31-34　时间轴

图 31-35　整体擦除

使用【合并形状】功能将时间轴按照横向和竖向进行拆分，并且分别添加相应方向的【擦除】动画，使其分段擦除即可，如图 31-36 所示。

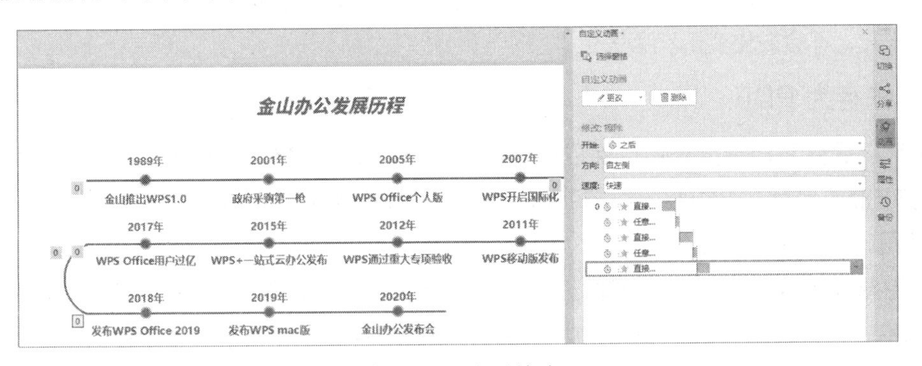

图 31-36　分段擦除

根据本书前言的提示，可观看高级动画示例的视频讲解。

第 32 章　保存与放映

演示文稿设计完成，文件的保存及放映环节仍然有一些需要读者注意的关键点。本章主要介绍这些关键内容。

本章学习要点

（1）保存格式
（2）演示文稿的保护
（3）幻灯片放映

32.1　保存格式

32.1.1　常用格式

WPS演示支持保存为 20 种文件格式，常用格式如下。

- ❖ WPS演示文件（*.dps）：是WPS独有的演示文件格式
- ❖ Microsoft PowerPoint 97-2003 文件（*.ppt）：兼容微软Office 97-2003 版本的演示文件格式
- ❖ Microsoft PowerPoint文件（*.pptx）：兼容微软Office 2007 及以上版本的演示文件格式
- ❖ WPS加密文档格式（*.ppt）：通过WPS账户授权的加密文档
- ❖ JPEG文件交换格式（*.jpg）：目前常用的有损压缩图片格式
- ❖ PNG可移植网络图形格式（*.png）：目前常用的无损压缩图片格式，支持透明背景
- ❖ PDF文件格式（*.pdf）：是Adobe公司开发的电子文件格式，该文档格式可以再现原稿的所有原始样式，不会发生变形和丢失

32.1.2　保存为 PDF

演示文稿保存为PDF格式可以保证页面中的排版不变形，字体不丢失。单击【文件】→【另存为】，在弹出的【另存为】对话框中选择保存位置，选择文件类型为：PDF文件格式（*.pdf），单击【保存】按钮，如图 32-1 所示。

如果希望在保存时设置PDF的详细输出参数及权限，可以单击【文件】菜单，选择【输出为PDF】，在弹出的窗口的【常规】选项卡中设置具体的输出范围和输出内容；在【权限设置】选项卡中，设置文件打开密码，以及更改、复制、批注、打印权限，如图 32-2 所示。

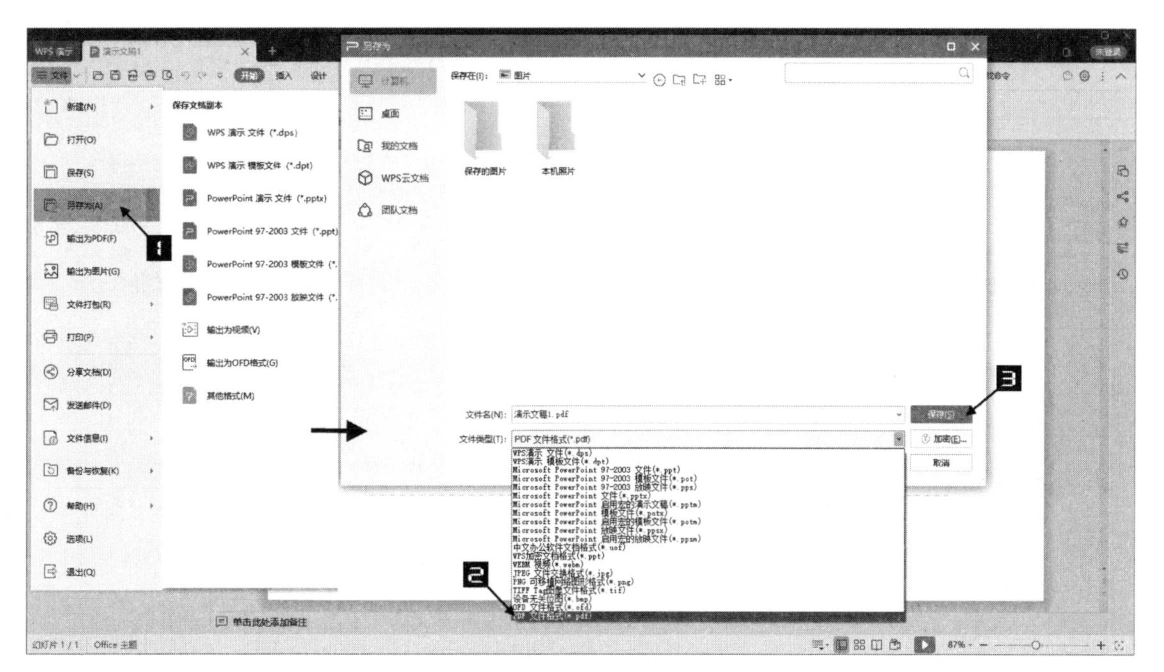

图 32-1 保存为 PDF

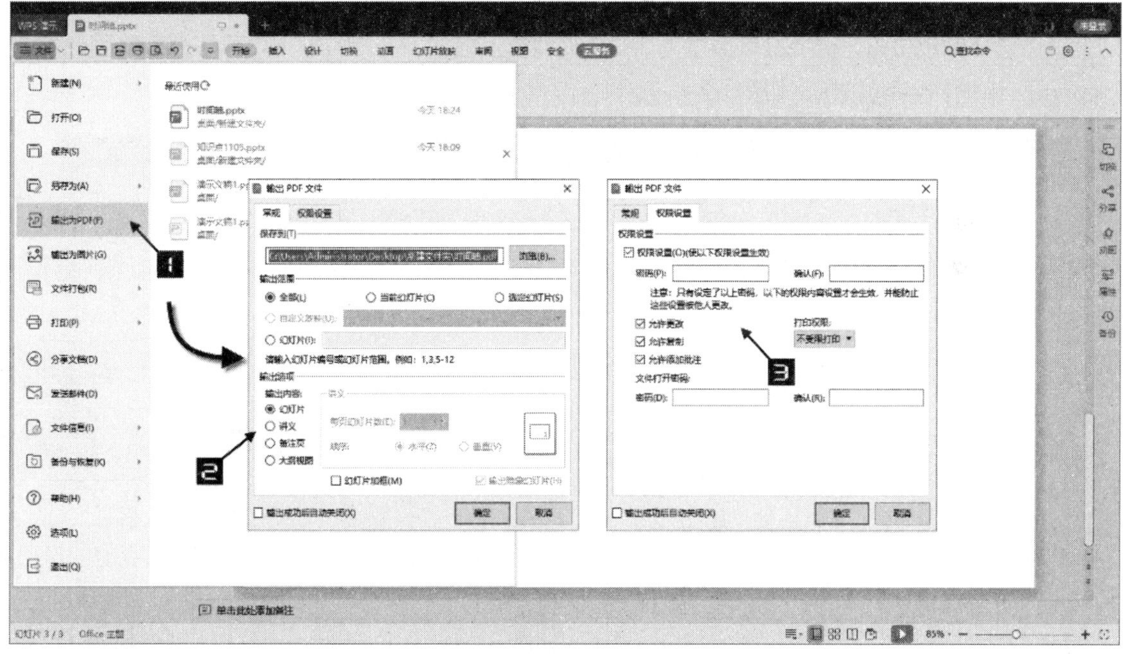

图 32-2 输出为 PDF 设置

另外可以利用快速访问工具栏中的【输出为 PDF】按钮直接转换，不仅减少操作步骤，也方便流版转换，如图 32-3 所示。

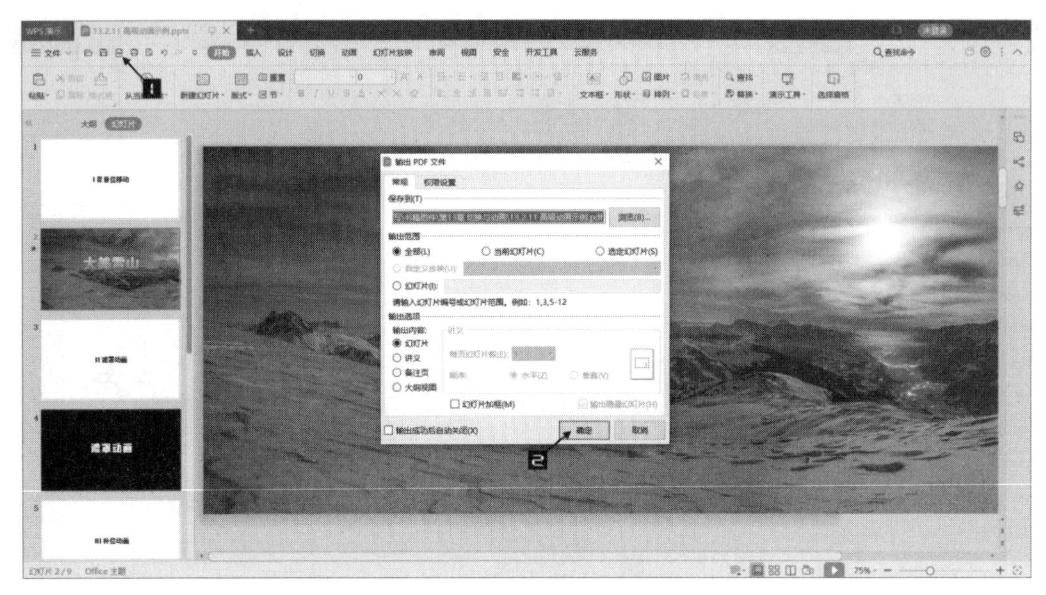

图 32-3 快速访问工具栏按钮输出 PDF

32.1.3 保存为图片

演示文稿保存为图片格式可以方便传输和预览，单击【文件】→【另存为】，在弹出的【另存为】对话框中选择输出位置，选择文件类型为 JPEG 文件交换格式（*.jpg）或 PNG 可移植网络图形格式（*.png），单击【保存】按钮，如图 32-4 所示。

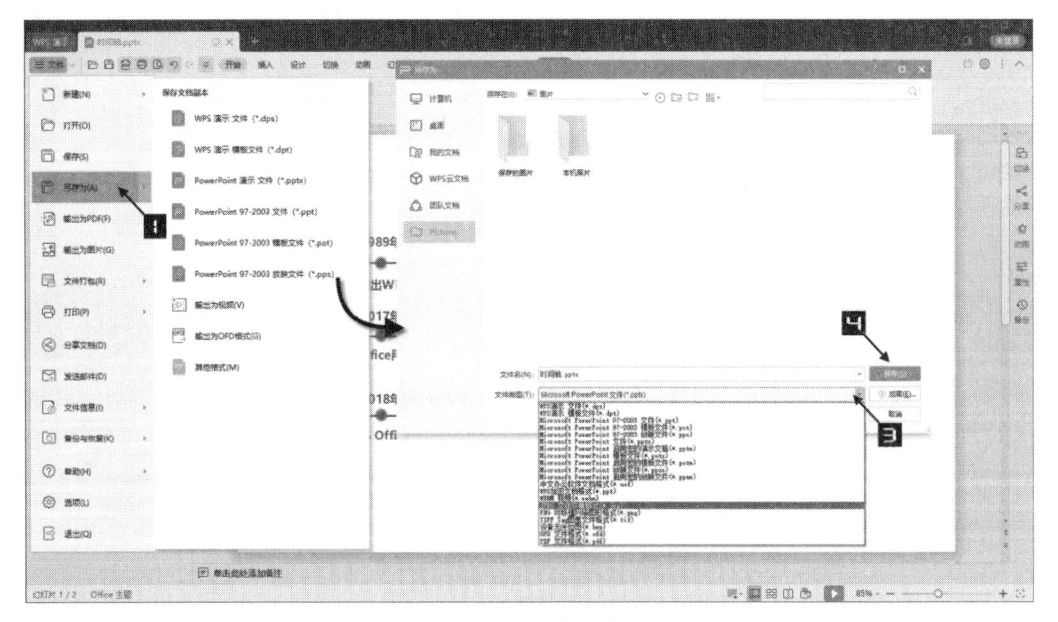

图 32-4 保存出为图片

默认将每页幻灯片各保存为一个图片文件，并且输出图片的分辨率不能调整。

单击【文件】→【输出为图片】，在弹出的【输出为图片】对话框中可以设置水印、图片品质及图片格式，选择【逐页输出】即可按照需要将幻灯片逐页输出为图片，如图 32-5 所示。

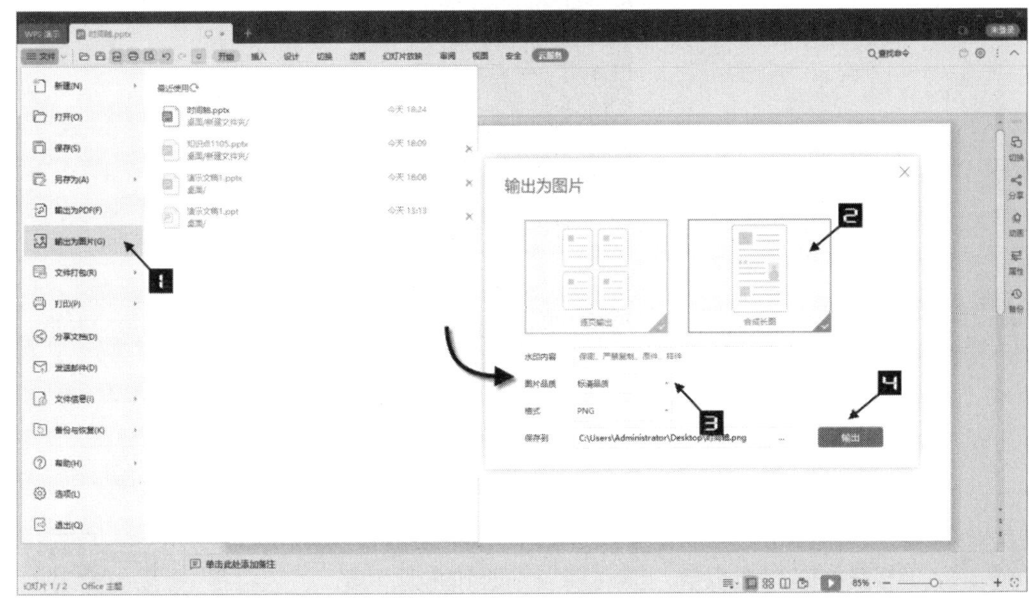

图 32-5　输出为图片设置

选择【合成长图】可将整个演示文稿合成一张长图，如图 32-6 所示。

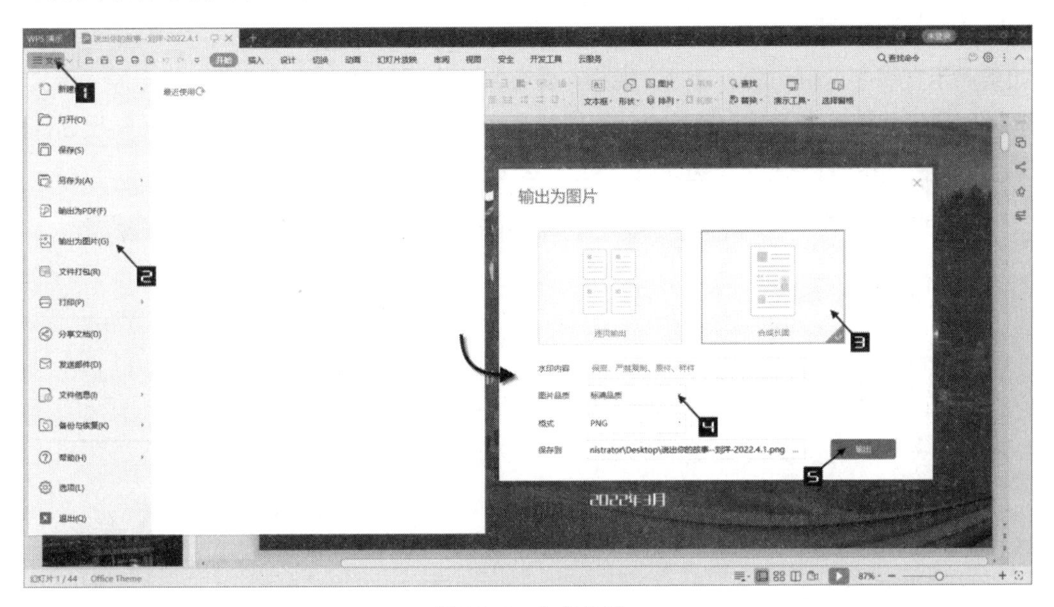

图 32-6　合成长图

合成长图效果如图 32-7 所示。

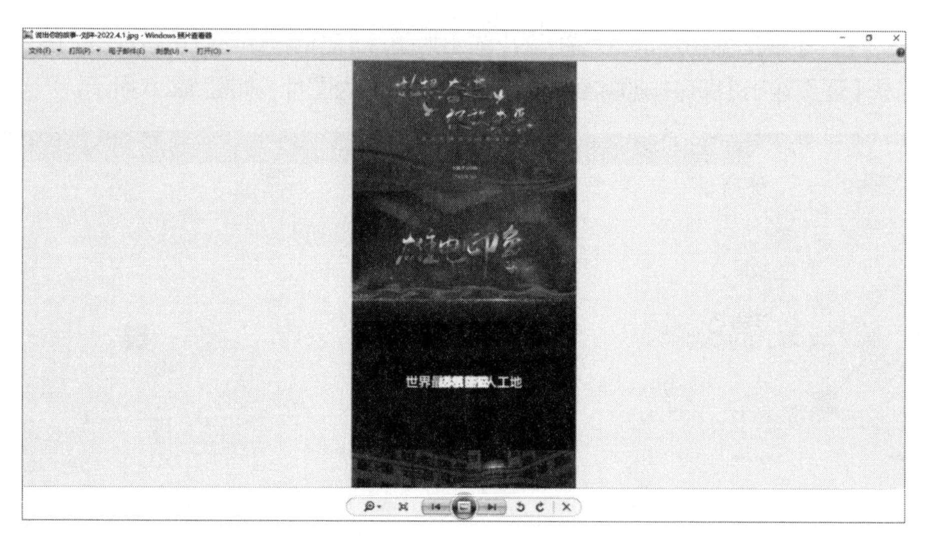

图 32-7 长图效果

根据本书前言的提示，可观看保存为图片的视频讲解。

32.1.4 输出为视频

如果演示文稿中含有动画、音频、视频，保存为静态图片和PDF文件无法展示原演示文稿的风貌，此时可以将演示文稿输出为webm格式的视频。单击【文件】→【另存为】→【输出为视频】，选择输出位置后，单击【保存】按钮即可，如图 32-8 所示。

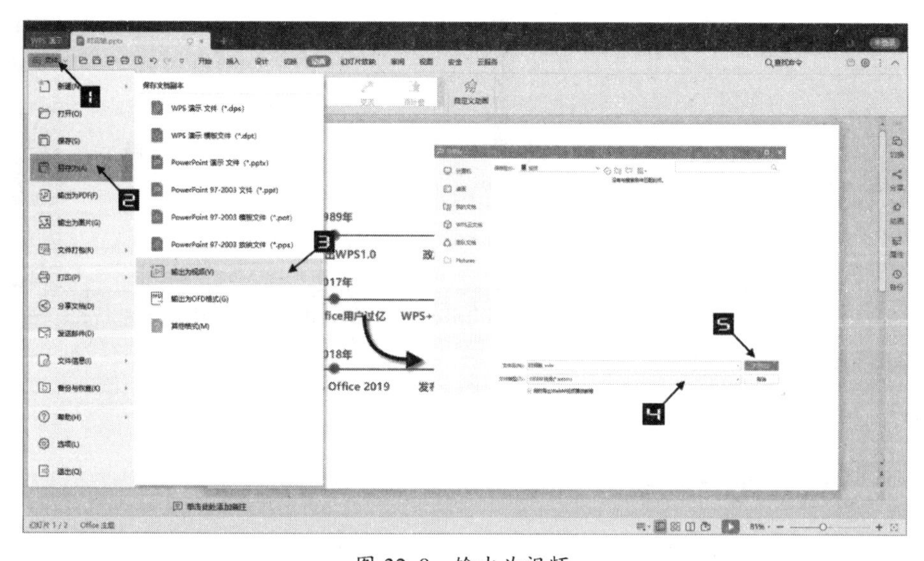

图 32-8 输出为视频

提示

第一次使用 WPS 演示将演示文稿输出为 webm 格式时，需要根据提示安装视频解码器插件。webm 格式视频传输至其他计算机后，可能因未安装解码器而无法打开或播放，解决方法见与视频同时导出的《webm 视频播放教程》。

可以借助第三方工具软件或网站将 webm 格式视频转换为常见的 mp4 格式视频。

32.2 演示文稿的保护

在实际的使用场景中，如果演示文稿有敏感内容，通常需要进行加密处理。

单击【文件】→【文件信息】→【文件加密】，在弹出的【选项】对话框中单击【高级】按钮，可以选择加密类型。“打开权限”和“编辑权限”可以根据需求设置密码，最后单击【确定】按钮即可完成文件加密，如图 32-9 所示。

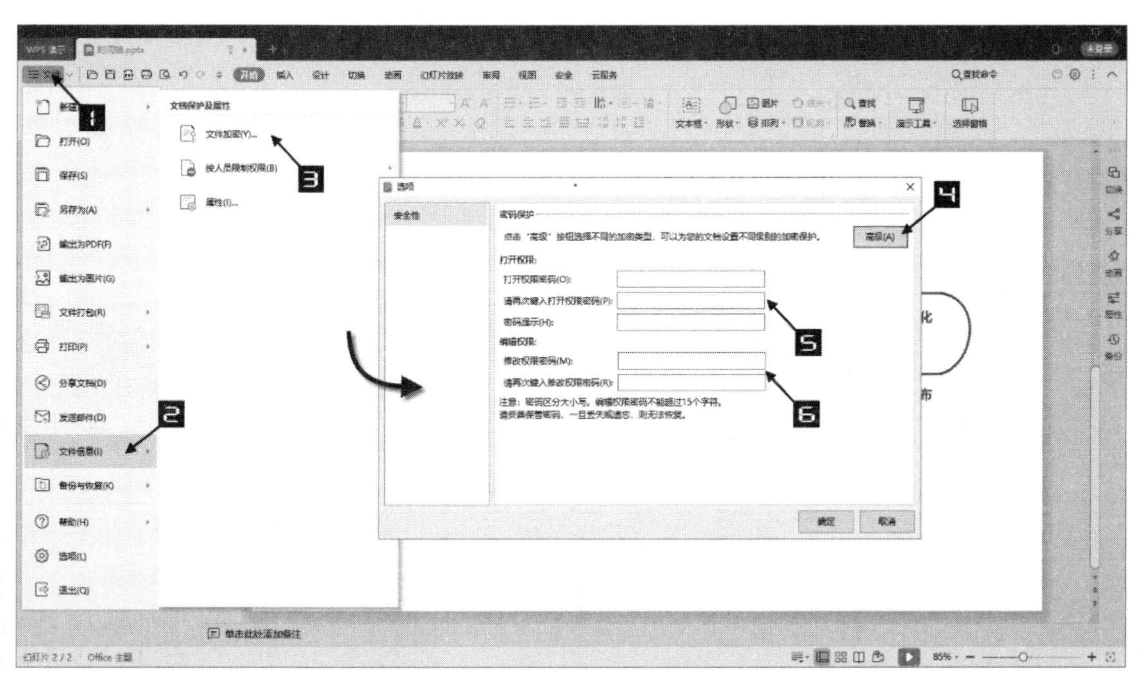

图 32-9 文件加密设置

再次打开此文件时，就会要求先输入密码。

密码建议采用大小写字母、数字、特殊符号混合的不少于 8 位的高强度密码，并且打开与编辑权限不建议使用相同密码。文稿一旦使用高强度密码加密，请妥善保存密码，一旦遗失，文件将无法打开或编辑。

对于已经加密过的演示文稿，在此对话框中删除密码，单击【确定】并保存后即可对文稿解密。

32.3 幻灯片放映

32.3.1 现场放映

当演示者进行幻灯片放映时，可以单击【幻灯片放映】选项卡，选择【从头开始】，或者【从当前开始】播放幻灯片，如图 32-10 所示。

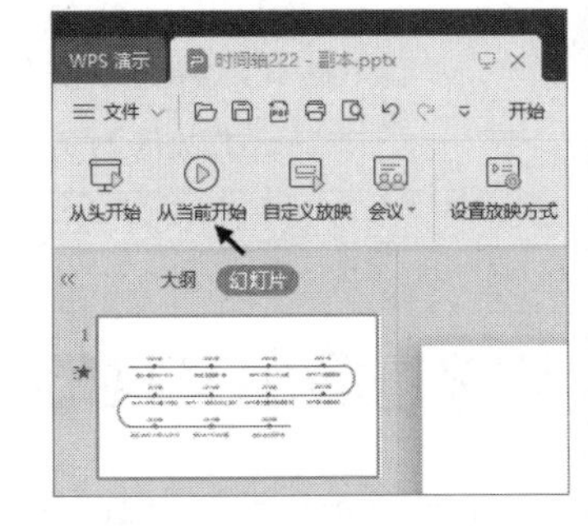

图 32-10 幻灯片放映

在现场放映时，不同的播放设备会对播放效果产生不同的影响，应该在幻灯片制作初期了解最终播放设备，在制作时加以调整，如表 32-1 所示。

表 32-1 播放设备对比

播放设备	播放方式	影响	对幻灯片影响
投影仪	反射	投影灯泡亮度衰减	适合使用浅色、较亮幻灯片
电视	透射	正常	影响较小
计算机显示器	透射	正常	影响较小
LED 大屏幕	透射	LED 灯珠亮度较高	适合使用深色、较暗幻灯片

32.3.2 使用演示者视图

如果演示者在幻灯片放映时需要参看备注信息，又不想让观看者察觉，可以启用“演示者视图”。通过单击【幻灯片放映】选项卡，选择【设置放映方式】，在【设置放映方式】对话框的多监视器中，将【幻灯片放映显示于】设置为监视器 2（指外接的显示器、投影、电视或LED大屏幕），选中【显示演示者视图】选项，如图 32-11 所示。

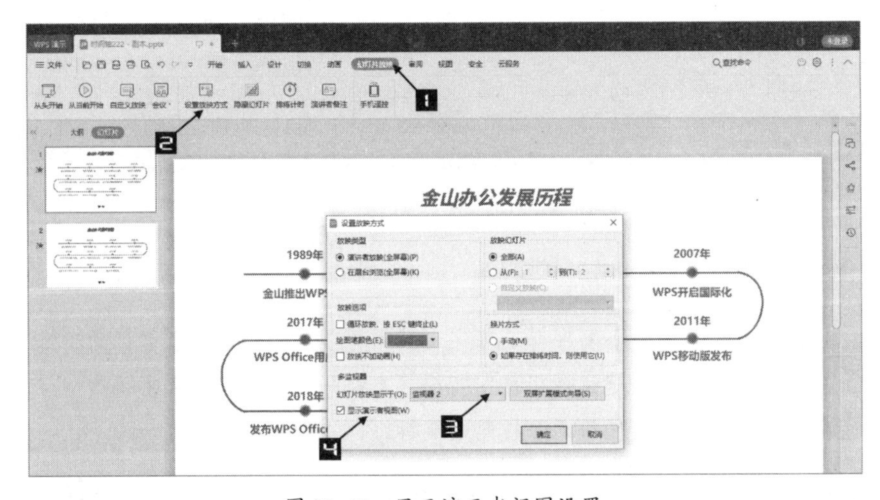

图 32-11 显示演示者视图设置

演示者视图时的监视器 2（演示者计算机显示器）显示画面如图 32-12 所示。

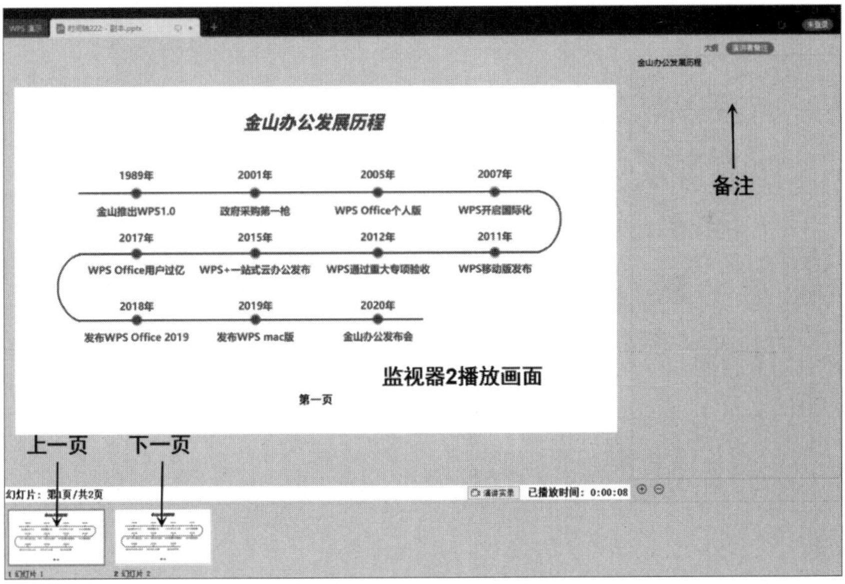

图 32-12　演示者显示画面

32.3.3　在线放映

如果观看者无法到达同一个场所，也可以进行在线放映。单击【幻灯片放映】→【会议】→【发起会议】按钮，如图 32-13 所示。

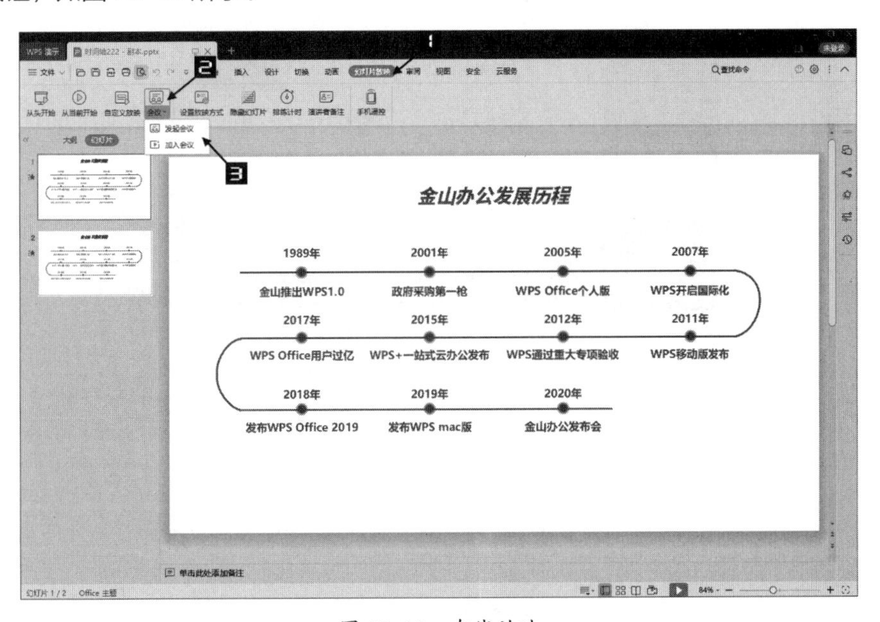

图 32-13　在线放映

将会议二维码或加入码发给参会者，如图 32-14 所示。

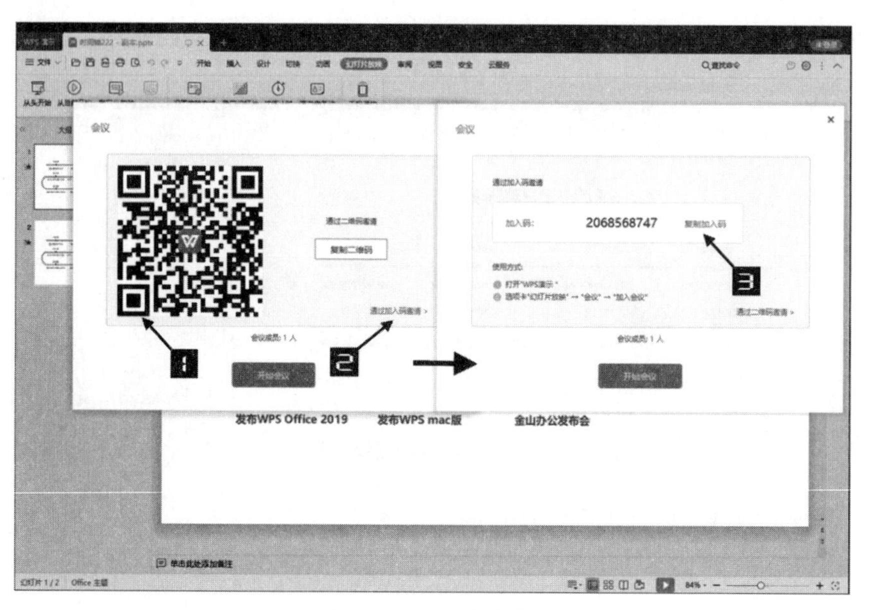

图 32-14　邀请参会

参会者通过手机微信、WPS移动版扫描二维码，或者通过PC版WPS演示单击【幻灯片放映】→【会议】→【加入会议】输入加入码参会，即可线上观看幻灯片演示，如图 32-15 所示。

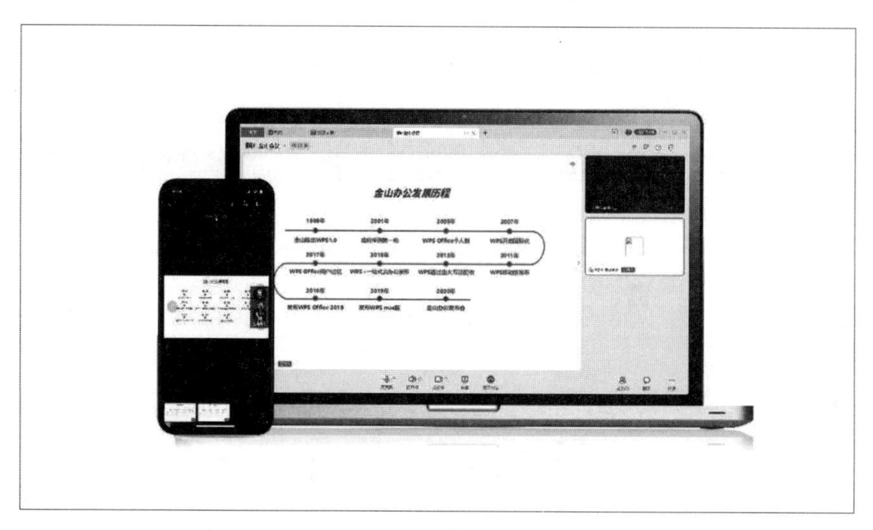

图 32-15　参会终端

第 33 章　演示文稿设计常见问题与对策

本章节列举并分析日常设计中存在的常见错误，再与修改之后的页面进行对比，帮助读者进一步理解演示文稿的设计思路与规则。

本章学习要点

（1）文字内容常见问题与对策
（2）图片内容常见问题与对策
（3）形状内容常见问题与对策
（4）图表内容常见问题与对策
（5）配色内容常见问题与对策
（6）排版内容常见问题与对策

33.1　文字部分

33.1.1　文字换行要完整

错误的换行断句会让观众阅读时难以理解，如图 33-1 所示。断句时要保证词语的完整性，如图 33-2 所示。

图 33-1　错误换行

图 33-2　修改后的换行

33.1.2　文字行距宜合适

多行文字时采用较小行间距显得比较拥挤，给阅读者压抑的感觉，如图33-3所示，采用1.2~1.3倍行间距观感会比较舒适，如图 33-4 所示。

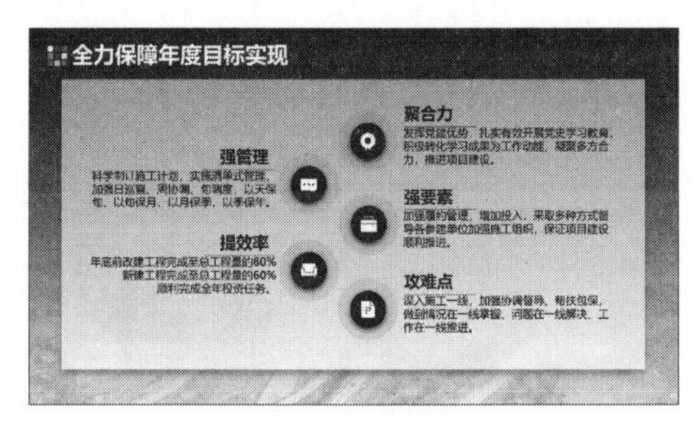

图 33-3　行距较小

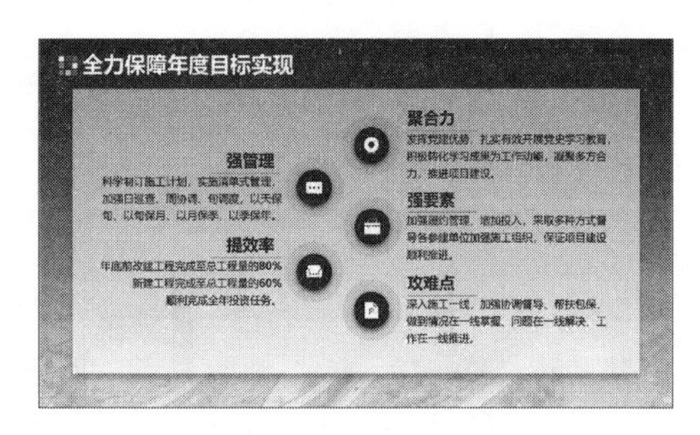

图 33-4　舒适行距

33.1.3　文字字体显风格

使用与幻灯片风格不匹配的字体无法展现幻灯片的气质，如图 33-5 所示。

使用演示镇魂行楷字体可以表达出演示者的气势和力量，使页面更有感染力，如图 33-6 所示。

图 33-5　标题采用思源黑体

图 33-6　标题采用演示镇魂行楷字体

33.1.4　书法字体要错落

虽然使用了书法字体，但是字号一致导致主题失去张力，如图 33-7 所示。

将主题拆分为单字，并且根据侧重调整大小和上下错落排布，抑扬顿挫，更具感染力，如图 33-8 所示。

图 33-7　同一文本框内的书法字体

图 33-8　错落排布书法字体

33.1.5　内容冗余应提炼

幻灯片上呈现的大段文字只能让观者厌烦，没有耐心读下去，如图 33-9 所示。

对大段文字进行精简提炼，突出关键性文字，弱化辅助文字并配以可视化呈现方式，如图 33-10 所示。

图 33-9　多文字描述

图 33-10　关键字描述

33.2 图片部分

33.2.1 使用高品质图片

低品质图片比较模糊，很难体现专业性，如图 33-11 所示。

使用专业的高品质图片可以给观者专业感和信赖感，如图 33-12 所示。

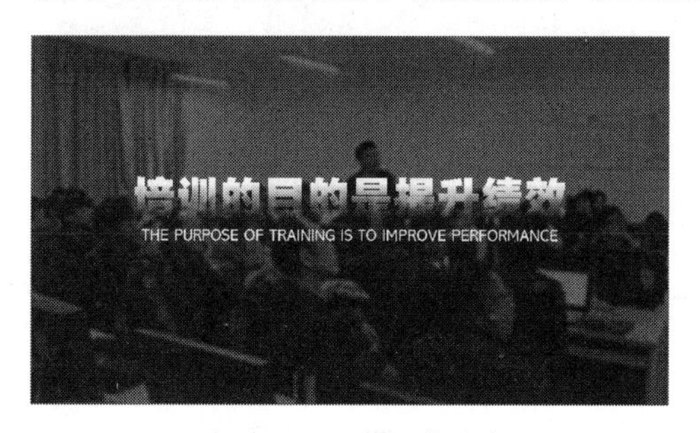

图 33-11 低品质图片

图 33-12 高品质图片

33.2.2 真实图片作佐证

使用抽象逻辑图表显得空洞无力，缺乏说服力，如图 33-13 所示。

采用真实拍摄的图片，增强真实感，如图 33-14 所示。

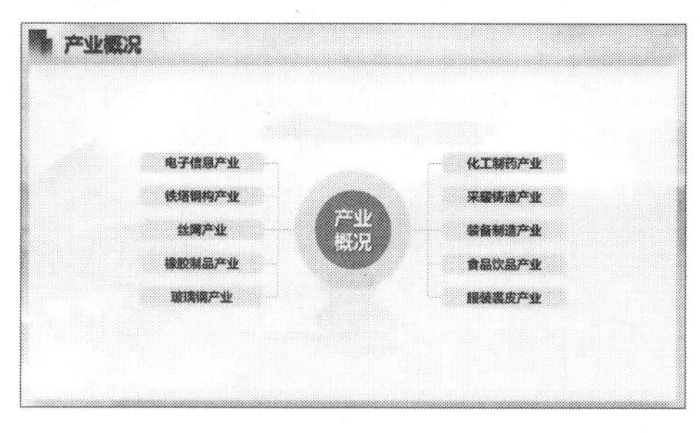

图 33-13 抽象图表

图 33-14 真实图片

33.2.3 抠背景突出细节

没有抠除背景的图片放到幻灯片页面中非常突兀，如图 33-15 所示。

抠除背景后的图片使得人物与整个页面融合在一起，整体更加震撼，如图 33-16 所示。

图 33-15 未抠除背景图片

图 33-16 抠除背景后图片

33.2.4 多图排版要统一

当页面中含有多张大小不一、排列不齐的图片时，画面会不协调，如图 33-17 所示。

多张图片大小一致，排列整齐，增强页面专业感，如图 33-18 所示。

图 33-17　图片大小不一，排列不齐

图 33-18　图片大小统一，排列整齐

33.2.5 logo 不能直接用

使用未经处理的logo，就像打了补丁一样难看，如图 33-19 所示。

logo 抠除白色背景后，与页面融合更好，如图 33-20 所示。

图 33-19　logo 未经处理

图 33-20　logo 抠除背景

33.3 形状部分

33.3.1 蒙版使文字清晰

文字直接置于图片上层时，不容易看清楚，如图 33-21 所示。

在文字与图片之间插入一层渐变蒙版，使文字更清晰，便于阅读，如图 33-22 所示。

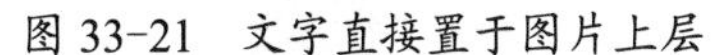

图 33-21　文字直接置于图片上层

图 33-22　文字与图片之间添加蒙版

33.3.2　图标类型要一致

使用线型、面型、颜色不一致的图标会使页面杂乱无章，如图 33-23 所示。

使用统一类型、统一尺寸、统一颜色的图标使页面整洁，如图 33-24 所示。

图 33-23　图标不一致

图 33-24　图标一致

33.3.3　逻辑图示用正确

未按内容逻辑结构使用正确逻辑图示，会显得思维混乱，如图 33-25 所示。

根据内容的逻辑结构使用正确的逻辑图示，使观者更容易理解演示者的意图，如图 33-26 所示。

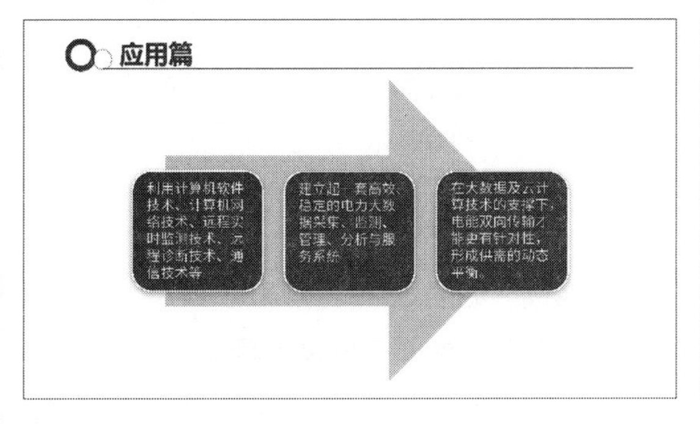

图 33-25　错误逻辑图示

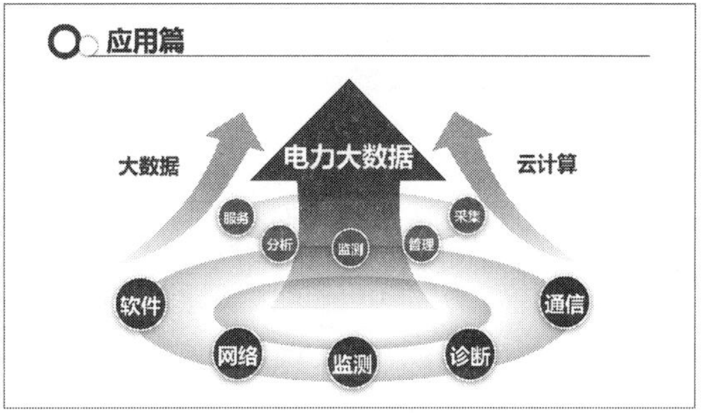

图 33-26　正确的逻辑图示

33.4 图表部分

在表述多个数值关系的时候如果使用错误的图表，会干扰读者理解，如图 33-27 所示。

根据表述内容，使用正确的图表，可以辅助读者理解演示者想要表达的含义，如图 33-28 所示。

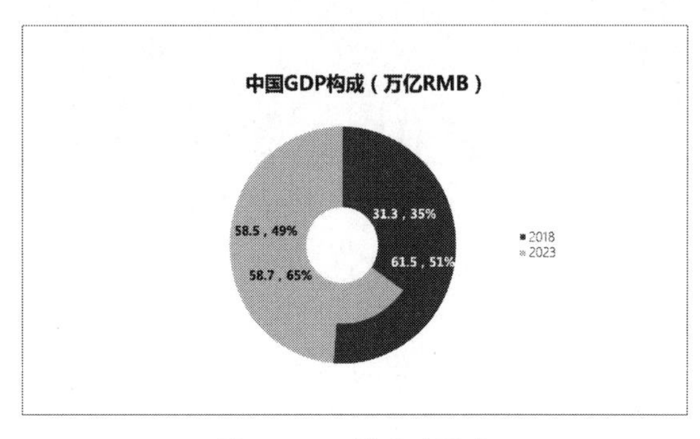

图 33-27　错误的图表

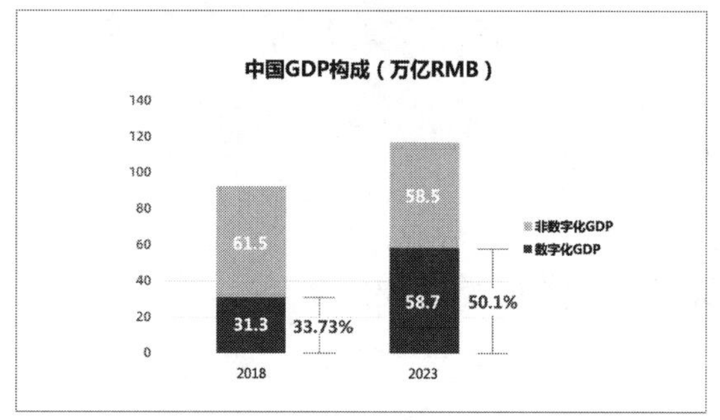

图 33-28　正确的图表

33.5 配色部分

33.5.1 放弃默认的配色

使用系统默认配色，不能与幻灯片背景配色融合，整体很突兀，如图 33-29 所示。

配色与幻灯片背景一致，整体风格统一，如图 33-30 所示。

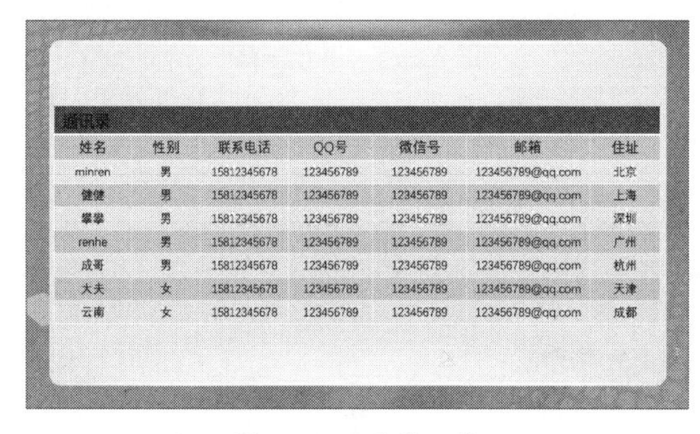

通讯录

姓名	性别	联系电话	QQ号	微信号	邮箱	住址
minren	男	15812345678	123456789	123456789	123456789@qq.com	北京
健健	男	15812345678	123456789	123456789	123456789@qq.com	上海
攀攀	男	15812345678	123456789	123456789	123456789@qq.com	深圳
renhe	男	15812345678	123456789	123456789	123456789@qq.com	广州
成哥	男	15812345678	123456789	123456789	123456789@qq.com	杭州
大夫	女	15812345678	123456789	123456789	123456789@qq.com	天津
云南	女	15812345678	123456789	123456789	123456789@qq.com	成都

图 33-29　默认配色

通讯录

姓名	性别	联系电话	QQ号	微信号	邮箱	住址
minren	男	15812345678	123456789	123456789	123456789@qq.com	北京
健健	男	15812345678	123456789	123456789	123456789@qq.com	上海
攀攀	男	15812345678	123456789	123456789	123456789@qq.com	深圳
renhe	男	15812345678	123456789	123456789	123456789@qq.com	广州
成哥	男	15812345678	123456789	123456789	123456789@qq.com	杭州
大夫	女	15812345678	123456789	123456789	123456789@qq.com	天津
云南	女	15812345678	123456789	123456789	123456789@qq.com	成都

图 33-30　配色统一

33.5.2 减少配色更美观

在表示并列关系时，颜色太多让读者眼花缭乱，影响阅读，如图 33-31 所示。

在表示并列关系并不需要强调某一项时，应使用一致的颜色，如图 33-32 所示。

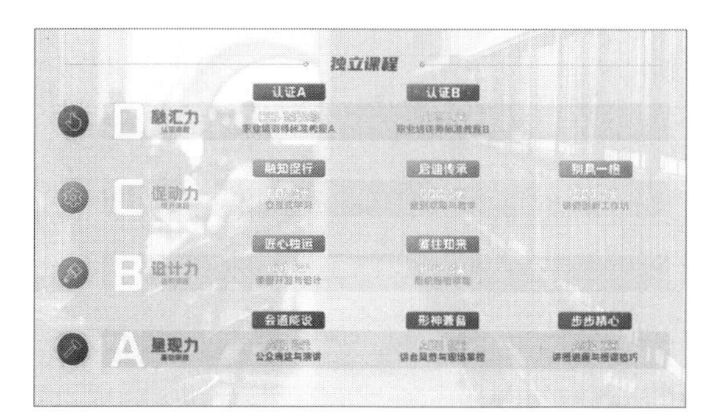

图 33-31 并列关系错误配色

图 33-32 并列关系正确配色

33.6 排版部分

33.6.1 排列整齐更美观

幻灯片页面上的图文排列不整齐，会显得比较杂乱，如图 33-33 所示。

图文按矩阵式排列整齐，显得页面整齐大方，如图 33-34 所示。

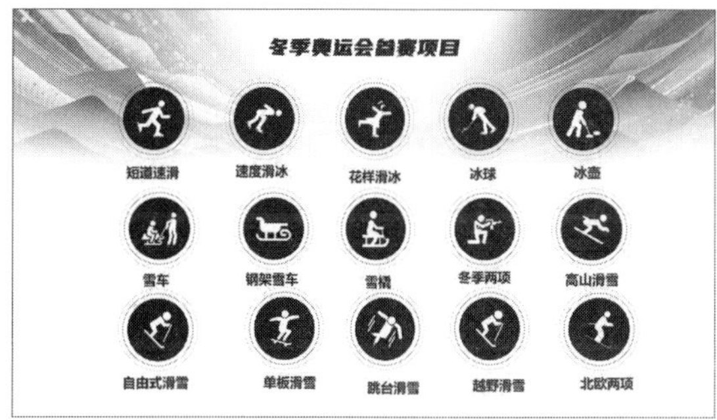

图 33-33 图文排列不整齐

图 33-34 图文排列整齐

33.6.2 同组亲密更和谐

同组的图片和文字的间距比组与组之间还大，图文显得不和谐，如图 33-35 所示。

同组的图片和文字的间距比组与组之间小，图文亲密，显得和谐工整，如图 33-36 所示。

图 33-35 同组不符合亲密原则

图 33-36 同组符合亲密原则

附录

附录 A WPS 常用快捷键

附表A-1 WPS常用快捷键（通用）

序号	执行操作	快捷键组合
1	复制	Ctrl+C
2	剪切	Ctrl+X
3	粘贴	Ctrl+V
4	撤销上一步操作	Ctrl+Z
5	恢复上一步操作	Ctrl+Y
6	创建新文档	Ctrl+N
7	打开文档	Ctrl+O（字母O）
8	关闭文档	Ctrl+W
9	保存当前文档	Ctrl+S
10	文档另存为	F12
11	打印文档	Ctrl+P
12	查找	Ctrl+F
13	替换	Ctrl+H
14	插入超链接	Ctrl+K
15	复制格式	Ctrl+Shift+C
16	粘贴格式	Ctrl+Shift+V
17	应用加粗格式	Ctrl+B
18	应用下划线格式	Ctrl+U
19	应用倾斜格式	Ctrl+I
20	显示帮助信息	F1
21	重复上一步操作	F4
22	打开或关闭任务窗格	Ctrl+F1

附表A-2 WPS表格常用快捷键

序号	执行操作	快捷键组合
工作表中的操作		
1	切换到活动工作表的上一个工作表	Ctrl+PageUp
2	切换到活动工作表的下一个工作表	Ctrl+PageDown
3	插入新工作表	Shift+F11
4	插入空白单元格	Ctrl+Shift+=
编辑单元格		
5	键入同样的数据到多个单元格中	Ctrl+Enter
6	在单元格内的换行操作	Alt+Enter
7	进入编辑单元格内容	Backspace（退格键）
定位单元格		
8	移动到当前数据区域的边缘	Ctrl+方向键
9	定位到活动单元格所在的行首	Home
10	移动到工作表的开头位置	Ctrl+Home
11	移动到工作表的最后一个单元格位置，该单元格位于数据所占用的最右列的最下行	Ctrl+End
选择区域		
12	将当前选择区域扩展到相邻行列	Shift+方向键
13	将选定区域扩展到与活动单元格在同一列或同一行的最后一个非空单元格	Ctrl+Shift+方向键
14	将选定区域扩展到行首	Shift+Home
15	将选定区域扩展到工作表的开始处	Ctrl+Shift+Home
16	将选定区域扩展到工作表上最后一个使用的单元格（右下角）	Ctrl+Shift+End
17	选定整张工作表	Ctrl+A
18	选择多片区域	Ctrl+鼠标选择
19	选择从活动单元格到单击单元格之间的区域	Shift+鼠标选择
20	在选定区域中从左向右移动。如果选定单列中的单元格，则向下移动	Tab
21	在选定区域中从右向左移动。如果选定单列中的单元格，则向上移动	Shift+Tab
22	在选定区域中从上向下移动。如果选定单列中的单元格，则向下移动	Enter

续表

序号	执行操作	快捷键组合
23	在选定区域中从下向上移动。如果选定单列中的单元格，则向上移动	Shift+Enter
24	选中活动单元格的上一屏的单元格	PageUp
25	选中活动单元格的下一屏的单元格	PageDown
26	选中从活动单元格到上一屏相应单元格的区域	Shift+PageUp
27	选中从活动单元格到下一屏相应单元格的区域	Shift+PageDown
输入、编辑和设置格式		
28	取消单元格输入	Esc
29	向上、下、左或右移动一个字符	方向键
30	重复上一次操作	F4 或 Ctrl+Y
31	向下填充	Ctrl+D
32	向右填充	Ctrl+R
33	定义名称	Ctrl+F3
34	输入日期	Ctrl+;（分号）
35	输入时间	Ctrl+:（冒号）
36	显示当前列中的文本下拉列表	Alt+向下键
37	显示“Visual Basic 编辑器”	Alt+F11
38	显示“单元格格式”对话框	Ctrl+1
39	应用带两个小数位的“货币”格式	Ctrl +$
40	应用不带小数位的“百分比”格式	Ctrl +%
41	应用带两个小数位的“科学记数”数字格式	Ctrl +^
42	应用“年月日”形式的日期格式	Ctrl +#
43	应用外边框	Ctrl +&
44	清除选定区域的内容	Delete
45	创建使用当前区域数据的图表	F11

附表A-3 WPS文字常用快捷键

序号	执行操作	快捷键组合
处理WPS文档		
1	定位	Ctrl+G
2	打开或关闭标记修订功能	Ctrl+Shift+E
3	将样式和格式恢复到“正文”级别	Cthrl+Shift+N
4	显示/隐藏任务窗格	Ctrl+F1
5	切换到下一个文档窗口	Ctrl+Tab
6	切换到上一个文档窗口	Ctrl+Shift+Tab
移动光标		
7	左移一个字符	←（左箭头键）
8	右移一个字符	→（右箭头键）
9	左移一个单词	Ctrl+ ←
10	右移一个单词	Ctrl+ →
11	移至行首	Home
12	移至行尾	End
13	上移一行	↑（上箭头键）
14	下移一行	↓（下箭头键）
15	上移一段	Ctrl+ ↑
16	下移一段	Ctrl+ ↓
17	上移一屏（滚动）	PageUp
18	下移一屏（滚动）	PageDown
19	移至文档开头	Ctrl+Home
20	移至文档结尾	Ctrl+End
选定文字或图形		
21	选定整篇文档	Ctrl+A
22	选定不连续文字	Ctrl+鼠标拖动
23	选定连续文字	鼠标拖动或者Shift+单击首尾处
24	选定到左侧的一个字符	Shift+ ←
25	选定到右侧的一个字符	Shift+ →
26	选定到上一个单词开始	Ctrl+Shift+ ←

续表

序号	执行操作	快捷键组合
27	选定到下一个单词结尾	Ctrl+Shift+ →
28	选定到行首	Shift+Home
29	选定到行尾	Shift+End
30	选定到上一行	Shift+ ↑
31	选定到下一行	Shift+ ↓
32	选定到段首	Ctrl+Shift+ ↑
33	选定到段尾	Ctrl+Shift+ ↓
34	选定到文档开始处	Ctrl+Shift+Home
35	选定到文档结尾处	Ctrl+Shift+End
菜单栏、右键菜单、选项卡和对话框		
36	选择选项	Alt+字母（如选项卡名称下方突出显示的字母）
37	取消命令并关闭选项卡或者对话框	Esc
38	执行默认按钮（一般为“确定”）	Enter
39	移至下一选项或选项组	Tab
40	移至上一选项或选项组	Shift+Tab
排版和编辑		
41	智能选择词语，无词语时选中单个字	在段落内双击鼠标左键
42	选择整段	段落左侧双击鼠标左键
43	上移一屏	PageUp
44	下移一屏	PageDown
45	移至上页顶端	Ctrl+PageUp
46	移至下页顶端	Ctrl+PageDown
47	移至窗口顶端	Ctrl+Alt+PageUp
48	移至窗口结尾	Ctrl+Alt+PageDown
49	向左智能删除词语	Ctrl+Backspace
50	切换插入/改写模式	Insert
51	插入书签	Ctrl+Shift+F5
52	插入分页符	Ctrl+Enter
53	插入换行符	Shift+Enter

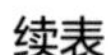

续表

序号	执行操作	快捷键组合
54	增加缩进量	Shift+Alt+ →
55	减少缩进量	Shift+Alt+ ←
设置字符格式和段落格式		
56	字体	Ctrl+D
57	增大字号	Ctrl+Shift+.
58	减小字号	Ctrl+Shift+,
59	逐磅增大字号	Ctrl+]
60	逐磅减小字号	Ctrl+[
61	上标	Ctrl+Shift+=
62	下标	Ctrl+=
63	两端对齐	Ctrl+J
64	居中对齐	Ctrl+E
65	左对齐	Ctrl+L
66	右对齐	Ctrl+R
67	分散对齐	Ctrl+Shift+J
68	增加缩进量	Shift+Alt+,
69	减少缩进量	Shift+Alt+.
70	单倍行距	Ctrl+1
71	2 倍行距	Ctrl+2
视图切换		
72	全屏显示文档（如已经在全屏显示，可以切换回原来状态）	Ctrl+Alt+F
73	阅读版式	Ctrl+Alt+R
74	页面视图	Ctrl+Alt+P
75	大纲视图	Ctrl+Alt+O
76	Web版式视图	Ctrl+Alt+W
表格操作		
77	定位到一行中的下一个单元格	Tab
78	定位到一行中的上一个单元格	Shift+Tab
79	以行分开表格	Shift+Ctrl+Enter

续表

序号	执行操作	快捷键组合
80	以列分开表格	Shift+Alt+Enter
81	向右选择单元格	Shift+ →
82	向左选择单元格	Shift+ ←
83	向上选择单元格	Shift+ ↑
84	向下选择单元格	Shift+ ↓
85	将当前内容向上移动一行	Shift+Alt+ ↑
86	将当前内容向下移动一行	Shift+Alt+ ↓
域和其他操作		
87	切换全部域代码	Alt+F9
88	更新域	F9
89	把域结果切换成代码	Shift+F9
90	把域切换成文本	Ctrl+Shift+F9
91	锁定域	Ctrl+F11
92	解锁域	Ctrl+Shift+F11
93	打开 VB 编辑器	Alt+F11
94	查看宏	Alt+F8
95	拼写检查	F7
96	屏幕截图	Ctrl+Alt+X
97	截屏时隐藏当前窗口	Ctrl+Alt+C

附表A-4　WPS演示常用快捷键

序号	执行操作	快捷键组合
编辑状态		
1	新建幻灯片	Enter、Ctrl+M
2	删除幻灯片	Delete
3	放大/缩小幻灯片	Ctrl+ 鼠标滚轮
4	快速复制	Ctrl+ 鼠标拖动
5	水平、垂直快速复制	Ctrl+Shift+ 鼠标拖动
6	多选	Ctrl/Shift+ 鼠标单击
7	组合	Ctrl+G

续表

序号	执行操作	快捷键组合
8	取消组合	Ctrl+Shift+G
9	字号减小	Ctrl+[
10	字号增大	Ctrl+]
11	对象切换	Tab
12	从头播放	F5
13	从当前页播放	Shift+ F5
14	演示者视图	Alt+F5
15	放映状态	
16	黑屏	B
17	白屏	W
18	暂停	S
19	执行	R
20	退出放映	Esc
21	跳转到相应页	数字 +Enter
22	下一页	Space/Enter/ ↓ / → /N/PageDown
23	上一页	←/ ↑ /P/PageUp
24	隐藏鼠标指针	Ctrl+H
25	自动显示/隐藏箭头	Ctrl+U
26	水彩笔	Ctrl+P
27	荧光笔	Ctrl+I
28	清除全部墨迹	E
29	直线	L
30	波浪线	K
31	矩形	J
32	橡皮擦	Ctrl+E
33	将鼠标指针转换为“箭头”	Ctrl+A

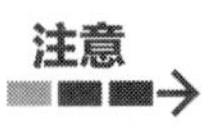

部分组合键可能与Windows系统或其他常用软件（如输入法）的组合键冲突，如果无法使用某个组合键，需要调整Windows系统或其他常用软件中与之冲突的组合键。

附录 B　WPS 演示常用插件

➲ I　OK Lite 插件

OK Lite插件是由“@只为设计”独立开发的OneKeyTools系列插件之一，是一款功能强大且免费的WPS演示第三方插件。可以为WPS演示增加需要的便捷功能，包括形状、颜色、图形、辅助、文档等 5 大类 170 余个设计功能。

读者可通过在搜索引擎搜索“OneKeyTools”进入官网下载。

OK Lite插件安装后，会添加一个【OneKey Lite】选项卡。

OK Lite插件使用教程可通过单击【OneKey Lite】→【关于】→【长图教程】，在打开的网页中选择【基础操作视频】进行学习。插件扩展使用可见网页中的其他教程。

➲ II　iSlide 插件

iSlide是一款由成都艾斯莱德网络科技有限公司开发的基于WPS演示的第三方插件，包含 38 个设计辅助功能，8 大在线资源库，基础功能免费，增值服务收费。

iSlide插件安装后，会添加一个【iSlide】选项卡。